BIOLOGISCHE STUDIENBÜCHER
HERAUSGEGEBEN VON WALTHER SCHOENICHEN · BERLIN
III

BIOLOGIE DER SCHMETTERLINGE

VON

DR. MARTIN HERING
VORSTEHER DER LEPIDOPTEREN-ABTEILUNG
AM ZOOLOGISCHEN MUSEUM
DER UNIVERSITÄT BERLIN

MIT 82 TEXTABBILDUNGEN
UND 13 TAFELN

BERLIN
VERLAG VON JULIUS SPRINGER
1926

ISBN 978-3-642-89130-4 ISBN 978-3-642-90986-3 (eBook)
DOI 10.1007/978-3-642-90986-3

Geleitwort des Herausgebers.

Wenn ich — dem Wunsche des Herrn Verfassers entsprechend — diesem Werke ein kurzes Geleitwort voranstelle, so sei es mir gestattet, hier auf die Gründe hinzuweisen, die mich veranlaßten, in dem Plan für die „Biologischen Studienbücher" auch einen Band über die Biologie der Schmetterlinge vorzusehen.

Auf der 13. Jahreskonferenz für Naturdenkmalpflege in Berlin (Mai 1923) wurde unter anderem die Frage erörtert, wie weit der Bestand der heimischen Schmetterlingsfauna durch das Sammlertum bedroht sei. Wenn auch auf diese Frage eine völlig eindeutige Antwort nicht gegeben werden konnte, so fällt es doch unbestreitbar schwer ins Gewicht, daß infolge der so rasch fortschreitenden Kultivierung der Ödländereien das ursprünglich zusammenhängende Verbreitungsgebiet vieler bemerkenswerter Arten in eine Anzahl beschränkter, inselartiger Vorkommen aufgelöst wird, für die dann die Massenfänge sammelnder Lepidopterologen sehr wohl eine Bedrohung bilden können. Freilich ist zuzugeben, daß bei der Erforschung der einzelnen Biotope und Faunenbezirke die Anlage von Sammlungen nicht entbehrt werden kann; daß derartige Sammlungen aber in der gleichen Form immer wieder von Hunderten oder Tausenden von Entomologen zusammengebracht werden, dürfte mit einem Hinweis auf die Erfordernisse der Wissenschaft kaum zu rechtfertigen sein. Zweifellos überwiegt in den Kreisen der Lepidopterologen zurzeit das Sammlertum noch ganz erheblich zuungunsten einer zielbewußten Beobachtung der Lebenserscheinungen; Beweis hierfür ist unter anderem die Tatsache, daß es bislang in der deutschen Literatur eine wissenschaftliche Biologie der Schmetterlinge überhaupt nicht gab. Wenn wir — dank dem Entgegenkommen des Herrn Verfassers — eine solche in diesem Werke nunmehr vorlegen können, so knüpfen wir daran den Wunsch und die Hoffnung, daß es die Lepidopterologie auf der ganzen Linie zu einem stetigen und zielstrebigen Ausbau der Schmetterlings-Biologie anregen möge.

Berlin, im November 1925.

Dr. Schoenichen.

Vorwort des Verfassers.

Die Schmetterlinge sind unter den Insekten diejenige Ordnung, welche in besonders hohem Maße schon seit langem das Interesse der Forscher und Laien auf sich gezogen hat. Schon im Kindesalter läßt sich bei vielen Menschen eine große Vorliebe für die Falterwelt feststellen, die oftmals den Mann durchs ganze Leben begleitet. Gewiß handelt es sich in vielen Fällen nur um ein Sammeln ohne tieferes Interesse; aber gerade der Schmetterlingssammler muß bestrebt sein, möglichst schöne und saubere Exemplare zu erhalten, da seine

Objekte im Freien schon nach kurzer Zeit beschädigt und unschön werden. Deswegen ist er geneigt, seine Falter aus Eiern, Raupen oder Puppen zu züchten, um so ganz reine Stücke zu erhalten. Indem sich der Sammler der Zucht seiner Lieblinge zuwendet, unternimmt er schon seine ersten biologischen Beobachtungen, und im Laufe eines Lebens sammelt sich bei einem züchtenden Lepidopterologen eine Fülle von biologischen Einzelbeobachtungen an, die dann vielfach auch veröffentlicht werden. So kommt es, daß wir bei keiner anderen Insektenordnung so gründlich über die biologischen Verhältnisse unterrichtet sind wie bei den Schmetterlingen, weil bei keiner Ordnung so viel gezüchtet und also lebend beobachtet wurde wie hier. In zahlreichen Zeitschriften und Einzelwerken sind biologische Beobachtungen über die Falter niedergelegt worden, eine fast unübersehbare Fülle.

Wenn in den vorliegenden Buche es unternommen wurde, eine Darstellung der biologischen Verhältnisse bei den Lepidopteren zu geben, so war eine erschöpfende Behandlung des Stoffes bei dem geplanten Umfang niemals möglich. Dem Charakter der „Studienbücher“ entsprechend wurde deshalb das Hauptgewicht auf die allgemeinen Probleme gelegt, die uns bei der Beobachtung der Lebensweise entgegentreten; dem gegenüber konnten die Einzeltatsachen nur in beschränktem Umfang mitgeteilt werden. Besonders berücksichtigt wurden alle die Tatsachen, in denen Gesetze allgemeinerer Natur sich äußern, um demjenigen, welcher biologisch arbeiten will, zu zeigen, wie die Einzelerscheinungen unter höhere Gesichtspunkte zu stellen sind. Alle offenen Fragen und noch ungelösten Probleme wurden bevorzugt herangezogen, um alle die, die hier Arbeit leisten wollen, auf die Stellen hinzuweisen, wo sie ein aussichtsreiches Betätigungsfeld finden.

Nicht der Forscher ist es, der die meisten Bausteine zur Biologie der Schmetterlinge herangebracht hat, sondern weite Kreise der nicht speziell wissenschaftlich ausgebildeten Liebhaber und Sammler haben die überwiegende Mehrzahl der Einzeltatsachen beobachtet. So wendet sich das Buch auch weiterhin an alle Liebhaber der Schmetterlinge und an alle Naturfreunde überhaupt und fordert zur Mitarbeit auf. Der Verfasser ist deshalb bemüht gewesen, den behandelten Gegenstand möglichst allgemeinverständlich darzustellen; aus diesem Grunde mußten auch zahlreiche Tatsachen erwähnt werden, die bei einer großen Zahl von Lesern wohl als bekannt vorausgesetzt werden können.

Besonderer Dank gebührt dem Herrn Herausgeber und dem Verlag, die die schöne und reichhaltige Ausstattung des Buches ermöglichten.

Möge denn das Buch hinausgehen und unseren Faltern immer neue Freunde werben; möge es recht vielen eine Anregung sein, tiefer in das so fesselnde Studium des Lebens unserer Schmetterlinge sich zu versenken!

Berlin, im November 1925.

Dr. M. Hering.

Inhaltsverzeichnis.

Einleitender Teil.

Erster Hauptteil.

Die Ontogenese oder Einzelentwicklung des Schmetterlings.

Zweiter Hauptteil.

Das Leben der Imago, des Schmetterlings selbst.

Dritter Hauptteil.

Allgemeinere Probleme.

Schlußbetrachtungen.

Verzeichnis der Tafeln.

Einleitender Teil.

Erstes Kapitel.

Grundzüge des Baues der Schmetterlinge.

Um die vielfachen Beziehungen der Schmetterlinge zu ihrer Umgebung, die wir in ihrer Gesamtheit als Biologie bezeichnen, ganz verstehen zu können, müssen wir wenigstens in großen Zügen uns über den Bau der Objekte informieren, mit denen wir uns befassen wollen. Bei der Frage: Was ist ein Schmetterling? dürfte kaum irgendein Laie die Antwort schuldig bleiben. Und doch sind es gewöhnlich nur bestimmte Gruppen oder Familien, die er als solche anspricht, in erster Linie die Tagfalter, die aber nur einen sehr kleinen Bruchteil der Schmetterlingsfauna bilden. Es gehören aber auch weiterhin dazu die als „Hexen" oder „Motten" bezeichneten Lebewesen, die oftmals so klein sind, daß sie selbst dem zoologisch geübten Auge entgehen. Vergleichen wir z. B. die amerikanische Eule *Thysania agrippina* Cr. mit ihrer stattlichen Flügelspannung von 225 mm mit unserer in Blättern des Sauerampfers ihre ganze Entwicklung durchmachenden *Nepticula acetosae* Stt., deren Spannweite nur 3 mm beträgt, so kommt einem der ungeheure Größenunterschied zwischen dem größten und dem kleinsten Schmetterling erst recht zum Bewußtsein. Und doch haben in ihrem Habitus beide immerhin noch so viele Ähnlichkeit, daß ihre Zusammengehörigkeit auf den ersten Blick wohl in den meisten Fällen erkannt wird. Gerade bei den kleinsten Formen unter den Schmetterlingen, den sogenannten *Microlepidoptera*, ist aber die Schmetterlingsnatur auch manchmal zweifelhaft. Es gibt gewisse kleinste Formen unter den *Trichoptera*, den Köcherfliegen, aus der Familie der *Hydroptilidae*, die äußerst ähnlich gewissen Kleinschmetterlingen sind. Sie besitzen sehr lange und schmale Hinterflügel, während diese sonst bei Trichopteren relativ breit sind. Auch sind ihre Lebensgewohnheiten ganz ähnlich denen mancher Kleinfalter; in der Nähe von Gewässern sieht man diese winzigen Tiere an Bäumen oder Sträuchern lebhaft umherlaufen; der Sammler von Mikrolepidopteren trägt sie zuweilen mit ein, um erst zu Hause bei genauerer Untersuchung festzustellen, daß er sich getäuscht hat. Es ist deshalb von Wichtigkeit, daß wir feststellen, durch welche Merkmale die Schmetterlinge ausgezeichnet sind.

Schon in ihrem Namen liegt eine Kennzeichnung. Früher wurden sie als *Glossata*, jetzt als *Lepidoptera* benannt. *Glossata* bedeutet: die mit einer Zunge versehenen, *Lepidoptera* heißt Schuppenflügler. Beide Namen zusammen geben eine erschöpfende Definition des Begriffes Schmetterling. Schmetterlinge sind vierflügelige Insekten, deren Flügel mit Schuppen bedeckt sind, und deren Mundteile zu einer Zunge oder einem Rüssel umgebildet sind. Das erste der beiden Merkmale unterscheidet sie deutlich von den *Hymenoptera*, *Panorpata*, *Neuroptera* u. a., das letztere von gewissen ähnlichen *Trichoptera*. Die angegebenen Merkmale treffen allerdings in gewissen Ausnahmefällen nicht ganz zu; viele Falter besitzen größere Felder auf dem Flügel, die ganz schuppenlos sind; meistens sind diese aber sekundär verloren gegangen, und bei den frisch geschlüpften Imagines lassen sie sich oft noch deutlich feststellen. Andererseits gibt es einige wenige Lepidopteren-Gattungen, denen die Zunge noch fehlt, bei denen also noch kauende Mundgliedmaßen wie bei den *Trichoptera* vorhanden sind. Es sind das die Angehörigen der *Micropterygidae*, bei denen auch in anderen Beziehungen eine Übergangsstellung zu den Trichopteren konstatiert werden kann, so daß sie von manchen Forschern direkt als die landbewohnenden Trichopteren betrachtet, von anderen (Chapman) dagegen als eigene Insekten-Ordnung der *Zeugloptera* herausgehoben wurden. Es zeigt sich hier die nahe Verwandtschaft der Lepidopteren mit den Trichopteren, auf die wir später noch zurückkommen werden. In anderen Fällen, wo bei Schmetterlingen der Rüssel fehlt, ist dieser Verlust als Rückbildungserscheinung zu deuten. Endlich finden sich, wiewohl verhältnismäßig selten, auch Schmetterlinge, die nicht im Besitze von vier Flügeln sind. Diese Erscheinung betrifft vorzugsweise die Weibchen gewisser Falter und ist ebenfalls als sekundärer Reduktionsvorgang anzusehen.

Außer den genannten Merkmalen, die die Ordnung der *Lepidoptera* genügend charakterisieren, gibt es eine weitere Anzahl solcher, die nur ihr eigentümlich sind, und die noch kurz berücksichtigt werden sollen. Die Schmetterlinge gehören zu den höherstehenden Insekten, sie besitzen deshalb eine vollkommene Entwicklung oder holometabole Metamorphose. Das bedeutet, daß aus dem Ei eine Larve schlüpft (hier Raupe genannt), die in vielen Beziehungen ursprünglicher gebaut ist als der vollkommene Schmetterling, die Imago. Diese Larve besitzt gewisse Organe, die dem ausgebildeten Falter fehlen, und die besondere Anpassungen für das Larvenleben darstellen. Andererseits fehlen ihr wichtige Organe des ausgebildeten Schmetterlings, besonders die Flügel. Um die provisorischen Larvenorgane ab- und die künftigen Imaginalorgane aufzubauen, wird deshalb ein Ruhestadium eingeschaltet; das ist das der Puppe. In diesem erfolgt ein plötzlicher Wechsel dieser Körperteile. Bei tieferstehenden Insekten findet sich meist ametabole bzw. hemimetabole Entwicklung, bei der kein ausgeprägtes Ruhestadium eintritt, die Imaginalorgane sich vielmehr allmählich während des Larvenlebens entwickeln. Temporäre oder provisorische Larvenorgane der Raupen, die also beim Falter nicht mehr vorkommen, sind die Bauchfüße und Nachschieber, die Spinndrüsen, die Nackengabeln der Papilioniden u. a. Imaginale Charaktere, die der Larve fehlen, sind die Flügel, die Rollzunge, die Fazettenaugen usw.

Wenden wir uns nun der Betrachtung der einzelnen Stadien der Schmetterlinge zu, so haben wir in der ontogenetischen Entwicklung mit dem Ei zu beginnen. Jedes Ei repräsentiert eine einzige Zelle, die sehr reichlich mit Nahrungsdotter versehen ist. Er dient zur Ernährung des in dem Ei sich entwickelnden Embryos. Dieser entsteht in der Form eines sogenannten Keimstreifes. Die ganze Eizelle ist von einer Hülle umgeben, die aus einer harten, chitinösen Substanz besteht. Die Eischale hat eine meist für jede Art ganz charakteristische Oberflächenstruktur; gewöhnlich ist sie mit regelmäßigen Polygonen besetzt, auf deren Entstehung wir später bei der Eibildung noch genauer zurückkommen werden. Jedes Schmetterlingsei trägt nun noch an einer bestimmten Stelle ein von der gewöhnlichen Struktur abweichendes Feld; hier befinden sich mehrere Poren, von denen Kanäle durch die Schale in das Innere des Eies hineingehen. Man bezeichnet diese Stelle als Mikropylarfeld oder kürzer als Mikropyle. Hier dringen vor der eigentlichen Befruchtung (nicht Begattung!) die männlichen Spermien in das Ei hinein. Die Form der Eier ist im übrigen recht verschieden, fast stets aber für die einzelne Art konstant. Man kennt kugelige, halbkugelige, eiförmige, walzige, birnförmige, kegelige oder abgestumpft kegelige. Mitunter ist das Mikropylarfeld noch besonders gekennzeichnet, emporgewölbt oder etwas eingesenkt. In manchen Fällen werden die Eier nicht in ihrer

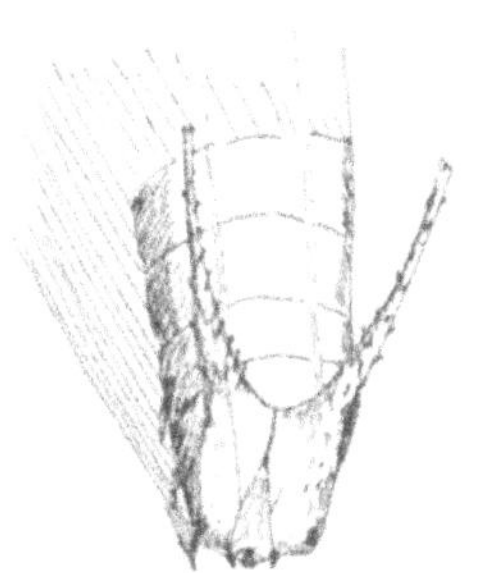

Abb. 1. Raupenkopf von *Apatura iris L.* mit 2 Hörnern.

Abb. 2. *Charaxes jasius L.* Raupenkopf mit 4 Hörnern.

definitiven Form abgelegt; so gibt es kugelige Eier, die noch relativ weich sind und erst beim Anheften auf ihre Unterlage abgeplattet werden und dann halbkugelig erscheinen. Befindet sich bei dem abgelegten Ei das Mikropylarfeld oben, so spricht man von aufrechten, liegt es seitlich, von liegenden Eiern. Die Farbe der Eier bewegt sich um weiß, gelb oder grün; selten finden sich auffallend grell gefärbte Eier.

Die aus den Eiern schlüpfende Raupe läßt eine Gliederung in Kopf, Brust und Hinterleib nicht in der Weise wie die Imago erkennen. Die einzelnen Abschnitte oder Segmente des Körpers sind viel einheitlicher, sich untereinander ähnlicher als beim Schmetterling. Deutlich abgesetzt ist immer der Kopf; Brust und Hinterleib (Thorax und Abdomen) haben ganz ähnliche Segmente; in den weitaus meisten Fällen sind aber die Brustringe durch den Besitz von echten, gegliederten Beinen gekennzeichnet, die den anderen Segmenten fehlen. Der Kopf ist gewöhnlich stärker chitinisiert, und das Chitin ist dunkler gefärbt. Er ist meist rundlich und gewölbt, bei manchen Schwärmern dreieckig, beim Schillerfalter *(Apatura)* mit zwei, bei bei *Charaxes* mit vier Dornen versehen (Abb. 1, 2). Er besteht bei den meisten Raupen aus zwei Hemisphären, die oben in einer Dorsalnaht zusammentreffen. Diese Dorsalnaht gabelt sich vorn (Gabelnaht) und schließt so ein dreieckiges Chitinstück, Clypeus genannt, ein. Bei vielen Kleinschmetterlingsraupen, besonders bei den minierenden, verwischen sich diese Verhältnisse, da bei ihnen der ganze Körper durch das Leben in der Mine verändert, meist flachgedrückt wird, woraus zum Teil beträchtliche Umwandlungen resultieren. Vorn an den Seiten jeder Hemisphäre liegen die Lichtsinnes-Organe, die bei der Raupe immer als Ocellen, nie als zusammengesetzte Augen ausgebildet sind. Jeder Ocellus besteht aus einer linsenförmigen Aufwölbung der Cuticula, unter der oft ein Glaskörper liegt; dahinter befinden sich dann die lichtempfindlichen Zellen. Ein schwarzer Pigmentapparat

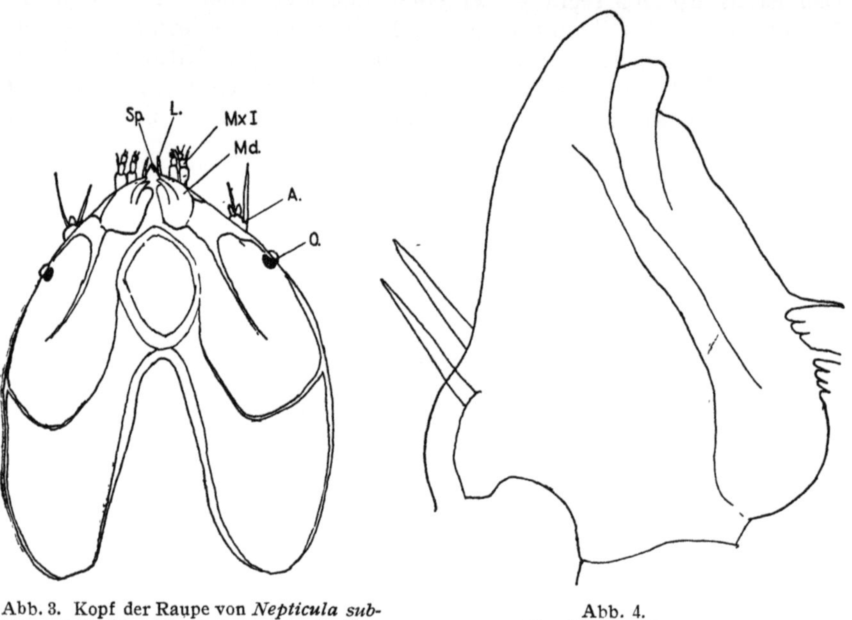

Abb. 3. Kopf der Raupe von *Nepticula subbimaculella Hw.* (*A* = Antenne, *O* = Ocellus, *Md* = Mandibel, *Mx 1* = 1. Maxillen, *L* = Lippentaster, *Sp* = Spinndrüsenmündung.)

Abb. 4. Mandibel der Raupe von *Tischeria complanella Hbn.*

sorgt für Abblendung der seitlich einfallenden Lichtstrahlen. Betrachtet man einen Raupenkopf unter dem Mikroskop, so erkennt man deutlich den schwarzen Pigmentfleck und die helle Cornea. Gewöhnlich trägt jede Hemisphäre fünf bis sechs solcher Ocellen; bei primitiveren Formen finden sich auch Ausnahmen von dieser Regel; der abgebildete Kopf von *Nepticula subbimaculella* Hw. (Abb. 3) trägt jederseits nur einen Ocellus, während bei der gleichfalls in Eichenblättern minierenden *Tischeria complanella* Hb. fünf große und ein kleines Punktauge vorkommen. Gewöhnlich stehen fünf der Ocellen in einem Halbkreis, während der sechste isoliert ist. Geht man von den Ocellen nach vorn, kommt man an die Fühler oder Antennen. Sie sind viel einfacher als beim ausgebildeten Insekt, gewöhnlich dreigliederig und tragen am Ende einige Sinnesorgane; letztere scheinen mehr auf chemische als auf mechanische Reize abgestimmt zu sein. Nach vorn vom Clypeus liegt die Oberlippe mit dem Epipharynx, einfache chitinöse Platten ohne besondere Auszeichnungen. Unter ihnen befinden sich seitlich die beiden Oberkiefer, die hier als Mandibeln bezeichnet werden. Sie haben die Aufgabe, die Nahrung zu zerkleinern und sind deshalb außerordentlich stark chitinisiert, und sehr starke

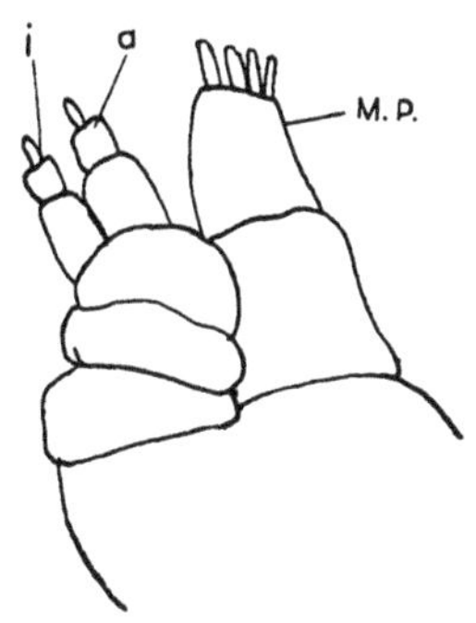

Abb. 5. Rechte Maxillarpalpe (*MP*), Außen- (*a*) und Innenlade (*i*) der Maxille der Larve von *Tischeria complanella Hbn.*

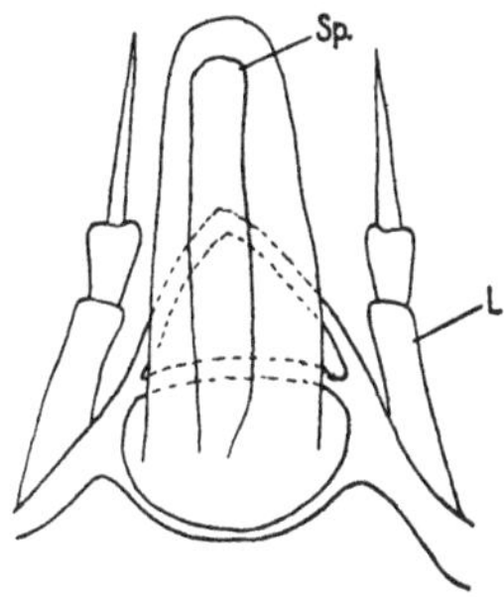

Abb. 6. Unterlippe mit Ausführgang der Spinndrüse (*Sp.*) und Lippentastern (*L.*) der Raupe von *Tischeria complanella Hbn.*

Muskelbündel sind an ihnen inseriert. Sie sind als dicke Platten ausgebildet, die an ihren zugewendeten Seiten in mehrere scharfe Zähne ausgezogen sind. Zuweilen befinden sich an der Basis noch einige kleinere Zähnchen (Abb. 4), die wohl bei der Zuführung der zerkleinerten Nahrung zur Mundöffnung helfen sollen. An der Außenseite beobachtet man zuweilen Haare oder Borsten, deren Funktion schwerer erklärbar erscheint. Unter der Mundöffnung liegen dann die Unterkiefer oder I. Maxillen. Sie bestehen aus einem äußeren Teil, dem Maxillarpalpus und den Maxillarladen, von denen man eine innere und eine äußere unterscheiden kann (Abb. 5). Beide dienen zum Heranholen der Nahrung. In der Mitte, unter der Mundöffnung liegt ein deutlicher abgesetzter Teil, die Unterlippe oder die II. Maxillen (Abb. 6). Die Unterlippe besteht aus einem unpaaren Zapfen, auf dessen Ende die Ausführungsgänge der Spinndrüsen münden. Man bezeichnet dieses Feld als Spinnwarze; es ist wahrscheinlich aus den verschmolzenen Laden der II. Maxillen hervorgegangen. Seitlich von ihnen liegen zwei zweigliederige Taster, die zum Unterschied von den Tastern der ersten Maxillen, den Kiefertastern oder Maxillarpalpen, als Lippentaster oder Labialpalpen bezeichnet werden. Manchmal befindet sich unter der Unterlippe noch ein chitinöser Kopfvorsprung.

Abb. 7. Linke Antenne der Raupe von *Tischeria complanella Hbn.*

Die Brust oder der Thorax besteht aus drei Segmenten, die im großen und ganzen einander gleich sind. Jeder Ring trägt ein Paar gegliederte Beine, die nur bei Formen, die im Innern von Pflanzenteilen leben, rückgebildet sind oder, wie bei *Eriocrania* und *Nepticula*, ganz fehlen; das ist eine sekundäre Reduktion, die eine Anpassung an die Lebensweise darstellt. Auf den Brustringen finden sich vielfach besonders stark chitinisierte Platten, die für die Systematik der schwerer zu unterscheidenden Raupen der Kleinschmetterlinge von hohem Werte sind. Fast stets findet sich eine solche Chitinplatte auf dem Rücken des ersten Thorax-Segmentes; sie wird dann als „Nackenschild" bezeichnet. Doch können solche Schilder auch dorsal auf dem zweiten und dritten Segment vorkommen; zuweilen treten auch laterale Platten auf. Bei wenigen Gattungen setzt sich die Schilderreihe auch auf dem Rücken der Hinterleibsringe fort; das ist der Fall bei *Adela*-Arten und bei einigen *Incurvaria*-Arten, so lange sie minieren. Nachdem sie von der minierenden zur sacktragenden Lebensweise übergegangen sind, verschwinden diese Schilder. Atemöffnungen besitzt nur das erste Segment; in seltenen Fällen wurden auch auf dem zweiten und dritten solche beobachtet.

Der Hinterleib oder das Abdomen besteht regulär aus elf Segmenten,

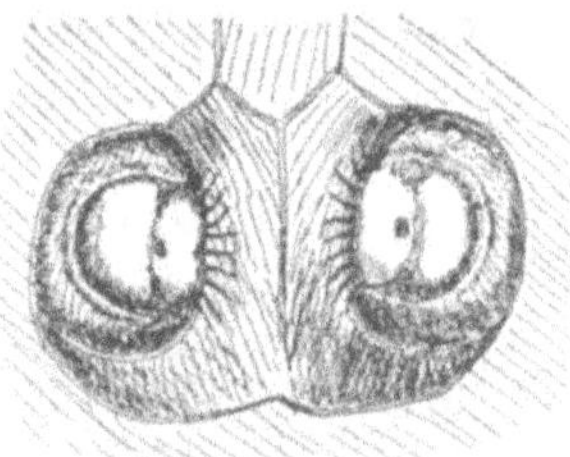

Abb. 8. Klammerfuß von *Choerocampa elpenor L.* von unten gesehen.

Abb. 9. Derselbe in Ansicht von hinten.

von denen oft die letzten drei eine engere Verbindung eingehen und dann in ihrer Gesamtheit als Analsegment bezeichnet werden. Am Ende desselben befindet sich oft ein stärker chitinisiertes Feld, die Afterklappe. Die Abdominalsegmente 1—4 tragen ventral fast nie irgendwelche Beine; an dem 6.—9. Ringe sitzen gewöhnlich die Bauchfüße. Letztere sind keine gegliederten Gliedmaßen, sondern Ausstülpungen der Bauchhaut, die unten in eine Sohle verbreitert sind. Man bezeichnet sie als p r o p e d e s. Das Vorhandensein dieser Propedes nur auf dem 6.—9. Segment ist als eine Rückbildung aufzufassen; ursprünglich mögen sie an allen Abdominalringen gesessen haben; noch heute tragen alle Ringe beim Embryo Bauchfüße. Unter den Propedes lassen sich verschiedene Typen beobachten; in dem einen Fall ist die Schreitsohle zweilappig, und nur die Außenseite derselben ist mit starken Chitinhäkchen besetzt, so daß das ganze Bein zum Umklammern von Gegenständen, Ästchen, Blattstielen usw. eingerichtet ist. Solche Beine werden p e d e s s e m i c o r o n a t i oder Klammerfüße genannt. Im anderen Falle bildet die Sohle eine Scheibe, ist nicht lappig, und die Chitinzähne liegen im Kreise um den ganzen Außenrand der Sohle herum. Statt e i n e s Kreises von Häkchen finden sich zuweilen mehr oder minder vollständig weitere innere Kreise von solchen. Diese Bauchfüße bezeichnet man als pedes coronati oder Kranzfüße; sie sind zum Umklammern nicht geeignet und kommen besonders bei Raupen vor, die im Innern von Pflanzenteilen, zwischen versponnenen Blättern usw. leben, während das Vorkommen von pedes semicoronati meist auf freilebende Raupen beschränkt ist. Die Klammerfüße stellen unstreitig den höheren Grad der Speziali-

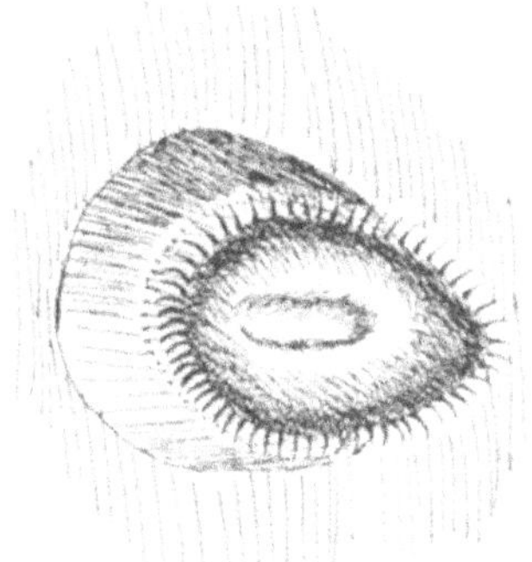

Abb. 10. Kranzfuß von *Cossus cossus L.* von unten.

Abb. 11. Derselbe in Seitenansicht.

sierung dar, dementsprechend finden sie sich im allgemeinen bei den höher entwickelten Schmetterlingen, den sogenannten *Macrolepidoptera*, die man deswegen auch als *Harmoncopoda* bezeichnet. Kranzfüße besitzen die Vertreter der primitiveren Falter, der *Microlepidoptera*, für die deshalb der Name *Stemmatoncopoda* gewählt worden ist. Diese Begriffe decken sich freilich nicht ganz mit der herkömmlichen unwissenschaftlichen Definition der Groß- und Kleinschmetterlinge; aus den ersteren müssen, wenn man die Beinbewaffnung der Raupen zugrundelegt, u. a. die Cossiden, Aegeriiden, Hesperiiden und Castniiden eliminiert werden, ein Vorgang, der durch Geädermerkmale eine weitere Begründung erhält, worauf wir später noch zurückkommen werden. Zu den Kleinschmetterlingen im wissenschaftlichen Sinne kommen so u. a. außer den genannten auch die Psychiden, so daß sich die Begriffe Groß- und Kleinschmetterlinge nicht ohne weiteres mit den *Harmoncopoda* und *Stemmatoncopoda* identifizieren lassen.

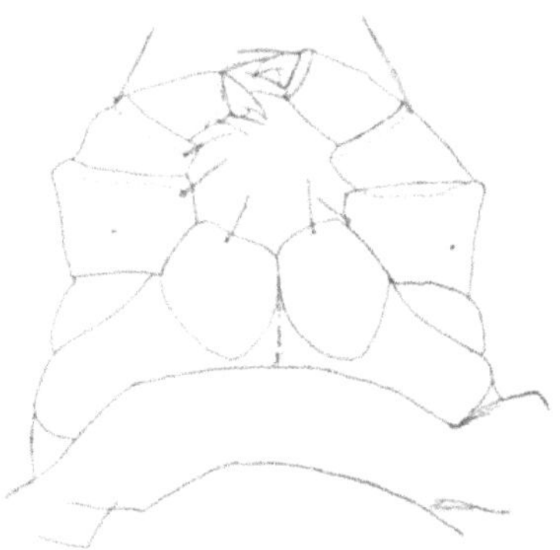

Abb. 12. Ein Paar Brustbeine von *Notodonta ziczac L.*

Außer den Propedes trägt die Raupe noch am 13. Segment die Afterfüße oder Nachschieber. Sie weichen meist von den Bauchfüßen ab und sind bei einigen Gattungen, so bei den *Notodontidae*, in charakteristischer Weise umgebildet, indem sie nicht mehr der Fortbewegung dienen, sondern in lange Fortsätze ausgezogen sind (Gabelschwanz!), die man dann als unechte Füße oder pedes spurii bezeichnet. Bei den *Micropterygidae*, den primitivsten Schmetterlingen, die in mehrfacher Beziehung eine Ausnahmestellung einnehmen, finden wir auch ganz andersartige Bauchfüße. Hier tragen acht Ringe Gliedmaßen, die von den Propedes bedeutend abweichen, indem sie stärker chitinisiert und gegliedert sind, so daß sie sich von den Brustfüßen nicht mehr wesentlich unterscheiden. Reduktionen finden sich bei den Bauchfüßen nicht selten; so besitzt die Gattung *Lithocolletis* nur noch insgesamt 14 Füße, weitere Rückbildungen lassen sich bei den Raupen der Geometriden feststellen, bei denen die drei ersten Bauchfußpaare verschwunden sind, wofür sich das vierte Fußpaar und die Nachschieber besonders kräftig entwickelt haben. Darauf beruht dann der spannerartige Gang dieser Larven. Endlich soll nicht unerwähnt bleiben, daß die Raupen gewisser Noctuiden unmittelbar nach ihrem Schlüpfen aus dem Ei ein Beinpaar weniger besitzen; erst nach der ersten Häutung erhalten sie die volle Gliedmaßenzahl. — An jedem Abdominalsegment, mit Ausnahme der drei letzten, befindet sich eine Atemöffnung oder Stigma.

Die Zeichnung der Raupe trägt oft Liniencharakter; auf ihre Bildung wird später noch zurückgekommen werden. Bei Vorhandensein sämtlicher typischen Linien kann man eine Rückenlinie oder Dorsale feststellen, die immer unpaar ist. Seitlich davon liegen die Subdorsalen. Eine Linie an der Seite wird, wenn sie über die Stigmen hinwegzieht, als Stigmatale, wenn sie über bzw. unter ihnen verläuft, als Epistigmatale bzw. Hypostigmatale bezeichnet. In der Mittellinie des Bauches liegt die Ventrale (unpaar), seitlich davon die Supraventralen, über die Füße hinweg geht die Pedale. Solche Linien ziehen sich meist über die gesamten Segmente hin; außerdem finden sich auf den einzelnen Ringen oft noch besondere Zeichnungen, Schrägstreifen, abweichend gefärbte Warzen, Augenflecke usw. Es ist noch nicht erwiesen, ob die geraden Linien das primitivere Stadium darstellen; von anderer Seite werden die Schrägstreifen als ursprünglicher angesehen. In den seltensten Fällen erscheint die Haut der Raupe ganz glatt, meistens ist sie mit Haaren, Borsten, Dornen, Höckern oder Hörnern versehen. Haare und Borsten haben meist den Charakter von Sinnesorganen zur Aufnahme mechanischer Reize. Sie sind vielfach auf erhöhten Feldern reichlicher ausgebildet, so daß sie dann als Borstenwarzen in Erscheinung treten. Bei den Raupen der primitivsten Falter, der *Micropterygidae*, sind mehrere Reihen von eigentümlich knopfartigen Auswüchsen gefunden worden; solche finden sich in ganz ähnlicher Gestalt bei den Larven der Skorpionsfliegen oder Panorpaten, die als die ältesten Ahnen unserer Schmetterlinge vielfach angesprochen werden. Im übrigen ist die Stellung der Borsten im ersten Raupenstadium bei den verschiedensten Falter-Familien recht ähnlich; nach der Häutung entwickeln sich die Divergenzen, so daß nun Fehlen und Vorhandensein sowie die Stellung gewisser Borsten und Borstenwarzen gute systematische Kennzeichnungen ergeben und auch in der

Phylogenie mit vielem Erfolge zu verwenden ist. Bei jungen Raupen von gewissen Lymantriiden sind die Haare aufgetrieben blasig, im Innern mit Luft erfüllt, so daß eine weite Verbreitung durch den Wind möglich ist, ohne daß der Zweck dieser Ausbildung klar zu sein scheint. Bei Sphingiden-Raupen befindet sich am hinteren Körperende ein Horn, das aus mehreren verschmolzenen Borsten hervorgegangen zu sein scheint.

Anfänglich ist die Haut der Raupe noch in Falten gelegt; in dem Maße, wie die Larve immer mehr Nahrung zu sich nimmt, werden diese Falten geglättet, die Raupenhaut wird prall und ausgedehnter. Da die Chitinhaut, die ein äußeres Skelett darstellt, nicht mitwachsen kann, muß sie von Zeit zu Zeit, dem gestiegenen Wachstum entsprechend, abgeworfen und erneuert werden. Das geschieht durch die Häutungen, deren Anzahl bei den verschiedenen Arten verschieden ist, die im allgemeinen aber vier- bis fünfmal erfolgen. Verschiedene unter der Haut gelegene Drüsen erleichtern den Häutungsvorgang, auf den später noch zurückzukommen ist. Bei dem Hautwechsel werden alle Organe mit abgeworfen, deren Ursprung ontogenetisch auf die Haut zurückzuführen ist. also auch die Mundteile, die Vorder- und Enddarm-Auskleidung u. a.

Der Verdauungsapparat beginnt mit den schon erwähnten Mundwerkzeugen, der Mundöffnung und der darauf folgenden Speiseröhre. An diese schließt sich der Magen an, der mit einer harten Chitinhaut ausgekleidet ist. Alle diese genannten Teile sind Abkömmlinge der äußeren Haut, des Ectoderms, müssen also bei jeder Häutung auch erneuert werden. Es ergibt sich daraus, daß die Raupe während derselben keine Nahrung aufnehmen kann. Es folgt nun der Mitteldarm, der vom innersten Keimblatt, dem Entoderm, herstammt und bei der Häutung nicht erneuert wird. Zwischen Magen und Mitteldarm befindet sich ein besonderer Schließmuskel, der Sphincter. Im Mitteldarm liegt das den Nahrungsbrei aufnehmende Epithel. An ihn schließt sich der ebenfalls vom Ectoderm herstammende Enddarm an; er ist auch mit einer starken Chitinhaut ausgekleidet, die beim Hautwechsel erneuert wird. Vom Enddarm durch einen besonderen Schließmuskel getrennt ist das nun folgende Proctodaeum, in dem die Kotballen ihre für die Art meist ganz charakteristische Gestalt erhalten. Von hier aus gehen die Ballen durch die Kotkammer und durch die Afteröffnung (Anus) ins Freie. Zusammen mit dem Kot wird auch die Harnflüssigkeit entleert, die sich in den gewöhnlich aus sechs Schläuchen zusammenlaufenden Malpighischen Gefäßen ansammelt. Der Blutkreislauf vollzieht sich in der Weise, daß das Herz, mit einer Reihe seitlicher Öffnungen oder Ostien versehen, das Blut durch diese aufsaugt und nach vorn in den Körper hineinpreßt. Es bildet eine Röhre, die bei blasser gefärbten Raupen auf dem Rücken meist durch ihre dunkle Farbe hindurchschimmert und als Rückengefäß bezeichnet wird. Der Kreislauf des Blutes ist ziemlich träge und wenig differenziert; er spielt hier nicht die Rolle wie etwa bei den Wirbeltieren, da er nicht der Träger des aus der Luft aufgenommenen Sauerstoffes ist, dieser vielmehr den Geweben direkt zugeführt wird. Dies geschieht durch die Luftröhren oder Tracheen. Sie beginnen an einer Atmungsöffnung oder einem Stigma. Letzteres besitzt oft eine für bestimmte Arten ganz charakteristische Gestalt und ist mit einem festen Chitinring versteift, der ein Zusammenfallen des Stigmas verhindern soll. Einwärts davon liegt eine komplizierte Verschlußvorrichtung, und nun gehen die Atemröhren oder Tracheen, sich immer mehr verzweigend, ins Innere des Körpers, indem sie alle Teile desselben umspinnen und so eine direkte Kommunikation der Gewebe mit der Luft ermöglichen, wodurch Aufnahme von Sauerstoff und Abgabe der Kohlensäure erfolgt. Um die Tracheen vor dem Zusammenfallen zu schützen, sind sie innen mit einem spiraligen Chitinfaden versteift, dem sogenannten Spiralfaden. Die Haupt-Tracheenstämme sind auch durch Längsverbindungen parallel der Körperwand untereinander zusammenhängend, ebenso werden die der rechten und linken Körperhälfte durch Queräste vereinigt, so daß ein in sich zusammenhängendes Atmungssystem entsteht.

Abb. 13. Stigma einer *Notodonta*-Raupe

Das Nervensystem besteht aus einem Ober- und Unterschlundganglion (die auf jeder Seite durch eine Kommissur verbunden sind; zwischen diesen hindurch geht die Speiseröhre) und drei Brustsowie einer verschiedenen Anzahl von Bauchganglien. Letztere sind gewöhnlich beim Embryo zahlreicher vorhanden als bei der entwickelten Raupe. Die Schlundganglien bilden das Zentralnervensystem; hierher werden die von den Sinnesorganen aufgenommenen Reize geleitet; von hier aus werden Bewegungsorgane, Eingeweide usw. innerviert. An Muskulatur sind vorhanden ein einheitlicher Muskelschlauch und eine sehr große Anzahl von einzelnen Muskeln. Zwischen allen Hohlräumen des Körpers liegt der Fettkörper, der besonders als Speichergewebe für die während der Puppenperiode notwendigen Umformungen dient. Die Geschlechtsdrüsen sind schon bei dem eben aus dem Ei schlüpfenden Räupchen angelegt, so daß dann schon das Geschlecht der zukünftigen Imago bestimmt ist. Auch die Ausführungsgänge sind als Anlage schon vorhanden, wenngleich sie noch nicht funktionsfähig sind.

Wenn die Raupe erwachsen ist, hört sie mit der Nahrungsaufnahme auf und verwandelt sich an einem geschützten Ort zur Puppe (chrysalis), indem die Raupenhaut abgestreift wird. Die Puppe nähert sich in vieler Beziehung mehr der Imago als der Raupe, weshalb dieser Zustand auch als Subimaginalstadium bezeichnet wird. Der ganze Körper der künftigen Imago ist in der Puppe noch mit einer stark chitinisierten Hülle bedeckt; bei den primitivsten Formen ist diese Hülle nicht einheitlich; die einzelnen Körperanhänge sind zwar von Chitinhüllen überzogen, aber diese sind nicht untereinander verschmolzen, so daß hier die Puppen noch frei beweglich sind; sie werden deshalb als pupae liberae bezeichnet (*Eriocrania, Micropteryx*). Die höher entwickelten Formen besitzen pupae obtectae; die Hüllen der Extremitäten sind zu einer einheitlichen Schale verschmolzen, die nur an wenigen Stellen beim Schlüpfen des Falters aufbricht. Eine Mittelstellung nehmen endlich die Puppen mancher Familien (*Cossidae, Aegeriidae* u. a.) ein, bei denen wohl schon eine Verschmelzung zu einer einheitlichen Schale erfolgt ist, letztere aber relativ dünn ist, so daß sie beim Schlüpfen des Falters in zahlreiche Stücke zerfällt: p u p a e i n c o m p l e t a e. Sie besitzen meistens eine größere Beweglichkeit und sind imstande, kleinere Wanderungen auszuführen; besonders wichtig ist es für sie, die meist im Innern von Stengeln, Holz usw. leben, daß sie sich vor dem Schlüpfen des Falters aus ihren Gängen herausarbeiten und so den Falter ins Freie entlassen können. An der Puppe kann man die meisten Organe des späteren Falters schon deutlich erkennen; der Rüssel liegt in einer langen Rüsselscheide, die manchmal bis zum Analende der Puppe reichen kann; die Fühler sind lang und vielgliederig geworden und liegen der Puppe meist dicht an; an Stelle der Ocellen sind Fazettaugen sichtbar; die Brustfüße sind jetzt den Schmetterlingsbeinen ähnlicher, die Bauchfüße sind verschwunden. Die Flügel liegen in den Flügelscheiden noch zusammengefaltet.

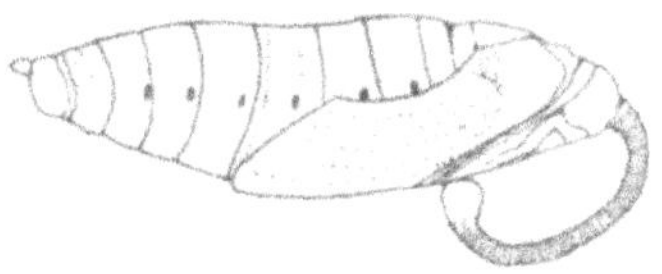

Abb. 11. Puppe des Schwärmers *Amphonyx* mit freier Rüsselscheide.

Diese Umbildungen gehen nun aber nicht plötzlich vor sich. Aus den Brustfüßen entstehen nicht ohne weiteres die Füße des Schmetterlings. Die meisten Organe des Falters sind schon in den frühesten Raupenstadien als Einstülpungen angelegt; das sind die sogenannten I m a g i n a l s c h e i b e n. In dem Maße, wie die Raupe wächst, vergrößern sich auch die Imaginalanlagen, bis sie beim Übergang vom Raupen- zum Puppenstadium ihre endgültige Form erhalten. Wir haben uns diese Entwicklung so vorzustellen, daß sich zuerst auf der Raupenhaut eine Grube bildete, die sich immer mehr vertiefte und in das Innere der Raupe hineinwuchs; bei der Verpuppung wurde diese Vertiefung nach außen ausgestülpt wie ein umgekehrter Handschuh. In dieser Weise werden die meisten Organe der Larve zu den definitiven der Imago umgebildet. Dieser Prozeß bezieht sich jedoch nicht auf die Geschlechtsorgane; diese wachsen vielmehr successiv weiter, bilden ihre Ausführungsgänge weiter aus, münden bei der Puppe aber noch nicht nach außen.

Unmittelbar nachdem die letzte Raupenhaut gesprengt ist und die Puppe sich aus ihr herausgearbeitet hat, ist die Chitinbedeckung der letzteren noch relativ weich und farblos. In diesem Stadium ist sie gegen äußere Einflüsse noch sehr empfindlich; hier liegt das sogenannte „kritische Stadium" der Puppe. Nach Ablauf von etwa 48 Stunden ist sie hart und fast undurchsichtig geworden. Nun geht der schon oben beschriebene Umbildungsprozeß vor sich. Dabei müssen alle Organe der Larve, die nicht in den Schmetterlingskörper aufgenommen werden, zum Verschwinden gebracht werden. Das geschieht, indem besondere Zellen des Blutes, die P h a g o z y t e n , die zerfallenden Gewebe verzehren. Die dann an Nahrungsstoffen reichen Phagozyten werden später zum Neuaufbau von Geweben wieder verwendet.

Diesen Prozeß der Verflüssigung des Innern der Puppe und der Auflösung der larvalen Gewebe nennt man *Histolyse*. Öffnet man in dieser Zeit eine Schmetterlingspuppe, so findet man ihr Inneres mit einer breiigen Flüssigkeit erfüllt. Bei diesen Vorgängen spielt der Fettkörper der Raupe ebenfalls eine große Rolle; er wird zum Teil mit verbraucht, zum Teil aber auch in den Leib der Imago und sogar in deren Eier übernommen.

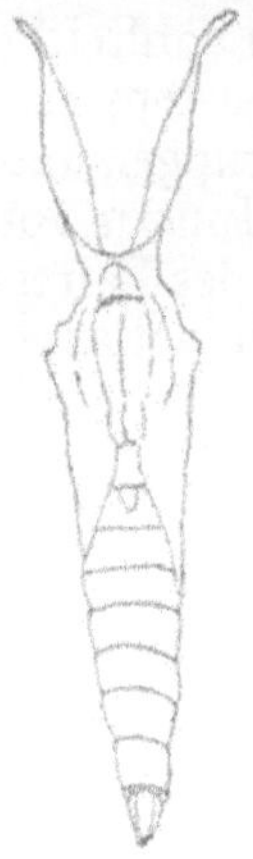

Fig. 15. Puppe des Tagfalters *Euthalia* mit langen vorderen Fortsätzen.

Die Puppenhülle ist oft mit vorspringenden Ecken und Kanten versehen (so bei den Tagfaltern), manchmal trägt sie eigenartige Dornen oder Zähnchen an den einzelnen Segmenten, die ihr das Herausarbeiten aus der Puppenwohnung ermöglichen. In den meisten Fällen lassen sich auch kleine Härchen oder Börstchen beobachten, die sicherlich als Organe zur Aufnahme mechanischer Reize aufzufassen sind, analog den Haaren und Borsten der Raupe. Die Färbung der Puppe besteht meist aus heller oder dunkler braunen bis schwarzen Tönen. Lebhafter gefärbt sind oft die Puppen der Tagfalter, die auch vielfach metallglänzende Flecken aufweisen. Letztere resultieren aus in dem Chitin eingeschlossener Luft. Außerdem findet sich bei vielen Tagfalterpuppen eine Zeichnung, die zum Teil der Raupenzeichnung, zum Teil der Flügelzeichnung des Falters zuzuschreiben ist. Von besonderem Interesse sind die letzten Segmente der Puppe. An ihnen läßt sich schon das Geschlecht des zukünftigen Falters feststellen. Das ist zwar bei Arten, die stark sexuell dimorph sind, ohne weiteres erkenntlich; die Puppen der Männchen sind dann kleiner, haben breitere Fühlerscheiden und was dergleichen Merkmale mehr sein können. Alle diese Kennzeichen versagen aber, wenn beide Geschlechter gleich gebildet sind; jetzt kann man aber immer noch an den Körperenden der Puppen die Männchen von den Weibchen leicht unterscheiden. Man untersucht die Puppen von der Ventralseite und findet auf dem zehnten Abdominalsegment bei *beiden* Geschlechtern die Afteröffnung, von der aus man sich dann weiter orientieren kann. Auf dem vorhergehenden, also dem neunten Segment *allein*, liegt bei dem *Männchen* die Anlage der Genitalarmaturen, während die weiblichen Endorgane des Genitalapparates auf dem *achten* oder auf dem achten und neunten Ring, nie auf dem neunten allein, sich befinden. In dieser Anordnung haben wir ein untrügliches Mittel, die beiden Geschlechter schon im Puppenstadium auseinanderzuhalten. Schließlich muß noch ein besonderes Anhangsstück des Hinterleibes erwähnt werden. Dorsal liegt am zehnten Segment eine Platte, die wohl als der letzte

Abb. 16. Puppenende von *Amorpha populi L.* ♂. Genitalöffnung nur auf dem neunten Segment.

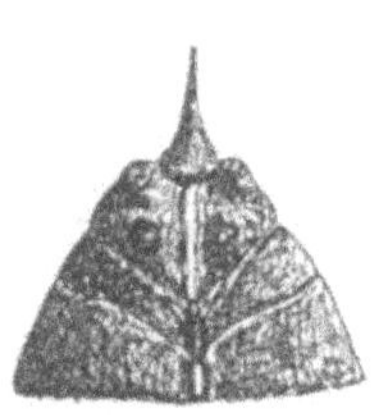

Abb. 17. Puppenende des ♀ derselben Art. Genitalöffnung auf achtem und neuntem Segment.

Rest eines ursprünglich vorhandenen elften Ringes anzusehen ist; von diesem sind Sternit (ventrales Stück) und Pleuren (laterale Stücke) verschwunden, und nur das Tergit oder Rückenstück ist übrig geblieben, das in seiner Funktion als Festhalteapparat weitgehende Modifikationen erlitt. Man bezeichnet diese Platte als „Cremaster". Der Cremaster findet sich in sehr verschiedener Form bei den einzelnen Arten und ist meistens für jede Spezies konstant und charakteristisch, so daß es möglich sein müßte, die Puppen nach der Form und Ausstattung des Cremasters zu bestimmen. Er ist wahrscheinlich homolog (nicht analog!) den Afterklappen der Raupe, aber nicht ihren Afterfüßen, letzteren in mancher Weise aber analog. Die Cremasterplatte kann rundlich, stumpf, eckig, in eine oder mehrere Spitzen ausgezogen, keulig, gerade oder gebogen sein; sie ist entweder ganz unbewaffnet oder mit Härchen, Borsten, Zähnchen und Häkchen versehen; in den Fällen, wo sie reduziert und kaum noch vorhanden ist, werden ähnliche Gebilde an den vorhergehenden Segmenten angelegt, die den gleichen Zweck des Festhaltens zu erfüllen haben.

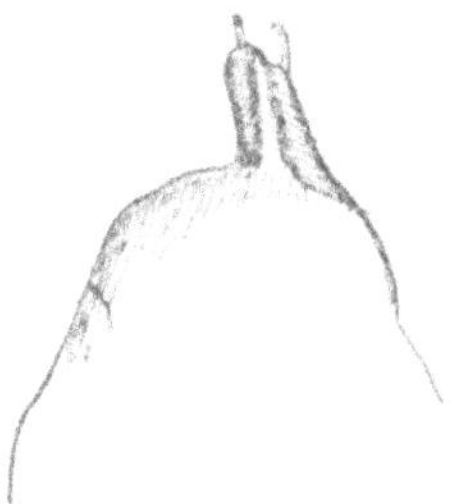

Abb. 18. Cremaster von *Lithocolletis ulmifoliella Z.*, halbseitlich.

Die Ausbildung der Flügel im ersten Stadium der Puppe unterscheidet sich meist nicht unwesentlich vom fertigen Falterflügel. Es fehlen ganz die den Flügel sonst bedeckenden Schuppen, die erst während eines späteren Stadiums in der Puppe sich entwickeln. Tracheen sind in den subimaginalen Flügeln meist sehr reichlich vorhanden. Die Adern zeigen oft einen ursprünglicheren Zustand als im entwickelten Flügel. So sind viele Queradern noch nicht ausgebildet; manche Aderäste, die im imaginalen Flügel verschmolzen sind, können hier noch getrennt verlaufen. Daraus erhellt der Wert der Untersuchung des frühen Puppenflügelstadiums für phylogenetische Untersuchungen.

Ist die Entwicklung des Falters in ihr letztes Stadium getreten, beginnen sich also die Flügel zu färben, so wird die Puppenhülle, die vorher undurchsichtig war, durchscheinend, so daß man oft die Flügelzeichnung des Falters schon beobachten kann. Es kann nun aber manchmal noch einige Tage dauern, bis der Falter die Hülle verläßt. Das geschieht, wie schon bei den verschiedenen Puppentypen erwähnt, in verschiedener Weise. Der Falter verläßt dann den Ort des Ausschlüpfens und begibt sich an eine geeignete Stelle, um sich weiter zu entwickeln. Er ist nämlich jetzt noch ganz weich, die Flügel hängen als schlaffe, häutige Säckchen an seinen Seiten herab. Er macht nun Pumpbewegungen, die einen doppelten Zweck haben; einmal wird dadurch Blut in die Adern der Flügel gepreßt, zum anderen werden die Tracheen mit Luft gefüllt. Dadurch richten sich die Flügel auf, werden

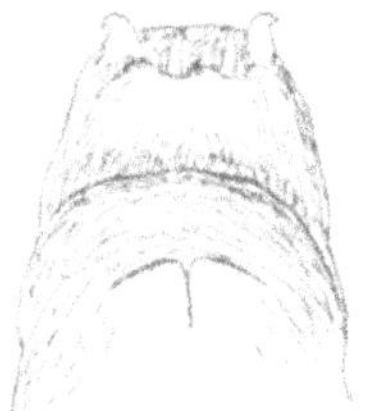

Abb. 19. Cremaster derselben Art von unten gesehen.

eben und prall und erreichen ihre normale Größe. Sobald das geschehen ist, erhärten auch die vorher weichen Chitinteile, und Körper und Flügel erreichen die notwendige Festigkeit und Widerstandsfähigkeit.

Der Falter weicht in seinem Bau vielfach von der Raupe, aus der er entstanden ist, ab. Während bei der Raupe der Kopf meist breit mit dem ersten Thoraxsegment verbunden ist, findet sich bei der Imago nur ein schmales, häutiges Verbindungsstück, der Hals (collum). Am Kopfe (caput) unterscheiden wir den oberen Teil als Scheitel (vertex) von der nach vorn gelegenen Stirn (frons). Die unterhalb der Stirn gelegene Mundpartie bezeichnet man als Mund (os). An der Stirn finden sich zuweilen ein oder mehrere Höcker, die Stirnhöcker, die

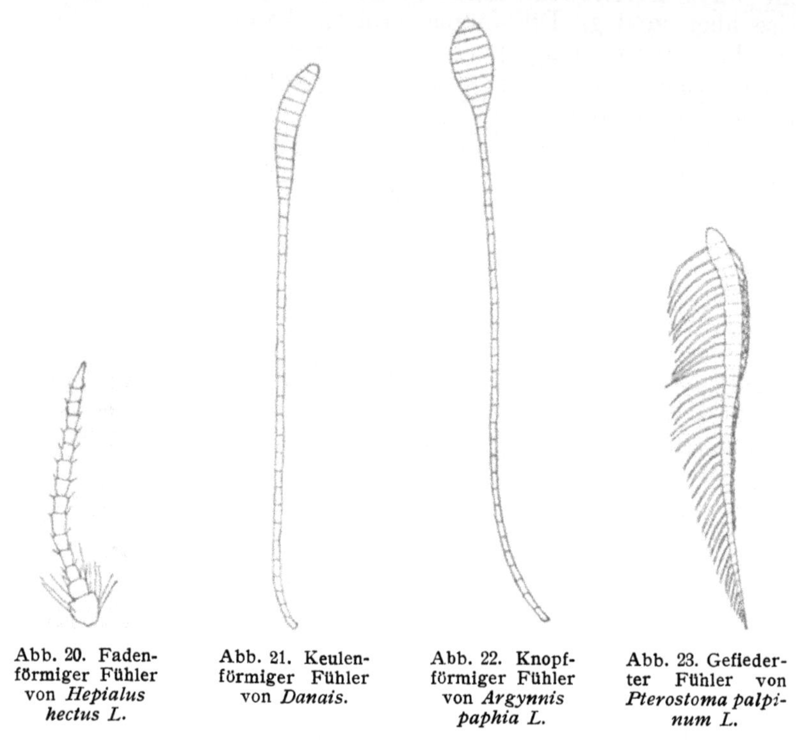

Abb. 20. Fadenförmiger Fühler von *Hepialus hectus L.*

Abb. 21. Keulenförmiger Fühler von *Danais.*

Abb. 22. Knopfförmiger Fühler von *Argynnis paphia L.*

Abb. 23. Gefiederter Fühler von *Pterostoma palpinum L.*

auch in der Systematik (z. B. bei amerikanischen Zygaeniden) gut verwendet werden können. Seitlich davon stehen die recht großen Fazettenaugen, deren jedes aus einer größeren oder kleineren Anzahl von Einzelaugen, den Ommatidien, zusammengesetzt ist. Oben am Hinterrande der Augen sitzt je ein Ocellus (Punktauge), der bei vielen Familien bzw. Gattungen fehlen kann. Die Ocellen sind oft recht schwer zu sehen, da sie zum Teil unter Haaren oder Schuppen verborgen liegen. Man erkennt sie als hellere, aufleuchtende Pünktchen hinter den Augen. Sie sind für systematische Untersuchungen oft von großer Wichtigkeit. Oben hinter den Augen sind die Fühler inseriert. Sie sind die Träger vieler Sinnesorgane und als solche für das Sinnesleben der Falter von großem Werte. Es ist da nicht zu verwundern, daß sie in Anpassung an ihre uns im übrigen in mancher Beziehung noch unbekannten verschiedenen Funktionen in ihrer Gestalt sehr viele Verschiedenheiten zeigen. Sie sind stets vielgliederig im Gegensatz zu den dreigliederigen Antennen der Raupen. Man unterscheidet an ihnen ein oft recht abweichendes Wurzel- oder Basalglied, den Scapus, auf das ein ebenfalls manchmal besonders ausgezeichnetes zweites Glied, der Pedicellus, folgt. Die übrigen Fühlerglieder sind in ihrem Bau viel gleichmäßiger und weisen untereinander wenig Verschiedenheiten auf; man faßt sie zusammen als Fühlergeißel. In ihrem äußeren Umriß sind die Fühler im einfachsten Falle fadenförmig, wie sie sich bei sehr vielen Nachtfaltern und Kleinschmetterlingen finden (antennae filiformes); sind sie nach dem Ende zugespitzt, wie bei manchen Spannern, heißen sie borstenförmig (a. setiformes); bei den meisten Schwärmern werden sie nach der Mitte dicker, um am Ende wieder dünner zu werden; das sind spindelförmige Fühler (a. fusiformes). Bei Hesperiiden laufen sie am Ende in eine Keule aus und werden dann als kolben- oder keulenförmige Fühler bezeichnet (a. clavatae), während bei vielen Tagfaltern, wie bei *Argynnis*, diese Verdickung am Ende nur sehr kurz ist, wes-

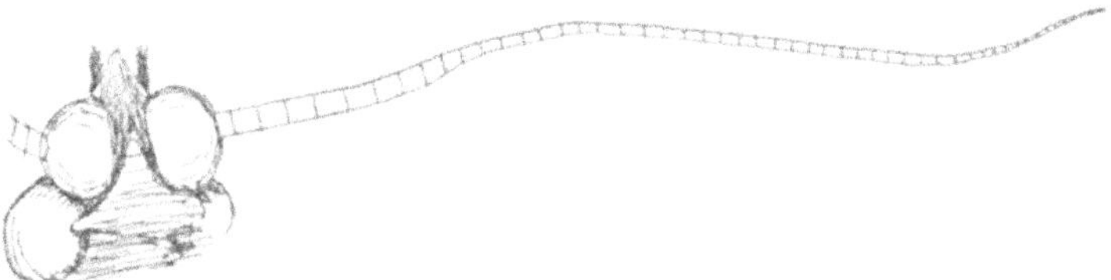

Abb. 24. Fühler mit erweitertem ersten Glied („Augendeckel").

wegen man in diesem Falle von geknopften Fühlern (a. capitatae) spricht. Die Antennen sind entweder auf der Dorsalseite oder ringsum mit Schuppen bedeckt; außerdem finden sich noch Behaarungen, die entweder sehr fein (a. ciliatae) oder gröber (a. fimbriatae) sind, zuweilen auch in Wimperpinseln angeordnet sein können (a. penicillatae). Die einzelnen Glieder der Fühlergeißel können ganzrandig sein, oder sie sind eingeschnitten (a. incisae), gezähnt (a. dentatae), sägezähnig (a. serratae), kammzähnig (a. pectinatae) oder gefiedert (a. plumatae). Eine besonders merkwürdige Erscheinung bilden die Fühler der Zygaeniden-Gattung *Procris*. Hier sind die Glieder der Fühlergeißel kammzähnig, während die letzten Glieder ungeteilt geblieben sind, deswegen dicker erscheinen und so eine unechte Fühlerkeule (clava spuria) darstellen. Der Scapus ist oft durch den Besitz besonders großer Schuppenbüschel oder Haarpinsel (wie bei manchen *Coleophora*-Arten) ausgezeichnet. Bei einer Anzahl anscheinend primitiver Familien, sogenannter Kleinschmetterlinge, die aber in Wirklichkeit zu den höchstentwickelten Faltern trotz ihrer geringen Größe gehören, ist der Scapus zu einer Platte umgewandelt und verbreitert, die über dem Auge liegt und als Augendeckel bezeichnet wird *(Nepticulidae, Bucculatrigidae)*. Die Umbildung der ursprünglich wohl einfach fadenförmigen Antennen zielt auf eine Oberflächenvergrößerung derselben; eine solche ist vielfach nötig, um recht zahlreiche Sinnesorgane auf ihnen unterzubringen. Über deren Bau und Anordnung wird in dem Kapitel über die Sinnestätigkeiten näher zu sprechen sein.

Die Mundwerkzeuge der Imago sind nicht leicht zu deuten. Zwischen Mundgegend und Stirn ist auch hier ein dreieckiges Stück, der Clypeus, eingeschaltet, auf ihn folgt eine Platte, die als Oberlippe oder Labrum aufgefaßt wird, und die nach vorn einen Fortsatz trägt, den Epipharynx. Letzterer ist hier funktionell von größerer Wichtigkeit als bei der Raupe. Das Labrum ist vielfach seitlich zapfenartig ausgezogen; diese Vorsprünge wurden öfters fälschlich als die reduzierten Mandibeln angesehen. Die Reste der Mandibeln aber liegen noch auswärts von diesen Oberlippenzapfen und sind gewöhnlich nur stumpfe Platten; allein bei der primitiven Gattung *Micropteryx* sind sie noch mit Zähnen versehen und funktionsfähig. Unter dem Epipharynx liegt die Rollzunge oder der Rüssel. Er entspricht den Außenladen der I. Maxillen bei der Raupe. Bei der Gattung *Micropteryx* sind diese Außenladen noch wenig umgebildet, getrennt und gegliedert; auch die Innenladen sind hier noch vorhanden. Bei allen anderen Familien sind die Innenladen gänzlich verschwunden, die Außenladen sind verlängert, ungegliedert und vereinigen sich zum Rüssel. Die einander zugekehrten Seiten jeder Maxillarlade sind ausgehöhlt und an den Rändern mit einer Verzahnung versehen, die einen festen Zusammenhang beider Rüsselhälften bewirkt. An der Basis, wo beide Hälften stärker divergieren, fehlt die Verzahnung, so daß hier der Rüssel offen ist; der Verschluß erfolgt an dieser Stelle durch den darüberliegenden Epipharynx. An der Spitze des Rüssels stehen vielfach Tastzäpfchen, die sogenannten „Saftbohrer". Im Innern der Zunge sitzen ebenfalls Sinnesorgane, die „Rinnenstifte". Die Taster der ersten Maxillen, die Maxillarpalpen, sind in verschiedenem Umfange vorhanden. Die Anzahl ihrer Glieder schwankt zwischen 1 und 8. Am reichsten entwickelt zeigen sie sich noch bei den primitivsten Familien, wie bei den Micropterygiden und Eriocraniiden, selten sind sie ganz rückgebildet, wie nach KENNEL bei den Tortriciden. Bei *Micropteryx* werden sie benutzt, um die Pollenkörner abzutrennen und an die Mandibeln heranzubringen; ob sie bei den übrigen Familien noch eine bestimmte Funktion ausüben, ist bisher noch nicht ermittelt worden. Die zweiten Maxillen sind zu einer einheitlichen Unterlippe verschmolzen; nur bei Jugaten sind die Außenladen derselben noch frei. Wie bei der Raupe in den verschmolzenen unpaaren Teil die Spinndrüse auslief, findet man bei Micropteryx auch noch ein aus den Innenladen entstandenes Mittelstück, auf dem die Ausführungsgänge von Speicheldrüsen münden. Die Palpen der zweiten Maxillen, gewöhnlich Labialpalpen oder kurz überhaupt Palpen genannt, sind meist von bedeutender Größe. Sie sind immer dreigliederig und oft recht verschieden gestaltet. Sie sind entweder gerade vorgestreckt, aufsteigend oder hängend. Ihre Form, Länge, Verhältnis der Glieder

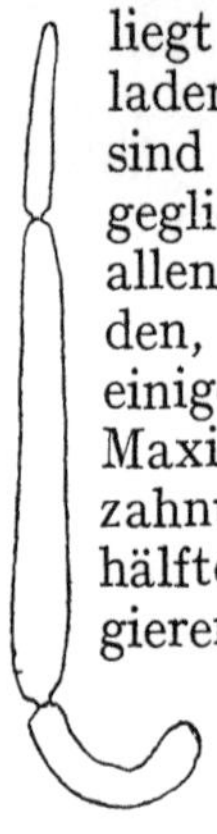

Abb. 25. Schema der Gelechiiden-Palpen.

zueinander und Beschuppung und Behaarung geben gute systematische Unterschiede ab. Sehr gut entwickelt sind sie bei Dioptiden, Gelechiiden und Hypeninen. An der Innenseite des ersten Gliedes befindet sich ein unbeschuppter Fleck, der sogenannte „Basalfleck", der ein Feld von zahlreichen Sinneskegeln darstellt und bei den verschiedenen Familien recht verschieden entwickelt ist. Wir haben nach dem bisher Gesagten (abgesehen von *Micropteryx*) die Schmetterlinge als Insekten mit saugenden Mundgliedmaßen anzusehen; daran ändert auch die Tatsache nichts, daß bei einer ganzen Anzahl von Gattungen ein funktionsfähiger Rüssel nicht vorhanden ist. In manchen Fällen beruht das auf einer primären Unentwickeltheit der Rollzunge, in andern Fällen auf sekundärer Rückbildung. Wie A. Walter zeigte, kann man beide Vorgänge mit Sicherheit an dem Verhalten der den Rüssel durchziehenden Tracheen unterscheiden. Sind in einem verkümmerten Rüssel die Tracheen relativ einfach und wenig gewunden, so haben wir einen primär unentwickelten Rüssel vor uns; sind sie dagegen wirr durcheinander gewunden, so beruht die Verkürzung des Rüssels auf sekundärer Rückbildung; in weitaus den meisten Fällen hat man es mit dem zweiten Modus zu tun. Der Rüssel ist im Ruhezustand zusammengerollt. Vor der Benutzung muß er ausgestreckt werden, was durch einen bestimmten Muskel bewirkt wird. Zum Zusammenrollen ist ein zweiter Muskel nicht erforderlich; dies geschieht allein durch die natürliche Elastizität des Rüssels.

Abb. 26. Erstes Palpenglied mit Basalfleck von *Satyrus semele L.*

Bei manchen Faltern ist an der Stirn kurz nach dem Ausschlüpfen eine mit Flüssigkeit gefüllte Blase vorhanden. Diese ist vielleicht analog der Stirnblase bei vielen höheren Dipteren und dient wie dort zum Sprengen der Puppenhülle. Es wird auch vermutet, daß der Inhalt dieser Stirnblase zum Erweichen des Gespinstes, in dem die Puppe lag, verwendet wird.

Der Thorax oder die Brust besitzt drei Ringe, die als Pro-, Meso- und Metathorax bezeichnet werden. Jeder Ring besteht aus einem Rückenstück, dem Tergit oder Notum, den Seitenstücken oder Pleurae, und dem Bruststück oder Sternum. Dementsprechend redet man von Pronotum, Mesopleurae, Metasternum usw. Bei den ursprünglichsten Schmetterlingen sind die drei Thorakalsegmente annähernd gleichmäßig ausgebildet. Am Mesothorax sitzen nun die Vorder-, am Metathorax die Hinterflügel. Immer sind die Flügel zwischen Notum und Pleuren eingelenkt. Am Prothorax findet sich an der entsprechenden Stelle nur eine schmale Leiste. Wir haben also keine Spuren eines eventuell früher vorhandenen prothorakalen Flügelpaares. Ventral sitzen an jedem Thoraxsegment ein Paar Beine, die zwischen Sternum und Pleuren eingelenkt sind. Das Pronotum trägt vorn ein Paar blasiger Anhänge, die als Patagia oder als Collare bezeichnet werden. Man hat in ihnen früher die hypothetischen Flügelreste des ersten Segmentes gesehen; das kann schon auf Grund ihrer mehr dorsalen Lage nicht geschehen. Bei den primitivsten Faltern finden sie sich übrigens nicht, sondern bei relativ hochentwickelten. Ihre Homologie ist bis jetzt noch ungeklärt. In dem Maße, wie die Vorderflügel, die Hauptträger des Fluges, sich weiter entwickelten, trat auch eine stärkere Inanspruchnahme des Mesothorax, an dem sie inseriert sind, ein. Er vergrößerte sich also auf Kosten der übrigen Thoraxsegmente. Dazu kommen noch, vorn an den Seiten des zweiten Thoraxsegmentes, die Schulterdecken, scapulae oder tegulae, fälschlich oft als Patagia bezeichnet.

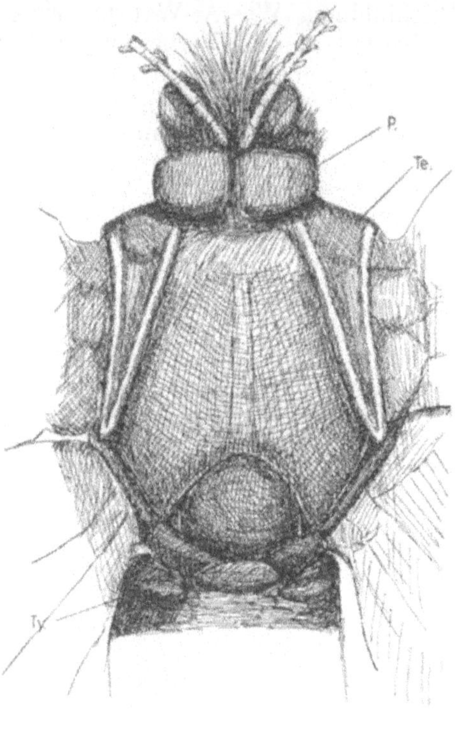

Abb. 27. Kopf, Thorax und Anfang des Abdomens von *Arctia caja L.* dorsal. (*P* = Patagia, *Te* = Tegulae, *Ty* = Tympanalblase.)

Die Beine bestehen aus dem Hüftstück (coxa), dem Schenkel (femur), der Schiene (tibia) und dem Fuß (tarsus). Der Tarsus besteht aus fünf oder weniger Gliedern und trägt am Ende einen Haftlappen (paronychium) und zwei (selten eine) Endklauen. Die Vorderschienen besitzen oft ein „Schienenblättchen", die übrigen Schienen sind mit Sporen versehen. Es treten gewöhnlich ein oder zwei Sporenpaare auf; der Besitz von zwei Sporenpaaren bei gewissen Gattungen einer Familie weist meist auf phylogenetisch höheres Alter hin. Die Beine können auch mehr oder weniger verkümmert sein; so ähneln sie bei den *Heterogynidae* und manchen *Psychidae* ganz den Raupenbeinen, können auch in letzterer Familie ganz verloren gehen.

Von besonderer Wichtigkeit für den Falter sind die Flügel. Sie bestehen aus einer oberen und einer unteren Chitinlamelle, zwischen denen die Adern verlaufen. Jede Ader stellt in normalem Zustande eine Chitinröhre dar, die unten stark gewölbt, oben mehr flach ist. Man sieht sie deshalb auch auf der Unterseite deutlicher herausragen als auf der Oberseite. In ihr verläuft ein Nerv und eine Trachee. Beide können in der Ader auch fehlen. Bei noch stärkerer Reduktion verschwindet die ganze Ader, und es entsteht eine von der Oberseite des Flügels gesehen konkave Falte, wie es bei den spezialisierten Formen der Lepidopteren meist bei der Analis (siehe unten!) der Fall ist. Vorder- und Hinterflügel werden durch eine Haftborste am Hinterflügel, das Frenulum, oder (bei den primitivsten Formen) durch einen Vorsprung des Vorderflügels, das Jugum, zusammengehalten, so daß sie ein geschlossenes Ganzes bilden. Näher wird auf diese Verhältnisse in dem Kapitel über den Flug eingegangen werden. Vorder- und Hinterflügel sind nur bei den Jugaten, den ursprünglichsten Schmetterlingen, annähernd gleichartig ausgebildet; bei allen höheren Formen weist der Hinterflügel, besonders im Geäder, gewisse Rückbildungen auf.

Das Geäder ist deshalb von besonderem Interesse, weil es in der Systematik eines der wichtigsten Hilfsmittel ist und uns weitgehende phylogenetische Schlüsse erlaubt. Seine Bedeutung ist erstmalig von HERRICH-SCHÄFFER erkannt und seitdem eingehend gewürdigt worden. Man unterscheidet in jedem Flügel einen Spreiten- und einen Faltenteil, die voneinander durch die Analis getrennt werden. In der Mitte des Flügels liegt die Diskoidal- oder Mittelzelle, oft kurz Zelle genannt. Untersuchen wir den Vorderflügel, so sehen wir vorn zunächst den Zellvorderrand, Costa genannt. Er ist den übrigen Adern des Flügels gleichzurechnen, weil auch in ihm eine Trachee verläuft; übrigens ist bei anderen Insektenordnungen, so bei vielen Dipteren, hier eine deutliche Ader ausgebildet. Unmittelbar hinter dem Vorderrand liegt die Subcosta. Diese Ader ist bei den Schmetterlingen stets einästig; sekundär bilden sich allerdings zuweilen eine oder mehrere kleine Queräderchen zur Costa heraus (so bei einigen orientalischen Zygaeniden) oder ein kurzer Ast, der den Vorderrand nicht erreicht (*Neopseustis*). Die dann folgende Ader wird Radius genannt. Ihr basaler Teil bildet den Vorderrand der Diskoidalzelle, sie kann in fünf Radialäste geteilt sein. Gewöhnlich erfolgt die Teilung so, daß sich zuerst ein einzelner Ast abzweigt, die erste Radialis. Später verzweigt sich der Radialstamm noch einmal, und jeder von den letzten beiden Ästen verzweigt sich abermals. So entstehen die Radialäste 1—5. Die nächste Ader ist die Media. Ihr basaler Teil teilt die Diskoidalzelle in zwei Hälften, teilt sich noch oft in der Zelle in zwei Äste, von denen sich der vordere nochmals gabelt. Es entstehen

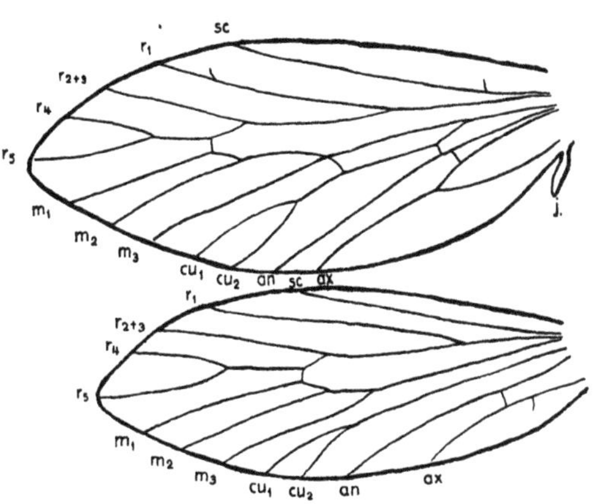

Abb. 28. Primitives Geäder von *Eriocrania sparmannella* Z. (*sc* = Subcosta, r_{1-5} Radialäste, m_{1-3} Mediaäste, cu_{1-2} Cubitus, *ax* = Axillaris, *an* = Analis, *j* = Jugum.)

so drei Media-Äste. Die basalen Teile der Media, also die in der Mittelzelle gelegenen, gehen bei allen höher entwickelten Schmetterlingen verloren, so daß die drei Media-Äste scheinbar aus der die Mittelzelle abschließenden Querader entspringen. Die nächste Ader, der Cubitus, bildet den Hintergrund der Mittelzelle; er ist stets nur einmal gegabelt, so daß bei Schmetterlingen nur zwei Cubitaläste vorkommen. Die Radial-, Media- und Cubitus-Äste entspringen aus der Mittelzelle, die nun folgende Analis dagegen aus der Flügelwurzel. Im von ihr

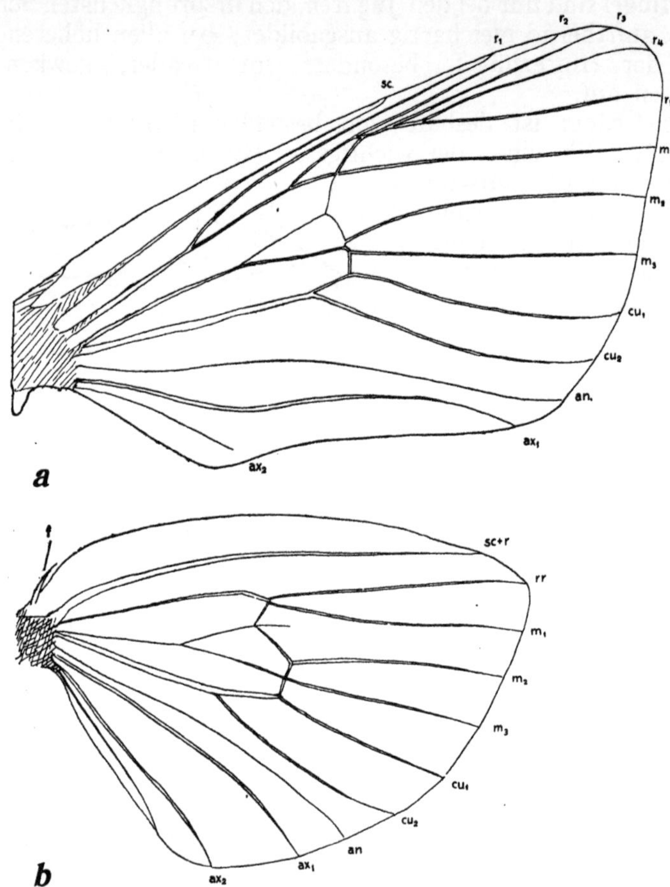

Abb. 29. Stärker modifiziertes Geäder von *Cossus cossus L.* (*a* = Vorder-, *b* = Hinterflügel. Im Hinterflügel nur ein Radialast, Mittelader der Zelle aber erhalten.) Abkürzungen wie bei Abb. 28, *f* = Frenulum.

vorn begrenzten Faltenteil liegen noch zwei weitere Adern, die man als die beiden Axillares bezeichnet. Oft ist eine derselben reduziert, zuweilen sind beide nur an der Wurzel getrennt, später verschmolzen, wodurch die Axillar- oder Wurzelschlinge entsteht. Im Hinterflügel ist das Geäder nur bei den primitivsten Formen ähnlich dem des Vorderflügels; bei allen übrigen ist der Radius reduziert, indem nur noch zwei Äste vorhanden sind, von denen der erste Radialast schon an der Wurzel mit der Subcosta verschmilzt und die Radialäste 2—5 hier ungegabelt bleiben und als Radialramus bezeichnet werden. Das hier angewendete System der Aderbezeichnung ist das modernste, von COMSTOK-NEEDHAM-ENDERLEIN ausgearbeitet. Das erste System war viel unvollkommener und beschränkte sich auf das Zählen der Adern vom Hinterrande des Flügels an. So zählte man die Adern im Faltenteil als Adern 1a bis 1c; die beiden Cubitaläste waren Ader 2 und 3, die Media-Äste 4—6, die Radius-Äste 7—11, die Subcosta Ader 12. Die Costa erkannte man noch nicht als Ader. Erst SPULER brach mit diesem Brauch und stellte, gestützt auf ontogenetische Untersuchungen, ein System auf, das die Zusammengehörigkeit der verschiedenen Äste eines Adersystems betonte. Er bezeichnete die Subcosta mit I, die Radialäste mit II_1—II_5, die Media mit III_1—III_3, den Cubitus mit IV_1—IV_2, die Analis mit V und die beiden Axillaradern mit α und β.

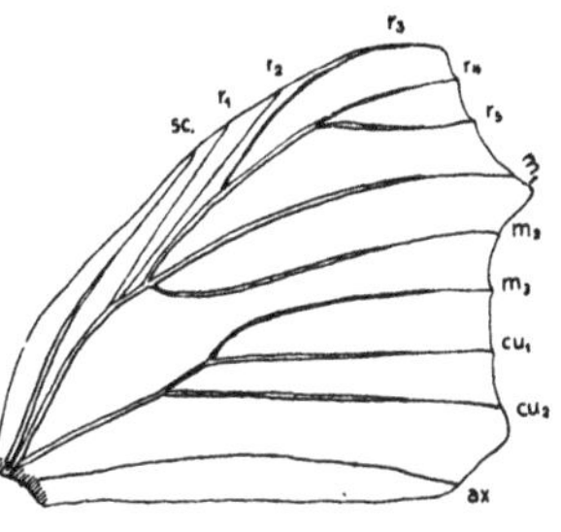

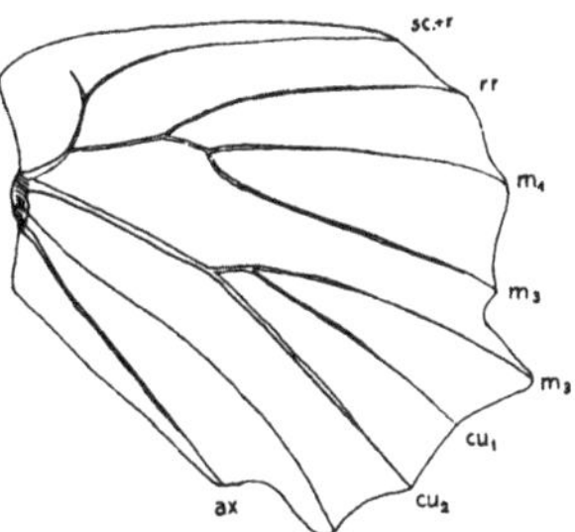

Abb. 30. Spezialisiertes Geäder von *Vanessa antiopa L.* Abkürzungen wie bei Abb. 28.

Nun muß aber bemerkt werden, daß in den wenigsten Fällen das Geäder eines Falters diesem angegebenen Schema entspricht. Es treten vielmehr weitgehende Modifikationen ein, die meist auf der mehr oder weniger weitgehenden Verschmelzung von Aderästen beruhen. So können z. B. die dritte Media und der erste Cubitus im Vorderflügel hinter der Zelle ein Stück verschmelzen; beide Äste sitzen dann auf einem gemeinsamen Basalstück und werden als gestielt bezeichnet. Ist die Verschmelzung weiter fortgeschritten, so fallen beide Äste in einen einzigen zusammen, und es ist ein Aderast im Flügel weniger vorhanden als im Schema. Andererseits kommt es vor, daß zwei Äste zuerst getrennt verlaufen, dann ein Stück verschmolzen sind und sich dann wieder voneinander trennen. Man spricht dann von einer Anastomose der betreffenden Adern. So entstehen die verschiedensten Geäder-Kombinationen. Außerdem können an verschiedenen Stellen auch noch Queradern zwischen Längsadern ausgebildet werden.

Die Fläche des Flügels ist mit den Schuppen bedeckt. Diese liegen dachziegelartig übereinander und sind in einen schmalen Stiel verschmälert, mit dem sie in Vertiefungen der Flügelfläche eingelenkt sind. Auf ihren genaueren Bau wird später noch einzugehen sein. Außerdem finden sich bei primitiven Familien, den aculeaten Tineiden, noch kleine Dornen oder Stacheln, die aber nicht in den Flügel eingelenkt sind, sondern Fortsätze der Flügellamelle darstellen, also auch unbeweglich sind.

Der Hinterleib besteht aus zehn Segmenten, von denen jedoch die letzten drei stets zur Bildung der äußeren Genitalanhänge stark modifiziert sind. Eine Reduktion findet (außer bei den Jugaten) jedoch stets auch am ersten Abdominalsegment statt, indem das Sternum dieses Ringes verschwunden oder mit dem des zweiten Segmentes verschmolzen ist. Gewöhnlich ist das Abdomen walzenförmig oder zylindrisch geformt, zuweilen stark dorsoventral abgeplattet, wie bei den *Depressaria*-Arten. Im Hinterleib liegen die Sexualorgane. Man kann bei ihnen den eigentlichen Genitalapparat von dem sekundären Kopulationsapparat unterscheiden. Die männlichen Keimdrüsen erscheinen ursprünglich in Form von zwei Hoden, von denen jeder aus einigen Follikeln zusammengesetzt ist. Vielfach verschmelzen die Hoden zu einem einzigen Körper, an dem dann noch die Spuren der ehemaligen Follikel sichtbar

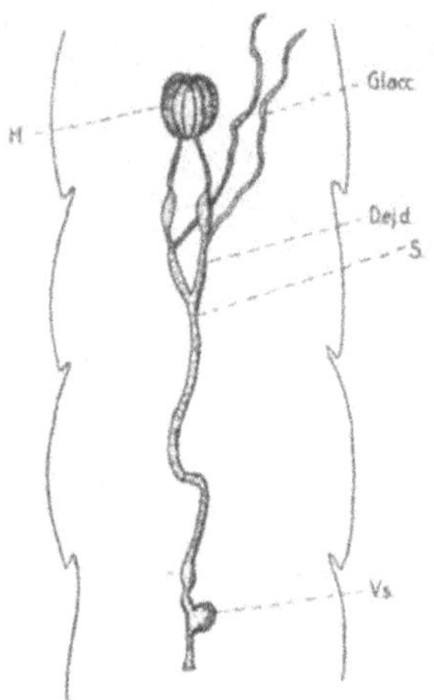

Abb. 31. Schema des männlichen Geschlechtsapparates. (*H* = Hoden, *Gl. acc.* = accessorische Drüsen, *D. ej. d.* = doppelter, *s.* = einfacher Ductus ejaculatorius, *V. s.* = blasige Erweiterung des Ductus.

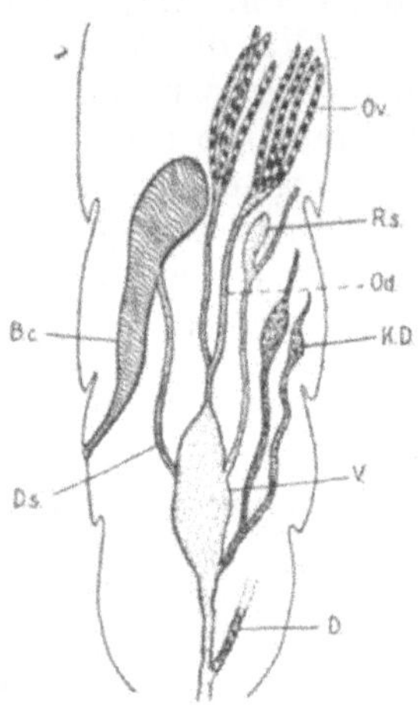

Abb. 32. Schema des weiblichen Geschlechtsapparates. (*B. c.* = Bursa copulatrix, *D.* = Ende des Darmes, *D. s.* = Ductus seminalis, *K. D.* = Kittdrüsen, *Od.* = Oviduct, *Ov.* = Ovarium, *R. s.* = Receptaculum seminis, *V.* = Vestibulum.)

sein können. Die Hoden liegen stets im fünften Abdominalsegment. Von ihnen führen immer, ob sie verschmolzen sind oder nicht, zwei Gänge caudalwärts, die Vasa deferentia. Sie verschmelzen, nachdem sie sich zu Samenblasen (Vesiculae seminalis) erweitert haben, im Ausführungsgang, dem Ductus ejaculatorius. In die Vasa deferentia münden zwei, bei höheren Formen oft mächtig entwickelte Schläuche, die „accessorischen Drüsen". Selten erfolgt die Einmündung derselben in den Ductus ejaculatorius. Letzterer geht dann in den Penis über. Beim Weibchen bestehen die Keimdrüsen aus vier im Abdomen zusammengeknäuelten Ei- oder Ovarialröhren. Sie vereinigen sich in dem Eileiter oder Oviduct. Dieser erweitert sich dann zu einem Vorhof oder Vestibulum. In dieses Vestibulum münden einmal ein Verbindungsgang (Ductus seminalis) von der Bursa copulatrix her, zum andern ein Gang vom Receptaculum seminis und endlich die Mündungen der Kittdrüsen (Glandulae sebaceae). Die meisten Schmetterlinge besitzen zwei weibliche Genitalöffnungen, von denen die hintere, dicht unter dem After liegende, zuweilen mit ihm im Endteil verschmelzende die Lege-Öffnung, die andere, am Sterniten des achten Segmentes gelegene, die Begattungsöffnung ist. In die letztere wird der Penis des Männchens eingeführt, und die Spermatophore gelangt in den ins Körperinnere führenden Gang, die Begattungstasche oder Bursa copulatrix. Sie ist innen mit eigentümlichen Chitinstrukturen ausgestattet, die zum Auspressen der Spermatophore dienen sollen. Die freiwerdenden Spermien wandern durch den schon erwähnten Ductus seminalis nach dem Vestibulum, von dort durch einen langen Gang nach dem Receptaculum seminis. Die in den Ovarialröhren gebildeten Eier erhalten auch dort gleich ihre Schale. Sie wird abgeschieden von dem Epithel, das die Wände der Eiröhren auskleidet, und so erklärt sich auch die eigenartige polygonale Struktur der Eioberfläche; sie ist einfach ein Abdruck der unteren Zellfläche der Epithelzellen. Bei der Wanderung der fertigen mit einer Chitinschale versehenen Eier aus den Eiröhren nach dem Vestibulum wird vermutlich auf das Receptaculum seminis ein Druck ausgeübt, der einige Spermien durch den Gang in das Vestibulum bringt; hier treffen sie dann mit dem Ei zusammen, dringen in das Ei durch die Mikropyle ein und befruchten es. Das so befruchtete Ei wird dann ausgeschieden. Vielfach sind die letzten Segmente noch etwas modifiziert, indem sie durch starke Chitinstäbe gestützt werden, wodurch zugleich eine gewisse Beweglichkeit gegeneinander ermöglicht wird. So entsteht eine ein- und ausziehbare Legeröhre, der Ovipositor.

Eine Modifikation erfährt bei manchen primitiven Gattungen das hier angegebene Schema des weiblichen Genitalapparates dadurch, daß nur eine einzige Genitalöffnung vorhanden ist. Diese liegt dann entweder auf dem achten Sterniten, entspricht also der Begattungsöffnung, wie es bei *Incurvariiden* festgestellt wurde, oder sie befindet sich am zehnten Segment, so der Legeöffnung entsprechend. Letzteres soll bei den *Micropterygiden* der Fall sein, die auf Grund dieses Befundes und des Vorhandenseins von funktionsfähigen Mandibeln von CHAPMAN als *Zeugloptera* von den *Lepidoptera* abgetrennt wurden. Ob diese Trennung zu Recht besteht, läßt sich jetzt, wo wir über die Ontogenese der Micropterygiden noch nicht genügend unterrichtet sind, nicht mit Sicherheit entscheiden.

Im Gegensatz zu dem recht komplizierten männlichen Kopulationsapparat, den sekundären Genitalorganen, ist der des Weibchens bemerkenswert einfach gebaut. Er besteht nur aus der Bursa copulatrix, die sich an der Mündung etwas erweitert, dann weiter einwärts in einen schmalen Gang übergeht, der sich schließlich zur Bursa im engeren Sinne wieder erweitert. Das Mündungsstück zeigt in seiner Öffnung, dem Introitus vaginae, oft eine ganz bestimmte Struktur, die zur artlichen Trennung gut geeignet ist. Manchmal sind dahinter kleine Zapfen, Fortsätze und dergleichen vorhanden, caudalwärts von ihr liegt vielfach eine charakteristisch gebildete, stark chitinisierte Platte, die Vaginalplatte. Introitus vaginae und Vaginalplatte können auch asymmetrisch sein, entsprechend gewissen Asymmetrien im männlichen Kopulationsapparat. Überhaupt sind wohl männlicher und weiblicher Kopulationsapparat genau aufeinander abgestimmt, und wenn wir erst über die Struktur beider genauer unterrichtet sind, wird es möglich sein, auch bei sexuell stark dimorphen Arten die zu gewissen Weibchen gehörigen Männchen zu ermitteln, was heute bei vielen exotischen Faltern, die noch nie in Copula gefangen oder gezüchtet wurden, noch ein Ding der Unmöglichkeit ist.

Ungleich weit mehr kompliziert als die weiblichen sekundären Geschlechtsorgane ist der männliche Kopulationsapparat, der aus verschiedenen Gründen näher betrachtet werden soll. Seitdem man vor nunmehr etwa 50 Jahren entdeckte, wie außerordentlich verschiedengestaltig derselbe ausgebildet sein kann, wandte man ein Hauptaugenmerk auf die Tatsache, daß kein Körperteil zur artlichen Unterscheidung besser geeignet ist als der männliche Kopulationsapparat. Was das Flügelgeäder zur Charakterisierung der Gattungen bedeutete, brachte der männliche sekundäre Genitalapparat für die der Arten. Bei der Beschreibung desselben verwenden wir die Termini, die BUSCK und HEINRICH (1921) zusammenstellten, und die zum großen Teil in der Literatur über Schmetterlinge angewendet werden. (Vgl. Abb. 81). Betrachten wir ein von dem Kopulationsapparat gefertigtes Präparat (man gewinnt es leicht, indem man die Hinterleibsspitze eines männlichen Falters abschneidet und in Kalilauge mazeriert, wobei die Weichteile zerstört werden und das Chitingerüst übrigbleibt, das man mit einem Pinsel in Wasser von den anhaftenden Weichteilresten befreit), so sehen wir zunächst einen Ring, der etwa wie ein Körpersegment aussieht; er besteht aus zwei Teilen, von denen der dorsale dem Tergiten des neunten Abdominalsegmentes entspricht und als Tegumen bezeichnet wird. Der mit ihm gelenkig verbundene ventrale Teil des Tegumen ist wohl aus dem Sterniten desselben neunten Segmentes hervorgegangen; er ist selten nur als einfacher Halbring ausgebildet, meist durch charakteristische Bildungen, wie einen langen Fortsatz, Vinculum, der ins Innere des Körpers hineinragt, ausgezeichnet. An diesem Fortsatz inserieren starke Muskelbündel, die eine gewisse Beweglichkeit des Apparates gewährleisten. Oftmals ist an der Ventralseite des Vinculums noch eine Platte angebracht, die an den Rändern emporgewölbt oder zu einer Rinne oder Röhre umgestaltet sein kann, die dann als Führungsleiste für den Penis (im weiteren Sinne) dient; das ist der Anellus. Das wichtigste Organ ist nun der Aedoeagus, früher meist als Penis bezeichnet. Er besteht aus einem chitinisierten Rohr, das kopfwärts in den schon erwähnten nicht chitinisierten Ductus ejaculatorius übergeht; caudalwärts ist dieses Rohr offen, an der Öffnung vielfach mit Dornen, Haken oder Zähnchen versehen. In diesem Rohre gleitet nun der Penis, eine lange dünne Röhre, hin und her, der durch Blutdruck nach hinten herausgeschoben und so in die weibliche Bursa copulatrix hineingeführt werden kann. Auch er trägt vielfach am Ende charakteristische Zähnchen, die Cornuti oder „Liebesdornen", deren Gestalt, Anzahl usw. für die Arten charakteristisch und bei ihnen konstant ist. Wie der Anellus ein Ausweichen des Aedoeagus nach unten verhindert, spielt die Transtilla dorsal dieselbe Rolle. Sie besteht aus zwei Fortsätzen, die dorsal vom Aedoeagus entspringen und oftmals verschmolzen sind, so daß sie eine einheitliche Spange darstellen, die quer über dem Aedoeagus liegt. Sie sitzen gewöhnlich der Basis der Harpen auf. Diese Harpen sind die wichtigsten Klammerorgane des männlichen Falters; mit ihnen wird das weibliche Abdomen festgehalten. Es sind zwei schalenförmige Gebilde, die rechts und links am Tegumen entspringen und ihre ausgehöhlten Flächen einander zukehren; zwischen ihnen wird das weibliche Abdomen festgehalten, weswegen fast stets noch besondere Anhangsorgane in Form von Dornen oder Haarbüscheln oder besonderen Fortsätzen ausgebildet sind. Die letzteren bezeichnet man als Cucullus, wenn sie am caudalen Ende der Harpe entspringen, als Sacculus, wenn sie basal an der Ventralseite ihren Anfang nehmen. Namentlich die Sacculi finden sich in einer durch nichts zu überbietenden Vielgestaltigkeit bei den Schmetterlingen und geben ein gutes Hilfsmittel für die artliche Differenzierung ab. Alle bisher genannten Gebilde sind Abkömmlinge des neunten Abdominalsegmentes. Schon gegen das Ende des Raupenstadiums bilden sich ventral am neunten Ring zwei Höcker, die Genital-Primitivzapfen, die sich noch einmal teilen; aus den so entstandenen äußeren Teilen gehen die Harpen, aus den inneren der Penis hervor: er besteht also aus zwei getrennten Teilen, die dann sekundär zu einem einheitlichen Gebilde, Aedoeagus + Penis, verschmelzen. Es bestehen sicher bestimmte Gesetzmäßigkeiten in der Beziehung der einzelnen Teile des Kopulationsapparates zueinander, die wohl bis jetzt noch nicht genügend erforscht sind. Es läßt sich aber schon jetzt eine Vinculum-Harpen-Relation feststellen, die besagt, daß das Vinculum um so länger wird, je kleiner die Harpen und je weniger sie mit Haftorganen ausgestattet sind, daß es um so kürzer ist, je größer und komplizierter die Harpen entwickelt sind. Es ist nicht schwer einzusehen, daß kleinere und einfachere Klammerorgane eine erhöhte Muskelleistung beanspruchen, wenn sich das Männchen am weiblichen Abdomen festhalten will. Diese erhöhte Leistung wird bewirkt, indem der Hebelarm, an dem die Muskeln ansetzen, in diesem Falle das Vinculum, verlängert wird. Ähnliche Beziehungen bestehen zwischen Harpen und Uncus und anderwärts.

Die Betrachtung der aus dem zehnten Abdominalsegment hervorgegangenen Teile des männlichen Kopulationsapparates wird erschwert durch die Tatsache, daß hier oftmals umfangreiche Reduktionen vor sich gegangen sind, die das Verhältnis der einzelnen Teile zueinander unklar machen. Auch der zehnte Ring bestand aus Tergit und Sternit, der letztere ist aber sehr oft verschwunden. Der Tergit ist ein ein- oder mehrspitziger Fortsatz, der dem Tegumen dorsal und caudal ansitzt und als Uncus bezeichnet wird. Er ist meistens in dorsoventraler Richtung beweglich. Während die Harpen den Zweck haben, das weibliche Abdomen von den Seiten her festzuhalten, klammert sich das Männchen mit dem Uncus von oben her an. Um das Festhalten zu ermöglichen, ist letzterer meist an der Spitze dolchartig ausgezogen und nach unten gekrümmt. Direkt unterhalb des Uncus mündet auf einem Vorsprung der After aus; dieses Gebilde, wenig chitinisiert, wurde früher fälschlich als Scaphium benannt. An der Basis des Uncus können zwei spangenartige Fortsätze entspringen, die Socii, die die Analöffnung seitlich umgeben. Der Sternit des zehnten Segmentes ist der Gnathos; er besteht ursprünglich aus zwei Fortsätzen und einer Ventralplatte, oft sind alle drei Stücke zu einem einheitlichen Gebilde verschmolzen, das dann als Gegenstück zum Uncus wirkt, so daß der weibliche Hinterleib zwischen ihnen festgehalten werden kann. In manchen Fällen ist der Gnathos mit den Socii verschmolzen, so daß zwei Arme (Socii) am Ende durch ein knopfartiges Gebilde (Gnathos) vereinigt werden. Von dem so geschilderten Typus weichen die Organe des zehnten Segmentes durch Reduktion der Sterniten-Anteile ab; überhaupt ist der ganze Apparat des Männchens bei den verschiedenen Arten so mannigfachen Modifikationen unterworfen, daß die einzelnen Teile desselben manchmal nicht oder schwer deutbar sind. Die Formverschiedenheiten sind viel größer als die irgendeines anderen Körperteiles der Falter, und als ein Gesetz, das anscheinend weite Verbreitung hat, kann man feststellen, daß die Sexual-Armaturen um so verschiedener sind, je ähnlicher äußerlich die Arten einander sind. Wie wir später sehen werden, ist das von besonderer Bedeutung für die Entwicklung der Arten.

Zweites Kapitel.

Stammesgeschichte und Verwandtschaft bei den Schmetterlingen.

Über die Entwicklung der Lepidopteren besitzen wir leider außerordentlich wenig positives Material. Fossile Funde sind nur so lückenhaft vorhanden, daß es nicht möglich ist, sich daraus ein geschlossenes Bild der Entwicklung der Ordnung zu machen. Die ältesten Lepidopteren, die wir kennen, stammen aus dem Jura; es sind eigentümlich plumpe, unseren jetzigen Limacodiden ähnliche Formen, die man in der Familie der *Palaeontinidae* (Gattung *Palaeontina*) zusammengefaßt hat. Aus der dann folgenden Kreidezeit sind keine fossilen Funde gemacht worden, was außerordentlich zu bedauern ist; gerade in jener Zeit hatten sich nämlich die Blütenpflanzen entwickelt, und wir wissen, in welch naher Beziehung die Schmetterlinge (als Imago) zu den Blüten stehen. Im Tertiär, das auf die Kreide folgte, finden wir die Schmetterlinge schon zu einer Höhe entwickelt, die der jetzigen entspricht. Schon die höchstentwickelten Lepidopteren treten uns entgegen, unter den Großschmetterlingen eine beträchtliche Anzahl von Tagfaltern, unter den Kleinschmetterlingen echte Miniergänge von *Nepticula*-Arten. So finden sich im Tertiär Vertreter von Tineiden (besonders im Bernstein), Tortriciden, Säcke von Raupen der Tineiden, Psychiden, Geometriden, Noctuiden, Arctiiden, eine Raupe einer Sphingide (die von OPPENHEIM als Sphingiden beschriebenen Fossilien sind Hymenopteren!), Hesperiiden, Libytheiden, Lycaeniden, Nymphaliden, Satyriden, Pieriden und Papilioniden.

Die geringe Zahl der fossilen Funde macht es nun nötig, einen anderen Weg einzuschlagen, wenn wir die stammesgeschichtliche Entwicklung unserer Falter untersuchen wollen. Wir bedienen uns der vergleichenden Morphologie. Es kommt darauf an, festzustellen, welche Merkmale unserer rezenten Falter als primitiv, welche als differenziert anzusehen sind. Diejenigen Schmetterlinge sind dann den ältesten Lepidopteren als zunächststehend anzusehen, die die meisten (nicht nur einzelne!) primitiven Kennzeichen besitzen, während die nur wenige oder gar keine ursprünglichen Merkmale besitzenden Gattungen als relativ modern zu betrachten sind, sich also erst in späterer Zeit entwickelt haben. Aus diesem Grunde ist es sehr wichtig, den Wert der verschiedenen Charaktere der Falter in Beziehung zur Modifizierung kennenzulernen. Unsere nächste Frage muß also sein: Was sind ursprüngliche und was sind differenzierte Merkmale bei den Schmetterlingen?

Wenn wir mit dem Körper beginnen, so zeigen sich hier schon Modifikationen, die mit der Flugtüchtigkeit des Falters zusammenhängen. Die primitivsten Falter besaßen ein geringes Flugvermögen, das auf der unvollkommenen Verbindung des Vorder- mit dem Hinterflügel beruhte. Wir wissen, daß die Vorderflügel am Mesothorax, die Hinterflügel am Metathorax eingelenkt sind. Je weniger der Falter seine Flügel in Anspruch nahm, um so geringer brauchten die Thoraxmuskeln entwickelt zu sein, um so weniger brauchte das betreffende Thoraxsegment ausgedehnt sein, in dem die notwendige Muskulatur untergebracht war. So erklärt es sich, daß bei primitiven Familien, wie den Micropterygiden, alle drei Brustringe annähernd gleichmäßig ausgebildet sind. Da aber immerhin schon geflogen wird, findet sich ein schwaches Überwiegen der beiden hinteren Segmente gegenüber dem ersten, das überhaupt nicht für die Flugtätigkeit in Anspruch genommen wurde. In dem Maße, wie sich die Flügel weiter entwickelten, vergrößerten sich die beiden letzten der Brustringe auf Kosten des ersten. Nun kommen aber nicht beide Flügel gleichmäßig für den Flug in Frage; das vordere Paar der Flügel ist, besonders beim schnellen und ausdauernden Fliegen, sehr viel stärker in Anspruch genommen als das hintere. Es mußten also für jenes stärkere Muskeln entwickelt werden wie für das letztere, so daß sich der Mesothorax umfangreicher entwickelte als der Metathorax. Haben wir nun also Vertreter zweier verschiedener Familien vor uns und wollen, bei Gleichheit der sonstigen Merkmale, feststellen, welche von beiden als die stammesgeschichtlich ältere anzusprechen ist, so läßt sich auf Grund der Thoraxgestalt sagen, daß von zwei Familien diejenige die ältere ist, deren Prothorax am wenigsten von den beiden folgenden Segmenten verschieden ist; sind diese Verhältnisse bei beiden Vertretern gleich, wird man das Verhältnis des Mesothorax zum Metathorax untersuchen und als die differenziertere Form diejenige ansehen, deren Mesothorax im Verhältnis zum Metathorax am stärksten entwickelt ist.

Weitere wichtige Merkmale zur Beurteilung der Verwandtschaft geben uns die Mundwerkzeuge, die aber jedes für sich verschieden gewertet werden müssen. Um mit dem Rüssel zu beginnen, müssen wir uns daran erinnern, daß die Schmetterlinge ausgegangen sind von Formen, die kaum den ersten Ansatz einer Rüsselbildung besitzen *(Micropteryx)*. Wahrscheinlich werden die ältesten, jetzt nicht mehr existierenden Gattungen gänzlich ohne Rüssel gewesen sein. Das ist auch insofern erklärlich, als ja in der Jurazeit, aus der wir die ältesten Lepidopteren kennen, Blütenpflanzen noch nicht existierten; da war naturgemäß auch ein Rüssel wenig brauchbar, wenn man auch annehmen kann, daß er zum Aufsaugen von Wasser benutzt wurde. Im großen und ganzen finden wir jedoch den Rüssel als Anpassung an die Blüten der Pflanzen, so daß wir mit Sicherheit annehmen können, daß er erst später erworben wurde. Wir werden also bei sonst gleichartigen Merkmalen die Falterfamilie als die ältere betrachten müssen, bei der der Rüssel noch unentwickelt ist; das Unentwickeltsein bezieht sich auch auf geringe Länge, losen Zusammenhang beider Rüsselhälften, schwache Chitinisierung und mangelhaftes Einrollungsvermögen. Freilich dürfen wir eines nicht vergessen: In einer ganzen Anzahl von Fällen ist diese Ausbildung des Rüssels nicht der primäre Zustand, sondern nur eine sekundäre Rückbildung. Wir besitzen glücklicherweise in der analogen Entwicklung des Saugmagens ein treffliches Kriterium, das uns in den Stand setzt, ohne weiteres definitiv zu entscheiden, ob ein schwach entwickelter Rüssel als ursprüngliches oder als Merkmal einer Reduktion aufzufassen ist. Näheres darüber wird in dem Kapitel über die Ernährung der Imago berichtet werden. Wir haben also zwei ganz verschiedene Bewertungen desselben Merkmals, nämlich des unvollkommen ausgebildeten Rüssels; der Träger desselben wird als ursprünglicher gebaut anzusehen sein, wenn der Rüssel primär unentwickelt ist, er wird dagegen als Produkt einer höheren Differenzierung betrachtet werden müssen, wenn die Rollzunge sekundär rückgebildet ist.

Es bedarf wohl nach den soeben angeführten Tatsachen keiner weiteren Begründung, wenn wir diejenigen Formen, bei denen Mandibeln noch gut ausgebildet und sogar funktionsfähig vorkommen, als die ältesten Schmetterlinge überhaupt betrachten und annehmen können. daß die hypothetischen ersten Schmetterlinge, die uns nicht als Fossilien überliefert worden sind, ihnen recht ähnlich waren. Ganz ähnlich liegen die Verhältnisse bei den Tastern der ersten Maxillen, den Maxillarpalpen. Wir wissen, daß diese bei unserer primitivsten Gattung *Micropteryx* zum Ablösen der Pollen benutzt werden. Indem die Falter dazu übergingen, flüssige Nahrung mittels der Rollzunge aufzunehmen, mußten die Palpen für diese Funktion entbehrlich werden. Wir finden sie in guter Ausbildung deshalb vorwiegend bei primitiven Formen, wie bei den aculeaten Tineiden; sie finden sich jedoch auch noch bei höheren Formen, wo sie vielleicht einen Funktionswechsel übernommen haben. Als Gegensatz zu den Maxillarpalpen werden die Labialpalpen angesehen; sie sind die Träger wichtiger Sinnesorgane und konnten deshalb nicht in dem Grade rückgebildet werden, wie es bei den Maxillarpalpen geschah. Oftmals wird man die größere Ausbildung der Labialpalpen als Merkmal der Spezialisierung ansehen; es ist aber nur mit Vorsicht zu verwenden; die Gattung *Libythea* zeichnet sich durch enorm vergrößerte Palpen aus, trotzdem ist sie auf Grund ihrer geographischen Verbreitung, des Futters der Raupe und anderer Merkmale als eine ziemlich ursprüngliche Form zu betrachten. Auch die Ausgestaltung des „Basalfleckes", der an der Basis der Innenseite des ersten Labialpalpengliedes sich befindet (Näheres über den Bau dieses Basalfleckes wird in dem Kapitel über die Sinnesorgane mitgeteilt werden), spielt, wie ENZIO REUTER nachwies, eine bedeutsame Rolle. Ein Falter ist um so ursprünglicher, je breiter ausgedehnt und diffuser begrenzt dieses Sinnesfeld ist, und je schwächer die Kegel und Gruben auf demselben entwickelt sind. Bei spezialisierteren Gattungen ist der Basalfleck kleiner, schärfer begrenzt und oft erhaben, die Gruben und Kegel sind distinkter zu unterscheiden. Der Bau der Augen ist nicht für stammesgeschichtliche Untersuchungen geeignet, weil sie sich der Lebensweise anpassen und bei Tagfliegern anders ausgestaltet sind wie bei Nachtfliegern, ohne Rücksicht auf die verwandtschaftliche Zusammengehörigkeit. Das gleiche gilt für die Ocellen, die in denselben Familien und Gattungen fehlen können oder vorhanden sind, ohne daß sie für phyletische Schlußfolgerungen verwendet werden können.

In vielen Fällen geben die Beine des Falters ein gutes Hilfsmittel für die Beurteilung des entwicklungsgeschichtlichen Alters. Wir wissen, daß die ursprünglichsten Falter ganz normal ausgebildete Beine besaßen (Hüfte, Schenkel, Schienen und Tarsen). In den Fällen, wo nun ein Funktionswechsel eintrat, wo also diese Gliedmaßen nicht mehr als Schrittbeine verwendet wurden, fand auch eine Umbildung statt, indem einzelne Teile derselben verkümmerten. So entstanden die „Putzpfoten" verschiedener Tagschmetterlingsfamilien, die „Duftkeulen" (Abb. 46) an den Hinterbeinen mancher *Hepialus*-Arten u. a. Jedoch ist eine gewisse Vorsicht hier geboten. Im allgemeinen kann man feststellen, daß solche Umbildungsvorgänge bzw. umgebildeten Organe ein Merkmal höherer Entwicklung darstellen, aber nur in Beziehung zu den nächsten Verwandten. Es geht nicht an, daß man *Hepialus* auf Grund dieser „Duftkeulen"als einen spezialisierteren Typus betrachtet als die *Sphingidae* z. B., bei denen solche umgebildeten Beine fehlen. Wohl aber können wir nach dem Organ in der Gattung *Hepialus* selbst feststellen, daß die Arten in ihrer Entwicklung sich als phyletisch älter ansprechen lassen, wenn das Organ nicht ausgebildet ist, und daß sie um so spezialisierter sind, je stärker bei ihnen die „Duftkeule" ausgebildet ist. Eine allgemeinere Verwendung findet die Verkümmerung der Beine bei den Tagfaltern; hier gibt es ganze Familien, deren Angehörige ausnahmslos verkümmerte Beine besitzen, und nach dem Grade dieser Modifikation können diese Familien im Stammbaum angeordnet werden. Hier spielen jedoch, wie bei den im folgenden zu besprechenden Fühlern, sexuelle Verschiedenheiten eine große Rolle, und solche Merkmale sind mit größter Vorsicht anzuwenden, weil sie sich in verschiedenen Familien als Konvergenzerscheinungen unabhängig von der Verwandtschaft ausbilden können.

Im Fühlerbau ist es das Prinzip der Oberflächenvergrößerung, das die Verschiedenheiten bedingt. Es soll eine größere Anzahl von Sinnesorganen auf den Antennen untergebracht werden, deswegen müssen letztere vergrößert und feiner zerteilt werden. Die antennalen Sinnesorgane werden aber hauptsächlich für das Finden der Geschlechter gebraucht. Die ursprünglichste Form der Fühler ist die fadenförmige; nach dem Gesetz der Oberflächenvergrößerung entstanden kammzähnige, gekämmte und gefiederte Fühler. Diese sind also als die differenzierteren anzusehen. Ganz falsch wäre es aber nun, die Fühler der Tagfalter, die nicht zerteilt, sondern ganz glatt sind, als primitiv zu betrachten und somit den *Rhopalocera* eine Stellung im Anfang des Systems zuzuweisen. Wir müssen hier die Lebensweise berücksichtigen und bedenken, daß sich die Tagfalter nicht durch den Geruch, sondern durch das Gesicht zur Kopulation zusammenfinden. Es war also gar nicht erforderlich, daß bei den Tagfaltern eine Zerteilung der Fühler einsetzte; es sind die Fühler der Tagfalter mit denen der Nachtfalter in keiner Weise zu vergleichen, und phyletische Schlußfolgerungen, die man aus der Verschiedenheit beider zieht, werden hinfällig. So bieten also sexuelle, nur auf ein Geschlecht beschränkte Kennzeichen, wie es die Struktur der Fühler und die Verkümmerung der Beine bei den Männchen sind, keine guten phyletischen Bestimmungsmerkmale.

Wohl aber findet sich an den Beinen auch eine Eigentümlichkeit, die beiden Geschlechtern zukommt; es sind das die Sporenbildungen, wie sie besonders schön an den Hinterschienen zur Ausbildung kommen. Im allgemeinen läßt sich sagen, daß die Gattungen die primitiveren sind, bei denen eine größere Anzahl von Sporen vorhanden ist, und daß diese mit der fortschreitenden Entwicklung reduziert werden. Gewöhnlich kommen an den Hinterschienen bei ursprünglicheren Formen zwei Paar Sporen vor; bei differenzierteren Gattungen sind dann nur noch die Endsporen vorhanden. So besitzen fast alle sogenannten Microlepidopteren zwei Paar Tibialsporen an den Hinterbeinen, während einige Familien, die einen Übergangscharakter zwischen Groß- und Kleinschmetterlingen erkennen lassen, bei sonstigen Microlepidopteren-Merkmalen nur noch Endsporen an den Hintertibien tragen. Auch innerhalb der Familien läßt sich dieses Kennzeichen verwenden; bei den Bärenspinnern (Arctiidae) gibt es eine Anzahl von Gattungen, die zwei Paar Tibialsporen, andere wieder, die nur ein Paar davon besitzen. Bei gleichzeitiger Untersuchung anderer Merkmale findet man, daß die Gattungen mit zwei Sporen die ursprünglicheren, die mit einem Paar die höher entwickelten sind. In ähnlicher Weise kann auch das Vorhandensein oder Fehlen von Sporen an den übrigen Beinen für entwicklungsgeschichtliche Untersuchungen herangezogen werden. Es ist, bei sonst normaler Gestaltung der Beine, niemals ein tertiärer Sexualcharakter, sondern bei Männchen und Weibchen in gleicher Weise ausgebildet.

Von ganz besonderer Wichtigkeit und früher fast ausschließlich für phyletische Studien benutzt sind nun die Flügel des Schmetterlings. Das ist auch erklärlich, wenn wir bedenken, daß diese nicht in demselben Maße wie andere Organe von besonderen notwendigen Anpassungen betroffen werden. Die verschiedensten Einflüsse rufen keine Veränderungen in der Morphologie derselben hervor, wenn wir von solchen absehen, bei denen eine Verkümmerung der Flügel erfolgen muß. (Stürmisches Klima, lebenslängliches Verbleiben im Raupensack u. a.) So zeigen die Flügel in deutlichster Weise die Linien der Entwicklung, und wenn man erst gelernt hat, die einzelnen Merkmale zu deuten und zueinander in Beziehung zu bringen, kann man in ihnen lesen wie in einem aufgeschlagenen Buche der Stammesgeschichte unserer Schmetterlinge. Betrachten wir zunächst die Bekleidung der Flügel, so können wir feststellen, daß bei einigen Familien sich noch Chitinzähnchen auf der Flügelfläche finden, die nicht beweglich sind, sondern einen Fortsatz der Chitindecke darstellen. Solche Zähnchen oder Stacheln finden wir nur bei den niedrig stehenden aculeaten Tineiden; sie sind infolgedessen als primitives Merkmal zu bewerten. Bei allen anderen Familien finden sich ausschließlich Schuppen, die ihrerseits wieder untereinander sehr verschieden sind. (Von den als tertiäre Geschlechtsmerkmale zu betrachtenden Duftschuppen soll hier nicht die Rede sein; sie sind ebensowenig wie die weiter oben erwähnten sexuellen Bildungen an Beinen und Fühlern unbeschränkt anwendbar.) Diese Verschiedenheiten sind auch bei Schuppen ein und desselben Flügels feststellbar, gewöhnlich werden sie vom Rande nach der Flügelwurzel zu immer kürzer und breiter. Wir gehen wohl aber nicht fehl, wenn wir diejenigen Schuppen als die primitivsten bezeichnen, die am meisten haarförmig, also lang und schmal erscheinen. Haare und Schuppen sind morphologisch dasselbe; beide gehen aus hypodermalen Trichogenzellen hervor, und nur der Grad der Ausbildung unterscheidet sie voneinander. Den Vorfahren unserer heutigen Schmetterlinge stehen unsere Trichopteren oder Köcherfliegen am nächsten; bei ihnen ist die Flügelfläche nur mit Haaren bedeckt, die wohl den Schuppen unserer Falter homolog sind. Wir kennen aber keine noch so tief stehenden Lepidopteren, bei denen nur Haare auf der Flügelfläche ausgebildet sind; schon bei den primitiven Micropterygiden finden sich Schuppen in verschiedener Ausbildung; besonders die metallglänzenden Flecke der Zeichnung beruhen fast stets auf kurzen und breiten Schuppen.

Die meiste Beachtung verdient aber immer das Geäder der Flügel Es war schon erwähnt worden, daß in jeder Ader oder Rippe normalerweise ein Nerv und eine Trachee vorhanden sind. Das Fehlen derselben zeigt uns schon den ersten Schritt der Weiterentwicklung, namentlich ist es die Trachee, die bald rückgebildet wird. Im weiteren Verlaufe dieses Prozesses verschwindet auch die stärkere Chitinisierung der Rippe, sie wird blaß und farblos im durchfallenden Licht, und schließlich ist im letzten Stadium gar keine Rippe mehr vorhanden, an ihre Stelle tritt eine von oben gesehen konkave Falte (da ja die Entwicklung der Rippe an der unteren Flügellamelle erfolgte!). Später kann dann der Platz, wo sich die Rippe befunden hat, ganz unkenntlich werden, da andere Rippen nachrücken und die Stelle der verlorengegangenen einnehmen. Nachdem wir so den Reduktionsprozeß der einzelnen Ader kennengelernt haben, wenden wir uns den verschiedenen Gesetzen zu, die für die Veränderung der Rippen-Anordnung im Flügel in Frage kommen.

1. Im ursprünglichen Zustand sind Vorder- und Hinterflügel in Gestalt und Adern-Konfiguration einander annähernd gleich. Als Beispiel dafür mögen uns die Flügel der Hepialiden und Micropterygiden dienen, deren Flügel vorn und hinten sowohl in Form wie in der Anzahl der Adern und ihrer Anordnung einander äußerst ähnlich sind. Wir wissen, daß ein solches Geäder und eine solche Relation zwischen Vorder- und Hinterflügel auch bei allen *Trichoptera* besteht, mit denen unsere Lepidopteren wohl aus einer gemeinsamen Wurzel entsprungen sind, wobei aber die ersteren im allgemeinen auf einer tieferen Organisationsstufe stehen blieben, während sich die letzteren, in besonderer Anpassung an das Flugleben, höher entwickelten. So darf es uns nicht wundern, daß wir den Flügelbau der Trichopteren bei den ursprünglichsten Faltern noch finden, ja sogar dieselbe Anheftungsweise der Flügel, worauf wir unten noch zurückkommen werden. Bei allen höheren Lepidopteren ist der Hinterflügel in der Weise rückgebildet, daß von den ursprünglich fünf Ästen des Radius nur noch ein freier Ast erhalten blieb. Das beruht auf einer Verkleinerung des Hinterflügels. Es sind also in jedem Falle Schmetterlinge mit einem mehrästigen Radius im Hinterflügel als ursprünglicher anzusehen im Gegensatz zu solchen, wo der Radius nur noch einen freien Ast besitzt. Es ist zu bedauern, daß zwischen den Familien mit einästigem Radius und denen, die einen vier- bis fünfästigen Radius besitzen, keinerlei Zwischenformen bis jetzt gefunden werden konnten. Es ist anzunehmen, daß diese Bindeglieder ausgestorben sind.

2. Im Verlaufe der Entwicklung erfolgt eine Verkleinerung des Hinterflügels. Aus der Fluglehre wissen wir, daß zum Fliegen vorwiegend die Vorderflügel benutzt werden; viele Falter können mit abgeschnittenen Hinterflügeln noch fliegen; die Hinterflügel dienen großenteils nur Zwecken der Steuerung, welch letztere auch von anderen Körperteilen (Abdomen, Hinterbeine) mit übernommen werden kann. So zeigt sich in der ganzen Entwicklungsgeschichte der Schmetterlinge die Tendenz, die Hinterflügel zu reduzieren, sie vielleicht ganz verschwinden zu lassen, wie ja auch bei den Dipteren die Hinterflügel vollkommen außer Funktion gesetzt und in die Schwingkölbchen umgewandelt wurden.

3. Wenn eine sexuelle Verschiedenheit in der Hinterflügelreduktion auftritt, ist letztere beim Männchen stärker ausgeprägt als beim Weibchen. Wir wissen, daß überall in der Entwicklung der Tierwelt das weibliche Element das konservativere ist, daß immer Neubildungen und Neuerwerbungen zuerst beim Männchen auftreten und erst später vom Weibchen übernommen werden. Daran ändert auch die Erscheinung der weiblichen Mimikry, über die wir noch in dem

Kapitel über Tracht sprechen werden, nichts. Dasselbe gilt auch für die Flügelreduktion. In den weitaus meisten Fällen muß ja das Männchen das Weibchen aufsuchen, damit es zur Kopulation gelangen kann, es muß also das männliche Geschlecht flugtüchtiger werden, und das äußert sich auch in der Umbildung der Flügel. Es sei hier als das auffälligste Beispiel die afrikanische Lasiocampide *Gonometa postica* Wlx. erwähnt, wo die Hinterflügel des Männchens geradezu winzig sind im Verhältnis zu denen des Weibchens (Tafel 4 Abb. 1 u. 3); eine Ausnahme aber haben wir bei unseren zu den Kleinschmetterlingen gehörigen *Pleurota*-Arten; bei den Weibchen mancher derselben sind die Hinterflügel gänzlich verschwunden (Tafel 5 Abb. 1 u. 5), während sie bei den Männchen ganz normal ausgebildet sind. Selbstverständlich gehören hierher nicht jene Fälle von Arten, deren Weibchen ganz verkümmerte Stummelflügel hinten und vorn besitzen; in dem Kapitel über Phänologie werden sie genauer besprochen und erklärt werden.

4. Die Reduktion des Hinterflügels erfolgt in der Richtung von hinten nach vorn. Als Regel gilt, daß zunächst im Hinterflügel die hinteren Adern deformieren; das sind die Axillares und die Analis. Hier muß allerdings zunächst eine befremdliche Ausnahme erwähnt werden. Es war schon gezeigt worden, daß alle höherstehenden Schmetterlinge sich von den tiefstehenden Hepialiden und Micropterygiden, den Jugaten, durch den Verlust von vier freien Radialästen unterscheiden. Der Radius liegt nun aber gerade am Vorderrande des Flügels; hier hat also die Reduktion nicht hinten, sondern vorn zuerst eingesetzt. Eine plausible Erklärung ist bis nun für diese eigenartige Erscheinung noch nicht gegeben worden; wir werden weiter unten sehen, ob eine solche vielleicht doch möglich ist. Von dieser Ausnahme abgesehen vollzieht sich die Entwicklung meist in der Weise, daß die Axillares und die Analis verschwinden. Ihre Bedeutung für den Stammbaum der Schmetterlinge erhellt daraus, daß die fundamentale Einteilung der „Groß- und Kleinschmetterlinge", besser der *Harmoncopoda* und *Stemmatoncopoda*, außer auf den Raupenmerkmalen auf dem Fehlen oder Vorhandensein dieser „drei Innenrandsadern im Hinterflügel" beruht. Die Familien mit drei Innenrandsadern wurden zu den Kleinschmetterlingen (im wissenschaftlichen Sinne des Wortes), die übrigen zu den Großschmetterlingen gezählt. Die Weiterentwicklung erfolgt in der Weise, daß zuerst wohl die Adern reduziert werden, daß aber „der Platz für sie noch da ist". Es sind dann die Konkavfalten vorhanden, der Flügel bleibt so breit, wie er war. Im weiteren Verlaufe wird er aber am Hinterrande, wo die stützenden Adern fehlen, immer schmaler und schmaler; gewöhnlich bleibt als Endprodukt aber noch eine der beiden Axillares stehen. In dem Maße, wie sich der Hinterflügel verschmälert, werden auch von den übrigen Adern immer mehr verschwinden. Es rücken die einzelnen Aderäste näher aneinander heran, verschmelzen zuerst im proximalen Teile (Aderäste „gestielt"), dann im distalen, so daß sie endlich ganz zusammenfallen und nur eine einzige Ader bilden. Diese Koaleszenz findet sich besonders häufig bei Ader m_3 und cu_1 und

bei *rr* und m_1. Schließlich kann die ganze Mittelzelle so weit nach vorn rücken, daß ihr Vorderrand mit der Subcosta zusammenfällt, wie es bei allen Syntomididen der Fall ist.

5. Die Reduktion des Hinterflügels setzt sich auch auf die hinteren Teile des Vorderflügels fort. Daß die Tendenz, die den Hinterflügel verkleinert, auch dieselbe ist, die eine Verschmälerung des Vorderflügels bedingt, dürfte nach dem oben gesagten verständlich sein. Von einer Verschmälerung des Vorderflügels werden natürlich zuerst die hinteren Teile, die in ihrer Funktion mehr den Hinterflügeln nahestehen, betroffen werden. Und so zeigt sich hier dasselbe Bild: die „drei Innenrandsadern" werden reduziert, in erster Linie die Analis. Dieser Prozeß setzt erst später ein als die Verkleinerung des Hinterflügels; so lassen sich Formen feststellen, die schon im Hinterflügel nur noch zwei Innenrandsadern haben, im Vorderflügel aber noch die dritte Innenrandsader (die Analis) besitzen. Ein Schulbeispiel dafür sind die *Zygaeniden*; bei ihnen kommt (in Afrika) eine Unterfamilie vor, die schon die dritte Innenrandsader im Vorderflügel verloren hat (*Pompostolinae*), die wir demnach als einen fortgeschrittenen Typus der *Zygaenidae* ansprechen müssen. Bei sehr vielen Formen höherer Lepidopteren ist aber dann noch die Falte deutlich sichtbar, in der die Analis verlief, und es macht dann manchmal große Mühe festzustellen, ob die Ader hier noch vorhanden ist oder schon fehlt. Die Reduktion der Axillaradern erfolgt gewöhnlich in der Weise, daß beide näher aneinander heranrücken und in ihren distalen Teilen verschmelzen, an der Wurzel jedoch noch getrennt bleiben, wodurch an der Basis eine Gabelung entsteht, die als Wurzelschlinge oder Axillarschlinge bezeichnet wird.

Unter dem Gesichtspunkt der fortschreitenden Verschmälerung des Vorderflügels ist nun vielleicht auch die vorhin schon erwähnte Erscheinung zu betrachten, daß im Hinterflügel zunächst die Radialäste reduziert werden. Es ist hier zu berücksichtigen, daß nach den Untersuchungen von ENDERLEIN jeder Flügel zwei Systeme von Adern besitzt; das vordere oder radiale System umfaßt Costa, Subcosta und Radius, das hintere oder mediane System enthält alle dahinter gelegenen Adern, nämlich Media, Cubitus, Analis und Axillares. Jedes der beiden Systeme hat einen Stamm, aus dem die Adern entspringen. So haben wir an jeder Körperseite einen radialen und einen medianen Vorderflügelstamm; dasselbe gilt auch für den Hinterflügel. Es ist nun besonders bemerkenswert, daß der mediale Stamm des Vorderflügels und der radiale Stamm des Hinterflügels aus einem gemeinsamen Tracheenast entspringen. Diese beiden stehen also in näheren Beziehungen zueinander als die beiden Systeme des Vorderflügels unter sich. Das radiale System des Hinterflügels ist nun in doppelter Weise Reduktionstendenzen ausgesetzt; einmal wirkt die Verkleinerung des Vorderflügels auch auf den so innig mit ihm verbundenen Teil des Hinterflügels, und außerdem bewirkt die Reduzierung des Hinterflügels selbstverständlich auch eine Verschmälerung im vorderen Teil. So erklärt sich die oben erwähnte Erscheinung, daß beim Übergang von den Jugaten zu den Frenaten zwar der vordere Teil des Hinterflügels (bei den Radialästen) verschmälert wird, ohne daß der hintere Teil schon beeinflußt wird. Es wirken hier eben zweierlei Tendenzen gemeinsam und bewirken in ihrer Summierung einen vorzeitigen Schwund der Radialäste.

6. Im Vorderflügel bewirkt die Weiterentwicklung eine Zusammendrängung der Adern am Vorderrand. An diesen werden beim Flug die höchsten Anforderungen gestellt; um eine möglichst große Versteifung herbeizuführen, rücken recht zahlreiche Adern an den Vorderrand. Untersuchen wir z. B. den Flügel eines Schwärmers, so finden wir eine so starke Zusammenpressung der Adern an der Costa, daß wir am unbeschuppten Tier wohl alle Adern sehen können, am normal mit Schuppen bedeckten Flügel sind aber meist nur wenige sichtbar; das gilt besonders für die Radialäste. Bei solcher Anhäufung von Rippen auf kleinem Raum kommt es dann leicht zur Verschmelzung von einzelnen Ästen eines Systems. Auch bei hochspezialisierten Kleinschmetterlingen, Nepticuliden u. a., finden wir eine solche Reduktion der Aderäste, so daß als Endergebnis vielfach nur die reinen Aderstämme, Subcosta, Radius, Media usw. auftreten, ohne daß einer von

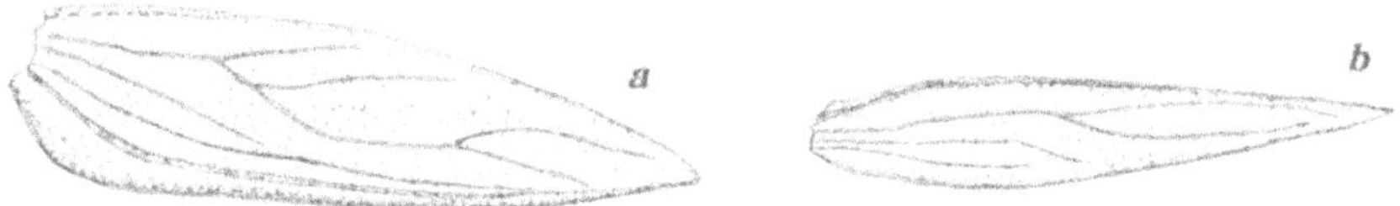

Abb. 33. *a* Vorder-, *b* Hinterflügel von *Nepticula gratiosella Z.* mit stark vereinfachtem Geäder.

ihnen sich noch gabelt. Schließlich können auch noch ganze Aderstämme ausfallen, so daß ein Flügel mit einigen wenigen einfachen Adern entsteht.

Als die bei der Flügelumbildung wirkende Tendenz müssen wir ein Streben feststellen, das auf eine Vereinfachung der im primitiven Stadium zahlreich vorhandenen Aderäste hinzielt. Als das ursprünglichste Merkmal hätte demnach bei Schmetterlingen eine größtmögliche Vielästigkeit der Adern zu gelten, die nun immer mehr eingeschränkt wird. Man faßt vielfach bei Insekten im allgemeinen das vielästige Stadium der Flügeladern als das primäre auf, die Einförmigkeit derselben als sekundäre Rückbildung. Im Gegensatz dazu sieht Enderlein die Einästigkeit als ursprünglich an und ist der Ansicht, daß doch zuerst ein Stamm dagewesen sein muß, an dem sich Äste entwickeln konnten. Demgegenüber muß aber bemerkt werden, daß sich ursprünglich im ganzen Körper solche feinen Verzweigungen der Tracheen finden, die alle wichtigen Organe umspinnen. Als sich die Flügel ausbildeten, wurde auch in jeden derselben ein solcher Tracheenkomplex übernommen, so daß zuerst im Flügel sämtliche feinsten Verzweigungen vorhanden waren, die dann im Laufe der Entwicklung, weil nicht notwendig, immer mehr reduziert wurden. Damit hängt auch das Verschwinden der basalen Mediateile zusammen, weil deren Aufgabe die Diskoidalzelle als Ganzes übernimmt.

Fassen wir den Grundzug aller bisher beobachteten Tendenzen in der Flügelentwicklung zusammen, so läßt sich sagen, daß eine Fortbildung und Umbildung vom Komplizierten zum Vereinfachten vor sich geht. Die komplizierte Vielästigkeit der Adern wird rückgebildet bis zur Einästigkeit derselben, das Zusammenwirken von zwei Flügeln wird immer mehr dahin eingeschränkt, daß nur der Vorderflügel als flugwichtig beibehalten wird. Der Schmetterling der Zukunft wird vielleicht nur Vorderflügel besitzen.

Im engsten Zusammenhang mit der Äderung stehen Färbung und Zeichnung der Flügel. Letztere ist zum guten Teil auf Pigmente bzw. Oxydierung von solchen zurückzuführen; es versteht sich deshalb von selbst, daß sie ursprünglich in Beziehung zu den Adern steht. Zwischen den bereits gekennzeichneten Adern befinden sich unzählige feine Quertracheen, die eine besondere Beziehung zur Färbung und Zeichnung haben. Die Frage, welche Zeichnungsmuster die primären seien, ist vielfach umstritten worden; einerseits wurde behauptet, die Einfarbigkeit sei das primitivste Stadium der Flügelfärbung, von anderer Seite wurde diese gerade als Differenzierung aufgefaßt; nach EIMER, sind eine Anzahl von Querstreifen ein ursprünglicher Zustand, nach VAN BEMMELEN u. a. besteht die erste Zeichnung in zahlreichen kurzen Querlinien zwischen den einzelnen Adern. Letztere Ansicht hat wohl die meiste Wahrscheinlichkeit für sich. Ohne daß wir uns für die eine oder die andere Ansicht entscheiden, stellen wir fest, daß in allen Fällen eine primitive Form vorliegt, wenn Vorder- und Hinterflügel noch in Zeichnungsanlage und Färbung annähernd gleich sind und die Flügelfläche relativ wenige einfarbige Flächen besitzt. Solche Fälle kommen auch in höher organisierten Familien vereinzelt vor und sind dann als Rückschläge oder Hemmungsbildungen anzusprechen.

Von abdominalen Bildungen mit phyletischem Werte wären hauptsächlich die Tympanalorgane und die Kopulationsapparate zu erwähnen. Der Besitz der ersteren erweist sich wohl in den meisten Fällen als höherer Spezialisierungsgrad. Bei den Sexualarmaturen können wir, kurz gesagt, dasselbe Gesetz beobachten wie bei den Flügeladern, die Tendenz nämlich, die komplizierten Apparate immer einfacher zu gestalten. Alle Anhangsgebilde der Harpen, des Uncus usw. werden im Laufe der Entwicklung immer weiter rückgebildet und verschwinden schließlich ganz. Also auch hier wieder die Umbildung des Komplizierten ins Einfache. Wie das zu erklären ist, mag noch recht unsicher sein; bei primitiven Formen finden öfter „Ehe-Irrungen" statt, und die für jede Art charakteristischen Sexualarmaturen verhindern fast stets eine regelrechte Kopula zwischen zwei Arten. Vielleicht sind höhere Formen auch darin weiter differenziert, so daß eine so gewaltsame Verhinderung durch die Kopulationsapparate nicht nötig ist. Für stammesgeschichtliche Untersuchungen hat die vergleichend-morphologische Betrachtung der Kopulationsapparate nur geringen Wert, da sie nur die Entwicklung der Arten in einer Gattung oder höchstens in einer Familie erläutert. Doch ist zu hoffen, daß später, wenn diese Bildungen erst eingehender von allen Arten bekannt sind, sich aus ihnen phyletische Schlüsse ziehen lassen werden.

Eine bemerkenswerte Tatsache, die der Erforschung der stammesgeschichtlichen Stellung oft große Schwierigkeit in den Weg legt, ist nun darin zu sehen, daß bei vielen Gattungen sich Merkmale finden, die als recht ursprünglich anzusehen sind, in Verbindung mit solchen, die ein Zeichen hoher Differenzierung sind. Nach dem einen der Merkmale muß die betreffende Gattung als stammesgeschichtlich alt, nach dem anderen als relativ modern beurteilt werden. Bestände diese Eigentümlichkeit nicht, dann wären sicher schon alle Schmetterlingsfamilien an der richtigen Stelle im System und im Stammbaum untergebracht, und es würden nicht immer wieder dieselben Streitfragen aufgerollt werden, wie z. B. die der richtigen Stellung der *Zygaenidae* oder der *Hesperiidae*. Es ist deshalb für uns von besonderer Wichtigkeit, daß wir wissen, welche Organveränderungen die Hauptmerkmale einer Weiterentwicklung sind, und welche nur als gelegentliche Anpassungen aufzufassen sind. Es kommt darauf an, die in den vorangegangenen Seiten geschilderten Umbildungsprozesse gegeneinander abzuwägen und nach ihrer Bedeutung für die Stammesgeschichte zu würdigen. Nach den bedeutsamsten dieser Merkmale werden wir uns dann bei der Beurteilung der Stellung einer Familie richten, wenn nicht die minder bedeutsamen in großer Anzahl dagegen sprechen.

Das wichtigste von allen Merkmalen scheint die Ausbildung des Flügelgeäders zu sein. Ihm gegenüber treten alle anderen Entwicklungsprozesse zurück, weil es am wenigsten gelegentlichen äußeren Einflüssen angepaßt wird. In zweiter Linie wäre sodann die Bewaffnung der Bauchfüße bei der Raupe zu nennen. Kranzfüße, wie wir sie bei den *Stemmatoncopoda* finden, sind ohne weiteres ein primitiveres Merkmal als die bei den *Harmoncopoda* auftretenden Klammerfüße. In einigen Fällen jedoch kollidieren nun diese beiden Merkmale: Bei den *Zygaenidae* ist die „dritte Innenrandsader", die Analis, erhalten; danach gehört diese Familie zu den „Kleinschmetterlingen"; die Raupen dagegen besitzen Klammerfüße, was die Falter zu den Großschmetterlingen verweisen würde. Wofür haben wir uns in solchen Fällen zu entscheiden? Bei entgegenstehenden Merkmalen spielt das Geäder die ausschlaggebende Rolle. Da die Zygaeniden die „dritte Innenrandsader" besitzen, sind es Kleinschmetterlinge, wenn ihre Raupen auch den Habitus von Großschmetterlingslarven angenommen haben. Letzteres ist vermutlich eine sekundäre Anpassung an die freilebende Art des Larvenstadiums. Wir wollen eine Kontrolle vornehmen, um diese dominierende Bedeutung der dritten Innenrandsader für den Unterschied zwischen Groß- und Kleinschmetterlingen zu erweisen und untersuchen den die Diskoidalzelle durchsetzenden basalen Teil der Media. Wir finden, daß in dieser Familie die Basis der Media vorhanden ist, welches Merkmal ebenfalls die Einordnung der Zygaeniden bei den Kleinschmetterlingen nötig macht.

Es kommt aber auch der umgekehrte Fall vor. Die *Hesperiiden* sind die Schmerzenskinder aller phyletisch arbeitenden Lepidopterologen. In ihrer Abstammung ohnehin in tiefstes Dunkel gehüllt, besitzen sie so heterogene Merkmale, daß ihre Unterbringung bisher immer provisorisch war. Es fehlt ihnen die Analis, die „dritte Innenrandsader", es sind fast alles Tagflieger, die basalen Teile der Media sind verschwunden, die Fühler sind wie die aller Rhopaloceren nie gefiedert, sondern am Ende keulig verdickt, die Hinterflügel haben, wie die aller Tagfalter, keine Haftborste oder Frenulum, der Saugmagen (siehe später unter Ernährung der Imago) ist gut gestielt; das sind alles Merkmale einer relativ hohen Differenzierung, und man könnte geneigt sein, diese Familie deshalb in die Nähe der spezialisierten Tagfalter zu stellen, zu denen sie ja tatsächlich früher gerechnet wurden. Dem stehen aber einige primitive Merkmale entgegen, die das Bild wieder verschieben; alle Aderäste in beiden Flügeln entspringen aus der Mittelzelle, keiner ist mit einem anderen gestielt. Die Raupen haben Kranzfüße und leben vielfach zwischen versponnenen Blättern, geradeso wie die vieler Kleinschmetterlinge. Wofür soll man sich in diesem Falle entscheiden? Auf Grund der fehlenden Analis und der basalen Media, also von Geädermerkmalen, stellt man die *Hesperiiden* zu den „Großschmetterlingen" und sieht die Kranzfüßigkeit der Raupen als eine sekundär erworbene Eigenschaft an, die auf der Lebensweise zwischen den Blättern beruht. Freilich bleibt die eigenartige Stellung der Aderäste, die alle aus der Mittelzelle entspringen, bemerkenswert, ohne daß wir imstande sind, dafür eine Erklärung zu geben, besonders, da alle Hesperiiden, abgesehen von Formen wie unser *Heteropterus morpheus* PALL, nicht ungeschickte Flieger sind. Schließlich sei noch eine allen unseren Grypoceren, wie sie auch genannt werden, eigentümliche Eigenschaft erwähnt, das ist die ganz außerordentliche Kompliziertheit, verbunden mit einer mannigfaltigen Modifikationsfähigkeit, der männlichen Kopulationsapparate; nirgends bei den Lepidopteren finden wir einen solchen Formenreichtum und eine solche Wandlungsfähigkeit wie bei dieser Familie. Komplizierte Ausgestaltung der Sexualarmaturen hatten wir als Merkmal der Primitivität kennengelernt. Dazu steht aber scheinbar im Widerspruch, daß sehr häufig Asymmetrien in der Morphologie dieser Organe beobachtet werden können. Nun ist aber ein in der ganzen Natur herrschendes Gesetz, daß im primitiven Zustand die Symmetrie vorherrscht und Asymmetrie eine spezialisiertere Erscheinung darstellt. Wir finden also an ein und demselben Organ primitive und spezialisierte Merkmale vertreten; ebenso war es ja allerdings, wie schon oben angeführt, bei den Flügeln, wo das primitive Fehlen aller Aderstiele mit der Differenzierung in bezug auf Mediabasis und Analis zusammenfiel. Die *Hesperiiden* sind also ein Schulbeispiel für die oftmals so schwierige Unterbringung einer Schmetterlingsfamilie in stammesgeschichtlicher Hinsicht, und sie geben uns noch viele ungelöste Rätsel auf.

In der folgenden Tabelle soll eine kleine Übersicht über die stammesgeschichtliche Stellung der bekanntesten unserer Schmetterlingsfamilien gegeben werden. Es wird von vornherein davor gewarnt, diese Tabelle etwa als einen „Stammbaum" zu werten. Zur Ausarbeitung desselben wäre es nötig, auch eine große Anzahl von Familien heranzuziehen, die nur in den Tropen oder sonst in außereuropäischen Ländern vorkommen, die im übrigen nur aus wenigen Vertretern bestehen und meist ziemlich unbekannt sind. Außerdem sind diese Verhältnisse bei den Lepidopteren noch längst nicht genügend erforscht, um einen Stammbaum daraus konstruieren zu können, der schließlich auch über den Rahmen dieses Buches weit hinausginge. Es soll lediglich bezweckt werden, eine Einordnung unserer bekanntesten Schmetterlinge nach ihrem stammesgeschichtlichen Wert annähernd vornehmen zu können und so einen Überblick über die Entwicklung unserer Falter in großen Zügen zu geben. Dazu wird es nötig sein, die Familien ganz kurz zu charakterisieren.

1. Microlepidopteren oder ,,Kleinschmetterlinge" decken sich zum größten Teil mit dem Begriff der *Stemmatoncopoda* (ausgenommen die Megalopygiden und Zygaeniden). Die Analis im Hinterflügel vorhanden, wenn nicht die Flügel so außerordentlich klein sind, daß eine weitgehende Reduktion aller Adern vor sich gegangen ist.

   I. *Hepialidae* und *Micropterygidae*. Beide Familien im Vorder- und Hinterflügel mit annähernd gleichem Geäder, Flügel durch ein Jugum (siehe das Kapitel über den Flug) verbunden. Repräsentant: *Hepialus humuli* L., unser Hopfenspinner.

   II. Die aculeaten Tineiden, Flügelmembran mit Stacheln besetzt, Weibchen meist mit e i n e r Genitalöffnung.

      a) *Incurvariidae*. Flügelgeäder vollständig, Raupen zuerst minierend, später in einem Sack am Boden. Typus: Langfühlermotte, *Adela* Latr.

      b) *Tischeriidae*. Vorderflügel vollständig, Hinterflügel etwas reduziert. Raupen in Minen. Eichenminenmotte, *Tischeria complanella* Hb.

      c) *Heliozelidae* (incl. *Antispila*). Adern auch im Vorderflügel vereinfacht, Raupen in Minen, schneiden zur Verpuppung einen Sack aus dem Blatte. Typus: *Heliozela* H.S., *Antispila* Hbn.

      d) *Nepticulidae*. Kleinste Falter, mit reduziertem Geäder, Cubitus der Vorderflügel fast fehlend. Raupen meist in feinen Gängen minierend, Beine rückgebildet. Miniermotten, *Nepticula* Z.

      e) *Opostegidae*. Vorderflügel mit geraden, ganz einfachen Adern. Frenulum reduziert. *Opostega* Z.

   III. Nicht aculeate Tineiden, Flügel ohne Stacheln. Weibchen mit z w e i Genitalöffnungen.

      a) *Tineidae*. Beide Flügel mit vollständigem Geäder. Kleidermotten: *Tinea* L. und *Tineola* H.S.

      b) *Glyphipterygidae*. Media basal etwas reduziert, drei Innenrandsadern. *Glyphipteryx* Hbn. (Hier wären einige kleinere, wenig bekannte Familien noch einzuschieben, wie die *Acrolepiidae*, *Ochsenheimeriidae*. *Monopidae* und *Teichobiidae*.)

c) *Gracilariidae.* Geäder des Hinterflügels stärker reduziert, Fühler so lang wie der Vorderflügel. Typus: Fliederminiermotte, *Gracilaria syringella* F.

d) *Hyponomeutidae.* Geäder vollständig, Puppen dieser und der folgenden ohne Abdominaldornen, verlassen vor dem Schlüpfen den Kokon nicht. Typus: Apfelbaumgespinstmotte, *Hyponomeuta malinellus* Z.

e) *Gelechiidae.* Geäder relativ vollständig, Labialpalpen enorm vergrößert, besonders im zweiten Glied, nach oben aufgebogen. Kümmelmotte, *Depressaria nervosa* Hw.

f) *Coleophoridae.* Geäder vollständig, Palpen kleiner, Raupen Sackträger. Lärchenminiermotte, *Coleophora laricella* Hb.

g) *Momphidae.* Wie die vorigen, Raupen nicht Sackträger, oft minierend. *Mompha* Hbn.

h) *Elachistidae.* Adern im Hinterflügel reduzierter, Raupen mit zwei Ausnahmen stets Grasminierer. *Elachista* Tr.

i) *Cosmopterygidae* und *Lyonetiidae.* Adern im Hinterflügel noch mehr eingeschränkt, Raupen Minierer. Apfelminiermotte, *Lyonetia clerkella* L.

k) *Cemiostomidae.* Adern im Hinterflügel ganz einfach, Raupen minierend. *Cemiostoma* Z.

IV. *Tortricidae,* Wickler. Geäder vollständig, Raupen in zusammengewickelten Blättern. Eichenwickler, *Tortrix viridana* L.

(V bis X: Noch zu den Kleinschmetterlingen gehörige, früher zu den Macrolepidopteren gezogene Familien:)

V. *Cossidae.* Geäder dem der Tortriciden recht ähnlich, weist viele ursprüngliche Merkmale auf. Raupen xylotroph (siehe Nahrung der Larve), Weidenbohrer, *Cossus cossus* L. und Blausieb, *Zeuzera pyrina* L.

VI. *Aegeriidae* (Sesien). Media basal und Vorderflügel-Analis reduziert, Flügel sehr schmal, Raupen ebenfalls Holzfresser. *Sesia* F., Gasflügler.

VII. *Psychidae* (Sackträger). Adern relativ vollständig, sehr mannigfaltig. Weibchen flügellos, oft stark rückgebildet. Die Familie ist vielleicht polyphyletisch entstanden. *Psyche* Schrk., *Fumea* Stph., Sackträger.

VIII. *Limacodidae.* Geäder vollständig, Raupen freilebend, modifiziert, oft Nacktschnecken ähnlich. *Cochlidion.* Hbn.

IX. *Castniidae.* Geäder vollständig, Falter den Tagfaltern ähnlich, mit Fühlerkeule, Larven stemmatoncopod. Die Familie ist in Europa nicht vertreten, wie auch die folgende.

X. *Megalopygidae.* Geäder vollständig, Raupe mit Klammerfüßen. *Somabrachys* Kirby.

XI. *Pyralididae.* Geäder ziemlich vollständig, basale Media erloschen. Raupe mit Kranzfüßen. *Ephestia kühniella* Z., Mehlmotte; *Galleria* F., Wachsmotte.

XII. *Pterophoridae.* Vorderflügel meist in zwei, Hinterflügel in drei Federn zerspalten. Raupen frei lebend. Federmotten oder Geistchen.

XIII. *Orneodidae.* Flügel noch mehr zerspalten, Raupen endophag. *Orneodes* LATR.

XIV. *Heterogynidae.* Im Geäder den *Psychidae* ähnlich, Weibchen flügellos. *Heterogynis* RAMB.

XV. *Zygaenidae.* Geäder vollständig, Raupen freilebend, mit Klammerfüßen. Blutstropfen (*Zygaena* F.), *Anthrocera.*

XVI. *Thyrididae.* Geäder vollständig, die Analis aber undeutlich, Media basal erloschen. Raupe mit Kranzfüßen. *Thyris* LASP.

2. *Macrolepidoptera* oder Großschmetterlinge. Analis oder „dritte Innenrandsader" im Hinter- (und meist auch im Vorder-)flügel fehlend, Raupen meist mit Klammerfüßen; deckt sich zum größten Teil mit dem Begriff der *Harmoncopoda.*

I. *Endromididae.* Media basal und Analis noch angedeutet. Birkenspinner, *Endromis versicolora* L.

II. *Lasiocampidae.* Analis und basale Media ganz verschwunden, Frenulum wie bei den vorigen rückgebildet. *Lasiocampa* SCHRK. Glucke.

III. *Noctuidae, Arctiidae, Lymantriidae* und *Syntomididae.* Analis und basale Media fehlt, zweiter Mediaast näher dem dritten als dem ersten, also relativ hinten stehend. *Agrotis* O., *Arctia* SCHRK., *Lymantria* HBN. und *Syntomis* O. Bei den *Syntomididae* ist die Subcosta infolge Verkleinerung des Hinterflügels mit dem Radialramus zum größten Teile verschmolzen.

IV. *Geometridae.* Zweiter Mediaast näher dem ersten oder in der Mitte, Raupen mit teilweise verkümmerten Bauchfüßen. Spanner.

V. *Bombycidae.* Analis spurweise angedeutet. Zweiter Mediaast dem ersten genähert. *Bombyx mori* L., Seidenspinner.

VI. *Notodontidae, Dioptidae, Drepanidae.* Media wie bei den vorigen. Analis erloschen. Raupen meist mit normalen Bauchfüßen, Afterfüße zuweilen in pedes spurii verwandelt. *Phalera bucephala* L., Mondvogel. Die Dioptiden kommen nur in Südamerika vor.

VII. *Saturniidae.* Frenulum primär fehlend. Zweiter Mediaast wie bei den vorigen. *Saturnia* SCHRK., Nachtpfauenauge.

VIII. *Sphingidae.* Flügel schmal, die hinteren stark verkleinert, Raupen meist mit Horn auf Segment 8. *Acherontia atropos* L., Totenkopf.

Bei den folgenden fehlt stets das Frenulum.

IX. *Hesperiidae.* Alle Flügeladern aus der Zelle, Raupen stemmatoncopod. Dickköpfe, *Hesperia* F.

Rhopalocera. Adern zum Teil gestielt, Fühler keulenförmig, Raupen meist mit Klammerfüßen:

X. *Pieridae.* Hinterflügel mit zwei Axillares, alle Beine normal. Weißlinge, *Pieris* SCHRK.

XI. *Papilionidae.* Hinterflügel mit einer Axillaris. Beine normal. Schwalbenschwanz, *Papilio machaon* L.

XII. *Lycaenidae.* Vorderbeine des Männchens etwas reduziert, Tarsus nicht gegliedert. Bläulinge, *Lycaena* F.

XIII. *Libytheidae.* Vorderbeine des Männchens stärker reduziert, nicht mehr zum Laufen geeignet. *Libythea* F. mit großen Palpen.

XIV. *Riodinidae.* Von der vorigen Familie durch normale Palpen unterschieden. *Nemeobius lucina* L.

XV. *Nymphalidae.* Auch beim Weibchen die Vorderbeine nicht mehr zum Laufen geeignet. Adern normal. *Argynnis* F., Perlmutterfalter.

XVI. *Satyridae.* Wie vorige Familie. Adern im Vorderflügel an der Wurzel aufgeblasen. *Satyrus* WESTW., *Erebia* DALM.

Übersichts-Tabelle.

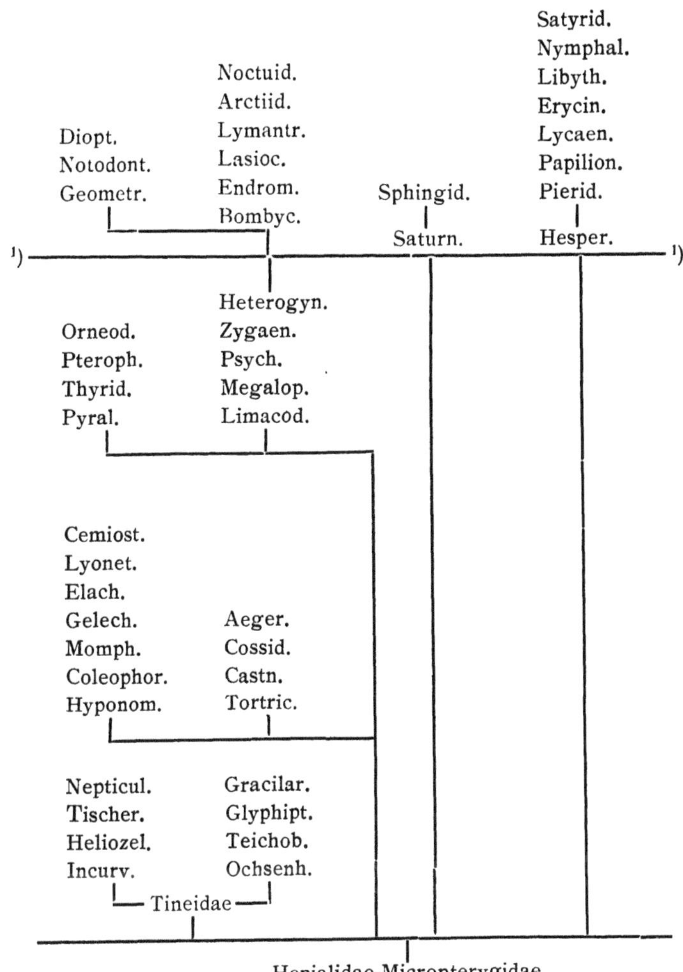

1) Grenze zwischen „Groß-“ und „Kleinschmetterlingen“.

Erster Hauptteil.

Die Ontogenese oder Einzelentwicklung des Schmetterlings.

Drittes Kapitel.

Ei und Eiablage.

Über die Gestalt des Eies war schon in den einleitenden Kapiteln gesprochen worden. Wir hatten gesehen, daß sich die Eier in den Ovarialröhren des Weibchens bilden, und daß die Skulptur ihrer Schale im wesentlichen bedingt wird durch die Epithelzellen, die das Innere der Eiröhren auskleiden, und von denen die polygonale Struktur oder Felderung der Eioberfläche gewissermaßen ein Abklatsch ist. Das Leben des Einzelwesens beginnt nun in dem Augenblick, da die männliche Keimzelle, der Samenfaden, mit der weiblichen Keimzelle, dem Ei, verschmilzt, also mit der Befruchtung. Befruchtung und Begattung müssen begrifflich streng getrennt werden; bei der Begattung oder Kopulation wird das männliche Sperma nur in den Leib des Weibchens eingeführt, während bei der Befruchtung die beiden Keimzellen miteinander verschmelzen, wodurch ein neues Lebewesen entsteht. Es ist nun bei den Schmetterlingen besonders bemerkenswert, daß die Befruchtung oft nicht in zeitlichen Zusammenhange mit der Begattung steht. Die Befruchtung erfolgt stets unmittelbar vor der Eiablage. Sie kann zwar auch in vielen Fällen gleich nach der Begattung sich vollziehen; es kann aber auch zwischen beiden eine Pause von Wochen und Monaten liegen. Um das zu verstehen, müssen wir uns erinnern, welche Vorgänge sich bei der Kopulation abspielen. Nachdem der männliche Penis in die zweite Geschlechtsöffnung des Weibchens, in die Bursa copulatrix, die Spermatophore, das Samenbündel, abgegeben hat, erfolgt in der Bursa, die ja mit stärkeren Chitinleisten und -rippen im Innern versehen ist, eine Auspressung der Spermatophore, wodurch die einzelnen Spermien oder Samenfäden frei werden und sich auf die Wanderung begeben. Diese Wanderung führt sie nun aber nicht, wie es sonst vielfach üblich ist, direkt zu den Eiern, sondern sie gehen durch einen schmalen Gang, den Ductus seminalis, nach einem erweiterten Vorhof des Eileiters, dem Vestibulum. Hier münden außer gewissen Anhangsdrüsen auch die Eileitwege aus, die aber von den Spermien nicht aufgesucht werden; sie schlagen vielmehr einen dritten Weg ein und gelangen durch einen langen schmalen Gang in das Innere des Samenbehälters, des Receptaculum seminis. Hier verbleiben sie, bis die Eiablage erfolgt. Wenn sich nun ein reifes Ei aus den Eischläuchen ablöst, gelangt es zunächst in den Eileiter oder Oviductus. Während dieser Wanderung übt es wohl einen Druck auf die umliegenden Gewebe aus, einen Druck, der wahrscheinlich auch im Receptaculum seminis empfunden wird und veranlaßt, daß sich einige Spermien von hier nach dem Vestibulum begeben und dort mit dem vom Ovidukt gekommenen Ei zusammentreffen. Die Spermien dringen durch die Mikropylaröffnung in das Ei hinein, und eines von ihnen verschmilzt mit dem Kern des Eies, wodurch die Befruchtung vollzogen ist. Die außerdem noch miteingedrungenen weiteren Spermien werden durch besondere Zellen des Eies gefressen und auf diese Weise im Ei aufgelöst. Nach der Befruchtung teilt sich die einzelne Eizelle in mehrfacher Weise, ein Vorgang, den man als Furchung des Eies bezeichnet. Da die Schmetterlingseier sehr dotterreich sind, wird bei der Furchung nicht der ganze Dotter mitgeteilt, sondern die Entwicklung vollzieht sich mehr an der Oberfläche des Eies; es entsteht der junge Embryo in Gestalt eines Keimstreifens. Alle diese Vorgänge erfolgen innerhalb der Eischale; erst wenn das junge Räupchen eine bestimmte Größe erreicht hat, durchbricht es die Hülle und bahnt sich seinen Weg nach außen.

Es ist nun besonders bemerkenswert, daß in dem Augenblick der Eiablage das Geschlecht des zukünftigen Falters, der sich aus dem Ei entwickeln wird, bestimmt ist und sich im allgemeinen nicht mehr ändern kann. Um das besser verstehen zu können, müssen wir uns klar machen, was die Befruchtung bedeutet. Das Wesentliche derselben ist, daß ein männlicher und ein weiblicher Zellkern miteinander verschmelzen. Jeder Zellkern enthält eine Anzahl von kleinen Elementen, die bei der Teilung als Stäbchen, Halbkreise, Hufeisen oder dergl. sichtbar werden, und die man als Chromosomen bezeichnet. An jedes dieser Chromosomen sind eine oder mehrere Eigenschaften des Vaters bzw. der Mutter gebunden, die auf diese Weise dem neu entstehenden Wesen mitgegeben werden. Eines dieser Chromosomen enthält nun auch die Geschlechtseigentümlichkeiten; man nennt es deshalb das Geschlechtschromosom oder X-Chromosom. In manchen Fällen hat das Männchen ein solches Geschlechtschromosom; sind z. B. in den Eiern je 28 Chromosomen enthalten, so besitzt das Männchen zweierlei Arten von Spermien, solche, die nur 28 Chromosomen enthalten, und andere, in denen außer den 28 noch ein X-Chromosom vorhanden ist. Beim Weibchen beträgt dann die Anzahl immer $28 + X$, in sämtlichen Eiern. Das Geschlecht wird dann in folgender Weise bestimmt:

♀ $= 28 + \dot{X} \times$ ♂ $= 28$ ergibt $2 \times 28 + X$, woraus ein ♂ entsteht,
♀ $= 28 + X \times$ ♂ $= 28 + X$, ergibt $2 \times 28 + 2\,X$, wodurch ein ♀ entsteht.

Allgemein läßt sich sagen, daß das männliche Geschlecht nach der Formel $(n + x) + n = 2\,n + x$, das weibliche Geschlecht durch $(n + x) + (n + x) = 2\,n + 2\,x$ entsteht. Das Weibchen $(2\,n + 2\,x)$

unterscheidet sich vom Männchen ($2n + x$) durch den Mehrbesitz eines X-Chromosoms im Ei. Man bezeichnet das männliche Eltertier, wenn es zweierlei Arten von Spermien produziert, als digamet; dieser Fall ist bei Schmetterlingen aber nicht häufig.

Viel allgemeiner findet man bei den Faltern die Tatsache, daß zweierlei Eier ausgebildet werden; die einen enthalten kein Geschlechtschromosom; es ist hier also das Weibchen digamet. Die weiblichen Eier sind dann also in einem Falle mit $n + x$ Chromosomen ausgerüstet, im andern nur mit n. Das Männchen hat stets $n + x$ Chromosomen in der Keimzelle. Bei der Befruchtung verschmelzen also dann

$♀ = n \quad \times ♂ = n + x = 2n + x$. Hieraus entsteht ein Weibchen.

$♀ = n + x \times ♂ = n + x = 2n + 2x$. Das Produkt ist ein Männchen.

Es ist besonders bemerkenswert, daß, wie SEILER nachgewiesen hat, bei digameten Männchen aus den Eiern mit der Chromosomenzahl $2n + x$ nach der Befruchtung sich ein Männchen ergibt, während bei den Eiern digameter Weibchen aus Eiern mit $2n + x$ ein Weibchen entsteht.

Der letztere Fall ist bei Schmetterlingen weit verbreitet; es hat also das Männchen nicht den geringsten Einfluß auf das Geschlecht der von ihm befruchteten Eier. So erklärt sich auch die sonderbare Tatsache, daß sowohl beim Seidenspinner (*Bombyx mori* L.), wie auch beim Schwammspinner (*Lymantria dispar* L.) beobachtet wurde, wie aus unbefruchteten Eiern sowohl Weibchen wie auch Männchen sich entwickelten.

Wie sich beim Weibchen digamete Eier bilden, hat SEILER bei der Psychide *Talaeporia tubulosa* RETZ. feststellen können. Jedes Ei entsteht aus einer Eizelle, die ebenso viele Chromosomen hat, wie alle anderen Zellen des Körpers. Das reife Ei darf aber nur die Hälfte dieser Zahl besitzen, weil ja noch einmal ein halber Satz Chromosomen vom Männchen dazu kommt; sonst würde das Ei dann die doppelte Chromosomenanzahl haben. Es erfolgen deswegen bei der Eizelle einige Teilungen, die Reduktions- oder Reifeteilungen, bei denen die Hälfte der Chromosomen abgestoßen wird. Es würde uns zu weit führen, auf den Mechanismus der Reifeteilungen einzugehen, die im übrigen bei allen Tiereiern vorkommen und nichts Besonderes bieten. Bei der ersten dieser Teilungen werden die Chromosomen der Länge nach gespalten, so daß zwei neue Sätze von Chromosomen entstehen. Ein Teil der Eizelle schnürt sich ab und mit ihm die Hälfte der neugebildeten, durch Spaltung entstandenen Chromosomen. Dieser Teil, der „Richtungskörper", geht zugrunde. Bei der von SEILER untersuchten Psychide enthält das Ei nun 30 Chromosomen, die sich der Länge nach spalten und auseinanderrücken. Jetzt wird man aber gewahr, daß sich ein Chromosom, das Geschlechts- oder X-Chromosom, nicht mit geteilt hat. Es liegen also auf der einen Seite jetzt 30, auf der anderen nur 29 Chromosomen. Das 30. Chromosom ist das X-Chromosom. Liegt es an der Außenseite des Eies, so wird es mit den übrigen 29 abgestoßen und geht zugrunde; liegt es an der Innenseite, so bleibt es erhalten. Im ersten Falle ist dann die Chromosomenzahl n, und es entstehen aus den Eiern Weibchen; im zweiten Fall ist sie $n + x$, und es entstehen Männchen. Worauf es nun beruht, daß in dem einen Fall das Chromosom X nach innen, im anderen nach außen geht, entzieht sich noch unserer Kenntnis; doch konnte SEILER schon recht interessante Beeinflussungen durch Temperatur und Feuchtigkeit feststellen, wodurch eine Verschiebung der Männchen-Weibchen-Relation entstand, die bei *Taleporia* normalerweise ♀ : ♂ = 1 : 1,5 beträgt.

Bei digameten Weibchen ist, wie wir gesehen haben, das Geschlecht des zukünftigen Falters schon vor der Befruchtung bestimmt, die Geschlechtsbestimmung ist also progam. Daraus erklärt es sich auch, daß manche Eier schon in den Ovarialröhren verschieden in der Größe sind, was auf eine bereits erfolgte Festlegung des Geschlechtes hinweist. Auch bei den Männchen mancher Arten zeigt sich ein Größenunterschied schon in den Spermatozyten und in den sich aus ihnen entwickelnden Spermien. Es besteht die Möglichkeit, daß eine der beiden Spermienformen unfruchtbar bleibt; es kann aber auch hier der geschlechtsbestimmende Faktor in dieser Weise in Erscheinung treten. Solche dimorphe Spermienformen wurden bei *Macroglossum*, *Colias*, *Papilio* und *Vanessa* beobachtet. Es soll aber jetzt schon bemerkt werden, daß sich diese Regel nur auf die Verhältnisse bei der Kopulation von Angehörigen ein und derselben Rasse beziehen; kreuzt man Falter verschiedener Rassen einer Art oder gar verschiedene Arten, so verschieben sich die Bedingungen, so daß die progame Geschlechtsbestimmung teilweise aufgehoben wird, worüber in dem Kapitel über Intersexualität noch genauer berichtet werden soll.

Die Eier selbst sind in der Größe je nach der Art verschieden. Wie schon erwähnt wurde, sind manchmal die weiblichen Eier größer als die männlichen; auch in der Färbung zeigen sich Verschiedenheiten, indem die einen manchmal mehr gelb, die anderen mehr grün gefärbt sind. Über diese Fälle der äußerlichen Geschlechtsverschiedenheit im Ei liegen nur wenige exakte Untersuchungen vor, und es wird sich empfehlen, solche Eier, bei denen man eine Differenzierung bemerkt, immer getrennt zu züchten, damit hier Klarheit geschaffen wird. Die Zahl der abgelegten Eier schwankt je nach der Art ganz beträchtlich. Unser Bärenspinner *Arctia caja* L. legt etwa 1600 Eier, bei manchen Arten steigt die Ziffer auf über 2500, bei anderen bleibt sie unter 100. Meistens besitzen die dickleibigen Spinnerarten die größere Eizahl. Die Farbe des Eies ist weißlich, gelblich, grünlich oder bräunlich. Sie ist vielfach von der Nahrungspflanze der Raupe abhängig, aus der sich das Muttertier entwickelt hat. So wird von einem unserer Spanner, *Chesias spartiata* FUESSL. berichtet, daß seine Raupe eine doppelte Lebensweise führt. Sie lebt am Besenginster (*Sarothamnus*), und zwar entweder an den gelben Blüten oder an den grünen Blättern. Die Falter nun, die aus Raupen gezogen wurden, welche die gelben Blüten fraßen, legten gelbe Eier ab, diejenigen aber aus Raupen an den Blättern ergaben grüne Eier. Wir werden bei Besprechung der Raupenfarben noch auf diese Erscheinung zu sprechen kommen. Ebenso lieferten Raupen der Kleidermotte, die mit Wolle gefüttert worden waren, die man mit Sudan III rot gefärbt hatte, Falter, welche rote Eier ablegten. Beide Fälle sind wohl aber verschieden zu erklären; bei den *Chesias*-Raupen war es das Pigment, welches die Farbe des Eies erzeugte. Sudan III dagegen, mit dem man die Mottenraupen fütterte, ist ein spezifischer Fettfarbstoff; er tingierte das Fettgewebe der Raupe, und da dieses zum Teil ganz unverändert in den Körper der Imago und von dort ins Ei übernommen wird, erhielt das Ei die charakteristische rote Farbe durch den so tingierten Fettkörper.

Bevor das Ei abgelegt wird, muß es in den meisten Fällen befruchtet werden. Manchmal tritt auch eine Entwicklung des Embryos ohne Befruchtung ein; fälschlich hat man diese Erscheinung als „ungeschlechtliche Fortpflanzung" bezeichnet, was aber insofern nicht zutrifft, als auch hier Geschlechtszellen es sind, die die Fortpflanzung übernehmen, wie es z. B. nicht bei den Knospen der Polypen der Fall ist. Bei den Schmetterlingen spricht man richtiger von einer agamen Fortpflanzung, also einer solchen ohne vorhergegangene Kopulation. Wir sind gewöhnt, diese Erscheinung als Jungfernzeugung oder Parthenogenesis zu bezeichnen. Parthenogenesis findet sich gelegentlich bei vielen Faltern, besonders häufig wurde sie bei Spinnern festgestellt. In seltenen Fällen ist sie die Regel, sie wird dann nach dem Vorschlag von SIEBOLD als Thelycotie bezeichnet. Das schönste Beispiel der letzteren bietet uns eine Psychide, *Apterona helix* SIEB., deren Larve in schneckenhausähnlichen aus Sand hergestellten Säcken von ihrer Wohnung aus die Blätter miniert. Das ausschlüpfende Weibchen legt im Sack seine Eier ab, ohne befruchtet zu werden. Dasselbe gilt von der Psychide *Solenobia triquetrella* L. Hier kommt aber ein besonders merkwürdiger Umstand hinzu. In Norddeutschland pflanzt sich diese Art regelmäßig agam fort; in Süddeutschland und in Süd-Europa existieren jedoch auch Männchen derselben Art, und es findet dort regelmäßig eine Befruchtung statt. Man hat sogar die Weibchen der norddeutschen Form mit Männchen der süddeutschen zur Kopulation gebracht. Die Thelycotie ist als eine relativ moderne Errungenschaft anzusehen. Das erhellt auch aus dem Umstande, daß die Eier auch von den Psychiden, die sich nur agam fortpflanzen, einen wohlausgebildeten Mikropylar-Apparat besitzen, obwohl er hier ganz außer Funktion gesetzt ist.

In den weitaus meisten Fällen schreitet das Weibchen unmittelbar nach der Kopulation zur Eiablage. Im allgemeinen wählt es als Ort derselben die zukünftige Nahrung der Raupe. Die Eier werden also dementsprechend an der Ober- oder Unterseite der Blätter, an den Stengeln, Blüten oder Früchten der späteren Nahrungspflanze der Larve befestigt. Bei Raupen, die im Innern des Holzes von Bäumen leben, wie bei den Cossiden und Aegeriiden, sucht das Weibchen verwundete Stellen des Stammes auf und deponiert dort seine Eier.

Manche Falter, deren Raupen von den verschiedensten Gräsern leben, wie bei Arctiiden, streuen ihre Eier einzeln aus. Mitunter kann man beobachten, wie die Eier an gänzlich ungeeigneten Stellen untergebracht werden; das beruht dann auf einer Irreführung der Instinkte des Weibchens, auf die wir weiter unten noch zurückkommen werden. Während die meisten Eier oberflächlich abgelegt werden, senken sie manche Falter in die Gewebe des Blattes ein, so besonders die Arten, deren Raupen als Blattminierer leben. Erleichtert wird ihnen diese Tätigkeit durch eine Art Schneideapparat am Ende des Hinterleibes; ein solcher wurde bei *Incurvariiden* und *Micropterygiden* festgestellt; er bildet ein Analogon zu den Legebohrern der Fliegen, deren Larven in Blättern und Früchten leben (*Agromyzidae* und *Trypetidae*). Bei vielen andern minierenden Arten wird aber das Ei einfach auf die Blattoberfläche gelegt, und die junge Raupe muß sich erst in die Gewebe des Blattes hineinfressen. Vielfach veranlaßt ein besonderer Instinkt das Weibchen, die Eier in Ritzen abzulegen. GILLMER (1922) beobachtete ein Weibchen von *Biston hirtarius* CL., das in einer glatten Schachtel keine andere Gelegenheit zur Eiablage fand, wie es 42 Eier zwischen Flügel, Beine und Brust eines andern Weibchens deponierte!

Um die Eiablage zu veranlassen, ist wohl anzunehmen, daß in manchen Fällen ein besonderer Anreiz auf den Falter ausgeübt wird. Wir hatten schon gesehen, daß *Cossus*-Weibchen ihre Eier besonders gern an wunde Stellen der Bäume ablegen. Dieser Instinkt ist für das junge Räupchen sehr wesentlich und förderlich; der Baum bildet an verwundeten Stellen ein Narbengewebe, und um dieses zu erzeugen, müssen besonders viel Nahrungsstoffe nach dem Ort der Verletzung befördert werden. Das junge Räupchen des Weidenbohrers findet also dort viel reichere Nahrung, als an irgendeiner gesunden Stelle des Stammes. Dieser Instinkt des Weibchens ist also als die Arterhaltung fördernd zu bezeichnen. An einer verwundeten Stelle zeigt sich aber nun meistens ein starker Saftausfluß, und in diesem Saft tummeln sich viele Kleinwesen, Bakterien, Hefen und Pilze. Die Hefen im besonderen bewirken, daß eine Gärung des ausgeflossenen Saftes eintritt; die Folge dieser Vergärung ist Säurebildung, und diese äußert sich in einem charakteristischen Geruch. Dieser Duft ist es nun, der von dem Weibchen empfunden wird und der ihm zeigt, wo es die Eier deponieren soll. Es kommt nun aber allerdings auch vor, daß es von anderen ähnlichen Düften an ganz ungeeignete Stellen gelockt wird und dort versucht, seine Eier abzusetzen. So wird berichtet, daß ein *Cossus*-Weibchen an einen Baum geflogen kam, an dem ein Essiganstrich gemacht worden war, und dort mit seinem Hinterleib die Rinde abtastete, um den Ort der Verwundung zwecks Eiablage aufzusuchen, was ihm naturgemäß nicht gelang. Daß tatsächlich nicht gastronomische Bedürfnisse es waren, die es an den Essigbaum lockten, geht daraus hervor, daß es in der ganzen Zeit, wo es daran saß, ununterbrochen Bewegungen mit dem Ovipositor machte. Überhaupt ist wohl dem Geruch in seiner Bedeutung für die Eiablage nicht die Würdigung geworden, die er wohl verdient hätte. In dieser Hinsicht müssen auch die Beobachtungen von MELL (1908) gewertet werden. Er hielt im Zuchtkasten Weibchen von *Acronycta auricoma* F., die im Freien ihre Eier an Calluna oder Salix repens ablegen. Beide Substrate gab er den eingezwingerten Weibchen zur Förderung der Eiablage ins Gefäß. Das beobachtete Weibchen legte aber nur ein einziges Ei an die Futterpflanze, sämtliche andern an die Wände, den Boden und den Korkbelag des Gefäßes. MELL erklärt das damit, daß die großen Flächen des Zuchtkastens, die ja im Freien nie so vorkommen, in ihrer Neuartigkeit einen Reiz auf das Weibchen ausübten, der es veranlaßte, die Eier so gegen alle Gewohnheit abzulegen. Ich glaube, die Erklärung ist einfacher. Im Freien ist das Weibchen gewöhnt, nach dem Duft der Futterpflanze, wenn es ihn empfindet, seinen Flug zu richten, und so gelangt es an die Stelle, wo der Duft am stärksten wird, nämlich auf die Futterpflanze selbst, an die es dann die Eier ablegt. Ganz anders liegen die Verhältnisse im Zuchtkasten. Die Wände desselben verhindern das Ausströmen des vom Substrat ausgehenden Geruches; dieser reichert sich im Gefäß ganz außerordentlich an und kommt schließlich in einer solchen Konzentration vor, daß der weibliche Falter ihn als ebenso stark empfindet wie im Freien auf der Futterpflanze selbst. Deshalb legt es die Eier wahllos auf alle möglichen Gegenstände im Zuchtkasten ab, da ja alle den gleichen starken Geruch haben wie die Pflanze selbst. Es geht aus dieser Beobachtung hervor, daß sich das Weibchen bei der Eiablage fast ausschließlich vom Geruch dirigieren läßt. Damit stehen in Einklang die von VOSSELER (1907) veröffentlichten Beobachtungen. Er fand daß ein Weibchen von *Papilio demoleus* L., das mit der Eiablage beschäftigt war, zuerst ein Ei an ein Orangenbäumchen ablegte, dann ein zweites an eine Tradescantia, die folgenden an ein Mauerstück, Tradescantia, ein stark behaartes Unkraut, ein Orangenblatt und einen Stein, der am Boden lag. Die Futterpflanze der Raupe ist die Orange; die ganz jungen aus dem Ei geschlüpften Räupchen mußten zugrunde gehen, weil sie auf dem weiten Weg bis zum Orangenbäumchen den Ameisen zum Opfer fielen. Was bewog also den Falter, seine Eier an so verschiedenen ungünstigen Orten abzulegen? Sämtliche Stellen lagen im Bereiche des Dunstkreises von dem Orangenbäumchen; das war so auffällig, daß es sogar durch das menschliche Geruchsorgan feststellbar war. Alle Eier lagen windabwärts von der Futterpflanze, nicht ein einziges befand sich in der Richtung gegen den Wind. Der Geruch wirkte in diesem Falle also so stark, daß er Handlungen auslöste, die der Nachkommenschaft ungünstig waren. Der Instinkt war so stark, daß er eine gewisse Befangenheit verursachte, die die Folge des so stark dominierenden Geruchseinflusses war. Eine Veränderung des Instinktes kann auch experimentell hervorgerufen werden. Es ist bekannt, daß man Schmetterlingsweibchen, die aus irgendwelchen Gründen nicht zur Eiablage schreiten wollen, mit Rum getränkten Zucker vorsetzt, der gewöhnlich gern aufgesogen wird. Bald macht sich die Wirkung des Rauschmittels bemerkbar; der Falter kippt um und bleibt eine

Zeitlang unbeweglich liegen; wenn der Rausch verflogen ist, richtet er sich wieder auf und legt nun sofort seine Eier ab.

Die Eiablage selbst vollzieht sich in der Weise, daß das Weibchen seine letzten Abdominalsegmente ausdehnt und das Ei hindurchpreßt. Die Hinterleibsringe sind etwas konisch und ineinander einschiebbar. Beim Legen der Eier werden sie ausgestreckt und bilden dann eine Legeröhre, die noch fester durch einige im Abdomen gelegene Chitinstäbe versteift wird. Die Eier werden entweder einzeln abgelegt oder in größeren oder kleineren Gruppen angeordnet. Einzeln streuen z. B. Arctiiden und Hepialiden ihre Eier aus; in Haufen werden sie von vielen Spinnern abgelegt, die sie dann noch zum Schutz oft mit ihrer Afterwolle bedecken. So ist es beim Schwammspinner, der von diesem schwammartigen Gebilde, das er über die Eier breitet, seinen Namen erhalten hat; so ist es auch beim Goldafter und sogar bei einem Kleinschmetterling, der Motte *Euplocamus anthracinalis* Scop. beobachtet worden. (Aichell 1921.) Diese Haardecken erzielen hauptsächlich ein Vermeiden der Benetzung durch Regen. Vom Ringelspinner, *Malacosoma neustrium* L. ist bekannt, daß er seine Eier in Ringeln um dünne Zweige legt und sie auf einer vorher geschaffenen klebrigen Unterlage befestigt. *Stilpnotia salicis* L. überzieht nach der Ablage die Eier mit einer Schleimschicht, die bald erhärtet und einen guten Schutzüberzug darstellt. Der Modus der Eiablage ist bei den verschiedenen Arten verschieden, auch wenn sie manchmal noch so nahe verwandt sind; so legt der eine unserer Kohlweißlinge seine Eier in Häufchen, der andere einzeln ab.

Ein besonders interessantes Problem ist nun die Frage, die schon vor längerer Zeit aufgeworfen wurde, ob das eierlegende Weibchen in irgendeiner Weise schon eine Empfindung von dem Geschlecht der abgelegten Eier besitzt. Es liegen da eine Anzahl von Beobachtungen vor, die eine solche in den Bereich der Möglichkeit rücken. So werden die Eier von *Polyommatus rutilus* Wernb. stets paarweise abgelegt, stets ein Männchen und ein Weibchen. Das könnte nun allerdings darauf beruhen, daß in den Ovarialröhren die männlichen und weiblichen Eier immer miteinander abwechseln. Ganz anders liegen die Verhältnisse in dem von Werner Hopp beobachteten Fall. Er fand, daß die Eier von *Caligo memnon* Fld. in Kolumbien auf Bananenblätter abgelegt werden, und zwar auf jedes Blatt zwei oder drei. Wenn drei Eier auf einem Blatt untergebracht werden, legt der Falter zwei nebeneinander ab, das dritte darunter; aus dem dritten entwickelt sich stets ein Weibchen, während die beiden ersten Männchen ergeben. Daher kommt es auch, daß die Weibchen viel seltener sind. Was veranlaßt nun das eierlegende Weibchen, seine Eier so verschieden anzuordnen? Es ist wohl möglich, daß es eine Empfindung dafür hat, ob das von ihm abgelegte Ei männlichen oder weiblichen Geschlechtes ist; es können da ganz geringfügige Verschiedenheiten bestehen, die wir nicht gefunden haben, die aber trotzdem da sein können und vielleicht vom Falter empfunden werden. Hier bietet sich späteren Forschern und Beobachtern ein weites Betätigungsfeld.

Unter Umständen können bei der Eiablage auch Hemmungen

vorhanden sein, deren Ursache nicht gleich auf der Hand liegt. Die schon erwähnte Psychide *Solenobia triquetrella* F., die sich in Norddeutschland parthenogenetisch fortpflanzt, beginnt sofort ihre Eier abzulegen, wenn sie aus der Puppe geschlüpft ist. Bei der südlichen Form derselben Art findet eine Befruchtung stets statt; hat sich nicht sogleich ein Männchen eingefunden, so wartet das Weibchen 8—14 Tage auf Kopulation; erst wenn dann keine erfolgt ist, legt es seine Eier unbefruchtet ab. HARTMANN in München kreuzte die frisch geschlüpften norddeutschen (sich sonst parthenogenetisch fortpflanzenden) Weibchen mit süddeutschen Männchen. Eine Kopulation erfolgte sofort, die ausschlüpfenden Imagines aus dieser Kreuzung waren sämtlich Weibchen, weswegen zuerst vermutet wurde, daß trotz der Kopulation eine Befruchtung nicht erfolgt sei. Aber an der Eiablage wurde erkannt, wes Geistes Kind die Weibchen waren; sie warteten nämlich alle auf Begattung und starben ab, als diese ausblieb, ohne ein einziges Ei gelegt zu haben.

Nicht in allen Fällen vollzieht sich die Ablage der Eier ununterbrochen; das gilt namentlich für diejenigen Falter, deren Eier nach und nach reifen. Bei den *Sphingiden* würden die Eier, wenn sie alle gleichzeitig reif wären, den Leib beträchtlich auftreiben, ihn schwerer machen und so das außerordentlich hohe Flugvermögen dieser Falter beeinträchtigen. Deswegen reifen die Eier erst nach und nach und können nicht auf einmal abgesetzt werden. Eine andere Ursache hat die Unterbrechung der Eiablage bei den *Orgyia*-Arten. Hier reicht die Anzahl der Spermien anscheinend nicht aus, die zahlreichen Eier alle zu befruchten. Es erfolgt deshalb, nachdem eine Anzahl von ihnen abgesetzt worden ist, eine nochmalige Kopula, worauf mit der Eiablage fortgefahren wird, was sich noch mehrmals wiederholen kann. Bei andern Faltern, wie es bei *Endromis versicolora* L. festgestellt wurde, muß das Weibchen, nachdem es einige Eier abgesetzt hat, erst wieder etwas umherflattern; verhindert man dies, so stirbt es später ab, ohne sich seines Eivorrates entledigt zu haben.

Sehr selten wird Viviparität beobachtet. GILLMER (1922) fand ein begattetes Weibchen von *Biston hirtarius* CL, aus dem sich noch eine Fliegenlarve herausarbeitete; darauf schlüpften aus der so entstandenen Öffnung zahlreiche junge Räupchen, die sich im Körper der Mutter entwickelt hatten. Das anormale Verhalten hat aber seinen Grund in der Schädigung des Falters durch den Parasiten gehabt.

Ihre Hauptfeinde haben die Eier in kleinen parasitischen Hautflüglern, die ihrerseits ihre Eier in sie hineinlegen, worauf die sich entwickelnde Wespenlarve den Eiinhalt verzehrt. Außerdem gibt es zahlreiche Milbenarten, die auf den Blättern umherlaufen, die Eier aufsuchen und verzehren. Sie können ganze große Gelege vernichten.

In dem Ei entwickelt sich nun durch Keimstreifenbildung das junge Räupchen. Die Eier mit dem Embryo haben eine merkwürdige chemische Eigentümlichkeit; sie besitzen ein Enzym, das aus Wasserstoff-Superoxyd den Sauerstoff abspalten kann. Es wird vermutet, daß dieser Stoff dazu dient, bei Sauerstoffmangel auch aus anderen Verbindungen der Reservegewebe den für das Leben so notwendigen Sauerstoff abzuspalten. Sehr selten wird bei Schmetterlingseiern Polyembryonie beobachtet; man bezeichnet damit die Tatsache, daß aus einem Ei sich zwei Embryonen entwickeln. Im ganzen Tierreich ist ein solcher Fall nur beim Regenwurm, bei Schlupfwespen, dem Gürteltier und dem Menschen beobachtet worden. Polyembryonie ist aber auch vom Seidenspinner *Bombyx mori* L. bekannt geworden. Sie fand sich bis zu 6 % bei Eiern eines Geleges.

Ist der Embryo bis zu einer bestimmten Stufe der Entwicklung gelangt, sprengt er die Eischale, und das junge Räupchen schlüpft aus. Es besteht die Möglichkeit, daß dieses Schlüpfen durch irgendwelche uns noch unbekannte Einflüsse verhindert oder befördert wird. NEUMANN hatte Eier von *Smerinthus populi* L. in einer Mansardenstube untergebracht; es schlüpfte kein einziges Räupchen aus dem Ei. Er unternahm darauf einen Kontrollversuch, indem er 1/3 der Eier die ganze Zeit in der Mansardenstube beließ, 1/3 im untersten Stockwerk aufzog, und 1/3 zunächst in die Mansardenstube, nachher ins untere Zimmer brachte. Wärme und Feuchtigkeit waren in beiden Räumen annähernd gleich. Das erste Drittel ergab gar keine Raupen, vom zweiten Drittel schlüpften 100 %, vom letzten Drittel nur 50 %. Es erscheint nicht ausgeschlossen, daß irgendwelche Luftdruck- usw. Erscheinungen beim Schlüpfen der Räupchen eine Rolle spielen, und es wäre dringend zu wünschen, daß diese Versuche nachgeprüft und weiter ausgebaut würden, besonders, da man ja auch beim Schlüpfen der Falter aus der Puppe dem Luftdruck eine Bedeutung beimißt.

Viertes Kapitel.

Die Raupe.

Nachdem das junge Räupchen aus dem Ei geschlüpft ist, verharrt es zunächst eine kurze Zeit ohne Nahrungsaufnahme. In vielen Fällen verzehrt es zuerst seine Eischale, von der dann als Rest nur noch das Chorion, ein hyalines Gebilde, übrig bleibt. Das Verzehren des Eies hat vielleicht auch eine gewisse Bedeutung, über die in dem Kapitel über Symbioseerscheinungen noch näher gesprochen werden soll. Andere Raupen gehen aber, wie die vieler Miniermotten, direkt von der Unterseite des Eies her in das Innere des Blattes; die Eischale bildet dann einen natürlichen Verschluß der Eingangsöffnung. Spätestens nach 48 Stunden wird die erste Nahrung aufgenommen.

Die Art der Nahrung, die von der Raupe bevorzugt wird, ist außerordentlich verschieden. Es gibt wohl kaum irgendwelche Stoffe aus dem Pflanzenreich, die nicht von Raupen gefressen werden, dazu kommen auch viele Substrate tierischer Herkunft, die ebenfalls ihre Liebhaber finden. SORHAGEN berichtet sogar, daß Kleidermotten-Raupen (*Tineola bisselliella* HUMM.) im ganzen Laufe ihrer Entwicklung mit (wahrscheinlich verunreinigtem) Salz gefüttert wurden, und daß aus diesen auch der Falter gezogen wurde. Wenden wir uns zunächst den Raupen zu, die ihr Futter aus dem Pflanzenreiche beziehen. Es werden alle Teile der Pflanze gefressen. In den

Wurzeln leben z. B. die Raupen des Hopfenspinners, *Hepialus humuli* L., eine ganze Anzahl von Wicklern, von denen einige auch gallenartige Anschwellungen der Wurzeln bewirken. Im Stamm oder Stengel kommen hauptsächlich holzfressende Arten vor, die sogenannten Xylotrophen. Dahin gehören der Weidenbohrer (*Cossus cossus* L.). das Blausieb (*Zeuzera pyrina* L.) und das große Heer der Sesien oder *Aegeriidae*; ein Teil von ihnen lebt wieder im Bast des Stammes unter der Rinde, nimmt hier also lebende Gewebe an, während die Xylotrophen sich vielfach von bereits toten Geweben ernähren. Diese letztere Lebensweise hat bemerkenswerte Erscheinungen zur Folge, die in dem Kapitel über Symbiosefälle und weiter unten noch erwähnt werden sollen. Wieder andere Raupen leben in den Blüten oder Blütenknospen; von letzteren ist ein relativ geringer Teil bekannt geworden. Man hat das darauf zurückzuführen gesucht, daß man in den Blütenblättern gewisse Bitterstoffe vermutete, die die Pflanze anhäuft, um diese für die Fortpflanzung wichtigsten Organe vor dem Beschädigtwerden zu schützen, eine Annahme, die aber nicht gerechtfertigt erscheint, da gelegentlich Blüten auch von Raupen angenommen werden, die sonst nicht daran fressen. Die näherliegende Erklärung ist wohl darin zu sehen, daß die Blüten, weil in ihnen nur relativ beschränkte Assimilationsvorgänge sich abspielen, viel ärmer an Nährstoffen für die Raupe sind wie beispielsweise die Blätter. Endlich gibt es eine Anzahl von Raupen, die in den Früchten der Pflanzen leben; es kommen da hauptsächlich Kleinschmetterlingslarven in Betracht; es sei erinnert an die Apfel- und Birnenmaden. Im letzteren Falle ist der dem Menschen zugefügte Schaden am größten. Das ganze große Heer der übrigen Raupen bevorzugt aber die Blätter der Pflanzen. Die Art und Weise, wie die Blätter von der fressenden Raupe angegriffen werden, ist recht verschieden, und oftmals kann an der Art des Fraßes die Falterspezies, deren Raupe den Fraß verursachte, mit größter Sicherheit erkannt werden. Die einfachste Form wird durch den Ganzfraß dargestellt; das Blatt wird mit Stumpf und Stiel weggefressen. In andern Fällen werden nur gewisse Teile des Blattes verzehrt; die Raupe fängt an der Spitze, wo die schwächsten Blattrippen sich befinden, an und frißt einen größeren oder kleineren Teil des Blattes auf, läßt aber an der Blattbasis den Rest stehen, weil die dort befindlichen Teile ihr zu hart erscheinen. Andere Raupen wieder lassen fast alle stärkeren Rippen stehen und fressen nur die zwischen den Adern befindliche weiche Blattsubstanz; es bleibt dann nach beendeter Fraßtätigkeit nur noch das Gerippe des Blattes stehen; eine solche Art des Fraßes nennt man Skelettierfraß. Wieder andere Larven nagen nur kleine Löcher in das Blatt und gehen dann auf ein anderes über; hier stellen wir dann den Lochfraß fest. Manchmal werden die Löcher nicht ganz durch die Blattfläche hindurchgenagt; es bleibt vielmehr die obere oder untere Blatthaut (Epidermis) stehen, so daß eine Art Fenster erhalten bleibt, in dem die Fensterscheibe durch das durchsichtige Blatthäutchen dargestellt wird. Das ist der Fenster- oder Schabefraß. Den höchsten Grad der Spezialisierung haben wir im Minenfraß festzustellen; hier bleiben beide Blatthäute oder Epidermen stehen, das Räupchen frißt nur das zwischen den beiden Epidermen befindliche Blattgrün oder Mesophyll. Näheres über diese komplizierte Art des Fraßes wird in dem Kapitel über Minierer eingehend besprochen werden. Vielfach ist für eine Falterart die Art und Weise des Fraßes ganz charakteristisch; unter Umständen kommen bei derselben Spezies im Verlaufe des Larvenlebens verschiedene Modi vor; so kann eine Raupe zuerst minieren, später Fensterfraß verursachen (*Bucculatrix*); sie kann zuerst, wenn ihre Mundwerkzeuge zur Bewältigung der ganzen Blattschicht nicht ausreichen, Schabefraß, später, wenn sie weiter gewachsen ist, Lochfraß erzeugen usw. Einige Raupen leben in besonderen Umbildungen der Pflanze, in Gallen, die sich vielfach als Anschwellungen von Stengeln, Blättern usw. ausbilden. Hier ist es nicht das normale Gewebe der Pflanze, was ihnen zur Nahrung dient, sondern besondere neu erzeugte Gewebe, manchmal wohl auch nur die Nahrungssäfte, die die Pflanze an den befallenen Ort sendet. Manche Raupen wieder verzehren kleinere Pflanzen gänzlich; so ist es besonders bei den Moosfressern, die übrigens in recht geringer Anzahl vertreten sind. Wieder andere ernähren sich ausschließlich von Algen, also von dem grünlichen bis schwärzlichen Überzug, den man auf Steinen, Baumrinde und anderen meist etwas feuchten Orten findet. Zu diesen gehören bei uns z. B. die *Bryophila*-Arten. So gibt es, von den niedrigsten Pflanzen, den Algen, angefangen bis zu den höchstentwickelten Blütenpflanzen kaum eine Pflanzenfamilie, die vom Raupenfraß verschont bleibt. Welchen enormen Umfang dieser annehmen kann, sieht man an den Verwüstungen, die die Forleule in den vergangenen Jahren anrichtete; ähnlichen Schaden verursacht in Nordamerika der Schwammspinner, der von Europa dort eingeschleppt wurde und seitdem alljährlich solch riesigen Schaden anrichtet, daß große Geldmittel zur Bekämpfung ausgeworfen werden müssen.

Was ist es denn nun, was den Raupen an den Pflanzenteilen zur Ernährung dient? Es kommen von überhaupt verdaulichen Stoffen am Pflanzenkörper vor die Zellulose, der Zellstoff, Holzstoff, Eiweiß und Kohlehydrate (Stärke und Zucker), schließlich in manchen Teilen auch Fette. Zelluloseverdauung ist nun sehr selten festgestellt worden; das einzige Objekt, an dem sie beobachtet wurde, ist eine kleine Miniermotte (*Cemiostoma*). Bei allen anderen Raupen wird die Zellulose nicht direkt verdaut. Inwieweit die holzfressenden Raupen eine Ausnahme bilden, möge man in dem Kapitel über Symbioseerscheinungen nachschlagen. Ebenso werden die Kohlehydrate nur selten verdaut; man möge den Kot einer Raupe mittels der Jodprobe untersuchen und wird feststellen, daß die Stärke unversehrt wieder abgegeben wird. Aufgenommen werden in geringerer Menge Fette und Öle, soweit sie in den befallenen Pflanzenteilen vorhanden sind, und hauptsächlich Eiweiß. Die Eiweißstoffe bilden die Hauptnahrung der Raupe. Alle übrigen Teile der Pflanzenzelle, die mit in den Verdauungstraktus gelangt waren, werden mit den Exkrementen wieder abgestoßen. Wie die verschiedene Verholzung der Blätter auch die Menge des abgesonderten Kotes beeinflußt, konnte ich bei einer minierenden Mottenlarve, *Heliozela resplendella* STT., beobachten. Wenn man das Blatt an einer bestimmten Stelle des hier ungleichmäßig angelegten Minenganges bei der Frühjahrsgeneration, die im Mai oder Juni lebt, durchschneidet und den erhaltenen Schnitt unter dem Mikroskop untersucht, so sieht man, daß die Kotablagerung nur einen kleinen Teil des Minenhohlraumes ausfüllt. Macht man einen gleichen Schnitt an derselben Stelle des Minenganges bei der Herbstgeneration, die im Oktober und November lebt, so findet man den ganzen Minenraum mit Exkrementen ausgefüllt. Im Frühjahr sind die Blätter weniger verholzt; die Raupe kann also einen größeren Teil der Nahrung ausnutzen und braucht weniger unverdauliche Stoffe im Kot abzuscheiden; im Herbst sind die Zellen der Pflanze stärker verholzt, die Raupe muß einen größeren Teil der Nahrung als unverdaulich abstoßen. Weitere Untersuchungen in dieser Richtung könnten auch bei solchen Raupen, die mit verschieden ausgiebigem Futter ernährt werden können, angestellt werden und würden dort sicher manches interessante Ergebnis liefern.

Auf einen Punkt müssen wir nun noch eingehen, der für die Raupe sehr wesentlich ist und zum großen Teil durch das Futter bedingt wird, das ist die Färbung. Es ist bekannt, daß bei den Raupen die allerverschiedensten Färbungen auftreten, wobei so ziemlich alle Farben des Spektrums vorkommen können. Es ist nun auffallend, daß ein Großteil aller Raupen grün gefärbte Körperpartien besitzt. Die Färbung der Raupen setzt sich aus zwei Komponenten zusammen, einmal aus der Färbung des Chitins, also der äußersten Haut oder Cuticula, zum andern aus der Farbwirkung des Pigmentes. Pigmente nennt man die kleinen Farbstoffkörner, die unter der oberen Haut liegen. Wenn man diese Pigmente an einer beliebigen Stelle des Körpers untersucht, wird man finden können, daß sie nicht immer selbst die Farbe haben, die die Partie besitzt, unter der sie liegen, selbst wenn eine Färbung der Cuticula nicht mit hineinspielt. Die Farbe resultiert vielmehr auch aus der Anordnung der Pigmente, und als letzter Faktor kommt dann erst die Chitinfarbe hinzu. Woher stammen nun diese Pigmente? Untersuchungen haben gezeigt, daß das soeben aus dem Ei geschlüpfte Räupchen sie noch nicht besitzt; alle Färbungen und Zeichnungen, die es trägt, beruhen auf Chitinfarben. Erst nachdem es begonnen hat zu fressen, stellen sich die Pigmentkörner ein. Aus dieser Beobachtung entnehmen wir, daß die Pigmente der Raupe pflanzlichen Ursprungs sind. Sie werden also auf gewisse bei der Pflanze vorhandene Farbkörner zurückgeführt werden müssen. Die bekanntesten derselben sind die Chlorophyllkörner. Der Chorophyllfarbstoff ist nun aber kein einheitliches Gebilde, sondern er setzt sich aus einer Reihe verschiedener, wenn auch nahe verwandter Stoffe zusammen, von denen als die bekanntesten Xanthophyll, der gelbe, und Carotin, der rote Farbstoff, genannt werden sollen. Wenn die Raupe die Pflanzenzellen verzehrt, gelangen auch die Chlorophyllkörner in ihren Darm hinein. Unter dem Einfluß bestimmter, noch nicht näher erforschter Verdauungssekrete findet eine Veränderung des Chlorophylls statt. Diese vollzieht sich in der Weise, daß einige der es zusammensetzenden Stoffe abgespalten werden; der Rest wird vom Körper aufgenommen und mit dem Blut der Haut zugeführt, wo die Ablagerung erfolgt. Diese durch Abspaltung vereinfachten Chlorophyllkörner bilden dann das Pigment der Haut. Je nachdem, welche Stoffe und wieviel von ihnen vom pflanzlichen Farbstoffträger abgesondert werden, verändert sich auch die Farbe des Pigmentes. Endlich wirkt dann die Chitinfarbe mit dem Pigment zusammen, und so setzen sich die oft recht komplizierten Zeichnungen und Färbungen der Raupe zusammen.

Nach dem soeben Gesagten werden uns einige merkwürdige Beobachtungen nicht länger unerklärlich bleiben. Die Raupe von *Geometra papilionaria* L. ist im Herbst bräunlich, im darauffolgenden Frühjahr grün. Wenn wir bedenken, daß sich im Herbst die Blätter bräunlich verfärben, was nicht nur auf einer Bräunung der Zellwände, sondern auch auf einer Umbildung des Chlorophylls beruht, wird es uns nicht verwundern, daß das Pigment, welches aus diesem verfärbten Chlorophyll gebildet wird, ganz anders aussieht als das im Frühjahr aus frischem Blattgrün bereitete. Einen ebensolchen Fall der Färbungsänderung im Frühling hat man auch bei *Dasychira pudibunda* L. festgestellt. Unter denselben Gesichtspunkt fallen die Beobachtungen, die vornehmlich an Schwärmerraupen gemacht worden sind, wonach die Raupe in dem ersten Stadium oder in noch einigen weiteren braun ist und später grün gefärbt erscheint, oder wo ein umgekehrter Farbwechsel stattfindet. Bemerkenswert ist hier nur, daß die Färbungsveränderung in derselben Jahreszeit erfolgt, meist anläßlich einer Häutung. Hier ist ein bestimmter Zeitpunkt der Veränderung gegeben, so daß dieser nicht in Verhältnissen der Futterpflanze zu suchen ist. Man kann wohl annehmen, daß bei der betreffenden Häutung eine Umbildung der Verdauungsorgane erfolgt, so daß nun eine andere Gruppe von Stoffen vom Chlorophyll abgespalten wird, was natürlich auch eine Veränderung des daraus resultierenden Pigmentes bedingt. *Agrotis pronuba*-Raupen, die mit etiolierten (künstlich gebleichten) Blättern ernährt wurden, nahmen eine weißliche Färbung an; die Ursache ist wieder dieselbe; die in den etiolierten Blättern fehlenden Bestandteile des Chlorophylls konnten von der Raupe naturgemäß nun nicht aufgenommen und zu Pigment verarbeitet werden. Es gibt eine große Anzahl auffallend grell gefärbter Raupen; wenn man ihnen nicht täglich frisches Futter gibt, sondern solches, das schon halb verdorben ist, wird die kontrastreiche Zeichnung verschwinden, die hellen Stellen verdunkeln sich immer mehr und mehr und sehen dann ganz ölig aus. Sobald man dagegen den Tieren frisches Futter reicht, gewinnen sie wieder ihre frühere lebhafte Färbung. In diesem Falle hatte sich beim alten Futter das Chlorophyll verändert und den Farbwechsel hervorgerufen, indem das Tier dieses dunkler gewordene Pigment aufnahm. Umgekehrt kommt bei gewissen Erkrankungen der Raupen ein ganz ähnliches Mißfarbigwerden vor, obwohl das Chlorophyll in dem Futter normal ist. Hier ist durch die Krankheit der Raupe die Tätigkeit der verdauenden Elemente verändert, so daß diese nicht die normalen, sondern andere Stoffe von den Farbstoffkörnern der Pflanze abspalten, wodurch ebenfalls eine Veränderung der Pigmente erfolgt. Der Spanner *Ellopia prosapiaria* L. kommt in zwei Formen vor, von denen die eine auf der Kiefer lebt und braunrot gefärbte Falter ergibt, während die andere auf der Fichte als Raupe vorkommt und grüne Falter liefert. Auch dies beruht wohl auf einer verschiedenen Zusammensetzung des Chlorophylls der erwähnten beiden Nadelhölzer. Wir haben also gesehen, wie die Färbung der Raupe außerordentlich stark von der Nahrung beeinflußt wird, ja zum größten Teile sogar von ihr abhängt; weiterhin wird nicht nur die Raupe die Grundlage ihrer Färbung aus dem Futter gewinnen, sondern auch der entwickelte Falter ist noch manchmal in seinem Aussehen an die Art des Futters der Raupe gebunden. Auch künstlich hat man die Färbung der Raupen zu beeinflussen gesucht. Die Larven von Schmetterlingen erhielten Nahrung, die mit Neutralrot gefärbt worden war, wodurch sie sich rot verfärbten. Diese rote Färbung übertrug sich auch auf die Puppen, die Imagines und die von letzteren abgelegten Eier. Bemerkenswert ist, daß die Färbung auch auf die in solchen Raupen lebenden Parasiten und die von diesen gesponnenen Kokons überging. Während gleiche Versuche auch bei den Larven von Hymenopteren, Dipteren und Orthopteren den gleichen Erfolg hatten, fielen sie bei grünen Larven von Wanzen negativ aus. Es scheint also, als ob die grüne Färbung der Larven nicht in allen Insektenordnungen auf dieselben Ursachen zurückzuführen ist. Schließlich ist noch zu erwähnen, daß auch andere Faktoren für die Färbung der Raupen verantwortlich gemacht worden sind; so stellt Kolbe fest, daß die an feuchten Örtlichkeiten lebenden Raupen meist gesättigte und bunte Farben besitzen.

In der Auswahl der Pflanzen, die als Nahrung vorgezogen werden, verhalten sich die einzelnen Arten sehr verschieden. Man bezeichnet als monophage Raupen solche, die nur eine einzige Pflanzengattung oder gar Pflanzenart fressen und jede andere unberührt lassen, in Gefangenschaft lieber verhungern, als daß sie ein anderes Substrat annehmen. Andere Raupen fressen gleichmäßig einige verschiedene Gattungen, meist aus derselben Familie, zuweilen aber auch aus verschiedenen Pflanzenfamilien (Birke und Weißdorn). Solche Raupen nennt man oligophag. Wieder andere fressen eine große Anzahl der verschiedensten Pflanzen, ohne eine Auswahl zu treffen; das sind die polyphagen Raupen. Endlich gibt es eine geringe Anzahl, die fast alle organischen Stoffe zu sich nehmen, ganz gleichgültig, ob sie tierischer oder pflanzlicher Herkunft sind; sie werden als pantophag bezeichnet. Diese Eigenschaften sind meistens auf ganze Gattungen verteilt; selten wird man eine Gattung finden, deren Angehörige streng monophag sind, während ein Vertreter desselben Genus polyphag ist. Es erhebt sich nun die Frage, welche von beiden Eigenschaften die ursprünglichere sei. Sind die ersten Schmetterlingsraupen auf der Erde monophag oder polyphag gewesen? Man hat vielfach gesagt, daß ursprünglich die Raupen nur auf einer Pflanze vorkamen und erst später sich auch an andere Pflanzen anpaßten, so also von der Monophagie zur Polyphagie übergingen. Diese Auffassung ist sicherlich falsch. Wenn man in einer Familie polyphage und monophage Raupen findet und die Imagines auf die stammesgeschichtlichen Altersmerkmale untersucht, so wird man immer feststellen können, daß die Falter der polyphagen Raupen die älteren, die aus monophagen Raupen gezogenen dagegen die phyletisch jüngeren sind. Wir haben also in allen Fällen die Polyphagie als ein Zeichen stammesgeschichtlichen Alters, die Monophagie als eine relativ moderne Errungenschaft anzusehen. Das ist nicht nur bei den Schmetterlingen, sondern auch bei anderen phytophagen Insektenordnungen der Fall. Eine einfache Überlegung kann uns auch schon zu dieser Voraussetzung führen. Wir wissen, daß die ältesten Schmetterlinge ihrem ganzen Bau nach zu Formen gehören, deren Raupen im Holze leben. Alle xylotrophen Raupen sind aber wenig wählerisch in bezug auf die Pflanzenart ihrer Nahrung; wir brauchen da bloß daran zu denken, in wie verschiedenen Bäumen unsere häufigsten Xylotrophen, Weidenbohrer und Blausieb, vorkommen. Außerdem lebten jene frühesten Schmetterlinge wahrscheinlich an Nadelbäumen; Laubbäume und überhaupt Blütenpflanzen existierten ja doch in jener jurassischen Zeit noch nicht, da sie erst in der Kreidezeit entstanden. Nun ist bei den meisten unserer Nadelholz bewohnenden Raupen festzustellen, daß sie nicht sehr wählerisch in der Futterpflanze sind. (Absehen müssen wir dabei von gewissen spezialisierten Minierern, die wohl alle erst sekundär wieder auf Nadelhölzer übergewandert sind.) Es ist aus diesem Grunde nicht anzunehmen, daß jene frühen Raupen schon monophag gewesen sein sollen. Wir können also festhalten: Polyphag in der Raupe sind phyletisch alte Formen; Monophagie ist eine Erwerbung jüngeren Datums.

Von weit höherem Interesse für uns wie auch für die biologische Wissenschaft im allgemeinen sind nun die Raupen, die eine Mittelstellung in ihrer Geschmacksrichtung einnehmen, die also weder monophag noch polyphag, sondern oligophag sind. Sie beschränken sich auf einen kleinen Kreis von Futterpflanzen, die meistens ein und derselben Familie angehören. Die Untersuchung der Oligophagie zeitigt bedeutsame Ergebnisse, die nicht nur für den Zoologen, sondern auch für den Botaniker von höchster Wichtigkeit sein können und deswegen eine gründlichere Beachtung verdienten, als sie bisher gefunden haben. Das markanteste Beispiel hat uns SEITZ überliefert. In Südamerika war eine Pflanzengattung *Brunfelsia* entdeckt worden, die von den Botanikern im System zur Familie der Scrophulariaceen gestellt worden war. An dieser Pflanze *Brunfelsia* wurde eine Raupe der Tagschmetterlingsgattung *Thyridia* gefunden. Alle anderen Angehörigen der Familie der *Neotropidae*, zu denen auch *Thyridia* gehört, leben aber an der Familie der Solanaceen; es war noch keine Neotropide bekannt geworden, die nicht als Futter irgendeine Gattung der Solanaceen ausschließlich bevorzugt hätte. Schließlich erkannte man später, daß ein Irrtum in der Eingruppierung vorlag, daß *Brunfelsia* keine Scrophulariacee, sondern ebenfalls eine Solanacee war. In diesem Falle erschien die Raupe klüger als die Systematiker der

Botanik. Leider sind derartige Untersuchungen nicht zahlreicher gemacht worden; sie hätten besonders für die Botanik vielleicht manche Erweiterung der Kenntnis der dort noch recht lückenhaften Stammesgeschichte gebracht. Wir wollen noch einige solche Fälle kennen lernen, in denen durch Oligophagie der Schmetterlingsraupen die nahe Verwandtschaft ihrer Substratpflanzen erwiesen wird. Die Arten der Kleinschmetterlingsgattung *Elachista* leben fast ausschließlich an Gräsern und Riedgräsern (Seggen); einige wenige, die in ihrer Gesamterscheinung als die modernsten zu gelten haben, kommen auch an den mehr grasähnlichen Juncaceen, dem Genus *Luzula*, vor. Wir entnehmen aus dieser Tatsache einmal, daß die Juncaceen mit den Gräsern nahe verwandt sind, zum anderen, daß sie relativ jüngere Formen darstellen, und endlich, daß unter den Juncaceen die *Luzula*-Arten als recht ursprüngliche Vertreter zu gelten haben. Die Zusammengehörigkeit von *Salix* und *Populus* wird dadurch betont, daß die Raupe von *Gracilaria stigmatella* F. auf diesen und nur auf diesen beiden Pflanzen vorkommt. Fast alle Raupen, die nur auf *Cruciferen* leben, fressen auch *Reseda* und Kapuzinerkresse (*Tropaeolum*), welche Eigentümlichkeit beide Pflanzen in die Verwandtschaft der Cruciferenfamilie verweist. Die Doldenblütler (Umbelliferen) gehören mit den Cornaceen (Gattung *Cornus*) zur Gruppe der Umbellifloren. Diese leitet der Botaniker von den *Frangulinae* (*Frangulus*, Faulbaum) ab, und der Zoologe bringt ihm die schönste Bestätigung, indem nämlich die Gattung *Antispila*, zu den minierenden Kleinschmetterlingen gehörig, sowohl bei uns wie auch in Nordamerika an und nur an *Cornus* und *Vitis* (zu den *Frangulinae* gehörig) vorkommt. Ein besserer Beweis für die Richtigkeit der Ableitung der Umbellifloren konnte wohl kaum erbracht werden! Die ebenfalls von den Botanikern schon vermutete nahe Verwandtschaft zwischen den Lippenblütlern und den Rauhblattgewächsen hat die Sackträgerraupe von *Coleophora onosmella* BRAHM schon seit Jahrtausenden vielleicht festgestellt; man findet sie gewöhnlich auf *Echium* und *Anchusa* (zu den Borraginaceen gehörig), oft aber auch auf der Labiate *Stachys betonica*. Auf Pflanzen anderer Familien dagegen kommt sie niemals vor. Ebenso hat *Coleophora viminetella* Z. die nahen Beziehungen zwischen der Weide und dem Gagelstrauch erkannt; sie lebt nur auf *Salix* und *Myrica*. Aber auch unterscheiden können unsere Raupen oft besser als die Botaniker; *Comarum palustre*, das Sumpf-Blutauge, wurde und wird vielfach zur Gattung *Potentilla* (Fingerkraut) gestellt, wahrscheinlich mit Unrecht. Keine einzige der Minierarten hat diese Einreihung gutgeheißen und *Comarum* als *Potentilla*-Art durch Verzehren der Blätter anerkannt, obwohl sie an allen *Potentilla*-Arten, einschließlich denen der Untergattung *Tormentilla*, vorkommen. Dasselbe gilt, nebenbei gesagt, auch für die Angehörigen anderer Insektenordnungen, die an den *Potentilla*-Arten minieren.

In einigen Fällen scheinen die oligophagen Raupen auch Feststellungen gemacht zu haben, zu denen unsere Botaniker noch nicht gelangt sind, bzw. die sie noch nicht bestätigt haben. Unsere Fliederminiermotte, *Xanthospilapteryx syringella* F. lebt an Flieder, Liguster und Esche. Diese drei gehören mit dem Ölbaum zur Familie der Oleaceen. Die Fliedermotte bezeugt durch den Fraß ihrer Raupe, daß diese Zusammenfassung zu Recht besteht. In solchen Jahren jedoch, wo sie sehr häufig auftritt und bald Futtermangel einsetzt, findet sie sich auch ausnahmsweise an der Eisbeere (*Symphoricarpus*), die zu den Caprifoliaceen gehört. Eine Verwandtschaft zwischen Caprifoliaceen und Oleaceen ist erst in allerjüngster Zeit durch Serodiagnose festgestellt worden (MEZ 1924). Wie es kommt, daß hier die Raupen auf eine andere Futterpflanze übergehen, wird weiter unten noch gesagt werden, wenn wir sehen werden, daß bei Futtermangel die Monophagie wieder zur Polyphagie zurückgeführt wird. Eins ist aber noch wichtig zu erwähnen: D i e A u s l e s e t r a f s c h o n d e r e i a b l e g e n d e F a l t e r, da sich an der abweichenden Futterpflanze auch schon die primären Minen der Art befanden. Es verdient weiterhin Beachtung, daß alljährlich von dieser Schmetterlingsart an der gleichen Stelle solche Versuche gemacht wurden; immer konnte ich aber beobachten, daß die Minen sehr früh aus unbekannten Ursachen ausstarben; den Räupchen bekam anscheinend das abweichende Futter nicht. Erst in dem Jahre, wo eine große Verbreitung dieses Schädlings erfolgte, gelang es den Raupen, sich auf dem fremden Substrat fertig zu entwickeln. Es steigt einem hierbei der Gedanke auf, als ob in solchen Jahren des Massenauftretens einer Art auch die einzelnen Individuen eine viel größere Zähigkeit besäßen, so daß sie dann der Schwierigkeit der Nahrungsausnutzung Herr würden. Übrigens nahmen die an Eisbeere gefundenen Raupen auch bereitwilligst die normalen Substratblätter der Art an, so daß etwa an eine Mutation hier nicht gedacht werden kann. — Einen ganz ähnlichen Fall haben wir in den oligophagen Neigungen der auf den R o s a c e e n lebenden Schmetterlingsraupen (dasselbe gilt übrigens auch für die Käfergattung *Rhamphus*). Viele derselben haben eine eigentümliche Zuneigung zur Birke; es seien da erwähnt *Cemiostoma scitella* Z., *Coleophora siccifolia* ST., *Lyonetia clerkella* L. und *Lithocolletis corylifoliella* Z. Alle diese Arten leben n u r auf R o s a c e e n und B e t u l a. Eine ähnliche Zweiteilung der Geschmacksrichtung bezieht sich auf die R o s a c e e n (im weitesten Sinne) und die Q u e r c i f l o r e n (Eichen). Die ganze Gattung *Ornix* ist bei uns wie auch in Nordamerika nur auf Eichen- und Rosenverwandte beschränkt, die *Tischeria*-Arten leben ebenfalls nur auf Angehörigen dieser beiden Pflanzenfamilien. Die Betulaceen und Quercifloren werden von den Botanikern vielfach für recht spezialisierte Pflanzenfamilien gehalten, wärend die Rosifloren als ursprüngliche Familie gelten. Eine nähere Verwandtschaft zwischen beiden hat man nie zu konstruieren versucht; es scheint aber, daß die Raupen hier besser Bescheid wissen und eine Verwandtschaft erkannt haben, die vermutlich erst später von den Botanikern aufgefunden werden wird. So ist das Studium der Monophagie, Oligophagie und Polyphagie von Wichtigkeit nicht nur für den Zoologen, sondern in gleichem Maße auch für den Botaniker und Biochemiker. Denn daß die Raupen eine solche Auswahl treffen, beruht doch wohl zum größten Teile darauf, daß in den bevorzugten Pflanzen gemeinsame Stoffe vorhanden sind, an denen ihnen besonders gelegen ist. Sache der Biochemiker wird es dann sein, diese Stoffe ausfindig zu machen, nachdem die Raupe auf ihr Vorhandensein hingewiesen hat. Es soll ein solcher Fall hier noch erörtert werden. Es waren oben schon (Seite 60) die Beziehungen zwischen den Cornaceen und Frangulinen festgestellt worden, die sich in der auf diese beiden Familien beschränkten Oligophagie der Raupen von *Antispila* äußerten. Der Biochemiker hat nun festgestellt, daß in diesen beiden Familien ein besonderer roter Farbstoff auftritt, das „Weinrot", im Gegensatz zu dem bei den meisten anderen Pflanzenfamilien vorhandenen „Rübenrot". Wenn wir bedenken, daß ja der rote und der grüne Farbstoff der Pflanzen meist nur auf Umänderung der Zusammensetzung der Farbstoffträger beruht, und weiter daran denken, daß ja diese Farbkörner von der Raupe verarbeitet werden und zu einem guten Teil zur Ablagerung im eigenen Körper gelangen, dann dürfen wir uns nicht wundern, daß eine Raupe, die sich einer bestimmten Pigmentzusammensetzung angepaßt hat, auch nur solche Pflanzen aufsuchen und als Nahrung verwenden kann, die ebenfalls die Voraussetzungen zur gleichen Pigmentbildung haben, wo also die Grundstoffe die gleichen sind. Und so wird es möglich sein, auch in solchen Fällen, wo uns diese Grundstoffe noch nicht bekannt sind, diese zu ermitteln und dadurch auf eine chemische und damit zusammenhängend stammesgeschichtliche Verwandtschaft der betreffenden Pflanzenfamilien zu schließen. Hier eröffnet sich dem Raupenzüchter ein weites Gebiet der Forschung; systematisch durchgeführte Fütterungsversuche mit den verschiedensten Substraten werden zu Ergebnissen führen, die auch für die anderen Disziplinen der Biologie, Botanik und Biochemie, von höchstem Interesse sein werden. Natürlich sind im allgemeinen Raupen, die sehr viel verschiedene Futterstoffe angreifen, nicht geeignet.

In manchen Fällen tritt auch bei monophagen oder oligophagen Raupenarten Polyphagie zeitweilig auf. Das ist besonders der Fall, wenn eine Massenvermehrung der in Frage kommenden Falterart erfolgt ist. Der Grund dazu liegt einesteils im Futtermangel, zum andern wohl aber auch in Umständen, die uns bis jetzt noch unbekannt sind. Treten nämlich Arten in so ungeheurer Menge auf, daß das verfügbare Futter nicht ausreicht, so begeben sich viele der Raupen auf andere Pflanzen und fressen dort bis zur Verpuppung, liefern dann auch ganz normale Falter. Das ist besonders in den Jahren der Fall, wo sich Forleule, Kiefernspanner, Nonne und andere Nadelholzfresser sehr stark vermehren. Dann wird nicht nur Laubholz, sondern auch fast jede niedere Pflanze als Nahrung verwendet. SEITZ berichtet sogar, daß die Raupe von *Agrotis segetum* SCHIFF. bei Nahrungsmangel sich von Moos ernähre, ein für die meisten Raupen doch ganz ungewöhnliches Substrat. Auffällig ist nun aber, daß solche Raupen, die normalerweise monophag oder oligophag sind, wenn man ihnen im Zuchtkasten nicht das ihnen genehme Futter vorsetzt, lieber verhungern als daß sie ein anderes Substrat angreifen. Nur bei einem Massenauftreten der Art macht sich dann eine gewisse Polyphagie bemerkbar. Es scheinen also noch andere Momente bei dem zeitweiligen Vorkommen von Polyphagie mitzusprechen, über die wir noch nicht unterrichtet sind. Es ist möglich, daß bei einer Massenvermehrung die Fähigkeiten der betreffenden Art gesteigert sind; diese Steigerung zeigt sich nicht nur in dem zahlreicheren Vorkommen, sondern auch in der größeren Zähigkeit der Raupe, die dann auch mit anderen Futterstoffen auskommen kann als unter normalen Umständen.

Schließlich soll noch auf eine Eigentümlichkeit der Raupen hingewiesen werden, die ihre Monophagie oder Oligophagie in einem besonderen Lichte erscheinen läßt. Auch solche Raupen, die nur an einer bestimmten Pflanze fressen, machen vielfach vorher Versuche, an anderen Pflanzen herumzubeißen. Es macht dann den Eindruck, als wollten sie erst probieren, welches für sie das richtige Substrat ist. Wenn wir die Fühler oder Antennen der Raupen betrachten, so fällt uns auf, daß sie relativ einfach gestaltet sind. Weder zeichnen sie sich durch besondere Länge noch durch große Anzahl von Sinnesorganen aus. Besonders auffallend wird das, wenn wir mit ihnen die Fühler der Imago vergleichen. Da nun die Antennen zum guten Teile die Träger der Geruchsorgane sind, können wir wohl annehmen, daß die Raupe nur ein geringes Geruchsvermögen besitzt; sie ist also vielfach nicht imstande, ihre Futterpflanze nach dem Geruch festzustellen, und beißt dann wahllos in die ihr vorkommenden Pflanzen hinein, um auf diese Weise, da ihre Geschmacksorgane wahrscheinlich besser ausgebildet sind, ein ihr zusagendes Futter zu finden. Durch dieses viele Probieren kann sie dann leicht Pflanzen herausfinden, die sich gegenseitig ersetzen können, da sie dieselben wichtigen chemischen Stoffe gemeinsam haben. Während das für die meisten freilebenden Raupen gelten kann, liegen bei den in Gallen und Minen vorkommenden Raupen die Verhältnisse insofern anders, als ja hier das Ei auf das Blatt abgelegt wird, in dem sich später die Larve entwickelt. Die Larve hat wohl oder übel keine andere Möglichkeit, als in dem Pflanzenteil zu fressen, auf den das Ei abgelegt worden ist. Hier muß schon das eierlegende Weibchen die Auswahl treffen. In dem Kapitel über die Eiablage war (Seite 49) schon darauf hingewiesen worden, daß der weibliche Falter bei der Eiablage sich meistens vom Geruch leiten läßt. Es ist bemerkenswert, daß auch die Tagfalter darin keine Ausnahme machen (vgl. S. 50 die Beobachtung an *Papilio demoleus*). Wir wissen, daß bei den Nachtschmetterlingen die beiden Geschlechter sich durch den Geruch zueinander finden; bei den Tagfaltern dagegen wird die Vereinigung der Männchen und Weibchen durch das Gesicht bewirkt; im Gegensatz dazu wird aber, wie es scheint, die Eiablage bei b e i d e n durch den Geruch dirigiert. Dann kann es leicht einmal vorkommen, daß die Weibchen einer monophagen Art ihre Eier auf eine andere Pflanze ablegen, die im Dunstkreis der Substratpflanze sich befindet, und die aus den Eiern ausschlüpfenden Räupchen gezwungen sind, die neue Pflanze anzunehmen; entweder ist diese nun für ihre Ernährung geeignet, dann entwickeln sich die Larven normal, oder sie ist ungeeignet (sie kann Giftstoffe enthalten, sie kann zu saftreich sein, ihre Oberhaut ist vielleicht zu dick, als daß die Mandibeln des ersten Raupenstadiums sie zerbeißen könnten, usw.), dann gehen die Raupen zugrunde. Es ist aber gut möglich, daß auf diese Weise eine Raupenart auf einer ganz anderen und entfernt stehenden Pflanze (in systematischer Hinsicht) sich entwickelt, ohne daß diese neue Geschmacksrichtung erblich zu sein braucht. Diese Feststellungen sind besonders wichtig für jene Fälle, in denen man eine Oligophagie der Raupen beobachtet, wo aber eine Verwandtschaft der betreffenden Pflanzen gänzlich ausgeschlossen ist. In allen jenen Fällen, wo oligophage Larven Pflanzen angreifen, die nicht in stammesgeschichtlicher Beziehung zueinander stehen, wird man finden, daß die in Frage kommenden Gewächse derselben Biozönose oder Lebensgemeinschaft angehören, daß es z. B. Bewohner eines Torfmoores, eines Buchenwaldes usw. sind. Da liegt dann der Verdacht sehr nahe, daß hier eine Irritierung des eierablegenden Weibchens stattgefunden hat, daß dieses neue Substrat im Dunstkreis der normalen Futterpflanze gestanden hat. Wenn man also eine sonst monophage Raupe auf einer Pflanze ihre Entwicklung durchmachen sieht, mit der sie normalerweise nichts zu tun hat, so untersuche man genau, ob nicht die Eiablage im Geruchsschatten der gewöhnlichen Futterpflanze stattgefunden hat; erst wenn dies unter allen Umständen ausgeschlossen ist, darf man versuchen, auf verwandtschaftliche Beziehungen der Pflanzen zu schließen.

Die Biozönose bedeutet aber noch mehr für die Nahrungsauswahl der Raupe. Pflanzen, die einer Lebensgemeinschaft angehören, also auch an denselben Orten vorkommen, finden an diesen besondere Stoffe, die sie für ihren Aufbau notwendig brauchen. So sind alle die auf Schuttstellen, wüsten Plätzen, den sogenannten Ruderalstellen, vorkommenden Pflanzen außerordentlich stickstoffhungrig. Da sie an den genannten Örtlichkeiten große Mengen von Stickstoff vorfinden, speichern sie ihn auf und bilden so für manche Raupen, die darauf erpicht sind, eine besonders gesuchte Kost. Wir dürfen uns dann nicht wundern, wenn eine Raupe, die speziell dem Stickstoffgenuß frönt, zwei ganz verschiedenen Familien angehörige Pflanzen frißt, alle möglichen anderen aber unberührt läßt, weil es für sie eben weniger auf den Geschmack als vielmehr auf den Stickstoffgehalt ihrer Nahrung ankommt. Auch dieses Moment, das in gleicher Weise auch für andere Biozönosen gilt, muß bei Untersuchung der Oligophagie mit berücksichtigt werden. Mitunter zeigt sich auch die Oligophagie in der Weise, daß die einzelnen Generationen eines Falters in ganz verschiedener Weise leben. Das bekannteste Beispiel dafür ist der „Heuwurm" und der „Sauerwurm", beides von den Winzern

---

Tafel I. Abb. 1. *Thysania agrippina* Cr. und *Nepticula acetosae* Stt., der größte und der kleinste Schmetterling. ($^2/_5$ Naturgr.) Abb. 2. Südamerikanische Sphingidenraupe mit „Schlangenkopf". Abb. 3. Sesie und ihre Puppe in Zweiganschwellung. Abb. 4. Cocon von *Trichostibas* an langem Faden.

Tafel I.

1.

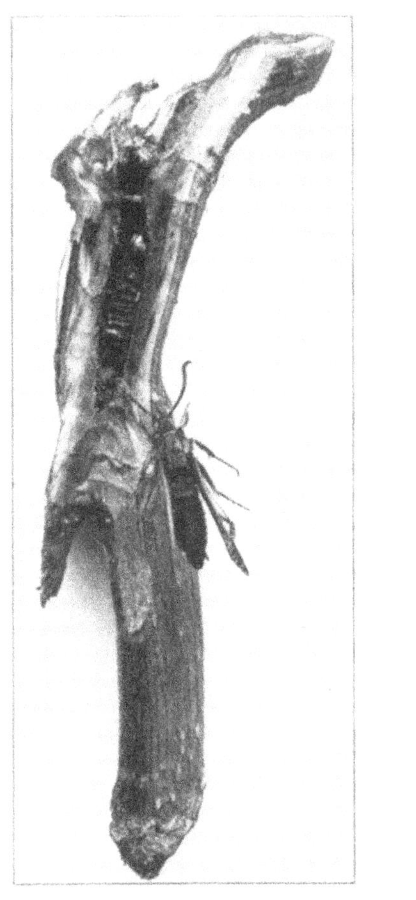

3.

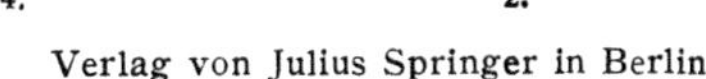

4.

2.

sehr gefürchtete Schädlinge. In Wirklichkeit ist es jedoch die Raupe eines einzigen Schmetterlings, die in zwei verschiedenen Generationen vorkommt. Die erste Generation, der „Heuwurm“, lebt in den Blütenknospen des Weinstockes (und anderer Pflanzen), während die zweite, unter dem Namen „Sauerwurm“ gefürchtet, nur in den Beeren derselben Pflanzen frißt. Beide Generationen ergeben denselben Falter, *Phalonia ambiguella* Hb., einen zu den Wicklern gehörigen Kleinschmetterling. Etwas Ähnliches kann man bei dem einen der wenigen „Großschmetterlings“-Minierer feststellen, bei dem Spanner *Larentia incultaria* H.S. Die Raupe dieses Falters hat eine doppelte Lebensweise, nämlich entweder in großen blasigen Minen in den Blättern oder aber in den Samenkapseln von Schlüsselblumen-(*Primula*-)Arten. Genau ist die Lebensweise, namentlich in bezug auf die einzelnen Generationen, noch nicht erforscht; doch ist auch hier zu vermuten, daß es die eine Generation ist, die in den Minen vorkommt, während die andere die Samenkapseln ausfrißt. Es erscheint schwer denkbar, daß eine solche Verschiedenheit in der Lebensweise bei derselben Generation sich finden soll, besonders deshalb, weil der Minierfraß als eine der am höchsten spezialisierten Modifikationen des Fraßes gelten muß, und spätere Untersuchungen werden sicherlich dieser Überlegung recht geben.

Es muß nun noch ein weiteres Problem berührt werden, das nicht nur die Raupen der Schmetterlinge, sondern auch die Larven anderer polyphager Insekten betrifft. Man sollte meinen, daß von der Futterpflanze diejenigen Teile bevorzugt werden, die am kräftigsten ausgebildet sind. Es wird also die Raupe solche Pflanzen bevorzugen, die am größten und stärksten sind, und auf diesen sich wieder die schönsten, saftreichsten und regelmäßig gewachsenen Blätter aussuchen. Es ist aber von vielen Beobachtern festgestellt worden, daß gerade das Gegenteil der Fall ist. So berichtet schon Standfuss, daß die Raupen von *Simyra nervosa* F. und *Acronycta abscondita* Tr., die auf *Euphorbia cyparissias* und *Rumex acetosella* leben, sich stets die kümmerlichsten Pflanzen aussuchen, und daß *Plusia cheiranthi* Tausch., deren Nahrung *Thalictrum*-Arten sind, immer solche Stauden auswählt, die in der Sonne stehen, während die im Schatten wachsenden Pflanzen derselben Arten immer üppiger und saftreicher sind. Füttert man in der Gefangenschaft solche auf dürftigen Pflänzchen vorkommenden Raupen mit normalen oder üppigen Exemplaren derselben Pflanze, so wird man immer schlechte Zuchtresultate erhalten. Von andrer Seite ist der Einwand erhoben worden, daß nicht die Raupen an den kümmerlichen Substraten leben, sondern daß die Substrate infolge des Raupenfraßes und der damit verbundenen Schädigung der ganzen Pflanze verkümmerten. Diese beiden Theorien stehen sich gegenüber, und es ist schwer zu erkennen, welche von beiden berechtigter ist. Es müßten zur Beurteilung dieser Frage die allerwinzigsten Larven herangezogen werden, die das Blatt am wenigsten beschädigen, und diese müßten auch in der allerersten Zeit des Fraßes beobachtet werden, wo er noch so geringfügig ist, daß eine Schädigung der Pflanze ausgeschlossen erscheint. Zu solchen Feststellungen eignen sich besonders gut die minierenden Kleinschmetterlinge, einmal, weil sie meist nur ein einziges Blatt beanspruchen, und zum andern, weil der verursachte Schaden außerordentlich geringfügig ist. Auf Grund jahrelanger Beobachtung minierender Insekten aller Ordnungen (also auch bei Käfer-, Fliegen- und Blattwespenlarven) kann ich behaupten, daß ein größerer Teil aller Raupen auf den Blättern lebt, die unterhalb der normalen Entwicklung stehengeblieben sind, gegenüber wenigen Fällen, wo normale oder besonders üppige Blätter verwendet wurden. Einer besonderen Vorliebe erfreuen sich dabei Adventivblätter, die direkt aus dem Stamm hervorwachsen und ja immer sehr verkümmert sind. Diese Beobachtungen sind deswegen noch besonders bemerkenswert, als sie ja an minierenden Larven gemacht wurden; die Minierer unter den Raupen haben ja aber eine sehr geringe Freizügigkeit; sie entwickeln sich meist in dem Blatte, auf das das Ei abgelegt wurde. Eine Bevorzugung verkümmerter Pflanzenteile steht demnach fest, nur daß die Frage damit von den Raupen auf die eierablegenden Weibchen verschoben wird. Von der Raupe aus wäre es noch leicht zu erklären, daß verkümmerte Blätter lieber angenommen werden; sie enthalten meist weniger Saft, und jedem Züchter ist ja aus seinen Erfahrungen bekannt, daß saftreiches Futter in gewisser Weise schädlich werden kann; oft erkranken Raupen, wenn man ihnen das Futter, um es länger frisch zu erhalten, in Wasser gestellt vorsetzt. Es gibt besonders ansgeprägte Instinkte bei Raupen, die sie veranlassen, nicht allzu frisches Futter zu sich zu nehmen. So sammelt der australische *Nycterobius*, auf den wir weiter unten noch zu sprechen kommen, in der Nacht die Blätter und zieht sie in seine Raupenwohnung. Die Blätter werden am nächsten Tage, wenn sie also schon angewelkt sind, erst verzehrt. Die Larven mancher *Acidalia*-Arten unter unsern Spannern kann man nur mit Futter aufziehen, das schon angewelkt ist, und manche unserer kleinen Federmottenraupen erzielen künstlich ein Welken ihrer Nahrungspflanze, indem sie unterhalb der Blätter den Stengel zur Hälfte durchbeißen, wodurch dann die Blätter erst abwelken und dann, in diesem Hautgoût-Zustande, ihnen besonders schmackhaft sind.

Aus allen diesen Gründen könnte man annehmen, daß den Raupen das verkümmerte Futter lieber ist als das üppige, und daß ersteres deswegen mit Vorliebe aufgesucht wird. Aber diese Erwägungen kommen bei den Minierern (wie auch bei den Gallenerzeugern, wo dieselbe Erscheinung beobachtet wurde) nicht in Betracht. Hier hat das Räupchen sich einfach danach zu richten, auf welchem Blatt das Ei abgelegt wurde, und ein nachträgliches Auswählen kommt nicht weiter in Frage. Es muß also das Unterscheidungsvermögen schon bei den eierlegenden Weibchen vorhanden sein. Das erscheint uns fast unglaublich; sollte wirklich das Weibchen, das ja beim Legeakt die Substrate kaum mit Antennen, Palpen oder Rüssel abtastet, tatsächlich in der Lage sein, mittels der Tastbewegungen des Hinterleibes vor der Ablage eines jeden Eies die innere Struktur der Blätter so festzustellen? Es liegt hier ein Problem vor, das nur durch sorgfältige Beobachtungen und Versuche gelöst werden kann, und das zugleich für die ganze Schädlingsfrage von Bedeutung ist. Wenn tatsächlich erwiesen ist, daß die Raupen nur an den minderwertigen Pflanzen sich vergreifen (abgesehen von Fällen eines Massenauftretens der Art), dann ist ihr Schaden nicht so groß, dann spielen sie aber im Haushalt der Natur auch eine bedeutsame Rolle, indem sie durch Ausrottung oder Unfruchtbarmachung aller kümmerlichen Exemplare ihrer Substratpflanze eine künstliche (oder natürliche!) Auslese derselben veranstalten und ihr somit zur Höherentwicklung verhelfen. Unter diesem Gesichtspunkt erscheint die Bedeutung der Raupen und überhaupt der phytophagen Insektenlarven in der Natur in einem ganz anderen Lichte; sie sind nicht mehr allein die Verwüster des Pflanzenreiches, sondern sie spielen in letzterem auch eine bedeutsame Rolle als entwicklungsfördernder Faktor. Das Verhältnis zwischen beiden würde dadurch in eine Parallele zu dem zwischen den Insekten und Pflanzenblüten zu setzen sein. Es wäre sehr zu wünschen, daß hier genauere Untersuchungen vorgenommen werden, um diese Verhältnisse zu klären, die ein neues Licht auf die Beziehungen zwischen Tier und Pflanze werfen können.

Von besonderem Interesse sind schließlich auch für uns die Raupen, die an sogenannten „Giftpflanzen" leben. Giftpflanze ist ja stets nur ein relativer Begriff, bezogen auf das Lebewesen, bei dem sie schädliche Wirkungen hervorbringt. In den meisten Fällen wird dabei streng anthropomorph geurteilt, indem nämlich das, was der menschliche Organismus nicht vertragen kann, als Gift bezeichnet wird. Für Papageien ist aber schon Petersilie, die von uns oft und gern genossen wird, ein tödliches Gift, und so gibt es eine große Anzahl von Stoffen, die dem einen Lebewesen schaden, für das andere aber ganz ungefährlich sind. So ist es auch bei den Schmetterlingsraupen der Fall. Es gibt unter ihnen eine ganze Anzahl von Arten, die auf Pflanzen vorkommen, die für den Menschen und viele tierische Organismen direkt als giftig zu bezeichnen sind, die also bei diesen schwere Schädigungen auslösen können, ohne daß die Raupe durch die Giftstoffe gefährdet wird. So gibt es eine Menge von Arten, die auf der für uns giftigen Wolfsmilch leben; es sei an den bekannten Wolfsmilchschwärmer (*Deilephila euphorbiae* L.) erinnert, weiter an die schon oben erwähnten *Simyra*- und *Acronycta*-Arten und an den Spinner *Malacosoma castrense* L., wie auch an die Kleinschmetterlinge *Polychrosis euphorbiana* Frr. und die in den Blättern minierende *Nepticula euphorbiella* St. Auch von giftigen Ranunculaceen sind einige Stammgäste bekannt; so lebt an Aconitum, dem giftigen Sturmhut, die Raupe einer *Plusia*, und im Frühjahr kann man an Blüten und Blättern der Anemone meist recht häufig die Säcke von *Psychiden*-Larven finden. Die Raupen einer ganzen Papilioniden-Gattung leben ausschließlich an Aristolochiaceen (Gattung *Pharmacophagus*), und die Ithomiiden sind ganz auf Solanaceen angewiesen. So wird man nur wenige unter den als giftig verschrieenen Pflanzengattungen finden, die nicht irgendeiner Raupe als Nahrung dienen. Wie es kommt, daß im Körper der Raupe keine Schädigungen durch die mit dem

Futter aufgenommenen Gifte erfolgen, ist noch ganz unbekannt. Es bestehen da zwei Möglichkeiten. Entweder sind die von uns als Gifte angesprochenen Stoffe der Raupe gar nicht schädlich, oder aber, sie werden durch bestimmte Stoffe, Antitoxine, im Darm der Raupe neutralisiert, bevor sie mit dem Blutkreislauf in den Körper gelangen. Wir sind über die Verdauungsphysiologie der Raupen noch nicht genügend unterrichtet, als daß wir darüber schon ein endgültiges Urteil abgeben könnten. Es besteht nun jedoch die Möglichkeit, daß für die Raupe auch noch andere Pflanzen als giftig zu gelten haben, die es für den menschlichen Organismus nicht sind, und die deshalb auch von der Raupe durch Bindung oder durch Antitoxine unschädlich gemacht werden müssen. In dieser Hinsicht sind z. B. die Umbelliferen verdächtig. Eine besondere Anpassung an die aus Giftpflanzen bestehende Nahrung stellt nach P. SCHULZE die Nackengabel der Papilioniden-Raupen dar. Diese Nackengabel, die man als Osmaterium bezeichnet, galt früher für ein Abwehrmittel der Raupe gegen äußere Feinde. P. SCHULZE nimmt nun an, daß die durch die Nahrung aufgenommenen Stoffe zusammen mit dem Speisesaft ins Blut gelangen und von diesem zum Osmaterium geführt werden. In demselben liegt ein Organ, das als „ellipsoide Drüse" bezeichnet wird. Diese Drüse soll die Fähigkeit haben, aus dem Blut die Giftstoffe herauszusaugen, worauf diese auf der Gabel zur Verdunstung gebracht werden. Im normalen Zustande riecht die Raupe wie ihre Futterpflanze; bei Reizen irgendwelcher Art werden aber die Nackengabeln weiter herausgestreckt, und jetzt verbreitet sich ein eigenartiger Geruch, der vielleicht auf die verdunstenden Giftstoffe zurückzuführen ist. In sekundärer Hinsicht mag er auch als Abschreckungsmittel wirksam sein. Man hat solchen Raupen die Nackengabel vor der letzten oder vorletzten Häutung abgeschnitten und dennoch ganz normale Falter erzielt. Dieses Organ scheint also in den letzten Stadien nicht mehr jene große Rolle zu spielen wie in den ersten Zuständen; es würde nun besonders interessant sein, auch bei jüngeren Stadien diese Operation vorzunehmen und festzustellen, welche Veränderungen sie zu dieser Zeit hervorruft. — Wie verschiedenartig auch die einzelnen Teile der Pflanze auf die Raupen einwirken, erhellt aus der Mitteilung, daß *Attacus orizaba*-Raupen die Blätter vom Liguster verzehrten und trefflich dabei gediehen, am Genuß der Beeren dagegen alsbald starben.

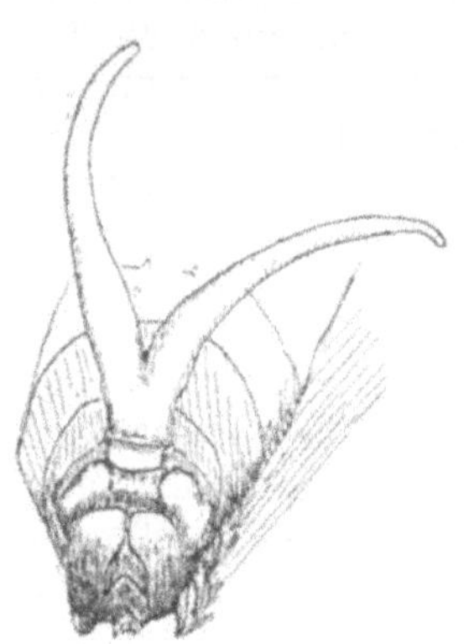

Abb. 34. Nackengabel einer *Papilio*-Raupe.

Infolge der Anpassung an Giftstoffe haben sich manche Raupen an einen bestimmten Gehalt der Blätter an Giften gewöhnt, so daß sie diese nicht mehr entbehren können. Manche Raupen, die an den Gerbstoffgehalt ihrer Nahrung angepaßt waren, nahmen dieselben Blätter, denen man künstlich die Gerbstoffe entzogen hatte, nicht an. Dagegen fraßen sie auch Blätter, die sie normalerweise verschmähten, wenn man sie mit Gerbstoffen bestrich. Eingehende Untersuchungen über die Verarbeitung von tanninähnlichen Substanzen sind bei der Raupe des Eichenwicklers *Tortrix viridana* L. gemacht worden. (HOLLANDE 1913). Diese und andere sich von Eichenblättern nährenden Raupen besitzen in den kelchförmigen Zellen ihres Mitteldarmes Kristalle oder kristallähnliche Gebilde einer tannoiden Substanz; ihr Auftreten ist an eine bestimmte Futterpflanze geknüpft. Wenn man die Larven mit anderen Pflanzen ernährt, treten die Kristalle nie auf. Sie befinden sich nur in den als Exkretionsorgane gedeuteten kelchförmigen Zellen und kommen in den andern Darmzellen nicht vor. Sie ähneln Harnsäurekristallen, unterscheiden sich aber durch ihre Löslichkeit in 75 %igen Alkohol. Diese Kristalle sind wahrscheinlich eine Verbindung tannoider Substanzen mit Proteinen. Die tannoiden Substanzen sind früher auch schon im Blut, den Herz- und Tracheenzellen aufgefunden worden; es ist aber anzunehmen, daß sie bei den Eichenblattfressern direkt vom Speisebrei aufgenommen werden und ihre Bindung in den kelchförmigen Zellen erfolgt, wodurch verhindert wird, daß die Tannine ins Blut gelangen. Diese Zellen wirken vielleicht auch andern Stoffen gegenüber als Filter; Indigokarmin, das durch den Mund aufgenommen worden war, wurde ebenfalls festgehalten. Man hat früher schon ganz ähnliche Gebilde in den Mitteldarmzellen von *Melitaea*-Raupen (ebenso bei den Larven mancher Trichopteren) festgestellt, die vielleicht eine ganz ähnliche Funktion besitzen und dazu dienen, gewisse Stoffe der Futterpflanze am Eintritt in den Körper zu hindern. Es wird wahrscheinlich möglich sein, zwischen der chemischen Natur dieser Mitteldarm-Zelleinschlüsse und der Nährpflanze bestimmte Beziehungen herauszufinden.

So wie in diesem Falle eine Anpassung an bestimmte Gifte direkt nachweisbar war, wird vielfach bei andern an Giftpflanzen lebenden Raupen ebenfalls eine Bindung des Giftes erfolgen, ohne daß sich dieses gleich in Kristallform niederschlägt. Es besteht immer noch die Möglichkeit, daß das Gift in Flüssigkeit oder als Gas abgegeben wird, was sich dann weniger leicht kontrollieren läßt als in dem geschilderten Falle.

Bisher haben wir nur von Raupen gesprochen, die eine rein vegetabilische Nahrung zu sich nehmen. Es gibt aber eine ganze Anzahl von Arten, die nicht Vegetarier sind. Einen Übergang zu ihnen bilden diejenigen Raupen, die sich nicht von Pflanzen ernähren, deren Gewebe Blattgrün enthält. Ihre Zahl ist äußerst gering. Gewisse Arten bevorzugen Pilze; es sind gewöhnlich solche, die den echten Motten nahestehen; so lebt *Tinea cloacella* Hw. in dem holzigen Eichenpilz *Daedalia quercina*; andere, wie *Tinea parasitella* HBN. kommen gern in den ebenfalls holzigen *Polyporus*-Pilzen vor. Nur eine Art ist mir bekannt, die sich auch oft von den fleischigen Hutpilzen (Steinpilz, Pfifferling usw.) ernährt, das ist *Diplodoma marginepunctella* STPH.; deren Raupe lebt in einem Sack und ähnelt darin gewissen Psychiden. Von diesem aus benagt sie dann die in Frage kommenden Hutpilze, frißt aber sonst auch andere pflanzliche oder tierische Abfälle. Man war früher allgemein der Ansicht, daß parasitische und saprophytische Pflanzen von Raupen nicht befallen werden. Sicherlich gibt es nur eine ganz geringe Anzahl von Arten, die ein solches Futter wählen; meistens sind sie dann auch auf diejenigen Schmarotzer beschränkt, die noch Blattgrün besitzen. So lebt auf unserer Mistel (*Viscum album*) eine Kleinschmetterlingsraupe zuerst in Minen, später unter Gespinst. Der Falter ist aus diesen infolge der Unzugänglichkeit der auf Bäumen wachsenden Futterpflanze bisher nur selten gezogen worden. Die Raupe der Eule *Scopelosoma satellitium* L. kommt u. a. auch in den Blüten der saprophytischen Pflanze *Lathraea squamaria* vor. Diese Beispiele ließen sich noch um einige vermehren, so daß eine unbedingte Abneigung der Raupen gegen Parasiten und Saprophyten im Pflanzenreich nicht festgestellt werden kann. Als besonders merkwürdig sei noch erwähnt, daß die Kornmotte *Tinea granella* L. in ganzen Generationen sich in dem giftigen Mutterkornpilz entwickelt.

Die an Pilzen lebenden Arten bilden nun aber einen gewissen Übergang zu den Formen, die sich hauptsächlich von tierischen Stoffen ernähren. Es kommen hierbei besonders die echten Motten aus der Verwandtschaft unserer Kleidermotte in Frage. Sie sind wohl in der Lage, alle möglichen tierischen und pflanzlichen Stoffe aufzunehmen, bevorzugen aber solche, die einen hohen Keratingehalt haben, wie Haare, Nägel, Leder usw., und richten deshalb im Haushalt des Menschen oft recht beträchtlichen Schaden an. Stoffe, die kein Keratin enthalten, werden nur bei großem Hunger angenommen. Interessante Versuche darüber sind mit Kleidermotten (*Tineola bisselliella* HUMM.) unternommen worden, indem man den Raupen Gewebe vorlegte, die aus Baumwolle bestanden und mit echter Wolle durchschossen waren. Die Mottenräupchen fraßen aus diesem Stoff nur die Wollfäden heraus, das übrige Gewebe blieb stehen, und in keinem einzigen Fall hatten sie einen Faden falsch beurteilt. Die Verdauung ist insofern eigentümlich, als nach TITSCHAKS Untersuchungen die einzelnen Wollhaare von innen nach außen aufgelöst werden; die Verdauung beginnt am Hohlraum des Haares und schreitet dann immer weiter nach außen fort. Diesen Arten stehen diejenigen nahe, die als „Hornfresser" bekannt sind und an Gehörnen und Geweihen oft Schaden anrichten. Als solche sind sechs Arten ermittelt worden: *Tineola infuscatella*, *Trichophaga abruptella* WOLL., *Blabophanes nigricantella* MILL. und *cinella* Z. und *Tinea orientalis* Z. und *vastella* Z. Besonders die letztere ist am meisten bekannt geworden. Bisher ist noch kein einziger Fall beobachtet worden, wonach einer dieser Hornfresser auch an Geweihen oder Gehörnen lebender Tiere gefunden worden sei; er ist aber theoretisch ganz gut denkbar und dürfte vielleicht später auch einmal festgestellt werden. Nahe verwandt mit den Motten in ihrer Lebensweise sind auch die Raupen mancher Spanner; so wird berichtet, daß sich die Larve von *Acidalia moniliata* F. elf Monate in einem Sammlungskasten befand, der mit präparierten Fliegen gefüllt war, wo sie auch ihre ganze Entwicklung durchmachte, sehr zum Nachteil der von ihr „untersuchten“ Dipterensammlung! Schließlich bilden solche Fälle bei den höheren Schmetterlingen eine Ausnahme und sind nicht so verbreitet wie dieselben Erscheinungen bei den Motten.

Unter dieselbe Rubrik fallen auch die Raupen der Wachsmotten, die, wie schon ihr Name sagt, sich vielfach von Bienenwachs ernähren. Sie gehören zur Unterfamilie der *Galleriinae*, deren Angehörige wohl sämtlich auf tierische Nahrung angewiesen sind; doch sind die Verhältnisse bei ihnen noch nicht genügend erforscht, um ein abschließendes Urteil zu ermöglichen.

Bei einer Anzahl von Raupen ist nun gelegentlich auch Necrophilie festgestellt worden; sie fressen also an den Leichen anderer Raupen, wie es z. B. vom Seidenspinner *Bombyx mori* L. bekannt geworden ist. Diese Erscheinung leitet zu einer Gruppe von Larven über, die unter dem Namen „Mordraupen“ zusammengefaßt werden. Es kommen alle Übergänge von der Necrophilie zum Kannibalismus vor. Bei sehr vielen Schmetterlingsraupen tritt der Trieb auf, von verwundeten andern Genossen den Leibessaft aufzuschlürfen. Besonders tritt das in Erscheinung, wenn lange Zeit Trockenheit geherrscht hat. Viele Raupen haben einfach das Bedürfnis, Flüssigkeit aufzunehmen; sie kommen deshalb nicht nur an den ausfließenden Saft der Baumstämme, sondern gehen zuweilen auch an den Köder, der vom Sammler zum Fang der Imagines an die Bäume gestrichen wurde, um ihren Durst zu löschen. Steht ihnen keine andere Flüssigkeit zur Verfügung, so trinken sie auch den Saft von zerquetschten oder sonstwie verwundeten Raupen, so daß hier der Übergang zum Kannibalismus sich ganz allmählich vollzieht; solche Raupen, die schon am Köder festgestellt wurden, sind hauptsächlich solche der Eulen, wie *Xylina furcifera* Hufn., *Dichonia aprilina* L., *Catocala nupta* L., *Cosmia paleacea* Esp. Die eigentlichen Mordraupen, über die Sorhagen 1899 eine ausgezeichnete Zusammenstellung veröffentlichte, lassen sich in zwei Klassen einteilen; zur einen gehören die echten Kannibalen, die also ganz freiwillig und draußen im Freien ihren mörderischen Gelüsten nachgehen, zur andern diejenigen, die nur unter den veränderten Bedingungen des Zuchtkastens andere Raupen oder Puppen überfallen und aussaugen. Zu den ersteren ist hauptsächlich die Raupe von *Calymnia trapezina* L. zu rechnen. Sie ist oftmals ertappt worden, bei Tage wie auch bei Nacht, wie sie Raupen oder Puppen anderer Falter spontan überfiel und aussaugte. In einen Zuchtkasten mit andern Raupen gebracht, kann sie ein unvorhergesehenes schreckliches Blutbad anrichten. In ähnlicher Weise wird sich vermutlich die Raupe von *Senta maritima* Tausch betätigen; sie lebt in den Rohrhalmen, und es ist wohl zu vermuten, daß sie dort Jagd auf die verschiedensten Rohrinsekten macht; wenigstens deutet die z. T. animalische Nahrung in der Gefangenschaft darauf hin, die sie bevorzugt; trefflich gedieh sie nämlich bei einer Mischung von Apfelmus und Gänseschmalz! Gleichfalls als echte Kannibalen werden *Orrhodia spadicea* Hb. und *Spilosoma menthastri* Esp., wie auch *Mamestra persicariae* L. bezeichnet.

Daneben gibt es aber eine große Anzahl anderer Arten, die wohl nur ganz gelegentlich zu Mordraupen werden. Viele von ihnen leben draußen in Pflanzenteilen und zeigten erst kannibalische Gelüste, als sie im Zuchtkasten aus ihren Wohnungen herausgenommen wurden, ein Verhalten, wie es für sie im Freien nie in Frage kommt. Die Ursachen zu diesem Verhalten in der Gefangenschaft können ganz verschiedener Natur sein. Bei den im Innern von Pflanzenteilen lebenden Arten mag es der Umstand sein, daß sie sonst stets von ihrem Futter umgeben sind und nun, aus ihrem Substrat herausgeschält, alles um sich umher anzufressen versuchen. In andern Fällen wird das Futter zu sehr vertrocknet sein, so daß sie nicht die gewohnte Flüssigkeitsmenge aufnehmen konnten und zu Ersatzmitteln greifen mußten. Bei manchen wiederum wird Futtermangel die Ursache sein oder zu geringer Rauminhalt des Behälters im Verhältnis zur Zahl der untergebrachten Raupen, so daß sich die Tiere gegenseitig behinderten, in den meisten Fällen aber wohl zufällige Verletzungen der Opfer, die den Trieb zum Kannibalismus auslösten. Da es für den züchtenden Entomologen sehr wesentlich ist, die gefährlichen Kannibalen zu kennen, um vor unliebsamen Überraschungen gesichert zu sein, andrerseits weitere Beobachtungen über diese interessante biologische Erscheinung erwünscht sind, soll an Hand der SORHAGENschen Zusammenstellung, die an einzelnen Stellen vervollständigt wird, ein Verzeichnis der „Mordraupen" gegeben werden, wobei diejenigen, die im Freien beim Morden betroffen wurden, mit einem * bezeichnet werden.

Papilio machaon L.
Anthocharis cardamines L.
Anthocharis eupheno ESP.
Callophrys rubi L.
Thestor ballus F.
Lycaena telicanus LANG.
Stauropus fagi L.
Asphalia ridens F.
Agrotis molothina ESP.
„ *fimbria* L.
„ *exclamationis* L.
„ *ripae* HB.
„ *vestigialis* RTT.
„ *praecox* L.
„ *segetum* L.
**Mamestra pisi* L.
„ *persicariae* L.
„ *glauca* HB.
Hadena tritici L.
Apamaea testacea HB.
**Senta maritima* TAUSCH.
Taeniocampa pulverulenta ESP.
Taeniocampa incerta HUFN.
Taeniocampa gracilis SCHIFF.
Calymnia pyralina SCHIFF.
Calymnia diffinis L.
„ *affinis* L.
**Calymnia trapezina* L.
Cosmia paleacea ESP.
„ *abluta* HB.
Orthosia lota COL.
„ *circellaris* HUF.
„ *pistacina* SCHIFF.
Orthosia litura L.
Hydroecia micacea ESP.
Orrhodia fragaria ESP.
„ *silene* SCHIFF.
Orrhodia spadicea HB.
„ *rubiginea* SCHIFF.
„ *staudingeri* GRASL.
Scopelosoma satellitium L.
Xylina ornithopus HFN.
**Cucullia verbasci* L.
* „ *scrophularia* SCHIFF.
Anarta myrtilli L.
Heliothis armiger HB.
„ *dipsaceus* L.
Chariclea umbra HUFN.
**Thalpochares communimacula* SCHIFF.
**Erastria venustula* HB.
* „ *scitula* RMB.
Crocallis elinguaria L.
Angerona prunaria L.
Ourapteryx sambucaria L.
Biston zonarius SCHIFF.

Eupithecia togata Hb.	*Talaeporia tubulosa* Retz.	*Diplodoma marginepunctella* Stph.
,, *trisignaria* HS.	*Myelois ceratoniae* Hb.	*Tinea parietariella* HS.
Euchelia jacobaeae L.	*Galleria mellonella* L.	*Myrmecocela ochracella* Tngstr.
Arctia caja L.	**Aphomia sociella* L.	*Amblyptilia acanthodactyla* Hb.
,, *quenselii* Payk.	*Melissoblaptes bipunctanus* Curt.	*Amplyptilia cosmodactyla* Hb.
,, *villica* L.	*Lamoria anella* Schiff.	*Oxyptilus celeusi* Frey.
Spilosoma fuliginosa L.	*Achroea grisella* F.	*Leioptilus lienigianus* Z.
,, *lubricipeda* Esp.	*Phalonia posterana* Z.	
,, *menthastri* Esp.	*Argyroploce gentianana* Hb.	
Cossus cossus L.		

Es ist als sicher anzunehmen, daß sich diese Liste noch beträchtlich vermehren lassen dürfte, und weitere Untersuchungen sind hier am Platze. Auf einige der eingereihten Fälle müssen wir noch besonders eingehen. Die Raupen von *Orrhodia rubiginea* Schiff. sind schon öfter, die von *Myrmecocela ochracella* Tngstr. ausschließlich in Ameisennestern gefunden worden; es ist anzunehmen, daß sie in diesen Fällen die Larven und Puppen der Ameisen verzehren. Die *Thalpocharis communimacula* Schiff. nährt sich wie die australische Verwandte *Th. cocciphaga* und die indische Lycaenide *Spalgis pius* Westw. von Blatt- und Schildläusen; dasselbe gilt von *Erastria scitula* Rmbr., die die Schilde der Cocciden, welche sie vorher ausgesaugt hat, zu einem Schutzdach auf ihrem Rücken befestigt. Die Larven der *Galleriinae,* die schon weiter oben als Wachsfresser angeführt worden waren, nähren sich auch von der jungen Brut der Hymenopteren, bei denen sie vorkommen. Es liegen nun einige merkwürdige Beobachtungen an Mordraupen vor, die aus dem Ei gezogen wurden. *Orrhodia spadicea* Hb. und *Diplodoma marginepunctella* Stph. wurden vom Ausschlüpfen aus dem Ei immer beieinander belassen, ohne daß ein einziger Fall von Kannibalismus eintrat. Trägt man aber die Raupen derselben Arten vom Freien ein, so töten sich die Raupen, wenn man sie zusammensperrt. Eine Erklärung dieser sonderbaren Erscheinung ist noch nicht gefunden worden. Die Raupen des letzteren Falters, die Stange sonst mit toten Faltern züchtete, nahmen diese nicht an und gingen zugrunde, wenn ihnen keine Flechten und Moose gereicht wurden. Die *Thalpochares*-Arten u. a., die sich von Schildläusen ernähren, ohne irgendein anderes Futter anzunehmen, leiten nun schon zu halbparasitischen Formen über. Schild- und Blattlausfresser finden wir besonders in der Verwandtschaft der schon genannten Eulen und außerdem oft bei *Lycaeniden.* Auch der nordamerikanische *Polyommatus porsenna* nährt sich von Blattläusen, rührt im übrigen die Blätter der Pflanze, auf der er vorkommt, nicht an und stirbt, wenn ihm keine Blattläuse verabfolgt werden. Wie weit bei den aphidophilen Eulenraupen die Anpassung gehen kann, hat Fabre an einem schönen Beispiel gezeigt. Nach ihm lebt an *Pistacia terebinthus* eine Blattlaus, die große, geschlossene Gallen erzeugt, in denen auch ihre Vermehrung erfolgt. Die Raupe beißt nun ein Loch in die Wand der Galle, schlüpft in diese letztere hinein und verschließt die Öffnung durch ein Gespinst. Dasselbe saugt den ausströmenden harzigen Saft auf, welcher erhärtet und so einen festen Pfropf in der Öffnung darstellt. Wenn die Raupe sämtliche Blattläuse in der Galle aufgefressen hat, beißt sie ein Loch in die Wand, schlüpft hinaus und sucht eine neue auf. In der letzten Galle verpuppt sie sich, aber nicht eher, bis sie in die Wand ein Loch genagt hat. Jetzt ist die Galle schon trocken geworden, so daß kein Harz mehr herausfließt, das die Öffnung verschließen könnte. Die Larve legt sich so, daß der Kopf des ausschlüpfenden Falters an die Öffnung der Galle zu liegen kommt. Wenn in abnormen Fällen der Kopf der Öffnung abgewendet ist, muß der Falter zugrunde gehen, weil er die enge Galle nicht verlassen kann.

Es gehören dann weiter noch hierher jene seltenen Fälle von echtem Parasitismus bei Schmetterlingsraupen, auf die wir in dem Kapitel über Symbiose und Parasitismus noch zu sprechen kommen werden. Sie betreffen hauptsächlich die beiden Fälle der Familie der *Epipyropidae*, deren Larven auf Fulgoriden und Cicaden schmarotzen, und die eigentümliche Pyralide *Bradypodicola hahneli* SPUL., die als Larve und Imago im Pelz des Faultieres in Südamerika lebt. Näheres darüber wird beim Parasitismus mitgeteilt werden.

Schließlich sind noch einige Fälle von Selbstverstümmelung zu erwähnen, die bei einigen „Mordraupen“ festgestellt worden sind. Man hat deswegen auch von „Selbstmordraupen“ gesprochen. Hier liegen aber öfters ungenaue Beobachtungen und falsche Deutungen vor. So schreibt RÖSSLER von der Raupe der *Calocampa exoleta* L.: „In der Gefangenschaft ist sie geneigt zum Selbstmord. Auf irgendeiner scharfen Spitze, z. B. einem hervorstehenden Splitter der Holzschachtel, wird sie dann in der Mitte geknickt zu beiden Seiten herabhängend, dem Anschein nach gespießt, jedoch ohne Wunde, tot getroffen. Dasselbe beobachtete ich öfter an Raupen von *Bombyx quercus*.“ Die hier angegebenen Symptome sind die der Flacherie, über die wir in dem Kapitel über die Krankheiten und Feinde usw. noch sprechen werden. Außerdem ist von *Stauropus fagi* L. und *Tinea parietariella* HS. gesagt worden, daß sie sich in der Gefangenschaft die Füße abbeißen. Diese Fälle sind aber so wenig beglaubigt, daß erst weitere Beobachtungen abgewartet werden müssen. Gewiß mag in manchen Fällen eine Selbstverstümmelung insofern eintreten, daß eine schon verwundete Raupe beginnt, an der Wundstelle zu saugen und dadurch sich veranlaßt sieht, ihren Körper weiter durch Anfressen zu beschädigen. Ob das aber auch bei ganz gesunden und unverletzten Raupen in Erscheinung tritt, ist zum mindesten sehr fraglich.

Ein besonderer Fall von Anpassung findet sich bei einer weiteren carnivoren Raupe, nämlich der der ? Psychide *Nepenthophilus tigrinus* GÜNTH., deren Lebensweise von GÜNTHER entdeckt und beschrieben wurde. Auf Ceylon kommen *Nepenthes*-Arten vor, das sind Pflanzen, deren Blätter kannenartig umgebildet sind, wobei der Hohlraum der Kanne mit einer Flüssigkeit gefüllt ist, die verdauende Enzyme enthält, so daß kleine Insekten und andere Tiere (besonders Ameisen), die in die Kanne stürzen, aufgelöst und von der Pflanze als Nahrung aufgesogen werden. Die glatten Wände der Kanne verhindern ein Entkommen der einmal hineingefallenen Insekten. Diese Kanne ist also gewissermaßen der Darm der Pflanze, der die Nahrung aufnehmen soll, und dementsprechend sind die Raupen von *Nepenthophilus*, die in diesen Kannen leben, bleich wie Eingeweidewürmer. Um von der verdauenden Flüssigkeit nicht mit zerstört zu werden, ist es wohl wahrscheinlich, daß sie ein Ferment aussondern, das dem verdauenden Ferment der Pflanze entgegengesetzt ist und es aufhebt. Die Raupe lebt in einem Gehäuse (so daß sie zuerst als Köcherfliegenlarve beschrieben wurde), von dem aus sie dann die in die Kanne gefallenen Insekten ergreift und frißt. Da diese Erscheinung im weiteren in das Gebiet der Symbiose schlägt, soll bei dieser noch Näheres darüber mitgeteilt werden.

Es gibt unter den Schmetterlingsraupen auch einige echte Coprophagen, die sich also von den eigenen oder fremden Exkrementen ernähren; doch scheinen alle hierher gehörigen Fälle mehr gelegentlicher Natur zu sein. Die bekannteste Erscheinung ist dabei die Kleidermotte *Tineola bisselliella* HUMM. Wenn man eine Anzahl Raupen in ein festverschlossenes Glas bringt und ihnen nur eine geringe Menge Futter dazu reicht, so wird das gewöhnlich bald aufgefressen sein; die aus den Puppen schlüpfenden Falter legen ihre Eier an den Kot der ersten Raupen ab, worauf die ganze nun folgende Generation sich nur an dem Kot der vorigen entwickelt, so daß man mehrere Jahre diese Zucht durchführen kann, ohne daß die Tiere aussterben; jede Generation nährt und entwickelt sich an den Exkrementen der vorigen. Doch kann man beobachten, daß bei den späteren Generationen die Falter immer kleiner und kleiner werden, und es ist zu vermuten, daß diese Entwicklung doch zeitlich begrenzt ist, wenn auch darüber noch keine Untersuchungen gemacht sind. Von einer Anzahl anderer Arten ist eine solche Entwicklung noch nicht bekannt geworden, obwohl sie zu vermuten ist. Das gilt besonders für *Tinea fuscipunctella* Hw. und *Ochsenheimeria vacculella* HB., die man als Imago besonders gern auf Aborten findet, die keine Wasserspülung besitzen, so daß man mit ziemlicher Sicherheit auf eine mindestens gelegentlich bei ihnen auftretende Coprophagie schließen könnte. Coprophag sind vielleicht auch diejenigen Raupen, die in Vogelnestern gefunden werden; das gilt besonders für *Tinea lappella* HB., die in Singvogelnestern nicht selten vorkommt. Es besteht die Möglichkeit, daß sie sich entweder von den Exkremten nähren, oder aber, daß sie von den zum Nestbau verwendeten Stoffen leben; vielleicht fressen sie auch ausgefallene Federn, was für sie als Tineidenraupen das Nächstliegende wäre. Ob sie von den jungen Vögeln etwa Nahrung abzapfen, scheint sehr zweifelhaft; es wäre dann nur in der Weise denkbar, daß sie an den Wunden saugen, die die mit ihnen meist zusammenlebenden Dipterenlarven den Vögeln beigebracht haben. Für diese Verhältnisse sind genauere Untersuchungen noch dringend notwendig.

Die so außerordentlich verschiedenartigen Verhältnisse in der Art und Weise der Nahrungsaufnahme unserer Raupen haben ein längeres Verweilen bei diesem Gegenstande nötig gemacht. Wir können uns nun aber in den folgenden Abschnitten etwas kürzer fassen. Mit dem starken Freßbedürfnis hängt die in kurzer Zeit manchmal sehr enorme Größenzunahme zusammen. Die Raupe hat ihr Skelett aber nicht im Innern des Körpers wie wir, auch wächst dieses nicht mit, wie es bei uns der Fall ist. Wir wissen, daß die Chitindecke oder Cuticula der Raupe von den unter ihr liegenden Zellen abgeschieden wird, zuerst noch weich ist, dann aber bald erhärtet. Die Raupenhaut ist also (abgesehen von den unter ihr liegenden Unterhaut- oder Hypodermiszellen) kein lebendes Gebilde, kann also nicht wachsen und kann sich nicht ausdehnen. Eine gewisse Dehnbarkeit besitzt sie insofern, als sie im jugendlichen Zustande noch in Falten gelegt ist. Je mehr Nahrung die Raupe zu sich nimmt, um so mehr vergrößern sich ihre inneren Organe, und der ganze Körper strafft sich, wodurch die Haut sich ausdehnt und ihre Falten geglättet werden. Diese Dehnbarkeit ist aber begrenzt, und wenn nun die Raupe wiederum wächst, findet sie keinen Platz mehr in der alten Haut, und es ergibt sich die Notwendigkeit der Häutung. Diese vollzieht sich in der Weise, daß die Hypodermis- oder Unterhautzellen, die schon die alte Hautdecke oder Cuticula abgesondert hatten, jetzt wiederum eine neue, beträchtlich größere Cuticula abscheiden (denn sie selbst sind ja unterdessen gewachsen), noch während die alte Hautdecke auf ihnen liegt. Dadurch wird diese etwas abgehoben, gewisse „Häutungsdrüsen" tun ein übriges, indem sie ihr Sekret zwischen die beiden Cuticulae ergießen und den Zusammenhang zwischen beiden immer mehr lösen. Das ist notwendig, da ja die neue Hautdecke jetzt noch ganz zart und weich ist und mit der alten Cuticula verkleben könnte. Diese „Häutungsdrüsen" sind gewöhnlich dorsal gelegen und treten bei jeder Häutung in Funktion. Nachdem nun unter der alten sich die neue Hautdecke fertig ausgebildet hat, zieht die Raupe den Kopf aus der alten Hülle zurück und verdickt sich so in ihrem vorderen Teil. Dadurch wird die alte Hautdecke auf dem Rücken hinter dem Kopf gesprengt, und durch diese Öffnung kriecht die gehäutete Raupe aus der alten Haut heraus. Viele Raupen haben noch die Gewohnheit, nach Verlassen der Haut einen ersten Imbiß auf die lange Fastenperiode einzunehmen, indem sie die alte Haut verspeisen. Ihr Hunger muß dann immer recht beträchtlich sein; denn mehrere Tage vor der Häutung nehmen sie keine Nahrung mehr zu sich, aus Gründen, die wir gleich weiter unten uns klarmachen werden.

Ein eigenartiges Organ, das speziell für die Häutung dient, und das wohl auch bei anderen behaarten Raupen noch nachgewiesen werden kann, findet sich nach Schmitt-Auracher (1923) bei der Raupe des Goldafters (*Euproctis chrysorrhoea* L.). Diese Larve besitzt auf dem neunten und zehnten Segment zwei leuchtendrote Kegelchen mit einer semipermeablen Membran. Diese können rhythmisch aus- und eingestülpt werden. Beim Ausstülpen scheiden sie eine wasserklare Flüssigkeit ab. Unmittelbar nachdem sich die Raupe gehäutet hat, sind die stark chitinisierten Teile des Kopfes noch weich und blaß und ohne Glanz; die Haare des Körpers sind ebenfalls weich und glanzlos und hängen in Strähnen herab. Etwa eine Viertelstunde nach der Häutung beginnen die beiden Kegel rhythmisch zu arbeiten, und Flüssigkeit diffundiert in die zu Bechern eingestülpten Organe. Jetzt bewegt die Raupe den Kopf nach hinten und streicht 20—30 mal über diese Organe, die sich dann immer von neuem wieder mit der wasserklaren Flüssigkeit anfüllen. Das wird in Zwischenräumen von ½ Stunde 4—5 mal am Tage wiederholt. Jetzt sind die Haare des Kopfes aufgerichtet und gespreizt, das Kopfchitin ist glänzend geworden. Die Flüssigkeit bewirkt also, daß die Haare spröde werden und nicht bei Anfeuchtung zusammenkleben; gleichzeitig erhält das Chitin der Kopfkapsel durch sie seinen eigentümlichen Glanz. Es wurden Raupen in eine enge Röhre gebracht und so verhindert, mit dem Kopf die Drüsenorgane zu berühren; diese hatten nach 2½ Stunden noch strähnige, weiche Haare und glanzloses Kopfchitin, während die Kontrolltiere nach derselben Zeit schon locker gespreizte Haare und glänzendes Chitin besaßen. Eine Raupe war im zweiten Abdominalsegment geknickt, so daß ihr ein Zurückbiegen des Kopfes unmöglich war. Sie blieb bis kurz vor der nächsten Häutung im Besitz der strähnigen Haare und des glanzlosen Chitins. Die *Orgyia*-Arten reiben, nachdem sie ihre Kopfhaare mit der Flüssigkeit befeuchtet haben, auch ihre Schwanzpinsel am Kopf, um sie in der gleichen Weise zu präparieren. Von der Nonne, *Lymantria monacha* L., wurden, als sie in großer Anzahl im Zuchtkasten gehalten wurden, solche Bewegungen nicht gemacht; der gegenseitige Kontakt ließ wohl schon eine ausreichende Verteilung der Flüssigkeit von selbst eintreten. Solche Drüsen, die ganz speziellen Zwecken der Häutung dienen, finden sich bei vielen Raupen, die ein Haarkleid besitzen; bei den *Dasychira*-Arten sind sie auf das zehnte Segment beschränkt und nicht so auffallend gefärbt wie bei *Euproctis* und *Orgyia*. Weitere Untersuchungen über die Verbreitung des Organes bei behaarten Raupen, über den Bau der in ihnen befindlichen Drüsen und die chemische Natur des abgeschiedenen Sekretes sowie die Ursachen der durch dieses hervorgerufenen Erscheinungen dürften zu wertvollen Ergebnissen führen.

Bei der Häutung werden alle Organe des Körpers, die Abkömmlinge der Haut, des Ectoderms, sind, mit abgestoßen und erneuert; das gilt also nicht nur für die Beine, Borsten, Mundwerkzeuge, Ozellen und sonstige Anhangsgebilde, sondern auch für den Anfangs- und Enddarm, die ja beide, wie wir wissen, vom Ectoderm herstammen. Es wird also auch die Chitinauskleidung des Magens und die der Kotkammer erneuert, und es wird verständlich sein, was vorhin gesagt wurde, daß die Raupe in der Zeit vor der Häutung keine Nahrung mehr zu sich nimmt. Die Hauterneuerung hat aber nicht nur den Zweck, die durch die Größenzunahme zu eng gewordene Hautdecke durch eine andere zu ersetzen, sondern es werden auch dabei Körperteile, die nicht mehr gebraucht werden, abgestoßen und durch andere ersetzt. Das gilt besonders für die Borsten. Die Borsten sind bei den Raupen die Sinnesorgane zur Aufnahme mechanischer Reize, und es ist wohl verständlich, daß in verschiedenem Lebensalter unter veränderten Bedingungen auch andere Borsten auftreten. In der Tat tragen die meisten Raupen nach der ersten Häutung, also im zweiten Stadium, eine ganz andere Beborstung als in der ersten Phase ihres Lebens. Es ist bemerkenswert, daß die bei den einzelnen Familien vorhandenen Unterschiede in Zahl und Stellung der Borsten im ersten Larvenstadium noch nicht so ausgeprägt sind wie in den späteren. Es weist die Art und Weise der Anordnung der Borsten vor der ersten Häutung auf einen viel primitiveren Typus hin, und das ist ja nach dem biogenetischen Grundsatz, wonach die Entwicklung des Einzelwesens ein Auszug aus der stammesgeschichtlichen Entwicklung der Art ist, ganz erklärlich. Im einzelnen auf die Chaetotaxie der Raupe, auf die Lehre von der Zahl und Stellung der Borsten einzugehen, würde uns hier zu weit führen. Nur so viel sei erwähnt, daß uns dieselbe in den Stand setzt, die Familien und auch die Genera in ihrer stammesgeschichtlichen Beziehung zueinander oftmals besser zu beurteilen, als es mit Hilfe der Imagines geschehen kann. Der Grundgedanke der einschlägigen Untersuchungen ist der, daß man die Formen mit gleichmäßig über den ganzen Körper verstreuter Beborstung als die primitiveren betrachtet, während man in der Verschmelzung von Borsten, ihrer Anordnung zu bestimmten Gruppen und Feldern und in ihrem Schwinden den Prozeß der Differenzierung sieht. Selbstverständlich werden beim Hautwechsel auch solche Gebilde erneuert, die aus Borsten hervorgegangen sind, wie z. B. das Horn der Sphingidenraupen.

Von der Regel, daß bei der Häutung eine Vergrößerung der Raupenhaut erfolgt, gibt es aber auch Ausnahmen, die von Burgeff (1921) genauer studiert wurden. Seine Untersuchungen beziehen sich auf überwinternde *Zygaena*-Arten. Wir finden hier die besonders merkwürdige Erscheinung, daß die Nachkommen von denselben Eltern entweder in einem Jahre ihre ganze Entwicklung vom Ei bis zur Imago durchmachen oder eine oder gar mehrere Überwinterungen zur fertigen Entwicklung beanspruchen. Wenn die Raupe überwintert, häutet sie sich vor Eintritt der kalten Jahreszeit noch einmal. Die Überwinterungshaut ist von der Wachstumshaut wesentlich verschieden. Während sonst bei jedem Hautwechsel die Kopfgröße steigt, wird sie bei der Häutung vor dem Winter kleiner. Die Mundwerkzeuge scheinen rückgebildet zu werden. Die Farbe der Haut ist nicht gelblich oder grünlich, sondern braun [was ja nach den Ausführungen über die Pigmentbildung (Seite 56) ganz selbstverständlich erscheint]. Ein solcher Fall, bei dem keine Weiterentwicklung eintritt, bildet aber immerhin nur eine Ausnahme und stellt eine bestimmte Anpassung an die Überwinterung vor.

Im Zusammenhang mit der Häutung stehen auch die beobachteten Regenerationserscheinungen bei Raupen, soweit solche überhaupt festgestellt worden sind. Das Horn am Hinterende des Körpers wurde bei Schwärmerraupen entfernt, ohne daß eine Schädigung eintrat. Gefährlicher für die Raupe ist das Abschneiden der Beine und der Bauchfüße. Nach Kellog (1904) erfolgt in diesen Fällen unter gewissen Umständen eine Regeneration. Nachdem die Füße abgeschnitten worden waren, konnte man nach der nächsten Häutung noch keine Spur von Neubildungen feststellen. Nach der zweiten Häutung waren aber verkümmerte Beine regeneriert worden. Diese Erneuerung erfolgt jedoch nur, wenn die Beine nicht ganz radikal beseitigt wurden, sondern ein kleiner Stumpf noch übrigblieb; bei gänzlicher Beseitigung trat eine Regeneration nicht ein. Diese Beobachtung wurde nicht nur an Bauchfüßen, sondern auch an Brustbeinen gemacht, obwohl beide doch recht verschiedenartige Gebilde sind.

Die Zahl der Häutungen, die eine Raupe während ihres Lebens durchmacht, ist je nach der Falterart verschieden; im allgemeinen sind etwa fünf Häutungen die Regel; doch kommen bei manchen minierenden Arten nur zwei vor, während bei der Kleidermotte bis zu 17 beobachtet werden konnten. Vielfach hängt die Zahl der Häutungen von der Größe ab, die die reife Raupe erreicht; es ist demnach zu erwarten, daß bei Faltern, deren Weibchen beträchtlich größer ist als das Männchen, die Raupe im weiblichen Geschlecht mehr Häutungen hat wie im männlichen. Leider sind zur Lösung dieser Frage längst nicht genügend Untersuchungen vorgenommen worden, obwohl von ihnen positive Ergebnisse zu erwarten sind. Wir wissen nur, daß die Raupe mancher *Orgyia*-Weibchen, die ja den Männchen beträchtlich an Körpergröße überlegen sind, eine Häutung mehr durchmacht als die männliche Raupe.

Viele Raupen haben die Gewohnheit, wenn sie sonst freilebend sind, zur Zeit der Häutung sich zu verstecken, weil sie in diesem Stadium, bevor die neue Raupenhaut erhärtet ist, vielen Gefahren ausgesetzt sind. Einen besonderen Modus haben die Raupen der Kleinschmetterlingsgattung *Bucculatrix*, die zuerst in Minen leben, später aber frei an der Pflanze fressen. Sie verfertigen einen besonderen Häutungskokon, in dem sie geschützt die kritische Zeit überdauern. Er ist viel provisorischer als der zur Verpuppung angefertigte Kokon, der ein wahres Meisterstück ist; er ist flach und oval und ganz durchsichtig, so daß man das zusammengekrümmte Räupchen darin liegen sehen kann. Auch die Larven von *Tischeria complanella* Hb., der Eichenminiermotte, verlassen die durchsichtigen peripheren Teile der Mine, wenn ihnen eine Häutung bevorsteht, und gehen in die zentrale, mit Gespinst ausgekleidete und undurchsichtige Hülle zurück. Die Raupen der *Psychidae* spinnen vor jeder Häutung ihren Sack an; nachdem sie die alte Haut abgeworfen haben, drehen sie sich in ihrem Gehäuse um und stoßen die Exuvie hinaus; dann drehen sie sich wiederum um, beißen die Gespinstfäden, mit denen ihre Wohnung befestigt war, durch und begeben sich weiter auf die Nahrungssuche. Vermutlich erfolgt die Loslösung des Sackes erst, nachdem die neue Haut hart und widerstandsfähig geworden ist, obwohl das für sie nicht so wesentlich ist, da ihnen ihr Sack genügend Schutz gewährt und bei Annäherung von Gefahr sich die Raupe sofort in den Sack zurückzieht.

In verschiedenen Fällen sind die Häutungen, besonders die erste, auch Marksteine, bei denen sich eine Änderung der Lebensweise der Raupe vollzieht. Bei vielen Minierraupen findet sich die Lebensweise im Innern der Blätter nur im ersten Stadium; nach der ersten oder zweiten Häutung erfolgt ein Wechsel in der Art der Nahrungsaufnahme. Die Raupen von *Bucculatrix* leben im ersten Stadium nur in der Mine, nach der Häutung jedoch frei an den Blättern, wo sie dann Schabefraß erzeugen. Die von *Incurvaria, Adela* u. a. leben zuerst im Blatt als Minierer; nach der Häutung schneiden sie ein Stück des Blattes aus, lassen sich zu Boden fallen und verbringen dort den ganzen (größeren) Rest ihres Lebens. Die *Coleophora*-Arten minieren ebenfalls anfänglich und verfertigen nach der ersten Häutung ein mehr oder weniger kunstvolles Gehäuse. Eine Veränderung zeigen die Raupen der Hydrocampinen, auf die im Kapitel über Wasserschmetterlinge später noch eingegangen werden soll. Vielfach tritt auch ein Wechsel in der Geschmacksrichtung ein; die *Incurvariidae*, die zuerst in den Blättern von Birke, Weißbuche, Haselnuß und anderen Bäumen leben, fressen nachher am Boden nur noch niedere Pflanzen, Vogelmiere u. a. Man kann in der Gefangenschaft diese Arten auch zwingen, ihr ursprüngliches Futter beizubehalten, erhält dann aber immer nur kümmerliche Zuchtresultate. Der Wechsel in der Lebensweise besteht eben nicht nur äußerlich, sondern er ist in Veränderungen der Organe für die Nahrungsaufnahme begründet. Es sei da an die Raupen der *Gracilaria*-Arten unter den Kleinfaltern erinnert. Sie sind in ihrer ersten Jugend Blattminierer, und zwar stellen sie eine besondere Kategorie derselben dar; sie sind „sap-feeder“ oder Saftschlürfer. Sie fressen nicht, wie andere Minierlarven, die grünen Parenchymschichten des Blattes, sondern sie zerbeißen nur die Querwände der Epidermis- oder Blatthautzellen und saugen den in ihnen befindlichen Saft heraus. Das ist eine Lebensweise, die sie nicht dauernd beibehalten können; denn bei der Größe, zu der sie gelangen, müßten sie außerordentlich große Saftmengen zu sich nehmen, und der erwachsene Gewinn an Nahrungsstoffen stünde zu der geleisteten Arbeit der Zellwandzerkleinerung in keinem Verhältnis. So verlassen sie nach der ersten Häutung die Mine und leben außen am Blatt, wo sie den Blattrand kegel- oder rollenförmig durch Gespinst über sich ziehen; jetzt fressen sie die ganze Blattsubstanz mit Ausnahme einer Haut und haben nun ein wesentlich derberes Futter; dementsprechend verändern sich auch ihre Mundwerkzeuge, die nun nach der ersten Häutung den neuen Lebensbedingungen wieder angepaßt erscheinen. Zum andern muß auch der Enddarm verändert werden; so lange die Raupe noch „sap-feeder“ ist, scheidet sie keine festen Exkremente, sondern nur eine Flüssigkeit ab, weil der aufgenommene Saft fast restlos verdaut wird, so daß nur Wasser und die darin aufgelösten Exkretstoffe, wie Harn usw., übrigbleiben. Sobald sie aber das Mesophyll des Blattes verzehrt, werden die Reste der Zellwand, die Stärke, die nicht abgebauten Chlorophyllbestandteile usw. in Form von festen, harten Exkrementen abgeschieden. Für diese Funktion ist naturgemäß ein ganz anders gebauter Enddarm notwendig. Aber auch der umgekehrte Fall kann eintreten. Die Raupen von *Phyllocnistis saligna* Z. minieren in den ersten Stadien nur in der Rinde von Weidenzweigen, und erst nach der letzten Häutung gehen sie in das Innere eines Blattes und treten nun als „sap-feeder" auf; hier muß der letzte Hautwechsel eine Umbildung der Ernährungsorgane mit sich bringen. Ermöglicht wird eine solche Umstellung durch die schon oben erwähnte Tatsache, daß bei der Häutung Anfangs- und Enddarm ebenfalls abgestoßen werden, wenigstens, was ihre innere Chitinauskleidung betrifft, wodurch die Möglichkeit zu solcher grundlegenden Veränderung gegeben ist. Aber auch sonst treten Geschmacksumänderungen bei Häutungen ein, und es wäre eine dankbare Aufgabe, zu untersuchen, ob manche monophagen oder oligophagen Raupen, die kein anderes Futter annehmen als das ihnen gewöhnlich angenehme, sich nach einer Häutung leichter einem Futterwechsel unterziehen, Versuche, über die bisher noch nichts bekannt geworden ist. Färbungsunterschiede in den verschiedenen Stadien sind auch in großer Anzahl beobachtet worden; gewisse Raupen sind ursprünglich grün, nach der letzten oder vorletzten Häutung braun, bei anderen wieder ist es umgekehrt. Man hat diese Erscheinung auch für mimetisch erklärt und gesagt, daß die jungen Raupen, die zuerst braun sind, recht oft einem Häufchen Unrat, Vogelkot u. dgl. auf einem Blatt glichen, daß aber später, wenn die Larve größer ist, eine solche Täuschung der Gegner nicht mehr möglich sei, weshalb jetzt eine dem grünen Blatt angeglichene Schutzfärbung angenommen werde; im umgekehrten Falle soll die Raupe in den ersten Stadien, also so lange sie grün ist, sich mehr auf den Blättern aufhalten; sobald sie aber nach der Häutung eine braune Färbung erhalten habe, befinde sie sich meist am Erdboden. Gewiß mag in vielen Fällen ein solcher mimetischer Schutz wirksam sein; aber es erscheint unwahrscheinlich, daß diese Eigentümlichkeiten durch Selektion herangezüchtet wurden. Wir haben weiter oben in dem Abschnitt über die Ernährung gesehen, daß die verschiedene Farbe durch verschiedene, vom Blut aus dem Speisesaft aufgenommene Farbkörper bedingt wird. Es liegt wohl nun nahe anzunehmen, daß in diesen Fällen bei der Häutung eine Umgestaltung des Darmes erfolgt, die zur Folge hat, daß von den Farbstoffträgern andere Teile abgebaut werden, so daß das aufgenommene Pigment, das dann in der Haut abgelagert wird, eine ganz andere Farbwirkung auslöst.

Im nahen Zusammenhang mit diesem Problem steht ein anderes, nämlich die Frage, inwieweit durch verschiedene Futterauswahl bei der Raupe eine Färbungsveränderung der Imago, des ausgebildeten Schmetterlings, erzielt werden kann. Rein theoretisch ist eine solche Beeinflussung der Falterfärbung durch geeignetes Raupenfutter wohl möglich. Wir müssen uns daran erinnern, daß ja ein Teil der Pigmente und des Fettkörpers unverändert aus dem Körper der Larve in den der Imago übernommen wird. So hat man ja tatsächlich schöne rote Kohlweißlinge erzielt, indem man den Raupen Nahrung vorsetzte, die mit Neutralrot tingiert war. Wenn also die Schmetterlinge zum mindesten einen Teil ihrer Färbung den Raupenpigmenten verdanken, besteht die Möglichkeit, bei verschiedenem Futter verschiedene Chlorophyll-Abbauprodukte in den Körper der Raupe und damit in den der Imago zu überführen. Mannigfaltige Versuche sind in dieser Hinsicht gemacht worden, ohne daß sie zu einheitlichen Ergebnissen geführt hätten. Das bekannteste Beispiel sind die Raupen unseres gewöhnlichen Bärenspinners, *Arctia caja* L. Sie sollen als Imago, wenn man die Raupen mit *Prunus* füttert, hellrote Hinterflügel bekommen, bei Fütterung mit *Chelidonium* und *Tilia* gelbliche; Raupen, deren Nahrung *Hyoscyamus* gewesen war, ergaben Falter mit einfarbig kaffeebraunen Vorderflügeln, während man mit Walnußblätterfütterung und besonders bei Einstellen derselben in Salzwasser melanistische Exemplare erhielt. Alle diese Befunde sind aber noch nie gründlich nachgeprüft worden, und es erscheint unwahrscheinlich, daß die Behauptungen in dieser Form zutreffen. In ähnlicher Weise hat man bei *Larentia*-Spannern Unterschiede in der Imago festgestellt, die man auf den Unterschied in der Nahrung der Raupe zurückführte, indem nämlich in dem einen Fall Kiefer, im andern Fichte verabfolgt wurde. Noch auffälliger ist diese Erscheinung bei dem Spanner *Ellopia prosapiaria* L. Er kommt in einer rotbraunen und in einer grünen (*f. prasinaria* HB.) Form vor. Die rotbraune soll entstehen, wenn die Raupe mit Kiefernnadeln, die grüne, wenn sie mit Fichtennadeln gefüttert wird. Alle diese Beziehungen sind aber noch nicht genügend kritisch nachgeprüft worden, als daß hier schon ein abschließendes Urteil möglich wäre. Bemerkenswert sind auch die Angaben von PICTET; nach ihm ist es hauptsächlich der Wechsel der Nahrung, der die Färbung des Falters beeinflussen soll, und zwar liefert eine Nahrungsänderung bei laubfressenden Raupen von Bäumen und Sträuchern albinotische, bei den Raupen, die von niederen Pflanzen leben, häufig melanistische Falter. Eine kritische Besprechung dieser Angaben soll in dem Kapitel über Melanismus noch erfolgen. Ein Fall verdient noch Erwähnung, der einer wissenschaftlichen Kritik standhält. Man findet oftmals auf Wiesen, deren Boden stark eisenhaltig ist, *Zygaena*-Arten mit braunen Färbungen. BURGEFF hat (1910) diese Erscheinung genauer untersucht. Er brachte gewöhnliche Zygaenen in Eisenchloridlösung, erwärmte sie und wusch sie mit Wasser, Alkohol und Äther aus und erhielt so die von den Sammlern als große Seltenheit sehr geschätzten *Zygaena*-Arten mit brauner Färbung, die sich in nichts von den braunen Freilandstücken unterschieden. Damit war der Beweis erbracht, daß die braune Färbung dieser Falter auf Eisengehalt in den Pigmentkörnern beruht, und es ist nicht verwunderlich, daß die Falter einen so hohen Gehalt an Eisenverbindungen besitzen, wenn man weiß, wie sehr an den genannten Plätzen die Pflanzen mit Eisen aus dem Boden angereichert sind.

Ein weiteres wichtiges Problem besteht darin, daß die Raupen schon geschlechtlich differenziert sind. Wir wissen, daß spätestens bei der Befruchtung das Geschlecht des zukünftigen Falters festgelegt ist. Auf die seltene Ausnahme von dieser Regel, die hier für uns nicht in Frage kommt, werden wir in dem Kapitel über Intersexualität noch zurückkommen. Im allgemeinen besitzen aber die Raupen vom ersten Stadium an schon die Anlagen der Geschlechtsdrüsen wie auch die der Ausführungsgänge, ohne daß letztere schon ausmünden. Ein Geschlechtsunterschied ist also schon vorhanden, wenn er auch unserm

Auge noch nicht sichtbar ist. Doch kann man vielfach bei blassen Raupen auf dem Rücken die meist dunkel pigmentierten Hoden durchschimmern sehen. Außer diesen primären kommen aber auch eine ganze Anzahl von sekundären Sexualdifferenzen vor. Sie liegen einmal in der Blutflüssigkeit oder Haemolymphe. Diese ist oftmals beim Männchen anders gefärbt als beim Weibchen. So ist sie beim Männchen von *Biston hirtarius* Cl. gelb, beim Weibchen grün; bei *Zygaena purpuralis* Brünn beim Männchen bläulichweiß, beim Weibchen gelb, während bei *Z. lonicerae* Schev. das Männchen schmutziggelbe, das Weibchen bleich kupfergrüne Haemolymphe besitzt. In letzter Zeit sind Versuche angestellt worden, die das Verhalten der Pigmente zum ultravioletten Lichte zur Grundlage hatten; es wurde nachgewiesen, daß viele Falter und alle Raupen im rein ultravioletten Lichte fluoreszierten. Diese Fluoreszenz ist je nach der Zusammensetzung der Pigmente verschieden in Farbton und Intensität. Es wäre nun sehr wünschenswert, daß auch solche Raupen, die sexuell dimorphe Blutflüssigkeit besitzen, denselben Versuchen ausgesetzt würden. Auf diese Weise könnte man im ultravioletten Lichte vielleicht auch bei solchen Arten eine sexuelle Verschiedenheit nachweisen, bei denen wohl die Imagines verschieden gefärbt sind (*Colias, Apatura* u. v. a.), bei denen aber Verschiedenheiten in den Raupen bisher noch nicht festgestellt wurden. Wahrscheinlich beruht der sexuelle Dichromismus im Raupenblut auf einer verschiedenartigen Zusammensetzung der Pigmente, die ihrerseits wieder auf einer differenten Ausnutzung der Nahrung basieren würde. Welches die Ursachen dieser Erscheinung aber sind, ist jetzt noch völlig unklar; vielfach findet man ja, daß das Weibchen das konservativere Element, das Männchen mehr fortgeschritten ist. Vielleicht sind also die beim Männchen festgestellten Pigmente in mancher Beziehung höher entwickelt als die des Weibchens. Sichere Beurteilung ist hier aber erst möglich, wenn die Natur der Farbkörner in chemischer Hinsicht gründlich aufgeklärt ist.

Es finden sich aber noch einige andere sexuelle Dimorphismen bei den Raupen. So ist die Raupe des Weibchens von *Heterogynis penella* Hbn. eineinhalbmal so groß wie die des Männchens derselben Art. Die Säcke der weiblichen *Psychiden* sind meist außerordentlich viel größer beim Weibchen als beim Männchen, oftmals auch außen mit ganz anderm Material bekleidet. Beim Schwammspinner, *Lymantria dispar* L., sollen die Raupen des Männchens einen größeren Kopf und längere Vorderbeine haben. Bei den Kleinschmetterlingsgattungen *Dasystoma* und *Chimabacche* besitzen die männlichen Raupen an den Vorderbeinen merkwürdige keulige Anschwellungen, die den weiblichen fehlen. Diese merkwürdigen Gebilde sind auf ihren inneren Bau und ihre Funktion noch nicht untersucht worden. Vergleichen wir die bisher geschilderten Fälle von sexuellem Dimorphismus bei Raupen, so finden wir, daß in allen Fällen, ausgenommen die *Zygaena*-Arten und *Lymantria dispar* L., die Weibchen solcher Formen, deren Raupen schon sexuell dimorph sind, in einem gewissen Grade reduziert sind, mindestens aber verkümmerte Flügel haben. Es wäre nachzuweisen, daß sexueller Dimorphismus bei Raupen und reduzierte Weibchen bei der Imago in

Wechselbeziehung stehen; vielleicht ist auch hier die Erklärung der auffallenden Erscheinung zu suchen.

Im Zusammenhang mit diesem Problem wäre auch die Frage zu lösen, ob die Raupen eine Geschlechtswitterung haben. Theoretisch erscheint das nicht ausgeschlossen, da sie tatsächlich sexuell schon differenziert, wenn auch noch nicht geschlechtsreif sind. Schon seit langer Zeit hat man sich diese Frage vorgelegt und ist dabei zu den verschiedensten Ergebnissen gelangt. Eine Anzahl von Beobachtungen sprechen tatsächlich für das Vorhandensein eines solchen Instinktes. So wurde des öfteren bei *Anthochares cardamines* L. ein paarweises Verpuppen der sonst einzeln lebenden Raupen beobachtet. Zwei Raupen von *Saturnia pavonia* L., die sich im selben Kokon verpuppten, ergaben am selben Tage ein Männchen und ein Weibchen. Dasselbe wird von *Macrothylacia rubi* L. berichtet. VÖLSCHOW (1896) sah zwei *Thecla*-Raupen hintereinander herkriechen und auf einen Baum klettern, wobei immer eine der andern folgte. Im Zuchtkasten liefen sie ebenfalls fortwährend hintereinander her und verpuppten sich schließlich dicht beieinander. Die Zucht ergab ein Männchen und ein Weibchen. So sind eine große Anzahl von Fällen gemeldet worden, wo man auf eine geschlechtliche Witterung der Raupen schließen könnte. Leider sind wohl aber meistens diejenigen Fälle, in denen aus einem Doppelkokon z. B. nur Männchen oder nur Weibchen kamen, unerwähnt geblieben. Erst DEEGENER berichtete einige solcher Beobachtungen, die nicht für die Annahme von sexuellen Instinkten bei Raupen sprechen. So scheint noch recht unklar zu sein, auf wessen Seite das Recht ist. PETERSEN wendet sich gegen die Annahme von einer geschlechtlichen Witterung mit Gründen, deren Logik man sich schwer verschließen kann. Als Hauptgrund gegen die Annahme eines solchen Instinktes scheint uns das Argument zu sprechen, daß sich ja doch mehrere männliche Raupen um eine weibliche sammeln müßten, wenn dieser Instinkt vorhanden wäre, was doch noch nicht beobachtet wurde. Wenn für den Instinkt geltend gemacht wurde, daß er das Finden der Geschlechter bei der Imago erleichtern solle, muß entgegnet werden, daß die Voraussetzung dazu ist, daß beide Insassen zu gleicher Zeit schlüpfen, was auch nicht immer der Fall ist. Endlich müßte, wenn sie auch zu gleicher Zeit schlüpften, die Inzucht gefördert werden, da die in nächster Nähe zusammenlebenden Raupen wohl von ein und demselben Weibchen stammen, und Inzucht wird in der Natur immer, wenn nur irgend möglich, vermieden, so daß dieser Instinkt, wenn er vorhanden wäre, doch mehr schaden als nützen würde. Zu den Entgegnungen von PETERSEN ließe sich manches bemerken. Ob tatsächlich Inzucht gefördert wird, ist doch noch recht fraglich; es ist doch nicht ein einziges Weibchen nur, was auf einem Baum oder in einem bestimmten Gelände seine Eier ablegt, sondern gewöhnlich tun das mehrere. Und da ist ja ganz gut möglich, daß Raupen, die aus demselben Gelege stammen, sich geschlechtlich weniger anziehen als Raupen von verschiedenen Weibchen. Darüber liegen bis jetzt noch gar keine Beobachtungen vor. Daß die Falter, Männchen und Weibchen, zu gleicher Zeit schlüpfen müßten, ist auch nicht unbedingt erforderlich, es kann ja das Männchen vorher schlüpfen; und selbst wenn das Weibchen vorher auskommt, kann es immerhin noch das Männchen erwarten, wenn nicht vorher eine andere Kopula eintritt. Das schwerwiegendste Argument ist sicher das, daß Geschlechtswitterung immer nur bei einem Männchen in der Raupe festgestellt wurde. Es scheint mir, daß ein Mittelweg sehr gut denkbar wäre. Wir können annehmen, daß die Raupen im allgemeinen eine Geschlechtswitterung nicht besitzen; dafür sprechen auch die von PETERSEN angegebenen Gründe. Um jedoch die vielen Beobachtungen zu erklären, nach denen die Erscheinungen einer solchen tatsächlich vorhanden waren, nehmen wir an, daß unter abnormen Umständen Sexualinstinkte bei der Raupe schon auftreten; diese sind als ein Zeichen von „Frühreife", wie wir es beim Menschen bezeichnen, aufzufassen und finden ein gutes Analogon in gewissen Erscheinungen bei der Raupe, von denen wir später (Seite 115) noch zu sprechen haben, und bei denen auch die Entwicklung eines beliebigen Organes schneller verlaufen kann als die ganze übrige Entwicklung. Wir sehen aus allen diesen Tatsachen, daß das letzte Wort über den sexuellen Instinkt bei Raupen noch nicht gesprochen ist, und es wäre sehr zu wünschen, daß genauere Untersuchungen über diesen Gegenstand gemacht und besonders die negativ ausfallenden Beispiele gewissenhaft notiert würden.

Im Zusammenhang damit muß die Frage erörtert werden, inwieweit die Ernährung das zukünftige Geschlecht des Falters beeinflussen kann. Eine weit verbreitete Ansicht besagt, daß ungenügende Ernährung einen größeren Prozentsatz von männlichen Faltern ergibt. Man hat übrigens gleiche Verhältnisse auch bei andern Tieren und sogar schon beim Menschen beobachten wollen. Daß nun bei den Schmetterlingen eine solche Verschiebung des Geschlechtes durch die mangelhafte Ernährung der Raupe bedingt sei, ist gänzlich ausgeschlossen; wir dürfen uns nur daran erinnern, daß ja das Geschlecht des zukünftigen Falters spätestens bei der Eiablage festgelegt wird; eine nachträgliche Änderung durch Beeinflussung der Raupen ist unmöglich. Ein Ei, das bei der Ablage als weiblich determiniert wurde, kann durch irgendwelche Ernährungsstörungen der Raupe niemals einen männlichen Falter ergeben. Wenn tatsächlich das Geschlecht während des Larvenlebens sich verändert (siehe Intersexualität usw.), so hat das mit der Ernährung der Raupe nichts zu tun, sondern geht auf den bei der Paarung verwendeten männlichen Falter zurück. Und doch werden eine ganze Anzahl von Fällen gemeldet, wonach bei unzureichender Ernährung der Raupe ein wesentlich höherer Prozentsatz von Männchen erzielt wurde als normal. Es dürfte bekannt sein, daß in der Natur ein bestimmtes Verhältnis der Männchen zu den Weibchen besteht; dieses ist nicht nur bei Tieren und dem Menschen, sondern auch bei den Pflanzen als einheitlich und konstant erkannt worden. Genügend zahlreiches Material vorausgesetzt, verhält sich stets in einer Nachkommenschaft die Anzahl der Männchen zu der der Weibchen wie 106 : 100. Wenn nun scheinbar die beobachteten Fälle darin abweichen, indem nämlich zuweilen, unter ungünstigen Lebensbedingungen, die Zahl der Männchen fünf bis zehnmal so groß ist wie die der Weibchen, so beruht das einfach darauf, daß das männliche Geschlecht im allgemeinen gegen ungenügende Ernährung viel widerstandsfähiger ist als das weibliche. Schon wenn man das Geschlecht der so erhaltenen Puppen feststellt (was ja nach den Seite 12 angegebenen Merkmalen möglich ist), wird man finden, daß die Überzahl der Männchen bedeutend geringer ist. Ganz den beobachteten Tatsachen widersprechend ist die Behauptung, daß reichliches und üppiges Futter mehr Weibchen als Männchen erzeugt; in diesem Falle wird das Verhältnis immer das normale, 106 Männchen zu 100 Weibchen, sein. In seltenen Fällen kommt es, auch bei größeren Zuchten, zu einem beträchtlichen Überwiegen der Weibchen gegenüber den Männchen. Sicherlich beruht das auch darauf, daß irgendwelche Schädigungen anderer Art im Larven- oder Puppenstadium erfolgt sind, denen gegenüber die Männchen stärker empfindlich sind als die Weibchen. Welcher Art diese Beeinflussungen sind, ist noch nicht festgestellt worden; doch ist sicher, daß auch hier keine Veränderung des Geschlechts der im Ei schon determinierten Individuen erfolgte, sondern daß die Männchen einfach dadurch ausfielen, daß ein Teil von ihnen nicht zur Entwicklung gelangte, sondern schon im Larven- oder gar erst im Puppenstadium starb.

Erwähnenswert sind schließlich noch einige Fälle, wo ein Dimorphismus der Raupen auftritt, der mit der sexuellen Determiniertheit nichts zu tun hat. Es sei da an einige Schwärmerraupen erinnert, die sowohl in einer grünen wie in einer braunen Form auftreten, die nicht an geschlechtliche Verschiedenheiten gebunden sind. Von *Polyommatus phlaeas* L. gibt es grüne Raupen und solche, die breite, rote Längsstreifen besitzen. Diese Erscheinungen dürfen nicht wundernehmen; der grüne und der rote Farbstoff bei Raupen stehen sich außerordentlich nahe; ihr Unterschied beruht nur auf einer verschiedenen Umformung des pflanzlichen Chlorophylls; es tritt ein Wechsel darin auch vielfach bei Raupen nach der letzten Häutung ein. Die blattminierenden Raupen von *Leucospilapteryx omissella* Stt., *Coriscium brongniardellum* Z. und *Cosmopteryx eximia* Hw. sind in den ersten Stadien grün, im letzten infolge anderer Ausnutzung der Nahrung schön leuchtend rot. Wie weit die Farbverschiedenheiten bei *Polyommatus*- und *Sphingiden*-Raupen den Vererbungsgesetzen unterworfen sind, ist bisher noch nicht einwandfrei festgestellt worden.

Ein gewisser Einfluß der Ernährung der Raupe besteht nun aber auf die Dauer der Entwicklung. Im Frühjahr, wenn das Futter saftreich und wenig verholzt ist, vollzieht sich diese wesentlich schneller als im Herbst, wo die Nahrungssubstanzen viel schwerer aufgeschlossen und dem Körper der Raupe zugeführt werden können. Manche *Nepticula*- Arten machen in der ersten Generation, wo die Raupe im Frühling lebt, ihre ganze Entwicklung vom Ei bis zur Verpuppung in zwei bis drei Tagen durch, während dieselben Arten in der Herbstgeneration mehrere Wochen, zuweilen sogar Monate dazu benötigen. Natürlich ist das auch nicht ohne Bedeutung für die Größenverhältnisse des resultierenden Falters. Die im Frühjahr lebenden Raupen liefern im allgemeinen größere Imagines als die, welche im Herbst ihre Entwicklung beenden. Weiteres über diesen Gegenstand wird in dem Kapitel über Saison-Dimorphismus und Generationswechsel noch berichtet werden. Es ist nun bei oligophagen Arten auch die Wahl des Substrates von Wichtigkeit für die weitere Entwicklung. Es gibt Pflanzen, die sehr früh starke Verholzungsprozesse in den Blättern erleiden, während bei Verwandten von ihnen diese erst später einsetzen. Die oligophage Raupe wird sich also kräftiger entwickeln können, die im Spätsommer und Herbst die letztere Pflanze als Nahrung wählt. Ebenso ist es auch in bezug auf den Stillstand und Abbau der Assimilationstätigkeit im Herbst. Zu dieser Jahreszeit wird ja der größte Teil der in den Blättern enthaltenen Nährstoffe aus ihnen herausgeholt und nach Stengel, Stamm und Wurzel transportiert. Wenn dieser Prozeß schon ziemlich weit vorgeschritten ist, wird die Raupe relativ wenig Stoffe zur Verdauung finden. Auch hier verhalten sich oft nahe Pflanzen verschieden, so daß die Raupe besser sich entwickeln kann, wenn sie die Pflanze bevorzugt, deren Vegetationsperiode noch später in den Herbst hineinreicht. So hat SEITZ die Raupe von *Cerura bifida* HB. beobachtet, die in Populus und Salix lebt, beides Pflanzen aus der Familie der Salicaceen. Es war nun bemerkenswert, daß die Raupen, wenn sie an *Populus nigra* und *italica* fraßen, kräftige Exemplare ergaben, die noch im Herbst zur Verpuppung schritten, während die an *Salix* und *Populus tremula* lebenden noch im November fraßen, ein verkümmertes Aussehen besaßen und wahrscheinlich zugrunde gegangen sind. Das erklärt sich aus der Tatsache, daß Weide und Espe ihre Vegetationsperiode früher beenden, daß in ihnen also zur gleichen Zeit weniger Nährstoffe enthalten sind als in den anderen Pappelarten. Man erkennt das ja auch daraus, daß z. B. bei der Espe der Blattfall früher eintritt als bei der Schwarzpappel. Auf dieser Verschiedenheit der Populus tremula von den übrigen Populus-Arten beruht wohl auch der Umstand, daß diese Pappeln keine monophagen Raupen gemeinsam haben; die an Populus tremula lebenden Arten sind wohl ausnahmslos von denen auf den anderen Pappelarten verschieden. So kommen auf beiden Pappeln je zwei verschiedene Raupenarten der Gattungen *Nepticula*, *Phyllocnistis*, *Lithocolletis* u. a. vor, obwohl die fraglichen Arten sich sehr nahe stehen. Es bewirkt verschiedenes Substrat nicht nur eine Veränderung in der ontogenetischen, sondern auch eine solche in phylogenetischer Hinsicht.

Nicht nur die geringe Ausnutzbarkeit des Futters, sondern auch seine Mängel verursachen eine Verzögerung in der Entwicklung der Raupe und damit des ganzen Falters. SEITZ hat Raupen von *Attacus atlas* L. hungern lassen und dadurch das Tempo der Entwicklung so verlangsamt, daß die Falter erst erschienen, als von normal erzogenen Raupen die Imagines der zweiten Generation schlüpften, so daß er Tiere der ersten und der zweiten Generation miteinander kreuzen konnte. Gelegentlich kommt ähnliches auch bei Freilandtieren vor.

Nach SEITZ entwickeln sich die Frühjahrsraupen mancher Spinner bei dem frischen und nährstoffreichen Futter so, daß sie noch zur selben Zeit Falter ergeben, wo die letzten Falter der Elterngeneration fliegen, so daß auch hier unter natürlichen Verhältnissen eine Kreuzung zweier Generationen erfolgen kann. Mit der geringen Ergiebigkeit der Nahrung hängt es auch zusammen, daß die im Holz lebenden Raupen, die Xylotrophen, meist eine sehr lange Entwicklungsdauer beanspruchen; es sei da an die Raupen des Weidenbohrers und vieler Sesien erinnert. Doch bewirkt Futtermangel bei Raupen, die kurz vor der Verpuppung stehen, daß diese schneller eintritt.

Die Tageszeit, die die Larven für ihre Fraßtätigkeit bevorzugen, ist ganz verschieden bei den einzelnen Arten. Viele Raupen fressen nur am Tage, andere wiederum nur in der Nacht. Von den letzteren pflegen sich manche in der Zeit, wo sie nicht fressen, zu verbergen. So versteckt sich die Raupe des kleinen Weinschwärmers am Tage unter abgefallenem Laub oder in den oberen Erdschichten und kommt nur in der Nacht hervor, um Nahrung zu sich zu nehmen. Die Raupen vieler Glucken (Lasiocampiden) bringen den Tag ganz dicht an die Rinde der Bäume geschmiegt zu, wo sie infolge ihrer schützenden Färbungen schwer zu sehen sind. Die der Spanner halten sich, soweit sie braun gefärbt sind, an den ebenso aussehenden Ästen und Zweigen ihrer Futterpflanze auf. Manche bevorzugen hellen Sonnenschein, wieder andere leben im tiefsten Schatten. Darin können sich schon nahe verwandte Arten unterscheiden; so lebt eine *Plusia*-Art an *Thalictrum*, das in der Sonne steht, die andere Art kommt nur auf solchen Exemplaren derselben Pflanze vor, die sich im Schatten befinden. Letzterer Ort soll insofern glücklicher gewählt sein, als die Raupen da von ihren Hauptfeinden, den Schlupfwespen, weniger angegriffen werden, da diese in der Mehrzahl sich im Sonnenlicht aufhalten. Ob dies tatsächlich zutrifft, erscheint mir aber recht fraglich.

Diese Schlupfwespen sind neben den *Tachiniden*, den Raupenfliegen, die hauptsächlichsten Feinde der Raupen. Von ihnen bleibt so leicht keine Raupenart verschont. Bei freilebenden Raupen ist es ihnen ein leichtes, ihre Eier an der wehrlosen Raupe, die zudem ihren Verfolgern sich nicht durch die Flucht entziehen kann, abzusetzen. Man sollte nun meinen, daß die im Innern von Pflanzenteilen lebenden Raupen wenigstens einigermaßen geschützt vor ihnen seien, daß also bei Blattminierern, Gallenerzeugern und Xylotrophen selten ein Parasitenbefall erfolgt; das ist jedoch nicht der Fall. In raffiniertester Weise werden so versteckt lebende Arten aufgesucht und mit dem Danaergeschenk eines Schlupfwespeneies belegt. Der Instinkt dieser Feinde geht sogar so weit, daß diejenigen unter ihnen, deren Larven Parasiten zweiter Ordnung sind, die also in den Parasiten der Raupe selbst parasitieren, selbst bei endophagen Raupen den primären Parasiten in der Larve entdecken und ihr Ei in ihn versenken.

Von weiteren Feinden der Raupen seien die Vögel erwähnt, und es ist bemerkenswert, daß die Hauptentwicklung der Raupen mit der Zeit zusammenfällt, wo die Vögel (besonders kommen die Singvögel in

Frage) ihre Jungen füttern. Aber auch im Winter fallen noch viele Raupen ihnen zum Opfer; da in dieser Jahreszeit die Insekten in geringerer Anzahl vertreten sind, werden den Vögeln auch solche zur Beute, die sich an unzugänglichen Orten verbergen; so werden im Winter besonders die Minierraupen (*Lithocolletis*) aus ihren Minen herausgeholt, und die unter der Rinde verborgenen, wie die Raupe des Apfelwicklers, fallen gefräßigen Meisen zum Opfer. Einer der gefährlichsten Feinde besonders der im Nadelwald lebenden Raupen, ist der Puppenräuber (*Calosoma sycophanta* L.), der bei Massenauftreten von Raupen, wie z. B. der Forleule, eine ungewöhnlich starke Vermehrung erfährt. Aber auch andere Käfer aus der Familie der *Carabidae* verzehren eifrig Raupen. Weitere Feinde sind Maulwürfe, Mäuse, Eidechsen, Raubwespen, Spinnen und Ameisen. Wie sich die Raupe dagegen schützt und verteidigt, wird in dem Kapitel über Feinde und Schutz noch ausführlicher erörtert werden. Bei einigen im Innern von Früchten lebenden Arten finden sich noch einige bemerkenswerte Anpassungserscheinungen zum Schutze der Raupen. Vielfach ist nämlich die Einwohnerin früher erwachsen, als die Frucht gewöhnlich abfällt; die Arten, die sich in der Erde zur Puppe verwandeln, müßten also einen längeren Weg zurücklegen, auf dem sie sehr gefährdet sind; denn als endophage Tiere sind sie meist blaß gefärbt und dadurch recht auffällig. Sie richten es also ein, daß die Frucht etwa zur selben Zeit abfällt, wie die Entwicklung der Raupe vollendet ist, so daß sie dann von der abgefallenen Frucht gleich sich in die Erde begeben können. So ist es bei unseren in Äpfeln und Eicheln lebenden *Carpocapsa*-Arten. In anderen Fällen, wo die Raupen größer sind, besteht die Gefahr, daß die Frucht zu früh niederfällt, da zu große Teile von ihr verzehrt werden. So berichtet SEITZ, daß die indische Lycaenide *Deudorix isocrates* F. im Innern von Granatfrüchten lebe und dieselben anspinne, weil sie sonst zu Boden fallen und verfaulen könnten.

Im allgemeinen vermeiden es die Raupen überhaupt, größere Strecken zu Fuß zurückzulegen, wenn sie nicht durch Nahrungsmangel dazu gezwungen werden. Ein längerer Weg bedeutet immer eine Gefahr für sie, der sie sich lieber nicht aussetzen wollen. Doch sei bemerkt, daß es hier auch einige Ausnahmen gibt. Das trifft besonders für die gesellig lebenden Arten zu. Sie legen jeden Tag einen gewissen Weg zurück, morgens von ihrem Nest hinweg, abends zurück zu ihrem Nest. Dieser Weg kostet sie Opfer insofern, als auf ihm leicht einige ihrer Genossen den Feinden zur Beute fallen, und schließlich auch Aufwand an Zeit und Kraft. Es scheinen indessen die Vorteile des gemeinsamen Übernachtens so groß zu sein, daß diese Schwierigkeiten mit in Kauf genommen werden. Als treffendstes Beispiel dafür sei unser Prozessionsspinner genannt, der nach diesen Wanderungen ja auch seinen Namen erhalten hat. Wir kommen auf ihn und die ähnlich lebenden Arten noch in dem Kapitel über die sozialen Instinkte zurück. Im übrigen richtet sich die mehr oder minder große Bewegungsfähigkeit der Raupe nach der Ausbildung ihrer Beine. Wir hatten die Raupen nach ihrem Bauchfußbau eingeteilt in Klammerfüßler und Kranzfüßler, wobei die letzteren als die ursprünglicheren angesehen werden müssen. Beide weisen auf eine ganz verschiedene Art der Bewegung hin. Die Einrichtung der Klammerfüße ermöglicht ein Festhalten auf den Zweigen, Blattstielen und Blättern; sie findet sich infolgedessen vorwiegend bei frei lebenden Raupen. Die Kranzfüße dagegen sind für eine Fortbewegung innerhalb zusammengesponnener Blätter, in Minen, Gallen und in Gängen im Stengel und Holz eingerichtet; sie finden sich deshalb nur bei Raupen, die eine solche Lebensweise führen. Einen dritten Typus bilden endlich jene Raupen, denen die Bauchfüße ganz verlorengegangen sind, und die sich nur mit ihren Brustbeinen von der Stelle bewegen können; das sind gewöhnlich solche Arten, die in einem Futteral leben, das sie mit sich herumtragen. Sie haben außer dem Gewicht ihres eigenen Körpers auch noch die Last des Sackes zu tragen, und wir finden bei ihnen deshalb außerordentlich kräftig entwickelte Brustfüße. Bei einer kleinen Anzahl von Gattungen sind indessen auch diese verloren gegangen; hierher gehören besonders minierende Raupen, die nicht in einer Blase, sondern in einem schmalen Gang minieren. Die Funktion der Beine wird bei ihnen von seitlichen Körpervorsprüngen eingenommen, die gegen die Wand des Minenganges gepreßt werden und so der Raupe ein beschränktes Lokomotionsvermögen verschaffen. Es kommt nun bei der Frage, welche Raupen am besten laufen können, nicht auf den Typus der Beine an; in beiden Gruppen, bei den Kranz- und Klammerfüßlern, haben wir recht gewandte Läufer. Bezüglich der letzteren sei an die Bärenraupen erinnert, die mit großer Geschwindigkeit sich von der Stelle bewegen; bei den Kranzfüßlern, die doch ursprünglich nicht für das Laufen im Freien eingerichtet sind, finden sich außerordentlich geschwinde Arten, so die Raupen von *Simaethis*, von *Tortriciden* und *Pyraliden*, die doch sonst ihr ganzes Leben zwischen zusammengesponnenen Blättern verbringen. Schält man sie aus ihrer Wohnung heraus, so laufen sie sehr hurtig davon. Aber auch die Raupen der *Psychiden* bewegen sich relativ recht schnell von der Stelle, wenn man berücksichtigt, daß sie das Gewicht des schweren Sackes mitschleppen müssen. Im übrigen äußert sich jede Eigentümlichkeit der Beinbildung auch im Gang der Raupen. Die der *Noctuiden* haben manchmal etwas verkümmerte erste Bauchbeine, ihr Gang ist deswegen etwas wellenförmig. Die Spannerraupen, die nur e i n Paar Bauchfüße besitzen, haben deshalb den eigentümlich „spannenden" Gang, wobei die Mitte des Tieres nach oben gebogen wird. Wenn Raupen über glatte Flächen marschieren müssen, die ihnen zu geringen Halt gewähren, spinnen sie vor sich eine Art Strickleiter, indem sie den Kopf von rechts nach links und umgekehrt drehen, wodurch sie eine Anzahl querer Fäden auf der Unterlage befestigen, an denen sie sich festklammern können. Man kann diese Strickleiter sehr deutlich an der Spur sehen, die eine Raupe hinterlassen hat, wenn sie an einer Fensterscheibe emporgekrochen ist. Eine besondere Rolle spielen diese Gespinstfäden bei den sozial lebenden Arten; bei jeder Wanderung spinnt die vorderste Raupe solche Fäden, und ihre Nachfolger orientieren sich daran über den

Weg, den das führende Tier eingeschlagen hat, indem sie gleichzeitig durch ihre eigene Spinntätigkeit die Spur verstärken. Unterbricht man künstlich den so entstandenen Gespinstweg, so stehen die jenseits gebliebenen Raupen ratlos da und können den vorn marschierenden nicht mehr folgen. Am Abend, wenn die Raupen von ihren Futterplätzen wieder nach dem Nest zurückkehren, wird derselbe Weg wieder benutzt. Die Spinntätigkeit der Raupe wird aber auch bei einer mehr passiven Bewegung insofern verwendet, als sich viele Raupen von Bäumen und Sträuchern mittels eines gesponnenen Fadens herablassen; das gilt besonders für viele von Kleinschmetterlingen, die so den kürzesten Weg zu ihrem Verpuppungsort, der Erde, finden.

Unter gewissen Umständen laufen Raupen viel mehr umher, als sie es gewöhnlich tun. So sieht man im ersten Frühjahr oft die Raupen von Arctiiden sehr lebhaft dahinkriechen, besonders bei schönem, warmem Sonnenschein. Ähnlich ist es bei den sacktragenden Raupen der Gattung *Coleophora*. Viele von ihnen nehmen im Frühjahr keine Nahrung mehr zu sich, laufen aber im Sonnenschein noch lebhaft umher. Wenn man ihnen die Möglichkeit dazu nicht gibt, gehen sie meistens zugrunde, weshalb diese Gattung mit zu den am schwierigsten zu erziehenden rechnet. Es sind noch keine Untersuchungen darüber angestellt worden, worauf dieser Bewegungstrieb im ersten Frühling zurückzuführen ist. Vielleicht soll durch dieses Umherlaufen die Stoffwechseltätigkeit erhöht werden, damit die während der Überwinterung gebildeten Exkrete gänzlich aus dem Körper hinausgeschafft werden und keine Übertragung dieser schädlichen Stoffe auf die Puppe erfolgt. Es ist dies wohl dieselbe Erscheinung, welche man bei den Raupen auch sonst vor der Verpuppung beobachten kann; sie werden sehr unruhig und laufen viel umher.

Eine besonders interessante Art der Fortbewegung findet sich nun bei einigen Wicklerraupen. Die Raupe von *Carpocapsa saltitans* Ww., einer nordamerikanischen Verwandten unserer in Äpfeln, Eicheln und Bucheckern lebenden Wicklerraupen, findet sich in den Früchten der Euphorbiacee *Sebastiana*. Die mit den Raupen besetzten Früchte dieser Pflanze sind auch zu uns gekommen unter der Bezeichnung „tanzende" oder „springende Bohnen" oder „Teufelsbohnen". Die Früchte, an denen außen keine Beschädigung wahrzunehmen ist, bewegen sich nun, beeinflußt durch das Räupchen, bei Erwärmung in zweifacher Weise von der Stelle. Einmal kann man bei ihnen ein langsames, ruckweises Wälzen feststellen, zum andern können sie aber auch richtig hüpfen. Die Beobachtung der Raupe war immer recht schwierig, so daß man lange nicht erkennen konnte, worauf die Bewegung der „Teufelsbohnen" beruhte. Wenn man ein Stück aus der Nuß ausschneidet, spinnt die Raupe die so entstandene Öffnung sofort wieder zu. Schließlich gelang es, auf der Öffnung ein Glimmerblättchen zu befestigen, welches von der Raupe nicht gänzlich zugesponnen wurde, so daß der Beobachter die Bewegungen der Larve wahrnehmen konnte. Das Rollen der Früchte kommt danach einfach so zustande, daß die Raupe an den Wänden der Kapsel umherkriecht, wodurch deren Schwerpunkt sich fortwährend ändert und eine wälzende Bewegung resultiert. Manchmal hielt die Raupe sich aber nur mit den hinteren Bauchfüßen fest, hob die vorderen und den ganzen Vorderkörper und schnellte sich mit dem Kopf gegen die Schale der Kapsel, wodurch letztere in eine hüpfende Bewegung geriet. Diese Tätigkeit der Raupe ist nicht ohne Grund; sie übt sie, wenn die Frucht in die Sonne gelegt wird, stets aus, um in den Schatten zu gelangen. Die Larve hat schon im Juni ihre Kapsel leer gefressen, bleibt darin aber bis zum April nächsten Jahres liegen; bei längerem Aufenthalt in der Sonne bestünde bei dieser großen Zeitspanne die Gefahr der Austrockung für die Raupe, der sie zu entgehen vermag, indem sie den Schatten aufsucht. Ein zweiter, ähnlicher Fall wird aus Uruguay berichtet; auch dort ist eine Wicklerraupe der Urheber der Bewegung, und wieder sind es die Früchte einer Euphorbiacee, nämlich von *Coliguaya brasiliensis*, in denen das Tier lebt; durch Schaukeln und Drehen soll hier ebenfalls eine Fortbewegung erfolgen. Vermutlich werden auch die Tätigkeiten der Raupe und der verfolgte Zweck der gleiche sein. Aus anderen Insektenordnungen sind übrigens ganz ähnliche Erscheingunen bekannt geworden; so soll *Nanodes tamarisci*, ein kleiner Rüsselkäfer, in den Tamariskenfrüchten solche Bewegungen vollführen, und an Gallwespen sind ebenfalls gleiche Beobachtungen gemacht worden.

Fünftes Kapitel.

Die Puppe (Nymphe) und ihre Entwicklung.

Im ersten einleitenden Kapitel wurde bereits die Entstehung der Puppe kurz skizziert. Wir wissen, daß nicht bei allen Insekten ein solches Puppenstadium eintritt. Es ist das Zeichen der holometabolen Entwicklung und findet sich nur bei den höheren Insekten. Die niederen Insekten haben kein solches Ruhestadium eingeschaltet; sie besitzen eine unvollkommene oder hemimetabole Metamorphose. Man hat sich nun gefragt, wie das Puppenstadium in den Lebenszyklus der Insekten hineingeraten sei. Eingehende Überlegungen darüber hat Poyarkoff mitgeteilt. Es bestehen zwei Möglichkeiten der Auffassung; die Nymphe ist entweder ein eingeschobenes Stadium, oder aber sie entspricht einem oder mehreren Stadien hemimetaboler Larven. Beide Ansichten haben Vertreter gefunden. Daß die Puppe nicht irgendeinem Stadium bei den hemimetabolen Larven entspricht, soll daraus hervorgehen, daß Puppe und Imago einander viel näher stehen als den von ihnen grundsätzlich verschiedenen Larvenstadien. Es würde eher die Häutung zur Puppe der Häutung zur Imago bei den Hemimetabolen entsprechen. Andere haben geglaubt, die Nymphe sei ein Larvenstadium mit Vorwegnahme der Flügel. Es lassen sich der Häutung zur Puppe analoge Erscheinungen feststellen bei den Winterhäutungen der *Zygaena*-Arten (vgl. S. 78). Hier wird eine Ausnahme gemacht insofern, als die Häutung nicht durch eine Wachstumszunahme nötig gemacht wird und nur eine Gestaltveränderung der Larve daraus resultiert. Die Winterhäutung bei den Zygaenen und die Häutung zur Puppe sind aber nur Konvergenzerscheinungen, die darauf beruhen, daß in beiden Fällen eine Periode latenten Lebens darauf folgt. Die sich im Innern in der Folgezeit abspielenden Prozesse sind aber grundverschieden. Wir haben uns nun die Entwicklung des Puppenstadiums in der Stammesgeschichte folgendermaßen zu denken: Die ursprünglichsten Insekten besitzen keine Flügel; sie sind von ihren Larven infolgedessen auch wenig, meist nur in der Größe, verschieden. Dazu gehören die heutigen primitivsten Insekten, die also eine „ametabole" Entwicklung durchmachen. Später differenzierten sich die Stadien insofern, als eine geflügelte Imago zum Unterschied von den ungeflügelten Larven sich herausbildete. Die Imago konnte, solange die Unterschiede zwischen ihr und dem letzten Larvenstadium nicht zu groß waren, direkt aus der letzten Larve hervorgehen. Das geflügelte Insekt differenzierte sich aber immer mehr und mehr, so daß zuletzt eine bestimmte Grenze überschritten wurde; nun war die Körpergestalt zwischen beiden so verschieden, daß ein Übergangsstadium geschaffen werden mußte. Die Stufe der Imago wurde gewissermaßen gespalten, und es resultierten daraus zwei verschiedene Phasen, von denen die erste als Subimaginal-, die andere als Imaginalstadium zu bezeichnen ist. Die Subimago entspricht unserer Puppe. Sie muß also dem Falter näher stehen als der Raupe, und das zeigt sich ja auch in vielen Punkten. Die allerälteste Subimago oder Puppe haben wir uns demnach auch noch geflügelt zu denken; in der Tat finden wir ein mit Flügeln versehenes Subimaginalstadium noch bei den *Ephemeriden* (Eintagsfliegen). Im Verlaufe der weiteren Entwicklung nahm die Puppe durch einen Vorgang, den wir als Tachygenese zu bezeichnen haben, immer mehr Züge von der Raupe an. Aus diesem Entwicklungsprozeß heraus verstehen wir auch, warum wir diejenigen Schmetterlingspuppen, deren einzelne Teile noch nicht starr miteinander verkittet sind, und die noch eine gewisse Beweglichkeit besitzen (pupae liberae), als die phylogenetisch älteren, die schon starr und unbeweglich gewordenen (pupae obtectae) dagegen als relativ moderne Formen ansprechen. Wir wissen, daß auch andere Erscheinungen stammesgeschichtlichen Alters (Kranzfüße, Rippenbau im Flügel) mit diesen Merkmalen Hand in Hand gehen, woraus die Richtigkeit der Ansichten von POYARKOFF erwiesen wird. Wenn die Puppe dem letzten Larvenstadium der Hemimetabolen entspräche, würden ja auch die Häutungsdrüsen noch bei der Puppe vorhanden sein; wir hatten schon (S. 76) erwähnt, daß jede Raupe auf dem Rücken einige Drüsen besitzt, die die Loslösung der alten von der neuen Haut erleichtern sollen. Diese Exuvialdrüsen fehlen aber der Puppe ganz; wären sie nur reduziert, so würden sie wenigstens noch in Spuren vorhanden sein. Bei den Schmetterlingen entspricht, wie bei allen holometabolen Insekten, Puppe und Imago der einfachen Imago der Hemimetabolen.

Von Gegnern dieser Anschauung könnte nun noch geltend gemacht werden, daß sie dem biogenetischen Grundgesetze widerspräche. Wenn die Einzelentwicklung eines jeden Lebewesens in größeren Zügen der Stammesentwicklung entspräche, sei es doch schwer denkbar, daß die holometabolen Insekten aus den hemimetabolen hervorgegangen seien. Denn bei letzteren habe doch jedes Larvenstadium schon kurze Flügelanlagen, die dann allmählich immer mehr auswachsen, während doch die Raupen keine Flügelstummel besitzen, worauf plötzlich bei der Puppe die ganzen Flügel erscheinen. Das ist aber ein Irrtum; der Widerspruch besteht nur scheinbar. In Wirklichkeit besitzt die Raupe ja von Anfang an kleine Flügelanlagen, nur sind diese nach innen eingestülpt in den sogenannten Imaginalscheiben, die sich ja fortwährend vergrößern, so daß auch eine allmähliche Herausbildung des Flügels erfolgt. Es entspricht also in allem das Puppenstadium unserer Schmetterlinge der ersten Hälfte des Imaginalstadiums bei niederen Insekten.

Nach dieser allgemeinen theoretischen Beurteilung der Puppe als solcher im Lebenszyklus der Schmetterlinge kehren wir zu den Erscheinungen zurück, die die Verpuppung der Raupe einleiten. Eine Veränderung der letzteren bereitet sich schon im letzten Raupenstadium vor; wir hatten festgestellt, daß in diesem oftmals schon eine Farbänderung einsetzt; grüne Raupen werden rot oder braun, braune manchmal grün, ein Anzeichen dafür, daß im Innern des Larvenkörpers sich schon bedeutsame Umwandlungen vollziehen. Noch frißt aber die Raupe und nimmt an Größe zu, so daß die Umänderungen noch nicht so wesentlich sein können wie die nun zu betrachtenden. Kurze Zeit vor der Verpuppung hört die Raupe nun ganz auf zu fressen; sie verändert ihre Färbung, wird meist dunkler und mißfarbig, was wohl auf die aufhörende Zufuhr von Pigmenten aus dem Chlorophyll der Nahrung zurückzuführen ist. Sie wird jetzt unruhig, läuft sehr viel umher und sucht sich einen geeigneten Platz, wo sie ihre Verwandlung durchmachen soll. Wenn sie keinen geeigneten Ort findet, wie es vielfach bei den veränderten Umständen in der Gefangenschaft vorkommt, schwächt sie sich oft durch das dauernde Umherlaufen so sehr, daß sie zugrunde geht und nicht mehr zur Puppe werden kann. Je nach der Art der Verpuppung ist der gewählte Ort verschieden. Viele unserer Tagfalterraupen klettern zu diesem Zweck an Bäumen, Mauern oder Hauswänden empor, um sich dort aufzuhängen. Diejenigen Spinner und die Schwärmer, die sich in der Erde verwandeln, graben sich ein und suchen unter der Erde einen zweckdienlichen Ort. Wenn sie einen solchen aus irgendwelchen Gründen nicht gleich finden, können sie, wie es im Zuchtkasten auch oft geschieht, wieder hervorkommen, noch einige Zeit rastlos umherlaufen und sich dann wiederum in die Erde zurückziehen. Um sich die Arbeit des Wühlens in der Erde zu erleichtern, bestreichen sich viele Schwärmerraupen den ganzen Leib, selbst die Sohle der Bauchfüße mit einer abgesonderten Flüssigkeit, um sich genügend schlüpfrig zu erhalten. Wahrscheinlich kommt das auch bei anderen Familien, die sich in der Erde verpuppen, vor. Die endophagen Raupen verwandeln sich gewöhnlich in ihrer Raupenwohnung; deshalb verlassen Minierer, Gallerzeuger und Holzbohrer vielfach nicht die von ihnen befallenen Pflanzenteile, da sie ja in ihnen auch relativ gut geschützt sind. Eine Anzahl von ihnen jedoch geht aus diesen Räumen zur Verpuppung heraus, wie z. B. fast alle Blattminierer der Gattung *Nepticula*. Bei den in der Mine verbleibenden Raupen ist manchmal noch ein besonderer Schutz nötig. Die Gattung *Phyllocnistis* Z. miniert als „sapfeeder" (vgl. Minierer); es ist infolgedessen die über dem Minenhohlraum befindliche Blattschicht so außerordentlich dünn, daß die Puppe darunter sehr gefährdet erscheint. Deshalb zieht die Raupe an der Stelle, wo sie sich verpuppen will, den Blattrand über die Mine (wonach die Gattung auch ihren Namen erhalten hat) und verwandelt sich unter diesem Schutzdach. Zuweilen kommt es vor, daß endophage Raupen, die sich sonst innerhalb ihres Fraßraumes verpuppen, diese Gewebe verlassen und einen anderen Ort aufsuchen. So wird von einer Raupe des Weidenbohrers *Cossus cossus* L. berichtet, daß sie den Stamm verließ, um sich in der Erde zu verwandeln. Welche Ursache sie dazu bewogen hat, scheint unklar. Im übrigen beruht ein anormales Verbleiben der verpuppungsreifen Raupe in der Mine oder Galle oft auf einer parasitären Erkrankung; die Larve ist dann so erschöpft und geschwächt, daß sie nicht mehr imstande ist, die relativ harten Oberhautzellen zu zerbeißen, und deshalb in der Pflanze verbleiben muß. Die Raupen vieler Falter verpuppen sich frei auf dem Boden, so viele *Satyriden*. Die von *Parnassius apollo* L. befestigt sich auch ziemlich nahe am Boden; da in den Gegenden, wo sie vorkommt, der Boden oft recht rutschig ist, erleidet sie dann im Puppenstadium vielfach Störungen, die ihrerseits wieder bewirken, daß Unregelmäßigkeiten besonders im Flügelgeäder auftreten, die vom A p o l l o ja schon vielfach beschrieben worden sind.

Es finden sich bei Raupen vor der Verpuppung meistens recht zweckmäßige Instinkthandlungen, die dem später ausschlüpfenden Falter das Freiwerden erleichtern sollen. Alle diejenigen Arten, die endophag leben, führen einen Fraßgang bis kurz vor die letzte Schicht, die sie von der Außenwelt trennt, so daß dann nur noch eine ganz dünne Lamelle des pflanzlichen Gewebes stehenbleibt, die dann die Puppe oder der Falter leicht eindrücken und sich so den Weg ins Freie bahnen kann. In den Fällen, wo der Gang schon frei nach außen mündet, wird er oft durch einen Gespinstdeckel verschlossen. Wie sorglich die Raupe darauf bedacht ist, dem künftigen Falter das Entkommen zu erleichtern, zeigt die bekannte Beobachtung an der Weidenbohrerraupe. Eine verpuppungsreife Raupe wurde in eine Streichholzschachtel gesetzt. In diese fraß sie ein Loch, fand aber keine Verpuppungsgelegenheit, so daß sie, in die Schachtel zurückgebracht, ein Gespinst verfertigte. Es wurde daraufhin die Streichholzschachtel in eine größere Pappschachtel gesetzt; aber am anderen Morgen war auch in diese eine Öffnung gefressen, während die Raupe nach der Streichholzschachtel zurückgekehrt war und weiter an ihrem Kokon spann. Sie wurde nun wiederum in eine andere Schachtel gebracht, wo sie auch wieder ein Loch fraß und nach ihrer Streichholzschachtel zurückkehrte, bis endlich die Verwandlung erfolgte.

Bei den Sackträgern unter den Raupen, die sich mit ihrem Vorderende festspinnen, also bei den *Psychiden*, *Coleophoren*, manchen *Tineiden* u. a. muß noch eine Umdrehung im Sacke vor der Verpuppung erfolgen, da sie im anderen Falle keine Imago liefern könnten, die ja am Hinterende des Sackes ausschlüpfen muß; die Säcke sind mit Gespinstfäden an der Öffnung befestigt, wo die Larve sonst zum Fressen herauskam; der Falter ist aber nicht imstande, dieses Gespinst zu zerbeißen. Eine solche Umdrehung im Sacke findet ja schon bei jeder Häutung statt, nur kehrt dann die Larve immer wieder in ihre ursprüngliche Lage zurück, was jetzt unterbleibt. Es war früher vielfach behauptet worden, daß das Weibchen nicht eine solche Umdrehung vornehme. Bei diesem Geschlecht verbleibt nämlich in vielen Gattungen der Falter im Sack und wird auch darin vom Männchen befruchtet, so daß es zweckmäßiger erschiene, wenn das Weibchen sich nicht umdrehen würde. Das entspricht jedoch nicht den Tatsachen; eine Kopulation findet später trotzdem statt, welchen Modus wir weiter unten (S. 142) noch kennenlernen werden. In der Vorbereitung auf die Verpuppung verzehren gewisse Raupen auch größere oder kleinere Mengen von Erde, die später bei der Gespinstbildung verwertet werden.

Unmittelbar vor der Verpuppung stößt die Raupe nun einen großen Kotballen ab; dieser kann, wie bei manchen *Saturniiden*, bis zu einem Drittel der Größe der Raupe betragen. Meistens ist diese Erscheinung abhängig vom Wohlbefinden der Raupe; je gesünder diese ist, um so größer ist der Ballen der abgeschiedenen Exkremente, während bei kränklichen Raupen nur eine geringe oder gar keine Absonderung erfolgt. Wir kennen eine analoge Erscheinung bei der Überwinterung der Zygaenen-Raupen; überdies wird ein ähnlicher Kotballen bei vielen Tagfalterraupen nach der Überwinterung abgestoßen. Nachdem die Raupe von diesem Ballen befreit ist, sinkt sie deutlich zusammen; behaarte Raupen haben dann den größten Teil ihrer Haare verloren, und die Raupen der Spanner vermögen keine „spannenden" Bewegungen mehr auszuführen.

Mit diesen Vorgängen geht zum Teil parallel die Spinntätigkeit der Raupe. Diese vollzieht sich in verschiedener Weise je nach den einzelnen Familien, denen die betreffende Raupe angehört. Es gibt eine große Anzahl von frei lebenden Puppen, bei denen die Spinntätigkeit der Raupen auf ein Minimum reduziert ist. Im einfachsten Falle hängt sich die Raupe am Hinterleibsende auf, so daß nur an dieser Stelle ein kleines Stück Gespinst angelegt wird. Auf diesen Modus der Stürzpuppen (pupae suspensae) werden wir weiter unten noch zurückkommen. In anderen Fällen wird am Vorder- und am Hinterende eine Unterlage gesponnen. Wieder bei anderen wird ein Gespinstfaden als Gürtel um den Leib gelegt, um die Puppe an der Unterlage zu befestigen (pupae cingulatae). Dieser Gürtelfaden kann unter Umständen zu eng sein, so daß er Entwicklungsstörungen hervorruft;

Tafel II. Abb. 1. Die „vegetabilische Raupe" mit „Aweto". Abb. 2. Cocon einer *Megalopyge* mit aufgeklapptem Deckel. Abb. 3. Massenansammlung von Cocons einer Limacodide an einem Zweig, alle Deckel beim Schlüpfen abgesprengt. Abb. 4. *Trichura*-Art mit Caudal-Anhang.

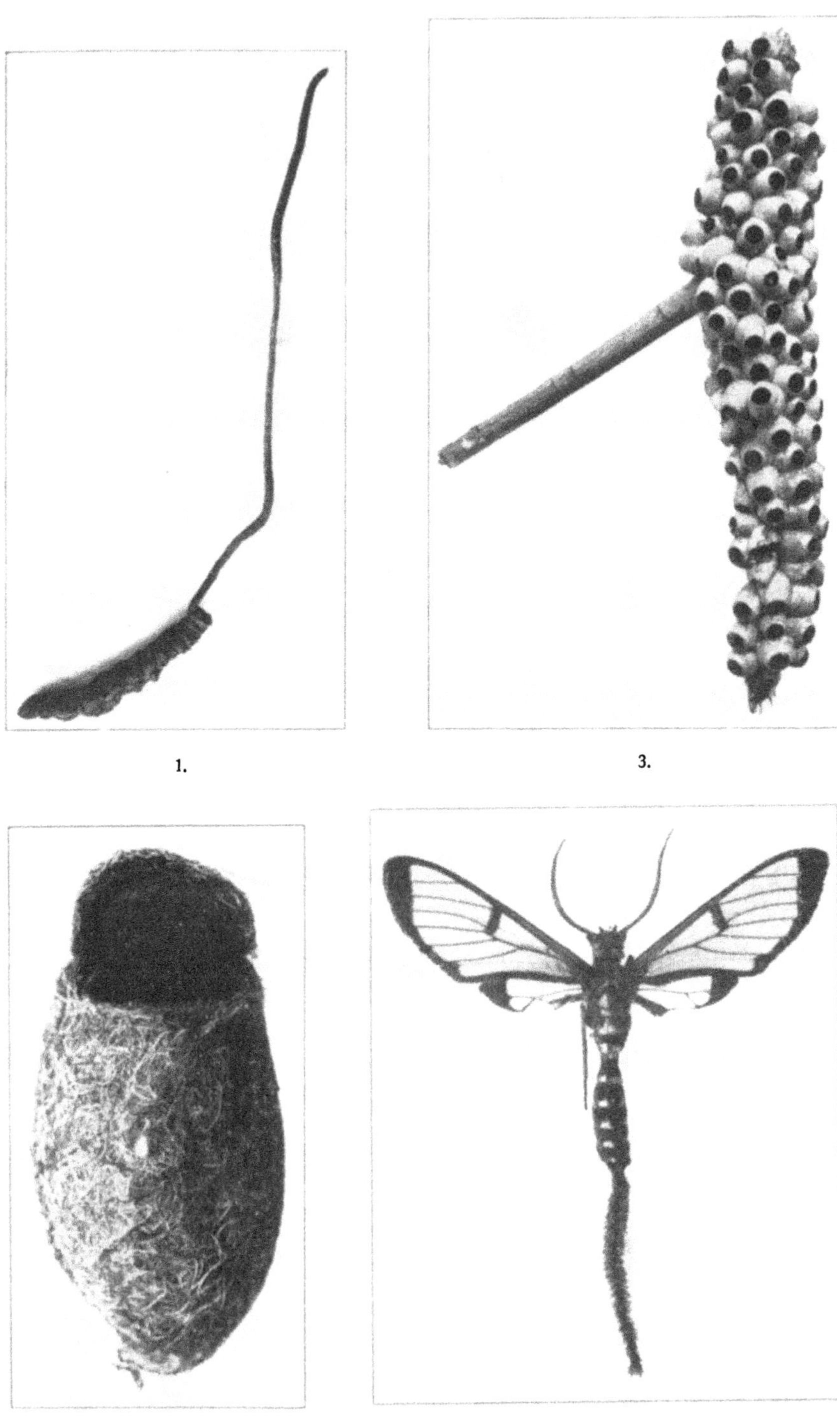

1. 3.

2. 4.

diese äußern sich vielfach darin, daß der Flügel der sich entwickelnden Imago symmetrische oder asymmetrische Einschnitte aufweist, so daß man bei dem Vorhandensein derselben bei einem Falter schon mutmaßen kann, daß er eine Gürtelpuppe besitzt. Frei aufgehängt sind sehr viele unserer Tagfalter; am häufigsten kann man diesen Modus bei unseren *Vanessa*-Arten feststellen. Doch kommen auch bei einer sogenannten Kleinschmetterlingsfamilie, den *Pterophoriden* oder Federmotten, solche Anheftungsweisen vor. Auf ihrer Unterlage mit doppeltem Polster versehen sind auch hauptsächlich Tagschmetterlinge, wie z. B. viele *Nymphalidae*. Pupae cingulatae kann man außer bei Tagfaltern auch bei der Eule *Rivula*, dem Spanner *Ephyra* und allen Kleinschmetterlingen der Gattung *Elachista* feststellen. Wir sehen daraus, daß die Verwendung der Art und Weise des Anspinnens für stammesgeschichtliche Untersuchungen als alleiniges Merkmal nicht verwendbar ist. Wohl aber kann es in Verbindung mit anderen Merkmalen geschehen. Die nicht frei sich verpuppenden Raupen legen nun ein mehr oder weniger vollkommenes Gespinst an. In den einfachsten Fällen besteht es darin, daß sie eine Anzahl Blätter zusammenspinnen und sich, darin genügend geschützt, verwandeln. So ist es bei den meisten Kleinschmetterlingen unter den Zünslern, Wicklern und Gelechien. Zwischen solchen Blättern oder in zusammengezogenen Blatteilen verwandeln sich auch die *Hesperiiden*, dadurch an Kleinschmetterlinge erinnernd; aber innerhalb ihres Gehäuses befestigen sie sich außerdem noch an ihrer Unterlage in ähnlicher Weise wie die Tagfalter. Es nimmt diese Familie auch in dieser Beziehung eine Mittelstellung zwischen Nacht- und Tagfaltern ein. Einige Arten zeigen bei der Anlage dieses Gespinstes ein bemerkenswertes Vorgehen. Die Raupe von *Parnara conjuncta* H.S., die auf Java an Bambusblättern lebt, hat die Gewohnheit, sich auf der Oberseite eines solchen Bambusblattes zu verpuppen. Die Blätter haben aber die Eigentümlichkeit, daß sie sich im Alter nach unten zu einrollen. Würde die Raupe hier keine Vorkehrungen treffen, so könnte die Puppe leicht durch die bei der Rollung entstehende Spannung verletzt werden. Deshalb zieht die Larve vorher durch einige Fäden die beiden Ränder des Blattes oben zusammen, so daß später das Blatt sich an dieser Stelle nach oben einrollt. Nach Seitz wickeln manche andere Hesperiiden-Raupen ein Blatt zu einer langen zigarrenähnlichen Düte zusammen; in dieser erfolgt die Verpuppung. Die Puppe besitzt eine lange abstehende Rüsselscheide, die bei einem anderen Verpuppungsmodus leicht verletzt und beschädigt werden könnte.

Viele Schmetterlingsraupen haben nun aber die Fähigkeit, einen mehr oder weniger kunstvollen Kokon zum Schutze der Puppe herzustellen. Dieser Kokon ist oft ganz grobmaschig; manchmal haben die einzelnen Fäden mehrere Millimeter Zwischenraum. In anderen Fällen bildet er ein dichtes Gespinst, in das oft auch noch Raupenhaare mit hineingewebt werden, so daß man die Puppe darin nicht liegen sehen kann. Wieder andere stellen außerordentlich feste Gebilde her, die man unmöglich mit den Fingern zerdrücken kann. Da auch der Schmetterling einen solchen Kokon nicht öffnen könnte, wird ein präformierter Deckel angelegt, der beim Schlüpfen des Falters abgesprengt wird. So ist es bei sehr vielen *Limacodiden*-Raupen. Je nach dem Verpuppungsort wird auf die Herstellung des Gespinstes mehr oder weniger Wert gelegt. Es ist am meisten entbehrlich bei Arten, die sich in der Erde verwandeln. Hier besteht die Arbeit der Raupe oftmals nur darin, daß sie einige Sand- oder Erdekörnchen mit Gespinstfäden verbindet und sich in diesem lockeren Kokon verwandelt. Derbere und dauerhaftere Gespinste finden sich bei den nach ihnen benannten Spinnern. Sie verwenden aber auch dabei noch manche anderen Stoffe, z. B. Erde, die vorher mit den Mundwerkzeugen aufgenommen worden war, oder Holzspähne, die von der Unterlage abgebissen wurden. Bei den letzteren erhält der Kokon dadurch auch noch ein geschütztes Aussehen, indem er möglichst dem Substrat, welchem er aufsitzt, angepaßt wird. Es sei da erinnert an die so schwer zu entdeckenden Gespinste der Gabelschwanzarten und der *Hoplites milhauseri* F. In vielen Fällen ist der Kokon weich und widerstandsfähig und wird deshalb mit gewissen Stoffen inkrustiert, die ihm eine größere Sprödigkeit und Härte geben. Während das eigentliche Gespinst aus den Spinndrüsen herstammt, ist der Herkunftsort der Inkrusten in den Malpighischen Gefäßen zu sehen; wir wissen, daß letztere Exkretionsorgane darstellen; die von ihnen gelieferten Stoffe enthalten deshalb auch zahlreiche Harnsäurekristalle. Die Art und Weise der Inkrustierung des Kokons kann bei einzelnen Familien verschieden sein; die Raupe kann die abgegebene Flüssigkeit vom Hinterleib aus direkt auf die Oberfläche des Gespinstes bringen; so ist es bei den *Saturniiden*. Bei den *Lasiocampiden* dagegen nimmt die Raupe den Liquor zunächst in den Mund und bestreicht dann mit ihm alle Teile des Kokons.

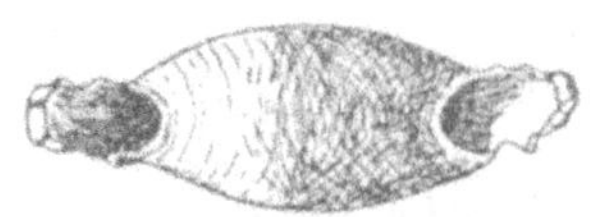

Abb. 35. Kokon einer *Perophoa*, an beiden Enden offen.

Die Farbe des Verpuppungsgespinstes kann sehr verschieden ausfallen. Vielfach findet man weißliche Kokons, aber auch alle anderen Farben können vertreten sein. Rot, braun, grün oder selbst violett sind die Kokonfarben bei der Gattung *Nepticula*, schön grün bei manchen *Saturniiden*, seidig gelb oft bei *Zygaena*-Arten, düster braun bei vielen Nachtschmetterlingen. Zuweilen können sie auch eine eigentümliche Zeichnung oder Marmorierung tragen, wie bei vielen *Limacodiden*-Arten. Die Färbung ist zum großen Teil vom Blute abhängig. So wurde bei der Seidenraupe, die ja in vielen verschiedenen Rassen vorkommt, festgestellt, daß diejenigen Rassen, die eine ganz blasse Blutfärbung besitzen, einen relativ farblosen Kokon herstellen, während die dunkler gefärbten Gespinste von Raupen herrührten, deren Blut gelbgrün bis grün war. Untersucht man das Blut spektroskopisch, so wird man dieselben Erscheinungen haben wie bei der spektroskopischen Analyse des Kokonfarbstoffes. Wir kommen also wieder auf dieselbe Ableitung der Farbstoffe, welche wir bei der Besprechung der Raupenfärbung festgestellt hatten; immer sind es die Abbauprodukte des Blattgrüns, die die Farbe hervorrufen. In dem erwähnten Fall des Seidenspinners wurde aber festgestellt, daß die Aufnahme dieser Pigmente ins Blut bei allen Rassen in der gleichen Weise geschah. Wenn trotzdem eine verschiedenartige Färbung des Kokons erfolgte, beruht das darauf, daß die Oxydierung der Pigmente, wodurch sie also erst ihre dunklere Färbung erhalten, bei den Rassen verschieden ist infolge verschiedenen Reichtums an dem die Schwärzung bedingenden Enzym. Man hat nun beobachtet, daß die Kokons mancher Spinnerarten sehr hell waren, wenn sie in trockener Luft angefertigt wurden, dagegen in feuchter Luft sehr dunkel ausfielen. Helle Kokons, die nachträglich in eine feuchte Kammer gebracht wurden, dunkelten noch ganz beträchtlich nach. PRZIBRAM und DEWITZ haben diese Verhältnisse untersucht und festgestellt, daß für die Bildung der dunklen Farben zwei farberzeugende Substanzen (Chromogene) in Frage kommen. Als solche wurden das Tyrosin und die „Dopa" festgestellt. (Beide werden uns indem Kapitel über Melanismus usw. noch eingehender beschäftigen.) Der Unterschied beider in der Wirkung besteht darin, daß das Tyrosin nur dann dunkler wird, wenn ein bestimmtes Ferment, die Tyrosinase, dazu kommt. Es bewirkt, daß sich der Luftsauerstoff mit der Farbmuttersubstanz, dem Chromogen, verbindet, wodurch die Schwärzung erzielt wird. Die „Dopa" dagegen bewirkt Verdunkelung auch ohne Zutritt eines Fermentes. Nachdem man Kokons auf 90 Prozent erhitzt hatte (bei welcher Temperatur alle Fermente zerstört werden), trat doch noch Verdunkelung in der Feuchtigkeit ein. Es ergeben auch alle Kokons bei Untersuchung einen positiven Ausfall der Dopareaktion. Die Dopa wirkt auf das Chromogen nur bei Anwesenheit von Feuchtigkeit; deshalb bleiben die im trockenen Raume gesponnenen Kokons hell, werden aber nachträglich dunkel, wenn man sie in Wasser einlegt. Die Chromogene, die die Verdunkelung hervorrufen, können in den Gespinstfäden selbst liegen, wie es bei Saturniiden der Fall ist, oder sie befinden sich, wie bei den Lasiocampiden, in den Inkrusten. Davon abhängig ist wiederum, daß bei den ersteren die Spinndrüsen, bei den letzteren die Vasa malpighii kräftiger entwickelt sind, wo die entsprechenden Stoffe herstammen. In keinem der beobachteten Fälle wurde eine Einwirkung der Umgebung auf die Kokonfarbe festgestellt.

Es bleibt uns nun noch übrig, einige besonders eigentümliche Modi der Gespinstanfertigung zu erwähnen. So legen manche Arten, besonders unter den Saturniiden, einen doppelten Kokon, einen inneren und einen äußeren, an. Die *Perophoriden*, eine bei uns nicht vorkommende altertümliche Schmetterlingsfamilie, besitzen Kokons, die an beiden Enden offen sind (Abb. 35). Die Raupen der Kleinschmetterlingsgattung *Bucculatrix* verfertigen ihren mit zahlreichen Längsrippen versehenen Kokon in der Weise, daß sie zuerst die eine Hälfte, dann die andere herstellen; dabei gehen sie so präzise zu Werke, daß es ganz unmöglich ist, beim fertigen Kokon die ehemalige Quernaht aufzufinden, so sorgfältig sind selbst alle Rippen aneinandergefügt. Manche Raupen, die ihr ganzes Leben in Minen gelebt haben, schneiden am Ende ihres Raupenlebens einen rundlichen Sack aus dem Blatte und lassen sich damit zur Erde fallen; sie suchen dann einen geeigneten Verpuppungsplatz, befestigen den Blattsack und spinnen ihn inwendig zum Kokon aus; so tun es die Larven von *Antispila* und *Heliozela*. Nach PIEPERS lebt die Larve von *Adolias adonia* CR. auf Java an einer Loranthus-Art mit sehr dicken Blättern. Die Puppe wird, wie es auch bei anderen Nymphalidenpuppen geschieht, an einem der dicken Blätter aufgehängt. Da aber die Blattstiele sehr dünn und schwach sind, besteht die Gefahr, daß sie das Gewicht der Puppe und des Blattes nicht ertragen könnten, so daß erstere bei starken Erschütterungen, Sturm u. dgl., herunterfallen würde. Die Raupe befestigt deshalb vor der Verpuppung den Blattstiel durch ein Gespinst am Stengel. In manchen Fällen wird das Gespinst für die Puppe mit abgelagertem Kote überdeckt oder versponnen, wodurch es weniger leicht sichtbar ist; so finden wir es bei manchen *Lithocolletis*-Arten. Schmelzartig glasige Kokons verfertigen die meisten *Gracilaria*-Arten. Viele Arten, die zu den Sackträgern gehören, verwandeln sich ohne weiteres in der letzten Raupenwohnung; in seltenen Fällen ist diese dann etwas abweichend. *Incurvaria trimaculella* HW., die als Sackträger an Saxifraga rotundifolia vorkommt, lebt für gewöhnlich in elliptischen aus Blattstücken hergestellten Futteralen. Wenn sie sich jedoch verpuppen will, schneidet sie einen mehr rundlichen Sack aus, den sie dann zur Verwandlung festspinnt. Dieser letzte Sack weist keine Größenzunahme auf; es ist unerfindlich, warum überhaupt noch ein neuer Sack besonders zur Verpuppung angelegt wird, da er aus demselben Material besteht wie die früheren und also der Raupe auch keinen erhöhten Schutz gewähren kann. Da die veränderte Form des Sackes aber stets konstant ist, wird ihr doch eine gewisse Bedeutung für den Verpuppungsvorgang zuzuschreiben sein. Manchmal erhält der Kokon noch eine besondere Befestigung. Die Raupen der Kleinschmetterlingsgattung *Trichostibas* Z. verfertigen ein netzartig durchbrochenes Gespinst (Taf. 1 Abb. 4), das an einem außerordentlich langen (bis zu 30 cm!) Faden befestigt ist. Nach BUSCK hängt dieser Kokon an dem langen Faden frei in der Luft und soll dadurch gut gegen Ameisen geschützt sein. Erklimmt nämlich eine solche den Faden, so schüttelt sich die Puppe in ihrem Gespinst sehr lebhaft, und die Ameise hat dann an dem dünnen schwankenden Faden keinen Halt. STICHEL bezweifelt aber, daß der Kokon frei hängt; er erhielt einen solchen, an dem er feststellte, daß der Kokon auch am anderen Pol in einen wenn auch kürzeren Faden auslief, an dessen Ende sich ebenfalls ein Anheftungsgespinst befand. Auch war unten am Kokon der Eindruck eines länglichen harten Gegenstandes, wohl eines Zweiges, festzustellen, so daß STICHEL annimmt, der Kokon werde auf eine Unterlage gebettet. Es müßte festgestellt werden, ob diese Erscheinungen bei allen Gespinsten zu finden sind; in diesem Falle würde die Annahme von BUSCK an Wahrscheinlichkeit verlieren. Auch eine Bombyciden-Raupe bringt nach PERTY ihren Kokon an einem 5–6 cm langen steifen Faden an. Das wird als Schutzmittel gegen Angriffe von Vögeln gedeutet, indem nämlich, wenn der Vogel auf den Kokon hackt, der Faden nachgibt und so der die Puppe enthaltende Kokon den Schnabelhieben ausweicht.

Der Vorgang der Verpuppung wurde schon im einleitenden Teile in großen Zügen geschildert. Die Puppe schlüpft in fast allen Fällen aus der Raupenhaut heraus. SEITZ berichtet aber von einer australischen Lycaenide, *Liphyra brassolis* WESTW., die sich in der Exuvie verwandelt, so daß die letztere sie als natürlicher Kokon umkleidet. Ein sehr komplizierter Vorgang ist nun die Verpuppung bei den pupae suspensae oder Stürzpuppen. Lange Zeit hat man diesen Vorgang nicht genau beobachtet und ist über den Mechanismus desselben zu ganz falschen Schlüssen gekommen. Schon vor etwa 50 Jahren hatte OSBORNE den Mechanismus richtig erkannt, aber seine Beobachtungen waren in Vergessenheit geraten. Die herkömmliche Auffassung war, daß die Puppe, nachdem sie die Raupenhaut abgestreift habe, diese an der Bauchseite zwischen die letzten Segmente klemme, um sich auf diese Weise bis zu der Gespinststelle hinaufzuarbeiten. Erst in jüngster Zeit sind von ALBRECHT eingehende Beobachtungen darüber veranstaltet, die mit denen von OSBORNE übereinstimmen, und die diese Annahme ad absurdum führen. Die Puppenhaut ist in diesem Stadium noch viel zu weich, um die Exuvie zwischen den Segmenten festklemmen zu können; außerdem müßte die Puppe dazu sich sehr verkürzen, während sie doch ihr ganzes Streckungsvermögen braucht, um das Gespinst zu erreichen. ALBRECHT schildert nun eingehend, wie das Aufhängen bei *Vanessa urticae* L. vor sich geht; vermutlich wird es bei allen Stürzpuppen in ähnlicher Weise geschehen. Die frisch geschlüpfte Puppe hängt gar nicht an der Raupenhaut, sondern an einem Verbindungsglied, das mit der Raupenhaut verwachsen ist, und das als „Dr. E. Fischersche Membran“ bezeichnet wird. Diese Membran läuft in zwei Taschen aus, in die die gabeligen Fortsätze des Cremasters hineinreichen. Die Puppe hängt also mit den Fortsätzen des Cremasters in den Taschen der Fischerschen Membran und nicht an der Raupenhaut selbst. Nun dehnt sie sich so stark aus, daß sie mit den Cremasterhäkchen das Gespinst, an dem die Raupenhaut hängt, erreichen kann und befestigt diese Cremasterspitzen darin, indem sie mehrfache schlängelnde Bewegungen ausführt. Sobald der Cremaster fest verankert ist, verkürzt sich die Puppe, wodurch die Fortsätze des Cremasters aus den Taschen der Fischerschen Membran herausgezogen werden, und durch Schütteln entledigt sich die jetzt fest aufgehängte Puppe der Exuvie. Bei der Befestigung der Puppe spielt überhaupt der Cremaster eine wesentliche Rolle, und es ist nicht zu verwundern, daß er deshalb sehr verschiedenartig ausgebildet ist. Es gibt viele Arten von Faltern, die als Imago sehr schwer, an den Cremasterfortsätzen dagegen mit Leichtigkeit zu unterscheiden sind. Die Ausbildung dieses Organs stellt aber eine Anpassung an die Lebensgewohnheiten dar und ist deshalb in systematischer und phyletischer Hinsicht nicht zu verwenden. Gewöhnlich trägt der Cremaster bei solchen Arten, die in der Erde sich verwandeln, kräftige Dornen und Spitzen; man vergleiche dazu den Cremaster der Schwärmerpuppen. Bei den sich im

Gespinst verwandelnden Arten ist er mit feinen gebogenen Häkchen versehen. Als Schulbeispiel werden hier immer die Verschiedenheiten in der Cremasterbildung bei zwei ganz nahe verwandten Arten genannt, von denen *Abraxas grossulariata* L. sich im Gespinst verwandelt, während *Abraxas adustata* SCHIFF. sich dazu an oder in die Erde begibt. Bei manchen Puppen ist der Cremaster ganz rückgebildet, wenn nicht fehlend. BRYK berichtet, daß Parnassier-Puppen ganz ohne Cremaster sind; sie besitzen dafür zwischen After und Anlage der Genitalien ein Tuberkelpaar, in dem er die umgewandelten Nachschieber sieht, und die nach seiner Ansicht die Funktionen des Cremasters übernehmen, weshalb er sie als Mimocremaster bezeichnet. Im Fehlen eines eigentlichen Cremasters sieht er einen primitiven Zustand, die Ausbildung desselben wird als Merkmal der Differenzierung betrachtet.

Abb. 36. Cremaster von *Abraxas grossulariata L.* (Kokon im Gespinst.)

Über den Bau der Puppe ist ebenfalls im allgemeinen Teil in großen Zügen eine Vorstellung gegeben worden, wir wenden uns deshalb einigen speziellen Verhältnissen zu. Das Äußere wird zum großen Teil durch die Färbung charakterisiert. Wir stellen uns meist rotbraun bis schwärzlichgrau gefärbte Individuen darunter vor. Doch gibt es auch eine Anzahl von Arten, bei denen lebhafte Farben auf-

Abb. 37. Cremaster von *Abraxas adustata Schiff.* (Kokon in der Erde.)

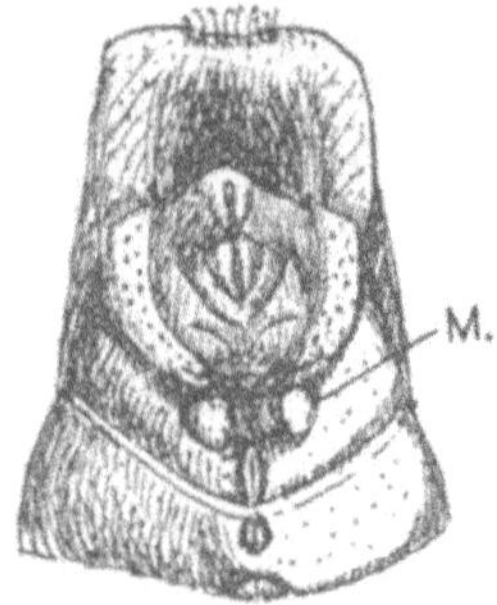

Abb. 38. Hinterende der Puppe von *Pieris brassicae L.* mit „Mimocremaster" (*M*).

treten; grüne, gelbe und weißliche Puppen sind nicht selten, und unter den Tagfaltern gibt es viele Arten, deren Puppen prachtvoll metallglänzende Stellen besitzen. Andere wiederum, wie die der Parnassier und Ordensbänder tragen einen eigentümlichen graublauen Reif. Wie diese Farben entstehen, darüber sind die mannigfaltigsten Untersuchungen angestellt worden. Es ist natürlich, wie bei allen Färbungen, die wir bisher kennengelernt haben, wieder ein Pigment die Ursache, das aus dem Pflanzenreich stammt, also ein Abbauprodukt des Blattgrüns, das durch gewisse Fermente und andere Agentien zum Farbstoff umgebildet wird. Es läßt sich nun die wichtige Tatsache beobachten, daß bei vielen Tagfalterpuppen eine künstliche Beeinflussung der Puppenfarbe möglich ist. Die Puppen der Tagschmetterlinge sind deshalb besonders geeignet, weil bei ihnen die Puppen relativ hell gefärbt sind und die Raupen ein Tagleben führen und sich im Freien verpuppen, welch letzterer Umstand, wie wir gleich sehen werden, für die Beeinflußbarkeit der Puppenfärbung ganz besonders wichtig ist. Solche Farbänderungen sind schon früh beobachtet worden; das bekannteste Beispiel dafür sind die Puppen von *Pararga maera* L., die entweder grünlich oder schwärzlichgrau sind; man hat deshalb auch fälschlich angenommen, das seien Geschlechtsdichromismen, was aber nicht den Tatsachen entspricht. Eine ähnliche Farbverschiedenheit wird von der zweiten Generation mancher Papilioniden berichtet; das sind aber Verhältnisse, die hier nicht in Frage kommen und unter den Begriff der Generationsverschiedenheiten fallen. Erst in neuerer Zeit sind die die Färbung bestimmenden Einflüsse nachgewiesen und genauer untersucht worden, wobei sich eine Fülle interessanter Probleme ergeben, auf die im folgenden etwas näher eingegangen werden soll.

Eingehende Untersuchungen sind von L. Brecher besonders an den Puppen des Kohlweißlings *Pieris brassicae* L. gemacht worden. Diese erscheinen auf Blättern grün, auf schwarzen Zäunen schwärzlich, auf weißen Mauern weißlich, auf grauen Steinen graugrün gefärbt. Die Färbung ist also abhängig von den Strahlen, die von der Unterlage reflektiert werden. Angeblich sollte diese Anpassung unabhängig vom Auge der verpuppungsreifen Raupe erfolgen. Es wurden nun Versuche gemacht, das Auge der Raupe auszuschalten, indem man es mit Lack überstrich. Trotzdem erfolgte eine Anpassung. Wurden aber die Augen mittels Elektrizität geblendet oder gar der Kopf abgeschnitten, so erfolgte keine Anpassung. (Man kann verpuppungsreifen Raupen den Kopf abtrennen, ohne daß deswegen die Umwandlung zur Puppe unterbleibt). Daraus schien hervorzugehen, daß bei Lackierung der Raupen im normalen Tageslicht noch immer einige Strahlen durch den Lack drangen, die der Raupe die Anpassung ermöglichten. Es wurden nun neue Versuche unternommen, bei denen die reifen Raupen in eine dunkle Kammer gebracht wurden, in die nur aus einer Richtung Licht einfiel. Jetzt versagte schon in geringer Entfernung von der Lichtquelle bei den Raupen, deren Augen mit Lack überzogen waren, die Anpassung, während bei normalen Kontrolltieren in der gleichen Entfernung eine solche erfolgte. Raupen, die in neutraler Umgebung gehalten wurden, und deren Augen mit gelbem, blauem usw. Lack bestrichen worden waren, bildeten Puppen aus, die einer gelben, blauen usw. Umgebung angepaßt waren. Das geschah selbst in solchen Fällen, wo die Raupen in Glasglocken gehalten wurden, die nur das entgegengesetzte Licht durchließen. Es geht aus allen diesen Versuchen hervor, daß die Färbung der Puppe nur durch das Raupenauge beeinflußt wird, und daß alle andern Hypothesen, wonach eine solche auch durch die Haut der Raupe oder der Puppe bewirkt wird, hinfällig werden.

Worauf beruht nun diese merkwürdige Anpassung? Nach J

BRECHERS Untersuchungen haben die *Pieris*-Raupen normalerweise gelbgrünes Blut; das in ihnen enthaltene Ferment, die Tyrosinase, bildet mit Tyrosin eine Schwärzung, die aber nicht als körniges Pigment ausfällt, sondern im Blut aufgelöst bleibt. Nachdem die Raupen aufgehört haben zu fressen, hat sich das Blut geändert; das zeigt sich rein äußerlich darin, daß ihre Abscheidungen rötlich gefärbt sind. Dementsprechend ist auch ihr Blut rötlichgelb, und das in ihm enthaltene Ferment, die Tyrosinase, ergibt mit Tyrosin zusammen ein Pigment, das jetzt körnig ausfällt. Die verschiedenen Tyrosinasen in verschieden gefärbten Puppen haben auch eine verschiedene Empfindlichkeit gegen Lichtstrahlen. Diese Empfindlichkeit ist am stärksten ausgeprägt bei der Verpuppung selbst. Bei einer kürzeren Bestrahlung beschleunigen die gelben Lichtstrahlen die Wirkung des Fermentes, blaue oder violette dagegen verzögern sie. Bei längerer Bestrahlung ist es aber umgekehrt. Im gelben Licht bildet sich reichlichere Säure im Blut, wodurch das Ferment schwach und wirkungslos wird; die violetten und ultravioletten Strahlen hindern dagegen die Säurebildung, wodurch das Ferment, die Tyrosinase, recht viel dunklen Farbstoff ausfällen kann. Das weiße Licht verhindert die Säurebildung ganz, wodurch es ebenfalls nur zu geringer Farbstoffbildung kommt. Im starken weißen Licht wird die Puppenhülle entgrünt, während im gelben reichere grüne Farbstoffbildung erfolgt. So kommt es, daß durch die Umgebung, auf der die Puppe befestigt ist, ein Einfluß auf die Färbung der Hülle ausgeübt wird. Befindet sich die Puppe auf einer weißen Mauer, so wirken die ultraroten Strahlen hemmend auf die Bildung des dunklen Farbstoffes, des Melanins, und gleichzeitig wird durch das intensiv weiße Licht eine Entgrünung veranlaßt. Es entstehen infolgedessen auf weißem Untergrund die hellsten Puppen, da beide Farbstoffe, der dunkle und der grüne, reduziert werden. In schwarzer Umgebung bewirken die ultravioletten Strahlen eine starke Bildung des dunklen Farbstoffes, des Melanins; so entstehen die dunkelsten Puppen. In gelbem und grünem Lichte wird der grüne Farbstoff am besten geschützt; so entstehen grüne Puppen, da in diesem Lichte nur wenig Melanin erzeugt wird. Die bedeutsame Wirkung der ultravioletten Strahlen demonstrierte die Verfasserin nochmals dadurch, daß sie Raupen in gelber oder weißer Umgebung durch eine Quarzlampe, die ja reich an ultravioletten Strahlen ist, bestrahlte; es traten dann nicht mehr die für diese Unterlage charakteristischen Puppen auf, sondern viel stärker geschwärzte, da die ultravioletten Strahlen eine stärkere Melaninausfällung hervorgerufen hatten. In derselben Weise wurden auch von der Autorin die Puppen der *Vanessa*-Arten untersucht. Man hätte nun auch den Einwurf machen können, daß die verschiedenen Färbungen der Puppe darauf beruhen, daß es verschiedene Raupenrassen gäbe, deren differente Instinkte sich darin äußerten, daß sie verschiedene Plätze zur Verpuppung aufsuchten. Auch das wurde durch das Experiment widerlegt, indem nämlich Raupen, die sich schon für einen bestimmten Platz entschieden hatten, entfernt und in eine gemeinsame neutrale Umgebung gebracht wurden; die so erhaltenen Puppen wiesen dann keine Färbungsunterschiede auf, sondern entsprachen der neutralen Unterlage. Das wichtige Ergebnis aus allen diesen Versuchen ist also, daß bei den gefärbten Puppen, die nicht düster braun gefärbt sind, die Färbung beeinflußt wird durch die Umgebung, und daß dieser Einfluß durch das Auge der verpuppungsreifen Raupe seinen Weg nimmt.

Gewisse Beobachter haben allerdings festgestellt, daß auch nachträglich noch eine Färbungsveränderung bei der Puppe eintreten kann; so berichtet es LEDERER von *Pararge maera* L. Derartige Fälle bedürfen aber noch einer genaueren Nachprüfung. Lebhafter gefärbte Puppen finden sich außer bei den Tagfaltern aber auch bei manchen Spinnern.

Die Gestalt der Puppe ist außerordentlich mannigfaltig bei den verschiedenen Arten, am verschiedensten wohl bei den Tagfaltern. Die einzelnen Teile sind mehr oder weniger frei, wie schon im einleitenden Kapitel bemerkt wurde. Aber auch bei den pupae obtectae finden sich eigentümliche Beispiele von Isolierung einzelner Teile. Während z. B. bei den meisten Schwärmern die Rüsselscheide dem Körper ganz dicht anliegt, gibt es doch einige Gattungen, wo sie lang und gebogen absteht; dasselbe kann bei den Fühlerscheiden der Fall sein, die z. B. bei den amerikanischen *Ageronia*-Arten isoliert und nach vorn gerichtet sind. Während die Form bei vielen Nachtfalterpuppen eine gleichmäßig walzige ist, sind viele Tagfalternymphen mit zahlreichen Kanten und vorspringenden Ecken oder gar mit eigentümlichen Fortsätzen verziert. Es können da außerordentlich bizarre Bildungen entstehen, die vielleicht auch die Puppe schwerer sichtbar machen. Ganz vorn kann man oft einen Fortsatz bemerken, der als Prothorakalhorn bezeichnet wird und vielfach dazu dient, der Puppe beim Durchbrechen des Puppengespinstes zu helfen. Prothorakalhörner finden sich deshalb vorzugsweise bei den Puppen, die vor dem Schlüpfen die Puppenwohnung verlassen, um den Falter dann gleich ins Freie zu bringen. Doch besitzen auch solche Arten gleiche Vorsprünge, die sich im Freien schon verwandeln, wie wir es selbst bei der Gürtelpuppe unseres Kohlweißlings feststellen können. In diesen Fällen ist das Prothorakalhorn funktionslos geworden, trotzdem aber noch beibehalten worden. An den Hinterleibssegmenten befinden sich bei vielen Familien noch Dornenkränze, die der Puppe das Herausschieben aus der Puppenwohnung vor dem Schlüpfen der Imago erleichtern sollen. Man findet deshalb die beiden Merkmale, Verlassen der Wohnung vor dem Schlüpfakt und Besitz von Dornenkränzen an den Abdominalsegmenten, stets miteinander verbunden; man hat die Koppelung dieser Merkmale auch in systematischer Hinsicht benutzt, indem man die „Kleinschmetterlinge“ einteilte in Acanthopleona, die also Puppen mit Dornreihen auf den Abdominalsegmenten besitzen, und wo das Ausschlüpfen außerhalb der Puppenwohnung erfolgt, und Lipacanthina, bei denen beides nicht der Fall ist (BÖRNER). Es erscheint aber fraglich, ob eine solche Einteilung, die sich nur auf Organe bezieht, die das Produkt einer besonderen Anpassung darstellen, die verwandtschaftliche Beziehung richtig zum Ausdruck bringt.

Vielfach ist die Puppenhülle auch mit Härchen oder Borsten bekleidet, die als Sinnesorgane zu deuten sind. Es wurde festgestellt, daß ihre Beschädigung auch Entwicklungsstörungen zur Folge hatte. Über den am Ende vorhandenen Cremaster ist schon oben gesprochen worden. Kopfwärts von ihm liegt die meist deutlich markierte Afteröffnung, noch weiter kopfwärts befindet sich ein Tuberkelpaar, die ehemaligen Nachschieber der Raupe, von BRYK als Mimocremaster bezeichnet. Weiter nach vorn befinden sich die beiden Genitalanlagen beim Weibchen; beim Männchen ist nur auf einem Segment eine Genitalanlage, so daß zwischen Anal- und Genitalsegment ein Ring liegt, der keine Auszeichnungen trägt. (Vgl. S. 12.)

Außer diesen angegebenen Unterschieden finden sich bei der Puppe noch weitere sekundäre Geschlechtsmerkmale. Das Männchen besitzt immer ein freies Segment mehr als das Weibchen, da bei letzterem eins zur Bildung der Geschlechtsorgane reduziert wurde. Bei den Xylotrophen, den *Cossidae* und *Aegeriidae*, finden sich beim Männchen auf dem zehnten Segment zwei Dornreihen, beim Weibchen dagegen nur eine. Bei *Dione vanillae* L. ist die männliche Puppe schwarzgrau, die weibliche gelbbraun. Bei *Pararge maera adrasta* HB. ist die des Männchens angeblich blaßgrün, die des Weibchens dunkelgrün bis schwarz (nach WILDE), während nach FUCHS es umgekehrt der Fall ist, aber nur in der ersten Generation. Nach REBEL ist dagegen die Färbung nur von der Umgebung abhängig. Jedenfalls müssen alle Angaben über sexuelle Dichromismen bei Puppen sorgfältig untersucht werden; die verschiedenen Angaben weisen schon darauf hin, daß die Ursache der verschiedenen Färbung in anderen Faktoren zu suchen ist. Mitunter soll sich die Verschiedenheit des Geschlechtes auch in einer Färbungs ä n d e r u n g demonstrieren. Die ursprünglich grünen Puppen von *Larentia juniperata* L. sollen beim Weibchen grün bleiben, beim Männchen aber einige Tage nach der Verpuppung die Farbe abgestorbener Blätter annehmen, Behauptungen, die noch genauer nachzuprüfen sind. Gerade Untersuchungen über geschlechtliche Verschiedenheiten lassen sich bei Puppen sehr leicht unternehmen, da man ja in der Ausbildung der Genitalorgane ein leichtes Mittel besitzt, die beiden Geschlechter voneinander zu trennen. Auch im Blut sind, ebenso wie bei den Raupen, Differenzen gefunden worden. So ist die Hämolymphe von *Saturnia pyri* SCHIFF. und *pavonia* L. wie auch von *Deilephila euphorbiae* L. im männlichen Geschlechte gelb, im weiblichen grün. Es hat hier beim Männchen ein intensiverer Abbau des Chlorophylls eingesetzt, wie beim Weibchen, worin sich auch wieder zeigt, daß das Weibchen den generalisierten, das Männchen den mehr spezialisierten Typus repräsentiert. Natürlich äußert sich der gewaltige Unterschied in der Größe, wie er bei vielen Spinnern besteht, auch in den Ausmaßen der Puppe, wenn man die der beiden Geschlechter miteinander vergleicht.

Die Lebensäußerungen der Puppe sind sehr schwer zu beobachten. Der gewaltige Umbildungsprozeß im Innern, der in Auflösung (Histolyse) und Neubildung der Gewebe besteht, nimmt alle Fähigkeiten der Nymphe in Anspruch. Eine Atmung findet außerdem auch noch statt. Die Bewegungen sind sehr beschränkt; sie bestehen meist nur in einem Hin- und Herschlagen der Hinterleibsspitze bei den geringsten Störungen. Diese Bewegungen werden indes schwächer, wenn der Falter kurz vor dem Ausschlüpfen steht. Eine größere Bewegungsfreiheit besitzen die Puppen mit Dornenkränzen auf den Hinterleibssegmenten, die *Acanthopleona*. Bei ihnen finden oft ausgedehnte Wanderungen innerhalb des Fraßganges der Raupe statt. Auch bei Sackträgern erfolgen solche Bewegungen, wobei die Puppe oft zu einem großen Teil die Hülle verläßt und zuweilen sogar ganz hinausstürzt. Nach STANDFUSS spazieren nur die männlichen Puppen mancher Psychiden bei Sonnenbestrahlung aus den Säcken heraus, während die weiblichen ganz darin verbleiben. Ähnliche Wanderungen erfolgen bei Cossiden und Aegeriiden.

Die Dauer des Puppenstadiums ist je nach der Art außerordentlich verschieden. Bei den Arten, die mehrere Generationen im Jahre haben, ist sie bei der Sommerpuppe sehr viel länger als bei der Winterpuppe. Bei der letzteren tritt dann meist ein Stadium der latenten Entwicklung ein; während bei der ersteren alle Umbildungsvorgänge sich rasch hintereinander vollziehen, bleiben sie bei dieser auf einer bestimmten Stufe stehen und setzen sich erst im nächsten Frühjahr fort. Man kann aber die Entwicklung auch künstlich beschleunigen, indem man die Puppen im warmen Zimmer unterbringt, worauf ihre Entwicklung nicht suspendiert wird, sondern ununterbrochen weiterläuft; man erhält dann die Falter schon zu Weihnachten etwa, anstatt erst im nächsten Frühjahr. Diese Beeinflussung durch den Züchter bezeichnet man als „T r e i b e n". Getriebene Puppen liefern aber nach dem geschilderten Modus selten gute Ergebnisse; die meisten Falter gehen in der Puppe zugrunde. Wenn man das verhüten will, muß man anders vorgehen. Man beläßt die Puppe so lange draußen im Freien, bis sie etwa ein oder zwei Wochen starken Frost erlitten haben. Darauf bringt man sie zunächst einige Tage in ein ungeheiztes, dann in ein warmes Zimmer. Erfolgt der Übergang von draußen direkt ins geheizte Zimmer, so können sich die Puppen an den plötzlichen Temperaturwechsel nicht so schnell anpassen, und viele gehen zugrunde. Wird die Angleichung aber allmählich vorgenommen, so erhält man gute Resultate. Nach kurzer Zeit erscheinen die Falter, so daß man sich auch im Winter mit ihnen beschäftigen kann. Es ist wesentlich, daß wenigstens eine gewisse Zeit starker Frost auf die Puppe einwirkt. Dieser Frost ist ein für die normale Entwicklung bei uns unbedingt nötiges Agens, wenn wir uns auch bis jetzt noch nicht erklären können, worauf das beruht. Es ist deshalb eine ganz irrige Auffassung, die man viel vertreten findet, daß sehr kalte und lange Winter die Entwicklung der Insekten im ungünstigen Sinne beeinflussen sollen; das Gegenteil ist vielmehr der Fall. Wenn der Winter durch eine ununterbrochene Periode starken Frostes gekennzeichnet ist, wird das Insektenleben im folgenden Jahre sich gut entwickeln. Schädlich dagegen sind milde, feuchte Winter, an denen nur ab und zu einige kalte Tage auftreten. Es fehlt hier die Einwirkung des Frostes als entwicklungsförderndes Agens; außerdem wird durch die vielen milden Tage die latente Entwicklung in eine subitane fortgesetzt, und wenn dann einige kalte Tage kommen, führen sie zu schweren Schädigungen der Puppe. Außerdem ist in milden Wintern meist die Menge der Niederschläge, die in den Boden eindringen, eine viel größere; gerade in dieser Periode der latenten Entwicklung ist aber das Feuchtigkeitsbedürfnis der Puppe sehr gering; erst später muß eine regelmäßige Feuchtigkeitszufuhr erfolgen, was denn auch durch die zahlreichen Frühlingsniederschläge bewirkt wird. Wenn nun eine große Feuchtigkeit im milden Winter die Puppe umgibt, geht sie leicht zugrunde. Mangel an Frost und großer Feuchtigkeitsgehalt bewirken also eine ungünstige Beeinflussung der Puppe, weshalb in Jahren, die auf milde Winter folgen, das Insektenleben im allgemeinen arm an Arten ist. Freilich gibt es auch einige Spezies, die an solche besonderen Verhältnisse angepaßt sind, und diese werden sich dann besonders reichlich entwickeln, so daß sehr wohl mit der Artenarmut ein Individuen-Massenauftreten parallel gehen kann, wie man an dem Erscheinen mancher Schädlinge feststellen kann.

Eine bei den Puppen vieler Falterarten vorkommende Eigentümlichkeit ist das sogenannte Überliegen. Der Schmetterling schlüpft dann nicht zu der Zeit, die für seine Art charakteristisch ist, sondern verbleibt noch länger in der Puppe. Dieses Überliegen kann sich mehrere Jahre hinziehen. Wie groß die Schwankungen in der Schlüpfzeit sind, sieht man an der Puppe vom *Eriogaster lanestris* Hb., die 5½ Wochen bis 5½ Jahre den Falter in sich beherbergen kann. Unter Umständen wird, wie bei manchen unserer Schwärmer, die Puppenruhe sogar noch viel länger dauern. Es kommt übrigens nicht nur bei Schmetterlingen, sondern auch in andern Insektenordnungen eine solche Verlängerung des Puppenstadiums vor. Das Überliegen ist für die Falter von einer nicht zu unterschätzenden Bedeutung. Zweierlei wird dadurch erreicht; einmal vermeidet der Schmetterling in ungünstigen Jahren das Ausschlüpfen; wäre er zu diesem gezwungen, könnten die Larven in solchen Jahren nur schwer fortkommen, und die Nachkommenschaft wäre sehr gefährdet. So schlüpft in einer Zeit, die irgendwie durch Witterungsverhältnisse dem Nachwuchs besonders schädlich wäre, nur ein beschränkter Teil der Falter, während die übrigen für ihr Ausschlüpfen einen günstigeren Zeitpunkt wählen. Wir wissen nicht, ob die Puppe irgendwelche Organe besitzt, die ihr über die meteorologischen Verhältnisse Auskunft geben, noch wie solche Organe etwa gestaltet sein können. Daß aber tatsächlich die Falter in Jahren, die für ihre Nachkommen ungünstig sind, vielfach überliegen, ist schon an einigen nordamerikanischen Faltern nachgewiesen worden. In anderer Hinsicht ist das Überliegen bedeutungsvoll, als dadurch die zu häufige Inzucht vermieden wird, die bei Schmetterlingen vielfach schädliche Wirkungen zeitigt.

Anhangsweise sollen als ein besonderer Einzelfall noch die eigenartigen Gebilde erwähnt werden, die sich auf den Puppenkokons der

Arctiide *Roeselia togatulalis* Hb. finden. Nach den Feststellungen von Schuhmann (1900) handelt es sich dabei um die Summe der Raupenköpfe. Bei dieser Art bleibt bei jeder Häutung, während die alte Raupenhaut abgeworfen wird, die Kopfhaut auf dem Kopfe sitzen. Jede neue Kopfhaut schiebt die vorhergehende höher, und bei der Verpuppung wird diese ganze Kopfsammlung auf dem Kokon befestigt, der dadurch einen eigentümlichen Anblick gewinnt.

Sechstes Kapitel.

Das Ausschlüpfen der Imago.

Wenn das Ausschlüpfen des Falters bevorsteht, ist die Puppe im allgemeinen weniger bewegungslustig; allmählich kann man bei lebhaft gefärbten Arten schon die Flügelfarbe der künftigen Imago hindurchschimmern sehen; ist das der Fall, dann steht der Schlüpfakt nahe bevor. In seltenen Fällen läßt er dann noch auf sich warten; einmal wurde das Schlüpfen erst 9 Tage nach erfolgter Ausfärbung der Flügel beobachtet. Der fertig entwickelte Falter sprengt nun die Puppenhülle, wobei diese am Kopf und den ersten Thoraxsegmenten aufspringt; der Falter arbeitet sich sodann durch die entstandene Öffnung hinaus. Bei den pupae semiliberae zerfällt die Hülle in mehrere Stücke. Wenn die Imago die Puppenhülle verlassen hat, ist sie noch nicht fertig ausgebildet; wohl sind alle Organe schon da, aber die Flügel hängen noch als schlaffe, häutige Säckchen am Leib herunter. Es erfolgt deshalb der Entfaltungsprozeß der Flügel. Der Falter klappt dabei die Flügel auf und ab und pumpt dadurch nicht nur das „Blut“ in die Flügeladern, sondern auch Luft in die Tracheen. Dadurch breitet sich der Flügel aus und gewährt bald das normale Aussehen. Das geschieht etwa in 5 Minuten bis ½ Stunde. Damit ist der Schmetterling aber noch nicht fertig, wie mancher Sammler zu seinem Leidwesen erfuhr, wenn er einen frischgeschlüpften Falter aufs Spannbrett brachte und erleben mußte, daß der Flügel an den Stellen, wo er eingestochen wurde, eine Flüssigkeit abgab, die ganze Partien des Flügels mißfarbig machte, und daß sich weiterhin die Flügel nicht richtig glätten ließen. Er hat dann nicht den Erhärtungsprozeß abgewartet, der auf die Entfaltung folgt. Bei jenem erhalten die Flügel erst ihre normale Festigkeit und befähigen den Falter zum Fluge. Viele Schmetterlinge laufen während dieser Vorgänge lebhaft umher, um die Blutzirkulation zu beschleunigen. Vielfach werden bis zum Stadium der völligen Erhärtung die Flügel oben über den Körper zusammengeschlagen getragen, wenn das auch den sonstigen Gepflogenheiten der Familie nicht entspricht. Die beiden Prozesse der Entfaltung und Erhärtung vollziehen sich unmittelbar nach dem Ausschlüpfen der Imago. Eine Ausnahme bilden manche Falter, wie *Brachionychia sphinx* Hufn. und *Chariclea delphinii* L.; bei ihnen beginnen die Flügel sich erst nach mehreren Stunden zu entfalten. Das wird leicht erklärlich, wenn man berücksichtigt, daß diese Puppen außerordentlich tief in der Erde liegen; es vergeht also eine beträchtliche Zeit, bis sich der Falter ins Freie gearbeitet hat, so daß diese Entfaltung erst spät erfolgen kann. In Gefangenschaft, wo er diesen weiten Weg nicht zu machen hat, behält er trotzdem den Modus der späten Entwicklung der Flügel bei.

Die Einflüsse, die den Schmetterling veranlassen, nur zu einer bestimmten Zeit die Puppe zu verlassen, sind noch ziemlich unbekannt. Bei den meisten Arten sind es bestimmte Tagesstunden, in denen diese Entwicklung vor sich geht, die manchmal mit erstaunlicher Pünktlichkeit innegehalten werden. Im allgemeinen ist zu sagen, daß die Tagfalter vielfach in den frühen Morgenstunden, die Nachtfalter am späten Nachmittag die Puppe verlassen. Doch lassen sich allgemeine Regeln nicht aufstellen; das ist oft bei nahe verwandten Familien verschieden. Von den Xylotrophen schlüpfen z. B. die Aegeriiden (Sesien) vormittags, die Cossiden nachmittags. Allerdings fliegen die Sesien am Tage, die Cossiden in der Nacht. Was die Jahreszeit anbetrifft, in der das Schlüpfen erfolgt, so stellt STANDFUSS die Regel auf, daß die Arten mit langer Puppenruhe in einer niederschlagsreichen Zeit ausschlüpfen; diejenigen Arten aber, die nur ein kurzes Puppenstadium besitzen, sollen dafür eine niederschlagsarme Zeit wählen. Die unmittelbare Veranlassung zum Schlüpfen sind nach einigen Beobachtern Witterungseinflüsse. Es soll ein Schlüpfen immer dann erfolgen, wenn ein barometrisches Minimum vorherrscht. Begründet wird das damit, daß normalerweise der Falter nicht imstande sein soll, die Puppenhülle, die ja meist recht derb chitinisiert ist, zu sprengen. Wenn nun aber eine Zeit des niedrigen Luftdruckes einsetzt, ist der Druck der in der Puppe eingeschlossenen Luft, die sich in den verschiedenen Organen des Falters wie auch in den Hohlräumen der Puppe befindet, stärker, und er drückt so stark auf die Puppenhülle, daß es nur einer geringen Nachhilfe der darin eingeschlossenen Imago bedarf, um ins Freie zu gelangen. Die Beobachtungen über den Einfluß des Luftdruckes sind noch nicht allgemein angestellt worden; sollten sie sich aber doch bestätigen, so wird man nicht nur den verminderten Außendruck für die rein mechanische Erleichterung des Schlüpfens verantwortlich machen dürfen, sondern es liegen vermutlich auch noch innere Gründe dafür vor. Zu Zeiten eines geringen Luftdruckes erscheinen die Lebensäußerungen der Imago sehr gesteigert; wir wissen, daß in schwülen Nächten die Falter sehr viel lebhafter sind als sonst; sie fliegen viel reichlicher ans Licht, besuchen in größerer Anzahl den Köder, und auch das Liebesleben spielt sich in solchen Zeiten viel lebhafter ab. So scheint auch das barometrische Minimum den Falter, der sich noch in der Puppe befindet, zu erregen, und diese gesteigerte Lebenstätigkeit wirkt wohl mit der mechanischen Wirkung des gestiegenen Innendruckes zusammen, um das Schlüpfen zu veranlassen. Tatsächlich wurde in gewissen Fällen beobachtet, daß fertig entwickelte Falter in der Puppe verblieben, wenn gerade zu der Zeit das Barometer einen hohen Stand hatte, und daß sie dann bei dem ersten Sinken desselben die Puppenhülle verließen. Bei dauerndem hohen Barometerstand erfolgte vielfach ein Schlüpfen nicht, so daß der Prozentsatz der Sterblichkeit der Falter in der Puppe ein recht hoher war. Eine Wirkung der verschiedenen Mondphasen auf die Puppen, wie sie schon, besonders in den Tropen, auf Pflanzen konstatiert wurde, ist bei Schmetterlingen noch nicht beobachtet worden, bei uns in den gemäßigten Zonen aber auch schwerer feststellbar, weil die Witterung an den verschiedenen Tagen zu ungleichmäßig ist. Bei manchen Arten erfolgt das Schlüpfen erst bei Einsetzen einer Temperaturerniedrigung; es sind das gewöhnlich solche Arten, die an eine große Luftfeuchtigkeit angepaßt sind, und es ist zu vermuten, daß vielleicht diese, die mit der Temperaturerniedrigung oft parallel geht, der eigentliche bestimmende Faktor ist. Als Beispiele dafür werden *Eriogaster catax* L. und *Celamia lutosa* Hb. angegeben. Meist sind das Arten, die in der trockenen Jahreszeit als Puppe liegen und erst beim Wiederauftreten von größerer Feuchtigkeit sich zu Ende entwickeln, die also „übersommern".

Es gibt auch eine Anzahl von Faltern, die sehr lange als fertig ausgebildete Imago noch in der Puppe verbleiben. Es sind das die in der kalten Jahreszeit fliegenden Schmetterlinge. Bei ihnen scheint das Einsetzen von Nachtfrösten der letzte Anstoß zu sein, der ihr Schlüpfen veranlaßt. Überhaupt ist die Kälte als ein Agens, das die Entwicklung weitertreibt, für alle Schmetterlinge sehr wichtig. Schon im vorigen Kapitel hatten wir ihre Rolle in bezug auf die weitere Entwicklung der Puppe eingehend gewürdigt. Wenn man den Puppen nicht die genügende Temperaturerniedrigung zukommen läßt, gehen sie zugrunde oder, im günstigeren Falle, wird ein Überliegen des Falters erreicht. In manchen Fällen spielen auch Erschütterungen von Puppen eine bedeutsame Rolle für die Förderung des Ausschlüpfens. Solche Beobachtungen machte Titschak bei den Puppen der Kleidermotte. Während normalerweise jeden Tag eine bestimmte Anzahl von Motten auskroch, erfolgte nach einer Erschütterung das Schlüpfen explosionsartig; alle schlüpfreifen Falter verließen zur selben Zeit die Puppe, und in den nächsten darauffolgenden Tagen wurden keine Imagines mehr erhalten. Die Erschütterung kann in ähnlicher Weise gewirkt haben wie der verminderte Luftdruck; es können dabei die einzelnen Teile der Puppenhülle gelockert worden sein (ihre Verbindung ist ja bei den Motten ohnehin keine allzu feste!), und außerdem konnte auf die ruhende schlüpfbereite Imago ein Reiz ausgeübt worden sein, auf den sie mit Körperbewegungen reagierte und dadurch ihren Kerker sprengte. Gewiß spielt auch die Luftfeuchtigkeit eine größere Rolle, als man gewöhnlich annimmt; oft ist zu große Trockenheit die Ursache, daß die Imago sich nicht ihrer Hülle entledigen kann, und für den Prozeß der Entfaltung der Flügel ist ja auch ein großes Quantum Feuchtigkeit notwendig. Man hat Falter, die ihre Flügel nicht ausbreiten konnten, also verkrüppelt erschienen, mit Wasser besprüht oder gar ganz in Wasser eingetaucht, worauf dann die Entwicklung der Flügel in ganz normaler Weise vonstatten ging und keine Merkmale von Verkrüppelung mehr blieben.

Es verlassen übrigens nicht alle Schmetterlinge ihre Puppenhülle. Bei den Weibchen mancher Psychiden bleibt auch die Imago in der Puppe, die sich dann nur in einem Spalt öffnet, um eine Kopulation zu ermöglichen. Man hat diese Psychiden als pupicolae bezeichnet, im Gegensatz zu den pupifugae, wo das Weibchen die Puppenhülle verläßt. Das sind aber selten auftretende spezielle Anpassungen, die mit der Reduktion des weiblichen Körpers bei diesen Arten zusammenhängen. Im übrigen dienen der Imago beim Verlassen der Hülle die Beine vollkommen ausreichend, um sich aus der Puppe zu befreien.

Schwieriger ist es für den Falter oft, sich aus dem Kokon herauszuarbeiten. Die Tagfalter kennen meist solche Sorgen nicht. Sie liegen frei auf dem Boden, wie manche Nymphaliden, oder sie sind nur am Hinterende aufgehängt wie die *Vanessa*-Arten, oder sie haben nur einen einzigen Faden um den Leib geschlungen, wie alle Gürtelpuppen; in den seltensten Fällen ist ein lockeres Gespinst angefertigt worden, das der Imago keine Schwierigkeiten bereitet. Bei den Nachtfaltern vollzieht sich dieser Vorgang wesentlich umständlicher. Eine Anzahl von Familien hat zwar diese Arbeit der Puppe selbst übertragen. Dort hat also die Puppe die Aufgabe, sich aus der Puppenwohnung zu befreien. Zu diesen gehören alle Acanthopleona. Die Puppe kann das leichter vollbringen, da sie durch eine stärkere Körperbedeckung besser geschützt und in diesen Fällen durch besondere Organe befähigt ist, sich herauszuarbeiten. Dazu besitzt sie an den Segmenten Dornenkränze, die ihr eine Fortbewegung ermöglichen. Am Kopfe trägt sie vielfach scharfe Spitzen, die Prothorakalhörner, mit denen das Gespinst durchbrochen wird. Wichtig ist das besonders für die Puppen der minierenden Arten, die in der Mine verblieben sind. Bei ihnen muß nicht nur das Puppengespinst durchbrochen werden, sondern auch das Blatthäutchen, und die oft recht starke Epidermis setzt ihnen da einen beträchtlichen Widerstand entgegen. Es ist dabei bemerkenswert, daß die Puppen manchmal gar nicht den bequemsten Weg wählen; bei manchen *Lithocolletis*-Arten, z. B. bei *L. tenella* Z., durchbricht die Puppe vor dem Schlüpfen nicht etwa das untere Epidermishäutchen (die Mine ist an der Unterseite des Blattes gelegen), sondern sie bahnt sich ihren Weg durch die obere Epidermis, die an sich schon viel stärker ist, und an der noch die Reste des Mesophylls hängen. Es dürfte schwer sein, den Beweggrund für dieses eigentümliche Verhalten der Puppe anzugeben.

Alle anderen Falter, deren Puppe nicht den Kokon verläßt, also die Lipacanthina und die Macroheteroceren, müssen sich als Imago den Weg aus der Puppenwohnung ins Freie bahnen. Das ist unter Umständen nicht leicht. Schon für die Acanthopleona ist es manchmal recht schwer, aus dem Gehäuse herauszukommen, dann nämlich, wenn der Hohlraum desselben im Verhältnis zu den Puppenausmaßen zu groß ist. Die Puppe findet hier nicht genügend Halt an den Wänden des Kokons. Dem ist allerdings dann auch meistens abgeholfen durch Vergrößerung der Puppenfortsätze, und es kann als Regel ausgesprochen werden, daß die Puppe um so zahlreichere und längere Fortsätze entwickelt hat, wie im Verhältnis zu ihrer Größe das Volumen des Kokonraumes steigt. In einigen Fällen befindet sich in diesem nun bei den nicht acanthopleonen Puppen schon eine Öffnung, durch die der Falter auskriechen kann. Es sei da auf die Verhältnisse bei vielen

Saturniiden hingewiesen. Manchmal sind auch zwei solcher Öffnungen, an jedem Pol eine, vorhanden, wie bei den Perophoriden, einer nur auf Südamerika beschränkten primitiven Spinnerfamilie, ohne daß man weiß, weshalb zwei solcher Öffnungen vorhanden sind. Bei den *Limacodiden* ist stets ein Deckel vorgebildet, der durch den ausschlüpfenden Falter dann abgestoßen wird. In anderen Fällen wird der Kokon in mehrere Stücke zerbrochen, das ist besonders der Fall bei solchen, die sehr spröde sind, also unter Zuhilfenahme von Sand usw. angefertigt wurden. Bei einigen Schmetterlingen findet sich auch vorn am Kopfe ein mit Flüssigkeit gefülltes Bläschen, das sogenannte Stirnbläschen, das vielleicht in ähnlicher Weise bei ihnen wirkt wie die Stirnblase bei vielen Gattungen der Fliegen, wo sie auch zum Durchbrechen der Puppenhaut Verwendung findet. In manchen Fällen sondert die Imago auch einen Saft ab, der den Kokon an der betreffenden Stelle erweicht und so zum Durchbrechen bereit macht.

Es war schon oben kurz darauf hingewiesen worden, daß der Falter nach dem Schlüpfen starke Pumpbewegungen macht, um das „Blut" in die Adern und Luft in die Tracheen zu treiben. Um zu verstehen, wie das geschieht, muß man einen schlüpfreifen Falter aus der Puppe herausschälen und auf seinen Darminhalt untersuchen. Man findet dann, daß sowohl der Mittel- und Dünndarm, aber ganz besonders der Enddarm, mit einer roten Flüssigkeit gefüllt sind. Der Saugmagen dagegen ist leer. Untersucht man einen gleichen Falter nach dem Schlüpfen, so sieht man, daß sich der Saugmagen stark mit Luft gefüllt hat. Sie ist durch den Rüssel aufgenommen worden; denn nach dem Schlüpfen bewegt der Schmetterling diesen eifrig, um so die Luft aufzusaugen. Ist der Kropf genügend mit Luft erfüllt, wird er nach vorn durch ein Ventil geschlossen, und der Falter zieht sich jetzt durch Muskelbewegungen stark zusammen. Dadurch wird der Saft in die Flügel gepreßt. Die Luftaufnahme ist unbedingt nötig, weil ja in der Puppe der Falter auf den kleinsten Raum zusammengepreßt ist, so daß nicht alle Hohlräume der späteren Imago mit „Blut" gefüllt sein können.

Es soll hier gleich bemerkt werden, daß die im Kapitel über das Schlüpfen als „Blut" bezeichnete Flüssigkeit nicht etwa mit dem Blut der Hämolymphe, der Raupe, Puppe oder Imago, übereinstimmt. Es ist ein im Verdauungssystem enthaltener Saft, in dem zum großen Teil die Exkretionsprodukte, die sich aus den Stoffwechselvorgängen im Puppenstadium ergaben, abgelagert werden. Außerdem befinden sich aber noch andere Stoffe darin, wie z. B. Pigmente, Enzyme und Fermente, auf die wir im Kapitel über den Melanismus usw. noch zurückkommen werden. Dieses „Blut" kann ganz verschieden gefärbt sein; weißlich, bläulich oder braun, auch rötlich bis rot kommt es vor und hat dann in diesem Falle sich die unzutreffende Bezeichnung „Blut" erworben. Der Kürze halber wollen wir es in diesem Kapitel auch so nennen, obwohl die Bezeichnung eigentlich nicht gerechtfertigt ist.

Nachdem diese Flüssigkeit durch die Bewegungen des Schmetterlings in die Flügel hineingepreßt und dort erhärtet ist, bricht er die noch im Saugmagen befindliche Luftmenge wieder aus. Einen ganz ähnlichen Vorgang wie den hier geschilderten gibt RUNGIUS auch von den Larven der Käfergattung *Dytiscus* an. Er stellte fest, daß diese Larven bei jeder Häutung, nachdem die alte Haut abgeworfen worden war, Wasser in ihren Darm pumpten, um auf diese Weise dann durch Ausdehnung ihres Körperinnern die neue Larvenhaut zu ihrer richtigen Größe zu bringen. Beides sind analoge Fälle; wie für den Schmetterling die Luft das Medium ist, ist es für die Wasserkäferlarve das Wasser; in beiden Fällen wird das umgebende Medium zur Vergrößerung und Ausdehnung der Körperhaut benutzt. Nachdem die Flügel entfaltet und das „Blut" in ihren Adern erhärtet ist, entledigt sich der Falter des überschüssigen Blutes durch den After, was dann bald nach dem Schlüpfen stattfindet. Ist eine Schmetterlingsart in großer Menge aufgetreten, so findet man diese Safttröpfchen oft sehr zahlreich den Boden, die Blätter usw. bedecken; es entstand dadurch die Sage vom „Blutregen", da man sich nicht erklären konnte, woher die roten Tropfen gekommen seien; Veranlassung dazu war meistens eine Massenvermehrung des Baumweißlings, *Aporia crataegi* L.

Auch beim Schlüpfen zeigt sich vielfach ein Unterschied der Geschlechter. Nicht immer schlüpfen Männchen und Weibchen zu annähernd derselben Zeit aus. Bei manchen Arten verlassen die ersteren eher die Puppe als die letzteren. Diese Erscheinung bezeichnet man als Proterandrie oder Protandrie. In selteneren Fällen kommen zuerst die weiblichen und später erst die männlichen Falter aus; man spricht dann von Protogynie. Proterandrie und Protogynie kommen wohl häufiger vor, doch fehlen da genauere Beobachtungen; vorzeitiges Schlüpfen der Weibchen ist nur von *Dasychira selenitica* ESP. und *Lymantria monacha* L. bekannt geworden, während Proterandrie besonders bei Nymphaliden und Satyriden eine recht häufige Erscheinung darstellt; so sollen die Männchen mancher *Erebia*-Arten oft mehrere Wochen vor den Weibchen auskommen. Welche Bedeutung ist diesen Eigentümlichkeiten beizulegen? Die Tendenz bei den weiblichen Schmetterlingen geht meist dahin, daß möglichst bald die Eier abgelegt werden, um bei einer Schädigung oder dem Tode des weiblichen Tieres wenigstens die Nachkommenschaft sicherzustellen. Bei der Proterandrie werden nun immer, wenn ein Weibchen ausschlüpft, auch schon Männchen da sein, die die Kopula vollziehen können, so daß in schnellstmöglicher Zeit die Eiablage erfolgt. Außerdem wird die Inzucht vermieden; die ausschlüpfenden Männchen werden alsbald Weibchen aufsuchen, die dann natürlich aus einem anderen Gelege stammen. Ein Nachteil besteht freilich dabei insofern, als die zuletzt ausschlüpfenden Weibchen keine Männchen mehr vorfinden und deswegen unbefruchtet zugrunde gehen müssen. Bei den Schmetterlingen ist aber anscheinend die Schädigung durch Inzucht so groß, daß lieber diese vermieden wird, wenn selbst dadurch eine gewisse Anzahl von Nachkommen ausfällt. Die Protogynie dient in derselben Weise der Vermeidung von Inzucht, und es wäre nun zu fragen, warum bei den Faltern nicht die Protogynie der Proterandrie vorgezogen wird. Es ist dabei aber zu berücksichtigen, daß vielfach das

Männchen besser zur Nahrungsaufnahme befähigt ist als das Weibchen; das Geschlecht, das zuerst erscheint, muß längere Zeit sein Leben fristen als das später auf den Plan tretende. Das Weibchen besitzt meist geringere Flugtüchtigkeit, darf sich auch wegen seines wertvollen Eiinhaltes nicht so sehr exponieren wie das Männchen, kann demzufolge also auch die Nahrung nicht so aufsuchen wie dieses. Aus diesen Gründen ist die Proterandrie zweckmäßiger als die Protogynie und deshalb auch weiter verbreitet. Mit ihr parallel muß aus den eben angeführten Gründen eine gewisse Vollkommenheit der Mundwerkzeuge gehen, wie sie sich ja auch tatsächlich bei den Erebien zeigt. Der für *Lymantria monacha* L. angegebene Fall von Protogynie bildet eine weitere Stütze für unsere Ansicht. Die Lipariden, zu denen diese Art gehört, haben einen ganz reduzierten Rüssel, das Männchen ist also kaum in irgendeiner Weise zur Nahrungsaufnahme befähigt, weshalb sich Proterandrie schon ganz von selbst ausschließt. Die Nonne ist nun in den Jahren, wo sie kein Massenauftreten hat, ziemlich vereinzelt nur anzutreffen; es besteht dann also leicht die Gefahr der Inzucht, der in diesem Falle nur durch Protogynie begegnet werden kann. Es wäre wünschenswert, wenn hier die Schmetterlingszüchter mitarbeiten würden und durch genaue Aufzeichnungen über ihre Schlüpflinge für die Frage der Proterandrie und Protogynie weiteres Material lieferten. Beide Erscheinungen sind in der Tier- und Pflanzenwelt so weit verbreitet, daß man auch annehmen kann, daß sie bei den Schmetterlingen häufiger vorkommen, als bis jetzt festgestellt worden ist. Namentlich wäre bei Arten, welche überliegen, zu untersuchen, in welch prozentuellem Verhältnis die Geschlechter normal schlüpfen und in welchem sie überlegen. Erst wenn so genaue Beobachtungen darüber veröffentlicht worden sind, wird man die Bedeutung und Verbreitung der Erscheinung recht zu würdigen wissen.

Zwei besonders merkwürdige Erscheinungen sollen nun im Anschluß an den Schlüpfakt noch geschildert werden. Es kommt zuweilen vor, daß Organe, die der fertige Schmetterling erst besitzen soll, schon bei der Puppe oder gar bei der Raupe sich finden; dementsprechend finden sich bei letzterer auch manchmal Puppencharaktere. Eine solche Erscheinung bezeichnet man als vorlaufende Entwicklung oder Prothetelie (KOLBE 1903). Solche Fälle sind recht selten bei Faltern und erregen deshalb das größte Interesse. Die wichtigsten seien hier mitgeteilt:

MAJOLI (1813) erhielt eine Raupe vom Seidenspinner *Bombyx mori* L., die nach der vierten Häutung ohne Verpuppung Facettenaugen, Imagoantennen, lange verschmälerte Vorderflügel und ganz kurze schmale Hinterflügel bekam. Der übrige Körper war sonst wie der einer Raupe gebildet.

JONES (1883) berichtet von einem Exemplar des Spanners *Melanippe montanata*, dessen Raupe einen ganz normalen Raupenkörper besaß, aber Antennen und Beine der Imago hatte.

KOLBE (1903) erhielt von *Dendrolimus pini* L. eine Raupe mit langen Antennen, stark entwickelten Vorderbeinen und längeren, abweichend gebauten Maxillen. Alle diese genannten Organe waren denen der Imago im Bau angenähert.

Lindner (1915) berichtet über eine Raupe mit Puppenantennen.

Wir sehen, daß im Verlaufe einer langen Zeit nur wenige solcher Fälle bekannt geworden sind. Übersehen wird man sie kaum haben, denn solche prothetelen Raupen bieten einen zu merkwürdigen Anblick, daß nicht der Züchter auf sie aufmerksam werden sollte. Aber auch der umgekehrte Fall kommt vor, wenngleich er noch seltener beobachtet wurde, daß nämlich bei einem bestimmten Stadium sich noch Organe früherer Stadien vorfinden. Eine solche Erscheinung bezeichnet man als nachlaufende Entwicklung oder Hysterotelie (P. Schulze). Von ihr sind die folgenden wenigen Fälle bekannt geworden.

O. F. Müller (1744) beobachtete eine *Lymantria monacha* L., die einen normalen Falterleib hatte, jedoch nur zwei Paar Beine und einen Raupenkopf besaß.

P. Schulze (1909) hatte einer Raupe des Segelfalters *Papilio podalirius* L. die Nackengabeln abgeschnitten. Die Larve konnte infolge dieser Prozedur nicht die Larvenhaut abwerfen; als diese nun künstlich entfernt worden war, wurde darunter eine Puppe mit Flügeln und Falterbeinen, aber damit harmonisch verbundenen Raupenkopf gefunden.

Derselbe Autor berichtet (1922) über eine bei Berchtesgaden in 1000 m Höhe gefundene Puppe einer weiblichen Notodontide, die normale Facettenaugen und Fühler besaß, aber harmonisch die Brustfüße und Mundwerkzeuge der Raupe in die Puppenhaut eingefügt hatte. Dorsal vom Cremaster saß der Schwanzhöcker der Raupe. Da die Puppe schon leer war, konnte der Falter leider nicht beobachtet werden.

Als Ursache der Hysterotelie nimmt P. Schulze an, daß in dem ersten der von ihm berichteten Fälle die Operation, im anderen die Gebirgskälte Entwicklungsenzyme vorzeitig wirksam werden ließ, die so auf die einzelnen Organe in verschiedener Weise wirkten. Wir dürfen das Verbleiben eines Raupenkopfes in der Puppenhaut nicht als zu schwierig uns vorstellen; wurde doch im vorigen Kapitel schon erwähnt, daß eine Verpuppung auch erfolgte, wenn man den verpuppungsreifen Raupen den Kopf abtrennte. In den geschilderten Fällen der Prothetelie ist immer zu bedenken, daß die genannten Organe sich ja nicht aus den analogen der Raupe umbilden, sondern als besondere von ihnen unabhängige Einstülpungen, die Imaginalscheiben, entstehen. Falls dort gewisse Entwicklungsenzyme vorzeitig wirksam werden, ist eine selbständige Entwicklung der Imaginalscheiben unabhängig vom übrigen Entwicklungsrhythmus sehr wohl möglich. Diese Erscheinungen machen dann ganz den Eindruck von Rückfällen in die hemimetabole Entwicklung.

Zweiter Hauptteil.

Das Leben der Imago, des Schmetterlings selbst.

Siebentes Kapitel.

Die Ernährung des Falters.

Der Falter, wie er aus der Puppe geschlüpft ist, ist fertig ausgebildet. Es findet bei ihm keine Größenzunahme mehr statt, noch brauchen irgendwelche inneren Organe noch weiter entwickelt zu werden. (Eine Ausnahme davon machen nur die Weibchen mancher Schmetterlinge, bei denen die Eier erst nach und nach ausreifen.) Daraus geht hervor, daß die Nahrungsbedürfnisse der Imago recht gering sind; sie beschränken sich nur auf eine Erneuerung der durch die Flugtätigkeit abgebauten Substanzen. Dazu kommt noch, daß der ausgebildete Falter meist nur eine kurze Lebensdauer besitzt, so daß ein geringer Verbrauch von Körpersubstanz erfolgt. Endlich werden von der Raupe in die Puppe und von dieser in den Schmetterling reichliche Mengen des sogenannten Fettkörpers übernommen, die als Reservestoffe dienen und während des Falterlebens verbraucht werden können. Es ist hier bei den Schmetterlingen ebenso wie bei den anderen Insekten, wo sich ebenfalls ein langes Larvenstadium findet; die Ernährung wird zum größten Teil in die Larvenphasen verlegt, wodurch eine starke Nahrungsaufnahme für die Imago unnötig wird. Daß tatsächlich der Fettkörper der Raupe in den Leib der Imago übertragen wird, haben die Versuche von SITOWSKY gezeigt, der Kleidermottenraupen mit Wolle fütterte, die mit dem Fettfarbstoff Sudan III gefärbt war. So konnte das rot gefärbte Fett noch im Körper der Motte nachgewiesen werden. Wenn die Nahrungsaufnahme unentbehrlich wurde, äußerte sich das zunächst bei den Weibchen der betreffenden Arten. Die Männchen hatten größere Anforderungen an ihren Körper zu stellen; sie mußten das Weibchen zur Kopula aufsuchen, sie waren in den Fällen der Proterandrie schon Tage oder Wochen vorher da und mußten den Kräfteverbrauch in dieser Zeit durch Nährstoffaufnahme wieder ausgleichen, sie waren endlich bei der Begattung am meisten aktiv und rieben sich gewaltig dabei auf. Die Weibchen dagegen flogen nur selten, sie erschienen zum mindesten nicht früher als die Männchen; ihre Beteiligung an der Kopulation war durchaus passiv und wenig aufreibend, bei ihnen war also der Stoffverbrauch auf ein Minimum reduziert. So kommt es zu einer Emanzipation von der Nahrungsaufnahme, die sich zuerst bei den Weibchen, später auch bei den Männchen vollzieht. Wir finden deshalb eine ganze Anzahl von Familien, deren Angehörige im imaginalen Stande keine Nahrung mehr zu sich nehmen, und bei denen auch infolgedessen die Mundwerkzeuge immer mehr verkümmern. Hand in Hand geht damit eine immer stärkere Verkürzung der Lebensdauer, die sich zuletzt nur noch auf einige wenige Stunden oder Minuten reduziert, wie es z. B. bei den Psychiden der Fall ist. Die gesamten Lebensäußerungen verdichten sich bei beiden Geschlechtern nur auf einen einzigen Punkt; das ist beim Männchen der Trieb zur Kopulation, beim Weibchen der Drang zur Eiablage. Alle anderen Lebenserscheinungen treten demgegenüber zurück. Das ist die eine biologische Entwicklungsrichtung, in die viele, aber längst nicht alle Nachtschmetterlinge zu rechnen sind. Sie findet ihr äußerlich sichtbares Zeichen in der Reduktion der Mundwerkzeuge und schließlich auch der Flügel und Beine beim Weibchen.

Die andere Tendenz bewirkte eine biologische Entwicklung in der entgegengestetzten Richtung. Aus irgendwelchen Gründen erfolgte die Eiablage nicht unmittelbar nach dem Ausschlüpfen, sondern erst nachdem eine gewisse Zeit des imaginalen Lebens verstrichen war. Es ergab sich nun die Notwendigkeit, den in dieser Zeit erlittenen Kräfteverlust durch Nahrungsaufnahme zu kompensieren, und so bildeten sich alle diejenigen Erscheinungen heraus, die als Anpassungserscheinungen an die charakteristische Art und Weise der Ernährung zu deuten sind. Jetzt erstreckte sich die Lebenszeit auf mehrere Wochen oder gar Monate, während welcher Zeit eine lebhafte Flugtätigkeit beider Geschlechter stattfand; außerdem trat dann oft noch ein Ruhestadium in Gestalt der Überwinterung ein, wo keine Nahrung aufgenommen wurde, so daß ein Ausgleich durch gesteigerte Nahrungsaufnahme erfolgen mußte, damit die Falter dann im Frühling noch zur Kopulation und Eiablage kräftig genug waren. Von Anfang an zeigten die Schmetterlinge dabei die Tendenz, sich an die Blütenpflanzen anzupassen, so daß eine gegenseitige Wechselwirkung zwischen den Blüten der Pflanzen und den Organen zur Nahrungsaufnahme bei den Schmetterlingen entstand. Es ist also die weitere Entwicklung der Schmetterlinge zum großen Teil von den Blütenpflanzen abhängig gewesen, und die Organisationshöhe der letzteren beruht wiederum auf dem Besuch, den sie von den Schmetterlingen (und anderen Insekten) erhielten. Wir dürfen uns deshalb nicht wundern, wenn die Entwicklung der Blütenpflanzen ganz mit der unserer Schmetterlinge parallel geht. Wenige Familien und Formen der Falter sind aus dem Jura bekannt, wo Blütenpflanzen noch nicht existierten; in voller Höhe der Entwicklung dagegen finden wir sie schon im Tertiär, ganz analog der reichen tertiären Flora an Blütenpflanzen, woraus hervorgeht, daß sich beide in ihrer Entwicklung wesentlich bedingten. Während die primitivsten Falter noch feste Nahrung, nämlich den Pollen der Blüten, zu sich nehmen, beschränken sich alle anderen Schmetterlinge auf das Aussaugen des flüssigen Nektars, der von den Blumen als Anlockung zur Befruchtung den Insekten dargeboten wird. In Anpassung an diese flüssige Nahrungssubstanz bildeten sich bei den Faltern auch die Mundwerkzeuge in jener charakteristischen Weise um, die der ganzen Insektenordnung den Namen *Glossata* verschaffte. Eine Entwicklung der Schmetterlinge zu ihrer jetzigen

Organisationsstufe ist deshalb ohne das Vorhandensein der Blütenpflanzen ganz undenkbar. Wir werden die ersteren also, wenn wir ihren Ernährungsmodus untersuchen wollen, immer in Beziehung zu den Blüten der Pflanzen setzen müssen. In diese biologische Gruppe gehört der Großteil aller Schmetterlinge, nämlich die Tagfalter, die Hesperiiden und ein großer Teil der Nachtfalter und Kleinschmetterlinge. Da die meisten Pflanzen ihre Blüten am Tage öffnen, gehören zu den Blütenbesuchern speziell die Tagfalter, aber auch eine große Anzahl der systematisch zu den Nachtfaltern zu rechnenden Schmetterlinge. Es sei da erinnert an die Zygaeniden, viele Spanner und Kleinschmetterlinge, aber auch einige Eulen, Spinner und sogar Schwärmer. Da es aber auch eine Anzahl von Pflanzen gibt, die ihre Blüten erst in der Nacht öffnen oder wenigstens dann erst den die Falter anlockenden Duft verbreiten, finden auch die Nachtflieger unter den Schmetterlingen einen reich gedeckten Tisch. Es sei, um einige der in der Nacht zu besuchenden Pflanzen zu nennen, an die Silenearten, Echium, Jasmin, Phlox und andere noktifloren Blütenpflanzen erinnert.

Die Pflanzen bieten den Faltern ihre Nektargaben aber nicht umsonst dar, sondern sie beanspruchen dafür auch eine Gegenleistung. Die besteht darin, daß der Schmetterling die Bestäubung der Blüten vermitteln und so die Befruchtung derselben herbeiführen muß. Das vollzieht sich in der Weise, daß die Pollenkörner, wenn der Schmetterling eine Blüte besucht, an ihm haften bleiben und so auf die nächste Blüte gebracht werden, die das Tier besucht, wobei sie auf die Narbe gelangen und so die Befruchtung herbeiführen. Auf diese Wechselwirkung zwischen Blüte und Insekt sind mit Ausnahme der Windblütler fast alle unsere Blütenpflanzen eingerichtet. Es zeigen sich dann weitgehende Anpassungen an die Blumengäste, die verhindern sollen, daß außer den Insekten, die die Befruchtung vollziehen, noch andere Arten von dem Nektar naschen, ohne ihre Pflicht zu erfüllen. So entstanden die langen Sporne vieler Blüten, an deren Grunde dann der Honig ausgeschieden wird, und bei denen nur ein Insekt mit einem außerordentlich langen Rüssel seine Nahrung entnehmen kann, während der Nektar anderen Insekten nicht zugänglich ist. Durch Zuchtwahl entstanden so Blüten mit tiefen Nektarien, denen sich wieder Schmetterlinge mit langem Rüssel anpaßten, und so erfolgte eine gegenseitige Anpassung zwischen Blüten und Faltern, die so weit geht, daß man schon aus der Länge mancher Blütensporne auf die Länge der Rüssel der in derselben Gegend vorkommenden Schmetterlinge schließen kann.

Wir haben für diese gegenseitige Anpassung ein klassisch zu nennendes Beispiel. WALLACE spricht in seinem berühmten Buche Natural Selection (1891) von der nahen Beziehung, die zwischen der Länge des Nektariums gewisser Orchideen und der Rüssellänge der an den fraglichen Orten vorkommenden Insekten besteht. Er erwähnt dabei die madagassische Orchidee *Angraecum sesquipedale,* deren Nektarien eine Gesamtlänge von 250—350 mm besitzen, und vermutet, daß nur ein großer Nachtfalter in der Lage sei, den Nektar dort zu entnehmen und die Befruchtung dadurch zu vollziehen. Er untersuchte deshalb eine Anzahl Schwärmer mit sehr langem Rüssel und fand, daß der südamerikanische *Cocythius cluentius* Cr. wohl einen 230 mm langen Rüssel besaß, der also ausgereicht hätte, den Nektar zu schöpfen, wenn diese Art nicht in ihrem Vorkommen auf Südamerika beschränkt gewesen wäre. Bei den untersuchten afrikanischen Arten fand er stets eine geringere Rüssellänge, so bei *Macrosila morgani* Wlk. nur 190 mm. Er schließt damit, daß er findet, eine *Macrosila*-Art, die nur einen 50—75 mm längeren Rüssel hätte, könnte den Honigsaft von *Angraecum* herausholen, und sagt: „Daß eine solche Falterart in Madagaskar existiert, kann als sicher vorhergesagt werden; und Naturforscher, die diese Insel besuchen, können sie mit ebensoviel Vertrauen suchen, wie die Astronomen den Planeten Neptun, und ich sage voraus, daß sie ebenfalls Erfolg haben werden." Was Wallace 1891 vorausgesagt hatte, wurde wenige Jahre später bestätigt. K. Jordan (1903) entdeckte eine *Macrosila*-Rasse, deren Rüssel so viel länger ist, etwa 225 mm, und die auch speziell auf Madagaskar vorkommt. Sie war imstande, die Blüten von *Angraecum*, in denen der Honigsaft etwa ein Viertel des Nektariums füllt, auszusaugen. Diese Rasse erhielt darum den bezeichnenden Namen *Macrosila morgani praedicta* Jord. (*praedicta* = die Vorausgesagte). Sie ist es, die die Befruchtung der *Angraecum*-Arten vollzieht, da nur sie den Nektar aus dem tiefen Nektarium heraufholen kann. Es war schon erwähnt worden, daß manchmal die Nektarien von *Angraecum* noch länger, bis 350 mm lang, sind. Da ein anderes Insekt mit so langem Rüssel dort nicht vorkommt, bleiben solche Exemplare unbefruchtet, und so übt der Schmetterling auch eine Zuchtwahl an der Pflanze aus. Treffender können die Beziehungen zwischen den Pflanzen und Insekten nicht charakterisiert werden wie durch die glänzende Voraussage von Wallace und die dieser so genau entsprechende Entdeckung von Jordan.

Um nun die Schmetterlinge und überhaupt die Insekten auf die bei ihnen zu hebenden Schätze an Honigsaft aufmerksam zu machen, sondern die Blüten gewisse Duftstoffe ab, die von den Faltern oft auf große Entfernung hin wahrgenommen werden und sie veranlassen, solche Blüten aufzusuchen. Kerner von Marilaun unterscheidet fünf Arten von Duftstoffen:

1. Indoloide Duftstoffe. Es sind das Zersetzungsprodukte von organischen Substanzen, hauptsächlich von Eiweißzusammensetzungen, die im allgemeinen auf den Menschen einen unangenehmen Eindruck machen; wir kennen sie von den Exkrementen und sonstigen faulenden Materien her. Sie kommen aber auch im Pflanzenreiche vor, und namentlich bei den *Aristolochia*-Arten sind sie verbreitet. Als bekanntestes einheimisches Beispiel sei die in unseren Laubwäldern nicht seltene Stinkmorchel erwähnt (*Phallus impudicus*), die man zwar seltener zu Gesicht bekommt, deren Vorkommen man aber recht oft an dem widerwärtigen Leichengeruch feststellen kann. Angeblich sollen Schmetterlinge Blüten mit indoloidem Geruch nicht besuchen; es beruht das aber vielleicht auf ungenügender Beobachtung, da es ganz gut möglich ist, daß die Arten, die bei uns an übelriechende

Stoffe, wie Käse und Exkremente, gern gehen (es sei da an die Schillerfalter und Eisvögel erinnert), auch solche Blüten besuchen können. Für die Tropen erscheint das noch viel wahrscheinlicher, da dort der größte Teil der Tagfalter eine gewisse Scatophilie zeigt, weshalb man in den Tropen alle die prachtvollen Falter wie die blauen *Morpho*, die brillant gefärbten *Agrias* und viele andere Gattungen fast ausschließlich mit einem aus Exkrementen hergestellten Köder fängt.

2. Aminoide Düfte. Als Grundbestandteil enthalten sie meist Trimethylamin, weswegen sie etwas nach Heringslake riechen, welcher durchdringende Geruch durch andere Beimengungen gemildert wird. Als Beispiel seien unser Weißdorn, *Crataegus*, und die *Spiraea*-Arten genannt. Sie werden, wie die vorigen, hauptsächlich von Fliegen aufgesucht; auch auf aminoide Düfte sollen Schmetterlinge nicht reagieren.

3. Benzoloide Stoffe. Als die bekanntesten dieser Benzolabkömmlinge seien die in den Nelken, in Geißblatt und in Petunien enthaltenen Anlockungsmittel erwähnt. Auch gehört das in vielen Pflanzen enthaltene Cumarin (der „Waldmeisterduft") hierher. Benzoloide Stoffe sollen unter Umständen von Tagfaltern ganz vernachlässigt werden, während Nachtfalter und Schwärmer sie bevorzugen. Es gilt das besonders für Geißblatt und Petunien. Diese Erscheinung beruht wohl aber nicht auf einer verschiedenen Geschmacksrichtung dieser Falter, sondern darauf, daß vielfach die Blüten den stärksten Duft erst in den Abend- und Nachtstunden ausstrahlen. Daß im übrigen die Insekten oft auf verschiedene Duftstoffe eingestellt sind und sie besser als wir unterscheiden können, ist bei der obenerwähnten Stinkmorchel (*Phallus impudicus*) festgestellt worden. Man hat gefunden, daß von diesem Pilze mehrere verschiedene Rassen vorkommen, die wir gegenwärtig noch nicht trennen können, die sich aber in den von ihnen ausgehenden Duftstoffen unterscheiden. Wir empfinden im allgemeinen, daß dieser Pilz nur den charakteristischen Leichengeruch hat; bei schärferer Untersuchung kann man jedoch feststellen, daß manche Exemplare einen typischen Geruch von faulendem Fleisch haben; diese werden nur von Aasfliegen (*Calliphoriinen*) besucht. Andere wieder riechen nach Urin; zu ihren Gästen zählen deshalb die winzigen, uns von Aborten u. dgl. bekannten Federmücken (*Psychodiden*), während wieder andere Individuen einen typischen Schweißgeruch besitzen, die dann von den dem Schweiß nachgehenden *Simuliiden* bevorzugt werden, so daß jede dieser „biologischen Rassen" ihre eigenen Gäste hat. Es ist wahrscheinlich, daß auch bei den Schmetterlingen eine solche Geruchsspezialisierung vorkommt; leider sind in dieser Hinsicht zu wenig Beobachtungen und Versuche gemacht worden, als daß uns ein abschließendes Urteil schon jetzt möglich wäre.

4. Paraffinoide Düfte. Sie finden sich z. B. beim Holunder, Baldrian, Rosen, Weinstock u. a. und scheinen von Schmetterlingen wenig berücksichtigt werden.

5. Terpenoide Duftstoffe. Sie beruhen auf dem Gehalt an ätherischen Ölen und sind im Pflanzenreich weit verbreitet. In reichster

Ausbildung sind sie bei den Labiaten festzustellen, und sie stellen in der Hauptsache das Anlockungsmittel für die Schmetterlinge dar.

Nachdem der Falter so durch irgendeinen Geruch auf eine Blüte verwiesen worden ist, wo er dann den Nektar genießt, wird durch seine ungestümen Bewegungen eine Menge Pollen an ihm hängen bleiben, den er zur nächsten Blüte mitnimmt und so dort eine Fremdbefruchtung herbeiführt, was der Pflanze dienlicher ist als die eventuelle Selbstbestäubung. Besonders raffiniert ist die Bestäubungseinrichtung der Orchideen. Bei ihnen hängt die ganze Pollenkörnermasse zusammen und stellt so eine einheitliche Keule dar, die einem dünnen Stiele aufsitzt, an dessen Grunde sich eine Klebscheibe befindet. Kommt nun ein Falter auf eine solche Orchideenblüte, so heftet sich die Klebscheibe an seine Stirn oder an seinen Rüssel an, bleibt haften, und wenn sich der Falter entfernt, nimmt er das ganze als Pollinarium bezeichnete Gebilde mit sich. Der Stiel des Pollinariums ist nun sehr dünn und saftig; er trocknet bald aus, und die Folge davon ist, daß sich die Pollenkeule herabsenkt, so daß sie, wenn der Falter auf der nächsten Blüte angekommen ist, gerade der Narbe derselben gegenüberliegt, wodurch dann bei Berührung die Übertragung der Pollen und damit die Befruchtung erfolgt. Es ist also ein raffinierter Mechanismus, der hier in Szene gesetzt wird, um eine Fremdbefruchtung herbeizuführen, und die Schmetterlinge sind dabei die sorgsamsten Gehilfen der Pflanzen. Oftmals sind dann solche mit Pollinarien behafteten Falter gefangen worden und in die Sammlung gelangt, wo sie die Verwunderung des nicht mit diesen Befruchtungsverhältnissen vertrauten Untersuchers erregt haben. Dieselbe Erscheinung kann man übrigens auch bei anderen Insekten beobachten, und bei den Bienen ist sie sogar früher schon als „Hörnerkrankheit" beschrieben worden.

Gehen wir nun zur eigentlichen Ernährung der Schmetterlinge über, so haben wir zunächst eine kleine Gruppe herauszuheben, die sich auch in der Nahrungsaufnahme vom Gros der übrigen Falter unterscheidet, das sind die winzigen *Micropterygiden*. Es sind die einzigen, die noch feste Nahrung aufnehmen. Wir finden sie im ersten Frühjahr, wenn die Sumpfdotterblumen (*Caltha*) und Hahnenfußarten (*Ranunculus*) blühen, in den gelben Blüten dieser Pflanzen zu vielen versammelt. Manchmal sitzen in einer einzigen *Caltha*-Blüte über 100 Individuen einer Art. Wir haben schon erfahren, daß diese primitivsten Schmetterlinge noch Mandibeln besitzen, mit denen sie ihre Nahrung zerkleinern. Diese besteht aus den Pollenkörnern, die mittels der Palpen abgelöst und den Mandibeln zugeführt werden. Hier haben die Palpen eine ihrer ursprünglichsten Herkunft aus Kopfgliedmaßen angenäherte Funktion. Es ist nur eine Gattung mit wenigen Vertretern, die bei uns lebt; andere Angehörige der Familie kommen aber in allen Erdteilen vor. Diese merkwürdige Ernährungsart, die so ganz von der aller anderen Schmetterlinge abweicht, im Verein mit anderen einzig dastehenden Merkmalen hat schon manche Forscher veranlaßt, diese Falter als nicht zu den Schmetterlingen gehörig anzusehen; man hat eine eigene Ordnung der *Zeugloptera* für sie geschaffen oder sie als landbewohnende Trichopteren angesehen.

Bei allen anderen Schmetterlingen erfolgt ausschließlich die Aufnahme von flüssiger Nahrung, und zwar durch den Rüssel. Im einleitenden Teil ist schon über seinen Bau und seine Ableitung aus der übrigen Mundwerkzeugen gesprochen worden. Nun kommt es vielfach vor, daß bei ganzen Familien der Schmetterlinge ein Rüssel ganz fehlt. Es bestand dann immer die Schwierigkeit festzustellen, ob der Rüssel bei den betreffenden Faltern erst sekundär verlorengegangen ist, oder ob er von Anfang an gefehlt hat, mit andern Worten, ob wir in der Verkümmerung des Rüssels ein primitives Merkmal zu sehen haben, oder ob er das Zeichen einer durch Spezialisierung erfolgten Reduktion ist. Erst PETERSEN (1902) entdeckte ein untrügliches Mittel, den Entwicklungsgrad beim Rüssel festzustellen, und zwar mit Hilfe des Saugmagens. Dieser ist eine Aussackung des Vorderdarms, der im ursprünglichen Zustande nur eine kropfartige Verdickung darstellt, im Zustande der Spezialisierung dagegen gut abgegrenzt und gestielt erscheint. Es ist nun bemerkenswert, daß in solchen Fällen, wo der Rüssel wieder reduziert wird, der Saugmagen in seiner vollen Entwicklungshöhe doch beibehalten wird; es tritt nämlich ein Funktionswechsel ein, so daß er später als aerostatisches Organ benutzt wird. Wenn man nun also einen Falter mit reduziertem Rüssel hat und wissen will, ob diese Kleinheit des Rüssels als primäre oder sekundäre Erscheinung aufzufassen ist, so braucht man nur den Saugmagen zu untersuchen. Verkümmerter Rüssel mit nur schwacher Anschwellung im Vorderdarm weist auf eine primäre Unentwickeltheit des Rüssels, wie es z. B. bei *Hepialus* der Fall ist. Verkümmerter Rüssel mit wohlgestieltem Saugmagen zeigt dagegen, daß hier sekundär eine Reduktion des Rüssels erfolgt ist; wir finden solche bei den *Lymantriiden, Lasiocampiden, Endromididen* u. v. a.

Wie vollzieht sich nun der Saugakt selbst? Wir haben schon früher festgestellt, daß der Rüssel, wenn er vom Falter gebraucht werden soll, ausgestreckt werden muß. Diese Aufrollung erfolgt durch besondere Muskeln, während sich das Zusammenrollen bei Schlaffwerden der Muskeln auf Grund der gewöhnlichen Elastizität des Chitins vollzieht. Nachdem der Rüssel also ausgestreckt ist, wird er in die aufzunehmende Flüssigkeit gesteckt und diese letztere durch den Hohlraum des Rüssels emporgesogen. Das geschieht aber nicht etwa durch den Saugmagen. Vielmehr liegt hinter der Mundöffnung ein mit starken Muskeln ausgestatteter Schlundkopf, der sowohl nach vorn, also gegen die Mundöffnung hin, wie auch nach hinten, gegen die Speiseröhre hin, durch Ventile verschließbar ist. Hat der Falter die Rüsselspitze in die Flüssigkeit gesteckt, schließt er das hintere Ventil und dehnt mittels seiner Muskulatur den Schlundkopf aus; es entsteht ein luftverdünnter Raum darin, die Außenluft drückt deshalb auf die Flüssigkeit und preßt sie in den Rüssel hinein. Ist der Schlundkopf mit Flüssigkeit gefüllt, wird das vordere Ventil geschlossen, das den Eingang vom Rüssel her bildet, das hintere dagegen geöffnet, und indem nun der Schlundkopf verengt wird, preßt er die Flüssigkeit in den Saugmagen (der hier besser mit Vormagen zu bezeichnen wäre). Indem sich das Öffnen und Schließen der beiden Ventile mit großer Geschwindigkeit vollzieht, entsteht ein kontinuierliches Strömen der Flüssigkeit durch den Rüssel in den Darm des Schmetterlings hinein.

Die Falter verhalten sich ganz verschieden, während sie mit dem Rüssel ihre Nahrung aufnehmen. Zumeist sitzt der Schmetterling ganz ruhig auf seiner Nahrungspflanze und läßt nur seinen Rüssel arbeiten. Andere, wie manche Tagfalter, klappen dabei langsam mit den Flügeln auf und zu, wieder andere laufen eifrig auf der Blüte umher. Eine ganz besondere Eigentümlichkeit bieten viele Nachtfalter, besonders die Schwärmer, indem sie sich auf der Pflanze gar nicht niederlassen, sondern nur mit außerordentlich schnell vibrierenden Flügeln in der Luft vor der Blüte stehenbleiben und ihren Rüssel ins Innere derselben versenken. Die Bewegung erfolgt dabei so außerordentlich schnell, daß man meist nur den Körper des Tieres, nicht aber die schlagenden Flügel unterscheiden kann. Manche Arten halten sich dann während ihres Schwebefluges noch mit den Vorderbeinen an der Pflanze fest. Sehr schön lassen sich diese eigentümlichen Schwebebewegungen bei unseren tagfliegenden Schwärmern, den Hummelschwärmern und dem Taubenschwänzchen, beobachten. So verbreitet die Schwebebewegungen bei der Nahrungsaufnahme bei der Familie der Nachtfalter sind, so finden sich doch kaum irgendwelche Tagfalter, bei denen solche beobachtet worden sind. Die Zugehörigkeit zu den letzteren ist nur für *Papilio demoleus* Cr. festgestellt worden, der also darin eine seltsame Ausnahmestellung einnimmt. Nicht in allen Fällen kann der Falter mit seinem Rüssel ohne weiteres die ersehnte Nahrung aufnehmen. Falter, die den Saft gewisser Früchte genießen wollen, müssen sich erst den Zugang dazu bahnen. Es ist nun behauptet worden, daß das mit Hilfe der „Saftbohrer" geschieht. Wir hatten schon erwähnt (Seite 16), daß am Ende des Rüssels einige als Sinnesstifte zu deutende Gebilde sich befinden; diese werden nun als die Organe angesehen, mit denen der Falter sich den Zugang erbohrt. Dieses Problem ist vielfach Gegenstand lebhafter Diskussion gewesen, ohne daß der Streit bisher schon in irgendeiner Weise entschieden wäre. Die Gegner der Ansicht haben gesagt, daß von einem Bohrer doch gar nicht die Rede sein könne, da doch der Schmetterling den Rüssel nur in einer Richtung bewegen könne, nämlich ihn auf- und zurollen. Eine drehende Bewegung, wie sie zum Bohren nötig sei, soll für den Schmetterlingsrüssel ganz ausgeschlossen sein. Demgegenüber wird aber wieder betont, daß ja auch eine bohrende Bewegung nicht nötig sei, daß diese Bewegungsart ja auch der einer Säge vergleichbar sein könne, und die beiden Rüsselhälften sind ja auch in gewissem Grade gegeneinander verschiebbar. Schließlich hat man auch bei gewissen Eulen tatsächlich beobachtet, daß ein Anbohren von Früchten erfolgte, ohne daß dabei der Vorgang desselben genauer festgestellt werden konnte. Und wenn endlich ein Schwärmer wie der Totenkopf in einen Bienenstock eindringt, um Honig zu stehlen, muß er doch den Wachsverschluß der Zellen in irgendeiner Weise beschädigen, damit er an den Honig gelangen kann, und das wird er wahrscheinlich mit seinem Rüssel tun. Es kann gar nicht so schwer sein, diese Frage experimentell zu lösen und dabei genaue Beobachtungen des Mechanismus vorzunehmen. Es müßten dabei besonders stark riechende Früchte vorgelegt werden, die man sorgfältig abwischte, um sie ganz trocken zu reichen, damit die Falter ihren Appetit nicht anderweitig stillen.

Wenn wir im Eingang unserer Betrachtungen über die Ernährung schon die verschiedenen Düfte erwähnten, durch die die Pflanzen unsere Falter locken, können wir annehmen, daß die vorzufindenden Säfte etwa diesen Düften entsprechen. Der von den Blüten abgeschiedene Honigsaft oder Nektar ist ja bei jeder Pflanze verschieden, während oftmals Arten, die miteinander nicht im geringsten verwandt sind, ganz ähnlichen Geruch besitzen, was auf dem Gehalt an Duftstoffen beruht. So haben z. B. bei uns Waldmeister und das Gras *Hierochloa* den gleichen angenehmen Waldmeisterduft, der eben auf dem in beiden Pflanzen vorhandenen Cumarin beruht. So haben nun bestimmte Falter auch besondere Pflanzen, die sie bevorzugt besuchen. Wir finden unseren Segelfalter, *Papilio podalirius* L., gern auf Syringenblüten; an *Phlox* stellen sich gern Schwärmer, an *Echium* vielfach Eulen ein. Die *Zygaenen* bevorzugen *Dipsacaceen* und schließlich auch *Compositen*, und so ließen sich eine ganze Anzahl von Fällen dafür anführen. Wir finden aber wenigstens bei unseren einheimischen Faltern nie eine so ausgeprägte Monophagie, wie wir sie bei Raupen kennengelernt haben. Wenn man überhaupt hier von Monophagie und Polyphagie reden will, muß man als die am meisten polyphagen Arten die Tagfalter bezeichnen, die vielfach in der Auswahl der Blüten ziemlich wahllos sind. Merkwürdigerweise sind kaum Fälle zur Beobachtung gelangt, wo die Imago in ihrer Nahrungsaufnahme auch dieselben Pflanzen bevorzugt, von denen sie im Raupenstadium gefressen hat. Es läge doch sehr nahe, eine solche Beziehung zu vermuten; es scheinen aber die Züchter und Sammler diesem Problem wenig Aufmerksamkeit geschenkt zu haben, nur Seitz hat bemerkt, daß die *Hesperiiden* vorzugsweise solche Pflanzen besuchten, in denen sie als Raupen gelebt hatten.

Der von den Pflanzen abgesonderte Nektar ist nun aber nicht der einzige Stoff, den die Falter zu ihrer Ernährung benutzen können. Jeder stark zuckerhaltige Saft ist ihnen willkommen. So lassen sich unsere *Vanessa*-Arten gern auf den vom Baum gefallenen und aufgeplatzten Birnen nieder und saugen eifrig an dem süßen Fruchtsaft. Jede andere süße Frucht wird ebenso gern angenommen, und mit Bananen kann man selbst in den Tropen noch erfolgreich Schmetterlinge anlocken, obwohl dort sehr reichlicher Blumenflor den Köder sonst fast ganz ertraglos macht. Freilich hat man dann auch darauf zu achten, daß nicht zweibeinige Liebhaber den Faltern die Beute streitig machen. In derselben Weise werden aber auch Zuckerwasser, gesüßter Tee und andere Flüssigkeiten aufgenommen. In Gefangenschaft gehaltene Schmetterlinge, die möglichst lange am Leben bleiben sollen, ernährt man zweckmäßig mit süßem Tee, und selbst die wildesten Flieger werden, wenn man sie ergreift und ihren Rüssel in die süße Flüssigkeit bringt, sofort ganz still werden und mit Genuß die Nahrung aufschlürfen.

In gleicher Weise zeigen viele Schmetterlinge, besonders Tagfalter, eine Vorliebe für ausfließenden Baumsaft. Wenn im Frühling eine Birke verwundet ist, so daß der reichlich strömende Saft austritt, findet man immer Scharen von Tagfaltern daran, besonders *Vanessa*-Verwandte. In diesem Saftausfluß spielen sich Gärungsprozesse ab, die durch das Vorhandensein von bestimmten Hefeorganismen bedingt werden. In solchem gärenden Baumsaft siedeln sich dann eine große Anzahl von Bakterien und anderen Mikroorganismen an, die unter Umständen dem verletzten Baum recht gefährlich werden können. Die den Saft schlürfenden Falter verbreiten diese Mikroben dann von Baum zu Baum und werden so indirekt dem Baumbestand schädlich. Einen ähnlichen süßen Saft schwitzen auch die Blattläuse aus, und diese Tatsache ist nicht den Ameisen allein bekannt, sondern auch manche Schmetterlinge wissen darum und profitieren davon. Als ein Beobachter einmal in einer sonst günstigen Nacht am Köder gar keine Schmetterlinge fand, suchte er die nächste Umgebung ab und fand tatsächlich eine große Blattlauskolonie, an der viele Falter saßen und die süßen Abscheidungen der Blattläuse aufsogen. Diese natürliche Nahrung entsprach ihrem Geschmack eben mehr wie der künstlich hergestellte Köder. Der Sammler merkte sich diese Tatsache und suchte später vielfach solche Kolonien ab, wobei er durchweg gute Erfolge erzielte und Arten fing, die an seinem künstlichen Köder nie erschienen waren. Auch von Tagfaltern wird uns gleiches berichtet. Die Angehörigen der Lycaenidengattung *Gerydus* sollen Blattläuse aufsuchen und mit ihren umgebildeten Vorderfüßen streicheln, um sie zur Abscheidung des süßen Saftes zu bewegen, den sie dann aufsaugen.

Besonders gern wird aber nun von vielen Faltern Honig aufgenommen. Er ist ja letzten Endes konzentrierter Nektar, und so ist es nicht zu verwundern, daß manche Falter diesen Honig dem viel verdünnteren Nektar vorziehen, zu dessen Erlangung sie mühselig von Blume zu Blume fliegen müßten. Unser bekanntester Honigräuber ist der Totenkopf, *Acherontia atropos* L. Unendlich viel ist schon über ihn gefabelt worden, weil er schon durch sein absonderliches Äußere das Interesse auch der Laien wachruft und andererseits durch eigentümliche Lautäußerungen einen langen Streit um die Entstehung derselben entfachte. Jedenfalls gehört aber die Eigentümlichkeit, daß er in die Bienenstöcke eindringt, dort Honig aufsaugt und dann bald das Bienenvolk wieder verläßt, nicht ins Reich der Fabel. Er ist übrigens nicht der einzige Schmetterling, der solche Methoden des Nahrungserwerbes besitzt; im Süden unternehmen andere Falter gleiche Raubzüge, wie es uns von *Amorpha populi* L. und *Sphinx ligustri* L. aus Sizilien bzw. Tirol gemeldet wird. Die Schädigung am Honig ist durch den Schmetterling nicht allzu groß; höchstens einen Fingerhut voll des süßen Mediums kann er mitnehmen, aber er bewirkt bei den Bienen Störungen und Verwirrungen, die schlimmere Folgen haben können. Wird der Übeltäter von den Bienen aber getötet, so wird er mit Wachs umgeben, damit er nicht durch Verwesungsprodukte das Leben des Bienenvolkes schädigen kann. Übrigens können die Bienen mit ihrem Stachel dem Falter bei seinem harten Chitinpanzer wenig schaden. Die Fälle, wo man eingewachste Totenköpfe in den Bienenstöcken gefunden hat, beruhen wohl darauf, daß der wild umherfliegende Schwärmer sich verirrte, den Ausgang nicht mehr wiederfand und so sich abflog, bis er erschöpft zu Boden fiel und von den Bienen den Rest erhielt.

Die Vorliebe gewisser Schmetterlinge für Honig und ähnliche Süßigkeiten haben sich die Sammler zunutze gemacht und besondere süße Anlockungsmittel für die Falter hergestellt, die man als Köder bezeichnet. Ein vielfach angewendetes Verfahren besteht darin, daß man getrocknete Apfelschnitten, die sogenannten Ringäpfel, mit Zuckerwasser tränkt, dem man etwas Rum beigemengt hat, und diese dann noch vor Einbruch der Dunkelheit draußen an geeigneten Orten aufhängt. Sobald es dunkel geworden ist, stellen sich als Gäste viele Schmetterlinge ein, die daran saugen und durch den Alkohol berauscht werden, so daß man sie dann leicht abnehmen kann. Viel häufiger wird aber ein anderes Mittel angewendet, das darin besteht, daß man Honig oder Sirup mit Braunbier und Zucker versetzt und dann diese Mischung einige Wochen stehen läßt, bis sie in Gärung übergegangen ist, worauf man noch einige Tropfen Rum zusetzen kann. Damit diese Mischung nicht eintrocknet, kann man auch etwas Glyzerin hinzufügen; letzteres zieht die Luftfeuchtigkeit an und verhindert das zu schnelle Eintrocknen. Manche Sammler geben auch noch einige Tropfen Apfel- oder Birnäther hinzu, doch wirken diese nicht auf alle Falter gleichmäßig; manche Arten werden von diesem Zusatz abgestoßen. Die Mischung wird vor Eintritt der Dunkelheit an Bäumen etwa in Augenhöhe angestrichen; es eignen sich dazu besonders solche, die am Rande eines Waldes, einer Wiese u. dgl. sich befinden. Sobald die Dunkelheit hereingebrochen ist, sucht man mit einer Laterne die angestrichenen Bäume ab. Die Falter sind durch den genossenen Saft so berauscht, daß man sie mit der Hand ergreifen kann. Bei denjenigen, die noch nicht genügend betrunken sind, wird man allerdings feststellen können, das sie sich beim ersten Lichtstrahl der Laterne herunterfallen lassen oder davonfliegen; sie kehren aber oft wieder zurück. Man untersucht den Köderanstrich zu verschiedenen Zeiten und kann dann feststellen, daß im Laufe des Abends immer wieder andere Tiere sich einstellen, je nach den Flugzeiten der einzelnen Arten. Es sind Schwärmer, Spanner und einige Kleinschmetterlinge, aber vorwiegend Eulen, die den Köder besuchen. Der Anflug ist in den verschiedenen Nächten nicht immer gleich; bei klarem, kaltem Wetter und hellem Mondschein wird man nur geringe Ergebnisse haben; den reichsten Besuch erzielt man in Nächten, wo der Himmel stark bewölkt ist, sogar ein geringer Regen schadet nicht, und eine gewisse Schwüle, besonders vor Gewittern, begünstigt den Anflug ungemein. Natürlich spielt auch die Jahreszeit eine Rolle dabei; wenn alle Pflanzen gerade in Blüte stehen, kommen wenige Schmetterlinge an den Köder; die günstigsten Jahreszeiten sind deshalb der erste Frühling und der Spätsommer und Herbst, und die besten Erfolge wird man da haben, wo verhältnismäßig wenig Vegetation die Falter ablenkt. In den Tropen mit ihrem reichen Blütenflor ist Anwendung dieses Köders meist aussichtslos. Die Spinner, die reduzierte Mundwerkzeuge besitzen, fehlen vielfach am Köder, aber auch von den Eulen sollen die *Plusia*- und *Cucullia*-Arten ihn nicht aufsuchen. Am Tage kann man natürlich, falls der Anstrich noch nicht eingetrocknet ist, auch Tagfalter noch daran saugend finden. Besonders reich sind im ersten Frühling die überwinternden Eulen, *Orrhodia, Orthosia, Scopelosoma* u. a. daran vertreten. Der Köderfang ist das beste Mittel, in kürzester Zeit die Noctuidenfauna einer bestimmten Gegend zu ermitteln, und bietet den Vorzug, daß man die Tiere nicht zu töten braucht, sondern sie schon am Anstrichfleck genau in Augenschein nehmen kann.

Außer den bis jetzt genannten Stoffen, die reich an Zucker sind, nehmen die Schmetterlinge gern Flüssigkeiten überhaupt auf. Fast alle Tagfalter trinken sehr gern Wasser, und in trockenen Gegenden, wie z. B. in Kalkgebirgen, kann man an einer Wasserpfütze unzählige Falter trinkend finden. Am stärksten vertreten sind unter ihnen die Bläulinge, die Lycaeniden. Aber selbst Nachtfalter wurden beim Wassertrinken beobachtet; so soll *Hyloicus pinastri* L. bei seinem pfeilschnellen Flug doch ab und zu sich dem Boden nähern und während des Fliegens aus irgendeiner Pfütze an seinem Wege einige Tropfen Wasser aufsaugen. Auch von *Syntomididen*, die allerdings am Tage fliegen, wird Ähnliches berichtet. JÖRGENSEN berichtet über eine in Argentinien vorkommende Art dieser Familie, die nur an *Senecio brasiliensis* vorkommt. Die Pflanze hat aber nur eine sehr kurze Blütezeit; deshalb müssen sich die Falter oft nach anderer Nahrung umsehen. Sie schlürfen nun zunächst morgens die Tautropfen auf, welche auf den Blättern liegen; später saugen sie von dem Saft der Pflanze, der aus den Verwundungen quillt, wo Hymenopteren (blattschneidende Bienen usw.) gebissen haben. Oft wird Wasser in außerordentlich großen Mengen aufgenommen und unmittelbar darauf wieder abgegeben, so daß eine gründliche Durchspülung des gesamten Darmkanals erfolgt; es wurde dabei festgestellt, daß ein Falter bis zu 50 große Tropfen in der Minute abgeben kann. Wozu eine solch übermäßige Wasseraufnahme stattfindet, wenn dasselbe doch gleich wieder abgegeben wird, wissen wir nicht. Es ist jedoch anzunehmen, daß es dem Falter nicht um das Wasser zu tun ist, sondern nur um die in Spuren darin enthaltenen Salze. Für manche Salze zeigen gewisse Schmetterlinge eine bemerkenswerte Vorliebe; so ist direkt festgestellt worden, daß manche *Papilio*-Arten Salz auflecken. Es ist aus diesem Grunde auch sehr verständlich, daß manche Falter sich besonders von menschlichen oder tierischen Exkretionsprodukten angezogen fühlen, die ja immer recht reich an Salzen sind. Es gilt das in erster Linie für die Transpirationsprodukte der Haut. Wenn man an heißen und trockenen Sommertagen gründlich in Schweiß geraten ist, kann man viele Falter sehen, die ohne Scheu sich auf das Gesicht oder die Hände setzen und den Schweiß aufsaugen. Es kommen da besonders *Lycaeniden*, aber auch *Satyriden* in Frage. Im Gebirge kann man schöne Arten der sonst sehr flüchtigen Gattung *Erebia* auf diese Weise an sich heranlocken. Sie ziehen dann diese Flüssigkeit allen anderen vor, wie ich selbst einmal an einer *Erebia* feststellen konnte, die, trotzdem es den ganzen Vormittag geregnet hatte, immer wieder auf meinen durchschwitzten Rock sich setzte. Ganz ähnliche Stoffe sind es wohl, die viele Falter veranlassen, stark riechende Substanzen, wie Käse, Exkremente usw., aufzusuchen. Unsere Schillerfalter und Eisvögel, die sich sonst vorzugsweise in den Kronen der hohen Bäume aufhalten und deswegen dem Sammler viel Mühe machen, wenn er sie fangen will, können leicht angelockt werden, indem man alten, schon zerfließenden Käse oder feuchte Exkremente dahin bringt, wo diese Falter vorkommen. Bald kommen sie dann von den Baumwipfeln herunter und nehmen ihre seltsame Mahlzeit ein, wobei man sie leicht erbeuten kann. In den Tropen spielt dieser Köder eine noch viel größere Rolle, da es dort viel mehr Gattungen gibt, die von ihm angelockt werden. Welche Stoffe im einzelnen es sind, die an den Exkrementen die Schmetterlinge anziehen, ist noch nicht bekannt geworden. Die Aufnahme derselben geschieht in eigenartiger Weise. Solange der Kot noch feucht ist, kann er, d. h. seine flüssigen Bestandteile, ohne weiteres durch den Rüssel aufgenommen werden. Wenn er aber eingetrocknet ist und eine relative Härte erlangt hat, erfordert er eine Vorbehandlung; denn feste Stoffe können durch den Rüssel nie dem Munde zugeführt werden. Das Tier sondert deshalb durch den After einen Flüssigkeitstropfen ab, der auf die Exkremente gebracht wird, sie an der Oberfläche verflüssigt, und der dann wieder vom Falter aufgesogen wird. Das vollzieht sich mit großer Schnelligkeit, und in wenigen Minuten ist eine beträchtliche Anzahl von Flüssigkeitstropfen abgeschieden und wieder aufgesaugt worden.

Um nun noch einige besonders merkwürdige Geschmacksrichtungen der Imago bei den Schmetterlingen aufzuweisen, soll berichtet werden, daß unser Kohlweißling *Pieris brassicae* L. angeblich den Speichel jeder anderen Nahrung vorzieht; manche Falter trinken gern von dem Blut frisch getöteter Tiere, und sogar einige Brotfresser werden erwähnt, wie *Zanclognatha*-Arten und das schwarze Ordensband *Mania maura* F. Bei den letzteren wird wahrscheinlich eine Erweichung der Nahrung in ähnlicher Weise erfolgen, wie es bei den Scatophilen geschildert wurde.

In allen den Fällen, wo keine direkte Nahrungsaufnahme erfolgt, wird zum Ersatz des eingetretenen Kräfteverbrauchs der von der Raupe übernommene Fettkörper aufgebraucht; es findet also hier eine Ernährung von innen heraus statt. Das gilt besonders für die Formen mit verkümmerten Mundwerkzeugen, die dann oft auch einen recht großen Reservevorrat an Fett besitzen. Das Fettgewebe im Schmetterlingskörper ist von einer dünnen Bindegewebshaut umgeben. Bei manchen Arten pflegt diese Haut nun leicht zu reißen, sei es durch Verletzungen, sei es durch die beim Eintrocknen des in die Sammlung gebrachten Falters entstehende Schrumpfung. Das Fett dringt dann in alle Teile des Körpers und der Flügel, und der so beeinflußte Schmetterling gewinnt ein mißfarbiges, durchscheinendes Aussehen, er ist „ölig" geworden. Dieses Öligwerden kommt besonders bei endophagen Tieren vor, namentlich bei den Xylotrophen. Es ist noch nicht völlig aufgeklärt, warum es gerade bei ihnen so weit verbreitet ist. Man könnte annehmen, daß die Raupen dieser Arten, da sie ja relativ lange im Larvenstadium verbleiben, einen größeren Vorrat an Fettgewebe aufspeichern können; dem widerspricht aber die Tatsache, daß auch endophage Wickler, die eine viel kürzere Zeit als Raupe leben, ebenfalls oft ölig werden. Hier müssen erst genauere Untersuchungen vorgenommen werden, bevor ein abschließendes Urteil möglich ist. Ob vielleicht bei der auf dem Faultier lebenden Pyralide *Bradypodicola hahneli* SPUL. eine echte parasitische Ernährung stattfindet, wie angenommen worden ist, bleibt noch fraglich; die Falter wurden auch im imaginalen Stande im Pelze des Faultieres gefunden, so daß eine solche vielleicht möglich ist. Dagegen sprechen allerdings die nicht in irgendeiner Weise modifizierten Mundwerkzeuge. Wenn dieser Schmetterling tatsächlich auf dem Faultier selbst seine Nahrung aufnimmt, wird er wahrscheinlich den Schweiß aufsaugen oder das an zufällig vorgefundenen Wunden austretende Blut zu sich nehmen.

Im engsten Zusammenhang mit der Ernährung steht die Versorgung des Körpers mit Sauerstoff, die A t m u n g. Zum Unterschied von den Wirbeltieren wird die Luft nicht durch das Blut dem Körper mitgeteilt, sondern direkt an die einzelnen Organe durch die Luftröhren oder Tracheen herangebracht. Der Eintritt in den Körper erfolgt durch die Stigmen; das sind Öffnungen mit oft komplizierten Verschlußvorrichtungen, von denen erst ein Luftröhren-Hauptstamm abgeht, der sich dann in immer feinere Tracheen aufspaltet. Über den Bau derselben ist im einleitenden Teil schon gesprochen worden. Es soll noch erwähnt werden, daß die Tracheenhauptstämme jeder Seite unter sich durch Längsverbindungen miteinander kommunizieren, daß aber auch die rechten und die linken Stämme durch Querkommissuren miteinander verbunden sind. Das hat die Bedeutung, daß in solchen Fällen, wo ein oder mehrere Stigmen etwa aus irgendwelchen Gründen verstopft sein sollten, doch eine gleichmäßige Luftversorgung des ganzen Körpers gewährleistet werden kann. Wie weit der Verschluß der Stigmen nach außen wirksam werden kann, ist bei Schmetterlingen wenig untersucht worden; daß ein nahezu hermetischer Abschluß aber wohl möglich ist, haben Beobachtungen an gewissen Fliegenarten gelehrt. Man hatte mit Fliegenlarven besetzte Fleischteile zum Zwecke der Konservierung in Formalinlösung gebracht; nach einiger Zeit schlüpften daraus lebende Imagines. Das war nicht anders zu erklären, als daß die Stigmen einen völligen Abschluß gegen das umgebende gefährliche Medium bewirkt hatten. Bei Schmetterlingen ist derartiges noch nicht beobachtet worden, doch scheinen in gewissen Fällen die Stigmen doch eine bedeutsame Rolle zu spielen. Fast ausnahmslos sterben in kürzester Zeit alle in ein mit Zyankali gefülltes Giftglas gebrachten Falter; die sich entwickelnde gasförmige Blausäure führt unmittelbar den Tod herbei, indem sie durch die Stigmen und Tracheen an die Gewebe gelangt. Eine Ausnahme machen nur die *Zygaenen*, die, ins Giftglas gebracht, noch längere Zeit am Leben bleiben. Nur wenn man etwas Tabakrauch in das Glas hineinbläst, sterben sie nach wenigen Minuten. Das ist wahrscheinlich so zu erklären, daß infolge der Reizwirkung der Blausäure die Stigmen sich sofort schließen, so daß eine Giftwirkung nicht erfolgen kann. Der Tabakrauch lähmt dann irgendwelche Nerven, wodurch sich die Stigmen wieder öffnen und so dem Gift den Zugang in den Körper gestatten.

Als besondere Organe müssen schließlich noch die Tracheenblasen erwähnt werden. Das sind Erweiterungen der Tracheenstämme in nächster Nähe der Abdominalstigmen. Diese Tracheenblasen finden sich bei den verschiedenen Familien in unterschiedlicher Ausbildung. Die Sphingiden z. B. haben sehr große Blasen, die aber im Ruhezustand nicht mit Luft gefüllt sind, beim Fliegen aber vorher immer aufgepumpt werden müssen. Bei *Catocala*-Arten und vielen Spannern fand sie PETERSEN dauernd mit Luft gefüllt. Sie fehlen nach ihm allen Tagfaltern, den Kleinschmetterlingen im wissenschaftlichen Sinne (*Stemmatoncopoda*), also auch den *Hepialiden*, *Cossiden*, *Psychiden* u. a., sie fehlen aber auch den *Zygaeniden*. Es scheint eine eigenartige Wechselbeziehung zwischen diesen Tracheenblasen und dem Saugmagen zu bestehen. Bei den oben erwähnten *Zygaeniden* fehlen die Blasen ganz, dafür ist aber ein mächtig entwickelter doppelter Saugmagen vorhanden; *Arctia caja* L. dagegen hat große Tracheenblasen, aber nur einen kümmerlichen Saugmagen. Wenn wir daran denken, daß der Saugmagen ja auch vielfach seine Funktion gewechselt hat und ein aerostatischer Apparat geworden ist, wird uns die nahe Beziehung dieser beiden Organe zueinander nicht verwunderlich erscheinen.

Um nicht einen übermäßig starken Verbrauch der durch Ernährung und Atmung aufgenommenen Stoffe herbeizuführen, fliegt der Schmetterling nicht ununterbrochen umher, sondern schaltet gewisse Ruhepausen ein. Wir hätten also im Anschluß an diese beiden Tätigkeiten noch von den Ruhegewohnheiten der Falter zu sprechen. Im allgemeinen ruhen die am Tage fliegenden Falter in der Nacht, die Nachtflieger am Tage. Es gibt wohl nur wenige Arten, die zu beiden Tageszeiten fliegen. *Plusia gamma* L. kann man in der Nacht, aber auch zu allen Vor- und Nachmittagsstunden umherfliegend antreffen. Sicherlich hat sie aber auch einige Stunden am Tage, in denen sie ausruht, und diese werden vielleicht für die einzelnen Individuen verschieden sein, so daß man jederzeit die Art fliegend beobachten kann. Der Mehrverbrauch an Kräften wird ja in diesem Falle schließlich auch durch die gesteigerte Nahrungsaufnahme kompensiert. Die Nachtfalter pflegen sich am Tage, um von ihren Feinden nicht gefunden zu werden, recht gründlich zu verstecken, verkriechen sich unter abgefallene Blätter, in Rohrdächer, Spalten, Winkel und andere dunkle Schlupfwinkel. Diejenigen Arten, die durch eine sympathische Färbung geschützt sind, setzen sich dagegen frei an Zäune, Bäume, Felsen usw., wo sie dann selten beachtet und nur von dem geübten Auge des Sammlers entdeckt werden. An einem solchen Orte kann ein Falter unter Umständen mehrere Tage sitzen; es ist durchaus nicht notwendig, daß z. B. ein Nachtfalter jede Nacht fliegt. Meistens hat jede Falterfamilie eine bestimmte Stellung, in der sie ausruht. So sitzen fast alle Tagfalter mit nach oben über den Körper zusammengeschlagenen Flügeln; selten findet sich eine solche Stellung auch bei einigen Spannerarten. Die Schwärmer legen ihre Flügel etwa dachartig an; manche Spanner, wie die Glucken, stellen sie ziemlich steil dachförmig, die Spanner dagegen legen sie ganz flach an ihre Unterlage. Bei den Kleinschmetterlingsfamilien, wo die Hinterflügel sehr breit sind, werden diese oft um den Leib gewickelt und die Vorderflügel dann darüber gedeckt, Aegeriiden strecken sie flach seitlich aus, und bei vielen Tineoiden werden die Vorderflügel ganz nach hinten ausgestreckt, so daß einer den andern bedeckt. Bei *Stathmopoda pedella* L. findet sich eine besonders bemerkenswerte Eigentümlichkeit; der Falter hält in der Ruhe seine dicken Hinterbeine seitlich halb aufrecht von sich gestreckt, was einen sonderbaren Anblick gewährt. Die Tagfalter verstecken sich zumeist nicht, wenn sie ihren Nachtruheplatz aufsuchen. Gegen die Feinde, die sie durch das Gesicht aufsuchen, sind sie im Dunkel der Nacht ohnehin gesichert. Sie ruhen deshalb vielfach auf Blüten aus, und man kann scheue und schnelle Flieger, deren Jagd bei Tage äußerst beschwerlich ist, am Abend in aller Bequemlichkeit von den Blüten abnehmen, auf denen sie sich zur Übernachtung niedergelassen haben. Bei den Nachtfaltern ist die Intensität der Ruhe auch verschieden. Viele der an Bäumen usw. übertagenden Arten kann man bei Tage unbesorgt vor einem plötzlichen Entwischen abnehmen; es sind das besonders die protektiv gefärbten Tiere. Andere aber, wie z. B. die *Catocala*-Arten, sind auch bei Tage trotz ihrer sympathischen Färbung außerordentlich scheu und fliegen bei der geringsten Störung gleich davon. Ob diese Fähigkeit des Tagfliegens bei ihnen auf einem besonders angepaßten Bau des Auges beruht, ist nicht bekannt, wohl aber möglich; wir werden in dem Kapitel über die Sinnestätigkeiten noch sehen, wie der Tag- und der Nachtflieger, jeder in seiner Art, den verschiedenen Lichtverhältnissen angepaßt sind.

Achtes Kapitel.

Liebesspiele und Begattung.

Alle Lebensäußerungen in der Natur lassen sich auf zwei Grundtriebe zurückführen, nämlich auf den Trieb zur Erhaltung des Individuums und auf den zur Erhaltung der Art. Bei fast allen Tieren und so auch bei unseren Schmetterlingen, läßt sich beobachten, daß der Trieb zur Erhaltung der Art beträchtlich stärker ist als der zur Erhaltung des individuellen Lebens. Auf letzterem beruhen die im vorigen Kapitel besprochenen Lebenstätigkeiten; jetzt sollen uns alle die Äußerungen beschäftigen, die die Tendenz zur Erhaltung der Art haben. Es sind das die Erscheinungen, die wir als Geschlechtsleben zusammenfassen. Wir finden sie beim Männchen meist in viel reicherer Fülle als beim Weibchen; letzteres ist größtenteils rein passiv beteiligt; seine einzige Aktivität besteht in der Eiablage, und die ist zum Teil wohl auch rein mechanisch bedingt. So erklärt es sich auch, daß alle Ausgestaltungen des Körpers, die im Zusammenhang mit dem Geschlechtsleben stehen, wie Flügelfärbung, Duftschuppen und sonstige Merkmale, fast ausschließlich sich beim Männchen finden, während sie dem Weibchen fehlen. Man kann mit ziemlicher Sicherheit bei einem neuentdeckten Organ, das nur beim Männchen vorkommt, behaupten, daß es im Zusammenhange mit dem Geschlechtsleben steht. Es existieren zwar auch Merkmale, die nur dem Weibchen zukommen, diese sind jedoch meist wenig auffällig und deshalb vielfach übersehen und noch nicht entdeckt worden. Nur von *Adopaea lineola* O. weiß man, daß Männchen und Weibchen am gleichen Ort des Flügels eine gleichartige Anhäufung gleicher Duftschuppen besitzen.

Es läßt sich im Begattungsakt selbst ein Unterschied zwischen Tag- und Nachtfaltern machen. Im einleitenden Teil wurden schon (Seite 23) die Begattungs- oder Kopulationsorgane, also die sekundären Genitalorgane, eingehend besprochen. Der Akt vollzieht sich nun bei den Tagfaltern in der Weise, daß das Weibchen mit geöffneten Flügeln und oft hochgestrecktem Hinterende des Körpers das Männchen erwartet. Das Männchen kommt von oben herangeflogen und packt mit seinen Genitalanhängen das Hinterende des Weibchens; sobald es sich daran verankert hat, dreht es sich herum, so daß es jetzt seinen Kopf vom Weibchen abgewendet hat, und schlägt seine Flügel nach oben zusammen, worauf das Weibchen dasselbe tut; es kommen dann die männlichen Flügel zwischen die des Weibchens zu liegen. Die Begattung erfolgt also in abgewandter Stellung. Bei den Nachtfaltern vollzieht sich dieser Vorgang anders. Hier sitzt das Weibchen normal mit seinen dachförmig an den Leib gelegten Flügeln, während das Männchen von der Seite her sich dem Weibchen nähert, wobei es gewöhnlich heftig mit den Flügeln schlägt. Unter tastenden Bewegungen seines Abdomens sucht nun das Männchen mit seiner Hinterleibsspitze an die Genitalöffnung des Weibchens zu gelangen und sich dort mit seinem Haftapparate zu befestigen. Ist ihm das gelungen, so dreht es sich ebenfalls um, so daß es dem Weibchen abgewandt sitzt. Gewöhnlich ist es dabei so, daß, wenn die Kopula an einem Baum stattfindet, das nach oben schauende Tier das Weibchen ist, während das Männchen herunterhängt. Tritt eine Störung ein, so fliegt oft das Weibchen mit dem anhängenden Männchen davon, nicht aber tritt der umgekehrte Fall ein, wie man vielfach geglaubt hat, daß z. B. Frostspannermännchen ihre ungeflügelten Weibchen während der Begattung mit sich herumtragen und so trotz der Leimringe in die Kronen der Bäume bringen können. Ein in Kopula befindliches Pärchen des Frostspanners wird, wenn es aufgescheucht worden ist, in schrägem Fluge bald zu Boden flattern;

es ist ganz ausgeschlossen, daß das Männchen sich mit der schweren Last des Weibchens noch erheben kann, und die daran geknüpften Folgerungen sind Trugschlüsse. Bei fast allen Schmetterlingen ist das Weibchen größer und robuster als das Männchen; namentlich besitzt es bei allen geflügelten Formen größere und breitere Flügel und eine stärker entwickelte Muskulatur; es allein ist also fähig, das andere Geschlecht mit sich hinwegzutragen. Sobald das Männchen seine Umdrehung vollzogen und sich vom Weibchen abgewandt hat, scheint es äußerlich rein passiv zu sein. Es hat aufgehört mit den Flügeln zu schlagen, und die einzigen Bewegungen, die es noch macht, sind solche seiner Klammerorgane. Mitunter soll auch bei einzelnen Arten der Tagfalter eine Begattung in der Luft erfolgen, wie sie vom Baumweißling *Aporia crataegi* L. berichtet wird. In solchen Fällen ist es schwierig, den eigentlichen Akt genau zu beobachten; aber man kann wohl annehmen, daß ein großer Unterschied zum normalen Verhalten nicht besteht. Es bleibt schließlich auch noch fraglich, ob eine solche Begattung im Fluge tatsächlich erfolgt ist; die der Begattung vorhergehenden Liebesspiele führen oft zu einer ganz dichten Annäherung eines Pärchens, ohne daß trotzdem eine richtige Kopulation erfolgt, und wiederum gibt es viele Arten, die sich auch nach der auf der Erde erfolgten Vereinigung so lebhaft fliegend bewegen, daß man erst relativ spät gewahr wird, daß man ein Pärchen vor sich hat anstatt eines einzelnen Falters, und nun glaubt, die Kopulation sei während des Fliegens erfolgt.

Die Vereinigung ist eine mehr oder weniger feste. Bei manchen Arten dauert sie nur wenige Augenblicke; so wird vom Zitronenfalter *Gonepteryx rhamni* L. beobachtet, daß das Männchen auf das in Kopulationsstellung dasitzende Weibchen herniedersauste, es nur wenige Sekunden berührte und dann wieder davonflog, wodurch schon die Befruchtung bewirkt worden war. Wieder andere Arten, wie manche Spinner, bleiben tagelang in der Vereinigung, ehe sie sich voneinander trennen. Gewisse Arten heben bei der geringsten Störung sogleich die Kopula auf, und andere hängen so fest zusammen, daß man sie ins Giftglas stecken, mit einer Nadel durchbohren oder sonstwie schwer verletzen kann, ohne daß sie sich voneinander lösen. So wurden öfters Fälle beobachtet, wo eine Kopula noch stattfand, nachdem der eine der beiden Falter durch eine Spinne oder einen anderen Feind getötet worden war. Die mehr oder weniger feste Verbindung während der Kopulation scheint nun nicht allein auf der komplizierten oder einfachen Ausgestaltung der Haftorgane zu beruhen; wir finden vielfach eine lang andauernde Begattung bei Arten mit relativ einfachen Begattungsorganen und umgekehrt. Wahrscheinlich spielen physiologische und psychische Einflüsse dabei eine große Rolle, die wir noch nicht kennen.

Unter Umständen findet auch eine mehrfache Begattung statt. Sie wird eine physische Notwendigkeit bei Arten, wo die bei einer einzigen Kopulation vom Männchen abgegebenen Spermatozoen nicht ausreichen, den gesamten Eivorrat des Weibchens zu befruchten. Das trifft für einige *Orgyia*-Arten zu. Sobald eine erste Kopulation erfolgt ist, beginnt das Weibchen mit der Eiablage. Diese unterbricht es jedoch nach einer bestimmten Zeit und kopuliert zum zweiten, auch zum dritten Male. Verhindert man eine zweite Kopulation, so sind die zuletzt abgelegten Eier unbefruchtet und ergeben keine Raupen. M. SCHULTZ beobachtete solche Fälle auch bei *Pachnobia* und besonders bei *Agrotis linogrisea* SCHIFF. Bei letzterer Art wurde festgestellt, daß dasselbe Pärchen fünfmal kopulierte; zwischen den einzelnen Begattungen wurden immer wieder Eier abgelegt. Diese Tätigkeit fiel dem Weibchen schon schwer nach der vierten Kopula; es starb nach der fünften, nachdem es erst 32 Eier abgelegt hatte und das Abdomen noch prall mit Eiern gefüllt war. Hier hat wahrscheinlich eine anormale Bildung der weiblichen Genitalorgane vorgelegen, was sich auch aus den Schwierigkeiten der Eiablage ergibt. Es scheint aber, daß eine unvollständige Füllung der bursa copulatrix bzw. des receptaculum seminis beim Weibchen Genitalbewegungen auslöst. Wir wissen, daß im allgemeinen die Weibchen nach der Befruchtung auf die Männchen auch nicht mehr sexuell erregend wirken; es müssen sich also in diesem Falle, nachdem ein Teil der Eier abgelegt war, die das Männchen anregenden Stoffe wiederum neu gebildet haben, so daß dieses eine nochmalige Kopula einging. Bei Tagfaltern macht dieser Gedanke gar keine Schwierigkeit; bei ihnen kommt es häufig vor, daß ein schon befruchtetes Weibchen noch von einem Männchen zur Erlangung der Kopula verfolgt wird. Das beruht darauf, daß bei ihnen sich die Geschlechter durch das Gesicht finden, und ansehen kann das Männchen dem Weibchen nicht, ob eine Befruchtung schon stattgefunden hat. TH. REUSS hat deswegen sogar behauptet, daß die blattähnliche Unterseite mancher Tagfalter in Verbindung mit einem taumelnden Fluge als eine gegen das Männchen gerichtete Mimikry gedeutet werden müsse. Das befruchtete Weibchen wolle mit seinem schwankenden Flug den Eindruck eines vom Winde umhergewehten Blattes machen, um eine nochmalige Begattung zu verhindern. Es ist auch eine zwangsläufig mehrmalige Kopula bisher nur bei Nachtfaltern beobachtet worden. Manchmal wurde festgestellt, daß die Vereinigung der beiden Geschlechter so lange andauerte, daß das Weibchen noch während der Begattung mit der Eiablage begann. Es ist aber nicht anzunehmen, daß hierbei eine mehrmalige Befruchtung stattfand; denn die geschilderten Erscheinungen stellten sich bei einer Kopula zwischen *Malacosoma neustrium* L. × *M. castrense* L. ein, und da es sich hier um zwei verschiedene Arten handelte, deren Begattungsorgane nicht so aneinander angepaßt sind wie die von Angehörigen derselben Spezies, kann man wohl annehmen, daß die ungewöhnliche Kopula rein mechanisch zustande kam, indem sich das Männchen mit seinen Organen nicht so schnell aus denen des Weibchens herauslösen konnte.

Die sexuellen Haftorgane sind nun in oft geradezu raffinierter Weise kompliziert, wenigstens was die des Männchens anbetrifft. Auf Seite 24 war schon eine Darstellung vom Bau dieser männlichen Sexualarmaturen gegeben, die aber eben nur ein Schema ist und die verwirrende Vielgestaltigkeit bei den verschiedenen Arten nicht berücksichtigen kann. Und gerade bei den Arten, die sich äußerlich am meisten ähnlich sehen, sind die Apparate meist gänzlich verschieden gebaut. Für den Systematiker gibt es deshalb kein präziseres Mittel, ähnliche Arten voneinander zu unterscheiden, wie die Untersuchung der Kopulationsapparate. Das gilt z. B. für die äußerlich recht oft kaum zu unterscheidenden Arten der *Noctuiden*. Auch zu stammesgeschichtlichen Untersuchungen sind sie schon verwendet worden, indem man fand, daß innerhalb eines gewissen Artenkreises diejenigen Formen als die primitiveren zu betrachten sind, die die komplizierteren Organe haben, und daß in demselben Maße, wie die Arten sich differenzieren, die Genitalarmaturen immer mehr vereinfacht werden.

Es erscheint uns dieser Gedanke, daß mit der Differenzierung eine Vereinfachung verbunden sein soll, zunächst etwas sehr absurd, und wir müssen versuchen, uns diese auffallende Erscheinung zu erklären. Im Zusammenhange damit steht die Frage, warum denn diese Klammerorgane so außerordentlich verschieden ausgestaltet sind, daß man nach ihnen besser als nach allen anderen Merkmalen die Arten unterscheiden kann. Die entsprechenden Organe des Weibchens sind bei oberflächlicher Betrachtung anscheinend sehr viel einfacher gebildet, doch ist anzunehmen, daß die bursa copulatrix wie auch die verschiedentlich vorhandenen Sonderbildungen am introitus vaginae in Anordnung, Krümmung und Lumen der Gänge ganz genau den Organen des Männchens angepaßt sind. Das erhellt schon aus den vielen Beobachtungen bei der Kopula von verschiedenen Arten, bei denen entweder dem Männchen eine Begattung nicht möglich war oder, wenn eine solche bereits erfolgt war, die Trennung der beiden Geschlechter sehr viel Schwierigkeiten bereitete. In diesen Fällen entsprachen eben die männlichen Organe nicht den weiblichen, und eine Verbindung beider ist nur sehr schwer möglich. Daraus geht unzweifelhaft die Tendenz hervor, die zur Bildung komplizierter Begattungsorgane geführt hat; durch sie sollte verhindert werden, daß verschiedene Arten sich untereinander kreuzten. Jede Art stellt in der Natur einen an bestimmte Lebensbedingungen angepaßten Typus dar, der in der Art und Weise, wie er uns gegenwärtig erscheint, als der zweckmäßigste aufzufassen ist. Finden nun aber Vermischungen zweier Arten statt, so werden bestimmte Eigentümlichkeiten, die einer Art unter gewissen Umständen nützlich sind, auf eine zweite Art übertragen, die unter ganz anderen Bedingungen lebt, und der diese Charaktere häufig unbequem oder gar schädlich werden können. So gehen die einmal erworbenen Anpassungen durch fortwährende Kreuzungen mit anderen Arten immer wieder verloren, wenn nicht die Natur Vorkehrungen trifft, solche Kopulationen artfremder Tiere zu verhindern. Sie tut das, indem sie die einzelnen Arten so verschieden ausstattet, daß entweder eine Befruchtung zweier Arten durch Ausscheidung der Nachkommen unwirksam gemacht wird, oder daß eine solche Befruchtung überhaupt nicht stattfinden kann. Der erstere Fall ist der allgemeinere; die für die Befruchtung in Frage kommenden Zeugungselemente (Ei und Sperma) sind bei verschiedenen Arten so verschieden aufeinander abgestimmt, daß entweder eine Befruchtung überhaupt nicht erfolgt, daß das abgelegte Ei sich also nicht entwickelt; oder aber, wenn die beiden Tiere doch so nahe verwandt sind, daß eine Befruchtung sich nicht vermeiden läßt, dann sind wenigstens die Geschlechtszellen der Nachkommen so beschaffen, daß diese sich untereinander nicht mehr fortpflanzen können. Das bekannteste Beispiel dafür sind Maultier und Maulesel. Beide gehen aus der Vereinigung zweier verschiedener Arten, nämlich von Pferd und Esel, hervor; beide Arten sind noch so nahe verwandt, daß eine Befruchtung bei der Begattung beider stattfindet. Die Nachkommen aber können untereinander keine Nachkommen mehr erzeugen, und so werden die schädlichen Wirkungen dieser Kreuzung zweier verschiedener Arten neutralisiert. Ebenso ist es nun bei nahe verwandten Schmetterlingsarten; wohl hat man z. B. aus der Kreuzung von *Amorpha populi* L. und *ocellata* L. Nachkommen erhalten, diese waren aber unter sich nicht mehr fortpflanzungsfähig. Nun geht aber die Natur noch einen Schritt weiter. Es ist auch unerwünscht, daß solche Bastarde überhaupt zustande kommen, wenn sie auch nicht weiter fortgepflanzt werden und entweder ganz ohne Nachkommen bleiben oder durch Rückkreuzung mit einem der beiden Eltertiere die schädlichen Abweichungen wieder auf die Normalform zurückführen. In diesen Fällen geht immer viel wertvolles Fortpflanzungsmaterial einer Art verloren, und es ist erwünschter, wenn solche Kreuzungen ganz unmöglich gemacht werden. Das geschieht eben durch die komplizierte Ausbildung der Begattungsorgane, die es meistens einer Art ganz unmöglich machen, eine andere Art zu befruchten. Wir werden weiter unten sehen, daß das besonders für die Heteroceren wichtig ist, die sich vielfach nur durch den Geruch finden; diese Geruchseinwirkung ist dann so groß, daß das Männchen, in den „Dunstkreis“ eines Weibchens geraten, keine Unterscheidungsfähigkeiten mehr besitzt und oft wahllos irgendwelche anderen Arten zu begatten sucht. Dem wird dann durch die Unmöglichkeit, eine Befruchtung erfolgen zu lassen, vorgebeugt. Wir sehen also, daß die Kopulationsorgane eines der wesentlichsten Mittel darstellen, durch welches die Erhaltung einer betreffenden Art gewährleistet wird, und daß deshalb in allen den Fällen, wo die Männchen wenig wählerisch in bezug auf die Artzugehörigkeit des Weibchens sind, rein mechanisch dafür gesorgt werden muß, daß sich beide Arten nicht vermischen. Im Verlaufe der Entwicklung, wo sich die physischen und psychischen Eigenschaften der Männchen immer mehr und mehr spezialisieren und höher entwickeln, wird sich auch der sexuelle Instinkt immer mehr vervollkommnen und verfeinern. Ursprünglich ist es wohl nur ein dunkler Drang nach der Befreiung von den Spermatophoren überhaupt; immer mehr aber wird er klarer werden und sich einmal darin äußern, daß nur gewisse Weibchen angenommen werden, nämlich nur die der eigenen Art. Andererseits wird der Geschlechtsinstinkt dann nicht mehr so einseitig nur durch eine einzige Sinnesempfindung, wie z. B. den Geruch der Weibchen, angeregt werden, so daß für andere Empfindungen gar kein Raum mehr bleibt. Und schließlich werden sich dann im Verlaufe dieser Entwicklung solche Verschiedenheiten in den Keimzellen ausgebildet haben, daß eine Befruchtung ohnehin nicht mehr in Frage käme, und im Zusammenhange damit haben auch die äußeren Merkmale der betreffenden Falter eine gewisse Stabilität erreicht. Nach Ablauf einer bestimmten Entwicklungszeit ist ein für die bestimmte Art charakteristischer Endpunkt der Entwicklung erreicht. Während vorher die einzelnen Merkmale leichter verschiebbar waren, eine Variationsneigung also in erhöhtem Maße auftrat, bleibt jetzt die Art auf dem erreichten Standpunkt stehen; selbst sehr starke Veränderungen in den Lebensbedingungen vermögen keine nennenswerte Variabilität mehr zu bewirken. Die Art ist jetzt nicht mehr plastisch, sie ist starr geworden. In dem Maße nun, wie die einzelnen Arten starrer werden, besteht auch nicht mehr so sehr die Gefahr der Vermischung mit anderen Arten; denn auch der Geschlechtsinstinkt ist starr geworden und variiert nicht mehr in bezug auf das Objekt seiner Tätigkeit. Als Beispiel einer solchen noch recht plastischen Gattung seien die *Zygaena*-Arten erwähnt. Ihre Variationsneigung zeigt sich rein äußerlich darin, daß die Flecken und Punkte auf ihren Flügeln nicht nur in Form und Größe, sondern auch in Anordnung und Farbe beträchtlich abändern; Hand in Hand geht, ebenfalls als Zeichen der Plastizität, damit eine große Variabilität des Geschlechtsinstinktes. Die Tagfalter andererseits können im großen und ganzen als eine schon relativ starr gewordene Familiengruppe angesehen werden. Dementsprechend werden bei ihnen „Eheirrungen" nicht so häufig beobachtet wie bei den Nachtfaltern. Gewisse Familien machen da eine Ausnahme; besonders gilt das für die Nymphaliden und Lycaeniden. Diese, besonders die letzteren, haben eine höhere Plastizität bewahrt; es sei da erinnert an die so unendlich variablen Punktzeichnungen der Unterseite der Flügel; damit parallel geht auch eine Variabilität des Geschlechtsinstinkts, und die gröbsten Fälle von Eheirrungen sind aus den Familien der Nymphaliden und Lycaeniden bekannt geworden. Während bei plastisch gebliebenen Arten ein komplizierter Begattungsapparat notwendig ist, kann er bei starr gewordenen Arten rückgebildet werden.

Ein Punkt darf hier nicht unerwähnt bleiben, der sich nicht ohne weiteres in diesen Grundsatz einfügen läßt. Bei einer Anzahl von Arten läßt sich eine gewisse Asymmetrie des Kopulationsapparates feststellen; ein dankbares Untersuchungsobjekt für diese Erscheinung bieten z. B. viele Sphingiden und Hesperiiden. Unzweifelhaft ist ein solches asymmetrisch gebautes Organ kompliziert und weniger vereinfacht als ein symmetrisches; indessen dürfen wir hier nicht darauf schließen, daß das kompliziertere, also das asymmetrische Organ stammesgeschichtlich älter ist als das normale. Asymmetrie ist, wo sie auftritt, immer ein Zeichen von Differenzierung, wenn auch im vorliegenden Falle der symmetrisch gebaute Apparat der einfachere ist. Mitunter treten in derselben Gattung Arten mit symmetrischem und solche mit asymmetrischem Kopulationsorgan auf, es sind dann (bei der Gattung *Lithocolletis* Z. haben wir einen solchen Fall) die letzteren diejenigen, welche als Produkt der Spezialisierung zu gelten haben, während die ersteren die primitiveren Formen sind. Oftmals wird die Asymmetrie nur als sekundär entstandenes Merkmal zu würdigen sein; sie stellt eine Anpassung dar in bezug auf die Art der Begattung. Da das Männchen vieler Nachtschmetterlinge die Kopulation von der Seite her beginnt, ist eine solche Veränderung sehr wohl denkbar. Kommt z. B. das Männchen von der linken Seite an das Weibchen heran, so können ihm, falls es große Klammerorgane (Harpen) besitzt, die Harpen der rechten Seite sehr im Wege sein in seinem Bestreben, an die weibliche Geschlechtsöffnung zu gelangen. Es ist sehr gut denkbar, daß deshalb im Laufe der Entwicklung die rechten Harpen bei dieser Art immer mehr verkümmerten, um die Annäherung zu erleichtern. Hatte aber erst einmal die Vereinigung stattgefunden, so war es wesentlich für das Männchen, das Weibchen recht gründlich festzuhalten; da aber dann die eine Harpe für diesen Zweck ausfiel, mußte sich die andere kräftiger entwickeln. Haben wir also eine Art vor uns, deren Sexualarmaturen ganz extrem asymmetrisch sind, z. B. in der Größe, so haben wir diese Art nicht etwa von einer Stammform abzuleiten, deren beide Harpen symmetrisch waren und die Größe der längsten Harpe beim asymmetrischen Tiere hatten, sondern die symmetrische Ausgangsform wird Harpen besessen haben, die in der Länge etwa in der Mitte zwischen der einen und der anderen Harpe der asymmetrischen Form standen. Das gilt sinngemäß auch für die anderen Merkmale, in denen bei asymmetrischen Arten die beiden Seiten sich voneinander unterscheiden, also für Bedornung und Bezahnung, Fortsätze u. dgl. Im übrigen folgt im Laufe der Entwicklung auch der weibliche Kopulationsapparat den Asymmetrietendenzen des männlichen, indem sich introitus vaginae, der Verlauf der bursa copulatrix und andere Merkmale nach der entsprechenden Seite hin verschieben. Meistens tritt hier die Symmetrie nur äußerlich nicht so deutlich in Erscheinung wie beim Männchen.

Im allgemeinen sind die Kopulationsapparate bei jeder Art sehr konstant, viel konstanter als irgendwelche anderen Merkmale, wie z. B. die der Flügelfärbung und Zeichnung, worauf auch ihr hoher Wert für die Artdiagnostizierung beruht. Es darf aber nicht unerwähnt bleiben, daß bei gewissen Arten eine recht erhebliche Variationsbreite sich feststellen läßt. Das ist gewöhnlich bei solchen der Fall, die sich auch sonst durch eine hohe Plastizität ihrer Merkmale auszeichnen. Indem nun immer aufeinander abgestimmte Formen kopulieren, werden diese Abweichungen erblich fixiert, und es kommt so zur Bildung neuer Arten. Wir werden auf diese Verhältnisse noch in dem Abschnitt über die Artbildung ausführlicher zurückkommen. Sonst sind im übrigen auch die verschiedenen Generationen einer Art in ihrem Genitalapparat gleich, wenn sie auch äußerlich noch so extrem verschieden sind, wie z. B. unser *Araschnia prorsa-levana*. Aus der ganzen Ordnung der Schmetterlinge ist, trotzdem vielfache Untersuchungen darüber angestellt wurden, nur ein einziger Fall bekannt, wo die Kopulationsorgane bei derselben Art zwar nur geringfügig, so doch konstant verschieden sind, nämlich bei *Papilio xuthus* L.

In allen übrigen Fällen können, so unterschiedlich auch die einzelnen Generationen in Habitus, Färbung usw. sind, Differenzen im Bau des Apparates nicht festgestellt werden. Doch finden sich kleinere Unterschiede in den Lokalrassen, und das wird uns nicht weiter verwundern, wenn wir bedenken, daß ja die Rassen nichts anderes als entstehende Arten sind. Genaueres darüber wird in dem Abschnitt über Artumbildung noch mitgeteilt werden.

Um die Tätigkeit der männlichen Sexualarmaturen richtig bewerten zu können, müssen wir bedenken, daß sie in doppelter Hinsicht eine Umklammerung des weiblichen Hinterleibendes bewirken. Die Harpen (oder Valven genannt) umfassen es von der Seite her; sie sind gewöhnlich ventral schalenartig gewölbt, so daß der weibliche Hinterleib während dieses von der Seite kommenden Druckes nicht nach unten ausweichen kann. Eine Verschiebung nach oben kann nicht erfolgen, weil von dort her der Uncus auf das Weibchen drückt, der dementsprechend in vertikaler Richtung beweglich ist und nicht in horizontaler wie die Harpen. Wenn außer dem Uncus noch ein Gnathos vorhanden ist, wirken diese beiden zusammen, indem sie Teile des weiblichen Abdomens zwischen sich aufnehmen und, da sie gegeneinander beweglich sind, wie die zwei Schenkel einer Zange festhalten. In gewissen Fällen sollen die Harpen nun nicht nur eine Funktion des Festhaltens ausüben, sondern auch mit ihren Fortsätzen (die sonst ja Hilfsmittel der Anklammerung sind) auf dem Hinterleib des Weibchens trommelnde Bewegungen ausführen, wie TH. REUSS mitteilte. Falls diese Beobachtung den Tatsachen entspricht, kann man wohl annehmen, daß dadurch eine sexuelle Reizung des Weibchens bewirkt werden soll. Eine gleiche Funktion haben wohl auch die oftmals am Aedoeagus befindlichen oft recht umfangreichen Hakenbildungen. Vielfach trägt der Uncus auch an seiner Oberseite noch Zähne und Haken, die aus der Zusammenarbeit mit den Harpen nicht erklärt werden können. Für die letztere dient das meist dolchförmig nach unten gebogene Ende des Uncus. Diese Zähne an der Oberseite, die recht stark ausgebildet sein und diesem Teil eine hirschgeweihähnliches Aussehen geben können. lassen sich aus dem vorhin geschilderten Klammermodus nicht erklären. TH. REUSS nahm deshalb an, daß sie als „Luxusorgane“ zu betrachten seien, resultierend aus einem gewissen Übermaß an Lebenskraft. Es ist indessen festgestellt worden, daß der Uncus zuweilen auch unter das weibliche Endsegment bei der Begattung geschoben wird, so in die Ovipositoröffnung, wo ihm dann die an seiner Oberseite gelegenen Zähne gut zum Festhalten dienen können. Bevor wir unsere Betrachtungen über den Bau des Genitalapparates schließen, muß noch erwähnt werden, daß bei den Männchen mancher Falter, wie z. B. bei *Colias*, *Papilio*, *Vanessa*, *Macroglossum* u. a., zweierlei Spermatozoen festgestellt worden sind. Man hat Vermutungen aufgestellt, welchem Zwecke solch ein Dimorphismus dienen könne, und hat gemeint, daß nur die einen zur Befruchtung geeignet seien, die andern dagegen nicht. Wahrscheinlicher ist jedoch, daß das mit dem geschlechtsbestimmenden Chromosomen zusammenhängt, und daß die einen wohl nur

Männchen, die andern nur Weibchen zu erzeugen imstande sind. Genauere Untersuchungen und Experimente, die diese Frage lösen könnten, sind aber noch nicht angestellt worden. Man vergleiche aber dazu das auf Seite 45 Gesagte. Es sei noch erwähnt, daß auch bei anderen Tieren, z. B. bei vielen Schnecken, ein solcher Dimorphismus der Spermatozoen festgestellt worden ist.

Männchen und Weibchen sind natürlich in den Keimzellen verschieden; das hat man als den primären Sexualunterschied aufzufassen. Sie sind es weiterhin in den Kopulationsorganen, das müßten die sekundären Geschlechtsunterschiede sein. Endlich gibt es noch eine ganze Anzahl von Unterschieden, die mit der Befruchtung und Begattung nicht im direkten Zusammenhang stehen, das sind die tertiären Geschlechtsmerkmale. Letztere werden fälschlich meistens als sekundäre Genitalunterschiede benannt. Zu ihnen gehören in erster Linie Duft und Farbe, auf die wir deshalb weiter unten in besonderen Abschnitten noch zu sprechen kommen werden. Außerdem gibt es aber noch einige solcher Merkmale, die nicht so allgemein verbreitet sind, und die wir zuerst betrachten wollen. Wir hatten schon bei Besprechung von Raupe und Puppe gefunden, daß die beiden Geschlechter im Blut, in der Hämolymphe verschieden sind, was in einigen Fällen sich schon durch die Färbung feststellen ließ. So ist auch bei der Imago das Blut je nach dem Geschlecht verschieden, wenn dies auch ohne weiteres nicht sichtbar ist. Mischt man männliches und weibliches Blut, so fallen Eiweiße aus, was nicht geschieht, wenn man die Hämolymphe zweier Individuen desselben Geschlechtes (natürlich auch derselben Art) miteinander mischt. Im Körper der Falter befindet sich ein Enzym, das wir bei der Schilderung des Eies schon erwähnt hatten, das die Fähigkeit besitzt, von Wasserstoffsuperoxyd Sauerstoff abzuspalten; dasselbe oder ein anderes entfärbt Methylenblau. Beide Wirkungen sind nun nach dem Geschlecht der betreffenden Falterart verschieden. Auch Differenzen im Flügelgeäder kommen als tertiäre Geschlechtsunterschiede vor. Wir wollen da ganz absehen von den durch Duftorgane bewirkten Flügelumänderungen. Aber auch in solchen Fällen, wo kein irgendwie gestaltetes Duftorgan sich an der betreffenden Stelle vorfindet, sind Verschiedenheiten in der Anordnung der Flügeladern festzustellen. Als offensichtliche Beispiele sollen uns die Wicklergattungen *Pamene* und *Epibactra* dienen. Bei den Männchen der ersteren zieht im Hinterflügel die Radialis (r_{2-5}) noch vor dem Ende der Mittelzelle nach der Subcosta hinüber und bleibt in ihrem ganzen weiteren Verlauf mit ihr vereinigt, während sie beim Weibchen ganz getrennt von der Subcosta bleibt. Bei *Epibactra* sind im Hinterflügel beim Weibchen 3. Media und 1. Cubitalast nur im Basalteil verschmolzen, also gestielt, während sie beim Weibchen ganz zusammenfallen. Wenn wir die allgemeinen Beurteilungen für das Flügelgeäder in seinem Wert für stammesgeschichtliche Untersuchungen hier anwenden wollen, kommen wir zu einem seltsamen Widerspruch. Wir sehen gewöhnlich das Weibchen als das konservativere an und finden, wenn Weibchen und Männchen verschieden in irgendeinem Organ ausgebildet sind, daß das Weibchen den primitiveren, das Männchen dagegen den mehr spezialisierten Typus geprägt hat. Dieses Gesetz auf die beiden vorliegenden Fälle angewendet bedeutet, daß es im ersten Falle Gültigkeit hat, im zweiten nicht. Die Verschmelzung zweier Adern ist ein Zeichen der Spezialisierung; danach müßte das Männchen von *Pamene*, andererseits aber auch das Weibchen von *Epibactra* das höher entwickelte sein. Es ergibt sich daraus, daß man bei der Beurteilung der Frage, ob das Weibchen in irgendeinem Falle das primitivere ist oder nicht, nur mit äußerster Vorsicht vorgehen darf.

Als einen besonderen Einzelfall haben wir noch die Begattung bei manchen *Orgyia*- und *Psychiden*-Arten zu untersuchen. Es handelt sich darum, wie eine Kopula in solchen Fällen ermöglicht wird, wo das Weibchen im Kokon oder gar in der Puppe verbleibt. Bei *Orgyia gonostigma* F. legt die Raupe einen doppelten Kokon an, einen festen inneren und einen lockeren äußeren. Wenn das Weibchen ausschlüpft, verläßt es zwar den inneren, nicht aber den äußeren Kokon. Das heranfliegende Männchen schlüpft nun durch die Maschen des äußeren Kokons, wobei es seine Flügel ganz dicht an den Leib und oftmals sogar in Falten legen muß, und vollzieht im Kokon die Begattung. Schwieriger ist das bei den *Psychiden*, die nur einen einzigen Kokon besitzen, der recht fest ist und niemals einem Männchen den Durchtritt gestatten könnte. Hier ist das Weibchen ebenfalls flügellos; in einigen Gattungen verläßt es noch den Kokon, setzt sich auf den Sack und erwartet dort das anfliegende Männchen. Bei vielen Arten aber, die gänzlich reduziert sind und auch keine Beine mehr besitzen, ist es dazu nicht mehr imstande. Es verbleibt im Kokon und in den extremsten Fällen sogar in der Puppenhülle, die nur vorn etwas aufgeplatzt ist. Die Angelegenheit wird noch schwieriger dadurch, daß sich ja die Raupe vor der Verpuppung umgedreht und keine Rückdrehung gemacht hat. Es liegt jetzt also bei diesen Weibchen der Kopf gegen die Öffnung des Sackes, während das Hinterleibsende, auf das es bei der Begattung ja ankommt, sich auf der angesponnenen Seite des Sackes befindet, also am weitesten entfernt von der Sacköffnung. Wenn nun noch das Weibchen, wie bei den *pupicolae* in der Puppenhülle verbleibt, ist es für das Männchen anscheinend ganz unmöglich, die Kopulation zu vollziehen. Da finden sich aber nun beim Männchen gewisse Anpassungsvorrichtungen, wie wir sie sonst nirgends mehr in einer Falterfamilie antreffen. Die Abdominalsegmente des Männchens können nämlich teleskopähnlich auseinandergezogen werden, wodurch der Hinterleib enorm verlängert und gleichzeitig verschmälert wird. Dieser fernrohrartig ausgezogene Leib wird von dem Männchen in die Sacköffnung eingeführt, am Kopf des Weibchens vorbei bis zu dessen Genitalöffnung gebracht, dort etwas umgebogen, so daß die Begattung vollzogen werden kann. Selbst bei den Pupicolae ist das Männchen noch imstande, in dem engen Raum zwischen dem weiblichen Körper und der Puppenhülle mit seinem Abdomen hindurchzudringen und so eine Kopula zu erreichen. Die Kopulationsvorgänge bei den Psychiden stellen eines der merkwürdigsten Kapitel in der Anpassung dar, und es ist nicht zu verwundern, wenn es relativ lange dauerte, bis man diese

Verhältnisse aufklärte. Früher glaubte man, daß sich die männlichen und weiblichen Raupen bei der Verpuppung verschieden verhielten, indem nämlich die weiblichen die Umdrehung vor der Verpuppung nicht mitmachten, so daß sie, wenn sie ausgeschlüpft wären, das Hinterleibsende schon der Sacköffnung zukehrten, wodurch eine Begattung den anfliegenden Männchen natürlich sehr erleichtert worden wäre. Spätere genaue Beobachtungen ergeben aber, daß eine solche Geschlechtsverschiedenheit im Verpuppungsmodus nicht bestand, und so kam man durch genauere Untersuchung zur Kenntnis der eben geschilderten Vorgänge.

Auf eine auffallende Erscheinung soll noch hingewiesen werden, die wahrscheinlich auch zum Geschlechtsleben der Falter in irgendeiner Beziehung steht. Die Hoden der männlichen Schmetterlinge sind fast immer auffallend stark pigmentiert, auffallend schwarz, braun, rot, orange oder gelb. Es bleibt ziemlich unklar, warum an diesen Stellen eine so starke Pigmentanhäufung eingetreten ist, und es wäre dankenswert, zu untersuchen, ob diese Färbung für die jeweilige Art konstant ist, oder ob sie durch Futterverschiedenheiten oder Temperaturversuche beeinflußbar ist. Merkwürdig ist diese Pigmentierung besonders aus dem Grunde, weil der Hoden doch im Innern des Körpers gelagert ist,wo also nie Lichtstrahlen hingelangen; Pigmentablagerung pflegt aber gewöhnlich nur da zu erfolgen, wo Licht wirksam sein kann. So sind alle Eingeweide, die Eingeweidewürmer und auch fast alle in dunklen Grotten oder im Innern von Pflanzenstengeln und -stämmen lebenden Larven immer ganz schwach pigmentiert und erscheinen weißlich oder gelblich. Der lebhaft gefärbte Hoden nimmt also in dieser Beziehung eine Sonderstellung ein.

Es ist behauptet worden, daß bei primitiveren Schmetterlingen die Geschlechtstätigkeiten das ganze Leben ausfüllen, bei höher spezialisierten soll das nicht in dem Maße der Fall sein. Dieses Gesetz findet zum mindesten auf die Psychiden Anwendung. STANDFUSS beobachtete einmal ein Männchen von *Psyche apiformis* STGR., das sich unmittelbar nach dem Schlüpfen mit zwei Weibchen paarte und bei der zweiten Kopula starb. Seine ganze Lebensdauer vom Schlüpfen bis zum Tode betrug nur 32—58 Minuten. So ist es bei den meisten Psychiden; ihr Leben zählt nur nach Stunden, selten nach Tagen; in kürzester Zeit suchen sie zur Kopulation zu gelangen und sterben dann. Die Lust zur Paarung ist bei den Nachtfaltern viel größer als bei den Tagfaltern; daraus erklärt es sich auch, daß in der Gefangenschaft es wohl fast stets gelingt, Nachtschmetterlinge zur Begattung zu bringen, daß aber die Zahl der Arten von Tagfaltern, wo die Paarung gelungen ist, sehr gering ist. So gelang die Erzielung einer Tagfalterkopula bei den Gattungen *Thais, Parnassius, Thecla, Limenitis, Apatura, Araschnia*. Es scheint, daß den Tagfaltern in der Gefangenschaft nie die nötigen Lebensbedingungen gegeben werden können, und daß die Rhopaloceren eine intensive Flugbewegung in freier Luft brauchen, wodurch ihre Lebenstätigkeit gesteigert wird; erst dann werden sie willig zur Kopula. Bei ihnen überwiegt eben der Geschlechtstrieb nicht so sehr alle anderen Lebensäußerungen, wie es bei den Nachtschmetterlingen der Fall ist. Aber auch bei letzteren lassen sich Verschiedenheiten beobachten. Im allgemeinen ist zu sagen, daß bei den Familien, wo der Rüssel rückgebildet erscheint, eine Begattung leichter und früher erfolgt als bei den Arten, wo er noch normal ausgebildet ist. Die ersteren sind zur Nahrungsaufnahme untauglich geworden; es treten deshalb die Instinkte, die sich auf diese beziehen, gegenüber den sexuellen zurück; außerdem ist das imaginale Leben infolge mangelnder Ernährung kürzer geworden, so daß sich die Notwendigkeit einer frühzeitigen Begattung ergibt. Verschiedentlich ist schon eine Kopula beobachtet worden, bei der entweder das Männchen oder das Weibchen noch keine völlig entfalteten Flügel besaß, und EDWARDS berichtet sogar, daß sich bei *Heliconius charitonia* F. eine Anzahl Männchen um eine dem Schlüpfen nahe Puppe sammelten; vermutlich wird auch hier eine Kopula unmittelbar nach dem Schlüpfen erfolgt sein. Bei anderen Faltern findet Begattung erst später statt; so kopulieren Schwärmer nach TRINKER immer erst, nachdem sie ihren Durst gestillt haben, und bei Tagfaltern können Tage und Wochen vergehen, bevor eine Befruchtung erfolgt; in einzelnen Fällen, so bei unseren Zitronenfaltern *Gonepteryx rhamni* L., findet sie erst nach der Überwinterung statt. Je mehr andere Lebenstätigkeiten bei einer Schmetterlingsart vorkommen, um so mehr wird die Ausübung der sexuellen Funktionen verschoben, um so schwerer ist es auch, in der Gefangenschaft eine Begattung zu erzielen.

Wir wenden uns nun im folgenden den Äußerungen des Sexualtriebes zu, die einer Kopulation vorauszugehen pflegen. Die Tendenz derselben besteht darin, das andere Geschlecht auf sich aufmerksam und zur Vereinigung geneigt zu machen. Das am wenigsten von den normalen Gewohnheiten abweichende Mittel ist wohl der Hochzeitsflug. Ein solcher ist bei Schmetterlingen relativ selten zu beobachten; er kommt wohl nur bei Tagfaltern und einigen am Tage fliegenden Kleinschmetterlingen vor, aber auch da nicht in dem Ausmaße wie bei Hymenopteren, Dipteren u. a. Insektenordnungen. Das gilt einmal für die Zahl der Teilnehmer und zum anderen auch für die Art und Weise des Fluges. Erscheinungen, die als Hochzeitsflug zu deuten sind, finden sich entweder beim Männchen oder beim Weibchen. Bei dem letzteren kann in den Gattungen *Argynnis* und *Papilio* eine eigenartige Flugform beobachtet werden, die ein Anzeichen dafür ist, daß es zur Kopulation bereit ist. Es resultiert dann ein gewisser Schwebeflug, der darauf beruht, daß hauptsächlich nur die Vorderflügel bewegt und die Hinterflügel relativ still gehalten werden. Ein Hochzeitsflug der Männchen findet nach SEITZ bei *Danais* statt. Es sammeln

---

Tafel III. Abb. 1. Duftbüschel am Palpenende von *Scopelodes venosa* WKR. Abb. 2. Ebensolche am Abdominalende des Zünslers *Eudioptis* ♂. Abb. 3. Ebensolche am Vorderbein der Eule *Sphingomorpha chlorea* CR. ♂. Abb. 4. Ebensolche auf den Flügeln der Eule *Nyctipao macrops* L. ♂.

Tafel III.

2.

4.

1.

3.

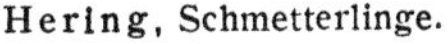

sich dabei die Männchen in Anzahl um Zweigspitzen, die von der Sonne beschienen werden, und führen dort in der Luft ganz charakteristische Tänze auf. Wenn ein Weibchen vorüberkommt, lockt es, ohne an diesen Tänzen teilzunehmen, eines der Männchen mit sich, und die Kopula erfolgt abseits im Gebüsch an Grashalmen u. dgl. Der Hochzeitsflug dieser Männchen ist dadurch bemerkenswert, daß er nicht in der Nähe eines schon anwesenden Weibchens stattfindet, sondern in der Erwartung desselben ausgeübt wird. Davon unterscheiden sich die Tänze gewisser Kleinschmetterlingsarten. Wenn man im ersten Frühjahr, wenn gerade die Buchenblätter ihre Knospen gesprengt haben, im Laubwald Beobachtungen anstellt, wird man in großer Anzahl die Männchen von *Adela viridella* L. ihre mückenartigen Tänze ausüben sehen. Die metallisch grün gefärbten Falter mit ihren langen Fühlern, die die Länge der Flügel weit überragen, tanzen gewöhnlich um ein Blatt, auf dem ein Weibchen sitzt. Sie führen ihre Bewegungen im Sonnenschein unermüdlich aus, und nur ab und zu setzt sich ein Männchen auf ein Blatt, um eine kurze Zeit zu ruhen. Hier wird also der Tanz um ein anwesendes Weibchen ausgeführt. Ähnliche Verhältnisse finden wir bei *Micropteryx thunbergella* F., die man zur selben Zeit an Haselsträuchern findet. Nur fliegen hier die Männchen nicht so lebhaft, sondern laufen eifrig in Mehrzahl auf dem Stamm hin und her, während sich die Weibchen, die auch daran sitzen, ganz ruhig verhalten. Bekannt sind die Bewegungen mancher *Hepialus*-Arten, die wie ein aufgehängtes Pendel in der Luft hin und her schwingen, um ihre Weibchen auf sich aufmerksam zu machen. In diesem Falle bestimmt, aber auch wahrscheinlich in vielen anderen hat die Flugbewegung des Männchens den Zweck, Duftstoffe abzugeben, die auf das Weibchen erregend wirken sollen, worauf wir noch genauer zurückkommen müssen.

Abb. 39. Duftschuppe von *Alucita pentadactyla* L., in beiden Geschlechtern gleich.

Duftstoffe, die ein Anlocken der Geschlechter gegenseitig bewirken sollen, sind im Tierreich außerordentlich weit verbreitet, und so kommen sie auch bei den Schmetterlingen in der mannigfaltigsten Ausbildung vor. Wir müssen da streng unterscheiden zwischen den vom Männchen und vom Weibchen abgesonderten Substanzen. Beide sind in biologischer und physiologischer Hinsicht gänzlich verschieden. Man wird deshalb kaum irgendwo bei den Faltern in beiden Geschlechtern gleich gebaute Duftorgane finden. Eine Übereinstimmung wird nur in den Organen mancher Hesperiiden gefunden, wo das Duftorgan in Größe, Lage und Ausgestaltung bei beiden Geschlechtern gleich ist; es ist aber mit Sicherheit anzunehmen, daß bei genauerer Untersuchung sich Unterschiede noch herausstellen werden. Eine vollständige Übereinstimmung der Duftorgane in beiden Geschlechtern existiert ferner bei der Federmotte *Alucita pentadactyla* L. Bei anderen Federmotten der Gattung *Oxyptilus* Hb. befindet sich auf der hintersten Feder des Hinterflügels ein Schuppenwulst zwischen den gewöhnlichen Haarschuppen (Fransen) des Flügels; auch dieser ist als Duftorgan angesprochen worden; er kommt bei Männchen und Weibchen in gleicher Ausbildung vor; die mikroskopische Untersuchung beweist aber, daß hier ein Duftorgan nicht vorliegt; es sind die gewöhnlichen Schuppen, die sich auf der ganzen Flügelfläche finden, hier zusammengedrängt und stehen etwas ab, so daß sie von den Haarschuppen sich scharf abheben. In der Regel wird ein Duftorgan, welches beim Männchen vorhanden ist, dem Weibchen fehlen und umgekehrt. Beide Geschlechter haben eben ihnen eigentümliche Organe mit spezifisch verschiedener Wirksamkeit. Während das Weibchen durch den von ihm ausgehenden Duft das andere Geschlecht anlocken will, wozu natürlich Stoffe notwendig sind, die auf eine weite Entfernung wirken müssen, hat der von dem Männchen ausgehende Duft den Zweck, das Weibchen sexuell anzuregen und es zur Kopula geneigt zu machen. Da das Männchen diesen Duft erst dann ausströmen läßt, wenn es ein Weibchen schon gefunden hat, braucht er nur auf eine geringe Entfernung wirksam zu sein. Auf dieser physiologischen Verschiedenheit beruhen auch die morphologischen Differenzen dieser Organe. Die Geruchsempfindung liegt beim Männchen in gewissen Organen der Fühler; es wurde festgestellt, daß Tiere, deren Fühler mit einem undurchdringlichen Lack überzogen waren, den Weibchen gegenüber vollkommen gleichgültig waren, selbst wenn sie im normalen Zustand einen sehr starken Kopulationstrieb besaßen, wie z. B. viele Spinner. Auf die Art und Weise der Geruchswahrnehmung kommen wir in dem Kapitel über die Sinnestätigkeiten (Seite 182) noch zu sprechen. War durch Überstreichen nur ein Fühler ausgeschaltet worden, so beschrieb das Männchen unregelmäßige Kreise und Spiralen um das die Begattung erwartende Weibchen und gelangte schließlich doch noch zur Kopula. Der Geruch, der von dem Weibchen ausgeht, wirkt oft noch auf unglaublich weite Entfernung; die Männchen fliegen viele Kilometer weit, um zu einem solchen Weibchen zu gelangen. Es werden Fälle berichtet, wo die Männchen durch den Schornstein in ein Zimmer gelangten, wo ein zu ihrer Art gehöriges Weibchen sich befand, und es ist auch vorgekommen, daß ein Anflug an eine Schachtel stattfand, in der im vorhergehenden Jahre ein Weibchen gehalten wurde. Die Anzahl der Männchen, die ein Weibchen aufsuchen, ist oft sehr groß; von *Cossus robiniae* Pck. wurden 70 männliche Individuen, von *Saturnia pavonia* L. sogar 127 beobachtet, die sich in wenigen Stunden um ein einziges Weibchen gesammelt hatten. Die außerordentlich weitreichende Wirkung des weiblichen Duftorgans, die auf viele Kilometer hin noch die Männchen beeinflußt, ist vielfach angezweifelt worden. Man hat angenommen, daß es unmöglich Geruchsempfindungen sein können, die die Männchen von einem so entfernt sich befindenden Weibchen empfangen könnten, und hat geglaubt, daß es sich dabei um irgendwelche Strahlenwirkungen uns noch unbekannter Art handle, vielleicht ähnlich den elektrischen Wellen. Es sind daraufhin Versuche in dieser Richtung gemacht worden, indem man das Weibchen unter eine luftdicht schließende Glasglocke setzte und das Verhalten der Männchen beobachtete. Diese betrugen sich gänzlich teilnahmslos und nahmen von dem Weibchen unter der Glasglocke nicht die geringste Notiz. Daraus wurde geschlossen, daß tatsächlich der Geruch es sei, der die Männchen zu den Weibchen führt. Ein einwandfreier Beweis ist damit allerdings noch nicht geliefert. Es besteht sehr wohl die Möglichkeit, daß von dem Weibchen Reize anderer Art als solche des Geruchs ausgehen, nur ist ein Durchdringen derselben durch Glas unmöglich. Es wird sehr schwer sein, einen richtigen Nachweis zu führen, daß tatsächlich hier Geruchsempfindungen eine Hauptrolle spielen, wenn auch die Wahrscheinlichkeit hierfür sehr groß ist. Sobald der Begattungsakt vollendet ist, scheinen die Ausstrahlungen von Duftstoffen beim Weibchen ganz aufzuhören; es findet kein Anflug von Männchen mehr statt. Eine Ausnahme bilden, wie schon oben erwähnt, die Arten, bei denen eine mehrmalige Kopulation stattfinden muß. Es ist wohl als sicher anzunehmen, daß irgendein Zusammenhang zwischen den Genitalbewegungen des Weibchens und der Duftausstrahlung besteht. Die eigentümlichen Bewegungen, die das zur Begattung geneigte Weibchen ausführt, werden auf die den Duftstoff erzeugenden Drüsen einen Druck ausüben, der sie veranlaßt, ihren Inhalt nach außen abzugeben.

Diese Drüsen sind schon längere Zeit bekannt; daß sie es tatsächlich sind, die die Männchen anziehen, geht aus dem Versuch hervor, daß man die Organe herausschnitt und neben den weiblichen Falter legte. Die anfliegenden Männchen versuchten nun sämtlich, mit dem herausgenommenen Drüsenorgan zu kopulieren, ließen aber das dabeisitzende Weibchen völlig unbeachtet. Es erfolgten sogar Kopulationsbewegungen an der Stelle, wo ein Weibchen gesessen hatte, und wo noch der Duft desselben vorhanden war. Die Duftorgane können nun in sehr verschiedener Weise ausgebildet sein. Gewöhnlich entstehen sie aus Umbildungen der Haut zwischen dem achten und neunten Abdominalsegment. Im einfachsten Falle besteht das ganze Organ aus einem Komplex von Drüsenzellen, die zu einem „Duftfeld“ zusammentreten. Wir haben es dann mit besonders umgebildeten Hautzellen zu tun. Sie gehen hervor aus den gewöhnlichen Hypodermiszellen, also den Zellen, die unmittelbar unter der Chitin-Cuticula liegen. Der Prozeß geht dann in der Weise vor sich, daß sich die Hypodermiszellen enorm vergrößern und in die Tiefe sinken, so daß sie dann unter den gewöhnlichen Unterhautzellen liegen, durch einen Fortsatz aber meist in die oberen Schichten hineinragen. Gleichzeitig verändert sich, da jetzt auch eine andere Funktion übernommen wird, ihr Kern. Durch den nach außen gerichteten Fortsatz sind sie in der Lage, die von ihnen abgesonderten Produkte auf die Oberfläche des „Duftfeldes“ zu bringen. Auf dem letzteren befinden sich dann meist irgendwelche Schuppen- oder Haarbildungen, die eine feinere Verteilung des Sekretes ermöglichen sollen; durch diese Vergrößerung der Oberfläche wird dann eine schnellere Verdunstung des Sekretes bewirkt. Wie schon erwähnt, liegen diese Bildungen meist zwischen dem achten und neunten Abdominalsegment, doch sollen sie bei *Argynnis* sich zwischen dem siebenten und achten Ring befinden. Nicht immer finden sich nur einzellige Drüsen; in vielen Fällen sind echte Drüsenschläuche ausgebildet worden, wodurch dann vielleicht die Duftwirkung gesteigert ist. Manchmal ist der größte Teil der

Segmentzwischenhaut zum Duftorgan umgebildet, manchmal sind es nur bestimmte Bezirke. So ist bei einigen *Saturnia*-Arten nur die ventrale Seite unmittelbar hinter dem Introitus vaginae mit verwendet worden, während beim Seidenspinner *Bombyx mori* L. nur die seitlichen Teile umgebildet sind. Diese letzteren bilden hier zwei taschenartige Erweiterungen, die sogenannten S a c c u l i l a t e r a l e s; bei Geneigtheit zur Kopula werden sie nach außen ausgestülpt und stehen dann seitlich wie zwei große Blasen ab. Man hat nachgewiesen, daß durch sie tatsächlich das Männchen angelockt wird, indem man die Flüssigkeit dieser Sacculi auf Fließpapier tropfte, und an diesem erfolgten dann Anflug und Kopulationsbewegungen von Männchen. Die langen Haarbüschel, die man, wenn sie im Zusammenhang mit einem Duftorgan stehen, als Duftpinsel bezeichnet, kann man besonders schön an der Bauchseite des Weibchens von unserem Zitronenfalter beobachten. Dort liegen große Haarbüschel, die bei sexueller Erregung wohl infolge des Blutdruckes herausgepreßt werden. Überhaupt scheint es, als ob der Blutdruck bei dem Ausströmen von Düften eine große Rolle spielt, indem er die dufterzeugenden Zellen oder Drüsen zur Abgabe ihrer Sekrete veranlaßt.

Wie wir schon oben sahen, hat das Duftorgan der Männchen eine ganz andere Bedeutung als das der Weibchen. Es ist deshalb nicht weiter verwunderlich, daß selten beide Geschlechter im Bau der Duftorgane übereinstimmen. In den wenigen Fällen, wo eine Verschiedenheit nicht festgestellt wurde, werden sich bei genauerer Untersuchung doch noch Differenzen ergeben. Die Organe der Männchen sollen eben nicht anlocken, sondern sie sollen durch ihren Geruch das Weibchen zunächst aufmerksam und es weiterhin für die Kopulation geneigt machen. Das Weibchen muß besonders bei den Arten durch den Geruch gereizt werden, wo es selbst gut fliegen kann, und wo das Männchen befürchten muß, daß ersteres leicht vorbeifliegen und das andere Geschlecht übersehen könnte. Wir finden deshalb männliche Duftorgane besonders bei den Arten, wo auch die Weibchen gute Flieger sind. In allen den Fällen, wo die Weibchen aber verkümmerte oder ganz fehlende Flügel haben, sind Duftorgane der Männchen überflüssig und kommen nicht vor. Es ist aus diesen Gründen erklärlich, warum sich gerade so viele Beispiele der Ausbildung von männlichen Duftorganen bei den Tagfaltern finden. Die Sphingiden besitzen ebenfalls schnell fliegende Weibchen und im Zusammenhang damit wohl ausgebildete Duftorgane.

Die Entwicklung der männlichen Duftapparate kann nun in sehr verschiedener Weise erfolgen. Auch hier kommen einzellige und mehrzellige Drüsen und im Zusammenhange damit Duftpinsel vor. Während aber beim Weibchen die Duftorgane meistens am Ende des Abdomens oder wenigstens in der Nähe desselben sitzen, ist die Lokalisation derselben bei den Männchen außerordentlich verschieden; an fast jedem Körperteile können sie vorkommen. Im einfachsten Falle liegen sie über den ganzen Flügel verstreut, wie es bei *Pieriden* und *Lycaeniden* der Fall ist. Sie unterscheiden sich dann oftmals nicht so sehr von den gewöhnlichen Flügelschuppen, haben bei *Pieris*-Arten z. B. noch oft einen

Sinus am Stiel und sind nur an der Spitze fein ausgefranst, wodurch sie dann eine größere Oberfläche für das zur Verdunstung gelangende Sekret besitzen. In dieser Form der plumulae sind sie sehr weit verbreitet. Jedoch braucht nicht immer eine so feine Verteilung zu erfolgen. Die Gestalt der Duftschuppen ist sehr mannigfaltig und bei den einzelnen Arten verschieden. Manchmal sind sie rein haarförmig, andermal feder-, fächer- oder fiederartig zerteilt; wieder andere sind kompakter, mehr blasen- und keulenartig, manchmal rein stab förmig, zuweilen auch in Abständen eingeschnürt, so daß sie wie gegliedert erscheinen. Sie sind in ihrer Form vielfach für bestimmte Gattungen oder Arten charakteristisch. Man erkennt sie in zweifelhaften Fällen daran, daß an ihrer Basis im Flügel immer eine von den übrigen Zellen abweichende oft sehr großkernige Drüsenzelle liegt. Das von dieser Drüsenzelle erzeugte Sekret tritt durch den Stiel der Duftschuppe in diese selbst ein und gelangt durch ihre Poren nach außen. Man hat auch vermutet, daß die Schmetterlinge in vielen Fällen die Duftschuppen abwerfen, wodurch dann das Sekret schon an der Stelle, wo die Duftschuppe abgebrochen ist, hin-

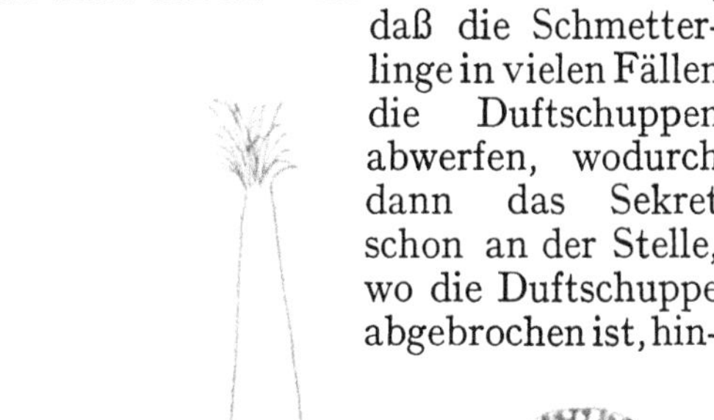

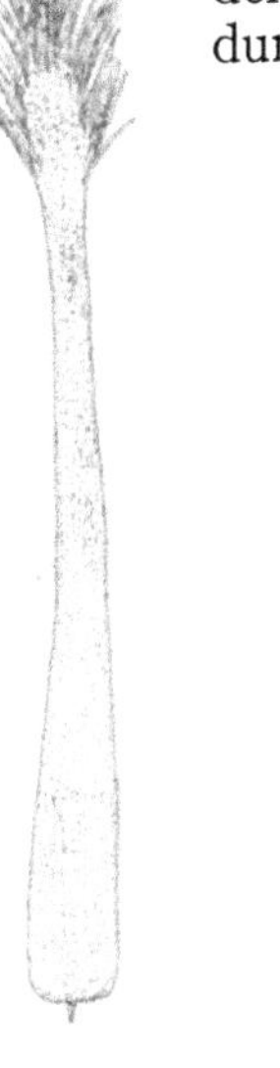

Abb. 40. Duftschuppe von *Argynnis paphia* L. ♂.

Abb. 41. Duftschuppe von *Satyrus semele* L. ♂.

Abb. 42. Duftschuppe von *Pieris brassicae* L. ♂.

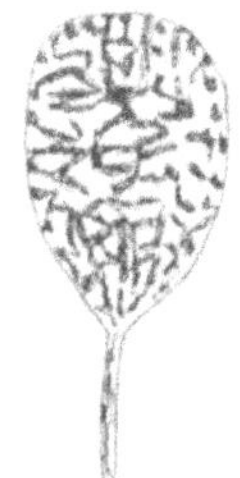

Abb. 43. Duftschuppe von *Lycaena arion* L. ♂.

austreten kann. Dafür dürfte die Lage bestimmter Duftfelder sprechen, die sich an der Grenze zwischen Vorder- und Hinterflügel befinden, also an Stellen, wo die stärkste Reibung der beiden Flügel aufeinander ausgeübt wird. In der höher entwickelten Form des Organs sind die Duftschuppen nicht mehr über den ganzen Flügel verstreut, sondern auf bestimmte Bezirke desselben beschränkt. So entstehen die Duftflecke oder Duftstreifen. Es sind das meist abweichend gefärbte Stellen des Flügels, die wir in schöner Ausbildung bei vielen unserer gelben Hesperiiden finden, wo auf der gelbbraunen Flügelgrundfarbe ein schwarzer oder bleigrauer Strich sich befindet, der einer Art sogar ihren Namen verschafft hat

(*Hesperia comma* L.). Umfangreichere Duftfelder treten namentlich bei *Euploea* auf; hier befindet sich das eine auf dem Hinterrand des Vorderflügels unterseitig, ein zweites auf dem Vorderrand des Hinterflügels oberseitig, so daß in Ruhestellung beide Teile des Duftfeldes aufeinander liegen, wodurch ein erhöhter Schutz gewährleistet wird. Wenn das Feld in Tätigkeit treten soll, werden die Flügel so gespreizt, daß beide Stellen offen daliegen; aus der dadurch erzielten andersartigen Weise des Fluges entsteht dann der Hochzeitsflug.

Es zeigt sich in der Entwicklung der Duftorgane überhaupt das Bestreben, sie möglichst versteckt und geschützt anzubringen, um ein vorzeitiges Verdunsten des Sekretes zu verhindern. So war es schon bei der genannten *Euploea*. Die Oberseite des Vorder- und die Unterseite des Hinterflügels wirken als Schutzdecken, zwischen denen das empfindliche Organ aufbewahrt wird. In anderen Fällen wird eine echte Falte in der Flügelhaut gebildet, unter der die Duftschuppen sich befinden. So ist bei vielen Tortriciden (Genus *Cacoecia*) der Vorderrand des Vorderflügels umgeschlagen; unter diesem sogenannten Costalumschlag liegen dann die Duftschuppen. Falls sich auch am Vorderrand der Hinterflügel ein solches Organ ausgebildet hat, ist ein Costalumschlag nicht notwendig, weil dort schon der Vorderflügel als Schutzdach darüber liegt. In anderen Fällen befindet sich das Duftfeld am Hinterrand der Hinterflügel; diese Stelle ist besonders geeignet, weil bei höher entwickelten Formen der Hinterflügel nicht mehr in dem Maße zum Fliegen beansprucht wird wie bei den niederen; es bilden sich ohnehin dort die Adern zurück, der Flügel wird an dieser Stelle weich und rollt sich um. In dieser Einrollung werden dann die Duftschuppen geborgen. So ist es bei vielen exotischen *Papilioniden* und *Ornithopteren*, die an jener Stelle einen richtigen Pelzbesatz von Duftschuppen haben. Es besteht sicherlich ein Zusammenhang zwischen der Art des Fluges und der Lokalisierung des Duftorgans auf den Flügeln. Ein Costalumschlag des Vorderflügels ist nur bei relativ primitiven Faltern möglich, wo die Inanspruchnahme für den Flug sich noch auf beide Flügel gleichmäßiger erstreckt. Ein solcher ist z. B. bei den Sphingiden ganz undenkbar. Wir finden ihn aber bei gewissen Kleinschmetterlingen (Tortriciden) und auch bei Hesperiiden, die ja auch in vieler Hinsicht als tiefstehend angesprochen werden. Eine Umrollung des Hinterflügels ist dagegen bei den Formen durchführbar, wo er ohnehin nicht mehr so sehr beim Flug gebraucht wird; die am besten entwickelten Duftorgane von diesem Typus finden sich deshalb bei den hochstehenden Papilioniden. Doch muß man sich hüten, Duftorgane überhaupt für phylogenetische Untersuchungen heranzuziehen; sie sind immer sekundäre Umbildungen und können in Familien, die nicht im geringsten miteinander verwandt sind, in gleicher Weise als Konvergenzerscheinungen auftreten. Die Einfaltungen der Flügelfläche brauchen aber nicht an den Rändern derselben zu erfolgen, sondern sie können sich auch an jeder beliebigen Stelle des Flügels befinden. Oftmals sind sie an bestimmte Adern gebunden, so bei Nymphaliden und Satyriden. Bei *Danais* befindet sich in der Mitte des Hinterflügels ein schwarzer Fleck. Untersucht man ihn genauer, so sieht man, daß es sich bei ihm um eine Tasche handelt, die ebenfalls durch Einfaltung des Flügels entstanden ist; diese Tasche steht nur durch einen schmalen Spalt mit der Außenwelt in Verbindung. Unter Umständen kann die Ausbildung des Duftorgans den Flügel beträchtlich verändern, so daß dann der Aderverlauf beim Männchen ein ganz anderer ist als beim Weibchen und es oft schwer ist, die zusammengehörigen Geschlechter zu ermitteln. So ist es beim Vorderflügel vieler Lithosien und beim Hinterflügel mancher Syntomididen der Fall. Es braucht wohl nicht näher begründet zu werden, daß diese Geäderverschiedenheiten für stammesgeschichtliche Untersuchungen in keinem Falle verwertbar sind. Die Entstehung solcher Duftorgane steht meistens in Beziehung zur Mittelzelle oder zur Wurzelschlinge der Axillaradern.

Oftmals befinden sich die männlichen Duftdrüsen aber nicht auf den Flügeln, sondern an anderen Stellen des Körpers. Am häufigsten kommen sie an den Beinen und zwar zumeist an den Tibien vor. Da die Hinterbeine vielfach während des Fluges nach hinten ausgestreckt werden, sind sie am besten zur Verbreitung des Duftstoffes geeignet. So finden sich oft an den Hintertibien Duftdrüsen, und eine lange Behaarung der Schienen sorgt für die Verbreitung des Duftes. Bei den *Catocala*-Arten soll ein gleiches Organ sich an den Mittelbeinen befinden. Die Hintertibien der Hesperiiden besitzen auf dem Duftfeld noch lange Haarbüschel, die durch besondere Muskeln aufgerichtet und strahlig ausgebreitet werden können. Damit sie in der Ruhe möglichst wenig Oberfläche zur Verdunstung darbieten, befindet sich an den Tibien eine Rinne, in die sie im Ruhezustand hineingelegt werden.

Abb. 44. Cteniophore einer amerikanischen Notodontide.

Eine besonders eigenartige Bildung, die mit der Duftabsonderung im Zusammenhang steht, entdeckte K. JORDAN (1923) bei einer Anzahl von Notodontiden. Dieses Organ, von ihm als Cteniophore bezeichnet. befindet sich am vierten Abdominalsegment vieler Notodontiden. Es ist aus einer Umbildung des Sterniten entstanden, der sich an seiner dorsalen Seite in einen langen Fortsatz auszog, der am Ende mit starken, meist schwarz gefärbten Chitindornen besetzt ist. Das Vorkommen dieser Cteniophore geht nun stets parallel mit der Ausbildung abweichender Schuppen auf der Unterseite der Hinterflügel in der Weise, daß stets, wo abweichende Schuppen vorhanden sind, auch die Cteniophore nicht fehlt. Es kann aber eine Cteniophore auch vorkommen, wenn solche Schuppen fehlen. Die Hintertibien haben, auch bei denjenigen Notodontiden, denen die Cteniophore fehlt, eine sehr lange Behaarung. Unter der Cteniophore liegt nun eine Drüse, die wohl den Duft erzeugt. Die Cteniophore selbst ist beweglich, und ihre Funktion ist so zu denken, daß die Hinterflügel und Tibien über die Cteniophore hinwegbewegt werden, wobei die

Dornen dieses Organs in die Zwischenräume zwischen den Flügelschuppen bzw. den Tibialhaaren eindringen und so ein viel tieferes Eindringen des Duftstoffes bewirken, als es der Fall wäre, wenn diese Körperteile nur über die Grube hinweggezogen würden, an deren Grunde die Duftdrüse liegt. Wenn der Duftstoff mit Hilfe der Cteniophore aber tief in die Bekleidung der betreffenden Körperteile eingedrungen ist, wird eine viel nachhaltigere Wirkung der Duftstoffe beim Fliegen möglich sein.

Den höchsten Grad der Umbildung eines Körperteiles zum Zwecke der Dufterzeugung und -ausbreitung finden wir aber bei den Hintertibien des Männchens von *Hepialus hectus* L. Das Weibchen besitzt ganz normale Hintertibien, während die des Männchens in ganz

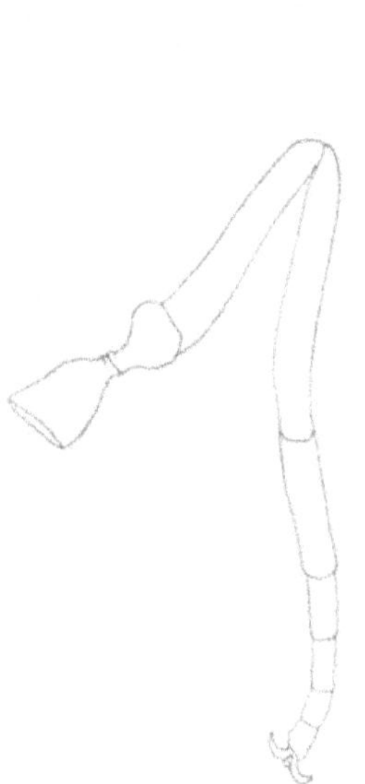

Abb. 45. Normales Hinterbein von *Hepialus hectus* L. ♀.

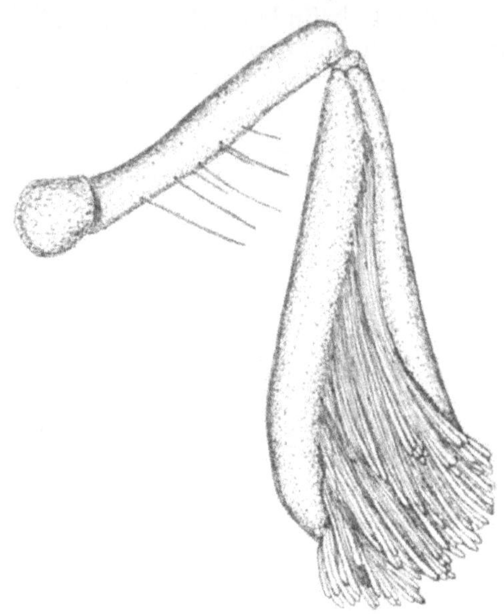

Abb. 46. Keulenförmig umgebildetes Duftbein des Männchens derselben Art.

aufallender Weise umgestaltet sind. Zunächst können wir von den Tarsen nichts mehr sehen, sie scheinen gänzlich verschwunden; doch hat man beobachtet, daß sie an der Außenseite des Duftorgans als kleine Zäpfchen noch nachgewiesen werden können. Die Schiene ist nun ganz außerordentlich stark keulig verbreitert. An der dem Körper zugekehrten Seite derselben gewahrt man eine tiefe Aushöhlung, in der dicht gedrängt die Duftschuppen stehen. Sie werden nach der Basis schmaler und münden dort in große Drüsenzellen. Der von diesen erzeugte Duftstoff wird durch Blutdruck in die Schuppen getrieben, diese richten sich auf, und der Duftstoff tritt durch die Poren der Schuppen aus. Zum Schutze des Duftorgans befindet sich an den Seiten des Abdomens je eine tiefe Grube, in die die Hintertibie normalerweise hineingepaßt wird. Da dieses ganze Organ nur an der Innenseite der Tibia liegt, wird dadurch ein ziemlich luftdichter Verschluß erzeugt. Wir hatten vorher (Seite 145) schon erwähnt, daß das Männchen von *Hepialus hectus* L. einen charakteristischen Hochzeitsflug ausführt. Bei diesem werden nun die Hinterbeine aus den Gruben herausgenommen und hängen frei nach hinten, so daß der Duft ungehindert ausströmen kann, was durch die Flugbewegung noch gefördert wird. Wir finden ähnliche Apparate, wenn auch in geringerer Ausbildung, noch bei anderen Hepialiden, und von einer *Phassus*-Art, die gleichfalls in diese Familie gehört, wird auch über einen ganz ähnlichen Hochzeitsflug berichtet. Es wäre in diesem Falle also eine Anlockung der Weibchen durch die Männchen erfolgt, ein selten auftretender Fall. Doch auch GILLMER (1922) stellte fest, daß bei *Biston hirtarius* CL. manchmal das Männchen vom Weib aufgesucht wird; ein am Abend mit der Nadel am Baum festgestecktes Männchen befand sich am anderen Morgen in Copula mit einem Weibchen.

Sehr weit verbreitet sind nun auch Duftorgane am Abdomen, und zwar finden sie sich häufiger an den vorderen Teilen desselben als an den hinteren. Wir hatten oben gesehen, daß im weiblichen Geschlecht gerade an den Enden des Abdomens vorzugsweise die Duftapparate sich bilden. Es ist das ein weiterer Beleg dafür, wie verschieden der männliche und der weibliche Duft sind. Der weibliche Duft ist ein spezifischer Geschlechtsduft; er findet sich deshalb immer in unmittelbarer Nähe der Geschlechtsorgane. Wäre er nicht ein ausgesprochener Geschlechtsduft, so könnte er vom Männchen nicht auf so riesige Entfernungen wahrgenommen werden; dasselbe könnte vielmehr Düfte vielleicht der Art, die es selbst erzeugt, auf andere Gegenstände, Blüten, Früchte u. dgl., beziehen. Das Männchen läßt seine Attribute in der Nähe des Weibchens wirksam werden; sie bedeuten eine Steigerung gewisser natürlicher Düfte und werden schon um ihrer Intensität willen vom Weibchen wahrgenommen. Da also die männlichen Duftstoffe nichts mit den Genitalorganen zu tun haben, finden sie sich mehr an anderen Stellen des Körpers. Bei *Euploea* und *Danais* bilden sich eigenartige Ausstülpungen an den Intersegmentalhäuten des siebenten und achten Segmentes. Bei vielen Sphingiden, so beim Liguster-, Wolfsmilch- und Windenschwärmer, liegt das Organ auf den ersten beiden Abdominalsegmenten, und zwar in der Weise, daß auf dem zweiten das Duftfeld und auf dem ersten der dazugehörige Duftpinsel sich befindet. In ähnlicher Weise ist das abdominale Duftorgan vieler Noctuiden gestaltet, doch soll hier (z. B. bei *Dichonia aprilina* L.) das Feld sich über vier Segmente erstrecken, und der Duftpinsel soll zur Verteilung des Duftes über den Bauch nach dem Drüsenfeld der entgegengesetzten Seite gebracht werden.

Abb. 47. Einzelne Duftschuppe vom Hinterbein des Männchens.

Wenn wir vorhin festgestellt hatten, daß die von den Weibchen erzeugten Düfte immer den für die Art charakteristischen Geschlechtsgeruch darstellen, müssen wir andrerseits sagen, daß die Feststellung des männlichen Duftes außerordentlich schwierig ist. Nur in einer geringen Anzahl von Fällen haben wir Menschen mit unserem unvollkommenen Geruchsorgan überhaupt eine Geruchsempfindung. In den meisten Fällen ist ein Duft vorhanden, den wir gar nicht wahrnehmen können. Und selbst bei den Duftstoffen, die bei uns eine Geruchsempfindung hervorrufen, wo also der Duft quantitativ recht stark ist, ist unser Riechvermögen nicht genügend fein, um diese Düfte qualitativ richtig werten zu können. Die verschiedenen Berichte, die über den Duft der häufigsten und mit dem durchdringendsten Geruch ausgestatteten Falter gegeben werden, zeigen ganz klar, wieviel subjektive Einstellung dabei im Spiele ist. Um einige Beispiele zu geben, sei erwähnt, daß *Pieris brassicae* L. nach Geranium (nach anderen nach Melissenöl), *Pieris rapae* L. nach Reseda, *P. napi* L. nach Zitronenblüten, *Colias edusa* F. nach Heliotrop, *C. hyale* L. nach Ananas, *Satyrus semele* L. nach Schokolade, *Sphinx ligustri* L. und *convolvuli* L. und *Porthesia*-Arten nach Moschus, *Hepialus hecta* L. nach Walderdbeere (nach anderen nach Ananas), *Amathuxidia plateni* Stg. nach Veilchen, *Thaumantes diores* Doubl. nach Vanille, *Stichophthalma camadeva* Westw. nach frischgegerbtem Zobelfell riechen sollen. In einigen wenigen Fällen wurde eine Ähnlichkeit des männlichen Duftes mit dem der Futterpflanze der Raupe der betreffenden Art konstatiert; so soll *Pieris napi* L. denselben Geruch besitzen wie der Saft mancher Cruciferen, und *Acherontia atropos* L. soll ebenso riechen wie die *Solanaceen*, auf denen die Art lebt. Solange wir noch nicht einen Apparat besitzen, der es uns gestattet, Duftstoffe einwandfrei qualitativ zu messen und zu bestimmen, wird es wohl nicht möglich sein, das Problem der männlichen Duftstoffe zu lösen, obwohl sicherlich dabei viel Interessantes zu entdecken wäre. Es scheint doch, als ob die Nahrungspflanze der Raupe in irgendeiner Weise den Geruch der männlichen Duftorgane beeinflußte; allerdings reichen die wenigen Beobachtungen, die in dieser Hinsicht gemacht worden sind, und die vielen anderen subjektiv gefärbten Feststellungen nicht aus, um hier schon eine Gewißheit über die Ursachen des Duftes zu schaffen. Es ist aber wohl möglich, daß ursprünglich der Duft gleich dem der Nahrungspflanze war, und daß er sich später infolge von Weiterentwicklung verändert hat, oder daß die Nahrungspflanzen andere wurden. Es ist wohl anzunehmen, daß durch ihn beim Weibchen Lustgefühle ausgelöst werden sollen, wodurch eine leichtere Geneigtheit zur Begattung erreicht wird. Diese Erregung findet auch noch bei solchen Familien statt, deren Mundwerkzeuge zur Aufnahme von Nahrung nicht mehr geeignet sind. Es kann nun aber auch der Reiz auf anderen Ursachen beruhen. In den angeführten Fällen von *Pieris napi* L. und *Acherontia atropos* L. soll der männliche Duft nicht den Blüten, sondern dem Geruch der Gewebsteile von Cruciferen bzw. Solanaceen entsprechen. Dadurch wird die Beziehung zwischen den Sexual- und den Ernährungsinstinkten, die sich nach unserer vorher entwickelten Ansicht ergeben mußte, aufgehoben. Es erscheint ja schließlich auch unwahrscheinlich, daß durch Erregung von Ernährungsreizen das Weibchen sexuelle Reize übermittelt bekommen soll.

Viel enger miteinander sind dagegen beim weiblichen Tier der Drang zur Eiablage und der Geschlechtstrieb verknüpft. Wir brauchen da nur an die Arten zu denken, bei denen eine mehrmalige Kopula zur Befruchtung aller Eier notwendig ist (Seite 52), und wo, wie wir gesehen hatten, der mangelnde Eiablagereiz sogleich wieder die Genitalbewegungen hervorruft. Andererseits müssen wir uns erinnern, daß bestimmte Geruchsreize den Ablegeinstinkt erwecken, wie z. B. der Essiggeruch beim Weibchen des Weidenbohrers (Seite 49). Die innige Verbindung beider Instinktkomplexe ist wohl die Ursache, daß vielleicht durch die vom Männchen ausgehenden Düfte der Ablegeinstinkt gereizt wird, daß sich aber, solange eine Befruchtung noch nicht stattgefunden hat, diese Erregung beim Weibchen in keiner Weise auswirkt, sondern auf den sexuellen Instinkt übertragen wird, wo er sich dann in der Bereitschaft zur Kopula äußert. Bevor es aber nicht gelingt, die Düfte zu analysieren, wird es nicht möglich sein, etwas anderes als Hypothesen über dieses Problem auszusprechen.

Nicht in allen Fällen liegen die Bestandteile eines Duftorgans unmittelbar nebeneinander. Es kommt z. B. vor, daß die eigentlichen Duftdrüsen am Hinterleib sich befinden, während die Duftpinsel an den Beinen oder am Flügel sich befinden, wie es in dem von JORDAN entdeckten, weiter oben beschriebenen Fall geschieht. Durch die Bewegung der Beine oder Flügel wird der Duftpinsel über die Drüsengrube hinweggezogen, und so erfolgt die Verbreitung des Duftstoffes. Mitunter sorgen auch die Falter durch ihre Lage für weitere Ausdehnung der Duftatmosphäre. So heften die meisten Psychidenweibchen ihren Sack höher am Baumstamm und exponierter an, während die Männchen ihren Sack wenig über der Erde und vielfach von Grashalmen usw. versteckt befestigen.

In besonders merkwürdiger Weise erfolgt eine Ausbreitung der von den Duftdrüsen abgesonderten Sekrete, wie K. JORDAN (1923) feststellte, bei der Familie der *Castniidae.* Hier ist eine Gruppe von Arten beim Männchen durch ein abdominales Duftorgan charakterisiert das sich auf den ersten beiden Ringen befindet. Dieses Organ besteht aus den gewöhnlichen Elementen, nämlich einem Drüsenkomplex im Inneren und einem Besatz von „trompetenförmigen" Dufthaaren. die nach oben erweitert und dort fein zerteilt sind und so die Ausbreitung des aus ihnen austretenden Sekretes bewirken sollen. Während dieses Organ sich nur auf dem ersten und zweiten Sterniten (also denen des zweiten und dritten Abdominalsegmentes) vorfindet, sind die folgenden Sternite bis zum sechsten oder siebenten Segment in eigenartiger Weise umgebildet. Sie sind fast ganz schuppenlos, und man findet sie mit einer Masse bedeckt, die offenbar aus den Duftdrüsen des zweiten und dritten Segmentes stammt. Löst man die Masse auf, so lassen sich auf dem Chitin der Haut eine große Anzahl kleiner Wärzchen beobachten, deren jedes an seiner Spitze mit einem Büschel feiner und langer Härchen besetzt ist. Die Übertragung des Sekretes auf diese Segmente erfolgt mit Hilfe der etwas in der Beschuppung umgebildeten Hinterbeine. Da aber diese nur bis etwa zum vierten Segment reichen, der Sekretüberzug aber noch auf dem sechsten oder siebenten Segment sich vorfindet, nimmt JORDAN an, daß die Bekleidung dieser Segmente in ähnlicher Weise wirkt wie etwa Fließpapier, so daß das Sekret, das auf den ersten vier Abdominalsegmenten sich befindet, auch auf die restierenden übertreten kann. Auf diese Weise wird eine Vergrößerung der Oberfläche erreicht, wodurch der Duftstoff ausgiebiger verdunsten kann.

Bei den Castnien kommen außerdem noch weitere Eigentümlichkeiten der Männchen vor, die in ihrer Funktion noch nicht genügend bekannt sind, wahrscheinlich aber auch, da sie nur auf das Männchen beschränkt sind, irgendwie mit dem Geschlechtsleben zusammenhängen werden. Ihre Entdeckung verdanken wir ebenfalls JORDAN (1923). Bei einer Gruppe derselben ist das Paronychium des Mitteltarsus sehr stark vergrößert, und an ihm befindet sich an jeder Seite ein Büschel langer Haare. Bei denselben Arten ist das erste Glied der Mitteltarsen stark angeschwollen, und es ist anzunehmen, daß beide Eigentümlichkeiten der Männchen in einer gewissen Beziehung zueinander stehen. Die Kopulation dieser Falter soll in der Luft erfolgen; möglicherweise dienen die angeschwollenen Mitteltarsen und die Vergrößerung und lange Behaarung des Paronychiums als Haftapparate, mit denen das Männchen das Weibchen in der Luft ergreift. Es ist bemerkenswert, daß gewöhnlich das oben geschilderte Duftorgan der Castnien nur dort vorkommt, wo diese Haftvorrichtungen fehlen und umgekehrt.

Es wären nun kurz noch die wenigen Fälle zu erwähnen, wo angeblich bei Männchen und Weibchen ein gleichgebautes Organ sich findet. Das bekannteste Beispiel dafür ist *Adopaea lineola* L. Es zeigt sich aber bei genauerer Untersuchung, daß beide doch in ihrer Ausgestaltung verschieden sind, und so ist es auch wahrscheinlich, daß die erzeugten Duftstoffe verschiedener Art sind. Überdies liegt das Organ beim Weibchen immer mehr proximal als beim Männchen, und die entsprechenden Duftschuppen sind verschieden gestaltet. Der andere erwähnte Fall betrifft *Alucita pentadactyla* L. Hier konnte FREILING (1909) die keulenförmigen Duftschuppen, die sich auf der Unterseite der zweiten Hinterflügelfeder beim Männchen finden, an derselben Stelle auch beim weiblichen Tier feststellen. Der dritte bekannt gewordene Fall endlich betrifft die Gelechiide *Nothris verbascella* HB. Die Duftschuppen sollen sich hier hinter dem Costalrand der Vorderflügel an der Wurzel befinden; es ist dies aber gerade die Stelle, wo das Frenulum mit dem Vorderflügel zusammenhängt, und wo infolgedessen öfter abweichend gebaute Schuppen sitzen, so daß es fraglich ist, ob es sich hier wirklich um Duftschuppen handelt.

Wie haben wir denn nun das Vorkommen von Duftschuppen auf denselben Stellen des Körpers bei beiden Geschlechtern zu bewerten? Es bestehen da zweierlei Möglichkeiten: entweder sind diese Organe ursprünglich in kleinen Ausmaßen bei Männchen und Weibchen vorgekommen und sind später beim ersteren weiter entwickelt, beim letzteren im Laufe der Entwicklung der betreffenden Art reduziert worden. Diese Annahme ist aber unwahrscheinlich; wäre das der Fall, dann würde man doch noch öfter solche Duftorgane niedersten

Types bei beiden Geschlechtern finden, was im Gegensatze zu ihrer notorischen Seltenheit steht. Von anderer Seite ist behauptet worden, daß ursprünglich nur die Männchen solche Organe ausgebildet hätten; in späteren Stadien wären aber diese Merkmale auch auf das Weibchen übertragen worden. Solche Übertragungen männlicher Merkmale auf das andere Geschlecht kommen nun ja tatsächlich vor; wir brauchen uns nur daran zu erinnern, daß bei einer ganzen Anzahl von Lycaeniden mit braun gefärbten Weibchen auch hier und da Exemplare auftreten, die mehr oder minder blau gefärbt sind wie die Männchen; bei gewissen Lycaeniden sind sogar beide Geschlechter schon dauernd blau gefärbt. Dasselbe gilt für die indoaustralischen *Libytheiden*, auf die wir in dem nächsten Abschnitt über die Bedeutung der Färbung für das Geschlechtsleben noch zurückkommen werden. Die Richtigkeit dieser Hypothese vorausgesetzt, müßten dann aber beide Geschlechter das Duftorgan an derselben Stelle und in gleicher Ausbildung besitzen (die natürlich graduell verschieden sein kann). Eine genauere Untersuchung wird aber zeigen, daß beide Forderungen nicht erfüllt sind. Wahrscheinlicher scheint mir ein dritter Weg zur Erklärung zu sein, daß man nämlich in den wenigen Fällen, wo ein gleichartiges Vorkommen bei beiden Geschlechtern konstatiert wird, dieses als Konvergenzerscheinung in der Entwicklung der männlichen und der weiblichen Duftorgane deutet. Warum sollten nicht auch einmal weibliche Duftorgane sich auf die Flügel erstrecken? Und wenn sie dann eine ähnliche Lage haben wie auf den männlichen Flügeln, resultiert das „beiden Geschlechtern gemeinsame Duftorgan".

Erwähnt soll übrigens noch werden, daß von manchen Forschern den beschriebenen Organen der Charakter als Duftorgan abgesprochen wird. Sie meinen, daß wir nach unseren Gewohnheiten, alles in der Natur zu anthropomorphisieren, gar nicht berechtigt wären, über die Funktion dieser Organe etwas Objektives auszusagen, weil wir nur unseren eigenen Maßstab an physiologische Funktionen der Schmetterlinge legen, die wir vielleicht gar nicht besitzen, und die wir uns gar nicht vorstellen können. In diesem Sinne äußert sich z. B. KENNEL. Seinen Ausführungen ist eine gewisse Berechtigung nicht abzusprechen, und man wird vielleicht später, nachdem man ihren Bau gründlicher studiert hat, eine Anzahl von „Duftorganen" von diesem Nimbus entkleiden müssen.

In einer bestimmten Beziehung zum Geschlechtsleben stehen nun auch die Flügelfärbungen der Männchen. Die Färbungs- und Zeichnungscharaktere in ihrer Bedeutung auf das andere Geschlecht spielten früher eine Hauptrolle in der Lehre von der geschlechtlichen Zuchtwahl. Ihre Ausbildung und Entwicklung wurde vielfach durch die letztere erklärt, bis man später Beobachtungen machte, die damit nicht übereinstimmten, worauf nun wiederum die ganze Lehre von der Sexualselektion verworfen wurde, und erst der letzten Zeit blieb es vorbehalten, einen Mittelweg zu finden, der eine solche Zuchtwahl allerdings bestehen ließ, zugleich aber auch auf andere Einflüsse und Bedingungen hinwies, die eine Abänderung vom normalen Wege bewirken. Die sexuelle Zuchtwahl bezieht sich nicht allein auf die

Färbung, die früher fast nur für ihre Erklärung herangezogen wurde, sondern auch auf andere Eigenschaften, besonders auf die im vorhergehenden Abschnitt besprochenen Duftcharaktere. Sie ist in der Weise zu denken, daß das Männchen durch gewisse Eigentümlichkeiten der Färbung, des Geruches usw. beim Weibchen eine sexuelle Erregung bewirkt; wenn diese Erregung stark genug ist, wird das betreffende Weibchen zur Kopula mit dem die Erregung verursachenden Männchen geneigt sein. Wenn nun mehrere Männchen um ein Weibchen werben, wird letzteres dasjenige auswählen, welches die stärkste Erregung veranlaßt hat; so werden durch natürliche Auslese immer die Männchen zur Befruchtung und damit zur Beeinflussung des Nachwuchses gelangen, bei denen die erregenden Faktoren am stärksten ausgebildet sind, wodurch diese Eigenschaften immer mehr gesteigert wurden und so ihre heutige Ausbildung erhielten. So entstanden die oft so außerordentlich komplizierten Duftorgane, und so sollen auch die männlichen Prunk- oder Schmuckfarben entstanden sein, die meist den Weibchen fehlen. Da das Weibchen wählt, aber nicht gewählt wird, waren bei ihm solche auffallenden Farben überflüssig, ja sogar schädlich, da es dann um so mehr den Nachstellungen der Verfolger ausgesetzt war. Wie weit diese Erwägungen einer kritischen Nachprüfung standhalten, wollen wir weiter unten noch sehen.

Es ist wohl erklärlich, daß die Ausbildung sexueller Färbungsverschiedenheiten nur bei solchen Faltern erfolgte, wo das Weibchen auch tatsächlich das Männchen bei seinen Werbungen sehen konnte, also nur bei den Arten, die ihre Begattung bei Tage vollziehen. Dazu gehören in erster Linie die eigentlichen Tagfalter, weiterhin aber auch alle die Nachtfalter, die am Tage fliegen. Das sind ohnehin meist schon lebhafter gefärbte Arten, bei denen also nur eine geringe graduelle Steigerung der Färbungstendenzen herbeigeführt zu werden brauchte. Wir kennen eine große Anzahl von Arten, bei denen die Männchen sehr viel lebhafter gefärbt sind als die Weibchen. Das bekannteste Beispiel dafür bieten unsere Lycaeniden. In den meisten Fällen sind da die Männchen schön blau, die Weibchen düster braungrau gefärbt. Man nimmt an, daß diese Arten früher in beiden Geschlechtern einfarbig und unscheinbar graubraun waren. Durch sexuelle Zuchtwahl sollen dann die blauen Männchen entstanden sein. Im Verlaufe der weiteren Entwicklung werden diese männlichen Charaktere auch auf die Weibchen übertragen; so finden sich nicht selten Weibchen mit eingestreuten blauen Schuppen; in extremen Fällen ist das ganze Weibchen blau, und bei manchen Arten sind normalerweise beide Geschlechter blau gefärbt. Ein weiterer bekannter Fall von Prachtfarben des Männchens zeigt sich beim Zitronenfalter *Gonepteryx rhamni* L. und bei den *Colias*-Arten. Die Weibchen dieser Gattungen sind grünlichweiß, während die Männchen schön zitronen- bis orangegelb gefärbt sind. Beide Gattungen gehören zu den Weißlingen; es ist wahrscheinlich, daß sie früher in beiden Geschlechtern weißlich waren, dann bildeten sich die Schmuckfarben des Männchens aus (gelb oder orange), die nun ihrerseits die Weibchen so beeinflußten, daß ein grünlichweißer Ton in der Flügelfarbe sich bei ihnen entwickelte. Als weiteres Beispiel seien unsere Schillerfalter angeführt (*Apatura*), die im männlichen Geschlecht einen intensiven Blauschiller auf den Flügeln besitzen, der den Weibchen gänzlich fehlt. Bei tropischen Arten sind solche Farbenverschiedenheiten in viel höherem Maße entwickelt; es sei da an die prächtig goldgelb, rot, blau, oder grün gefärbten Männchen der *Ornithoptera* erinnert, deren Weibchen gewöhnlich nur schwarzgrau und weiß gezeichnet sind, ferner an die intensiv blau schillernden *Morpho*-Arten Südamerikas, die wegen ihrer Farbenpracht sogar zu Broschen und anderen Schmuckstücken verarbeitet werden, deren Weibchen aber gelbbraun bis schwarzbraun, seltener auch blau gefärbt sind. Die *Libythea*-Arten sind über die ganze Erde verbreitet und überall ziemlich eintönig schwarzbraun und gelblich oder weiß gezeichnet, nur im indoaustralischen Gebiet haben sich schön blau gefärbte Männchen entwickelt, und diese Entwicklung ist so weit gegangen, daß sogar bei einer Art das Weibchen dieselbe Farbe angenommen hat. Die geschlechtliche Zuchtwahl spielt also in der Entwicklung der Flügelfärbung eine wesentliche Rolle, wenn sie auch nicht der einzige Faktor ist, der sie bedingt. Um diese Färbungsveränderungen besser verstehen zu können, ist es aber notwendig, daß wir uns überhaupt klarmachen, wie die Flügelfärbung entsteht.

Die Grundlage jeder Färbung und Zeichnung bilden die Flügelschuppen. Reiben wir vorsichtig die Schuppen der Ober- und Unterseite des Flügels ab, so wird er glasig durchsichtig und hat dann meistens einen weißlichen, selten, wie bei manchen Nymphaliden, einen braunen Ton. Die Schuppen sind aus der Flügelhaut entstanden, indem sich eine Epidermiszelle nach oben ausstülpte und zu einer Blase auswuchs. Diese Ausstülpung plattete sich ab, so daß die Schuppe in der Gestalt entstand, die wir jetzt an ihr kennen. Jede Schuppe besteht also aus zwei Schichten. An ihrer Basis ist sie in verschiedener Weise in einen Stiel verschmälert, indem nämlich entweder der Schuppenkörper allmählich in den Stiel übergeht, oder es befindet sich an der Übergangsstelle noch jederseits eine Ausbuchtung, der Sinus der Schuppe. Sinusschuppen kommen vorwiegend bei Tagfaltern vor. In die Schuppe selbst kann nun in verschieden starker Anhäufung Pigment abgelagert worden sein. Die Schuppen der Schmetterlingsflügel sind außerordentlich komplizierte Gebilde, deren genaueren Bau in letzter Zeit besonders SÜFFERT (1922 und 1924) untersucht hat. Danach besteht jede Schuppe aus einer oberen und einer unteren Lamelle, die an den Seiten miteinander verbunden sind. Diese Lamellen stammen vom ehemaligen Häutchen der Schuppenzelle. Zwischen den beiden liegen kleine Stützbälkchen, die also vertikal gerichtet sind und die beiden Platten verbinden. Umgeben werden sie von dem mit Luft gefüllten inneren Lumen der Schuppe. Die Oberseite der Schuppe ist nun oft in Längsfalten gelegt, die zuweilen noch verdickt sind, wodurch dann Längsleisten entstehen. Diese Längsleisten können noch durch Querleisten verbunden sein, während der ganze übrige Teil der oberen

Lamelle reduziert wird; so entsteht ein „Leitertypus", wie er sich bei vielen Tagfaltern (mit Ausnahme der *Papilionidae*) findet. Bei den Papilioniden sind die Längsleisten der Oberseite durch ein Netz verbunden, dessen Maschen ausgespart sind; das ist der Netztypus. Endlich gibt es Schuppen, bei denen die zwischen den Längsleisten liegende Membran nicht rückgebildet, sondern nur von Reihen von Löchern durchbohrt sind; das ist der „Lochreihentypus". Er findet sich bei Geometriden, vielen Spinnern und den Lycaeniden. Wie diese Bemerkungen über das Vorkommen der verschiedenen Typen zeigen, ist die vergleichende Morphologie der Flügelschuppen nicht geeignet, einen Anhalt für stammesgeschichtliche Untersuchungen zu geben. Die untere Lamelle ist meistens dünn und homogen, selten gefaltet. Wenn man einen Flügel abklatscht, so daß man alle Schuppen von der Unterseite her sieht (es geschieht das in der Weise, daß man eine Glasplatte oder ein Stück Papier mit dünnflüssigem Gummi bestreicht und den Flügel darauf abdrückt), fällt ein eigenartiger Glanz auf, in dem die Zeichnung der Oberseite, aber in anderer Farbtönung erkannt werden kann. Das ist der „Unterseitenglanz" der Schuppen. Er beruht auf dem Prinzip der Farben dünner Blättchen und äußert sich auch, indem er nach oben hin durchscheint, auf der Oberseite in der Färbung. Die prachtvollen Metallfarben vieler Kleinschmetterlinge beruhen auf dem Unterseitenglanz; er verursacht ferner den Samtglanz vieler schwarzer

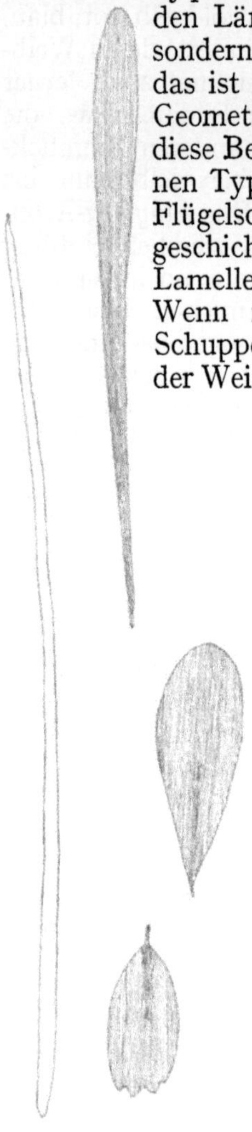

Abb. 48. Verschiedene Flügelschuppen von *Cacoecia xylosteana* L.

Abb. 49. Fransenschuppe von *Alucita pentadactyla* L.

Abb. 50. Nachtfalterschuppe.

Abb. 51. Tagfalterschuppe (mit Sinus).

Schuppen. Bei manchen Exoten entsteht durch ihn eine Art Schillerfarbe, die aber mit den bekanntesten Schillerfarben nichts zu tun hat; das Blauviolett mancher *Anaea*- und *Castnia*-Arten wie auch der Seidenglanz bei der Gattung *Salamis* beruhen auf ihm. Er ist oftmals in der Puppe viel deutlicher als bei der entwickelten Imago zu sehen, weil bei letzterer die eingelagerten Pigmente ein Durchscheinen von der Unterseite her verhindern. Pigmentfarben der Schuppe sind gewöhnlich Schwarz, Rot oder Gelb; auf sie werden wir weiter unten noch zurückkommen. Eine weiße Schuppe entsteht durch diffuse Reflexion, wenn der Schuppe jedes Pigment fehlt. Blau entsteht durch „trübe Medien" (wie das Blau des Himmels), aber das Blau trüber Medien kommt bei Faltern nur selten vor. Weiterhin entstehen Farben durch Interferenz an feinen Plättchen, wie wir sie schon beim Unterseitenglanz kennengelernt hatten. Die auf Beugung durch feine Gitter beruhende Interferenz ist bei Schmetterlingen nicht so verbreitet.

Für die Besonderheiten der sexuellen Färbung sind nun aber meist irgendwie modifizierte Schuppen verwendet worden. Solche Modifikationen der Schuppen treten vielfach, wenn auch nicht immer, in Beziehung zur sexuellen Farbverschiedenheit auf. SÜFFERT hat bei den besonders hier zu erwähnenden Schillerschuppen zwei Typen unterschieden, die nach den beiden Hauptvertretern benannt worden sind. Der erste der beiden ist der *Urania*-Typus, nach der Faltergattung *Urania* benannt, die in beiden Geschlechtern sehr bunt gezeichnet ist und insbesondere auf der Oberseite des Hinterflügels am Innenrande alle Farben des Spektrums enthält. Es kommt hierbei nicht darauf an, von welcher Seite man den Falter betrachtet (bei unserem Schillerfalter sieht man den Schiller nur in einer bestimmten Richtung), da alle Schuppen gewölbt sind. Die Schuppen selbst sind aber innen nicht hohl, sondern sie bestehen aus einer soliden Platte, auf der sich zahlreiche Längsleisten erheben. Diese Platte ist die Unterseitenlamelle, und die Leisten sind entstanden aus den Stützbälkchen, den Trabekeln, die mit den Resten der Oberflächenlamelle verschmolzen sind. Die solide Platte der Unterseitenlamelle besteht aus bis zu sieben Schichten, und hier wird durch Interferenz an den dünnen Blättchen die Färbung hervorgerufen. Nach diesem Typus sind die Schillerfarben vieler Papilioniden, Zygaeniden, Lycaeniden und Riodiniden gebaut. Bei den Chalcosiinen, einer Unterfamilie der Zygaeniden im indoaustralischen Gebiete, ist nicht die untere, sondern die obere Lamelle die modifizierte, die den Charakter der Färbung angibt. Der zweite Fall zeigt sich beim *Morpho*-Typus Hier ist die Schuppe meistens flach und hat den Bau der typischen Schuppe, nur sitzen auf ihrer Oberseite in großer Anzahl glasklare Längsleisten. Der Schiller entsteht nur, wenn das Licht senkrecht von oben in diese Leisten fällt, ist also nur unter einem bestimmten Gesichtswinkel sichtbar. Während beim *Urania*-Typus je nach dem veränderten Gesichtswinkel alle Farben des Spektrums auftraten, erfolgt hier kein Farbenwechsel, sondern bei verändertem Blickwinkel verschwindet der Schiller vollständig. In diesen Glasleisten der

Schuppen befindet sich eine äußerst feine Schichtung, die nur sehr schwer nachzuweisen ist; sie veranlaßt den prächtigen Blauschiller der *Morpho*-Arten. Nach demselben Prinzip sind auch die Schuppen der blauschillernden Nymphaliden gebaut, wozu auch unsere Schillerfalterarten (*Apatura*) gehören. Die durch den Morphotypus erzeugten Farben sind oftmals tertiäre Geschlechtsmerkmale. Der Vollständigkeit halber müssen auch noch die silberglänzenden Schuppen auf der Unterseite der *Argynnis*-Arten erwähnt werden. Sie haben eine ganz homogene obere Lamelle, die eine totale Reflexion des Lichtes bewirkt, wodurch in Verbindung mit der Pigmentlosigkeit der Schuppe Silberglanz erzeugt wird. Die goldglänzenden Schuppen bei den Männchen der *Ornithoptera*-Arten sind ganz ähnlich denen vom *Urania*-Typus gebaut.

Diese Untersuchungen haben uns gezeigt, daß die Mehrzahl der als sexuelle Färbungen angesprochenen Farbwirkungen nicht auf Pigmentierung, sondern auf besonderen Strukturen der Schuppen beruhen. Es soll deshalb gleich hier zu der Hypothese der Sexualfärbungen Stellung genommen werden, die hauptsächlich gegen die Annahme einer geschlechtlichen Zuchtwahl als Ursache derselben vorgebracht wurde.

Man hat gesagt, daß die Schmuck- und Prachtfarben entständen infolge eines gewissen Überschusses an Lebenskraft beim Männchen; dieser Überschuß äußerte sich in einem stärkeren Auftreten von Pigmenten, und dadurch würden die lebhafteren Farben der Männchen hervorgebracht. Nach dem, was wir soeben über die Entstehung der Schillerfarben z. B. gehört haben, kommt aber eine solche Auffassung gar nicht in Frage. Es sind ja nicht die Pigmente, die die Sexualfarben hervorrufen, sondern Strukturen der Schuppen; es werden im Gegenteil oftmals die Schuppen durch Mangel an Pigment ihren veränderten Charakter erhalten. Andererseits kann aber eine abweichende Färbung der Weibchen (bei mimetischen Weibchen zum Beispiel) durch einfache Pigmenteinlagerung in hohle Schuppen erzielt werden.

Ein zweites Moment kommt hinzu, das uns die Betrachtung der Schuppen bedeutsam macht. Lange Zeit hat man die Flügelfärbung sehr vernachlässigt und ihr nur eine geringe Bedeutung für phyletische Feststellungen zugesprochen. Das beruhte darauf, daß man sie nur als Produkt einer mehr oder minder ausgiebigen Pigmentierung ansah. Die moderne Betrachtungsweise, die uns zeigt, daß hier verschiedenartige S t r u k t u r e n vorhanden sind, räumt ihr wieder eine bedeutendere Stellung ein. Es wird nun auch möglich sein, sich in gewissen Fällen über das Alter einer Form auf Grund der Flügelfärbung klar zu werden, und man wird auch Rückschlüsse auf das Verhältnis der beiden Geschlechter zu stammesgeschichtlichen Vorfahren ziehen dürfen.

Im allgemeinen läßt sich sagen, daß das Weibchen in den meisten Fällen viel mehr einen urtümlichen Typus repräsentiert als das Männchen. Wir können wohl mit Sicherheit annehmen, daß die *Lycaena*-Arten ursprünglich alle grau waren, und daß sich erst in späterer Zeit die ersten blauen Einschläge auf den Flügeln der Männchen zeigten, die endlich zu einer Blaufärbung aller Flügel führten und sogar auf das Weibchen ausgedehnt wurden. Wir haben nun allerdings keine Beweise dafür, daß tatsächlich die braunschwarze Färbung die ältere ist; aber wir sind in anderen Familien, wo das Blau der Männchen ebenfalls auftritt, besser unterrichtet. Das schönste Beispiel sind die Libytheiden. Diese über die ganze Erde verbreitete Gattung *Libythea*, zu der unser Zürgelbaumfalter *L. celtis* FÜSSL. gehört, ist in Amerika Afrika, Europa und dem größten Teil von Südasien nach dem Typus unserer europäischen Art gefärbt, hat also in beiden Geschlechtern schwarzbraune Flügel mit gelbroten bis weißen Flecken. Nur bei den indoaustralischen Arten werden blaue Männchen gefunden; die Blaufärbung ist, je nach den Rassen, auch in größerer oder geringerer Ausdehung beim Weibchen vorhanden, und bei einer Rasse ist das Weibchen ganz blau. Es ist nun nicht anzunehmen, daß die *Libythea*-Arten in beiden Geschlechtern ursprünglich blau gewesen sein sollen, und daß die Weibchen sekundär ihre schwarzbraune Färbung annahmen. Zudem ist uns die Familie der Libytheiden auch aus Fossilien aus dem Tertiär bekannt geworden; die gefundenen Stücke entsprechen dem Typus ohne Blau. In gleicher Weise wie bei den Libytheiden können wir uns die blaue Färbung bei den Lycaeniden entstanden denken, wenn auch beide Familien verhältnismäßig nicht nahe miteinander verwandt sind. Ist nun aber wirklich das unscheinbar gefärbte Weibchen der primitivere Typus, dann kann man sich eine Entstehung der blauen Männchen ohne die Theorie der sexuellen Zuchtwahl schwer vorstellen.

Eines der am schwersten wiegenden Argumente gegen die Annahme von Sexualselektion bei der Ausbildung von Prachtfarben war aber nun die Beobachtung, daß weibliche Falter unter Umständen mit einem gänzlich abgeflogenen und seiner Schuppen beraubten Männchen kopulierten, obwohl ihnen ganz außerordentlich gut erhaltene andere Männchen zur Verfügung standen. Auf den ersten Blick scheint ja eine solche Tatsache der Lehre von der geschlechtlichen Zuchtwahl den Todesstoß zu versetzen. Aber auch das ist kein ausreichender Einwand, weil bei solchen Feststellungen gewisse Fehlerquellen mit unterlaufen. Wir wissen, daß bei vielen Faltern, deren Männchen lebhaft gefärbt sind, nicht die Farbe allein als Erregungsfaktor auftritt, sondern auch weiterhin noch Duftorgane vorkommen können. So besitzen die Lycaeniden-Männchen Prachtfarbe und Duftorgane. Beide haben den Zweck, die sexuelle Erregung beim Weibchen hervorzurufen. Nach allen Beobachtungen, die man bei unseren Faltern machen kann, zeigt sich aber eine Vorherrschaft der Duftwirkungen gegenüber den Gesichtswirkungen auf das Weibchen. Das wird uns auch verständlich, wenn wir an die relativ so primitiven Organe des Gesichtssinnes bei den Schmetterlingen denken. Es ist nun sehr wohl möglich, daß ein frisch geschlüpftes Männchen kurze Zeit nach dem Verlassen der Puppe durch irgendeinen Verfolger seines Farbenkleides beraubt wurde; trotzdem wirkte aber noch der Duft erregend auf das Weibchen; ja, er wirkte stärker als der anderer Männchen, die noch im Besitze eines unverletzten

Farbenkleides waren, aber vielleicht schon längere Zeit geflogen waren, so daß sie an Lebenskraft und infolgedessen an Duftausstrahlung starke Einbuße erlitten hatten. Wir können unsere Ansicht also dahingehend zusammenfassen, daß wir sagen: Duft und Farbe wirken beide sexuell erregend auf das Weibchen ein. Gleiche Intensität und Qualität des Duftes vorausgesetzt, wird unter zwei Männchen dasjenige vom Weibchen ausgewählt werden, welches am hervorstechendsten in der Färbung erscheint; bei ungleicher Intensität wird in jedem Falle das Männchen mit dem stärker wirkenden Duft angenommen, und die Färbung bleibt unberücksichtigt.

Bei *Callosamia promethea* Dru. scheint der Gesichtssinn des Weibchens keine Rolle beim Erkennen der Männchen zu spielen. Man hat Versuche gemacht, indem man die männlichen Flügel durch weibliche ersetzte, sie rot oder grün anstrich, sie entschuppte oder gar ganz abschnitt; in keinem Falle wurde die Auswahl des Weibchens dadurch beeinflußt. Zu entgegengesetzten Ergebnissen kam man aber bei *Lymantria dispar* L.; Männchen, denen die Flügel abgeschnitten worden waren, erfuhren vom Weibchen eine Abweisung. Wenn man dagegen die Augen der Weibchen mit Lack überstrich, erfolgte Kopulation. Bei der saisondimorphen *Hypanis acheloia* Wallgr., die in Südafrika vorkommt, sind die Regen- und die Trockenzeitformen sehr verschieden gefärbt; aber an der Grenze der beiden Jahreszeiten kommen alle möglichen Übergänge zwischen den beiden Formen vor. Es wurde nun beobachtet, daß bei den in Kopula gefangenen Individuen Männchen und Weibchen sich oft ganz erstaunlich glichen, obwohl sonst die einzelnen Stücke, die zu gleicher Zeit und am gleichen Orte flogen, sehr abweichend voneinander gefärbt waren. Es deutet das auf eine Auswahl des Weibchens unter den verschiedenfarbigen Männchen durch das Auge hin, kann aber natürlich auch auf irgendwelchen Dufteigenheiten beruhen, die mit den Merkmalen der Färbung gekoppelt auftreten. Inwieweit aber wirklich eine Ausbildung der abweichneden Männchenfärbung durch geschlechtliche Zuchtwahl erfolgt, läßt sich nach dem jetzigen Stande unserer Kenntnis noch nicht mit Sicherheit entscheiden, da bei den unternommenen Versuchen doch eine Reihe von Fehlerquellen noch nicht ausgeschaltet wurden.

Wie überhaupt bei Männchen und Weibchen eine verschiedenartige Färbungsausbildung erfolgen kann, läßt sich vielleicht leichter feststellen. Es muß dabei der Ursprung der Färbung berücksichtigt werden. Es wird schwer sein, die Ursache solcher Färbungen zu ermitteln, die auf verschiedener Struktur der Schuppen beruhen, wie es bei den Schillerfarben vieler Männchen der Fall ist. Viel leichter ist die Ursache bei all den Farbbildungen zu ermitteln, die auf irgendwelchen Pigmenten beruhen. Diese Pigmente bilden sich erst im allerletzten Stadium des Flügels aus und beruhen auf der Verbindung der Farbstoffmuttersubstanzen, der Chromogene, mit dem Sauerstoff der Luft bei Gegenwart eines bestimmten Fermentes. Wir wissen, wo die Chromogene herstammen: es sind umgewandelte pflanzliche Farbstoffe, die seinerzeit die Raupe mit ihrer Nahrung aufgenommen hatte. Beim Weibchen scheint schon im Raupenzustande eine physiologische

Differenz vom Männchen zu bestehen, so daß es die pflanzlichen Farbstoffe in anderer Weise ausnutzt und umwandelt als das Männchen. Daraus resultieren die Fälle verschiedener Raupen- und Puppenfärbung, die wir schon erwähnt haben. Es hat also schon die Puppe und deswegen auch der Falter ein anderes Chromogen in seinem Körper, je nach dem Geschlecht, dem das betreffende Individuum angehört. Daß tatsächlich eine Verschiedenheit der Chromogene von Männchen und Weibchen bei vielen Arten besteht, auch dort, wo sie äußerlich nicht als Färbungsdifferenz zum Ausdruck kommt, haben neuerdings angestellte Versuche mit ultravioletten Strahlen gezeigt. Läßt man nämlich auf Schmetterlinge ultraviolette Strahlen fallen, so kann man bei ihnen im dunklen Raum eine gewisse Fluoreszenz beobachten. Dieses Aufleuchten ist bei den verschiedenen Arten in Intensität und Qualität verschieden, und es ist sehr gut möglich, daß es später einmal als wichtiges systematisches Hilfsmittel gewertet werden kann. Es kann aber auch bei Männchen und Weibchen verschieden auftreten. In jedem Falle entsteht das Aufleuchten durch die vorhandenen Pigmente. Die ultravioletten Strahlen haben normalerweise eine so kurze Wellenlänge, daß sie vom menschlichen Auge nicht mehr wahrgenommen werden können. Treffen sie aber nun auf besonders gebaute Körper, wie es die Pigmente sind, so werden sie an diesen verändert, erhalten eine größere Wellenlänge und werden so dem Auge sichtbar. Wenn die Pigmente bei Männchen und Weibchen verschieden gebaut sind, erfolgt auch eine andersartige Umwandlung der Wellenlänge der ultravioletten Strahlen, und so entsteht ein verschiedenartiger Farbton oder eine stärkere bzw. schwächere Intensität des Fluoreszenzlichtes der betreffenden Falter. Wir wissen, daß es Insekten gibt, die ultraviolette Strahlen empfinden können, wie z. B. die Ameisen; es besteht nun sehr wohl die Möglichkeit, daß auch bei Schmetterlingen auf Grund ultravioletter Strahlenverschiedenheiten dem Falter Männchen und Weibchen schon verschieden gefärbt erscheinen, wenn sie es für unser Auge noch nicht sind. Ebenso ist es darum auch nicht ausgeschlossen, daß das Weibchen unter den Männchen mit dem Gesichtssinn eine Auswahl trifft, wo wir noch keine Verschiedenheiten feststellen können. Bei gewissen *Hypolimnas*-Arten sind die Weibchen rotbraun (mimetisch) gefärbt und ähneln so manchen *Danais*-Arten, während das Männchen schwarz ist, weiße Flecken und einen blauen Schiller besitzt. Im ultravioletten Licht erscheinen die hellen Flecken des Männchens viel größer als in normaler Belichtung, und es ist anzunehmen, daß das Weibchen, falls es ultraviolette Strahlen empfinden kann, das Männchen ganz anders sieht, als es uns erscheint. Es ist jedenfalls zu vermuten, daß Versuche über die Färbung der Männchen im ultravioletten Licht manche Probleme der Farbwirkung zu lösen berufen sind.

Der Einfluß des Weibchens auf die Psyche des Männchens ist ganz außerordentlich stark. Der von dem Weibchen ausgehende Geschlechtsduft bewirkt eine so hochgradige Erregung des männlichen Tieres, daß die interessantesten Erscheinungen dadurch hervorgerufen werden. Bei Kleidermotten beobachtete TITSCHACK allerdings, daß die sexuelle

Erregung auch dann sehr groß ist, wenn keine Weibchen zugegen sind. Im allgemeinen wird aber durch die Anwesenheit eines Weibchens diese Erregung außerordentlich gesteigert. Dazu können natürlich auch äußere Einflüsse kommen; es läßt sich feststellen, daß der Geschlechtstrieb bei warmem feuchten Wetter immer außerordentlich stark ist, besonders stark an schwülen Tagen vor einem Gewitter. Es werden, wie wir schon in dem Kapitel über die Ernährung sahen, alle physischen Prozesse bei schwüler Witterung über ihr normales Maß hinaus gesteigert, und dasselbe gilt auch für die psychischen Vorgänge. Je kürzere Zeit das Weibchen aus der Puppe geschlüpft ist, um so stärker ist der reizbare Zustand, den es bei den Männchen erzeugt, was wohl auf der Intensität der abgegebenen Duftstoffe beruht. Die durch ein kopulationsreifes Weibchen auf die Männchen übertragene Erregung ist bei den letzteren nicht ohne Folgen. Die sexuelle Gereiztheit der männlichen Tiere bewirkt eine sehr starke Inanspruchnahme der im Körper enthaltenen Reservestoffe, wodurch die Lebensdauer des betreffenden Individuums sehr stark verkürzt wird. Wenn man zu gleicher Zeit geschlüpfte Männchen einer Art in ein Gefäß bringt, in dem (isoliert, so daß eine Begattung nicht erfolgen kann) auch ein Weibchen vorhanden ist, und in einen anderen Behälter Männchen ohne Weibchen bringt, so wird man feststellen, daß die letzteren Männchen viel länger am Leben bleiben als die ersteren, die durch den sexuellen Reiz aufgerieben werden. Die durch die Nähe eines Weibchens bewirkte Erregung der Männchen ist so groß, daß alle anderen physischen Fähigkeiten zurückgedrängt werden, daß den Faltern dann jedes Unterscheidungsvermögen dafür abgeht, ob sie ihren Kopulationstrieb an einem artfremden Weibchen oder gar an Angehörigen des eigenen Geschlechtes sich auswirken lassen. Infolgedessen sind in der Gefangenschaft Fälle von Kopulation zwischen Angehörigen des gleichen Geschlechtes nicht selten. Eine solche copula inter mares ist von folgenden Arten bekannt: *Gonepteryx rhamni* L., *Lasiocampa quercus* L., *Aglia tau* L., *A. tau* L. × *Saturnia pavonia* L., *Platysamia cecropia* L., *Saturnia pavonia* L., *Bombyx mori* L., *Bombyx mori* L. × *Lymantria dispar* L. und *Acronycta alni* L., schließlich auch von *Tineola biselliella* HUMMEL und *Malacosoma castrense* L. Von letzteren berichtet DEEGENER (1922), daß die erfolgte Kopula der Männchen sehr fest und von der Dauer einer normalen heterogamen Kopulation war. Diese Liste ließe sich sicher noch stark vermehren, wenn alle beobachteten Fälle von homogamer Begattung veröffentlicht würden. In vielen Fällen ist auch festgestellt worden, daß ein in der Nähe befindliches Weibchen die Ursache zu der starken Erregung der männlichen Individuen war. Besondere Beobachtung verdient auch die obenerwähnte Beobachtung von DEEGENER an *Malacosoma castrense* L. Er hatte den Männchen zahlreiche Weibchen der artfremden *M. neustrium* L. hinzugesetzt, trotzdem erfolgte noch homogame Kopula. Aus dieser Beobachtung geht einmal hervor, daß nicht allein der von dem Weibchen ausgehende Duft auf die Männchen anziehend wirkt, sondern auch die letzteren müssen, wenn vielleicht auch in weit schwächerer Ausbildung, den „Speziesduft" besitzen. Wenn dann viele

Männchen in einem Behälter untergebracht werden, summiert er sich in solcher Weise, daß er gegenüber dem weiblichen Dufte dominieren kann. Es wäre, wenn man dies nicht voraussetzte, ganz unerklärlich, warum sonst die Männchen nicht allein die Weibchen der nahe verwandten Art zur Begattung aufsuchten. Eine Stütze scheint diese hypothetische Ansicht von einem männlichen Speziesduft, der also etwa dem von dem Weibchen ausgehenden gleichen würde, darin zu finden, daß vorwiegend in Gefangenschaft, wo Männchen in großer Anzahl zusammen gehalten werden, eine solche copula inter mares beobachtet wird.

Im Zusammenhang damit kann vielleicht auch eine andere Erscheinung erklärt werden. Viele Züchter, darunter auch STANDFUSS, berichten, daß eine Kopula viel leichter und schneller erfolgt, wenn man bei den Männchen „Eifersucht" hervorrufe, indem man in dem Behälter, wo man Begattung erzielen will, auf jedes Weibchen noch eine Anzahl überschüssiger Männchen einsetzt. Letztere sollen sich gegenseitig zur Eifersucht reizen, und dadurch soll eine Kopula schneller erzielt werden, als es unter den normalen Beziehungen der Fall ist. Ob wir tatsächlich von so hohen physischen Fähigkeiten wie der Eifersucht bei den Schmetterlingen sprechen können, erscheint immerhin fraglich. Die Erscheinung ist nach unserer Hypothese aber ebenso leicht zu erklären, wenn wir annehmen, daß durch das mehrfache Vorhandensein von Männchen die von diesen abgegebenen Duftstoffe, die denen des Weibchens entsprechen, sich summieren, wodurch eine Steigerung der von dem Weibchen ausgehenden Reizwirkungen erfolgt, die den Kopulationstrieb in höherem Grade bei den Männchen anstachelt, als es der weibliche Duft nur allein erreichen könnte.

Daß die Männchen aber tatsächlich nicht nur Reflexmaschinen im Zustande der sexuellen Erregung sind, geht daraus hervor, daß in einzelnen Fällen auch Kämpfe der Männchen um ein Weibchen beobachtet wurden. Ein solcher Bericht liegt über einen Kampf von Männchen bei *Lymantria dispar* L. vor. Wo solche Kämpfe vorkommen, kann man schließlich auch eine gewisse „Eifersucht" voraussetzen. Es sei aber daran erinnert, daß Kämpfe unter verschiedenen Faltern auch sonst beobachtet worden sind, und jeder, der schon Eulen am Köder beobachtet hat, wird derartige Feststellungen bestätigen können. Die Handlungsweise ist in beiden Fällen die gleiche, wenn auch die Motive dazu verschiedene sind.

Die Wirkung der erfolgten Begattung besteht in den meisten Fällen nun darin, daß das Weibchen zur Eiablage schreitet. Daß tatsächlich ein ursächlicher Zusammenhang zwischen Kopula und Eiablage besteht, geht aus den Beobachtungen von DEEGENER (1922) hervor. Er versuchte eine Begattung zwischen *Malacosoma neustrium* L. und *franconicum* L. zustande zu bringen. Es wurden dabei manchmal die Weibchen von den Männchen angegriffen, ohne daß es zu einer Vereinigung kam. Trotzdem legten die Weibchen dann ihre (natürlich unbefruchteten) Eier ab. Also reizen auch die erfolglosen Bemühungen des anderen Geschlechtes das Weibchen zur Eiablage. Unter Umständen sucht das Weibchen diese noch mechanisch anzuregen; das geschieht durch Tasten des Ovipositors auf der Unterlage, das nach TITSCHACKS Angaben zu diesem Zwecke erfolgt, da es auch dann stattfindet, wenn keine zu suchenden Vertiefungen in der Unterlage sich befinden. In gewissen Fällen bleiben trotz erfolgter Begattung die Eier unbefruchtet; es ist dies besonders häufig bei Arten der Fall, die vorzeitig schlüpfen. So erweisen sich z. B. die Schwärmer, die normalerweise überwintern sollen und doch schon im Herbst ausschlüpfen, als fast immer steril. Es hat in diesem Falle eine beschleunigte Entwicklung des ganzen Körpers sich vollzogen, dem gewisse Organsysteme, wie hier die Geschlechtsorgane, nicht haben folgen können. Wir haben ähnliche Fälle schon kennengelernt (S. 116), wo also einzelne Körperteile in ihrer Entwicklung mit den anderen nicht haben Schritt halten können, und sind demzufolge auch hier berechtigt, von einer Hysterotelie oder nachlaufenden Entwicklung der Geschlechtsorgane zu sprechen. Unmittelbar nach der Begattung wird nun aber in vielen Fällen noch ein merkwürdiges Gebilde sichtbar, das das Zeichen der regelrecht erfolgten Kopula ist und deshalb als Begattungszeichen beschrieben wird. Dieses merkwürdige Gebilde hat die Aufmerksamkeit in hohem Grade gefesselt, und es ist darüber eine umfangreiche Literatur veröffentlicht worden. Bei den Schmetterlingen wird dieses Gebilde als Sphragis bezeichnet, und die Sphragidologie hat sich alle Mühe gegeben, die Herkunft und Entstehungsweise dieses Begattungszeichens zu erklären. Sein Vorkommen ist aber auf nicht allzu viele Gattungen beschränkt; es kommt außer bei *Argynnis, Acraea* u. a. besonders bei der Gattung *Parnassius* vor. Jede Art hat ihre eigene charakteristische Sphragis, und am Bau derselben kann man mit Sicherheit die Art feststellen. Es ist aber nicht angängig, sie zu irgendwelchen phylogenetischen Schlußfolgerungen zu verwenden; bei ganz verschiedenen Gattungen können gleichartige Bildungen vorkommen. So berichtet BRYK, daß bei *Euryades corethrus* BSD. und *Tadumia delphius* EV. die Sphragis durch eine ringförmige Umklammerung des achten Segmentes gebildet wird. Da beide Gattungen wenig miteinander gemein haben, handelt es sich nur um Konvergenzerscheinungen.

Die Sphragis stellt ein braunes, horniges Gebilde dar, das sich bei den Weibchen verschiedener Tagfalter am Hinterleibsende befindet und die Begattungsöffnung mehr oder weniger dicht verschließt. Es findet sich immer erst nach erfolgter Kopulation und bildet für die Eiablage kein Hindernis, weil ja alle Arten, bei denen sich eine Sphragis vorfindet, eine zweite Genitalöffnung besitzen, durch die die Eier abgelegt werden. Über die Herkunft dieses hornigen Gebildes schwebte man mit den Vermutungen lange Zeit im Dunkeln; man wußte nicht, ob es das Männchen oder das Weibchen ist, das es erzeugt. Heute hat man erkannt, daß die Sphragis vom Männchen herstammt, wenn auch die eigentliche Entstehung nach wie vor dunkel ist. RIS (1924) hat Männchen und Weibchen von *Parnassius mnemosyne* T. anatomisch untersucht, ohne aber ein bestimmtes Organ zu finden, das als Erzeuger der Sphragis anzusprechen wäre. Er fand aber, daß beim Männchen die Anhangsdrüsen der Genitalorgane, die Glandulae accessoriae, enorm groß waren und ein Sekret enthielten, das an der Luft schnell zu einer hornartigen Masse erstarrte. Die Menge desselben schien zur Bildung der Sphragis nicht ausreichend zu sein; es ist aber ganz gut möglich, daß da auch Quellungserscheinungen infolge gewisser vom Körper abgegebener Säfte eine Rolle spielen. So wissen wir wohl, daß das Männchen die Sphragis erzeugt und sie während der Kopulation am Weibchen befestigt, aber aus welchen Organen sie hervorgeht, ist noch in Dunkel gehüllt. RIS stellte auch einmal ein Weibchen fest, das ohne Sphragis war und trotzdem sich als befruchtet erwies; es war in diesem Falle anzunehmen, daß das Männchen kurz vorher eine andere Kopula eingegangen war und dann im nächsten Falle nicht mehr genügend Substanz zur Herstellung des Begattungszeichens besaß. In einigen wenigen Fällen hat man auch beobachtet, daß Männchen gefangen wurden, die am Hinterende eine Sphragis besaßen; diese Fälle sind dann dahin gedeutet worden, daß man eine copula inter mares bei den betreffenden Stücken annahm. Es erscheint aber fraglich, ob eine solche gerade bei dem wilden Flieger *Parnassius* vorkommen soll. Vielleicht ist bei der Loslösung des Männchens vom Weibchen nach erfolgter Kopulation das Gebilde am Hinterleib des ersteren hängen geblieben. Über die Bedeutung der Begattungstasche, wie sie auch genannt wird, ist man sich ebenfalls noch nicht ganz im klaren. Man nimmt an, daß durch sie ein festerer Zusammenhalt beider Geschlechter während des Begattungsfluges erzielt werden soll, was ja auch bei *Parnassius* recht erklärlich scheint, da diese Art oft an Orten, die sehr dem Winde ausgesetzt sind, sich vereinigt. STAUDER (1924) beobachtete, daß an windreichen und stürmischen Tagen die Bildung der Sphragis unmittelbar nach Eingang der Kopula erfolgte; bei sonnigem und ruhigem Wetter wurden dagegen die ersten Spuren einer Sphragisbildung erst nach einhalb bis eineinhalb Stunden festgestellt. Die Sphragis wird also während, nicht nach der Kopulation gebildet. Von anderer Seite wird aber die Sphragis als eine Bildung angesehen, die eine nochmalige Kopula eines schon begatteten Weibchens durch Verschluß der Kopulationsöffnung verhindern soll. Auch diese Annahme hat viel für sich. Wir müssen uns daran erinnern, daß die Nachtfalterweibchen ihre Bewerber durch den Duft anlocken. Dieser hört wahrscheinlich nach erfolgter Begattung auf, und so erklärt es sich, daß bei ihnen eine nochmalige Kopulation, abgesehen von den Fällen, wo sie für das Weibchen physiologisch notwendig ist, nicht mehr erfolgt. Die Tagfalter finden sich aber hauptsächlich durch den Gesichtssinn; es gibt daher immer Männchen, die mit einem schon befruchteten Weibchen noch einmal kopulieren wollen, da hier ja nicht der Geruch die Anziehung bewirkt, sondern das Äußere des Weibchens, das nach der Begattung nicht verändert worden ist. Daß das Weibchen, das befruchtet worden ist, oft nur mit Mühe sich seine Bewerber vom Halse halten kann, hat TH. REUSS schon berichtet, der deshalb einen eigenen gegen die Männchen gerichteten mimetischen Flug befruchteter Weibchen festgestellt haben will. Nach diesen Überlegungen scheint es wohl möglich, daß die Sphragis die ihr zugeschriebene Rolle als Absperrorgan spielt; möglicherweise bestehen auch beide

Deutungen nebeneinander zu recht, so daß sie während der Begattung als Haftorgan, nach derselben als Verschlußstück der weiblichen Genitalöffnung zu werten ist. Jedenfalls ist es verwunderlich, daß man trotz des häufigen Vorkommens dieser Bildung noch über so viele Punkte im unklaren ist. Die spezifische Verschiedenheit der Begattungstasche beruht darauf, daß sie einen Abklatsch der männlichen Kopulationsorgane darstellt, die ja auch bei jeder Art verschieden ausgebildet sind.

Im Zusammenhang mit dem Geschlechtsleben müssen auch die Eigenschaften der Bastardierung bei den Schmetterlingen besprochen werden. Unter Bastardierung verstehen wir die Kreuzung zweier verschiedener Rassen oder Arten, wodurch eine Befruchtung erreicht wird, so daß dann das aus einem so befruchteten Ei hervorgehende Individuum die Merkmale beider Eltertiere besitzt. Von jener echten Bastardierung müssen wir die Fälle trennen, bei denen wohl eine Begattung zwischen Angehörigen zweier verschiedener Arten zustande kommt, ohne daß aber eine Befruchtung erfolgt. Es können auch im letzteren Falle Eier abgelegt werden, die sich (natürlich parthenogenetisch) entwickeln, so daß der wahre Sachverhalt nicht immer leicht festzustellen ist. Kommt es doch zuweilen vor, daß eine mehrfache Begattung eines Weibchens zu derselben Zeit erfolgt. So kopulierte ein Weibchen von *Phragmatobia luctuosa* H. mit drei Männchen derselben Art (STANDFUSS); dasselbe wurde bei *Tortrix viridana* L. beobachtet, ja *Tortrix viridana* L. kopulierte sogar gleichzeitig mit *Pandemis heparana* SCHIFF. Es ist dann außerordentlich schwierig, festzustellen, welches der Männchen denn die Befruchtung ausgeführt hat.

Eine Begattung (nicht Befruchtung!) verschiedener Arten wird sehr häufig festgestellt; nicht selten sind auch die Fälle, in denen Angehörige verschiedener Gattungen miteinander kopulieren. Es seien folgende Beispiele dafür angeführt, wobei der vorangestellte Partner das Männchen bezeichnen soll: *Epinephele jurtina L.* × *Aphantopus hyperantus* L., *Argynnis paphia* L. × *Zephyrus quercus* L., *Melitaea athalia* ROTT. × *Polygonia C.-album* L., *Melitaea cynthia* × *Erebia lapponia, Epinephele jurtina L.* × *Vanessa urticae* L., *Lycaena bellargus* ROTT. × *L. icarus* ROTT., *Pieris daplidice* L. × *P. rapae* L., *Lycaena argus* L. × *Thecla ilicis* ESP., *Epinephele jurtina* L. × *Satyrus dryas* SC., *Lasiocampa pini* L. × *Psilura monacha* L., *Mamestra nebulosa* HUFN. × *Trachea atriplicis* L., *Larentia bilineata* L. × *Acidalia spoliata* STGR., *Platysamia cecropia* L. × *Sphinx ligustri* L., *Calasymbolus astylus* DRU. × *Smerinthus ocellata* L. (wobei sogar Nachkommen erzielt wurden!), *Biston hirtarius* CL. × *B. pomonarius* HB. (ergibt fortpflanzungsfähige Nachkommen!), *Lymantria dispar* L. × *Pieris brassicae* L., *Hybernia marginaria* BKH. × *Orrhodia spec.*, *Orrhodia vaccinii* L. × *Miselia oxyacanthae* L., *Hadena monoglypha* HUFN. × *Mamestra trifolii* ROTT., *Taeniocampa stabilis* VIEW. × *T. gothica* L., *Endromis versicolora* L. × *Saturnia pyri* SCHIFF., *Aglia tau* L. × *Endromis versicolora* L., *Ino statices* L. × *Zygaena purpuralis* BRÜNN., *Deilephila galii* SCHIFF. × *Metopsilus porcellus* L., *Smerinthus populi* L. × *Actias luna* Cr., *Anthocharis cardamines* L. × *Bapta temerata* Hbn. Diese Zusammenstellung zeigt, daß nicht nur verschiedene Arten und Gattungen, sondern auch Angehörige ganz verschiedener Familien miteinander eine Kopula eingehen; ein besonders merkwürdiger Fall ist wohl der zuletzt genannte, wo eine Kopula zwischen Tagfalter und Spanner beobachtet werden konnte. Es ist nun noch eigenartig, daß diese Mesallianzen nicht etwa bei Tagfaltern am häufigsten auftreten, die sich mit Hilfe ihres doch immerhin noch unvollkommenen Gesichtssinnes vorwiegend zusammenfinden, sondern daß auch bei Nachtfaltern diese Erscheinung nicht selten ist. Wir hatten gesehen, daß ein Weibchen eines Nachtschmetterlings, das schon befruchtet ist, auf die Männchen keinen Reiz mehr ausübt; bei so differenziert gebautem Geruchsorgan ist es eigentümlich, daß so ganz anders geartete Duftausstrahlungen artfremder Weibchen einen Begattungsreiz ausüben. Alle diese Fälle sind aber nicht genauer analysiert worden. Es besteht die Möglichkeit, daß an der Stelle, wo das artfremde Weibchen sich befand, vorher das arteigene Weibchen gesessen hatte, oder daß sich das letztere sogar noch in der Nähe befand. Dann wird uns das Verhalten der Männchen erklärlich; sie gerieten in den Dunstkreis des eigenen Weibchens, und dann ist die Kopula mit den Weibchen anderer Arten, Gattungen oder Familien von demselben Standpunkt zu betrachten wie die copula inter mares, von der schon weiter oben gesprochen wurde. Das Männchen befindet sich in einem Zustande sexueller Erregtheit, in dem alle anderen geistigen Fähigkeiten, Unterscheidungsvermögen usw. gegenüber dem Kopulationstrieb zurücktreten. In einer Anzahl von Fällen ist auch ein solcher Sachverhalt tatsächlich festgestellt worden, und es muß bei künftigen Untersuchungen solcher Fälle stets genau diese Eventualität mit in Betracht gezogen werden.

Gewöhnlich führt eine solche Begattung zwischen Angehörigen verschiedener Genera nicht zur Befruchtung. Fälle wie der angeführte von einer erfolgreichen Kreuzung zwischen *Calasymbolus astylus* Dru. und *Smerinthus ocellata* L. gehören zu den größten Seltenheiten. Ist aber tatsächlich von einer Befruchtung zu sprechen, so handelt es sich um eine echte Bastardierung. Die Nachkommen einer solchen Kreuzung werden als Bastarde oder Mischlinge bezeichnet. Man kann sie im allgemeinen nur bei einer Kreuzung von zwei noch miteinander verwandten Arten erhalten. Im allgemeinen sind die Bastarde unter sich nicht zu weiterer Fortpflanzung fähig, wohl aber kann eine solche durch Rückkreuzung mit der Stammart erzielt werden. Fortpflanzungsfähige Nachkommen kennt man bisher nur aus der Kreuzung von *Biston pomonarius* Hbn. × *B. histarius* Cl., doch ist es sehr wohl möglich, daß beide gar keine guten Arten, sondern nur Rassen einer einzigen Art sind. Bei den Rassen einer Art ist eine Fortpflanzung der Bastarde auch unter sich möglich. Am leichtesten ist eine Kreuzung bei Arten zu erzielen, die noch in der Entwicklung begriffen sind, also eine relativ große Plastizität ihrer Merkmale besitzen; viel schwerer ist es bei schon erstarrten Gattungen, da hier es dem Sperma nicht mehr gelingt, das auf eine bestimmte Spermaform fest eingestellte Ei zur Entwicklung anzuregen. So zeigen sich auch im Freien sehr häufig Bastardierungen von *Zygaena*-Arten. Wir wissen aus der Variabilität aller Merkmale von dieser Gattung, daß ihre Arten noch sehr plastisch sind; deshalb ist eine Bastardierung bei ihnen viel leichter möglich als bei schon erstarrten Formen. Von anderer Seite wird allerdings die häufige Bastardierung der Zygaenen darauf zurückgeführt, daß sie stets zu vielen und in mehreren Arten auf einer Blüte sitzen.

In der freien Natur sind die Nachkommen von Kreuzungen verschiedener Arten außerordentlich selten. Zwar werden des öfteren sogenannte Hybriden gefunden, aber ein Beweis dafür kann in den seltensten Fällen erbracht werden; meistens handelt es sich nur um aberrative Formen der einen oder der anderen der beiden als Stammeltern betrachteten Arten. Wirkliche Bastarde scheinen nur aus Kreuzungen von *Deilephila euphorbiae* L. × *lineata* F. und *Deilephila euphorbiae* L. × *galii* SCHIFF. unter natürlichen Bedingungen vorzukommen. Alle anderen im Freien gefundenen Bastarde sind als solche wohl kaum nachzuweisen. Um so öfter kann aber bei künstlicher Zucht eine erfolgreiche Kreuzung durchgeführt werden, und es sind zahlreiche Formen, die aus solchen Kreuzungen erhalten wurden, beschrieben worden. Alle diese Nachkommen haben aber ein gemeinsames Merkmal; sie sind untereinander nicht fortpflanzungsfähig (abgesehen von den schon oben erwähnten Ausnahmen). In der Regel ist es das Weibchen, das fast ganz steril auftritt; den Männchen ist immerhin durch Rückkreuzung mit einer der beiden Elternarten eine Vermehrung möglich. In diesem verschiedenen Verhalten der beiden Geschlechter bei der Hybridisierung erkennen wir wieder die schon so oft beobachtete Grundtendenz in der Sexualdifferenzierung, daß nämlich das Weibchen der konservativere, das Männchen der fortschrittlichere Teil ist. Infolge des Beharrungsvermögens des Weibchens ist es diesem nicht möglich, sich an die veränderten Lebensbedingungen anzupassen, die auf der Vermischung von Charakteren zweier verschiedener Arten beruhen, während dem Männchen diese Angleichung viel leichter gelingt. Bei der Kreuzung von verschiedenen Arten stellen sich einige sehr interessante Erscheinungen heraus, die von STANDFUSS in Bastardierungsgesetzen formuliert worden sind. Im allgemeinen steht demnach der Bastard in der Mitte zwischen beiden Eltertieren und besitzt von jedem derselben eine gewisse Summe von Eigenschaften. Unter Umständen wird das aber nicht im gleichen Verhältnis stehen, sondern die Nachkommen haben vom Vater oder von der Mutter mehr Eigenschaften übernommen. Das soll sich in verschiedener Weise äußern. STANDFUSS fand, daß die biologischen Charaktere in größerer Zahl von der Art übertragen werden, die die stammesgeschichtlich ältere ist. In dieser Hinsicht bieten Kreuzungsversuche ein treffliches Mittel, um die phyletischen Beziehungen zwischen irgendwelchen Arten aufzuklären. Wenn bei einem Hybriden eine größere Ähnlichkeit mit einer der beiden Elternarten festzustellen ist, ist diese die ältere, und diejenige Art, von der die wenigsten Merkmale vererbt wurden, die stammesgeschichtlich jüngere. Freilich spielt da auch das zweite der STANDFUSSschen Bastardierungsgesetze mit hinein, daß nämlich morphologische Eigentümlichkeiten in stärkerem Maße vom männlichen Eltertiere übertragen werden. Eine Rückkreuzung des Männchens mit Weibchen von einer der beiden Stammarten ist um so eher möglich, als die Arten, die zur Bastardierung verwendet wurden, miteinander näher verwandt sind. Parallel damit geht auch die Entwicklung des Eierstockes beim Weibchen. Die Aussichten auf eine erfolgreiche Rückkreuzung mit einem Weibchen der Stammart sind um so günstiger, wenn das betreffende Weibchen der älteren Art angehört, ungünstiger, wenn es das stammesgeschichtlich jüngere ist. Es brauchen aber diese primären Bastarde nicht unbedingt mit einer der beiden Stammarten gekreuzt zu werden, sondern es kann dazu auch eine dritte Art verwendet werden. Auf diese Weise können alle möglichen abgeleiteten Bastarde entstehen, und eine große Fülle neuer Formen kann dadurch geschaffen werden. In der Natur spielt die Bastardierung als artentwickelnder Faktor aber kaum irgendeine Rolle; alle Ausgestaltungen der Geschlechtsapparate laufen darauf hinaus, eine Kreuzung artfremder Individuen zu verhindern, und wir hatten schon festgestellt, daß ein Vorkommen von Hybriden in der freien Natur bis jetzt kaum nachgewiesen wurde. Wenn wirklich ein solches einmal ausnahmsweise vorkommt, werden die Produkte einer solchen Kreuzung durch Rückkreuzung immer wieder sich mit einem der beiden Eltertiere vermischen, so daß die eventuell durch die Kreuzung erworbenen Merkmale allmählich wieder sämtlich verloren gehen.

Auf eine wichtige Erscheinung müssen wir aber noch eingehen, die mit diesem ganzen Fragenkomplex zusammenhängt. Sehr häufig kann man bei Kreuzung zweier verschiedener Arten beobachten, daß sogenannte Zwitter auftreten. Bekannt sind diese Bildungen bei der Kreuzung von *Lymantria dispar* L. und *japonica* MOTSCH. Meistens entstehen aber keine echten, sondern „unvollständige" oder „Streifen"-Zwitter. Es sind dann immer nur einzelne Teile des Körpers oder der Flügel, die den männlichen oder den weiblichen Einschlag aufweisen; so können im Schwammspinner-Scheinzwitter beim Weibchen braune Streifen auf den weißen Flügeln auftreten und umgekehrt auch beim Männchen. Wir werden eine genaue Erklärung dieser eigentümlichen Erscheinungen noch im Kapitel über Intersexualität usw. geben. Es kommen übrigens nicht nur bei Bastardierung von Arten, sondern auch bei Rassenkreuzungen derartige Fälle vor, wenn sie sich auch schwerer beobachten lassen; es scheint, daß vielleicht auch die manchmal blau gefärbten Weibchen, die sonst normal schwarzbraun sind (bei *Lycaena*- und *Morpho*-Arten) mit in dieses Kapitel fallen, sowie viele der Erscheinungen, bei denen von einer Übertragung der männlichen Eigenschaften auf das Weibchen gesprochen wurde.

Als letztes auch in das Geschlechtsleben der Schmetterlinge gehörige Gebiet muß über das Auftreten und zuweilen regelmäßige Vorkommen von Parthenogenese gesprochen werden insofern, als das Geschlechtsleben dadurch beeinflußt wird. Wir hatten schon früher gesehen (S. 48), daß es bei den Faltern eine fakultative und eine obligatorische Parthenogenese gibt; es existieren Arten, die sich ganz ohne Männchen fortpflanzen, und andere, bei denen Männchen stets vorhanden sind, wo aber doch gelegentlich unbefruchtete Eier abgelegt werden, aus denen sich normale Raupen und Falter entwickeln können. Schließlich gibt es auch Arten, wo die Männchen nur an ganz bestimmten Stellen vorkommen, während anderwärts die Weibchen derselben Art sich stets durch unbefruchtete Eier fortpflanzen. Uns interessiert hier, da früher diese Verhältnisse schon besprochen worden sind, nur, wie sich das Geschlechtsleben der parthenogenetisch sich fortpflanzenden Arten von dem der anderen unterscheidet. Während das Weibchen gewöhnlich, nachdem es aus der Puppe geschlüpft ist, das Männchen erwartet, um begattet zu werden, findet ein solches Abwarten bei parthenogenetisch sich fortpflanzenden Arten nicht statt. Unmittelbar nach dem Schlüpfen, in vielen Fällen noch im Puppenfutteral, legt das Weibchen die Eier ab. Man kann an diesem Verhalten schon feststellen, ob ein Weibchen einer parthenogenetischen Art oder Rasse angehört oder nicht. Im letzteren Falle findet ein Abwarten statt, selbst wenn das Weibchen auch in der Lage ist, sich ohne Befruchtung fortzupflanzen. Erst wenn längere Zeit kein Männchen angeflogen ist, erfolgt die Eiablage ohne Befruchtung. Parthenogenetische Fortpflanzung findet sich am hauptsächlichsten bei gewissen Arten der Psychiden Kreuzte man Formen, die sich immer ohne Befruchtung vermehrten, mit Männchen der zweigeschlechtlichen Form, so erhielt man auch nur Weibchen, so daß man im Zweifel sein konnte, ob tatsächlich bei der Begattung auch eine Befruchtung stattgefunden hatte. Es ergab sich aber, daß die so erhaltenen Weibchen auf eine Befruchtung warteten und starben, als eine solche nicht eintrat. Allein an diesem biologischen Verhalten konnte man feststellen, daß es sich wirklich um Bastarde handelte.

Neuntes Kapitel.

Das Sinnesleben der Schmetterlinge.

Nachdem wir die Lebensäußerungen der Falter in bezug auf die ersten beiden Komplexe, Ernährungsinstinkt und Geschlechtsleben, untersucht haben, bleibt uns die Besprechung des dritten übrig, der sich auf das Sinnesleben der Schmetterlinge bezieht. Im Zusammenhange damit wird es notwendig sein, auch die Sinnesorgane etwas eingehender zu betrachten. Es ist im allgemeinen recht schwierig, bei niederen Tieren eine Untersuchung der Sinnestätigkeiten vorzunehmen; das Bestreben des Menschen, überall zu anthropomorphisieren, *seinen* Maßstab in der Natur anzulegen, macht sich hier ganz besonders fühlbar. Wir wollen nach unseren Sinnesempfindungen auch die der anderen Tiere beurteilen; es ist aber doch immer möglich, daß diese einmal ganz andere Sinne haben, die uns vollkommen fehlen können, und dann ist es ja schließlich auch immer fraglich, ob derselbe Reiz vom Tier nicht in ganz anderer Weise gedeutet wird als vom Menschen. Wir gehen gewöhnlich in der Weise vor, daß wir Organe, die gewissen bei uns vorhandenen ganz ähnlich sind, auch in gleicher Weise bei den Tieren funktionierend voraussetzen. Ein solches Verfahren kann oft zu Trugschlüssen führen, aber wir besitzen gegenwärtig kein anderes Mittel, in die Tätigkeit der Sinnesorgane einzudringen, und so bleiben fast alle Schlußfolgerungen auf solche bei Schmetterlingen, soweit sie nicht auf eindeutigen Experimenten basieren, Analogieschlüsse und darum in gewissem Grade zweifelhaft.

In einer Beziehung sind wir in bezug auf die Sinnesorgane der Schmetterlinge noch günstig daran. Die Falter haben, wie alle Insekten, ein äußeres Skelett, eben ihre Chitinbedeckung. Dieses ist im allgemeinen undurchlässig für alle von außen kommenden Reize, und wenn wir gewisse Stellen finden, die den Durchtritt von irgendwelchen Reizen gestatten, können wir mit ziemlicher Sicherheit dort ein Sinnesorgan vermuten. Wenn z. B. die sonst dunkle und stark pigmentierte Cuticula an einer Stelle ganz durchsichtig ist, können wir annehmen, daß dort Lichtstrahlen hindurchfallen sollen und werden dann bei Untersuchung ein Lichtsinnesorgan feststellen können. Besonders charakteristisch für jedes Sinnesorgan sind die Sinneszellen. Das sind Zellen, die von denen ihrer Umgebung dadurch abweichen, daß sie nahe an die Oberfläche reichen und mit ihrem anderen Ende an einen Nerven angeschlossen sind. Wir können deshalb erst dann irgendein Organ als Sinnesorgan ansprechen, wenn wir solche mit einem Nerven verbundenen Sinneszellen im Zusammenhang mit ihm beobachten können. Diese Zellen zeichnen sich auch meistens noch durch eine besondere Form oder eigenartigen Inhalt vor anderen aus. Sie sind immer aus der eigentlichen Oberhaut oder Epidermis entstanden, im Verlaufe ihrer Umwandlung aber später oft in die Tiefe gesunken. Nicht immer sind bei beiden Geschlechtern die Organe in derselben Ausbildung vorhanden, oft zeigen sich, je nach der Funktion, Verschiedenheiten, die als tertiäre Geschlechtsmerkmale zu werten sind, und die wir bei der Besprechung der einzelnen Sinnestätigkeiten noch eingehender anführen werden. Außer den in diesem Kapitel angeführten Sinnestätigkeiten kommen bei den Faltern vielleicht noch einige weitere vor, die wir aber nach dem jetzigen Stande mangels aller Analogien mit den unserigen noch nicht feststellen können.

Die ursprünglichsten unter allen Sinnesempfindungen sind sicher die Tastempfindungen. Wir finden solche schon bei den niedersten Tieren, wo andere Sinnesorgane noch nicht auftreten. Der von außen zu dem Schmetterling gelangte Berührungsreiz wird aufgenommen durch Sinnesborsten oder Sinneshaare. In diesem Zusammenhange sind wohl hier (wie bei allen Insekten) alle Borsten und Haare als Tastsinnesorgane aufzufassen. Die Übermittlung des Reizes vollzieht sich in der Weise, daß durch die Berührung mit einem festen Gegenstande das Haar oder die Borste umgebogen wird; da sie gelenkig in der Chitincuticula steckt, wird sie diese Bewegung auch ihrem unter der Hautdecke befindlichen Ende mitteilen, wodurch eine Sinneszelle, die an der Basis des Haares liegt, gedrückt wird. Dieser Druck pflanzt sich auf den Nerven fort, der mit der Sinneszelle in Verbindung steht, wird von diesem nach dem Gehirn befördert und dort als Tastreiz gedeutet. Sicherlich befinden sich auf dem ganzen Körper des Falters solche Tasthaare oder Tastborsten, und nur die dichte Beschuppung erschwert ihre Auffindung; in anderen Insektenordnungen, wo der Körper nicht dicht beschuppt ist, hat man sie längst festgestellt und sogar wegen der Konstanz ihres Vorkommens und ihrer Lage zu systematischen und stammesgeschichtlichen Untersuchungen verwendet; es braucht hierbei nur an die Chaetotaxie des Dipterenkörpers erinnert zu werden. Der Ort des Körpers, wo bei den Schmetterlingen die meisten Tastorgane vorkommen, sind die Fühler. Das erscheint uns verständlich, wenn wir bedenken, daß diese Organe am weitesten vorn liegen und in vielen Fällen auch noch nach vorn vorgestreckt werden. Wenn man beurteilen will, ob ein Haar oder eine Borste zur Wahrnehmung von Tast- oder mechanischen Reizen dienen kann, muß man seine Konsistenz untersuchen. In allen den Fällen, wo wir stark chitinisierte, beweglich eingelenkte Haare finden, die mit einer Sinneszelle im Zusammenhange stehen, haben wir Organe zur Perzeption mechanischer Reize vor uns. Auf den Fühlern finden wir dementsprechend zwei Arten von Borstenhaaren. Die einen sind außerordentlich stark und lang, meist nur in geringerer Anzahl vorhanden, einige stehen am Ende jedes Gliedes, andere eventuell bei gefiederten Fühlern auch in der Mitte oder am Grunde der Fiedern. Wir bezeichnen diese als Sensilla chaetica oder Sinnesborsten. Die anderen sind in viel größerer Zahl vorhanden, sind feiner, dünner und kürzer. Sie werden Sensilla trichodea genannt. Es ist nun sehr bemerkenswert, daß diese Tastsinnesorgane nicht bei beiden Geschlechtern in der gleichen Verteilung vorkommen. Während die Sensilla chaetica beim Weibchen ebenso wie beim Männchen ausgebildet sind, finden sich die Sensilla trichodea beim letzteren viel häufiger als beim ersteren. Aus dieser Tatsache müssen wir auf die differente Funktion der beiden Tastorgane schließen. Sie sind ja dem Experiment schwer zugänglich, weil es kaum gelingen dürfte, die Funktion der einen oder der anderen zu unterbinden, so daß durch das Experiment ein Einblick in ihre Tätigkeit nicht erfolgen kann. Beide sind unzweifelhaft Tastorgane, und da die Sensilla chaetica bei beiden Geschlechtern vorkommen, müssen wir mit NIEDEN (1907), der die Antennenorgane genau untersuchte, annehmen, daß die durch sie vermittelten Reizempfindungen für beide

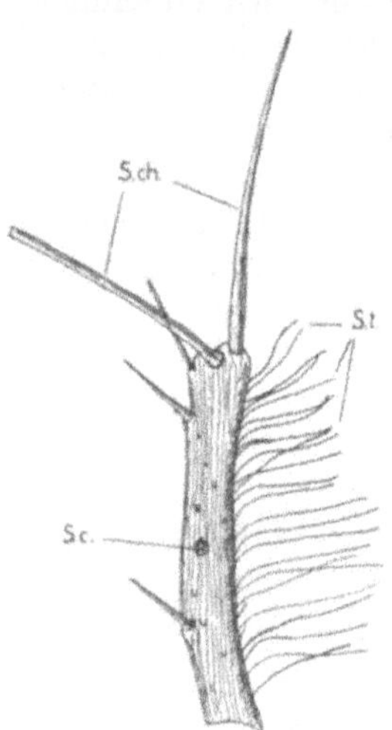

Abb. 52. Fühlerende von *Nyctemera hesperia* Cr. (*S.ch.* = Sensilla chaetica; *S.t.* = Sensilla trichodea; *S.c.* = Sensilla coeloconica.

Tafel IV. Abb. 1. *Gonometa postica* WKR., ♂ mit reduzierten Flügeln. Abb. 2. Duftbüschel am Vorderbein der Eule *Baniana biangulata* WKR. Abb. 3. *Gonometa postica* WKR., ♀ von Abb. 1 mit normalen Flügeln. Abb. 4. Die Noctuide *Pemphigostola synemonistis* STRD. mit Lautäußerungsapparat am Vorderflügel.

Tafel IV.

4.

2.

1.

3.

Geschlechter wichtig sind. Ganz anders liegen die Verhältnisse bei den Sensilla trichodea. Sie kommen beim Männchen in viel größerer Anzahl vor und müssen deshalb zur Aufnahme von Tastreizen dienen, die für das Männchen allein wichtig sind. Eine einfache Überlegung führt deshalb dahin, daß wir die Sensilla chaetica als Tastorgane auffassen, mittels deren die Falter sich über ihre Unterlage orientieren; sie dienen also zur Perzeption von Tastempfindungen an festen Körpern. Ganz anders verhält es sich mit den Sensilla trichodea. Offensichtlich sind es Tastorgane; ihre gelenkige Befestigung und starke Chitinisierung weisen mit Sicherheit darauf hin. Sie können aber nicht zum Betasten von festen Körpern dienen. Die Sensilla chaetica sind ja viel zu lang und ragen weit über sie hinaus, so daß eine Berührung der Körper mit den Sensilla trichodea gar nicht erfolgen kann. Wenn wir uns ihre Funktion erklären wollen, müssen wir zweierlei berücksichtigen. Sie kommen, wie schon erwähnt wurde, bei den Männchen viel zahlreicher vor als bei den Weibchen. Wir können daraus entnehmen, daß sie in irgendeiner Beziehung zum Geschlechtsleben der Falter stehen. Andererseits läßt sich feststellen, daß sie um so geringer entwickelt sind, je mehr das Flugvermögen der betreffenden Arten abnimmt; am wenigsten zahlreich treten sie bei manchen ungeflügelten Weibchen auf. Sie müssen also gleichfalls in Beziehung zur Flugtätigkeit stehen. Wenn wir diese beiden Tatsachen kombinieren, kommen wir zu dem Schluß, daß sie beim Flug der Männchen zu den Weibchen die Hauptrolle spielen werden. Dieser Anflug der Männchen zu dem auf die Begattung wartenden Weibchen vollzieht sich oft sehr stürmisch; da auch vielfach größere Strecken vom Männchen zu diesem Zwecke durchflogen werden müssen, wo es durch Anstoßen an Hindernisse Schaden nehmen könnte, haben wir uns die Wirksamkeit der Sensilla trichodea so zu denken, daß sie das Männchen über gewisse auf seinem Flugwege liegende Hindernisse unterrichten. Kommt es in die Nähe eines festen Gegenstandes, eines Baumes z. B., so wird der Luftdruck, der während des Fluges auf diese Organe ausgeübt wurde, sich verändern (durch Stauung der Luft an dem festen Körper), und der Falter kann rechtzeitig ausbiegen. Während ihm also die Sensilla chaetica dazu dienen, feste Körper unmittelbar zu betasten, wirken die Sensilla trichodea in der Weise, daß sie ihm das Vorhandensein eines Gegenstandes schon auf eine gewisse Entfernung hin anzeigen. Sie übermitteln also mechanische Reize, die von Luftveränderungen ausgehen.

Im Zusammenhang damit sind gewisse Sinnesorgane auf den Flügeln zu erwähnen. Das sind entweder abweichend gestaltete Sinnesschuppen, die mit einer Sinneszelle verbunden sind, oder eigenartige kuppelartige Erhöhungen, oberseits auf den Adern des ganzen Flügels, unterseits meist am Randende der Adern gelegen, oder schließlich die sogenannten Randaderhärchen. Die Funktion aller dieser Sinnesorgane des Flügels ist noch nicht erforscht worden, doch ist es auch hier möglich, daß sie den Schmetterling über die Luftverhältnisse unterrichten, damit er ihnen seinen Flug entsprechend anpassen kann. Einige dieser Gebilde sind sogar als barometrische Organe angesprochen worden. Daß atmosphärische Veränderungen irgendwie vom Schmetterling empfunden werden, ist sicher; es war schon vorher in anderem Zusammenhange darauf hingewiesen worden, daß besonders die Schwüle einen steigernden Einfluß auf viele Lebenstätigkeiten des Falters ausübt, daß die Schmetterlinge leichter zur Kopula geneigt sind, daß sie in höherem Maße auf Nahrungssuche ausgehen und ans Licht fliegen. In diesem Zusammenhang erwähnenswert ist eine Beobachtung von MELL (1908). Ein Weibchen von *Acronycta auricoma* F. flog bei schwülem Wetter nachmittags um fünf Uhr, also zu ganz ungewohnter Zeit, sehr wild und lebhaft etwa zehn Minuten ohne jeden Anlaß im Zuchtbehälter umher; nach dem ersten Donnerschlag aber war es ruhig. Weil uns alle solche barometrische Organe fehlen und wir deshalb auch nicht wissen, wie sie gebaut sein könnten, entgehen sie immer wieder unserer Beobachtung bei den Tieren.

Sinnesborsten finden sich auch noch an den verschiedensten Teilen des Körpers, ohne daß wir in jedem Falle sagen könnten, welchem Zweck sie dienen. So findet sich ein Komplex von solchen am Kopf, unmittelbar hinter den Fühlern. Dieses Organ wurde von K. JORDAN (1923) entdeckt und als Chaetosema bezeichnet. Es besteht aus einer Erhebung, auf der eine große Anzahl von Sinnesborsten sitzen. Man findet das Chaetosema bei fast allen Tagfaltern und Hesperiden und bei einer ganzen Anzahl von Nachtfalterfamilien. Seine Entwicklung oder sein Fehlen ist für systematische Untersuchungen sehr wertvoll, da es auch dann erlaubt, noch eine Familienzugehörigkeit festzustellen, wenn alle anderen Hilfsmittel, wie Geäder, Frenulum usw., versagen. Bemerkenswert ist, daß Tasthaare auch an den männlichen Sexualarmaturen vorkommen können; so finden wir solche am Uncus vieler *Depressaria*-Arten. Wahrscheinlich dienen sie hier dem Männchen dazu, die weibliche Geschlechtsöffnung ausfindig zu machen. Auch an den Beinen sind Sinnesborsten nicht selten, wo ja gerade eine Tastempfindung durch Berührung der Unterlage am leichtesten ausgelöst werden kann.

Wenn wir die ersten Stände untersuchen, können wir naturgemäß am Ei keine Sinneshaare feststellen, wohl aber finden sie sich bei der Raupe in großer Anzahl. Es kommen dabei Organe wie die Haare vieler Bärenraupen nicht in Frage, die nur als Schutz funktionieren, sondern die einzelnen Borsten, die wir bei den nackten Raupen noch überall feststellen, und die meist dadurch charakterisiert sind, daß sie sich auf einer kleinen Erhebung befinden. Ihre Anordnung und Zahl ist meistens sehr konstant für die betreffende Art, wechselt aber zuweilen in den verschiedenen Häutungsstadien, da ja oft beim Hautwechsel auch eine Änderung der Lebensbedingungen eintritt, auf die die Raupe mit Veränderung ihrer Sinnesorgane antwortet. Oftmals sind diese Sinnesborsten auch auf besonderen Feldern, Warzen und dergleichen lokalisiert. Von gewöhnlichen Haaren der Körperbedeckung sind sie dadurch unterschieden, daß sie mit einer Sinneszelle im Zusammenhang stehen. Auch die Puppen besitzen Sinneshärchen, und es ist schon festgestellt worden, daß die Entfernung derselben zu Schädigungen führt.

Die Organe, die zur Aufnahme von Geruchs- und Geschmacksreizen bei den Schmetterlingen dienen, sind von den mechanischen Sinnesborsten oder -haaren äußerlich nur wenig verschieden. Es sind auch stift- oder haarähnliche Fortsätze, die sich von den Sensilla chaetica und trichodea aber in zwei Punkten wesentlich unterscheiden. Sie sind einmal nicht beweglich eingelenkt, und sie besitzen zum anderen nur eine ganz dünne Chitinhaut. Wäre letzteres nicht der Fall, könnten die Geruchs- oder Geschmacksstoffe, die von dem Tier empfunden werden, nicht durch die Cuticula hindurchdringen. In diesen Fortsätzen endet eine mit einem Nerven verbundene Sinneszelle. Geruchs- und Geschmacksorgane sind in ihrem Bau außerordentlich ähnlich; bei vielen niederen Tieren lassen sich diese beiden Sinnesempfindungen überhaupt nicht trennen; man spricht bei ihnen dann von einem chemischen Sinn, der beide umfaßt. Es scheint auch bei den Schmetterlingen eine Differenzierung dieses chemischen Sinnes in Geruch und Geschmack noch nicht stattgefunden zu haben; wohl ist aber aller Wahrscheinlichkeit nach eine andere Trennung erfolgt, auf die wir weiter unten noch zurückkommen werden. Es wäre also besser, eine Trennung in der Betrachtungsweise nach Geruchs- und Geschmackssinn nicht vorzunehmen; in ihr liegt wieder eine Anthropomorphisierung, die vielleicht recht hypothetisch ist. Wenn wir doch gewisse Organe als Geruchs- und andere als Geschmackssinnesorgane bezeichnen, leiten wir diese Auffassung von ihrer Lage ab. Alle diejenigen Gebilde, die wir auf Grund ihres Baues als mit chemischen Funktionen behaftet annehmen, werden wir als Geschmacksorgane ansehen, wenn sie sich in unmittelbarer Nähe der Mundwerkzeuge befinden, als Geruchsorgane dagegen, wenn sie auf anderen Stellen des Körpers lokalisiert sind. Dementsprechend ist diese Begriffsfassung mit Vorsicht aufzunehmen; es besteht sehr wohl auch die Möglichkeit, daß sie chemische Funktionen zu erfüllen haben, die mit unseren Geschmacks- und Geruchsempfindungen nichts zu tun haben. Bevor nicht gründliche und kritische Untersuchungen und Experimente darüber vorliegen, die naturgemäß immer recht schwierig anzustellen sind, da viele Fehlerquellen dabei eine Rolle spielen, wird eine objektive Beurteilung der Sinnesorgane, die auf chemische Reize eingestellt sind, nicht möglich sein.

Daß gewisse Geschmacksorgane für die Falter wie auch für die Raupen notwendig sind, ist wohl als sicher anzunehmen. Beide nähren sich von vegetabilischen Stoffen, die eine bestimmte Geschmacksqualität besitzen, und bei beiden ist eine oft sehr verschiedene Bevorzugung einer bestimmten Nahrung gegenüber anderen Stoffen festzustellen. Das gilt naturgemäß in erster Linie für die Raupen, aber auch vielfach für die Imagines. Es gibt viele Falter, die nur ganz bestimmte Blüten besuchen; es sei da erinnert an die Zygaeniden, die vielfach vorzugsweise Compositen und Dipsacaceen auswählen, wie auch die mit der Rüssellänge an bestimmte Blüten angepaßten Arten, von denen auf S. 119 schon die Rede war. Immerhin könnte man noch glauben, daß die Schmetterlinge vom Geruch geleitet werden und dementsprechend ihre Nahrung aufnehmen. Für die Raupen ist das sehr unwahrscheinlich. Sie sind nicht so lokomotionsfähig wie ihre Imagines und könnten bevorzugte Pflanzen ohnehin nicht auf größere Strecken hin wahrnehmen. Andererseits ist auch direkt beobachtet worden, daß sie selbst auf die allerkürzeste Entfernung hin keine Geruchswahrnehmung von ihrer Futterpflanze besitzen; man sieht, wie sie an verschiedenen Pflanzen herumbeißen, ehe sie das richtige Substrat gefunden haben. Also müssen auch ihnen Geschmacksorgane zukommen, und wir sind wohl berechtigt, bei der Raupe alle vorkommenden chemischen Sinnesorgane als zur Aufnahme von Geschmacksreizen befähigt anzunehmen. Im allgemeinen sind solche Organe nur in geringer Anzahl vorhanden. Auf den Maxillarpalpen und den Maxillen selbst sitzen einige dünn chitinisierte Zapfen, die hierher zu rechnen sind, und auf den Antennen befinden sich ebenfalls solche Organe (außerdem auch noch Sinnesborsten; vgl. Abb. 52). Die antennalen Organe sind in zwei Modifikationen vorhanden; die einen sind länger, die anderen kürzer; möglicherweise dienen die kürzeren auch noch einer beschränkten Geruchsempfindung. In weiterer Ausgestaltung treffen wir Organe zur Perzeption von Geschmacksreizen bei der Imago. Diejenigen Mundwerkzeuge, auf denen sie lokalisiert sind, sind Zunge, Palpen und Mundhöhle. Auf der Zunge hat man zweierlei Sinnesorgane festgestellt; an ihrem Ende befinden sich je nach den Arten verschieden gestaltete Zäpfchen, die gewöhnlich als „Saftbohrer" bezeichnet werden. Sie werden von gewissen den Rüssel durchziehenden Nerven innerviert und dienen sicherlich der Geschmacksempfindung; daß sie außerdem noch eine Nebenfunktion als „Saftbohrer" haben, ist wahrscheinlich; in dem Kapitel über die Ernährung (S. 124) ist schon davon die Rede gewesen. Im Hohlraum des Rüssels, also an der Innenseite jeder Maxille, finden sich weitere Organe, die nach dem Ort ihres Vorkommens als „Rinnenstifte" bezeichnet worden sind. Hier ist wohl jede Geruchsfunktion ausgeschlossen, und wir können sie mit Sicherheit als Geschmacksorgane deuten. Endlich fand KIRCHBACH (1883) noch bei Schmetterlingen im Schlundkopf Papillenfelder, die als Geschmackspapillen angesprochen werden.

An der Innenseite des Basalgliedes der Labialpalpen ist nun bei vielen Schmetterlingen ein ganzes Feld von Sinnesorganen anzutreffen. Hier ist der Palpus unbeschuppt, und diese ganze Gegend wurde von ENZIO REUTER (1896) als „Basalfleck" bezeichnet (vgl. Abb. 26, S. 17). Auf dem Basalfleck der Palpen sitzen gewöhnlich zwei Typen von Sinnesorganen; die einen sind kegelartige Erhöhungen, die anderen Gruben. Die Kegel wie auch die Gruben können in mannigfaltiger Art und Weise modifiziert sein, und REUTER hat auf Grund solcher Unterschiede stammesgeschichtliche Schlußfolgerungen ziehen können. Das Feld selbst ist entweder scharf abgehoben oder an den Rändern weniger deutlich; oftmals erhebt es sich mit seinen Sinnesorganen über die Oberfläche des Palpus. Die Natur dieser Organe auf dem Basalfleck ist noch nicht genauer erforscht worden. Wir wissen, daß die Palpen bei der Ernährung eine gewisse Rolle spielen, so daß man sie als Geschmacksorgane ansprechen könnte; ebensogut ist es aber auch möglich, daß sie Geruchszwecken dienen. Für ihre Auffassung als den Geschmack perzipierende Gebilde spricht besonders die Tatsache, daß der „Basalfleck" immer an der Innenseite des Palpus liegt, also der aufzunehmenden Nahrung zugewendet ist; andererseits sind die Fortsätze manchmal so stark chitinisiert, daß man beinahe geneigt sein könnte, ihnen mechanische Funktionen zuzuschreiben. Eine positive Entscheidung ist bis jetzt hier noch nicht möglich.

In viel weiterer Verbreitung finden sich nun bei den Schmetterlingen Geruchsorgane ausgebildet. Ihr Vorkommen ist zum größten Teil auf die Fühler beschränkt, wenn auch noch an anderen Teilen des Körpers solche Organe vorhanden sein mögen, die man noch nicht zu finden gewußt hat. Tatsächlich hat man in einzelnen Fällen beobachtet, daß Falter, denen man die Fühler entfernt hatte, immer noch imstande waren, gewisse Geruchsreize aufzunehmen. Die Untersuchung der Geruchsfunktionen begegnet ebenfalls erheblichen Schwierigkeiten; es ist nicht ohne weiteres möglich, festzustellen, welche Stoffe beim Schmetterling Geruchsempfindungen bewirken, und welche etwa nur eine mechanische Reizung herbeiführen. Die Reaktion des Tieres auf eine solche wird dann oft als Geruchsreaktion aufgefaßt, so daß bei den Versuchen leicht ein Irrtum sich einschleichen kann. Die große Zahl von Geruchsorganen in Verbindung mit solchen des Tastsinnes, die auf den Antennen der Schmetterlinge vorkommen, machen eine Oberflächenvergrößerung der Fühler in vielen Fällen notwendig. Auf diese Weise entstehen dann die keulig verdickten oder die gekämmten Fühler. Da für gewisse dieser Gebilde das Vorhandensein nur beim Männchen notwendig ist, sind bei sehr vielen Schmetterlingen die Antennen des letzteren viel stärker gefiedert oder gekämmt als die des Weibchens. Infolge der feinen Fiederung der Antennen setzen sich sehr leicht Staub- und Schmutzteilchen auf ihnen fest, die zwischen den Kammzähnen so fest liegen, daß sie auch beim schnellen Flug des Falters nicht vom Luftzug entfernt werden. Das bedeutet aber eine große Schädigung für den Falter, da unter Umständen die Geruchsorgane dadurch außer Funktion gesetzt werden können. Deshalb finden sich bei vielen Schmetterlingen Vorrichtungen zur Reinigung des Fühlers, deren bekannteste das sogenannte „Schienenblatt" ist. Dieses liegt an der Lateralseite der Vordertibien und stellt ein häutiges Säckchen dar. Zwischen Schienenblatt und Schiene wird die Antenne hindurchgezogen, wobei die Verunreinigungen abgestreift werden. Bei der Kleidermotte *Tineola bisselliella* HUMM. ist das Schienenblatt nach TITSCHACK, der auch seine Funktion beobachtete, als eine mit Zähnen versehene Platte ausgebildet. Bei der genannten Art soll dieser ganze Putzapparat noch durch ein Büschel von darüberliegenden starken und geraden Haaren geschützt sein. Dieses Schienenblatt findet sich aber auch bei Familien, wo die Fühler relativ glatt sind, z. B. bei den Papilioniden, und ist im übrigen bei den Lepidopteren weit verbreitet. Daß übrigens bei Unbrauchbarwerden der Fühler doch noch gewisse andere Geruchsorgane wirksam sind, hat MINNICH (1923) bei *Pieris rapae* L. nachgewiesen. Der Falter besitzt die Eigentümlichkeit, auf Geruchsreize mit einem Vorstrecken des Rüssels zu antworten, und diese Reaktion wurde benutzt, um die Bedeutung der Antennen für den Geruch festzustellen. Wurden die Fühler außer Funktion gesetzt, indem man sie mit Vaseline überstrich oder ganz exstirpierte, so blieb bei 50—80 Prozent der Falter die Reaktion auf den Geruchsreiz aus. Wenn man nur eine Antenne beseitigte, so war dieser Prozentsatz ganz erheblich geringer. Aus diesen Versuchen geht einmal hervor, daß tatsächlich auf den Antennen die Perzeptoren von Geruchsreizen sitzen, zum anderen aber auch, daß sie nicht allein auf sie beschränkt sind sondern auch an anderen Körperteilen noch vorkommen müssen.

Die als Geruchsorgane in Frage kommenden Gebilde sind für viele Spinner und einige Spanner, bei denen Geruchswahrnehmungen eine große Rolle spielen, eingehend von NIEDEN (1907) beschrieben worden. Außer den schon oben beschriebenen mechanischen Sinnesorganen, den Sensilla chaetica und trichodea, kommen auf den Antennen auch zwei Organe vor, die zur Aufnahme chemischer Reize geeignet sind, also ein dünnes, durchlässiges Chitin besitzen und im allgemeinen nicht beweglich eingelenkt sind. Der eine Typus dieser Organe wird dargestellt durch in der Oberfläche befindliche Gruben, aus deren Mitte sich ein dünner, wenig chitinisierter Kegel erhebt, der der eigentliche Perzeptor der Reize ist. Diese Gebilde werden als „Grubenkegel" oder Sensilla coeloconica bezeichnet. Die nach dem zweiten Typus gebauten Organe vertreten das gegenteilige Prinzip; bei ihnen erhebt sich ein stärker chitinisierter Zapfen über die Oberfläche des Fühlers, der an seinem Ende ein wenig chitinisiertes Sinnesstiftchen trägt. Das sind die Sensilla styloconica. Während also bei den Sensilla coeloconica das reizempfindliche Element in eine Grube gebettet wird, erfolgt bei den Sensilla styloconica eine Heraushebung desselben über die Oberfläche des Fühlers. Experimentell ist noch nicht nachgewiesen worden, inwieweit diese verschiedenen Gebilde auch verschiedenartige Reize übermitteln; aber es kann aus der Verteilung derselben bei den beiden Geschlechtern leicht darauf geschlossen werden. Während nämlich die *Sensilla styloconica* bei den Weibchen in annähernd gleicher Anzahl wie beim Männchen vorhanden sind, besitzt letzteres die *Sensilla coeloconica* in viel größerer Menge. Es läßt sich nun leicht daraus folgern, daß die Grubenkegel für gewisse Empfindungen notwendig sind, die beim Männchen vorwiegend auftreten, während die Sensilla styloconica für beide Geschlechter in gleichem Maße wichtig

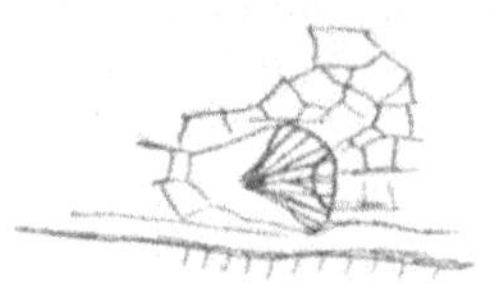

Abb. 53. Teil des Fühlers von *Nyctemera hesperia* Cr. mit Grubenkegel.

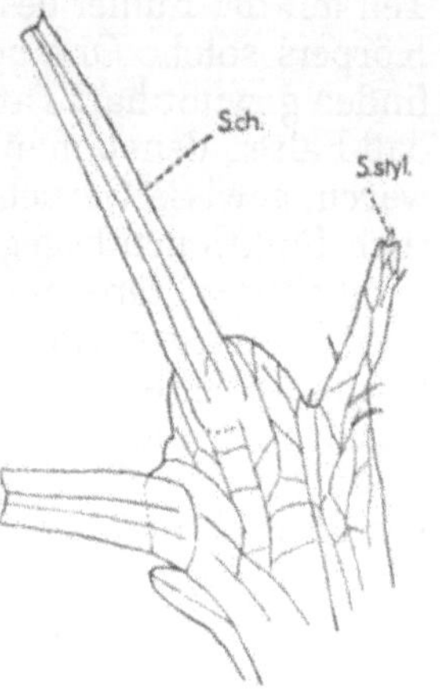

Abb. 54. Fiederende von *Nyctemera hesperia* Cr. mit Sensilla chaetica (*S. ch.*) und einem Sensillum styloconicum (S. styl.).

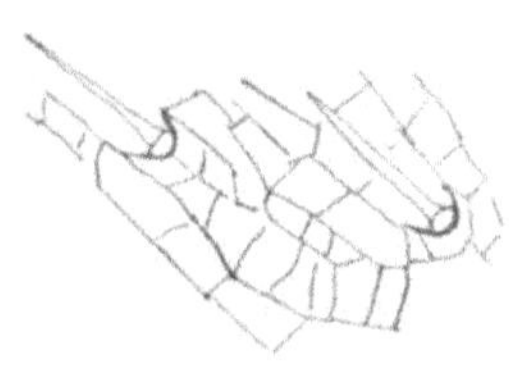

Abb. 55. Fühlerstück von *Nyctemera hesperia* Cr. mit einfacheren Sensilla coeloconica.

sind. Unter der Voraussetzung, daß es sich in beiden Fällen um Geruchsorgane handelt, bleibt nur die eine Möglichkeit, daß nämlich diese Organe Perzeption des Geschlechtsduftes ermöglichen. Nur so ist das verschieden zahlreiche Vorkommen bei Männchen und Weibchen zu erklären. Da das Männchen den (anlockenden) Duft des Weibchens auf sehr große Entfernung wahrnehmen muß, besitzt es die Grubenkegel in größerer Menge; das Weibchen wird dagegen den vom Männchen ausgehenden (erregenden) Duft stets aus unmittelbarer Nähe zu empfangen haben, es braucht deshalb weniger von diesen Sinnesorganen zu haben. Im Kapitel über das Geschlechtsleben war schon darauf aufmerksam gemacht worden, daß der vom Männchen ausgehende Geruch physiologisch ganz verschieden von dem des Weibchens ist; jener ist erregend, dieser anlockend auf das andere Geschlecht. Es besteht nun sehr wohl die Möglichkeit, daß, wenn die Sensilla coeloconica tatsächlich die Aufnahmeorgane des Geschlechtsduftes sind, sich bei ihnen durch genauere Untersuchungen ein Unterschied in der Ausbildung, also auch in der Qualität, bei Männchen und Weibchen feststellen lassen wird. Bis nun sind allerdings solche strukturellen Verschiedenheiten noch nicht gefunden worden, was allerdings bei der Kleinheit der in Frage kommenden Objekte nicht verwundern kann.

Schwieriger ist nun allerdings die Funktion der Sensilla styloconica zu beurteilen. Sie dienen jedenfalls ihrem ganzen Bau nach zur Aufnahme von Geruchsreizen und müssen für beide Geschlechter von demselben Werte sein. Es bleibt da nur übrig, sie als Rezeptoren für die von der Futterpflanze ausgehenden Düfte anzusehen. Man hat auch behauptet, daß sie für die Eiablage von Wichtigkeit seien, indem durch sie das Weibchen Kenntnis von der Futterpflanze erhielte; wäre das aber der Fall, dann würden sie doch sicher beim Weibchen in stärkerer Ausbildung vorhanden sein als beim Männchen, was bis jetzt noch nicht festgestellt worden ist. Daß tatsächlich bei der Eiablage der Geruch eine außerordentlich große Rolle spielt, ist schon früher im dritten Kapitel (S. 49) erwähnt worden; vielleicht sind es aber ganz andere, bis jetzt noch nicht entdeckte Geruchsorgane, die dabei mitwirken. Zum besseren Schutze sind die Kegelgruben oft noch mit einem Kreis nach oben zusammenlaufender stärkerer Borsten umgeben, während die Sensilla styloconica vielfach von den starken Sensilla chaetica flankiert werden; in beiden Fällen muß das mit sehr dünnem Chitin ausgestattete Sinnesstiftchen vor Berührung und dadurch möglichem Abbrechen bewahrt werden. Von anderer Seite ist übrigens behauptet worden, daß beide Arten von Sinnesstiften dieselbe Funktion hätten, nämlich zum Aufsuchen der Nahrung zu dienen. Die Sensilla coeloconica sollte eine Anlockung auf größere Entfernung hin bewirken, während die Sensilla styloconica, nachdem der Falter erst in die Nähe des Duftaussenders gekommen ist, die letzte Orientierung veranlassen sollen. Es wären demnach beim Weibchen weniger Grubenkegel vorhanden, weil das Weibchen als der passivere Teil weniger fliege und infolgedessen weniger Nahrung brauche. Diese Ansicht erscheint jedoch sehr gezwungen. Warum soll dasselbe Organ, das in großer Entfernung einen Reiz aufnehmen kann, ihn nicht erst recht in der Nähe von der Reizquelle zur Empfindung bringen können? Freilich kommen diese Organe auch noch in Familien gut ausgebildet vor, bei denen der Rüssel ganz verkümmert ist, die also nicht mehr in der Lage sind, Nahrung aufzunehmen. Wir können aber annehmen, daß diese sekundäre Verkümmerung erst vor relativ kurzer Zeit erfolgt ist, und daß infolgedessen eine Reduktion der damit zusammenhängenden Sinneswerkzeuge noch nicht erfolgt ist.

Es ist bemerkenswert, daß wir in den chemischen Sinnesorganen der Fühler einen ganz analogen Fall zu den mechanischen Organen auf denselben haben. Bei diesen hatten wir schon gefunden, daß der eine Typus für beide Geschlechter wichtig ist, während der andere nur für das Männchen die Hauptrolle spielt. Ebenso ist es auch bei den Gebilden, die zur Aufnahme der Geruchsreize sich finden. Und weiterhin hatten wir gefunden, daß diese spezifisch männlichen mechanischen Sinneswerkzeuge auf eine Aufnahme der Reize während des Fluges eingestellt sind. Wahrscheinlich ist dasselbe bei den Sensilla coeloconica der Fall. Der Kegel derselben ist immer während des Fluges nach vorn gerichtet, und es ist ihnen eine Aufnahme von Geruchsreizen, während der Falter ruht, sogar ganz abgesprochen worden, weil die Versenkung in die Gruben eine Behinderung des Geruchsvermögens bedeute, da in den Gruben nur ein ganz spärlicher Luftwechsel stattfinde. Erst während des Fluges gehe dieser schneller vor sich, so daß dann eine Geruchsempfindung auftreten könne. Der Geruchsempfindung dient nun weiter vermutlich ein anderes Organ, das an der Spitze des dritten Palpengliedes sich befindet. Hier ist eine flaschenförmige Einsenkung festzustellen, an deren Grund eine große Anzahl von Sinneszellen liegen, die einen Sinnesstift in das Innere des Hohlraumes entsenden. Die durch dieses Organ übermittelten Sinnesempfindungen mögen sich wahrscheinlich auf die Natur der Nahrung beziehen, zu der ja die Palpen, wie wir gesehen haben, in einem besonders nahen Verhältnis stehen.

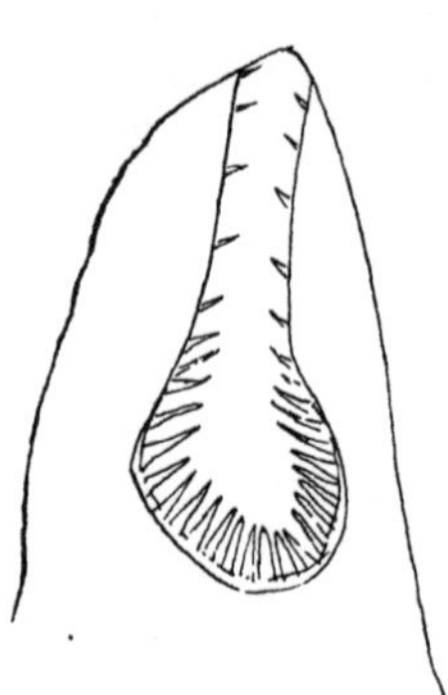

Abb. 56. Längsschnitt des dritten Palpengliedes von *Pterostoma palpinum L.*

Wir finden bei den Schmetterlingen keinen besonderen Geruchs- und Geschmacksnerv; beide Organe besitzen vielmehr einen gemeinsamen chemischen Nerv, wodurch sich die physiologischen Funktionen der einzelnen Sinneswerkzeuge schwer feststellen lassen. Die letzteren gleichen in ihrem Äußeren auch den mechanischen Sinnesorganen, so daß man die Organe des Tast-, Geruchs- und Geschmackssinnes als „Hautsinnesorgane" vereinigt hat. Eine sichere Trennung derselben nach den drei genannten Empfindungen ist nach dem jetzigen Stande unserer Kenntnis in vielen Fällen noch nicht möglich.

Den drei bisher besprochenen Sinnen, die man auch als die „niederen" Sinne bezeichnet, stehen Gesichts- und Gehörsinn als die „höheren" Sinne gegenüber. Von besonderer Wichtigkeit ist da für die Schmetterlinge der Gesichtssinn. Die Organe, die Lichtreize vermitteln, sind bei den Schmetterlingen zweifacher Art; es gehören dazu die bekannten zusammengesetzten oder Facettenaugen und außerdem die einfachen Punktaugen oder Ocellen. Die letzteren sind bei der Raupe stets, bei der Imago nicht immer vorhanden. Bei ersterer sitzen sie unten seitlich am Kopfe hinter den Antennen (vgl. Abb. 3, S. 4) und können in seltenen Fällen in der Einzahl, meistens aber in der Mehrzahl vorhanden sein. Bei der Imago sind sie schwer sichtbar; sie sitzen dort meist am hinteren Augenrande, hinter jedem Auge eins, und sind oft durch Schuppen verdeckt, fallen aber bei Betrachtung durch ihr starkes Lichtbrechungsvermögen auf. Ein solcher Ocellus ist immerhin schon recht kompliziert gebaut. Nach außen besitzt er eine Linse. Diese ist dadurch entstanden, daß an der betreffenden Stelle die Cuticula ihr Pigment verloren hat, durchsichtig geworden ist und sich außerdem etwas verdickt hat. Unter der Linse befindet sich ein Kristallkörper, der die durch die Linse einfallenden Strahlen zu den darunter liegenden Sehzellen leitet, die nun ihrerseits wieder mit dem Sehnerv in Verbindung stehen und so eine Lichtempfindung vermitteln. Es würde uns hier zu weit führen, auf den feineren Bau dieser Sehzellen noch näher einzugehen. Die schief von der Seite her einfallenden Lichtstrahlen beeinträchtigen sehr die Schärfe und Deutlichkeit des Bildes; sie müssen deshalb nach Möglichkeit ferngehalten werden. Das geschieht einmal dadurch, daß sich die Cuticula im Umkreis ihrer Verdickung (der Linse) nach unten herabsenkt; ihre Schichten sind dunkel pigmentiert und saugen deshalb die schräg einfallenden Lichtstrahlen auf, so daß sie nicht in die Sehzellen gelangen können. Außerdem befindet sich vielfach in den das Auge umhüllenden Zellen ein dunkler Farbstoff; bei einigen Familien liegt ein solcher auch in den Sehzellen selbst. Den Ozellen der Raupen fehlt der Kristallkegel.

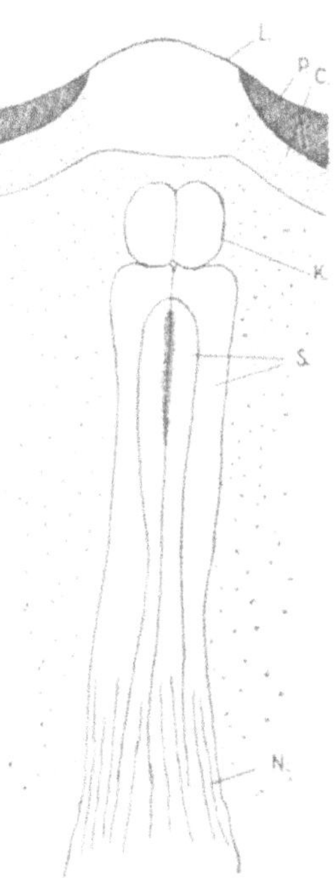

Abb. 57. Schema des Ozellenbaues. *L.* = Linse; *P.* = pigmentierter Teil der Cuticula; *C.* = unpigmentierter Teil; *K.* = Kristallzellen; *S.* = Sehzellen; *N.* = Sehnerv.

Die gewöhnlich in fünf bis sechs auf jeder Seite vorhandenen Punktaugen stehen alle unter sich in Verbindung. Wesentlich komplizierter ist das Facettenauge der Falter gebaut. Man bezeichnet es auch als Komplex- oder zusammengesetztes Auge. Bei schwacher Vergrößerung erscheint es uns aus zahlreichen Feldern, den Facetten, gebildet. Jedes dieser Felder stellt nun ein einzelnes Auge dar, das als Ommatidium oder Omma bezeichnet wird. Ohne daß wir auf den feineren Bau eingehen, soll erwähnt werden, daß auch hier jedes Ommatidium aus einer Linse besteht, hinter der ein Kristallkörper liegt, auf den dann die Sehzellen folgen. Hinter diesen liegt dann noch eine Grenzschicht, die aus fein verästelten Tracheen besteht, und auf deren Bedeutung wir weiter unten noch zurückkommen werden; sie wird Tapetum genannt. Die einzelnen Ommatidien werden voneinander noch durch Zellen getrennt, die einen dunklen Farbstoff besitzen; das sind die Pigmentzellen. Jedes dieser Ommatidien entwirft nun ein kleines Einzelbild, und diese Bildpunkte ergeben zusammen ein zusammengesetztes aufrechtes Bild auf der Netzhaut des Falters. Je nachdem, ob das Pigment der Pigmentzellen weit nach außen liegt oder sich mehr in den tieferen Schichten des Auges befindet, entsteht ein verschiedenes Bild. Beim Appositionsbild werden nur die Lichtstrahlen verwendet, die senkrecht durch die Linse einfallen. Alle diejenigen Strahlen, die von der Seite kommen, werden durch den Kristallkegel gebrochen und auf den Farbstoff der Pigmentzellen geworfen, der sie verschluckt. Beim Superpositionsbild erfolgt jedoch auch eine Verwendung der Lichtstrahlen, die durch die danebenliegenden Linsen anderer Ommatidien einfallen. Sie werden vom Kristallkegel so gebrochen, daß sie auf denselben Punkt fallen wie die senkrecht in das Omma eingefallenen. Beim Appositionsbild werden also nur die Lichtstrahlen eines Ommatidiums verwendet; das Pigment zwischen den Einzelaugen ist so gelagert, daß vom Nebenomma kein Licht einfallen kann. Beim Superpositionsbild ist das Pigment mehr in die Tiefe gerückt, so daß auch aus den Linsen der Umgebung Licht in das Omma gelangt. Beide Typen haben ihre Vorzüge und ihre Nachteile. Beim Appositionsbild ist der erzeugte Bildpunkt sehr scharf und deutlich, weil nur die von einem bestimmten Punkt der Außenwelt kommenden Lichtstrahlen, nämlich die senkrecht eingefallenen, empfunden werden; er ist aber gleichzeitig sehr lichtschwach, weil es dementsprechend viel weniger Licht war, das zur Empfindung gebracht wurde. Das Superpositionsbild ist weniger scharf und deutlich, weil jeder Bildpunkt sich aus Lichtstrahlen zusammensetzt, die von verschiedenen Stellen der Außenwelt gekommen sind; da aber wenige Strahlen im Pigment verlorengehen, ist es viel lichtstärker. Es ergibt sich aus diesen Verschiedenheiten schon das auf gewisse Familien beschränkte Auftreten jeder dieser beiden Typen. Falter, die am Tage fliegen, brauchen über Lichtmangel nicht zu klagen; deswegen können sie alle ungelegen kommenden Strahlen beseitigen, um zu einer größeren Schärfe und Klarheit des Bildes zu gelangen. Wir finden deshalb den Typus des Appositionsauges vorwiegend bei den Tagfaltern. Die in der Nacht fliegenden Schmetterlinge dagegen müssen alle Lichtstrahlen auffangen; würden sie eine ähnliche Beschränkung walten lassen wie die Tagfalter, so würden sie bei den geringen Lichtmengen, die ihnen zur Verfügung stehen, gar nichts sehen können; so erklärt sich das Vorkommen von Superpositionsaugen bei den Dämmerungs- und Nachtfaltern. Umstritten ist noch die Frage, ob die Schmetterlinge tatsächlich ein aufrechtes oder umgekehrtes Netzhautbild empfangen; das ist aber belanglos; denn es kommt nur darauf an, wie ein solches Bild empfunden wird. Wir erhalten in unserem Auge ja auch ein umgekehrtes Netzhautbild und empfinden es als aufrecht. Durch Pigmentverschiebung kann übrigens das Appositionsbild in ein Superpositionsbild umgewandelt werden;

dazu sind viele Nachtfalter fähig, die auch am Tage fliegen. Je kleiner nun die einzelnen Facetten sind, um so weniger Lichtstrahlen können aufgenommen werden, um so senkrechter sind diese aber dann, und das Bild wird schärfer. Umgekehrt können bei größeren Facetten mehr Lichtstrahlen einfallen, von denen aber eine Anzahl schon recht schief eindringt; das so erhaltene Bild ist zwar lichtstärker, aber auch undeutlicher. Dementsprechend finden wir bei Tagfaltern relativ kleine, bei Dämmerungs- und Nachtfaltern größe Facetten.

Es war schon oben das aus einer Schicht Tracheenverästelungen gebildete Tapetum erwähnt worden. Es ist das eine stark glänzende Schicht, die das Licht, das durch die Zellen schon hindurchgegangen ist, noch einmal zurückwirft. Dadurch werden die Sehzellen stärker gereizt, da dieselbe Lichtmenge zweimal auf sie trifft, und die Lichtempfindung wird viel intensiver. Es versteht sich von selbst, daß dieses Gebilde nur bei solchen Schmetterlingen in Funktion treten wird, die mit wenig Licht auskommen müssen, also bei den Nachtfaltern. Dieses vom Tapetum zurückgeworfene Licht wird von uns als das Leuchten der Augen wahrgenommen; es ist selbstverständlich kein echtes Leuchten; denn im absolut dunklen Raum verschwindet es vollständig. Übrigens sind viele Falter imstande, durch Pigmentverschiebungen das „Leuchten" willkürlich aufhören zu lassen. Das gilt besonders für solche, die sich auch am Tage manchmal betätigen.

Die ganze Art und Weise des Sehprozesses, wie er bei den Schmetterlingen (und den meisten anderen Insekten) durch die Fazettenaugen stattfindet, war schon 1826 von JOHANNES MÜLLER entdeckt und als musivisches Sehen bezeichnet worden. Diese Untersuchungen gerieten jedoch damals bald in Vergessenheit und wurden durch mehr oder minder gezwungene Erklärungsversuche ersetzt, während die neuere kritische und experimentelle Forschung MÜLLERS Theorie in fast allen Punkten bestätigt hat. Es fragt sich schließlich noch, warum bei so vielen Faltern zwei Typen von Sehorganen auftreten, die Ocellen und die Komplexaugen. Da ist behauptet worden, daß bei allen den Schmetterlingen, deren Facettenaugen sehr hoch entwickelt sind, die also viel Licht in ihrem Pigmentapparat verbrauchen, die Ozellen ein Sehen auch im Dämmerungslicht ermöglichen sollen; von anderer Seite hat man sie als eine spezielle Anpassung für das Leben im Fluge angesehen.

Eine Ausschaltung des Sehvermögens ruft ganz eigenartige Erscheinungen hervor, wie FOREL nachwies. Er hat der Eule *Plusia gamma* L. beide Augen mit undurchsichtigem Lack überstrichen; die so behandelten Tiere flogen zuerst ganz ungleichmäßig und unsicher im Zickzackfluge, stiegen dann aber senkrecht nach oben, bis sie dem Blick entschwanden. Dieses senkrechte Auffliegen ist bei geblendeten Faltern noch öfter beobachtet worden; es ist aber nicht möglich, dafür eine plausible Erklärung zu geben. Vielleicht ist da negativer Geotropismus mit im Spiele. Dafür würden auch die Befunde von G. X. PARKER (1903) sprechen. Er schaltete des Sehvermögen aus, indem er die Falter in einen absolut dunklen Raum brachte. Hier setzten sich alle Schmetterlinge an die Decke. Es ist also wahrscheinlich, daß die Lepidopteren die Schwerkraft in irgendeiner Weise empfinden, daß aber eine Reaktion darauf nicht erfolgt, weil andere Reize stärker wirksam sind, besonders die Lichtreize. Werden die letzteren nun ganz aufgehoben, so wirken die Schwerkraftempfindungen viel intensiver, und es erfolgt die Reaktion darauf, indem der Schmetterling sich von der anziehenden Erde wegbewegt; er ist also negativ-geotrop.

Daß aber das einzelne Tier gegenüber den Lichtstrahlen sich verschieden verhalten kann, wies PARKER an *Vanessa antiopa* L. nach. Nach den damit angestellten Versuchen ergab es sich, daß die Falter sich vom Lichte abwenden, also negativ-phototrop sind, wenn die Sonnenstrahlen nicht senkrecht auf die Oberfläche ihrer Unterlage fallen. Wenn sie dagegen senkrecht auffallen, wendet sich der Falter dem Licht zu, ist also dann positiv-phototrop. Bei Ortsveränderungen erfolgt ebenfalls eine positive Reaktion. Beide Tropismen, der positive wie der negative, hängen nicht mit der Wärmewirkung der Lichtstrahlen zusammen. Die beim negativen Phototropismus eingenommene Stellung soll es den Geschlechtern erleichtern, sich zu finden; außerdem sollen in dieser Lage die Farben am deutlichsten gesehen werden. — Bei vielen Raupen ist ein sehr starker Lichthunger beobachtet worden; so wurde von LOEB mitgeteilt, daß die Raupen des Goldafters (*Euproctis chrysorrhoea*) stets dem Lichte zuwanderten, und wenn sich auf der dem Lichte zugekehrten Seite kein Futter befand, verhungerten. DEEGENER (1921) wies aber nach, daß von einem solchen „Verhungern aus Lichtliebe" nicht die Rede sein kann. Wohl wanderten die Raupen im Zuchtbehälter wie auch im Freien sofort dem Lichte zu, wenn sie aber dort keine Nahrung fanden, kehrten sie um und fingen an zu fressen.

Ob und wieweit bei Schmetterlingen ein Sehen von Farben stattfindet, ist noch unbekannt. Manche Beobachtungen sprechen dafür, wenn auch Versuche, wie sie bei Fliegen und Hymenopteren unternommen wurden, bei den Faltern bisher noch keine Ergebnisse gezeitigt haben. Nur wenige Versuche sind in dieser Hinsicht gemacht worden. Die abends am Köder sitzenden Eulen lassen sich oftmals, wenn sie noch nicht genügend berauscht sind, fallen, sobald der Strahl einer Laterne auf sie fällt. Es wurde nun in einem Falle festgestellt, daß ein solches Herabfallen nicht erfolgte, wenn eine Laterne mit grünem Licht verwendet wurde. Bei den Raupen vieler Tagfalter können wir indirekt auf ein Farbenunterscheidungsvermögen schließen. In dem Abschnitt über die Puppenfärbungen (S. 103) war schon ausgeführt worden, daß sich bei Weißlingen und *Vanessa*-Arten die Puppe ihrer Umgebung in der Farbe anpaßt. Ein ähnlicher Fall war von *Pararge maera* L. berichtet worden. Es wurde festgestellt, daß die Farbanpassung schon durch die Raupe bewirkt wird, und daß die verschiedenen Lichtarten durch das Auge der Raupe gehen müssen, um eine Anpassung zu bewirken. In gewissem Sinne muß die Larve also auch auf verschiedene Farben reaktionsfähig sein. Daß eine Lichtempfindung bei der Raupe recht intensiv auftreten kann, ist aus dem Verhalten vieler versteckt lebender Arten zu entnehmen. Alle Larven der Arten, die im Dunkeln leben, wie z. B. die der Kleider- und Wachsmotten und vieler anderer

Arten, ziehen sich sofort stark beunruhigt zurück, wenn man sie dem Licht aussetzt. Diejenigen Arten, die nur bei Nacht fressen und am Tage irgendwo im Dunkeln, unter Blättern, in der Erde usw., sich verbergen, müssen sogar sehr gut ausgebildete Augen haben, um ihrer Nahrungssuche nachgehen zu können. Es zeigt sich dabei, daß das Auge auch gut funktionieren kann, wenn es einfacher gebaut ist; die Raupen besitzen ja nur Ocellen, denen zudem meist die Kristallkegel fehlen.

Negativer und positiver Phototropismus kommen bei den Schmetterlingen unter Umständen aber auch bei den gleichen Arten vor. Sehr viele Nachtfalter sind negativ-phototrop und verkriechen sich am Tage in dunkle Schlupfwinkel. Das gilt für die meisten Kleinschmetterlinge, Eulen und Spinner. Dieselben Arten können aber in der Nacht auch positiv-phototrop sein, indem sie auf eine helle Lichtquelle zufliegen. Auf dieser Tatsache beruht der Lichtfang der Sammler. An einem exponierten Punkte wird eine starke Lichtquelle, eine Azetylenlampe mit Scheinwerfer und dergleichen aufgestellt, bei der man eine weiße Fläche, etwa ein aufgespanntes Tuch, anbringt. Die Nachtschmetterlinge kommen dann in großer Zahl nach der Lampe geflogen und setzen sich auf das weiße Tuch, wo sie bequem abgelesen werden können. Es sind meist ganz bestimmte Arten, die sich da einfinden, wie Spinner, Spanner, Psychiden und manche Eulen. Oftmals gehen dort Arten heran, die nicht an den Köder kommen, und in südlichen Gegenden, wo der Köder wenig wirksam ist, weil es zu viel natürliche Düfte gibt, ist der Lichtfang die einzige lohnende Sammelmethode; das gilt besonders für die Tropen. In gleicher Weise wie die absichtlich aufgestellte Lichtquelle wirken auch die zahlreichen Bogenlampen großer Städte. Hunderte von Faltern fliegen in einer Nacht an eine Bogenlampe, und meistens gehen sie, da sie sich am Licht die Flügel verbrennen, zugrunde. Die „Motte am Licht" ist ja sprichwörtlich geworden. Es ist deshalb nicht zu verwundern, daß die Umgebung der großen Städte immer ärmer an Nachtschmetterlingen wird; die anziehenden Bogenlampen bedeuten für die Falterwelt die größte Schädigung. Besonders reich ist der Anflug auch in den Bergen, wo die Reichweite der Lichtquelle viel größer ist. Die Beeinträchtigung des Falterlebens ist um so größer, je kürzere Zeit die Lichtquellen bestehen; allmählich scheint eine Gewöhnung zu erfolgen, so daß der Anflug nachläßt. Welches der Grund zu diesem eigenartigen Verhalten der Nachtfalter ist, hat man bisher noch nicht feststellen können; jedenfalls scheint keine Blendung dabei eine Rolle zu spielen. Man hat angenommen, daß eine solche künstliche Lichtquelle etwas ganz Ungewöhnliches für die Tiere ist. Sie leben meistens sehr versteckt und müssen, wenn sie sich ins Freie herausarbeiten wollen, dem durchschimmernden Lichtpunkt der Öffnung zustreben. In weiter Entfernung soll nun eine Bogenlampe ebenso auf sie wirken wie jener Lichtpunkt, so daß sie ihm zustreben. Von anderer Seite ist behauptet worden, das Verhalten sei zurückzuführen auf einen vorhandenen Instinkt, den der Falter brauche, wenn er aus der Puppe schlüpfe, die im Kokon oder in der Erde liegt, um ins Freie zu gelangen. Alle diese Erklärungsversuche machen aber einen recht gezwungenen Eindruck, und so ist jenes Verhalten der

Falter noch ganz rätselhaft. Merkwürdig ist es, daß viele Familien, namentlich der Kleinschmetterlinge, nie ans Licht kommen, obwohl sie sonst meistens positiv-phototrop sind. Beim Fang von Kleinschmetterlingen stülpt man zweckmäßig immer ein Gläschen über das auf dem Boden, einem Blatt und dergleichen sitzende Tier, worauf es in dem Gläschen emporklettert und so aufgehoben werden kann, ohne daß es einen Versuch macht, an der dem Licht abgewendeten Seite zur Öffnung des Glases herauszulaufen. Eine Ausnahme stellen allerdings manche Pyraliden und Tineiden wie auch Gelechiiden dar, die sich bei Beunruhigung gern ins Dunkel verkriechen. Ganz frisch ausgeschlüpfte Falter sind übrigens vielfach negativ-phototrop, was mit ihrem stärkeren Schutzbedürfnis in diesem Zustande zusammenhängt.

Zum Schluß soll noch kurz auf eine Beobachtung hingewiesen werden, die besonders an Arctiiden gemacht wurde und in Beziehung zum Gesichtssinn der Falter gebracht wurde. Bei Beunruhigung treten nämlich am Halskragen mancher Arten dieser Familie zwei Tropfen einer Flüssigkeit aus, die angeblich die Fähigkeit zu leuchten besitzen sollen. Dieses vermeintliche Leuchten ist ebenso wie das der Augen vieler Nachtfalter nur eine Reflexionserscheinung und hat mit dem Gesichtssinn nichts zu tun. Es ist ein Schutzmittel der Tiere, auf das wir in dem Kapitel über Feinde und Schutz dagegen noch zurückkommen werden.

Über den zweiten der beiden höheren Sinne, das G e h ö r , ist bei den Schmetterlingen eine Reihe von Tatsachen bekannt geworden, und es sind sehr verschiedenartige Gebilde entdeckt worden, die man als schallperzipierende Organe aufgefaßt hat, wenn auch ein direkter Nachweis der Schallaufnahme durch sie bisher nicht erfolgt ist. Bevor wir uns den aufnehmenden Organen zuwenden, ist eine Betrachtung der von Faltern tatsächlich beobachteten Lautäußerungen notwendig. Die schallerzeugenden Apparate werden als Stridulationsorgane bezeichnet, und sie kommen im Insektenreich sehr häufig, am besten wohl bei den Orthopteren ausgebildet, vor. Auf diese einzugehen, würde uns hier zu weit führen. Das bekannteste Beispiel für tonerzeugende Falter ist unser Totenkopf (*Acherontia atropos* L.). Bei Reizung und beim Töten läßt der Falter einen quietschenden Ton hören, der vielleicht mit dem Zirpen eines Sperlings zu vergleichen wäre. Über die Ursache des Geräusches sind die Meinungen sehr weit auseinandergegangen. Man hat es damit erklärt, daß der Falter durch den Rüssel Luft einsaugen und schnell wieder ausstoßen soll; andere haben behauptet, daß die beiden Rüsselhälften gegeneinander gerieben werden. Eine solche Bewegung der Rüsselteile ist aber nach der Anatomie des Falters ganz unmöglich. Wahrscheinlich beruht der Ton darauf, daß eine Falte, die im Schlundkopf festgestellt wurde, in Schwingungen gerät. Auch Raupe und Puppe besitzen die Fähigkeit der Lautäußerung; bei letzterer ist es wahrscheinlich, daß sie in derselben Weise wie beim Falter erfolgt, bei der Raupe ist das nicht möglich. Es ist behauptet worden, daß hier die gezähnten Mandibeln gegeneinander gerieben werden und so den Zirplaut hervorrufen. Wahrscheinlicher ist jedoch, daß die Veranlassung dazu das Zurückziehen des Kopfes in das gekörnte Integument der

Thoraxringe ist, das plötzlich und stoßweise erfolgt; die Reibung der harten Chitinteile des Kopfes mit denen der Brustringe ruft dann den Ton hervor. Nach PROCHNOW (1909) sind zirpende Raupen beobachtet worden außer den schon erwähnten von *Acherontia atropos* L. bei *Platysamia cecropia* L., *Telea polyphemus* CR., *Saturnia pyri* SCHIFF. *Antheraea yamamai* GUÉR. und *pernyi* GUÉR., *Rhodia fugax* BTL. und *Cressonia juglandis* ABB. und SM. In allen diesen Fällen wird wahrscheinlich auch das Zurückziehen des Kopfes in den Thorax das Geräusch bewirken. Die Raupe der brasilianischen *Acureuta lentiginosa* Z., die als Sackträger im Mulm von kranken Palmen lebt, läßt ebenfalls ein deutliches Zirpen hören. Es ist überhaupt zu vermuten, daß die Raupen vieler Sackträger und auch anderer Kleinschmetterlinge zu Lautäußerungen befähigt sind. Der sonst ziemlich weiche Leib trägt auf den Thorakalsegmenten oben und an der Seite vielfach ganz charakteristische Chitinschilder, die so hart und deutlich sind, daß sie neben der Beborstung das einzige Mittel sind, die Raupen erkennen und bestimmen zu können. Ihre geringe Größe macht es aber wenig wahrscheinlich, daß die so erzeugten Laute für das menschliche Ohr nachgewiesen werden können. Auch bei der Puppe von *Callophrys rubi* L. hat man ein Geräusch festgestellt, das von den einen als Knarren, von den anderen als Zirpen oder Zwitschern aufgefaßt wurde.

Recht häufig wurden Lautäußerungen oder tonerzeugende Gebilde bei Imagines gefunden. Unsere *Thecophora fovea* TR. besitzt auf den Hinterflügeln eine blasige Vertiefung der Flügelmembran; die Vorderflügel können schnell darüber hinweggeführt werden, und dadurch kommt diese Stelle in Schwingungen, wodurch der beobachtete Ton hervorgerufen wird. Ebenfalls ist auf den Hinterflügeln der indischen Eule *Argiva* eine Reihe von Falten gefunden worden, über die der Vorderflügel hinwegstreicht, wodurch ein knatterndes Geräusch erzeugt wird. Auch bei unserer *Vanessa antiopa* L., dem Trauermantel, soll ein zarter Ton erzeugt werden, indem eine Ader des Hinterrandes der Vorderflügel an einer des Hinterflügels gerieben wird. Diese Lautäußerung soll namentlich beim Männchen erfolgen, wenn es um ein Weibchen wirbt. Bei dem Spinner *Dionychopus niveus* MÉNÉTR. besitzen beide Flügel nahe der Wurzel eine starke, aus einzelnen Chitinstacheln bestehende Bürste, und zwar liegt diese im Vorderflügel auf der Unterseite, im Hinterflügel auf der Oberseite. Indem beide Dornenbürsten gegeneinander gerieben werden, entsteht ein zirpender Ton. Das berühmteste Beispiel ist die Nymphalide *Ageronia* geworden. Viele Arten dieser Gattung erzeugen ein weithin vernehmbares Geräusch, das wie ein starkes Knattern anzuhören ist. Die Entstehung dieser Laute ist auch noch nicht ganz geklärt. Es ist behauptet worden, daß die Falter an der Flügelwurzel eine membranöse Ausstülpung besäßen, an der gewisse dornige Thoraxfortsätze reiben und so das Geräusch zustande bringen. Nach E. KRUEGER entsteht es aber durch das Zusammenschlagen der Flügel. Bei den Männchen der lauterzeugenden Arten ist der proximale Flügelteil sehr verstärkt. Die Costa ist bis etwa zur Zellmitte sehr stark, und die Subcosta legt sich dicht an sie an, hört aber gleich hinter dem Zellschluß auf, so daß der distale Flügelteil viel weicher und schwächer ist und leicht umschlägt. Bei den nicht tonerzeugenden Arten fehlen diese Merkmale! Manche Weibchen besitzen auch den Rippenbau der knatternden Männchen, sollen aber keine Geräusche erzeugen können. KRUEGER nimmt an, daß diese klickenden Töne dem Männchen dazu dienen, seine Rivalen zu verjagen. K. JORDAN (1922) entdeckte bei den zu den Saturniiden gehörigen Ludiinen eine Bildung, die wahrscheinlich ebenfalls als Stridulationsorgan anzusprechen ist. Am Innenwinkel des Vorderflügels befindet sich auf der Unterseite ein Feld, das mit abweichenden Schuppen besetzt ist. Letztere stehen halb aufrecht und sind mehr oder weniger zugespitzt. Dieses Feld setzt sich auch auf den Hinterflügel fort, dessen Subcostalader deswegen stark verbogen ist. Auf der Oberseite des Hinterflügels trägt diese Subcostalader einige ziemlich aufrecht stehende lange und zugespitzte Schuppen, die, wenn man den Flügel bewegt, in das umgebildete Schuppenfeld der Unterseite der Vorderflügel eingreifen. Aller Wahrscheinlichkeit nach wird dadurch ein Ton erzeugt. Es sind allerdings daraufhin lebende Arten, die im Besitze dieses Organs waren, auf Lauterzeugung hin untersucht worden, ohne daß man eine solche feststellen konnte. Das schließt nun allerdings nicht aus, daß wir trotzdem ein Stridulationsorgan vor uns haben; die durch das Reiben mehrerer Schuppen erzeugten Geräusche müssen ja so fein und leise sein, daß sie leicht unserem Ohr entgehen können.

Das komplizierteste Organ, das auch ganz eindeutig der Erzeugung von Tönen dient, findet sich bei gewissen indoaustralischen und madagassischen Agaristiden, Verwandten unserer Eulen. Bei ihnen ist der ganze vordere Teil des Vorderflügels von der Wurzel bis etwa zur Mitte, beim Männchen umgestaltet, indem sich eine große Ausstülpung gebildet hat, die von oben als dicker Wulst, von unten als tiefe Grube erscheint. So entsteht eine große Blase, die gewöhnlich großenteils unbeschuppt ist und aus sehr dünnem blassen Chitin besteht. (Tafel IV, Abb. 4, S. 176.) Am Hinterrande dieser Blase befindet sich eine starke Querrippung. Das korrespondierende Organ liegt auf der Oberseite der Hintertarsen; diese besitzen nämlich dort eine Reihe von Querrippen, und außerdem ist das basale Tarsenglied noch stark verdickt. Durch Reibung der gerippten Hintertarsen an den ebenfalls gerippten Wänden der Blase entsteht dann der Ton. Bei anderen Arten sollen die mit Chitinstacheln versehenen Vordertarsen bei der Lauterzeugung tätig sein.

Ein besonderes Organ wird schließlich noch von *Endrosa aurita ramosa* F. beschrieben. Hier sollen die Ränder der thorakalen Stigmenspalten in Schwingungen geraten. Unter der Ansatzstelle des letzten Fußpaares befindet sich eine Schallblase, die zur Verstärkung der erzeugten Laute dient. Angeblich sollen die Männchen durch diese Geräusche die im Gras versteckt lebenden Weibchen auffinden und letztere wiederum durch ihre Töne in sexuelle Erregung versetzen. Nur bei kräftiger Flügelbewegung soll hier aber eine Lauterzeugung stattfinden.

Unzweifelhaft sind also in vielen Fällen Arten festgestellt worden, die das Vermögen der Tonerzeugung besitzen; in keinem Fall ist aber bis jetzt ein positiver Beweis erbracht worden, daß irgendein bestimmtes Organ zur Aufnahme von Schallwellen dient. Wenn auch der ganze Bau dieser Gebilde darauf hinweist, daß es sich bei ihnen um die Funktion der Schallperzeption handelt, so sind doch wieder Experimente veröffentlicht worden, die dagegen sprechen. Trotzdem hat man sich schon daran gewöhnt, von den „Ohren" der Schmetterlinge zu sprechen, die ja für die Systematik ein außerordentlich wertvolles Hilfsmittel geworden sind, und wir können es wohl wagen, diese als Tympanalorgane bezeichneten Gebilde als die Perzeptoren der Schallempfindung aufzufassen.

Früher hat man allgemein die Fühler der Schmetterlinge als die Träger des Gehörsinnes angesprochen. Alle die Organe, die wir schon in dem Abschnitt über die Hautsinnesorgane erwähnt haben, sollten zur Aufnahme von Schallreizen dienen, was natürlich nach unseren oben gemachten Feststellungen nicht möglich ist. Und doch besitzen die Fühler noch ein weiteres Organ, das wir bisher noch nicht erwähnt haben, und das vielleicht doch in irgendeiner Beziehung zum Gehörsinn steht. Wir haben schon im einleitenden Kapitel (Seite 15) erwähnt, daß die beiden ersten Fühlerglieder bei fast allen Schmetterlingen von den folgenden verschieden gebaut sind. Beim ersten, dem Basalglied, ist das wohl zu verstehen; es entspricht das seiner Funktion als Träger der ganzen Antenne. Aber auch das zweite Glied ist abweichend gestaltet, und hier beruht das auf inneren Ursachen. An seinem distalen Ende befindet sich nämlich eine dünne Platte, aus der in großer Zahl Sinnesstifte hervorragen; der Raum unter der Platte ist mit zahlreichen großen Ganglienzellen erfüllt. Dieses ganze Gebilde ist als das JOHNSTONsche Organ bezeichnet worden. Es findet sich nicht nur bei Schmetterlingen, sondern auch bei vielen anderen Insektenordnungen, in besonders schöner Ausbildung bei den Culexmännchen. Dort ist auch tatsächlich festgestellt worden, daß gewisse Haare der Antenne in Schwingungen gerieten, wenn man eine Stimmgabel anschlug, deren Ton etwa dem Summton des Weibchens entsprach, während bei anderen Tönen wieder andere Haare zum Schwingen veranlaßt wurden. Vermutlich werden nicht nur die Sinnesstiftchen auf der distalen Membran des zweiten Antennengliedes Schallwellen vermitteln, sondern die ganze Fühlergeißel, da sie ja auch auf dieser Platte eingelenkt ist. Dadurch, daß bei verschiedenen Tönen verschiedene Haare schwingen, ist dem Tier vielleicht auch eine gewisse Qualitätsempfindung der verschiedenen Töne ermöglicht. Sicherlich spielt die Antenne als Gehörorgan bei den Schmetterlingen nur eine untergeordnete Rolle, aber wir werden später noch auf sie zurückzukommen haben.

Von viel größerer Bedeutung für die Gehörsempfindung unserer Falter ist aber ein Organ, das wegen seiner Ähnlichkeit mit denen der Orthopteren als Tympanalorgan bezeichnet wird. Es kommt nicht in allen Familien vor; so fehlt es sämtlichen Tagfaltern, den Notodontiden, Saturniiden, Sphingiden, Bombyciden, Cossiden, Aegeriiden u. a. Der Hohlraum kann, wenn er vorhanden ist, unter der Pleura des ersten Abdominalsegmentes liegen; oftmals ist dann die hintere

Platte, die die Öffnung begrenzt, stark angeschwollen, so daß der Eingang in den Hohlraum nach oben gerichtet ist. Man erkennt dann von der Rückenseite des Tieres her die Tympanalorgane als oft recht dicke Blasen rechts und links von der Basis des Abdomens. So ist es bei allen Arctiiden, Syntomididen, Lymantriiden und Noctuiden und Agaristiden. Im zweiten Fall liegt es dagegen unter der Pleura des zweiten Abdominalsegmentes. Die Pleura ist dann nicht so angeschwollen, und die Eingangsöffnung zeigt nach der Seite oder mehr nach unten. In dieser Ausbildung findet es sich bei Geometriden, Uraniiden und Pyraliden. Aus dieser Aufzählung ergibt sich schon, daß die Lage und Ausbildung des Tympanalorgans ein treffliches Hilfsmittel zur Unterscheidung der Familien ist. Die Art und Weise, wie es bei einer Familie entwickelt ist, ist innerhalb derselben immer konstant. Gleichzeitig ersehen wir daraus aber auch, daß es für stammesgeschichtliche Untersuchungen völlig ungeeignet ist; die Lage auf verschiedenen Abdominalsegmenten weist schon darauf hin, daß es nicht monophyletisch entstanden sein kann. Sein Vorkommen bei

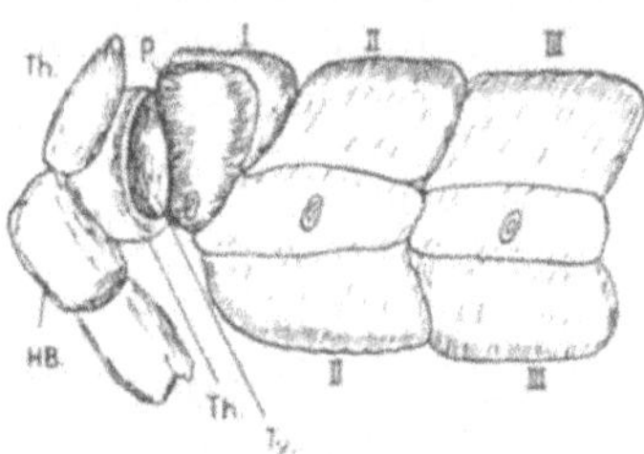

Abb. 58.
Tympanalorgan, erster Typus.
(Abkürzungen siehe Abb. 59.)

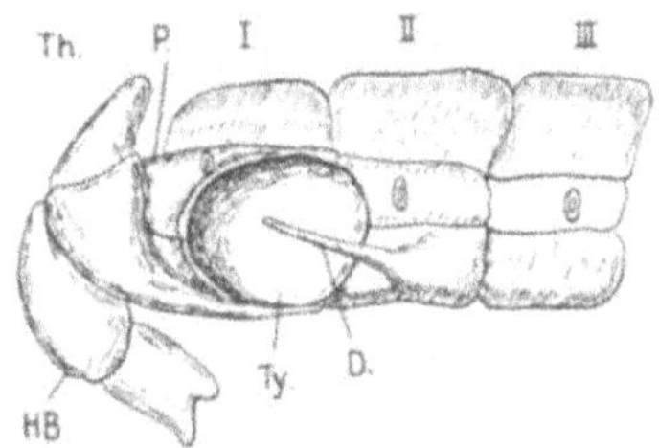

Abb. 59. Tympanalorgan, zweiter Typus. I, II, III = 1.–3. Abdominalsegment; *D.* = Duftdorn; *HB.* = Hinterbeine; *P.* = Pleura des ersten Abdominalsegmentes; *Th.* = Thorax; *Ty.* = Tympanalhöhle.

verschiedenen Familien ist, wenn es nicht gleichartig gebaut ist, nur als Konvergenzerscheinung zu bewerten. So ist es zwar bei Arctiiden, Syntomididen und Lymantriiden ganz gleichartig gebaut und liegt an derselben Stelle des Körpers; wir können diese Familien deshalb als nahe verwandt auffassen (was durch andere Merkmale bestätigt wird). Seine Ausbildung bei Noctuiden und Geometriden ist aber eine wesentlich verschiedene; wir können diese beiden Familien also nicht so nahe aufeinander beziehen.

Abgesehen von Lage und Formverschiedenheiten ist das Tympanalorgan aber in Ansehung der zu erfüllenden Funktion bei allen Arten, wo es vorkommt, gleich gebaut. Danach besteht es im wesentlichen aus einer seitlich am Abdomen eingesenkten Grube. Der Boden derselben ist sehr dünn und wirkt vielleicht als Trommelfell. An diesen Boden setzt ein fädiges Element an, das als Chordotonalorgan zu bezeichnen ist. Chordotonalorgane sind dünne, mit nervösen Zellen reich ausgestattete Elemente, die sich im Innern des Insektenkörpers vielfach finden, gewöhnlich von einer Wand zur andern ausgespannt sind und sicher gewisse Empfindungen vermitteln. An den über dem Hohlraum befindlichen Pleuralwülsten befinden sich ebenfalls noch Sinnesorgane. Das ist hauptsächlich der Grundzug des Baues eines Tympanalorgans bei den Schmetterlingen, der jedoch nach dem Grad der Ausbildung noch verschieden modifiziert sein kann. Es läßt sich vielfach dabei bei gewissen Arten eine sexuelle Differenzierung beobachten. So ist bei der Uraniide *Chrysiridia ripheus* DRU. das Organ des Männchens offen, wird aber beim Weibchen durch einen großen lappigen Anhang des Metathorax bedeckt. Die Wände der Höhlung sind viel stärker chitinisiert als beim Männchen, und auch im feineren histologischen Bau sind einige Verschiedenheiten vorhanden. Beim Männchen sind um das Organ gewaltige Muskelmassen gelagert, die dem Weibchen fehlen, und ELTRINGHAM (1924), der diese Art untersuchte, vermutete, daß beim Männchen das Organ tonerzeugend, beim Weibchen aber tonaufnehmend sei. Lautäußerungen sind bei dieser Art jedoch noch nicht festgestellt worden. Außerdem besitzen sehr viele andere Falter bei Männchen und Weibchen ein gleich gebautes Organ. Wo solche sexuellen Differenzen vorkommen, sind sie auf andere Einflüsse zurückzuführen; wir werden weiter unten das noch zu erörtern haben.

Bei den Agaristiden, Verwandten unserer Eulen, ist das Tympanalorgan sehr stark erweitert. Es ist nicht nur größer im Umfang als bei den Eulen, sondern dringt auch tiefer ins Innere des Körpers hinein, so daß sich das rechte und das linke Organ in der Mitte des Körpers fast berühren; nur eine dünne Scheidewand bleibt zwischen beiden bestehen. Diese ist an sich schon durchsichtig und reißt bei der durch Trocknen bewirkten Schrumpfung noch oft entzwei. Man kann deshalb, wenn man eine Agaristide gegen das Licht hält, unter dem Rücken des Tieres von der Seite her ganz durch den Körper hindurchsehen (wenn nicht etwa das Organ mit Haaren verklebt ist) und hat so ein leichtes und absolut sicheres Mittel, die Agaristiden von allen anderen ihnen etwa ähnlichen Schmetterlingen zu unterscheiden. Bei den Noctuiden, die ja mit den genannten Agaristiden sehr nahe verwandt sind, ist das Tympanalorgan viel schwächer entwickelt; es zeigt bei ihnen übrigens eine sehr verschiedene Ausbildung in den einzelnen Gattungen.

Eine merkwürdige Kombination des Tympanalorgans mit einem Duftorgan entdeckte K. JORDAN (1905) bei den Männchen vieler Spanner. Alle hierher gehörigen Falter besitzen im männlichen Geschlecht ein Duftorgan an den Hinterschienen. Dementsprechend findet sich, vom Sterniten des zweiten Abdominalsegmentes ausgehend, ein stark chitinisierter langer Dorn (Abb. 59, *D*), der über die Tympanalöffnung hinwegreicht. Dieser Dorn wird verwendet, um die Schuppen des Duftorgans der Hintertibien aufzulockern, wenn das Hinterbein an ihm vorbeistreicht; so wird ein stärkeres Ausströmen des Geruches bewirkt. Dem Weibchen fehlt dieses Gebilde über dem Tympanalorgan vollständig. Man kann aber hier noch nicht von einem sexuellen Dimorphismus des Tympanalorgans sprechen; dimorph ist nur der an dasselbe angeschlossene Teil des Duftorgans.

Wohl aber kommen unter Umständen auch geschlechtliche Differenzen in der Entwicklung des Tympanalorgans zur Ausbildung. EGGERS (1923) hat darüber genauere Untersuchungen angestellt und dabei in beiden Organtypen das Auftreten von solchen Fällen konstatiert. Es ist nun die Reduktion des Tympanalorgans im weiblichen Geschlecht gebunden, wie es scheint, an eine gewisse Unentwickeltheit der Flügel. Man findet eine Verkümmerung des Gebildes nur bei Weibchen, die mindestens stummelflüglich sind oder gar keine Flügel mehr besitzen. Von den Arten mit thorakalem Tympanalorgan, wo also die Höhle unter der Pleura des ersten Abdominalsegmentes liegt, kommen da hauptsächlich die Bürstenspinner in Frage. Das Weibchen von *Orgyia antiqua* L. ist ungeflügelt; ihm fehlt das Tympanum ganz. Bei der Arctiide *Ocnogyna baeticum* RBR. sind die Weibchen, wie auch bei der folgenden, stummelflügelig; ihnen fehlt das Tympanum oder ist, wie bei *O. corsicum* RBR., nur kümmerlich entwickelt. Sehr häufig kommen bei Spannern Arten vor, deren Weibchen ungeflügelt sind oder doch reduzierte Flügel haben. Bei allen diesen findet sich nur das sogenannte abdominale Tympanalorgan, dessen Höhlung also unter der Pleura des zweiten Abdominalsegmentes liegt. Wie beim ersten Typus, tritt auch hier bei ihnen bei Verkümmerung der Flügel eine Reduktion des Organs auf. Bei *Cheimatobia* z. B. ist das Tympanalorgan beim Männchen, das normale Flügel besitzt, vollständig ausgebildet, fehlt aber dem Weibchen, dessen Flügel reduziert sind. Bei den *Biston*-Arten, wo alle Übergänge vom normalen Flügel bis zum Stummelflügel beim Weibchen vorkommen, ist auch das Tympanalorgan dementsprechend verschieden gestaltet. Bei einigen Familien, z. B. bei den Dioptiden, ist es durchweg rudimentär und wohl nicht funktionsfähig.

Welche Funktion haben wir nun dem Tympanalorgan der Lepidopteren zuzuschreiben? Der Bau ist ganz ähnlich dem eines ebenso bezeichneten Gebildes bei den Orthopteren, und es lag nahe, auch bei den Schmetterlingen die gleiche Funktion anzunehmen, es also als Gehörorgan zu deuten. Daß Gehörorgane bei Schmetterlingen vorkommen müssen, geht aus den vielen Fällen hervor, in denen eine Lautäußerung beobachtet wurde. Es wäre unwahrscheinlich, anzunehmen, daß Laute erzeugt würden, ohne daß eine Aufnahme derselben erfolgen kann. So haben die meisten Entomologen dieses Tympanalorgan als einen Apparat zur Aufnahme von Schallwellen angesehen. Indessen haben doch einige Forscher eine solche Deutung abgelehnt. STOBBE hat experimentell feststellen wollen, wie weit eine Ausschaltung des Organs das Gehörvermögen aufhebt und hat deshalb diese Gebilde bei Eulen mit erwärmter Butter verklebt, um sie dadurch unbrauchbar zu machen. Er konnte aber feststellen, daß trotzdem eine Reaktion auf Töne erfolgte, und schließt daraus, daß Schallreize durch das Tympanalorgan nicht perzipiert werden. Diese Versuche haben aber eine Fehlerquelle. Es besteht die Möglichkeit, daß außer den Tympanalorganen noch weitere Gebilde dem Gehörsinn dienen; wir hatten das oben schon für das JOHNSTONsche Organ als wahrscheinlich hingestellt, dessen ganzer Bau dafür spricht. Es kann wohl sein, daß unter normalen Verhältnissen das

Tympanalorgan vorwiegend für die Aufnahme von Schallreizen in Frage kommt, daß eine solche aber außerdem, und besonders in solchen Fällen, wo es ausgeschaltet wird, auch durch das JOHNSTONsche Organ erfolgen kann. Der richtige Schluß hätte also lauten müssen: das Tympanalorgan ist zum mindesten nicht das einzige Organ für die Schallperzeption. Aber der Versuch an sich kann auch angefochten werden. Es besteht durchaus die Möglichkeit, daß auch bei Verschluß durch Butter eine Übertragung von Schallwellen erfolgen kann. Diese können auf die Butter übertragen werden, die weiterhin doch die Membran des Tympanalorgans in Schwingungen versetzen kann.

Merkwürdig ist nun allerdings der schon oben erwähnte Zusammenhang des Tympanalorgans mit den Flügeln. Eine solche Korrelation kann nicht zufällig bestehen, sondern es müssen zwischen beiden irgendwelche bisher noch nicht erforschte Beziehungen bestehen. EGGERS glaubt, der Zusammenhang sei darin zu suchen, daß diese Organe der Perzeption von Lauten dienen, die mit den Flügeln erzeugt werden, so daß eine Reduktion der Flügel zum Aufhören dieser Laute führt, wodurch dann auch die Tympanalorgane überflüssig werden. Dieser Ansicht kann man sich aber schwer anschließen; denn es verliert ja nur das Weibchen seine Flügel, kann also Töne damit nicht mehr erzeugen; dementsprechend müßte beim Männchen eine Reduktion des Gehörgans erfolgen; aber gerade umgekehrt ist es der Fall. Andererseits behalten die Männchen ihre normale Flügelform bei, könnten also Töne erzeugen, und es wäre nicht einzusehen, warum das Weibchen die Aufnahmeorgane dazu verlieren sollte. Eine zweite Mutmaßung, die EGGERS äußert, besteht in der Annahme, daß beide Organe in starker Abhängigkeit vom Tracheensystem stehen, und daß die Verkümmerung der Tracheen, die bei der Reduktion der Flügel erfolgt, sich auch auf das Tympanalorgan erstreckt. Letztere Ansicht ist schon viel wahrscheinlicher; aber doch ist dabei zu bedenken, daß wohl eine Verkümmerung der Flügel in sehr naher Beziehung zum Tracheensystem steht, daß aber doch das Tympanalorgan nur sehr wenig mit Tracheen zu tun hat, und daß dann auch andere Körperteile in Mitleidenschaft gezogen werden müßten. Namentlich ist zu erwägen, daß das Segment, aus dem bei dem genannten verkümmerten Weibchen das Tympanalorgan hervorgeht, dem Abdomen angehört, die Flügel aber Anhangsgebilde des Thorax sind. Ganz andere Tracheenstämme sind es infolgedessen, die das eine oder das andere Organ versorgen, und eine gegenseitige Beeinflussung ist sehr schwer denkbar.

Wenn auch jetzt vielfach das Tympanalorgan als Gehörorgan angesprochen wird, so müßte das doch wenigstens mit gewissen Einschränkungen geschehen. Es muß auffallen, daß sehr gut ausgebildete Lautäußerungsorgane vorkommen in Familien, wo ein Tympanalorgan fehlt oder sehr reduziert ist. JORDAN hat, wie oben berichtet wurde, einen Stridulationsapparat bei den zu den Saturniiden gehörigen Ludiinen festgestellt; allen Saturniden fehlt aber ein Tympanalorgan. Bei den oben erwähnten Dioptiden ist es rudimentär und wohl ganz funktionslos; trotzdem findet sich z. B. bei der Gattung

Euchontha ein raffiniert gebauter Schrillapparat, indem nämlich die ganze Wurzelhälfte der Vorderflügel mit starken Querrippen auf der Unterseite besetzt ist; in der Mitte dieses Rippenfeldes liegt eine blasige Grube, die nach oben emporgewölbt ist und als Schallblase zur Verstärkung des durch Reiben der Beine am Rippenfeld erzeugten Geräusches dient. Wäre das Tympanalorgan nur das alleinige Gehörorgan der Schmetterlinge, so wäre allerdings das Vorhandensein eines so komplizierten Lautäußerungsapparates bei gleichzeitiger Reduktion des Tympanalorgans nicht denkbar. Freilich läßt sich auch der gegenteilige Fall konstatieren. Bei den Agaristiden sind die schon oben erwähnten am höchsten ausgebildeten Schrillapparate zu finden, wo der ganze Vorderrand der Flügel zu einer Schallblase umgewandelt ist. Gleichzeitig findet sich ein in der ganzen Eulenverwandtschaft am höchsten entwickeltes Tympanalorgan. Aber bei allen Tagfaltern, von denen so häufig Arten gefunden wurden, die Geräusche erzeugen (*Ageronia*), fehlt diese Bildung vollständig; sie fehlt ebenfalls den Sphingiden, die auch als Tonerzeuger bekannt wurden, und so ließen sich die Fälle für und wider noch weiter vermehren.

Ich bin der Ansicht, daß das Tympanalorgan als eigentliches Gehörorgan nicht aufzufassen ist. Es muß eine Funktion haben, die in allerengster Beziehung zu den Flügeln steht, die wir aber bisher noch nicht kennen. Es wäre sonst ganz undenkbar, daß eine Reduktion der Flügel bei beiden Typen dieser Gebilde dieselbe Wirkung hat. Jede dieser beiden Arten von Tympanalorganen, das sogenannte thorakale und abdominale, bildet einen Apparat für sich, der seine eigene Entwicklungsgeschichte hat, und beide sind nur infolge der Konvergenz der Funktion sich ähnlich geworden. Wenn nun eine Änderung im Habitus der Flügel bei beiden Typen, also auf verschiedenen Segmenten, dieselbe Reduktion hervorbringt, dann muß das Tympanalorgan in einer sehr, sehr engen Beziehung zur Flugleistung stehen, wobei natürlich nicht ausgeschlossen ist, daß es nebenbei auch zur Aufnahme von Schallreizen geeignet ist. Letztere muß aber von geringer Bedeutung sein; denn auch bei verkümmerten Flügeln und dadurch bedingter sitzender Lebensweise ist eine Aufnahme von Schallreizen doch noch von derselben Wichtigkeit. Statt dessen sehen wir, wie eine Verkümmerung des Apparates erfolgt, nur weil die Flügel reduziert worden sind. Zudem scheint auch die Lage des Tympanalorgans es wenig geeignet für die Aufnahme von Schallwellen zu machen. Bei den Tagfaltern findet allerdings eine Bedeckung der Abdominalbasis mit den Flügeln nicht statt; ihnen fehlt aber das Organ auch vollständig. Bei den Nachtfaltern wird es meistens mehr oder minder von den Flügeln bedeckt, und gerade das in der Ruhelage, wo ein ausgeprägter Gehörsinn für sie sehr wichtig wäre, um das Nahen von Feinden zu bemerken. Hier wäre ein Apparat am Kopfe viel zweckmäßiger als am bedeckten Abdomen. Aus allen diesen Gründen erscheint es wahrscheinlicher, daß das Tympanalorgan Empfindungen vermitteln soll, die für den Flug des Falters von Wichtigkeit sind. Es ist sehr wohl möglich, daß bei den Flügelschlägen die vibrierende Luft an den Apparat heranströmt und auf diese Weise den Schmetterling empfinden läßt, wie groß etwa der Luftwiderstand ist. Bei den flügellos gewordenen Faltern ist ein solches Empfindungsvermögen nicht mehr nötig, und die Organe werden reduziert. Jedenfalls ist in der Diskussion über die Tympanalorgane das letzte Wort noch nicht gesprochen, und es wäre sehr wünschenswert, wenn durch geeignete Experimente ein positiver Beweis der Funktion erbracht werden könnte.

Es liegen bisher wenige Beobachtungen darüber vor, daß wirklich eine Aufnahme von Schallwellen erfolgt. Die Raupe des Totenkopfes *Acherontia atropos* L. soll, wenn sie schon in die Erde gegangen ist, bei geeigneten tiefen Baßtönen wieder hervorkommen. Es kann hier aber auch sehr gut ein Fehler vorliegen, da manche Schwärmerraupen in der Gefangenschaft wieder aus der Erde herauskommen, weil ihnen die Konsistenz des sie umgebenden Mediums zur Verpuppung noch nicht geeignet erscheint. Wohl sind in großer Anzahl Veröffentlichungen über das Hörvermögen der Falter erschienen, aber die Resultate sind nie genügend eindeutig. Wenn z. B. berichtet wird, ein Falter, der an einem Baume saß, sei davongeflogen, als man laut an den betreffenden Baum mit einem Steine klopfte oder im anderen Falle laut mit dem Fuße aufschlug, so kann und wird das hier natürlich auch allein auf die darauf beruhende Erschütterung zurückzuführen sein. Wenn andererseits beobachtet wird, Nachtfalter am Köder und auf Blumen haben sich nicht stören lassen, wenn auf der Landstraße dicht dabei Wagen polterten, besagt das auch nichts; denn einmal kommen solche Geräusche als von Verfolgern herrührend für sie nicht in Betracht, und schließlich kann auch schon eine gewisse Abstumpfung erfolgt sein; besonders am Köder wird durch die Trunkenheit oft die sonst geübte Vorsicht außer acht gelassen. Andererseits kann man aber sehr wohl beim Beschleichen eines Falters die Erfahrung machen, daß er davonfliegt, wenn man unvorsichtig auf einen dürren Zweig getreten hat und so ein Knacken hervorrief. Daß das Gehörvermögen auch im Geschlechtsleben der Falter eine große Rolle spielt, geht aus der Tatsache hervor, daß in vielen Fällen nur das Männchen mit einem lauterzeugenden Apparat ausgerüstet ist.

Selten beobachtet, aber doch vorhanden ist ein Lautaufnahmevermögen bei den Raupen der Schmetterlinge. Hierüber liegen Versuche von MINNICH (1923) vor. Sie bezogen sich auf Raupen des Trauermantels (*Vanessa antiopa* L.). Wenn diese erwachsen sind, reagieren sie auf gewisse Töne durch Zusammenziehung des Longitudinalmuskelschlauches, so daß das vordere Drittel des Körpers nach oben aufgebäumt wird. Bei Tönen, die einen sehr starken Reiz ausübten, wurden dabei heftige Zuckungen, bei Tönen, die gerade nur noch empfunden wurden, nur ein fast unmerkliches Zurückziehen des Kopfes beobachtet. Die obere Schwelle der Empfindlichkeit liegt etwa zwischen dem zweigestrichenen d und dem eingestrichenen b, also zwischen Tönen von 576 – 480 λ Wellenlänge. Wurden Töne angeschlagen, die noch höher waren, so erfolgte keine Reaktion mehr, selbst wenn sie außerordentlich laut waren. Die untere Schwelle liegt bei Tönen, die etwa die Wellenlänge 32 λ haben. Es wurde festgestellt, daß in keinem Falle eine Vibration der Unterlage dabei erfolgte, daß es also nur die Schallwellen waren, auf die die Raupe reagierte. Nachdem die Dornen der Raupe entfernt worden waren, trat eine Beeinträchtigung der Tonreaktionen nicht ein; sie kommen also für die Übermittelung der Schallreize nicht in Betracht. MINNICH hat dann weiter noch die Körperhaare durch Absengen beseitigt; nun erfolgte keine Reaktion mehr; dies ist aber wahrscheinlich auf die allgemeine Schwächung infolge des sehr gewaltsamen Eingriffes zurückzuführen; denn alle so behandelten Tiere starben wenige Stunden nach der Operation. Es bleibt demnach unklar, wodurch die Schallreize aufgenommen werden. Die Sinnesorgane, die sich am Kopfe der Raupen befinden, scheinen ihrem ganzen Bau nach dafür nicht in Frage zu kommen. Vielleicht spielen bei ihnen wie auch bei den Imagines die Chordotonalorgane die Hauptrolle. Das sind, wie schon oben erwähnt wurde, saitenartige Gebilde, die zwischen den Körperwänden ausgespannt und mit Sinneszellen ausgestattet sind. Möglicherweise geraten diese durch Schallwellen in Schwingungen und geben so für die Tonempfindung den Anlaß. Von anderer Seite werden sie aber auch als Organe angesprochen, die Zug- und Druckvorgänge zur Empfindung bringen sollen.

Bei einer Nachprüfung der Gehörorgane ist darauf Bedacht zu nehmen, daß man Töne erzeugt, die auch tatsächlich von den Versuchstieren beantwortet werden sollen. Es kommen also Geräusche, die im Freien nicht an sie herantreten, nicht in Betracht. Man muß Laute hervorbringen, die einesteils nur Schallwellen erzeugen und nicht mit beträchtlichen Erschütterungen verbunden sind und andererseits im Leben des Tieres eine gewisse Rolle spielen. STOBBE fand, daß ein zweckmäßiges Versuchsgeräusch entstand, wenn man in der Nähe des Falters mit einem Korken über eine Glasplatte strich; dadurch wurde ein quietschender Ton erzeugt, der mit dem von Fledermäusen hervorgerufenen eine große Ähnlichkeit hatte. Tatsächlich erfolgte darauf auch stets eine deutliche Reaktion. Das gilt natürlich nur für Nachtfalter; Tagschmetterlinge, die mit Fledermäusen nichts zu tun haben, werden davon weniger berührt werden; für sie müßten andere Methoden angewendet werden; vielleicht könnte man Töne hervorrufen, die dem Zwitschern von Schwalben oder Sperlingen entsprechen. Es bleibt also bis jetzt noch das Gehör der Schmetterlinge die am wenigsten erforschte Sinnesfunktion.

Außer den genannten Sinnesempfindungen, die wir bis jetzt geschildert haben, und die unseren „fünf Sinnen" entsprechen, kommen sicher noch andere vor, ohne daß es bisher gelungen ist, Organe dafür ausfindig zu machen. So spielt im Leben der Falter der Gleichgewichtssinn eine hervorragende Rolle. Gerade für den Flug, insbesondere den Schwebeflug der Tagfalter, ist eine diffizile Gleichgewichtsempfindung von großer Wichtigkeit, ohne sie wäre ein Flugvermögen überhaupt nicht denkbar. Diese Gleichgewichts- oder statischen Organe sind bei Schmetterlingen noch völlig unbekannt und bei Insekten überhaupt sehr selten festgestellt worden. Die Insekten gehören aber in die nahe Verwandtschaft der krebsartigen

Tiere, der Crustaceen. Bei letzteren sind äußerst raffiniert entwickelte Organe gefunden worden, die dem Gleichgewichtssinne dienen, und es wäre sehr merkwürdig, wenn solche statischen Organe bei Schmetterlingen sich nicht auffinden lassen sollten. Die ganze unvollkommene Erforschung der Sinnesorgane (wie auch vieler anderen Gebilde) bis in die letzte Zeit hinein beruhte immer darauf, daß eine gründliche histologische Untersuchung fast unmöglich war, weil das harte Chitinskelett dem Schneiden einen hartnäckigen Widerstand entgegensetzte. Durch das beim Schneiden ausspringende Chitin wurden die feineren Gebilde des Insektenkörpers zerstört, so daß eine Untersuchung dann nicht mehr möglich war. Das ist nun erst anders geworden, nachdem P. SCHULZE das Diaphanol in die Technik einführte, das einmal die Chitinhülle entfärbt, so daß man vielfach darunter die einzelnen Organe in der richtigen Lage beobachten kann, und zum anderen die Inkrusten herauslöst, ohne aber die Gewebe zu verändern, so daß ein Schneiden der diffizilsten Organe ganz leicht gemacht wird. Es ist zu erwarten, daß die Verwendung dieses wertvollen Hilfsmittels in den nächsten Jahren bedeutsame Enthüllungen auch über die Sinnesorgane der Schmetterlinge bringen wird. Gleichgewichtsorgane sind sicher vorhanden; sie brauchen nur gesucht zu werden. Der Gleichgewichtssinn steht ja in naher Beziehung zur Schwerkraft, und wir haben schon oben gesehen, daß ein Empfindungsvermögen gegenüber derselben, also ein Geotropismus, in gewissen Fällen schon nachgewiesen worden ist, und weitere Beobachtungen werden das bestätigen.

Schon bei Besprechung der Hautsinnesorgane wurde die Vermutung ausgesprochen, daß bei den Faltern auch eine Empfindlichkeit für barometrische Veränderungen besteht. Es ist bekannt, daß die Schwüle und der Tiefstand des Barometers in ganz charakteristischer Weise nicht nur bei den Imagines, sondern auch bei den Raupen sich äußern. Auch für diesen barometrischen Sinn hat man die Organe noch nicht mit Sicherheit entdecken können, die die Empfindung hervorrufen sollen; aber da müssen sie sein. Es möge daran erinnert werden, daß von manchen Forschern die auf den Flügelflächen befindlichen Sinneskuppeln als solche Organe angesprochen werden. Irgendein beweisendes Experiment ist aber in dieser Hinsicht noch nicht angestellt worden. Möglicherweise ist auch die Empfindung von elektrischen Spannungszuständen gegeben, worauf die Beobachtung von MELL an *Acronycta* (Seite 178) hinweist. Alle diese Sinnesorgane werden aber nur vermutet; erst spätere Untersuchungen und Experimente werden zeigen, was davon der Wirklichkeit entspricht.

Bei sehr vielen Tieren ist eine bestimmte Relation zwischen den einzelnen Sinnesfunktionen beobachtet worden. Man hat gefunden, daß die stärkere Ausbildung einer Sinnesfunktion immer auf Kosten einer anderen geschieht. Ein Tier, das gut sehen kann, wird weniger gut riechen können, und so gilt das auch für die anderen Sinnestätigkeiten. Es ist z. B. der Hund ein Nasentier, die Katze ein Augentier. Bei Schmetterlingen sind derartige Untersuchungen noch wenig angestellt worden, doch kann man in einzelnen Fällen auch jetzt schon bei ihnen die Gültigkeit dieses Naturgesetzes feststellen. Im allgemeinen läßt sich sagen, daß die Tagfalter vorwiegend Augentiere, die Nachtfalter meist, wenn es zu sagen erlaubt ist, Nasentiere sind, also in der Ausbildung der Geruchsorgane auf den Fühlern höher stehen als die ersteren. Eine einfache Untersuchung der Fühler bestätigt in jedem Falle das Gesagte. Darauf beruht aber auch für beide ein ganz verschiedener Einfluß auf die Entwicklung der Pflanzenwelt; nur für Augentiere wie die Tagfalter war es zweckmäßig, daß die Blüten der Pflanzen sich lebhafter färbten, und Nasentiere, wie die Nachtfalter, züchteten die intensiven und weithin reichenden Düfte den Blüten an. Und so scheiden sich die Blütenpflanzen auch dementsprechend in Tagblüher und Nachtblüher, je nach den Gästen, mit denen sie zu tun haben.

Diese Korrelation der Sinnesorgane läßt sich aber auch bei den Angehörigen einer Art als bei den Geschlechtern verschieden feststellen. Dabei können die einzelnen Sinnesfunktionen noch weiter aufgespalten werden. Der Geruchssinn scheidet sich dann in einen Sexualgeruchssinn und in einen nutritiven Geruchssinn. Ersterer ist bei den Männchen meist sehr stark ausgebildet und bewirkt das Zurücktreten anderer Sinnestätigkeiten. Das Männchen, das mit einem artfremden Weibchen oder gar mit dem eigenen Geschlechtsgenossen kopuliert, nur weil es in den Duftkreis eines in der Nähe befindlichen Weibchens gelangt ist, läßt nicht nur alle Empfindungen seines Tastsinnes, sondern auch die des Gesichtssinnes zurücktreten gegenüber dem sexuellen Geruchssinn. Dieser hat sich dann auf Kosten der anderen entwickelt und eine unnatürlich vorherrschende Stellung eingenommen. Dasselbe gilt auch für das eierlegende Weibchen, das in den Duftkreis des Orangenbäumchens geraten, die Eier an alle möglichen unzweckmäßigen Gegenstände ablegte (vgl. Seite 50), so daß das Geruchsorgan, das den Duft der Nährpflanze der Raupe vermittelt, so starke Empfindungen erregte, daß demgegenüber die des Gesichts- und des Tastsinnes ganz zurücktraten und das Weibchen zu unzweckmäßigen Handlungen veranlaßten. Andererseits kann auch der Gesichtssinn so dominieren, daß die anderen Funktionen dagegen zurücktreten. Häufig versuchen Tagfalter mit Papierstückchen u. dgl. eine Kopula einzugehen, obwohl ihnen ein noch so schwach entwickeltes Geruchsvermögen doch schon die Empfindung vermitteln müßte, daß hier kein Weibchen ihrer Art vorliegt, und ein wenn auch noch so beschränktes Geruchsvermögen besitzen schließlich alle Schmetterlinge. Eine ähnliche Dominanz des Gesichtssinnes liegt bei dem Weißling vor, der sich auf dem mit künstlichen weißen Maiglöckchen garnierten Hut einer Dame niederließ. Er tat das nicht etwa, weil er die künstlichen Blumen für natürliche hielt, sondern weil die größere weiße Fläche seinen Gesichtssinn so stark beeinflußte, daß die anderen Sinnesempfindungen, Geruch und Gefühl, völlig zurückgedrängt wurden. In gleicher Weise ist wohl auch die Beobachtung zu deuten, wonach ein Taubenschwanz (*Macroglossa stellatarum* L.) in ein Zimmer geflogen kam und an den Blumen einer Tapete zu saugen versuchte. Ein besonders lehrreiches Beispiel für die Schädlichkeit eines solchen Vorherrschens gewisser Sinnesfunktionen ist die Erscheinung des

Anfliegens so vieler Nachtfalter ans Licht, besonders an das der Bogenlampen. Selbst nachdem sie sich den Kopf fast eingerannt und die Flügel halb versengt haben, versuchen sie immer wieder nach dem Lichte zu fliegen, bis ihnen diese Hartnäckigkeit den Tod bringt.

Anhangsweise soll noch eine Erscheinung besprochen werden, bei der es ungewiß ist, ob sie zu den eigentlichen Sinnesfunktionen zu rechnen ist. WICHGRAF beobachtete in Südafrika Falter, die sich in großer Anzahl, über hundert Individuen derselben Art, auf einem großen Steine zur Nachtruhe niedergesetzt hatten. Er näherte sich den Tieren, ohne daß eine Beunruhigung eintrat, und gelangte so in ihre unmittelbare Nähe. Er hoffte nun eines nach dem anderen vorsichtig mit der Pinzette wegnehmen zu künnen, um so der ganzen Gesellschaft habhaft zu werden. In dem Augenblick aber, wo er den ersten Falter mit der Pinzette berührte, stob der ganze Schwarm auseinander. Er vermutete deshalb, daß diese Tiere gewisse Alarmvorrichtungen besäßen, wodurch sie sich gegenseitig von einer Gefahr Mitteilung machten. Wir können uns aber keine Vorstellung davon machen, wie das geschehen soll, und so bleibt eine Erklärung für das geschilderte seltsame Verhalten noch zu geben.

Wenn wir die Sinnestätigkeiten mit den übrigen bisher besprochenen Lebensäußerungen vergleichen, nämlich mit dem Ernährungs- und Geschlechtsleben, so müssen wir feststellen, daß von allen dreien das letztere das stärkste ist; zu seinen Gunsten werden die Sinnesfunktionen unterdrückt. Das gilt natürlich für sie nur soweit, wie sie nicht selbst schon in den Dienst des Geschlechtslebens getreten sind. Ähnlich ist es mit den Erscheinungen des Ernährungslebens; auch hier müssen die Tätigkeiten der Sinnesorgane vielfach zurücktreten gegenüber dem Nahrungstrieb des Falters. Am leichtesten ist der Falter zu fangen, wenn er sich intensiv dem Nahrungsgenusse hingibt; alle sonst geübten Vorsichtsmaßregeln werden dann vernachlässigt. Wollen wir also diese drei Lebensäußerungen nach ihrem Einfluß auf das Verhalten des Falters richtig anordnen, dann müssen wir zuerst das Geschlechtsleben anführen, hinter dessen Auswirkungen die Äußerungen des Ernährungs- und Sinneslebens weit zurückbleiben, und unter den letzteren erfährt das Sinnesleben von seiten des Falters die geringste Berücksichtigung. Es muß das um so mehr auffallen, als Sinnesorgane doch in relativ großer Zahl vorhanden und sogar für verschiedene Funktionen noch differenziert sind. Es soll nur daran erinnert werden, daß wir für den Geruchssinn eine Teilung fanden in Organe, die nur den Geschlechtsgeruch vermitteln, und solche, die auch andere Duftstoffe zur Empfindung bringen. Für den Tastsinn haben wir Organe zum Betasten fester und luftförmiger Körper; für den Gesichtssinn haben wir Komplexaugen und Ocellen, die sicherlich verschiedenen Zwecken dienen; Gehörsempfindungen werden vielleicht durch Tympanal- wie auch durch Chordotonalorgane vermittelt, und dazu kommen alle die anderen Organe, deren Funktion bisher noch nicht ermittelt wurde, die aber dennoch, da sie mit Sinneszellen im Zusammenhang stehen, als im Dienste des Sinneslebens tätig anzusehen sind. Wir finden also eine große Anzahl von Sinnesorganen, die sicherlich dem Falter sehr verschiedene Sinnesempfindungen zu übermitteln imstande sind, ohne daß der Schmetterling diese in genügender Weise verwertet. Es ist das um so mehr zu verwundern, als das Gehirn bei ihnen in mancher Weise schon Differenzierungen erkennen läßt, aus denen man auf eine größere Bedeutung der Sinnestätigkeit schließen könnte. Im übrigen müssen wir uns hüten, gewisse Reaktionen des Falters auf menschliche Weise zu deuten; wir sind in das psychische Leben der Falter zu wenig eingedrungen, um da schon objektiv urteilen zu können. K. JORDAN (1923) gab der Bedeutung der Sinnesorgane den treffendsten Ausdruck, als er sagte: „Insects possibly have less sense than the higher mammals, but probably more senses."

Zehntes Kapitel.

Der Flug der Schmetterlinge.

Als das die bisher betrachteten Tätigkeiten unterstützende Mittel muß der Flug der Falter in erster Linie genannt werden. Er dient dem Tiere dazu, seine Nahrungsquellen wie auch das andere Geschlecht aufzusuchen, und ermöglicht ihm, das durch die Sinnestätigkeit ihm vermittelte Objekt aufzusuchen oder (bei Gefahr) zu fliehen. Diese Eigenart des Falters steht im engsten Zusammenhange mit den als Flügel bezeichneten Extremitäten, die wir deshalb genauer betrachten müssen. Wir wollen uns kurz daran erinnern, daß im Verlaufe der Einzelentwicklung die Flügel zuerst anscheinend gänzlich fehlen, daß sie dann auch später noch nicht zu erkennen sind, und daß erst ganz plötzlich, wenn die Imago die Puppenhülle verläßt, die Flügel da sind und nur entfaltet zu werden brauchen. Das ist nicht bei allen Insekten so. Bei den Libellen sieht man z. B., daß schon die Larve kleine Flügelstummel besitzt, daß diese dann bei dem fortschreitenden Wachstum immer größer werden, und daß endlich aus dem letzten Stadium ein fertig geflügeltes Insekt hervorgeht, das von der vorhergehenden Phase nur durch die Größe und Funktionsfähigkeit seiner Flügel unterschieden ist. Wir nannten das eine h e m i m e t a b o l e Entwicklung, während die der Schmetterlinge als eine h o l o m e t a b o l e bezeichnet wird. Es besteht zwischen beiden aber kein wesentlicher Unterschied, sondern nur ein scheinbarer; denn auch die kleinsten Räupchen unserer Schmetterlinge besitzen schon kurze Flügelstummel, nur sind diese nicht nach außen ausgestülpt, wie bei den Libellenlarven, sondern sie sind nach innen eingestülpt und bilden so die Imaginalscheiben oder -taschen. In dem Maße nun, wie die Raupe wächst, vergrößern sich auch die nach innen eingeschlagenen Flügel, und erst bei der letzten Häutung werden diese Flügeltaschen nach außen geklappt.

Wenn wir den Bau eines Falterflügels uns klarmachen wollen, müssen wir bedenken, daß er aus zwei Lamellen, einer oberen und einer unteren, besteht. Zwischen beiden laufen dann die Adern oder Rippen. Über den Bau derselben ist schon (Seite 18) berichtet worden. Welchen Zweck haben nun diese Flügeladern? Eine Anzahl von Adern finden wir bei den besseren Fliegern unter den Schmetterlingen am Vorderrande der Vorderflügel zusammengedrängt; der Vorderrand selbst ist eine solche Ader, und so wird eine starke Festigkeit erzielt, die für das Durchschneiden der Luft von großem Werte ist. Die weiter in der Mitte oder nach dem Hinterrand zu gelegenen Adern können dafür nicht mehr in Frage kommen; sie dienen dazu, dem Flügel beim Auf- und Niederschlagen die nötige Versteifung und Festigkeit zu geben, da er, wenn diese fehlen würden, sehr leicht einreißen könnte und dann bald für den Flug unbrauchbar wäre. Wenn wir die Flügel der verschiedenen Falter miteinander vergleichen, so fällt uns die außerordentliche Verschiedenheit derselben bei Angehörigen derselben Insektenordnung auf. Es sei da erinnert an die gleichmäßig breiten Flügel von *Hepialus*, die sehr stark vergrößerten und verbreiterten mancher Saturniiden, die mit Schwänzchen versehenen Hinterflügel vieler *Papilio*, der *Charaxes* u. a., an die einseitig verschmälerten Vorderflügel der Sphingiden, an die fein zerteilten Flügel der Pterophoriden und die noch feiner gefiederten der Orneodiden, an das Fehlen der Hinterflügel bei manchen *Pleurota*-Arten u. a. m. Eine ungeheure Mannigfaltigkeit tritt uns entgegen, die nur dadurch zu erklären ist, daß bei den verschiedenen Arten verschiedene Lebensbedingungen maßgebend sind, denen der Flügel angepaßt ist. Wir haben deshalb zu entscheiden, welches wohl der ursprünglichste Typus der Schmetterlingsflügel war, und welche Formen als spätere Entwicklungen und Anpassungen zu deuten sind. Da ist es dann ganz selbstverständlich, daß wir denjenigen Typus als den ältesten ansehen, bei dem Vorder- und Hinterflügel noch annähernd gleich sind. Wir haben nur sehr wenige Falter, bei denen das jetzt noch der Fall ist; es gehören dazu die Micropterygiden und die Hepialiden, die ja auch durch andere Merkmale, wie die der Mundwerkzeuge usw., sich als recht ursprünglich gebaute Falter ansehen lassen. Bei ihnen sind beide Flügel nicht nur in den äußeren Umrissen, also in der Form, einander gleich, sondern auch nahezu vollständig im Geäder. Dem Geäder müssen wir in bezug auf die Flugfertigkeit der Falter eine bedeutende Rolle zuerkennen; es ist das Gerüst der Tragflächen, während die Flügelmembran der Bespannung derselben entspricht. Die ganze Tendenz der Flügelentwicklung wird nun in der Weise zum Ausdruck gebracht, daß die ursprünglich gleichartigen Flügel zuungunsten der hinteren differieren, daß also die vorderen sich stärker entwickeln, die hinteren reduziert werden, und zum anderen, daß eine immer weiter fortschreitende Verschmälerung nicht nur der Hinter-, sondern auch der Vorderflügel erfolgt. Es sind im allgemeinen die Falter die besten Flieger, die die schmalsten Flügel haben; man denke dabei an unsere Schwärmer mit ihrem pfeilschnellen Fluge. Die Hinterflügel werden ebenso verschmälert wie die Vorderflügel, soweit sie nicht schon ohnehin durch den soeben angedeuteten Reduktionsprozeß verkleinert werden. Es erklärt sich das daraus, daß ein schmaler Flügel auch nur eine schmale Ansatzstelle am Körper hat, und je schmaler und kleiner diese ist, um so leichter kann der Flügel bewegt werden. Selbst Arten, die noch ziemlich breite Flügel haben, suchen dieses Ziel zu erreichen, indem nämlich der Hinterrand des Vorderflügels an der Wurzel stark nach vorn eingezogen wird, so daß nur eine sehr kleine Befestigungsstelle entsteht. Solche Fälle finden wir besonders bei Hepialiden, aber auch bei Sphingiden, Notodontiden u. a. Die Verschmälerung des Flügels ist für das ganze Tier so wichtig, daß sie in Verbindung mit den aus ihr resultierenden Veränderungen des Flügelgeäders eines der brauchbarsten Mittel zur stammesgeschichtlichen Untersuchung ergibt. In dem Maße, wie sich die Schmetterlinge weiter entwickeln, rücken immer mehr Adern nach dem Vorderrand des Vorderflügels, und die hinten gelegenen verkümmern, weil sie funktionslos werden.

In dem Maße, wie sich der Flügel in Gestalt und Aderung ändert, muß auch natürlich die Art und Weise des Fliegens geändert werden, und so entspricht einem bestimmten Stadium in der Flügelentwicklung auch eine bestimmte Flugart. Wir dürfen nicht ohne weiteres sagen, daß diejenigen Schmetterlinge, die einen sehr breiten Hinterflügel haben, immer als älter anzusehen sind im Vergleich zu Formen, deren Hinterflügel schon sehr schmal sind. Wenn wir z. B. an die Gattung *Crambus* oder *Gelechia* denken, so haben wir hier Falter vor uns, die ein sehr großes Flugvermögen besitzen und sehr viel länger und schneller fliegen als viele andere Kleinschmetterlinge mit viel schmaleren Flügeln. Wenn wir aber die Art und Weise des Fluges der genannten beiden Gattungen genauer erforschen, so kommen wir zu der Gewißheit, daß hier eine sekundäre Anpassung vorliegt, worüber wir in einem weiteren Abschnitt noch später zu sprechen haben. Ebenso ist es sehr unwahrscheinlich, daß die so fein zerteilten Flügel der Orneodiden, die im Vorder- und Hinterflügel eine anscheinend ganz ähnliche Ausbildung erfahren haben, einen sehr primitiven Zustand darstellen. Hier ist ebenfalls eine Anpassung an eine besondere Flugform eingetreten. Bei den meisten anderen Faltern zeigt sich aber die weitergehende Entwicklung in der Reduzierung der Hinterflügel; es ist bemerkenswert, daß bei vielen Arten da eine Geschlechtsdimorphismus eintritt, indem nämlich nur beim Männchen die Reduktionserscheinungen auftreten, während das Weibchen, das ja weniger zu fliegen hat, die normalen Bildungen zeigt. Der auffälligste solcher Fälle ist wohl der bei der afrikanischen Lasiocampide *Gonometa postica* Wlk. auftretende, wo Männchen und Weibchen in der Größe und in der Flügelgestalt so stark voneinander abweichen, daß man sie mindestens für verschiedene Arten halten würde. (Tafel IV, Abb. 1, 3, S. 176.) Es schreitet in einer solchen Entwicklung stets das Männchen am schnellsten vorwärts, einmal, weil das Weibchen immer bei Entwicklungsvorgängen der konservativere Faktor ist, und zum anderen, weil die Flügel des Männchens viel stärker infolge des Aufsuchens des Weibchens in Anspruch genommen werden. Schließlich kommt aber noch ein weiteres Moment hinzu, das die Flügel der Weibchen nicht kleiner werden läßt. Bei einem zahlreicheren Inhalt an Eiern wird der Körper relativ schwerer, und dem muß das Gleichgewicht gehalten werden, indem größere Flügel notwendig sind, damit sich das Weibchen in der Luft erhalten kann. Weil für das Weibchen die Ortsveränderung durch schnelles Fliegen nicht die Rolle spielt wie für die Männchen, können auch die Flügel unbeschadet vergrößert werden; nur für eine schnelle Vorwärtsbewegung ist eine Verschmälerung zweckdienlich. Während für das Nur-in-der-Luft-Erhalten beim Weibchen beide Flügel gebraucht werden können, ist für den schnellen Vorwärtsflug eine Reduktion der Hinterflügel nötig.

Besonders wichtig ist es für den Falter, daß Vorder- und Hinterflügel ein Ganzes bilden, so daß nur eine einzige Fläche bewegt zu werden braucht. Zu diesem Zwecke sind beide Flügel durch geeignete Befestigungsapparate miteinander verbunden. Bei den primitivsten Faltern geschieht das durch das J u g u m. Das Jugum ist ein Lappen, der am Hinterrand des Vorderflügels abgeht und gewöhnlich in Form eines spitzen oder stumpfen Zahnes nach hinten gerichtet ist. Da im allgemeinen der Vorderflügel höher liegt als der Hinterflügel, greift dieses Jugum den Hinterflügel an der O b e r s e i t e an und hakt dort an der Costa oder Subcosta ein, wodurch dann der hintere Flügel, wenn sich der vordere nach vorn bewegt, mitgezogen wird. Im übrigen ist diese Befestigung sehr ungenügend, da auch die Flügelwurzeln recht weit voneinander entfernt eingelenkt sind. Wie wenig massiv diese Verbindung ist, weiß jeder, der einmal Hepialiden oder Micropterygiden gespannt hat. Während man sonst dabei durch Hochziehen des Vorderflügels auf dem Spannbrett auch den hinteren mitzieht, bleibt bei diesen Familien der hintere immer zurück, so daß das Spannen sehr viel Mühe macht. Für alle durch ein Jugum verbundenen Flügel ist nun charakteristisch, daß das Geäder in beiden Flügeln annähernd gleich ist, daß also der Hinterflügel mehr freie Äste des Radius hat als bei den übrigen Schmetterlingen. Bei allen anderen Faltern besteht eine ganz andere Verbindungsart der Flügel, nämlich die durch Frenulum und Retinaculum oder, bei Fehlen derselben bei den Tagfaltern, durch einen Präcostalsporn.

Die Verbindung durch ein Frenulum, wie wir sie bei allen höheren Nachtfaltern, den sogenannten F r e n a t e n, feststellen können, beruht darauf, daß an der Wurzel der Hinterflügel eine mehr oder weniger lange Borste ausgebildet ist, die unter den Vorderflügel greift und so ein Zusammenhalten beider Flügel veranlaßt. Es ist vielfach wenig bekannt, daß wir in der Ausbildung dieses Frenulums oder der H a f t b o r s t e, wie sie nach ihrer Funktion auch benannt wird, ein tertiäres sexuelles Unterscheidungsmerkmal haben, das uns in leichter Weise in den Stand setzt, bei Nachtschmetterlingen die Männchen von den Weibchen zu trennen. Wir benötigen nur eine schwache Lupe, um zu sehen, daß beim Männchen nur eine einzige starke, beim Weibchen dagegen 2—12 schwächere Borsten vorhanden sind. Man betrachtet zu diesem Zwecke den Vorderrand der Hinterflügel von der Unterseite her. Bemerkt muß noch werden, daß dieses Merkmal für viele der sogenannten Kleinschmetterlingsfamilien k e i n e Gültigkeit hat, aber wohl für alle „Großschmetterlinge" zutrifft; der wissenschaftlich arbeitende Lepidopterologe, der sich ja meistens mit Kleinschmetterlingen ebenfalls beschäftigt, wird die Geschlechter direkt an den Genitalanhängen unterscheiden können; dem Anfänger jedoch und dem weniger tief eingedrungenen Sammler kann dieses Merkmal sehr gute Dienste leisten.

Verstärkt wird die Wirksamkeit des Frenulums nun noch weiter durch das Retinaculum. Man bezeichnet damit eine Falte des Vorderflügels, die sich vom Radius etwa nach unten herausstreckt und nach hinten umschlägt. Unter dieses so entstandene Dach kommt das Frenulum und wird so festgehalten, daß ein Entweichen nur schwer möglich ist, was den Zusammenhalt der beiden Flügel wesentlich erhöht. Das Retinaculum hat sich wahrscheinlich zuerst nicht zugleich mit dem Frenulum entwickelt; bei primitiven Faltern sitzt an dieser Stelle nur ein Schuppenbusch, der eine gleiche Funktion ausübt, und erst später zog sich an dieser Stelle auch infolge der starken Beanspruchung des Schuppenbüschels die Flügelmembran hervor und bildete so den als Retinaculum bezeichneten Umschlag. Die Weibchen als die konservativeren und zugleich weniger für das Fliegen beanspruchten zeigen noch ursprünglichere Verhältnisse; das Retinaculum fehlt oft, seine Funktion übernimmt ein Schuppenwulst, der aber oft nicht auf dem Radius, sondern auf dem Cubitus, also am Hinterrand der Zelle sich erhebt. Die dadurch bewirkte Fähigkeit des Zusammenhaltens beider Flügel ist dabei naturgemäß sehr viel geringer. Es scheint, daß bei gewissen primitiven Familien auch beim Männchen nur ein solcher cubitaler Schuppenwulst vorhanden ist, der dann ein Analogon zum echten Retinaculum sein dürfte. Bei vielen Familien geht das Frenulum bei beiden Geschlechtern sekundär verloren; es bleibt aber gewöhnlich an der Stelle, wo es vorzukommen pflegt, eine verdickte Stelle der Membran übrig, das Basalstück des Frenulums. So fehlen bei Uraniiden u. a. die Borsten des Frenulums, während das verdickte Basalstück erhalten geblieben ist. Bei den Saturniiden ist aber keine Spur eines Frenulums vorhanden. Wir gehen wohl nicht fehl in der Annahme, daß ein Fehlen der Borsten bei gleichzeitig noch vorhandener Basalverdickung eine Reduktionserscheinung darstellt, während in den Fällen, wo beide fehlen, ein ursprünglicher Mangel derselben vorliegt. Demnach gehörten die Saturniiden zu Formen, die nie ein Frenulum besessen haben. Das geht auch hervor aus der eigenartigen Vorziehung der Flügelwurzel am Vorderrand (vgl. Abb. 60). Solche Fälle eines primären Fehlens von Frenulum und Retinaculum scheinen sehr selten zu sein.

Abb. 60. Hinterflügel einer *Saturnia*.

Tafel V. Abb. 1. *Pleurota rostrella* Hb., ♀ mit reduzierten Hinterflügeln. Abb. 2. Psychide, ♂ mit normalen Flügeln. Abb. 3. Dieselbe Art, ♀ reduziert. Abb. 4. Riesensack einer Psychiden-Raupe ($^1/_3$ Naturgr.). Abb. 5. *Pleurota rostrella* Hb., ♂ zu Abb. 1, Flügel normal. Abb. 6. Termitophile Zygaenide von Südafrika.

Tafel V.

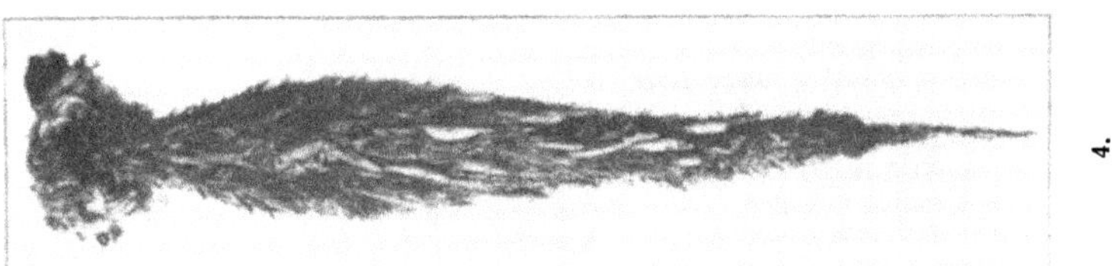

4.

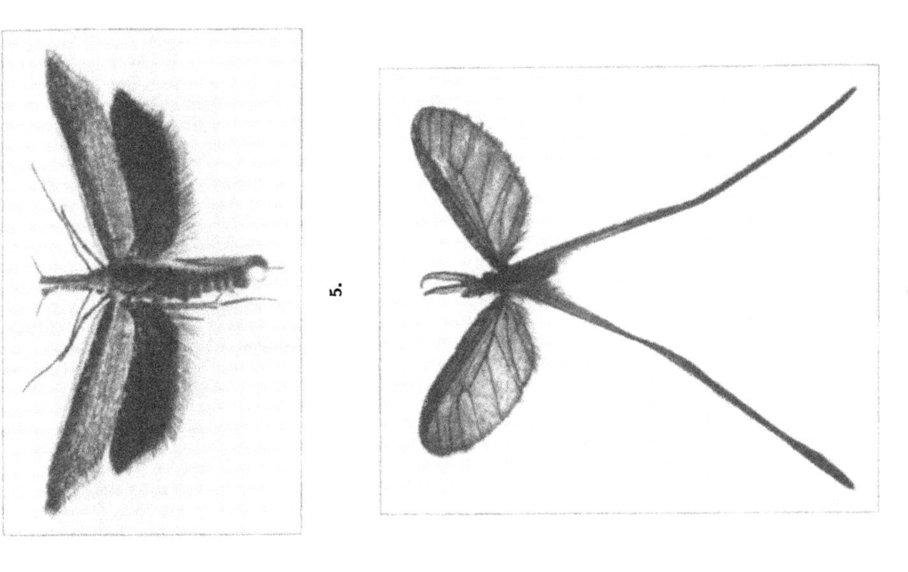

5. 6.

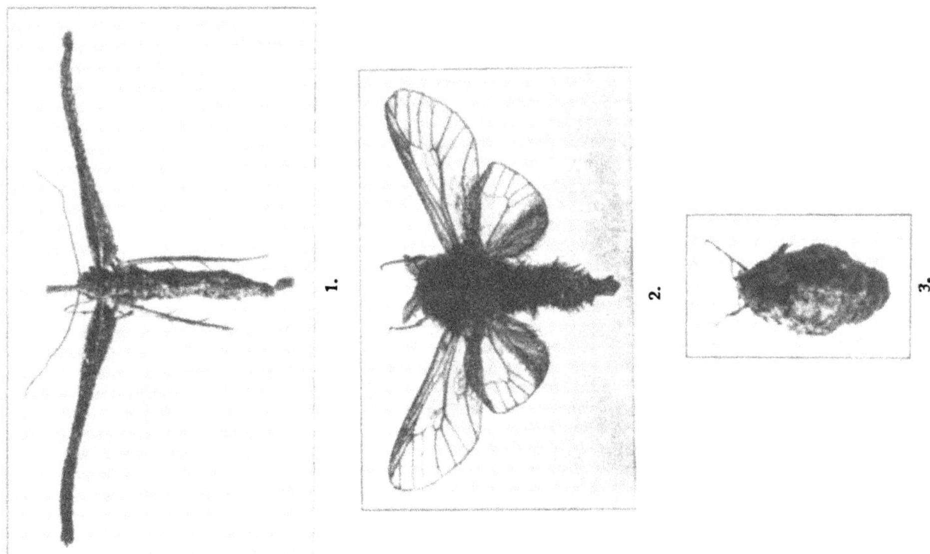

1. 2. 3.

Wie haben wir uns nun das Frenulum entstanden zu denken? Ist es irgendwie aus dem Jugum durch eine Umbildungserscheinung hervorgegangen? Frenulum und Jugum haben eigentlich nichts miteinander zu tun. Beide sind nur in bezug auf ihre Funktionen vergleichbar, sind also analoge, nicht homologe Organe. Das Jugum entspringt am Hinterrand des Vorderflügels, das Frenulum am Vorderrand des Hinterflügels. Das Frenulum ist entstanden aus gewissen kleinen Börstchen, die man vielfach auf dem Vorderrand des Hinterflügels findet. Über die phylogenetische Entwicklung sind wir noch nicht hinreichend unterrichtet, wohl aber ist die ontogenetische Entwicklung genau bekannt. Die Frenulumborsten sind homolog den anderen Haaren der Flügel. Sie entspringen wie diese aus den Trichogenzellen. Letztere sind stark umgebildete und vergrößerte Unterhaut- (Hypodermis-) Zellen, die weiter in die Tiefe sinken. Diese Zellen besitzen Verlängerungen, die dann aber über den Flügel als Borsten hinausragen. So gruppieren sich etwa ein Dutzend Trichogenzellen zur Bildung des Frenulums; während beim Männchen die von ihnen gebildeten Borsten zu einer einzigen verschmelzen, bleiben sie beim Weibchen auch später im imaginalen Stande noch getrennt.

Auch bei vielen Jugaten findet man auf dem Vorderrand der Hinterflügel schon solche kleinen Börstchen, so daß man geneigt sein könnte, sie mit den späteren Frenulumborsten der Nachtfalter zu homologisieren. Hier ist aber große Vorsicht geboten. Es finden sich solche Vorderrandbörstchen auch bei Frenaten, die ein wohlausgebildetes Frenulum schon besitzen. So sind nach PHILPOTT (1924) bei *Nepticula*-Arten, Adeliden, Lyonetiiden und Incurvariiden beim Männchen ein Frenulum und außerdem eine Reihe solcher Börstchen am Vorderrand der Hinterflügel vorhanden; bei den dazugehörigen Weibchen fehlt das Frenulum, aber die Randborsten sind da. Hätte man unglücklicherweise von diesen Arten immer nur Weibchen untersucht, so hätte man auf den Gedanken kommen können, daß diese Borsten dem echten Frenulum entsprächen, ihm also homolog seien. In derselben Weise muß eine Bewertung der Borsten bei den Micropterygiden als der Uranfänge des Frenulums sehr vorsichtig und zurückhaltend vorgenommen werden.

Wir hatten schon erwähnt, daß alle echten Jugaten ein noch nicht reduziertes Geäder besitzen, also im Hinterflügel mehr als einen Radialast aufweisen. Dementsprechend läßt sich sagen, daß alle Frenaten im Hinterflügel nie mehr als einen freien Radialast besitzen. (Wir müssen natürlich dabei absehen von gewissen Erscheinungen bei Mißbildungen; solche zeigen gewöhnlich irgendwelche Rückschläge oder Atavismen, so daß dann wieder einmal eine Mehrästigkeit des Radius zu beobachten ist.) Eine eigenartige Ausnahmestellung nimmt jedoch die bislang zu den Micropterygiden gezählte Gattung *Neopseustis* ein. Sie hat nur Vertreter im indischen Gebiet und fällt schon durch ihren eigentümlichen Habitus auf, der an den eines Neuropterons oder Trichopterons erinnert. Hier ist das Jugum nicht mehr funktionsfähig; es ist nach oben umgeschlagen und nicht mehr imstande, den Hinterflügel festzuhalten. Diese Funktion übernehmen andere Gebilde. Es sitzen nämlich am Vorderrande des Hinterflügels die bekannten Börstchen, die aber hier mit einer eigenartigen Bildung des Vorderflügels zusammenwirken. In diesem ist nämlich der Raum, der in der Wurzelschlinge der Vorderflügel liegt, auf der Unterseite grubig vertieft, so daß er auf der Oberseite blasig emporsteht. Die Borsten fassen nun an den Hinterrand dieser Grube und bewirken einen Zusammenhalt der beiden Flügel. Im übrigen ähnelt das Geäder vollkommen dem der Jugaten, die Gattung nimmt also eine Mittelstellung zwischen Jugaten und Frenaten ein und wird deshalb zu einer besonderen Familie gerechnet.

Eine weitere Modifikation finden wir bei den *Aegeriidae*, den Sesien. Hier wird eine innige Verbindung beider Flügel dadurch erzielt, daß der Hinterrand des Vorderflügels nach oben, der Vorderrand des Hinterflügels nach unten umgeschlagen ist, so daß beide ineinandergreifen können und eine Verankerungsfläche längs der ganzen sich berührenden Ränder bilden.

Unter den vielen speziellen Umbildungen, die der Flügel erleidet, soll besonders noch eine besprochen werden. Bei starker Vergrößerung des Hinterflügels wird es schwierig, ihn im Ruhezustande unterzubringen, da er ja von den Vorderflügeln zum Schutz bedeckt werden soll. Sind die Vorderflügel nun in Anpassung an stärkere Flugleistungen sehr verschmälert, so ist eine Unterbringung sehr breiter Hinterflügel unter ihnen nicht mehr möglich; es ergibt sich also die Notwendigkeit, sie zu falten. Das geschieht gewöhnlich im hinteren Teile, der ja viel weniger durch Adern versteift ist. So werden die Flügel der Länge nach an diesen Stellen zusammengelegt und oft noch förmlich um den Hinterleib gewickelt. Diese Erscheinungen finden wir besonders ausgeprägt bei den Gelechiiden und bei manchen Pyraliden, besonders Phycitinen und Crambinen. Je schmäler die Vorderflügel und je breiter die Hinterflügel sind, um so mehr muß der Flügel zusammengerollt werden. Das führt meistens dazu, daß auch eine Ader in der Flügelmitte die zweite Media, rückgebildet wird, da sie dem Einschieben der einzelnen Flügelteile ineinander zuviel Widerstand leisten würde. Daß überhaupt so umfassende Anpassungen an eine Vergrößerung des H i n t e r flügels getroffen werden, erscheint auf den ersten Augenblick verwunderlich, da wir doch gesehen haben, daß überall bei den Schmetterlingen die Tendenz der Entwicklung auf eine Verkleinerung des Hinterflügels gerichtet ist. Wir werden aber weiter unten sehen, daß hier eine besonders zweckmäßige Ausbildung in Rücksicht auf eine spezielle Art des Fluges getroffen ist, welch letztere bei den Faltern relativ selten anzutreffen ist, und daß deshalb die für die Entwicklung der übrigen Familien gefundenen Gesetze hier nicht zutreffen können. Wir wissen, daß bei den Heuschrecken und ihren Verwandten das Problem der Unterbringung eines großen Hinterflügels unter einem kleinen Vorderflügel in derselben Weise gelöst ist.

Wenn wir nun die in der Flügelausbildung auftretenden Besonderheiten verstehen wollen, müssen wir untersuchen, in welcher Weise überhaupt das Fliegen vor sich geht, wie also der Schmetterling mittels seiner Flügel sich fortbewegt. Diese Bewegung muß in doppelter

Richtung erfolgen: aufwärts und vorwärts. Der Falter muß durch die Bewegung der Flügel einen Luftwiderstand hervorrufen, der nach oben und vorn gerichtet ist, wenn er von der Stelle kommen will. Stellen wir nun fest, wie das vor sich geht. Wenn das Tier den Flügel nach unten bewegt, werden die hinteren Teile des Vorderflügels und der Hinterflügel erst später an den tiefsten Punkt der Flügellage kommen als der Vorderrand der Vorderflügel. Letzterer ist kräftiger gebaut und weniger nachgiebig, auch durch zahlreiche Adern mehr versteift. Beim energischen Schlag nach unten bleiben deshalb die hinteren Teile des Flügels zurück; es entsteht also ein Luftdruck nach oben und vorn, der den Falter gleichzeitig hebt und vorwärts treibt. Beim Aufwärtsschlagen der Flügel bleibt wiederum der hintere Teil zurück; es entsteht so ein Druck der Luft, die sich über dem Tier befindet, nach vorn und unten. Bei beiden Flügelschlägen wird also der Falter nach vorwärts bewegt, nach oben aber nur beim Abwärtsschlagen, beim Aufwärtsschlagen nach unten. Beim Wechsel des Aufwärts- und Abwärtsbewegens wird demnach der Schmetterling nur um so viel gehoben, als die Differenz zwischen Abwärtsschlagen minus Aufwärtsschlagen ergibt. Diese Differenz fällt immer positiv aus, wenn der Abwärtsschlag des Flügels stärker ist als der Aufwärtsschlag, negativ, wenn das Umgekehrte der Fall ist. Will also der Falter vom Boden aufwärts fliegen, so muß er den Abwärtsschlag energischer ausführen; will er sich auf die Erde niederlassen, müssen die Aufwärtsschläge kräftiger ausgeführt werden. In beiden Fällen resultiert aus der Bewegung noch ein Vorwärtstreiben. Wenn der Falter in einer bestimmten Höhe bleiben will, muß der Flug so beschaffen sein, daß der aus der Differenz von Nieder- und Aufschlagen des Flügels entstehende Luftdruck dem Gewicht des Falters entspricht. Bei vielen Kleinschmetterlingen, die nur ein geringes Gewicht haben, ist deshalb eine große Flugleistung nicht erforderlich. Bei den *Orneodes*-Arten, deren Flügel in Federn gespalten sind, sitzen zwischen den Federn lange Haare, deren Starrheit so groß ist, daß der ganze Flügel ein einheitliches Ganzes bildet und das Tier auf der dichten Luft schwimmt, ohne daß es dazu viele Bewegungen zu machen braucht. Es wirkt wie ein Fallschirm, an dem ein relativ geringes Gewicht hängt.

Von besonderem Wert für das Fliegen ist nun die Ausbildung der Flugmuskulatur. Man unterscheidet direkte und indirekte Flugmuskeln. Die direkten Muskeln setzen unmittelbar an den Flügel an und bewirken eine Lageveränderung desselben. Die indirekten Flugmuskeln haben keine Insertionsstellen an den Flügeln selbst; sie bewirken nur eine Gestaltveränderung des Thorax, wodurch dann mittelbar eine Bewegung der Flügel erfolgt. Wenn wir diese Eigentümlichkeit verstehen wollen, müssen wir bedenken, daß die Rückenplatte des Thorax, das Tergit, wesentlich schmäler ist als die Bauchplatte, das Sternit, so daß letzteres mit seinen Rändern auf das erstere übergreift. Zwischen Tergit und Sternit liegen die Pleuren; sie sind weniger chitinisiert und deshalb nachgiebiger und sind etwas zwischen Sternit und Tergit eingesenkt. Am Oberrande der Pleuren sind nun die Flügel befestigt. Im Thorax liegen vertikale Muskeln, die in der Lage sind, durch Zusammenziehung das Tergit nach unten zu ziehen, also dem Sternit zu nähern, wodurch eine Abflachung des Thorax entsteht. Infolgedessen drückt nun der Seitenrand des Tergits auf den einspringenden Teil der Flügelwurzel. Der ganze Flügel wirkt als ein ungleicharmiger Hebel, dessen Drehpunkt auf der Seitenkante des Sternites liegt; der kürzere Arm wird von der Seitenkante des Tergites nach unten gedrückt, worauf der längere Arm, nämlich der freie Flügel, nach oben schlägt. Eine Abflachung des Thorax durch Zusammenziehung der Vertikalmuskeln bewirkt also ein Aufwärtsschlagen der Flügel. Für die Abwärtsbewegung des Flügels sorgen nun andere Muskelgruppen, die als Längs- oder Schrägmuskeln im Thorax liegen. Namentlich die letzteren bewirken eine Wölbung desselben. Wenn diese erfolgt, heben sich die Seitenkanten des Tergites, und da der Falter noch infolge des Beharrungsvermögens nach dem Niederschlag des Flügels nach oben steigt, bewirkt der Luftwiderstand von oben her, daß sich die Flügel im Verhältnis zum Körper nach unten senken, wodurch die zwischen Tergit und Sternit befindliche Wurzel derselben sich nach oben hebt. Nun kann durch wiederholtes Zusammenziehen der Vertikalmuskeln die Flügelwurzel wiederum nach unten gedrückt werden, und der Wechsel zwischen Auf- und Niederschlagen setzt sich fort. Es scheint, als ob im allgemeinen für das Niederschlagen noch mehr die direkte, für die Aufwärtsbewegung die indirekte Flugmuskulatur notwendig ist. Wir haben gesehen, daß beim Aufwärts- wie beim Abwärtsschlagen in jedem Falle eine Vorwärtsbewegung erzielt wird. Da die Höhenveränderung nicht eine so große Rolle spielt, ist die direkte Muskulatur der Flügel wohl in vielen Fällen entbehrlicher als die indirekte, was auch aus ihrer öfters zu beobachtenden Reduzierung hervorgeht.

Wir haben gesehen, daß beim Fluge des Schmetterlings beide Flügel eine einheitliche Platte bilden und gemeinsam bewegt werden. Bei anderen fliegenden Insekten kann das anders sein. So können z. B. Libellen die Vorderflügel unabhängig von den hinteren bewegen. Aber auch bei unseren Faltern verhalten sich die vorderen Teile des Flügels anders als die hinteren, und das macht sich bis an die Flügelwurzel hin bemerkbar. Bei den ursprünglichsten Schmetterlingen werden wohl nur direkte Flugmuskeln die Flügel bewegt haben. Ihr Flug war mehr ein Flattern; vorwärts konnten sie sich nur langsam bewegen, da der vordere Flügelteil nicht viel schneller nach unten bewegt werden konnte als der hintere; in beiden Flügeln waren ja die Adern im vorderen und hinteren Flügelfeld noch annähernd gleichmäßig verteilt. Indem die starken Adern des vorderen Teiles näher zusammenrückten, konnte eine verschiedenartige Bewegung der beiden Flügelhälften erfolgen, und jetzt konnte auch indirekte Flugmuskulatur wirksam werden. Im Zusammenhang mit der abweichenden Funktion des Hinterrandes der Flügel, der sich mehr nach oben durchbiegen sollte, wurden die versteifenden Adern an diesen Stellen allmählich beseitigt; sie verloren ihre Chitinisierung, blieben noch eine Zeitlang als Falte bestehen und verschwanden schließlich ganz. Besonders schön läßt sich dieser Prozeß an der Analader beobachten, wenn man die verschiedenen Familien miteinander vergleicht. Bei ihr geht die Reduktion direkt durch Verschwinden vor sich, während bei den Axillaradern die ursprünglich in der Zweizahl vorhandenen in eine verschmelzen. Diese Verschmelzung beginnt an den distalen Teilen der Adern und schreitet nach der Wurzel zu fort. Oft bleibt noch sehr lange Zeit an der äußersten Wurzel die Trennung bestehen, so daß eine Wurzelschlinge der Axillaradern gebildet wird. Die Bedeutung der Queradern wird vielfach unterschätzt. Bei den nächsten Verwandten der Schmetterlinge, den Trichopteren, kommen Queradern noch in größerer Anzahl vor als bei den Lepidopteren. In jedem Falle bewirken sie, daß ein Zusammenschieben der Flügel während des Fliegens verhindert wird. Bei manchen Arten sind auch alle Queradern verschwunden. Gewisse hochentwickelte Kleinschmetterlingsgattungen haben alle Queradern und alle freien Aderäste eingebüßt, ohne daß die einzelnen Aderstämme deswegen näher aneinandergerückt wären. Die Flugverhältnisse bei diesen kleinsten der Falter können wohl als noch nicht genügend erforscht angesehen werden; andere Arten von derselben Größe oder besser Kleinheit haben ein fast vollständiges Geäder, so daß es schwer fällt, die Gründe für eine so verschiedene Flügelentwicklung aufzufinden, namentlich da die Art des Fluges bei beiden Typen kaum verschieden ist.

Bei vielen Kleinschmetterlingen wird eine sekundäre Verbreiterung beider Flügel durch sehr lange Fransenhaare bewirkt. Diese befinden sich meist am Hinterrande des Hinterflügels und Außenrande des Vorderflügels. Sie stellen eine Anpassung an den schwebenden Flug dieser Tiere dar, da sie bei der Leichtigkeit des Körpers ebenso wirken, als wenn der Flügel um ihre Länge breiter geworden wäre. Sie sind ein Gegenstück zu dem zwischen den einzelnen Flügelfedern der *Orneodes*-Arten, der Federmotten, befindlichen Fransenhaaren. Bei weitgehender Spezialisierung sind dann, besonders bei den Hinterflügeln, die Flügelflächen im Zusammenhang mit der Vergrößerung der Fransen immer kleiner geworden.

Unter gewissen Verhältnissen erfolgt nun eine Aufhebung des Flugvermögens und im Zusammenhang damit eine mehr oder weniger vollständige Reduzierung der Flügel. Die Ursachen hierzu können verschiedener Art sein. Wir hatten bereits erwähnt, daß bei einigen Faltern die Weibchen einen so enormen Eiervorrat erzeugen, daß der Körper im Verhältnis zu den Flügeln zu schwer wird, wodurch eine Flugunfähigkeit der weiblichen Tiere bedingt wird. Wenn das Weibchen doch nicht mehr imstande war, ausreichend zu fliegen, konnten auch die Flügel rückgebildet werden. In dieser Weise haben wir uns die sekundäre Flügellosigkeit der weiblichen Psychiden vorzustellen. Der mit Eiern prall gefüllte Leib konnte von den schwächlichen Flügeln nicht mehr getragen werden, letztere waren also unbrauchbar geworden und verkümmerten. Die weitere Folge davon war, daß die ausgeschlüpften Weibchen in der Nähe des Sackes blieben und auf demselben ihre Begattung erwarteten. Da sie hier aber immer noch gefährdet waren, zogen sich die Arten im Laufe der Entwicklung ganz in den Sack zurück; das ausschlüpfende Weibchen blieb im geschützten Raupensack, um dort das kopulationslustige Männchen zu empfangen, und endlich verblieb das Weibchen, bei den pupicolae, in der Puppenhülle, in der auch Begattung und Eiablage erfolgten. Der Verlust der Flügel wirkt sich also im Verlaufe der Entwicklung weitgehend in den Lebenserscheinungen des davon betroffenen Tieres aus. Das Fehlen der Flugorgane nimmt dem betreffenden Tiere die Möglichkeit, sich vor seinen Feinden in Sicherheit zu bringen; um einen Ausgleich für die so erhöhte Gefahr zu schaffen, wird ein größerer oder ein geringerer Teil des imaginalen Lebens in die Puppenhülle verlegt. Dasselbe finden wir auch in anderen Familien. Die *Orgyia*-Arten besitzen ebenfalls Weibchen mit reduzierten Flügeln. Es war schon erwähnt worden, daß sie als Raupe einen inneren festen und einen äußeren lockeren Kokon spinnen. Während der innere vom ausschlüpfenden Weibchen bei gewissen Arten gesprengt wird, bleibt der äußere, der jetzige Wohnsitz des Weibchens, intakt, und das Männchen muß mit zusammengefalteten Flügeln durch die Maschen des äußeren eindringen, um zum Weibchen zu gelangen. In den genannten Fällen wird die Rückbildung der Flügel bedingt durch das mächtig gestiegene Körpervolumen. Die Reduktion ist aber nicht der einzige mögliche Weg, um diesem Mißverhältnis zu begegnen; bei den Saturniiden wird entsprechend der Gewichtszunahme der Flügel vergrößert, und bei gewissen australischen Cossiden, wie bei der Gattung *Duomites*, die die größten Leiber haben, die überhaupt bei den Schmetterlingen auftreten, und wo keine übergroßen Flügel ausgebildet werden, wird die Thoraxmuskulatur so sehr verstärkt, daß die kleineren Flügel noch den großen und plumpen Leib tragen können.

Nun kommt aber noch ein anderes Moment, durch welches eine Reduktion der Flügel und Aufhebung des Flugvermögens erfolgen kann. Auf windreichen und stürmischen Inseln würde eine Flugtätigkeit nur schädlich für die damit versehenen Arten sein; denn die Stürme würden den Falter, der sich in die Luft erhebt, entführen und ins Meer schleudern. Deswegen ist bei solchen Arten von Schmetterlingen, wie auch bei anderen Insekten, eine Verkümmerung der Flügel eingetreten. Als Beispiel sei der auf den Kergueleninseln, wo jahraus und jahrein starke Stürme herrschen, lebende Falter *Embryonopsis halticella* Eaton genannt. Aber es ist nicht nötig, so weit zu gehen, um den Einfluß der Witterung auf den Schmetterlingsflügel zu studieren. Auch bei uns treten zu gewissen Jahreszeiten heftige Stürme auf. Solche haben wir besonders im Herbst und ersten Frühjahr. Bei allen den Arten, die entweder spät im Herbst oder zeitig im Frühjahr fliegen, läßt sich eine Beeinflussung der Flügelform durch die Herbst- und Frühjahrsstürme feststellen. Das Prinzip, das dabei wirksam ist, ist dasselbe wie bei den vorher genannten Insularformen. Die Stürme würden das sich in die Luft erhebende Weibchen mit sich forttragen und es so leicht an Orte bringen, wo die Futterpflanze der Raupen fehlen könnte; da das Tier durch den infolge des Eierinhaltes ohnehin viel schwerer gemachten Körper nicht den ganzen Weg wieder zurücklegen könnte, besonders da es dann ja gegen den Wind fliegen müßte, erscheint das Vorhandensein von Flügeln in dieser Zeit als unzweckmäßig, und sie verschwinden im Laufe der Entwicklung zum großen Teile. So erklärt sich der Verlust der Flügel oder die Stummelflügeligkeit bei allen Winterfliegern, wie die Erscheinung der Flügelreduktion bei den im Winter oder Frühjahr fliegenden *Hibernia*-Arten, bei *Cheimatobia*, bei *Biston* und weiterhin bei den Kleinschmetterlingsgattungen *Chimabacche* und *Dasystoma*. Selbst bei der im März fliegenden *Tortricodes tortricella* Hb. sind die Männchen schon deutlich größer in den Flügeln als die Weibchen.

Bei der Reduktion der Flügel lassen sich verschiedene Grade nachweisen. Im einfachsten Falle sind nur die Flügel beim Weibchen etwas schmaler geworden, so bei *Ocnogyna parasita* Hbn., im weiteren Verlauf erscheinen sie an den Enden zugespitzt wie bei *Chimabacche fagella* F. Diese Spitzen werden später wieder breit abgestutzt, wie bei *Cheimatobia* und *Hibernia*-Arten, die vorderen Flügel sind nur noch lappenförmig (*Orgyia*), endlich sind an Stelle der Flügel nur noch Schuppen- und Haarbüschel vorhanden, schließlich können die ganzen Hinterflügel verschwunden sein wie bei *Pleurota* (Tafel V, Abb. 1, 5, S. 208), und im letzten Stadium fehlen beide Flügelpaare vollkommen, wie bei den Psychiden. Die dadurch bedingte Unmöglichkeit der Ortsveränderung führt schließlich auch zum Verlust der Beine, so bei *Epichnopteryx*.

Wir haben nun noch zu untersuchen, wieweit durch die Flugtätigkeit der Schmetterlinge auch der ganze übrige Körper verändert wird. Die Flügel machen die Anhäufung großer Muskelmassen im Thorax nötig, und zwar müssen sowohl direkte als auch indirekte Flugmuskeln dort ihren Platz finden. Je mehr nun die Flugfähigkeit eines Schmetterlings zunimmt, um so mehr wird durch die dafür nötigen Muskeln der Thorax verändert. Wir haben uns die ursprünglichsten Insekten überhaupt als noch im Besitz von sechs Flügeln zu denken, so daß an jedem Brustring unten ein Paar Beine, weiter oben ein Paar Flügel angeheftet war. Dieses erste Flügelpaar ist vollkommen bei den Schmetterlingen verschwunden. Man hat geglaubt, die Patagia, den Halskragen, als Reste des ehemaligen vordersten Flügelpaares ansehen zu müssen. Dagegen ist aber geltend gemacht worden, daß die Flügel zwischen Pleura und Tergum eingelenkt sind, die Patagia aber sich als Fortsätze des Tergums erweisen. Jedenfalls ist diese Frage noch nicht genügend geklärt, und es bleibt zweifelhaft, wo bei den Schmetterlingen das prothorakale Flügelpaar geblieben ist. Die primitivsten Falter, bei denen man doch in allererster Linie ein Rudiment derselben zu finden erwarten dürfte, besitzen kein derartiges Gebilde, auch die Patagia fehlen ihnen. Es sind also nur von Flugorganen die Vorderflügel, die am zweiten, und die Hinterflügel, die am dritten Thoraxsegment eingelenkt sind, festzustellen. Wie schon erwähnt wurde, bilden sich in den Segmenten, an denen Flügel befestigt sind, besondere Muskelmassen aus. Bei den Urinsekten, die drei Paar von Flügeln besaßen, an jedem Thoraxsegment eins, können wir wohl annehmen, daß eine gleichmäßige Ausbildung aller Thoraxringe stattgefunden hat. In dem Maße aber, wie das vorderste Flügelpaar zurückgebildet wurde, atrophierten auch die Muskeln dieses Segmentes; es wurde immer kleiner und kleiner. So dürfen wir uns nicht wundern, wenn wir bei den Schmetterlingen den ersten Brustring nur noch in Resten vor uns sehen. Daß er noch nicht ganz verschwunden ist, beruht darauf, daß am gleichen Segment sich immerhin noch ein Paar Beine befindet, zu deren Bewegung noch gewisse Muskeln erforderlich sind. Es ist danach auch wohl verständlich, daß die unteren Teile des Segmentes, das Sternit, viel weniger zurückgebildet sind als das oben gelegene Tergit. Es bleibt fraglich, ob die Verkümmerung der Vorderbeine bei gewissen hochstehenden Tagfaltern, Nymphaliden, Lycaeniden u. a. nicht vielleicht eine Folge der Verkümmerung des ersten Thorakalsegmentes ist, oder ob hier zwei verschiedene Reduktionsvorgänge zufällig am gleichen Segment verlaufen. Jedenfalls hat der Verlust des Flügelpaares am Prothorax bewirkt, daß eine ganz auffällige Rückbildung desselben eintrat. Besonders deutlich zeigt sich das am Tergum; nach den oben geschilderten Vorgängen bei der Wirksamkeit der indirekten Flugmuskulatur wird das nicht weiter verwunderlich sein. So erklärt es sich, daß bei vielen hochentwickelten Schmetterlingen das Pronotum, der Rückenteil des ersten Thorakalsegmentes, nur noch ein linienbreites Gebilde ist, das vorn die Patagia trägt und mit einer langen Spange an die seitlich sich befindenden Pleuren ansetzt. Da die Beine aber noch funktionsfähig sind, ist das Sternit noch nicht im gleichen Verhältnisse reduziert worden. Ganz anders haben sich aber die beiden folgenden Thoraxringe entwickelt. Wir kennen bei den Verwandten unserer Schmetterlinge, den Trichopteren und Panorpaten, kein Beispiel, daß die drei Brustringe noch annähernd gleich wären. Bei den Hepialiden aber z. B. ist der erste Ring noch lange nicht in dem Grade rückgebildet wie bei den vielen Tagfaltern. Besonders interessant ist nun aber die Beeinflussung der beiden hinteren Thoraxsegmente durch die Flugtätigkeit. Wir wissen, daß die Tendenz in der Entwicklung der Flügel bei den Schmetterlingen darauf hinausläuft, die Hinterflügel zu reduzieren und die Vorderflügel stärker auszubilden. In dem Maße nun, wie diese Umbildung fortschreitet, erfolgt auch eine Veränderung in den Verhältnissen zwischen Mesothorax und Metathorax. Die Vergrößerung des ersteren geht Hand in Hand mit einer Verkleinerung des letzteren. Noch bei den primitivsten Schmetterlingen ist kein großer Unterschied zwischen den beiden Brustringen festzustellen. Bei allen höher entwickelten Faltern hat sich aber der Mesothorax ganz enorm vergrößert, und der Metathorax ist immer schmaler geworden und nach hinten und unten gedrängt worden. Vergleichen wir die Schmetterlinge mit anderen Insektenordnungen, bei denen ebenfalls Flügelreduktionen erfolgt sind, so finden wir eine Bestätigung der Tatsache, daß es die Funktion der Flügel ist, welche die Gestalt des Thorax so stark beeinflußt. Bei den Fliegen, den *Diptera*, ist das hintere Flügelpaar ganz verloren gegangen und in die sogenannten

Schwingkölbchen umgewandelt worden, die eine ganz andere Funktion erworben haben. Dementsprechend ist bei ihnen der Mesothorax noch viel stärker entwickelt und der Metathorax außerordentlich verkleinert worden. Das Gegenteil ist aber bei den Käfern der Fall. Die vorderen Flügel sind bei ihnen in Elytren, hartschalige Flügeldecken, umgewandelt worden, die beim Flug eine ganz geringe Rolle spielen. Der Käfer fliegt vorwiegend mit den Hinterflügeln, und deswegen ist bei ihm auch der Metathorax sehr viel größer geworden als der Mesothorax.

Die verschiedenartige Thoraxausbildung infolge veränderter Inanspruchnahme der Flügel zeigt sich auch in den Fällen, wo eine Rückbildung der Flügel als tertiärer Geschlechtsunterschied sich äußert. Bei den flügellosen Weibchen der schon oben erwähnten Spanner lassen sich diese Reduktionserscheinungen auch am Thorax feststellen.

Die Art und Weise, wie der Flug erfolgt, war schon weiter oben dargestellt worden. Es ergibt sich daraus eine beachtenswerte Verschiedenheit des Fluges der Schmetterlinge von dem der Vögel. Der Schmetterling erhebt sich in die Luft, indem er durch das Niederschlagen der Flügel über sich einen luftverdünnten, unter sich einen verdichteten Raum erzeugt. Daß er dabei vorwärts getrieben wird, ist eine Nebenerscheinung. Er hängt also gewissermaßen an der luftverdünnten Stelle über sich in der Luft. Bei ihm ist das Heben die primäre, das Vorwärtsbewegen die sekundäre Erscheinung. Ganz anders ist es beim Vogel. Er bewegt sich zunächst nur vorwärts, und durch die Art dieses Vorwärtsfluges wird die Luft unter ihm verdichtet, und er wird aufwärts gehoben. Bei ihm ist also die Vorwärtsbewegung die primäre, der Aufwärtshub aber die sekundäre Erscheinung. Deshalb kann der Schmetterling sich auch ohne weiteres sofort senkrecht vom Boden erheben, während der Vogel, wenn er aufwärts fliegen will, zunächst vorwärts fliegen muß. Während der Falter also in der Luft hängt, liegt der Vogel gleichsam auf der Luft. Je nach der Beschaffenheit der Flügel und des Körpers und nach der Entwicklung der thorakalen Muskulatur ist die Flugart bei den einzelnen Schmetterlingsfamilien verschieden. Als die einfachste Art haben wir die Flatterbewegungen und ein fallschirmartiges Fliegen anzusehen. Das letztere gilt besonders für die sehr kleinen Arten unter den Kleinschmetterlingen. Das Gewicht des Körpers ist so gering, verglichen mit der Dichtigkeit und Zähigkeit der Luft, daß der betreffende Falter nur die Flügel auszuspannen braucht, um sich in der Luft zu erhalten, wobei er nur ganz unmerklich sinkt. Es genügen dann ganz geringfügige Ruderbewegungen, um eine Vorwärtsbewegung stattfinden zu lassen. Als Beispiel dafür möge die schon mehrfach erwähnte Gattung *Orneodes*, aber auch viele der allerkleinsten Falter, wie *Nepticula*-Arten u. a., gelten. Bei den größeren und höher entwickelten Formen findet dann eine rudernde Flügelbewegung statt, so bei den meisten Heteroceren; als Beispiel dafür mag uns etwa der Flug der Spinner oder Wickler dienen. Bei einer Anzahl von Familien existiert ein eigenartiger Schwirrflug; es werden dabei die Flügel außerordentlich schnell auf und nieder geschlagen. Es ist eine solche Flugart besonders bei Schwärmern, Cossiden, Plusiaarten und gewissen Pyraliden ausgebildet. Diejenigen Arten, die diese Fähigkeiten besitzen, sind auch imstande, auf der Stelle zu fliegen. Wenn wir einen Schwärmer oder eine Gammaeule an der Blüte saugend finden, so sehen wir, daß sie die Blüte nicht berühren, sondern durch äußerst schnelles Auf- und Niederschlagen der Flügel sich in der Luft schwebend erhalten, während sie ihren langen Rüssel in die Blüte versenken. In einigen seltenen Fällen nur hält sich, wie bei unserem kleinen Weinschwärmer, der Falter mit den Vorderbeinen an der Blüte, die er gerade besucht, fest, ohne daß deshalb von einem Sitzen auf derselben die Rede sein kann. Eine Kombination einer höheren Flugentwicklung mit dem Fallschirmprinzip können wir bei einigen Typen von Schmetterlingen feststellen, die man vielleicht am besten als Gleitflieger bezeichnet. Es sei da an den Flug der Kleinschmetterlinge erinnert, deren Hinterflügel sehr stark vergrößert sind. Wir hatten solche Falter schon erwähnt anläßlich der Schilderung der Unterbringung großer Hinterflügel unter kleinen Vorderflügeln. Es kommen hier hauptsächlich die Gelechiiden und die Gattung *Crambus*, weiterhin auch die Phycitinen unter den Pyraliden in Frage. Bei ihnen sind die Vorderflügel in Anpassung an einen schnellen Flug schon sehr schmal geworden und mit starken Muskeln versehen. Die Hinterflügel dagegen sind sehr verbreitert; sie werden beim Fliegen fallschirmartig aufgespannt. Der Flug vollzieht sich nun in der Weise, daß ein aufgescheuchter *Crambus* zunächst sich mit seinen Vorderflügeln ziemlich steil in die Höhe arbeitet, dann aber diese nur wenig bewegt und in einem langen und fast horizontalen Gleitflug, wozu ihn die aufgespannten Hinterflügel befähigen, zur Erde herniederschwebt. Die ganze Art des Fluges ähnelt ganz auffallend dem einer Heuschrecke, und es ist bemerkenswert, daß auch beide oft an gleichen Stellen angetroffen werden; fast alle *Crambus*-Arten bevorzugen trockenere Wiesen, Brachfelder u. dgl. Als letzte Modifikation der Flugweise haben wir endlich den Schwebeflug zu erwähnen; er läßt sich am häufigsten bei Tagfaltern feststellen, und unter ihnen besitzen ihn am ausgeprägtesten die Segler oder Papilioniden; er kommt aber auch bei manchen exotischen Nachtfaltern vor, die am Tage fliegen. Während im allgemeinen jede Schmetterlingsgattung oder gar -art ihren eigenen sie charakterisierenden Flug besitzt, kommen bei den sogenannten mimetischen Formen oftmals Fälle vor, wo der Nachahmer nicht nur das Äußere seines Modells kopiert, sondern auch dessen Flug nachahmt, wodurch dann die Ähnlichkeit zwischen den beiden ganz erheblich vergrößert wird. Das Männchen, das vielfach nicht nachahmt, behält auch die normalen Fluggewohnheiten der Gattung bei. Wir können uns wohl ein Bild davon machen, wie abweichend das Benehmen eines solchen mimetischen Weibchens vom Typus seiner Gattung sein muß, wenn wir berücksichtigen, daß der Charakter einer jeden Flugart durch Anzahl und Ausbildung der Flugmuskeln, abgesehen von der Flügelform, gegeben ist, und daß an jedem Flügel mindestens schon sechs direkte Flugmuskeln ansetzen. So muß ein solcher nachahmender

Flug nicht nur physiologisch und psychologisch, sondern auch anatomisch verändernd auf das mimetische Weibchen einwirken.

Im engen Zusammenhang mit der Flugtätigkeit muß auch die Steuerung des fliegenden Falters erörtert werden. Im allgemeinen ist zu sagen, daß die Flügel ja nicht nur in vertikaler Richtung beweglich sind, sondern sie können durch besondere Muskeln, die an ihnen inserieren, noch verschiedentlich anders bewegt werden, so daß z. B., wenigstens in gewissen Grenzen, auch eine selbständige Bewegung des Hinterflügels erzielt werden kann, daß aber auch weiterhin einzelne Teile, Vorder- und Hinterrand, isoliert bewegt werden können, wodurch eine Steuerung schon erfolgen kann. Andererseits bewirkt auch der Hinterleib ein gewisses Richtunggeben, besonders bei den Arten, wo er weit über das Ende der Hinterflügel hinausragt. In anderen Fällen, wie z. B. bei manchen Sphingiden, besitzt er am Ende dichte Haarbüschel, die das Steuerungsvermögen ganz beträchtlich erhöhen. Es bewirkt der Falter dann durch Wendung des Abdomens nach rechts oder nach links eine Schwerpunktverlegung und damit eine Veränderung in der Flugrichtung. Nur auf solche Weise ist es z. B. den fliegend in der Luft stehenden Schwärmern möglich, so pfeilschnell sich umzuwenden. Wahrscheinlich wird bei den Aegeriiden, den Sesien, eine ebenso schnelle Verlegung des Schwerpunktes möglich sein, da ja auch bei ihnen der Hinterleib so weit über die Hinterflügel hinausreicht. Nicht im Zusammenhange mit der Flugfähigkeit steht aber der verlängerte Hinterleib vieler Psychiden. Diese sind zwar sehr wilde und stürmische, aber keineswegs geschickte und zielsichere Flieger. Vielmehr hängt diese Verlängerung des Abdomens mit der eigenartigen Weise der Begattung zusammen, worüber schon Seite 142 eingehend berichtet wurde.

Eine gewisse Steuerung mag auch in vielen Fällen durch umgebildete Hinterflügel ausgeübt werden. Für die Flugtätigkeit an sich sind die Hinterflügel nicht so unbedingt nötig. Man hat sie bei manchen Faltern abgeschnitten und trotzdem noch einen geschickten Flug feststellen können. Das gilt besonders für die Arten, bei denen die Hinterflügel schon sehr klein geworden sind und das längere Abdomen die Steuerung übernommen hat. Es ist darum nicht verwunderlich, daß bei vielen Arten die Hinterflügel ihre Flugfunktion aufgegeben haben und im Dienste der Steuerung verwendet werden. Das ist sicher in allen den Fällen eingetreten, wo sie jetzt außerordentlich lang nach hinten ausgezogen sind. Ein schönes Beispiel dafür sind die afrikanischen *Himantopterinen*, die zu den Zygaenen gehören, ihnen aber ganz unähnlich geworden sind, da die Hinterflügel bei ihren extremsten Vertretern fast fadenförmig geworden sind. (Tafel V, Abb. 6, S. 208.) Den gleichen Zweck haben wohl auch die bei vielen Arten sich vorfindenden Schwanzanhänge der Hinterflügel. Über ihre Entstehung kann man verschiedener Ansicht sein; nach Piepers (1903) sind es die letzten Überreste, die von der ursprünglichen Größe des Hinterflügels nach einer erfolgten Reduktion desselben noch übriggeblieben sind. Er schließt das aus einer Analogie dieser Schwänzchenentwicklung mit der der Raupenzeichnung bei den

Papilioniden. Röber (1905) wendet sich gegen diese Auffassung; er sieht in den Schwänzen der Hinterflügel sekundäre Neuerwerbungen.

Als Hilfsapparate des Schmetterlingsfluges müssen schließlich noch gewisse Gebilde aufgefaßt werden, die als aerostatische Hilfsmittel zu bewerten sind. Es sind das hauptsächlich der Saugmagen und die Tracheenblasen. Beide wurden schon im Kapitel über die Ernährung (Seite 123, 131) erwähnt, müssen aber noch etwas eingehender besprochen werden in bezug auf die Rolle, die sie beim Flug spielen. Der Saugmagen hat sicher ursprünglich im Dienste der Ernährung gestanden; wie wir Seite 123 gesehen haben, ist aber zum mindesten seine Bezeichnung unrichtig, denn das Saugen findet in ganz anderer Weise statt. Trotzdem findet er sich auch bei Arten, die sekundär ihren Rüssel verloren haben und keine Nahrung mehr zu sich nehmen können, noch in sehr hoher Ausbildung. Diese Beibehaltung des für die Ernährung nicht mehr in Frage kommenden Organs erklärt sich eben daraus, daß es einen Funktionswechsel erfahren hat. Es wird mit Luft gefüllt und vermindert so das spezifische Gewicht des Falters. Einen gleichen Zweck haben wohl auch die Tracheenblasen; das sind Erweiterungen der Tracheenstämme hinter den Stigmen der Abdominalsegmente. Sie sind nach Petersen bei den Sphingiden sehr groß, aber im Ruhezustande leer; vor dem Fliegen müssen sie erst mit Luft gefüllt werden. Dagegen sollen sie bei den Catocalen und Spannern jederzeit mit Luft gefüllt sein. Er fand weiterhin, daß sie allen Tagfaltern, Hepialiden, Cossiden, Psychiden und den sogenannten Kleinschmetterlingen fehlen. Ihr Vorkommen scheint in einer gewissen Weise mit der Ausbildung des Saugmagens zu korrespondieren, indem nämlich Formen, die einen gut ausgebildeten Saugmagen besitzen, kleine oder fehlende Tracheenblasen haben, während bei deutlich vorhandenen letzteren der erstere nicht hoch entwickelt ist. So hat *Zygaena* einen mächtig entwickelten, sogar doppelten Saugmagen, während ihr die Tracheenblasen fehlen; bei *Arctia* ist der Besitz von großen Tracheenblasen mit einer Verkümmerung des Saugmagens verbunden. Es liegen noch zu wenig Untersuchungen vor, um diese von Petersen beobachteten Fälle verallgemeinern zu können; es ist aber sehr wohl möglich, wenn beide Gebilde als aerostatische Apparate aufzufassen sind, daß beide sich gegenseitig ausschließen können, und daß die Entwicklung des einen auf Kosten des anderen erfolgt. Jedenfalls haben wir wohl in ihnen Hilfsapparate für den Flug des Falters zu sehen.

Die Geschwindigkeit des Fluges ist je nach den verschiedenen Arten größer oder kleiner. Den langsamsten Flug haben naturgemäß die Arten, bei denen er fallschirmartig erfolgt. Eine größere Schnelligkeit erreicht er bei den Gleitfliegern, dann kommen die Arten mit Ruderflug, dann die Schwebeflieger und endlich die Schwirrflieger. So beträgt die Fluggeschwindigkeit eines Schwärmers nach Demoll (1918) 15 m in der Sekunde, das ergibt eine Stundengeschwindigkeit von 54 km, was etwa der eines mäßig schnell fahrenden D-Zuges entspricht. Bei den Faltern, die einen Schwebeflug ausführen, wie beim Schwalbenschwanz, ist diese Geschwindigkeit sehr viel geringer und beträgt nur noch etwa 4 m in der Sekunde; der flatternde Flug der Weißlinge hat nur noch eine Geschwindigkeit von etwa 2 m in der Sekunde. Von manchen Faltern werden im Fluge tatsächlich auch große Strecken zurückgelegt. Das gilt besonders für viele der im Süden von Europa vorkommenden Schwärmer, wenn sie einmal bis nach Norddeutschland vordringen. Näheres darüber wird in dem Kapitel über die geographische Verbreitung zu sagen sein.

Gegenüber den Flügeln spielen die anderen Lokomotionsorgane der Falter nur eine geringe Rolle. Eine Fortbewegung durch Laufen wird nur in seltenen Fällen erfolgen. Überdies sind die Beine auch bei vielen Arten umgewandelt; es sei da an die zu großen Duftkeulen umgebildeten Hinterbeine von *Hepialus hectus* L. erinnert (Abb. 46), weiterhin an die zu „Putzpfoten" entwickelten Vorderbeine vieler Tagfalter. Doch werden immerhin noch kürzere Strecken durch Laufen zurückgelegt, selbst bei den Arten, bei denen manche Teile der Beine verkümmert sind, wovon man sich leicht überzeugen kann, wenn man Bläulinge im Sommer an einer Wasserpfütze beobachtet. Gleiche Wahrnehmungen kann man auch am Köder machen, wo sich die Falter mit den Füßen so feststemmen, daß sie ihre Rivalen fortzudrängen versuchen. Nur wenige Arten gibt es, die, obwohl sie im Besitz wohlausgebildeter Flügel sind, doch nur mit Hilfe ihrer Beine sich fortbewegen und nur im äußersten Notfalle fliegen. Das gilt besonders für unsere Kleidermotte, *Tineola biselliella* Humm. Die Weibchen dieser Art fliegen freiwillig nie, und die Hausfrau, die mit zum Zermalmen bereiten Händen hinter jeder Motte herspringt, bewahrt sich nicht vor Schaden, weil sie nur die lebhafter fliegenden Männchen erlegt. Die Weibchen halten sich aber in den dunkelsten Winkeln und Ritzen verborgen und laufen, wenn man sie dort aufstöbert, mit unheimlicher Geschwindigkeit umher, um ein neues Versteck zu finden. Ebenso schnelle Läufer findet man unter den Gelechiiden. Es kommt da *Tachyptilia populella* L., die *Teleia*-Arten und besonders *Gelechia pinguinella* Tr. in Frage. Sie sitzen gewöhnlich in den Rissen der Borke älterer Bäume verborgen und laufen, wenn man sie aufscheucht, mit unglaublicher Geschwindigkeit auf dem Stamme entlang, indem sie immer bemüht sind, auf die dem Verfolger abgewendete Seite des Baumes zu gelangen. Auch die Weibchen mancher Spannerarten, die nur rudimentäre Flügel besitzen, haben eine größere Schnelligkeit im Laufen als ihre nächsten Verwandten, die im Besitz von Flügeln sind; dasselbe gilt für die Flügelstümpfe tragenden Weibchen von *Chimabacche* u. a. Nicht immer bedeutet aber der Verlust der Flügel eine Vergrößerung des Laufvermögens. Bei vielen Psychidenweibchen, denen die Flügel fehlen, sind die Beine ebenfalls rudimentär geworden oder fehlen ganz.

Das Lokomotionsvermögen der Puppen ist äußerst gering. In manchen Fällen gelingt es ihnen, durch Schlagen mit dem Hinterende den Platz etwas zu wechseln; nur diejenigen Arten, die an den Abdominalsegmenten Hakenkränze tragen, sind imstande, sich etwas vorwärts zu bewegen. Eine solche Ortsveränderung erfolgt bei allen

Acanthopleona kurz vor dem Ausschlüpfen, wenn sich die Puppe aus dem Gespinst herausschiebt, um den Falter ins Freie zu entlassen. Seltener finden auch sonst solche Bewegungen statt, wie bei manchen Psychiden, wo die Puppen bei Sonnenschein zum großen Teil aus dem Sack hervorkommen und sich nachher in denselben wieder zurückziehen. Wahrscheinlich ist auch den Pupae liberae der Micropterygiden eine starke Bewegungsmöglichkeit durch ihre noch freien Extremitätenscheiden ermöglicht, doch liegen Beobachtungen hierüber noch nicht vor.

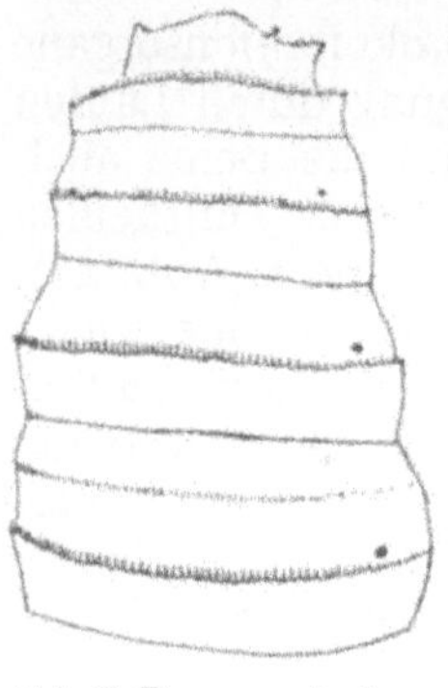

Abb. 61. Puppenende einer Sesie mit Hakenkränzen.

Die Bewegungsfähigkeit der Raupen ist je nach ihrer Umgebung verschieden. Die stemmatoncopoden Raupen sind an den Aufenthalt innerhalb der Gewebe der Pflanze gut angepaßt; eine *Tischeria*-Larve vermag sich in ihrer Mine sehr schnell zu bewegen, ist aber außerhalb derselben, auf ein Blatt z. B. gesetzt, fast ganz hilflos. Alle die Arten, bei denen mehrere Beine verloren oder verkümmert sind, wie z. B. die Spannerraupen, können sich nur langsam fortbewegen; sehr schnell und hurtig laufen die Raupen der Bärenspinner; aber auch unter den Stemmatoncopoda gibt es gewisse Arten, die ganz außerordentlich schnell vorwärts kommen. Das gilt besonders für die Raupen vieler Zünsler und Wickler, wenn man sie aus ihren Raupenwohnungen herausholt. Die Ortsveränderung wird ihnen dadurch erleichtert, daß sie sich an einem selbstgesponnenen Faden sehr schnell zur Erde herablassen und so ihren Verfolgern entgehen. Das schnellste Bewegungsvermögen haben da wohl die Angehörigen der Gattung *Simaethis*, die mit großer Geschwindigkeit sowohl vorwärts wie rückwärts laufen. Viele Raupen steigern ihre Lokomotionsfähigkeit auf glatten Flächen, indem sie den Weg mit Gespinst belegen und sich darauf wie auf einer Strickleiter vorwärts bewegen.

Dritter Hauptteil.

Allgemeinere Probleme.

Elftes Kapitel.

Die geographische Verbreitung der Schmetterlinge.

Im engsten Zusammenhange mit der Lokomotionsfähigkeit der Schmetterlinge steht ihre geographische Verbreitung. Nicht an allen Orten der Erde kommen dieselben Falter vor; schon manche Arten in unserer Heimat sind an ganz bestimmte, wenig ausgedehnte Lokalitäten gebunden; andererseits gibt es eine Anzahl von Arten, die über die ganze Erde verbreitet sind und im äußersten Süden von Amerika ebenso häufig sind wie im tropischen Afrika oder Australien und bei uns. Wenn wir uns solche Eigentümlichkeiten im Vorkommen erklären wollen, müssen wir zunächst die Ursachen untersuchen, von denen eine Verbreitung von Schmetterlingen über größere Gebiete abhängig ist. In erster Linie ist es da die Verteilung der Kontinente und Ozeane, die den Verbreitungsgebieten der meisten Falter ihre Grenzen gibt. Im allgemeinen werden die Meere weder von Tag- noch von Nachtfaltern überflogen. Wenn sich solche doch einmal zu weit auf den Ozean hinausgewagt haben, gehen sie bald an Ermattung und Erschöpfung zugrunde, ohne daß es ihnen gelingt, die jenseitige Küste zu erreichen. Kleinere Meere und Binnenmeere können natürlich nicht in diesem Sinne so trennend wirken, da sie von allen besseren Fliegern mit Leichtigkeit überquert werden. Das gilt für die Nord- und Ostsee und das mittelländische Meer. Namentlich das letztere weist an seinem Nord- und Südrande sehr viele gemeinsame Arten auf, so daß die mediterrane Fauna nicht nur die Elemente der südlichen Halbinseln Europas, sondern auch die der Nordseite Afrikas in zahlreichen identischen Arten enthält. Hier hat infolgedessen auch ein fortwährender Austausch zwischen den nördlichen und südlichen Faltern stattgefunden, so daß beide Gebiete in jeder Beziehung zusammengehören. Noch mehr gilt natürlich das hier Gesagte für die Ostsee. Ganz anders ist es dagegen mit den größeren Ozeanen. So ist für j e d e n Schmetterling ein Überqueren des südlichen Atlantischen Ozeans gänzlich ausgeschlossen; es wird niemals einem Falter gelingen, von Westafrika nach Südamerika zu fliegen. Eine ähnliche Trennung bewirkt der Stille Ozean zwischen den malayischen und amerikanischen Arten. Eine Überwanderung von Arten von dem einen Kontinent der Alten nach dem anderen der Neuen Welt ist also fast immer gänzlich ausgeschlossen. Wohl bestünde die Möglichkeit, daß ein Falter, oder wenigsten seine Raupe oder Puppe, auf einem Baumstamm durch die Meeresströmungen die Entfernung überwinden könnte. Dazu wären aber verschiedene Voraussetzungen nötig; es müßte die betreffende Art, wenn sie sich in der neuen Heimat einbürgern wollte, relativ polyphag sein; sie müßte also imstande sein, eine ganz andere Nahrung aufzunehmen wie in ihrem Ursprungslande; dann müßten zum mindesten ein Männchen und ein Weibchen gleichzeitig nach demselben Orte verschleppt werden, oder aber es müßte ein Weibchen sein, das sich parthenogenetisch vermehren kann. Es ergibt sich daraus, daß eine Ansiedlung von Schmetterlingen über die großen Ozeane hinweg nur in den seltensten Fällen erfolgen kann. SEITZ sieht die Bedingungen besonders für die Psychiden erfüllt. Das ist einigermaßen befremdend; denn die Weibchen derselben sind ja flügellos. Es ist aber hier eine Verbreitung durch die Raupen möglich. Es braucht ein Raupensack nur an einem mit der Strömung dahintreibenden Baumstamm angeheftet sein. Die Raupen können erwiesenermaßen lange fasten, sie sind im Sack ziemlich gegen die Einflüsse des Seewassers geschützt, sie sind ziemlich polyphag, ernähren sich von den überall vorkommenden Gräsern und Flechten, die Weibchen besitzen einen großen Eivorrat und können auch unbefruchtete Eier zur Entwicklung veranlassen. In anderen Fällen wird aber gerade für die Formen mit flügellosen Weibchen ein Überschreiten der Meere nicht vorkommen können. Dieselbe Rolle wie ausgedehnte Wasserflächen spielen aber auch größere Wüstenformationen. So bedingt die Wüste Sahara eine gründliche Trennung der nordafrikanischen von den mittelafrikanischen oder äthiopischen Schmetterlingen. Die Wüstengegenden am Roten Meer verhindern einen Austausch der asiatischen und afrikanischen Faunenelemente. Der öde Charakter solcher Gegenden macht ein Falterleben in ihnen, abgesehen von einigen Fällen spezieller Anpassung, ganz unmöglich. Weiterhin bedeuten hohe Gebirge Grenzen zwischen Gebieten, die sonst in ihren klimatischen Verhältnissen ähnlich sind. Bei uns spielen die Alpen eine solche Rolle, indem die nördlich derselben vorkommenden Arten fast ausnahmslos zur mitteleuropäischen Fauna gehören, die südlich davon lebenden aber an die mediterranen Formen sich anschließen. Noch stärker fällt eine solche Scheidung beim Himalaja auf. Die nördlich von diesem gewaltigen Gebirgsstock vorkommenden Arten sind fast sämtlich Bestandteile der paläarktischen Fauna, während die südlich davon lebenden Arten mit ganz wenigen Ausnahmen dem indomalayischen Gebiete zuzurechnen sind. Nicht immer tritt durch die Gebirge nur eine Scheidung von südlichen und nördlichen Arten ein, die man ja vielleicht auch durch klimatische Verschiedenheiten erklären könnte. In Amerika erfolgt eine Trennung durch die Cordilleren oder Anden, die sich in nordsüdlicher Richtung erstrecken. Hier ist unter dem gleichen Breitengrade eine Trennung der Faunen eingetreten, so daß man die der pazifischen oder Westküste von denen der atlantischen oder Ostküste in fast allen Elementen derselben unterscheiden kann. Wenige Arten nur gibt es, denen solche hohe Barrieren kein Hindernis für das Überfliegen bedeuten; es kommt zu der rein mechanischen Schwierigkeit des Fluges in solchen Höhen noch eine Anzahl anderer Momente, die ihm hinderlich sind, wozu besonders der verminderte Luftdruck und die Temperaturerniedrigung zu rechnen sind Als trennendes Moment sind aber weiterhin auch die großen Ströme zu rechnen. Im allgemeinen kommen diese bei uns in Europa nicht in solcher Mächtigkeit vor, daß eine Verbreitung der Schmetterlinge über sie hinweg nicht möglich wäre, obwohl auch bei uns z. B. die Elbe in ihrem Unterlaufe eine Verbreitungsgrenze für viele Arten darstellt. Eine viel größere Rolle spielen aber die viel größeren Ströme z. B. in Südamerika. Hier ist die Falterwelt nördlich des Amazonas grundverschieden von der der südlich davon gelegenen Landstriche. Namentlich die Formen mit flügellosen Weibchen können nur in den seltensten Fällen solche ausgedehnten Hindernisse überwinden. Zuletzt muß endlich die insulare Lage eines Gebietes für den Bestand gewisser Schmetterlingsformen charakteristisch sein. Wir unterscheiden je nach ihrer Entstehung kontinentale und ozeanische Inseln. Die ersteren haben früher mit dem Kontinent zusammengehangen und sind erst in relativ später Zeit von ihm abgetrennt worden. Die Folge davon ist, daß sich die Zusammensetzung ihrer Schmetterlingsfauna fast ebenso verhält wie die des Festlandes, zu dem die betreffende Insel gehört hat, und in der verhältnismäßig kurzen Zeit der Trennung haben sich nur wenige selbständige insulare Arten entwickeln können. Als Beispiel dafür mag uns Großbritannien gelten, wo annähernd dieselben Falter vorkommen wie bei uns. Doch unterscheiden sich manche Formen von ihren kontinentalen Verwandten so sehr, daß sie als eigene Rassen zu gelten haben. Ein besonders bemerkenswertes Beispiel dafür ist der *Polyommatus dispar* Hw., der in England vorkam, leider aber gänzlich ausgerottet wurde, während die kontinentale Rasse *P. dispar rutilus* Wernb. auf dem Kontinent noch verschiedentlich verbreitet, aber mit den englischen Stücken nicht identisch ist. Es sind weiterhin von England eine ganze Anzahl von Kleinschmetterlingen bekannt geworden, die man in Europa sonst noch nicht festgestellt hat; hier liegt aber vielleicht eine ungenügende Erforschung vor. Die Inseln ozeanischen Ursprungs sind durch Erhebungen des Meeresbodens entstanden; naturgemäß besitzen sie keine einheimische oder endemische Fauna, sondern mußten von anderen Inseln oder Kontinenten her besiedelt werden. War aber eine solche Bevölkerung einer ursprünglich kahlen Insel erst einmal erfolgt, so entwickelten sich die betreffenden Tiere selbständig weiter, und wenn infolge großer Entfernung vom Heimatfestland Nachzügler nicht oder nur sehr spärlich auftraten, so daß eine Rückkreuzung mit solchen nicht erfolgen konnte, so divergierten die dortigen Inselformen immer mehr von ihren ursprünglichen Artgenossen vom Festland, bis sich eine neue Rasse und endlich eine neue Art ausbildete. Je länger nun eine isolierte Insel schon bestand, um so mehr haben sich ihr eigentümliche oder endemische Arten entwickelt, so daß man ungefähr in der Lage ist, für eine solche Insel das geologische Alter anzugeben auf Grund der Zahl der Endemismen und der Zahl und Familienangehörigkeit der Arten, die auf ihr und dem zugehörigen Kontinent gemeinsam vorkommen. Namentlich das letztere Moment, die Familienangehörigkeit der gemeinsamen Arten, läßt bedeutsame Schlüsse zu. In dieser Hinsicht ist die geographische Verbreitung der Schmetterlinge, wie überhaupt die Zoogeographie, eins der wertvollsten Hilfsmittel des Geologen; auf Grund derselben werden Zusammenhänge zwischen einzelnen Kontinenten untereinander und mit Inseln rekonstruiert, die auf andere Weise nicht mehr nachweisbar sind. Wenn wir in dieser Weise z. B. einen Kontinent und eine in seiner Nähe liegende größere Insel auf ihren Faunenbestand untersuchen und zu dem Ergebnis gelangen, daß auf beiden dieselben Gattungen der Hepialiden und Limacodiden vorkommen, die übrigen Tag- und Nachtfalter aber generisch verschieden sind, so können wir mit Sicherheit annehmen, daß eine Trennung dieser Insel schon in relativ sehr früher Zeit vom Kontinent erfolgt ist, nämlich zu der Zeit, wo die Schmetterlinge sich erst bis zu den genannten beiden Familien entwickelt hatten, also noch vor dem Beginn des Tertiärs. Wenn wir aber eine Übereinstimmung bis in die Arten feststellen können, so geht daraus hervor, daß eine Isolierung der Insel erst erfolgte, als schon alle unsere heutigen Arten entwickelt waren, also etwa im Diluvium. Andererseits bieten solche Inseln nicht nur dem Geologen eine Fülle interessanter Tatsachen, sondern auch für die Stammesgeschichte der Schmetterlinge sind sie von hohem Wert. Dort finden sich nämlich eine Fülle von Arten, die auf den Kontinenten nicht mehr vorkommen und gewöhnlich ein sehr hohes phyletisches Alter erreicht haben. Die idealste Fundgrube für den, der sich mit der Stammesgeschichte der Schmetterlinge befaßt, ist wohl die Insel Madagaskar; aber auch Australien und die von ihm grundverschiedenen Inseln von Neuseeland bergen solche interessante Formen. In vielen Fällen repräsentieren diese Typen, die als Übergangsstücke zwischen zwei Familien zu gelten haben, und auf Grund derer dann mit Leichtigkeit in manchen Fällen die verwandtschaftliche Zusammengehörigkeit dieser beiden Familien festgestellt werden kann.

Besonders bemerkenswert sind nun einige Erscheinungen in der Verbreitung der Falter, die mit der Verteilung von Wasser und Land auf der Erdoberfläche zusammenhängen und hier so weit wie möglich erläutert werden sollen. Auf die Verbreitung der Schmetterlinge bei uns in Europa kommen wir weiter unten zurück.

1. Es finden sich eine Anzahl identischer Gattungen und Arten in Nordamerika und Europa; beide Erdteile sind jetzt durch große Wassermassen voneinander getrennt.

2. Identische Gattungen, wiewohl nur in geringer Anzahl, und sonst nahe verwandte Formen kommen in Afrika und Südamerika vor.

3. Dasselbe gilt für nordostasiatische und nordamerikanische Arten.

4. Viele Familien, Gattungen und sogar Arten sind in ihrem Vorkommen beschränkt auf Indien, Madagaskar und Südafrika.

5. Es lassen sich oft mehr Beziehungen identischer Arten zwischen Indien-Ceylon und Madagaskar als zwischen letzterem und Afrika nachweisen.

6. Die australischen Arten haben nahe Beziehungen zu den in Südamerika vorkommenden.

Die nordamerikanische Fauna erinnert im ganzen außerordentlich stark an die paläarktische. Abgesehen von den aus Südamerika erfolgten Einwanderungen tropischer und subtropischer Gattungen ist der Gesamtcharakter des ganzen Gebietes so sehr dem des paläarktischen entsprechend, daß von manchen Zoogeographen Nordamerika als ein Bestandteil des letzteren Gebietes angesehen wurde. Es kommen von Tagfaltern über 30, von Nachtfaltern über 200 Arten in Nordamerika und Europa in gemeinsamen Arten vor. Bemerkenswert ist, daß in manchen Gattungen, wie bei *Catocala*, allerdings nicht eine einzige beiden gemeinsame Art vertreten ist. Gemeinsame Arten sind in den Gattungen *Papilio*, *Parnassius*, *Pieris*; *Vanessa*, *Argynnis*, *Erebia*, *Coenonympha*, *Hesperia*, *Agrotis*, *Mamestra*, *Dipterygia*, *Euplexia*, *Heliophila*, *Taeniocampa*, *Xanthia*, *Plusia*, *Acontia* und *Heliothis* u. a. und bei vielen Kleinschmetterlingen festgestellt worden. Es ist sehr wahrscheinlich, daß sich die Anzahl der Arten bei Anwendung genauerer Untersuchungsmethoden, wobei z. B. die Differenzen der Sexualarmaturen eingehend berücksichtigt werden müßten, noch etwas verringern dürfte; aber auch die so herausgehobenen neuen Arten stehen dann ihren europäischen Verwandten so nahe, daß diese nahe Beziehung in irgendeiner Weise erklärt werden muß. Man hat nun wie in anderen Fällen auch hier zur Annahme einer Landbrücke schreiten wollen, indem man annahm, daß eine Trennung, wie sie heute zwischen Europa und Nordamerika in Gestalt des Nordatlantischen Ozeans besteht, damals noch nicht existierte, so daß ein ungehinderter Austausch der Falter zwischen den beiden Kontinenten erfolgen konnte. Aus den dabei in Frage kommenden Arten hat man geschlossen, daß ein solcher „Brückenkontinent" zwischen Amerika und Europa etwa im Tertiär bestanden hat, daß diese Landbrücke aber gegen Ende des Tertiärs verschwand, so daß sich die Arten nun weiterhin isoliert entwickeln mußten, wobei eine Anzahl neuer Arten, da keine Blutauffrischung vom anderen Kontinent her mehr erfolgte, sich ausbildete; gewisse Arten jedoch, die in ihrer Entwicklung schon starrer geworden waren, blieben identisch. Unter diese letzteren sind die obenerwähnten gemeinsamen Arten zu rechnen, wobei natürlich die durch Einschleppung verbreiteten, wie der Schwammspinner und der Kohlweißling, ausscheiden müssen. Diese Landbrücke wird gewöhnlich als der a r k t o t e r t i ä r e K o n t i n e n t oder die arktotertiäre Landbrücke bezeichnet, und die beiden Erdteilen gemeinsamen Elemente nennt man arktotertiäre Falter. Wir müssen von diesen aber eine Anzahl von Arten ausscheiden, die in Mitteleuropa und im südlichen und mittleren Teile von Nordamerika fehlen, dagegen in Nordeuropa, Nordasien und im nördlichsten Teile von Nordamerika vorkommen. Bekanntestes Beispiel dafür ist *Argynnis freija* THNBG. Hier ist vermutlich die Verbreitung nicht an den arktotertiären Kontinent gebunden gewesen, da die einzelnen Lokalitäten des Vorkommens auch jetzt noch nicht so weit voneinander getrennt sind, daß nicht ein Überfliegen von einem Erdteil zum anderen möglich wäre. Diese Arten bezeichnet man wegen ihres Vorkommens rings um den Pol als z i r k u m p o l a r e Arten. Eine besondere Eigentümlichkeit der arktotertiären Formen besteht noch darin, daß eine Anzahl von europäischen Typen auf der a t l a n t i s c h e n Seite von Nordamerika fehlen, auf der pazifischen dagegen auftreten, während andererseits die Fauna der Oststaaten Nordamerikas vielfach mit der Nordostasiens übereinstimmt. Wir werden auf diese Verhältnisse bei der Bewertung der Landbrückenhypothese noch zurückkommen müssen.

Die zweite der angeführten Thesen ist viel umstritten worden. Es handelt sich um die Übereinstimmung in der Fauna Südamerikas mit der von Afrika. Es gibt nur relativ wenige Formen, die solche Beziehungen zueinander haben. Eines der schönsten Beispiele haben wir in den *Megalopygiden* vor uns. Diese Familie gehört zur Fauna Südamerikas und ist durch sehr ursprüngliche Formen repräsentiert. In Südamerika kommt sie in zahlreichen Gattungen und Arten vor, fehlt sonst in allen anderen Erdteilen und ist nur noch in einer Art (*Psycharium pellucens*) in Südafrika und in drei Arten (*Somabrachys*) in Nordafrika und im mediterranen Gebiet vertreten. Eine ähnliche Übereinstimmung finden wir bei den Acraeiden. Diese Familie ist rein afrikanischen Ursprungs und kommt auf diesem Erdteil in den drei Gattungen *Pardopsis*, *Acraea* und *Planema* vor. Einige Ausläufer derselben, besonders *Acraea*-Arten, gehen noch bis ins indoaustralische Gebiet. In Südamerika kommt die zur selben Familie gehörige Gattung *Actinote* vor, die sich hier in vielen Arten entwickelt hat. In allen anderen Erdteilen fehlt diese Gruppe. Wohl sind noch gewisse Gattungen als gemeinsam für Südamerika und Afrika angegeben worden, aber diese spielen für das uns beschäftigende Problem eine geringe Rolle. Es sind also die Megalopygiden und Acraeiden, die in beiden Erdteilen gemeinsam vorkommen, und die uns die Frage aufwerfen lassen, ob in früheren Zeiten auch eine Brücke über den südlichen Teil des Atlantischen Ozeans bestanden hat. Von den Geologen wird eine solche südatlantische Brücke (der sagenhafte Erdteil „Atlantis") auf das entschiedenste bestritten; es sind in der geologischen Schichtung der gegenüberliegenden Küsten keinerlei Anzeichen vorhanden, die die Annahme einer solchen berechtigt erscheinen lassen. Es bleibt infolgedessen für uns die schwierige Frage zu erörtern, wie wir uns die Überwanderung von Acraeiden nach Südamerika und die von gewissen Megalopygiden nach Afrika zu erklären haben. Vorerst ist eine Beantwortung dieses Rätsels nicht möglich; wir werden weiter unten noch darauf zurückkommen.

Die dritte These der Verbreitungseigentümlichkeiten ist leichter zu erklären. Die Übereinstimmung nordamerikanischer mit nordostasiatischen Arten kann sehr wohl darauf beruhen, daß im Norden, wo beide Erdteile sich sehr stark nähern, ein Austausch von Faunenelementen erfolgt ist, und vielleicht kann auch jetzt noch ein solcher bei der relativ geringen Ausdehnung der dazwischen liegenden Wasserflächen erfolgen. Früher war das um so leichter möglich, als damals vermutlich die aleutische Inselreihe noch zusammenhängender war als jetzt. Es bleibt jedoch gegenwärtig für uns noch die Frage ungeklärt, warum eine Anzahl der nordasiatischen Arten im Osten von Nordamerika vorkommt und im Westen fehlt, wo man sie doch zuerst erwarten sollte. Bemerkenswert ist, daß fast gar keine Übereinstimmungen zwischen der Schmetterlingsfauna Nordamerikas und der von Japan und China sich feststellen lassen.

In eins der wohl am meisten besprochenen Probleme, das auch auf den Laien immer eine große Anziehungskraft ausgeübt hat, führt uns die vierte unserer Thesen. Es handelt sich um die Übereinstimmung der Falter in Afrika, Madagaskar, Ceylon und Indien. Eine solche Übereinstimmung ist nicht nur bei Schmetterlingen, sondern auch bei allen anderen Tierklassen und bei Pflanzen festgestellt worden. Sie ist hier besonders auffällig und tritt in sehr vielen Fällen in Erscheinung. Wir erwähnen unter den vielen bekannt gewordenen Tatsachen besonders das Vorkommen von *Euploea*-Arten (nur Indoaustralien und Madagaskar), *Himantopterinen*, einer Unterfamilie der Zygaenen in Indien, Ceylon, Madagaskar und Afrika, *Chalcosiinen* in Indien, Madagaskar und Afrika, identischer A r t e n von *Acraea* und *Precis* in Afrika und Indien. Diese Liste ließe sich noch durch unzählige Beispiele vermehren; besonders interessant sind für uns die Formen, die in Indien und Madagaskar vorkommen, in Afrika selbst aber fehlen. Bemerkenswert ist auch das Vorkommen von völlig identischen Arten in beiden Gebieten. Alle diese Beispiele weisen darauf hin, daß hier einmal eine riesige Landbrücke bestanden haben muß, auf der die Wanderung der Falter erfolgte. Freilich wäre auch ein anderer Weg denkbar gewesen, daß nämlich die Schmetterlinge an der Ostküste Afrikas nach Norden zogen und dann über das Rote Meer nach Vorderasien und von da nach Indien gelangten. Dazwischen liegen aber große Wüstengebiete, deren Überschreiten durch die Falter ganz unmöglich erscheint, und dann sprechen dagegen diejenigen Arten, die nur in Indien und Madagaskar vorkommen, in Afrika aber ganz fehlen. Da überdies auch in allen anderen Tierordnungen solche Verbreitungserscheinungen bekannt geworden sind, hat man das Vorhandensein einer Landbrücke vermutet, die ursprünglich Südafrika mit Indien verbunden hat. Da bei den Halbaffen, den *Lemuren*, eine ähnliche Verbreitung festzustellen ist, hat man diese Landverbindung als die L e m u r i s c h e B r ü c k e oder den Kontinent L e m u r i e n bezeichnet. Später sanken große Teile des lemurischen Kontinents ins Meer, und es blieben nur noch einige der Hauptpfeiler desselben stehen, das sind Ceylon, Madagaskar und die dazwischen liegenden Inseln. Viele Geologen haben gefunden, daß die Schichtungen der Gesteine nicht gegen die Existenz einer lemurischen Brücke sprächen, andere sind aber dieser Hypothese entgegengetreten, und so hat der Kampf für und wider Lemuria lange Zeit die Geister erhitzt. Wir werden später zusammen mit den anderen hypothetischen Landbrücken auch den lemurischen Kontinent zu bewerten haben.

Es lassen sich zahlreichere Beziehungen zwischen Indien-Ceylon und Madagaskar feststellen als zwischen letzterer Insel und Afrika. Viele Falter kommen in Indien verbreitet vor und sind bis nach Madagaskar vorgedrungen, haben aber die Küste von Afrika nicht erreicht. Das ist um so bemerkenswerter, als die Entfernung Afrikas von Madagaskar nur einen Bruchteil der Entfernung Madagaskars von Ceylon einnimmt. Das gibt uns einen Anhalt dafür, in welcher Weise das hypothetische Versinken der lemurischen Brücke erfolgte. Zuerst brach die Verbindung zwischen Afrika und Madagaskar ab, so daß hier die madagassischen von den afrikanischen Arten getrennt wurden, während Madagaskar weiter noch mit Indien längere Zeit verbunden blieb, so daß indische Schmetterlinge auf dem Rest von Lemuria bis Madagaskar vordringen konnten, Afrika aber nicht mehr erreichten. Erst später riß auch die Verbindung zwischen den einzelnen Teilen des lemurischen Kontinentes, und jetzt war jeder Austausch unterbunden.

Gewisse Übereinstimmungen zeigen sich nun aber auch unter den Schmetterlingen Südafrikas, Madagaskars und Australiens. Das sind Arten, die in diesen drei Landschaften vorkommen, in Indien aber fehlen. Erwähnt soll besonders das Auftreten einer gleichen Gattung der Micropterygiden in Südafrika und Neuseeland werden. Meistens handelt es sich da um sehr primitive Arten; so steht die seltsame südafrikanische Hepialidengattung *Letho* in naher Beziehung zu den australischen Hepialiden. Diese Erscheinungen haben zu der Annahme eines Kontinentes geführt, der in sehr alter Zeit Südafrika über Madagaskar mit Australien verband, ohne mit Indien im Zusammenhange zu stehen. Das ist der hypothetische Erdteil G o n d w a n a l a n d. Den gemeinsamen Arten nach zu urteilen, muß er sehr viel früher bestanden haben als der lemurische Kontinent und schon in alter Zeit zum größten Teil im Meere versunken sein.

Endlich haben wir uns noch mit der letzten These zu befassen, die auf die seltsamen Übereinstimmungen in der Fauna Australiens und Neuseelands mit der Südamerikas hinweist. Bei unseren Faltern braucht dabei nur an die Castniiden erinnert zu werden, deren eine Gattung *Castnia* ganz auf Südamerika und deren andere *Synemon* ganz auf das australische Gebiet beschränkt ist. Es muß erwähnt werden, daß sich solche Beziehungen in großer Zahl auch bei anderen Tieren und auch Pflanzen feststellen lassen; so kommt die neuseeländische Gattung *Nothofagus* auch in Südamerika vor. Auch hier hat man eine riesige Landbrücke angenommen, die rund um den Südpol gelagert war und deshalb als der a n t a r k t i s c h e K o n t i n e n t bezeichnet wurde. Diese antarktische Landbrücke soll mit der Südspitze Amerikas, mit Südafrika und Australien zusammengehangen haben. So war es möglich, daß die Tiere über diese Brücke von Südamerika nach Australien, andererseits von Australien nach Südafrika und das mit letzterem verbundene Madagaskar und endlich von Südamerika nach Südafrika einwanderten. Die geologischen Befunde sprechen nicht gegen die Existenz eines solchen antarktischen Kontinentes.

Wir benötigen also, um uns die Verbreitung der Schmetterlinge auf der Erde erklären zu können, die Hypothese von drei oder vier großen Brückenkontinenten; es sind der arktotertiäre, der lemurische, (der gondwanische) und der antarktische Kontinent. Während bis vor kurzer Zeit die Annahme von Landbrücken, wie wir sie eben geschildert haben, das einzige Mittel war, um sich die eigentümliche Verbreitung vieler Schmetterlinge zu erklären, tauchte vor wenigen Jahren eine neue Hypothese auf, die sich in vielen Fällen als geeigneter erwies, die Beziehungen von Schmetterlingen verschiedener Erdteile untereinander zu klären. Es ist das die Theorie von der Verschiebung der Kontinente von WEGENER. Sie soll im folgenden ganz kurz skizziert werden. In geologisch ältester Zeit hingen alle Erdteile miteinander zusammen und bildeten eine einzige Kontinentalmasse, der auf der anderen Seite der Erdkugel der große Urozean gegenüber lag. Wenn wir noch weiter zurückgehen wollen, müssen wir annehmen, daß zuerst die ganze Erdoberfläche von einer zusammenhängenden Landkruste bedeckt war, über der das Meer stand. In dem Maße nun, wie sich die Erde außen weiter abkühlte, zog sich diese Landkruste immer weiter zusammen; da die äußere Abkühlung und Zusammenziehung der Oberfläche nicht von einer solchen des Inneren der Erde begleitet war, bewirkte sie einen großen Riß, der in der Kontinentalkruste entstand, sich durch Schrumpfung der Festlandscholle immer mehr vergrößerte, sich mit dem ursprünglich auf der Erdkruste befindlichen Wasser füllte, und so entstand das erste Meer, der Stille Ozean. Um die weitere Entwicklung zu verstehen, muß festgestellt werden, daß das Innere der Erde aus einer zähflüssigen Masse besteht, auf der die Kontinentalscholle (und das Meer) schwamm. Dieses Schwimmen erfolgte in der Richtung von Osten nach Westen; es würde uns zu weit führen, hier auf die Gründe für diese Bewegung, die WEGENER ausführlich in seinem Werke veröffentlichte, einzugehen. Dadurch, daß die Festlandskruste auch an anderen Stellen noch Risse erhielt, entstanden mit der fortschreitenden Abkühlung neue Meere. So bildete sich z. B. ein Riß zwischen Afrika und Südamerika; paßt man die entsprechenden Küsten beider Erdteile ineinander, so kann man sehen, wie sich der Riß vollzogen hat. Diese Trennung der genannten beiden Erdteile erfolgte schon in relativ früher Zeit und setzte sich erst sehr spät nach Norden hin fort. Erst als letzteres geschehen war, war Amerika ganz von der Alten Welt geschieden. Auf dem Wege, den die Erdteile nahmen, als sie von Osten nach Westen dahinschwammen, blieben kleine Ausläufer usw. in dem zähflüssigen Erdinnern stecken; die großen Kontinente hatten eine größere Geschwindigkeit als die kleinen steckengebliebenen Inseln, und so entfernten sich letztere immer weiter von ihrem Mutterkontinent. So sind als abgelöste Brocken von Afrika Madagaskar und die umliegenden Inseln anzusehen; dasselbe gilt für die japanischen Inseln in bezug auf Asien, und Amerika verlor die westlich von Afrika liegenden Inseln (Kanaren, Kap Verden) in früher Zeit, die westindischen Inseln in einer viel späteren Periode. Da der Nordpol und der Südpol der Erde im Verlaufe der großen geologischen Epochen nicht immer die gleiche Lage hatten, verschiebt sich das Bild etwas, da dadurch auch eine Veränderung der Treibrichtung der Erdteile bedingt wurde. Endlich bedingte die Zentrifugalkraft oder andere entsprechend wirkende Kräfte, daß auch ein Schieben der Ländermassen nach dem Äquator der sich drehenden Erde erfolgte; dieser Schub war natürlich stärker nach den Polen zu und bewirkte eine Aufstauung der Ländermassen nach dem Äquator hin, so daß diese sich auffalteten und hohe Gebirge bildeten. In dieser Weise ist die Entstehung der Alpen, des

Himalaja u. a. zu erklären. Bei Verlagerung des Äquators erfolgte wieder ein Abtreiben bestimmter Landmassen, wodurch Risse entstanden, wie das Mittelländische Meer; Sizilien, Kreta, Cypern und das Ägäische Archipel sind die zurückgebliebenen Brocken der Kontinente, die im Magma steckenblieben. Die WEGENERsche Verschiebungshypothese hat viele begeisterte Anhänger gefunden, ist aber von anderer Seite auch ebenso schroff abgelehnt worden, so daß sich jetzt ein definitives Urteil darüber noch nicht abgeben läßt. Für die Tiergeographie und, was uns hier speziell interessiert, für die Verbreitung unserer Schmetterlinge bietet sie aber eine Fülle der bestechendsten Erklärungen, so daß wir im folgenden untersuchen wollen, wie die einzelnen Thesen derselben mit unserer Verbreitung der Falter, wie wir sie oben konstatiert haben, im Einklange stehen.

Betrachten wir zuerst die atlantische Spalte. Ursprünglich hat ganz Amerika mit Afrika–Europa zusammengehangen. Dann bildete sich ein schmaler Spalt zwischen Afrika und Südamerika, der erste Anfang des südatlantischen Ozeans. Vermutlich ist diese Trennungslinie längere Zeit noch sehr schmal gewesen, so daß immerhin noch ein Austausch der Schmetterlinge zwischen beiden Erdteilen erfolgen konnte. Dann wurde die Verbindung immer breiter, so daß jetzt ein Überfliegen des so entstandenen südatlantischen Ozeans nicht mehr möglich ist. Vor dieser Zeit müssen schon unter den Faltern die Megalopygiden und Acraeiden existiert haben; denn später wäre die Besiedlung des einen Kontinentes vom anderen aus nicht mehr möglich gewesen. Dieser Riß ging aber noch nicht nach Norden durch; noch hingen Europa und Nordamerika miteinander zusammen, und es konnte hier noch ein regelmäßiger Austausch von Schmetterlingen erfolgen, der sich in den vielen gemeinsamen Arten äußert, die beide besitzen. Als nun aber Amerika immer mehr von Europa abtrieb, rissen auch diese Teile auseinander; es entstand die nordatlantische Spalte, die sich sehr bald zum Ozean erweiterte und so eine Trennung zwischen beiden Erdteilen herbeiführte. Die zurückgebliebenen Inseln, die dabei abbröckelten, werden durch Großbritannien repräsentiert. In Amerika waren unterdessen starke Triebkräfte am Werke, die den Erdteil nach Westen drängten; da bei dieser Treibrichtung vorn der größte Widerstand war, stauten sich im Westen Amerikas die Landmassen und wurden von den nachdrängenden östlichen Teilen des Kontinentes hoch gedrängt; so entstanden die in Nordsüdrichtung ziehenden Cordilleren. Bei uns in Europa traten aber auch zeitweilig starke Veränderungen auf; durch Verschiebung des Nordpols erfolgte zeitweilig eine Verlagerung des Äquators, durch dessen häufige Lageveränderung eine dauernd wechselnde Zerreißung des Mittelmeerbeckens erfolgte. Der Schub der nördlichen Landmassen nach dem Äquator verursachte eine Stauung, die die Veranlassung zur Auffaltung der Alpen war.

Ganz ähnliche Vorgänge spielten sich auch im Indischen Ozean ab. Indien reichte früher viel weiter nach Süden als jetzt. Die Südspitze Indiens lag damals etwa dort, wo jetzt Madagaskar liegt, und gleichzeitig befand sich Australien viel näher an Indien und Madagaskar; alle diese drei Bestandteile bildeten damals noch ein Ganzes. Nun erfolgten zweierlei Verschiebungen; die eine war auf der „Polflucht" der Kontinente begründet und trieb Indien nach dem Äquator, der wohl damals noch weiter nördlich lag. Die ungeheueren Landmassen stauten sich und bewirkten die Auffaltung des Himalajagebirges. Gleichzeitig wurde der große Kontinent Afrika durch das Ost-West-Treiben der Erdteile von Madagaskar und Australien, die ja beide kleiner waren und im Magma zurückblieben, getrennt. Die zeitliche Reihenfolge haben wir uns so zu denken, daß zuerst der ganze Komplex Afrika–Madagaskar–Indien sich von der kleineren Scholle Australien ablöste, die nach Osten zu zurückblieb, während später der Nordzug Indiens einsetzte, wodurch die Landstrecke Indien–Ceylon–Madagaskar von Afrika losgelöst wurde und nach Norden trieb. Im Laufe dieser Bewegung blieben die äußersten Zipfel des indischen Kontinents zurück, bröckelten ab und bildeten die Inseln, zuerst Madagaskar, Seychellen usw. und erst viel später noch Ceylon. Daraus, daß zuerst die Verbindung Madagaskars mit Afrika und erst später die mit Indien gelöst wurde, erklärt es sich, daß Madagaskar nähere Beziehungen zu Indien aufweist als zu Afrika, obgleich ja die Straße von Mozambique verhältnismäßig schmal ist. Sie ist aber scheinbar nicht mehr geeignet, einen Austausch der beiden Faunengebiete zu ermöglichen. Es würde uns zu weit führen, auf alle Einzelheiten der WEGENERschen Theorie hier einzugehen. Die beiden angeführten Fälle geben uns aber schon ein Bild von den Veränderungen, die nach ihr auf der Erde stattgefunden haben, und sie erscheint besser geeignet, die rätselhaften Beziehungen der Falter und überhaupt der Tiere verschiedener Erdteile zueinander zu erklären, als es die Landbrückentheorie tat. Wenn auch diese WEGENERsche Theorie vielfach angefochten wird, scheint sie doch wie keine zweite befähigt, die Probleme der Verbreitung der Schmetterlinge in Angriff zu nehmen.

Nachdem wir so in großen Zügen die Verbreitung der Falter auf der ganzen Erde betrachtet haben, wenden wir uns den speziellen für Europa gültigen Erscheinungen zu. Wir wissen verhältnismäßig sehr wenig über das Falterleben Europas in der Tertiärzeit; es ist aber anzunehmen, daß damals ein mehr gleichmäßiges feuchtes und warmes Klima geherrscht hat, und daß dementsprechend viele Arten vorkamen, die jetzt nur noch im mediterranen Gebiet zu finden sind. Große Veränderungen brachte aber die darauffolgende Epoche unserer Erdgeschichte, das Diluvium. Es ist gekennzeichnet durch die diluviale Eiszeit. Es gehen die Ansichten darüber auseinander, ob nur eine einzige Eiszeit bestanden hat, oder ob sich mehrere derselben einstellten, während in den Zwischenzeiten, den Interglazialzeiten, eine steppen- oder tundraähnliche Fauna und Flora sich ausbildete. Der Grund zu der oder den Eiszeiten ist wohl wahrscheinlich darin zu suchen, daß die Polschwankungen, die ja dauernd stattfinden, einmal sehr große Ausmaße gewannen, so daß unser Erdteil in viel nördlichere, also kältere Breitengrade geriet. Die Folge davon war eine sehr starke Vergletscherung. Auf den skandinavischen Gebirgen, die durch diese Verschiebung am meisten nach Norden gerückt waren, entwickelten sich riesige Gletscher, die sich nach Süden hin ausbreiteten. Sie drangen über die jetzige Ostsee bis tief nach Deutschland hinein vor, während gleichzeitig ebensolche Gletschermassen auch von den Alpen und Karpathen und Pyrenäen herniederstiegen und sich nordwärts ausbreiteten. Vor diesen Gletschern mußten nun alle Falter fliehen, wenn sie erhalten bleiben wollten; ein Fortbestehen der Arten auf den vereisten Gebieten war nicht möglich. So drängten die Eismassen die ganze damalige Fauna vor sich her, und die Falter waren gezwungen, Gebiete aufzusuchen, die von den Gletschern nicht betroffen wurden. Es gab immerhin damals in Mitteleuropa noch eine ganze Anzahl solcher Zufluchtsorte oder Refugien, die etwa den Charakter der Steppe oder Tundra hatten, und wo sie ihr Leben auch während der Vereisung Mitteleuropas fristen konnten. Eine Anzahl besonders wärmeliebender Schmetterlinge versuchte schon im ersten Anfang der Eiszeit auszuweichen; sie gingen nach Süden ins mediterrane Gebiet; da aber für die meisten Arten die großen Gebirgsketten der Alpen und Karpathen unübersteigbare Hindernisse bildeten, mußten viele von ihnen, wenn sie sich dem kälteren Klima nicht anpassen konnten, zugrunde gehen. So ist es erklärlich, daß ein großer Teil der tertiären Arten ausstarb. Die in den Refugien Mitteleuropas sich ansammelnden Falter waren nach ihrer Herkunft ganz verschiedenen Faunengebieten angehörig; so kamen von Norden her die skandinavischen und noch weiter nördlich wohnhaft gewesenen Arten, die vor den nordischen Gletschern flüchteten; ebenso kamen von Süden her die Falter der Alpen und ihrer Vorländer, die vor den Alpengletschern flüchteten; endlich trieben auch die Pyrenäengletscher die am Ostabhang dieses Gebirges wohnhaft gewesenen Arten vor sich her. Wir sind natürlich jetzt nicht mehr imstande, zu sagen, welchem dieser drei Gebiete die Falter angehörten, die in den Refugien die Eiszeit überdauerten; es ist dies aber auch nicht so wesentlich, da in der der Eiszeit vorhergehenden Tertiärzeit ein gleichmäßigeres Klima herrschte und die Unterschiede zwischen den einzelnen Faunengebieten noch nicht so markant waren wie heute. Von den Faltern, die sich in den eisfrei gebliebenen Gebieten niedergelassen hatten, ging sicher ein großer Teil zugrunde; das waren alle die, welche sich an die veränderten Lebensbedingungen, das kühlere Klima und den Steppencharakter ihrer Biocoenose, nicht anpassen konnte. Diejenigen aber, denen das gelang, überdauerten die Eiszeit und waren nun an ein kühleres Klima angepaßt. Als die Vergletscherung zu Ende ging und allmählich ein milderes Klima einsetzte, zogen sie wieder dahin zurück, wo sie hergekommen waren, indem sie sich dort niederließen, wo ihnen das Klima kühl genug war, so daß es ihrem jetzigen Anpassungszustande entsprach. Es folgten also diese Arten den Gletschern nach Norden; aber unterwegs siedelten sich immer noch Kolonien an, die an besonders günstigen Orten verblieben und sich dort bis jetzt erhalten haben, während ihre Hauptmenge schon nach dem hohen Norden abgewandert ist. Es finden sich deshalb an bestimmten Stellen Norddeutschlands und der Ostseeprovinzen

Arten, die sonst nur noch im höchsten Norden vorkommen und die Überreste der damaligen Verbreitung in der Eiszeit darstellen. Das ist die erste Gruppe der „Glazialrelikte", wie man sie (nicht ganz korrekt) bezeichnet. Von diesen kommen nach PETERSEN z. B. in Estland *Argynnis freija* THNBG., *A. frigga* THNBG., *Oeneis jutta* HB., *Agrotis subcoerulea* STGR., *Malacodea regelaria* TGSTR., *Larentia serraria* Z. und *Tephroclystia hyperboreata* STGR. vor. In den meisten Fällen zeigten aber die Falter ein anderes Verhalten. Während ein Teil der betreffenden Art nach Norden zog, um kühleres Klima zu finden, ging der andere an den Gebirgen in die Höhe, wo er eine gleiche Temperatur fand; und ein dritter Teil von ihnen blieb endlich in der Ebene an Orten, wo aus irgendwelchen Gründen ein ähnliches Klima herrschte, so z. B. auf Torfmooren. Das sind die boreal-alpinen Arten, die zweite Gruppe der Glazialrelikte, die weitaus häufiger als die der ersten Gruppe sind. Natürlich war es auch ohne weiteres möglich, daß hier Lokalrassen sich ausbildeten, so daß die nordischen Stücke von den alpinen mehr oder weniger abwichen, eine Erscheinung, die sehr oft zu beobachten ist. Wir wollen nur einige der bekanntesten solcher Glazialrelikte nennen, um eine Vorstellung von ihnen zu haben; es gehören dazu *Parnassius apollo* L., *Colias palaeno* L., *Brenthis pales-arsilache, Dasypolia templi* THNBG., *Anarta*-Arten, *Anaitis paludata* THNBG., *Larentia caesiata* LANG, *Crambus heringiellus* HS., *Scoparia borealis* LEF., *Argyroploce lediana* L., *Gelechia boreella* DGL., *Mompha propinquella* STT., *Elachista kilmunella* STT., *Lithocolletis junoniella* Z., *Lyonetia frigidariella* HS., *Phyllocnistis sorhageniella* LÜD., *Nepticula lediella* SCHLEICH., *N. comari* WCK. u. v. a.

Diese Glazialrelikte machen aber nur einen Bruchteil der Schmetterlingsfauna aus, wie wir sie jetzt von Mitteleuropa kennen; der größte Teil ist erst später zugewandert. Diese postglaziale Einwanderung brachte uns den größten Teil unserer jetzigen Arten, und darunter werden viele sein, die ursprünglich Mitteleuropa bewohnten, vor der Vereisung nach Süden oder Osten auswichen und nun nach dem Eintreten des vorherigen Klimas wieder einwanderten. Man war sich nicht darüber klar geworden, von wo aus diese Einwanderung erfolgte, und hat immer angenommen, daß die Falter von Sibirien kamen, von dort nach Westen vordrangen und so Europa besiedelten. Fast alle unsere Schmetterlinge gehören zu diesen „sibirischen" Einwanderungen. Erst neuerdings hat PETERSEN (1924) eine Beweisführung geliefert, wonach diese Arten als nicht von Sibirien stammend angesehen werden dürfen. Er nimmt an, daß die Mehrzahl der praeglazialen Arten vor der Eiszeit nach Süden und Osten auswich. Im Süden waren gleichzeitig die Gletscher von den Alpen und Karpathen zu Tal gestiegen, so daß dort ein Entweichen nicht mehr möglich war. Auch vor dem Kaukasus muß eine große Barriere bestanden haben, deren Natur noch unbekannt bleibt; jedenfalls fehlen dort die Glazialrelikte. So blieb den Faltern nichts anderes übrig, als nach Osten auszuweichen, und PETERSEN nimmt an, daß der Ural, der eisfrei blieb, für die Schmetterlinge ein Zufluchtsort während der ganzen Eiszeit blieb. Als dann das Klima Mitteleuropas wieder milder geworden war, fand vom Ural aus eine Besiedelung Europas statt, so daß der Ural als ein postglaziales Verbreitungszentrum angesehen werden muß. Die Verbreitung vom Ural erfolgte aber nicht nur nach Westen, sondern auch nach Osten, nach Sibirien hin, woraus sich die Übereinstimmungen in der Falterwelt zwischen Sibirien und Europa erklären. Für einige wenige Arten mag trotzdem eine Einwanderung aus Sibirien stattgefunden haben, doch ist ihre Zahl außerordentlich gering im Vergleich zu der Einwanderung vom Ural her.

In der auf die Eiszeit folgenden Epoche, der geologischen Gegenwart, dem Alluvium, war das Klima Mitteleuropas aber durchaus nicht immer dasselbe. Es wechselten immer noch wärmere und kältere Perioden ab. Besonders bedeutungsvoll ist von den ersteren besonders die sogenannte Litorina-Zeit, in der nach PETERSEN eine Anzahl von Faltern einwanderte, die nur in südlicheren Gegenden heimisch war; ihre Reste sind die Litorina-Relikte. Diese Litorina-Relikte kommen nur an engbegrenzten Stellen vor, deren Niederschlagsmenge relativ gering ist, während ein wärmeres Klima bei ihnen festzustellen ist als anderswo. Der Begriff der Litorina-Relikte deckt sich vielfach mit dem der pontischen Arten. Es sind Falter, die, sonst in Südeuropa heimisch, in der wärmeren Litorina-Zeit eingewandert und an solchen bevorzugten Orten geblieben sind. Als Litorina-Relikte sind anzusehen besonders *Colias edusa* F., *Heteropterus morpheus* PALL., *Dysauxes ancilla* L. u. a. Auf ihrer Eigenart beruht es, daß sie außerordentlich empfindlich gegen klimatische Einflüsse sind und in ungünstigen Jahren oft lange Zeit nicht gesehen werden, bis sie wieder auftreten.

Wenn wir also die Zusammensetzung der mitteleuropäischen Schmetterlingsfauna in bezug auf ihre Herkunft klassifizieren wollen, so müssen wir feststellen, daß sie zum größten Teile aus postglazialen Einwanderern besteht, die vom Ural (oder von Sibirien) nach Westen vordrangen, daß zum kleineren Teil in ihr Glazialrelikte und boreal-alpine Arten vertreten sind, und daß zum kleinsten Teil in ihr Litorina-Relikte und pontische Arten vorhanden sind.

Nachdem wir nun in großen Zügen untersucht haben, wie sich die Besiedelung der Erde im allgemeinen und Mittel-Europas im besonderen vollzogen hat, wollen wir die weiteren Faktoren untersuchen, die die Verbreitung unserer Falter beeinflussen. Da haben wir zunächst die Verteilung von Wärme und Licht zu berücksichtigen. Die Wärme spielt eine ganz bedeutende Rolle, indem sie zunächst das Wachstum der Pflanzen begünstigt und dadurch den Raupen der Schmetterlinge bessere Entwicklungsmöglichkeiten gibt. Aber sie wirkt auch unmittelbar auf die Tiere ein, indem durch stärkere Sonnenbestrahlung alle Lebensprozesse sich viel intensiver vollziehen. Viele Falter gibt es, die nur im Sonnenschein fliegen; sobald ein Wölkchen die Sonne bedeckt, sieht man keinen einzigen mehr; das gilt besonders für *Parnassius*- und *Erebia*-Arten. Sie werden sich in Gegenden, wo selten

Sonnenschein herrscht, nicht genügend entwickeln können. Andererseits braucht jeder Falter eine ganz bestimmte ihm zusagende Temperatur. Arten des hohen Nordens können bei uns im mitteleuropäischen Flachlande nicht fortkommen. Dasselbe gilt aber auch für die an wärmeres Klima angepaßten Mediterran-Schmetterlinge. Wo aber eine wärmere Temperaturzone weit nach Norden hinaufreicht, kann man solche Falter auch dort noch finden. Ein schönes Beispiel dafür ist die Rheinebene, besonders am Oberrhein, wo noch manche mediterrane Art gefunden werden kann, und der Südrand des Kyffhäusergebirges. Man hat alle Orte mit gleicher Temperatur durch Linien verbunden, die man als Isothermen bezeichnet, und man sollte nun erwarten, daß sich die Verbreitungsgrenzen der Schmetterlinge nach Norden oder nach Süden hin an diese Isothermen anschließen. Das ist in vielen Fällen aber nicht zutreffend. Ernst Hofmann hat alle Orte mit gleicher Artenzahl von Schmetterlingen durch Linien verbunden, die er als Isoporien bezeichnete. Diese stimmten mit den Isothermen nicht überein, gaben im übrigen aber wertvolle Auskunft über die Einwanderungsverhältnisse. Die Verbreitung der Falter ist eben nicht allein von der Temperatur abhängig, sondern es kommen eine große Anzahl anderer Faktoren noch hinzu. Je weiter man aber nach Norden vordringt, um so artenärmer wird infolge der abnehmenden Wärme die Fauna; je weiter man nach Süden kommt, um so mehr nimmt die Artenzahl zu, bis man die unerreichte Artenfülle der Tropen erreicht hat. Hier ist es besonders die gleichmäßige Wärme, die die Entwicklung der Falter stark beschleunigt. Bei allen Arten der gemäßigten Zonen spielt aber das Eintreten von stärkerer Kälte für eine gewisse Zeit eine große Rolle, da sie hier direkt als Entwicklungsreiz notwendig ist. Deshalb wirken milde, also warme und feuchte Winter ungünstig auf die Entwicklung der Falterlebens ein, während starke Winterkälte sie befördert, entgegen einer weitverbreiteten Ansicht, daß strenge Winter verderblich für das Insektenleben seien. Es gibt da natürlich auch Ausnahmen; denn gewisse Arten sind an mildere Temperaturen angepaßt, und diese entwickeln sich dann in stärkerem Maße als in normalen Jahren.

Wie von der Temperatur ist die Verbreitung der Falter auch von der Feuchtigkeit in hohem Grade abhängig. Der Schmetterling braucht zu seiner Entwicklung eine bestimmte Wassermenge; jeder Züchter weiß, daß die Puppen von Zeit zu Zeit mit Wasser besprengt werden müssen, wenn sie gesunde Falter ergeben sollen. Selbst in den Fällen, wo ein Falter schon verkrüppelt ausgeschlüpft ist, kann ein Bad in Wasser oder ein Besprengen damit noch die Flügel zur Entfaltung bringen. Auch hier gibt es wieder Falter, die große Mengen von Feuchtigkeit benötigen, und andere, die mehr an ein trockenes Klima angepaßt sind. So kann unter Umständen ein und dieselbe Art an verschiedenen Orten ihres Vorkommens variieren je nach dem Feuchtigkeitsgehalt der Luft. Es entwickelt sich meist an den Meeresküsten eine eigene Fauna, die auf den zahlreichen Niederschlägen und der dadadurch bedingten hohen Luftfeuchtigkeit beruht. Es sollen da besonders viele geschwärzte Formen vorkommen. Andererseits entwickelt sich auch an Orten, die sehr trocken sind, eine Fauna von eigentümlicher Zusammensetzung; das gilt u. a. für die „pontischen“ Örtlichkeiten, wo starke Besonnung und geringe Niederschlagsmengen auftreten. Es läßt sich im allgemeinen feststellen, daß die Tagfalter weniger Feuchtigkeit lieben als die Nachtschmetterlinge; daraus erklärt sich auch das allmähliche Abnehmen der ersteren gegen das an Niederschlägen viel reichere England hin. Es beruht das darauf, daß die Tagschmetterlinge sehr empfindlich gegen Nässe sind und bei vorwiegend naßkalter Witterung ihrer Ernährung nicht nachgehen können. Für die Heteroceren macht das nicht viel aus; sie kommen bei nicht zu starkem Regen auch ans Licht und an den Köder und besuchen während desselben auch Blüten. Doch übt eine längere Reihe von nassen Sommern auch auf sie einen ungünstigen Einfluß aus, da in diesen die Raupen leicht zu Erkrankungen disponiert erscheinen, wodurch dann größere Epidemien eintreten können, die dann die Raupen in kurzer Zeit ganz erheblich dezimieren. Übrigens befördern nicht nur sehr nasse, sondern auch extrem trockene Sommer solche Massenerkrankungen, worauf wir in dem Kapitel über die Feinde später noch zurückkommen werden. Es werden solche Arten, die an ein trockenes und warmes Klima gebunden sind, im allgemeinen nur an solchen Orten vorkommen, wo diese Bedingungen erfüllt sind. Sie werden also in Südeuropa und auch größeren Teilen von Süddeutschland häufig sein und weiter nördlich nur noch da vorkommen, wo wie eingesprengte Inseln Zonen größerer Trockenheit und Wärme vorhanden sind, so auf den pontischen Hügeln, an steilen, nach Süden gerichteten Flußhängen und auf einzelnen Kalkbergen. Solche Enclaven finden wir auch im nördlichen Deutschland nicht selten, und es lassen sich dort Arten feststellen, deren nächster Fundort viele hundert Kilometer weiter südlich liegt. Es ist nun gar nicht nötig, daß wir, um uns dieses versprengte Vorkommen zu erklären, die Arten als Relikte einer früheren wärmeren Zeit ansehen, wo die betreffende Spezies über ganz Mitteleuropa verbreitet war, sondern in einzelnen Jahren, die sich durch besondere Wärme und Trockenheit auszeichnen, dringen die Arten sehr weit nach Norden vor, weil sie dort überall dann noch die ihnen zusagenden Existenzbedingungen finden. Treten im Folgejahr wieder ungünstigere Witterungsverhältnisse ein, so gehen sie an allen Orten des im vorigen Jahr bevölkerten Gebietes wieder zugrunde und halten sich nur an jenen besonders ausgezeichneten Orten, deren Klima auch in normalen Jahren ihnen die nötigen Lebensbedingungen zuweist. Das Eindringen südlicher Arten in heißen Jahren ist häufig beobachtet worden. Das bekannteste Beispiel dafür ist *Colias edusa* F. In vielen Gegenden kommt sie jahrzehntelang nicht vor, bis ein heißer und trockener Sommer den Falter in Massen auftreten läßt. Besonders unter den Kleinschmetterlingen sind solche Fälle einer nur auf kurze Zeit sich erstreckenden Weiterverbreitung nicht selten.

Einen nicht unerheblichen Anteil an der Verbreitung der Schmetterlinge nehmen auch die Winde. Wenn sie stärker auftreten, können sie die Falter in größerer Anzahl von ihrem Standplatz hinwegtragen und in andere Gebiete hineinführen. Das gilt namentlich für Arten, die an der Meeresküste vorkommen. Es läßt sich beobachten, daß Tagfalter noch auf große Entfernungen vom Strande sich auf den Schiffen einfinden. Die meisten von ihnen ermüden später, fallen ins Meer und gehen zugrunde. In vielen Fällen mag es aber doch vorkommen, daß durch sie dann Inseln besiedelt werden können. Seitz schreibt den Winden eine besonders große Bedeutung für die Verbreitung der Falter zu, namentlich sollen die Passatwinde dabei als Hauptfaktor auftreten. An solchen Stellen der Erde, wo der Nord- und der Südpassat zusammentreffen und viel Feuchtigkeit mitbringen, soll sich ein besonders reiches Falterleben entwickeln. Das ist am unteren Amazonas und im Indomalayischen Archipel der Fall. In den meisten Fällen wird, infolge der häufigeren Westwinde, eine östlich von einem Kontinent gelegene Insel viel reicher von diesem besiedelt werden, als eine westlich von ihm liegende; vergleichen wir z. B. einerseits Madagaskar, andererseits die Canarischen Inseln mit Afrika, so können wir feststellen, daß die erstere Insel eine große Anzahl von Arten besitzt, die auch in Afrika vorkommen, weil es im Windschatten der von Westen kommenden Luftströmungen liegt. Bei den Canarischen Inseln zeigen sich uns die Einflüsse des nur wenig entfernten Kontinentes in geringem Maße und auch nur auf den östlichen Inseln dieser Gruppe. Es können solche Feststellungen natürlich nicht einseitig nur unter diesem Gesichtspunkt betrachtet werden, da ja noch eine Menge anderer Verbreitungsfaktoren mitsprechen; so kommen in Frage die klimatischen Verhältnisse, der Zeitpunkt der Abtrennung vom Festlande u. a. Nur bei Gleichheit der Lebensbedingungen und eventueller sehr später Loslösung vom Kontinent kann in dieser Weise geschlossen werden. Mit den Winden hängt auch der barometrische Druck der Luft zusammen. Er wird sicherlich auch von gewisser Bedeutung für die Entwicklung und Ausbreitung der Schmetterlinge sein; es war schon Seite 110 darauf hingewiesen worden, daß er wohl eine gewisse Rolle beim Schlüpfen des Räupchens aus dem Ei und des Schmetterlings aus der Puppe spielen wird. Es sind aber bis jetzt hierüber zu wenig systematische Untersuchungen angestellt worden, als daß schon mit Bestimmtheit etwas darüber gesagt werden könnte.

Viel wichtiger aber als alle bisher genannten Faktoren ist die Entwicklung des Pflanzenlebens von Bedeutung für die Ausbreitung vieler Schmetterlingsarten. Wir wollen hier von den wenigen Ausnahmefällen absehen, wo die Raupe nicht auf pflanzliche Nahrungsstoffe angewiesen ist; sie stehen in keinem Verhältnis zu der überwiegenden Zahl von Arten, deren Larven phytophag sind. Wir hatten bei der Besprechung der Raupen (Seite 58) einen Unterschied gemacht zwischen monophagen, oligophagen, polyphagen und pantophagen Arten. Für unsere Zwecke in bezug auf die Kenntnis der Verbreitungstendenzen genügt es hier, die ersteren beiden als monophage, die letzteren beiden als polyphage Raupen zu bezeichnen. Welchen Typen ist es nun durch ihre Nahrungswahl eher ermöglicht, eine weitere Verbreitung zu erlangen? Sicherlich den polyphagen Arten. Die monophagen Raupen kommen nur dort vor, wo die eine oder die wenigen Pflanzen wachsen, an die sie gebunden sind. Werden sie durch irgendwelche Faktoren, Winde, Verschleppung u. a., nach Orten gebracht, wo ihre Futterpflanze nicht vorkommt, so müssen sie zugrunde gehen, selbst wenn die klimatischen Verhältnisse ihnen sonst eine weitere Ansiedlung dort gestatten würden. Die polyphagen Arten dagegen, in solche Gegenden gebracht, finden sehr bald ein ihnen zusagendes Futter und entwickeln sich, Gleichheit der sonstigen Bedingungen vorausgesetzt, oft viel üppiger als im Mutterlande, weil ihre gewöhnlichen Feinde an dem Ort der Neuansiedlung fehlen. So kann man den Arten, deren Raupen polyphag sind, eine leichtere Möglichkeit der Ausbreitung zuschreiben. Die monophagen Arten sind an die Pflanzen gebunden, die sie allein annehmen. Es kann allerdings vorkommen, daß sie bei einer Übersiedlung in ein anderes Gebiet auf eine andere Futterpflanze übergehen; aber diese muß doch ihrem normalen Substrat nahe verwandt sein. Der Totenkopfschwärmer frißt im mediterranen Gebiet überall gewisse Solanaceen, die ihm hier bei uns nicht zugänglich sind; kommt er in unser Gebiet, so lebt die Raupe an Kartoffeln, die sie in ihrer Heimat nicht findet; aber auch diese gehören zu den Nachtschattengewächsen. Nun ist aber nicht zu erwarten, daß die Verbreitungslinien einer monophagen Falterart dieselben sind wie die der Pflanze, auf der sie sich entwickelt; gewöhnlich hat die Pflanze ein ausgedehnteres Verbreitungsareal als der Falter. Als bekanntestes Beispiel dafür seien unsere *Erebia*-Arten angeführt; sie leben sämtlich zum mindesten oligophag, ja sogar monophag an gewissen Gräsern. Aber doch sind die Falter nicht überall da zu finden, wo das betreffende Gras wächst; die Erebien sind ausgesprochene Gebirgs- oder Hochgebirgstiere, die in der Ebene nur in einigen wenigen Arten vertreten sind, allerdings auch im hohen Norden nicht fehlen, wo die Lebensbedingungen ganz ähnliche sind. Im übrigen sind aber bei den strenger monophagen Arten meistens an den Orten, wo sich die Substratpflanze findet, auch die auf ihr lebenden Schmetterlinge zu finden, und wenn einzelne Arten auf nur kleine Bezirke lokalisiert sind, so beruht das darauf, daß nur auf diesem kleinen Fleck die Futterpflanze der Spezies vorkommt. Unter diesem Gesichtspunkte sind auch die Begriffe „selten" und „häufig", die in laienhaften Schmetterlingsbüchern oft in einem ganz falschen Sinne gebraucht werden, einer Nachprüfung zu unterziehen. Polyphage Arten kann man gewöhnlich an den verschiedensten Orten antreffen; sie entgehen nicht so leicht der Aufmerksamkeit des Sammlers und werden dann vielfach als „häufig" bezeichnet; besser wäre aber zu sagen, daß sie in dem betreffenden Gebiet allgemein verbreitet sind, was natürlich

---

Tafel VI. Abb. 1. *Ornithoptera paradisea* Stgr., ♂ mit umgebildeten Hinterflügeln. Abb. 2. ♀ derselben Art, Hinterflügel normal. Abb. 3. *Pieris pyrrha* F., ♀ vom Habitus der Heliconier. Abb. 4. ♂ derselben Art, vom normalen Weißlings-Typus.

2.

4.

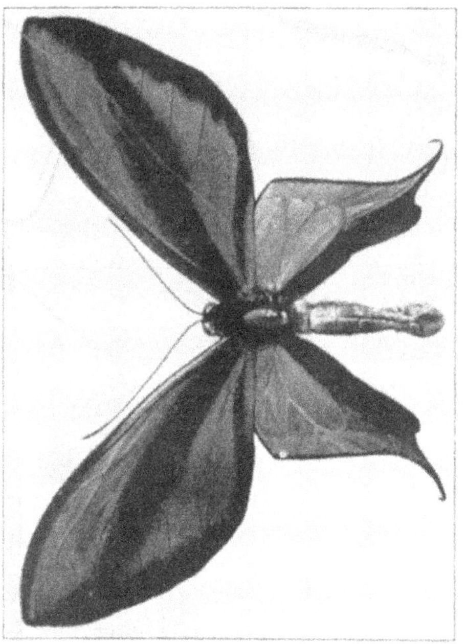

1.

3.

auch mit echter Häufigkeit, also mit dem Vorkommen zahlreicher Individuen an einem Ort, verknüpft sein kann. Ganz anders ist es aber bei den sogenannten „seltenen“ Arten. Es sind das gewöhnlich solche Falter, die nur in wenigen der Durchschnittssammlungen gefunden werden, während die Kollektion eines tiefer in die Materie eingedrungenen Sammlers oder Züchters sie vielfach in zahlreichen Stücken enthält. Es handelt sich hier eben vielfach um durchaus nicht seltene Arten; nur sind sie vielleicht an eine ganz bestimmte Futterpflanze gebunden, die nur auf einem einzigen, oft noch eng umschriebenen Fleck in dem betreffenden Gebiete wächst. Dort ist sie dann aber so häufig, daß man Raupen und Falter in großer Menge erhalten kann. Der Falter ist also dann nicht „selten“, sondern nur wenig verbreitet. Wirklich seltene Schmetterlinge gibt es nur wenige; zur richtigen Zeit und am rechten Ort gesammelt, wird man sie immer wieder in Menge auffinden können. Die richtigen seltenen Arten dagegen sind einmal in der Örtlichkeit ihres Vorkommens beschränkt, und dann treten sie dort, wo sie leben, auch nur in einigen wenigen Stücken auf. Solche seltenen Schmetterlinge sind gewöhnlich Arten, die auf dem Aussterbeetat stehen, in irgendeiner Weise also nicht mehr an die heutigen Lebensbedingungen in ihrer Biocoenose angepaßt sind. Natürlich kann es auch vorkommen, daß eine Art in einem Lande, dessen klimatische usw. Bedingungen nicht für sie geeignet sind, sehr selten vorkommt, daß sie dagegen in einem anderen Lande, dessen Verhältnisse ihr mehr zusagen, ganz häufig sein kann.

Es gibt allerdings auch Fälle, wo unter gewissen Umständen ein Schmetterling vorübergehend selten wird, ohne daß man dafür die Ursache ausfindig machen kann, bis er dann wieder plötzlich in großen Mengen auftritt. Das bekannteste Beispiel dafür ist unser Baumweißling *Aporia crataegi* L. Er, der als schlimmer Obstbaumschädling überall verrufen war und selbst in die Schullesebücher aufgenommen wurde, konnte jahrzehntelang in vielen Gegenden Deutschlands überhaupt nicht gefunden werden. Er hatte ja immer gewisse Plätze, an denen er regelmäßig jedes Jahr vorkam; aber sonst fehlte er überall, und trotz eifrigen Suchens war man an den meisten Orten nicht imstande, einen einzigen Falter nur zu finden. Verfasser selbst hat bis zum Jahre 1914 keinen lebenden Baumweißling gesehen. Seit 1913 trat derselbe Schmetterling aber alljährlich in großer Anzahl auf, auch an den Orten, wo er vorher nie gefunden worden war, und blieb bis jetzt ein dauernder Bestandteil der Fauna jener Örtlichkeiten. Worauf dieses plötzliche anscheinende Aussterben und Wiederaufleben mancher Arten beruht, konnte noch nicht festgestellt werden. Es ist möglich, daß sie durch gewisse Feinde und Krankheiten so stark dezimiert wurden, daß sie sich nur noch in bestimmten, ganz eng begrenzten Arealen halten konnten, daß aber später nach einigen Jahren auch die Anzahl der Verfolger stark zurückging, wodurch der Vermehrung keine Hindernisse mehr in den Weg gelegt wurden, so daß nun von diesen Reservaten aus wieder eine Neubesiedelung ganzer Landstriche erfolgen konnte.

Infolge der Bedingtheit des Auftretens der Schmetterlinge durch die Pflanzenwelt treten an solchen Orten, wo die letztere sich in größerer Üppigkeit entfaltet, auch die Falter in viel größerer Zahl auf, und auch die Artenzahl steigt dort, wo mehr Pflanzenarten vorkommen. Das veranschaulichen besonders die Tropen, deren üppiger Pflanzenwuchs eine Ursache der Reichhaltigkeit des Falterlebens ist, wenn auch nicht die einzige. Vielmehr drängen auch die Eigenarten des Klimas, die gleichmäßigere Wärme und die regelmäßigen Niederschläge auf eine Steigerung in der Entwicklung der Falterwelt. Übrigens fällt nicht immer ein reiches Schmetterlingsleben mit einer üppigen Vegetation zusammen; in Chile gibt es gewisse Gebiete, in denen trotz auffallend reichhaltigem Pflanzenwuchs nur ein an Individuen und Arten sehr armes Falterleben sich konstatieren läßt. Viel eher läßt sich noch eine Beziehung feststellen zwischen dem Auftreten von gewissen Pflanzen, die zur Befruchtung ganz bestimmte Lepidopteren-Arten brauchen, und den betreffenden Arten. Das gilt besonders für viele Orchideen. Aber auch die Schmetterlinge, deren Raupen animalische Kost zu sich nehmen, sind in ihrer Verbreitung ähnlich wie die Monophagen unter den Pflanzenfressern beschränkt, und dasselbe gilt für die Arten, die zu gewissen anderen Tieren in einem Symbioseverhältnis stehen. Die Epipyropiden, die im Larvenstadium nur auf gewissen Cicaden oder Fulgoriden leben, sind an diese ihre Wirte ebenso gebunden wie die von Schildläusen sich ernährenden Arten oder die im Pelz des Faultieres vorkommende *Bradypodicola hahneli* SPUL. Dasselbe gilt für viele Arten, die als Einmieter in Gallen leben, die von den Cecidozoen erzeugt wurden, wie unsere *Epiblema corollana* HBN. in den Gallen des Käfers *Saperda populnea* L. Überall zeigen sich diese Arten in vielfacher Weise an bestimmte Orte ihres Vorkommens gebunden, die sie nicht ohne weiteres überschreiten können.

Einen ganz bedeutenden Anteil an der Verbreitung der Schmetterlinge haben nun alle die Vorgänge, die mit der menschlichen Kultur zusammenhängen. In vielen Fällen bewirkt der Mensch die Ausrottung gewisser Arten. Es gelingt ihm das zwar nicht in der Weise, wie er es gern ausführen möchte, indem er nämlich den ihm unangenehmen Faltern, den sogenannten „Schädlingen", nachstellt und sie vernichtet, wo er ihrer habhaft wird. Er wird z. B. in allen Fällen, wo er die Raupen des „Schädlings" einsammelt, um sie dann zu verbrennen oder sonstwie zu vernichten, nicht nur den Schädling, sondern auch die Feinde desselben treffen, nämlich die zahlreichen im Innern der Raupe lebenden Parasiten, so daß er durch diese Maßnahme keine Verminderung des Falters erzielen kann. Der einzige bekannte Fall, wo vielleicht tatsächlich durch die direkte Fang- und Sammeltätigkeit des Menschen ein Schmetterling ausgestorben ist, betrifft wohl den sogenannten Schlesischen Apollo, *Parnassius apollo silesianus* MARSCHN., der im vorigen Jahrhundert noch nicht selten in den Gebirgen der Sudeten vorkam, der aber jetzt endgültig gänzlich verschwunden ist und in keinem einzigen Stück mehr aufgefunden werden kann.

In den weitaus meisten Fällen bringt aber der Mensch Schmetterlinge nicht durch systematische Nachstellungen, und wären sie noch so gründlich, zum Verschwinden. Das beweist der jahrzehntelange Kampf, den er gegen die Kohlweißlinge, Nonne, Schwammspinner, Forleule, Kiefern- und Frostspanner und ähnliche ihm unsympathische Genossen führte, und der bisher noch in keiner Weise eine Verminderung oder gar ein Aussterben derselben herbeiführte. Viel stärker wirkt aber ein unbeabsichtigter Kampf, indem er die Lebensbedingungen verändert, die gewisse Falter zu ihrer Entwicklung brauchen. Da spricht besonders die fortschreitende intensivere Bodenbearbeitung mit. Während früher noch vielerorts in großem Stile Brachland sich finden konnte, da man ein Stück Land, das eine Reihe von Jahren bebaut worden war, längere Zeit brach liegen ließ, damit der ausgesaugte Boden sich wieder erholen konnte, ist in jetziger Zeit eine solche extensive Wirtschaft nicht mehr möglich. Es werden dem Boden die nötigen Stoffe durch zweckmäßige Düngung wieder zugeführt, so daß eine Pause in der Bewirtschaftung desselben nicht mehr zu erfolgen braucht. Es verschwinden deshalb immer mehr und mehr die großen Brachfelder; diesen war aber ein ganz bestimmtes Falterleben angepaßt, das nun nirgends mehr eine Möglichkeit zum Weiterexistieren fand. Es sei hier besonders an viele Pyraliden erinnert (*Crambus*-Arten u. a.), die ganz auf solche Flächen angewiesen sind. Diese mußten so vom Schauplatz verschwinden, wurden immer mehr auf die wenigen noch vorhandenen Flächen zurückgedrängt und verschwanden schließlich, als auch diese der Kultur zum Opfer fielen, gänzlich. Eine noch größere Bedeutung als die Bewirtschaftung der Brachländereien hat die Moorkultur für die Veränderung der Zusammensetzung der Schmetterlingsfaunen gehabt. Während die Brachlandfalter immerhin noch zum Teil in der Lage waren, an andere Örtlichkeiten sich anzupassen (trockene Chausseegräben u. dgl.), waren die Moorfalter viel weniger imstande, sich in die neugeschaffenen Verhältnisse zu schicken, die aus einer Entwässerung ihrer Wohnsitze resultierten. So kommt es, daß heute die Moorfauna in viel stärkerer Weise von dem Untergange bedroht wird als irgendeine andere Formation. In dankenswerter Weise haben sich allerdings in letzter Stunde die Naturschutzorganisationen eingesetzt, um das zu retten, was noch zu retten ist, und überall Reservate zu schaffen, in denen sich diese eigentümliche und in vielen Beziehungen interessante Fauna halten kann; aber zu viel ist in dieser Hinsicht früher schon gesündigt worden. Das markanteste Beispiel einer solchen Ausrottung durch die Kultur ist der echte englische *Polyommatus dispar* Hw., der ganz ausgestorben ist und jetzt nur noch in seiner kontinentalen Rasse *rutilus* Wernb. weiter besteht. In gleicher Weise ist früher vielerorts das Abschlagen von Wäldern erfolgt, ohne daß jetzt noch eine Neuaufforstung möglich ist; das Schmetterlingsleben jener Gegenden ist dadurch von Grund auf verändert worden.

Andererseits hat die menschliche Kultur aber auch gewissen Arten zu einer Ausbreitung verholfen, die sie sonst niemals erreicht hätten. Das geschah einesteils durch Verschleppung. Mit dem Einsetzen des transozeanischen Schiffsverkehrs war die Möglichkeit gegeben, daß sich Schmetterlinge auch in Gegenden verbreiteten, wo sie ohne den Menschen nie hingelangt wären. Voraussetzung war dabei, daß sie eine ihnen zusagende Nahrung am neuen Wirkungskreis fanden. So gelang es dem Schwammspinner, nach Nordamerika zu gelangen und sich dort so enorm auszubreiten, daß er ganz unermeßlichen Schaden stiftete. Ein ebenso bekannter Fall ist der der großen Mehlmotte, *Ephestia kuehniella* Z. Sie hat ebenfalls in Europa wie in Nordamerika so bedeutend an Ausdehnung ihres Verbreitungsareals zugenommen, daß man genötigt war, mit Giftgasen gegen sie vorzugehen. Besonders merkwürdig ist dabei, daß man nicht weiß, welcher Erdteil den anderen mit diesem Danaergeschenk bedacht hat. In Amerika glaubt man, daß diese Pyralide aus Europa stammt, während man bei uns annimmt, daß sie aus Amerika herübergekommen ist. Noch vor etwa 80 Jahren kannte man die Art überhaupt nicht; erst in der zweiten Hälfte des vorigen Jahrhunderts wurde sie erstmalig beobachtet und trat seitdem ihren Siegeszug als schlimmer Mehlschädling durch ganz Europa und Nordamerika an. Es ist als sicher anzunehmen, daß die Art vorher nie von Mehl gelebt hat, sondern von irgendwelchen Abfallstoffen im Walde. Es scheint dann eine regelrechte Geschmacksmutation bei der Art eingetreten zu sein, die sie veranlaßte, sich nun gänzlich dem menschlichen Kunstprodukt, dem Mehl, zuzuwenden, wodurch sie auch ihren Aufenthaltsort wechselte und jetzt nur noch in der Umgebung menschlicher Wohnungen vorkommt. Es darf als unmöglich bezeichnet werden, jetzt noch auch nur eine einzige *Ephestia kuehniella* Z. irgendwo fern von menschlichen Wohnungen aufzufinden. Einen ähnlichen Fall haben wir bei *Plodia interpunctella* Hb. Ursprünglich nur im Süden vorkommend, wurde sie mit getrockneten Früchten auch bei uns eingeschleppt und bildet schon seit einigen Jahrzehnten einen dauernden Bestandteil unserer Fauna. In gleicher Weise hat der Mensch auch dafür gesorgt, daß die ursprünglich palaearktische Kleidermotte *Tinea pellionella* L. in alle Erdteile getragen werden konnte und jetzt schon als ein regelrechter Geopolit zu bezeichnen ist. Mit der Zeit bilden sich bei solchen Arten, die sich dem Haushalt der Menschen angepaßt haben, Verschiedenheiten heraus, die endlich zur Entwicklung neuer Arten führen. Es besteht die größte Wahrscheinlichkeit, daß unsere Kornmotte *Tinea granella* L. erst ihre reiche Vermehrung und Verbreitung erfahren konnte, als der Mensch die Gepflogenheit annahm, Getreidekörner in größeren Mengen zu speichern. Wir können mit Sicherheit annehmen, daß auch unsere Kornmotte damals, ehe der Mensch auftrat, im Walde lebte, und zwar vermutlich in Baumschwämmen. Sie entsprach wohl vollkommen der jetzt noch diese Lebensweise führenden *Tinea cloacella* Hw., die man in Baumschwämmen an Eichen nicht selten findet. Diese *Tinea cloacella* Hw. zeigt sich nun in gewisser Weise zum Menschen hingezogen; sie kommt zuweilen nicht nur im Walde in Pilzen, sondern auch in der Nähe menschlicher Behausungen vor. So wurde sie einmal in größerer Anzahl aus den Überresten eines Bienenstockes (Wachs, tote Bienen usw.) gezogen. Es werden in auch schon sehr früher Zeit, aber sicher nicht vor dem Auftreten der Menschen, manche

Cloacella sich in den Kornvorräten eingenistet und sich dieser andersartigen Nahrung angepaßt haben. Die sehr lange Zeit fortdauernden Divergenzen verursachten schließlich eine Rassendifferenzierung, und die heutigen Kornmotten gehören einer ganz anderen Art an wie die im Walde lebenden *Cloacella*, was sich durch das Verhalten bei Kopulationsversuchen und durch die Untersuchung der männlichen Sexualarmaturen einwandfrei feststellen ließ. Nicht anders mag es wohl bei der Einwanderung von *Ephestia kuehniella* Z. in den menschlichen Haushalt zugegangen sein; nur ist es bemerkenswert, daß man nicht weiß, von welcher Art unsere Mehlmotte herstammen mag; denn es ist doch undenkbar, daß sich diese Veränderung bei allen Individuen gleichzeitig vollzog. So ist die Herkunft dieser Art eines der interessantesten Probleme, das noch zu lösen ist. Als ein neuerer Fall dieser Art mag ein Einwanderer genannt sein, der erst seit etwa 12 Jahren bei uns festgestellt worden ist. Es handelt sich um *Gracilaria azaleella* Brandts, eine Art, die wohl aus Japan zu uns eingeschleppt wurde und als Schädiger unserer Azaleen gilt. Innerhalb dieses kurzen Zeitraumes gelangte die Art nicht nur nach Amerika, sondern auch nach Holland, Deutschland und ganz neuerdings auch nach Schweden, so daß sie sich zwei neue Erdteile erobert hat. Es kommen also für die unabsichtliche Verschleppung durch den Menschen vorwiegend solche Arten in Frage, die auf Pflanzen leben, die für den Menschen entweder den Wert von Nutz- oder von Zierpflanzen haben. Auf diese Weise erfolgte die Verbreitung aller jener Kaffee-, Tee-, Kakao- und Obstbaumschädlinge von der Alten nach der Neuen Welt oder umgekehrt, was ohne Vermittelung des Menschen niemals möglich geworden wäre.

Aber auch in anderer Weise greift der Mensch ein, um, ebenfalls zu seinem Leidwesen, unabsichtlich eine Vermehrung und weitgehende Ausbreitung gewisser Arten erfolgen zu lassen, deren Bekämpfung er dann später selbst in die Hand nehmen muß. Es geschieht das durch eine unzweckmäßige Bodenkultur. Er hat sich daran gewöhnt, die Pflanzen, deren Zucht er sich angelegen sein läßt, in möglichst reinen Beständen anzulegen. Er pflanzt kilometerweise einen Krautkopf neben den anderen, so daß riesige Flächen nur von der einen einzigen Pflanzenart bedeckt sind; ebenso geschieht es mit Rüben, mit Getreide und anderen Feldfrüchten. In der gleichen Weise erfolgt aber auch die Bewirtschaftung der Wälder. Wenn man einen ursprünglich gewachsenen Wald betrachtet, sieht man, daß je nach dem Untergrund verschiedene Bäume sich angesiedelt haben. So finden sich auf sumpfigem, nassem Boden Erle und Birke, auf trockenerem je nachdem, ob Sand oder mehr humöser Boden den Untergrund bildet, wieder andere Bäume. Zwischen den Bäumen steht dann Unterholz, gewisse nach dem Standort verschiedene Sträucher, und außerdem noch andere Pflanzen. In den Sträuchern und Bäumen nisten gewisse Vogelarten, und eine große Anzahl von Insekten ist dem angepaßt. Eine solche natürliche Lebensgemeinschaft nennt man eine Biocoenose. Diesen Biocoenosen hat aber der Mensch den Garaus gemacht, indem er z. B. Wälder anlegte, in denen nur Kiefern stehen, alle schön gerade in Reihen gepflanzt und alle im gleichen Alter. Das Unterholz wurde aus den Wäldern verbannt, weil es angeblich die Bäume zu sehr schädige. So entstanden jene Reinkulturen von Kiefern, Eichen und anderen Bäumen, die wir in einer modern eingerichteten Forstanlage zu sehen gewöhnt sind. So wurde zwar erreicht, daß die betreffenden Stämme recht schön isoliert waren und sich, ungehindert durch den niedrigen Pflanzenwuchs, gut entwickeln konnten. Aber ein großer Schaden war das für den Wald, wenn er auch zuweilen sich nicht gleich, sondern erst in späteren Jahren zeigte. Trat einmal früher ein Schädling auf, der an einem bestimmten Baume, wie z. B. die Forleule an der Kiefer lebte, so fand er in Zeiten einer starken Vermehrung nie so günstige Lebensbedingungen, weil ja nicht nur Kiefern, sondern auch viele andere Bäume in demselben Walde vorkamen. Es konnte sich daher immer nur ein Teil des Geburtenüberschusses zu Ende entwickeln, und es fand nie ein übermäßiges Massenauftreten statt. Ganz anders in den jetzt gezüchteten reinen Beständen; hier fanden die Raupen immer gedeckten Tisch und konnten sich kilometerweise ausbreiten, überall dieselbe Futterpflanze vorfindend, so daß nie welche an Nahrungsmangel zugrunde gehen konnten. Die Folge davon waren die großen Kalamitäten, das Massenauftreten von Nonne, Forleule, Kiefernspanner u. a. Ein zweites Moment, das ebenfalls auf der unzweckmäßigen Waldkultur beruhte, kam hinzu. Die Vernichtung des Unterholzes bewirkte, daß alle Vögel, die die natürlichen Feinde der Raupen waren und bei jedem Massenauftreten so stark dezimierend auf die Art einwirkten, den Wald verließen, weil ihnen ihre natürlichen Nistplätze entzogen wurden. Ihnen schlossen sich an alle jene anderen Insekten, die sonst im gemischten Walde sich aufhalten und den Raupen nachstellen, so daß endlich die betreffende Art, deren Nahrung dieser in reinem Bestand angepflanzte Baum war, als Alleinherrscher zurückblieb. Kam nun ein Jahr, in dem die Vermehrungsziffer sehr anstieg, so fand diese Art Futter in reicher Menge; es fehlten aber diejenigen Arten, die die Raupen vernichteten, wie die Vögel, die fleischfressenden Käfer und andere Insekten. So konnten sich die Raupen immer günstiger entwickeln, und sie fraßen ganze Wälder kahl, bis durch epidemische Krankheiten usw. die ganze Plage erlosch. Die Schreckensherrschaft der Forleule ist dafür ein treffendes Beispiel. Wir ersehen also aus den geschilderten Vorgängen, daß der Mensch durch die Anlage der reinen Bestände von irgendwelchen Pflanzen die Vermehrung und Verbreitung gewisser Schmetterlingsarten ganz außerordentlich fördert, die eigentlich seine schlimmsten Feinde sind; er hebt die natürlichen Lebensgemeinschaften oder Biocoenosen auf und bewirkt dadurch eine Verschiebung, indem bei der betreffenden Art die Vernichtungsziffer beträchtlich kleiner gegenüber der Vermehrungsziffer wird. Nur dort herrscht biologisches Gleichgewicht, wo Vermehrungs- und Vernichtungsziffer einander gleich sind. Nicht früher wird der Mensch Herr dieser Schädlingsplagen werden, bis er das biologische Gleichgewicht wieder einleitet, indem er die natürlichen Biocoenosen wiederherstellt, also zur gemischtwirtschaftlichen Waldanlage zurückkehrt. Dasselbe gilt natürlich nicht nur für die Forst-, sondern auch für die Landwirtschaft. So ist der Mensch durch seine Wirtschaftsformen einmal die Ursache gewesen, daß gewisse Arten unserer Falter verschwunden sind, und zum anderen, daß sich manche Arten in einer Weise vermehrt und verbreitet haben, die unter den natürlichen Bedingungen ganz unmöglich gewesen wäre. Es ist also der Einfluß des Menschen auf die geographische Verbreitung der Schmetterlinge nicht zu unterschätzen.

Ganz analoge Beziehungen in der Verbreitung der Schmetterlinge zu den geographischen Breiten finden wir bei Betrachtung der Fauna nach ihrer vertikalen Gliederung. Gewisse Arten kommen nur in der Ebene vor, andere wieder nur im Gebirge. Bei den letzteren läßt sich eine deutliche Bevorzugung gewisser Höhenlagen durch verschiedene Arten feststellen, und man hat an vielen Orten schon nachgewiesen, welche Arten für bestimmte Höhen in Frage kommen, und wie hoch jede einzelne Art geht. Diese Verschiedenheiten in der Besiedelung der Gebirge beruhen auf den mannigfaltigsten Ursachen. Zunächst ist der Luftdruck geringer, je höher man hinaufsteigt, und wir haben schon früher von der Bedeutung desselben für die Falter gesprochen. Dann tritt auch eine merkliche Erniedrigung der Temperatur ein, die Niederschlagsmengen sind andere, die Sonnenstrahlenwirkung bei Tage ist viel intensiver; gleichzeitig sind die Wärmeunterschiede zwischen Tag und Nacht größer, und alle diese Verschiedenheiten vom Klima der Ebene wirken einmal direkt auf die Schmetterlinge ein, zum anderen rufen sie eine andersartige Zusammensetzung der Flora hervor, von der letzten Endes ja auch die Falter abhängig sind. Gleichzeitig damit sind die montanen Lepidopteren vielfach heftigen Stürmen ausgesetzt, denen sie sich in irgendeiner Weise anpassen müssen. Besonders auffällig ist es, daß viele der in hohen Gebirgen lebenden Arten solchen des hohen Nordens entsprechen; es sind eben gleichartige Verhältnisse, die auch zur Besiedelung mit den gleichen an diese Bedingungen angepaßten Arten geführt haben. So erklärt sich das Vorkommen der boreal-alpinen Arten; wie es zeitlich zu dieser Besiedelung gekommen ist, haben wir schon Seite 233 bei der Erwähnung der Glazialrelikte gezeigt. Mit der Grenze des ewigen Schnees erlischt in den Gebirgen wie im hohen Norden alles Falterleben. Unterhalb der Schneegrenze, in der Zone, wo noch kein Wald gedeiht, finden sich die charakteristischen Gebirgstiere. Man gelangt dann, weiter abwärts steigend, in die montane Zone, die durch starke Entwicklung des Waldes gekennzeichnet ist, und endlich in die submontane Zone, die in ihrem Tierleben den Übergang zur Ebene vermittelt. In den Gebirgen Südamerikas unterscheidet man meist drei Zonen, von denen die unterste, die Tierra caliente, etwa bis 1000 m reicht; die mittlere, Tierra templada genannt, geht bis 2000 m, während die höchste, die Tierra fria von 2000 bis 3000 m reicht. Jede dieser Zonen hat ihr ganz bestimmtes Gepräge in bezug auf das Falterleben. Schmetterlinge der höheren Zonen gehen nicht in die Ebene hinunter und umgekehrt. Es ist bemerkenswert, daß in der Tierra caliente in Südamerika ganz typische tropische Formen sich finden, während die Arten der Tierra fria vielmehr unseren palaearktischen Arten ähneln.

Es gibt nun überall auf der Erde Gebiete, deren Fauna einen ganz besonders ursprünglichen Typus aufweist. Es sind das immer solche Örtlichkeiten, die schon in früher Zeit von allen anderen Faunengebieten isoliert waren, so daß eine Vermischung mit neu sich entwickelnden Arten nicht erfolgen konnte. Solche Gebiete sind besonders Australien, Neuseeland, Madagaskar und die umliegenden Inseln und Chile. Aber auch in Deutschland gibt es solche Stellen, die sich von allen umliegenden Örtlichkeiten unterscheiden, wenn die dort vorkommende Fauna auch beträchtlich jünger ist. Da ist zunächst einmal der Harz zu nennen, wo noch vielerlei Glazialrelikte vorkommen, dann einzelne Moore, von denen besonders das Torfmoor von Kohlfurt und das bekannte Zehlauer Bruch in Ostpreußen wie das Wildseemoor im Schwarzwald genannt werden müssen. Außerdem gibt es aber viele Örtlichkeiten, wo sich Falter wärmerer Gegenden niedergelassen haben; da wären besonders die pontischen Hügel Norddeutschlands zu nennen, weiterhin das Kyffhäusergebirge, das Mainzer Becken und die Oberrheinische Tiefebene, hier besonders der Kaiserstuhl.

In einer gewissen, freilich oft zu stark überschätzten Beziehung zur Entwicklung und Verbreitung der Schmetterlinge steht auch der Untergrund oder Boden eines jeden Gebietes. Sicher ist ja, daß man auf Gebirgen mit Urgestein eine ganz andere Zusammensetzung der Schmetterlingsfauna konstatieren kann wie in Kalkgebirgen. Die erstere ist gewöhnlich viel arten- und auch individuenärmer als die letztere. Man kann das aber nicht allein auf die Bodenbeschaffenheit zurückführen; denn diese wirkt ja letzten Endes nur indirekt. Auf Kalkboden hat sich eine ganz andere Vegetation entwickelt wie auf Urgestein; meistens ist sie viel artenreicher und weist gewisse Pflanzen auf, die nirgendwoanders wachsen können, während der Urgesteinuntergrund für die Pflanzen nicht so bestimmte Anpassungen nötig macht. Mit der großen Anzahl spezifisch nur dort vorkommender Pflanzen haben sich natürlich auch ganz bestimmte Falter eingefunden, die nur dort leben. Es wird deshalb der Sammler, der möglichst viele Arten mitbringen will, im Kalkgebirge besser auf seine Kosten kommen als im Urgebirge. Natürlich spielen auch noch veränderte Klimaverhältnisse eine gewisse Rolle; im Kalkgestein sickert das Wasser der Niederschläge sofort ein; die Folge davon ist eine relative Trockenheit, im Gegensatz zu dem großen Feuchtigkeitsgehalt der Luft in Gebirgen von Urgestein. Auch ist der Kalk viel besser imstande, die Sonnenstrahlen aufzunehmen, so daß auf Kalkgestein stets eine größere Wärme herrscht. Es finden sich deshalb auch an solchen Örtlichkeiten oft Arten, die ein starkes Wärmebedürfnis haben. Letzteres wird immer bei den Arten sich vorfinden, die im mediterranen Gebiete heimisch sind, oder die noch als Überreste der alten Tertiärfauna aufzufassen sind. Wir wissen, daß damals noch eine ziemlich gleichmäßige Wärme herrschte, und eine solche wird auch von den tertiären Relikten bevorzugt. Als solches wird allgemein die merkwürdige Saturniide *Graëllsia isabellae* Graells. angesehen. Wahrscheinlich sind aber noch mehr Arten dazu zu rechnen. Als zu Beginn der Eiszeit die große Massenflucht der tertiären Falter nach Süden einsetzte, kamen einige derselben auch nach Nordafrika, wo sie die Eiszeit bequem überdauern konnten, und von wo sie sich nach Ende derselben wieder nach Norden ausbreiteten; diese bilden dann die sogenannten lusitanischen Faunenelemente. Zu ihnen werden *Lycaena melanops* B., *Fidonia famula* Esp., *Eurranthis plumistaria* Vill. und *Aglaope infausta* L. gerechnet. Im allgemeinen haben wir nicht allzu viele dieser südlichen Eindringlinge; auf 60% uralische oder sibirische kommen 25% pontische und nur 5% mediterrane Einwanderer.

Wenn wir das Wohngebiet einer Art betrachten, so werden wir es in den meisten Fällen kreisförmig um einen Mittelpunkt gelagert finden. Wir sind dann berechtigt, diesen Mittelpunkt als das Entstehungszentrum der betreffenden Art anzusehen. Oft verwischen sich allerdings die Verhältnisse, so daß wir dazu nicht mehr in der Lage sind. Gehen aber von dieser Kreisform an verschiedenen Stellen Ausläufer aus, so können wir annehmen, daß die betreffende Art sich in Bewegung setzen und neue Gebiete besiedeln will. Vielfach wird man aber auch außerhalb des normalen Verbreitungsgebietes einer Art noch isolierte Exclaven finden, die in zweifacher Weise gedeutet werden können. Entweder ist das Areal der betreffenden Spezies früher viel größer gewesen und hat bis zu diesen Verbreitungsinseln gereicht, dann hätten wir in ihnen das letzte Überbleibsel eines ehemals viel größeren Verbreitungsgebietes zu sehen. Oder aber die Art ist im Begriff, ihren Wohnsitz zu vergrößern, und hat Vorposten ausgesandt, die an besonders günstigen Orten sich für immer angesiedelt haben; es ist dann zu erwarten, daß in der Folgezeit die Art ihr Flugareal bis dahin ausdehnt. Um welchen der beiden Fälle es sich bei der Konstatierung einer solchen Verbreitungsinsel handelt, läßt sich schwer ohne weiteres entscheiden. Man unterscheidet die Arten, die nur in einem bestimmten Gebiet, z. B. auf einer Insel, vorkommen, als endemische von den Arten, die nicht nur in diesem Gebiet, sondern auch anderswo vorkommen, den apodemischen. Die Anzahl der endemischen Arten wird für ein gewisses Gebiet um so größer sein, je mehr es durch irgendwelche Umstände von seinen Nachbargebieten abgeschlossen ist, so daß ein Zuwandern landfremder Elemente so sehr wie möglich vermieden wird. Solche Trennung bewirken Meere, Gebirge, Wüsten, Ströme usw.

Worauf ist nun überhaupt der Wandertrieb der Schmetterlinge zurückzuführen? In gewissen Fällen erfolgt die Wanderung rein passiv; das geschieht, wenn ein Falter z. B. durch den Wind über das Meer verschlagen und auf irgendeiner Insel abgesetzt wurde. Handelte es sich dabei um ein befruchtetes Weibchen, oder haben sogar mehrere das gleiche Schicksal erlitten, so kann, wenn Klima und Vegetation geeignet sind, eine Neubesiedelung erfolgen. Ebenso können Baumstämme von den Meeresströmungen sehr weit verschlagen werden; an ihnen können Psychidensäcke angesponnen sein, in ihnen können Raupen oder Puppen von Cossiden, Arbeliden, Aegeriiden u. a. sich befinden, die, günstige Bedingungen vorausgesetzt, Hunderte von Kilometern von der alten Heimat entfernt eine neue Kolonie gründen können. Zur passiven Verbreitungsweise sind auch alle die Fälle zu rechnen, wo durch die menschliche Kultur eine Verschleppung von Faltern erfolgte. Außer diesen Modi sind aber auch viele Arten einer aktiven Verbreitung von Faltern beobachtet worden. Man kann da zunächst die Erscheinung beobachten, daß einzelne Falter bestrebt sind, in ein anderes Gebiet zu gelangen, das außerhalb ihres normalen Wohnsitzes liegt. Das findet besonders bei Schwärmern statt. Der Totenkopf, Oleanderschwärmer und Großer Weinvogel, alles südeuropäische Falter, ziehen alljährlich in einer Anzahl von Exemplaren nach Norden und gelangen so bis nach Norddeutschland. Im allgemeinen finden sie hier nicht die nötigen Existenzbedingungen; wohl pflanzen sie sich fort; aber eine dauernde Ansiedelung kommt nicht zustande. In jedem Jahr erfolgen aber immer wieder solche nordwärts gerichteten Züge, so daß die Arten bei uns fast als einheimisch angesehen werden können. Im Gegensatz dazu stehen aber alle diejenigen Fälle, in denen sich eine größere Anzahl von Individuen zusammenrottet und in mehr oder weniger großen Schwärmen fortwandert. Solche Wanderzüge sind auch bei unseren einheimischen Arten vielfach beobachtet worden, so bei *Pieris brassicae* L., *P. rapae* L. und *P. napi* L., *Pyrameis cardui* L., *Vanessa urticae* L., *Lymantria monacha* L., *Deiopeia pulchella* L., *Parasemia plantaginis* L., *Agrotis suffusa* Hb. und *segetum* Schiff., *Cucullia umbratica* L., *Plusia gamma* L., *Heliothis armigera* Hbn., *Hibernia defoliaria* Cl. und *aurantiaria* Esp., *Nommophila noctuella* Schiff. Viel häufiger und in ihrer Art auffallender sind solche Züge in den Tropen, wo sie bei den verschiedensten Arten schon festgestellt wurden, so u. a. bei *Catopsilia, Danais, Acraea, Libythea, Euploea, Delias*. Besonders häufig sind solche Schwärme bei *Danais* festgestellt worden, und es ist bemerkenswert, daß eine einzige Art dieser Gattung über sämtliche Erdteile sich verbreitet hat und selbst schon in Europa eingedrungen ist, wo die Nahrungspflanzen der Raupen nicht so häufig sind. (Alle *Danais*-Raupen fressen Asclepiadeen.) Wenn wir die verschiedenen Arten näher ins Auge fassen, bei denen solche Wanderungen schon öfter beobachtet wurden, so fällt uns auf, daß die größte Zahl von ihnen zu den Geopoliten gehört. Wir werden noch weiter unten auf den Geopolitismus zu sprechen kommen; es läßt sich hier aber nicht entscheiden, welche von beiden Erscheinungen — Geopolitismus und Wandertrieb — die primäre und welche die Folgeerscheinung ist. Mancherlei Gründe sind angegeben worden, aus denen die Wanderzüge erklärt werden sollten; aber eine endgültige Beweisführung ist noch für keinen derselben gelungen. Moriz Wagner, der Schöpfer der Migrationstheorie, auf die wir in dem Kapitel über die Umbildung der Arten (Seite 276) noch zurückkommen müssen, sieht als Ursache einen inneren Trieb, den Migrationstrieb, an: „Migration, das fortdauernde Streben einzelner Individuen, sich vom Verbreitungsgebiet der Stammart zu entfernen, um durch Kolonienbildung für sich und die Nachkommen bessere Lebensbedingungen zu erhalten." Wenn tatsächlich das Individuum ein solches Streben besitzt, ist allerdings nicht einzusehen, warum es sich mit anderen zu großen Schwärmen zusammenschließt. Bei den Tagfaltern ist das ja schließlich noch eher zu verstehen, da sie auch sonst sehr gesellig sind; das trifft doch aber nicht auf Nachtfalter zu. WAGNERS Migrationstheorie erklärt also, warum die Schmetterlinge überhaupt wandern, nicht aber, warum sie sich dabei zu großen Scharen zusammentun. Von anderer Seite ist wiederum der Futtermangel als Ursache angeführt worden. Man kann aber sehr oft beobachten, daß ein Schmetterlingszug auch da stattfindet, wo ersterer nicht besteht, während andererseits beim Massenauftreten mancher Arten, wie z. B. der Forleule, ein so großer Futtermangel herrschen kann, daß die Tiere ganz klein und kümmerlich bleiben, und doch kein Wanderzug erfolgt. Andere Forscher bringen diese Wanderungen mit dem Fortpflanzungsgeschäft in Verbindung. Es sollen das dann Männchen sein, die nach Weibchen suchen, da letztere vielleicht, durch ungewöhnliche klimatische Verhältnisse bedingt, in der Minderzahl sind. In gewissen Fällen ist tatsächlich beobachtet worden, daß der ganze Schwarm nur aus Männchen bestand; so wurden Züge von *Callidryas* und *Colias* konstatiert, die sich nur aus Männchen zusammensetzten. In weitaus den meisten Fällen waren aber doch beide Geschlechter in den Schwärmen vertreten. Wieder von anderer Seite wird dagegen eine gewisse nervöse Erregung bei den Faltern vorausgesetzt, die sie zu solchen Zügen veranlaßt. Mitunter bezieht sich das Zusammenhalten der Falter nicht nur auf den Flug, sondern auch auf die Ruhe. So verläßt *Danais plexippus* L. (*archippus* F.) im Herbst die nördlichen Teile der Vereinigten Staaten und geht südwärts bis Florida und Westindien. Sobald sich einige der Falter an Bäumen zur Ruhe setzen, hängen sich auch andere an sie an, so daß große Ballen und Girlanden entstehen. Man könnte hier beinahe geneigt sein, die ersten Vorstufen eines sozialen Instinktes bei den Faltern festzustellen. Unter Umständen scheint auch die Sorge um die Nachkommenschaft ein bedeutsames Moment für die Wanderungen zu sein. So wird von gewissen *Urania*-Arten berichtet, daß sie mehrere Wochen von Mexiko nach Texas ziehen, um dort ihre Eier abzulegen. Nachdem dies geschehen ist, kehren sie nach 5—6 Wochen stark dezimiert zurück, da viele Vögel solche Wanderzüge begleiten und viele der Falter vertilgen. In diesen Fällen ist der Wandertrieb sogar direkt ungünstig für die Erhaltung der Art, indem die Vögel durch das scharenweise Auftreten erst auf die Falter aufmerksam werden und sie mit viel größerer Leichtigkeit vernichten können. Es ist also, wie wir gesehen haben, das Problem der Entstehung der Wanderzüge noch nicht gelöst worden. Von mancher Seite werden sie deshalb überhaupt nicht als durch irgendwelche Lebensumstände bedingt angesehen; man glaubt, daß es vererbte Gewohnheiten sind, die auf die bei dem Heranrücken der Eiszeit notwendig gewordenen Wanderungen zurückgehen. Es war schon weiter oben auf die Parallele hingewiesen worden, die zwischen den Wanderzügen und dem Geopolitismus der betreffenden Arten bestand. Wir wollen auf die letztere Erscheinung noch etwas näher eingehen. Geopolitisch (fälschlich meist als kosmopolitisch bezeichnet) sind solche Arten, die auf dem größten Teil der Erde vorkommen, ohne irgendwie an bestimmte Örtlichkeiten gebunden zu sein. Das bekannteste Beispiel für Geopolitismus ist der Distelfalter *Pyrameis cardui* L., der überall gefunden wird, in den Tropen, in beiden gemäßigten Zonen bis zum Norden. Andere Fälle betreffen gewisse *Agrotis*- und *Heliothis*-Arten sowie die Kleinfalter *Nommophila noctuella* SCHIFF. und *Plutella maculipennis* CURT. Aber nicht in allen Fällen ist man berechtigt, von einem Geopolitismus zu sprechen. Es kommen als Beispiele für diese Erscheinung nur Arten in Frage, die erst in der rezenten Zeit sich so verbreitet haben. Wenn wir die Familie der Hepioliden untersuchen, so sind wir nicht berechtigt, sie als geopolitisch zu bezeichnen, obwohl sie auf allen Erdteilen vorkommt. Denn diese Verbreitung erfolgte in geologisch ältester Zeit, als noch Verbindungen zwischen den einzelnen Erdteilen bestanden, durch die eine Überwanderung stattfinden konnte. Als diese Brücken abbrachen, war eine Nachwanderung nicht mehr möglich, und die Gattungen und Arten entwickelten sich divergent. Dasselbe gilt für die Gattung *Libythea*, die ebenfalls in allen Erdteilen vorkommt. Ursprünglich in Afrika zu Hause, verbreitete sie sich über damals noch existierende Landverbindungen nach Europa, von dort nach Nordamerika und gelangte so bis an die Nordspitze von Südamerika, während ein zweiter Wanderzweig nach Indien und von dort über die malaiischen Inseln bis nach Australien gelangte. Ähnliche Verbreitungsstadien können wir bei den Cossiden feststellen. In keinem dieser Fälle sind wir berechtigt, von einem Geopolitismus der betreffenden Familie zu sprechen. Dieser findet sich überhaupt nie bei sämtlichen Angehörigen einer Familie, sondern nur bei einigen wenigen Arten derselben. So sind auch beide Arten der erdweiten Verbreitung von ganz verschiedener Bedeutung für unsere stammesgeschichtliche Erkenntnis. Alte Familien, die über die ganze Erde verbreitet sind, geben uns durch die verschiedenen Orte ihres Vorkommens wertvolle Aufschlüsse über das verwandtschaftliche Verhältnis der einzelnen Gattungen und Arten zueinander, über ihr paläontologisches Alter, über die Art ihrer Wanderungen und viele andere Probleme. Der echt geopolitische Distelfalter oder *Plutella maculipennis* CURT. lassen aus ihrem Auftreten keinen einzigen dieser Schlüsse zu; alle echten Geopoliten sind für phyletische Untersuchungen nicht im geringsten geeignet. In vielen Fällen kann man wohl annehmen, daß der Mensch den Geopolitismus bewirkte oder doch wenigstens begünstigte; das Vorkommen von *Pyrameis cardui* L. zum Beispiel in Südamerika wäre doch anders wohl kaum erklärlich.

Geopolitismus kann im allgemeinen nur bei solchen Arten auftreten, die imstande sind, auch unter abweichenden Lebensbedingungen sich zu erhalten. Die Fähigkeit zum Geopolitismus ist aber nicht zu verwechseln mit der Plastizität einer Art. Im letzteren Falle kann diese sich ebenfalls unter ganz veränderten Existenzbedingungen halten; aber das geschieht, indem sie sich an diese anpaßt, ihre früheren Gewohnheiten also aufgibt und neue annimmt. Die Folge davon ist eine starke Abweichung von der Stammart des Heimatgebietes, die sich nicht nur in physiologischen Veränderungen äußert, z. B. im Nahrungswechsel der Imago und der Raupe, sondern selbst in morphologischen Verschiedenheiten, wie solchen der Flügelgestalt, Färbung und Zeichnung. Man wird dann stets imstande sein, auf Grund der Untersuchung der betreffenden Art anzugeben, von wo die fraglichen Stücke stammen. Wir haben hier also auch eine erdweite Verbreitung der Spezies, aber diese zeigt sich in Rassenbildung als nicht ohne Einfluß auf das Tier. Ganz anders ist es beim Geopolitismus. Hier ist eine Plastizität nicht mehr vorhanden, im Gegenteil zeichnen sich Geopoliten immer durch eine bedeutende Starrheit ihrer Eigenschaften aus, so daß selbst die abweichendsten Lebensbedingungen keine Veränderung herbeiführen. Derselbe Falter sieht dann im polaren Gebiet wie im Hochgebirge und in den Tropen, in Wüsten und wassergeschwängerten Flußtälern im wesentlichen immer gleich aus. Das beruht darauf, daß seine Fähigkeit, auf die verschiedensten Lebensbedingungen zu reagieren, von vornherein sehr groß ist, so daß nicht erst solche Fähigkeiten bei veränderter Umwelt neu erworben werden müssen. Es sind die in Frage kommenden Arten also physiologisch indifferent. Da eine solche Erscheinung bei Schmetterlingen sehr selten vorkommt, ist die Anzahl der wirklich geopolitischen Arten nur sehr gering. Wir können also sagen, daß die Voraussetzung für Geopolitismus eine physiologische Indifferenz ist. Wenn wir damit die Voraussetzung gefunden haben, ist doch noch nicht die eigentliche Veranlassung gegeben. Hier werden sicherlich irgendwelche noch nicht erforschte Vorgänge eine Rolle spielen. Es fällt auf, daß als Geopoliten nur solche Arten auftreten können, die mehr als eine Generation im Jahre haben. Noch ist keine Art bekannt geworden, bei der Geopolitismus mit Einbrütigkeit Hand in Hand ginge. Es erscheint bis jetzt noch ganz unmöglich, eine Erklärung für diese parallelen Erscheinungen zu geben.

Im Gegensatz zum Geopolitismus stehen nun alle diejenigen Fälle, wo Schmetterlinge nur ein sehr begrenztes Verbreitungsareal haben. Wir haben in bezug auf die einzelnen Arten schon über die Ursachen dieser Erscheinungen gesprochen und gefunden, daß sie durch eine Kombination von abweichenden klimatischen Verhältnissen mit der Herkunft der betreffenden Art erklärt werden können. Es verlohnt aber auch, einen Blick auf die höheren Kategorien des Systems der Falter zu werfen, so auf die Verbreitung der einzelnen Familien über die Erde. Es lassen sich da Besonderheiten feststellen, die nicht ohne weiteres aus den abweichenden Lebensbedingungen abgeleitet werden können. Natürlich ist es nicht möglich, daß ein tropischer Falter Afrikas in Norddeutschland fliegt, wie auch ein Polarschmetterling nicht in der Wüste Sahara fortkommen kann. Daneben fragt man sich aber auch, warum manche Falter auf Australien allein beschränkt sind und auf den hinterindischen Inseln nicht vorkommen, während beide Örtlichkeiten so viel miteinander gemein haben und andere Falterfamilien tatsächlich in beiden gefunden werden. Solche Erscheinungen eines isolierten Vorkommens können ganz verschiedenartige Ursachen haben. Wir machen uns das am besten klar an zwei amerikanischen Schmetterlingsfamilien, den Megalopygiden und den Dioptiden. Die ersteren sind ganz auf Amerika beschränkt und kommen dort in zahlreichen Gattungen und Arten vor. Die zwei afrikanischen Gattungen

Psycharium mit einer und *Somabrachys* mit drei Arten fallen gegenüber der großen Formenfülle, besonders Südamerikas, nicht ins Gewicht. Eine gleiche Beobachtung können wir bei den Dioptiden machen. Sie sind ebenfalls auf den einen Erdteil, vorwiegend Südamerika, beschränkt und kommen dort in ungeheurer Mannigfaltigkeit vor. Also in beiden Fällen haben wir dieselbe Erscheinung, nämlich Beschränkung auf ein bestimmtes Gebiet und dort weitgehende Entwicklung. Die Ursachen dazu sind aber verschieden, besonders wenn wir die stammesgeschichtliche Vergangenheit ansehen. Die Megalopygiden hatten wahrscheinlich früher eine sehr weite Verbreitung; als dann die Verbindungen der einzelnen Erdteile untereinander abbrachen und vielerorts ganz andere Lebensbedingungen auftraten, gingen in allen anderen Erdteilen die Angehörigen dieser Familie zugrunde oder blieben nur in geringen Resten übrig, wie in Afrika. In Südamerika waren aber gewisse Umstände gegeben, die die Entwicklung der Familie außerordentlich förderten, wodurch sie zu dem jetzigen Stande ihrer Ausbildung gelangte. Anders ist es aber bei den Dioptiden. Es handelt sich hier um eine Familie, die sicher früher keine weitere Verbreitung hatte, sondern in den ältesten Zeiten noch nicht bestand und sich erst in relativ später Zeit entwickelte. Im ersten Fall haben wir also in der isolierten Verbreitung einer Familie die Reste einer früheren allgemeinen Verbreitung zu sehen, im zweiten Fall handelt es sich um eine autochthone Faltergruppe, die an bestimmten für sie geeigneten Plätzen erst entstand und sich ausbildete. Bei erdweiter Verbreitung der Familien können sich ebenfalls Unterschiede herausbilden; manche derselben kommen in allen Erdteilen vor, weisen aber untereinander in den verschiedenen Gebieten wenig Abweichungen auf; so ist es bei den Tagfaltern und den Hesperiiden. Andere wiederum haben sich in den einzelnen Gegenden so stark differenziert, daß man sie kaum noch als zu einer Familie gehörig ansehen kann; selbst so wesentliche Merkmale wie das Vorhandensein oder Fehlen der Analis kann in derselben Familie wechseln. Das bekannteste Beispiel dafür sind die Zygaeniden. Sie haben in den verschiedenen Gebieten so eigenartige Unterfamilien ausgebildet, daß letztere früher für eigene Familien gehalten wurden; so entstanden im orientalischen (und afrikanischen) Gebiet die Chalcosiinen und Himantopterinen, im afrikanischen die Pompostolinen, und auch die amerikanische Unterfamilie weicht sehr stark von den anderen ab. Es läßt sich gewöhnlich feststellen, daß diese Erscheinung immer da auftritt, wo hohes geologisches Alter mit einer starken Plastizität der Eigenschaften vereinigt vorkommt. Nicht immer ist es nur die durch geographische Separation bedingte Isolierung, die bestimmend auf die Weiterentwicklung der Falter einwirkt. Wir wissen z. B. von Neukaledonien, daß die Arten, die sich dort angesiedelt haben, zum größten Teil im Degenerationszustande sich befinden und „Hungerrassen" ausgebildet haben. Es sprechen dabei auch alle anderen klimatischen und bionomischen Verhältnisse mit.

Sicherlich gibt es eine ganze Anzahl von Faktoren, die die Wanderung und damit die Verbreitung von Arten beeinflussen, und die wir jetzt noch nicht kennen, obwohl uns gewisse Anhaltspunkte schon gegeben sind. Es soll darüber nur noch mitgeteilt werden, daß sehr viele Wanderflüge in einer gewissen Beziehung zum Meere stehen. Bei uns werden z. B. am häufigsten die Kohlweißlingszüge an den Küsten der Nord- und Ostsee beobachtet. Es ist nicht anzunehmen, daß dort gerade ein besonderer Nahrungsmangel herrscht, oder daß die oben angeführten vermuteten Ursachen dort stärker ausgeprägt sind. Das gilt nicht nur für die Wanderung von Individuen, sondern auch für die Verbreitung einer Art überhaupt. Eine gute Kennzeichnung dieser Verbreitungstendenz gibt uns die Art der Einwanderung von *Eupithecia sinuosaria* Ev. Nach den Ermittlungen von WAHLGREN (1922) stammt die Art aus Sibirien (nach PETERSEN vom Ural). Um 1880 trat sie bei Moskau, 1891 bei Petersburg, 1892 an der Grenze Finnlands und der Ostseeprovinzen auf; 1895 wurde sie auf den Karelen gefunden, 1900 schon in Litauen, Ostpreußen und Bornholm, 1902 in Norwegen und Jütland. Wir können hier also eine ausgesprochen aktive Wanderung der Art feststellen, die zunächst auf die Küste der Ostsee gerichtet war und sich an dieser entlang dann fortsetzte. Es ist wohl in diesem Zusammenhang auch die merkwürdige Erscheinung anzuführen, daß England und Schottland sehr viele Arten mit Skandinavien und Finnland gemeinsam haben, die in allen Teilen Europas sonst fehlen; vielfach fanden sich indes dieselben Arten noch in den Ostseeprovinzen und in Ostpreußen. Es läßt sich daraus ohne weiteres der Schluß ableiten, daß auch diese Arten auf ihrem Einwanderungswege von Osten zunächst danach strebten, das Meer zu gewinnen; nachdem sie dieses erreicht hatten, wanderten sie an seinen Ufern entlang und kamen so bis zu den britischen Inseln, die damals noch mit dem Kontinent zusammenhingen.

Von anderer Seite ist als ein Faktor des Massenauftretens und damit zusammenhängend der Verbreitung von Schmetterlingen das Auftreten von Sonnenflecken angesprochen worden. Es sind da von SIMROTH Beobachtungen gemacht worden, nach denen er in Sonnenfleckenperioden eine besondere Häufigkeit von *Colias* und *Acherontia* feststellte. Dieser Annahme ist mit der Begründung widersprochen worden, daß sich dann eine gesteigerte Individuenzahl auch in anderen Fällen hätte beobachten lassen müssen. Es ist wohl als sicher anzunehmen, daß größere Störungen in der Sonnenbestrahlung auch von irgendwelchem Einfluß auf Pflanzen und Tiere sein können. Dabei ist nicht notwendig, daß alle Falter davon betroffen werden müssen; es gibt immer Arten, die auf meteorologische Veränderungen stärker reagieren als andere. So können wir nach nassen Wintern mit wenig Frost stets eine Abnahme des Falterlebens beobachten; aber immer finden sich dann auch einige wenige Arten, die gerade dann im folgenden Jahre in großer Anzahl vorkommen. So ist es durchaus möglich, daß *Colias* und *Acherontia* von Änderungen in der Bestrahlung, wie sie bei der Bildung von Sonnenflecken auftreten, stärker beeinflußt werden als andere Schmetterlinge. Doch müßten solche Untersuchungen erst eine große Reihe von Jahren hindurch angestellt werden, wobei sorgfältig die Jahre zu notieren wären, in denen ein Massenauftreten ohne gleichzeitige Bildung von Sonnenflecken erfolgt. Erst dann ist man imstande, eindeutige Schlußfolgerungen zu ziehen. Selbst wenn dann ein zahlreiches Vorkommen festgestellt wird, ist doch eine weitere Verbreitung damit noch nicht notwendig verbunden.

Viel mehr als die natürlichen tragen künstliche Lichtquellen zur Verbreitung der Falter bei. Durch das intensive Licht der Großstädte wird die Umgebung derselben entvölkert, und andererseits können bestimmte Punkte, die durch eine solche Lichtanlage ausgezeichnet sind, Falter anziehen und in ihrer Nähe zur Ansiedlung bringen. In dieser Hinsicht scheint besonders die Bedeutung der Leuchttürme ein nicht unwesentlicher Faktor zu sein, den man bei den Ursachen der Besiedlung von Inseln mit ansetzen muß. Da vom Licht nicht nur Männchen, sondern auch Weibchen angelockt werden, ist eine dauernde Koloniebildung sehr gut möglich. Es spielt dann bei der Verbreitung eine viel höhere Rolle als die Wanderzüge, an denen nur Männchen teilnehmen.

Im Zusammenhang mit der Verbreitung soll noch die Frage erörtert werden, wieweit die Umgebung des Falters seinen Habitus verändert. Man hat behauptet, daß an bestimmten Orten (Südamerikas z. B.) sich vorwiegend schwarz und gelb gezeichnete Arten, an anderen, oft nicht weit entfernten dagegen nur blaue und rote Arten sich fänden. In der Tat ist es oft ganz erstaunlich, in wieviel Familien dieselben Färbungen in manchen südamerikanischen Gegenden vorkommen. So finden sich solche auffallend schwarz und gelb gezeichneten Arten bei Heliconiden, Riodiniden, Hesperiiden, Agaristiden, Geometriden, Dioptiden, Arctiiden, Syntomididen und Pyraliden. Besonders die fünf letzteren Familien haben eine stattliche Anzahl von Arten, die in Größe, Zeichnung und Färbung so sehr übereinstimmen, daß man die Tiere nach dem Habitus nicht unterscheiden kann und erst morphologische Untersuchungen z. B. des Geäders oder der Tympanalorgane vornehmen muß, bevor man über die Familienzugehörigkeit einer Art entscheiden kann. Da wohl keine der Arten irgendwie als Modell für ungiftige Arten dient, kann man sich der Ansicht nicht verschließen, daß vielleicht doch ein solcher Einfluß der Örtlichkeit besteht, wenn wir auch nicht wissen, in welcher Weise er wirksam ist. Es müssen hier selbstverständlich alle die Färbungscharaktere ausscheiden, die auf Anpassung beruhen, wo also der ungeschützte Nachahmer die Zeichnung und Färbung eines ungenießbaren Modells annimmt, oder wo der Schmetterling sich seiner Umgebung anpaßt, wie z. B. alle Wüstenfalter eine Vorliebe für graue oder braune Färbung zeigen. Auf diese Eigentümlichkeiten werden wir in dem Kapitel über Mimese später noch näher eingehen; es lassen sich jedoch, wenn man diese mimetischen Ähnlichkeiten in Abzug bringt, immer noch eine Fülle von Übereinstimmungen in den Färbungsanlagen feststellen, die nicht auf mimetischen noch auf genetischen Beziehungen beruhen, und für die wir jetzt noch eine Erklärung schuldig bleiben müssen.

Schließlich muß auch noch erwähnt werden, daß bei den Raupen ebenfalls ein gewisser Wandertrieb vorhanden ist. Er äußert sich unter normalen Umständen besonders bei sozial lebenden Arten in einer Wanderung vom gemeinsamen Nest zum Futterplatz und zurück. Ist der letztere abgeweidet, so wandert die ganze Schar zum nächsten geeigneten Ort. Aber auch bei den nicht sozial lebenden Arten sind zuweilen Wanderzüge beobachtet worden, wenn auch nicht in dem Umfange wie bei manchen Fliegenlarven, deren Züge als „Heerwurm" schon oft aufgefallen sind. So sind solche Wanderungen bei den Raupen von *Pieris brassicae* L. festgestellt worden; hier ist die Ursache dazu wohl aber sicher mit Nahrungsmangel zu begründen.

Eine besondere Stellung für die Verbreitung von Schmetterlingen nehmen die Biocoenosen ein, die Lebensgemeinschaften, in denen eine Art auftritt. Die Falter, die im Walde leben, sind ganz andere wie die des Brachfeldes. Im Kiefernwalde leben wieder andere Arten wie im Laubwalde; am Rande des Waldes kommen andere Arten vor wie in der Mitte desselben. Die Wiese, der Acker, der Sumpf, das Moor, die Wüste, der Felsen, das Flußufer, jede Formation hat ihre ihr eigentümlichen Arten, die in der anderen nicht vorkommen. Es beruht das nicht allein auf der verschiedenen Raupennahrung; denn manche der Arten, die nur im Walde selbst vorkommen, besitzt Raupen, die nicht nur Waldgräser, sondern auch Wiesengräser annehmen. Wir wollen nicht im einzelnen auf diese Biocoenosen eingehen; wer sich mit diesem Gegenstand näher befassen will, sei auf das ebenfalls in der Reihe der Studienbücher von Hedicke erscheinende Werk hingewiesen, das über diese Fragen erschöpfende Auskunft gibt. Nur sei auf eine bemerkenswerte Biocoenose hingewiesen, nämlich die der Salzfauna. Wir haben an den Küsten der Ost- und noch mehr der Nordsee ganz eigenartige Falter, die im allgemeinen sonst im Binnenlande nicht vorkommen. Es sind das meist Arten, deren Raupen an sogenannten „Salzpflanzen" leben, an Gewächsen also, die nur dort gedeihen, wo ein bestimmter Gehalt des Bodens an Salz gegeben ist. Wir nennen solche Falter „halophile" Lepidopteren. Solche finden sich besonders unter den Kleinschmetterlingen reichlich vertreten; sie sind angewiesen auf das Vorkommen von Salicornia, Aster tripolium und anderen Salzpflanzen. Nun gibt es aber auch im Binnenlande an wenigen meist streng umgrenzten Stellen solche Salzpflanzen, Anzeichen dafür, daß dort der Boden eine gewisse Menge von Salz enthält, und dort siedeln sich dann auch die typisch halophilen Schmetterlinge an. Es läßt sich mit Sicherheit schon entscheiden, wenn man eine Binnenlandausbeute an Faltern untersucht, ob an dem betreffenden Orte salzhaltiger Boden besteht, wenn man einige wenige halophile Schmetterlinge darin findet. *Bucculatrix maritima* Stt., die in Strandaster als Raupe miniert, und *Lita salicorniae* Hering sind sichere Wegweiser auf salzhaltige Stellen. Es besteht wohl kein Zweifel, daß an allen den Stellen, wo jetzt solcher salzhaltiger Boden oder gar Salztümpel und -quellen sich befinden, früher das Meer noch gestanden hat, daß dann beim Rückzuge desselben das Wasser verdunstete und so das Salz in den Boden eindrang, der dann die Grundbedingung für das Auftreten von salzliebenden Pflanzen wurde. Es geht nun aber nicht an, daß wir den Ursprung der halophilen Schmetterlinge bis in die Zeit zurückverlegen, wo noch ein Zusammenhang zwischen dem Meer und den Salzstellen bestand. Vielmehr werden sich die betreffenden Falter erst nachträglich vom Meeresstrand nach salzhaltigen Stellen des Binnenlandes verbreitet haben, wobei der zurückgelegte Weg oft recht groß ist und trotzdem von den oft recht kleinen Faltern mit geringer Flügelgeschwindigkeit überwunden wurde. Berühmte Salzstellen des Binnenlandes sind die von Artern und Sülldorf bei Magdeburg. Eine ebenfalls interessante Biocönose stellen die Torfmoore dar; sie enthalten gewöhnlich Arten, die man sonst überall vergeblich sucht, und die oft mit denen des hohen Nordens oder der Hochgebirge übereinstimmen. Hier sind es ebenfalls meist spezifische Torfmoorpflanzen, die die ausschließliche Nahrung der betreffenden Raupe bilden; so ist *Colias palaeno* L. in seiner Verbreitung ganz auf eine Torfmoorpflanze angewiesen; *Arichanna melanaria* L. lebt ebenfalls nur an dieser Torfheidelbeere *Vaccinium uliginosum* und an *Ledum*, das dieselben Standorte hat. Unter Umständen wird aber der Charakter einer Biocönose nicht allein vom Pflanzenwuchs bedingt, und dementsprechend sind die Falter, die zu ihr gehören, nicht so unmittelbar von der Vegetation abhängig. So sind die *Teracolus*-Arten Bewohner dürrer, steiniger und trockener Gegenden in Nordafrika und Nordamerika, obwohl sie anderwärts ebenfalls Angehörige der Familie ihrer Nährpflanzen finden. Sie sind in viel höherem Grade von den klimatischen Voraussetzungen abhängig als Bewohner anderer Lebensgemeinschaften. Die Biocönose einer jeden Art ist auch bedeutsam für ihre Verbreitung. So bilden die Wüstengürtel eine Linie, auf der sich bestimmte *Teracolus*-Arten weiter ausbreiten können. Ausgedehnte Waldgebiete ermöglichen den im Walde lebenden Arten eine weite Verbreitung, da diese Lebensgemeinschaft ihnen nicht nur Nahrung, sondern auch Schutz gewährt, so daß eine Vergrößerung des Areals nach allen Richtungen hin erfolgen kann. Bei der typischen Falterwelt der Flußufer dagegen liegen die Verhältnisse anders; hier kann eine Wanderung der Arten nur längs der Ufer des Flusses und nicht nach allen Richtungen hin erfolgen. Es läßt sich für viele Schmetterlinge feststellen, daß sie längs unserer großer Ströme gewandert sind. Viel schwieriger ist aber die Verbreitung bei Arten der nur insular vorkommenden Biocönosen, zu denen beispielsweise unsere Moore gehören. Wenn ein solches Moor nicht noch von ältester Zeit her besiedelt ist, wo die fraglichen Arten noch ein allgemeineres Vorkommen besaßen, ist eine Gründung einer neuen Kolonie nur in den seltensten Fällen zu erwarten. Die Entfernungen sind meistens zu groß, als daß sie von den Schmetterlingen ohne weiteres überbrückt werden könnten, und die in Frage kommenden Areale sind meist viel zu klein, als daß eine zufällige Einwanderung erfolgen könnte. So kommt es, daß wir bei uns eine ganze Anzahl von Mooren haben, auf denen wir verschiedene Moorfalter vergeblich suchen, obwohl die Bedingungen für ihr Auftreten sowohl in bezug auf das Klima wie auch bezüglich der Vegetation gegeben sind. Es besteht dort aber immer noch die Möglichkeit, daß in späterer Zeit infolge natürlicher oder künstlicher Besiedlung die Arten dort vorkommen können. Dasselbe gilt auch für die ebenfalls isoliert vorkommenden pontischen Hügel und Salzstellen.

Endlich sollen noch zwei Tatsachen erwähnt werden, die die mittelbare Beeinflussung der Verbreitung unserer Schmetterlinge durch den Menschen zeigen. Man kann feststellen, daß die Eisenbahnlinien und die Kanalanlagen für viele Falter die Möglichkeit einer schnelleren Verbreitung schaffen. Das geschieht einmal, indem die Futterpflanzen zuerst den Weg längs der Bahn einschlagen, um weiter vorzudringen. Die Flora der Bahndämme ist ganz charakteristisch; vielfach werden ausländische Arten an ihnen in großer Menge gefunden; es braucht da nur an die blauen Lupinen, an gewisse Fingerkraut- und Cruciferenarten erinnert zu werden, dann aber auch an die Hecken, die man vielfach den Damm entlang gepflanzt hat. Hier finden die Raupen ein reichliches Futter, und die betreffende Art geht in ihrer Verbreitung immer am Bahndamm entlang. Genauere Untersuchungen über diese Art der Verbreitung sind bisher nur bei *Euproctis chrysorrhoea* L. gemacht worden, wo festgestellt wurde, daß das schädliche Massenauftreten in einem Jahre dem Bahndamm mancher Strecken parallel lief. Das gilt sinngemäß auch für die verschiedene Flußgebiete verbindenden Kanäle.

Zwölftes Kapitel.

Generationswechsel und Polymorphismus.

Die Entwicklungsdauer, also die Zeit, die von der Eiablage bis zum Ausschlüpfen des Falters aus der Puppe vergeht, ist bei den verschiedenen Arten sehr verschieden. Wir haben schon erwähnt, daß der Weidenbohrer *Cossus cossus* L. mehrere Jahre zu seiner Entwicklung braucht; das gleiche gilt für viele Aegeriiden. Wir hatten aber die Ursache dieser Erscheinung in der Qualität des Substrates der Raupe gesehen; das Holz ist nicht in der Weise ausnutzbar wie andere Pflanzenteile, wie Blätter oder Früchte; deshalb ist die Größenzunahme bei relativ langem Zeitraum nur gering, und es ergibt sich die Notwendigkeit, den Lebenszyklus um ein oder mehrere Jahre zu verlängern. So haben wir eine relative Länge des Larvenstadiums bei fast allen xylophagen Arten, und es gibt wohl kaum eine holzfressende Raupe, die ihre Entwicklung vom Ei bis zur Imago in einem Jahre vollenden kann. Dies gilt natürlich zuerst nur für unsere europäischen Arten; in den Tropen, wo die Verhältnisse vielfach ganz anders liegen, sind noch nicht ausreichende Untersuchungen angestellt worden, die eine Verallgemeinerung dieser Frage zulassen würden. Aber auch in anderen Fällen kann sich die Entwicklung einer Art über mehrere Jahre hinziehen. Wir müssen hier natürlich absehen von allen den Tatsachen, die nur ein Überliegen der Puppe darstellen; wir haben schon früher festgestellt, daß es nie die Regel ist, sondern nur gelegentlich auftritt und in einer gewissen Beziehung zu klimatischen Besonderheiten steht. Es ist aber auch bekannt, daß viele Psychiden mehr als ein Jahr zu ihrer gesamten Entwicklung benötigen und auch bei den Zygaeniden tritt diese Erscheinung auf. Hier ist nun besonders bemerkenswert, daß, wie BURGEFF (1921) beobachtete, der ganze Lebenszyklus vom Ei bis zur Imago sich innerhalb eines Jahres vollziehen kann. Es kommt aber doch vor, daß er mehr als ein Jahr in Anspruch nimmt, und das sogar bei Tieren, die von denselben Eltern wie die ersteren stammten. Über die bei diesen gegen die Norm überwinternden Raupen auftretenden Sondererscheinungen in der Häutungsweise ist schon Seite 78 gesprochen worden. Dieselben *Zygaena*-Arten durchlaufen im Süden ihren Entwicklungsgang zweimal. Wir haben im ersten Fall bei derselben Art, innerhalb eines Jahres 1, im zweiten 0 und im dritten 2 Generationen von Faltern. Es läßt sich nun ein ganz charakteristischer Unterschied in der Größe feststellen; die größten Falter erhält man aus Raupen, die mehrere Jahre zur Entwicklung gebraucht haben, die kleinsten in dem Fall, wo sich zwei Generationen innerhalb eines Jahres ausbildeten. Das ist nicht ein Spezialfall, der nur auf die *Zygaena*-Arten zutrifft, sondern dem liegt eine Gesetzmäßigkeit zugrunde, die sich auf alle Schmetterlinge anwenden läßt. Dieses von STANDFUSS entdeckte Gesetz über die Entwicklungsdauer besagt, daß mit der Länge der Entwicklungsdauer die Größe des erzielten Falters zunimmt. Es bezieht sich in den meisten Fällen auf den Gesamtkörper des Falters einschließlich der Flügel; von den letzteren allein wird man bei den Arten nicht schließen dürfen, wo die Flügel im Verhältnis zum Leib sehr stark entwickelt sind. Wir können aus diesem STANDFUSSschen Entwicklungsgesetz z. B. bei den riesigen australischen *Duomites*-Arten auf eine mehrjährige Dauer des Lebenszyklus schließen; ihre Zugehörigkeit zu den Cossiden, also Xylophagen, gibt uns dann eine weitere Bestätigung dieser Tatsache.

Ein weiterer Faktor, der auf die Länge der Larvenstadien nicht ohne Einfluß ist, kann die phylogenetische Stellung der betreffenden Art sein. Untersuchen wir die Arten, deren Lebensdauer als Raupe sich über mehrere Jahre hinzieht, also Cossiden, Psychiden, Zygaeniden, so sehen wir, daß es sich hier um Familien handelt, die in vieler Beziehung als sehr ursprünglich angesehen werden müssen. Stellen wir ihnen andererseits die Arten gegenüber, welche im Sommer in allerkürzester Zeit ihre Entwicklung beenden, so wie es bei vielen Tagfaltern geschieht, so sehen wir, daß es sich hier um stammesgeschichtlich junge Formen handelt. Auch hier haben wir ein allgemeines Gesetz, das sich auf alle Familien der Falter anwenden läßt, daß nämlich stammesgeschichtlich alte Formen eine längere Entwicklungsdauer haben als modernere Arten. Es darf natürlich nicht der Fehler gemacht werden, daß man Arten aus ganz verschiedenen Klimazonen miteinander vergleicht und so eine Art, die im hohen Norden lebt und nur eine Generation hat, mit einer tropischen Art in Beziehung bringt, die ihre zwölf Generationen im Jahre hat. Wenn man hier vergleichend vorgehen will, darf man nur Arten untersuchen, die im gleichen

Klima und möglichst in der gleichen Höhenlage vorkommen. Aus den beiden gefundenen Gesetzen ergibt sich durch Kombination das dritte: Arten, die sehr groß sind, kann man als ursprüngliche auffassen, kleinere Arten sind spezialisierte Formen. R. MELL (1922) hat erstmalig es unternommen, diesen Satz an den Verhältnissen der südchinesischen Sphingiden nachzuweisen, wo tatsächlich die Riesenformen sich als die stammesgeschichtlich ältesten, die Pygmäen als modernisiertere Formen erweisen. Wie schon oben erwähnt wurde, gelten die Begriffe groß und klein hier nur in bezug auf den Körper der Falter; wir können nicht die zu den Noctuiden gehörige riesige *Thysania agrippina* CR. als eine sehr alte Form auffassen, nur weil sie eine so große Flügelspannung besitzt. Wohl aber gilt das für die australischen Cossiden und Hepialiden und gewisse Sphingiden. Man wird das Gesetz zweckmäßig nur so anwenden, daß man danach Falter derselben Familie vergleicht; wenn man Angehörige verschiedener Familien auswählt, kommt man meistens zu falschen Resultaten. Es wäre ganz unmöglich, die Gattung *Micropteryx* z. B. als stammesgeschichtlich jünger hinzustellen im Vergleich mit der Gattung *Papilio*. — Im allgemeinen verläuft die Entwicklung in den Tropen bedeutend schneller als bei uns; es ist aber zu berücksichtigen, daß anscheinend oft eine Verlängerung des einen Stadiums auf Kosten des anderen erfolgt. So beobachtete MELL, daß die Arten mit nur sehr kurzem Puppenstadium ein langes Raupenstadium besaßen und umgekehrt. Die kürzeste von ihm beobachtete Puppenruhe betrug fünf Tage, das kürzeste Raupenstadium 9,5 Tage. Es wurde einmal bei einem Raupenleben von 70 Tagen eine Puppenruhe von 10 Tagen festgestellt. Gewöhnlich wird im Verlaufe der Entwicklung zunächst das Puppen-, später auch das Raupenstadium verkürzt.

Die Anzahl der Generationen ist natürlich bei den spezialisierten Formen in den Tropen viel größer als bei uns. In unseren Breiten sind gewöhnlich nur 1—3 Generationen festzustellen, und das variiert auch noch nach der Lage, so daß bei süddeutschen Arten zuweilen eine Generation mehr vorkommt als bei norddeutschen. Nur diejenigen Arten, die in menschlichen Behausungen leben, wie die Kleider-, Mehl- und Kornmotten, können infolge der gleichbleibenden Existenzbedingungen noch mehr Generationen haben. Zuweilen tritt auch abnormerweise eine überzählige Generation auf, so in heißen Sommern bei manchen Tagfaltern. Wir hatten schon erwähnt, daß wir die Arten mit nur einer Generation als die stammesgeschichtlich älteren ansehen. Es läßt sich weiterhin wohl feststellen, daß bei den einbrütigen Arten diejenigen die älteren sind, die im Vergleich zur Puppenruhe das längste Raupenstadium haben. Kurzes Puppenstadium und langes Raupenleben charakterisieren einen primitiveren Typus. Wir erinnern uns da wieder an die schon genannten Psychiden, Zygaeniden und Cossiden, müssen dabei aber noch an einige andere Fälle denken. Die *Eriocrania*-Arten minieren im Mai in Birkenblättern; Ende Mai verlassen sie schon das Blatt und gehen in die Erde, wo sie bis zum nächsten Frühjahr unverwandelt liegen bleiben, ohne irgendwelche Nahrung zu sich zu nehmen. Nach einer Puppenruhe von wenigen Tagen schlüpft dann der Falter aus. Ganz ähnlich verhalten sich manche primitive Hymenopteren, nämlich viele Blattwespen. Hier wie dort könnte die Raupe, da sie doch keine Nahrung mehr aufnimmt, sich alsbald zur Puppe verwandeln, wodurch, wenn dann der Falter bald schlüpft, noch eine zweite oder gar eine dritte Generation im gleichen Jahre möglich wäre. Aber *Eriocrania* ist eine der primitivsten Gattungen, und es steht die Einbrütigkeit wohl in irgendeiner Weise mit dieser Eigenschaft im Zusammenhang. Bei den höher entwickelten wird das Puppenstadium auf Kosten des Raupenlebens verkürzt; es findet sich dann gewöhnlich die Erscheinung, daß die Puppenruhe in den Winter verlegt wird, so daß die ohnehin erzwungene Pause der Puppe zugute kommt. Also können wir weiter feststellen, daß bei primitiven Arten die Raupe, bei spezialisierteren die Puppe überwintert. Das beruht nicht etwa spezifisch auf der Winterkälte; dieselben Erscheinungen können in Gegenden mit sehr heißem und trockenem Klima mitten im Hochsommer eintreten, wo nämlich ebenfalls eine Ruhepause eintritt, die man als Übersommerung bezeichnet. Also weder Hitze noch Kälte, sondern allein das durch die Umstände erzwungene Ruhestadium wird in einem Falle der Puppe, im anderen der Raupe zugeführt. Wenn wir uns dieses verschiedenartige Verhalten erklären wollen, müssen wir bedenken, daß die Lepidopteren einen holometabole Entwicklung haben, daß sie aber sicher von Formen mit hemimetaboler Entwicklung abstammen. Wir mögen uns an die Seite 92 erwähnten Unterschiede in den beiden Metamorphosen-Modi erinnern; bei der hemimetabolen Entwicklung setzen die Umbildungen, die die Larve in die Imago verwandeln sollen, schon sehr frühzeitig ein, während in Ordnungen mit holometaboler Metamorphose diese Umwandlungen während des Larvenlebens kaum merklich sind und erst später im Puppenstadium mit großer Plötzlichkeit sich vollziehen. Bei der Hemimetabolie ist die Larve am Ende ihres Daseins unmittelbar vor dem Ruhestadium (das hier immer ganz außerordentlich kurz ist) schon sehr der Imago ähnlich, während bei der Holometabolie die Larve vor Beginn des Ruhestadiums noch (besonders auch innerlich!) ganz wenig von den ersten Larvenstadien verschieden und fast gar nicht der Imago genähert erscheint. So werden bei den hemimetabolen Insekten sehr viele der Prozesse, die bei den holometabolen sich in der Puppe vollziehen, namentlich die Ausbildung der imaginalen Organe, in das Larvenleben verlegt. Es ist deshalb leicht erklärlich, daß bei den Hemimetabolen das Larvenstadium sehr viel länger sein muß als das Ruhestadium. Bei den Holometabolen ist es umgekehrt. Wir können mit größter Sicherheit annehmen, daß die Holometabolie sich aus der Hemimatabolie entwickelt hat; die primitivsten Schmetterlinge sind infolgedessen den hemimetabolen Insekten in vielen Zügen noch ähnlicher als die höher entwickelten; es sei da besonders an die größere Adernzahl in den Flügeln und an die Pupae liberae erinnert. Das äußert sich auch darin, daß entsprechend den Verhältnissen bei den Hemimetabolen das Raupenstadium noch außerordentlich lang im Verhältnis zur Puppenruhe ist. Es ergibt sich also das weitere Entwicklungsgesetz, daß, gleichbleibende klimatische Verhältnisse vorausgesetzt, eine Gattung oder Art um so primitiver ist, je länger das Raupenstadium im Verhältnis zur Puppenruhe dauert; daraus ergibt sich weiterhin, daß unter gleichen Lebensbedingungen die Art als die phyletisch jüngere aufzufassen ist, die die Ruhepause in der Entwicklung als Puppe durchmacht (Überwinterung oder Übersommerung), daß dagegen primitive Arten als Larve überwintern oder übersommern. Die Überwinterung als Ei oder Imago scheint in den Rahmen dieser Erörterungen nicht hineinzupassen; beide Fälle scheinen nicht durch innere, sondern durch äußere Umstände hervorgerufen zu werden, so daß sie als Anpassung an besondere Existenzbedingungen aufzufassen sind, wodurch sich ihr Wert für phylogenetische Untersuchungen verringert. Doch scheint es mir, als ob beide Erscheinungen eine Verkürzung des Puppenstadiums bewirkten, die dann nicht das gleiche bedeuten würde wie die bei der Überwinterung von Raupen beobachtete. In gewisser Weise mag auch das letzte der Entwicklungsgesetze noch von sekundären Anpassungserscheinungen durchbrochen werden. Es ist nämlich zu berücksichtigen, daß in den Perioden der Überwinterung oder Übersommerung besonders extreme klimatische Einflüsse auf das betreffende Stadium einwirken, und es besteht dann die Möglichkeit, durch Ortswechsel eine besser geeignete Lokalität aufzusuchen. Eine solche Veränderung ist naturgemäß für die Puppe meist ganz unmöglich, während sie für die Raupe mit ihrem größeren Lokomotionsvermögen leichter auszuführen ist. Für alle Arten, die sich in der Erde verwandeln, wo also die Verhältnisse der Witterung usw. wenig Einfluß haben, werden wir infolgedessen die Gültigkeit dieses Gesetzes am deutlichsten ausgesprochen finden, während bei Arten, die sich relativ frei verwandeln, die Ausnahmen zu suchen sind.

Von besonderem Interesse sind für uns nun alle die Arten, die innerhalb eines Jahres mehrere Generationen haben, also mehrbrütig sind. Wir bezeichnen dabei als erste Generation diejenige, deren Falter zuerst im Jahre ausschlüpfen, als zweite und dritte die darauf folgenden. Vielfach läßt sich nun ein geringerer oder größerer Unterschied zwischen den Faltern der ersten und denen der zweiten Generation feststellen. Solche Unterschiede zeigen sich in der Größe, in der Flügelform, in der Färbung und in der Zeichnung. Die Differenzen sind oft so groß, daß die beiden Generationen in ihrer Zusammengehörigkeit nicht erkannt, sondern als eigene Arten beschrieben werden. Erst später hat man durch Zuchtversuche die Beziehungen zwischen den beiden Generationen aufgedeckt. Als typischen Fall wollen wir hier *Araschnia levana-prorsa* L. anführen. Die erste oder Frühjahrsgeneration hat rotgelb gefärbte Flügel mit schwarzer Fleckzeichnung, während die zweite oder Sommergeneration schwarzbraune Flügel mit weißen Querbinden und rotgelben Linien besitzt. LINNÉ hatte beide Formen als eigene Arten aufgefaßt, und es hat über 100 Jahre gedauert, bis die wahren Beziehungen zwischen den beiden Formen aufgefunden wurden, als DORFMEISTER (1888) nachwies, daß beide nur Generationen einer Art seien. Selten findet man im Freien Übergänge zwischen den beiden Formen, die als f. *porima* OCHS. bezeichnet werden. Ebenso hatte ZELLER 1869 durch Zucht nachgewiesen, daß die beiden Bläulinge *Lycaena polysperchon* und *argiades* PALL. (*amyntas* HB.), die früher ebenfalls als gute Arten angesehen wurden, nur Saisonformen einer Art seien. Wir bezeichnen diese Erscheinung, die im Wechsel der Generationen nicht selten auftritt, als Hora- oder Saisondimorphismus und bezeichnen die dadurch bedingten Abänderungen von der Stammform als Generationsvarietäten („gen. var.") und unterscheiden sie, je nach dem Auftreten, als Frühjahrs- (gen. vern.), Sommer- (gen. aest.) und Herbst- (gen. autumn.) Variation. Von einer großen Anzahl von Schmetterlingen sind Saisondimorphismen beobachtet und beschrieben worden. Wir wollen einige der bekanntesten hier anführen, zunächst solche Fälle, in denen die Nominatform der ersten Generation entsprach, während die zweite Generation mit dem Generationsvarietätnamen bezeichnet wurde:

Papilio podalirius L. heißt in der zweiten Generation *P. zanclaeus* Z. (Genauer: *Papilio podalirius* L. gen. var. *zanclaeus* Z.)
Pieris napi L. heißt in der zweiten Generation *P. napaeae* ESP.
Polyommatus phlaeas L. heißt in der zweiten Generation *P. eleus* F.
Cyaniris argiolus L. heißt in der zweiten Generation *C. parvipuncta* FUCHS.
Araschnia levana L. heißt in der zweiten Generation *A. prorsa* L.
Polygonia C-album L. heißt in der zweiten Generation *P. hutchinsoni* ROBS.
Selenia bilunaria ESP. heißt in der zweiten Generation *S. juliaria* HW.

In anderen Fällen hat man zuerst die zweite Generation beschrieben, so daß dann nomenklatorisch die Frühjahrsgeneration derselben Art als die Varietät benannt werden muß. Solche Fälle sind:

Pieris brassicae L. heißt in der ersten Generation *P. chariclea* STPH. (Ausführlich: *Pieris brassicae* L. var. gen. (oder gen. vern.) *chariclea* STPH.
Pieris daplidice L. heißt in der ersten Generation *P. bellidice* O.
Leptidia sinapis L. heißt in der ersten Generation *L. lathyri* HB.
Lythria purpuraria L. heißt in der ersten Generation *L. rotaria* F.

Die Verschiedenheiten in den beiden Generationen waren entweder so groß, daß beide als gesonderte Arten beschrieben wurden, oder sie waren geringer, so daß die eine als „Varietät" der anderen galt. Die nomenklatorische Schreibung gibt uns kein rechtes Bild von den Beziehungen zwischen den beiden Generationen, da für sie es nicht darauf ankommt, ob die Nominatform die Frühjahrs- oder die Herbstgeneration ist. Nominatform ist einfach diejenige, welche zuerst beschrieben wurde, ganz gleichgültig, um welche der beiden Generationen es sich dabei handelte. So finden wir in den ersten der angegebenen Fälle, daß die Nominatform mit der Frühlingsgeneration übereinstimmt, während die zweite oder Herbstgeneration als „Varietät" geführt wird; in der zweiten Gruppe dagegen ist die zweite oder Herbstgeneration als Nominatform (fälschlich oft „Stammform" bezeichnet) angenommen worden, und die Frühlingsgeneration wird als „Varietät" angesehen. Es herrscht also bei der nomenklatorischen Behandlung der verschiedenen Generationen eine Willkür, die auf die zeitlichen Beziehungen zwischen den beiden Generationen keine Rücksicht nimmt. Besonders falsch ist es dann noch, die zuerst beschriebene oder Nominatform als „Stammform" zu bezeichnen. Wir wissen ja in vielen Fällen nicht, welches die Stammform ist, von der sich die andere abgeleitet hat. In den Tropen kann sich naturgemäß ein Unterschied zwischen Frühlings- und Herbstgenerationen nicht herausbilden, weil dort nicht die entsprechenden Jahreszeiten so ausgebildet sind wie bei uns. Aber auch bei Tropenfaltern ist Saisondimorphismus nicht selten; er äußert sich dort in dem Auftreten von Regen- und Trockenzeitformen, je nachdem, ob das Schlüpfen in der Regen- oder Trockenzeit (wet oder dry season) erfolgte. Unsere Kenntnis der Entwicklungsstadien der meisten tropischen Schmetterlinge ist noch äußerst beschränkt; wir wissen von vielen Arten noch nicht einmal, wo ihre Raupen leben, und da ist es nicht zu verwundern, daß Zuchtversuche in dieser Hinsicht bisher nur in ganz geringem Umfange gemacht wurden. Viele Falter mag es geben, die bis jetzt und für die Folgezeit noch lange in der Wissenschaft als gesonderte Arten geführt werden, die sich später als Regen- und Trockenzeitformen, also verschiedene Generationen einer Art, herausstellen werden. Wir stehen in dieser Beziehung erst am Anfang der Erforschung des Hora-Dimorphismus. Schon sind aber auch eine Anzahl von Arten darauf untersucht worden, besonders orientalische Nymphaliden, Acraeen u. a., wobei bemerkenswerte Generationsdimorphismen festgestellt wurden, so bei Pieriden (*Teracolus*-Arten), *Melanitis*, *Mycalesis* und *Yphthima*. Es ist zu erwarten, daß die Folgezeit da noch manche Überraschung bringen wird. Wie haben wir uns nun das eigenartige Phänomen des Generationsdimorphismus zu erklären? In den Fällen, wo sich die Verschiedenheit nur in der Größe äußert, wird es nicht schwer sein, eine Antwort darauf zu finden. Bei den meisten von diesen Arten überwintert doch die Puppe, die dann im Frühjahr den Falter auschlüpfen läßt. Wenn wir das Futter, das diese Raupen im Herbst noch fressen, genauer untersuchen, können wir feststellen, daß die Gewebe der Blätter schon viel härter sind als im Sommer; die Zellwände sind stärker verholzt, und die in den Zellen enthaltenen Nährstoffe sind in bezug auf die Quantität schon recht zurückgegangen. Das ist natürlich nicht ohne Einfluß auf die Raupe. Sie findet zu dieser Zeit weniger Nährstoffe, die zur Aufnahme für sie geeignet sind, muß also auch ein längeres Larvenleben haben. In der Tat leben die Raupen in der zweiten Generation (die also die erste Generation des Falters liefern) bedeutend länger als die Raupen der ersten Generation; letztere haben ein Futter, das viel Nährstoffe enthält, und dessen Zellen so wenig verholzt sind, daß sie vom Darm der Raupe leicht aufgeschlossen werden können. So erklären sich auch die großen Unterschiede in der Länge des Larvenstadiums bei vielen *Nepticula*-Arten, wo es in der ersten Raupengeneration nur 2—5 Tage, in der zweiten aber ebensoviel Wochen einnehmen kann. Die verschiedene Ausnutzung der Nahrung bedingt, daß die aus den Herbstraupen schlüpfenden Falter vielfach schwächer und kleiner sind, als die aus den Sommerraupen kommenden. Es darf hier nun aber kein Mißverständnis entstehen. Die Annahme, daß geringere Futteraufnahme kleinere Falter ergibt, ist nicht in jedem Falle richtig, von vornherein überhaupt nicht gegeben. Die von der Raupe aufgenommenen Nährstoffe werden zunächst zur Erweiterung des Fettkörpers benutzt. Die späteren Organe der Imago profitieren direkt davon noch nicht, sondern erst mittelbar, indem ihr Wachsen auf Kosten der im Körper angelegten Reserven erfolgt, nämlich des Fettkörpers. Wenn der Raupe Nahrung in geringerem Maße zugeführt wird, oder sie kann diese nicht genügend ausnützen, so wird zunächst der Fettkörper in kleinerem Umfang entwickelt, als es normalerweise der Fall ist, wodurch die Größe der Raupe und auch der Puppe vermindert wird. Bei der völligen Entwicklung der imaginalen Organe aus den Imaginalscheiben, die während des Puppenstadiums erfolgt, vollziehen sich diese Prozesse auf Kosten der Reserven, des Fettkörpers. Er dient als Kraftquelle und Brennstoff für die Metamorphosenvorgänge. Doch wird er dafür nicht gänzlich aufgebraucht, sondern wandert, wie durch Färbungsversuche festgestellt wurde, zum guten Teil noch in den Körper der Imago und sogar des Eies über. Es ergibt sich daraus von selbst, daß eine verminderte Anhäufung von Fettkörpern noch nicht ein Kleinerwerden der imaginalen Organe, z. B. der Flügel, bewirken muß. Es wird die normale Menge vom Fettkörper zur Ausbildung der Imaginalscheiben verwendet und dann nur eine kleinere Menge dieses Reservestoffes in den Körper der Imago transportiert. Daraus erklärt sich die Beobachtung, wonach im Freien gefundene Puppen vielfach größer sind als aus Raupen im Zuchtkasten erhaltene, und daß trotzdem in beiden Fällen die Falter in der Größe gleich sind. Man kann bei aller Sorgfalt im Zuchtgefäß den Raupen nicht dieselben Existenzbedingungen geben, wie sie sie im Freien antreffen; verminderte Quantität der Nahrung oder ein geringeres Vermögen, dieselbe auszunutzen, bewirken auch eine kleinere Fettkörperausbildung, woraus dann eine geringere Größe von Raupe und Puppe resultiert, ohne daß die Imago dabei verändert wird.

Wenn nun aber eine solche Verschiedenheit in der Nahrungsausnutzung sich alljährlich wiederholte, so wurde sie im Laufe der Zeit allmählich erblich fixiert, und dann übte sie auch einen gewissen Einfluß auf die Körpergröße der Imago aus, indem von der erblich festgelegten Verkleinerung auch die Imaginalscheiben betroffen wurden. So entstanden die ersten Verschiedenheiten in der Ausgestaltung zweier Generationen, die bei besonders reaktionsfähigen Faltern bis zur extremsten Divergenz führten. Es muß aber hier gleich betont werden, daß dieser Faktor a l l e i n wohl nie zur Bildung von Saisondimorphismen führen kann; auch weitere später anzuführende Ursachen sind nicht so bedeutsam. Auf das eigentliche Prinzip kommen wir weiter unten zurück. Es kommt zuweilen vor, daß die Raupen ein und derselben Art sich zum Teil schon im Herbst verpuppen, zum Teil aber erst noch im Frühjahr fressen und sich dann erst verwandeln, wobei die letzteren größere Falter ergeben als die ersteren. Die Ursache dieser Erscheinung liegt nahe. Die Arten, die im Frühjahr noch fressen, erhalten das frischere, saftreiche und viel Nährstoffe enthaltende Futter, das die jungen Blättchen ihnen darbieten, und können deshalb sich viel kräftiger entwickeln. Als eine bedeutsame Tatsache scheint sich dabei herauszustellen, daß reichlichere Zufuhr von Nahrungsstoffen in stärkerem Maße größere Falter erzeugt als geringe Zufuhren kleinere Schmetterlinge zur Folge haben. Es wäre sehr wünschenswert, wenn darüber noch eingehende Untersuchungen gemacht würden; ein besonders geeignetes Objekt dafür ist z. B. die Gattung *Coleophora* Z., deren Angehörige zum Teil nach der Überwinterung keine Nahrung mehr zu sich nehmen, obzwar sie noch lebhaft umherlaufen und Sonnenbestrahlung während dieser Wanderungen für das Gelingen der Zucht unbedingt notwendig ist, während der andere Teil der Arten im Frühjahr, nachdem die Raupen schon im Herbst ausgewachsen waren, noch einmal Nahrung zu sich nimmt. Es wäre zu untersuchen, wie weit sich auch diese Verschiedenheit der Lebensweise auswirkt in der Körpergröße und anderen Merkmalen. Wir sehen aus allen diesen Tatsachen, daß die Größe des Falters durchaus nicht ein so nebensächlicher Faktor ist, wie gemeinhin angenommen wird, sondern daß sie über manchen wichtigen Punkt uns Aufschluß geben kann. Daß sie ein Merkmal ist, das von den Züchtern immer mit großer Skepsis angesehen wird, beruht wohl darauf, daß sie außerordentlich leicht durch Inzucht beeinflußt wird.

Welche Rolle haben wir nun dem Generationswechsel in stammesgeschichtlicher Hinsicht zuzuschreiben? Es wurde schon erwähnt, daß die primitivsten Formen meist nur eine einzige Generation im Jahre haben, für solche Untersuchungen also nicht geeignet sind. Bei allen den Arten aber, bei denen ein ausgesprochener Generationsdimorphismus festzustellen ist, erhebt sich die Frage, welche von den beiden Generationen die ältere ist. Ehe wir sie beantworten können, müssen wir feststellen, wodurch eigentlich der verschiedene Habitus zweier Generationen hervorgerufen wird. Es lag nun zunächst nahe, die Kälte als Ursache für die Ausgestaltung der ersten, die Wärme für die der zweiten Generation verantwortlich zu machen, und man versuchte künstlich, z. B. durch Einwirkung anormaler Wärme, die Puppen der ersten Generation in dem Sinne zu beeinflussen, daß sie Falter ergaben, die den Habitus der zweiten Generation besaßen, und andererseits aus Sommerpuppen durch Kälte Tiere vom Aussehen der ersten Generation zu erhalten. Daraus resultierten die verschiedenen veranstalteten Temperaturexperimente, auf die wir in einem besonderen Kapitel später noch zurückkommen werden. Die Ergebnisse, die mit solchen erzielt wurden, waren aber für diese Frage nicht eindeutig genug, so daß man nicht behaupten konnte, die erste Generation werde durch Kälte-, die zweite durch Wärmeeinwirkung erzeugt.

Es ergab sich sogar die befremdliche Tatsache, daß durch Kälte wie durch Wärme in gewissen Fällen ein und dieselbe Form erhalten wurde. Man hatte also die Bedeutung der Temperatur für die Ausbildung von Generationsverschiedenheiten bedeutend überschätzt. Erst WEISMANN wies darauf hin, daß Kälte und Wärme nur als Anreiz zur Entwicklung bzw. als hemmende Momente betrachtet werden können, daß aber die Verschiedenheit der Generationen schon auf den Anlagen des Falters beruhen müsse. Damit war die Frage nach dem stammesgeschichtlichen Verhältnis der beiden Generationen zueinander gegeben, die dann Gegenstand genauerer Untersuchung wurde, wobei die Temperaturexperimente als wertvolle Hilfsmittel verwendet werden konnten, eine Entwicklung zu hemmen oder zu beschleunigen.

Auf diese Weise gelangte man zu der wichtigen Schlußfolgerung, daß die erste Generation fast aller Schmetterlinge Merkmale aufweise, die als Zeugen eines höheren stammesgeschichtlichen Alters zu bewerten sind. Damit ist uns ein wertvolles Hilfsmittel für phylogenetische Untersuchungen gegeben, indem wir durch solche Horadimorphismen die Entwicklungstendenz einer gewissen Art und damit auch ihrer Gattung erkennen können. Wie das geschehen kann, wollen wir uns an einigen Pieriden klar machen. *Pieris brassicae* L. hat in seiner ersten Generation, gen. vern. *chariclea* STPH., eine stark grau bestäubte Unterseite der Hinterflügel, die der zweiten Generation fehlt. Ebenfalls stärker graue Bestäubung der Hinterflügelunterseite können wir bei der Frühjahrsgeneration von *P. napi* L. finden, die der gen. aest. *napaeae* ESP. derselben Art fehlt. Dasselbe gilt für die gen. vern. *lathyri* HB. von *Leptidia sinapis* L. Es liegt nun der Schluß nahe, wenn wir die erste Generation als die ursprünglichere ansehen, daß sich die Pieriden aus Vorfahren entwickelt haben, die eine stärker verdunkelte Unterseite der Hinterflügel besaßen, und daß die Tendenz dahin geht, diese allmählich ganz weiß zu färben. In dieser Hinsicht müssen auch die Arten, die noch eine auffallend gezeichnete Unterseite der Hinterflügel besitzen, als stammesgeschichtlich älter angesehen werden gegenüber den Arten mit weißer Unterseite. In dieser Weise lassen sich überall dort, wo solche Saisondimorphismen auftreten, die interessantesten Schlußfolgerungen auf phyletisches Alter und Entwicklungstendenzen ziehen, ein Verfahren, das leider bisher noch zu wenig geübt worden ist, bei dessen Anwendung aber sicher eine Menge von Aufschlüssen sich ergeben würden, besonders über die Tagfalter, die als hochspezialisierte Familie sonst stammesgeschichtlichen Untersuchungen wenig zugänglich ist.

Die Feststellung, daß die erste Generation eines Falters als die stammesgeschichtlich ältere, die zweite als die differenziertere anzusehen ist, geht nun parallel unserem dritten Entwicklungsgesetz, wonach Falter mit längerem Raupenstadium im Verhältnis zur Puppenruhe als die ursprünglicheren anzusehen sind. Die erste Generation geht ja hervor aus Raupen, die eine längere Lebensdauer hatten als die der zweiten Generation, wobei noch einmal an die extremen Verhältnisse bei den *Nepticula*-Arten erinnert werden soll. Daraus können wir dann auch schließen, wie die Verhältnisse bei den tropischen

Faltern liegen, die noch nicht so eingehend auf die phyletische Bewertung von Regen- und Trockenzeitformen untersucht worden sind. In der „wet season" entwickeln sich alle Gewächse viel schneller und üppiger, treiben frische Sprossen, und so werden die Raupen in dieser Periode eine kürzere Zeit zur Entwicklung brauchen als die in der „dry season" lebenden Larven. Die letzteren ergeben demnach, da sie ein längeres Raupenleben haben, die stammesgeschichtlich älteren Imagines. Demnach wären die Falter, die in der Regenzeit auftreten, als die ursprünglicheren anzusprechen, während wir die Trockenzeitformen als die abgeleiteten anzusehen haben. Sobald erst genauere Beobachtungen über die Verschiedenheit von Regen- und Trockenzeitformen vorliegen, wird dieser Satz seine Bestätigung finden und mancherlei interessante Aufschlüsse über die Phylogenie tropischer Arten ergeben.

Ein anderes Moment spielt hier nun mit hinein, das die Saisondimorphismen auch in variationsstatistischer Hinsicht als Untersuchungsobjekte geeignet macht. Es zeigt sich die Erscheinung, daß die erste Generation in vielen Beziehungen schon mehr erstarrte Merkmale aufweist, während die zweite Generation noch plastischer ist. So erklärt es sich, um wieder auf unser Schulbeispiel zurückzukommen, daß *Araschnia levana* L. in ihrer zweiten Generation *prorsa* L. variabler ist als in der *levana*-Form. Nur bei der zweiten Generation sind solche Übergänge zum *levana*-Typus im Freien beobachtet worden, die als *porima* O. benannt worden sind. Dagegen ist es noch nie geglückt, bei den Frühjahrsfaltern eine nennenswerte Variabilität oder gar einen Übergang zur *prorsa*-Form zu beobachten. So erhält man auch durch künstliche Versuche mittels Wärme- oder Kältebeeinflussung die reichste Variabilität bei der Sommergeneration. Ähnlich ist es auch bei anderen Faltern. Die meisten Formen und Aberrationen von *Polyommatus phlaeas* L. sind von dessen zweiter Generation *eleus* F. beschrieben worden, und das bekannteste Beispiel ist der kleine Spanner *Lythria purpuraria* L. Die Frühjahrsform, als gen. vern. *rotaria* F. benannt, ist im wesentlichen in allen Stücken gleich, während bei der Sommergeneration eine so ungeheuere Mannigfaltigkeit in Farbe und Anlage der Zeichnung sich konstatieren läßt, daß diese zu einem chaotischen Wust von Formbeschreibungen geführt hat, in denen man sich kaum noch zurechtfinden kann. Als die markantesten seien da angeführt, daß die beiden roten Querstreifen der Vorderflügel zu einem roten breiten Bande verschmolzen sein oder auch ganz fehlen können. Aus diesen Tatsachen werden wir auch entnehmen können, daß die Neubildung von Arten in diesen Fällen von der Sommergeneration aus ihren Anfang nimmt, weil hier eine viel größere Variations- und wahrscheinlich auch Mutationsbreite besteht, und daß die erste Generation in ihren schon starrer gewordenen Merkmalen nachhinkt, so daß man vergleichsweise von einer Hysterotelie der ersten Generation sprechen kann. Infolge der außerordentlichen Labilität der Merkmale sind auch Verschiedenheiten, die bei dieser zweiten Generation auftreten, nicht in derselben Weise für stammesgeschichtliche Rückschlüsse zu verwerten, wie die viel seltener auftretenden Aberrationen in der ersten Generation. So sind alle die Verschiedenheiten, die bei *Lythria purpuraria* L. auftreten, in keiner Weise geeignet, uns Rückschlüsse machen zu lassen auf die Vorfahren dieser Art. Bei der ersten Generation treten aber die abweichenden Formen, da ihr die Labilität der Charaktere der zweiten Generation fehlt, viel mehr als Atavismen auf, als Rückschläge in frühere Entwicklungsstadien dieser Art, und können so eher geeignet sein, die Entwicklungstendenzen, die bei der Ausbildung der betreffenden Art wirksam waren, zu beleuchten. Das eben Gesagte läßt sich nun auf alle Falter mit zwei Generationen anwenden, auch auf solche, bei denen ein Saisondimorphismus nicht besteht, so daß wir hier ein allgemeines Gesetz finden, wonach Abänderungen, die sich bei ein und derselben Art finden, wertvoller für stammesgeschichtliche Aufschlüsse sind, wenn sie sich bei der ersten Generation finden, daß sie aber bei der zweiten Generation nur den Charakter von Veränderungen innerhalb der Variationsbreite einer Art besitzen und nicht als Rückschlagserinnerungen an frühere Stadien der Entwicklungsgeschichte zu deuten sind. Da nun die Aberrationen oder *formae*, wie sie in der Nomenklatur wissenschaftlich bezeichnet werden, gerade bei der zweiten Generation im allgemeinen sehr häufig und bei der ersten nur selten vorkommen, erhellt daraus, daß wir sie für phyletische Untersuchungen nur in den seltensten Fällen verwenden werden können.

Können uns also die aberrativen Formen der zweiten Generation keinen Einblick in die Vergangenheit tun lassen, so besteht doch vielleicht die Möglichkeit, daß wir durch sie in die Zukunft der betreffenden Falterart sehen können. Aber auch hier muß vor übertriebenem Optimismus gewarnt werden. Eine solche Aberration zeigt uns nur, wie eine Weiterentwicklung der betreffenden Art erfolgen k ö n n t e, nicht etwa wie sie in Wirklichkeit erfolgen m u ß. Die Variationsbreite einer Art bewegt sich ja nicht nur in einer Richtung, sondern sie erstreckt sich auf verschiedene Tendenzen. So finden wir einmal bei der schon genannten *Lythria purpuraria* L. Stücke, die beide rote Querlinien zu einer Binde verbreitert haben; die hier wirksame Tendenz führt, also zu einer Verstärkung der roten Färbung. Wir finden andererseits aber auch Stücke, denen die rote Zeichnung gänzlich fehlt, wo also die Tendenz auf eine Reduzierung der roten Farbe gerichtet war. Und außer diesen markantesten treten noch eine Fülle von andersgerichteten Tendenzen bei derselben Art auf. Es läßt sich nun hier nicht im geringsten ein Schluß ziehen, in welcher Richtung sich einmal der Falter weiter entwickeln wird; soll er sich zu einer Art umbilden, bei der die rote Färbung ganz verschwunden ist, oder wird bei der neu entstehenden Art eine reichere Färbung sich finden als bei unserer jetzigen *Lythria purpuraria* L.? Die Aberrativformen der zweiten Generation bleiben also ein sehr unsicherer Wechsel auf die Zukunft, von dem wir nie wissen können, ob er einmal in unserem Sinne eingelöst wird, und von ihrer Verwertung für entwicklungsgeschichtliche Untersuchungen kann nur dringend abgeraten werden. Es soll dabei natürlich nicht ausgeschlossen werden, daß sie für andere Zweige unserer Wissenschaft trotzdem sehr wertvoll sind; das gilt besonders für ihre Verwendung in der Vererbungsforschung.

Nachdem wir so die Verschiedenheiten bei den einzelnen Generationen der Falter gewürdigt haben, müssen wir auch das auffällige Phänomen besprechen, wonach die Falter derselben Generation unter sich verschieden sein können. Es kommen da nicht jene geringfügigen Aberrationen in Frage, die darin bestehen, daß vielleicht einmal ein Fleck oder ein Punkt oder eine Binde anders gestaltet ist, sondern jene großen Verschiedenheiten, die jeder Form einen ganz abweichenden Habitus geben, und die nicht nur einmal hier und da in einem Stück vorkommen, sondern einen ganz bestimmten Prozentsatz, der immer konstant ist, ausmachen. Wir bezeichnen diese Erscheinung, wenn nur zwei Typen von Faltern auftreten, als Dimorphismus oder, wenn sogar mehrere Typen festgestellt werden können, als Polymorphismus.

Solche Verschiedenheiten bei demselben Geschlechte der gleichen Art sind vielfach festgestellt worden. Das uns bekannteste Beispiel bietet uns die Gattung *Colias*. Hier kommen sogar in verschiedenen Rassen derselben Art die gleichen Erscheinungen zum Ausdruck. Es finden sich nämlich neben blassen weißlichgrünen Weibchen derselben Rasse (und Art) auch solche, die in der Färbung dem Männchen angeglichen sind, demnach ein dunkles, tiefes Gelb besitzen. Wir können hier also von einem Dimorphismus der Weibchen bei den betreffenden Arten sprechen. Viel auffälliger ist diese Erscheinung bei vielen tropischen Papilioniden. So hat *Papilio memnon* L., der an sich schon sexuell dimorph ist, zwei verschiedene Weibchenformen, von denen die eine (*P. agenor* L.) ungeschwänzt, die andere, *P. achates* Cr., geschwänzt ist. Bemerkenswert ist, daß beide Weibchenformen am gleichen Orte fliegen und aus demselben Gelege erhalten werden können. Das interessanteste Beispiel dafür ist jedoch *Papilio dardanus* Brown. (= *merope* Cr.); es ist das eine schwarz und gelb gezeichnete, geschwänzte Art. Von ihr sind eine große Anzahl von Weibchenformen bekannt geworden, die zum Teil auch untereinander fliegen und als Nachkömmlinge eines einzigen Weibchens erhalten werden können. Im einfachsten Falle ist das Weibchen wie das Männchen gefärbt; beide Geschlechter sind im Habitus kaum unterscheidbar. Daneben gibt es aber Formen, die ungeschwänzt sind, von denen eine eine total abweichende Form besitzt und schwarz mit weißem Zentralfeld und Flecken gezeichnet ist, im allgemeinen also eine der von Feinden unbehelligt bleibenden ungenießbaren *Amauris*-Arten kopiert (Tafel VIII, Abb. 1, 3, S. 304); eine andere ist ähnlich, nur sind die Zeichnungen nicht weiß, sondern gelb, entsprechend einer anderen *Amauris*-Art, und wieder andere sind rotbraun und schwarz gefärbt, wodurch sie gewissen ebenfalls ungenießbaren *Acraea*-Arten ähnlich sehen. Es ist auffallend, daß der Raupentypus bei allen diesen Formen derselbe ist; im übrigen vollzieht sich ihr Auftreten nach den Mendelschen Vererbungsgesetzen, wie sie für die Kreuzung zweier Rassen gelten. In den bisher genannten Fällen könnte der Di- oder Polymorphismus der Papilioniden auf mimetische Auslese zurückgeführt werden; es gibt aber auch Fälle einer solchen Verschiedenheit, wo keine Kopierung eines geschützten Modells erfolgt. Als Beispiel wählen wir die indoaustralische *Catopsilia pomona* F. Das Männchen ist weiß oder hellgelb, das Weibchen gelb mit geringer schwarzer Zeichnung, weiß mit zunehmender Schwarzzeichnung oder gelb mit reichem Schwarz. Von der amerikanischen *Polygonia interrogationis* F. ist eine Sommergeneration bekannt, die gen. aest. *umbrosa* Lintner., die auch in den Sexualarmaturen von der Nominatform verschieden ist. Es ist nun aber auffällig, daß die beiden Generationen sich nicht etwa abwechseln, so daß zu einer bestimmten Zeit immer nur die eine Form vorhanden ist, sondern beide fliegen vielfach durcheinander. Sogar aus ein und demselben Gelege kann man beide „Generationen" erhalten, wobei aber wahrscheinlich, da bei Männchen und Weibchen die Geschlechtsorgane je nach der „Generation" verschieden gestaltet sind, sich stets die zusammengehörigen Stücke zur Paarung zusammenfinden. Es ist das eine merkwürdige Erscheinung, die indes im Insektenleben nicht vereinzelt dasteht. Bei der in Teichrosen lebenden Fliege *Hydromyza livens* Fall. entwickeln sich ebenfalls aus demselben Gelege zwei Arten von Larven; die einen verpuppen sich Ende Juli in einem sehr dünnen und durchsichtigen Puparium, aus dem schon nach kurzer Zeit die Fliege hervorgeht, während die andern sich oft zur selben Zeit, manchmal auch später, verwandeln und ein dickes und widerstandsfähiges Puparium herstellen, in dem sie überwintern, um im nächsten Frühjahr die Fliege zu ergeben. Es liegt hier kein zufälliges „Überliegen" vor, da ja die Puparien von vornherein anders angelegt werden. Es ist das ein Parallelfall zu dem der *Polygonia*-Art; während bei letzterer aber zwei Generationen in den Nachkommen eines Weibchens vereinigt werden, wird bei der Fliege die Nachkommenschaft in zwei verschiedene Generationen aufgespalten.

Einen besonders abweichenden Fall von Dimorphismus haben wir auch bei dem Zünsler *Acentropus niveus* Ol. zu konstatieren. Hier tritt nur das Weibchen in zwei Formen auf, von denen die eine wohlausgebildete Flügel besitzt und in allem mehr dem Männchen ähnlich ist, während die zweite Weibchenform nur Stummelflügel hat und sich im Wasser aufhält. Wir haben in einem späteren Kapitel noch darüber zu reden.

Welches sind nun die Gründe für die so auffallende Erscheinung eines dimorphen Falters? Es ist sehr schwer, hier eine befriedigende Lösung zu finden. In den genannten Fällen, wo Papilionidenweibchen in einer Form auftraten, die der von ungenießbaren Faltern entsprach, hat man die Mimikry-Theorie herangezogen. Aber doch bleiben dann noch Unklarheiten genug bestehen. Ein anderes Beispiel, die verschiedenen Weibchenformen bei der Gattung *Colias*, läßt sich vielleicht leichter erklären. Wir können wohl mit einiger Sicherheit annehmen, daß die

---

Tafel VII. Abb. 1, 2. Nachtfalter, von *Isaria*-Pilzen durchwuchert. Abb. 3. Raupe von *Stauropus fagi* L. (Ungewohnt-Tracht.) Abb. 4. Sphingiden-Raupe, mit Schlupfwespen-Kokons besetzt.

2.

3.

1.

4.

gelb gefärbten Pieriden sich aus weißlichen Formen entwickelt haben; dieser Entwicklungsprozeß zeigt sich noch heute darin, daß das Weibchen mehr weißlich, das Männchen intensiver gelb gefärbt ist. Das Weibchen ist fast immer das konservativere Element, das Männchen das mehr fortschrittliche; so kam es, daß die neue, nämlich die gelbe Färbung, zuerst beim Männchen auftrat und erst ganz allmählich auf das Weibchen übertragen wurde. Mitten in diesem Entwicklungsprozeß stehen wir gegenwärtig; deshalb findet sich die gelbe Färbung noch nicht bei allen Weibchen, sondern nur bei einem Teil derselben. Es würde nun besonders wertvoll sein, wenn Beobachtungen darüber angestellt würden, ob vielleicht die Männchen die gelben Weibchen bevorzugen; wenn das der Fall wäre, so könnte man direkt von einer Auslese sprechen, durch die das Auftreten der gelben Färbung immer mehr begünstigt würde. Ähnliche Verhältnisse liegen wohl bei der angeführten *Catopsilia* vor. Auf demselben Prinzip beruht ja schließlich auch das Vorkommen von blaugefärbten *Lycaena*-Weibchen, die sonst normalerweise braun sind. Wie aber nun andere Dimorphismen zu erklären sind, wie z. B. die der oben angeführten *Papilio*-Arten, bleibt ein noch ungelöstes Problem. Vielleicht hat hier einmal eine Kreuzung von sehr verschiedenen Rassen oder Arten stattgefunden, so daß die dabei am Werke gewesenen Ahnencharaktere, den MENDELschen Gesetzen folgend, immer wieder zutage treten, vielleicht hängt das auch mit dem ganzen Fragenkomplex der Umbildung der Arten zusammen, auf den wir im folgenden noch genauer eingehen müssen.

Noch zur Zeit LINNÉS und seiner Nachfolger nahm man an, daß diejenigen Formen, die wir als Arten bezeichnen, unveränderlich sind. Art bleibt Art, und so wie die Arten jetzt beschaffen sind, werden sie in Tausenden von Jahren noch aussehen. Erst CHARLES DARWIN wies nach, daß die Art als solche nicht unveränderlich ist, sondern sich entwickelt und allmählich zu einer neuen Art umbildet. Es würde uns zu weit führen, auf die Einzelheiten der DARWINschen Artentstehungslehre einzugehen; es sollen deshalb nur die beiden für unser Thema als die wichtigsten aufzufassenden Sätze erwähnt werden, daß nämlich die Entstehung neuer Arten auf natürlicher und auf sexueller Zuchtwahl beruht. Die natürliche Zuchtwahl vollzieht sich in der Weise, daß unter vielen Tieren einer Art, die ja alle etwas individuell verschieden sind, diejenigen übriggeblieben sind, die in irgendeiner Weise bevorzugt ausgestattet waren, die z. B. eine etwas schützende Färbung besaßen oder gegen klimatische Einwirkungen weniger empfindlich waren usw. Unter deren Nachkommen fand eine ähnliche Auslese statt, so daß immer nur von jeder Brut diejenigen Individuen übrigbleiben, die in irgendeiner Weise den Lebensbedingungen am besten angepaßt erscheinen. Indem diese kleinen Abweichungen sich dann dadurch, daß nur Individuen übrigblieben, die im Besitz derselben waren, stets bei beiden Eltern der künftigen neuen Generation vorfanden, wurden die Merkmale immer mehr gesteigert, so daß sie nach einer gewissen Anzahl von Generationen schon so verstärkt worden waren, daß der Habitus dieser Art ein ganz anderer geworden war. Es hatte sich also die eine Art zu einer anderen entwickelt. Daneben war aber noch ein anderes

Prinzip wirksam, das auch auf einer züchtenden Auslese beruhte, das ist die sexuelle Zuchtwahl. Sie erklärt uns, warum die Männchen vieler Arten vom Weibchen abweichend schön gefärbt sind. Es fanden sich da zuerst innerhalb der normalen Variationsbreite gewisse Männchen, die etwas farbenprächtiger waren als ihre Geschlechtsgenossen; sie wurden deshalb von den Weibchen lieber angenommen als die unscheinbaren Männchen, und es gelangten somit nur die Männchen zur Fortpflanzung und so zur Vererbung ihrer Eigenschaften, die solche tertiären Auszeichunngen besaßen. Durch Summierung der Eigentümlichkeiten bildeten sich dann immer mehr farbenprächtige Männchen heraus, und so wurden die schönen *Morpho-* und *Ornithoptera*-Arten hervorgebracht, die wir jetzt so sehr bewundern. Während also bei der natürlichen Zuchtwahl die Natur, also die Feinde und die klimatischen Verhältnisse, eine Auslese unter den Nachkommen vornehmen, sind es bei der geschlechtlichen Zuchtwahl die Weibchen einer Art, die eine Auswahl treffen und so zunächst zur Umbildung der Männchen die Veranlassung geben, die später aber auch auf die Weibchen übertragen wird. In beiden Fällen wird die Art verändert; es bildet sich, durch natürliche oder geschlechtliche Auswahl, eine neue Art heraus.

Wenn auch der Grundgedanke der DARWINschen Lehre (der übrigens schon älter war), daß die Arten sich weiter entwickeln und daß eine Art aus der anderen entstehen kann, allgemein anerkannt wurde, erhob sich ein wilder Streit der Meinungen um das Selektionsprinzip, daß nämlich die Umbildung der Arten auf Grund einer natürlichen und einer geschlechtlichen Auswahl vor sich gehen sollte. Dieser Kampf ist auch heute noch nicht beendet; es wird so viel für und wider die Lehre gesprochen, daß es jetzt noch nicht möglich ist, zu einem Resultat zu kommen. Von einer Seite verächtlich als „veraltet" bezeichnet, von der anderen begeistert für alle Probleme als einziges Lösungsmittel verwendet — so wird das Selektionsprinzip wohl einen wertvollen Kern haben, den wir erst später einmal erkennen werden, wenn alles Beiwerk beseitigt worden ist. Wir wollen hier nicht in irgendeiner Weise für oder wider die Zuchtwahl Partei nehmen und wollen nur bemerken, daß der ganze Komplex der unter „Mimikry" zusammengefaßten Fragen von dieser Lehre abhängig ist, so daß wir später in dem Kapitel, in dem wir diese behandeln werden, noch darauf zurückkommen werden und dabei die schwerwiegendsten Einwände gegen die Annahme einer natürlichen Zuchtwahl mit erörtern müssen. Die geschlechtliche Zuchtwahl durch die Weibchen haben wir schon im Kapitel über das Liebesleben der Falter mit besprochen und dabei festgestellt, daß sie a u c h , wenn auch nicht allein, bei der Bildung neuer Männchenformen wirksam sein kann.

Wohl aber müssen wir noch die verschiedenen Theorien erwähnen, die zur Ergänzung der DARWINschen Theorie von der Umbildung der Arten aufgestellt worden sind. DARWIN hatte als Voraussetzung seiner Lehre die Tatsache zugrundegelegt, daß die einzelnen Individuen einer Art nicht untereinander gleich seien, daß vielmehr jedes Stück in dem einen oder in dem anderen Punkte von dem anderen abweiche, und daß dann diese kleinen Unterschiede oder Variationen von der natürlichen oder geschlechtlichen Zuchtwahl in der Weise ausgenutzt würden, daß solche mit lebenswichtigeren Abänderungen behafteten Individuen durch die Selektion allein übrigblieben, und daß diese Merkmale dann durch immer weiter fortgesetzte Auslese auf die Nachkommen übertragen wurden, bis sie endlich erblich wurden und so die Ausbildung neuer Arten hervorriefen. Demgegenüber trat DE VRIES auf und behauptete, daß diese kleinen Abänderungen nicht erblich sind. Nach ihm finden sich bei jeder Art solche Variationen, die bald nach der einen, bald nach der anderen Seite hin auftreten, aber bei den Nachkommen immer wieder verschwinden, also nie erblich sind. Die Gesamtzahl dieser Abänderungen ist die Variationsbreite einer bestimmten Art. Außer diesen kleinen Abänderungen treten nun aber hier und da größere auf; es wird irgendein innerhalb der normalen Variationsbreite stets vorkommendes Merkmal in einem weit höherem Maße ausgebildet, wodurch es dann auch zugleich erblich wird. Eine solche Abänderung bezeichnet DE VRIES als Mutation, und deswegen wird seine ganze Lehre als die Mutationstheorie bezeichnet. Es ist das in der Weise zu denken, daß der Charakter einer Art immer um einen Durchschnittspol pendelt; die einzelnen Variationen oder Aberrationen sind die Pendelschläge, so daß sich im allgemeinen die Abweichungen nicht wesentlich von den typischen Artmerkmalen unterscheiden und immer wieder in diese zurücklaufen. Bei der Mutation erfolgt jedoch ein viel weiteres Ausschlagen dieses Pendels, das nun aber nicht mehr in seine ursprüngliche Lage zurückkehrt, sondern in der neuen verbleibt, wodurch die erblich fixierte Mutation geschaffen worden ist. Für die natürliche wie für die geschlechtliche Zuchtwahl kommt deshalb nicht Variation, sondern nur Mutation in Betracht.

Wir wollen uns an einem konkreten Fall die Wirksamkeit der bei den Mutationen beteiligten Faktoren klar machen. Der Birkenspanner *Amphidasis betularia* L. ist ein weißlicher Falter mit schwarzbraunen Zeichnungen. Der Grad der Ausbildung sowohl der Grundfarbe wie der Zeichnungselemente ist bei den Individuen dieser Art sehr verschieden. Es gibt da ganz helle Exemplare, in denen das Weiß überwiegt, dann aber auch dunkle, die mehr Grau oder Schwarz besitzen. Alle diese Formen gehören in den Kreis der normalen Variationsbreite dieser Art. Die genannten Merkmale sind nicht erblich; denn wenn man auch zwei ganz dunkle Stücke miteinander kreuzt, erhält man doch auch wieder einen großen Prozentsatz weißlich gefärbter Falter. Da trat aber im vorigen Jahrhundert, zuerst als große Seltenheit, in England eine ganz schwarze Form derselben Art auf, die var. *doubledayaria* MILL. Bei ihr ist der Faktor „schwarz" zum großen Teil erblich; denn kreuzt man zwei *doubledayaria*-Stücke, so erhält man einen großen Prozentsatz schwarzer Stücke. Es handelte sich hier also um eine echte Mutation. Ihre Verbreitung beschränkte sich bald nicht mehr allein auf England; bald wurde sie am Rhein, bei Bremen, bei Hamburg usw. festgestellt; sie drang immer weiter nach Osten vor und hat jetzt Berlin schon überschritten. Dabei verdrängt sie die Stammform, so daß vielerorts diese schwarze Form jetzt häufiger ist als *betularia* selbst. Es bleibt nun hier fraglich, ob es sich um eine Wanderung der Art von Westen nach Osten handelt, oder ob die kontinentalen Stücke von den englischen gesondert auftreten, dieselbe Mutation sich also an mehreren Orten in der gleichen Weise ausbildete. Jedenfalls ist schon jetzt die Mutation so häufig geworden, daß wir erwarten können, in einigen hundert Jahren nirgends in Deutschland mehr die Stammform zu finden. In irgendeiner Weise muß die schwarze Form vor der weißen einen Vorzug gehabt haben, der ihre besondere Vermehrung bewirkte; die Wahrscheinlichkeit eines solchen werden wir in dem Kapitel über den Melanismus noch zu erörtern haben. Ein ähnlicher Fall läßt sich vielfach an unserer Nonne *Liparis monacha* L. beobachten. Auch hier kommen helle weißliche und verdunkelte Tiere innerhalb der gewöhnlichen Variationsbreite vor; zuweilen tritt jedoch eine ganz schwarze Form auf, die var. *eremita,* die in derselben Weise als Mutation zu werten ist wie die oben erwähnte *doubledayaria.* Tatsächlich ist *eremita* in gewissen Gegenden schon die vorherrschende Form; doch scheint hier der Vorzug gegenüber der Stammform nicht so groß zu sein, daß die letztere zum großen Teil unterdrückt wird. *Doubledayaria* und *eremita* sind also Mutationen, und nach einer gewissen Zeit ist es leicht möglich, daß aus ihnen neue Arten entstanden sind.

Von viel größerer Wichtigkeit war nun aber eine Theorie, auf der die ganze neuere Systematik fußt. Das ist die Migrationstheorie von M. Wagner, nach der eine „Entstehung der Arten durch räumliche Sonderung" erfolgt. Wir haben S. 250 schon dieser Theorie gedacht, die die Wanderungen der Schmetterlinge (und anderer Tiere) uns erklären sollte. Wagner nimmt einen besonderen Wanderinstinkt an und versteht unter Migration ein Streben der Individuen, sich vom Wohnplatze ihrer Art zu entfernen, um durch Koloniebildung an anderen Orten sich und den Nachkommen bessere Lebensbedingungen zu verschaffen. Hat nun eine Art ein neues Areal erreicht, so wird sie dort entweder dieselben Lebenserscheinungen finden wie in den verlassenen; in diesem Falle tritt keine Veränderung in ihren Gewohnheiten und in ihrem Habitus ein. Wenn aber das neu erschlossene Gebiet ganz andere Existenzbedingungen darbietet, wird sich das Variationsvermögen der neu angesiedelten Art sehr stark äußern; d. h. nur diejenigen Individuen werden erhalten bleiben, die schon stärker als die anderen gewisse Eigenschaften aufweisen, die ihnen speziell hier nützlich sein können. Denken wir z. B. an die Besiedelung der Kerguelen-Inseln. Der Falter, der in diese zuerst einwanderte, hat sicher Flügel gehabt wie alle anderen. Die heftigen Stürme jedoch, die dort herrschen, warfen die meisten der angekommenen Schmetterlinge ins Meer; erhalten blieben nur wenige, nämlich die, welche zufällig etwas verkleinerte Flügel und geringeres Flugvermögen besaßen. Deren Nachkommen mögen zum Teil immer noch normale Flügel gehabt haben; aber diese Individuen vernichteten die Stürme, und so entstanden Formen mit immer mehr reduzierten Flügeln. Je mehr solcher abweichenden Lebensbedingungen am neuen Ort sich vorfinden, um so größer wird die Heranziehung von Variationen sein, und um so mehr wird sich das nach einer Anzahl von Generationen im Habitus der Kolonisten äußern. So paßt sich die eingewanderte Art immer mehr den neuen Lebensbedingungen an, wodurch sie auch äußerlich von der Stammart abändert, und es entsteht eine neue Lokalrasse, die sich von der Stammrasse oft recht wesentlich unterscheiden kann, und bei genügend langer Isolierung entsteht aus der Lokalrasse die neue Art. Immerhin gilt es nun noch einige Momente zu erwähnen, durch die die Bildung der neuen Rasse oder Art verzögert oder ganz unterbunden werden kann. Das ist der Fall, wenn nach dem neuen Siedlungsland in gewissen Abständen immer wieder neue Wanderungen vom Stammland aus erfolgen. Wenn sich die ersten Anpassungscharaktere bei den Kolonisten ausgebildet haben, kommen Gäste aus dem Mutterlande, mit denen dann wieder Rückkreuzungen erfolgen, wodurch die in Anpassung erworbenen Merkmale wieder zum Verschwinden gebracht werden. Eine Hauptbedingung für die möglichst schnelle Herausbildung von Lokalrassen und Arten ist deshalb, daß keine neuerlichen Einwanderungen aus dem ursprünglichen Wohngebiet der Art mehr erfolgen; das wird meist nur dann möglich sein, wenn eine geographische Isolierung, eine „räumliche Sonderung" der Kolonie erfolgt. Es kann das geschehen, indem eine Insel sich vom Kontinent loslöst, oder indem hohe Gebirgszüge aufgefaltet werden, große Ströme einen neuen Weg nehmen u. a. m. Ist eine solche geographische Isolierung erfolgt, so können die Kolonisten sich ungestört anpassen, ohne daß durch Rückkreuzung die erworbenen Eigentümlichkeiten wieder verlorengehen. Je weniger eine solche Vermischung erfolgen kann und je mehr die neuen Eigenschaften vorteilhaft für die betreffende Art sind, um so schneller wird sich eine neue Lokalrasse und später daraus eine neue Art entwickeln.

Einen Beweis dafür, daß eine solche „Entstehung der Arten durch räumliche Sonderung", wie sie WAGNER postuliert, tatsächlich erfolgt ist, haben wir in der Tatsache des Vorkommens von vikariierenden Arten. Man versteht darunter die häufige Erscheinung, daß in zwei ursprünglich zusammenhängenden und jetzt getrennten Gebieten je eine Art vorkommt, die sich untereinander sehr nahestehen, aber auf Grund der Sexualorgane und anderer Merkmale doch tatsächlich artlich verschieden sind. Beide sind sich oft so ähnlich, daß sie ursprünglich für dieselbe Spezies gehalten wurden, und erst später erfolgte, nachdem man sie genauer untersuchte, eine Trennung. Zwei Spezies, die sich also so nahestehen, daß ihre Zusammengehörigkeit ohne weiteres ersichtlich ist, und die trotzdem artlich verschieden sind, bezeichnet man, wenn sie in getrennten Gebieten vorkommen, als vikariierende Arten. So hat z. B. Europa mit Nordamerika eine ganze Anzahl vikariierende Arten gemeinsam, die früher als identisch miteinander angesehen wurden. Es ist eben in jener Zeit, als beide Kontinente noch zusammenhingen (arktotertiärer Kontinent!), eine Überwanderung von Individuen von einem zum anderen erfolgt, die, nachdem durch die Trennung der beiden Erdteile ein Nachströmen von Individuen der gleichen Art nicht mehr möglich war, zur Ausbildung von Lokalrassen und damit später, nach einem genügend langen Zeitraum, zur Entstehung eigener Arten führte. Je länger natürlich die Verbindung abgerissen ist, um so mehr divergieren die betreffenden Arten; so sind die Unterschiede von vikariierenden Arten größer, wenn man Madagaskar mit Afrika, als wenn man Europa mit Nordamerika vergleicht. In ganz ähnlicher Weise können große Flüsse geographisch isolierend wirken; man vergleiche in dieser Hinsicht die Falterwelt nördlich von der südlich des Amazonasgebietes. Nicht alle Gebiete sind in gleicher Weise der Herausbildung von Rassen und Arten günstig; es kommt darauf an, wie verschiedenartig die Lebensbedingungen sind, die die Immigranten erwarten. Ein dankbares Objekt für solche Untersuchungen bilden die indo-malayischen Inseln; hier hat fast jede, noch so kleine Insel ihre eigentümlichen Rassen, und es ist FRUHSTORFERS Verdienst, diese Rassenbildung im malayischen Archipel erst eingehend gewürdigt und propagiert zu haben, wenn auch von anderer Seite, wie von JORDAN, schon früher auf diese Verhältnisse aufmerksam gemacht wurde, worauf wir weiter unten noch zurückkommen werden. Nicht immer findet man nun in dem von der Isolierung betroffenen Gebiet, der Insel usw., die neu angepaßten Formen, sondern es kann auch das Umgekehrte der Fall sein. Es ist ganz gut möglich und ist auch sehr oft der Fall, daß auf der abgetrennten Insel die alten Lebensbedingungen vorherrschend blieben, während die Individuen derselben Art auf dem dazugehörigen Kontinente sich besonderen Änderungen im Klima und dergleichen anpassen mußten. Daraus erklärt sich die Tatsache, daß wir auf den ältesten Inseln auch die stammesgeschichtlich ältesten Vertreter jeder Familie finden, die also die wenigsten Umbildungsprozesse durchzumachen brauchten. Daher kommt die große Wertung, die der entwicklungsgeschichtlich arbeitende Systematiker den Funden von Madagaskar, Neuseeland, Formosa und anderen Inseln entgegenbringt. Wir wollen uns die Bedeutung solcher Inselformen für unsere Kenntnis der Entstehung der Arten an einem Beispiel klarmachen. Unser Hopfenspinner *Hepialus humuli* L. ist bei uns sexuell dichrom, indem nämlich das Weibchen gelblichbraun und mit rotbraunen Zeichnungen, das Männchen aber einfarbig silberweiß gefärbt ist. Welchen der beiden Typen haben wir als den älteren anzusehen? Der schon mehrfach vorgenommenen Überlegung, daß das Weibchen das konservativere Element sei und deshalb die primitiveren Züge tragen müsse, entsprechend, müssen wir gelbe Grundfarbe mit rotbrauner Zeichnung als das Ursprüngliche ansehen. Tatsächlich finden wir das auch bei den anderen Verwandten dieser *Hepialus*-Art. Nun bietet uns aber ein eigenartiges Vorkommen der Art eine schöne Bestätigung. Auf den Shetlands-Inseln kommt eine besondere Rasse dieser Art vor, nämlich *H. humuli thuleus* CROTCH. Bei dieser Rasse sind die ursprünglichen Merkmale noch so weit erhalten, daß hier Männchen vorkommen, die in Färbung und Zeichnung noch völlig den Weibchen gleichen, wo also ein sexueller Dichromismus überhaupt noch nicht aufgetreten ist. So wie diese Rasse haben wir uns den ganzen ursprünglichen *Hepialus humuli* zu denken, nur daß auf dem Festland nach der Abtrennung der genannten Inseln andere Bedingungen herrschten, die zu einer solchen Umbildung der Art führten. Es besteht nun immerhin ein ganz bedeutender Unterschied in der Auffassung von DARWIN und WAGNER, so ähnlich sich beide Theorien auch sein mögen. Nach DARWIN ist die Transmutation oder Umwandlung der Arten ein sich ganz langsam und allmählich vollziehender Prozeß, bewirkt durch die natürliche Auslese, den struggle of life, den Daseinskampf; nach WAGNER beruht dagegen die Umwandlung von Arten auf einer einmaligen Veränderung des Wohnplatzes; im Zusammenhange damit steht der wesentliche Punkt, daß nach DARWINS Lehre alle Individuen einer Art von der Auslese betroffen werden müssen, während nach WAGNER nur ein Bruchteil der Art sich absondert und so zur Entstehung einer neuen Art die Veranlassung gibt.

Die Migrationstheorie von WAGNER bildet also eine wertvolle Ergänzung zu der DARWINschen Selektionstheorie. Die ganze moderne Systematik fußt auf der Annahme von der Entstehung der Lokalrassen durch Isolierung. Diese Lokalrassen bilden sich später zu Arten aus, so daß wir die Rassen als beginnende Arten, die Arten als hochentwickelte Rassen aufzufassen haben. Es besteht also zwischen Rassen und Arten nach dieser Annahme nur ein Unterschied des Grades, und die Grenzen, die zwischen beiden bestehen, sind rein willkürlich gezogen. Es gibt gewisse Kriterien, nach denen man feststellen kann, ob es sich in einem fraglichen Falle nur um eine Rasse oder um eine Art handelt. Im allgemeinen können verschiedene Arten im selben Areal vorkommen, während Rassen geographisch voneinander getrennt sind. Es scheinen da aber auch Übergänge vorzukommen. Unsere *Brenthis pales* SCHIFF. fliegt mit ihrer Rasse *arsilache* ESP. zuweilen am gleichen Orte, die erstere allerdings dann an den Berghängen, die letztere auf den Mooren. Ein zweites Merkmal ist die Verschiedenheit der Kopulationsorgane, die als arttrennend verwendet wird. In vielen Fällen finden sich aber bei den Rassen oder Subspecies je nach der Örtlichkeit ebenfalls differente Sexualarmaturen, so daß auch hier nur ein Unterschied des Grades besteht; denn nur wenn die Organe in einem größeren Maße verschiedenartig gestaltet sind, kann von einer artlichen Verschiedenheit der beiden Falter gesprochen werden. Ein weiteres Kriterium bieten endlich die Fortpflanzungsverhältnisse; Rassen sind untereinander unbeschränkt fruchtbar, während bei Kreuzung von Arten selten mehr als eine, höchstens zwei Generationen erhalten werden können. Wohl sind gewisse Spanner, *Biston*-Arten, bekannt, wo auch im Freien eine Kreuzung zwischen zwei Arten vorkommen soll, die fruchtbare Nachkommen ergibt; wahrscheinlich handelt es sich dabei aber auch nur um Rassen, die man als Arten ansieht. Eine abgetrennte Form wird um so eher als Art und nicht mehr als Rasse oder Subspezies anzusehen sein, wie das betreffende isolierte Gebiet früher vom Wohngebiet der verwandten Art abgetrennt wurde. Nach unserer heutigen Auffassung ist also die „räumliche Sonderung", von Individuen einer Art erst Anlaß zur Ausbildung einer neuen Art.

Es kommen aber auch jetzt für die Artbildung noch andere Faktoren in Betracht. PETERSEN hat auf die Möglichkeit der Entstehung von Arten durch physiologische Differenzierung hingewiesen. Demnach soll die Artbildung damit beginnen, daß die von den Faltern ausgehenden Anlockungsstoffe, die aus den Duftdrüsen stammen, eine Umwandlung erfahren. Es entsteht also eine andersgerichtete sexuelle Witterung, und es wird jetzt z. B. nur ein Bruchteil der Männchen, die sonst ein Weibchen befruchteten, ein so andersgeartetes Individuum aufsuchen. Es ist hier also ein zweifacher Vorgang nötig; einmal muß die Qualität des von dem Weibchen abgegebenen Duftstoffes verändert sein, und zum anderen müssen sich bestimmte Männchen gerade darauf einstellen. Dasselbe gilt vice versa auch für das andere Geschlecht. So bilden sich innerhalb der Individuen einer Art besondere aufeinander abgestimmte Typen heraus, die allmählich mit den anderen Artgenossen keine Kopula mehr eingehen, so daß sie ausschließlich mit ihren physiologisch veränderten Weibchen sich begatten und so immer mehr zur Fixierung dieser Eigenschaften beitragen. Nachdem so eine Isolierung gewisser Individuen innerhalb des Wohngebietes der Art erfolgt ist, werden allmählich nicht nur die von den Geschlechtsorganen ausgehenden Duftstoffe, sondern die Organe selbst sich auch verändern. Nachdem hierbei ein bestimmter Grad der Differenzierung erreicht ist, kann eine Begattung mit Individuen der Stammart rein mechanisch nicht mehr erfolgen, so daß sich jetzt eine neue Art herausgebildet hat, die nicht durch geographische, sondern durch physiologische Isolierung entstanden ist. So erklärt es sich, daß Arten, die einander ganz außerordentlich ähnlich, nach den Kopulationsorganen aber ganz distinkt verschieden sind, im selben Gebiete vorkommen und untereinander fliegen. Hier hat dann eben keine geographische, sondern eine physiologische Sonderung die Herausbildung einer neuen Art bewirkt. Es können also demnach auch Rassen einer Art unter- und nebeneinander vorkommen; wir sprechen dann nicht von Lokalrassen, sondern von physiologischen Rassen und dementsprechend bei höherer Ausbildung von solchen Arten. Hierher gehört auch die vielfach in der Literatur verwendete „biologische Art", die von anderen Arten äußerlich nicht zu unterscheiden ist, aber eine konstant und graduell sehr verschiedene Lebensweise besitzt. Es erscheint leicht verständlich, daß die physiologische Differenzierung nicht nur auf ein bestimmtes Organ, wie es die Duftdrüsen sind, einwirkt, sondern mehr oder weniger werden auch andere Lebensäußerungen davon berührt, woraus eine bionomische Verschiedenheit resultiert, indem z. B. die Raupen sich an eine andere Futterpflanze binden, in einem anderen Stadium überwintern usw. Das bekannteste Beispiel für eine solche Artbildung hat PETERSEN durch seine Untersuchung der *Hydroecia nictitans* BKH. gegeben. Durch gewissenhafte und gründliche Untersuchung der Begattungsorgane wies er nach, daß diese mit dem angegebenen Namen bezeichnete Art in Wirklichkeit aus neun verschiedenen Arten sich zusammensetzt. Es kommt diese „Art" nicht nur in Mitteleuropa, sondern auch in Asien und Amerika vor, so daß man geneigt sein könnte, die Artentstehung doch auf geographische Isolierung zurückzuführen. Demgegenüber ist aber festzustellen, daß an vielen Orten mehrere der neun Arten zusammen vorkommen; so fliegen in Estland z. B. vier Arten, die sich aber nicht miteinander vermischen. Hier ist also die Artbildung auf eine physiologische Differenzierung zurückzuführen; leider sind nicht von allen Arten der *Nictitans*-Gruppe die Raupen genügend bekannt, um festzustellen, ob auch eine bionomische Verschiedenheit, nämlich eine solche der Jugendstadien und deren Lebensäußerungen, vorliegt. Diese physiologische Isolierung oder g e s c h l e c h t l i c h e E n t f r e m d u n g, wie sie

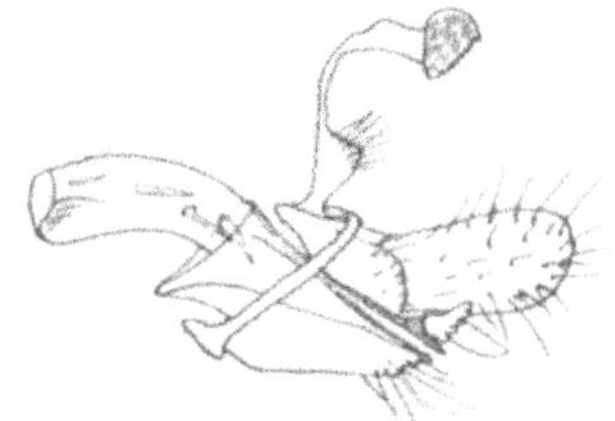

Abb. 62. *Coleophora caespititiella* Z. I. Typus. Genitalorgane des Männchens, lateral.

Abb. 63. II. Typus derselben Art.

PETERSEN auch bezeichnet, spielt sicher eine viel größere Rolle, als wir glauben. Leider liegen noch allzuwenig Untersuchungen darüber vor, um ein allgemeineres Urteil zu ermöglichen. Es scheinen aber ganz ähnliche Verhältnisse bei der Gattung *Lithocolletis* Z. zu bestehen, auf die bisher noch nicht genügend geachtet wurde. In dieser Gattung herrscht ein ganz unsäglicher Wirrwarr. Die äußeren Merkmale sind in keiner Weise geeignet, die Arten mit Sicherheit zu trennen; manche Arten (*cerasicolella* ST. und *spinicolella* STT., *corylifoliella* STT. und

Abb. 64. Die bei beiden identische Penisscheide, stärker vergrößert. (*C.* = Cornuti.)

betulae Z.) sind getrennt geführt worden, obwohl sie identisch sind und nur an verschiedenen Pflanzen leben. *L. padella* HEIN. besteht aus zwei Arten, nämlich *L. sorbi* FREY und *L. spinicollela* STT., und eine ganze Anzahl von Arten läßt sich mit Sicherheit nur durch die Untersuchung der Begattungsapparate trennen. Es sind das besonders die auf Rosifloren lebenden Arten. Andererseits gibt es eine ganze Gruppe von anscheinenden Arten, die auch in bionomischer Hinsicht sich verschieden verhalten, deren (gewöhnlich asymmetrische) Kopulationsapparate sich nicht so scharf voneinander trennen lassen, so daß ein wesentlich verschiedenes Verhalten sich in derselben Gattung zeigt. Als weiteres Beispiel möge die bekannte *Coleophora caespititiella* Z. angeführt werden. Diese besitzt zwei Formen, die als Arten aufgefaßt werden müssen, wenn es auch nicht möglich ist, sie äußerlich in irgendeiner Weise zu unterscheiden. Beide leben als Raupe in ganz gleich gearbeiteten Säcken an den Fruchtköpfen von Juncus-Arten, beide gelegentlich auch an Luzula. Verpuppung, Schlüpfen usw. erfolgt zur gleichen Zeit, die Imagines sind voneinander nicht zu unterscheiden, und nur die männlichen Genitalarmaturen sind ganz verschieden, und es ist nicht möglich, einmal einen Übergang zwischen beiden Typen zu finden (Abb. 62—64). Unter jedem untersuchten Material findet man beide Arten, ein Zeichen dafür, daß sie überall untereinander vorkommen können und wahrscheinlich auch durch physiologische Differenzierung entstanden sind. Es werden später, wenn erst genauere Untersuchungen vorliegen, sicherlich noch mehrfach solche Fälle von artlicher Verschiedenheit festgestellt werden können, wo wir jetzt nur eine Art zu finden glauben, und es wird sich dann zeigen, daß nicht immer die geographische Isolierung der Anlaß zur Neuentstehung von Arten zu sein braucht, sondern daß auch die physiologischen Verschiedenheiten eine solche Ausbildung hervorrufen können; es mögen in vielen Fällen auch beide Momente vereinigt wirken, wodurch dann unter Umständen der ganze Prozeß der Neubildung einer Art, der ja im allgemeinen sehr langsam vor sich geht, stark beschleunigt werden kann.

Dreizehntes Kapitel.

Phänologie. Melanismus und Albinismus.

Die Phänologie macht es sich zur Aufgabe, das Verhalten der Tiere, so auch unserer Schmetterlinge, zu den verschiedenen Tages- und Jahreszeiten, zur Witterung usw. zu betrachten. Wir müssen also in erster Linie untersuchen, welche Schmetterlinge wir als Tagtiere und welche wir als Nachttiere zu bezeichnen haben. Die überwiegende Mehrzahl aller *Rhopalocera* und *Hesperiidae* gehört zu den tagfliegenden Faltern. Nur wenige unter ihnen gibt es, die sich die Nacht ausgesucht haben, um während derselben ihren Ernährungs- und Fortpflanzungsinstinkten zu folgen. Zu den letzteren gehören beispielsweise die bei uns nicht vertretenen Satyriden-Gattungen *Lethe* und *Melanitis*. Die Mehrzahl aller anderen ist aber an das Tageslicht gebunden, einmal, weil sie in ihrer Ernährungsweise an Blumen angepaßt sind, die ihre Blüten nur am Tage geöffnet haben, zum anderen, weil bei ihnen von den Sinnesorganen das Auge dominiert, so daß sie in der Nacht unfähig sind, ihrer Ernährung und Fortpflanzung nachzugehen. Ganz entgegengesetzt verhalten sich die Nachtfalter, zu denen alle anderen Schmetterlingsfamilien gehören. Sie besuchen meist solche Blumen, die ihre Blüten in der Nacht geöffnet haben; die Sinnestätigkeiten des Auges sind schwächer entwickelt gegenüber dem Geruchsvermögen, und ihre Augen sind speziell eingerichtet für die Aufnahme nur geringer Lichtmengen. Freilich gibt es auch unter den Nachtfaltern eine Anzahl von Ausnahmen, die als Tagflieger bekannt sind. Als die häufigsten seien erwähnt unsere *Macroglossa*-Arten, die Sesien, eine Anzahl heliophiler (sonnenliebender) Noctuiden, einige Spanner und viele Kleinschmetterlinge. Es gibt auch eine Anzahl von Arten, die gewöhnlich in der Nacht oder am Abend fliegen, zuweilen aber auch am Tage fliegend beobachtet werden können, wozu namentlich *Plusia gamma* L. zu rechnen ist. Bei Besprechung der Sinnesorgane war schon erwähnt worden, daß diese bei Tage und Nacht fliegenden Arten ein besonders umstellbares Auge besitzen, um sich den veränderten Lichtverhältnissen anzupassen. Eine ganze Anzahl von tropischen Nachtfalterfamilien fliegt fast nur am Tage, so die Dioptiden, die Arctiiden-Unterfamilie der Pericopinen, die *Dysphania*-Arten unter den Spannern, die Epicopiiden, Uraniiden und viele andere. Auch unsere Familie der Zygaeniden ist überall als Tagflieger vertreten. Vielfach brauchen die Tagfalter direkten hellen Sonnenschein; sowie sich die Sonne hinter einer Wolke verbirgt, sieht man keinen Schmetterling mehr fliegen, alle setzen sich dann schnell auf den Boden oder an Pflanzen, und sowie die Sonne wieder scheint, kann man sie wieder fliegen sehen. Es ist das besonders bei den Gattungen *Parnassius* und *Erebia* zu beobachten. Ein gleiches gilt für viele der im Sonnenschein fliegenden Nachtfalter. Vielfach haben die Arten ihre ganz bestimmten Stunden am Tage, zu denen sie auftreten; manche sind schon sehr frühzeitig da, wenn eben die Sonne aufgegangen ist, andere bevorzugen die heißeste Mittagszeit, wie die Aegeriiden, und manche erscheinen erst am Spätnachmittag. Alle Falter, die am Tage viel geflogen sind, suchen am Abend einen Platz für die Nachtruhe auf, an einem Grashalm, einer Blüte und dergleichen. Es sind dann selbst sehr scheue und wilde Flieger, deren man am Tage nicht oder nur mit sehr großer Mühe habhaft werden kann, leicht zu fangen. Mitunter fliegt auch nur das Männchen am Tage, wie wir es bei unserer *Saturnia pavonia* L. in den ersten Vorfrühlingstagen beobachten können. Den Übergang zu den Nachtfliegern bilden alle die Arten, die in der Dämmerung fliegen. So kann man *Solenobia*-Arten und *Lypusa* am häufigsten kurz vor Aufgang und kurz nach Untergang der Sonne fliegen sehen. In der Dämmerung treten auch die meisten Schwärmer auf, und im übrigen haben auch die Nachtflieger unter den Schmetterlingen ihre bestimmten Stunden, in denen sie fliegen. Man kann die Verteilung der einzelnen Arten auf die verschiedenen Nachtstunden am besten feststellen, indem man beobachtet, zu welcher Zeit die verschiedenen Arten ans Licht oder an den Köder kommen, und wird dabei finden, daß die Stunden vor Mitternacht einen reicheren Anflug ergeben als die späteren Nachtstunden. Doch kommen noch in den letzteren manche Arten angeflogen, die man zu einer anderen Zeit nicht erhalten kann. Die in der Nacht fliegenden Schmetterlinge ruhen gewöhnlich am Tage. Die Ruhestellung ist bei ihnen insofern abweichend, als die Flügel nicht zusammengeklappt werden, wie bei den Tagfaltern, sondern an die Unterlage angelegt werden. Doch gibt es auch da gewisse Ausnahmen, wie die Spanner *Larentia obliterata* Hufn. und *Bupalus piniarius* L., die ihre Flügel wie die Tagfalter zusammenklappen. Während alle die Heteroceren, die in der Ruhe ihre Flügel der Unterlage anschmiegen, auf der Unterseite der Flügel düster oder blaß gefärbt sind und nur verschwommene Zeichnungen tragen, besitzen die Tagfalter und solche Spanner, die ebenso wie diese ruhen, intensiver gefärbte Unterseiten, namentlich auf den Hinterflügeln. Überhaupt spielt die Flugzeit eine beträchtliche Rolle in bezug auf die Färbung der Flügel. Fast alle Tagfalter haben mehr oder weniger lebhaft gefärbte Flügel, und das trifft ebenfalls zu auf die Nachtfalter, die am Tage fliegen, wie viele Zygaeniden, Spanner und Eulen. Sonst sind die Nachtschmetterlinge düsterer und einfarbiger. Diese Tendenz kann sogar zum Sexualdichromismus führen; so sind bei dem nur in der Nacht fliegenden Weibchen von *Saturnia pavonia* L. die Flügel grau und schwarz, bei dem am Tage fliegenden Männchen aber schön rotbraun gefärbt. Manche Lepidopteren sind nur auf eine ganz geringe Menge von Licht eingestellt; Tagfalter, bei denen das der Fall ist, kommen dann nicht aus den schattigen Wäldern, die sie sich zum Schutze erwählen, heraus; so ist es bei unserer *Pararge aegeria* L. der Fall. Lichtscheue oder heliophobe Nachtfalter haben in ihrer Flugzeit nur mit wenig Licht zu tun; sie suchen dann zur Ruhe während des Tages Orte auf, die nur sehr wenig vom Licht getroffen werden. Es sind das besonders natürliche Höhlen, aber auch tiefe Keller und andere Örtlichkeiten, in die nur sehr wenig Lichtstrahlen eindringen können. So entstehen die sogenannten Höhlenfalter. Schmetterlinge als Bewohner von Höhlen sind nur in geringer Anzahl bekannt geworden; es finden sich bei ihnen auch nie jene extremen Anpassungserscheinungen an das Leben in Höhlen wie bei den Käfern, wo Reduktion der Augen und andere schwerwiegende Umbildungen auftreten. Das kommt daher, daß unsere Falter ja kein eigentliches Leben in den betreffenden Höhlen führen, sondern sie nur als Zufluchtsort während des Tages (und zur Überwinterung) aufsuchen. Die bei uns als Höhlenfalter festgestellten Arten sind die Eule *Scoliopteryx libatrix* L., die Spanner *Triphosa dubitata* L. und *sabaudiata* Dup. und die Federmotte *Orneodes desmodactyla* Hbn. Will man eine Scheidung der Schmetterlinge in heliophile und heliophobe Arten, also in solche, die das Licht bevorzugen und solche, die es scheuen, vornehmen, so muß die größere Menge in die erste Kategorie gestellt werden; dahin gehören alle Tagfalter, Hesperiiden und ein Teil der Nachtfalter. Das größere Heer der letzteren ist im allgemeinen gegen Licht indifferent, und nur eine beschränkte Anzahl sind wirklich lichtscheu. Zu den letzteren müssen vor allen die Weibchen unserer Kleidermotten gerechnet werden.

Wie zu den verschiedenen Tageszeiten verhalten sich die Falter auch zu den einzelnen Jahreszeiten je nach der Art verschieden. Es gibt wohl kaum irgendeine Jahreszeit, in die nicht das Erscheinen eines Falters fallen könnte. Indessen fällt die Hauptflugzeit in die Monate Mai bis Ende September. Es läßt sich hierbei ein Ansteigen der Arten und Individuen etwa bis Ende Juni oder Mitte Juli verfolgen; das sind dann die ersten Generationen der betreffenden Falter, worauf eine Pause eintritt, und erst von Ende Juli ab erscheinen dann die zweiten Generationen. Natürlich ist eine scharfe Grenze zwischen beiden Jahreszeiten nicht zu ziehen, da einmal die Falter meist langlebiger sind und so die Grenzen der Generationen sich verwischen; andererseits treten gerade in der Zwischenzeit auch viele Arten auf, die nur eine Generation besitzen, die sich dann gerade entwickelt. Nur wenige Arten gibt es, die als echte Winterflieger zu deuten sind; hierher gehören namentlich unsere Frostspanner, die *Operophthera-* und *Hibernia*-Arten, die selbst bei Frost noch fliegen können. Alle anderen Falter, soweit sie den Winter als Imago überdauern, versinken in einen Zustand der Lethargie, der sie zum Fliegen ungeeignet macht. Es kann aber vorkommen, daß sie bei besonders intensiver Sonnenbestrahlung an einem schönen Wintertage wach werden und etwas umherflattern, worauf sie meist ergriffen und als „Redaktionsschmetterlinge" an die Zeitungen als erste Frühlingsboten gesandt werden. Die meisten Arten überwintern aber nicht als Falter, sondern als Raupe, ein geringerer Teil auch als Ei oder als Puppe. Die Raupe hat nach SEITZ es leichter, ihren Ort zu wechseln und so ungünstigen Bedingungen auszuweichen. Im übrigen vergleiche man das auf S. 264 Gesagte, wo die Beziehungen der einzelnen Generationen zueinander erörtert wurden. Wo die Imago im Winter fliegt, findet man meist stummelflügelige Weibchen. Diese Reduktion beruht nicht auf einer Entwicklungshemmung durch den Frost, sondern sie ist als eine Schutzanpassung aufzufassen, da die heftigen Winter- und Frühjahrsstürme die Weibchen sonst fortführen würden aus jenen Gehölzen und Wäldern, in denen sie einmal Schutz und zum anderen die geeigneten Nahrungspflanzen für ihre Nachkommen finden. Bei den Männchen ist das nicht so zu befürchten; sie sind leichter als die mit Eiern gefüllten Weibchen und können wieder zurückfinden; überdies ist bei ihnen eine solche Verbreitung zur Vermeidung der Inzucht geradezu erwünscht. Es ist das eine ganz analoge Erscheinung zu den Formen, die sich auf den stürmischen Inseln entwickeln, und die ebenfalls durch Flügelreduktion gekennzeichnet sind. Solche Stummelflügeligkeit finden wir bei den Weibchen unserer Winterflieger aus den Gattungen *Operophthera, Hibernia* und *Biston*. Die Eigentümlichkeit des Winterfluges bedeutet für diese Arten einen gewissen Schutz; sie sind zu dieser Jahreszeit vor den Nachstellungen vieler Feinde sicher. Alle anderen Arten, die als Imago überwintern, halten einen Winterschlaf. (Das gilt besonders für viele unserer Tagfalter.) Von ihnen sind besonders zu nennen die *Gracilaria*-Arten, *Depressaria* und viele Wickler, besonders *Acalla*-Arten, weiterhin *Sarrothripus revayana* SCOP., *Phibalapteryx polygrammata* BKH., *Larentia miata* L. und *siderata* HUFN., *Triphosa dubitata* L. und *sabaudiata* DUP., *Hypena rostralis* L., *Apopestes*-Arten, *Plusia gamma* L., *Scoliopteryx libatrix* L., alle *Calocampa*-Arten, *Scopelosoma satellitium* L., alle *Orrhodia-, Orthosia-* und *Xylina*-Arten, *Oporina croceago* F., mehrere *Amphipyra*-Arten, *Brotolomia meticulosa* L. und *Dasypolia templi* THUNB., *Macroglossa stellatarum* L., *Gonepteryx rhamni* L., alle *Pyrameis-, Vanessa-* und *Polygonia*-Arten. Es ist bemerkenswert, daß viele Arten bei uns als Winterschläfer auftreten, die im Süden auch im Winter fliegen, so daß man irrtümlich eine Südwanderung solcher Falter angenommen hat. Ganz sind diese Fragen auch jetzt noch nicht geklärt; nach WARNECKE (1921) überwintert unser Admiral *Pyrameis atalanta* L. in den Mittelmeerländern; auch ZELLER fand diese Art auf Sizilien überwinternd. Es ist bemerkenswert, daß die im Winter fliegenden Arten, wie unsere Frostspanner, schon eine längere Zeit fertig ausgebildet in der Puppe liegen können, daß sie aber erst ausschlüpfen, nachdem ein merklicher Frost eingesetzt hat. Über den Frost als Entwicklungsanreiz haben wir schon früher (S. 107) gesprochen. Von Faltern, die sehr zeitig im Frühjahr erscheinen, ohne zu überwintern, seien noch besonders genannt die *Brephos*-Arten und *Polyploca flavicornis* L., und vor ihnen treten noch die verschiedenen *Biston*-Arten auf, die aber in ihrer ganzen Konstitution noch zu den Winterfliegern zu rechnen sind. Nach PAGENSTECHER überwintern nur 1,6 Prozent aller Schmetterlinge als Imago, 28,2 Prozent als Puppe, 66,8 Prozent als Raupe und 3,4 Prozent als Ei. Diese Zahlen sind nur auf die Großschmetterlinge bezogen und dürften sich bei Einbeziehung der Kleinfalter vielleicht noch etwas zugunsten der Puppe verschieben. Unter Umständen findet auch eine mehrfache Überwinterung statt; sie stellt sich häufig bei Raupen ein, die mehrere Jahre zu ihrer Entwicklung brauchen, aber auch in solchen Fällen, wo es nicht nötig wäre. Es sei da an die von BURGEFF berichteten Feststellungen bei den Zygaenen erinnert (S. 78). Auch die Puppe kann mehrfach überwintern, in allen den Fällen, wo sich ein „Überliegen" feststellen läßt. Normalerweise scheint es nicht vorzukommen. Das Ei soll bei *Erebia ligea* L. zweimal überwintern. Niemals jedoch findet eine zweimalige Überwinterung der Imago statt.

Vielfach erfolgt die Begattung, wenn der Falter überwintert, erst im nächsten Frühjahr; es scheint, als ob das Weibchen im Herbst noch nicht ganz geschlechtsreif ist, so daß zu dieser Zeit eine Befruchtung nicht erfolgen könnte.

Wir haben uns anschließend an das Problem der Überwinterung noch mit den Einflüssen zu beschäftigen, die die Witterung auf die Entwicklung der Falter ausübt. In dieser Beziehung ist besonders die Bedeutung der milden Winter zu erwähnen. Im allgemeinen glaubt man immer, daß ein sehr kalter und strenger Winter ungünstig auf das Insektenleben einwirkt, und daß von einem warmen, nur von einzelnen Frosttagen unterbrochenen Winter ein reicheres Auftreten der Schmetterlinge zu erwarten sei. Das ist grundfalsch; gerade das Gegenteil ist der Fall. Alle Raupen und Puppen brauchen eine strenge Winterkälte als Entwicklungsanreiz; wie wenig sie ihnen schadet, geht aus dem Versuch von J. ROSS hervor, der Raupen bei — 33 Grad einfrieren ließ, sie vorsichtig auftaute und dann ein ungestörtes Weiterleben beobachten konnte. Im allgemeinen werden die Schmetterlinge wie auch ihre Raupen selten solchen Temperaturen ausgesetzt sein; zudem befinden sie sich meist in irgendwie geschützten Verstecken; so gehen unsere Tagfalter, *Depressaria-*, *Gracilaria*-Arten usw. gern auf die Dachböden, wo sie sich den Winter über aufhalten. Es findet in den milden Wintern aber auch eine direkte Schädigung unserer Falter statt, die auf verschiedene Ursachen zurückzuführen ist. Einmal kommt es vor, daß durch die gesteigerte Wärme die Imagines vorzeitig die Puppe verlassen. Das führt in den meisten Fällen zum Verlust der Nachkommenschaft; denn die Falter finden noch keine Blüten, wo sie sich ernähren könnten, und da dann das Vorkommen von Männchen ebenfalls nur sporadisch ist, kann vielfach keine Kopulation erfolgen. Besonders nachteilig wirken milde Wintertage, denen dann wieder einige Frosttage folgen. In solchen Fällen werden die Schmetterlinge und manche Raupen aus ihren Verstecken herausgelockt; wenn dann wieder Frost eintritt, erstarren sie, bevor sie ihre Schlupfwinkel wieder aufgesucht haben und gehen zugrunde. Endlich kommen in warmen Wintern viel weniger Insektenfresser unter den Warmblütlern um als normal, so daß im nächsten Jahre die Anzahl der Feinde größer ist als sonst.

In ähnlicher Weise wie abweichende Witterung im Winter wirken auch extrem veränderte Sommer auf die Falter ein. In sehr heißen und dürren Sommern kann sich die Vegetation nicht so üppig entwickeln wie sonst; die Folge davon ist, daß nicht nur ein gewisser Nahrungsmangel auftritt, sondern die Pflanzenteile sind auch stärker verholzt, so daß die Raupe sie nicht genügend aufschließen und ausnutzen kann. Es resultiert daraus eine gewisse Unterernährung der Raupe, die sich nicht nur in der geringeren Größe äußert. Vielmehr sind auch bei abnormem Wachstum in der Pflanze gewisse Änderungen vor sich gegangen, die in einer quantitativen oder qualitativen Veränderung der Vitamine bestehen müssen. Infolgedessen ist die Raupe viel weniger widerstandsfähig und erleidet eine Disposition für gewisse Raupenkrankheiten. Auch für den Falter und die Puppe sind trockne und heiße Sommer von Nachteil. Beide benötigen zur Entwicklung einer gewissen Luftfeuchtigkeit. Jeder Züchter weiß, daß er seine Puppen öfter mit Wasser besprengen muß, wenn er gute Resultate erhalten will. Auch der Falter braucht, wenn er aus der Puppe geschlüpft ist, viel Feuchtigkeit; wird ihm diese nicht zuteil, so verkrüppeln seine Flügel. Der züchtende Entomologe besprengt seine ausgekommenen Falter, wenn sie ihre Flügel nicht entfalten können, mit Wasser, worauf sich der Prozeß normal vollzieht. So findet man in den trockenen Sommern viel mehr Schmetterlinge mit verkrüppelten Flügeln als sonst. Aber auch zu nasse Sommer bedingen eine Schädigung vieler Falter. Zwar wird in solchen Fällen die Vegetation viel üppiger sein; aber es findet auch dann in den Pflanzen eine Umänderung statt, die sich wahrscheinlich auf die Vitamine bezieht. Mit tropischen Verhältnissen ist hier ein Vergleich nicht möglich; denn dort bedeutet die größere Feuchtigkeit nicht einen Verlust an Sonnenbestrahlung, da alle Tage reichen Sonnenschein besitzen, und nur für kurze Zeit am Tage die meist durch Gewitter veranlaßten Regengüsse stattfinden. Bei uns dagegen ist, wenn der Sommer sehr naß ist, tage- und sogar wochenlang keine Sonne sichtbar, wodurch die Entwicklung der Vegetation wie der Falter, die ja beide auf ein bestimmtes Quantum an Sonnenbestrahlung eingestellt sind, in andere Bahnen gelenkt wird. Auch die durch sehr nasse Sommer bedingte Veränderung in den Geweben der Pflanzen ist Ursache zu einer stärkeren Disponierung der Raupen für Krankheiten.

Das Verhalten der Schmetterlinge und ihrer Raupen zu den Witterungsverhältnissen ist je nach der Art verschieden. Im allgemeinen ziehen sich die Falter bei Regen in ihre Verstecke zurück; wenige Arten nur gibt es, die trotz desselben umherfliegen. Zu letzteren gehört nach SKERTCHLY *Ornithoptera flavicollis* auf Borneo; bei uns sollen die Macroglossen nach SEITZ auch während des Regens fliegen. Viele Noktuiden kommen auch an den Köder, wenn es regnet; besonders erinnerlich ist mir eine *Catocala fraxini* L., die Ende Oktober noch bei strömendem Regen angelockt wurde. Der Regen schadet den Tieren im allgemeinen wenig, da das Wasser an den Flügeln abgleitet. Man versuche, einen Schmetterling mit einer wässerigen Flüssigkeit zu benetzen, indem man ihn z. B. unter Wasser taucht, und wird feststellen können, daß die Wassertropfen nicht durch das Haar- und Schuppenkleid hindurchdringen. Bei kleineren und kleinsten Faltern wird natürlich ein Flug im Regen viel schwieriger, da bei ihnen die mechanische Wirkung der Tropfen viel größer ist und die Schmetterlinge durch sie zur Erde geschmettert werden. Auch sonst besteht eine gewisse Reaktionsfähigkeit auf Witterungseinflüsse; wir haben schon erwähnt, daß vielfach die Puppen zuzeiten eines barometrischen Minimums den Falter entlassen, und daß die Schmetterlinge an schwülen Tagen oder Nächten eine viel intensivere Lebenstätigkeit äußern, sowohl in bezug auf die Ernährungs- wie auch auf die Fortpflanzungsinstinkte. Wie sehr auch die Raupen solchen Einflüssen unterliegen, hat FABRE an den Raupen eines Prozessionsspinners nachgewiesen. Er stellte fest, daß die Einwohner eines Nestes einmal trotz schönen Wetters ihr Nest nicht verließen; es stellte sich dann heraus, daß die Wetterkarte gerade ein Tiefdruckgebiet auf dieser Gegend aufwies, das eine Woche lang dort stehen blieb. Die Raupen verließen deshalb zehn Tage lang nicht ihr Nest. Die im Glaskasten gezogenen Raupen ließen sich aber nicht stören; sie unterließen ihre Wanderung nur, wenn das Barometer sehr tief stand, wenn auch kein Regen fiel. Die Unabhängigkeit der barometrischen Reaktion vom Regen und damit von der Luftfeuchtigkeit weist darauf hin, daß hier besondere eigentümliche Sinnesorgane vorhanden sein müssen, die nur Luftdrucksveränderungen aufnehmen müssen, die also barometrische, aber nicht hygrometrische Funktionen haben; sonst könnte man vermuten, daß es die hohe Luftfeuchtigkeit ist, die das veränderte Verhalten der Raupen bedingt. In dieser Beziehung können also auch viele Raupen als „Wetterpropheten" bezeichnet werden. Wie weit unter Umständen das Witterungsvermögen der Lepidopteren gehen kann, hat EVERS in zwei sehr interessanten Fällen mitgeteilt. *Papilio pomponius* HOPFF. lebt als Raupe auf Quaresmapflanzen. Gewöhnlich schlüpfen die Falter nach einer Puppenruhe von neun Tagen. In einem Winter erfroren jedoch alle Exemplare der Futterpflanze; es schlüpften darauf von 20 Puppen nur zwei oder drei Falter. Im nächsten Jahre hatten sich die Pflanzen noch nicht erholt; es schlüpften auch da nur wenige Imagines. Als im übernächsten Jahre aber die Pflanzen wieder im normalen Zustand sich befanden, schlüpften alle übrigen Falter, nachdem sie nun zwei Jahre in der Puppe zugebracht hatten. Es liegt hier also ein außerordentlich komplizierter Instinkt für meteorologische Veränderungen vor, von dem wir uns keine Vorstellung machen können. In anderer Weise ging eine Anpassung bei *Citheronia brissotii* Bsd. vor sich, von der ebenfalls Evers berichtet. Die Raupen dieser Art brauchen fast genau 40 Tage, bis sie erwachsen sind (vom Ausschlüpfen aus dem Ei an gerechnet). Sie gehen dann, verpuppungsreif geworden, in die Erde, um sich dort zu verwandeln. In der Gegend von Porto Alegre, wo die Beobachtungen angestellt wurden, ist nun aber der Erdboden sehr lehmig und wird außerordentlich hart und fest, wenn längere Zeit kein Regen gefallen ist. Die Raupen können sich also nur verpuppen, nachdem Regen aufgetreten ist, der den Erdboden aufgeweicht hat. Für die Raupen besteht nun die Gefahr, daß eine Verpuppung nicht erfolgen kann, wenn es lange nicht geregnet hat; denn bei einer verpuppungsreifen Larve läßt sich dieses Stadium nicht aufschieben. Es erfolgt nun eine bewundernswürdige Anpassung in der Weise, daß das Ausschlüpfen aus dem Ei verzögert wird, so daß es gerade 40 Tage vor Eintritt des Regens geschieht. Eier, die zu ganz verschiedenen Zeiten abgelegt sind, entlassen dann doch die jungen Räupchen gleichzeitig aus dem Ei; es spielt keine Rolle, ob die Eiablage 8—14 Tage früher oder später geschah; am 40. Tage vor dem Eintreten des Regens verlassen die Raupen die Eischale. In keiner Weise vermögen wir uns vorzustellen, auf welche Weise das junge Räupchen von diesen Vorgängen der Witterung Kenntnis erhält. Alle diese Beispiele zeigen uns aber, wie empfindlich die Reaktionen der Schmetterlinge auf Witterungsverhältnisse sein können, und bei genaueren Untersuchungen dürften noch eine Anzahl Sinnesorgane entdeckt werden, die solche Empfindungen vermitteln.

Zwei Erscheinungen sollen nun im folgenden noch besprochen werden, von denen man vielfach angenommen hat und zum Teil auch heute noch annimmt, daß sie mit den phänologischen Tatsachen im Zusammenhang stehen. Es sind das der Melanismus und der Albinismus. Wir verstehen zunächst unter Melanismus im weitesten Sinne jede mehr als normal ausgedehnte Schwarzfärbung im Schmetterlingsflügel und Schmetterlingskörper. Wenn wir uns die dabei zugrunde liegenden Vorgänge klar machen wollen, müssen wir die Entstehung des schwarzen Farbstoffes bei den Faltern überhaupt untersuchen. Fast alle Lepidopteren weisen gewisse schwarze Zeichnungen auf, und wir müssen uns fragen, wie diese entstanden sind. Die Grundlage jeder Färbung bildet eine Farbmuttersubstanz, das Chromogen. Wir haben schon früher darauf hingewiesen, daß dieses ein Abbauprodukt von Pflanzenfarbstoffen ist, daß dieser Abbau schon im Raupenkörper geschieht, und daß beim Übergang vom larvalen zum imaginalen Typus in der Puppe eine nochmalige Veränderung stattfindet. Wenn eine solche nicht bestände, wäre z. B. das verschiedene Verhalten von Raupe und Falter im ultravioletten Licht nicht erklärlich (vgl. Seite 83). Nicht ohne weiteres kann aber dieses Chromogen sich in einen schwarzen Farbstoff verwandeln; es ist dazu nötig, daß es sich mit dem Sauerstoff der Luft in Gegenwart eines bestimmten Stoffes verbindet. Von solchen Stoffen, die man als Oxydasen bezeichnet, kommen im Schmetterlingskörper, wie HASEBROEK nachwies, zwei vor. Der eine ist imstande, mit Tyrosin, zusammen mit Luftsauerstoff, schwarze Pigmentkörner auszufällen, die man als Melanine aufzufassen hat, während die andere Oxydase mit einem zweiten Stoff, dem Dioxyphenylalanin, kurz „Dopa“ genannt, ein Melanin ausfällt. Wir bezeichnen deshalb die erste der beiden Oxydasen als Tyrosinase, die letztere als Dopaoxydase. Wir müssen uns nun daran erinnern, daß das Tyrosin wie auch die Dopa Vorstufen des Melanins sind, die im Schmetterlingskörper nachgewiesen werden können; zu ihnen gehört eben ein Teil jener schon erwähnten Chromogene. An den Stellen des Flügels, wo eine schwarze Zeichnung entsteht, vollziehen sich nach HASEBROEK zwei verschiedene Vorgänge in den Schuppen. Einmal erfolgt eine Wanderung der betreffenden Chromogene (Tyrosin oder Dopa) durch die Schuppenwurzel in die Schuppe selbst hinein. An der Stelle, wo die Chromogene aus dem Schuppenbalg in die Schuppe selbst übertreten, werden sie von der Lymphflüssigkeit, die die Hohlräume der Puppen enthalten, berührt, und da diese Lymphe einen hohen Gehalt an Oxydasen besitzt, erfolgt unter gleichzeitiger Anwesenheit von Sauerstoff eine Ausfällung von Melanin, also schwarzem Pigment. Dieses wandert nun in die Schuppe selbst hinein und füllt gewöhnlich den zentralen Teil derselben aus. Andererseits sind aber auch Melaninmuttersubstanzen in die Krone der Schuppe abgelagert worden; dort kommen sie kurz vor dem Schlüpfen ebenfalls mit der jetzt reichlich vorhandenen Hämolymphe in Berührung, und es kommt nun zu einer Bildung von Melanin oder schwarzem Pigment auch an den Enden der Schuppen. Diese sind es, die die anderen Schuppen überragen, und daraus erklärt sich die verschiedene Erscheinung, die durch die beiden Pigmentbildungen erzielt wird. Im ersten Falle liegt das schwarze Pigment oder Melanin nur im basalen und zentralen Teil der Schuppe, im zweiten dagegen an den Rändern derselben. Wir wissen, daß die einzelnen Schuppen sich dachziegelartig decken; bei einer solchen basalen Färbung tritt deswegen die Pigmentablagerung äußerlich nicht deutlich als Schwärzung in Erscheinung, während im zweiten Falle, wo das Melanin in den Endteilen der Schuppe sich bildet, eine schwarze Färbung der betreffenden Stelle resultiert. Es wird also dann durch eine Färbung aller Schuppenenden oder -kronen eine gleichmäßig schwarze Färbung des gesamten Flügels erzielt werden. Das ist das, was gewöhnlich als Melanismus im weitesten Sinne bezeichnet wird. Was kann nun, rein chemisch betrachtet, die Ursache einer solchen verstärkten Schwärzung der Flügel sein? Es können entweder im Körper des Falters mehr Melanin liefernde Chromogene, also Tyrosin oder Dopa, vorhanden sein, oder aber die Lymphflüssigkeit ist reicher an Oxydasen (Tyrosinase und Dopaoxydase), wodurch mehr Chromogen als normal umgewandelt werden kann. HASEBROEK, der diese Verhältnisse untersuchte, stellte fest, daß sich die Lymphflüssigkeit in ihrem Gehalt an Oxydasen bei Raupen, die melanistische Falter liefern, nicht von der der normalen unterscheidet, daß sich aber bei den letzteren weniger Melaninvorstufen in den Chromogenen fanden als in den ersteren. Der Sauerstoffgehalt spielt hier wahrscheinlich keine Rolle, da er durch die Atmung der Puppe und durch die Stoffwechselvorgänge immer in genügender Menge zur Verfügung steht. Es beruht also, rein chemisch, das Auftreten von melanistischen Formen auf einem höheren Gehalt des Körpers an Melanin bildenden Chromogenen.

Wie kommt es, daß bei einem Falter sich mehr solcher Chromogene bilden können als bei einem anderen derselben Art? Es ist diese Frage nach den tieferen Ursachen des Melanismus eine derjenigen, die schon die meisten Debatten hervorgerufen haben, ohne daß bis jetzt eine endgültige Lösung erfolgt wäre. Man hat geglaubt, einen gewissen Grad von Kälte und Feuchtigkeit dafür verantwortlich zu machen, anknüpfend an die Tatsache, daß viele Falter, je weiter man nach Norden kommt und je höher man in den Gebirgen hinaufsteigt, immer dunkler werden. Je dunkler ein Schmetterling ist, um so mehr kann er die spärlichen Wärmestrahlen noch auffangen; schwarze Färbung saugt mehr Wärme auf, weiße reflektiert sie. Demgegenüber stand aber eine Anzahl von Fällen, in denen die Falter nach Süden zu immer dunkler werden, beispielsweise unser *Polyommatus phlaeas* L. Von anderer Seite ist dagegen das Großstadtmilieu dafür verantwortlich gemacht worden, indem man feststellte, daß solche geschwärzten Formen besonders da auftraten, wo viel Industrie tätig war, und man hat sogar die melanistische Färbung direkt auf die Rauch- und Rußentwicklung zurückgeführt, indem man behauptete, daß die Kohlenteilchen in so großer Menge auf den Blättern abgelagert würden, daß die Raupe nicht imstande sei, alle in der normalen Weise durch den Kot wieder abzuführen, so daß eine Anreicherung des Körpers mit Rußteilchen erfolgen müsse, die dann in den Imaginalkörper mit aufgenommen würden. Eine solche Annahme ist nach den oben gezeigten Tatsachen der Bildung von Melanin natürlich ganz unhaltbar. Es ist aber trotzdem nicht ausgeschlossen, daß tatsächlich eine Begünstigung der Melaninbildung durch ein Industriemilieu erfolgen kann. Die zahlreichen Kohlenstoffteilchen, die in einem solchen Gebiet sich nicht nur auf den Blättern befinden, sondern auch in der Luft umherschweben, werden von der Raupe mit dem Futter und durch die Atmung reichlich aufgenommen und verursachen in ihrem Organismus eine chronische Vergiftung. Die so geschaffene Stoffwechselstörung bedingt dann eine reichere Ausbildung von Chromogenen, die Melanin zu liefern imstande sind, und es ist bemerkenswert, daß man in vielen Fällen bei melanistischen Schmetterlingen die äußeren Merkmale einer solchen Störung nachweisen kann. Meist sind dann die betreffenden Stücke kleiner und besitzen auch oft abweichend geformte Flügel. Es beruht das dann darauf, daß infolge der abweichenden Ausbildung der Körper gezwungen ist, seine Reservestoffe anzugreifen. Aber nicht in allen Fällen liegt wie hier dem Melanismus eine den Stoffwechsel hemmende Ursache zugrunde; in anderen Fällen kann auch das Gegenteil der Fall sein. Es läßt sich bei vielen Melanismen die Beobachtung machen, daß eine Förderung der Stoffwechselvorgänge Hand in Hand mit den Schwärzungserscheinungen geht. Ob eine Entwicklungshemmung oder -förderung dem Auftreten von melanistischen Formen zugrunde liegt, läßt sich vielfach schon durch Feststellung der örtlichen Verbreitung einer solchen Form erkennen. Wir wollen uns beide Vorgänge an einem Beispiel klar machen. *Cymatophora or* F. kommt in einer melanistischen Form *albingensis* Warn. hauptsächlich in der Umgebung großer Städte und in Industriegebieten vor, ohne daß sie sich bisher weiter verbreitet hätte. Man geht wohl nicht fehl in der Annahme, daß es sich hier um eine durch Stoffwechselstörungen bedingte Form handelt. Ganz anders ist es bei *Amphidasis betularia* L., deren geschwärzte Form *doubledayaria* Hufn. immer weiter an Ausbreitung zunimmt und die Stammform allmählich ganz verdrängen wird. Hier liegt entschieden eine Förderung der Entwicklung vor, so daß sich die melanistische Form als die lebensfähigere erweist und die normale Form zurückdrängt. Hat also eine geschwärzte Form nur ein beschränktes Verbreitungsareal und breitet sich nicht weiter aus, so haben wir als Grundlage des Melanismus eine Entwicklungshemmung zu sehen; bei starker Ausbreitung der schwarzen Individuen zuungunsten der Stammform sind dagegen die den Melanismus hervorrufenden Einflüsse entwicklungsfördernder Art. Melanismus und Melanismus sind also den Ursachen nach zwei ganz verschiedene Dinge; aber es wird nicht in jedem Falle festzustellen sein, um welche Art desselben es sich handelt. Es muß noch bemerkt werden, daß in der Ausbildung der melanistischen Merkmale sich öfters sexuelle Unterschiede feststellen lassen. Die Schwärzung findet sich oft in viel deutlicherer Ausprägung beim Männchen als beim Weibchen und ist im männlichen Geschlecht überhaupt viel häufiger festzustellen als im weiblichen. Es beruht das wohl darauf, daß beim Männchen sich alle Lebensprozesse viel intensiver vollziehen, weil es der aktivere Teil ist; man hat sogar angenommen, daß bei ihm eine viel größere Menge Sauerstoff zur Verfügung steht, so daß allein durch den größeren Gehalt daran eine stärkere Oxydierung der Chromogene und dadurch bewirkt eine reichlichere Melaninausfällung erfolgen kann. Wir gehen wohl aber nicht fehl in der Annahme, daß in allen den Fällen, wo eine melanistische Färbung nur beim Männchen auftritt, keine Entwicklungshemmung, sondern eine Förderung des Stoffwechsels die Grundlage der Erscheinung des Melanismus abgab. Wie in allem, so zeigt sich auch hier das Männchen als derjenige Teil, der in der Entwicklung dem Weibchen voranschreitet. Aus unseren obigen Darlegungen geht aber hervor, daß nicht immer der Melanismus als Folge eines „Kraftüberschusses" zu werten ist, wie manche Forscher es haben tun wollen; ganz die entgegengesetzten Tatsachen können dabei eine Rolle spielen, und oft wird es uns nicht möglich sein, ein endgültiges Urteil über die Ursache der Erscheinung zu fällen.

Unentschieden bleibt noch die Frage, ob zwischen den dunklen Färbungen von Raupen und melanistischen Erscheinungen der aus ihnen gezogenen Imagines ein Zusammenhang besteht. Ein solcher erscheint recht fraglich. Wohl sind in den Raupen sicherlich schon die später Melanin liefernden Stoffe stärker angereichert, wenn aus ihnen eine melanistische Form entstehen wird; aber diese brauchen doch nicht schon im Raupenstadium in Melanin umgewandelt, also geschwärzt zu werden. Wir wissen ja, daß sich die eigentliche Schwärzung erst im Puppenflügel vollzieht, und es erscheint wenig glaubhaft, daß aus der Raupe fertige schwarze Pigmente in den Falterkörper übernommen werden sollen. Dagegen sprechen doch alle die Erscheinungen, wonach eine Falterart mehr als vier verschieden gefärbte Raupenstadien besitzt, ohne daß deshalb die erzogenen Imagines irgendwie je nach den Raupen abändern. So ist auch in den meisten Fällen ein Zusammenhang zwischen melanistischen Raupen und Imagines nicht konstatiert worden, und die wenigen Tatsachen, nach denen schwarze Raupen auch geschwärzte Falter ergaben, sind wohl als zufällige Erscheinungen zu deuten. Überdies finden sich so extreme Schwärzungen wie auf den Flügeln melanistischer Falter bei den Raupen nur äußerst selten.

Die bisher als Melanismus bezeichnete Schwärzung von Faltern stellt sich bei genauerer Untersuchung als ein ganzer Komplex von Erscheinungen heraus, die nach P. SCHULZE in folgender Weise einzuteilen sind:

1. Nigrismus. a) Nigrismus im engeren Sinne.
   α) Primärer Nigrismus.
   β) Sekundärer Nigrismus.
   b) Abundismus.
2. Melanismus. a) Melanismus im engeren Sinne.
   b) Skotasmus.

Beim Nigrismus steht die Färbung in einer bestimmten Beziehung zur Zeichnung; helle Körperstellen werden von der Schwärzung nicht mit betroffen. Der echte Melanismus ist dagegen ganz unabhängig von der Zeichnung und sonstigen Färbung der Flügel. Beim Nigrismus im engeren Sinne werden die schon vorhandenen Zeichnungsanlagen benutzt; sie werden vergrößert, fließen auch wohl zusammen und können im extremsten Falle sogar zu einer einheitlich schwarzen Färbung des Flügels führen. Der primäre Nigrismus beruht auf einer verstärkten Chromogenanlage; er hat seine Grundlage schon im frühesten Puppenstadium und tritt besonders häufig bei Kälteexperimenten auf. Beim sekundären Nigrismus werden dagegen gewisse ursprünglich getrennte Chromogenanlagen vereinigt; meist liegt die Ursache dazu im späteren Puppenstadium. Er kann künstlich erzielt werden durch Verletzung der Puppe, so daß einerseits viel Luftsauerstoff hinzutreten, andererseits eine Veränderung in der Beeinflussung durch die Oxydasen enthaltende Lymphflüssigkeit eintreten kann. Es erklärt sich aus diesen Entstehungsarten, daß sekundärer Nigrismus sehr oft auch asymmetrisch vorkommt, indem nur gewisse Teile der Puppe diesen Beeinflussungen ausgesetzt wurden. Der Abundismus knüpft an die schon vorhandenen Zeichnungsanlagen nicht an; bei ihm werden die Chromogene, die später Melanin liefern, an Stellen gebracht, wo sie beim normalen Tier nicht auftreten. Es entstehen so überzählige Striche, Punkte,

Binden usw., die fast alle auch schon in den frühesten Puppenstadien vorgebildet wurden.

Im Gegensatz zum Nigrismus, der immer nur an die Flügelzeichnung gebunden ist, steht der Melanismus. Er entsteht immer völlig unabhängig von der Zeichnung und kann auch andere Körperteile betreffen. Beim Melanismus im engeren Sinne wird der ganze Flügel, die Grundfarbe und die Zeichnungen, von einem blassen Schwarz übergossen. Es geschieht das in der Weise, daß, nachdem alle Zeichnungselemente bereits fertig angelegt worden sind, ein blasses schwarzes Pigment nachträglich mit der Hämolymphe durch den ganzen Körper gespült wird; es werden dann nicht nur die Flügel, sondern auch alle anderen Extremitäten, so Beine und Palpen betroffen. Es lassen sich unter dem helleren nachträglichen Schwarz die ursprünglichen dunklen Zeichnungen noch mehr oder weniger deutlich erkennen. Dieser Prozeß vollzieht sich gewöhnlich erst im letzten Puppenstadium und wird sehr selten beobachtet. Bei geringerer Ausbildung ist ein Vorrücken der Schwärzung von der Flügelspitze her festzustellen. Beim zweiten Fall von Melanismus, beim Skotasmus wird die andersfarbige (rote oder braune) Grundfarbe ganz schwarz, so daß eine Abhebung von den Zeichnungen kaum noch erfolgt. Der dabei entstehende Farbton ist gewöhnlich dunkler als beim Melanismus. Hier kann man bei geringeren Graden der Ausbildung feststellen, daß sich die dunkle Färbung vom Flügelrande her ausbreitet.

Es muß nun noch erläutert werden, wie man diese verschiedenen Schwärzungserscheinungen auseinanderhält. Der Melanismus im engeren Sinne ist dadurch von allen Nigrismen und Skotasmen zu unterscheiden, daß er nie so intensive Schwärzungen ergibt und daß bei ihm immer die ursprüngliche Zeichnung mehr oder weniger deutlich erhalten bleibt. Auch findet bei ihm stets eine Schwärzung der Beine usw. statt, die beim Nigrismus nie festzustellen ist. Nigrismus und Skotasmus bieten in ihren äußeren Erscheinungen viel Ähnlichkeiten; sie sind in der extremsten Ausbildung nur schwer zu trennen, bei geringeren Graden kann man aber mit Leichtigkeit feststellen, daß in dem einen Falle die Schwärzung von der dunklen Zeichnung ausgeht, im anderen von der helleren Grundfarbe. Abundismus ist äußerlich auch nur in den Anfangsstadien vom Nigrismus zu trennen; im extremen Falle, wo ebenfalls eine Flügelschwärzung auf der ganzen Linie erfolgt, lassen sich die Unterschiede nicht mehr erkennen. Es würde uns zu weit führen, die einzelnen Fälle von totalem oder partiellem Nigrismus oder Melanismus, die gewöhnlich unter dem Namen des letzteren beschrieben worden sind, zu analysieren. Oft ist das ohne weiteres auch gar nicht möglich ohne eine genaue Untersuchung der betreffenden Stücke. Wir wollen nur noch einige der bekanntesten Arten anführen, die zum Studium der Schwärzungserscheinungen geeignet sind. Es wurde schon *Amphidasis betularia* L. erwähnt, dazu mögen noch *Liparis monacha* L., *Abraxas grossulariata* L. und *Cymatophora or* F. genannt werden. Es wäre sehr wünschenswert, wenn einmal genauere Untersuchungen darüber angestellt würden, wie weit sich die bei den verschiedenen Faltern beobachteten Schwärzungserscheinungen in die oben angeführten Kategorien einordnen lassen, und unter Berücksichtigung der Lebensbedingungen, denen die verschiedenen Arten ausgesetzt sind, wird es vielleicht möglich sein, eine differenzierte Erklärung über die speziellen Ursachen der verschiedenen Arten von Nigrismus und Melanismus zu finden. Bis jetzt tappen wir in dieser Hinsicht noch völlig im Dunkeln. Es ist nicht so unmöglich, daß gewisse Strahlenarten bei der Entstehung dieser Formen eine Rolle spielen. Es wurden schon früher Versuche mit Röntgenstrahlen unternommen, bei denen aber nur geringe Ergebnisse erzielt worden sind. Eine stärkere Beeinflußbarkeit konnte nur im ersten Raupen- und im letzten Puppenstadium festgestellt werden. Sie bewirken dann offensichtlich eine Degeneration im Epithel der Imago; die Behaarung wird kürzer, die Beschuppung deformiert, so daß die Flügel wie fettglänzend oder abgeflogen erscheinen, das Pigment wird verändert, das Schwarz wird stärker, Blau und Weiß werden schwächer. Es sind das alles Symptome, die auf eine Entwicklungsstörung hinweisen, und so würde eine solche auch hier als Ursache einer stärkeren Schwarzfärbung heranzuziehen sein.

Viel schärfer prägt sich der Charakter der Entwicklungshemmung beim Albinismus aus. Ein melanistischer Falter kann sich zur Lokalrasse entwickeln, ein albinistischer nie. Beim Albinismus treten gewisse Stellen blasser gefärbt auf als normal, was in zweifacher Weise seinen Ausdruck in der Morphologie finden kann. Es sind entweder nicht genügend Chromogene vorhanden, oder aberdie Schuppen sind deformiert, so daß die Pigmente nicht in normaler Weise sich in ihnen ausbilden können. Im Zusammenhang damit steht auch die Erscheinung eines asymmetrischen Albinismus. Er kann total oder partiell sein; im ersten Falle ist das ganze Tier blasser, im zweiten nur bestimmte Stellen, etwa ein Flügel oder nur einzelne Flecke desselben. Wesentlich ist beim Albinismus, worin er mit dem Melanismus übereinstimmt, sich aber von Nigrismus unterscheidet, daß die ursprünglichen Muster der Zeichnung erhalten bleiben. Es ist bemerkenswert, daß der Albinismus sich (z. B. bei *Gastropacha*-Arten) mehr auf die Weibchen erstreckt als auf die Männchen. Hieraus geht ebenfalls hervor, daß er als Entwicklungsstörung anzusehen ist, da die Weibchen meistens weniger Kräfteüberschuß besitzen als die Männchen und bei ihnen solche Störungen infolge des durch den Eiinhalt stark angeschwollenen Leibes viel leichter erfolgen können.

Die tieferen Ursachen des Albinismus sind wie die des Melanismus bisher noch nicht bekannt geworden. Man schreibt einer übergroßen Feuchtigkeit eine gewisse Begünstigung des Entstehens von Albinismen zu. Interessant ist in dieser Beziehung eine Beobachtung von Koch, der eine Puppe von *Argynnis paphia* L. so angeheftet fand, daß die Träufelspitze eines Blattes den Regen immer auf die Puppe ableitete, so daß sie an ihrer Oberseite großer Feuchtigkeit ausgesetzt war. An der aus dieser Puppe erhaltenen Imago zeigte sich nun an den entsprechenden Stellen eine albinistische Aufhellung. Es ist wohl möglich, daß diese auf der verstärkten Feuchtigkeitszufuhr beruhte, indessen ist der Versuch nicht eindeutig genug, da ebensogut auch durch die rein mechanische Wirkung eine Entwicklungsstörung hervorgerufen sein konnte, die den partiellen Albinismus hervorrief. Jedenfalls müssen noch viele Untersuchungen vorgenommen werden, bis wir über die interessanten Probleme des Melanismus und Albinismus eine restlose Aufklärung erhalten können.

Vierzehntes Kapitel.
Feinde der Schmetterlinge und Schutzeinrichtungen dagegen.

Wir haben in einem früheren Kapitel schon gesehen, daß die Anzahl der Nachkommen von einem einzigen Falterweibchen außerordentlich groß sein kann. Ist doch manchmal der Eivorrat eines weiblichen Schmetterlinges so beträchtlich, daß er die Zahl von 2800 noch übersteigt. Wenn trotzdem in der Natur noch Gleichgewicht herrscht und nicht die Schmetterlinge alles erfüllt haben, so muß ihnen eine große Anzahl von Feinden gegenüberstehen. Wenn die Schmetterlinge an Zahl nicht zunehmen sollen, kann jedes Weibchen durchschnittlich nur zwei Nachkommen haben, alle anderen müssen vernichtet werden. Das bedeutet in dem erwähnten Falle, wo das Weibchen 2800 Eier ablegt, daß von ihnen nur zwei sich bis zur sich fortpflanzenden Imago entwickeln, während 2798 Exemplare als Ei, Raupe, Puppe oder noch nicht abgelegt habende Imago zugrunde gehen müssen. Das konstant wirksame Naturgesetz besagt, daß die Vermehrungsziffer und die Vernichtungsziffer gleich sein müssen, wenn Gleichgewicht in der Natur herrschen soll; also wenn sich eine Art im Jahre um x Exemplare vermehrt, müssen auch x Exemplare vernichtet werden. Je größer die Vermehrungsziffer, um so größer ist auch die Vernichtungsziffer und umgekehrt. Da die meisten Schmetterlinge eine große Vermehrungsziffer besitzen, müssen auch zahlreiche Feinde sein, die ihnen nachstellen. Damit diese Feinde nicht eine völlige Ausrottung bewirken, schützen sich die einzelnen Arten mehr oder minder gegen die Nachstellungen. Wir haben zuerst also die Feinde kennen zu lernen, die den Faltern nachstellen und werden dann die Schutzmittel der Arten untersuchen.

Der gefährlichste und intensivste aller Verfolger ist zunächst der Mensch. Er bewirkt eine totale Ausrottung ganzer Arten. Es gelingt ihm das aber nicht in den Fällen, wo er es absichtlich erreichen möchte, sondern nur indirekt. Alle die großen Schädlinge der menschlichen Kultur haben sich, so lange sie schon vom Menschen verfolgt werden, nicht vermindert, sondern vermehrt. Es sei da nur an Schwammspinner, Nonne, Forleule, Mehlmotte und Kleidermotte erinnert. Es gelingt dem Menschen nicht im mindesten, ihr Vorkommen auch nur einzuschränken, und in den letzten Jahrhunderten haben sich diese Arten so stark vermehrt, daß sie wirkliche Kalamitäten verursachen, was früher nie der Fall war. Die Ursachen dazu sind Seite 245 schon erörtert worden. Jedenfalls ist es dem Menschen noch nie gelungen, durch direkte ausrottende Tätigkeit auch nur eine Verminderung der Raupen oder Falter zu erzielen. Als einer der wenigen

Fälle, ja das einzige Beispiel, wäre das durch die Sammeltätigkeit des Menschen hervorgerufene Aussterben des schlesischen Apollofalters zu erwähnen. Ganz anders wirkt aber der Mensch indirekt, indem er durch seine Kulturverfahren den Lepidopteren die Existenzbedingungen nimmt oder sie so verändert, daß die Falter zum Auswandern oder Aussterben gezwungen sind. Es waren Seite 243 schon einige Beispiele dafür erwähnt worden. Je weiter der Mensch mit seiner Kultur auch Gebiete besiedelt, die er früher nie betrat, um so mehr wird er die ursprünglich dort beheimateten Falter verdrängen, so daß er sich in Wirklichkeit als der schlimmste Feind erweist; alle anderen Verfolger stellen nur den einzelnen Individuen nach, so daß an einem bestimmten Orte noch immer eine Anzahl Exemplare der Art übrigbleiben; der Mensch aber rottet durch Entziehung der Existenzbedingungen in solchen Fällen die ganze Art aus und verhindert damit auch eine Neubesiedelung von anderen Örtlichkeiten her.

Andere Feinde sind unter den Säugetieren in großer Anzahl vertreten. Affen sollen in den tropischen Wäldern besonders den Raupen und Puppen gefährlich werden; die Fledermausarten stellen namentlich den Nachtfaltern nach, und diese bilden für viele Arten die ausschließliche Nahrung. Es ist bemerkenswert, daß überall dort, wo Fledermäuse fehlen, ein großer Reichtum an Nachtfaltern besteht, und es ist wohl möglich, daß bei den Nachtschmetterlingen durchschnittlich eine so viel höhere Eierzahl festgestellt wird als be den Tagfaltern, weil die letzteren nicht diesen gefräßigen Verfolgern ausgesetzt sind. Andere Säugetiere stellen vorwiegend den Raupen und Puppen nach; das gilt für die unterirdisch lebenden, besonders von Maulwurf und Mäusen. Auch Ratten sollen vielfach den Puppen schädlich werden. Von großer Bedeutung für die Forstkultur sind auch die Wildschweine, die überall den Boden durchwühlen und dabei die Puppen der Forstschädlinge verzehren. Es bestand früher der Brauch, daß man die Hausschweine in die Wälder trieb, wo sie dann durch Vertilgen der schädlichen Puppen dem Wald bedeutende Dienste leisteten. So lange das geschah, konnten solche Plagen, wie wir sie jetzt z. B. mit der Forleule durchlebt haben, nicht vorkommen, da die Schweine für genügende Dezimierung sorgten.

Die Bedeutung der Vögel für die Vertilgung von Schmetterlingen und deren Entwicklungsstadien ist vielfach umstritten worden. Es ist das eine Frage, die eng mit der Mimikrytheorie zusammenhängt und auf die wir unten noch eingehender zurückkommen müssen. Vielfach ist behauptet worden, daß die Vögel den Imagines überhaupt nicht nennenswert nachstellten. Das ist sicher nur zum Teil richtig. Eulen verzehren bestimmt größere Mengen von Nachtfaltern, ebenso die Nachtschwalben, während den Tagfaltern besonders die Schwalben gefährlich werden. Auch Singvögel kommen hier und da in Betracht, die meisten aber halten sich an die Raupen und Puppen. In dieser Hinsicht sind sicherlich die Vögel die bedeutendsten Schädiger der Falterwelt. Indessen ist, im ganzen genommen, die Dezimierung der Falterwelt durch Vögel nicht so groß, als man annehmen könnte. Der betreffende Vogel verzehrt ja nicht immer nur die Raupe oder

Puppe, sondern auch stets die eventuell darin befindliche Parasitenlarve, so daß der einerseits durch Vernichtung der Raupen eingetretene Schaden wieder auf der anderen Seite aufgehoben wird, indem eine große Anzahl von Feinden der betreffenden Art mit vernichtet werden. Es ist deshalb ein Nonsens, wenn man von „nützlichen" Vögeln spricht und damit solche bezeichnet, die viele Raupen oder Puppen von Schmetterlingen vertilgen. Es wird dabei nicht berücksichtigt, daß sie im gleichen Verhältnis, wie sich die Raupen vermindern, auch die vielen in denselben lebenden Feinde mit verzehren, so daß allerhöchstens von einer Indifferenz die Rede sein kann, aber nicht von einem Nutzen. In manchen Fällen wird man sogar von einem Schaden sprechen können, den der betreffende Vogel dem Menschen zufügt. So sind Sperlinge beobachtet worden, die an den Kohlweißlingsraupen, die sich an einer Mauer zur Verwandlung festgesponnen hatten, nur die kleinen Schlupfwespenkokons („Raupeneier") abfraßen, unbefallene Raupen aber ganz verschmähten. Sie vernichteten also nur die natürlichen Feinde der Raupen, ließen diese selbst aber ganz unbehelligt. Ähnliches kann vielleicht auch bei anderen kleineren Singvögeln beobachtet werden. Manche Vögel sind aber den Raupen an sich sehr gefährlich; so besteht die Nahrung des Kuckucks fast ausschließlich aus den stark behaarten Raupen von Bären und Spinnern, die die anderen Vögel sonst wegen der vielen Haare verschmähen. Spechte stellen vorwiegend den Raupen nach, die im Holz und unter der Rinde sich aufhalten, und Krähenvögel suchen viele Raupen und Puppen auf, die in der Erde leben, wobei sie oftmals unermüdlich dem Pflug des Landmannes folgen. In manchen Fällen werden nur die Puppen gefressen; Reinecke (1896) beobachtete, wie ein Schwarm von Rabenkrähen in einen Baum einfiel, der mit Kokons vom Ringelspinner reich besetzt war. Die Krähen öffneten die Kokons mit Schnabelhieben, und als die heruntergefallenen Hüllen untersucht wurden, konnte festgestellt werden, daß alle Kokons, die Puppen enthalten hatten, leer gefressen, aber die noch unverwandelten Raupen nicht berührt worden waren. Vermutlich ist es die reichliche Behaarung gewesen, die sie vor dem Schicksal der Puppen bewahrt hatte. Andere Feinde der Schmetterlinge unter den Wirbeltieren sind besonders die Eidechsen, die namentlich den Tagfaltern und den Raupen gefährlich werden. Eine Rolle als Schmetterlingsvertilger spielen sie aber wohl nur in geringerem Maßstabe.

Die meisten Feinde haben aber die Falter unter ihren nächsten Verwandten, den anderen Insekten. Kannibalische Gelüste bei Raupen kommen in der freien Natur zu selten vor, als daß sie eine eingehende Berücksichtigung nötig machten. Unter den Käfern sind es besonders die fleischfressenden Familien, also die Carabiden u. a., die die Raupen und Puppen verzehren. Bekannt ist der Puppenräuber *Calosoma sycophanta* L., der in so nahen Beziehungen zu den Raupen steht, daß er zu solchen Zeiten und an den Orten, wo Raupenplagen auftreten, sich in außerordentlicher Weise vermehrt. Im übrigen sind es aber zwei andere Ordnungen der Insekten, die die meisten Verfolger der Schmetterlinge liefern, nämlich die Fliegen und die Hautflügler. Zu den ersteren sind in erster Linie die *Tachiniden* oder Raupenfliegen zu rechnen, die einen großen Prozentsatz der Falter zur Vernichtung bringen. Das Ei wird von diesen Fliegen entweder auf das Blatt abgelegt, wo es beim Fressen von der Raupe mit aufgenommen wird, oder in anderen Fällen außen an die Haut der Raupe, wo sich dann die Larve in den Körper der Wirtsraupe einbohren kann. In letzterem Falle lebt die Fliegenlarve als Endoparasit und hat dieselben Eigentümlichkeiten wie die endoparasitären Hymenopterenlarven. Sie frißt im Innern des Tieres und zwar zunächst nur Organe, die keine lebenswichtigen Funktionen besitzen, also hauptsächlich den Fettkörper; den Verdauungstraktus und das Nervensystem läßt sie unbehelligt, und erst, wenn sie fast erwachsen ist, verzehrt sie die letzten übrig gebliebenen Organe, bohrt sich heraus, um sich zu verwandeln oder verpuppt sich auch in der Raupe oder der Puppe. Oft erhält der Züchter aus letzterer dann statt des erwarteten Falters eine oder mehrere Fliegen. Man bezeichnet Raupen oder Puppen, die einen Schmarotzer in sich beherbergen, als „angestochen" oder in dem Falle, daß eine Fliegenlarve als Parasit auftritt, als „tachiniert". Der parasitäre Befall äußert sich auf mancherlei Art. Die Raupen zeigen oftmals umgewandelte Instinkte, gehen z. B. nicht in die Erde zur Verwandlung, wenn sie es sonst normalerweise tun müßten, bekommen mißfarbige Zeichnungen auf der Haut usw. Auch das Fraßbild weicht oft von dem gewohnten ab. Das gilt namentlich für Blattminierer; wo sonst eine konstante Anlage des Minenganges erfolgt, wird diese bei Anwesenheit eines Parasiten abgeändert; bei gallenerzeugenden Arten ist die Ausbildung der Galle eine andere usw. Wir werden einen besonderen Fall einer Abänderung noch in dem Abschnitt über Eigenarten in der Instinktbildung später erörtern. Auch in anderer Weise stellen die Fliegen aus ihrer Ordnung Feinde der Schmetterlinge und ihrer Raupen; da sind zu nennen die *Asiliden*, die auf einem Blatt, Stengel oder auf der Erde sitzend unbeweglich warten, bis ein Falter an ihnen vorbeigeflogen kommt, auf den sie dann losstürzen und ihn aussaugen. Eine ähnliche Rolle spielen sehr kleine *Ceratopogoniden*, die namentlich in den Tropen sich auf den Schmetterlingen niederlassen und sie aussaugen. In einem Falle macht eine Fliegenart, deren Name leider noch nicht festgestellt werden konnte, sogar ihre ganze Entwicklung auf dem Schmetterling durch. Auf den bunten *Morpho*-Arten Südamerikas kommt eine Fliege vor, die ihre Eier auf die Flügel des Falters ablegt. Die aus ihnen schlüpfenden Larven fressen feine Gänge in den Flügel hinein, sind also als „Flügelminierer" tätig. Vermutlich ernähren sie sich von den Fettsubstanzen, an denen ja die Falterflügel ziemlich reich sind. So kommt es, daß zuweilen in einer aus den Tropen gesandten Düte, die einen solchen *Morpho*-Falter enthält, sich eine kleine Fliege befindet, ohne daß man sich erklären kann, wie sie hineingelangt ist.

Eine viel größere Bedeutung für die Vernichtungsziffer der Schmetterlinge aber haben die Hymenopteren. Sie sind als die Hauptfeinde unserer Falter zu betrachten, und es gibt kein Stadium, in dem sie nicht von irgendwelchen Hautflüglern bedroht würden. Unter den nicht parasitären Hymenopteren sind da hauptsächlich die Wespen und die Hornissen zu nennen, die oft ganz erstaunlich viele Schmetterlinge und auch Raupen töten. Es ist sogar schon beobachtet worden, daß Wespen ins Zimmer eindrangen und die schon toten Schmetterlinge vom Spannbrett wegfraßen. Eine ganze Gattung von Hymenopteren, die *Ammophila*-Arten, sammeln nur Schmetterlingsraupen ein. Sie lähmen durch einen kunstgerechten Stich die Raupe, so daß sie bewegungslos wird, aber nicht stirbt und legen dann ihr Ei daran ab, so daß die Larve sich von der Raupe ernähren kann. Hier haben wir schon einen Übergang zu den echten Parasiten. Unter letzteren sind es namentlich die Familien der Ichneumoniden und der Braconiden, die den Raupen am verderblichsten werden. Sie legen ihre Eier in oder an die Raupe ab, und die Larve entwickelt sich innerhalb ihres Wirtes in derselben Weise, wie wir es oben bei den Tachiniden geschildert haben. Sie verwandeln sich ebenfalls entweder in oder außerhalb der Raupe oder der Puppe; im letzteren Falle heften sie ihre Kokons oft außen an der Raupe an, die damit ganz übersät sein kann, so daß im Volksmunde dann von „Raupeneiern" die Rede ist, eine Erscheinung, die wir besonders an den mit *Microgaster*-Kokons besetzten Kohlweißlingsraupen beobachten können, die an Hauswänden und Mauern zur Verwandlung hinaufgeklettert sind. Nicht immer bedeuten die Schmarotzer den Tod der Imago; es kann vorkommen, daß aus einer Puppe der Falter und daneben noch die Parasiten schlüpfen. So wird ein solcher Fall berichtet, daß eine Puppe eine *Arctia caja* L. und gleichzeitig *Apanteles*-Parasiten ergab. Im allgemeinen ist eine solche Erscheinung nicht normal; der Parasit bedingt sonst die Vernichtung des Falters; aber seine Eigentümlichkeit, daß er sich vorwiegend vom Fettkörper ernährt, macht es möglich, daß doch noch, wenn er vorzeitig seine Verwandlungsreife erlangt, die lebenswichtigen Organe des Falters erhalten bleiben können. Es können dann die merkwürdigsten Erscheinungen auftreten; so schlüpfte einmal eine *Pieris rapae* L., in deren Flügeln sich die *Apanteles*-Larven verwandelt hatten, so daß die Wespen, anstatt aus der Puppe, aus den Flügeln der Imago hervorkommen mußten. Es kommt auch nicht selten vor, daß aus dem Hinterleib der Imago noch eine Schlupfwespe auskriecht; es wird uns ein solcher Fall von einer Ichneumonide berichtet, die aus dem Abdomen von *Acherontia atropos* L. gezogen wurde. Es ist hier bemerkenswert, daß der angegebene Falter getrieben wurde. Auf diesem Umstand beruht wohl überhaupt die Tatsache, daß der Parasit seine letzte Entwicklung unter Umständen in der Imago durchmachen kann. Es scheint, daß ein solches Phänomen unter natürlichen Bedingungen, also im Freien, nicht auftreten kann. In der Gefangenschaft bestehen aber ganz andere Verhältnisse; reichlichere Futtermenge und günstigere Temperatur bedingen eine schnellere Entwicklung der Raupe, als wie sie draußen erfolgt. Mit dieser schnellen Entwicklung geht die der an einen langsameren Modus angepaßten Parasitenlarve nicht parallel, so daß der Schmetterling dann schon zu einem relativ weiteren Standpunkt seiner Ontogenese gelangt ist als die Hymenopterenmade, die er beherbergt. Man kann aus diesen Gründen wohl annehmen, daß ein Teil der Parasiten, der sich bei der Zucht erst in der Puppe verwandelt, dies im Freien schon in der Raupe tut, so daß die diesbezüglichen Angaben über die Parasiten mit Vorsicht aufgenommen werden müssen. Es ist ganz erstaunlich, wie es die parasitischen Hymenopteren fertig bringen, den Larven der Schmetterlinge nachzuspüren und ihre Eier an oder in sie abzulegen. Es gibt keine Raupenart, die ganz von Parasiten frei wäre. Es werden nicht nur die frei an Blättern sitzenden Raupen angestochen, und seien sie noch so sehr durch Färbungsanpassungen geschützt, sondern auch die in Blattgespinsten und Blattwickeln, sowie die in Minen und Stengeln lebenden Arten bleiben nicht verschont. Das Nachspüren geht sogar so weit, daß die in holzigen Gallen lebenden und selbst die im Innern der Stämme vorkommenden Arten angegriffen werden, wozu den betreffenden Hymenopteren ein großes Spürvermögen zur Verfügung stehen muß. In der Tat scheinen alle diese Parasiten ihre Opfer nicht durch das Auge, sondern durch andere Sinnesorgane aufzusuchen.

Die in den Raupen lebenden Parasiten werden ihrerseits nun wieder von anderen Hymenopteren aufgesucht, deren Larven in den Parasitenlarven ihre Entwicklung durchmachen. Diese Erscheinung bezeichnet man als sekundären oder H y p e r p a r a s i t i s m u s. Solche Hyperparasiten stellen besonders Chalcididen und Proctotrupiden, deren Larven die der Ichneumoniden heimsuchen und die vielfach in denen von Braconiden angetroffen werden. Während also gewisse Schlupfwespen den Raupen schädlich werden, indem sie primäre Parasiten in ihnen darstellen, sind andere Arten derselben Familie ihnen nützlich, indem sie die primären Parasiten vernichten. Selbstverständlich profitiert das einzelne Individuum von diesen Hyperparasiten nichts mehr, wohl aber die betreffende Art. In welcher Weise die Schmarotzer an ihre verschiedenen Wirtsraupen angepaßt sind, ist noch ziemlich unklar. Es scheint manchmal, als ob da eine große Vorurteilslosigkeit in der Auswahl des Opfers bestünde; Fälle werden gemeldet, wo angeblich dieselbe Art in den Raupen des Harzwicklers *Evetria resinella* L. und in solchen der *Gastropacha*-Arten vorkommen soll. Doch kann es sich dabei sehr wohl auch um verschiedene Arten des Parasiten handeln; die Untersuchung solcher Fragen wird zu sehr erschwert durch die Tatsache, daß die züchtenden Entomologen die aus einer Raupe oder Puppe erhaltenen Schmarotzer im Ärger über die erlittene Enttäuschung vernichten oder ins Freie lassen, anstatt sie sorgfältig mit dem Namen des Wirtstieres versehen, aufzubewahren und dem Spezialisten zu überlassen. Gerade bei den Schmetterlingen könnte durch Mitarbeit der züchtenden Sammler die Parasiten- und Hyperparasitenfrage viel schneller gelöst werden, da in keiner Insektenordnung soviel Sammler und speziell Züchter tätig sind wie dort.

Kein Stadium mit Ausnahme der Imago bleibt gänzlich von Parasiten verschont. Schon in die Eier legen gewisse kleine Wespchen ihre Eier ab, so daß sich in ihnen die Parasitenbrut entwickelt. Die Raupen werden in jeder Größe von Schlupfwespen verfolgt, und manche Arten, wie *Pteromalus puparum*, legen ihre Eier in frische Schmetterlingspuppen. Bei manchen parasitären Hymenopteren findet eine reichere Vermehrung noch dadurch statt, daß aus einem einzigen Ei sich mehrere Larven entwickeln können, welche Erscheinung man als Polyembryonie bezeichnet, oder daß die Larven, ohne sich in die Imago zu verwandeln, ebenfalls Junge hervorbringen, ein Phänomen, das als Larvenzeugung oder Pädogenesis bekannt ist. Wer sich im übrigen genauer über die Verhältnisse bei den parasitären Hymenopteren unterrichten will, sei auf die in der gleichen Reihe der Studienbücher erscheinende Biologie der Hymenopteren von Dr. H. BISCHOFF verwiesen.

Im Verhältnis zu den Feinden aus den Reihen der Insekten spielen andere niedere Tiere als Schmetterlingsfeinde nur eine geringe Rolle. Gewisse Milbenarten werden ab und zu an Faltern angetroffen; vielfach sind es aber keine eigentlichen Schädiger, sondern nur Jugendformen, die den Schmetterling zur Ortsveränderung benutzen. Diese Fälle sind auch zu selten, als daß daraus eine nennenswerte Schädigung erwachsen dürfte. Unter den Würmern sind als Bewohner von Schmetterlingen und ihrer Jugendstadien hauptsächlich die Saitenwürmer oder Mermithiden (Gattung *Mermis* u. a.) zu nennen, die sich durch ihre lange fadenförmige Gestalt und blasse, durchsichtige Färbung auszeichnen. Sie machen nicht ihren ganzen Entwicklungszyklus in Lepidopteren durch, sondern haben gewisse Stadien, die im Wasser leben. Deswegen treten sie auch vorwiegend bei Arten auf, die in der Nähe von Gewässern vorkommen. Der entwickelte Saitenwurm verläßt entweder die Raupe oder den Falter, und zwar gewöhnlich durch die Analöffnung. Oftmals treten sie heraus, während das Tier getötet wird. Sie können einzeln oder zu mehreren im gleichen Individuum vorkommen; bei einer Notodontidenraupe wurden einmal 27 Exemplare gezählt, von denen das längste eine Größe von 88 mm besaß. Aus ihrer Gebundenheit an feuchte Orte ergibt es sich aber, daß sie nur bei einer beschränkten Anzahl von Arten vorkommen und deswegen als Schädiger der Raupen nicht eine so große Rolle spielen können wie die parasitären Insekten.

Die einzelligen Tiere und Pflanzen, die Protisten also, wollen wir, soweit sie als Feinde der Schmetterlinge in Frage kommen, gemeinsam behandeln. Einmal läßt es sich vielfach noch nicht entscheiden, ob der betreffende Schmarotzer tierischer oder pflanzlicher Herkunft ist; oft kommen beide nebeneinander vor, so daß schwer feststellbar ist, welcher der eigentliche Schädiger ist, und dann bieten die von ihnen verursachten Erscheinungen so viel Gemeinsamkeiten dar, daß man zusammenfassend alle jene Komplexe als Krankheiten der Raupen (bei welchen sie vorwiegend auftreten) bezeichnet hat. Über diese Raupenkrankheiten hat besonders eingehende Untersuchungen E. FISCHER angestellt, denen im wesentlichen hier gefolgt werden soll.

1. Der Darmkatarrh. Er stellt die harmloseste der Krankheiten dar und beruht meistens darauf, daß den Raupen zu stark wasserhaltiges Futter verabfolgt wird. Es kann das geschehen, wenn man

die Pflanzenteile, die man ihnen gibt, in Wasser gestellt hat, um sie länger frisch zu erhalten, oder wenn man die Blätter bei Regen eintrug, wo sie stark benetzt worden sind. Die bei dieser Erkrankung auftretenden Erscheinungen bestehen darin, daß die ursprünglich ziemlich festen und schwärzlichen Exkremente grün und weich werden. Diese Erweichung schreitet immer weiter fort, so daß die Entleerungen nachher ganz flüssig sind. Untersucht man sie genauer mit dem Mikroskop, so sieht man in der Flüssigkeit ganze unverdaute Blattstückchen umherschwimmen, ein Zeichen dafür, daß der Darm seine Funktionen zum Teil eingestellt hat, so daß die Nahrung nur noch in geringem Maße ausgenützt wird, und die Folge ist, daß die Raupe im Wachstum zurückbleibt. Bis zu diesem Stadium ist die Erkrankung noch relativ ungefährlich; durch Beseitigung des unnatürlichen und Darreichung trockenen Futters läßt sich bald eine Heilung erzielen, und die Raupe holt in kurzer Zeit den Wachstumsverlust wieder ein. Die Gefahr für das Tier besteht darin, daß sich in dem durch die Krankheit geschwächten Darm gewisse Bakterien ansiedeln und so nun die bösartigere Form dieses Darmkatarrhs hervorrufen. Jetzt werden die wässerigen Entleerungen braun. und die Raupe kann leicht daran zugrunde gehen. Hat man mit alten, schon in Zersetzung begriffenen Blättern gefüttert, so sind am Anfang der Erkrankung schon die Abscheidungen braun; aber in diesem Falle sind die einzelnen Exkremente durch einen Schleimfaden miteinander verbunden und bleiben am Hinterleib hängen. Aus diesen verschiedenen Symptomen ersieht man schon, daß es sich beim Darmkatarrh um keine einheitliche Krankheit handelt, vielmehr sind es verschiedene Störungen, die in ähnlicher Weise in Erscheinung treten.

2. Die Muscardine oder Kalksucht Diese Krankheit befällt vorzugsweise stark behaarte Raupen, wie die der Arctiiden, ist jedoch auch bei vielen nackten Kleinschmetterlingsraupen nicht selten. Als Ursache dazu wird das Myzel eines Pilzes angesehen, *Botrytis bassiana* Bal. Dieser Pilz durchwuchert den ganzen Körper der Raupe und füllt ihn aus, nachdem die inneren Organe und der Fettkörper zum größten Teil vernichtet wurden. Das befallene Tier bildet dann eine wachsartige Masse und stirbt bald ab. Wenn dies geschehen ist, manchmal auch schon vorher, dringt der Pilz durch die Raupenhaut hindurch und bildet auf der Oberfläche seine Sporen aus. Die ganze Raupe ist mit den letzteren gewöhnlich übersät und sieht aus, als habe man sie mit Kalk bestreut. Im Zuchtkasten kann leicht eine Infektion erfolgen, da viele Raupen die Gewohnheit haben, an gestorbenen Raupen herumzubeißen, wobei dann die Sporen des Pilzes auch in gesunde Tiere gelangen und hier die gleiche Krankheit erzeugen. Während der Darmkatarrh in seinen ersten Stadien nur als ein organisches Leiden anzusprechen ist, handelt es sich hier bei der Kalksucht um eine echte Infektionskrankheit, die meistens mit dem Tode der befallenen Larve endet.

3. Die Pebrine oder Gattina. Diese Krankheit hat die größte wirtschaftliche Bedeutung. Hier ist der Erreger kein Wesen aus dem Pflanzenreich, sondern ein einzelliges Tier, ein Sporozoon, das

als *Nosema bombycis* NAEG. bezeichnet wird. Diese Sporozoen vermehren sich außerordentlich rasch in den Geweben der Larve. Die davon befallenen Raupen werden zunächst freßunlustig und erscheinen müde; bei hell gefärbten Arten kann man vereinzelte dunkle Flecke sehen, die auf eine Störung im Wohlbefinden hinweisen. Gleichzeitig erfolgt aus der Analöffnung ein dünner gelblicher oder rötlicher Ausfluß, wie er bei gesunden Tieren nie auftritt. Dieser Ausfluß trocknet später zu einem Pfropfen zusammen, der die ganze Analöffnung verklebt. Die Raupe schrumpft dabei immer mehr und mehr zusammen und hängt schließlich ganz welk zu beiden Seiten eines Ästchens herab, oder sie hat sich mit den Hinterfüßen aufgehängt und hängt dann schlaff herunter. Nicht immer tritt die Pebrine akut auf, so daß sie zum Tode der Raupen führt; manchmal wird sie in ihrem weiteren Verlaufe chronisch, so daß aus der erkrankten Raupe noch ein Schmetterling gezogen wird; aber dieser ist dann ebenfalls infiziert, desgleichen seine Eier, so daß in der Nachkommenschaft das parasitische Sporozoon noch stärker verbreitet ist. Die Pebrine richtete großen Schaden in der Seidenbauindustrie an; erst PASTEUR entdeckte, daß man die Eier mikroskopisch auf das Vorhandensein von den Sporozoen prüfen könne, wodurch es möglich wurde, wieder nichtinfizierte Stämme zur Weiterzucht zu erhalten.

4. Die Grasserie (Gelb- oder Fettsucht). Hier ist es ebenfalls ein Sporozoon, das die Krankheit verursacht, nämlich *Microsporidium polyedricum* BOLLE. Dieses kleine Lebewesen findet sich im Blut, in den Exkrementen und im Darminhalt der Raupen. Gewöhnlich äußert sich die Krankheit erst kurz vor der Verpuppung; die Raupen erscheinen aufgetrieben und glänzend. Dieser Fettglanz, auf Grund dessen man auch die ganze Krankheit als Fettsucht bezeichnet, ist um so bemerkenswerter, als durch die Tätigkeit des Parasiten das Fettgewebe aufgezehrt wird. Bei hellfarbigen Raupen äußert sich die Krankheit zuerst darin, daß der vordere Teil des Körpers bald durchscheinend wird; später erfolgt eine gelbliche oder bräunliche Verfärbung. Im allgemeinen führen die Krankheitserscheinungen bei der Grasserie sehr viel schneller zum Tode der Raupe als bei der Pebrine. Es erfolgt hier keine solche starke Einschrumpfung, sondern die Raupen fallen plötzlich zusammen und sind tot. Ein chronisches Auftreten der Fettsucht, wo sich also noch Falter aus den erkrankten Raupen entwickeln können, wird nur selten beobachtet.

5. Die Flacherie oder Schlafsucht. Diese Krankheit ist die am weitesten verbreitetste und bekannteste. Als Wipfelkrankheit wird sie bei der Nonne bezeichnet, weil dort die Raupen auf den Spitzen der Bäume sich zusammendrängen und dann verenden. Hier ist es kein Sporozoon, sondern ein Bakterium, das als Krankheits-

---

Tafel VIII. Abb. 1. *Papilio dardanus* f. *merionis* FLDR. ♀ (dem ♂ gleich gefärbt und gezeichnet). Abb. 2. *Amauris niavius* L. (Modell für die folgende Art). Abb. 3. *Papilio dardanus* f. *hippocoon* FLDR. ♀ (♂ = Abb. 1).

1.

2.

3.

erreger auftritt. Auch hier erscheint in den ersten Stadien die Raupe aufgedunsen, läuft unruhig umher und nimmt kaum noch Nahrung zu sich; endlich hängt sie schlaff herab, und aus dem Mund tropft ihr eine dunkle, widerlich riechende Flüssigkeit. Die Raupenhaut ist ganz dünn geworden und reißt sehr leicht entzwei, zuletzt zerfällt der ganze Körper in einen unangenehm süßlich riechenden Brei oder sinkt in sich zusammen. Grasserie und Flacherie können sich in manchen Erscheinungsformen sehr ähnlich sein; in Zweifelsfällen ist aber durch mikroskopische Untersuchung genau festzustellen, um welche Krankheit es sich handelt. Die Flacherie kann schon wahrgenommen werden, bevor äußerliche Kennzeichen der Erkrankung auftreten; es bildet sich nämlich ein eigenartig süßlicher Geruch aus, der derselbe ist, wie von den an Flacherie gestorbenen Raupen, nur daß bei letzteren noch der Fäulnisgeruch hinzukommt.

In den frühesten Stadien ist die Flacherie leicht heilbar; die erkrankten Raupen müssen nur mindestens zweimal täglich frisches Futter erhalten, nicht aber solches, das man in Wasser gestellt aufbewahrt hatte. Gerade das Einstellen der Blätter in Wasser begünstigt außerordentlich das Auftreten der Krankheit. Hat man aber einige Tage lang das Futter täglich mindestens zweimal gewechselt, so ist der süßliche Geruch verschwunden und die Raupen sind gesundet. Welches sind die Ursachen zur Flacherie? Wir haben schon gesehen, daß übergroßer Feuchtigkeitsgehalt der Blätter zur Erkrankung der Raupen führt. Da die Flacherie diejenige Krankheit ist, die dem Menschen am wertvollsten ist, weil sie gewöhnlich mit all den Raupenepidemien aufräumt, indem ein Massensterben einsetzt, interessiert es uns besonders zu wissen, wodurch das Auftreten dieser Krankheit begünstigt wird. Es sind da die verschiedensten Ansichten schon aufgetaucht. Man hat sie zurückgeführt auf Hunger, Nässe, Kälte, übergroße Trockenheit usw., ohne daß man damit der Lösung des Problems näher kam. Alle diese Eigenschaften schienen Flacherie hervorrufen zu können, so daß ihnen wohl eine gemeinsame tiefere Ursache zugrunde lag. E. Fischer fand nun, daß in allen den Fällen, wo die Krankheit später auftrat, eine frühzeitige Disposition für sie vorlag, die meistens schon an dem erwähnten süßlichen Geruch sich erkennen läßt. Er nimmt an, daß die wahre Ursache auf einer chemischen Veränderung der Pflanzengewebe beruht. Diese Veränderung kann sowohl auf großer Trockenheit wie auf reichlicher Nässe beruhen. In beiden Fällen sind die in den Körper der Raupe gelangenden vegetabilischen Stoffe verändert, wodurch eine Schwächung der Raupe und damit eine geringere Widerstandsfähigkeit gegen den Parasiten bedingt wird. In dieser Weise läßt es sich auch erklären, daß nach einem Massenauftreten einer Art diese Spezies gewöhnlich sehr selten wird; da die Raupen infolge des intensiven Fraßes die Pflanzen sehr geschädigt haben, entwickeln sich letztere etwas verändert weiter, in derselben Weise, wie das durch übergroße Nässe oder Trockenheit geschieht. Die Raupen der nächsten Generation finden veränderte Blattgewebe vor und werden durch ihre dadurch verursachte Schwächung für Infektion disponiert, wodurch ein starker Krankheitsbefall hervorgerufen wird. Eine ganz analoge Umänderung der Zusammensetzung der pflanzlichen Gewebe findet auch statt, wenn das Futter zur Auffrischung in Wasser gestellt wird, merkwürdigerweise aber nicht, wenn die Blätter unter einer Glasglocke aufbewahrt werden, wo die Luft durch ihre eigene ausgeschwitzte Feuchtigkeit ebenfalls mit Wasser gesättigt ist. Man verhütet also am besten Raupenkrankheiten bei seinen Zuchten, indem man den Larven natürliche Lebensbedingungen schafft, ihnen namentlich das Futter so reicht, wie sie es draußen finden, also auf möglichst häufigen Futterwechsel bedacht ist.

Es gibt schließlich noch eine Anzahl von Pilzen, die nicht mit derselben Regelmäßigkeit bei Raupen und Schmetterlingen vorkommen, aber doch oft recht beachtenswerte Erscheinungen darstellen. So findet man, besonders häufig in den Tropen, Pilze, die den ganzen Körper des Schmetterlings durchsetzt haben und als lange Fäden an ihm herabhängen. Es scheint aber, als ob sich diese erst nach dem Tode des betreffenden Falters ansiedeln. Besonders auf Faltern, die auf Blättern sitzend sterben, findet man diese Erscheinung (Taf. VII, Abb. 1, Seite 272). Eines der merkwürdigsten Vorkommnisse aber ist der Pilz, der auf Neuseeland vorkommt und zu der Bezeichnung der „vegetabilischen Raupe" geführt hat. Die „binsentragende Raupe" (bulrush caterpillar), wie sie auch genannt wird, bezeichnen die Eingeborenen Neuseelands, die auch auf dieses eigentümliche Phänomen aufmerksam wurden, als „Aweto". Dieser Aweto wächst aus der Erde heraus, gewöhnlich am Grunde von Baumstämmen, und wenn man in der Erde nachgräbt, findet man an der Wurzel des Aweto eine tote Raupe, die aber in keiner Weise verändert, weder aufgedunsen noch zusammengeschrumpft erscheint. Der Entwicklungsgang dieses Pilzes, denn um einen solchen handelt es sich hier, vollzieht sich in der Weise, daß eine der winzigen Sporen auf den Nacken der betreffenden Raupe fällt, die im Begriff ist, sich zur Verwandlung in die Erde zu begeben. Es ist bemerkenswert, daß diese Spore nur am Nacken zur Keimung gelangen kann. Man findet nie einen Aweto, der aus einer anderen Stelle der Raupe herausgewachsen wäre. Die Raupe kriecht nun in die Erde, und dort wächst die Spore zu einem dichten Myzel aus, das das ganze Innere der Raupe erfüllt, ohne daß aber die Gestalt derselben irgendwie verändert wird. Nachdem die Hyphen des Pilzes alle Gewebe der Raupe aufgezehrt und mit ihrem Geflecht das Innere der Larve ausgefüllt haben, schießt ein etwa bis zu 20 cm hoher Stengel empor, durchbricht also die Raupenhaut und den Erdboden und entwickelt an seinem Ende eine dunkle Sporenähre, von der aus dann die Sporen neue Raupen infizieren können. Gräbt man den Aweto aus, so macht diese „vegetabilische Raupe" den Eindruck, als sei sie aus Holz geschnitzt und an ihrem Vorderende wachse ein langes Horn hervor (Taf. II, Abb. 1, Seite 96). Der Aweto ist bei den Eingeborenen von Neuseeland ungemein beliebt und wird vielfach verwendet. Im frischen Zustande hat er einen angenehmen Geruch und Geschmack nach Nuß und wird dann gern von den Maoris gegessen; im übrigen wird das Sporenpulver zum Tätowieren verwendet, indem es in die eingeritzten Wunden eingestreut wird; in diesem Stadium soll es dann einen „stark tierischen Geruch" besitzen. Der Aweto ist einer derjenigen Fälle, wo man von einer ganz besonderen Anpassung der Pflanze an die Raupe sprechen kann.

Es darf hier nicht unerwähnt bleiben, daß nach gewissen Untersuchungen die xylotrophen Raupen in einer besonders nahen Beziehung zu Pilzen stehen sollen. Da die Raupe nicht imstande ist, das Holz, welches sie frißt, ganz auf seinen Nährstoffgehalt hin auszunützen, befinden sich in ihrem Darm viele niedere Pilzformen, die das Holz aufschließen und zum Teil verdauen und dann ihrerseits von der Raupe zum Teil verdaut werden. Bei Störung des Gleichgewichtes im Körper sollen aber diese Pilze den ganzen Leib überschwemmen und sich so zu einer für die Raupe tödlichen Form umbilden. Doch sind die bisherigen Untersuchungen noch nicht geeignet, diese Verhältnisse völlig aufzuklären.

Nachdem wir so die verschiedenen Feinde und Schädlinge der Raupen und Schmetterlinge kennen gelernt haben, müssen wir uns fragen, wie die Falter und ihre Jugendstadien diesen Angreifern zu begegnen wissen, ohne daß ihre Ausrottung erfolgen kann. Wir haben dazu in erster Linie die passiven Schutzmittel anzuführen, deren einfachstes das Verstecken ist. Alle Schmetterlinge und Raupen suchen sich zu solchen Zeiten, wo sie besonders den Feinden ausgesetzt sind, zu verbergen. Das gilt namentlich auch für die Puppen, die ja ganz hilflos bei äußeren Angriffen sind. Es geschieht das, indem sie in die Erde gehen, wie die Mehrzahl der Nachtfalter, oder aber sie fertigen ein festes Gespinst an, das zuweilen sogar doppelt sein kann, oder sie hängen sich an unzugänglichen Orten auf, wie manche Tagfalter. Vielfach sind sie auch in ihrer Farbe der Umgebung so gut angepaßt, daß sie schwer sichtbar sind (was ihnen natürlich keinen Schutz gegen Parasiten bedeuten kann). Wir hatten schon Seite 103 erwähnt, daß eine solche Farbenanpassung durch das Auge der Raupe erfolgt. Auch die Raupen sind vielen Feinden ausgesetzt und müssen sich dagegen schützen; ein solcher Schutz kann nicht gegen alle Feinde in gleicher Weise wirksam sein; wäre das der Fall, dann könnte eine raffinierte Schutzmaßnahme bewirken, daß die betreffende Art überhaupt nicht mehr von ihren Gegnern dezimiert würde und sich ins Unendliche vermehrte. So bieten fast alle Maßnahmen der Raupe einen gewissen Schutz, aber z. B. nicht gegen Parasiten; diese finden sich überall ein. Die Arten der Raupen verhalten sich in ihrer Fähigkeit, sich zu verbergen, untereinander außerordentlich verschieden. Gewisse Larven halten sich den ganzen Tag über unter Moos, Steinen u. dgl. verborgen und kommen erst in der Nacht zum Fressen hervor. Andere leben von vornherein versteckt in der Erde, unter Graswurzeln, Moos usw. Wieder andere leben im Inneren ihrer Nährpflanze selbst, entweder als Gallen- oder Minenerzeuger oder als Holzbohrer oder Xylotrophen. Bei jeder dieser verschiedenen Arten der Lebensweise haben sie einen Schutz gegen manche Feinde (Eidechsen, Vögel usw.), gegen andere aber nicht. Die Schlupfwespen legen ihre Eier durch das dickste Holz hindurch auf sie ab. Andere fertigen mehr oder weniger umfangreiche Gespinste oder Nester an, in denen sie sich verbergen, und selbst diejenigen, die gezwungen sind, frei an der Pflanze zu fressen, halten sich oftmals an der Unterseite der Blätter auf, wo sie weniger leicht gesehen werden können, oder setzen sich so in die Blattmitte, daß sie dem Blattstiel oder der Mittelrippe gleichen. Andere wieder suchen sorgsam die Spuren ihrer Fraßtätigkeit möglichst unauffällig zu gestalten. So miniert die Raupe von *Coleophora fuscocuprella* Z. auf den Blättern von Hasel und Hainbuche zahlreiche kleine Flecke; sie weidet das Blatt nicht in großen Plätzen aus, wie es andere Angehörige ihrer Gattung tun, sondern verläßt, sobald sie ein kleines Stückchen miniert hat, diesen Ort und sucht eine andere Stelle auf, weil der auffällig helle Fleck im Blatte leicht die Aufmerksamkeit eines Verfolgers erregen kann. So erscheinen zahlreiche Blätter an einem Strauch wie getupft mit diesen Minenflecken, und doch war nur eine einzige Raupe die Urheberin. Besonders interessant ist das Verhalten einer australischen *Nycterobius*-Raupe. Diese verfertigt sich eine Höhle in einem Baume, deren Eingangsöffnung durch eine Falltür verschlossen wird. Diese wird durch ein Blatt hergestellt, das oberhalb des Loches angesponnen wird, unten aber frei bleibt und mit Exkrementen usw. bedeckt wird. In dieser Höhle bleibt die Raupe den ganzen Tag über; nachts geht sie dann aus und sucht sich Blätter, die sie in ihre Höhle hineinzieht, und die sie dann am folgenden Tage verzehrt. Hierher wären auch alle Fälle zu rechnen, wo die Raupe ihrer Unterlage so gleicht, daß sie nicht gesehen werden kann, worauf wir in dem Abschnitt über Mimese noch genauer zurückkommen wollen.

Auch viele Schmetterlinge verbergen sich, wenn sie nicht gerade zu Ernährungs- oder Kopulationszwecken unterwegs sind. Dieses trifft allerdings im geringsten Maße auf die Tagfalter zu. Sie fliegen den Tag über ziemlich lebhaft umher und setzen sich am Abend auf Blüten und an Stengel, wo sie relativ leicht gesehen werden können. Viel größere Geschicklichkeit im Verstecken entwickeln aber viele Nachtfalter. Die meisten von ihnen würden für uns überhaupt unauffindbar sein, wenn sie nicht an den Köder oder ans Licht geflogen kämen. Andere tun aber beides nicht und führen eine ganz zurückgezogene Lebensweise, so die Weibchen unserer Kleidermotten, die sich am liebsten dort aufhalten, wo die tiefste Dunkelheit herrscht. Viele Kleinfalter verkriechen sich gern in die Ritzen und Spalten der Baumrinde. Manche Schmetterlinge verschmähen aber das Versteckspiel durchaus; sie sitzen ganz ruhig auf den Blüten, und man kann sie mit der Hand ergreifen, wie die Zygaenen. Wir werden weiter unten sehen, daß das seine guten Gründe hat. Besonders wichtig ist es für die überwinternden Falter, ein gutes Versteck ausfindig zu machen; denn zu dieser Jahreszeit drohen ihnen viel mehr Gefahren als im Sommer, und man kann auch sehr schön beobachten, wie im Winter etwa ein Meisenvolk, das in einen Wald eingefallen ist, alle Unterschlupfe durchsucht, wo sich etwa Insekten befinden könnten.

Das zweite Hilfsmittel, das den Schmetterlingen zur Verfügung steht, um ihren Verfolgern zu entgehen, ist die Flucht. Den Imagines ist diese dadurch leichter gemacht, daß sie im Besitz von Flügeln sind, also davonfliegen können. Der Flug ist, wenn eine Gefahr droht, oft ein ganz anderer als der normale. Es wird von gewissen Faltern aus den Tropen berichtet, daß sie ein gutes Flugvermögen besitzen, für gewöhnlich aber den langsamen und trägen Flug der Modelle, die durch Ungenießbarkeit geschützt sind und denen sie sehr ähnlich sehen, nachahmen. Haben sie aber erkannt, daß ihnen nachgestellt wird, z. B. bei einem Fehlschlag mit dem Netz, so stürmen sie wild davon, wobei sie dann ihre normale Flugart verwenden. Der Flucht durch Davonfliegen sind natürlich gewisse Grenzen gesetzt; sie beruhen zum Teil auf der Eigengeschwindigkeit, zum anderen auf der des Verfolgers. Ein Schwärmer wird sich seinen Feinden leichter entziehen können als ein Tagfalter, und letzterer wird den Sperling weniger zu fürchten haben als die schnellfliegende Schwalbe. Bei den Kleinfaltern ist die Fluggeschwindigkeit recht gering; ihnen bietet ihre relative Kleinheit einen besseren Schutz als ein wohlausgebildetes Flugvermögen. Nicht alle Schmetterlinge entgehen ihren Verfolgern durch Fliegen, manche versuchen es auch mit Laufen. Besonders geschickte Läufer sind manche *Amphipyra*- und *Orrhodia*-Arten, aber sie werden weit übertroffen durch die Schnelligkeit im Laufen, die viele Gelechiiden auszeichnet. Es sind da besonders *Gelechia pinguinella* L., *Tachyptilia populella* L. und die *Teleia*-Arten zu nennen, die mit großer Geschwindigkeit an den Bäumen entlang laufen und immer bemüht sind, die dem Verfolger entgegengesetzte Seite des betreffenden Stammes zu gewinnen. Die flügellosen Weibchen vieler Schmetterlinge können meist bedeutend besser laufen als ihre geflügelten Männchen; hier hat sich das gesteigerte Laufvermögen aus der verlorenen Fähigkeit zu fliegen entwickelt. Sie können auf diese Weise nicht nur sich selbst in Sicherheit bringen, sondern schleppen oft noch das mit ihnen in der Kopula verbundene Männchen mit sich.

Eine bei den Schmetterlingen wenig verbreitete Art der Abwehr von Feinden besteht in der Kataplexie, wobei sich also die Tiere totstellen. Bekannt ist diese Eigentümlichkeit von den *Calocampa*-Arten, die dann im Verein mit dem eigenartig gefärbten Vorderteil des Thorax den Eindruck eines Aststückes machen, weshalb sie auch als „Moderholz“ bezeichnet werden. Andere Arten, bei denen diese Erscheinung beobachtet wurde, sind der Stachelbeerspanner *Abraxas grossulariata* L., der Zitronenfalter *Gonepteryx rhamni* L, Zygaenen (*Anthrocera*-Arten), viele Gelechiiden und besonders gern *Crambus*-Arten, aber auch *Aegeriiden*, wenn man sie unter dem Netz hat. *Psecadia pyrausta* Pall. hat man, als sie eine kataplektische Stellung einnahm, mit einer Nadel durchstochen, ohne daß sie deswegen ihre Haltung aufgab. Diese Liste wird sich bei genaueren Beobachtungen sicher noch vermehren lassen. Kataplexie ist bei Raupen nicht selten. In vielen Fällen ist sie noch mit einer Einrollung verbunden, so daß die am Bauche liegenden weichsten Teile am wenigsten der Gefahr ausgesetzt sind. Wir finden dieses Einrollen besonders bei stark behaarten Raupen, wie bei denen der Bärenspinner. Im letzteren Falle kommt es auch mit einer großen Lokomotionsfähigkeit verbunden vor. Fast alle Bärenraupen können sehr hurtig laufen und so gewiß manchem ihrer Feinde entgehen. Sonst sind die Raupen im allgemeinen wenig bewegungslustig; es erklärt sich das daraus, daß ihr geringes Lokomotionsvermögen doch nicht ausreicht, um sich vor den Feinden in Sicherheit zu bringen. Manche Kleinschmetterlingsraupen sind indessen ganz außerordentlich beweglich, so besonders die der Wickler, Zünsler und Gelechiiden, die, einmal aus ihren Gehäusen oder Verstecken herausgeholt, mit einer ganz erstaunlichen Geschwindigkeit davonzulaufen vermögen. Natürlich ist eine Bewegungsfähigkeit bei allen sacktragenden Raupen nur in geringem Umfange möglich, weil einmal die Bauchfüße reduziert sind und zum anderen das schwere Gewicht des Sackes auf ihnen lastet. Trotzdem ist die relative Schnelligkeit, mit der sich viele Psychiden fortbewegen, immer noch sehr bewundernswert. Sehr langsam laufen die Spannerraupen, denen ja ebenfalls einige Bauchfüße fehlen; sie greifen deshalb ebenfalls zur Kataplexie, indem sie, wenn sie nicht gerade mit dem Fressen beschäftigt sind, sich nur mit den Nachschiebern und dem einen Bauchfußpaar festhalten und den ganzen vorderen Teil des Körpers weit von sich abstrecken, so daß bei grünen Raupen der Eindruck entsteht, es handele sich hier um einen Blattstiel, während die braunen Raupen, die sich in der Ruhe immer an die Äste setzen, ganz wie ein Stück Zweig aussehen, so daß sie, da sie stundenlang vollkommen erstarrt und unbeweglich sitzen bleiben, von vielen ihrer Feinde übersehen werden können. Viele Raupen erleichtern sich die Flucht auch noch, indem sie im Falle eines Angriffes sich mit einem Faden herablassen, an dem sie später, wenn der Feind abgezogen ist, wieder an die Futterstelle zurückkehren. Ei und Puppe sind selbstverständlich in keiner Weise imstande, ihren Feinden zu entkommen, wenn diese ihrer erst ansichtig geworden sind.

Schließlich sei in diesem Zusammenhange noch erwähnt, daß die bunte Färbung der Hinterflügel vieler Nachtfalter als ein Schutz angesehen wird, der den betreffenden Arten die Flucht vor den Feinden leichter machen soll. Es werden da hauptsächlich Vögel als Verfolger in Frage kommen. Der Vogel soll auf die leuchtend gefärbte Stelle der Flügel aufmerksam gemacht werden und danach hacken. Gewöhnlich pflegt der Vogel nur einen Schnabelhieb nach einem Insekt zu tun; hat dieser sein Ziel verfehlt, so verfolgt er das betreffende Tier nicht weiter. Die Hinterflügel sind beim Falter nun diejenigen Organe, die am wenigstens lebenswichtig sind; wir wissen, daß die meisten Schmetterlinge auch noch fliegen können, wenn jene stark verletzt oder gar ganz entfernt sind. Dadurch, daß der Vogel veranlaßt wird, nach ihnen zu hacken, werden wichtigere Körperteile verschont, und der Schmetterling kommt mit dem Leben davon. Diese Annahme hat viel Wahrscheinlichkeit für sich; man findet in der Tat oft bei Faltern mit bunt gefärbten Hinterflügeln, daß diese deutliche Spuren von Schnabelhieben aufweisen; es gilt das besonders für die *Catocala*-Arten, die sehr flüchtig sind und am Tage oft aufgescheucht werden, wobei sie nähere Bekanntschaft mit Vögeln machen können.

In allen bisher betrachteten Fällen ist die Verteidigung des Falters gegen seine Feinde mehr passiver Art. Bei anderen Schmetterlingen und Raupen treten aber auch aktivere Verteidigungsmittel in Tätigkeit Hier sind zunächst diejenigen Schutzmittel der Raupen zu betrachten, die eine gewisse Giftwirkung auslösen. Schon die starke Behaarung bietet dem Tier einen gewissen Schutz; die rein mechanische Wirkung der Haare, die sich in die Haut einbohren oder in den Schleimhäuten stecken bleiben, veranlassen die Verfolger, solche Bissen, und seien sie sonst auch noch so schmackhaft, zu verschmähen. Wenige Vögel z. B. machen da eine Ausnahme; der Kuckuck allerdings ernährt sich fast ausschließlich von stark behaarten Raupen. Gesteigert wird das noch dadurch, daß viele der Haare Giftwirkungen besitzen. Unser bekanntestes Beispiel dafür sind die Raupen der *Thaumetopoea*-Arten, der Prozessionsspinner, deren Haare schmerzliche Entzündungen verursachen, deren Folgen zuweilen noch nach Jahren zu verspüren sind. Über die Natur der Giftstoffe ist man noch nicht im klaren; bemerkenswert ist ein Versuch von FABRE; er machte vom Kot der *Thaumetopoea pinivora* TR. einen ätherischen Auszug, den er sich über Nacht auf den Arm legte, wovon er einen starken Ausschlag bekam. Er vermutete deshalb, daß die Brennwirkung der Haare dieser Arten auf Verunreinigung mit Kot beruhe, wodurch die Giftstoffe, die als Abfallprodukte des Stoffwechsels anzusehen seien, in die durch das Einbohren der Haare geschaffenen Wunden gelangten. Solche Gifthaare sind außerordentlich weit verbreitet; sie kommen besonders stark bei den Raupen von Lipariden und Megalopygiden vor, aber nicht bei ihnen allein, sondern auch bei den aus ihnen erzogenen Imagines. Die Beschäftigung mit viele Jahre alten gespannten Lipariden und Megalopygiden kann bei empfindlichen Personen die heftigsten Entzündungen und Schwellungen hervorrufen, und selbst bei solchen, die einigermaßen dagegen abgehärtet sind, wird ein intensives Jucken eintreten. Prozessionsspinnerhaare riefen noch nach sieben Jahren Entzündungserscheinungen hervor. Besonders schmerzhaft sind nach SEITZ die Zapfen von *Parasa*-Arten; sie geben eine gleiche Empfindung wie der Stich einer Wespe, und das Schmerzgefühl bleibt über eine Woche bestehen.

Außer den Haaren gibt es noch eine Anzahl anderer Organe, die zur Abwehr von Feinden dienen. Zu diesen wurden besonders die Trichterwarzen der Lipariden gerechnet, von denen wir schon Seite 76 gesprochen haben. Nach dieser Darstellung spielten sie allerdings eine wesentliche Rolle bei der Häutung; aber es ist auch ganz gut möglich, daß sie eine Nebenfunktion als Abwehrorgane haben. Vielleicht dient die Imprägnierung der Haare dazu, sie giftig zu machen; die Trichterwarzen selbst werden manchmal bei Beunruhigung hervorgestülpt, andere Male aber nicht, so daß eine direkte Tätigkeit derselben als Kampfmittel unwahrscheinlich ist. Ebenso ist es wohl auch mit den Nackengabeln der Papilioniden-Raupen. Es ist die Ansicht ausgesprochen worden, daß wir in ihnen die Organe zu sehen hätten, die die Giftstoffe der Futterpflanzen (Aristolochiaceen), welche mit der Nahrung aufgenommen werden, zur Verdunstung zu bringen und auf diese Weise ihre schädigende Wirkung auf den Körper der Raupe zu neutralisieren hätten. Trotzdem können sie aber noch eine Nebenfunktion haben. Die von ihnen abgesonderten Stoffe können unangenehm, vielleicht auch sogar giftig auf die Angreifer wirken, so daß wir in der Tat in ihnen Wehrdrüsen zu sehen hätten. Selbstverständlich haben diese Raupen aber auch gewisse Feinde, die sich nicht daran kehren. Nicht nur die Raupen, sondern auch die Schmetterlinge sind imstande, widrige oder giftige Säfte abzugeben und sich dadurch ungenießbar zu machen. So sondern die Zygaenen bei Reizung einen gelben scharf schmeckenden Saft ab, der ihre Feinde, wenn sie einmal davon gekostet haben, veranlassen wird, solche Falter nicht zu fressen. Burgeff hatte eine Eidechse daran gewöhnt, hingeworfene Brocken sogleich aufzunehmen und zu fressen. Es wurden nun auch Zygaenen vorgeworfen, auf die die Eidechse losstürzte und die sie aufschnappte, im gleichen Augenblick aber wieder ausspie; längere Zeit danach rieb sie dann noch die Schnauze an den Steinen, um den Geschmack des ekligen Saftes loszuwerden. Auch bei Arctiiden treten solche Saftabsonderungen auf; es liegen da im Prothorax mächtige Drüsen, die dorsal ausmünden. Wenn das Tier gereizt wird, zieht es den Halskragen nach vorn, worauf dahinter ein wasserheller öliger Tropfen erscheint. Da dieser das Licht etwas reflektiert, war daraus die Sage entstanden, der Falter von *Arctia caja* L. besäße die Fähigkeit zu leuchten. Es handelte sich hier aber um kein Leuchten, sondern um ein Abwehrmittel. Auf der Zunge rufen sie ein deutliches Brennen hervor, und ein Rotkehlchen, dem solche Falter vorgelegt wurden, zog sich mit denselben Zeichen des Ekels zurück, wie es das bei Marienkäfern tat (Aue 1922). Wenn man die Tropfen abtupft, erneuern sie sich rasch, jedoch scheinen nicht alle Individuen in der Lage zu sein, solche Tropfen abzusondern. Das Sekret besitzt einen charakteristischen, an Brennessel erinnernden Geruch. Wenn der Reiz aufgehört hat, werden die Tropfen wieder zurückgezogen. Bei *Arctia flavia* Fuessl. soll der Saft auf eine Entfernung von 20 cm in zwei Strahlen ausgespritzt werden (nach Hollande), und bei *Stilpnotia salicis* L. sollen sich an der entsprechenden Stelle zwei Blasen befinden, die so prall gefüllt werden, daß sie platzen. Ein solches Ausspritzen von Saft bei Reizung wird auch von manchen Raupen berichtet; die von *Cymatophora or* F. soll einen grünlichen Saft ausspritzen, und die von *Deilephila euphorbiae* L. soll sich nach Lederer gegen angreifende Tachinen in der Weise verteidigen, daß sie ihnen zerkaute Pflanzenteile entgegenspeit.

Eine ganze Anzahl von Schmetterlingen und Raupen gibt es, die zwar nicht willkürlich einen Giftstoff herausbringen, um damit den Gegner aus dem Felde zu schlagen, die aber doch in ihrem Körper gewisse widrige oder gar giftige Stoffe enthalten, die ihre Feinde veranlassen, den sonst anscheinend so schmackhaften Bissen zu verschmähen. Wir wissen das z. B. von den Raupen des Kohlweißlings. In verschiedenen Fällen gingen Hühner oder Enten, die damit gefüttert wurden, ein. Es sind noch längst nicht genügend Untersuchungen an den Raupen gemacht worden; aber es ist anzunehmen, daß eine größere Anzahl von ihnen in dieser Weise geschützt ist.

Eine Sonderstellung nimmt die Raupe der Wachsmotte *Galleria mellonella* L. ein. Sie ist gegen viele Feinde unter den Bakterien völlig immun, so kann man ihr Tuberkulose, Diphtherie, Lepra usw. einimpfen, ohne daß sie dadurch einen Schaden erleidet. Alle diese Bakterien sind von einer Schutzhülle umgeben, die dem Wachs nahe steht, und wenn diese Hülle verletzt wird, gehen die Krankheitskeime ein. Im Blute der Wachsmottenraupe befindet sich nun aller Wahrscheinlichkeit nach ein Agens, das die Hülle der Bakterien zerstören kann. Diese Art kann vielleicht später noch einmal größere Bedeutung erlangen, wenn man durch sie einen Stoff gewinnt, der die genannten Bakterien vernichten und in diesen Krankheiten zur Heilung führen kann. Es ist aber bemerkenswert, daß man dieser Raupe nicht unseren gewöhnlichen harmlosen Heuaufgußbazillus (*Bacillus subtilis*) einimpfen kann, ohne bei ihr die schwersten Erkrankungen und den Tod herbeizuführen.

Doch kehren wir nun wieder zu den Faltern zurück, die nicht als Raupe, sondern als Imago geschützt sind, indem sie einen widrigen oder giftigen Geschmack besitzen, der ihre Feinde veranlaßt, sie zu meiden. Es sind das meist Angehörige bestimmter Familien, die dann auch in ihren Raupen an Pflanzen leben, die giftige oder ekelerregende Stoffe enthalten. So leben *Acraea*- und *Heliconius*-Raupen an Passifloren, Danaididen an Asclepiadeen, Euploeen an giftigen Ficus-Arten, Neotropinen an Solanaceen, die geschützten *Papilio*-Arten an Aristolochiaceen u. a. Diese so durch giftige oder ekelerregende Stoffe geschützten Falter sind meistens durch eine auffällige Färbung gekennzeichnet, und sie tragen diese Färbung sowohl auf der Ober- wie auch auf der Unterseite, so daß sie in jedem Falle und bei jeder Flügelhaltung vom Angreifer als gefährlich erkannt werden können. Es gibt nun aber eine große Anzahl von Faltern, die nicht im Besitz solcher Schutzstoffe sind und trotzdem in Färbung und Zeichnung den geschützten Arten ganz ähnlich sehen, obwohl sie aus ganz verschiedenen Familien stammen und nicht im geringsten mit den „Modellen" verwandt sind. Sie sollen dadurch denselben Schutz genießen, wie die giftigen Falter, da sie von vielen Feinden für solche gehalten werden. Diese Erscheinung wird als Mimikry bezeichnet, und es ist wohl um keine Lehre ein so erbitterter Kampf geführt worden wie für und gegen die Mimikryhypothese. Damit ein tatsächlicher Schutz der „Nachahmer" gewährleistet wird, müssen die folgenden Bedingungen vorhanden sein, die zugleich die wesentliche Definition der Mimikrytheorie geben.

1. Beide Falter, der geschützte und der ungeschützte, also Modell und Nachahmer, müssen sich in Farbe und Zeichnung annähernd ähnlich sein. — Es ist nicht notwendig, daß sich die Ähnlichkeit bis auf jeden kleinsten Fleck und Strich erstreckt; denn der Verfolger wird vielmals gar nicht in der Lage sein, das betreffende Tier genau zu untersuchen, so z. B. ein Schmetterlinge fangender Vogel im Fluge. Es genügt dann, daß der ganze Habitus des Nachahmers dem des Modells entspricht, wozu die dem geschützten Falter entsprechende Flugart einen großen Teil mit beiträgt.

2. Der geschützte Falter und der Nachahmer müssen in derselben

Gegend zusammenfliegen. Ein Schmetterling von Afrika, der von den Feinden gemieden wird, bedeutet keinen Schutz für einen ebenso gefärbten und gezeichneten Falter von Brasilien, weil an letzterem Orte ja ganz andere Feinde auftreten, die den giftigen Afrikaner nicht kennen. Es gilt hier also vor allem, die sogenannte Museumsmimikry zu vermeiden, die einfach darin besteht, daß einer Sammlung zwei sehr ähnliche Falter entnommen werden ohne jede Berücksichtigung des Fundortes, und daß dann der eine als Modell, der andere als Nachahmer bezeichnet wird.

3. Das geschützte Tier muß in großer Anzahl auftreten, der Nachahmer aber nur in wenigen seltenen Stücken. Wenn auch beide nur in gleicher Anzahl vorkommen, hat der Verfolger immer die Aussicht, jedes zweite Tier als genießbar zu befinden, und dann würde die Abschreckung nicht genügend wirksam sein. Kommen aber die nachahmenden Tiere nur in wenigen Exemplaren unter den geschützten vor, so ist die Wahrscheinlichkeit gering, daß der Verfolger einmal eines von jenen findet und so auf die Unterschiede aufmerksam wird.

Es ist zweckmäßig, wenn wir bei Untersuchung der Mimikry uns nicht auf diese selbst beschränken, sondern den Kreis unserer Betrachtungen etwas ausdehen und alle mit ihr verwandten Erscheinungen berücksichtigen, also auch alle die Fälle, die man als schützende Ähnlichkeit bezeichnet, wo der Falter nicht einem anderen Schmetterling, sondern irgendeinem anderen Gegenstand ähnlich sieht, sich ihm in Färbung und Form der Flügel angepaßt hat. Färbung, Zeichnung und Form nennen wir nach dem Vorbild von HEIKERTINGER (1919/20) die Tracht und wollen alle die verschiedenen Fälle betrachten, so wie sie HEIKERTINGER angeordnet und bezeichnet hat. Demnach haben wir die Trachten der Falter, die ihm in irgendeiner Weise einen Vorteil gewähren, einzuteilen in:

1. Aphylaktische Trachten. Wir bezeichnen damit alle die Fälle, in denen die Färbung, Zeichnung und Form weder zum Schutz noch zur Deckung dient, sondern nur ihre Wirksamkeit innerhalb von Individuen einer Art besitzt. Das sind z. B. Erkennungs- und Schmucktrachten; hierher gehören auch die sexuellen sekundären Färbungen und Zeichnungen.

2. Phylaktische Trachten. Alle diejenigen Trachten gehören hierher, durch die einem Beutetier Schutz (oder einem Raubtier Deckung) gewährt werden soll. Der letztere Fall ist bei den Schmetterlingen selten und kommt nur bei gewissen Schildlausfressern vor. Der Schutz kann bewirkt werden durch:

a) Kryptophylaktische Trachten. Farbe, Form und Zeichnung sind so beschaffen, daß das geschützte Tier übersehen wird; sie wirken also durch Unauffälligkeit. Hierher sind zu rechnen:

α) Sympathische Trachten, bei denen die Färbungs- usw. Merkmale im allgemeinen mit der Umgebung übereinstimmen.

β) Mimese, bei der eine Ähnlichkeit vorliegt mit gewissen Teilen der Umgebung, die vom Verfolger unbeachtet bleiben. Eine

Mimese kann auftreten als Zoomimese, wo das geschützte Individuum einem andern Tier ähnlich sieht, als Phytomimese, wo eine Ähnlichkeit mit Pflanzenteilen, und als Allomimese, wo eine solche mit Steinen, Erdstücken, Exkrementen usw. besteht.

b) Sematophylaktische Trachten bezwecken im Gegensatz zu den kryptophylaktischen die Hervorhebung einer gewissen Auffälligkeit. Sie können auftreten als:

α) Ungewohnt- oder Schrecktrachten. Es sind das Färbungen, Formen oder Zeichnungen, die dem Feinde ungewohnt sind und sein Mißtrauen hervorrufen oder ihn erschrecken. Unter den Schrecktrachten gibt es mimetische, also solche, bei denen ein gefährliches Tier vorgetäuscht wird, und kaenophylaktische, wo nur die grelle oder bizarre Zeichnung und Färbung erschreckt.

β) Warntrachten und Scheinwarntrachten. Hier besitzt das Beutetier äußerliche Merkmale, die dem Verfolger von früheren Fällen als widrig bekannt sind. Bei der

1. Warntracht ist diese gefährliche Eigenschaft wirklich vorhanden (aposematische Tracht), bei der

2. Scheinwarntracht oder Mimikry (pseudaposematischen Tracht) sind keine solchen Eigenschaften vorhanden, wohl aber die Tracht von Tieren, die sie besitzen.

Bei der echten Warntracht kommt zuweilen noch eine gemeinsame (synaposematische) Tracht vor, wo also zwei oder mehr Tiere eine gemeinsame Warntracht besitzen. Das ist die MÜLLERsche Mimikry

HEIKERTINGER, der ein Gegner der Schutzfärbungshypothesen ist, verwirft alle diese Möglichkeiten und kommt zu einer anderen Einteilung, da er die eben gegebene als rein hypothetisch ansieht. Wir werden unten auf seine zweite Einteilung noch einmal zurückkommen und uns erst einmal klar machen, wie weit sich die Tatsachen der Schutzfärbung bei den Schmetterlingen in dieses angegebene System einreihen lassen.

Sympathische Trachten finden wir bei vielen Schmetterlingen; so sind die meisten der sich am Boden, an Rinde usw. niederlassenden Arten grau gefärbt. Es gilt das besonders für die Familie der Noctuiden. Zoomimese scheint bei Faltern und Raupen nicht oder nur selten vorzukommen, desto häufiger ist dagegen Phytomimese. Besonders ausgebildet finden wir sie bei Spannerarten, wo entweder Aststückchen oder Blattstengel vorgetäuscht werden und nicht nur eine Übereinstimmung in der Farbe, sondern auch in der Form erzielt wird. Auch Allomimese ist nicht selten. So ähnelt eine weiß und schwarz gefärbte *Cerostoma*-Art auffallend einem Häufchen Vogelkot, wenn sie auf einem Blatte sitzt. Nicht selten findet auch ein Übergang von der Allomimese zur Phytomimese bei demselben Tier in verschiedenen Stadien seines Lebens statt. Die Raupe von *Herse convolvuli* L. ist in den ersten Stadien grün und also dadurch den Blättern ähnlich (Phytomimese); zuletzt wird sie braun, angepaßt der Bodenfärbung (Allomimese). Die Raupen von *Papilio demoleus* L. sind nach VOSSELER in den ersten vier Stadien braun und gleichen Vogelkot; später sind sie zu groß, um noch diese Täuschung hervorzurufen, und werden dann grün in Anpassung an die Pflanze. Mitunter tritt aus gewissen Gründen die Phytomimese nicht so deutlich in Erscheinung. So sind die *Acherontia*-Raupen schön blau und gelb gefärbt und gezeichnet, was bei ihnen keine Anpassung bedeutet; in ihrer Heimat sollen aber die Solaneen, auf denen sie dort leben, in dieser Weise gefärbt sein. Bei den Imagines ist die Phytomimese außerordentlich weit verbreitet. Es ist dabei beachtenswert, daß die sympathische Färbung bei den Tagfaltern, die mit nach oben zusammengeschlagenen Flügeln ruhen, gewöhnlich nur auf der Unterseite der Flügel auftritt und dort nur soweit, wie in der Ruhestellung die Flügel sichtbar sind. Es haben dann also die Vorderflügel keine Schutzfärbung auf dem ganzen hinteren Teile, der in der Ruhe zwischen den Hinterflügeln geborgen wird, während sie ebenso wie auf den Hinterflügeln am Apex der Vorderflügel auftritt; das ist diejenige Stelle, die auch in der Ruhelage sichtbar bleibt. Man kann aus der Ausdehnung der Apikalfärbung ohne weiteres auf den Grad schließen, bis zu welchem die Vorderflügel zwischen die Hinterflügel aufgenommen werden. Bei den Nachtfaltern ist es genau umgekehrt; sie sitzen meist mit dachförmig an die Unterlage gepreßten Flügeln, wobei die hinteren von den vorderen bedeckt werden. So entwickelte sich die schützende Färbung nur auf der Oberseite der Vorderflügel; die Hinterflügel blieben (oder wurden) lebhaft gefärbt. Die Unterseite aller Flügel dagegen wurde ganz blaß, und nur bei denjenigen wenigen Arten, die die Flügel ebenfalls nach Tagfalterart aufrichten, wie bei vielen Spannern (bei uns besonders *Bupalus piniarius* L.) bildete sich eine intensive Unterseitenzeichnung. So kommt es, daß bei den Tagfaltern die Unterseite, besonders die der Hinterflügel, Merkmale der Phytomimese aufweist; so erinnert die des Zitronenfalters in ihrer weißlichgrünen Färbung an ein Blatt; daß diese Farbe für das Tier wichtig ist, erhellt daraus, daß die lebhaft zitronengelbe Oberseitenfärbung des Männchens nicht auf die Unterseite übergegangen ist. Bei fast allen Nymphaliden und Satyriden finden wir eine schwärzliche, heller gemischte Unterseite, die ganz ähnlich der Baumrinde oder der Erde ist, auf der sie ruhen, so daß sie bei zusammengefalteten Flügeln schwer zu entdecken sind. Bei exotischen Formen geht diese Anpassung noch sehr viel weiter. Hier entstehen Farben und Formen, die den Eindruck erwecken, als sei der mit zusammengefalteten Flügeln sitzende Falter ein trockenes Blatt. Es findet sich dann oftmals eine Linie, die vom Apex der Vorderflügel nach dem Analwinkel der Hinterflügel verläuft und die Mittelrippe darstellt. Glas- oder Silberflecken auf den Flügeln erscheinen wie Wassertropfen, schwarze Flecken wie Fraßstellen am Blatt. Die bekanntesten und berühmtesten Beispiele dafür sind die indischen *Kallima*- und die südamerikanischen *Anaea*-Arten. Hier findet sich am Hinterflügel noch ein Schwänzchen, das den Eindruck eines Blattstieles macht. Es ist zwar beobachtet worden, daß sich der Falter nicht immer so an den Zweig setzt, daß er wie ein daransitzendes Blatt erscheint; aber schließlich liegen in jedem Walde so viele Blätter zwischen den Zweigen und am Boden, daß schon die Blattähnlichkeit einen guten Schutz gewähren kann. Oberseits sind die genannten Falter dann gewöhnlich schön lebhaft orange, gelb oder rot gefärbt. Eine ganz entsprechende Ausbildung der Flügel zur Blattähnlichkeit findet sich bei den indischen Noctuiden der Gattung *Cricula*. Es ist bemerkenswert, daß sich hier die Färbung und Zeichnung an die ganz andere Flügelhaltung in der Ruhe anlehnt. Während bei den Tagfaltern das Blattbild auf der Unterseite entsteht und so nur über eine Seite des Körpers sich erstreckt (auf der anderen Seite ist es natürlich ebenso!), geht die „Blattmittelrippe" bei den *Cricula*-Arten entsprechend der dachförmigen Haltung der Flügel von einer Flügelspitze quer über die Flügel und den Leib des Falters zur anderen Flügelspitze, so daß beide Flügel zur Herstellung e i n e s Blattbildes dienen müssen. Bei den *Phyllodes*-Arten wiederum werden zwei gesonderte Blätter vorgetäuscht. Auch hier wird durch Glasflecke und schwärzliche Stellen der natürliche Eindruck noch verstärkt. Solche auffallende Beispiele wie in den Tropen haben wir hier in Deutschland nicht, indessen lassen sich doch eine ganze Anzahl von Fällen feststellen, bei denen von Phytomimese zu sprechen ist. Es sei daran erinnert, daß eine Anzahl von Faltern den an Eichen wachsenden grünen Flechten ganz ähnlich sind, so *Dichonia aprilina* L. und der Wickler *Acalla literana* L. Es muß gleich dabei erwähnt werden, daß sich diese Schmetterlinge normalerweise auch nur an solche mit Flechten bewachsene Eichenstämme setzen. Andererseits gibt es eine Anzahl weißer mit schwarzen Schuppen bestreuter Falter, die ganz der Birkenrinde gleichen und sich nur an Birkenrinde setzen. Dazu gehören z. B. *Acalla niveana* F. und *Epiblema bilunana* Hw., bei denen auch die Raupen an Birken leben. Viele Falter sind einfarbig grün und setzen sich so gern an Blätter; das gilt für einige Geometriden und den Wickler *Tortrix viridana* L. So sehen wir, daß die Phytomimese durchaus nicht zu den seltenen Erscheinungen gehört, und die angezogenen Fälle lassen sich noch sehr vermehren. Kaenophylaktische oder Ungewohnttrachten kommen wahrscheinlich auch bei den Lepidopteren vor, da wir aber vielfach nicht in der Lage sind, anzugeben, was als ungewohnt für einen bestimmten Verfolger gelten muß, ist hier eine Feststellung immer recht schwierig.

Schrecktrachten sind sicherlich weit verbreitet. Besonders interessieren uns dabei die mimetischen Schrecktrachten, wo ein gefährliches Tier vorgetäuscht wird. Es geschieht das meist durch die Ausbildung von Augenflecken. Das bekannteste Beispiel dafür sind die Schwärmerraupen. Schon bei manchen unserer Formen, wie bei *Choerocampa elpenor* L. finden sich solche Augenflecken zu beiden Seiten des Vorderkörpers; viel auffälliger sind diese Erscheinungen aber bei vielen exotischen Schwärmerraupen, besonders denen Südamerikas. Auch dort ist ein solches Auge ausgebildet; die Raupe zieht dann bei Gefahr den Kopf in die ersten Thoraxsegmente hinein, diese schwellen an und gleichen dann mit dem Ozellus ganz einem von dem übrigen Körper abgesetzten Schlangenkopfe (Taf. I, Abb. 2, Seite 64). Auch bei manchen orientalischen *Panacra*-Arten ist ein solcher „Schlangen-Ozellus" vorhanden; es wird von MELL aber berichtet, daß dieser stets zurückgezogen getragen und selbst bei starken Belästigungen nicht hervorgestülpt wird. Nur beim Laufen wird er hervorgekehrt. MELL erklärt das so, daß die Raupe dieses Schutzmittel früher besaß, es jetzt aber nicht mehr nötig hat, da sie, auf dem Blatte sitzend, so stark ihrer Umgebung angepaßt ist, daß sie nichts zu fürchten braucht. Da die Raupe doch am Tage bewegungslos sitzt und nur nachts frißt, besteht für sie keine große Gefahr, und nur, wenn sie sich in Bewegung befindet, kann sie leicht von ihren Verfolgern entdeckt werden und stülpt deshalb jetzt den Ozellus hervor. Wenn auch die ganze Ähnlichkeit mit einer Schlange nicht so groß ist, so muß doch berücksichtigt werden, daß im Schatten des Urwaldes geringere Lichtintensität herrscht, und daß die Raupe ja auch nur den so auffallend gefärbten Vorderteil zwischen den Blättern hervorzustrecken braucht, um die Täuschung zu bewirken. Wahrscheinlich ist auch der Habitus der Gabelschwanzraupen als Ungewohnt- oder Schrecktracht aufzufassen.

Die kaenophylaktische Schrecktracht täuscht kein gefährliches Tier vor, sondern will nur durch grelle Färbung oder ungewohnte Bewegungen erschrecken. Solche grelle Färbungen sind bei Schmetterlingen vielfach verbreitet. Wir haben hierher namentlich die Zusammenstellung Schwarz-Gelb zu rechnen, die bei sehr vielen Faltern, namentlich in Südamerika, vorkommt. Es ist in diesen Fällen oft sehr schwer zu entscheiden, ob nicht eine echte Mimikry vorliegt, so daß diese so gefärbten Tiere Nachahmer irgendwelcher giftiger Modelle sind. Wir müssen sie deshalb auf solche Arten beschränken, die außerordentlich häufig sind, also als Nachahmer nicht in Frage kommen. Es gilt das besonders wohl für die südamerikanischen Spanner der Gattung *Cyllopoda*.

Eine viel größere Verbreitung haben nun aber die Warntrachten. Hier wäre ebenfalls das schon erwähnte Schwarz-Gelb anzuführen, daß sich bei vielen geschützten Arten findet, so besonders bei den Heliconiern, dann aber auch eine mehr oder weniger hyaline Flügelbeschaffenheit, schließlich auch noch in geringerem Umfange Schwarz-Weiß. Auch rote Färbung deutet auf geschützte Färbung hin, namentlich wenn sie am Körper auftritt, so bei den Aristolochienfaltern der Gattung *Papilio*. Hierher gehört wohl auch bei *Arctia caja* L. der rote Fleck am Halskragen, wo die als Abwehrmittel aufgefaßten Flüssigkeitstropfen austreten. Unsere Zygaenen besitzen ebenfalls eine schwarze, rote und gelbe Färbung, die mit ihrer Widrigkeit im Zusammenhange steht. Es ist diese Farbenzusammenstellung nicht etwa ein Reservat der Schmetterlinge, sondern auch bei anderen Insektengruppen treten schwarze, rote und gelbe Zeichnungen als Merkmal der Widrigkeit auf, und so werden die Feinde nicht nur an den Faltern, sondern auch an anderen Insekten darauf hingewiesen, daß eine Widrigkeit oder Giftigkeit vorliegt, wodurch der Schutz noch erhöht wird. Mitunter kommt es vor, daß mehrere Schmetterlinge, die alle geschützt sind, eine gleiche Warntracht besitzen. Diese synaposematische Tracht ist von den Gegnern der Mimikryhypothese herangezogen, um die Mimikrylehre zu entkräften. Man hat gesagt, wenn die betreffenden nachahmenden Falter ohnehin schon geschützt seien, hätten sie nicht nötig, noch ein anderes ebenfalls geschütztes Modell zu kopieren. Diese Logik ist nicht zwingend; denn wenn beide geschützten Tiere dieselbe Warntracht besitzen, wird der Eindruck derselben auf den Verfolger verstärkt, und der Schutz kommt dann beiden Arten zugute, indem der Feind die Erfahrungen, die er bei einer der beiden Arten machte, auch auf die andere anwendet und umgekehrt, so daß sie dadurch einen erhöhten Schutz genießen. Es darf ja nicht vergessen werden, daß immer wieder einmal ein Feind der Falter eine Kostprobe vornehmen wird; der gleiche Geschmack beim gleichen Kleid wird ihn am schnellsten veranlassen, künftighin diese unschmackhaften Bissen zu meiden. Diese synaposematische Tracht wird als die MÜLLERsche Mimikry bezeichnet im Gegensatz zu der pseudoposematischen Tracht, der echten oder BATESschen Mimikry. MÜLLERsche Mimikry findet sich besonders bei den südamerikanischen Neotropinen, kommt aber auch anderwärts nicht selten vor. So gibt es eine Anzahl von Zygaeniden, besonders unter den orientalischen Chalcosiinen, die darin ganz Erstaunliches leisten. Als Zygaenen sind sie ohnehin geschützt; daneben ahmen sie aber auch alle möglichen anderen giftigen oder ungenießbaren Falter nach, so gewisse Pieriden, Euploea-Arten u. a. Ebenso ist es bei den Pericopinen Südamerikas. Sie sind fähig, einen scharfen Saft abzusondern, wie auch andere Arctiiden, zu denen sie gehören; außerdem ahmen sie aber auch Heliconier, Neotropinen, Lymantriiden u. a. nach, die ebenfalls durch Giftwirkungen geschützt sind. Das gleiche gilt für die Syntomididen. Diese haben dieselben Eigenschaften wie die Arctiiden, mit denen sie zweckmäßig vereinigt werden, und trotzdem findet man auch bei ihnen sehr oft, daß sie ein ebenfalls geschütztes Modell kopieren. So ist eigentlich die MÜLLERsche Mimikry keine Tatsache, die gegen die Mimikrytheorie spricht, sondern sie bedeutet im Gegenteil eine Verstärkung der Wirkungen der echten oder BATESschen Mimikry, auf die wir nun im folgenden etwas genauer eingehen wollen.

Die echte oder Batessche Mimikry, die pseudaposematische oder Scheinwarntracht, hängt in gewissem Sinne mit der Zoomimose, von der wir oben schon sprachen, zusammen; der Unterschied liegt aber hier darin, daß ein mit auffälligen Eigenschaften, also mit einer Warntracht, versehenes Tier nachgeahmt wird. Hierum handelt es sich in allen den Fällen, wo von einer Mimikry im engeren Sinne gesprochen wird. Für ihr Zustandekommen sind mehrere Bedingungen notwendig, von denen wir vorher schon gesprochen haben. Es muß ein tatsächlich geschützter oder „immuner“ Falter als Modell dienen, der in seiner Tracht besonders auffällig ist, und ein nicht geschützter Nachahmer, der dieselbe Tracht besitzt, muß am gleichen Orte mit dem Modell vorkommen, mit ihm nicht näher verwandt und in geringerer Anzahl als das Modell vertreten sein. Sind alle diese Bedingungen erfüllt, so kann man von einer echten Mimikry sprechen. Ehe wir die Würdigung dieser Theorie vornehmen, sollen die bekanntesten Mimikryfälle einmal besprochen werden.

Das bekannteste Beispiel ist der afrikanische Segelfalter *Papilio dardanus* Brown (= *merope* Cr.). Er ändert je nach dem Vorkommen sehr stark ab, besitzt aber außerdem noch eine Anzahl verschiedener Weibchenformen, die sich untereinander so unähnlich sind, daß man sie nie für dieselbe Art halten würde, hätte man sie nicht zum Teil sogar aus einem Gelege erzogen. Das Männchen ist gelb mit schwarzer Fleckenzeichnung und langen Hinterflügelschwänzen. In Abessynien kommen zwei Weibchenformen vor, von denen das eine weiß, das andere rotbraun statt gelb gefärbt ist. Bei den Weibchen sind aber stets die Schwänze vorhanden. Das ist der erste Schritt der Anpassung; ursprünglich waren beide Geschlechter gelb und schwarz und geschwänzt, wie es noch heute bei der madagassischen Rasse *merionis* Fldr. der Fall ist (Taf. VIII, Abb. 1, Seite 304). Die abessynische Rasse (*antinorii* Oberth.) erlitt im Weibchen die erste Abweichung, indem noch die Flügelform erhalten blieb, aber die gelbe Färbung in Weiß umschlug, entsprechend der Färbung der giftigen *Amauris*-Arten, oder mehr rotbraun wurde, entsprechend der Farbe bei den *Danais*- und *Acraea*-Arten. Wir können auf alle Zwischenformen in dieser Entwicklung hier nicht eingehen; es resultieren daraus schließlich ganz ungeschwänzte Weibchenformen, von denen *hippocoon* F. (Taf. VIII, Abb. 3, Seite 304) der *Amauris niavius* L. (Taf. VIII, Abb. 2, Seite 304) und *trophonius* Westw. der *Danais chrysippus* L. (Taf. X, Abb. 1, Seite 352) zum Verwechseln ähnlich sind. Es bezieht sich hier die Mimikry nur auf die Weibchen, die Männchen bleiben in allen Fällen gelb und schwarz und geschwänzt. Gerade bei den *Papilio*-Arten finden wir Mimikry sehr häufig, und es dienen dabei als Modell Falter aus ganz verschiedenen Familien. In den einfachsten Fällen wird ein giftiger *Papilio*, also ein Aristolochienfresser, nachgeahmt. Bei diesem gelten besonders die roten Flecken als „Warnfärbung". Als Beispiel wählen wir den indischen *Papilio dasarada* Moore, einen Aristolochienfalter. Er ist schwarz und besitzt schmale weiß und rot gefleckte Hinterflügel. Ganz dieselbe Tracht hat nun eine andere, aber genießbare Art, *Papilio janaka* Moore, und schließlich auch noch ein am Tage mit den vorigen zusammenfliegender Nachtschmetterling, *Epicopeia polydora* Westw. Andere *Papilio*-Arten sind ohne Schwänze und schwarz und weiß gefärbt; sie ahmen gewisse *Hestia*-Arten nach, die zu den Danaididen gehören, also geschützt sind. So kopiert *P. ideoides* Hw. die giftige *Hestia idea* Cl. Ganz andere Farbenzusammenstellungen hat wiederum *P. agestor* Gray, dessen Vorderflügel schwarz und grünlich und dessen Hinterflügel in der Hauptsache rötlichbraun gefärbt sind. Er kopiert die Danaidide *Caduga tytia* Gray. *Papilio paradoxus* Zink. ahmt wiederum eine *Euploea*-Art, *Eupl. linnaei* Moore, nach. Bei den Euploeen

---

Tafel IX. Abb. 1. *Papilio laglaizei* Dp. (Tagfalter). Abb. 2. *Alcides agathyrsus* Kirsch (Nachtfalter). Abb. 3. *Buzara chrysomela* Wkr. ♀. Abb. 4. Dieselbe Art, ♂.

Tafel IX.

2.

4.

1.

3.

herrscht ein Sexualdichromismus vor, indem das Männchen einen starken Blauschiller hat, der dem Weibchen fehlt. Es ist nun bemerkenswert, daß auch der *Papilio* hier im männlichen Geschlecht den Schiller trägt. Wir können also schon bei der Gattung *Papilio* die verschiedenen Entwicklungsstufen der Mimikry verfolgen. Bei *P. dardanus* Brown ahmt nur das Weibchen das giftige Modell nach, bei *P. agestor* Gray ahmen beide Geschlechter das geschützte Tier nach, und bei *P. paradoxus* Zink gleicht das Weibchen dem Weibchen, das Männchen dem Männchen des geschützten Modells. Wie abweichend ein solcher *Papilio* und ganz unähnlich seinen Verwandten durch Mimikry werden kann, sehen wir an *P. pausanias* Hew. Er kopiert den *Heliconius doris* L. und hat wie dieser ganz schmale Flügel, einen gelben Mittelfleck auf den vorderen und einen Blauglanz auf den hinteren bekommen. Es würde uns zu weit führen, alle die zahllosen Mimikryfälle hier anzuführen, es sollen nur kurz die geschützten Familien angeführt werden. Zu ihnen gehören die Aristolochienfalter unter den Papilioniden, viele Pieriden (*Delias* u. a.). Uraniiden (der Tagfalter *Papilio laglaizei* Dep. (Taf. IX, Abb. 1, Seite 320) kopiert täuschend den am Tage fliegenden Nachtfalter *Alcides agathyrsus* Kirsch) (Taf. IX, Abb. 2, Seite 320), Danaididen, Acraeiden und Zygaeniden.

Interessant sind nun die Fälle, wo die Müllersche und die Batesche Mimikry zusammenwirken. Es gibt in Südamerika eine ganze Anzahl geschützter Falter, die sich untereinander sehr ähnlich sehen. Es sind das *Thyridia confusa* Btlr., *Aprotopos psidii* Cr., *Ituna ilione* Cr., *Ceratinia eupompe* Hbn., sämtlich zu den Danaididen gehörig und *Dysschema heliconides* Sw., eine Pericopine, also zu den Arctiiden zu stellen. Alle diese Arten besitzen gelblich-durchsichtige Flügel mit schwarzen Binden und Rändern und sind untereinander alle geschützt. Mit ihnen stimmen nun aber auch noch andere genießbare Falter überein, so *Papilio hahneli* Stgr., *Castnia linus* Cr., ein Weißling, nämlich *Dismorphia orise* Cr. und schließlich eine Geometridengattung *Hyelosia*. Zu dem von den zuerst angeführten Danaiden und Arctiiden gebildeten „Müllerschen Ring" traten also noch eine *Castnia*, eine *Hyelosia* und ein *Papilio*, sämtlich ungeschützt, dazu.

Es erstreckt sich aber die Mimikry nicht nur auf Nachahmung von Schmetterlingen durch Falter, sondern es dienen auch Angehörige anderer Familien als Modelle. Es werden häuptsächlich Hautflügler und Käfer von *Syntomididen* nachgeahmt. So dienen z. B. die giftigen Käfer Südamerikas, die zu den *Lyciden* gerechnet werden, als Modell für viele Syntomididen, besonders *Correbia-* und *Correbidia*-Arten (Taf. XIII, Abb. 3, 4, Seite 432). Diese Schmetterlinge schlagen ihre Vorderflügel, die wie die Elytren der giftigen Käfer gefärbt und geformt sind, nach hinten, so daß sie dann im Habitus ihren Modellen außerordentlich ähnlich sind. Andere Arten kopieren Hymenopteren; so erinnert der indische Schwärmer *Sataspes* ganz an gewisse *Xylocopa*-Hummeln. Auffallend ist diese Erscheinung wieder bei den Syntomididen. Das rot geflügelte und schwarz gerandete *Empyreuma pugione* L. gleicht ganz dem Hautflügler *Pepsis rubra,* und ganze Gattungen der Syntomididen (*Pseudosphex* u. a.) zeichnen sich dadurch aus, daß sie den Hymenopteren ähnliche glashelle Flügel und ein vorn zusammengeschnürtes Abdomen besitzen. Gerade diese Entstehung der „Wespentaille" bei Schmetterlingen ist eine sehr starke Bestätigung der Mimikrytheorie; denn anderwärts kommen bei den Faltern solche Einschnürungen niemals vor, und diese Umbildung des Hinterleibes muß mit so tiefgreifenden Veränderungen verknüpft sein, daß eine anderweitige Erklärung eigentlich nur sehr schwer denkbar ist.

Es darf nun aber doch nicht unerwähnt bleiben, daß zuweilen auch Fälle auftreten, wo zwei Arten aus verschiedenen Familien sich sehr ähnlich sind, aber an ganz verschiedenen Fundorten vorkommen, so daß eine Mimikry nicht in Frage kommen kann. So lebt eine Arctiide *Attatha regalis* Wlkr. auf den Philippinen und die ganz ähnliche Eule *Fodina attathoides* Karsch in Ostafrika. Der Zünsler *Semnia auritalis* Hbn. in Brasilien gleicht auffallend der Eule *Carpostalagma viridis* Plötz in Westafrika. Es sind aber nur wenige Fälle dieser Art bekannt geworden, die als Analogien oder Konvergenzerscheinungen anzusprechen sind, und sie machen nichts aus im Vergleich mit der großen Zahl der echten Mimikryfälle.

Unter Umständen kann auch eine sympathische Färbung mit Mimikry verknüpft sein. So ähnelt *Caligo* auf der Unterseite der Flügel dem trockenen Laub und Astwerk, in dem er sich aufhält, besitzt aber auch außerdem noch eine Zeichnung, die an einen Eulenkopf erinnert. Es sind hier also Phyto- und Zoomimose (oder auch Mimikry) miteinander verbunden. Fassl, der lange Jahre im südamerikanischen Urwald reiste und dem man deshalb besonderen Glauben schenken darf, berichtet, wie er des öfteren durch Mimikry selbst getäuscht wurde und daß Hühner, denen *Caligo*-Arten vorgeworfen wurden, diese ängstlich mieden. Hatten sie einmal an einer Flügelspitze gezupft und bewegte sich daraufhin das Auge, so flohen sie wieder. Nachdem die Augen herausgeschnitten worden waren, wurden die Tiere ohne Furchtäußerung von seiten der Hühner angegriffen und gefressen. Für und wider die Mimikrytheorie ist ein heißer Kampf entbrannt, der bis jetzt noch nicht entschieden ist. Auf seiten der Gegner steht namentlich Heikertinger, der alle die oben zusammengestellten „Trachtarten" in ihrer Existenz verneint. Er glaubt, daß man nur reden kann von:

1. Kryptophylaktischen oder unauffälligen Trachten, die ihren Träger in der Umgebung schwer sichtbar machen, und
2. kaenophylaktischen oder auffälligen Trachten, die Schreck, Mißtrauen und Befremden erregen.

Alles andere hält Heikertinger für unbewiesene Hypothese.

Aus dem anderen Lager sei besonders E. Study erwähnt, der in intensivster Weise die Verhältnisse bei den verschiedenen Modellen und Nachahmern untersucht hat und zu dem Schluß kommt, daß eine Erklärung der in Frage kommenden Erscheinungen ohne Hilfe der Mimikry nicht möglich sein kann. Seinen allgemeinen Betrachtungen

(1919) liegen die folgenden Erwägungen zugrunde, auf die wir im folgenden etwas näher eingehen wollen. Es ist natürlich ein Unding, diese oft bis ins Kleinste gehenden Ähnlichkeiten zwischen Modell und Nachahmer auf Zufall zurückzuführen. Damit ließe sich alles erklären; dann könnten wir aber auch auf jede Naturerkenntnis verzichten. Plausibler klingt es schon, wenn man die ähnlichen Falter als Konvergenzen auffaßt, die unter dem Einfluß der gleichen Lebensbedingungen entstanden sind. Demgegenüber ist aber zu berücksichtigen, daß bei dem Vorliegen einer solchen konvergenten Entwicklung alle Organe der betreffenden Tiere beeinflußt werden müßten. Bei den nachahmenden Schmetterlingen ist das aber nicht der Fall; es wird ja n u r das Aussehen des Nachahmers dem des Modells gleich, kein anderer Zug verändert sich sonst. Wenn bei *Papilio*-Arten z. B. die Flügel noch so verschieden gefärbt sind, wenn sie einer *Hestia, Euploea, Amauris, Danais* und *Alcides*, also Faltern ganz verschiedener Familien ähnlich sehen, oder wenn sie gar den Flügelschnitt so stark verändern wie *P. pausanias* HEW. und *triopas* GODT., um ihren Modellen recht nahe zu kommen, so wird im inneren Bau nichts geändert. Selbst ganz belanglos erscheinende Äderchen bleiben bestehen, so der zweite Axillarast der Vorderflügel, an dem man stets den *Papilio* erkennt, und sei er noch so sehr maskiert. Außerdem sind die Lebensbedingungen auch nicht immer gleich, sondern oft total verschieden. Es sei da an die Danaididen-Ringe Südamerikas erinnert, wo die Raupen frei leben, während die der nachahmenden *Castnia* im Innern von Pflanzenteilen ihre Entwicklung durchmacht. Noch viel weniger kommt natürlich eine Konvergenz auf Grund derselben Lebensbedingungen in allen den Fällen in Frage, wo Käfer oder Wespen durch Schmetterlinge kopiert werden. Eine der wichtigsten Tatsachen aber, auf die sich die Mimikrytheorie stützt, beruht darauf, daß sie mit dem Gesichtssinn allein zu tun hat. Nur bei am Tage fliegenden Faltern finden sich solche als Mimikry zu deutende Erscheinungen. Wenn wirklich die Mimikry nur auf Konvergenz beruhte, ist es schwer erklärlich, warum solche Konvergenzen nicht auch bei Arten vorkommen sollen, die in der Nacht fliegen. Endlich ist noch behauptet worden, daß eine ähnliche Tracht auch in vielen Fällen vorkomme, wo von einer Mimikry nicht die Rede sein kann. In den meisten dieser Fälle ist dann aber wohl doch eine gewisse Verwandtschaft der Arten vorhanden, und es gehört eben zum Wesen der Mimikry, daß Modell und Nachahmer aus nicht nah verwandten Familien stammen dürfen. Die Gegner der Theorie haben zum andern den Nutzen bestritten, den die Schutzfärbung für die Nachahmer haben soll. So sollen die meisten Vögel überhaupt keine Tagschmetterlinge fressen. Es ist aber dabei zu berücksichtigen, daß eine Beobachtung im Freien in dieser Hinsicht sehr schwer ist. Einmal können die betreffenden Vögel die Falter gar nicht gesehen haben, dann können sie gesättigt gewesen sein, und schließlich ist es für den Entomologen selbst nicht immer ganz leicht zu entscheiden, ob das fliegende Tier Modell oder Nachahmer war. Es ist durchaus nicht nötig, daß bei Beginn der Entwicklung Modell und Nachahmer einander schon so glichen, wie es heute der Fall ist. Wenn beide durcheinanderfliegen, genügt schon eine ganz oberflächliche Ähnlichkeit, um eine Verwechslung der beiden durch einen Verfolger möglich zu machen. Ursprünglich werden die letzteren auch wahrscheinlich ein geringeres Unterscheidungsvermögen besessen haben, und in dem Maße, wie sich dieses differenzierte, werden auch die nachahmenden Falter durch natürliche Auslese immer mehr und mehr den Modellen angepaßt worden sein. In manchen Fällen geht das Verbreitungsgebiet eines Nachahmeres über das des geschützten Vorbildes hinaus, was dann als Argument gegen die Mimikrytheorie benutzt worden ist. Das ist aber durchaus nicht nötig. Es kann sehr wohl die Möglichkeit bestehen, daß der ungeschützte Falter Wanderungen unternimmt und in Gebiete kommt, wo der immune Schmetterling nicht folgen kann, weil ihm dort die Existenzbedingungen (Futterpflanzen usw.) fehlen. Außerdem besteht die Möglichkeit, daß das Modell früher auch dort vorgekommen, durch Feinde und Krankheiten aber aus diesem Areal verdrängt worden ist. Es kann aber auch der umgekehrte Fall vorhanden sein; *Danais chrysippus* L. hat in Afrika sehr viele Nachahmer, so bei *Papilio*, *Pseudacraea*, *Hypolimnas*, *Acraea*; an anderen Orten fehlen aber diese kopierenden Arten. Wir können deshalb annehmen, daß Afrika das Entstehungszentrum dieser Danaidide ist und daß sie erst in relativ später Zeit weiter gewandert ist.

Bemerkenswert ist, daß bei den nachahmenden Faltern nicht nur das Kleid des Vorbildes, sondern auch meist die Eigenart seiner Bewegungen usw. kopiert wird. So äußern die den Wespen ähnlichen Syntomididen auch die diesen Insekten eigene Unruhe im Umherlaufen und Bewegen der Fühler. Die *Macrocneme*-Arten haben an den Hinterschienen lange Haarbüschel und lassen die Beine im Fluge ebenso hängen wie die von ihnen kopierten Hymenopteren. *Charaxes lichas* DBLD. täuscht nach A. SCHULTZE ein Blatt vor, wenn er allein sitzt, und stellt sich tot, wenn man ihn ergreift. Wenn aber der Falter mit anderen zusammen, z. B. um Kot sitzt, hat er seine normale, zur Flucht bereite Stellung. So läßt auch unser „Hornissenschwärmer“ *Trochilium apiforme* CL. ein deutliches Gebrumme hören, wenn er um die Pappeln fliegt.

Eine Eigentümlichkeit aller geschützten Falter besteht nun darin, daß sie außerordentlich lebenszäh sind. Man kann z. B. einer *Danais* noch so stark den Brustkasten eindrücken, sie erholt sich trotzdem wieder und ist noch zur Fortpflanzung befähigt. Das beruht darauf, daß in vielen Fällen doch auch ein geschützter Schmetterling von einem Vogel oder einer Eidechse angegriffen wird; die jungen Tiere müssen erst lernen, giftige von nichtgiftigen Tieren zu unterscheiden. So wird dann öfter ein immuner Falter einen Schnabelhieb erhalten; erst dann erkennt der Verfolger am Geschmack die Ungenießbarkeit des Bissens und läßt ihn liegen. Später kann sich der so geschützte Schmetterling noch erholen und fortpflanzen. Dem Nachahmer würde das nichts nützen; der betreffende Vogel, von seinem Wohlgeschmack durch die ersten Schnabelhiebe unterrichtet, würde ihn verspeisen. Diese lederige Beschaffenheit findet sich bei allen geschützten Faltern;

selbst bei unseren einheimischen ungenießbaren Arten haben wir eine große Lebenszähigkeit konstatiert; es sei da an die Gattung *Anthrocera* (*Zygaena*) erinnert, die selbst dem Zyankaliglas standhält und erst durch hineingeblasenen Tabaksrauch getötet wird.

Wir haben gesehen, daß in allen bisher beobachteten Fällen eine Nachahmung des geschützten Modells vorwiegend durch das Weibchen erfolgt, daß aber das Männchen sich dann auch angleicht und in höher ausgebildeten Stadien ebenso das immune Modell kopiert wie das Weibchen. Es sind nun einige Fälle bekannt geworden, wo angeblich eine Nachahmung nur durch das Männchen erfolgt. So ähneln die Männchen der indoaustralischen *Libythea*-Arten, wenn sie fliegen, den Euploeen, die Weibchen (mit Ausnahme einer Rasse) aber nicht. Ebenfalls soll *Cethosia cyane* DRU. im männlichen Geschlecht *Danais chrysippus* L. entsprechen, und endlich besitzt die Syntomididen-Gattung *Trichura* einen langen Anhang am Hinterleib, der als Hymenopteren-Stachel gedeutet wird (Taf. II, Abb. 4, Seite 96). Dazu ist aber zu sagen, daß der *Trichura*-Anhang ein Duftorgan repräsentiert, und daß die *Cethosia*-Männchen nicht wesentlich von anderen Faltern ihrer Verwandtschaft abweichen, so daß ein alleiniges Vorkommen von Mimikry bei den Männchen nicht festgestellt werden kann. In allen anderen Fällen aber ist die Nachahmung durch das Weibchen entweder ausschließlich oder besser ausgeführt als vom Männchen derselben Art. Es erklärt sich daraus, daß die Weibchen für die Erhaltung der Art wichtiger sind, daß sie meistens auch unbehilflicher im Fluge und deshalb viel mehr Gefahren ausgesetzt sind als die Männchen. So stellt sich die Nachahmung eines geschützten Modells immer zuerst bei dem schutzbedürftigeren Weibchen ein. Von anderer Seite (RÖBER) ist dagegen behauptet worden, daß die Weibchen keinen erhöhten Schutz brauchten, da sie meist versteckter lebten und nicht so viel umherflatterten wie die Männchen, so daß die letzteren eher den Vögeln, Eidechsen usw. zur Beute würden. Die Ähnlichkeit zwischen einer *Danais* und einem ebenso gefärbten und gezeichneten *Hypolimnas*-Weibchen erklärt er damit, daß beide aus einer Erdepoche stammten, in der der „*Danais*-Typus" vorherrschend war, und die Männchen von *Hypolimnas*, als die fortgeschritteneren, haben sich umgebildet.

Damit kommen wir zu der Frage, wie Färbung und Zeichnungsmuster der Nachahmer wohl entstanden sein mögen. STUDY nimmt an: „Wo bei Schmetterlingen Geschlechtsdimorphismus mit Mimikry zusammentrifft, da ist so gut wie überall das weibliche das progressive, nämlch das stärker umgebildete Geschlecht. Und immer sind dann mindestens die Weibchen (oder bei Polymorphismus ein Teil der Weibchen) mimetisch." Die entgegengesetzte Ansicht vertritt VAN BEMMELEN. Er glaubt, daß nicht die Nachahmer, sondern ihre Verwandten, bei denen nicht Mimikry auftritt, sekundär verändert worden sind. Dementsprechend sind auch die (nichtmimetischen) Männchen als progressiver, die mimetischen Weibchen als ursprünglicher aufzufassen. Weil die bei den nachahmenden Weibchen auftretenden Zeichnungs- und Färbungselemente genetisch älter sind, finden sie sich auch in anderen Gruppen wieder und geben so die Möglichkeit einer Übereinstimmung. Sobald eine solche Übereinstimmung nützlich war, erhielt sie sich durch natürliche Auslese, während sonst eine Weiterentwicklung erfolgte. Wenn wir die Anschauung v. BEMMELENS einmal an unserem lehrreichsten Beispiel, nämlich an *Papilio dardanus* BROWN nachprüfen, so können wir ihr eine große Berechtigung nicht absprechen. Es ist als sicher anzunehmen, daß die geschwänzten *Papilio*-Arten erst ein Produkt der Differenzierung und Spezialisierung sind; die ursprünglichsten Arten werden sicher schwanzlos gewesen sein, und diesen entsprechen jene Weibchenformen, die auch heute noch ohne Hinterflügelschwänze sind. Erst allmählich kamen dann die Männchen dazu, im Verlaufe ihrer progressiven Entwicklung sich zu jenen geschwänzten und andersartig gefärbten und gezeichneten Faltern umzubilden, die wir heute kennen. Die Weibchen sind dieser Ausbildung nicht gefolgt, weil bei ihnen sich die ursprünglichere Färbung und Form als die vorteilhaftere erwies, so daß sie sich in einer ganz anderen Richtung entwickelten und so den heutigen geschützten Modellen ähnlich wurden. Wir müssen also annehmen, daß die ursprünglichsten Papilioniden weder den heutigen geschwänzten Männchenformen noch den mimetischen Weibchentypen entsprachen, daß sie aber den letzteren sehr viel näher standen als den ersteren. Der Männchentypus ist als der abgeleitete zu betrachten; er findet sich tatsächlich bei anderen Familien nicht mehr, während die primitivere Tracht des Weibchens bei vielen anderen Familien vorkommt und darauf hinweist, daß sie eine früher weit verbreitete Erscheinung bei den Tagfaltern darstellte. So plausibel diese Erklärung auch scheint, muß doch auf eine Schwierigkeit hingewiesen werden, die sie nicht lösen kann. Auf Madagaskar findet sich von *Papilio dardanus* BROWN nur die nichtmimetische Form des Weibchens, so daß beide Geschlechter gleich entwickelt sind; man sollte nun aber erwarten, daß auf einer Insel wie Madagaskar, die so viele altertümliche Formen enthält, auch die primitiven Weibchen gefunden werden müßten, die wir als die mimetischen auffassen, was aber nicht der Fall ist. Daraus könnte man nun entnehmen, daß doch die mimetischen Formen das Produkt einer Weiterentwicklung seien. Vielleicht ist aber ein Mittelweg möglich, indem man annimmt, daß die ungeschwänzten Formen den primitiven Typus darstellen, daß die Art aber sich in beiden Geschlechtern zunächst zu geschwänzten Formen entwickelte, daß aber später Rückschläge auftraten, die sich als für die Art von Vorteil erwiesen und so durch natürliche Auslese erhalten wurden und eine Ausbildung der heutigen mimetischen Weibchen herbeiführten. Es ist im übrigen nicht wahrscheinlich, daß die durch die natürliche Auslese bedingte Erzielung nachahmender Falter zu allen Zeiten in gleicher Weise vor sich geht; es werden sicherlich Perioden vorkommen, wo die Falter stärkeren Nachstellungen durch ihre Verfolger ausgesetzt sind, wie es z. B. jetzt schon in den regelmäßigen Trockenzeiten jedes Jahr der Fall sein mag. Unter diesen Umständen ist dann die Entwicklung des Insektenlebens schwächer, und die Feinde haben weniger Auswahl, so daß sie Schmetterlinge als Nahrung zu sich nehmen, wenn sie diese auch unter den gewöhnlichen Umständen verschmähen. Solche den Trockenzeiten in den Tropen analogen Perioden in der Erdgeschichte mögen öfter stattgefunden haben, und in ihnen erfolgte eine stärkere Auslese der Falter durch ihre natürlichen Feinde; im Zusammenhang damit wurden mimetische Anpassungen in einem viel höheren Grade ausgebildet als in den Zeiten, wo die Verfolger stets reichliche Nahrung finden konnten. Traten dann wieder normale Lebensbedingungen ein, wie wir sie jetzt haben, so verlangsamte sich das Tempo in der Entwicklung von nachahmenden Formen beträchtlich; die schon ausgebildeten blieben aber erhalten.

Die größte Schwierigkeit in der Beurteilung der Mimikrytheorie (im weitesten Sinne) beruht nun aber darauf, daß sie im allgemeinen viel zu wenig daraufhin geprüft wird, wie sie draußen in der Natur wirksam ist. Das kommt daher, daß in unserem palaearktischen Gebiete keine unbestreitbaren Fälle von Mimikry festzustellen sind. Wohl hat man behauptet, daß der Spanner *Scoria dealbata* L. unsere *Pieris napi* L. nachahme und daß die „Eule“ *Brephos parthenias* L. den Spanner *Ploseria diversata* S. V. kopiere; aber diese Beispiele sind nicht haltbar. Einmal ist weiße Färbung unter den Spannern nicht so selten, daß an eine Mimikry zu denken ist, und *Brephos* ist, wie man später feststellte, selbst ein Spanner, und Mimikry unter Angehörigen derselben Familie pflegt im allgemeinen nicht vorzukommen. Als einziger glaubwürdiger Fall bliebe nur noch der „Hornissenschwärmer“ *Trochilium apiforme* Cl. übrig, bei dem die Täuschung auch noch durch den summenden Ton verstärkt wird; aber auch hier wird von anderer Seite vielfach die Berechtigung einer Anwendung der Mimikrytheorie bestritten. Es ist nicht ohne weiteres verständlich, aus welchen Gründen sich in den Tropen so zahlreiche Mimikryfälle finden, während bei uns diese Erscheinung so gut wie gar nicht beobachtet werden kann. Es können da zwei verschiedene Möglichkeiten bestehen. Einmal gibt es bei uns nicht so ausgeprägt immune Falter wie in den Tropen. Es fehlen bei uns diejenigen Familien, die die stärkste Giftwirkung besitzen, nämlich die Danaididen und die Heliconier. Daß tatsächlich diese Gruppen mehr als andere geschützt sind, erkennen wir daraus, daß sie die meisten Nachahmer besitzen. Wir haben von geschützten Familien nur Vertreter der Arctiiden und Zygaeniden. Diese besitzen sicherlich ebenfalls Schutzmittel, die aber anscheinend bedeutend schwächer sind als die der zuerst genannten Danaididen und Heliconier. Diese Tatsache geht daraus hervor, daß auch die in geringerem Grade geschützten Arctiiden und Zygaeniden die so ausgeprägt immunen Arten noch nachahmen, wie die heliconoiden Pericopinen (Arctiiden) und die Danaididen ähnlichen Chalcosiinen (Zygaeniden) beweisen. Dazu kommt wohl noch, daß in unseren Breiten Perioden, die den Verfolgern der Insekten so wenig Nahrung bieten wie die Trockenzeiten in den Tropen, nur sehr selten vorkommen. Den ganzen Sommer über finden diese Feinde genügend Beute, und in den ungünstigen Jahreszeiten ziehen sie entweder fort oder halten einen Winterschlaf. So müssen die beweisenden Beobachtungen in den

Tropen angestellt werden, und erst wenn genügend viele solcher Fälle konstatiert worden sind, wobei auch alle äußeren Umstände mit berücksichtigt wurden, kann das Schlußwort zur Mimikrytheorie gesprochen werden.

Fünfzehntes Kapitel.

Wasserbewohnende Schmetterlinge.

In den Kapiteln über die Stammesgeschichte hatten wir schon auf die nahe Verwandtschaft der Schmetterlinge mit den Trichopteren hingewiesen. Diese letzteren leben fast ausschließlich im Wasser; nur wenige Arten gibt es, die in sehr feuchtem Moos usw. sich aufhalten. Es darf uns da nicht verwundern, daß sich auch bei einer Anzahl von Schmetterlingen Beziehungen zum Wasserleben finden, die zum Teil so ausgeprägt sind, daß man die betreffenden Arten lange Zeit zu den Trichopteren stellte, bevor ihre wahre Natur erkannt wurde. In den meisten Fällen handelt es sich dabei um die Jugendstadien, nämlich die Raupen, und nur in einem Falle führt auch der Falter selbst ein aquatiles Leben. Den Übergang zu den echten Wasserbewohnern stellen alle die Arten dar, die als Raupe in den Stengeln von Sumpf- oder Wasserpflanzen vorkommen und so des öfteren bis unter den Wasserspiegel im Innern der Pflanze hinabsteigen, wobei ihre Lebensweise aber dieselbe ist wie die von anderen Raupen, die im Innern von Pflanzenteilen leben. Schließen wie diese Arten mit ein, so können wir eine weitere Verbreitung der aquatilen Schmetterlinge feststellen; solche sind bekannt aus den Familien der Cossiden, Tineiden (im weitesten Sinne), Tortriciden, Pyraliden, Arctiiden und Noctuiden. In Nordamerika soll sogar die Raupe einer *Philampelus*-Art, eines Schwärmers, recht schnell im Wasser schwimmen können. Von außerdeutschen Arten seien noch die Raupen der Bärengattung *Palustra* angeführt, die unter Wasser leben. Sie sind dabei ganz untergetaucht; die atmosphärische Luft haftet aber in großen Mengen an ihrem dichten Haarpelz, so daß sie daraus ihren Bedarf an Atemluft decken können. Sie können sich unter Wasser sehr gewandt fortbewegen und unternehmen auch oft größere Wanderungen, freilich passiver Art, indem sie in Scharen von der Strömung weitergeführt werden, bis sie eine neue Pflanze ergreifen und an dieser wieder abwärts unter Wasser klettern. Sie fressen fast ausschließlich an submersen Wasserpflanzen und gehen erst ans Land, wenn sie sich verpuppen wollen.

Sehen wir nun von allen den Fällen ab, wo die Raupen nur im Innern des Stengels unter die Wasseroberfläche gehen, sonst aber keine weiteren Beziehungen zum Wasser haben, wie bei einigen unserer Eulenarten, so läßt sich doch eine ganze Gruppe von Faltern feststellen, die in besonderer Weise an das Leben im Wasser angepaßt sind. Dazu gehören unsere Gattungen *Hydrocampa, Cataclysta, Paraponyx* und *Acentropus*, sämtlich Kleinschmetterlinge aus der Familie der Pyraliden, bei denen sich eine Fülle interessanter Besonderheiten konstatieren läßt. Einen Übergang zu den echten Wasserbewohnern haben wir schon in der Gattung *Schoenobius*. Der Falter legt bei dieser Art seine Eier an Wasserpflanzen ab, besonders gern an *Glyceria aquatica*, und die jungen Räupchen bohren sich in die Blätter ein, wo sie zunächst eine lange und schmale, abwärts gerichtete Mine anlegen. Sind sie am Ende des Blattes angekommen, so gehen sie in ein anderes Blatt hinein; es ist dabei nicht nötig, daß sie jetzt schon mit dem Wasser in Berührung kommen, da unten die einzelnen Blätter sehr dicht umeinandergreifen. Wenn jedoch auf diese Weise eine Anzahl Blätter ausminiert worden sind, wird an einer Stelle des Blattes ein länglichovales Stück herausgeschnitten; beide Öffnungen werden zugesponnen, so daß ein Blattsäckchen entsteht, das gewöhnlich nur mit einem einzigen Gefäßbündel an der Pflanze hängt. Zuletzt wird auch dieses durchbissen, der Sack fällt auf das Wasser und wird nun von Wind oder Strömung fortgetragen und zu einer anderen Pflanze transportiert. Die Raupe befestigt an dieser den Sack mit einigen Gespinstfäden, bohrt sich ins Innere der Blätter ein und setzt ihre Minierarbeit fort. Bei zunehmendem Wachstum genügen ihr die Blätter nicht mehr, und sie geht dann in die dickeren Blattscheiden und den Stengel. Der Sack bleibt dort, wo er angesponnen wurde; ein zweites Mal kann er nicht benutzt werden, weil die Raupe unterdessen so gewachsen ist, daß er zu klein für sie geworden ist, sie schneidet dann jedesmal ein neues Blattstück aus. Besonders nahe Beziehungen bestehen aber hier zwischen der Raupe und dem Wasser nicht; man kann die Larven auch ganz ohne Gegenwart von Wasser aufziehen, wenn man dafür Sorge trägt, daß die Luftfeuchtigkeit im Zuchtbehälter genügend groß ist, um ein Vertrocknen der Pflanzen zu verhüten. Die Atmung erfolgt wahrscheinlich in der Weise, daß die in den lockeren Geweben der Futterpflanze befindliche Luft verwendet wird, so daß die Larve so wie alle anderen auf dem Lande lebenden Arten ihren Sauerstoff erhält. Es ist aber auch ganz gut möglich, daß eine Lebensweise vorliegt, die der der folgenden analog und bis jetzt nur noch infolge mangelhafter Beobachtung unerkannt geblieben ist.

Eine echte Wasserbewohnerin haben wir nun in der Gattung *Hydrocampa* vor uns, über deren Lebensweise zuerst G. W. Müller (1892) genauere Beobachtungen veröffentlichte. Der Falter legt danach seine Eier an die Unterseite von Nymphaea-, Nuphar- und Potamogeton Blättern ab. Die jungen Räupchen bohren sich in das Blattinnere ein und leben zunächst als Minierer, indem sie sich von den Mesophyllzellen des Blattes ernähren. An sich bestünde so die Möglichkeit, eine normale Atmung stattfinden zu lassen, da ja Luft in genügender Menge in den Interzellularräumen dieser Pflanzen, die ja meist ausgesprochene Schwimmgewebe besitzen, vorhanden ist. Nach Müller soll aber auch in diesem Stadium das junge Räupchen ganz von Wasser umgeben sein. Es soll deshalb jetzt überhaupt keine Luftatmung in normaler Weise vor sich gehen können; die Stigmen sind kaum angedeutet und die Tracheenverästelungen verklebt. Sollte tatsächlich die Angabe den Tatsachen entsprechen, daß die im Blatt der Wasserpflanzen minierenden Raupen ganz von Wasser umgeben sind, so müssen wahrscheinlich noch andere unter dem Wasserspiegel in Pflanzen lebende Schmetterlingsraupen daraufhin nachgeprüft werden, wie weit auch bei ihnen eine Reduktion des Atmungssystems in den ersten Stadien erfolgt ist. — Die Aufnahme des Sauerstoffes erfolgt hier bei den jungen *Hydrocampa*-Räupchen einfach durch die Haut, wahrscheinlich auf der ganzen Oberfläche des Körpers. Nicht lange führt die Art ihre minierende Lebensweise; sie schneidet ein Stück vom Blattrande aus und heftet das am Blatte an; in der so entstandenen Höhlung lebt die Raupe und ernährt sich vom Blattfleisch. Sie ist in dieser Zeit ebenfalls gänzlich vom Wasser umgeben; der notwendige Sauerstoff wird aus dem Wasser durch die Haut aufgenommen. Will die Larve ihren Aufenthaltsort wechseln, so beißt sie auch den unteren Teil, der also noch mit dem Blatt zusammenhängt, von ihrem Gehäuse ab; so entsteht ein aus zwei flachen Schalen bestehender Sack, der vom Wasserstrom oder vom Wind fortgeführt und an andere Blätter oder Pflanzen gebracht wird. Diese Wanderung ist zum größten Teil passiv; aber eine gewisse Beeinflussung ist der Raupe doch möglich; man sieht sie sich lang aus dem Gehäuse herausstrecken, wenn sie in die Nähe eines erwünschten Blattes kommt, und im Wasser danach angeln; ihre Bewegungen vermögen, besonders in den wenig bewegten Gewässern, in denen sie vorkommt, dem Sack eine kleine Richtungsänderung zu geben, so daß er sich dem betreffenden Blatt nähert, worauf die Raupe den Rand desselben ergreift und ihr Gehäuse heranzieht, es anspinnt und dann verläßt, um ein neues und größeres Säckchen am Blattrand auszuschneiden, das sie in derselben Weise wie vorhin geschildert, am Blatt festleimt. Wenn der Herbst kommt, spinnen die Raupen ihre Behausungen an den Blättern fest; diese faulen und sinken endlich auf den Grund des Gewässers, und mit ihnen die angesponnenen Blattsäcke. So überwintern die Larven auf dem Seegrunde, und erst im Frühjahr, wenn ihre Futterpflanzen zu treiben beginnen, wandern sie an diesen entlang zur Oberfläche, führen eine Zeitlang noch dieselbe Lebensweise wie vorher und ändern sie erst etwa im Mai oder Juni. War bisher die Raupe immer ganz vom Wasser umgeben und hatte sie dementsprechend eine ausgeprägte Hautatmung, so ändert sich das Bild jetzt nach einer Häutung vollkommen. Die Raupe ist nun zur Luftatmung übergegangen, besitzt also hochentwickelte Stigmen und Tracheen und verfertigt ein Gehäuse, das ganz mit Luft erfüllt ist. Auch wenn sie jetzt Kopf und Vorderkörper aus dem Blattsack herausstreckt, bleiben sie von Luft umgeben und werden vom Wasser nicht benetzt. Es beruht das auf einer Strukturverschiedenheit der Haut in den beiden verschiedenen Perioden. Zuerst ist die Haut ziemlich glatt, mit nur wenigen Erhöhungen und Warzen, so daß sie vom Wasser leicht benetzt werden kann, was ja notwendig ist, wenn ein Gasaustausch zwischen dem Wasser und dem Raupenkörper erfolgen soll. Im zweiten Stadium jedoch ist die Oberfläche der Raupenhaut mit zahlreichen kleinen Chitinstacheln besetzt, die dieselbe Wirkung haben wie die Haare der schon erwähnten *Palustra*-Arten; zwischen ihnen wird nämlich die atmosphärische Luft festgehalten, während sich die Raupe unter Wasser befindet, so daß sie von dieser äußeren Luft ihren Sauerstoffbedarf decken kann. So verhält sich die Raupe nun bis zur Verpuppung, die ebenfalls in einem mit Luft erfüllten Gehäuse stattfindet. Solche mit kleinen Chitinvorsprüngen besetzte Cuticulae finden wir übrigens auch bei den Raupen der meisten Landbewohner; sie sind die Ursache, daß sie im Wasser nicht benetzt werden. Die Anpassung haben wir also nicht in dem Vorhandensein solcher Gebilde zu sehen, sondern in der Reduktion der letzteren in der ersten Periode des Raupenlebens.

In ganz ähnlicher Weise wie *H. nymphaeata* L. leben auch die anderen beiden Arten dieser Gattung in Deutschland: *H. stagnata* DON. und *H. rivulalis* DUP. Es zeigen die Imagines im allgemeinen keine besonderen Anpassungen an das Wasserleben, abgesehen davon, daß sie in der Nähe von Gewässern sich aufhalten; nur von der letztgenannten Art berichtet SORHAGEN, daß die in Kopula befindlichen Paare sich auf das Wasser fallen lassen.

Die zweite Gattung der echten aquatilen Schmetterlinge enthält nur eine Art, nämlich *Cataclysta lemnata* L. Äußerlich ist die Lebensweise ganz ähnlich der der Gattung *Hydrocampa*; es ist bisher aber noch nicht festgestellt worden, ob eine gleiche Verschiedenheit der einzelnen Raupenperioden besteht. Auf einen anderen interessanten Fall macht aber LÜBBEN (1907) bei dieser Art aufmerksam. Danach gibt es von diesem Falter zwei Generationen, wenn man sie als solche bezeichnen darf. Ein Teil der Imagines schlüpft Mitte Juni, der andere Anfang August. Die aus den von letzteren gelegten Eiern schlüpfenden Larven verfertigen sich ein Gehäuse aus Wasserlinsen, die auch ihre Hauptnahrung bilden, und sie überwintern in diesem aus Lemna verfertigten Sack, der auf dem Wasser dahintreibt und im Eis auch einfriert. Im Frühjahr verbleiben sie weiter in diesem Gehäuse und verwandeln sich darin auch zur Puppe. Die Raupen dagegen, die Nachkommen der im Juni ausschlüpfenden Falter sind, verfertigen zunächst ebenfalls einen Köcher aus Wasserlinsen, sind aber im Herbst schon viel größer und verlassen jetzt ihre Behausung, indem sie den Sack an Schilfhalme, Glyceriastengel usw. anheften und in das Innere der Halme gehen, worin sie auch überwintern. Im Frühjahr schneiden sie ein längliches Stück aus der Pflanze aus und verwandeln sich, nachdem sie es am Halm dicht an der Wasseroberfläche angesponnen haben. Es scheint, als ob die Raupen der „ersten Generation" im Frühjahr keine Nahrung mehr zu sich nehmen, die von Augustfaltern stammenden Raupen aber noch eine Zeitlang fressen, bis sie ihre volle Größe erreicht haben. Es liegen bisher noch keine genügenden Untersuchungen vor; der Wahrscheinlichkeit nach aber handelt es sich nicht um verschiedene Generationen, sondern beide Typen können aus Eiern eines Geleges erhalten werden. Es besteht hier eine merkwürdige Analogie in der Lebensweise mit der auf S. 272 erwähnten Fliege *Hydromyza livens* FALL., die ebenfalls Wasserbewohnerin ist und auch einen so abnormen Generationswechsel aufweist. Über die genaueren Ursachen und Bedingungen, denen die Raupe von *Cataclysta* in ihrem Sack unterworfen ist, kann bis jetzt noch nichts mitgeteilt werden. Interessant ist aber die Beobachtung, die MÜLLER an den Puppensäcken einer brasilianischen *Cataclysta*-Art machte. Bei dieser ist der Sack ganz deutlich in zwei Hälften getrennt, die durch eine kompliziert gebaute

Scheidewand voneinander getrennt sind. Im unteren Teile befindet sich, von Luft eingehüllt, die Puppe; der obere Teil ist offen und steht nicht allein durch seine Ausschlüpföffnung, sondern auch durch die netzige Struktur seiner Wände mit der Außenwelt in Verbindung, so daß das Wasser ungehindert durch diese ganze obere Kammer hindurchströmen kann. Die untere Kammer dagegen ist ganz mit seidigem Gespinst ausgekleidet, so daß Wasser nicht hindurchzudringen vermag. Die obere und die untere Kammer sind durch ein eigenartiges Gespinst voneinander getrennt. Es besteht aus zwei Lappen, von denen je einer auf einer Seite des Gehäuses, der andere auf der gegenüberliegenden befestigt ist. Beide decken sich aber in der Mitte dachziegelartig und bewirken so einen Verschluß des unteren Raumes, der ein Eindringen des Wassers von der oberen Kammer her ganz unmöglich macht. Je stärker von oben her der Wasserdruck ist, um so mehr werden die beiden Klappen aufeinandergepreßt, und um so dichter ist der Verschluß. Für die ausschlüpfende Imago ist es aber ein leichtes, von innen her die Klappen aufzustoßen, die sich nun wie zwei Türflügel öffnen, auf die man von innen gedrückt hat. Es ist zu vermuten, daß diese ganze Anlage dazu dient, das Wasser einmal recht dicht an der Klappe vorbeiströmen zu lassen (es lebt diese Art nämlich in stark fließendem Wasser); durch dieses Gespinst findet dann wohl eine Erneuerung der Luft in der Puppenkammer statt, da die absorbierte Kohlensäure durch das Gespinst hindurchtritt und vom fließenden Wasser mitgenommen wird, während gleichzeitig der Sauerstoff des Wassers teilweise durch das Gespinst in die untere Kammer diffundiert.

Die dritte Gattung der Wasserschmetterlinge enthält ebenfalls nur eine Art: *Paraponyx stratiotata* L. Hier ist die Anpassung an das Wasserleben in einem viel höheren Grade erfolgt. Zwar können wir bei der Imago nichts davon bemerken; sie sieht ebenso aus wie die genannten *Hydrocampa*-Arten; aber bei der Raupe zeigen sich sehr merkwürdige Umgestaltungen. Sie ist die einzige Schmetterlingslarve, die durch den Besitz von Kiemen ausgezeichnet ist, die in dichten Büscheln außen an ihrem Körper sich befinden. Die Raupe lebt ganz unter Wasser an verschiedenen Wasserpflanzen, an denen sie einige Blätter oder Blattstücken zu einem unregelmäßigen Säckchen zusammenspinnt; zuweilen wird sie auch ganz frei angetroffen. Da die Atmung nur durch die Kiemen erfolgt, sind die Stigmen rückgebildet und kaum noch nachweisbar; am zweiten bis vierten Abdominalsegment sind sie noch deutlich, aber sie sind bei der Raupe nicht in Tätigkeit; ihre Ausbildung beruht nur auf der Bedeutung, die sie für die Puppe haben. Da der Puppe die Kiemen fehlen, muß sie durch Stigmen atmen; diese sind eben die bei der Raupe schon genannten noch erhalten gebliebenen Paare. Die Verwandlung erfolgt unter Wasser in einem wasserdichten Gespinst, das Atemluft in genügender Menge enthält. Schließlich besteht auch die Möglichkeit, daß durch das Gewebe des Gespinstes ein Austausch von Sauerstoff und Kohlensäure erfolgt, wobei der notwendige Sauerstoff aus dem Wasser entnommen wird. Versuche in dieser Richtung sind jedoch bisher noch nicht gemacht worden. G. W. Müller beobachtete in Brasilien eine weitere *Paraponyx*-Art, die dort ebenfalls submers an Gräsern lebte. Die Blätter dieser Gräser ragen meist ganz beträchtlich aus dem Wasser hervor; die Raupe begibt sich deshalb aus dem Wasser heraus und beißt die Spitze des Blattes ab. Darauf kriecht sie unterhalb von dieser Stelle an das Blatt und macht dort abermals einen Einschnitt, läßt aber die beiden äußersten Ränder stehen, so daß das Blatt an dieser Stelle umknickt. Wenn das geschehen und die beiden Hälften ober- und unterhalb der Knickungsstelle aufeinandergefallen sind, zieht das Räupchen die Ränder mit einigen Fäden zusammen und besitzt nun ein röhrenförmiges Gehäuse, das sie nach unten abbeißt, und dessen eine Öffnung sie mit Gespinst verschließt, und der neue Sack ist fertig. Es ist besonders bemerkenswert, daß die Stigmen des zweiten bis vierten Abdominalsegmentes auch während dieser Landwanderung nicht in Tätigkeit sind. Die Raupen der *Paraponyx*-Arten können nur in der ganz kurzen Zeit, während der sie das neue Gespinst anlegen, sich in der Luft aufhalten. Ein längeres Verbleiben selbst in sehr stark mit Feuchtigkeit geschwängerten Räumen führt zum Tode, woraus klar ersichtlich ist, daß die vorhandenen Stigmen in keinem Falle funktionsfähig werden können und nur mit Rücksicht auf die Puppenatmung vorgebildet sind. Bei der intensiven Kiemenatmung der *Paraponyx*-Arten ist es eigentlich erstaunlich, daß das Wasser in dem Gehäuse so lange sauerstoffreich bleibt. Eine Erneuerung ist durch die schmale Öffnung der Röhre wohl ziemlich ausgeschlossen, besonders da keine zweite Öffnung vorhanden ist, durch die eine regelmäßige Strömung erfolgen könnte. Wir wissen, daß die Larven mancher Mücken, der Chironomiden, in ganz ähnlichen Gehäusen leben. Dort sind dann aber meistens zwei Öffnungen vorhanden, durch die das Wasser hindurchströmen und immer neuen Sauerstoff wiederbringen kann. Bei anderen Chironomiden, auch solchen, die einen Gang in ein Blatt graben, der nur diese eine Öffnung besitzt, vollführt die Larve in dieser Höhlung viele meist periodische Atembewegungen, durch die das frische Wasser in die Röhre hineinströmt. Die geschilderte *Paraponyx*-Art tut aber nichts dergleichen, und doch erhält sie genügenden Sauerstoff. Dieser stammt aus den grünen Pflanzenteilen, aus denen sie ihr Gehäuse verfertigt. Es läßt sich dies daraus schließen, daß sie ihre Behausung viel öfter erneuert, als es nach der eingetretenen Wachstumsveränderung nötig wäre. So sorgt sie dafür, daß das Gehäuse immer wieder frische grüne Blattstiele enthält, bei denen eine lebhafte Assimilation stattfindet. Sie zieht ferner als Aufenthalt immer sonnige Orte vor, obwohl sie an schattigen Stellen ebensoviel Futter finden würde. Im Sonnenlicht ist aber die Sauerstoffabgabe der grünen Pflanzenteile stärker, und die Raupe erhält somit mehr von der notwendigen Atemluft. In der Nacht, wo die Pflanzenteile keinen Sauerstoff abgeben, kommt die Raupe weit aus dem Gehäuse heraus und schlägt heftig hin und her, um dadurch frisches Wasser zu ihren Kiemen zu bringen. Es scheint also, als ob diese Kiemen nicht geeignet sind, die nötige Sauerstoffmenge aus Wasser mit normalem Sauerstoffgehalt zu entnehmen. Ganz ähnlich scheinen die Verhältnisse bei unserer *P. stratiotata* L. zu liegen. De Geer hat diese Schlagebewegungen ebenfalls beobachtet, als er das Tier aus seinem Bau herausgenommen hatte. Das Gehäuse hat also nicht nur eine Schutzfunktion, sondern es dient gleichzeitig dazu, die die Raupe umgebende Wassermenge mit Sauerstoff anzureichern, ein Fall, wie er wohl in der Insektenwelt einzig dasteht.

Wir kommen nun zur letzten Gattung der Wasserschmetterlinge, zur Gattung *Acentropus,* die mehrere sehr ähnliche Arten besitzt, von denen als die bei uns am häufigsten vorkommende *A. niveus* OLIV. erwähnt sein mag. Die Arten sind in ihrer ganzen Lebensweise einander so ähnlich, daß sie zusammenfassend behandelt werden können. Eine eingehende Erforschung dieser Verhältnisse unternahm M. NIGMAN (1908), der mit einer Anzahl von Sagen und Legenden, die sich schon um diese Art gebildet hatten, gründlich aufräumte. Es beruhten diese falschen Beobachtungen zum Teil darauf, daß die Art nur eine geringe Verbreitung besitzt. Wo sie einmal vorkommt, tritt sie zwar in vielen Tausenden von Exemplaren auf; aber ihre Lebensdauer beträgt nur etwa drei Tage, so daß es schwierig ist, da zur rechten Zeit zu kommen. Es war schon in dem Kapitel über Dimorphismen erwähnt worden, daß *Acentropus* zwei Weibchenformen besitzt, von denen die eine normale Flügel, die andere nur Rudimente von solchen besitzt. Es ist bisher noch nicht einwandfrei festgestellt worden, wie sich diese beiden Formen in biologischer Hinsicht verschieden verhalten. Schon über die Eiablage findet man die sonderbarsten Mitteilungen. Das Weibchen sollte die Eier sich in Schnüren an das Abdomen heften. Diese falsche Vorstellung beruht darauf, daß das weibliche Tier, wenn es keine geeignete Stelle zur Eiablage findet, den Leib zusammenkrümmt und so seine Eier an Beinen, Brust und Abdomen absetzt. Die Regel ist das aber nicht, sondern die Eier werden normal an submerse Wasserpflanzen abgelegt, an denen sie durch eine gallertartige Masse angeheftet werden. Die Raupen haben nicht etwa Kiemen, wie vielfach behauptet worden ist; es fehlen ihnen auch im Anfang noch die Tracheen und Stigmen; diese bilden sich erst allmählich im Verlaufe des Larvenlebens heraus und sind wohl für die Raupe vollkommen entbehrlich; auch sie werden wohl nur mit Rücksicht auf das Puppenstadium entwickelt. Eine Atmung durch sie ist in keinem Falle möglich. Es findet hier eine gleiche Hautatmung statt, wie sie MÜLLER für die erste Larvenperiode von *Hydrocampa* schildert, nur ist bei unserer Art die Haut noch weniger skulpturiert, so daß die Benetzbarkeit noch größer ist, wodurch eine noch leichtere Sauerstoffaufnahme erfolgen kann. Die Raupe ernährt sich von den Geweben der angegebenen Pflanzen; sie soll stets möglichst glatte Blätter bevorzugen und, besonders in den Jugendstadien, solche Pflanzen meiden, die durch Verunreinigungen oder Algenüberwucherungen nicht ganz sauber sind. Indessen hat man auch in ihrem Darm schon Diatomeen festgestellt. Bei der Anlage des Puppenkokons wird ebenfalls Luft in das Gehäuse mit eingesponnen. Diese Luft wird wahrscheinlich aus den Stigmen des ersten Thorakalsegmentes von der Raupe selbst abgesondert. Damit steht im Zusammenhang, daß diese Stigmen stark ventral verschoben sind, ein Fall, der sich sonst bei Raupen von Schmetterlingen nicht beobachten läßt. Der eigentliche mit Luft gefüllte Puppenraum ist von der Vorkammer ebenfalls, wie vorhin von einer *Cataclysta* berichtet wurde, durch eine Gespinstmembran getrennt; nur besteht diese hier nicht aus zwei Klappen, sondern aus einer einheitlichen Haut. Das von der verpuppungsreifen Raupe noch ausgeschiedene Gas verdrängt zum größten Teil das noch im Kokon befindliche Wasser. Die Flügelscheiden der Puppe weisen beim Weibchen schon einen Dimorphismus auf, indem sie in einem Falle so lang sind wie die der Männchen, im anderen nur kurz und stummelförmig. Die letzteren ergeben selbstverständlich nur Weibchen mit rudimentären Flügeln, während aus den Puppen mit langen Flügelscheiden normal geflügelte oder auch stummelflügelige Weibchen kommen. Über die Ursache dieses verschiedenen Verhaltens ist bisher noch nichts bekannt geworden. Wie sich schon nach der ganzen Anlage des Puppensackes und besonders nach dem Einspinnen von Luft in denselben erwarten ließ, atmet die Puppe wie die jedes anderen Schmetterlings durch offene Stigmen und Tracheen, bezieht also ihren Sauerstoffgehalt aus der atmosphärischen Luft. Über das Verhalten der Männchen zu den Weibchen sind auch die abenteuerlichsten Lesarten bekannt geworden. Tatsächlich liegen die Verhältnisse aber relativ einfach. Bei geflügelten Weibchen findet die Begattung sicherlich in der Luft statt, wenn sie auch noch nicht einwandfrei beobachtet wurde. Die ungeflügelten Weibchen verbleiben aber ihr ganzes Leben im Wasser und sind nicht imstande, aus ihm herauszukommen. Sie besitzen Hinterbeine, die durch starke Behaarung zu Ruderfüßen umgebildet sind und können sich mit ziemlicher Gewandtheit im Wasser bewegen. Bei Geneigtheit zur Kopula schwimmen sie dicht an der Oberfläche und halten das Hinterende des Abdomens in die Luft. Die Männchen kommen herangeflogen, lassen sich nieder und vollziehen die Begattung. Sobald diese erfolgt ist, begibt sich das Weibchen nach unten und kriecht an die untergetauchten Pflanzen, legt seine Eier ab und stirbt. Ist eine Begattung nicht erfolgt, so sinkt das Weibchen ebenfalls nach unten und geht zugrunde. Selten kommt es vor, daß das Männchen durch den Kopulationsakt so geschwächt ist, daß es sich nicht gleich von dem Weibchen losmachen kann, so daß es mit in die Tiefe gezogen wird, wenn das Weibchen untersinkt. Daraus entstand der Glaube, daß das Weibchen stets das Männchen bei der Begattung mit unter das Wasser zöge. Es finden sich in diesem Falle eine Fülle von Anpassungen an das Leben im Wasser auch bei der Imago. Es scheint, als ob das Weibchen mit rudimentären Flügeln auch eine gewisse Fähigkeit der Hautatmung besitze, jedoch liegen eindeutige Feststellungen darüber noch nicht vor. Bemerkenswert ist ferner, daß bei dem Männchen sich behaarte Schuppen vorfinden, ein Fall, der noch nie bei Schmetterlingen sonst beobachtet wurde und der wohl damit im Zusammenhange steht, daß der Falter beim Schlüpfen einen starken Auftrieb braucht, um an die Oberfläche des Wassers zu gelangen; zwischen diesen behaarten Schuppen bleibt eine größere Menge Luft haften. Es zeigen sich bei den genannten wasserbewohnenden Schmetterlingen besonders interessante Anpassungen, weil das Medium dieser Ordnung normalerweise die Luft, nicht das Wasser ist.

Sechzehntes Kapitel.

Schmetterlinge und Minen.

Eine besondere Anpassung der Raupen an ihre Ernährung wird dargestellt durch die minierende Lebensweise. Diese letztere bedingt eine Fülle von interessanten Adaptionserscheinungen, so daß wir genauer auf sie eingehen wollen. Minen sind Fraßstellen, von Schmetterlingsraupen (oder anderen Insektenlarven) erzeugt in den parenchymführenden Teilen der Pflanze (Blätter, Stengel, Früchte usw.), bei denen die Epidermis oder deren Cuticula stehen bleibt, während die unter derselben liegenden Gewebe zum Teil verzehrt werden; es entstehen dadurch meist abweichend gefärbte Gänge oder Flecke in den betreffenden Pflanzenteilen, die fast immer für die betreffende Art ganz charakteristisch sind.

Die minierende Lebensweise stellt eine Anpassung in zweifacher Hinsicht dar. Einmal liegt hier eine Geschmacksspezialisierung vor, da von der Raupe nicht wahllos das ganze Blatt verzehrt wird, sondern eine Auslese erfolgt, so daß gewisse Gewebe des Blattes bevorzugt, andere verschmäht werden. Worauf sich diese Auslese bezieht, ist bei den einzelnen Arten verschieden; Zellen, die eine Raupe bevorzugt, meidet eine andere; aber die einzelnen Arten sind in diesem Verhalten konstant. Um diese Tatsachen genauer zu verstehen, müssen wir uns den anatomischen Bau eines Pflanzenblattes klarmachen. Jedes Blatt besteht aus einer Ober- und Unterhaut oder Epidermis. (Vgl. Abb. 65, 66 E.) Zwischen diesen beiden Blatthäuten liegen auf der Oberseite des Blattes eine oder zwei Schichten von länglichen, dicht aneinanderliegenden Zellen, die ganz dunkelgrün gefärbt sind. In diesen Zellen findet die Assimilation statt, d. h. es wird die Kohlensäure unter dem Einfluß des Lichtes in Stärke und Zucker, also Kohlehydrate, umgewandelt. Die Gesamtheit dieser Zellen bezeichnet man demgemäß als Assimilations- oder nach ihrer Form als Palisadenparenchym (P.). Unter diesen Zellen liegt ein lockeres Gewebe, das aus unregelmäßigeren, meist kleineren und heller gefärbten Zellen besteht; in diesen erfolgt die Leitung der vom Assimilationsparenchym gebildeten Stoffe nach den übrigen Teilen der Pflanze, weshalb man dieses Gewebe als Leit- oder nach seiner Konsistenz als Schwammparenchym (S.) bezeichnet. Die Epidermis ist vielfach an ihrer Außenseite verdickt; man nennt diese Schicht dann Cuticula. Die Miniertätigkeit einer Raupe kann nun in vierfach verschiedener Weise erfolgen. Im einfachsten Falle wird das ge-

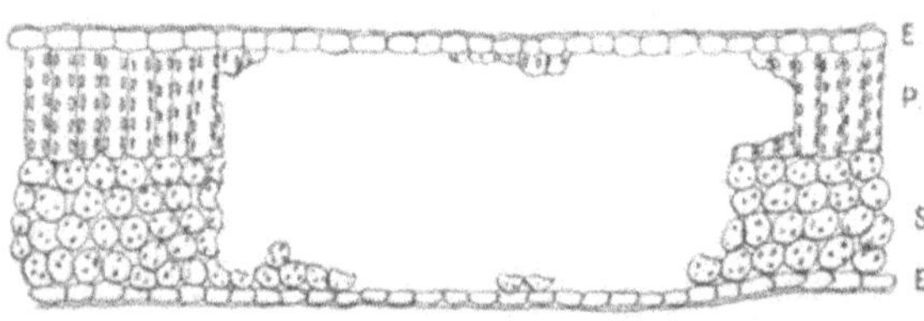

Abb. 65. Blattquerschnitt mit beiderseitiger Mine. (*E.* = Epidermis, *P.* = Palisaden-, *S.* = Schwammparenchym.)

samte zwischen den beiden Epidermen befindliche Gewebe (oft als Mesophyll bezeichnet), also Leit- und Assimilationsparenchym, herausgefressen; es bleiben dann nur die beiden Blatthäute stehen. Die Mine ist von beiden Seiten gleich deutlich sichtbar; hält man sie gegen das Licht, so erscheint sie glasklar und durchsichtig. Diesen Typus bezeichnen wir als die beiderseitige Mine (Abb. 65). Hier kann von einer nennenswerten Geschmacksspezialisierung der Raupe noch nicht

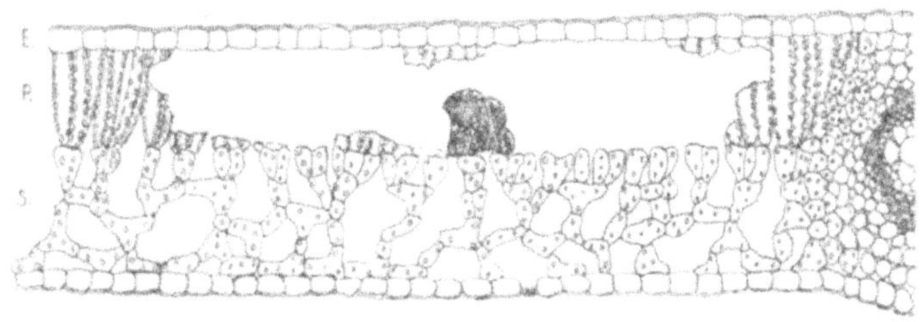

Abb. 66. Blattquerschnitt mit oberseitiger Mine, in der Mitte ein Kotballen. (Abkürzungen wie bei Abb. 65.)

gesprochen werden, da wahllos nicht nur die beiden Parenchym-Arten, sondern auch alle eventuell dazwischenliegenden Gefäßbündel usw. mit gefressen werden. Bei anderen Arten verzehren die Raupen aber nur das Assimilationsparenchym; da dieses zunächst der Blattoberseite liegt, sieht man die Mine nur von oben; hält man das minierte Blatt gegen das Licht, so erscheint die Mine heller grün als die umgebenden Partien,

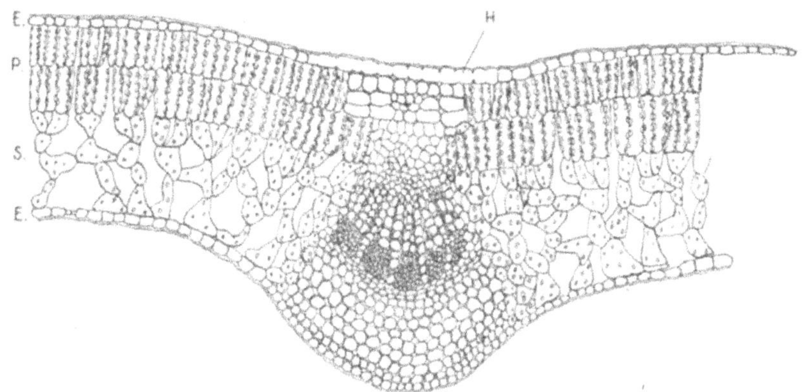

Abb. 67. Blattquerschnitt mit epidermaler Mine von einem „sap-feeder". (Abkürzungen wie Abb. 65. H = Minenhohlraum.)

aber nie durchsichtig wie beim ersten Typus. Hier handelt es sich um die oberseitige Mine (Abb. 66). Andere Arten wiederum fressen nur im Schwammparenchym; dieses liegt an der Unterseite des Blattes, so daß man die Mine nur von unten sehen kann; im durchfallenden Licht erscheint sie wie die vorige heller grün. Das ist die unterseitige Mine. Der Unterschied zwischen ober- und unterseitiger Mine ist nicht etwa nur ein solcher der Lage und deshalb gering einzuschätzen; wir wissen, daß der Zellinhalt des Assimilations-Parenchyms ein ganz anderer ist als der des Leitgewebes. Eine Raupe, die sich speziell an den ersteren angepaßt hat, nutzt dort ganz bestimmte Nahrungsstoffe in charakteristischer Weise aus; ist sie gezwungen, das andere Gewebe des Mesophylls anzugreifen, so besitzt sie nicht die nötigen Anpassungen dafür, und man kann in der Tat beobachten, daß solche geschmacklich spezialisierten Raupen dann immer nur entweder in dem einen oder im anderen Parenchym vorkommen, und wenn versehentlich das Ei auf die falsche Blattseite abgelegt würde, gehen die Räupchen meist bald zugrunde. Nur wenige Arten gibt es, die davon anscheinend eine Ausnahme machen, so u. a. *Nepticula trimaculella* H.S. an Pappelblättern. Den vierten und letzten Typus stellen endlich alle die Arten dar, deren Raupen keines der beiden Parenchym-Gewebe angreifen, vielmehr nur in den Epidermiszellen leben, deren Querwände sie zerbeißen, und wo sie nur die Cuticula stehen lassen. Da sie nur flüssigen Inhalt aus diesen Zellen aufnehmen, hat man diese Räupchen als „sap-feeder" oder Saftschlürfer bezeichnet; sie legen nur epidermale Minen an (Abb. 67). Die Oberhaut und die Unterhaut eines Blattes verhalten sich in bezug auf ihren Zellinhalt ganz ähnlich. Es braucht darum nur als selbstverständlich erwähnt werden, daß diese Raupen nicht so sehr an die Oberseite oder die Unterseite eines Blattes gebunden sind. In der Tat finden sie sich auch bald an der einen, bald an der anderen Seite des Blattes, wofür die Gattung *Phyllocnistis* als Beispiel dienen möge. Da in den epidermalen Minen gar kein Chlorophyll gefressen wird, heben sich die Gänge im durchfallenden Lichte überhaupt nicht von der Umgebung ab; bei auffallendem Licht erscheinen sie silberweiß wegen der in die Hohlräume eingedrungenen Luft; die Mine sieht dann aus, als sei eine Schnecke über das Blatt hinweggekrochen und habe eine Schleimspur hinterlassen.

In allen Fällen bleibt über dem Raum, wo die Raupe frißt, noch eine Membran stehen; diese besteht entweder aus einer Zellage von Epidermis oder nur aus der Cuticula, der obersten Schicht derselben. Damit kommen wir zu der zweiten Bedeutung der minierenden Lebensweise: den Raupen wird durch diese Schicht ein gewisser Schutz gegen manche ihrer Feinde gewährt. Viele derselben können die Larve aus dem Innern des Blattes nicht herausholen. Die Mine ist also nicht nur ein Fraß-, sondern auch ein Wohnraum. Wir hatten schon erwähnt, daß die Gestalt der Mine für jede Schmetterlingsart charakteristisch ist. Aus den beiden Faktoren: Substrat und Minenform und -Ausgestaltung ist jede Mine zu bestimmen, wenn auch bis jetzt noch nicht alle Arten gründlich genug untersucht worden sind. Man ist infolgedessen in der Lage festzustellen, welche Raupe an einer Pflanze miniert hat, wenn auch die Larve die letztere bereits verlassen hat. Nirgends sind die Fraßbilder so charakteristisch für die Art des Erzeugers wie bei den Minen. Es gilt das nicht nur für die Schmetterlings-, sondern in höherem Grade noch für die Fliegenminen. Die wissenschaftliche Bezeichnung für die Mine ist Hyponomium oder abgekürzt Hyponom. Man unterscheidet nach der Art des Erzeugers Lepidopteronomien (von Schmetterlingen), Dipteronomien (von Fliegen), Coleopteronomien (von Käfern) und Hymenopteronomien (von Hautflüglern, besonders Blattwespen, erzeugte Minen). Es wäre wünschenswert, ein Merkmal anzugeben, nach dem man ohne weiteres bei einer Mine erkennen kann, ob sie von einer Schmetterlingsraupe erzeugt wurde oder nicht. Leider sind wir bis jetzt noch nicht in der Lage dazu; so charakteristisch auch jede Mine für die Art des Erzeugers ist, kennt man doch bisher noch keine Kennzeichen, die bei einer unbekannten Mine auf die Ordnung der in Frage kommenden Insektenlarve hinweisen. Wir müssen uns damit begnügen, einige Gesichtspunkte aufzustellen, die bei der Beurteilung in Frage kommen. 1. Um Lepidopteronomien kann es sich nicht handeln, wenn die Kotspur im Minengange deutlich zweireihig ist. Solche werden gewöhnlich nur von Fliegen erzeugt. 2. Eine Schmetterlingsmine liegt immer vor, wenn die Epidermis über dem Minenhohlraum mehr oder weniger regelmäßige Falten aufweist, die auf der Spinntätigkeit der Larve beruhen. 3. Um ein Lepidopteronom handelt es sich, wenn sich in der Epidermis eine kreisrunde Öffnung befindet. Die bei anderen Insektenordnungen vorkommenden Öffnungen sind nie ganz kreisrund, aber vielfach halbbogenförmig. 4. Minen in Nadeln von Coniferen rühren nach dem Stande unserer jetzigen Kenntnis immer von Schmetterlingsraupen her. 5. Epidermale Hyponomien werden nur von Schmetterlingslarven (sap-feeder) erzeugt. 6. Alle Minen, in deren Innerem sich versponnene Räume finden, werden von Raupen angelegt. 7. Minen, die am Ende einen Ausschnitt besitzen, wo also ein ovales oder rundliches Stück aus dem ganzen Blatte, einschließlich der Epidermen, herausgeschnitten wurde, rühren oft von Raupen her. Dahin gehören aber auch die Minen mancher Rüsselkäfer.

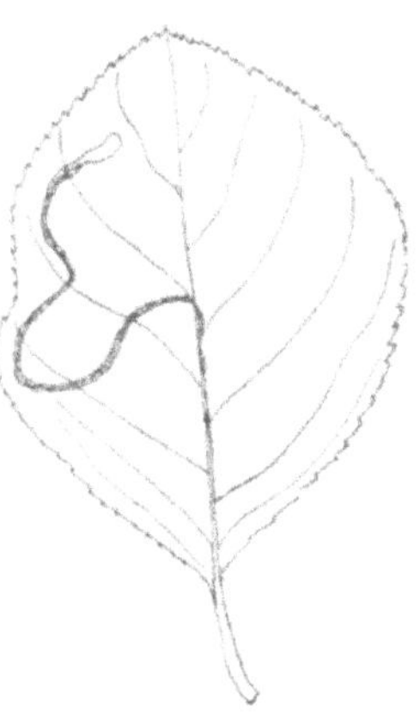

Abb. 68. Ophionom von *Lyonetia clerkella* L. im Apfelblatt.

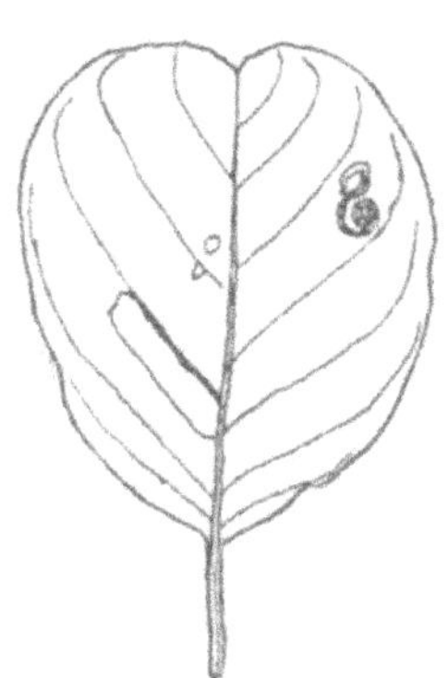

Abb. 69. Heliconom von *Bucculatrix frangulella* GOEZE und späterer Fensterfraß im Rhamnusblatt.

Manche Raupen bewegen sich nun während ihrer Fraßtätigkeit in der Mine nur in einer Richtung; es entsteht dann eine je nach der Größe der Raupe verschieden breite Mine, die im allgemeinen nur in einer Dimension sich ausdehnt; das ist die Gangmine oder das Ophionom (Abb. 68). Es kann in mannigfacher Weise hin und her gewunden sein, kann annähernd gleich breit bleiben oder sich am Ende erweitern. Mitunter ist das Ophionom am Anfang oder am Ende spiralig aufgerollt; wir bezeichnen es dann als Heliconom (Abb. 69). Bei sternförmiger oder verästelter Verzweigung sprechen wir von einem Asteronom. Im Gegensatz zum Ophionom steht die Minenform bei der die Larve nach allen Seiten um sich frißt, wodurch ein mehr oder weniger unregelmäßiger Fleck oder Platz entsteht, das Stigmatonom oder die Fleck(Platz-)mine Stigmatonomien sind bei Schmetterlingsraupen sehr häufig zu finden (Abb. 70). Bemerkenswert sind unter ihnen besonders die der Gattung *Coleophora* Z., bei denen stets ein kreisrundes Loch in einer der beiden Epidermen sich feststellen läßt (Abb. 71). Vielfach ist bei dem minierten Platz eine der beiden Epidermen stark abgehoben; das geschieht entweder durch abgegebene Gase, dann ist die Epidermis nicht gefaltet, und wir haben eine Blasenmine oder ein Physonom vor uns; oder aber die Larve zieht durch Gespinstfäden die Epidermis zusammen, wodurch das ganze Blatt an der betreffenden Stelle sich wölbt und so eine Abhebung der Membran sich vollzieht; dann ist die Epidermis mit einer großen oder mehreren kleinen Falten versehen, und es handelt sich um eine Faltenmine oder ein Ptychonom. Vielfach kommen die verschiedenen Typen der Mine im Verlaufe des Larvenlebens bei derselben Art vor; wir finden dann Minen, die als feiner Gang beginnen und als Fleck oder Blase enden; dementsprechend bezeichnen wir als Ophistigmatonom oder Gangplatzmine eine solche, die als feiner Gang beginnt und als Platz endet. Das Ophiphysonom und das Ophiptychonom beginnen ebenfalls als Gang und enden als Blasen- bzw. Faltenmine. Bei schmalblättrigen Pflanzen, besonders Gräsern, kann man eine bestimmte Minenform nicht feststellen, weil die Mine überall vom Blattrand begrenzt wird; diese Erscheinung wird als Pantonom bezeichnet. Die Mehrzahl der Minen kommen in Blättern vor, sie werden als Phyllonomien benannt im Gegensatz zur Stengelmine, dem Caulonom, und der Fruchtmine oder dem Carponom.

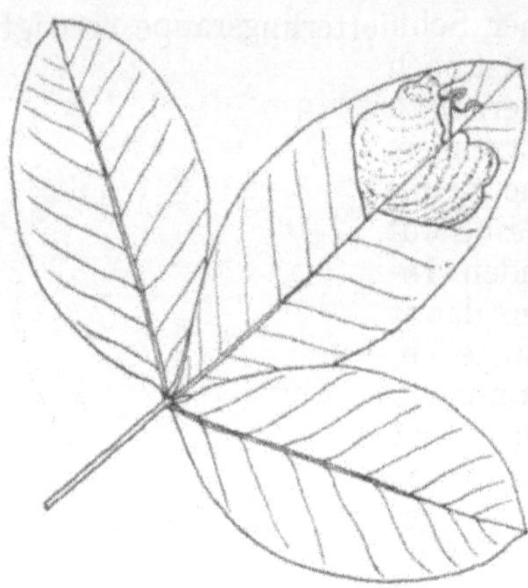

Abb. 70. Stigmatonom im Cytisusblatt von *Cemiostoma laburnella* St.

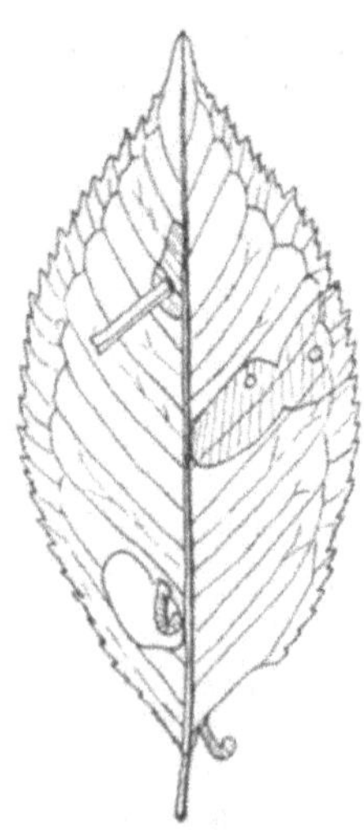

Abb. 71. Stigmatonom von *Coleophora hemerobiella* Z. am Kirschblatt mit jüngeren und älteren Säcken und Sackausschnitten.

Um diese Bezeichnungen deutlich zu machen, soll für jeden Typus ein Beispiel gegeben werden. Ophionomien sind sehr häufig und werden besonders von den Arten der Gattung *Nepticula* erzeugt. Stigmatonomien verursachen die *Coleophora*-Arten und *Buc-*

culatrix noltei PETRY in ihren letzten Stadien. Ein Physonom finden wir bei vielen Arten der Gattung *Gracilaria* (s. lat.), namentlich bei den Flieder-Miniermotten *Xanthospilapteryx syringella* F. Ptychonomien erzeugen die *Lithocolletis*-Arten und *Ornix* im jüngsten Stadium. Als Beispiel für ein Ophiphysonom mögen die Minen von *Antispila* (Abb. 72) gelten, Ophiptychonomien haben viele echte *Gracilaria*-Arten, und für die Pantonomien kommen vorwiegend *Elachista*-Arten in Frage.

Abb. 72. Physonom von *Antispila pfeifferella* HB. im Cornusblatt.

Caulonom und Carponom sind in ihrem Wesen vom Phyllonom nicht verschieden. Hier wie dort werden nur parenchymhaltige Schichten angegriffen, und die Epidermis bleibt als schützendes Dach stehen. Es kommt sogar manchmal vor, daß diese verschiedenen Minen ineinander übergehen. So lebt die Raupe von *Phyllocnistis saligna* Z. in ihrer Jugend in einem Caulonom an den jüngsten Zweigen von schmalblättrigen Salix-Arten; erst zuletzt geht sie in das Blatt hinein und erzeugt dort ein epidermales Phyllonom. Auch sonst kommen Stengelminen bei Schmetterlingen vor; so lebt *Depressaria assimilella* FR. in der Jugend und *Cemiostoma spartifoliella* HB. während des ganzen Raupenstadiums in der Rinde vom Besenginster; in der Rinde junger Eichbäume kommt eine bisher noch unbekannte *Nepticula*-Art vor, und selbst eine *Lithocolletis* wohnt im Rindenparenchym von Ginsterstengeln. Carponomien sind beträchtlich seltener; sie kommen nur bei solchen Früchten in Frage, die eine chlorophyllführende Parenchym-Schicht besitzen. So miniert *Nepticula sericopeza* Z. in den Früchten von Ahornarten. Blüten werden in der Regel nicht angegriffen, da sie keine Chlorophyllschicht führen; ausnahmsweise wurde einmal eine Raupe der sonst an Erle und Birke lebenden *Coleophora fuscedinella* Z. an Calthablüten minierend angetroffen.

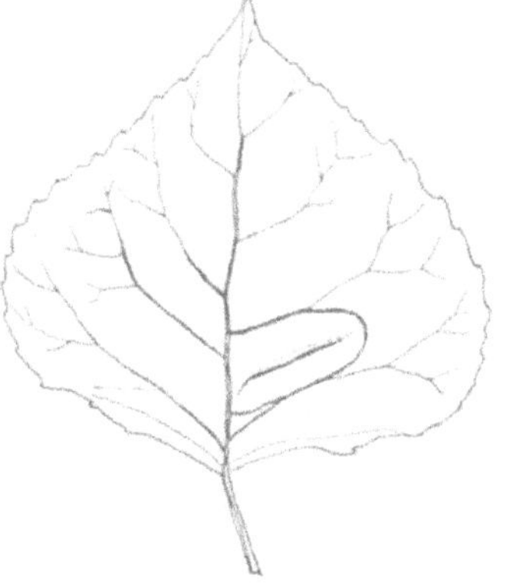

Abb. 73. Ptychonom von *Lithocolletis populifoliella* Z. im Pappelblatt.

Nicht bei allen Raupen findet sich eine Ausdehnung des Minierlebens auf das ganze Stadium; manche leben nur in den frühesten Stadien in den Hyponomien und gehen später zu einer freien Ernährungsweise über. Das gilt u. a. für die Raupen von *Bucculatrix, Coleophora* u. v. a. Andere wieder verbringen das ganze Raupen- und vielfach sogar noch das Puppenstadium in der Mine. Man hat deshalb die ersteren als temporäre, die letzteren als stationäre Minierer bezeichnet, eine Unterscheidung, die sich auf keine wesentlichen Verschiedenheiten bezieht. Zwischen beiden stehen die Sackträger-Raupen der Gattung *Coleophora*, die in der Jugend reguläre Minen anlegen, diese aber später verlassen, einen Ausschnitt aus dem Blatt herstellen und mit diesem Sack von Blatt zu Blatt wandern und an den verschiedensten Stellen Stigmatonomien erzeugen. Eine ähnliche Übergangsstellung nimmt *Bucculatrix noltei* PETRY ein, die zunächst in haarfeinen Ophionomien an Artemisia lebt, später ganz frei auf den Blättern umherkriecht und überall kleine Fleckminen ausweidet. Entwicklungsgeschichtlich haben wir uns die Anpassung an eine minierende Lebensweise so zu denken, daß zuerst die Raupen temporäre Minierer gewesen sind; bei fortschreitender Adaption blieben sie dann ihr ganzes Leben in der Mine.

Die temporären Minierer können sich nach Abschluß ihrer Minenlaufbahn sehr verschieden verhalten. Wir erwähnten schon, daß die *Coleophora*-Arten dann ein Futteral verfertigen, von dem aus sie Plätze in das Blatt hineinminieren, ihrer alten Lebensweise also nicht untreu werden. Andere, wie viele Incurvariiden, schneiden ebenfalls aus dem

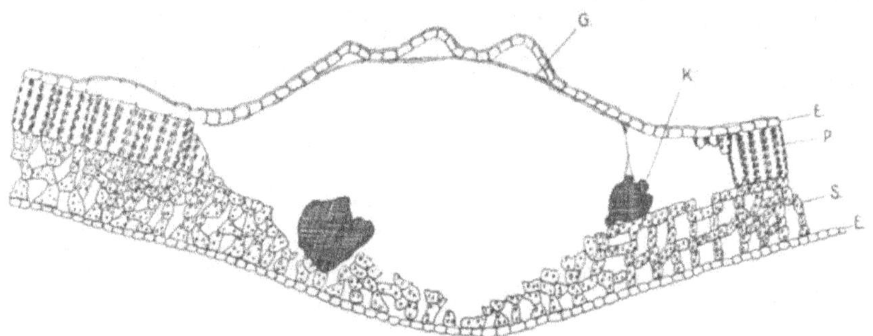

Abb. 74. Blattquerschnitt mit Ptychonom. (*G.* = Gespinst, *K.* = Kotballen; alles übrige wie bei Abb. 65.)

Blatte ein Futteral heraus, lassen sich aber mit diesem zur Erde fallen und fressen ganz andere Pflanzen wie vorher, minieren dann auch nicht mehr. Die meisten *Bucculatrix*-Arten endlich leben, wenn sie die Mine verlassen haben, frei an der Pflanze und verursachen an ihr Schabe- oder Fensterfraß. Wir hatten schon früher festgestellt, daß beim Schabefraß alles Gewebe des Blattes mit Ausnahme einer Epidermis verzehrt wird. Im Habitus ähnelt der Fensterfraß oft den Fleckminen; aber die befallenen Stellen besitzen bei der Mine zwei, beim Schabefraß nur noch eine Epidermis. Eine fakultative Miniertätigkeit wurde bei Schmetterlingen noch kaum beobachtet; in einem bestimmten Stadium und in einer gewissen Generation miniert die Raupe bestimmter Arten; die wenigen Ausnahmen, wo eine fakultative Minen- oder Gallenerzeugung beobachtet sein soll, bedürfen noch der Nachprüfung.

Die Art der Eiablage ist bei den einzelnen Arten verschieden. Manche Weibchen legen ihre Eier einfach auf das Blatt ab; die ausschlüpfende Raupe durchnagt die Eischale an der unteren Seite und geht damit direkt in das Blatt hinein; die Eischale bildet dann einen Verschlußdeckel über dem Anfang des Minenganges. In anderen Fällen schlüpfen die Raupen erst aus und gehen dann nach einigem Umherlaufen in das Mesophyll der Blätter. Unter diesen Umständen wird die Eischale gewöhnlich verzehrt. Bei *Hyponomeuta*-Arten werden die Eier in großer Anzahl an die Rinde der Stämme gelegt; die Räupchen überwintern gemeinsam und gehen dann im Frühjahr in eine gemeinsame Mine (z. B. in einem Apfelblatt). Nach kurzer Miniertätigkeit werden diese Gesellschaftsminen verlassen, und die Raupen leben dann in den bekannten „Gespinstmotten"nestern. Dieser Fall ist insofern bemerkenswert, als sonst bei den Minierern nur dann mehrere Larven sich in einer Mine befinden, wenn die Eier zusammen auf ein Blatt abgelegt wurden; ist der Minenraum ausgeweidet, gehen die einzelnen Larven in besondere Einzelminen. Hier wird aber geschlossen eine gemeinsame Mine erst aufgesucht, nachdem die Eiablage an einem anderen Orte erfolgte. Es beruht diese Erscheinung auf den sonst nirgends bei Minierern so stark ausgeprägten sozialen Instinkten. Manche Falter versenken schließlich ihre Eier mittels eines besonders ausgebildeten Säge- oder Bohrapparates gleich ins Innere der Blätter hinein.

Der Verlauf der Mine ist in hohem Grade von der Struktur des betreffenden Blattes abhängig und wird besonders durch die Rippenkonfiguration beeinflußt. Vielfach bilden nämlich die dicken Blattadern für die Raupen Hindernisse, die sie nur ungern übersteigen; um die Gefäßbündel liegt dort ein Ring besonders dickwandiger (Sklerenchym-) Zellen, deren Zerbeißen die Raupe viel Zeit und Mühe kostet, und in denen sie wenig Nahrungsstoffe findet. Man kann deshalb oftmals beobachten, wie sich die Minen, besonders bei Ophionomien, ganz eng an die Rippe entlang lehnen und ihr bis zum Rande des Blattes folgen; dort, wo sie schwächer geworden ist, wird sie dann überschritten. So kommt es, daß viele Hyponomien besonders gern dem Blattrand folgen, wo die schwächsten Adern zu übersteigen sind; man kann diese enge Anlehnung an den Blattrand besonders schön bei *Nepticula marginecolella* H.S. beobachten. Bei gewissen Arten werden die starken Rippen nur in den jüngsten Stadien gemieden; später, wenn die Raupe kräftiger geworden ist, kann sie ihre Mine kreuz und quer über das Blatt hin anlegen. So finden wir es bei *Lyonetia clerkella* L. Andere hyponomogene Raupen sind aber nun speziell an die Blattrippen angepaßt und halten sich vorzugsweise in deren Nähe auf; das gilt z. B. für die *Heliozela*-Arten, deren Mine meist zum größten Teil auf der Rippe entlang geht. Sie haben damit einen größeren Schutz; denn bei einer solchen Anlage ist der Minengang viel schwerer sichtbar. Für die „sapfeeder" ist es natürlich belanglos, wo sie die Mine anlegen; denn die Blatthaut weist an allen Stellen des Blattes eine gleiche Struktur auf. Gewisse Arten leben endlich in der Rippe selbst, wie z. B. *Nepticula argyropeza* Z. u. a., während eines großen Teiles ihres Raupenlebens; sie genießen darin natürlich einen erhöhten Schutz. Änderungen in der Art des Verlaufes erfolgen gewöhnlich nach einer Häutung, wo oftmals umfassende Modifikationen nicht nur in morphologischer Hinsicht, sondern auch bei den Instinkten stattfinden.

Bei vielen Arten findet ein mehrmaliger Wechsel der Mine statt.

Das Hyponom wird verlassen, obwohl noch nicht das ganze Blattgrün der betreffenden Blattschicht verzehrt worden ist, und die Larve bohrt sich in ein neues Blatt hinein. Bei *Lithocolletis, Nepticula, Phyllocnistis* u. a. erfolgt niemals ein solcher Minenwechsel. Bei den sogenannten temporären Minierern ist er aber die Regel. Das gilt besonders für die *Coleophora*-Arten. Alle pflegen mehr oder weniger oft ein neues Blatt aufzusuchen, bevor noch das alte ausgeweidet ist, und manche gehen da so weit, daß sie nur einen ganz kleinen Fleck ausminieren und dann sofort eine neue Stelle aufsuchen. So sind die Blätter von Haseln und Hainbuchen oft von sehr zahlreichen kleinen hellen Tupfen bedeckt, die als Erzeuger *Coleophora fuscocuprella* H.S. haben. Untersucht man dann die Blätter, so findet man mit vieler Mühe vielleicht nur einen einzigen Raupensack, in dem sich die Erzeugerin der zahlreichen Minenflecke verbirgt. Diese Art des Fraßes geschieht ebenfalls im Interesse eines erhöhten Schutzes; denn auf die hellen Flecke werden die Feinde immer recht bald aufmerksam, und die Raupe tut gut daran, möglichst oft ihren Platz zu wechseln. Bei den temporären Minierern ist ja ein gewisser Wechsel der Minen schon durch die freilebende Art der Raupen gegeben. Aber auch bei stationären Minierern erfolgt ein solcher Umzug des öfteren. Es kommen da hauptsächlich solche Arten in Frage, die sehr glasige und auffällige Minen herstellen, wie es z. B. bei *Bedellia somnulentella* Z. der Fall ist. Auch andere Umstände können da mitsprechen; bei vielen Arten reicht das ursprüngliche Blatt nicht aus, so daß sie aus Nahrungsmangel gezwungen sind, ein zweites aufzusuchen; das gilt besonders für die Grasminierer, die *Elachista*-Arten. Schließlich wird in manchen Fällen nach der Überwinterung ein neues Blatt aufgesucht, weil das vorjährige nicht mehr Nahrungsstoffe in genügender Qualität oder Quantität enthält. Beim Wechsel der Mine kann selten bei temporären Minierern auch ein solcher der Futterpflanze erfolgen; bei stationären wurde bisher diese Erscheinung noch nicht beobachtet.

Abb. 75. Polygonumblatt mit drei Stadien von *Gracilaria phasianipennella* Z.: Stigmatonom (*S.*), Ptychonom (*P.*) und Blattkegel (*K.*).

Die Bewegung der Raupe im Hyponom vollzieht sich in der verschiedensten Weise. Wir haben schon bei der Beschreibung der Raupe erwähnt, daß die Bauchbeine der im Innern von Pflanzenteilen lebenden Larven stemmatoncopod sind, sie tragen also die Häkchen am Ende derselben zu einem mehr oder weniger vollständigen Kranze ausgebildet. Diese Kranzfüßigkeit stellt ein besonderes Anpassungsmerkmal vor, findet sich aber nicht bei allen hyponomogenen Raupen. Wohl sind fast alle sogenannten Kleinschmetterlinge und die ebenfalls Minierer stellenden Hesperiiden als Coronaten zu bezeichnen; keine Kranzfüße finden wir aber bei den Zygaeniden, von denen ebenfalls gewisse Arten minieren, wie unsere *Ino* und die papuanische *Levuana*, ferner bei der Spannerraupe von *Larentia incultaria* H.S., die in Blättern von Primula miniert. Wir ersehen daraus, daß die Kranzfüßigkeit kein spezifisches Merkmal minierender Raupen ist; bei manchen Raupen sind sogar die Hakenkränze gänzlich verschwunden und die Beine rudimentär geworden. Die Bewegung erfolgt in solchen Fällen durch die vorspringenden Seiten der Segmente, was bei diesen Arten meist noch durch die Enge des Minenganges gefördert wird. Auch die Brustbeine können reduziert sein, da sie von vielen minierenden Raupen nur noch wenig benutzt werden, so daß dann allein die seitlichen Zapfen des Körpers die Stelle der Fortbewegung übernehmen. Naturgemäß können bei allen den Arten, die nie die Mine wechseln, die Beine stärker reduziert sein als bei den Raupen, die von Blatt zu Blatt kriechen müssen. Am wenigsten dürfen sie bei den Arten verändert sein, die später wieder eine freilebende Fraßtätigkeit aufnehmen. Wir werden weiter unten noch in einem besonderen Abschnitte auf die durch die Miniertätigkeit bewirkten morphologischen Veränderungen der Raupe zu sprechen kommen.

Die Dauer des Minierens ist naturgemäß bei den einzelnen Arten verschieden. Sie differiert ebenso wie auch sonst das Raupenstadium bei den verschiedenen Spezies. Doch ist zu berücksichtigen, daß den minierenden Raupen ihr Futter in einer Form dargeboten wird, die leichter ausgenutzt werden kann. Die Epidermis mit ihrer Cuticula ist gewöhnlich ziemlich stark verdickt und vielfach ebenso wie Teile der Gefäßbündel verholzt. Die freilebende Raupe, die das ganze Blatt verzehrt, muß diese Stoffe ebenfalls sämtlich mit in ihren Magen aufnehmen, was eine unnötige Belastung desselben bedeutet. Diese Teile werden von der hyponomogenen Raupe nicht mit aufgenommen; sie ist also imstande, ihrem Körper die aus dem Futter entnommenen Eiweißstoffe in derselben Zeit in relativ viel größerer Menge zuzuführen, wodurch eine schnellere Entwicklung bedingt wird. So finden wir tatsächlich bei Minierern die kürzesten Raupenstadien; bei *Nepticula malella* Stt. betrug dieses nach Linnaniemi vom Augenblicke des Ausschlüpfens bis zum endgültigen Verlassen der Mine noch unter 36 Stunden. Nicht unter allen Umständen ist jedoch die Dauer der Miniertätigkeit bei derselben Art gleich lang. Vielfach findet man, daß dieselben Arten in der Herbstgeneration länger in der Mine verbleiben als im Frühjahr. Das kann so stark ausgeprägt sein, daß die zweite Generation ein 50mal so langes Minenstadium hat wie die erste. Wir haben schon früher auf diese merkwürdige Erscheinung aufmerksam gemacht, die sich, wenngleich weniger ausgeprägt, auch bei anderen Schmetterlingsraupen findet. Sie beruht darauf, daß im Spätsommer und Herbst alle Zellen der Pflanze stärker verholzt sind, so daß einmal die Zellen schwerer aufgeschlossen werden können und zum anderen der Gehalt an Eiweißstoffen darin erheblich geringer ist. Die Raupe muß also mehr Nahrung zu sich nehmen als in der ersten Generation und hat außerdem viel mehr mit der Zerkleinerung derselben zu tun. Im allgemeinen sind ja die Raupen der Minierer nicht imstande, die Zellulose der Zellwände zu verdauen; nach den Untersuchungen von Haberlandt sollen jedoch die von *Cemiostoma laburnella* Stt. diese Fähigkeit besitzen. Als Nahrung dienen ihnen im übrigen nur

Eiweißstoffe; auch die Chlorophyllkörner werden nur zum kleinen Teil ausgenutzt. Wenn nicht die Verpuppung vor dem Winter einsetzt oder sonst die Raupe bereits erwachsen ist, ruht in der kalten Jahreszeit die Fraßtätigkeit der Minierer. Die Überwinterung ist bei allen den Arten, die im Frühjahr weiter fressen, je nach ihrem Substrat verschieden. Viele Raupen überwintern an einem geschützten Ort; andere bleiben aber in der Mine. Es sind das solche Arten, deren Substrate im Herbst nicht verwelken, sondern auch im nächsten Frühjahr noch frisch und grün sind. Das gilt besonders für alle Nadelminierer und die in Luzula lebenden *Elachista*-Arten. Wieder andere begeben sich durch den Blattstiel in den Stengel und bringen da den Winter zu; wenn im nächsten Frühjahr die ersten jungen Blätter erscheinen, können sie sogleich in diese hineingehen; bei ihnen findet auch eine Fraßtätigkeit an warmen Wintertagen statt, wenn die neuen Blätter schon im Herbst angelegt wurden. So findet man an quelligen Stellen in Epilobium mitten im Winter die Raupe von *Mompha propinquella* Stt. minierend. Es ist leicht zu verstehen, daß diese Raupen, sobald sie in den jungen saftreichen Blättern fressen, relativ viel schneller an Größe zunehmen als in den vorjährigen Blättern.

Die Verwandlung zur Puppe kann bei den hyponomogenen Raupen in oder außerhalb der Mine erfolgen. Beides hat seine Vorteile und seine Nachteile. In der Mine ist die Puppe vor vielen Feinden geschützt, die ihr am oder im Erdboden nachstellen würden, anderen aber geradezu ausgeliefert. Viele Vögel hacken im Winter, wenn sie keine Nahrung mehr finden, besonders gern die Minen auf und fressen die darin befindlichen Püppchen. Die Raupen aber, welche in die Erde gehen, finden auch dort viele Feinde vor, besonders Ameisen usw., die ihnen gefährlich werden. So wiegen sich Vorteil und Nachteil gegeneinander auf, und wir finden, daß sich ein Teil in der Mine, der andere außerhalb derselben verwandelt. Gewöhnlich verfertigen die in der Mine verbleibenden Arten einen weniger soliden Kokon als diejenigen, welche sich außerhalb derselben verwandeln. Bei einigen Arten werden beide Modi miteinander kombiniert, indem ein Stück aus der Mine ausgeschnitten wird, in dem die Raupe verbleibt; sie läßt sich damit von ihrer Futterpflanze auf die Erde fallen und läuft dort noch etwas umher, bis sie einen geeigneten Ort gefunden hat, wo sie ihr Futteral anspinnt und sich dann verpuppt. In dieser Weise erfolgt die Verwandlung bei *Antispila*, *Heliozela* und einer *Tischeria*-Art. In der Mine verwandeln sich alle *Lithocolletis*, *Phyllocnistis* u. a. Außerhalb derselben verpuppen sich mit Ausnahme einiger weniger Arten alle *Nepticula* und *Elachista*. Zuweilen kommt es auch vor, daß gewisse Arten, die sich normalerweise außerhalb der Mine verwandeln, in der Mine verbleiben und sich dort verpuppen. Es sind das dann solche Arten, die von Parasiten befallen sind; die durch die Tätigkeit des Schmarotzers bedingte Kräfteabnahme verhindert die Raupen, die starken Epidermiszellen durchzubeißen und so ins Freie zu gelangen. Mitunter kann man eine gleiche Erscheinung beobachten, wenn die Raupen auch nicht von Parasiten befallen sind. Das ist gewöhnlich der Fall, wenn eine Art an einer Pflanze in großer Anzahl auftritt. In diesem Falle wird eine starke Schädigung des Substrates die

Folge sein; die Pflanze führt den Raupen dann nicht die Nährstoffe in genügender Menge zu, was eine Schwächung der Tiere bedingt, wodurch sie am Auswandern aus der Mine verhindert werden. Auch die sacktragenden *Coleophora*-Raupen, die sich in ihrem Gehäuse verwandeln, verlassen zuletzt den Ort ihrer Miniertätigkeit. Die weithin leuchtenden hellen, ausgeweideten Flecke der Blätter machen die Feinde aufmerksam, so daß es den Raupen ratsam erscheint, geschützte Plätze aufzusuchen, weshalb sie sich zur Verpuppung an den Stengeln, Ästen usw. festspinnen. Wenn sie sich nicht so weit entfernen können, heften sie ihren Sack wenigstens an Blättern an, die keine Minenplätze aufweisen. Bei manchen Arten erscheint das nicht notwendig; *Coleophora siccifolia* STT. verfertigt ein Gehäuse aus dürren Blättern der Birke, die zusammengesponnen werden und zwischen denen die Raupe eine Wohnröhre anlegt. Dieses ganze Gebilde ähnelt so sehr den oftmals an Birkenzweigen befindlichen verdorrten Blättern, daß kaum ein Tier darin die Raupe vermuten wird. Tatsächlich entfernt sich diese Art nur wenig von dem Ort ihrer Tätigkeit, wenn sie sich verpuppen will. Andere Arten wieder verwandeln sich unter einem umgeschlagenen Blattrande oder zwischen einigen zusammengesponnenen Blättern. Die Auswanderung aus den Minen kann in verschiedener Weise erfolgen. Bei den Fliegenlarven, die beinlos sind, kommt eine Fortbewegung nur in beschränktem Umfange in Frage. Diese Minierlarven lassen sich einfach von ihrer Pflanze herab zur Erde fallen, und man findet die Austrittsöffnung deshalb auf der Unterseite des Blattes, oft selbst dann, wenn die Mine oberseitig war. Anders ist es bei den minierenden Schmetterlingsraupen. Sie unternehmen nach dem Verlassen des Hyponoms oft noch ausgedehnte Wanderungen; daher findet man bei vielen von ihnen die Ausschlüpföffnung auf der Oberseite des Blattes. Das gilt namentlich für die meisten *Nepticula*-Arten. Bei den meisten Sackträgern unter den Minierern, wie bei der Gattung *Coleophora*, muß vor der Verpuppung die Raupe eine Umdrehung im Sacke vollziehen, da sie an der angesponnenen Seite ihr Futteral nicht verlassen kann. Wir erwähnten eine gleiche Erscheinung bereits bei den ebenfalls sacktragenden Psychiden-Arten. Eine besonders eigentümliche Erscheinung können wir bei den minierenden *Phyllocnistis*-Arten beobachten. Nach der letzten Häutung nimmt die Raupe keine Nahrung mehr zu sich; jetzt sind auch ihre Mundwerkzeuge verkümmert. Ihre einzige Tätigkeit besteht nun nur noch in der Herstellung des Verpuppungsgespinstes. Manche Raupen, die an den Blättern von Bäumen minieren und sich in der Erde verwandeln, lassen sich auch an einem Gespinstfaden herab. Viele Arten, die sich in der Mine selbst verpuppen, tapezieren den Innenraum derselben sorgfältig mit Gespinst aus, wodurch sie einen erhöhten Schutz erlangen. Manche Arten, wie *Tischeria complanella* HBN. haben während ihres ganzen Raupenlebens im Zentrum der Mine einen kreisrunden scheibenförmigen Kokon, der ebenfalls aus Gespinst hergestellt wird, und in den sie sich bei Beunruhigung zurückziehen. Hier findet dann auch später die Verpuppung statt. Während die meisten Arten, die sich außerhalb der Mine verwandeln, einen Kokon herstellen, erfolgt bei den Grasminierern der

Gattung *Elachista* eine freie Verpuppung; sie befestigen sich mit einigen Fäden ganz ähnlich wie die Gürtelpuppen der Tagfalter an einem Grashalm, suchen jedoch oft stets einen solchen auf, der noch nicht miniert worden ist, während sie an dem Stengel, an dem sie als Raupe gelebt haben, sich nicht anspinnen. Diese Art der Befestigung bei so entfernt stehenden Falterfamilien wie es die Elachistiden und die Tagfalter sind, weist darauf hin, wie ungeeignet solche biologischen Eigentümlichkeiten zur Verwendung für stammesgeschichtliche Untersuchungen sind. Was vorher für die *Phyllocnistis*-Raupen gesagt wurde, trifft in geringerem Grade auch auf viele andere Minierer zu. In der letzten Zeit vor der Verpuppung wird keine Nahrung mehr aufgenommen; es erfolgt infolgedessen auch keine Kotablagerung, und ein letzter Teil der Mine bleibt frei von Exkrementen und deshalb glasklar; besonders schön sieht man diese leere „Kammer" bei *Lyonetia clerkella* L. und den meisten *Nepticula*-Arten. Bei *Lyonetia* wird ein ganz eigenartiges Gespinst angefertigt, das sich gewöhnlich unter einem Blatt befindet, und in dem dann die Puppe wie in einer Hängematte ruht. Manche Arten verweben auch, ganz ähnlich wie die von Blattwespen, Sandkörner in ihren Kokon; das gilt namentlich für die *Eriocrania*-Formen, die den genannten Tenthrediniden auch darin ähnlich sind, daß sie einen großen Teil des Jahres unverwandelt in der Mine liegen bleiben und sich erst im nächsten Frühjahr zur Puppe verwandeln. Über die Bewertung dieser Erscheinung haben wir schon früher (S. 261) eingehend gesprochen. In einigen Fällen bleibt die Raupe den Winter über in der Mine, ohne sich zu verwandeln; auch im Frühjahr wird dann keine Nahrung mehr aufgenommen; das ist der Fall bei *Cosmopteryx* und *Nepticula*-Arten; es versteht sich von selbst, daß in diesen abgestorbenen Blättern die Raupe während der Überwinterung einen größeren Schutz genießt.

Da das Raupenstadium der meisten minierenden Arten aus den schon oben erläuterten Gründen relativ kurz ist, kommen viele derselben in zwei Generationen vor, doch gibt es da auch bemerkenswerte Ausnahmen mit nur einer Generation. Wir hatten festgestellt, daß bei allen den Arten, die erst später im Jahre auftreten, die Entwicklung durch die veränderte Beschaffenheit der Blätter verzögert wird; es kann bei ihnen zur Ausbildung einer zweiten Generation dann nicht mehr kommen. Sehr selten fehlt eine solche auch bei den Formen, die schon im ersten Frühjahr ihre Fraßtätigkeit beenden, wie bei den Eriocranien; hier ist die Einbrütigkeit dann phylogenetisch bedingt und nicht mit der sonst vorkommenden gleichen Erscheinung zu vergleichen.

Die Puppenruhe ist je nach der Art von verschieden langer Dauer, im allgemeinen aber meist sehr kurz. Ein Überliegen kommt nach meinen bisherigen Feststellungen wohl nie vor; bei den sich in den Minen verpuppenden Arten erscheint ein solches auch schwer denkbar, weil die Puppe nur durch ein relativ sehr leichtes Gespinst geschützt ist; wenn das Blatt verfault ist und zerfällt, würden die Püppchen sehr gefährdet sein, weshalb ein Überliegen zu einer anderen Generation immer von Nachteil für die betreffenden Tiere sein würde. Ob und wieweit diese Erscheinung bei tropischen Minierern anzutreffen sein könnte, ist noch nicht bekannt geworden.

Die Puppenkokons sind in ihrer Färbung meist an die Unterlage angepaßt, soweit Raupen in Frage kommen, die sich außerhalb der Mine verwandeln. Man findet infolgedessen schwärzliche, bräunliche oder olivfarbene Töne vertreten. Erfolgt die Verpuppung in der Mine selbst, so ist der Kokon heller, oft weißlich. Bei *Gracilaria*-Arten ist das Gespinst stark glänzend, wie mit einem besonderen Schmelz überzogen. Eine bemerkenswerte Ausnahme stellen die Gespinste von *Nepticula agrimoniella* H. S. dar. Sie befinden sich im Hohlraum der Mine und sind trotzdem schön violett gefärbt. In einem Falle ließ sich eine konstante Lage des Kokons feststellen; eine an Rosen lebende *Nepticula*-Art legt nämlich ihre Gespinste immer in dem Winkel zwischen Blattstiel und Nebenblättchen an, wo sie bei Massenauftreten der Art dann in großer Häufigkeit nebeneinander zu finden sind. Gemeinsame oder Gesellschaftskokons wurden bei minierenden Arten noch nie beobachtet. Stengelminierende Raupen verwandeln sich mit einer Ausnahme immer außerhalb des Hyponoms; wäre das nicht der Fall, so könnten leicht durch Spannungen, die durch das Dickenwachstum des Stengels bedingt sind, die Puppen beschädigt werden.

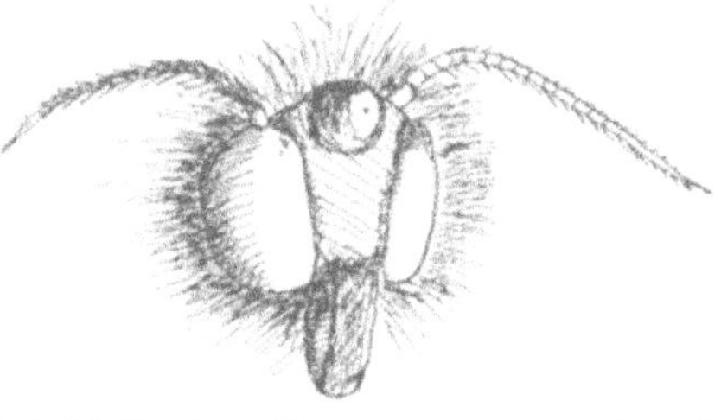

Abb. 76. Kopf von *Thaumetopoea processionea* L.

Die meisten Minierer, die sich in ihrer Mine verwandeln, und ein größer Teil der übrigen gehören zu den Acanthopleona; bei ihnen ist die Puppe mit charakteristischen Dornkränzen auf den letzten Segmenten ausgestattet, wodurch es ihr möglich wird, vor dem Ausschlüpfen der Imago schon das Gespinst zu verlassen. Am Kopf sind sie deswegen meist durch besondere Fortsätze ausgezeichnet, die ihnen ein Durchbrechen des Gespinstes möglich machen. Diese Kokonbohrer finden sich im übrigen auch bei anderen Faltern, die im Gespinst ausschlüpfen, nur daß sie hier nicht am Kopf der Puppe, sondern an dem der Imago sitzen. Bei beiden ist aber die Funktion die gleiche; es handelt sich also um analoge Organe. Sie sind ganz speziell der einen Tätigkeit angepaßt, und sie können aus diesem Grunde bei ganz nahe verwandten Arten einer Gattung in verschiedener Weise ausgebildet sein. Das lehrreichste Beispiel dafür finden wir nach PRELL (1924) bei den Arten der Prozessionsspinner. Die auf Eichen lebende Art der Gattung, *Thaumetopoea processionea* L., verpuppt sich innerhalb ihres Nestes; die Kokons

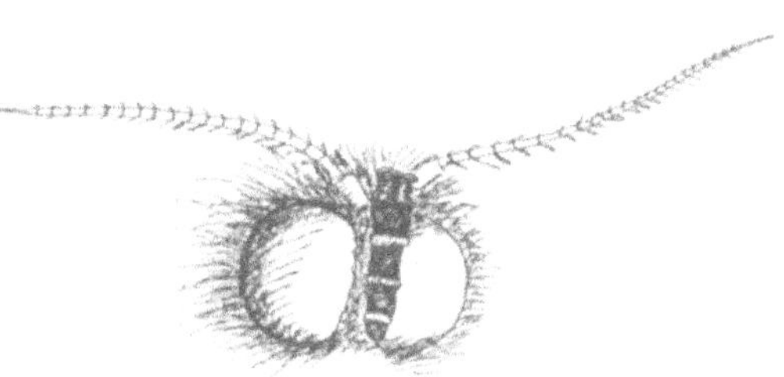

Abb. 77. Kopf von *Thaumetopoea pinivora* TR.

brauchen deshalb auch nicht sehr stabil zu sein, und aus diesen leichteren Kokons vermag sich die ausschlüpfende Imago unschwer zu befreien. Der Kopf derselben besitzt vorn oben einen Höcker, mit dem das wenig dichte Gespinst durchstoßen wird. Die auf Kiefern lebenden Arten verpuppen sich aber in der Erde und verfertigen deshalb einen festeren Kokon. Korrespondierend damit tragen sie auf der Stirn einen sehr stark chitinisierten Vorsprung, der in mehrere scharfe Zähne ausgezogen ist. Mit diesen „Kokonbohrer" zerschneiden sie die Gespinstfäden, um ins Freie zu gelangen. Daß das nicht nur eine Vermutung ist, geht daraus hervor, daß man im ersten Falle die einzelnen Kokonfäden nur zur Seite geschoben findet, wenn die Imago die Hülle verlassen hat; im zweiten dagegen sieht man um die Öffnung mehrere Fadenstückchen hängen, an denen man feststellen kann, daß sie tatsächlich abgeschnitten worden sind.

In ganz analoger Weise fungieren die „Kokonbohrer" der Puppen, die man besonders schön an *Phyllocnistis saligna* Z. untersuchen kann. Mit ihnen wird das Gespinst durchbrochen, und dann schiebt sich die Puppe mittels ihrer Hakenkränze aus der so geschaffenen Öffnung heraus. Für die in den Minen verbleibenden Puppen wird der Schlüpfvorgang dadurch noch komplizierter, daß die Puppe nicht nur den Kokon, sondern auch das Dach der Mine durchbrechen muß. Die in vielen Fällen recht starke Epidermis setzt dem Durchdringen derselben durch die Puppe einen ganz beträchtlichen Widerstand entgegen. Um so mehr muß es befremden, daß manche Arten dazu nicht den nächsten Weg wählen, um ins Freie zu gelangen. Bei vielen *Lithocolletis*-Arten läßt sich nämlich die eigenartige Erscheinung beobachten, daß die Puppe nicht auf der Seite durchkriecht, wo sich nur die Epidermis befindet, also bei unterseitigen Minen auf der Unterseite, sondern den entgegengesetzten Weg wählt. Sie muß in diesem Falle also nicht nur eine Oberhaut, sondern zum Teil auch noch Parenchymschichten durchwandern, wenn auch hier die Raupe durch Einfressen von kleinen Löchern schon vorgearbeitet hat. Über Ursachen und Zweck dieses eigentümlichen Verhaltens der Puppe sind wir noch nicht unterrichtet. Hiermit ist ein eigenartiger Fall in Parallele zu setzen, den wir bei *Nepticula weaveri* Stt. beobachten können. Sie gehört zu den wenigen Arten ihrer Gattung, die sich innerhalb der Mine verwandeln. Die Raupe lebt minierend in den Blättern der Preißelbeere, *Vaccinium vitis idaea*, die durch eine harte lederartige Konsistenz ausgezeichnet sind. Die gesamte Mine liegt in allen ihren Stadien auf der Oberseite des Blattes, während die Imago auf der Unterseite ausschlüpft. Die Puppe müßte also sehr dicke Parenchymschichten und die mit einer festen Cuticula versehene Epidermis der Unterseite des Blattes durchbrechen, um ins Freie zu gelangen. Eine solche Wanderung ist aber bei den Puppen der *Nepticula*-Arten, die nur eine äußerst feine und dünne Puppenhülle haben, nicht möglich. Deswegen bohrt schon die Raupe eine Öffnung, die bis zur Blattunterseite und ins Freie führt, und verfertigt einen langen Gespinstgang, der von dieser Öffnung bis zu der Stelle geht, wo der Puppenkokon liegt. Wir sind nicht in der Lage zu begründen, warum diese Gespinströhre noch angelegt wird; die Herstellung der Öffnung in der Epidermis der Blattunterseite allein würde schon genügen, um der Puppe oder Imago den Weg ins Freie zu bahnen. Vielleicht wird aber diese winzige Öffnung schwer gefunden, so daß ein besonders dazu hinleitender Gang angelegt werden muß.

Von besonderer Wichtigkeit für das systematische Eingruppieren der Minen ist, wie wir oben schon erwähnten, die Anordnung und Zahl der Exkremente in der Mine. Da dieselbe bei den gleichen Arten immer konstant ist, müssen wir wohl annehmen, daß die Art und Weise der Kotablagerung eine wichtige physiologische Bedeutung besitzt. Bei nur verhältnismäßig wenigen Arten erfolgt eine restlose Entfernung der Exkremente aus der Mine. Das geschieht bei sämtlichen *Coleophora*-Arten, solange sie Sackträger sind, und ist auch ganz leicht dadurch zu erklären, daß sie zur Kotablagerung immer wieder zu ihrem an der Mine angehefteten Sacke zurückkehren. Warum das aber geschieht, kann man sich schwer vorstellen; die Raupen bleiben immer nur ganz kurze Zeit in jedem Minenfleck; in dieser kleinen Spanne ist ein Verderben der Exkremente nicht zu befürchten, so daß nicht einzusehen ist, warum jedesmal zur Defäkation der umständliche Weg in den Sack von der Raupe zurückgelegt werden soll. Dieselben Arten pflegen im übrigen in ihren Jugendminen den Kot nicht zu beseitigen. Wenn man hier von einem „Reinlichkeitsinstinkt" sprechen will, erfolgt dessen Ausbildung erst im späteren Raupenstadium. Eine Entfernung sämtlicher Exkremente wird bei Blattminierern nur bei Schmetterlingsraupen angetroffen, aber auch hier ist es nur eine beschränkte Anzahl, die dafür in Frage kommt. Es sind besonders Vertreter der Gattungen *Cosmopteryx, Tischeria* und *Elachista*. Bei vielen anderen Arten erfolgt nur eine teilweise Entleerung nach außen hin. Das gilt z. B. für *Nepticula subbimaculella* Hw. Während bei allen anderen Arten der Kot in der Mine bleibt, weist der Gangteil der Hyponomien dieser Spezies noch eine Füllung mit Exkrementen auf. In dem später gebildeten Platzteil aber erfolgt eine teilweise Entleerung nach außen. Während einige der Kotkörner sich auch jetzt noch in einem Winkel der Mine sammeln, werden die anderen hinausbefördert. Vielfach erfolgt das Abstoßen des Kotes in der Weise, daß die Raupe ihr Hinterende durch eine Öffnung nach außen hält; bei *Cosmopteryx orichalcea* Stt. jedoch soll die ganze Raupe von Zeit zu Zeit die Mine verlassen, um zu defäkieren.

Die Bedeutung der Kotausstoßung aus der Mine ist nicht schwer zu verstehen. Im Minenhohlraum herrscht eine stark mit Feuchtigkeit geschwängerte Luft. In dieser können die Exkremente nicht austrocknen, bleiben also immer feucht und bieten so einen außerordentlich günstigen Nährboden für viele Bakterien und Pilze, deren Auftreten zu Schädigungen des Raupenorganismus führen kann. Durch das Hinausschaffen der Stoffwechselreste wird diese Gefahr vermieden. Eine Erscheinung, die damit anscheinend im Widerspruch steht, beobachten wir bei *Bedellia somnulentella* Z. Diese Art miniert große glasklare Flecke in den Blättern von Windenarten, und auf der Unterseite der so minierten Blätter verfertigt sie ein ganz lockeres Gespinst, in dem die Kotballen, die im übrigen sorgsam aus der Mine entfernt werden, hängen bleiben. Es liegt für die Raupe nicht der geringste

Grund vor, unter der Mine ein Gespinst anzulegen; sie wechselt oftmals die Mine und auch die Blätter, besitzt auch wohlentwickelte Beine, mit denen sie auf dem Blatt umherkriechen kann. Es wird hier anscheinend der entgegengesetzte Zweck verfolgt; die Exkremente sollen nicht so weit von der Mine entfernt hinfallen. Es ist bis jetzt noch nicht gelungen, eine Erklärung für dieses merkwürdige Verhalten zu finden.

Es ist wohl selbstverständlich, daß die Abführung der Kotballen nach außen hin für die Raupe mit beträchtlichen Verlusten an Zeit und Kraft verbunden ist. Deswegen verbleiben sie bei den meisten Arten in der Mine. Dabei kommt es nun für die Raupe darauf an, daß eine möglichst schnelle Austrocknung dieser Stoffwechselprodukte erfolgt, damit sich auf ihnen erst keine gefährlichen Organismen ansiedeln können. Die Art und Weise, wie das erreicht wird, ist sehr verschieden. Bei vielen Arten finden sich keine derartigen Vorkehrungen; das trifft besonders für die Gangminen der Nepticuliden zu. Bei ihnen ist ja auch das Raupenstadium relativ sehr kurz, so daß Infektionen in diesem Zeitraum weniger zu befürchten sind. Bei anderen Arten aber wird eine möglichst schnelle Austrocknung zu erreichen gesucht, indem die kleinen Kotkörnchen möglichst voneinander isoliert über eine größere Fläche verteilt werden. So finden wir bei vielen *Nepticula*-Arten schon, daß der Kot in kleinen aufeinanderfolgenden Halbbogen quer durch die Mine gelagert ist. Es kann dann eine bessere Durchlüftung und eine schnelle Austrocknung der Ballen erfolgen. Besonders regelmäßig erfolgt eine solche Verteilung bei den Minen von *Cemiostoma* (Abb. 70), wo ja auch den Raupen eine viel größere Fläche zur Verfügung steht. Im allgemeinen sind in dieser Hinsicht die minierenden Schmetterlingsraupen noch nicht so weit vorgeschritten wie die Dipteren-Larven. Bei den letzteren wird der Kot meist zweireihig abgelagert, so daß der Mittelraum, wo die stärkste Ventilation stattfinden kann, frei bleibt, während bei den minierenden Raupen gerade dieser Raum von der Kotspur erfüllt wird. Für die epidermalen Minierer, die „sap-feeder", ist diese Frage nicht so brennend; sie ernähren sich nur von flüssigen Stoffen, und eine feste Kotentleerung findet deshalb bei ihnen nicht statt. Bei *Phyllocnistis suffusella* Z. ist eine Kotspur überhaupt nicht feststellbar, bei *Ph. saligna* Z. und *sorhageniella* Lüd. findet man nur eine dünne, alsbald festtrocknende Linie, auf der sich pflanzliche Parasiten oder Saprophyten kaum niederlassen dürften, weil kein genügender Nährboden vorhanden ist. Bei vielen anderen Schmetterlingsraupen wird nun die Kotfrage in anderer Weise behandelt; die Exkremente werden an gewissen Stellen des Hyponoms lokalisiert, so daß das Räupchen nur wenig mit ihnen in Berührung zu kommen braucht. Eine solche Anordnung finden wir bei vielen Arten, wenn sie auch nie so ausgesprochen durchgebildet ist wie

---

Tafel X. Abb. 1. *Danais chrysippus* L. (Geschütztes Modell.) Abb. 2. Indische Nymphaliden-Raupe, im Leben grün gefärbt (Phytomimese). Abb. 3. *Hypolimnas misippus* L. ♀ (Nachahmer von Abb. 1.) Dieselbe Art, ♂. (Nicht nachahmend.)

Tafel X.

3.

4.

1.

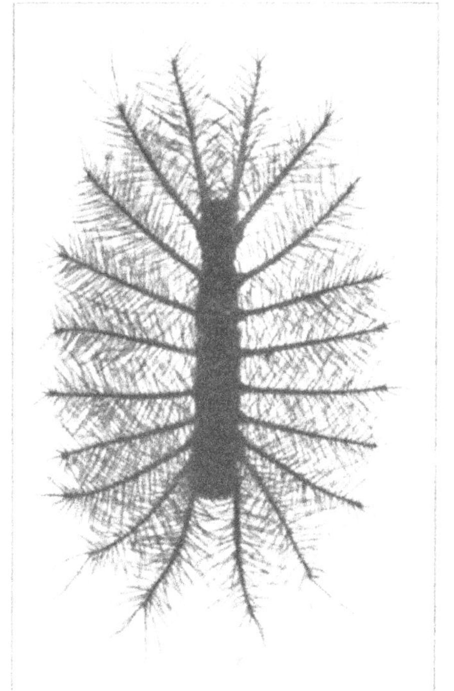

2.

bei manchen Minierern unter den Fliegen und Käfern. *Chrysopora naeviferella* Dup. lebt in ganz durchsichtigen weißen Blasenminen an Chenopodiaceen; sie lagert den Kot in einem dicken schwarzen Fleck in der Mitte der Mine ab; ihre nächste Verwandte, *Chrysopora hermannella* F., dagegen, die in derselben Pflanze lebt, wendet das erste Verfahren an, indem sie den Kot in halbbogenförmigen Reihen im Gange verteilt. Es muß wundernehmen, daß zwei nahe verwandte Arten auf derselben Pflanze sich so verschieden verhalten. Es beruht das auf zwei Umständen. Einmal legt die eine der beiden Arten ein Physonom, die andere ein Ophionom an. Im ersten ist es schon aus raumtechnischen Gründen leichter möglich, die Exkremente in der Mitte der Mine an einem Orte aufzuspeichern. Dies ist aber wohl sicher nicht der einzige Grund; wir wissen, daß auch in Gangminen eine Lokalisierung der Exkremente, wenn auch an mehreren Orten, erfolgen kann, wie es bei manchen Fliegenlarven geschieht. Dort besteht aber leichter die Möglichkeit, daß auch die Parenchymschichten bei eingetretener Infektion der Kotballen mit von deren Zersetzung beeinflußt werden, weil sie unmittelbar an die Ballen stoßen, was bei den genannten Blasenminen nicht der Fall ist. Beide Arten verhalten sich also in bezug auf die Gefährdung durch infizierte Exkremente grundverschieden. *Chr. hermannella* F. sorgt dafür, daß eine Infektion überhaupt nicht erfolgen kann, indem sie eine Verteilung der Kotballen vornimmt, wodurch ihre Austrocknung bewirkt wird; *Chr. naeviferella* Dup. legt aber auf die letztere überhaupt keinen Wert, sondern überläßt die Kotballen ihrem Schicksal, indem sie sich nur hütet, mit ihnen in nähere Berührung zu kommen. In der Tat kann man bei letzterer Art beobachten, daß die ganze Kotmasse schon von zahlreichen Pilzhyphen durchsetzt ist, während die Raupe noch ganz normal ihrer Fraßtätigkeit nachgeht. Eine örtliche Ansammlung der Exkremente findet anscheinend auch bei sehr vielen *Lithocolletis*-Arten in einem Winkel des Ptychonoms statt; es gelang mir aber noch nicht, einwandfrei nachzuweisen, ob die Anhäufung dort absichtlich von der Raupe vorgenommen wird, oder ob sie nur eine Folge der Stellung des Blattes ist. Auf der letzteren beruht z. B. bei *Elachista* und manchen *Cosmopteryx*-Arten die Ansammlung von Kot im unteren Teile der Mine.

Die Ausscheidungsprodukte der Raupe in der Mine sind jedoch nicht nur fester und flüssiger, sondern auch vielfach gasförmiger Natur. Im letzteren Falle bedingen sie dann eine Emporwölbung der Epidermis bzw. der Cuticula, wodurch eine Blasenmine entsteht. Das Physonom bietet der darunter wohnenden Raupe gewisse Vorteile, indem nämlich der Minenhohlraum rein mechanisch vergrößert wird. Außerdem genießt sie unter der aufgeblähten Decke einen größeren Schutz, weil sie von gewissen ihrer Feinde unter den Parasiten nicht angegriffen werden kann, da deren Legebohrer zu kurz sind, um die auf dem Grunde der Mine sitzende Raupe zu erreichen. Beim Ptychonom wird eine solche Ausdehnung künstlich herbeigeführt, indem das Räupchen Falten in die Epidermis webt, wodurch diese verkürzt und eine Wölbung der übrigen Teile des Blattes erreicht wird, so daß ein ziemlich großlumiger Raum entsteht. In dieser Beziehung sind die Schmetterlingsraupen wieder den Dipterenlarven voraus, da sich bei den letzteren oft Physonome, aber nie Ptychonome feststellen lassen, obwohl ihnen doch das Spinnvermögen nicht gänzlich abgeht, da sich einige von ihnen im Innern der Mine mittels eines Gespinstfadens aufhängen.

Wenn wir vorhin gesagt hatten, daß die Kotspur in allen Fällen so charakteristisch ist, daß man vielfach daran die Art des Erzeugers feststellen kann, so muß dazu doch eine kleine Einschränkung gemacht werden. Vergleichbar sind in dieser Hinsicht nur solche Arten, die eine gleiche Erscheinungszeit haben. So erklären sich die merkwürdigen Widersprüche in den Minendiagnosen von *Nepticula betulicola* Stt. und *luteella* Stt. Beide Arten leben als Raupen in Ophionomien an Birkenblättern und sollen sich dadurch unterscheiden, daß bei ersterer die Kotspur oder „frass-line" den ganzen Gang ausfüllt, bei letzterer aber nur als dünne Mittellinie erscheint. Andere Beobachter haben aber angegeben, daß gerade das Umgekehrte der Fall ist. Diese Differenzen gleich guter Beobachter erklären sich daraus, daß die Gänge zu verschiedenen Jahreszeiten untersucht worden sind. Im Frühjahr, wenn die Blätter noch weich und saftig sind, kann die Raupe den größten Teil der in der gefressenen Nahrung enthaltenen Stoffe auch ausnützen und ihrem Körper zuführen; die unverdaulichen Reste sind gering, und die entstehende Kotspur ist relativ schmal. Je weiter aber das Jahr fortschreitet, um so mehr verholzen die Zellwände, so daß viel mehr von der aufgenommenen Nahrung als unverdaulich wieder abgegeben werden muß. In diesem Falle sind die Exkremente viel größer und füllen die Mine in viel höherem Grade. Es soll nun aber nicht gesagt werden, daß keine Unterschiede zwischen beiden Arten bestehen. Ganz gleiche Bedingungen vorausgesetzt sind im selben Blatte die Kotspuren bei *N. betulicola* Stt. in der Tat schmaler als von *N. luteella* Stt. Es beruht das darauf, daß die erstere schon weit mehr an ihre Nahrung angepaßt ist und sie besser ausnutzen kann; im Einklang damit steht auch, daß die Imago einer höher entwickelten Kategorie innerhalb der Gattung zuzuweisen ist als die letztere. Eine solche Verschiedenheit im Umfang der Kotspur konnten wir auch bei *Heliozela resplendella* Stt. nachweisen, je nachdem, ob wir die Minen der ersten oder der zweiten Generation untersuchten. Wir werden auf diese Verhältnisse weiter unten noch einmal zurückkommen, wenn wir von den Wechselbeziehungen zwischen Raupe und Pflanze zu reden haben.

Eine besondere Behandlung der Kotkörner konnten wir bei manchen *Lithocolletis*-Arten feststellen. Hier werden die einzelnen Exkremente mit Gespinstfäden an der Minendecke befestigt (Abb. 74). Wahrscheinlich soll dadurch vermieden werden, daß infolge der Blattstellung sich die Kotballen an einer Stelle der Mine sammeln, wo sie leicht durch ihre gedrängte Lage in Fäulnis übergehen und so die Raupe gefährden könnten; man kann vielleicht auch davon sprechen, daß die Raupe gewissermaßen die Ballen „zum Trocknen aufhängt". Übrigens erfolgt bei einigen Arten von *Lithocolletis*, besonders solchen, die an Eiche leben, eine nachträgliche Verwendung der Exkremente, indem bei der Herstellung des Puppengespinstes die Körner mit in den Kokon hineingewoben werden. Wenn man eine derartige Mine öffnet, so sieht man darin zunächst nur einen länglichen Kothaufen, und erst wenn man diesen untersucht, wird man die Puppe darin finden. Natürlich bietet ein solches Verfahren der Raupe bzw. Puppe in dem Gespinst einen erhöhten Schutz. Immerhin ist aber bemerkenswert, daß durch die Nähe dieser Abfallstoffe keine Schädigung des Tieres erfolgt. Wir sind nicht in der Lage zu entscheiden, worauf das beruht; es können da drei Möglichkeiten bestehen. Entweder werden die Kotballen beim Überziehen mit Gespinst so stark von der Luft abgeschlossen, daß eine Infektion nicht mehr möglich ist; es kann aber auch möglich sein, daß bei der Behandlung die Körner mit irgendeinem Sekret der Raupe behandelt werden, das keimabtötend wirkt, so daß eine Besiedlung mit Kleinlebewesen auf dieser sterilen Unterlage nicht erfolgen kann. Endlich muß aber noch daran erinnert werden, daß wir solche Verwendung nur bei gewissen auf Eiche lebenden Arten feststellen konnten; wir wissen, daß sich die Eichenblätter durch einen besonders hohen Gehalt an Gerbstoffen auszeichnen, so daß vielleicht die chemische Beschaffenheit der Exkremente eine ganz andere ist als bei anderen Arten, und daß aus diesem Grunde solche Kotablagerungen als Nährboden für Mikroorganismen nur wenig geeignet erscheinen können.

Von besonderem Interesse ist es nun, zu beobachten, wie die minierende Lebensweise auch eine morphologische und anatomische Veränderung der Raupe bedingt, so daß wir hier sehen können, wie weit die Gestalt einer Raupe von ihrer Lebensweise abhängt, und welche Merkmale von ihr nicht beeinflußt werden und infolgedessen für verwandtschaftliche Untersuchungen geeignet bleiben. Es sind da in erster Linie die Lokomotionsorgane, die Beine, zu berücksichtigen. Wir haben bei Besprechung der Raupenbeine erwähnt, daß wir zwei Typen derselben unterscheiden können und danach die Schmetterlinge eingeteilt in Harmoncopoda („Großschmetterlinge"), deren Raupen nur einen Halbkreis von Häkchen an den Bauchbeinen tragen, die also als Klammerfüße zu bezeichnen sind, und Stemmatoncopoda („Kleinschmetterlinge"), bei denen wir einen Vollkreis von Häkchen finden, so daß Kranzfüße ausgebildet sind. Die ersteren kommen hauptsächlich bei freilebenden Raupen vor, die letzteren bei solchen, die sich in Geweben der Pflanze, zusammengesponnenen Blättern usw. aufhalten. Demnach müßten die minierenden Raupen bei den Stemmatoncopoden untergebracht werden.

Es erhebt sich nun die bedeutsame Frage, ob diese Fußbekleidung nur eine biologische Anpassung ist, oder ob sie auch in der Stammesgeschichte verwertbar ist. KARSCH, der zuerst auf diese Unterschiede hinwies, sah ihre hauptsächliche Bedeutung in phylogenetischer Hinsicht. Seitdem ist man aber mehr und mehr dazu übergegangen, sie nur als biologische Anpassungsmerkmale zu werten. Man hat darauf hingewiesen, daß sie einerseits auch bei manchen „Großschmetterlingen vorkommen, während sie andererseits gewissen Kleinfaltern fehlen. Wir wollen zunächst einmal feststellen, wie weit die Minierer in den Kreis dieser Erwägungen einzubeziehen sind. Der Großteil derselben besitzt Kranzfüße; sie fehlen bei den minierenden Raupen der Zygaenen und des einzigen Spanners *Larentia incultaria* H.S. Von beiden können wir annehmen, daß sie erst vor relativ kurzer Zeit zur hyponomogenen Lebensweise übergegangen sind. Stemmatoncopoden sind aber auch die Hesperiiden, die nach Flügelgeäder und Körperbau der Imagines unbedingt zu den Großschmetterlingen gestellt werden müßten. Wie sind diese zu Kranzfüßen gekommen? Wir nehmen an, daß die ältesten Hesperiiden Blattminierer gewesen sind. Zu den ursprünglichsten rezenten Gliedern dieser Familie gehören die Megathymiden Nordamerikas. Von diesen wissen wir durch die schönen Untersuchungen von DAMPF (1924), daß zum mindesten eine Art noch heute ihre ganze Entwicklung in Minen durchmacht. Überhaupt sind ja die Hesperiiden in vielfacher Beziehung durch altertümliche Merkmale ausgezeichnet; finden wir doch unter ihnen in *Euschoemon rafflesiae* MACL. den einzigen „Tagfalter", der eine Haftborste besitzt! Wir müssen die Hesperiiden also als eine Familie ansehen, die gerade nur noch den Sprung von den Klein- zu den Großschmetterlingen vollzogen hat und dann auf dieser Stufe stehengeblieben ist. Auf Grund dieser Befunde bei den Hesperiiden könnten wir also geneigt sein, die Kranzfüßigkeit als ein phyletisches Merkmal anzusprechen, und wir brauchen uns dann weder zu wundern, daß es freilebende Stemmatoncopoden gibt, noch daß wir unter den Minierern auch Harmoncopoden finden. Ob diese letzteren später einmal wieder zu Kranzfüßlern werden, können wir jetzt nicht entscheiden. Eine solche Annahme wird aber wenig Wahrscheinlichkeit für sich haben; ein Naturgesetz, das wir überall wirkend finden können, ist das von der „Irreversibilität der Entwicklung"; es besagt, daß irgendein Organ, das einmal reduziert oder in einer Weise umgebildet worden ist, sich nicht wieder in seinen früheren Zustand zurückverwandeln kann. Wenn also bei einer Raupe im Laufe der Entwicklung die Beine ganz rückgebildet worden sind, kann von ihr nicht eine andere Art mit völlig entwickelten Füßen abgeleitet werden. Daß die Hesperiiden früher einmal Minierer gewesen sind, geht mir auch daraus hervor, daß im ersten Stadium noch heute manche Arten als hyponomogen beobachtet wurden, wie z. B. *Hesperia sao*. Die Ontogenie ist ein Auszug aus der Phylogenie, und so werden wir in den ersten Stadien der Raupe die meisten Anklänge an die Vorfahren finden, wie sich das ja auch tatsächlich in der Ausbildung einer charakteristischen Beborstung und in anderen Merkmalen im ersten Raupenstadium vielfach feststellen läßt.

Aus den angeführten Gründen sind wir geneigt, die Kranzfüßigkeit mehr als ein Zeichen stammesgeschichtlicher Zusammengehörigkeit als ein spezielles Adaptionsmerkmal anzusehen, und wir haben nun zu untersuchen, wie weiterhin die Umbildung der Beine bei minierenden Raupen erfolgt. Während bei vielen Stemmatoncopoden ein doppelter Ring von Häkchen sich nachweisen läßt, finden wir bei den hyponomogenen Larven die Tendenz, die Häkchen zurückzubilden. Es werden dabei wahrscheinlich zunächst die seitlichen Haken ausfallen, während die vorderen und hinteren für die Bewegung noch wichtiger sind. Tatsächlich finden wir bei gewissen *Bucculatrix*-Arten, daß die Raupen an den Bauchfüßen nur noch zwei nach vorn und zwei nach hinten gerichtete Häkchen tragen. Bei fortschreitender Anpassung an die minierende Lebensweise gehen auch diese verloren, und die Bauchbeine sind dann ganz unbewehrt und erscheinen nur noch als ziemlich funktionslose Fleischzapfen oder Ausstülpungen, die ebenfalls bald der Reduktion anheimfallen. Später werden auch die Brustbeine reduziert, indem sie zunächst ein Glied verlieren; in den letzten Stadien der Anpassung sind sie nur noch durch Wülste angedeutet. Mit der Reduktion der Beine ging eine Umwandlung des Körpers der Raupe parallel. Aus der ganzen Lebensweise der minierenden Raupen in einem sehr flachen Raum, wie er durch die geringe Entfernung von der Epidermis zum Parenchym gegeben ist, ergibt sich die Notwendigkeit, den Körper abzuplatten. In der Tat finden wir bei fast allen Minierern einen dorsoventral zusammengedrückten Körper; eine Ausnahme machen hierbei die Larven, die im Innern von Coniferennadeln minieren; bei ihnen hat der Hohlraum nach allen Seiten eine nahezu gleiche Ausdehnung, und wir finden bei ihnen deshalb nie so stark abgeflachte Formen wie bei den übrigen Blattminierern. Selbstverständlich muß eine besonders starke Zusammendrückung bei den Arten festzustellen sein, die im Parenchym der Rinde leben, wo also die Höhe der Mine noch mehr eingeschränkt erscheint. Im Zusammenhang mit der Abflachung steht auch der Schwund der Beine. Eine normal freilebende Raupe läuft in der Weise, daß sie die Mitte ihres Körpers nach oben zu von der Unterlage abhebt und durch Muskelzusammenziehung sich verkürzt; dadurch kommen die Bauchfüße weiter nach vorn; ist das geschehen, so werden sie an die Unterlage angedrückt, und der vordere Teil der Raupe hebt sich ab, dehnt sich aus, und so werden die Brustfüße nach vorn befördert. In dem Maße nun, wie der Minenhohlraum immer flacher wird, kann diese Art der Fortbewegung nicht mehr vollzogen werden; einmal kann die Raupe sich nicht genügend hoch von der Unterlage entfernen, und dann bedingt die Verkürzung des Körpers eine Verdickung desselben an gewissen Stellen, für die wiederum nicht mehr ausreichender Platz in der engen Mine vorhanden ist. So kommt es, daß die Beine immer mehr entbehrlich und infolgedessen reduziert werden. An ihre Stelle treten vielfach laterale Ausstülpungen des Körpers, die die Raupe, besonders bei Gangminen, an die Wände des Ophionoms preßt, und mit denen sie sich von der Stelle bewegt. In vielen Fällen bleiben bei Reduktion der Bauchfüße die Nachschieber noch erhalten und erscheinen dann weit nach hinten gelagert; es erklärt sich dies daraus, daß ihre Funktion etwas von der der Bauchfüße abweicht, so daß sie gewissermaßen abstoßend wirken. In welcher Weise speziell die Miniertätigkeit eine Veränderung an Zahl und Anordnung der Körperborsten bewirkt, ist bisher noch nicht untersucht worden.

Die Körperfarbe der minierenden Raupen ist, abgesehen von einigen wenigen Arten, auf die wir später noch zurückkommen werden, immer sehr blaß, wie bei allen endophagen Raupen. Sie sind entweder weißlich, gelblich oder grünlich gefärbt. Infolge der geringen Pigmentierung der Haut scheinen die inneren Organe hindurch; man kann den mit grüner Blattsubstanz gefüllten Darm als sogenannte Dorsallinie, oft auch das Herz und die vielfach orange, gelb oder rötlich pigmentierten Gonaden hindurchschimmern sehen. Dunkler gefärbt sind aber oft die stärker chitinisierten Teile, so der Kopf und manche Chitinplatten, die sich besonders auf den Brustsegmenten lateral oder häufiger dorsal finden.

Besonders tiefgehend sind nun die Umgestaltungen, die am Kopf und den an ihm befindlichen Organen im Zusammenhang mit der minierenden Lebensweise sich vollziehen. Wir sind über sie durch eine gründliche und gewissenhafte Arbeit von TRÄGÅRDH (1913) eingehend informiert worden. Zunächst läßt sich ein allgemeiner Unterschied feststellen in der äußeren Form der Kopfkapsel. Sehen wir uns irgendeine freilebende Raupe an, so finden wir, daß der Kopf nach unten gebogen ist. Die dorsale Platte der Kapsel ist länger als die ventrale, wodurch der Kopf seine Neigung nach vorn und unten erhält (Abb. 78). Es beruht das auf der Lebensweise dieser Arten; sie sind nämlich gezwungen, wenn sie fressen wollen, den Kopf noch tiefer zu senken, als ihre Unterlage sich befindet, wenn sie nämlich aus dem Blatt ein Stück herausschneiden wollen. Die blattminierenden Raupen dagegen entnehmen ihr Futter nicht aus Teilen der Pflanze, die so tief oder tiefer als ihre Unterlage sich befinden, sondern fressen aus Schichten, die mit ihrem Körper in gleicher Höhe sich befinden. Deshalb hat ihr Kopf eine horizontale Lage, was vielfach dadurch erreicht wird, daß der dorsale größere Teil in eine Einstülpung des ersten Brustringes zu liegen kommt. So kann man schon an der Kopfhaltung erkennen, ob eine Raupe miniert oder nicht. Natürlich finden sich Abplattung und horizontale Lage nicht bei allen Arten in der gleichen Weise ausgebildet; man kann auch da verschiedene Stufen der Entwicklung beobachten. Es zeigt sich hier ein wesentlicher Unterschied in der Art der Umbildung zwischen den parenchymalen und den epidermalen Minierern. Während bei den ersteren die horizontale Lage erreicht wird, indem der längere Dorsalteil des Kopfes in den Prothorax eingeschoben wird, ist bei den epidermalen Minierern oder sap-feeders eine solche nicht angängig. Sie bewirkt nämlich eine stärkere Verdickung des ersten Brustringes, was bei der Lebensweise der Raupe nicht wünschenswert erscheint. Wir wissen, daß diese nur in einer einzigen, recht niedrigen Zellschicht, der Epidermis, lebt. Bei starker Verdickung würde die dünne Decke über der Mine leicht durchgestoßen werden, besonders, weil die Raupen vielfach ein stark chitinisiertes Schild auf dem Thoraxrücken des ersten Segmentes tragen. Hier wird nun ein anderer Ausweg gefunden, indem nämlich die ventrale Platte der Kopfkapsel stärker

Abb. 78. Raupe von *Notodonta* mit senkrecht gestelltem Kopf.

Abb. 79. Abgeplatteter Kopf von *Nepticula* mit Antennen (*A.*) ohne Borsten am zweiten Glied, die in einer Einschnürung hinter den Mandibeln (*M.*) eingesenkt sind.

verlängert wird, wodurch ebenfalls eine horizontale Lage des Kopfes erzielt ist. So wird auf zwei verschiedenen Wegen dasselbe Resultat gewonnen.

Von den Organen des Kopfes, die bei der minierenden Lebensweise umgewandelt werden, seien zunächst die Ocellen erwähnt. Wir wissen, daß sie bei den Großschmetterlingen und freilebenden Kleinschmetterlingen zu etwa fünf bis sechs am Raupenkopfe vorhanden sind. Sie stehen gewöhnlich in einem Halbkreise, der nach hinten offen ist, wobei die Anordnung aber mehr oder weniger unregelmäßig sein kann. Bei den Blattminierern finden nun aber beträchtliche Abänderungen statt, die sich nicht nur auf die Anordnung, sondern auch auf die Anzahl der Augen beziehen. Dieser Halbmond von Ocellen flacht sich nämlich im Laufe der Anpassung immer mehr ab, indem zunächst die Ocellen immer unregelmäßiger stehen und sich endlich so zwischeneinander schieben, daß sie eine einzige gerade Linie bilden. So stehen bei *Tischeria* und *Cemiostoma* sämtliche Ocellen hintereinander am dorsalen Seitenrande des Kopfes. Es beruht diese Verlagerung darauf, daß durch die dorsoventrale Abplattung die Seitenteile immer schmaler werden, auf denen die Augen sitzen, so daß diese gezwungen sind, in eine Linie zu rücken. Andererseits ist das aber auch für die minierende Raupe von Vorteil. Es ist ohne weiteres klar, daß in einem sehr niedrigen Gange diejenigen Augen, die sich noch oberhalb oder unterhalb jener Linie befinden sollten, fortwährend in eine unsanfte Berührung mit Boden und Decke des Hohlraumes kommen würden; sie wären dort einmal leichter Beschädigungen ausgesetzt und würden schließlich da auch keine Funktionen haben. Das, was die Raupe mit ihnen zu sehen hat, liegt in gleicher Höhe mit ihrem Körper, nicht darunter und nicht darüber. Brauchen kann sie also nur immer diejenigen Ocellen, die an der äußersten Seite stehen, und so ist die Anordnung derselben in einer lateralen Linie nur als ganz zweckmäßig zu bezeichenen.

Eine besonders weitgehende Anpassung finden wir bei den Raupen der Gattung *Lithocolletis*. Im jüngsten Stadium leben sie als „sap-feeder", machen einen dünnen Gang und später einen umfangreichen Platz, der so groß ist, wie die künftige ganze Mine, indem sie die Oberhautdecke ablösen. In den späteren Stadien fressen sie dann von den parenchymatösen Geweben des Blattes, die unter dieser abgetrennten Schicht liegen. Sie legen zuerst also epidermale, später parenchymale Minen an. Es ist nun bemerkenswert, wie sich die verschiedene Lebensweise bei derselben Art auch in einer verschiedenartigen Ausbildung der Ocellen äußert. Im ersten Stadium frißt die Raupe nur in derselben Richtung, in der ihr Körper liegt, also horizontal; deshalb zeigen auch die Ocellen jenen Grad der Anpassung, der in einer Anordnung in einer geraden Linie an der Seite des Kopfes besteht; es sind dabei nicht alle Einzelaugen in gleichem Maße ausgebildet, sondern das vorderste erscheint größer, die hinteren sind mehr oder weniger atrophiert, indem Linse und Pigmentanhäufung reduziert werden, so daß äußerlich nur ein glasklarer Fleck sichtbar bleibt. Bei der erwachsenen Raupe vollzieht sich jedoch die Nahrungsaufnahme in anderer Weise; sie frißt Löcher in ihre Parenchymunterlage, weshalb auch die Minen von

Lithocolletis stets oben wie getupft aussehen. Die Raupe ernährt sich von einer Substanz, die räumlich unterhalb der Längsachse ihres Körpers liegt; damit geht parallel eine andersartige Anordnung der Ocellen. Man findet sie jetzt zu mehreren auf der Unterseite des Kopfes liegen. Eine solche Verteilung erscheint im Hinblick auf die veränderte Ernährungsart sehr zweckmäßig. Bei manchen Minierern ist nur noch ein einziger Ocellus vorhanden, der entweder weiter vorn am Kopfe sitzt, wo er geeignet ist, nur nach vorn zu sehen, oder mehr nach hinten gerückt, wo er auch oder fast nur für seitliches Sehen zu verwenden ist. Besonders merkwürdig ist aber nun, daß die Raupen von *Nepticula* den Ocellus so gelagert haben, daß er mehr seitwärts sieht, während ihre Gänge sehr schmal sind und das Minieren fast stets nur geradeaus erfolgt. Andererseits scheinen die Ocellen von *Eriocrania* nur für ein Sehen nach vorn eingerichtet zu sein, obgleich die Minen als große Plätze oder Blasen ausgebildet sind. Eine überzeugende Erklärung für dieses merkwürdige Verhalten hat man bisher noch nicht gefunden. Es scheint, als ob der einfache Ocellus den primitivsten Zustand darstellt; er findet sich auch bei den freilebenden *Micropteryx*-Arten; aus ihm sind dann die in der Mehrzahl vorhandenen Ocellen der freilebenden Schmetterlinge hervorgegangen, während wir bei *Nepticula* und anderen relativ hochstehenden Minierern in dem Auftreten von nur einem Punktauge eine sekundäre Reduktionserscheinung zu sehen haben. Da dieselbe Ocellenzahl einmal als primitiver Zustand, ein andermal als Reduktion aufzufassen ist, sind wir z. B. bei *Eriocrania* nicht in der Lage zu entscheiden, ob das Verhalten der Augen als ursprünglich zu bezeichnen ist. Im großen und ganzen können wir jedoch in der Ausbildung der Gesichtssinnesorgane bei den hyponomogenen Raupen eine deutliche Anpassung an die minierende Lebensweise wahrnehmen.

Eine gleiche Adaption können wir bei den Fühlern der Raupe feststellen. Eine normale Antenne einer freilebenden Raupe ist dreigliedrig und trägt am Ende Zäpfchen, die als Träger eines chemischen Sinnes anzusehen sind, und Borsten. Eine weitgehende Reduktion findet im Zusammenhang mit der minierenden Lebensweise nicht statt; höchstens wird ein Glied reduziert, so daß die Fühler nur noch zweigliedrig erscheinen. Diese Rückbildung kann sich am Basal- oder am Endglied vollziehen. In beiden Fällen ist sie jedoch nicht von einschneidender Bedeutung; denn das wichtigste am Fühler sind die Sinnesorgane, und diese erleiden offensichtlich keine nennenswerte Veränderung. Es ist aber ein auffallender Unterschied zwischen den parenchymalen und den epidermalen Blattminierern auch in der Antennenausbildung festzustellen. Bei den sap-feeders findet sich unmittelbar hinter den Mundwerkzeugen eine tiefe Einschnürung, und in dieser liegen die Fühler. Bei den übrigen Minierern ist ein solcher Einschnitt nicht vorhanden; die Antennen sitzen deshalb freier auf dem Kopfrande. Es ergibt sich daraus eine ganz veränderte Inanspruchnahme der Fühler. Im letzteren Falle sind sie vielmehr in Gefahr, von den Wänden der Mine gepreßt, gerieben oder sonst irgendwie beschädigt zu werden, während sie in der Einsenkung bei den sap-feeders einen relativ hohen

Schutz genießen. Daraus erklärt es sich, daß die Reduktion bei den sap-feeders in weit geringerem Grade erfolgt ist als bei den übrigen Minierern. Auch die Ausstattung des Endgliedes ändert sich unter diesen Verhältnissen. Bei den parenchymalen Minierern ist die lange Borste, die am zweiten Fühlerglied sitzt, lang und kräftig, aber nicht nach außen abstehend, wie bei den freilebenden Raupen, sondern nach vorn und einwärts gebogen. Bei den Gattungen, wo die Antennen in eine Einschnürung hinter den Mundteilen eingelagert sind, ist diese Borste fein und haarförmig. Es läßt sich daraus der bemerkenswerte Schluß ziehen, daß diese Borste kein Organ zur Perzeption mechanischer Reize oder wenigstens dieses nicht allein ist, sondern daß sie einen Schutz für die zarten und empfindlichen chemischen Sinneskegel bildet, über die sie ja weit hinausragt. Bei allen den Arten, wo die Fühler durch ihre geschütztere Lage nicht so gefährdet sind, ist sie deshalb entbehrlich und reduziert worden.

TRÄGÅRDH hat nun besonders eingehend die eigentlichen Mundwerkzeuge untersucht, an denen die durch den Minenfraß bedingte Veränderung am deutlichsten zum Ausdruck kommen muß. Diese Modifikationen können sich in vierfacher Weise vollziehen. Zunächst bildet sich bei der Oberlippe oder dem Labrum ein tiefer Einschnitt aus, der am Ende zu einer kreisförmigen Öffnung erweitert sein kann. Unter diesem Loch liegt die Mundöffnung, und sie scheint besonders geeignet, den flüssigen Zellsaft zu der letzteren zu führen. An den beiden Seitenlappen der Oberlippe, die durch diesen Einschnitt entstanden sind, bilden sich oben Haarbüschel und unten Haare und Fortsätze aus. Die ersteren sind ebenfalls zur Beförderung der flüssigen Nahrung in den Mund, die letzteren zur Zuführung von festen Stoffen geeignet. Die Haarbüschel wirken ganz ähnlich wie Fließpapier, indem sie den Saft aufsaugen, der dann von der Mundöffnung eingeschlürft wird. Die an der Ventralseite der Oberlippe befindlichen Haare und Fortsätze bilden mit entsprechenden Organen der Mandibeln und Maxillen zusammen eine Röhre, in der die Nahrungsstoffe zum Munde geleitet werden können. Solche Vorrichtungen sind bei den Minierern besonders notwendig. Die freilebenden Raupen besitzen eine viel größere Beweglichkeit, besonders des Kopfes; sie können die mit den Mandibeln abgeschnittenen Blattstücke leichter zur Mundöffnung führen; bei den hyponomogenen Raupen ist die Beweglichkeit infolge der Enge ihres Wohnraumes viel mehr eingeschränkt; sie brauchen deshalb diese Hilfsvorrichtungen, weil ohne sie wahrscheinlich ein Teil der abgebissenen Pflanzenteile bei ihrer Vorwärtsbewegung an den Seiten des Kopfes vorbeigleiten und ihnen entgehen würde. Das Labrum kann weiterhin umgebildet sein, indem die Ränder des Einschnittes mit Sägezähnen versehen sind. Diese unterstützen dann die Tätigkeit der Mandibeln, und man kann sehen, wie manche Larven fressen, indem sie den Kopf wechselweise nach rechts und nach links drehen. Sie können dann auch ohne die Mandibeltätigkeit Blattzellen aus dem Gewebe herausreißen. Endlich kommt bei *Phyllocnistis* ein letzter Modus der Oberlippenumwandlung in Frage, indem nämlich das Labrum ganz außerordentlich vergrößert und mit zahlreichen feinen Härchen besetzt ist

Es ist hier so groß, daß es auch vorn noch über die Mandibeln hinausreicht und diese ganz bedeckt. TRÄGARDH nimmt an, daß hier eine regulatorische Wirkung auf die Mandibeln vorliegt. Da die Raupe nur in den relativ niedrigen Epidermiszellen lebt, bestände immer die Gefahr, daß bei den Bewegungen der Mandibeln auch die cuticulare Decke durchgeschnitten werden könnte, wodurch eine Öffnung in der Mine entstände. Das wird verhindert, indem die Oberlippe gewissermaßen als Schutzkissen zwischen Mandibeln und Cuticula gelegt wird. Die Haare sollen diesen Schutz noch verstärken, indem sie auch die Seiten der Mandibeln verhindern, die schützende Cuticulardecke zu durchstoßen. Es scheint uns aber, als ob die Behaarung auch hier noch nebenbei in den Dienst der Flüssigkeitsaufsaugung gestellt sein könnte; solche Haarbildungen, die in ihrer Wirkungsweise dem Fließpapier zu vergleichen sind, kommen auch anderwärts bei Schmetterlingen vor; es sei da erinnert an die Erläuterungen, die zu dem Duftorgan der Castnien (S. 155) gegeben wurden.

Auch bei den Mandibeln lassen sich Modifikationen feststellen, die durch die minierende Lebensweise bedingt sind. Bei den frei lebenden Raupen sind die Mandibeln solide Platten, die außen konvex, innen ausgehöhlt sind. Wenn beide zusammenschlagen, treffen die gezähnten Ränder beider in der Weise aufeinander, daß immer ein Zahn der einen in die entsprechende Aushöhlung der andern paßt. Beide Mandibeln sind etwa senkrecht gestellt, und wir können uns ihre Tätigkeit gut vorstellen, wenn wir unsere beiden Hände senkrecht halten, dabei die Finger spreizen, so daß der Daumen nach oben zu liegen kommt, und sie nun so aufeinander zu bewegen, um sie zu falten. Den Fingern entsprechen dann die Mandibelzähne, und zwischen beiden haben wir uns das Blatt vorzustellen, das in Angriff genommen werden soll. Dieses wird dadurch an der betreffenden Stelle fein und dicht perforiert, und es kann leicht durch Bewegungen des Kopfes usw. das Blattstück abgetrennt werden. Aus mancherlei Gründen ist eine solche Ausbildung bei hyponomogenen Raupen ausgeschlossen. In dem Maße, wie sich der Kopf abflachte, wurden auch die Mandibeln dorsoventral abgeplattet, standen also nicht mehr senkrecht, sondern nunmehr horizontal. Das vollzog sich in der Weise, daß der frühere untere Rand nach einwärts verschoben wurde; Hand in Hand damit ging eine Reduzierung der Zähne. Es würden nämlich bei einer solchen Verlagerung sich Innenflächen an den Mandibeln bilden, bei denen die längsten Zähne in der Mitte stehen. Wir können uns diesen Vorgang so symbolisieren, daß wir die senkrecht stehenden Hände, wo also der Daumen oben liegt, nach außen wenden, so daß jetzt die inneren Handflächen nach oben gerichtet sind. Dieser Vorgang hat sich bei der Abplattung der Mandibeln abgespielt. Jetzt können sich, wenn wir die Hände aufeinander bewegen, nicht mehr alle Finger berühren, sondern nur noch die letzten, die den Zähnen der Mandibel entsprechen, die jetzt in der Mitte des Mandibel-Innenrandes liegen. Die vorderen und äußeren würden sich nicht mehr treffen können, und darin würde eine erhebliche Behinderung im Fressen für die Raupe begründet sein. Sie müßte ihre vorderen Zähne erst in das Gewebe einbohren, ohne es zerschneiden zu können, bevor sie die Zähne wirken lassen kann, bei denen eine Berührung noch möglich ist. So erklärt es sich, daß diese mittelsten Zähne der Innenseite der nun ganz flachen Mandibeln verkleinert werden. Damit im Zusammenhange müssen die vordersten Zähne nach innen verlängert werden, so daß eine gleichmäßig nach innen abnehmende Zähnung festzustellen wäre. Eine solche läßt sich in der Tat bei *Nepticula* und *Cemiostoma* beobachten. Bei der Drehung der Mandibeln kommt der frühere Unterrand derselben, der dem Innenrande der Hand in der Verlängerung des kleinen Fingers entspricht, ganz nach innen zu liegen. Bei den parenchymalen Minierern wird dieser Teil ganz rückgebildet, während er bei den epidermal minierenden Raupen viel größer entwickelt wird und feine sägezahnähnliche Einschnitte aufweist; er dient hier zum Zerschneiden der Zellwände, eine Funktion, die sonst die Zähne der Mandibeln einnehmen; diese letzteren werden im Zusammenhange mit dieser Erscheinung dann immer mehr rückgebildet.

Endlich erstrecken sich die Umbildungen bei minierender Lebensweise auch auf Maxillen und Unterlippe. Es mögen zunächst die Veränderungen derselben bei den parenchymalen Minierern erwähnt werden. Eine große Rolle spielt bei allen frei lebenden Raupen, besonders denen der Kleinschmetterlinge, die Spinndrüse. Die Spinntätigkeit wird während des ganzen Raupenlebens ausgeübt, sei es, um Blätter zu einer Wohnung zusammenzuspinnen, sei es, um ein Nest herzustellen oder die Lokomotion zu erleichtern. Ganz anders ist es bei den Minierern. Eine solche Tätigkeit der Spinndrüsen findet bei ihnen nur noch in ganz geringem Umfange statt. Einzig *Tischeria complanella* Hbn. scheint während des ganzen Raupenlebens noch Gespinst zu produzieren. Damit im Zusammenhange steht, daß bei den meisten hyponomogenen Raupen die Spinndrüsen ganz beträchlich reduziert sind, indem ihr Ausführungsgang auf der Unterlippe, das Spinnfeld, mehr und mehr verschwindet, bei manchen Arten schließlich nur noch in Form von zwei kleinen Härchen erhalten bleibt. Im Zusammenhang damit wird der Hypopharynx stärker entwickelt und bildet zusammen mit den Maxillen eine Halbröhre, die ähnlich wie die von der Oberlippe gebildete wirkt, also eine Zuleitung der Nahrungsstoffe zur Mundöffnung bezweckt. Bei *Tischeria* findet während des ganzen Raupenlebens eine Spinntätigkeit statt; deswegen bleibt das Spinnfeld auch in normaler Weise erhalten.

Bei den sap-feeders finden wir ganz ähnliche Verhältnisse, nur sind die Umbildungen sehr viel stärker ausgeprägt; wir erkennen da eine Linie der Entwicklung, die von *Ornix* über *Gracilaria-Lithocolletis* bis zu *Phyllocnistis* geht.

Die sap-feeders erleiden während ihres späteren Lebens oft beträchtliche Umbildungen, da sie dann eine andere Lebensweise führen. Die *Ornix*-Arten schlagen später einen Blattrand um, *Gracilaria*-Arten legen ein *Ptychonom,* später einen Blattkegel oder eine Blattrolle an, in der sie nach Art der Wickler sich ernähren, die *Lithocolletis* fressen das Parenchym in einer Faltenmine usw. Von allen diesen unterscheidet sich aber die Gattung *Phyllocnistis*. Sie bleibt ihr ganzes Leben hindurch in epidermalen Minen; im letzten Stadium nimmt sie aber keinerlei Nahrung mehr auf. Infolgedessen sind die Mundwerkzeuge in diesem letzten Stadium ganz außerodentlich atrophiert, selbst die Mandibeln fehlen fast, Augen und Fühler sind anscheinend verschwunden, die letzteren finden sich in fast funktionslosen Resten auf der Unterseite, wo aber keine Glieder mehr ausgeprägt sind, sondern nur noch einige Sensillen auf einem kreisförmigen Felde sitzen. Alle Organe sind zurückgetreten gegenüber einer mächtigen Ausbildung der Unterlippe, besonders des Spinnfeldes. Damit steht im Einklang, daß in der letzten Phase die Raupe nur noch mit der Herstellung des Gespinstes beschäftigt ist.

Aus allen diesen oft recht komplizierten Umbildungserscheinungen bei den minierenden Raupen sehen wir, daß das Leben der Larven in Minen einen besonders hohen Grad der Anpassung bezeichnet, und wir müssen wohl annehmen, daß lange geologische Zeiträume verstrichen sind, seitdem diese Arten zu einer hyponomogenen Lebensweise übergegangen sind. Tatsächlich kennen wir fossile *Nepticula*-Minen schon aus dem Tertiär; es besteht aber die Möglichkeit, daß auch in noch früheren Zeiten Minierer in Coniferennadeln gelebt haben. Auf Grund unserer heutigen Kenntnis muß aber gesagt werden, daß alle Nadelholzminierer moderneren Familien angehören, also wohl erst sekundär zu dieser Lebensweise übergegangen sind.

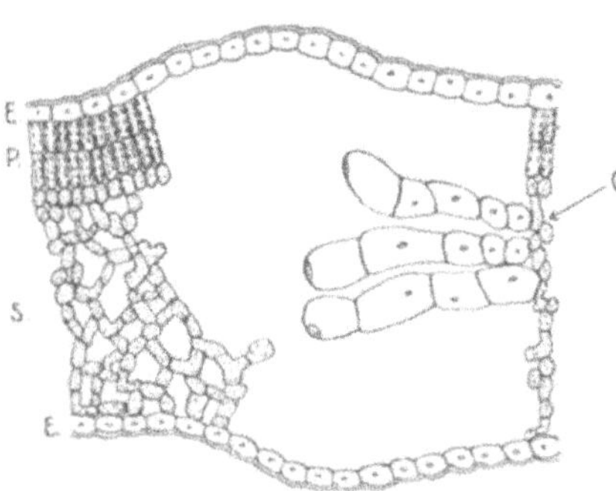

Abb. 80. Blattquerschnitt von *Pirus* mit Mine von *Lyonetia clerkella* L., darin Callusschläuche (*C.*; alle andern Abkürzungen siehe Abb. 65).

Nachdem wir den Einfluß der hyponomogenen Lebensweise auf die Erzeuger der Minen untersucht haben, wollen wir uns den Folgen derselben für die Pflanzen zuwenden. Wir hätten da zunächst die Schädigungen zu untersuchen, die dem Substrat aus der Anlegung der Minen erwachsen. Bei den epidermalen Minen tritt sicher nur eine äußerst geringe Schädigung ein, wenn eine solche überhaupt erfolgt. Die Epidermis wirkt ja nur als Schutzdecke, und da die Cuticula erhalten bleibt, braucht eine Austrocknung der parenchymatösen Gewebe nicht zu erfolgen. Größerer Schaden wird schon hervorgerufen, wenn das Parenchym ganz oder teilweise verzehrt wird, oder wenn gar Gefäßbündel verletzt werden. Daß dann die Blätter benachteiligt werden, erkennt man daraus, daß gewisse Blatteile vertrocknen. Hier sucht sich nun die Pflanze zu helfen, indem sie ein Callusgewebe in der Mine erzeugt. Es werden sehr große, dünnwandige und chlorophyllfreie Zellen gebildet, die den Minenhohlraum durchsetzen und so die beiden getrennten Wände verbinden (Abb. 80). Sie sind vorwiegend für den Transport von Wasser bestimmt, was schon aus ihrer Dünnwandigkeit hervorgeht; Kohlehydrate, Stärke und Zucker, befördern sie nicht, so daß eine Stauung derselben in den durch die Minengänge abgeschnittenen Blatteilen erfolgt. Die Bildung von solchen Ersatz-Parenchymzellen kann auf verschiedene Weise erfolgen; es wachsen entweder lange Schläuche von Zellen in den Hohlraum hinein, oder es bilden sich unregelmäßige große rundliche Zellen, oder die an den Minenraum angrenzenden Parenchymzellen wölben sich vor und bilden Ausstülpungen, die sich immer mehr und mehr vergrößern. Diese Bildungen gehen immer vom Schwammparenchym oder von der Scheide der Gefäßbündel aus; in den seltensten Fällen beteiligt sich auch das Palisadenparenchym daran. Während bei Fliegenminen nicht nur ein solches Callusgewebe gebildet wird, sondern auch zuweilen eine echte Regeneration erfolgt, indem ein neues Palisadenparenchym erzeugt wird, konnte bei Schmetterlingsminen eine solche Regeneration noch nicht beobachtet werden. Wenn die Raupen auch das Assimilationsgewebe verzehrt haben, wird doch nur ein Callusgewebe gebildet, so daß ein richtiger Ersatz nicht geschaffen wird.

Man kann nun verschiedentlich bei den von blattminierenden Raupen befallenen Blättern eine eigentümliche Veränderung beobachten, die in einer Verfärbung besteht. So erzeugt *Leucospilapteryx omissella* Stt. in den Blättern von Artemisia große Physonomien, die zuerst grün und dann äußerst schwer zu entdecken sind. Später verfärben sie sich aber ganz lebhaft rotbraun. Worauf diese Umänderung der Farbe zurückzuführen ist, konnten wir bis jetzt noch nicht feststellen. Im Zusammenhange damit steht aber auch eine Verfärbung der Raupe; diese ist zuerst grün, im letzten Stadium aber schön karminrot. Beide Erscheinungen sind wohl auf eine gleiche Ursache zurückzuführen. Wahrscheinlich bilden sich im Körper der Raupe in ihrer letzten Periode gewisse Enzyme aus, die eine andersartige Zusammensetzung der aufgenommenen Pflanzenfarbstoffe im Raupenkörper bewirken. Wenn diese Stoffe in reichlichem Maße erzeugt werden, wird ein Teil von ihnen auch mit den Abfallprodukten des Stoffwechsels abgeschieden werden, so daß sie nun auf die Gewebe des Blattes einwirken, die den Minenhohlraum begrenzen, und in deren Zellen veranlassen sie eine gleichartige Umsetzung des Chlorophylls. Wir wissen, daß sich der grüne und der rote Farbstoff sehr nahe stehen, und daß der letztere oft aus einem Abbau des ersteren resultiert. Unter diesem Gesichtspunkt erscheint die Verfärbung des Blattes sehr leicht möglich. Es dürfte nicht schwer fallen, diese Frage auch experimentell zu untersuchen; in einigen Minen findet nämlich eine Verfärbung der Raupe, aber nicht eine solche des Blattes statt; es kann das darauf beruhen, daß bei diesen hyponomogenen Raupen die Enzyme nicht in genügendem Überschuß gebildet werden. Bei den Raupen von *Cosmopteryx eximia* Stt. erfolgt im letzten Stadium ebenfalls eine Verwandlung der grünen Farbe in Rot; die Umgebung der Mine verfärbt sich hier aber nicht mit. Es kann das darauf beruhen, daß hier die Enzyme nie in einem zureichenden Überschuß erzeugt werden, oder aber, daß das Chlorophyll der Blätter dieser Pflanze weniger leicht beeinflußbar ist, daß es erst umgewandelt werden kann, wenn es in den Raupenkörper gelangt ist. Bei *Micrurapteryx pavoniella* Z. hingegen sind die Raupen nur bernsteingelb; die von ihnen erzeugten Physonomien an Asterarten sind aber grell braunrot. Hier scheinen es zufällige Begleitprodukte der Stoffwechselabscheidungen zu sein, die die Verfärbung des Blattes bedingen. Während vielfach die hypothetischen Enzyme erst im späteren Raupenleben auftreten und in den ersten Stadien noch fehlen, kann auch das Umgekehrte der Fall sein. *Nepticula acetosae* Stt. legt in Rumex-Arten ein ganz dicht spiraliges Heliconom an; nach der letzten Häutung biegt die Raupe ab und verfertigt einen relativ geraden breiteren Gang. Der spiralige Teil der Mine ist nun in seiner Umgebung immer intensiv rot gefärbt, der letzte gerade Teil aber nicht. Solche Rotfärbungen kommen beim Sauerampfer auch sonst bei anderen Minierern, bei der Anwesenheit von Pilzen und selbst bei mechanischen Beschädigungen vor. Die Regelmäßigkeit aber, die wir bei dem Auftreten der Erscheinung nur am Spiralgang beobachten, weist darauf hin, daß hier ein besonderer Einfluß der Raupe auf das Blatt vorliegen muß.

Die Farbänderung des Blattes und der Raupe ist also ein Gebiet, das noch als ziemlich unerforscht gelten kann, wenigstens was die Ursachen dieser Erscheinung anbetrifft. Es besteht ja auch die Möglichkeit, daß die Veränderung der Raupenfärbung nicht auf Enzymen beruht, die im Körper der Larve ihren Sitz haben. Vielleicht bewirken schon die Kotablagerungen eine Veränderung in der Chlorophyllzusammensetzung des Blattes, die sich dann nach dem Genuß der so veränderten Chlorophyllkörner in einem Umschlag der Färbung äußert, so daß also die Veränderung im Blatte als der primäre Faktor anzusehen wäre, woraus dann erst die Farbänderung der Minierraupe resultieren würde. Es spricht allerdings gegen diese Annahme die Tatsache, daß eine Veränderung der Farbe fast stets erst nach einer bestimmten Häutung bzw. bis zu einer solchen erfolgt. Es scheinen dann irgendwelche Veränderungen in den Raupenorganen vor sich zu gehen, in denen man die erste Ursache dieser Erscheinung zu sehen haben wird.

Einen anderen Modus der Verfärbung des Blattes kann man aber ebenfalls häufig beobachten. Oftmals erscheinen bestimmte Blattpartien in minierten Blättern heller als die Umgebung. Es beruht das auf einer sogenannten „Ringelungs“-Erscheinung. Der Gang der Mine ist dann so verlaufen, daß bestimmte Gefäßbündel durchschnitten wurden, die zu den betreffenden Stellen des Blattes hinleiten. Die Folge davon macht sich in zweifacher Hinsicht bemerkbar. Zunächst können die betreffenden Partien nicht mehr gleichmäßig ernährt werden, da die durch die Gefäßbündel zu den einzelnen Blatteilen gebrachten Stoffe ihren normalen Weg nicht mehr nehmen können. Wenn nur kleinere und weniger wichtige Bündel zerstört sind, tritt diese Wirkung nicht so in Erscheinung, da die Pflanze Gefäßbündelanastomosen besitzt oder herstellt, in denen sich weiterhin die Stoffzirkulation abspielen kann. Sind aber größere und wichtigere Bündel vernichtet, so wird die Stoffzufuhr ganz unterbrochen; zwar wird, wie wir vorher sahen, oft ein Callusgewebe gebildet; dieses ist aber nur imstande, die Wasserzufuhr zu ermöglichen; Nährstoffe können durch diese Zellen nicht transportiert werden. So sind diese von der Verbindung mit der übrigen Pflanze abgeschnittenen Stellen der Blätter auf sich selbst angewiesen. Wohl besitzen auch sie Assimilationsgewebe, und Wasser wird ihnen zugeführt; es reicht aber nicht aus, um eine vollständige Ernährung zu ermöglichen, da dazu ja auch viele Stoffe aus dem Erdboden aufgenommen werden müssen. Diese so „geringelten" Stellen bleiben deshalb unterernährt, und diese Unterernährung äußert sich in der blasser grünen Farbe. Diese bezieht sich aber nicht auf alle Stoffe; es können gewisse Kohlehydrate in reicherer Menge aufgespeichert sein als sonst im Blatt. Normalerweise werden ja jeden Abend die im Laufe des Tages gebildeten Stärkemengen aus den Blättern entleert; sind aber größere Minengänge im Blatt vorhanden, so wird die Ableitung der Stärke aus den geringelten Blättern aufgehoben, und es findet eine Anhäufung derselben statt. Man kann dies leicht in der Weise nachprüfen, daß man am Abend minierte und unverletzte Blätter pflückt und beide der Jodprobe unterwirft. Die geringelten Stellen werden dann infolge der in ihnen enthaltenen Stärkemengen tief dunkel gefärbt, während die übrigen Teile des Blattes und die unverletzten Blätter, wo die Stärke bereits ausgewandert ist, hell bleiben. Für die Raupe haben diese Stärkeanhäufungen keine ernährungsphysiologische Bedeutung; die Stärke wird von ihr nicht verdaut, wovon man sich leicht überzeugen kann, wenn man die Kotballen der Jodprobe unterwirft.

Von viel größerer Wichtigkeit sind aber für dieselben Raupen die Ringelungserscheinungen in der Herbstgeneration. In dieser Jahreszeit erfolgt bei den Pflanzen ein Vorgang, der dem der Stärkeabwanderung am Abend ganz analog ist. Nur wird hier nicht bloß die Stärke fortgeschafft, sondern auch der übrige Zellinhalt wird abgebaut und nach den Zweigen und dem Stamm sowie nach der Wurzel geschafft, so daß dann die Blätter nur noch Abfallprodukte enthalten. Nun leben aber viele Raupen noch zu einer Jahreszeit, wo die Blätter ihrer Futterpflanze bereits entleert sind, wo sie also in ihren Minen keine Nahrung mehr finden könnten. Hier erweist sich nun die Ringelung als ein chlorophyllkonservierender Faktor. Da die Abfuhrwege fehlen, werden diese geringelten Teile des Blattes nicht mit abgebaut, sondern bleiben in ihrer sommerlichen Beschaffenheit erhalten. So entstehen die „grünen Inseln" in den Blättern, die schon vielfach die Aufmerksamkeit der Zoologen und Botaniker auf sich gezogen haben. Wenn das ganze Blatt sich schon herbstlich verfärbt hat und grün oder braun geworden ist, bleiben diese Ringelungsstellen noch grün, und die Raupe findet hier ein zusagendes Futter, wie sie es sonst zu dieser Jahreszeit nicht mehr auftreiben könnte. Man findet so z. B. die Raupen von *Nepticula turbidella* H. S. und *argyropeza* Z., indem man abgefallene Blätter von Pappeln oder Espen untersucht; zeigt sich an ihnen in der Gegend der Blattbasis ein grüner Fleck, während sonst schon das Blatt vergilbt ist, so kann man mit Sicherheit darauf rechnen, in einem solchen Blatt die gewünschten Räupchen zu finden. Bei diesen Arten finden wir eine ganz spezielle Anpassung an die Ringelung, auf die wir im folgenden noch etwas genauer eingehen wollen. Solange das Blatt grün ist und am Baume hängt, lebt die Raupe im Blattstiel und ernährt sich von dem Füllparenchym desselben. (Beiläufig mag erwähnt werden, daß durch ihre Fraßtätigkeit eine stärkere Zellvermehrung eintritt, wodurch der Stiel anschwillt, weshalb auch diese Arten mit zu den Gallerzeugern gerechnet worden sind.) Untersuchen wir aber mikroskopisch einen Querschnitt des Blattstieles, so können wir eine merkwürdige Beobachtung machen. Der Blattstiel ist von den Seiten her zusammengedrückt, und alle Gefäßbündel liegen senkrecht untereinander. Das Ei wurde vom Falter in das Füllparenchym abgelegt; aber das ausgeschlüpfte Räupchen hält sich nicht lange darin auf, sondern greift eines der Gefäßbündel an und frißt nun dieses seiner ganzen Länge nach aus. Dadurch wird die Stoffzufuhr nach einem bestimmten Teil des Blattes, nämlich nach dem, der von diesem Bündel versorgt wird, unterbrochen. Gleichzeitig kann nun aber, wenn der Abbau in den Zellen des Blattes sich zu vollziehen beginnt, dieser Teil nicht davon mit betroffen werden. Es fehlt an einer Abfuhrmöglichkeit, und so bleiben diese Stellen, wenn das ganze übrige Blatt vergilbt, dennoch frisch und grün. Dieser Vergilbungsprozeß hat sich nun mittlerweile auch auf den Blattstiel erstreckt, so daß das Räupchen dort keine zusagende Nahrung mehr findet. Es verläßt deshalb jetzt seinen Gang im Innern des Blattstieles und begibt sich in die Spreite des Blattes, und zwar an jene Stelle, die infolge der verhinderten Stoffabfuhr grün geblieben ist. Hier findet es nun zu einer Zeit, wo das ganze Blatt schon seiner Nährstoffe beraubt ist, ein geeignetes Futter und ernährt sich davon. Wenn keine Fraßtätigkeit erfolgt oder von irgendeiner Seite her Gefahr droht, zieht sich die Raupe wieder in den Stiel des Blattes zurück und sucht die Spreite immer nur zum Fressen auf. Wir verstehen jetzt auch, warum die Larve, anstatt von dem saftigen und an Nährstoffen reichen Füllparenchym des Blattstieles sich zu ernähren, ihren Minengang in einem Gefäßbündel desselben anlegte. Dieses bietet an sich infolge seiner vielen stärker verholzten Elemente eine wenig ergiebige Nahrung dar; dazu kommt, daß der starke Schutzring aus dickwandigem Sklerenchym durchgebissen wurde, der um jedes Bündel liegt, was sicher der Raupe große Schwierigkeiten machte und ihr wenig Zuwachs an Nährstoffen brachte. Eine Beseitigung desselben ist aber wünschenswert, da die Raupe ja auch später, wenn sie beträchtlich gewachsen ist, sich in diesen Hohlraum zum Schutze wieder zurückzieht.

Es ist eine außerordentlich zweckmäßige Tätigkeit, die das junge Räupchen ausübt, indem es ein Gefäßbündel durchbeißt, ein Vorgang, der nun durch ein weiteres Moment noch komplizierter wird. Wir finden nämlich, daß es nicht ein beliebiges Bündel ist, das von der Raupe unterbrochen wird, sondern es kommen für sie immer nur zwei derselben in Frage, und das sind diejenigen, welche die

Adern abgeben, die am nächsten der Blattbasis entspringen, weil ja die Raupe ihre Mine nur dort anlegt. Im Querschnitt des Blattstieles liegen alle die Bündel, aus denen die Blattrippen hervorgehen, untereinander, und die Raupe beweist einen ganz unglaublich erscheinenden Spürsinn, indem sie das Bündel herausfindet, welches an den Ort ihrer späteren Spreitenminiertätigkeit heranführt. Wir können uns kaum vorstellen, wie kompliziert der Instinkt sein muß, der eine solche Tätigkeit herbeiführt. In den seltensten Fällen kommt einmal ein Irrtum vor, so daß ein anderes Bündel angegriffen wird, wodurch dann auch eine andere Stelle des Blattes sich zur „grünen Insel" umbildet. Es ist ganz gut möglich, daß solche Irrungen auf irgendeiner krankhaften Disposition oder auf einem Parasitenbefall beruhen; wir wissen, daß beide Faktoren geeignet sind, die Instinkte der Raupen stark zu verändern, so daß daraus Tätigkeiten hervorgehen, die wir bei normalen Raupen nicht kennen. Die Regel ist jedoch der Fall, den wir soeben geschildert haben. In der ersten Raupengeneration tritt natürlich im Zusammenhang mit der fehlenden Herbstvergilbung diese Erscheinung nicht auf; die Minen sind infolgedessen auch viel schwerer zu sehen, und es gelang uns bisher noch nicht festzustellen, ob die Art des Fraßes dieselbe ist, wie wir sie soeben von der Herbstgeneration beschrieben haben; es ist ganz gut möglich, daß in manchen Beziehungen die Raupen in der Art ihrer Fraßtätigkeit sich voneinander unterscheiden. Bei den genannten beiden *Nepticula*-Arten tritt die geschilderte Erscheinung regelmäßig auf; sie kommt auch bei andern Minierern, dort wohl aber nur mehr gelegentlich, vor. Wir können sie besonders oft feststellen bei den Gangminen von *Nepticula* und *Lyonetia* und bei den Faltenminen vieler *Lithocolletis*-Arten. Hier ist aber die Erscheinung nicht so eindeutig zu erklären wie im ersten Falle. Wir finden nämlich, daß vielfach überhaupt keine Hauptader des Blattes durch den Minenhohlraum verletzt worden ist. Es zeigen sich die „grünen Inseln" auch in einer größeren Ausdehnung, als man eigentlich erwarten dürfte. Noch recht einfach läßt sich das Auftreten der Chlorophyllkonservierung bei *Nepticula subbimaculella* Z. erklären, wie es TRÄGÅRDH zuerst getan hat. Diese Raupe weicht ja in mancher Hinsicht von den übrigen Nepticuliden ab; wir hatten schon erwähnt, daß sie als die einzige ihrer Gattung den Kot wenigstens zum Teil aus der Mine entfernt. Diese letztere besteht nun aus zwei Teilen. Zunächst lebt die Raupe in einem feinen, kaum sichtbaren Gange zwischen Haupt- und zwei Nebenrippen an Eichblättern. Der Gang ist so dicht an die Rippen angeschmiegt, daß er kaum zu entdecken ist. Hier beschädigt nun die Raupe das Gefäßbündel in der Weise, daß die Verbindung des zwischen beiden Nebenrippen liegenden Raumes mit dem übrigen Blatt abgeschnitten wird. Wenn nun der Vergilbungsprozeß einsetzt, bleiben diese Blatteile grün, und nun legt die Raupe in diesem Raum eine große Platzmine an. Sie kann infolgedessen noch fressen, wenn das übrige Blatt der Herbstverfärbung anheimgefallen ist. Mehr zufällig scheinen die grünen Inseln bei andern Arten von *Nepticula* und bei *Lyonetia* zu entstehen, wo man keine bestimmte Lokalisation der Mine beobachten kann. Immerhin ist doch aber bei ihnen an irgendeiner Stelle des Blattes eine größere Ader durchschnitten worden.

Anders liegen die Verhältnisse bei *Lithocolletis*. Die Raupen legen hier ihre Ptychonomien zwischen zwei Rippen an, und es erweckt ganz den Anschein, als sei eine größere Blattader überhaupt nicht getroffen worden. Trotzdem bleibt aber der parenchymatöse Teil der Mine vielfach grün, aber nicht nur dieser und der Blatteil, der peripher vom Hyponom liegt, sondern auch vielfach Partien, die mehr zentral sich befinden, so daß es aussieht, als ob die grüne Färbung von der Mine gleichmäßig nach allen Seiten ausstrahle. Wir haben diese Verhältnisse bei *Lithocolletis* noch nicht genauer untersucht und müssen es uns deshalb versagen, ein endgültiges Urteil darüber abzugeben. Es soll aber in diesem Zusammenhange auf eine andere Erklärungsweise hingewiesen werden, wonach die Chlorophyllkonservierung von der Raupe ausgeht. Man hat dabei angenommen, daß die Larve imstande sei, gewisse Stoffe zu produzieren, welche das Blattgrün in der Weise chemisch veränderten, daß der Pflanze ein Abbau im Herbst nicht mehr möglich sei. Um einen Ausdruck aus der mikroskopischen Technik zu verwenden, könnte man sagen, daß durch irgendein von der Raupe abgeschiedenes Agens eine „Fixierung" des Zellinhaltes erfolge. Dieser eigenartige Stoff müßte natürlich die Fähigkeit haben, von Zelle zu Zelle vorzudringen und so durch osmotische Wirkung auch in ferner gelegene Zellen zu gelangen oder durch die Leitbahnen der Pflanze dorthin befördert zu werden. Die „fixierten" Zellen bleiben dann von dem herbstlichen Abbau unberührt und können der Raupe als Nahrung dienen. So ließe sich auch eine radiäre Ausbreitung der grünen Färbung um die Mine herum erklären.

Diese Annahme hat zunächst viel Bestechendes für sich. Haben wir doch vorhin schon anläßlich der übrigen Verfärbungserscheinungen der Blätter (grün und rot) gemutmaßt, daß gewisse Enzyme der Raupe dabei am Werke sind. Ein gleicher Fall könnte ja auch hier vorliegen. Dort wie hier ist aber ein gleicher erster Einwurf zu machen: diese Enzyme sind rein hypothetischer Natur und bisher noch nicht nachgewiesen worden. Weiter ist zu bemerken, daß die Raupen in den verschiedenen Generationen sich auch verschieden verhalten müßten; denn bei der ersten Generation findet man vielfach eine blassere Färbung des Blattgrüns in den „geringelten" Stellen. Bei derselben *Lithocolletis*-Art sieht man in derselben Pflanze die Mine in der ersten Generation heller gefärbt als der normale Teil des Blattes, während sie in der Herbstgeneration dunkler ist als das übrige Blatt. Nach dieser Enzymtheorie müßten wir annehmen, daß bei der ersten Generation derselben Raupe die entgegengesetzte Erscheinung auftritt, daß das Chlorophyll also nicht konserviert, sondern in negativem Sinne verändert wird. Andererseits erscheint es befremdend, daß die in der ersten Generation angelegten Minen nicht auch im Herbst grün bleiben; sie unterliegen den Vergilbungsprozessen wie alle übrigen Teile des Blattes. Doch besteht hier die

Möglichkeit, daß in dem Blatte sekundär später Leitbahnen ausgebildet werden, was bei der Herbstgeneration nicht mehr möglich ist, da zu dieser Jahreszeit keine Wachstumstätigkeiten in der Pflanze mehr auftreten, die Zellen auch schon zu stark verholzt sind.

Dieses Problem des Erhaltenbleibens des Chlorophylls im herbstlich verfärbten Blatt rückt uns die Frage näher, wie weit überhaupt von einem Einfluß der minierenden Raupe auf das Blatt gesprochen werden kann. Wir müssen deshalb auch die Erzeugung von Callusgeweben in den Minenhohlräumen in den Kreis unserer Betrachtungen einbeziehen. Hat die Raupe irgendeinen Einfluß auf die Erzeugung solcher zweckmäßigen Gebilde, oder geht diese nur von den Pflanzen aus? Man ist neuerdings dazu geneigt, der Raupe eine solche Einwirkung abzusprechen, da man auch durch künstliche Verwundungen der Blätter in der Lage war, Ersatzzellen hervorzurufen. Zur Beurteilung dieser Frage müssen wir die Bildung derselben in den verschiedenen Generationen der Raupe prüfen. Wir untersuchten deshalb die Mine von *Heliozela resplendella* St., die zum großen Teil an der Mittelrippe der Erlenblätter entlang geht. In diesem Falle wird ein beträchtlicher Teil des Hauptgefäßbündels verzehrt, und wir wissen, daß die Pflanze auf die Beschädigung desselben besonders stark reagiert. So finden wir bei der ersten Generation der Raupe diesen Gang am Gefäßbündel völlig von Callusgewebe erfüllt. Die einzelnen Zellen liegen so dicht aneinander, daß sie ihre rundliche Gestalt verloren und sich ganz abgeflacht haben. In der Mitte liegt die Kotspur, um die sich die neugebildeten Zellen fast konzentrisch angeordnet haben. Dieses so gebildete Gewebe unterscheidet sich kaum noch von dem Füllparenchym der Mittelrippe. Ganz anders liegen nun aber die Verhältnisse bei der zweiten Generation dieser Raupen. Die Lage der Mine ist die gleiche; da aber alle Zellen viel stärker verholzt sind, ist es nicht möglich, die Nahrung so wie im Frühjahr auszunutzen. Es sind infolgedessen die Massen der abgeschiedenen Exkremente viel umfangreicher und füllen den ganzen Gang aus, so daß nur ein äußerst schmaler Raum an den Wänden übrigbleibt. Es versteht sich von selbst, daß hier eine Ausfüllung des Hohlraumes der Mine mit Callusgewebe unmöglich ist, weil es an Raum dafür fehlt. An den Wänden sieht man einige schwache Versuche zur Bildung von Ersatzzellen. Es bestehen nun dreierlei Möglichkeiten: Entweder unterbleibt die Bildung des Ersatzparenchyms zwangsweise, weil der Raum von Kot erfüllt wird, oder zweitens, die Erzeugung desselben beruht auf einem Einfluß der Raupe, der in der zweiten Generation nicht mehr vorhanden ist, oder endlich ist die Pflanze zu der Jahreszeit, wo die zweite Generation der Larven auftritt, nicht mehr imstande, Zellneubildungen hervorzurufen, weil ihre Vegetationsperiode vorüber ist. Der letzte Punkt ist am schwersten zu entscheiden. Wohl verbleiben die Blätter der Erle länger am Zweig als beispielsweise die des Apfelbaums; bei den letzteren fanden wir zu einer Zeit, wo in den *Heliozela*-Minen Neubildungen von Zellen nicht oder kaum mehr festzustellen waren, noch schön entwickelte Callusgewebe (es können selbstverständlich nur solche Minen verglichen werden, die etwa zur gleichen Zeit angelegt wurden); trotzdem kann zu derselben Zeit schon die Erle in ihrer Vegetationsperiode weiter fortgeschritten sein als der Apfelbaum. Der hypothetische Einfluß der Raupe auf die Zellwucherungen erscheint hier am unwahrscheinlichsten, womit nicht gesagt werden soll, daß er in allen Fällen geleugnet werden kann; wenn wir ihn aber voraussetzen, müssen wir eine bedeutende physiologische Differenzierung der Raupen in beiden Generationen annehmen, die sehr schwer nachzuweisen wäre. Schließlich könnte sie aber ebensogut vorhanden sein, wie solche Unterschiede bei Imagines verschiedener Generationen vorkommen. Die erste Annahme, daß nämlich rein mechanisch durch die übermäßige Kotablagerung das Wachstum von Calluszellen verhindert wird, hat die meiste Wahrscheinlichkeit für sich. Sie wird vorwiegend zu berücksichtigen sein, wenn man auch dem dritten Faktor eine gewisse Wirkung nicht absprechen können wird. Das klassische Objekt für Untersuchungen über Calluswucherungen in Minen stellen die Gänge von *Lyonetia clerkella* L. dar. Nach den Feststellungen von SCHNEIDER-ORELLI reagiert die Pflanze in der Weise, daß lange Callusschläuche in das Innere der Mine vorgetrieben werden. Unter günstigen Umständen wird dann der ganze Hohlraum des Ganges ausgefüllt, so daß durch dieses neue Gewebe ein Wassertransport erfolgen kann, was der genannte Autor auch experimentell nachwies. Wir haben die Minen dieser Art in beiden Generationen untersucht und auch bei den im Herbst gebildeten Gängen eine Erzeugung von solchen Zellen nachgewiesen. Äußerlich machen dann die Blätter den Eindruck, als sei das Wachstum bereits zum Stillstand gekommen. Die Minen dieser Raupe kommen nun aber auch in anderen Rosifloren vor; deshalb wurden auch solche Gänge in Sauerkirschenblättern untersucht. Es ergab sich dabei die eigenartige Tatsache, daß die Calluswucherung in anderer Weise erfolgte, indem nicht so regelmäßige Schläuche gebildet wurden. Es geht daraus also hervor, daß der Pflanze ein besonders großer Anteil an der Bildung der neuen Gewebe zufällt. Ob von der Raupe ein Einfluß ausgeht, ist bisher noch nicht nachgewiesen, er erscheint uns aber doch nicht als ausgeschlossen. In den Blättern desselben Apfelbaumes, in denen bei *Lyonetia clerkella* L. Neubildungen in reichem Maße vorhanden waren, fehlten sie in ganz ähnlichen Minen von *Nepticula*-Arten. Überhaupt sind bei letzterer Gattung Zellproliferationen in den Minengängen erst in einem Falle festgestellt worden; uns gelang es nie, solche zu finden, obwohl die verschiedensten Arten und Substrate untersucht wurden, und obgleich sie bei *Lyonetia* in jedem Falle beobachtet werden konnten. Diese Tatsachen könnten die Annahme erwecken, als ob tatsächlich ein besonderer Zusammenhang zwischen der Raupe und den Neubildungen bestünde. Auch in einem anderen Falle, wo allerdings Fliegenlarven als die Erzeuger der Hyponomien in Frage kamen, wurde ein derartiger Zusammenhang vermutet. Es fanden sich an Dahlien, deren Vegetationsperiode sich bekanntlich bis spät in den Herbst hineinzieht, zwei Dipteronomien, von denen das eine von *Phytomyza atricornis* Mg., das andere von *Liriomyza pusilla strigata* Mg. erzeugt worden war. Beide lagen an der Hauptrippe des Blattes, und es war bei ihnen deshalb in erster Linie eine Calluswucherung in den Minengängen zu erwarten. In dieser Annahme sahen wir uns aber getäuscht; bei *Phytomyza atricornis* Mg. war keine Spur davon festzustellen; bei der anderen Art aber hatten sich Neubildungen in großem Umfange vollzogen. In gewissem Sinne war ein solches Resultat zu erwarten gewesen; wir hatten, selbst unter den günstigsten Bedingungen, bei *Phytomyza atricornis* Mg. ein Kallusgewebe im Minenhohlraum nie, bei allen Formen der *Liriomyza pusilla* Mg. dagegen solches in den verschiedensten Substraten feststellen können. Daraus war geschlossen worden, daß die letztere Art einen besonderen Anreiz zur Bildung von Ersatzparenchymzellen auf die Pflanze ausübe, während bei der ersteren keine solche Beeinflussung erfolge. Wir können diese Verhältnisse wohl ohne weiteres auch auf die Raupenminen übertragen. Es scheint, daß gewisse Arten, zu denen wir also *Lyonetia clerkella* L. zu rechnen hätten, einen Stoff absondern, der das Wachstum solcher Neubildungen anregt oder befördert, und andere Arten, zu denen wohl die Gattung *Nepticula* zu stellen ist, bei welchen kein solcher Entwicklungsreiz erfolgt. Es sind das indessen rein hypothetische Annahmen, die erst noch durch experimentelle Untersuchungen zu beweisen wären. Man könnte das in der Weise tun, daß man z. B. an derselben Pflanze zerquetschte Raupenkörper von *Lyonetia* in die *Nepticula*-Gänge applizierte und deren Einfluß beobachtete. Aus einem negativen Ausfall dieses Experimentes können indessen noch keine Schlußfolgerungen gezogen werden, weil vielleicht die abgegebenen Stoffe nur beim lebenden Räupchen sich finden. Alle diese Untersuchungen sind deswegen so schwierig auszuführen, weil es sich um sehr kleine Objekte handelt; der Minengang darf außerdem nicht zerstört werden; denn nur, wenn er noch allseitig geschlossen ist, existiert in ihm jener hohe Feuchtigkeitsgehalt der Luft, ohne den eine Callusbildung in Blättern nicht möglich ist. Wir können deshalb niemals bei Fensterfraß oder Lochfraß oder gar beim Abschneiden von ganzen Blattstücken eine solche Ersatzzellenbildung beobachten; diese würden, da sie äußerst dünnwandig und sehr wasserhaltig sind, sofort in den Anfängen ihrer Bildung vertrocknen. Ihre Erzeugung stellt eine Erscheinung dar, die als eine spezielle Anpassung an die Blattminen aufzufassen ist, wenn sie auch in anderen Fällen, wo ähnliche Umstände vorliegen, konstatiert werden kann. So findet man solche Zellproliferationen auch in manchen Gallen und in den Frostblasen der Blätter.

Bei allen den Hyponomien, in denen Zellwucherungen auftreten, haben wir einen Grenzfall zwischen den Minen und den im nächsten Kapitel zu behandelnden Gallen. Bei den letzteren kommen auch Neubildungen von Zellen in Frage, so daß wir im Zweifel sein könnten, ob bei einer solchen Mine nicht besser eine Einordnung in die Gallen zu erfolgen hätte. Demgegenüber müssen wir aber einen wichtigen ernährungsphysiologischen Unterschied zwischen Minen und Gallen feststellen. Wenn wir nämlich die Definition der letzteren enger fassen, sind dahin nur die Formen zu rechnen, bei denen die Neubildungen die bevorzugte Nahrung der betreffenden Insektenlarve bilden. Es kommt also nicht darauf an, daß die neuen Gewebe nur gebildet werden, sondern sie müssen speziell von der Raupe verzehrt werden. Das ist nicht immer leicht festzustellen, und so erklärt es sich, daß im folgenden Kapitel auch eine Anzahl von Arten mit aufgenommen sind, · die wahrscheinlich nicht zu den cecidogenen oder gallenerzeugenden Raupen zu rechnen sind. Bei den Zellproliferationen in Minengängen liegen aber nun diese Verhältnisse ganz anders. Ihre Bildung erfolgt ja immer erst, wenn die Raupe den betreffenden Teil des Ganges bereits verlassen hat. Sie kehrt nicht zurück, um von diesen Zellen zu fressen, weil sie vielfach infolge ihres gestiegenen Wachstums zu breit für die schmalen Gänge geworden ist. Die Gallenraupe ernährt sich aber von den Neubildungen der Pflanze.

Aber auch hier gibt es einige Fälle, wo die Grenzen sich zu verwischen scheinen. Es gibt manche Arten, die immer wieder auch später in ihren ersten Gang zurückkehren und von dort aus seitlich verschiedentliche Zweiggänge anlegen. Das ist bei Fliegenminen eine häufige Erscheinung, kommt indessen auch bei Schmetterlingsraupen vor. Wenn z. B. die Raupe der erwähnten *Nepticula*-Arten, die im Blattstiel der Pappel wohnen und von dort einen Gang in die Spreite anlegen, nach ihrem ersten Gange immer wieder zurückkehren, wenn sie nicht fressen, oder wenn ihnen Gefahr droht, so müssen sie selbstverständlich die unterdessen in diesem Gange gebildeten Calluszellen verzehren, wenn sie ihn passieren wollen. Aber auch dann können wir noch nicht von einer echten Galle sprechen; dazu würde vielmehr gehören, daß sich die Raupe ausschließlich von den neuen Geweben ernährte, und im Falle unserer Pappelblatt-*Nepticula* kann davon nicht die Rede sein, da zu dieser Zeit ja hauptsächlich das Mesophyll der Blattspreite und nur gelegentlich die Callusbildungen verzehrt werden. Wenn trotzdem die Art auch im folgenden Kapitel unter den Gallenerzeugern geführt wird, so geschieht das aus einem anderen Grunde; die befallenen Blattstiele schwellen nämlich infolge der Fraßtätigkeit der Raupe etwas an, da die Parenchymzellen außerhalb der Mine sich stärker vermehren und so einen größeren Platz beanspruchen müssen.

Wie eng diese beiden besonderen Formen der Anpassung an die Pflanze, die sich in der Bildung von Hyponom oder Cecidium äußern, miteinander verknüpft sind, sehen wir aus diesem letztgenannten Beispiele. Die Art ist, wie auch die anderen ihrer Gattung, als zu den Minierern gehörig zu bezeichnen; sie verursacht aber gleichzeitig durch ihre Tätigkeit ein Cecidium (im weiteren Sinne des Wortes). Wir können mit größter Sicherheit annehmen, daß wir im Hyponom die stammesgeschichtlich ältere der beiden Anpassungsformen vor uns haben, und daß die Bildung von Gallen eine modernere Errungenschaft der Insektenlarven ist. Man kann leicht einsehen, daß sich die cecidogenen Larven aus den hyponomogenen entwickelt haben können; denn wenn erst einmal das Insekt minierte, und es bildeten sich Calluswucherungen, so lag es natürlich nahe, daß die Raupe an den Ort auch einmal zurückkehrte und diese an Nährstoffen sehr reichen und mit sehr dünnen Zellwänden versehenen Neubildungen wieder abgraste. So können wir uns entwicklungsbiologisch eine Entstehung der cecidogenen aus den hyponomogenen Raupen wohl vorstellen. Das darf aber nun keinesfalls so aufgefaßt werden, als ob zwischen den Minen- und Gallenerzeugern auch stammesgeschichtliche Verwandtschaften bestünden, wenn sie auch in einzelnen Fällen festzustellen sein mögen. So kommen bei den echten Minierfliegen, den Agromyziden, in denselben Gattungen, wo normalerweise die Raupen immer als Blattminierer leben, auch einige wenige Formen vor, die nur Gallen erzeugen. Bei diesen Arten hat sich der Übergang zur cecidogenen Lebensweise sicherlich über das Stadium der Blattminierer vollzogen.

In diesem Zusammenhange sind auch die Arten zu erwähnen, die fakultativ Minen oder Gallen erzeugen, wozu besonders *Cynaeda dentalis* Schiff. zu rechnen ist. Doch können hier die Untersuchungen als noch nicht völlig abgeschlossen gelten. Bei anderen Raupen aber tritt der Fall ein, daß sie in der ersten Generation minieren, in der zweiten Gallen erzeugen. Die hierher gehörigen Arten werden im nächsten Kapitel besprochen werden. Hier liegt es nahe anzunehmen, daß, wie wir schon öfter hervorhoben, die erste Generation als die ursprünglichere, die zweite als die fortgeschrittenere anzusehen ist. Indessen scheint es aber, als ob diese Differenzierung nach Generationen in der Lebensweise auf der Tatsache beruht, daß die betreffenden Arten in der ersten Brut andere Substratverhältnisse vorfinden als in der zweiten. Die Arten sind vielleicht echte Gallenerzeuger, die im Stengel oder in der Triebspitze leben; diese ist aber in der Zeit des Auftretens der ersten Generation noch nicht genügend entwickelt, so daß die Raupen gezwungen sind, zu einer anderen Lebensweise ihre Zuflucht zu nehmen; sie wählen dann das ursprünglichere Stadium und werden Blattminierer, was sie in früheren Zeiten wohl in beiden Generationen gewesen sein werden. Hier beruht also die verschiedene Lebensweise auf den differenten Stadien ihres Substrates.

Fassen wir diese Resultate zusammen, so können wir sagen: Blattminen sind ursprüngliche, primitive Formen von Blattgallen, Blattgallen stellen hochentwickelte Blattminen dar. Die Mine ist der primitivere, die Galle der differenzierte Typus einer blattendophagen Lebensweise der betreffenden Raupen.

Für die Beziehungen zwischen Minierraupen und Pflanzen ist es wichtig, die Familien der letzteren kennenzulernen, bei welchen Minen von Schmetterlingsraupen bisher angetroffen wurden. Wir beschränken uns dabei nur auf die mitteleuropäischen Pflanzenfamilien und ebenso nur auf solche Schmetterlinge, weil bei ihnen die Verhältnisse als gut durchforscht gelten können. In außereuropäischen Ländern kommen auch Raupen in Minen auf Pflanzen vor, die bei uns nicht davon befallen werden; aber unsere Kenntnis der exotischen Blattminierer ist nicht ausreichend genug, um hier schon ein verallgemeinerndes Urteil abzugeben. Die Familien der Pflanzen, die bei uns von Raupenminen betroffen werden, sind:

Polypodiaceae,	Ribesiaceae,	Dipsacaceae,
Pinaceae,	Rosaceae,	Compositae,
Graminaceae,	Leguminosae,	Euphorbiaceae,
Cyperaceae,	Tiliaceae,	Juglandaceae,
Juncaceae,	Hypericaceae,	Aristolochiaceae,
Salicaceae,	Onagraceae,	Loranthaceae,
Myricaceae,	Umbelliferae,	Platanaceae,
Betulaceae,	Cornaceae,	Cistaceae,
Fagaceae,	Ericaceae,	Aceraceae,
Ulmaceae,	Primulaceae,	Rhamnaceae,
Cannabinaceae,	Oleaceae,	Vitaceae,
Polygonaceae,	Borraginaceae,	Convolvulaceae,
Chenopodiaceae,	Labiatae,	Globulariaceae,
Caryophyllaceae,	Solanaceae,	Typhaceae,
Ranunculaceae,	Plantaginaceae,	Sparganiaceae
Cruciferae,	Caprifoliaceae,	Thymelaeaceae,
Crassulaceae,	Campanulaceae,	Scrophulariaceae.

Bei dieser Zusammenstellung fällt uns auf, daß die Monocotyledonen von Schmetterlingsraupen verhältnismäßig wenig miniert werden. Bei den Dipteren finden wir viel mehr solcher Monocotyledonenminierer. Wenn wir diese Pflanzenordnung als die ursprünglichere ansehen, so erklärt sich das damit, daß die Lepidopteren vielfach erst relativ spät zum Minenleben übergegangen sind und deshalb modernere Pflanzen bevorzugt haben. Man kann allerdings ebensogut behaupten, daß die Monocotyledonen moderner sind, und daß die Schmetterlinge sich bei deren Auftreten schon an dikotyle Pflanzen angepaßt hatten. Zum Vergleiche mit unserer obigen Zusammenstellung der Pflanzenfamilien, die von Schmetterlingsraupen miniert werden, wollen wir nun noch die Familien anführen, in denen keine Lepidopteronomien, wohl aber Minen anderer Insektenlarven vorkommen. In den meisten vorgenannten Familien kommen übrigens auch Hyponomien anderer Insektenordnungen vor; diese sollen hier aber nicht mit aufgeführt werden. Es handelt sich demnach um folgende Pflanzenfamilien:

Equisetaceae,	Amarantaceae,	Aquifoliaceae,
Lemnaceae,	Santalaceae,	Balsaminaceae,
Potamogetonaceae,	Nymphaeaceae,	Gentianaceae,
Butomaceae,	Resedaceae,	Rubiaceae,
Alismataceae,	Papaveraceae,	Valerianaceae,
Hydrocharitaceae,	Malvaceae,	Cucurbitaceae,
Orchidaceae,	Oxalidaceae,	Hydrophyllaceae,
Liliaceae,	Linaceae,	Polemoniaceae,
Iridaceae,	Geraniaceae,	Verbenaceae,
Urticaceae,	Tropaeolaceae,	Violaceae

Schließlich haben wir noch diejenigen wenigen Pflanzenfamilien anzuführen, bei denen Minen überhaupt noch nicht bei uns gefunden wurden. Es sind:

Hymenophyllaceae,	Callitrichaceae,	Anacardiaceae,
Osmundaceae,	Ceratophyllaceae,	Hippocastanaceae,
Ophioglossaceae,	Buxaceae,	Pirolaceae,
Marsiliaceae,	Eleagnaceae,	Staphylaeaceae,
Salviniaceae,	Adoxaceae,	Celastraceae,
Lycopodiaceae,	Berberidaceae,	Lythraceae,
Selaginellaceae,	Portulacaceae,	Plumbaginaceae,
Isoëtaceae,	Droseraceae,	Lentibulariaceae,
Taxaceae,	Tamaricaceae,	Orobanchaceae,
Najadaceae,	Elatinaceae,	Apocynaceae,
Dioscoreaceae,	Rutaceae,	Asclepiadaceae,
Amaryllidaceae,	Empetraceae,	Araceae.

Aus diesen Aufstellungen können wir entnehmen, daß ein großer Teil der Pflanzenfamilien nicht von Minierern heimgesucht wird (obwohl auch andere Insektenlarven vielfach daran vorkommen). Bei den befallenen Familien stellen die übrigen Insektenordnungen, besonders die Dipteren, ein größeres Kontingent an Minierern als die Schmetterlinge. Es ist wohl möglich, daß sich diese Zusammenstellungen noch in Einzelheiten verschieben; war es doch möglich, erst in den letzten Jahren an Pflanzenfamilien, von denen vorher noch keine Minierer bekannt geworden waren, solche zu entdecken; das gilt u. a. für die Gentianaceen und die Butomaceen. Ebenso wird es vielleicht möglich, aber wenig wahrscheinlich sein, daß von den in der zweiten Tabelle aufgeführten Pflanzenfamilien noch die eine oder die andere in die erste Gruppe gerückt werden muß. Solche Veränderungen werden sich aber oft auf sehr polyphage Arten beziehen, als deren Vertreter wir besonders den Wickler *Tortrix wahlbomiana* L. anführen wollen, dessen Raupe in der Jugend in einer Mine lebt, und da die Art an sich schon sehr polyphag ist, wird man die Hyponomien noch in den verschiedensten Pflanzen antreffen. Es sei nur erwähnt, daß wir ausgesprochene Minen der Art in Anemone, Sedum, Lamium und Lappa fanden. Unter den Schmetterlingsminierern darf man diese Art als die weitaus am meisten polyphage bezeichnen; sie ist der ebenso polyphagen Fliege unter den Minierern, *Phytomyza atricornis* MG., würdig an die Seite zu stellen.

Damit sind wir auf das Problem der Monophagie, Oligophagie und Polyphagie gekommen, das wir schon früher (Seite 58) in seiner Bedeutung für die pflanzenverwandtschaftlichen Erkenntnisse eingehend gewürdigt haben. Die Mehrzahl der dort angeführten Fälle ist aus dem Gebiete der Hyponomologie entnommen, das sich wie kein zweites zur Durchführung solcher Untersuchungen eignet. Wir wollen uns nun fragen, wie es überhaupt zu einer Monophagie der blattminierenden Raupen gekommen und wie weit diese verbreitet ist.

Zunächst muß da bemerkt werden, daß bei den hyponomogenen Raupen in bezug auf Monophagie und Polyphagie dieselben Prinzipien maßgebend sind wie bei den frei lebenden Arten. Wir haben die Polyphagie im allgemeinen als eine primitivere Eigenschaft zu werten, die Monophagie aber als das Produkt einer Differenzierung anzusehen. Bei den Minierern kommt aber nun ein Gesichtspunkt noch hinzu. Diejenigen Arten, die ihr ganzes Leben in der Mine verbringen, sind ihrem Substrat viel spezieller angepaßt als diejenigen, welche später eine freie Lebensweise führen. Wir finden infolgedessen eine stark ausgeprägte Polyphagie nur bei denjenigen Raupen, die als temporäre Blattminierer anzusprechen sind. Als Beispiel mag der angeführte Wickler *Tortrix wahlbomiana* L. gelten. Aus diesem Grunde wird auch Oligophagie meistens nur bei temporären Blattminierern festsgestellt werden können. Es gibt da nur wenige Arten, die als Ausnahme anzusehen sind; so kommt *Lyonetia clerkella* L. in Rosaceen und Betula vor. Es bestehen bei den aus beiden Pflanzen gezogenen Faltern keinerlei morphologische Verschiedenheiten; aber es kann bereits eine physiologische Sonderung eingetreten sein, so daß die aus Birkenblättern gezogenen Falter keine Nachkommen liefern können, die zu einer Entwicklung in Rosaceen fähig sind. Die Art ist daraufhin noch nicht untersucht worden; aber es besteht die Möglichkeit, daß sie sich so verhält, weil wir ganz analoge Fälle von andern Minierern kennen. Die Solanaceenfliege kommt auf Atropa, Hyoscyamus und Datura vor, lebt in einer vollkommen identischen Form aber auch in Minen von Chenopodiaceen, Beta usw. Beide Formen werden als *Pegomyia hyoscyami* Pnz. bezeichnet und sind äußerlich nicht voneinander zu unterscheiden; selbst die Kopulationsapparate, das wichtigste Artcharakteristikum, geben keine Trennungsmerkmale. Und doch sind beide Formen physiologisch verschieden. Die Solanaceenfliege legt keine Eier an Beta ab, und die Rübenfliege vermag keine Nachkommen in Nachtschattengewächsen irgendeiner Gattung zu erzeugen. Wir nehmen an, daß bei diesen sogenannten oligophagen stationären Minierraupen ganz ähnliche Verhältnisse vorherrschend sein werden, und so ist also sicher anzunehmen, daß nach genaueren Untersuchungen auch die Oligophagie stationärer Blattminierer unter den Schmetterlingsraupen sich auf strenge Monophagie wird zurückführen lassen. Im Zusammenhange damit, daß die Raupe ihr ganzes Leben in der Mine verbringt, ist Monophagie in diesen Fällen sehr häufig ausgebildet. Wir finden sie schon bei relativ sehr primitiven Formen, wie bei den jugaten *Eriocrania*-Arten. Es ist bemerkenswert, daß hier Monophagie der Art mit ziemlich starker Oligophagie der Gattung verknüpft ist. Alle unsere *Eriocrania*-Arten leben auf Betula, nur einige auf Quercus. Beide Substrate aber gehören Pflanzenfamilien an, die recht nahe verwandt sind, von manchen Botanikern sogar als relativ ursprünglich angesehen werden. Diese Annahme würde dadurch ihre Bestätigung finden, daß auch unsere ältesten Minierer unter den Schmetterlingsraupen nur auf diesen beiden Pflanzen vorkommen.

Im übrigen verhalten sich die Schmetterlingsraupen unter den Minierern etwas anders als die Larven anderer Insektenordnungen.

Monophagie bei stationären Minierern ist bei ihnen viel mehr die Regel als sonst. Bei den Fliegen ist das durchaus nicht in gleichem Maße der Fall. Auch bei ihnen bleiben meist die Larven während des ganzen Lebens in der Mine, und trotzdem ist Oligophagie oder gar Polyphagie bei ihnen sehr viel häufiger. Als Beispiel dafür sei wieder *Phytomyza atricornis* Mg. genannt, die fast auf allen Substraten, wo überhaupt Minen vorkommen, schon gefunden wurde. Als ziemlich oligophag sind da auch einige Anthomyiden zu nennen und *Liriomyza pusilla eupatorii* Kltb., die in einer absolut identischen Form mit sehr charakteristischer, aber auf allen Substraten gleicher Spiralmine auf Eupatorium, Cannabis und Galeopsis lebt. Solche Fälle sind bei den Schmetterlingen ganz undenkbar. Aber auch bei minierenden Käfern lassen sich ähnliche Beobachtungen machen. Von den Halticinen, die im übrigen sehr an ihre Nährpflanzen angepaßt sind, miniert die Larve von *Apteropeda orbiculata* Mrsh. in Clinopodium und Lamium, aber auch in der einer anderen Familie angehörigen Digitalis. Bei stationären Blattminierern unter den Schmetterlingsraupen dürfte es schwer fallen, einen solchen Fall heranzuziehen. Hier findet man Oligophagie nur in bezug auf die Gattung; bei den Arten herrscht fast immer ausgesprochene Monophagie.

Ist eine solche Geschmacksdifferenzierung nur ein zufälliger Unterschied, oder liegt hier eine wesentliche Verschiedenheit zwischen den Blattminierern unter den Schmetterlingen einerseits und denen der Fliegen und Käfer andererseits vor? (Es soll nebenbei bemerkt werden, daß sich die hyponomogenen Larven der Blattwespen in dieser Beziehung ebenso verhalten wie die der Lepidopteren.) Es scheint fast, als ob die letztere Annahme zuträfe, und es würde dann schwer sein, für dieses eigentümliche Verhalten eine ausreichende Erklärung zu geben. Es bestehen da zwei Möglichkeiten. Wir setzen in beiden Fällen voraus, daß die Polyphagie als die ursprünglichere, die Oligophagie und die Monophagie als die modernere Eigenschaft angesehen wird. Es besteht dann die Möglichkeit, daß die Schmetterlingsraupen erst dann zur Miniertätigkeit übergegangen sind, als sie bereits eine starke Geschmacksspezialisierung erreicht hatten, wo sie also ohnehin, auch wenn sie weiter frei lebend geblieben wären, zur Monophagie übergegangen wären, daß aber die Minierer aus anderen Ordnungen schon früher ihre Miniertätigkeit aufnahmen, als eine Geschmacksdifferenzierung bei ihnen noch nicht in dem Maße eingetreten war. Das könnte für einige Fliegenfamilien zutreffen, deren Larven eine hyponomogene Lebensweise führen, wie für die Anthomyiden, Cordyluriden und Drosophiliden. Sicher stimmt das aber nicht für die Minierer unter den Agromyziden, die in der Wahl ihrer Substrate so wenig differenziert sind. In der Tat finden wir nun, daß bei den letzteren Polyphagie relativ selten ist, und wir gehen wohl nicht fehl, wenn wir diese wenigen Erscheinungen auf Zufall zurückführen wollen.

Es besteht nun aber noch eine zweite Möglichkeit. Als wir davon sprachen, in welch hohem Grade die Miniertätigkeit die Raupen auch in ihrer äußeren Körpergestalt beeinflußt hat, haben wir gesehen, wie minutiös diese Einwirkungen bei den verschiedenen Gattungen (und wohl auch Arten) eine Umbildung der verschiedensten Organe herbeigeführt haben. Bei den minierenden Dipterenlarven konnten so vielgestaltige Umwandlungen nicht erfolgen, weil der Kopf und damit auch viele der daran sitzenden Organe zum großen Teil rückgebildet sind, woraus eben ihr madenförmiger Typus resultiert. An den wenigen Teilen, die übriggeblieben sind, den Mundhaken, Antennen und Stigmatophoren, kann die minierende Lebensweise nicht mehr viele Veränderungen bewirken, weil sie ohnehin schon relativ einfach gestaltet sind. So haben wir bei hyponomogenen Raupen eine fast verwirrende Vielgestaltigkeit in der Morphologie, bei den Larven der Dipteren aber eine relative Einfachheit. Es ist nun leicht denkbar, daß bei den ersteren die Kompliziertheit aller Organe ein Leben in einem ganz bestimmten Substrat erfordert, was bei den letzteren durch die Morphologie nicht gefordert zu werden braucht.

Es ist nicht so leicht, sich für die eine oder die andere dieser beiden Annahmen zu entscheiden. Wir werden dabei von den Minierfliegen der Agromyziden wahrscheinlich ganz absehen können, da sie praktisch als monophag zu betrachten sind, bei den übrigen aber ein Resultat aus der Wirksamkeit beider Faktoren annehmen müssen.

Wenn wir nun aber festgestellt haben, daß die Grundtendenz bei den minierenden Schmetterlingsraupen die Monophagie ist, werden wir alle die Fälle, wo sich eine wirkliche oder scheinbare Oligophagie feststellen läßt, mit viel besseren Resultaten zu pflanzenverwandtschaftlichen Untersuchungen heranziehen können als dieselben Erscheinungen bei Vertretern anderer Insektenordnungen. In dieser Hinsicht werden die blattminierenden Schmetterlingsraupen später einmal eine weitgehende Verwendung zur Lösung phytophyletischer Probleme finden.

Daß der Übergang der Schmetterlingsraupen zur minierenden Lebensweise erst in relativ später Zeit erfolgte, geht auch daraus hervor, daß die Reduktion der äußeren Organe, die im Minenleben wenig verwendet werden können, also der Fühler, Augen und Beine, verhältnismäßig wenig fortgeschritten ist. Die an ihnen zu beobachtenden Umbildungen sind im großen und ganzen gesehen nicht so beträchtlich, wie es bei einer längeren speziellen Anpassung zu erwarten wäre. Es muß als bemerkenswert hervorgehoben werden, daß man bis jetzt nur minierende Larven von Insekten kennt; Imagines, die als hypomonogen in Frage kämen, sind noch nicht beobachtet worden. Es gilt das nicht nur für unser palaearktisches Gebiet, sondern auf der ganzen Erde sind solche ausgebildeten Insekten als Blattminierer noch nicht gefunden worden. Bei den Schmetterlingen erscheint das nicht weiter verwunderlich, da ja die Nahrung derselben in keinem einzigen Falle aus Blattsubstanz besteht; man sollte aber diese Erscheinung doch bei Käfern erwarten, wo oft die Imago dasselbe Futter zu sich nimmt wie die Larve. Auch dort ist aber in keinem Falle eine Imago hyponomogen beobachtet worden.

Nachdem wir nun die Fraßtätigkeit der Larve in ihrer Beziehung zum Minenleben untersucht haben, müssen wir die zweite biologische

Seite der hyponomogenen Lebensweise besprechen. Wir haben demgemäß festzustellen, wie weit die Larve im Innern des Blattes vor ihren Feinden geschützt ist. Man hat besonders geglaubt, in der blattendophagen Lebensweise der Raupen einen Schutz gegen die Angriffe von Ameisen zu sehen. Diese greifen frei lebende Raupen an, gehen aber nicht in die Minen hinein. Bei uns spielen die Ameisen als Raupenfeinde nun nicht die Rolle wie beispielsweise in den Tropen und schon in Südeuropa. Es erscheint zweifelhaft, ob sie überhaupt ernsthaft als Raupenfeinde angesehen werden sollen. Man sieht sie zwar des öfteren Raupen wegschleppen, doch scheint es, als ob sie da vorzugsweise sich an tote oder durch Krankheit schon geschwächte Raupen heranmachen. Unter diesem Gesichtspunkt kann es fraglich sein, ob das Raupenleben überhaupt durch Ameisen geschädigt wird. Es ist ganz gut möglich, daß den betreffenden Schmetterlingsarten durch die Tätigkeit der Ameisen sogar eine Förderung zuteil wird, indem einmal die gestorbenen Raupen weggeschafft werden, wodurch eine Beseitigung von Infektionsherden erfolgt, und daß zum andern schwächliche und kränkliche Individuen ausgemerzt werden, was im Sinne der Erhaltung und Entwicklungsförderung der betreffenden Art nur als vorteilhaft bezeichnet werden kann.

Ganz anders liegen die Verhältnisse aber bei den südlicheren, besonders den tropischen Formen. In diesen Gegenden sind die Ameisen einmal in viel größerer Anzahl vorhanden und zum andern auch viel aggressiver. Hier entspricht auch die minierende Lebensweise einem größeren Schutzbedürfnis der Raupen, und wir finden tatsächlich in den Tropen eine viel größere Verbreitung dieser Fraßeigentümlichkeit als bei uns. So minieren dort gewisse Familien in großem Umfange, die es bei uns nur gelegentlich tun, und Formenkreise, die bei uns als temporäre Minierer auftreten, machen dort ihre ganze Entwicklung in der Mine durch. Als Beispiel dafür seien nur die Gelechiiden angeführt.

Schließlich bietet aber auch bei uns diese Lebensweise gegen gewisse Feinde einen erhöhten Schutz. Es kommen da hauptsächlich die räuberischen Hymenopteren und Dipteren in Betracht. Von den letzteren sollen besonders die Raubfliegen aus der Familie der Asiliden erwähnt werden, die auch sonst vielfach die Raupen verfolgen. Auch in bezug auf die nachstellenden Vögel wird den hyponomogenen Raupen ein gewisser Schutz geboten. Zu den Jahreszeiten, wo es genügend viel freilebende Insekten und Larven gibt, machen diese Feinde sich nie die Mühe, die Minen aufzumachen und die Raupen herauszuholen; bei den minierenden Fliegenmaden kann das schon eher geschehen; besonders die fetten Larven der Anthomyiden werden nicht selten aus den Blättern herausgeholt. Im Herbst und Winter aber, wo die Ernährung für die Vögel ungünstiger ist, ist der Schutz durch die Minen auch nicht mehr ausreichend; die vielen kleinen Vögel hacken die Minen auf und holen die Raupen oder Puppen aus den Blättern heraus. Es kommt das namentlich für alle die Arten in Betracht, wo die Blätter, in denen die Minen sich befinden, am Baume den Winter über hängen bleiben, wie bei Buche, Eiche, Weißbuche usw. Hier kann man im ersten Frühjahr ganze Bäume absuchen, an denen man nicht eine einzige bewohnte Mine mehr feststellen kann. Die Minen dieser *Lithocolletis* sind meistens unterseitig; aber die Oberseite des Blattes ist an der Stelle, wo das Hyponom liegt, heller getupft oder marmoriert, da die Raupe dort das Parenchym zum Teil verzehrt hat. An dieser Stelle auf der Oberseite picken dann die Vögel das Blatt auf und holen die Raupe oder Puppe heraus. Über die Verhältnisse in den Tropen liegen in dieser Hinsicht noch keine Beobachtungen vor, doch ist es wahrscheinlich, daß die Vögel auch hier in der Trockenzeit, wo ihr Futter knapper wird, den Larven oder Puppen in den Minen nachstellen werden.

Schließlich bietet aber die minierende Lebensweise den Raupen auch einen gewissen Schutz gegen Witterungseinflüsse. Wenn in Zeiten starker Niederschläge andere Raupen nicht ihrem Fraßbedürfnis nachgehen können, kommt dieser Hinderungsgrund für hyponomogene Raupen nicht in Betracht. Wir haben schon früher erwähnt, daß z. B. die Raupen der Prozessionsspinner bei einsetzenden Regenfällen im Neste verbleiben müssen und erst bei schönem Wetter wieder ihr Futter aufsuchen. Es kann da vorkommen, daß sie eine längere Reihe von Tagen ohne Nahrung bleiben müssen, wodurch ihre Entwicklung verzögert wird. Eine Verzögerung der Entwicklung ist aber für viele Arten von größerem Nachteil, als man gewöhnlich anzunehmen geneigt ist. Wir brauchen dabei nur an die Möglichkeiten des Massenauftretens mancher Schädlinge zu denken. Bei der berüchtigten Forleule liegen beispielsweise die Verhältnisse so, daß eine Verzögerung der Entwicklung der Imago eine Förderung der Epidemie hervorruft. Wenn die Imagines im Frühjahr sehr zeitig erscheinen, was besonders durch kurze und milde Winter bedingt wird, werden die Eier sehr zeitig abgelegt. Die ausschlüpfenden Räupchen sind nun nicht imstande, die harten vorjährigen Kiefernnadeln zu zerbeißen, sondern sind auf die frischen Nadeln, den sogenannten Maitrieb, als erstes Futter angewiesen. Wenn die Imagines zeitig im Jahre schlüpfen und infolgedessen auch bald ihre Eier ablegen, können die jungen Räupchen den Maitrieb noch nicht vorfinden und gehen sämtlich zugrunde. Die Art bleibt nur dadurch erhalten, daß immer noch einige Nachzügler auftreten, deren Raupen dann geeignetes Futter vorfinden. Während so hier eine Beschleunigung der Entwicklung schädlich wirkt, kann in anderen Fällen eine Verzögerung derselben die gleichen Folgen haben, indem die jungen Raupen ihre Futterpflanze schon stärker verholzt vorfinden, so daß eine normale Entwicklung nicht mehr möglich ist. Eine solche Behinderung durch reichliche Regenfälle in der Fraßzeit kommt bei Minierraupen nicht in Frage, weil das Wasser im allgemeinen nicht in die Gänge eindringen kann. Andererseits bedeuten diese auch einen Schutz gegen zu große Trockenheit. Die Luftfeuchtigkeit im Minenhohlraum ist immer relativ hoch, und wir erkannten das schon darin, daß nur in ihnen, sonst nie frei am Blatte, die Bildung der wasserreichen mit dünnen Wänden versehenen Callusgewebe erfolgen kann. So wird bei großer Trockenheit der Außenluft die Minierraupe im Innern ihres Blattes immer die notwendige Feuchtigkeit vorfinden. Das

Innere der Hyponomien ist also in vorzüglicher Weise in bezug auf den Feuchtigkeitsgehalt der Luft reguliert, und wir wissen, daß bei gleichmäßiger Luftfeuchtigkeit eine günstigere Entwicklungsmöglichkeit gegeben ist als beim vielfachen Wechsel von Feuchtigkeit und Trockenheit.

Wahrscheinlich wird auch die Temperatur in den Minen beim Eintritt der kälteren Jahreszeit noch nicht so schnell sinken wie die Außentemperatur. Wir finden hier einen abgeschlossenen Raum, der durch Luftbewegungen nicht berührt wird; außerdem wird die durch die Stoffwechseltätigkeit der Raupe abgegebene Wärme besser zusammengehalten und nicht sofort nach außen abgegeben. Infolgedessen sind minierende Larven auch bei vorgerückter Jahreszeit noch imstande, ihre Fraßtätigkeit auszuüben, und wir finden gerade in der minierenden Gattung *Nepticula* sehr viele Arten, die noch in den Blättern fressen, wenn draußen schon beträchtliche Frostgrade zu verzeichnen sind, und die erst Ende November oder gar erst Anfang Dezember das Blatt verlassen, um sich zur Verpuppung einzuspinnen.

Während die Raupen in den Minen gegen die Einwirkung der Kälte besonders geschützt sind, kommt ihnen die Sonnenwärme in erhöhtem Maßstabe zugute. In diesem abgeschlossenen Raume, der wie ein Glashaus wirkt, wird die Temperatur immer etwas höher sein als draußen, wo die Luftbewegung immer einige Abkühlung bewirkt. Dazu kommt, daß die stehengebliebenen Epidermiszellen ganz ähnlich wie Brenngläser wirken, da ihre Außenseite meistens etwas nach oben gewölbt ist. So wird die Wärmestrahlung der Sonne in den Hohlräumen noch erheblich gesteigert. Diese größere Wärme in Verbindung mit der gesteigerten Luftfeuchtigkeit im Innern der Minen schafft eine Art Treibhauswärme, die der Entwicklung außerordentlich förderlich ist. Wahrscheinlich ist deshalb das Larvenleben besonders in der ersten Generation so sehr kurz; eine Lebensdauer von 36 Stunden für das ganze Raupenstadium erscheint bei frei lebenden Raupen gänzlich ausgeschlossen.

Diese Treibhausverhältnisse im Hyponom bedeuten in gewisser Hinsicht auch eine gewisse Gefahr für den Einwohner. Es besteht unter diesen Umständen leicht die Möglichkeit, daß sich Pilze und andere niedere Organismen in den Hohlräumen ansiedeln, die manchmal eine Schädigung der Raupe herbeiführen können. Dazu kommt die mangelhafte Durchlüftung und besonders die Anwesenheit von Exkrementen, die eine Entwicklung von Mikroorganismen leicht begünstigen mögen. Diese letzten beiden Faktoren kommen für Raupen mit freier Lebensweise nicht in Frage. Die Gefahr scheint aber kompensiert zu werden durch die außerordentlich kurze Zeit, in der die Mine vom Räupchen bewohnt wird. In dieser werden solche Kleinlebewesen sich kaum ansiedeln, geschweige denn ausreichend entwickeln können, um eine ernsthafte Schädigung der Insassen zu veranlassen. Hat die Larve dann erst die Mine verlassen, so erfolgt meistens eine weitgehende Besiedlung des leeren Ganges durch Bakterien und niedere Pilze.

Über die Beziehungen zwischen minierenden Raupen und Kleinlebewesen, die als Symbiose gedeutet worden sind, soll in dem Kapitel über die Symbiose später noch eingehend gesprochen werden.

Die Hauptfeinde der minierenden Raupen sind nun aber die parasitischen Hymenopteren, und es läßt sich gleich von vornherein sagen, daß gegen diese das Leben in den Minen relativ den geringsten Schutz bietet. Als Schmarotzer kommen bei den größeren Arten Ichneumoniden, bei den kleineren Braconiden und Chalcididen in Frage. Namentlich die letzteren erhält man zu einem oft recht beträchtlichen Prozentsatze fast bei allen Minenzuchten. Es ist dabei nicht immer klar, ob diese Chalcididen in den Raupen selbst Schmarotzer sind, oder ob sie Hyperparasiten sind, also in den parasitischen Braconidenlarven leben. Meistens erhält man bei den Zuchten sowohl Braconiden wie Chalcididen; es kann aber außer dem Hyperparasitismus auch Coparasitismus in Frage kommen, daß nämlich beide Larven nebeneinander in denselben Raupen leben. Eine Unterscheidung dieser beiden Formen des Schmarotzertums ist meistens sehr schwer. Gegen den Befall mit Schmarotzern sind auch die Raupen, die in Blasen- oder Faltenminen leben, nicht absolut geschützt. Die in recht geräumigen Ptychonomien lebenden Raupen von *Lithocolletis* erweisen sich außerordentlich häufig als von Braconiden oder Chalcididen besetzt. Wahrscheinlich wird die Raupe von den eierlegenden Wespen heimgesucht, während sie als „sap-feeder“ lebt, wo sie zunächst im Umkreis der Mine die epidermale Decke abhebt. In diesem Stadium ist die Mine sehr flach, so daß selbst der relativ kurze Legestachel der Chalcididen die Raupe noch erreichen kann, was bei dem fertigen Ptychonom nicht mehr möglich sein kann. Aus diesem Grunde ist der Schutz, den die minierende Lebensweise gegen Parasiten gewährt, als äußerst gering anzuschlagen. Da wir aber wissen, daß die Parasiten unter den Hymenopteren und Dipteren meist nicht an bestimmte Wirtslarven angepaßt sind, werden wenigstens im fertigen Stadium die Minen ihren Einwohnern gegen gewisse Arten von Braconiden und Chalcididen, die sonst in frei lebenden Raupen leben, und deren Legeapparat nicht geeignet ist, die im Innern der Mine lebenden Räupchen zu erreichen, einen gewissen Schutz gewähren. So kann auch in dieser Hinsicht die hyponomogene Lebensweise als zweckmäßig bezeichnet werden.

Im besonderen läßt sich bei den verschiedenen Typen der Minen auch in verschieden hohem Grade eine Schutzwirkung gegenüber den nachstellenden Feinden beobachten. Aus dem vorhin Gesagten ging schon hervor, daß die Blasen- oder Faltenminen für den Einwohner eine bedeutendere Sicherheit garantieren als die Gangminen. Das bezieht sich jedoch nur auf Angriffe von seiten parasitärer Hymenopteren. Auf der anderen Seite werden diese Hyponomien leichter

---

Tafel XI. Abb. 1. *Papilio emalthion* Hbn. (links ♀, rechts ♂). Abb. 2. *Aporia crataegi* L., Monstrosität mit reduziertem Geäder. Abb. 3. Normaler Falter derselben Art.

1.

2.

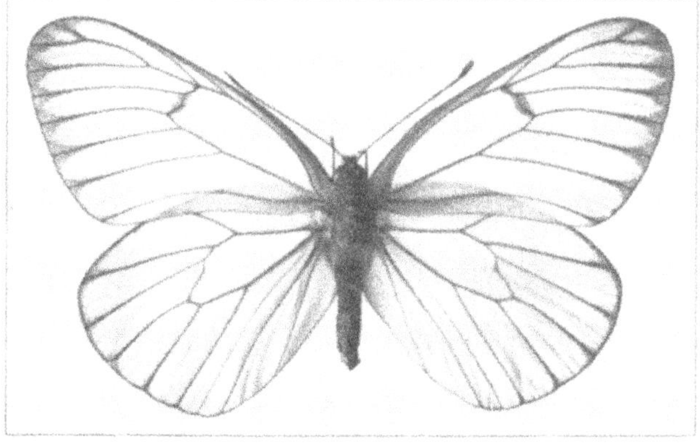

3.

sichtbar als gewöhnliche Gangminen und können dadurch andere Schädiger, Vögel usw., aufmerksam machen. Besonders günstig sind alle diejenigen Raupen daran, die ihre Hauptmine in einer Rippe oder im Blattstiel anlegen. Diese Hyponomien sind am schwersten sichtbar, und die Raupe paßt sich dem auch insofern an, als sie immer wieder an diesen Ort zurückkehrt, wenn sie gezwungen ist, ihre Fraßtätigkeit auch in die übrige Blattspreite zu verlegen.

Es bliebe nun noch zu untersuchen, wie weit in den Minen auch andere Tiere vorkommen, die das Hyponom nicht erzeugen, aber früher oder später in ihm ihre Wohnung nehmen, sei es noch zu der Zeit, wo die Raupe im Minenhohlraum lebt, sei es, nachdem die Mine verlassen worden ist. Wir bezeichnen solche Gäste, die eine Schädigung der Raupe nicht herbeiführen, als Einmieter oder Inquilinen. Solche Inquilinen kommen in Hyponomien nicht in dem Maße vor wie in den Cecidien. Bei den letzteren gibt es viele Raupenarten, die sich nur in Gallen zu entwickeln vermögen, ja ganze Gattungen, die an eine inquiline Lebensweise angepaßt sind. Bei Minierern tritt diese Erscheinung nur sehr selten und gelegentlich auf; genauere Beobachtungen darüber sind noch nicht veröffentlicht worden. Von pflanzlichen Inquilinen sind zu nennen einige Bakterien, so Micrococcusarten und gewisse niedere Pilze. Ihr Auftreten erfolgt aber ganz unregelmäßig, und in den meisten Fällen kann man diese Organismen als zufällig dorthin gelangt ansprechen.

Größere tierische Inquilinen sind in Minen ebenfalls noch nicht beobachtet worden. Es kommen als Einmieter hauptsächlich kleine Milbenarten in Frage, die aber auch nicht an solche Substrate gebunden sind und in den Minen nur bei ungünstiger Witterung Schutz suchen. Von anderer Seite sind schon *Thrips*-Arten, also Blasenfüße, in den Minen gefunden worden. So wird berichtet, daß die an Kaffeeblättern in Minen lebende *Leucoptera*-Art weniger Schaden durch ihre Miniertätigkeit anrichte, daß aber bei ungünstiger Witterung die Thripse, die die Kaffeepflanzen ganz erheblich beschädigen, in den Minen Unterschlupf fänden, während sie oftmals sonst durch solche Witterungseinflüsse vernichtet worden seien. Wir haben in diesem Falle also von einer indirekten Schädigung der Pflanze durch den betreffenden Blattminierer zu sprechen.

Damit kommen wir zu dem Schaden, der von den Minierern angerichtet wird. Es läßt sich im allgemeinen sagen, daß dieser bei den meisten Arten nur gering ist. Vielfach wird nur ein sehr kleiner Teil des Blattes beschädigt, so daß das Blatt seine Funktionen zum größten Teil wieder ausüben kann, nachdem die Raupe die Mine verlassen hat. Bei sehr vielen Arten treten auch die Raupen nicht in genügender Anzahl auf, um möglichst viele Blätter einer Pflanze anzugreifen. Außerdem ist noch ein allerdings etwas zweifelhaftes Problem zu berücksichtigen. Wir haben mehrfach die Annahme vertreten gefunden, daß hauptsächlich kümmerliche Pflanzen oder deren weniger entwickelte Blätter von den Raupen angegriffen werden. Wir haben schon früher dieses Thema behandelt (Seite 65); es scheint nach unseren bisherigen Erfahrungen mit Minierern auch hier diese biologische Eigentümlichkeit hervorzutreten, wodurch der Schaden noch mehr vermindert werden würde.

Von einigermaßen wirtschaftlicher Bedeutung ist nur die Schädigung durch wenige Arten, die so häufig sind, daß dann tatsächlich eine Beeinträchtigung des Wuchses der Pflanze erfolgt. Es kommen da für unsere Obstbäume besonders *Lyonetia clerkella* L. und *Cemiostoma scitella* Z. in Frage. Bei Massenauftreten dieser Arten wird der größte Teil der Blätter angegriffen, und es ist nachgewiesen worden, daß in den durch sie „geringelten" Blättern die gebildeten Kohlehydrate nicht abgeführt werden können, worunter naturgemäß auch Fruchtansatz und -ausbildung zu leiden haben, wodurch schon erhebliche Beeinträchtigung der Obsternte konstatiert worden ist. Schädigend tritt auch die Fliederminiermotte *Xanthospilapteryx syringella* F. auf, indem sie durch ihren Befall die Blätter von Syringen sehr verunstaltet. Der gefährlichste Feind für die Forstwirtschaft ist aber *Coleophora laricella* Hbn. Diese Sackträgerraupe höhlt die Nadeln von Lärchen aus, und da sie gerade die jungen Triebe bevorzugt angreift, bewirkt sie eine erhebliche Schädigung, die im schlimmsten Falle zum Eingehen der betroffenen Bäume führt, aber auch sonst die Pflanzen schwächt und eine Disposition für andere Erkrankungen hervorruft. Was dieser Sackträger für die Lärchen, bedeutet *Coleophora nigricella* Stph. für die Obstbäume. Auch die übrigen Nadelminierer an Kiefern und Fichten, besonders die von Wicklern und Hyponomeutiden, verursachen einigen Schaden, meistens aber nicht durch die Miniertätigkeit, sondern durch ihre spätere freie Lebensweise.

In bezug auf Bekämpfungsmaßnahmen sind wir bei den Blattminierern ungünstiger gestellt als bei frei lebenden Arten. Bei den letzteren werden mit gutem Erfolge die Bäume mit giftigen Flüssigkeiten besprengt, wodurch die Raupen mit vernichtet werden. Bei den hyponomogenen Arten bleibt eine solche Bekämpfung wirkungslos, weil sie von den Flüssigkeiten nicht getroffen werden. Deshalb ist es auch viel schwieriger, solcher Massenvermehrung Herr zu werden. Bei den temporären Minierern ist das nicht so schwierig, da sie später ja die Mine verlassen und dann wie alle anderen frei lebenden Arten bekämpft werden können; die stationären Minierer dagegen kann man nur beseitigen, indem man die Larven (oder Puppen) in den Blattminen zerdrückt.

Wenn wir den Schaden erwähnt haben, den die Minierraupen anrichten können, so dürfen wir aber auch einen Fall nicht vergessen, wo sie als Nützlinge des Menschen in Erscheinung treten, indem sie als Objekt eines schwungvollen Handels in Erscheinung treten. A. Dampf (1924) hat darüber erstmalig genauere Mitteilungen gemacht. Es handelt sich dabei um die Raupe einer Hesperiide, *Acentrocneme hesperialis* Wlkr., die minierend in den Blättern von Agaven in Mexiko vorkommt. Es leben gewöhnlich mehrere der Raupen in einer Mine, und die Indianer sammeln diese minierten Blätter und fertigen daraus Beutel an, deren Wand aus der isolierten Epidermis des Agavenblattes besteht, und in denen eine Flüssigkeit sich befindet, der Saft der Agavenblätter. Auf dieser Flüssigkeit schwimmen dann einige Larven der Art, und das Ganze wird als „gusano‘ auf den Märkten feilgeboten und gilt als eine besondere Delikatesse. Das ist der Gusano nicht nur beim niederen Volke, sondern ganz allgemein, und jeder neu Ankommende wird gefragt, ob er schon Gusanos gekostet habe, so daß diese Minierraupen eine Art Nationalspeise darstellen.

Die eigenartigen Formen, die die Minierraupen während ihres Lebens im Blatte erzeugen, sind schon frühzeitig den Beobachtern und Forschern aufgefallen und in vielen Fällen genauer untersucht worden. Schon SWAMMERDAM hat in seiner „Bibel der Natur“ einige solcher Formen beschrieben und findet das Studium derselben so interessant, daß er fortfährt: „Ich habe mir sagen lassen, in heißen Ländern fände man zwischen den Blättern daumenlange Würmer. Ey was vor schöne Anmerkungen würde man an ihnen nicht machen können, wenn man nur nicht so sehr mit der gelben Goldsucht behaftet wäre, oder sein Leben nicht durch Schwelgerey verkürzte.“ Er hat schon eine Anzahl gut kenntlicher Arten beschrieben. Auch J. L. FRISCH hat eine Anzahl von Minierern beschrieben und schlug erstmalig einen Terminus für die minierende Larve vor, die er als vermiculus intercus bezeichnete, welche Benennung sich aber nicht einbürgerte. Erst REAUMUR, der in seinen Memoiren den Minierern einen besonderen Teil widmete, stellte dafür die Bezeichnungen Minen und Minierer auf, die in der Folgezeit allgemein verbreitet wurden. Nicht nur der Gelehrte, sondern auch die Laien wurden frühzeitig auf diese eigentümlichen Formen aufmerksam; es erfolgte dann auch zuweilen eine abergläubische Deutung derselben. So berichtet ein Anonymus J. C. B(eckmann) aus dem Jahre 1681 von einem Massenauftreten von „Schlangengestalten“ in den Blättern der Apfelbäume, womit die Minen von *Lyonetia clerkella* L. gemeint waren, und die von den Landleuten als die Verursacher einer Schlangenplage angesehen wurden. Der Verfasser dieses Schriftstückes weist dann darauf hin, daß solche „Schlangenzeichen“ als Warnungen Gottes angesehen werden müßten. Auch KALTENBACH berichtet noch 1858: „Vor einigen Jahren war diese Motte (gemeint ist wiederum *Lyonetia clerkella* L.) in hiesiger Gegend so häufig, daß selbst den Laien ihre zahllosen Schlangenminen an Apfel- und Kirschbäumen auffielen und man dieselben als Vorboten des nahen Weltendes betrachtete.“ Selbst in die schöne Literatur, die sonst wenig von Raupen und ähnlichem „Ungeziefer“ wissen will, haben die Blattminen Eingang gefunden. V. SCHEFFEL berichtet in seinen Römischen Episteln, wie ihm eine Stelle gezeigt worden war, wo ein Heiliger von heftigen Versuchungen geplagt wurde, die aber auf des Heiligen ernstes Gebet in kleine Schlänglein in den Blättern eines Rosenstrauches verwandelt wurden, von welchem Strauche die Pilger ein Blatt mit solchen „tentationes“ darin erhalten konnten. Gemeint sind die Minen der Raupen von *Nepticula centifoliella* Z. in den Rosenblättern.

Wenn wir nun im folgenden Kapitel die in Gallen lebenden Raupen untersuchen wollen, so müssen wir sagen, daß das Leben in Gallen im allgemeinen einen viel höheren Grad der Anpassung ausdrückt als das in Minen, weil hier bei den ersteren Raupen eine viel stärkere Beeinflussung der Pflanze durch die betreffende darin wohnende Raupe erfolgt. Sind auch bei den cecidogenen Raupen nicht so viele besondere Anpassungen wie bei den Minierern bekannt geworden, so mag das zum Teil darauf beruhen, daß die gallenerzeugenden Raupen noch nicht so gründlich untersucht worden sind wie die minierenden; aber es kommt noch ein anderes wichtiges Faktum hinzu. Bei den Gallenerzeugern sind die Raupen in ihrer Lebensweise lange nicht so konstant und gefestigt; wir kennen kaum fakultative Minierer, während die Anzahl der Raupen, die entweder eine Galle bilden oder eine andere Lebensweise führen können, sehr groß ist. Das weist darauf hin, daß die Anpassung erst in relativ später Zeit erfolgt ist, und daß die Beziehungen zwischen Raupe und Pflanze noch nicht so gefestigt sind, wie es bei den Minierern der Fall ist. In anderen Insektenordnungen, so besonders bei Hymenopteren u. a., sind diese Beziehungen schon sehr viel inniger, was auf ein längeres Bestehen dieses Verhältnisses hinweist. Deswegen sind auch alle jene Lebenstätigkeiten der Raupe, die speziell aus dem Gallen- oder Minendasein resultieren, bei dem ersteren viel weniger auffallend als bei dem letzteren. Und schließlich haben wir schon darauf hingewiesen, daß zwischen beiden Erscheinungsformen der Fraßtätigkeit, die wir hier besonders berücksichtigt haben, auch Übergänge auftreten können, daß wir einmal nicht immer bei einem Fraßbild in der Lage sind zu entscheiden, ob wir eine Galle oder eine Mine vor uns haben, daß andererseits Minenerzeuger auch sekundär Gallen hervorrufen können, und daß endlich die gleiche Art je nach der Generation sich als Minen- oder als Gallenerzeuger betätigen kann.

Jedenfalls verdienen beide Erscheinungen ein ganz besonderes Interesse, weil es hier unmittelbar möglich ist, den umgestaltenden Einfluß der Lebensweise auf die Organisation der Raupen zu beobachten, und andererseits sind diese Beobachtungen an Minierern und Gallenerzeugern nicht nur von Wichtigkeit für den Entomologen und Zoologen, sondern auch für die Biochemiker und Botaniker. Waren es doch die letzteren hauptsächlich, die früher, noch bevor die Zoologen diesen Gebilden näher traten, sie in bezug auf die Pflanzenpathologie beobachteten und untersuchten. Es bildet die Erforschung des Minen- und Gallenlebens der Raupen nicht ein rein zoologisches Arbeitsfeld, sondern wir finden in ihr ein Grenzgebiet, in dem die verschiedenen Disziplinen der Biologie zusammentreffen.

Siebzehntes Kapitel.

Schmetterlinge und Gallen.

Wenn schon die minierenden Schmetterlingsraupen eine Fülle von besonderen Anpassungen aufweisen, so sollte das noch in höherem Grade von den Raupen gelten, die ebenfalls endophag in Gallen leben. Freilich scheinen die Raupen der Schmetterlinge erst relativ spät zu dieser Lebensweise übergegangen zu sein; wir kennen einmal nur wenige Gattungen und Arten aus dem großen Heer der Schmetterlinge, die zum Leben in Gallen übergegangen sind, und unter ihnen finden sich auch niemals solche starken Anpassungen an die veränderte Lebensweise wie bei den gallenerzeugenden Hymenopteren und Dipteren. Bevor wir unsere Schmetterlinge in dieser Hinsicht untersuchen, müssen wir erst feststellen, was überhaupt unter einer Galle zu verstehen ist. Wir bezeichnen mit Galle jede Bildungsabweichung bei einer Pflanze, die durch die Lebenstätigkeit eines Tieres (oder einer Pflanze) erzeugt wird, wobei ein physiologischer Zusammenhang symbiontischer Art zwischen dem Erzeuger und der Wirtspflanze besteht, der der letzteren meistens zum Schaden gereicht. Denken wir, um uns das klarzumachen, noch einmal an die Verhältnisse beim Gallapfel der Eiche. Die Gallwespe legt in die Blätter ihr Ei ab; durch den Stich verursacht entsteht ein ganz andersartiges Gewebe, als sonst in den Blättern der Pflanze sich ausbilden kann; diese ganz neuartige Substanz bietet dem jungen Larvenstadium der Gallwespe einmal Schutz und zum anderen Nahrung. Die Made kann die normalen Blattgewebe niemals verzehren, sondern frißt nur dieses Gallengewebe. Selbstverständlich tritt eine Schädigung der Pflanze ein; denn die Stoffe, die sie dem Gallapfel zuführen muß, könnte sie in viel zweckmäßigerer Weise anders verwenden. Es erfolgt also hier bei der Gallenbildung eine Reaktion der Pflanze auf den Angriff durch den Schädiger, die dem letzteren von Nutzen, der Pflanze selbst aber schädlich ist. Man hat nun angenommen, daß die Pflanze durch die Gallenerzeugung den Angreifer unschädlich machen, ihn gewissermaßen einkapseln will, um zu verhindern, daß er edlere Teile, wie die Früchte usw., angreifen kann. Aber auch diese Begründung hält nicht stand; denn abgesehen davon, daß viele Gallen in den Fruktifikationsorganen, in Blüten und Früchten selbst vorkommen, kann das Gallentier nicht unschädlich gemacht werden, da ja die ausschlüpfende Imago oder Larve doch die Galle verläßt, um andere Pflanzen heimzusuchen. Die Erzeugung einer Galle oder eines Cecidiums, wie sie wissenschaftlich genannt wird, bedeutet also effektiv, daß die Pflanze sich selbst schädigt, um dem Insekt einen Vorteil zu verschaffen. Hierauf basierte man dann eine Theorie der fremddienlichen Zweckmäßigkeit, indem man den von den Insekten befallenen Pflanzen einen gewissen Altruismus zuschrieb, der sie veranlaßte, dem Parasiten Unterstützung durch neu gebildete Gewebe zu verschaffen. Es liegt hier noch vieles im Dunkeln, und es wird erst möglich sein, diese Erscheinungen genauer zu durchforschen, nachdem man mit Erfolg künstlich Gallen erzeugt hat. Die Galle entsteht gewöhnlich dadurch, daß das die Eier ablegende Insekt einen bestimmten Stoff in die durch das Einbohren des Eies entstandene Wunde der Pflanze gelangen läßt. Dieser Stoff bewirkt eine Veränderung in der Umgebung der Wunde, die sich oft in reicherem Wachstum der Zellen äußert. Daß die Galle durch die Fraßtätigkeit der Larve ihre Gestalt erhält, ist nicht möglich; denn auch in solchen Fällen, wo wohl das Pflanzengewebe angebohrt, ein Ei aber nicht abgelegt wurde, entstand auch ein Cecidium, wenn auch schwächer ausgebildet; letzteres rührte aber daher, daß nur eine geringere Menge von jenem Stoff in die Pflanzenwunde gelangte, da vermutlich wohl das Ei erst durch seinen Druck während des Passierens des Eileiters einen starken Reiz zur Absonderung des Stoffes ausübt. Wir werden erst dann imstande sein, die Ursachen der Gallbildung zu erkennen, wenn wir künstlich Gallen erzeugen können, den Stoff also, nachdem wir ihn entdeckt haben, den Pflanzen einzuimpfen und zu untersuchen, worin seine Wirkungen bestehen. Man teilt nach dem Vorgang von KÜSTER die Gallen in organoide und histioide Cecidien ein. Zu den ersteren gehören alle die Fälle, bei denen die Umwandlung oder Neubildung eines ganzen Organs erfolgt, wenn z. B. die Nebenblätter einer Pflanze in Laubblätter umgewandelt werden, während im zweiten Falle nur bestimmte Gewebe neugebildet oder umgewandelt werden, was z. B. bei allen Schwellungen und Verdickungen von Früchten, Stengeln u. dgl. der Fall ist. Bei den von Raupen der Schmetterlinge bewohnten Gallen handelt es sich meistens um histioide Cecidien.

Wir können bei den gallenbewohnenden Schmetterlingen verschiedene Stadien der Anpassung an das Gallenleben beobachten. Im einfachsten Falle sucht die Raupe eine von der ursprünglichen Bewohnerin schon verlassene Galle auf, um darin zu überwintern oder sich dort zu verpuppen. Es handelt sich hier also nicht um gallenerzeugende, sondern nur um gallenbewohnende Raupen. Man bezeichnet diese letzteren dann als Einmieter oder Inquilinen. Ihnen stehen gegenüber die echten Erzeuger von Gallen, die cecidogenen Raupen. Unter den letzteren haben wir wiederum solche zu unterscheiden, die nur gelegentlich Gallen erzeugen, und andere, die nur in Gallen leben können und meist ihnen speziell angepaßt sind. Diese ersteren werden als fakultative Cecidozoen bezeichnet; sie sind unter den Raupen weitaus am meisten verbreitet. Viel seltener kommen echte cecidogene Raupen vor. Es geht daraus hervor, daß die Anpassung der Schmetterlinge an Gallen erst in relativ später Zeit erfolgte; viele von ihnen sind noch jetzt im Begriff, zu einer cecidogenen Lebensweise überzugehen; es gilt das besonders für die fakultativen Gallenerzeuger. Die Angaben in der Literatur über Gallen verursachende Raupen von Schmetterlingen sind außerordentlich reich; jedoch findet man, daß sehr viele der Beobachtungen einander zu widersprechen scheinen. Das beruht dann aber darauf, daß viele Arten gerade erst im Begriff sind, sich zu Gallenerzeugern umzubilden, und daß sie gegenwärtig nur gelegentlich solche Bildungen hervorrufen. Bei dem großen Interesse, das der Gallenkunde oder Cecidologie dargebracht wird, und bei den vielen sich anscheinend so sehr widersprechenden Angaben über cecidogene Raupen erscheint es angebracht, die gesamten Fälle, in denen solche Raupen beobachtet wurden, einer kritischen Betrachtung zu unterwerfen. Wir haben da festzustellen, welche Arten nur Inquilinen sind, und welche wir als fakultative oder gar als echte cecidogene Arten aufzufassen haben.

1. Inquilinen.

Hier handelt es sich um Arten, die in Gallen leben, die von anderen Tieren erzeugt wurden, wobei es uns gleichgültig sein soll, ob die Schmetterlingsraupe in der Galle ihre Entwicklung durchmacht oder sie nur zur Verpuppung aufsucht. Im ersten Falle bestünde also ein ernährungsphysiologischer Zusammenhang zwischen Galle und Raupe, im letzteren wird nur eine Wohnung als Schutz aufgesucht. Hier ist zunächst *Gelechia electella* Z. zu erwähnen. Früher beschuldigte man die Raupe mit Unrecht, an Fichten Auswüchse zu erzeugen. In Wirklichkeit stammten diese Gallen von Rhynchoten, nämlich *Chermes*-Arten. Die Raupe lebt minierend in den Nadeln, geht erst später in die schon leeren *Chermes*-Gallen und verwandelt sich darin. So kam es, daß man aus den Auswüchsen die *Gelechia* erhielt und in ihr den Erzeuger vermutete. Ebenso ist es bei einer anderen *Gelechia*-Art, nämlich *G. albicans* Hein. Sie ernährt sich von Knospen und Blättern und verwandelt sich in der Galle von *Poecilonota decipiens* Mnk. Eine ganze Anzahl von Arten der Gattung *Pamene*, nämlich *P. insulana* Gn., *fimbriana* Hw., *gallicolana* Z., *argyrana* Hbn. und *splendidulana* Gn.. leben in Eichengallen anderer Insekten. Besonders bemerkenswert ist die letztere Art dadurch, daß sie je nach den verschiedenen Raupenstadien eine dreifach verschiedene Lebensweise führt; in der allerfrühesten Jugend miniert sie weiße Flecke in die Blätter, später lebt sie zwischen zusammengezogenen Blättern, und zuletzt endlich geht sie in die Gallen der Eichen. Auch die Raupe von *Carpocapsa juliana* Curt., die in Eicheln lebt, sucht zur Verpuppung oft die *Andricus*-Gallen der Eiche auf. *Laspeyresia corollana* Hbn. lebt in den knolligen Anschwellungen des Stammes von Populus tremula, die von dem Käfer *Saperda populnea* L. erzeugt wurden, und macht dort ihre ganze Entwicklung durch. Man kann unschwer feststellen, ob sich in einer gefundenen Galle die Raupe des Falters oder noch die des Käfers befindet, da im ersten Falle ein mit Kotkörnern besetztes Gespinst heraushängt, das nur von der Schmetterlingsraupe herrühren kann. In ähnlicher Weise lebt *Laspeyresia cosmophorana* Tr. in den verlassenen Harzgallen eines anderen Wicklers, nämlich von *Evetria resinella* L. Der Zünsler *Dioryctria abietella* S.V. kommt in *Chermes*-Gallen und Harzgallen von *Evetria resinella* L. vor. Endlich muß sogar ein Spanner genannt werden, nämlich *Tephroclystia strobilata* Hbn., dessen Raupe ebenfalls in *Chermes*-Gallen gefunden wurde.

2. Fakultative Gallerzeuger.

Die Anzahl der Raupen, die gelegentlich Gallen erzeugen, ist beträchtlich größer. Bei vielen von ihnen bildet die Entwicklung in einer Galle einen seltenen Ausnahmefall, für gewöhnlich lebt die Larve in ganz anderer Weise. Unter diesen sind zu nennen: *Stagmatophora serratella* Tr. Diese Art lebt gewöhnlich an den Wurzeln von *Linaria* in einem Gespinst; in Portugal soll sie jedoch große Auftreibungen der Wurzeln einer *Simbuleta*-Art erzeugen. Hier kann entweder ein Irrtum des Beobachters vorliegen, der mit den erwähnten Gallen, die vielleicht von einem ganz anderen Tier stammten, die an den Wurzeln sitzenden *Stagmatophora*-Raupen mit eintrug und die ausschlüpfenden Falter für die Erzeuger des Cecidiums hielt, oder es handelt sich, wie oft in solchen Fällen, um zwei verschiedene Arten, die sich äußerlich zum Verwechseln ähnlich sehen, aber doch eine ganz verschiedene Lebensweise besitzen. Das eben Gesagte gilt wahrscheinlich in gleicher Weise für *Gelechia mulinella* Z. Diese Art lebt bei uns in den Blüten vom Besenginster, soll aber in Portugal in holzigen Anschwellungen an *Bartschia alpina* vorkommen. *Borkhausenia formosella* F., eine unserer häufigsten Gelechiiden, lebt gewöhnlich unter der Rinde von Bäumen, besonders wenn diese schon etwas angekränkelt ist, wurde aber auch aus Gallen, nämlich aus Holzknoten von *Salix*-Arten, gezogen. Ebenso ist es bei manchen Aegeriiden (Taf. I Abb. 3). *Sciapteron tabaniforme* ROTT. kommt in Anschwellungen junger Zweige von Pappeln und Weiden vor, kann aber auch im Stamm leben, wo es dann keine Veränderungen erzeugt. *Laspeyresia cosmophorana* TR. wurde in den verlassenen Harzgallen von *Evetria resinella* L., aber auch in verdickten Zweigen von Kiefern und Wacholder gefunden. *Epiblema tetraquetrana* HW. lebt in Anschwellungen junger Triebe von Alnus und Betula, kommt aber auch zwischen zusammengesponnenen Blättern derselben Pflanzen vor. *Cydia minutana* HB. lebt für gewöhnlich zwischen versponnenen Blättern der Pappel; in einem Falle wurde sie aber auch aus einer Zweiganschwellung gezogen, die ganz ähnlich der von *Gypsonoma aceriana* DUP. erzeugten war. *Lobesia permixtana* HBN. soll in Stengelspitzen von Solidago, Anchusa, Betula und Fagus leben und wurde ebenfalls aus knotigen Anschwellungen bei Juniperus gezogen. Hier liegt wohl aber nur eine inquiline Lebensweise vor, indem die Raupe verlassene Gallen zur Verpuppung aufsuchte. *Argyroploce lediana* L. lebt für gewöhnlich zwischen den Blättern von Ledum, soll jedoch auch Deformationen des Stengelendes erzeugen. *Phalonia atricapitana* STPH. lebt in Gespinst an der Wurzel von Senecio und Hieracium, soll jedoch auch Stengelverdickungen an denselben Pflanzen hervorrufen. *Acalla ferrugana* TR. wohnt in zusammengesponnenen Blättern, wurde jedoch ebenfalls aus Anschwellungen der Sproßspitzen von Birken erhalten. Der Spanner *Tephroclystia linariata* S. V. lebt einerseits in Blüten, andererseits auch in deformierten Samenkapseln an Linaria-Arten.

Diese genannten fakultativen Gallenerzeuger sind ein besonderes Schmerzenskind der Schmetterlingsökologie. In vielen Fällen wird es sich dabei wohl um Inquilinen handeln, die zu den im ersten Abschnitt genannten versetzt werden müßten. In anderen dagegen kommen vielleicht verschiedene Arten in Frage, die sich äußerlich recht ähnlich sehen und deshalb bisher spezifisch noch nicht unterschieden werden konnten. Das gilt besonders für die Beispiele, wo aus verschiedenen Ländern die verschiedenartige Lebensweise angeblich derselben Art berichtet wird. Schließlich mag in einer gewissen Anzahl von Fällen tatsächlich dieselbe Art nur fakultativ als cecidogen auftreten. Es müßte also bei allen in diesem Abschnitt aufgeführten Arten noch sorgfältig nachgeprüft werden, ob sie tatsächlich als gallenerzeugend in Frage kommen können. Diese Nachprüfung, so notwendig sie auch ist, muß als außerordentlich schwierig bezeichnet werden. Es darf nicht vergessen werden, daß die im zweiten Abschnitt genannten Arten ja nur in Ausnahmefällen cecidogen sind. Damit, daß man große Serien und in vielen Generationen züchtet, die niemals Gallen angelegt haben, ist der Beweis gegen ihre cecidogenen Eigenschaften oder Fähigkeiten noch nicht erbracht. Wir wissen ja nicht, unter welchen Umständen gerade eine Art vom gewöhnlichen Verhalten abweicht und eine Galle erzeugt. So können Nachprüfungen in gewissen Fällen wohl eine Bestätigung der Beobachtung bringen, aber sie können nie das Gegenteil beweisen. Eine Ausnahme würden die Fälle bilden, wo sich durch genauere Untersuchung, z. B. der Geschlechtsorgane, feststellen ließe, daß es sich um zwei spezifisch verschiedene Arten handelt, von denen die eine cecidogen ist und die andere nicht. Das würde aber nur für die wenigen besonders vermerkten Fälle gelten können. Sollte es aber tatsächlich möglich sein, für eine Anzahl der genannten Arten eine solche fakultative Gallenerzeugung wahrscheinlich zu machen, so wäre auch damit viel gewonnen. Wir könnten daraus ersehen, in welchem Grade sich bei Schmetterlingen der Übergang zur gallenbewohnenden Lebensweise vollzogen hat, und man würde aus solchen Fällen besonders lehrreiche Schlüsse auf das Verhältnis zwischen Pflanze und Schmetterling ziehen können. Es wäre dann z. B. interessant, zu untersuchen, warum in dem einen Fall an der Eiablagestelle eine Galle entsteht und im andern nicht, ob vielleicht das Räupchen durch seine Fraßtätigkeit allein den Anstoß zur Galle gibt, und was derlei Fragen noch mehr sind. In dieser Hinsicht sind die fakultativen Gallenerzeuger für die biologische Erkenntnis wichtiger als die echten cecidogenen Schmetterlinge. Sie machen es wahrscheinlich, daß der stärkere Faktor für die Bildung der Galle die Reaktion der Pflanze auf den durch die Raupe erfolgenden Reiz ist, und daß demgegenüber die Wirkung des vom Weibchen bei der Eiablage eingeimpften Stoffes nur relativ geringfügig ist; wäre letzteres nicht der Fall, dann müßten doch in jedem Falle bei der Eiablage sich Gallen bilden. Die vorherrschende Ansicht in der Cecidologie ist, daß diesem vom eierlegenden Falter eingeflößten Stoffe die Hauptursache für die Bildung von Cecidien zuzuschreiben sei, wofür auch die Beobachtungen bei anderen Insektenordnungen, besonders Hymenopteren und Dipteren, sprechen würden. Gerade durch die Untersuchungen an Schmetterlingen (und Käfern; auch bei ihnen kommen analoge Fälle vor; *Ceuthorrhynchus contractus* Mrsh. lebt in Gallen an Stengel und Wurzel und in Minen an den Blättern!) würde die Entstehung der Pflanzengallen unter Umständen von einer ganz anderen Seite betrachtet werden können. Daß tatsächlich fakultative Cecidogenese erfolgen kann, geht daraus hervor, daß bei gewissen Arten diese Fähigkeit auf eine Generation der Raupen beschränkt ist, bei diesen aber dann auch immer vorkommt. Hier ist die Anpassung an das Gallenleben schon einen Schritt weiter gegangen; Gallen werden fakultativ gebildet bei ein und derselben Schmetterlingsart; diese Fähigkeit findet sich aber nur bei einer Generation. Es läßt sich nicht ohne weiteres entscheiden, worauf diese Erscheinung beruht; es besteht die Möglichkeit, daß nur die Falter (oder Raupen) dieser einen Generation imstande sind, Stoffe zu produzieren, die die Pflanze zur Gallbildung anregen; andererseits ist es aber auch sehr gut möglich, daß die Pflanzen zu jener Zeit nicht imstande sind, auf den ausgehenden Reiz des Schmetterlinges mit der Bildung von Gallen zu antworten. Letztere Möglichkeit wird aber unwahrscheinlicher sein; denn in den meisten beobachteten Fällen erfolgt die Gallenausbildung in der zweiten Raupengeneration. In der ersten sind die Pflanzen noch jünger und weniger verholzt. Man sollte erwarten, daß gerade dann eine Bildung von Cecidien am leichtesten erfolgen könnte. Daß das nicht geschieht, deutet darauf hin, daß hier ein Unvermögen der betreffenden gallbildenden Falter oder Raupen besteht. Da solche Fälle im übrigen bei den Gallenerzeugern unter Hymenopteren und Dipteren seltener sind, eignen sich gerade Schmetterlinge (und Käfer) besonders für solche Untersuchungen.

3. Echte Gallenerzeuger.

Außer den bisher genannten Arten gibt es nun aber auch eine Anzahl von Faltern, deren Raupen ganz speziell an das Leben in Gallen angepaßt sind, die sich also in anderer Weise nicht zu entwickeln vermögen. Bei ihnen besteht ein besonders inniger ernährungsphysiologischer Zusammenhang zwischen der Larve und den pflanzlichen Deformationen, in denen sie lebt. Unter ihnen gibt es eine Anzahl von Formen, die einen bemerkenswerten Übergang von den Minen- zu den Gallenerzeugern bilden und so den ersten Anfang einer spezifisch cecidogenen Lebensweise darstellen. Es muß da in erster Linie *Micrurapteryx pavoniella* Z. erwähnt werden. Die Raupe dieser Gracilariide wird von mancher Seite als hyponomogen, von anderer als cecidogen angesehen. Sie lebt in den Grundblättern von Compositen, besonders Asterarten und erzeugt darin eine Mine, die sehr stark aufgebläht und rötlichbraun verfärbt ist. Wegen dieser Aufblähung wird die Art zu den Gallenerzeugern gerechnet, während das Fraßbild im übrigen ein typisches Hyponom darstellt. Solche Verfärbungen, wie wir sie hier feststellen, finden sich sonst auch bei minierenden Insekten; es ist keinesfalls erwiesen, daß diese auf eine ernährungsphysiologische Beziehung zwischen Pflanze und Raupe hinweisen, sondern es handelt sich einfach um eine Chlorophyllumsetzung, die auch durch mechanische Zerstörung gewisser Leitungsbahnen erfolgen kann. Ebenfalls vorwiegend als Minierer sind noch diejenigen Arten anzusprechen, die nur eine Mine anlegen, wobei dann eine Schwellung der befallenen Stellen, besonders in Blattstiel und Stengel, erfolgt. Hier verwischen sich die Grenzen zwischen Hyponomium und Cecidium. Es ist da zuerst *Phyllocnistis saligna* Z. zu erwähnen. Das junge Räupchen lebt in der Rinde der Zweige von Salixarten, geht dann aber durch den Blattstiel ins Blatt und legt im letzteren eine ganz reguläre Mine an; der im Zweig befindliche Teil der Mine, ein schmaler Gang, verdickt sich dann beträchtlich und steht wulstig über die Umgebung empor. Ähnlich ist es bei *Heliozela stannella* F. R. Diese Art lebt jung im Blattstiel von Eichenblättern, der dadurch eine Verdickung erfährt, geht dann in das Blatt hinein und schneidet zuletzt ein ovales Stück aus, in dem die Verpuppung erfolgt. In beiden Fällen scheint es ebenfalls noch nicht angebracht, von einer Galle zu reden, weil diese Verdickungen sich erst bilden, wenn die Raupe den betreffenden Teil der Mine verlassen hat; sie kehrt nicht mehr dahin zurück, und so scheint es, als ob sie von dem gebildeten Gallengewebe in keiner Weise profitiert. Anders ist es schon bei gewissen *Nepticula*-Arten. *N. turbidella* Z. lebt an Populus alba und nigra, *N. argyropeza* Z. an P. tremula zunächst in den Blattstielen, dann in einer Blattspreitenmine. Die Blattstiele verdicken sich infolge der Tätigkeit der Raupe, und diese kehrt, wenn sie nicht gerade im Blatt frißt, immer wieder in den verdickten Blattstiel zurück, wo sie schon wegen ihrer Größenzunahme immer wieder von dem vergallten Gewebe fressen muß, so daß hier schon eine innigere Beziehung zur Galle vorliegt. Freilich ist sie auf eine Ernährung durch diese Gewebsbildungen nicht direkt angewiesen, da sie sich zum größten Teil mit Stoffen aus der Mine in der Blattspreite versorgt. Einen Schritt weiter ist die Anpassung bei *Heliozela hammoniella* Sorh. gegangen. Diese Art unterscheidet sich von anderen ihrer Gattung dadurch, daß sie als Raupe zuerst in den Zweigen lebt und dadurch eine Anschwellung bewirkt; erst später geht sie durch den Blattstiel in das Blatt und lebt dann wie die anderen Gattungsangehörigen. *Cynaeda dentalis* Schiff. steht nun schon in näherer Beziehung zu den echten Gallenerzeugern. Sie lebt im Stengel von Echium und Anchusa und bewirkt durch ihre Fraßarbeit eine Verkürzung und Blattanhäufung an demselben. Nach anderen Beobachtungen soll sie allerdings auch in den Blättern dieser Pflanze minierend vorkommen; wahrscheinlich handelt es sich dabei aber um Verwechselungen mit einer *Phlyctaenodes*-Art.

Zur zweiten Gruppe der echten Gallenerzeuger sind nun die Arten zu rechnen, die in einer Generation cecidogen sind und in der anderen eine andersartige Lebensweise führen. So lebt *Orneodes grammodactyla* Z. in der ersten Generation in den Herztrieben von Scabiosa-Arten; in der zweiten findet man sie im Stengel derselben Pflanze, der an der angegriffenen Stelle sich verdickt und rotbraun verfärbt. Hier beruht die verschiedene Lebensweise darauf, daß im ersten Falle die Stengel noch nicht genügend entwickelt sind, um der Raupe Wohnung und Futter in genügender Menge zu bieten; die Ursache liegt also bei der Pflanze.

Bei der Pterophoride *Platyptilia isodactyla* Z. liegen die Verhältnisse ganz ähnlich. Die Raupe miniert in der ersten Generation in der Mittelrippe der Blätter von Senecio-Arten und geht später in die Herztriebe; die der zweiten lebt im Stengel derselben Pflanzen und erzeugt dort Anschwellungen. In allen diesen Fällen ist eine Anpassung an eine cecidogene Lebensweise nur bei einer Generation der Raupen erfolgt; diese Arten bilden also einen Übergang zu denjenigen, die immer in Gallen vorkommen.

Im folgenden hätten wir nun die echten Gallenerzeuger im engsten Sinne zu besprechen. Zu ihnen gehören *Incurvaria tenuicornis* Stt., die in Astanschwellungen an Birken vorkommt. Es bleibt zweifelhaft, ob hier die Galle wirklich von dem Schmetterling herrührt. Es leben nämlich in dem Hohlraum des Cecidiums auch gewisse Milben, so daß hier auch die Möglichkeit einer Symbiose besteht, worauf wir deshalb in dem diese behandelnden Kapitel noch einmal zurückkommen müssen. *Argyresthia spiniella* Z. lebt in Knospen und den Anschwellungen junger Zweige von Prunus padus. *Mompha subbistrigella* Hw. ist als Raupe in den Schoten von Epilobium-Arten zu finden, die infolge der Fraßtätigkeit deformiert werden. Sie sind dann etwas verdickt und gekrümmt und bleiben geschlossen. Letzteres bedeutet den Hauptvorteil für das junge Räupchen. Die *Mompha*-Arten weisen besonders viele Gallerzeuger in ihren Reihen auf, und sie sind meistens an Epilobium-Arten angepaßt. *M. nodicolella* Fuchs lebt in Anschwellungen der Triebspitzen, *M. decorella* Stph. in Stengelanschwellungen. *Augasma aeratellum* Z. wohnt in Stengelauswüchsen gewisser *Polygonum*-Arten, *Paltodora cytisella* Curt. verursacht am Adlerfarn (Pteridium) Verdickungen des Stengels. Ebenfalls als Gallerzeuger sind die *Metzneria*-Arten zu betrachten. Sie leben auf dem Blütenboden von Compositen und bewirken dadurch eine fleischige Verdickung desselben. Diese ist zwar noch nicht bei allen Arten beobachtet worden, wird sich aber, wenn die Beobachtung richtig ist, auch bei ihnen finden. Freilich besteht auch die Möglichkeit, daß nicht die *Metzneria*-Arten die Erzeuger der Anschwellung sind, sondern kleine Rüsselkäferlarven, die gewöhnlich mit ihnen zusammen vorkommen. *Lita cauliginella* Schmid. gehört zu den einwandfrei als cecidogen erkannten Arten; die Raupe lebt im verdickten Stengel von *Silene*-Arten. *Orneodes palodactyla* Z. ist bei uns in den Jugendstadien noch nicht erforscht worden; ihre spanische Form *perittodactyla* Stgr. verursacht bedeutende Stengelauftreibungen an Scabiosa-Arten. *Orneodes dodecadactyla* Hbn. erzeugt durch den Fraß ihrer Raupe an Lonicera-Arten Astanschwellungen. Von den Pterophoriden lebt *Leioptilus microdactylus* Hbn. im Innern der Stengel von Eupatorium; diese werden im Sommer dadurch knotig verdickt. Die im Spätsommer und Herbst stattfindende Fraßtätigkeit bewirkt keine Anschwellungen mehr. Zeller will die Raupe auch in den Blüten derselben Pflanze gefunden haben; es handelt sich dabei sicherlich um einen Zufall, da die Raupen öfters den Stengel und damit ihre erste Galle verlassen und einen neuen Stengel oder wenigstens eine neue Stelle an demselben aufsuchen. Bei einer solchen Wanderung mag Zeller vielleicht diese Raupe gefunden haben. Von den Sesien erzeugen *Chamaesphecia triannuliformis* For. Gallen an Wurzel und Stengel vom Sauerampfer; *Trochilium cephiforme* O. und *spuleri* Fuchs leben in knopfigen Anschwellungen an Juniperus, *Tr. flaviventre* Stgr. kommt in Triebschwellungen und *Tr. formicaeforme* Esp. in kropfigen Auswüchsen an Salix vor. Eine größere Anzahl echter cecidogener Raupen lernen wir bei den Wicklern kennen. So lebt *Laspeyresia zebeana* Rtzbg. unter Harzausflüssen, die mit dem Larvenkot vermengt sind, an Lärchen. *L. servillana* Dup. kommt im Mark von Salix-Arten vor, wodurch der Stengel anschwillt, *L. duplicana* Zett. im Bast der Stämme von Juniperus und Picea, wodurch ebenfalls Harzausflüsse entstehen. *Epiblema bilunana* Hbn. lebt in den Blütenkätzchen von Birke, die dadurch in charakteristischer Weise geknickt und deformiert erscheinen, *Epibl. albidulana* H. S. in Stengelanschwellungen an Artemisia und Gnaphalium, *Ep. lacteana* Tr. in gleichen an Artemisia, *Ep. luctuosana* Dup. in Anschwellungen an Centaurea und Cirsium, (*Ep. tetraquetrana* Hw. in Anschwellungen junger Triebe von Erlen und Birken, aber wohl auch zwischen den Blättern), *Gypsonoma aceriana* Dup. kommt nur in Anschwellungen der Zweigenden von Populus-Arten vor.

Semasia incana Z. erzeugt Stengel-Anschwellungen an Artemisia, ebenso *S. metzneriana* Tr., während S. *aspidiscana* Hbn. in den Triebspitzen von Solidago und Aster lebt, die infolgedessen anschwellen und sich rot verfärben. *Pelatea festivana* Hbn. verursacht in den jungen Eichentrieben Verdickungen. *Evetria resinella* L. ist einer der bekanntesten Gallenerzeuger unter den Schmetterlingen; seine Raupe verursacht an Kiefern Harzausflüsse, die zu einer rundlichen Galle erhärten, in der die Raupe lebt. Es muß hier aber bemerkt werden, daß auf dieses Gebilde die Bezeichnung Galle eigentlich nicht anwendbar ist. Die Gewebe der Pflanze sind nicht verändert worden, und ein gleicher Harzausfluß kann auch durch rein mechanische Verletzung der Pflanze erreicht werden. Eine Verwandte *E. buoliana* Schiff. dagegen lebt in den Triebspitzen derselben Pflanze, die dadurch deformiert werden. *Euxanthis hilarana* H. S. verursacht an den Stengeln von Artemisia campestris lange spindelförmige Anschwellungen.

Mit Absicht ist die Schilderung der gallenerzeugenden Schmetterlingsraupen besonders ausführlich erfolgt. Es liegen hier die Verhältnisse insofern ungünstiger als bei den hyponomogenen Raupen, indem die Lebensbedingungen der Gallenerzeuger im allgemeinen noch ganz ungenügend erforscht sind. Es beruht das zum Teil auf der viel schwierigeren Zucht der cecidogenen Schmetterlinge. Wir können aus den obigen Betrachtungen ersehen, daß nur relativ sehr wenige Arten als einwandfreie Erzeuger von Gallen bekannt sind, und es öffnet sich dem beobachtenden Biologen hier noch ein weites Feld der Tätigkeit. Es ist ja nicht so wesentlich, daß einfach festgestellt wird, daß diese oder jene Art noch in Gallen lebt; aber solche Beobachtungen, wonach Raupen imstande sind, Gallen zu erzeugen, die es für gewöhnlich nicht tun, zeigen zugleich, von welcher Seite das Problem der Verursachung von Gallen angefaßt werden kann. Hier müssen die experimentellen Untersuchungen einsetzen, um klarzustellen, ob der Pflanze oder dem Tier die Hauptbedeutung bei der Ausbildung von Gallen zukommt, und keine Insektenordnung ist so gut dafür geeignet wie die Schmetterlinge und die Käfer. Besonders bei den ersteren ist eine Anpassung an das Gallenleben in viel geringerem Grade erfolgt als z. B. bei Hymenopteren und Dipteren. Wir finden bei den Lepidopteren alle Übergänge zu den verschiedenen Stadien der Gallenerzeugung und können uns daraus erklären, wie die Anpassung schrittweise vor sich gegangen ist. Weiterhin bleibt aber ein anderer Punkt noch zu untersuchen. Wir haben eine ganze Anzahl von Fällen kennengelernt, wo Raupen in verdickten Stengeln oder Wurzeln leben. Es ist aber noch nicht untersucht worden, wie weit die Lebensweise des Erzeugers mit diesen Gebilden zusammenhängt. Eine Anzahl von Raupen lebt im Mark solcher verdickter Stengelteile, und es erscheint sehr fraglich, ob die Raupe überhaupt von diesen umgebildeten Geweben frißt; ist das nicht der Fall, so hat man eigentlich kein Recht, hier von einem Cecidium zu sprechen. Weiterhin muß noch untersucht werden, ob diese Verdickungen wirklich auf spezifische Einflüsse der Raupe zurückzuführen sind, oder ob sie nicht etwa rein mechanisch erzeugt worden sind, was ebenfalls für die Bewertung der betreffenden Arten als Gallenerzeuger wesentlich wäre.

Vergleichen wir die cecidogenen Lepidopterenlarven auf ihre systematische Stellung hin miteinander, so fällt sofort auf, daß sie ganz heterogenen Familien und Gattungen entstammen. Eine Verwertung der cecidogenen Fähigkeiten für stammesgeschichtliche Untersuchungen ist also ganz ausgeschlossen. Beachtenswert ist, daß von den sogenannten „Großschmetterlingen" keine echten Gallenerzeuger bekannt sind, wenn wir von der fakultativ cecidogenen *Tephroclystia linariata* S. V. absehen. Die Mehrzahl aller Arten gehört zu den Microlepidopteren. Es kann dieser Umstand nicht allein auf die Körpergröße zurückgeführt werden; *Cynaeda* z. B. ist größer als manche Spanner und Eulen, bei denen trotzdem eine Anpassung an Gallen nicht erfolgt ist. Es finden sich auch dementsprechend nicht die meisten Gallenerzeuger bei den kleinsten Faltern, *Nepticula* usw., sondern sie gehören zum großen Teil Faltern von mittelmäßiger Größe, wie den Wicklern, an. Es ist nicht ohne weiteres möglich zu sagen, warum eine solche verschiedene Verteilung erfolgt ist. Mit verwandtschaftlichen Beziehungen hängt sie aber sicher nicht zusammen.

Die Anzahl der Gallenerzeuger unter den Schmetterlingen im mitteleuropäischen Gebiete ist ganz auffallend gering. In den Tropen sind solche viel reicher vertreten, und dort finden sich auch außerordentlich bemerkenswerte Anpassungserscheinungen, die zu beweisen scheinen, daß in diesen Gebieten eine Anpassung an eine cecidocole oder cecidogene Lebensweise viel früher erfolgt ist als bei uns. Es erklärt sich das daraus, daß dort die Ziffer der Feinde viel größer ist, gegen die das Wohnen in Gallen besonderen Schutz bietet; es kommen da hauptsächlich Ameisen in Frage. Eine der auffälligsten Anpassungserscheinungen kennen wir von dem südamerikanischen Schmetterling *Cecidoses eremita*. Die Raupe lebt in Gallen, die dadurch ausgezeichnet sind, daß sie einen präformierten Deckel besitzen. Wenn die Imago ausschlüpft, ist es ihr ein leichtes, diesen Deckel abzuheben und aus der sonst ziemlich festen Galle herauszukommen. So sind denn diese Fälle von „Deckelgallen", die auch bei anderen

Insekten vorkommen, eine der stärksten Stützen der Theorie von der fremddienlichen Zweckmäßigkeit geworden, und es fällt schwer, eine andere Erklärung für sie zu finden. Schließlich besteht auch noch die Möglichkeit, daß von den inquilinen Raupen manche Arten den ersten Bewohner der Galle töten und verzehren. Dahingehende Beobachtungen sind allerdings noch nicht gemacht worden.

Überblicken wir das Vorkommen der Schmetterlingsgallen in bezug auf die Pflanzenfamilien, die das Substrat dafür abgeben, so sehen wir die weiteste Verbreitung bei den Compositen. Die Korbblütler als eine der modernsten Pflanzenfamilien weisen auch die größte Anzahl solcher modernen Anpassungen auf. Im übrigen kommen Cecidien von Raupen erzeugt vor in Farnen (1), Coniferen (8), Salicaceen (10), Betulaceen (5), Cupuliferen (5), Polygonaceen (2) Caryophyllaceen(1), Rosaceen (1), Aceraceen (1), Onagraceen (1), Ericaceen (1), Borraginaceen (1), Scrophulariaceen (2), Caprifoliaceen (2), Dipsacaceen (2), Compositen (13), alle Zahlen selbstverständlich nur auf das europäische Gebiet bezogen. Es ist bemerkenswert, daß die Anzahl der auf Eichen in Gallen lebenden Arten so gering ist, da die Anzahl der gesamten Gallen an diesem Baume mehrere Hundert beträgt. Diese Tatsache weist ebenfalls darauf hin, daß die Anpassung an das Gallenleben bei den Raupen erst in allerjüngster Zeit erfolgt ist; deshalb wurde die vielleicht ältere Familie der Eichengewächse nicht in dem Maße besiedelt wie etwa die Compositen. Die Schmetterlingsgallen sind im Vergleich mit denen anderer Insekten meist recht unscheinbar und wenig auffällig. Oftmals bewirken sie ein Vertrocknen der befallenen Sproßspitze, in anderen Fällen aber auch eine Anreicherung mit Blättern. Charakteristisch ist für sie der meist an Gespinstfäden aus der Öffnung heraushängende Raupenkot, der mit keinem von andern Insekten abgegebenen verwechselt werden kann. Bei den in Coniferen lebenden Arten tritt häufig ein Harzausfluß mit auf, der sonst ebenfalls nur selten vorkommt.

Den Prozeß der Entstehung von Gallbildnern haben wir in stammesgeschichtlicher Hinsicht wohl in dreifacher Weise abzuleiten. Einmal gab es Raupen, die in den versponnenen Blättern der Triebe lebten, die dann allmählich dazu übergingen, auch die Sproßspitze selbst und nicht nur die Blätter anzugreifen. Andere lebten in Blattminen und gingen dann dazu über, auch den Blattstiel in ihre Fraßtätigkeit mit hineinzubeziehen, und gelangten so in den Stengel. Bei den cecidogenen Momphiden scheinen beide Wege beschritten worden zu sein. Andere dagegen waren ursprünglich Holzbohrer oder Xylotrophen; bei ihnen war der Weg zu einer Umbildung befallener Äste und Triebe nicht weit, und wir sehen noch heute unter den Xylotrophen fakultative Gallenerzeuger. In ähnlicher Weise mag auch die cecidogene Lebensweise vieler Tortriciden zustande gekommen sein. Doch sind wahrscheinlich die einzelnen Gruppen und Gattungen unabhängig voneinander zu dieser Besonderheit in der Lebensweise gelangt. Eine Fülle ungelöster Probleme bieten also die Beziehungen zwischen Gallen und Schmetterlingen noch jetzt dem Forscher dar.

Achtzehntes Kapitel.

Schmetterlinge in Beziehung zu Ameisen und Termiten.

Es gibt in vielen Insektenordnungen gewisse Arten, die in einer besonders nahen Beziehung zu den sozial lebenden Ameisen und Termiten stehen und ein Verhältnis zu ihnen haben, das schon an Symbiose grenzt, auf die wir dann im folgenden Kapitel noch eingehender zurückkommen müssen. Nicht in allen diesen Fällen ist es einwandfrei festgestellt, ob eine echte Symbiose vorliegt; es soll deshalb eine gesonderte Betrachtung dieser Ameisen- und Termitengäste stattfinden. Man bezeichnet die Tatsache, daß Schmetterlingsraupen in den Nestern von Ameisen, die doch ihre natürlichen Feinde sind, vorkommen und von ihnen nicht angegriffen werden, als Myrmekophilie und das entsprechende Phänomen bei Termiten als Termitophilie der betreffenden Raupen. Beide Erscheinungen sind wahrscheinlich weiter verbreitet, als wir heute annehmen; nur die Schwierigkeit der Beobachtung dieser Verhältnisse hat bewirkt, daß noch vieles in der Biologie dieser Formen unbekannt geblieben ist. Am besten erforscht ist die Myrmecophilie der Raupen. Eine Zusammenstellung der beobachteten Fälle gab WASMANN (1894) Nicht in allen Fällen kann man von einer echten Myrmecophilie der Raupen sprechen; vielfach handelt es sich nur um eine Lepidopterophilie der betreffenden Ameisen. Im folgenden mögen die bemerkenswertesten Erscheinungen angeführt werden.

UFFELN beobachtete, daß sich an der Raupe von *Euchloë belia simplonia* FRR., die auf Cruciferen lebt, mehrfach große braune Ameisen zu schaffen machten. Sie betasteten sie mit Fühlern und Beinen und bearbeiteten besonders den Vorderkörper. Das geschah so lange, bis die Raupe aus dem Munde einen grünlichbraunen Saft absonderte, der von den Ameisen gierig aufgesogen wurde. Das geschah mehrere Male, bis anscheinend die Raupe nicht mehr dazu fähig war. Sie schlug nun mit dem Vorderkörper mehrmals hin und her und wechselte ihren Sitzplatz, worauf sie von den Ameisen nicht mehr belästigt wurde. Diese merkwürdige Erscheinung wurde öfter beobachtet. Es handelt sich hier keineswegs um eine echte Myrmekophilie; die Raupe hatte nicht die geringste Anziehung zu den Ameisen gezeigt und auch keinen Vorteil erreicht; auch mit Symbiose hat diese Erscheinung nichts zu tun, da die einzigen Nutznießer dabei die Ameisen waren. Es fragt sich überhaupt, ob die Tätigkeit der Raupe nicht als einfache Abwehrmaßnahme zu deuten ist. Der abgesonderte Saft rührt wahrscheinlich doch nur von der zerkleinerten und etwas verdauten Nahrung her; wir wissen, daß ein solches Erbrechen von Nahrung bei Raupen öfters als Reaktion auf feindliche Angriffe erfolgt; wenn den Ameisen das erwünscht war und sie den erbrochenen Saft gierig aufleckten, so hat das mit Myrmekophilie der betreffenden Raupe nichts zu tun; diese hätte wohl auch auf andere Einwirkungen in gleicher Weise reagiert, wenn sie auch nicht von den Ameisen ausgegangen wären. Die Anzahl der echten Ameisenfreunde unter den Raupen ist sehr gering, wenn man sie mit den

Gästen aus anderen Insektenordnungen vergleicht; kommen doch von über 1200 Ameisengästen nur 27 auf die Lepidopteren. Bei den letzteren stellen nun den Hauptkontingent die Lycaeniden. Die Anzahl der als myrmecophil anzusehenden Arten wird sich später, wenn genauere Beobachtungen vorliegen, sicherlich noch beträchtlich steigern lassen. Die Schwierigkeit der Untersuchung und der Zucht solcher Arten macht eine Erforschung der Myrmekophilie außerordentlich mühsam. Selbst von ganz bekannten und fast überall häufigen Arten sind noch nicht alle Raupenstadien bekannt. So lebt die Raupe von *Lycaena arion* L. bis zur Herbst auf den Thymuspflanzen, besonders solchen, die in der Nähe von Ameisennestern stehen. Im Herbst verschwindet dann die Raupe, und ihre Lebensweise ist in der ganzen Folgezeit in Dunkel gehüllt, bis man sie im Juni erwachsen in den Ameisennestern findet, wo sie sich auch verpuppt. Was in der Zwischenzeit mit ihr geschieht, ist völlig unbekannt; man vermutet, daß die Ameisen der Raupe und Puppe eine besondere Pflege angedeihen lassen und sie in ihrem Neste großziehen. Daß hier eine besondere Beziehung zwischen den Raupen und den Ameisen besteht, geht schon daraus hervor, daß das Weibchen seine Eier nur auf solche Thymianstauden ablegen soll, an deren Fuße sich die Nester von Ameisen befinden. Es ist sehr wahrscheinlich, daß wir hier einen echten Fall von Myrmekophilie vor uns haben, der sogar vielleicht schon ins Gebiet der Symbiose zu verweisen ist; denn es wäre nicht erklärlich, warum gegebenenfalls die Ameisen die Larven dieses Falters aufziehen sollten, wenn sie keinen Nutzen davon hätten. Tatsächlich wurde beobachtet, wie Raupen von *Lycaena arion*, die man mit den gelben Ameisen *Lasius flavus* zusammensperrte, von den letzteren begierig abgeleckt wurden. In anderen Fällen findet eine Lokalisierung der Stoffe statt, die von der Raupe abgesondert werden und den Ameisen zur Nahrung dienen. Bei vielen Raupen der Lycaeniden finden sich besondere Drüsen, die auf bestimmten Stellen ausmünden. Das gilt z. B. für *Lampides baetica* L. Die Art lebt als Raupe von den Hülsen gewisser Papilionaceen. Auf dem zehnten Segment besitzt sie eine Öffnung, die quer liegt und von einem Wulst umgeben ist. Aus dieser tritt bei Beunruhigung ein Flüssigkeitstropfen hervor. Auf dem dahinter liegenden Segment stehen zwei kleine Fleischzapfen, die für gewöhnlich nach innen eingestülpt getragen werden, im ausgedehnten Zustand aber am Ende kleine fleischige Dornen aufweisen. Ähnlich liegen die Verhältnisse bei *Lycaena argus* L. Diese Art wird besonders von *Formica cinerea* MEYER besucht, lebt aber auch mit anderen Ameisen zusammen und wird als Puppe vorwiegend im Nest von *Lasius niger* gefunden. Bei ihr findet sich ebenfalls die quere Öffnung auf dem zehnten und das Tuberkelpaar auf dem elften Segment. Es wird vermutet, daß das letztere nur zur Anlockung der Ameisen dient, wofür auch seine erhöhte Lage sprechen würde, da der Duft des Honigsaftes, der aus der Öffnung des zehnten Segmentes herausquillt, nicht genügend weit reichen soll. Es steigen nun die Ameisen auf den Rücken der Raupe und „trommeln" auf ihr mit Fühlern und Beinen, worauf aus der Öffnung ein Tropfen quillt, der dann von den Ameisen begierig aufgesogen wird. Es ist nun besonders bemerkenswert, daß bei einigen Arten festgestellt wurde, daß eine Berührung und Reizung der Raupe mit einer feinen Borste keine Wirkung hatte, daß aber der Flüssigkeitstropfen austrat, wenn die Raupe von den Füßen der Ameise bearbeitet wurde. Die Anpassung mancher Lycaenidenraupen an Ameisen kann sogar so weit gehen, daß die letzteren die Larven in ihre Nester hineintragen, wie es MEISENHEIMER bei *Lycaena minima* FUESSL. beobachtete.

Von Lycaeniden sind bisher schon die folgenden als myrmekophil (im weitesten Sinne) erkannt worden: *Lampides telicanus* LANG, *theophrastus* F., *Chilades trochilus* FRR., *Lycaena argyrognomon* BRGSTR., *lysimon* HBN., *baton* BERG., *orion* PALL., *astrarche* BGSTR., *eumedon* ESP., *icarus* ROTT., *amandus* SCHN., *hylas* ESP., *escheri* HBN., *bellargus* ROTT., *corydon* PODA, *admetus* ESP., *euphemus* HBN., *damon* SCHIFF., *iolas* O., *sebrus* B., *minima* FUESSL., *cyllarus* ROTT., *melanops* B., *arion* L., *arcas* ROTT. Spätere Untersuchungen werden diese Liste sicherlich noch vervollständigen.

Mit den Lycaeniden sind die Riodiniden oder Eryciniden nahe verwandt. Es sind deshalb auch bei diesen Fälle von Myrmekophilie zu erwarten; da aber die Familie hauptsächlich in den Tropen verbreitet ist, liegen nur wenige Beobachtungen über ihre Jugendstadien vor, und besonders unter den Myrmekophilen finden sich fast durchweg Arten, deren Zucht sehr schwierig ist, so daß sie selten versucht wurde. SEITZ berichtet einen solchen Fall von der Erycinide *Theope eudocia*, die auf Trinidad in zusammengerollten Blättern des Kakaobaumes lebt. Diese Raupe sondert auf den letzten Segmenten einen süßen Saft ab, der von den sie umgebenden Ameisen aufgeleckt wird. Diese letzteren bilden eine Schutzgarde und geraten in große Erregung, wenn man die Rolle, in der die Raupe sich befindet, zu öffnen versucht. Es besteht auch in diesem Falle keine echte Myrmekophilie, da nicht die Raupen die Ameisen, sondern die letzteren die ersteren aufsuchen. Wohl aber kann dieser Fall unbedenklich in das Gebiet der Symbiose verwiesen werden, wie auch die meisten der Beziehungen zwischen Lycaenidenraupen und Ameisen.

In anderen Schmetterlingsfamilien zeigt sich die Myrmekophilie immer nur als gelegentliche Erscheinung; sie ist nie für eine Familie so charakteristisch, wie wir es bei den Lycaeniden kennengelernt haben. Im übrigen kommt sie recht vereinzelt vor, oder es sind noch viele Fälle bisher unerforscht geblieben, wo man wohl eine Raupe fand, sich aber außerstande sah, eine Zucht vorzunehmen, so daß die Artzugehörigkeit nicht erwiesen werden konnte. Unter den Eulen ist es bei uns besonders *Orrhodia rubiginea* F., die als myrmekophil gilt. Sie lebt zwar in der Jugend auf Laubhölzern und später auf niederen Pflanzen, wird aber als reife Raupe und Puppe sehr häufig im Nesteingang der Ameise *Lasius fuliginosus* gefunden. Auch fand sie sich zuweilen im Mulm von Eichen, der ganz mit Ameisennestern durchsetzt war. Sicherlich bestehen da irgendwelche Beziehungen zwischen Raupe und Ameise, die aber bisher noch nicht geklärt worden sind. In einem eigenartigen Verhältnis stehen viele *Psecadia*-Arten zu Ameisen. Diese letzteren suchen die Raupen auf ihren Substraten — Borraginaceen, besonders Echium und Lithospermum — auf und schlürfen den Saft auf, der aus der Pflanze an den Stellen herausquillt, wo sie durch die Raupe verletzt worden ist. Eine Behandlung der letzteren findet nicht statt. Da die Raupen durch die gleichzeitige Anwesenheit der Ameisen gegen viele ihrer Feinde geschützt sind, kann man hier von einem Grenzfall sprechen, der zum Gebiet der Symbiose überleitet. Besonders bei *Psecadia pusiella* ist diese Erscheinung häufig zu beobachten. Zu denjenigen Arten, bei denen die Anpassung an das Leben mit Ameisen am weitesten entwickelt ist, gehören bei uns die Kleinschmetterlinge der Gattung *Myrmecozela*. Die Raupen von *M. ochraceella* TGSTR. und *danubiella* MN. leben in einem aus Stengelstückchen hergestellten Sack in den Nestern von *Formica*-Arten. Welcher Art die Beziehungen der Raupen zu den sie beherbergenden Arten sind, ist bisher noch nicht erforscht worden, doch mögen sie nicht allzu freundlicher Natur von seiten der Ameisen sein; die *Myrmecozela*-Arten gehören zu den echten Tineiden, und bei ihnen wäre die Anlage eines schützenden Sackes innerhalb der Ameisennester nicht nötig, wenn nicht gewichtige Gründe dafür vorliegen würden. Gibt es doch eine ganze Anzahl von Tineen, die ohne einen solchen Sack leben und zudem noch unter Lebensbedingungen, die ihnen weniger Schutz gewähren, als er doch innerhalb eines Ameisennestes vorhanden sein muß. Wahrscheinlich werden ihnen also die Ameisen feindlich gegenüberstehen.

Das merkwürdigste Beispiel von Myrmekophilie bietet aber nach HAGMANN (1907) die am Amazonas lebende *Pachypodistes goeldii* HMPS. Dort lebt auf Bäumen eine Ameise *Dolichoderus gibboso-analis* FOREL und fertigt ein Nest aus Papiermasse an, das etwa die Größe eines Kopfes erreicht. In diesen Nestern lebt die Raupe, die sich zum Schutz einen Sack baut, von dem aus sie die Papiermasse des Nestes verzehrt. Diese Hülle besteht aus zwei Schalen, ganz ähnlich denen einer Teichmuschel, die ganz genau aufeinander passen. An einer Stelle ist die so hergestellte Hülle dünner; dort bleibt das Futteral offen, und von dort aus streckt auch die Raupe den Kopf zum Fressen heraus und sorgt für Erweiterung des Sackes. Letztere erfolgt in der Weise, daß immer neue Papiermassen rund um das Futteral herum angesetzt werden, so daß dieses eine eigenartige konzentrische Schichtung erhält. Die Raupe ernährt sich von dem Papierstoff des Nestes, der für sie sehr leicht auszunutzen ist; einmal sind die Holzteilchen darin schon genügend zerkleinert, und dann ist die ganze Oberfläche mit dem Sekret der Ameisen überzogen, das dem Papierstoff die Bindung gibt und für die Raupe besonders nahrhaft ist. Wenn der Falter ausschlüpft, ist er mit 3 mm langen, goldgelben, abstehenden Haaren besetzt. Diese finden sich nicht nur auf dem Körper und den Beinen, sondern auch auf den nicht völlig entfalteten Flügeln. Diese Haare sitzen aber sehr locker und fallen leicht aus, was von besonderer Bedeutung für den Falter ist. Er ist nämlich nicht wie Raupe oder Puppe durch eine Hülle geschützt, und die

Ameisen fallen, sobald er geschlüpft ist, über ihn her. Infolge dieser eigentümlichen Bedeckung mit leicht ausfallenden Haaren behalten die Feinde nur die Haare zwischen Beinen und Mandibeln, und der Schmetterling kann sich leicht von ihnen befreien, da die Angreifer ihn selbst nicht festhalten können. Hier liegt eine echte Myrmekophilie vor; ob sie mit Symbioseerscheinungen verbunden ist, ist nicht bekannt, aber unwahrscheinlich. Bestünden solche, dann hätte die Raupe nicht nötig, eine Schutzhülle anzufertigen, und der Falter brauchte dann wohl ebenfalls nicht solche außerordentlichen Vorsichtsmaßregeln zu treffen, um sich von seinen Wirten zu verabschieden.

Auch von Psychiden ist ein Fall von Myrmekophilie bekannt geworden. REICHENSPERGER veröffentlichte Beobachtungen, wonach in Abessinien und Südafrika ein Sackträger, wahrscheinlich eine Psychide, vielleicht aber auch eine sacktragende Tineide, in Ameisenhaufen gefunden worden sei. Durch Untersuchung des Darminhaltes wurde festgestellt, daß sich die Raupe von Ameisen ernährte, und zwar in Südafrika von *Pheidole capensis* und in Abessinien von *Acanthopsis capensis*. In diesen Fällen würde es nicht mehr zutreffend sein, von Myrmekophilie zu sprechen, da die Raupe ja ihre Wirte auffrißt; also liegt hier eher Kannibalismus oder Parasitismus vor. Es ist aber auch ganz gut möglich, daß die Raupe sich von verendeten Ameisen ernährt hat. Es kommen solche Fälle bei Tineiden nicht selten vor, daß irgendwelche trockenen toten Stoffe verzehrt werden. Nach dem Darminhalt läßt sich natürlich nicht feststellen, ob die gefressenen Ameisen lebend oder tot gewesen sind, doch haben wir analoge Fälle auch bei andern Motten. *Diplodoma marginepunctella* STPH. z. B. lebt ebenfalls als Sackträger und frißt Flechten, Pilze usw., verschmäht auch tierische Kost nicht, und so sieht man den Sack meistens mit allen möglichen Insektenresten, Kopfteilen, Beinen, Fühlern u. dgl. bekleidet. Doch ist noch kein Fall bekannt geworden, wo auch lebendige Tiere angegriffen und verzehrt worden sind. Überhaupt ist unter dem ganzen Heer der Tineen keine Art beobachtet worden, die jemals andere als tote Nahrung zu sich genommen hätte, wenn sie aus dem Tierreich stammte. So können wir auch von jener Psychide oder Tineide annehmen, daß sie nur gestorbene Ameisen verzehrte. Daß sie aber auch sonst sich nicht grade beliebt bei ihren Wirten gemacht hat, geht aus dem Vorhandensein eines schützenden Sackes hervor, der sonst entbehrlich wäre.

Viel spärlicher sind die Angaben über ein Zusammenleben von Raupen mit Termiten. BURMEISTER fand die Raupe und Puppe einer Tineide in Termitennestern in Südamerika und NIETNER die Larven einer Tineide oder Pyralide in Nestern von Termiten auf Ceylon. PIEPERS entdeckte zuerst auf Java, daß die Raupen einer Himantopterine in Termitennestern lebten. Diese Unterfamilie der Zygaenen ist also die einzige, bei der die Gattung und Art der termitophilen Raupe festgestellt werden konnten, es möge deshalb noch etwas ausführlicher darauf eingegangen werden. Die Angehörigen dieser Unterfamilie haben eine eigenartige geographische Verbreitung; sie kommen im indischen Gebiet, in Südafrika und Madagaskar vor, sind also wahrscheinlich in „Lemurien“ weit verbreitet gewesen, was auf ein hohes stammesgeschichtliches Alter der betreffenden Gattungen hinweist. In ihrem Habitus erinnern sie durchaus nicht mehr an unsere Zygaenen; die Vorderflügel sind noch annähernd normal, die Hinterflügel sind aber ganz lang und schmal geworden und, besonders bei den afrikanischen Gattungen, in einen langen, fadenförmigen Anhang umgewandelt (Taf. V Abb. 6). Körper und Flügel des Falters sind lang behaart. Beide Eigentümlichkeiten dieses Schmetterlings hängen wohl mit dem Aufenthalt der Raupe in Termitennestern zusammen. Die ausschlüpfende Imago will den sie anfallenden Termiten möglichst wenig Angriffsfläche bieten, deswegen hat sie lange Haare, die sich dann wohl loslösen, und ganz lange und schmale Hinterflügel, die ruhig abbrechen können oder etwa abgebissen werden dürfen, da sie für das Flugvermögen nur eine geringe Rolle spielen. Da alle Himantopterinen in dieser Weise umgebildet sind, können wir mit Sicherheit annehmen, daß ihre Raupen ausnahmslos in Termitennestern leben; eine Bestätigung dieser Mutmaßung für die afrikanischen Arten, die dort in vielen Gattungen vertreten sind, liegt bis jetzt allerdings nicht vor. Es scheint, als ob die ganze Familie der Himantopterinen sich nur durch ihre eigentümliche termitophile Lebensweise so weit von den anderen Zygaeniden entfernt hat. Vermutlich werden die fremdartigen sogenannten afrikanischen Chalcosiinen mit ihnen aus einer gleichen Wurzel stammen, und die eigenartige Lebensweise der Himantopterinen bewirkte auch eine spätere systematische Isolierung dieser Unterfamilie.

Wohl ist es gelungen festzustellen, daß *Himantopterus*-Arten bei Termiten vorkommen; man weiß aber nicht, welcher Art die Beziehungen zwischen den beiden Insekten sind; es ist aber sehr wohl möglich, daß diesen Zygaenen nur wenig Sympathie von seiten der Termiten entgegengebracht wird; denn sonst brauchten sicherlich die Imagines solche Umwandlungen ihres Habitus, wie wir sie an ihnen kennen, nicht durchzumachen, die doch offensichtlich als Schutzeinrichtungen gegenüber den Wirten zu deuten sind. Es kann natürlich trotzdem die Raupe den Termiten irgendwelche Stoffe darbieten, die ihre Duldung in den Nestern veranlassen; es scheint aber doch hier ein Analogfall zu dem erwähnten Ameisengast *Pachypodistes* vorzuliegen, und wir können annehmen, daß auch die Raupen der *Himantopterus*-Arten in den Nestern der Termiten sich räuberisch betätigen.

Eingehende Untersuchungen über eine termitophile Raupe veröffentlichte TRÄGÅRDH (1907); leider gelang es nicht, aus der Larve die Imago zu erziehen, so daß die generische und artliche Zugehörigkeit unbekannt geblieben ist. Jedenfalls gehört die Art zur Familie der Tineiden im weiteren Sinne. Die Raupen wurden im Zululand in den Nestern der Termite *Rhinotermes*, die in Zweigen wohnt, gefunden. Der ganze Körper macht den Eindruck, als sei er ölig; besonders gilt das für die Abdominalfortsätze. Die ersten sieben Segmente des Hinterleibs besitzen lange, fingerförmige Fortsätze;

an jedem Ring sitzt seitlich solch ein langer, aufwärts und auswärts gerichteter Prozessus. In jeden geht ein Nerv und eine Trachee, und es scheint, daß sie durch Muskeln beweglich sind. Der größte Teil des Inneren ist mit einem Fettkörper gefüllt, der histologisch etwas von dem übrigen Fettgewebe der Raupe abweicht. Diese Anhänge sind sehr ähnlich, wenn nicht homolog, denen der südamerikanischen Megalopygiden. Auf ihnen befinden sich, wie auf dem übrigen Körper, nur zerstreute feine Borsten.

Die Raupe lebt, wie schon erwähnt, in den Termitennestern, und es scheint, als ob Termiten und Raupen sich nicht feindlich gegenüberstehen. Wenn man das Nest aufstört, gehen die Raupen nach anderen Teilen desselben; es ist dabei bemerkenswert, daß sie im Gänsemarsch hintereinander herziehen, wobei jede sich in einem bestimmten Abstand von der andern hält, so daß das Ganze wie eine Prozession anzusehen ist. Dabei wird jedes Individuum gesondert von einigen „Soldaten" und „Arbeitern" der Termiten geführt. Eine Untersuchung des Mageninhaltes der Raupe stellte fest, daß sie sich von dem Neststoff der Termiten ernährte. Es gilt hier dasselbe, was schon bei den Beziehungen von *Pachypodistes* zu ihren Wirtsameisen gesagt wurde. Die Raupe bekommt, wenn sie sich von dem Neststoff ernährt, nicht nur die Pflanzenteile schon sehr fein zerkleinert, so daß sie dieselben besser ausnutzen kann, sondern sie sind auch mit dem Sekret der Termiten, das als Bindemittel verwendet wurde, inkrustiert, so daß sie viel nährstoffreicher sind. Die Mandibeln der Raupe scheinen übrigens zu schwach zu sein, um das Holz direkt anzugreifen.

Die Raupe fügt den Bewohnern des Nestes also einen gewissen Schaden zu, wenn auch dieser nicht beträchtlich ist; nennenswerte Beschädigungen konnte TRÄGÅRDH selbst bei Anwesenheit von Hunderten von Raupen nicht feststellen. Es ist aber anzunehmen, daß die Larve ihren Wirten in irgendeiner Weise einen Entgelt zuteil werden läßt. Dieser besteht vielleicht in der Absonderung von Geruchsstoffen, die den Termiten angenehm sind. Ein auch für den Menschen deutlich wahrnehmbarer Duft geht von den Raupen aus, und es ist anzunehmen, daß dieser von den Wirten als angenehm empfunden wird. Die Ausscheidung einer bestimmten Flüssigkeit wurde nicht beobachtet, kann doch aber möglicherweise erfolgen und ist übersehen worden. Im Zusammenhang mit diesem Geruch stehen wahrscheinlich die seitlichen Abdominalanhänge. Es sind bei ihnen keinerlei Poren usw. beobachtet worden, durch die der Duftstoff austreten könnte, doch kann die Abscheidung vielleicht durch die auf den Fortsätzen befindlichen Haare erfolgen. Daß die Termiten von diesen Gästen irgendeinen Vorteil haben müssen, geht daraus hervor, daß die Raupen immer von Soldaten und Arbeitern bewacht und geleitet werden. Es ist nicht anzunehmen, daß die Stellung einer solchen Schutzgarde erfolgen würde, wenn die Wirte nicht einen Gewinn von ihren Gästen hätten.

In mancher Beziehung ähneln sich diese termitophile Tineidenlarve und die myrmekophile Raupe von *Pachypodistes*. Beide nähren sich von der Substanz des Nestes ihrer Wirte. Es liegt aber doch ein bemerkenswerter Unterschied zwischen beiden vor. Die Larve von *Pachypodistes* erweist ihren Wirten keine Gegenleistung; sie lebt einfach in räuberischer Weise in den Nestern der Ameise und wird nur gezwungenermaßen geduldet; sie hat daher ein Futteral gebaut, in das sie sich bei Angriffen zurückzieht, so daß die Wirte ihrer nicht habhaft werden können. Ganz anders ist die Behandlungsweise, die die termitophile Mottenraupe von ihren Wirten erfährt. Sie fügt ihnen dieselbe Schädigung zu wie *Pachypodistes* ihren Ameisen; aber es erfolgt von ihrer Seite eine Gegenleistung, indem sie einen den Termiten angenehmen Geruchs- (oder Geschmacks-?) Stoff absondert. Deswegen ist diese Raupe ganz unbekleidet, hat weder eine Schutzhülle noch auch ein dichtes Haarkleid, weil sie infolge ihrer schätzenswerten Eigenschaften von den Wirten nicht angegriffen, vielmehr sogar bewacht und gehütet wird. Können wir im Falle *Pachypodistes* nur von einem räuberischen Leben der Raupe bei ihren Wirten sprechen, so liegt bei der Tineide ein Fall von echter Symbiose vor; beide Teile ziehen aus dem Zusammenwohnen einen Nutzen.

Wenn wir die beiden Erscheinungen der Myrmekophilie und Termitophilie (im weitesten Sinne des Wortes) zusammenfassend betrachten, so müssen wir zunächst den Gründen nachgehen, aus denen die Raupen in Beziehungen zu Ameisen und Termiten treten. In einer Anzahl von Fällen ist das Verhältnis zwischen beiden Insekten recht einseitig, indem nur die Ameisen davon profitieren. Der einfachste Weg dabei ist der, den die Beziehungen zwischen den Ameisen und *Psecadia*-Arten gegangen sind. Die ersteren suchen solche Stellen, wo die Raupen sich aufhalten, nur auf, um von da den aus den angefressenen Blattstücken quellenden Pflanzensaft zu schlürfen. Die Raupen spielen dabei eine recht nebensächliche Rolle; denn die Ameisen würden sich auch an Verletzungen der Pflanze einfinden, die auf andere Weise hervorgerufen wurden. Doch bedeutet allein schon die Anwesenheit der Ameisen auf der Substratpflanze der Raupen für die letzteren einen gewissen Schutz gegen einige ihrer Feinde. Man kann wohl annehmen, daß alle Beziehungen zwischen Pflanzen und Ameisen sich aus solchem Zusammenleben auf derselben Pflanze entwickelt haben. Einen weiteren Schritt gingen dann die Ameisen, die Stoffe aufsaugten, die von der Raupe selbst abgeschieden wurden. Anfänglich mag diese Absonderung von Sekreten von seiten der Raupe eine Verteidigungsmaßnahme dargestellt haben; da aber der abgesonderte Saft wohlschmeckend für die Ameisen war, stellten sie sich häufiger ein und reizten die Raupe durch Betasten usw. zur Abgabe des Sekretes. Auf diesem Stadium befinden sich noch jetzt die Beziehungen zwischen *Euchloë belia*-Raupen und den Ameisen. Es ist unrichtig, dabei von einer Myrmekophilie der betreffenden Raupen zu sprechen; denn diese werden ja in keiner Weise zu den Ameisen hingezogen, letztere suchen vielmehr ihrerseits die betreffende Art auf, und es scheint, als ob die Belästigung der Raupe vielfach unangenehm ist. Im weiteren Verlaufe dieser Anpassung suchten dann die Ameisen die Raupen auf, um an ihrem Körper gewisse ausgeschwitzte Stoffe aufzulecken; das führte dann dazu, daß die Sekretabsonderung sich auf bestimmte Stellen lokalisierte, wie auf das zehnte Segment, und daß besondere Einrichtungen getroffen wurden, um die Ameisen auf diese Honigquelle aufmerksam zu machen. So entstanden die speziell an das Leben mit Ameisen angepaßten Organe der Lycaeniden-Raupen. Diese hatten dann von der Anwesenheit der Ameisen einen so bedeutenden Schutz, daß man diese Beziehungen schon als Symbiose bezeichnen kann. Später ging die Raupe dazu über, einen Teil ihres Lebens oder alle Entwicklungsstadien im Nest der Ameisen (oder Termiten) durchzumachen, da sie dort in noch viel höherem Maße gegen Angriffe von anderer Seite geschützt war. Es fand also ein Aufsuchen der Ameisen durch die Raupen statt, das als echte Myrmekophilie zu bezeichnen ist. Eine solche finden wir in den erwähnten Beispielen nur bei Lycaeniden und *Orrhodia rubiginea* und im Verhältnis zu den Termiten bei der von TRÄGÅRDH beschriebenen Tineidenraupe. Wie sich *Myrmecocela* in dieser Hinsicht verhält, ist noch unbekannt geblieben. Von diesen bisher genannten Arten verhalten sich biologisch ganz verschieden die erwähnten *Pachypodistes*, die afrikanische Psychidenraupe, von der REICHENSPERGER berichtete, und wahrscheinlich auch die Himantopterinen. Die Raupen dieser Arten leben räuberisch in den Nestern ihrer Wirte, ohne daß die letzteren dafür eine Entschädigung bekommen; deshalb werden diese Raupen sich immer vor den Ameisen oder Termiten hüten müssen, so daß wir dieses Verhältnis besser nicht als Myrmecophilie zu bezeichnen hätten. Dieses Verhältnis ist besser als Halbparasitismus aufzufassen, während die echte Myrmecophilie unter den Begriff der Symbiose fällt. Es braucht wohl nicht erst betont zu werden, daß die myrmekophilen Gattungen unabhängig voneinander diese abweichende Lebensweise aufgenommen haben. Verwandtschaftliche Schlüsse können also daraus nicht gezogen werden. Sinngemäß gilt das natürlich auch für die Beziehungen zwischen Raupen und Termiten. Nach WASMANN (1903) können als echte Gäste von Ameisen und Termiten nur solche Raupen aufgefaßt werden, die ein Exsudat absondern, das von den Wirten als angenehm empfunden wird. Dieses Exsudat entsteht aus Drüsen, die vom Fettkörper der Larve abzuleiten sind, und sie münden in Poren, Gruben oder besonderen Haaren, den Trichomen; die Trichome dienen wohl zwei verschiedenen Zwecken, indem sie auch als Reizorgane für die Drüsen fungieren, wozu ihre relative Steifheit sie besonders befähigt. Es scheint aber, als ob diese Definition von WASMANN etwas eng gefaßt ist; vielfach mag man Exsudatdrüsen und Trichome entdeckt haben; in anderen Fällen können die Ameisen aber auch durch andere Stoffe angelockt werden. Diese Begriffsfassung schließt also den erwähnten Halbparasitismus der Raupen aus und bezieht sich nur auf den Teil der Fälle, der von uns als echte Myrmekophilie gekennzeichnet wurde.

Neunzehntes Kapitel.

Symbiose und verwandte Erscheinungen.

Nicht immer lassen sich die Vorgänge im Zusammenleben zwischen zwei Arten einwandfrei deuten. In manchen Fällen ist es klar ersichtlich, daß zwischen ihnen irgendwelche nahen Beziehungen bestehen, in andern kann man aber nur von einem gleichzeitigen Vorkommen am gleichen Ort sprechen. Wir bezeichnen als Symbiose das Zusammenleben von zwei Tieren (oder Pflanzen) miteinander oder das von einem Tier und einer Pflanze, bei dem jeder der beiden Partner einen Vorteil daraus genießt. Wir wollen sehen, wie weit wir bei den Raupen oder den Imagines der Schmetterlinge echte Symbiose oder die Vorstufen zu einer solchen feststellen können. Im vorhergehenden Kapitel ist schon auseinandergesetzt worden, wie weit die Beziehungen der Raupen zu den Ameisen unter den Begriff der Symbiose fallen, so daß wir diese Verhältnisse nicht weiter zu betrachten brauchen. Wir wollen einen Unterschied in den Beziehungen von Tier zu Tier oder von Tier zu Pflanze hier nicht hervorheben, weil bei gewissen tiefstehenden Lebewesen, den einzelligen Protisten, eine solche Unterscheidung nicht immer möglich ist. Auch die cecidogenen Insekten, über die wir im fünfzehnten Kapitel gesprochen haben, bilden einen Anfang von symbiontischen Annäherungen. Wir wissen zwar nicht, wie die Pflanze in irgendeiner Weise davon profitieren kann, so daß man eher geneigt sein könnte, von Parasitismus zu sprechen, bei dem also der eine Partner sich auf Kosten des anderen entwickelt. Indessen sind doch die Vorkehrungen, die die Pflanze zugunsten des Gallerzeugers trifft, oft so raffiniert (es sei besonders an das erinnert, was von den „Deckelgallen" der *Cecidoses*-Arten berichtet wurde), daß man da viel nähere Beziehungen vermuten sollte, als sie sonst beim Parasitismus bestehen. Die Gallenerzeuger nehmen also in gewissem Sinne eine Mittelstellung zwischen den Parasiten und den Symbionten ein, für die wir sonst nirgends in der Natur mehr ein Analogon haben, so daß sie weder der einen noch der anderen Gruppe zugeordnet werden können. Eine Erscheinung des Zusammenlebens, die ebenfalls weder als Symbiose noch als Parasitismus zu bezeichnen ist, haben wir bei der im Pelz des Faultieres lebenden *Bradypodicola hahneli* SPUL. kennengelernt. Eine Symbiose kann nicht vorliegen, weil das Faultier sicherlich von Raupe und Falter dieser Art keinen Vorteil hat; aber auch ein parasitärer Zustand kann hier wohl kaum bestehen. Die Art gehört ihrer ganzen Erscheinung nach in die Verwandtschaft der Gallerien. Wir wissen, daß sich diese besonders von fetthaltigen Stoffen ernähren, und so können wir annehmen, daß die Raupen dieser Art vom abgesonderten Fett der Haut des Wirtstieres leben, so daß keine Schädigung des letzteren erfolgt. Demnach hätten wir diese Erscheinung als Kommensalismus zu deuten, wobei also der eine der beiden Partner aus dem Zusammenleben Vorteile zieht, ohne daß der andere dadurch geschädigt wird.

Besonders ausgeprägte echte Symbiosen finden wir zwischen Schmetterlingen und Pflanzen. Das braucht uns weiter nicht in Verwunderung zu setzen, wissen wir doch, daß das Verhältnis zwischen den Faltern und den Blumen von vornherein ein symbiontisches war, und daß beide sich nur auf Grund dieser Beziehungen zu ihrer jetzigen Organisationshöhe entwickeln konnten. Die Pflanze bietet dem Schmetterling die Nahrung, und dieser führt die Befruchtung herbei. (Das gilt natürlich nicht nur für die Lepidopteren, sondern auch für andere Insektenordnungen.) Beide Partner haben also einen Vorteil aus dem gegenseitigen Verhältnis, und alle anderen spezielleren Symbiosefälle zwischen Schmetterlingen und Pflanzen sind aus dieser allgemeinen Symbiose durch Anpassung hervorgegangen. Es sei da an *Macrosila praedicta* JORD. erinnert, deren Rüssel geradeso lang ist, wie die Nektarien der Pflanze tief sind, bei der sie die Befruchtung vollziehen muß.

Das berühmteste Beispiel einer wechselseitigen Anpassung zwischen Blume und Schmetterling ist die Yuccamotte geworden. Die Raupen von *Pronuba yuccasella* verzehren die jungen Samenanlagen in den Fruchtknoten der Yuccablüten. Die Imago bereitet das in einer ganz komplizierten Weise vor. Sie nimmt den Pollen von einer Blüte und knetet ihn zu einem Ballen zusammen, den sie mit Hilfe ihrer großen Palpen an den Kopf drückt und damit zu der Blüte fliegt, in der sie ihre Nachkommenschaft unterbringen will. Dort schneidet sie eine Rinne in den Fruchtknoten und legt darin ihre Eier ab. Nachdem die Ablage erfolgt ist, bringt sie den mitgebrachten Pollen auf die Narbe, so daß eine Befruchtung der Blüten erfolgt. So profitieren beide Teile davon; die Yuccablüte könnte ohne die Motte nicht befruchtet werden, und der Falter findet in der Blüte für seine Nachkommenschaft gesorgt. Beide sind eng voneinander abhängig. Würde die weibliche Imago nicht den Pollen mitnehmen und so die Befruchtung veranlassen, so würden die Samenanlagen im Fruchtknoten nicht wachsen, und die Räupchen müßten verhungern. Andererseits hat auch die Pflanze ihren Nutzen von den Schmetterlingen, da die Raupen nur etwa die Hälfte der Samen verzehren; die andere Hälfte bleibt unversehrt, so daß sie zur Reife gelangen kann. Die Yucca opfert also die Hälfte ihrer Samenanlagen, um dafür die andere Hälfte zur Reife zu bringen; ohne dieses Opfer würde eine Befruchtung nicht möglich sein, und die ganze Anzahl der Samenanlagen würde zugrunde gehen. Es scheint, als ob bestimmte Arten der Gattung Yucca an bestimmte *Pronuba*-Arten angepaßt sind, so daß die Befruchtung nicht wahllos erfolgt. Bei *Yucca gloriosa* kommen jetzt nicht oder kaum mehr keimfähige Samen vor, so daß man angenommen hat, daß die Motte, welche diese Art befruchten muß, ausgestorben oder außerordentlich selten ist. In späterer Zeit wird es sicherlich einmal gelingen, diese Verhältnisse so weit zu klären, daß man zu jeder Yuccaart die entsprechende *Pronuba* kennt. Yuccasamen können sich bei uns nie zur Reife entwickeln, weil die Yuccamotte in Mitteleuropa fehlt. Das besonders innige Symbioseverhältnis zwischen *Pronuba* und der Yucca beruht darauf, daß hier die Raupen in befruchteten Samenanlagen sich entwickeln, so daß das eierlegende Weibchen eine besondere Vorsorge treffen mußte, daß die Räupchen nicht in Fruchtknoten ausschlüpfen, die sich nachher nicht mehr weiterentwickeln.

Von einem Symbiontenverhältnis hat man auch bei den Raupen von *Zophodiopsis hyaenella* FRONT. gesprochen. In Afrika verfertigen die Raupen der *Anaphe*-Spinner große Nester, in denen sie sich auch verwandeln. In diesen Nestern leben die Raupen des genannten Kleinschmetterlings. Der systematischen Stellung nach gehört die Art zu den Phycitinen, einer Unterfamilie der Zünsler. Unter diesen gibt es eine Anzahl von Arten, die sich von Abfallstoffen ernähren, so z. B. unsere einheimischen *Ephestia*-Arten. Wahrscheinlich wird auch die in den *Anaphe*-Nestern vorkommende Art eine ähnliche Lebensweise führen, also an den Exkrementen, Raupenhäuten usw. der *Anaphe*-Raupen fressen. Es wäre dann auch hier eine Symbiose festzustellen, da die *Zophodiopsis*-Raupe aus diesem Verhältnis den Vorteil eines größeren Schutzes und reichlicher Nahrungsstoffe genießt, während die *Anaphe*-Raupen von den Abfällen befreit werden, deren Beseitigung erwünscht ist, weil sie oftmals als Ausgangspunkt von Infektionskrankheiten in Frage kommen. Im übrigen liegt hier ein Grenzfall zwischen Symbiose und Kommensalismus vor.

Noch ausgeprägter ist dieses Verhältnis bei einer Symbiose zwischen Schmetterlingen und Spinnen. Von den letzteren leben Arten der Gattung *Stegodyphus* in großen gemeinsamen Netzen. Mit ihnen zusammen leben die Raupen einer Gelechiide, *Batrachedra stegodyphobia*. Wenn warmes Wetter ist und die Sonne scheint, kommen die Raupen hervor und verzehren die Reste, die von den Opfern der Spinnen übriggeblieben sind. Ist aber trübes Wetter, so ziehen sie sich gemeinsam mit den Spinnen in das Innere des Nestes zurück. Ebenso erfolgt mit den Spinnen eine gemeinsame Übernachtung im Nest. Ist ein Beutetier den Spinnen am Rande des Netzes zum Opfer gefallen, so tragen sie es in die Mitte, wo es die Raupen leichter erlangen können. Es findet hier also nicht nur eine Duldung, sondern eine offensichtlich bevorzugte Behandlung der Raupen durch die Spinnen statt, so daß man wohl annehmen kann, daß ein symbiotisches Verhältnis vorliegt. Die Raupen finden in den Netzen Schutz und Nahrung, und die Spinnen haben den Vorteil, daß ihr Netz stets sauber gehalten und von den für sie nicht mehr verwendbaren Resten befreit wird. Es ist übrigens bemerkenswert und gibt uns eine Bestätigung der Annahme, hier eine Symbiose vorzufinden, daß die Spinnen, die sich sonst auf jedes im Netz erscheinende Insekt stürzen, die Imagines dieser *Batrachedra*-Art vollkommen unbehelligt lassen, wenn sie im Netz umherspazieren.

Wieweit die in den Gallen von *Incurvaria tenuicornis* STT. nebeneinander lebenden Raupen dieser Art und gewisse Milben in einem symbiotischen oder kommensalen Verhältnis zueinander stehen, ist bis jetzt noch nicht erforscht worden.

Einen ganz andersartigen Fall von Symbiose, der auch unter dieselben Gesichtspunkte fällt wie die zuletzt hier geschilderten, hat K. GUENTHER auf Ceylon zwischen einer Pflanze und einer Schmetterlingsraupe beobachtet. *Nepenthes* gehört zu den fleischfressenden

Pflanzen und hat Blätter, die zu einer Art Kanne umgewandelt sind. Die oberen Ränder dieser Kanne sind mit einem wachsartigen Überzug versehen, so daß ein Tierchen, das einmal in diese Kanne hineingefallen ist, nicht mehr herauskann, weil es von diesen glatten Rändern immer wieder abgleitet. Der Hohlraum dieses natürlichen Bechers ist mit einer Flüssigkeit gefüllt, die gewisse verdauende Fermente enthält. Es dauert denn auch nicht lange, so sind die hineingestürzten Insekten, Schnecken u. dgl. durch den „Magensaft" der Nepenthespflanze aufgelöst und werden nun aufgesogen. Wir sehen, daß dieser Fangapparat noch komplizierter als bei unseren einheimischen insektenfressenden Pflanzen (Drosera, Pinguicula, Utricularia, Aldrovandia) ausgebildet ist. In diesen Kannen fand GUENTHER eine Raupe, die er als *Nepenthophilus tigrinus* beschrieb. Leider gelang es nicht, den Falter daraus zu erziehen, so daß die systematische Stellung dieses Tieres zweifelhaft bleibt. Die Raupe selbst zeigt aber bemerkenswerte Anpassungen an diese Lebensweise. Ihre Farbe ist „bleich, wie die der Eingeweidewürmer", worüber wir uns nicht zu wundern brauchen; denn die Lebensweise ist bei beiden ähnlich. Mit größter Sicherheit kann man nun annehmen, daß diese Raupe einen Stoff absondert, der die Wirkung des verdauenden Fermentes aufhebt, also ein Antiferment. Wäre ein solches nicht vorhanden, so würde durch die Kannenflüssigkeit in kürzester Zeit die Raupe aufgelöst und verdaut werden. Da das Antiferment aber die Wirkung des verdauenden Magensaftes aufhebt, kann sie sehr wohl darin bestehen. Man hätte ja nun annehmen können, daß die Raupe zufällig in die Kannen gelangt sei und als Opfer der Pflanze zu gelten habe. Wir finden aber, daß die Raupe in einem Gehäuse lebt. Der Entdecker der Art hatte sie auf Grund desselben, und weil sie in einer Flüssigkeit lebte, als Trichopteron beschrieben, bis er die für die Schmetterlingszugehörigkeit sprechenden Bauchfüße erkannte. Er stellte die Art nun zu den Psychiden, weil der Sackbau dafür sprach; wahrscheinlicher ist aber, daß ihr auf Grund ihrer Nahrung ein Platz bei den sacktragenden echten Tineiden eingeräumt wird. Dieser Sack bewies nun, daß die Raupen nicht zufällig hineingekommen waren, sondern in der Kanne lebten und mindestens einen Teil ihrer Entwicklung darin durchmachten. Die Stücke nämlich, mit denen dieser Sack bekleidet war, erwiesen sich als Überreste von den Tieren, die in den Kannen ausgesaugt waren, also Fühlern, Beinen, Flügeldecken usw. von Insekten. Wie die Raupe eventuell mit ihrem schweren Sack die Nepentheskanne über den glatten Rand hinweg verläßt, ist ganz zweifelhaft; ebenso scheint ganz unerklärlich, wie das Weibchen seine Eier in die Kannen bringt, da es doch vermutlich flügellos sein wird. Vielleicht klettern die ganz jungen Räupchen sogleich nach dem Ausschlüpfen in die Blattkannen hinein.

Inwiefern kann man hier nun von einer Symbiose sprechen? Die Raupen haben zunächst einmal einen ganz offensichtlichen Nutzen von ihrem Leben in den Kannen. Sie finden in großer Menge ihre Nahrung, die wahrscheinlich wie die vieler Tineiden aus toten tierischen Stoffen besteht. Außerdem gewährt ihnen die Wohnung in den Nepentheskannen einen erhöhten Schutz, da ihnen in das Medium, in dem sie sich aufhalten, so leicht kein Feind nachfolgen kann; denn nur sie besitzen die Antifermente, die den Aufenthalt in der Kanne möglich machen. Doch ist es nicht ausgeschlossen, daß dem auch wieder gewisse parasitäre Hymenopteren angepaßt sind; finden sich doch auch bei den unter Wasser lebenden Raupen Feinde ein in Gestalt von kleinen Schlupfwespen, die unter Wasser gehen, um ihre Eier abzulegen. So braucht auch die *Nepenthophilus*-Raupe nicht absolut geschützt zu sein; wäre sie das, so würde man sie sicher schon häufiger gefunden haben; vielleicht beruht ihre Seltenheit aber auch auf der Schwierigkeit des Wanderns und der Fortpflanzung. — Auch die Pflanze zieht aus dem symbiotischen Verhältnis einen wesentlichen Vorteil. Das in ihrer Kannenflüssigkeit enthaltene Ferment besitzt natürlich nur eine begrenzte Wirksamkeit, da es nicht in einer so starken Konzentration vorkommt, daß nun jedes hineingefallene Tier sofort restlos aufgelöst werden könnte. Vielfach dringen ja auch Regen und Tau in die Kannen hinein und bewirken eine Verdünnung des Magensaftes, so daß dessen Wirksamkeit ganz erheblich herabgesetzt wird. Sehr hartschalige Tiere, wie z. B. viele Käfer, könnten nur sehr langsam aufgelöst werden, und es ist für die Pflanze von gewisser Bedeutung, daß eine schnelle Zersetzung erfolgt, weil sonst spätere Opfer von den Rücken ihrer Vorgänger aus wieder ins Freie gelangen könnten. Hier unterstützt nun die Tineidenraupe die Pflanze, indem sie die toten Insekten usw. zerkleinert. Diese kleinen Stückchen werden leichter von der verdauenden Flüssigkeit durchdrungen, und die Pflanze kann ihre Opfer mehr ausnützen, selbst wenn ein Teil von ihnen in den Darm der Raupe wandert. So zieht nicht nur die Raupe, sondern auch die Pflanze aus dem Zusammenleben beider einen Vorteil, und wir können von einer echten Symbiose sprechen. Diese ist um so bemerkenswerter, als sie den einzigen Fall eines symbiotischen Verhältnisses zwischen Schmetterling und Pflanze darstellt, der nicht aus den Beziehungen zur Fortpflanzung der letzteren hervorgegangen ist. Es bildet übrigens unsere *Nepenthophilus*-Raupe nicht den einzigen Bewohner der Kannen dieser fleischfressenden Pflanze; andere Larven, ebenfalls durch Antifermente geschützt, kommen auch noch darin vor (besonders von Dipteren), ohne daß eine ausgesprochen symbiotische Beziehung vorliegt.

Von besonderem Interesse ist nun eine Spielart der Vergesellschaftung, die als intrazellulare Symbiose bezeichnet wird. Erst vor wenigen Jahren ist man diesen Verhältnissen auf die Spur gekommen, und genauere Untersuchungen darüber hat BUCHNER (1921) zusammengestellt. Sie beruht im wesentlichen darauf, daß bestimmte Organismen in den Zellen der betreffenden Raupe oder des Schmetterlings leben, und beide Partner erhalten aus diesem Zusammenleben einen Vorteil. Man ist dabei ausgegangen von kleinen Lebewesen, die in besonderen Organen bei Zicaden usw. leben, wo die Zellen dieser Teile umgebildet sind und die Organismen enthalten. Wir müssen es uns versagen, auf diese Beziehungen näher einzugehen;

wer genaueren Aufschluß über diese intrazellulären Symbionten wünscht, sei auf das genannte Buch von BUCHNER verwiesen. Für uns kommen hier die Verhältnisse nur soweit in Frage, als sie bei Schmetterlingen festgestellt wurden. Hauptsächlich hat PORTIER darüber Untersuchungen angestellt, die aber noch einer genaueren Nachprüfung bedürfen. Er fand nämlich, daß bei den in Blattminen lebenden Arten der Darm sowohl wie auch der Kot ganz frei von irgendwelchen Mikroorganismen (Bakterien, Pilzen, Hefen) war. Er untersuchte zunächst *Nepticula malella* Z. die ihre ganze Entwicklung in der Mine durchmacht, und stellte fest, daß bei ihr nie solche Kleinlebewesen vorkamen. Anders verhält sich aber *Xanthospilapteryx syringella* F., unsere gewöhnliche Fliederminiermotte. Sie lebt zunächst in einer Mine in den Blättern von Oleaceen; später verläßt sie aber dieselbe und stellt eine Blattrolle her, in der sie gewöhnlich zu mehreren lebt, bis sie sich verwandelt. PORTIER stellte nun fest, daß die Raupe, solange sie in der Mine lebt, frei von allen Mikroorganismen ist, weil das Ei steril in das Blatt abgelegt wird, so daß keine Infektion durch irgendwelche Keime erfolgen kann. Wenn sie aber das Blatt verläßt, um unter Gespinst weiterzuleben, ist die Möglichkeit einer Infektion dauernd gegeben, und es finden sich deshalb in diesem Stadium im Darm wie in den Exkrementen zahlreiche Mikroben. Wie schon in dem Kapitel, das das Minenleben der Schmetterlinge behandelt, ausgeführt wurde, besitzen diese Raupen bei verschiedenartiger Lebensweise in den einzelnen Stadien auch andersartige Mundwerkzeuge. PORTIER findet, daß die Mundteile des ersten (minierenden) Stadiums besser geeignet sind, die Nahrung zu zerkleinern als die des folgenden (in Blattrolle lebenden) Stadiums; die gründlichere Zerkleinerung des Futters macht eine Mitwirkung von Darmbakterien oder anderen Mikroorganismen entbehrlich; im späteren Lebensabschnitt erfolgt nicht eine so hochgradige Zerkleinerung; die Blattstücke müssen deshalb, wenn sie genügend ausgenutzt werden sollen, erst durch die Darmflora „aufgeschlossen" und so auf die Verdauung vorbereitet werden. Nach den Untersuchungen von PORTIER müssen alle Minierer, sofern sie ihr ganzes Fraßdasein im Hyponom verbringen, frei von Darmbakterien sein. Dagegen lassen sich aber mancherlei Einwände erheben, und es bedürfen deshalb die Ergebnisse, zu denen PORTIER gelangt ist, noch einer gründlichen Nachprüfung.

Zunächst ist nicht ohne weiteres klar, daß bei einer minierenden Fraßtätigkeit das Räupchen im Blatt vollkommen vor jeder Infektion geschützt ist. Einmal werden ja durchaus nicht alle Eier minierender Schmetterlingsarten in das Blatt selbst eingesenkt, sondern vielfach auf der Oberfläche desselben abgelegt. In diesem Stadium kann eine Infektion schon des Eies erfolgen, und da vielfach die ausschlüpfenden Raupen einen Teil der Eischale auffressen, sind die Mikroorganismen schon dadurch in der Lage, in den Körper der Raupe hineinzugelangen. Freilich erfolgt ja das Schlüpfen oft auch in der Weise, daß das Räupchen die Eischale an der unteren, dem Blatt aufliegenden Seite durchbeißt und von hier aus direkt in das Blatt hineingeht. Es wird dann die Eintrittsöffnung in das Blatt vom oberen Teil der Eischale verschlossen, so daß man bezweifeln könnte, ob hier Lebewesen eindringen können. Eine noch ausgeprägtere Sterilität soll der Minenhohlraum in den Fällen besitzen, wo das Ei direkt in das Blatt hineingesenkt wird. Aber auch hier ist eine Infektion doch durch den Einstichkanal möglich. In der Tat konnten wir in einigen Fällen feststellen, daß eine Besiedlung des Minenhohlraumes durch Kleinlebewesen erfolgte; auch bei minierenden Fliegen (Agromyziden), die ja ihre Eier ganz ins Innere des Blattes einsenken, beobachteten wir eine sehr üppige Flora im Hyponomium, die ihre Vertreter nicht nur in den winzigsten Mikrokokken, sondern auch in viel größeren gewissen niederen Pilzen hatte. Trotz der „sterilen" Eiablage der Minierer, die PORTIER annimmt, siedeln sich also Mikroorganismen in der Mine an, und so wird auch Darm und Kot dieser hyponomogenen Räupchen von ihnen erfüllt sein. Das scheint uns auch sehr verständlich; denn einmal erfolgt ja die durch die Eiablage bewirkte Einführung des Tieres in die Mine nicht steril, wie PORTIER annimmt, und dann ist ja auch immer von neuem die Möglichkeit einer Infektion gegeben. Wir können da von den Fällen ganz absehen, wo die Raupe die Exkremente aus der Mine entfernt und so eine Kommunikation mit der Außenwelt herstellt; aber schon durch das Vorhandensein von Spaltöffnungen in der Pflanze, die in den Hohlraum der Mine münden, ist immer die Möglichkeit gegeben, daß solche Einwanderungen von Bakterien u. dgl. erfolgen, so daß von einer Sterilität der Raupe im Minenhohlraum in keinem Falle die Rede sein kann. Selbst die Richtigkeit der PORTIERschen Untersuchungen und Ergebnisse vorausgesetzt, können wir hier noch nicht von einer intrazellularen Symbiose sprechen. Wohl findet der betreffende Pilz oder das Bakterium seinen Wohnsitz im Darm des Wirtes, während der letztere den Vorteil hat, daß die Nahrung von seinen Gästen für eine ausgiebigere Verdauung geeignet gemacht wird. Die Bakterien finden sich aber im ganzen Darm des Tieres, und so können wir hier höchstens eine Vorstufe zur intrazellularen Symbiose feststellen.

Weiter ist diese Entwicklung aber schon bei den Xylophagen, den Holzfressern, gegangen. Auf sie trifft in gesteigertem Maße das zu, was wir über die zweite Lebensperiode von *Xanthospilapteryx syringella* F. sagten. Die Nahrung wird von diesen Raupen einmal nur wenig zerkleinert, und zum andern besteht sie überhaupt aus einem Material, das vom Darm der Raupe nur schwer ausgenutzt werden kann. Auch hier muß eine „Aufschließung" erst erfolgen. So finden sich bei ihr kleine Organismen, die anscheinend besonders an das Leben im Darm angepaßt sind. Das geht schon daraus hervor, daß anscheinend jede Art einen bestimmten Mikroorganismus beherbergt, der von dem einer andern Art grundverschieden ist. So wohnen z. B. im Darm des Weidenbohrers ganz andere Arten als in dem der Sesien. Es sollen nun hauptsächlich hier Pilze der Gattung *Isaria* in Frage kommen, deren Conidienform sich im Darm aufhält und lebhaft vermehrt, aber keine Pilzmyzelien ausbildet. Wenn diese Sporen einen bestimmten Grad der Entwicklung erreicht haben, so gehen sie in die Zellen der Oberhaut von Mittel- und Enddarm. In diesen Darmepithelzellen werden sie zum Teil verdaut, zum Teil aber nicht. Die restierenden Pilze bohren sich an der Basalseite der Zellen des Darmepithels wieder heraus und gelangen so in den Blutstrom; dort wird ein großer Teil von ihnen durch die weißen Blutkörperchen oder Leukozyten verzehrt. Die anderen aber, die diesem Schicksal entgehen, können nun den ganzen Körper der Raupe durchsetzen; sie gehen in die Muskeln, in das Fett und in die Geschlechtsorgane. Ein Teil von ihnen geht auch in die Eier über. Am üppigsten gedeihen diese Isarien bei einer Temperatur von 25—30°.

Welche Bedeutung hat nun das Zusammenleben von Raupe und *Isaria*-Art? Die erstere ist nicht ohne weiteres imstande, aus den Holzstoffen ihre Nahrung herauszuholen, weil das Holz den Darmsäften, die die Verdauung bewerkstelligen sollen, einen zu großen Widerstand entgegensetzt. Andererseits sind die Isarien sehr wohl in der Lage, Holz zu verdauen oder es wenigstens so zu behandeln, daß es später die Raupe verdauen kann, es also „aufzuschließen". Beides nützt die Raupe für ihre eigene Ernährung aus, indem sie einmal die von den Isarien aufgeschlossenen Holzteilchen gründlicher auf Nährstoffe ausnützen kann, und zum andern, indem sie die mit Nahrungseiweißen gefüllten Isarien selbst zum Teil frißt und verdaut. Da die letzteren Vorgänge sich in den Zellen des Darmepithels der Raupe abspielen, können wir hier von einer intrazellularen Symbiose sprechen. Eine Symbiose liegt ganz offensichtlich vor; der Nutzen für die Larve ist soeben dargelegt worden; die Isaria hat den Vorteil, daß sie im Körper des Wirtes einen geschützten Wohnort hat, und daß ihr die Nahrung schon beträchtlich zerkleinert vorgesetzt wird, so daß sie dieselbe besser angreifen kann. Dadurch, daß die in den Körper gelangten Isarien auch in die Eier der künftigen Imago eindringen, wird eine Erhaltung und Übertragung der nützlichen Symbionten auf die Nachkommen der Raupe gewährleistet. Ganz ähnliche Verhältnisse stellte PORTIER auch bei Tineiden und Galleriiden fest. Die ersteren nähren sich größtenteils, soweit nicht ebenfalls pflanzliche Substrate für sie in Frage kommen, von toten animalischen Substanzen. Vielfach handelt es sich dabei um die chitinösen Hartgebilde von Insekten. Das Chitin ist in bezug auf seine schwere Verdaulichkeit den Holzstoffen der Pflanzen ganz ähnlich, und so können wir uns wohl vorstellen, daß sich hier die Ernährung in der gleichen Weise symbiotisch vollzieht wie bei den Xylotrophen. Dasselbe gilt auch für die *Galleria*-Verwandten, die sich vielfach von wachsartigen Substraten ernähren. Das sind Stoffe, die in ihrer schwierigen Aufschließbarkeit den keratinartigen Substanzen, von denen sich die Kleidermotten ernähren, an die Seite zu stellen sind.

Tafel XII. Abb. 1. *Biston hirtarius* CL. ♂. Abb. 2. ♀ derselben Art. Abb. 3. *Biston pomonarius* HBN. ♂. Abb. 4. ♀ der vorigen Art.

3.

4.

1.

2.

Verlag von Julius Springer in Berlin.

Wir können das Verhältnis der holzfressenden Raupen zu den Isarien sehr wohl vergleichen mit einer anderen Art der Symbiose, die bei Ameisen vorkommt. Dort züchten die Insekten auf einem besonders zubereiteten Boden bestimmte Pilze, denen sie eine besondere Pflege zuteil werden lassen, und von deren Produkten sie sich dann ernähren. Das sind die Erscheinungen, die man als „Pilzgärten der Ameisen" bezeichnet hat. Beide Fälle sind ganz analog, nur haben unsere xylotrophen Raupen die „Pilzgärten" in das Innere ihres Körpers verlegt.

Vermutlich liegen die Verhältnisse aber nicht ganz so einfach, wie sie hier dargestellt wurden. Mit den Isarien zusammen fand PORTIER nämlich stets auch noch gewisse Mikrokokken, kleine Bakterien, denen vielleicht die Fähigkeit zuzuschreiben ist, die Holzstoffe aufzuschließen. Dann würde es sich hier um die seltsame Erscheinung einer Symbiose zwischen drei verschiedenen Lebewesen handeln. Der Mikrokokkus schließt das Holz auf und macht es verdauungsfähig, die Isaria verzehrt es zum Teil und wird ihrerseits von der Raupe verzehrt, ein kompliziertes Zusammenwirken dreier Organismen, wie es in der Tierwelt ein zweites Mal nicht wieder beobachtet worden ist. Für diese Tatsachendeutung spricht, daß den Bakteriologen schon länger Mikroorganismen bekannt sind, die imstande sind, hornartige Substanzen zu verdauen bzw. aufzuschließen. Was solche hornfressende Bakterien für die Tineiden und Gallerien bedeuten, sind holzaufschließende für die Xylotrophen.

Bei dieser Symbiose sind die Symbionten der Raupe noch nicht an gewissen Stellen des Körpers der Raupe lokalisiert. Es soll nur ganz kurz darauf hingewiesen werden, daß bei anderen Insekten die Anpassung sehr viel weiter gegangen ist. So sind bei den holzbewohnenden *Anobium*-Käfern im Darm der Larven zwei Arten von Epithelzellen ausgebildet. Die einen sind kleiner und tragen den normalen Wimpernbesatz; sie dienen zur Aufnahme der Nahrung. Die anderen aber, die zwischen ihnen liegen, sind sehr stark vergrößert, und in ihnen befinden sich in großer Anzahl die symbiotischen Mikroorganismen. Noch weiter ist diese Anpassung bei den Cicaden, Cocciden u. a. gediehen, wo eigene Organe im Körper zur Beherbergung der Gäste gebildet werden. Die regellose Überschwemmung des Darmes und des Körpers durch die Bakterien und Isarien bei den Raupen bedeutet eine niedere Stufe der Symbiose. Es erscheint aber, eben weil eine Lokalisation nicht erfolgt ist, nötig, daß die Untersuchungen von PORTIER eingehend auf ihre Richtigkeit hin nachgeprüft werden, weil vielfach doch die Möglichkeit eines Irrtums bei dem genannten Autor bestehen kann. Treffen die Ergebnisse, wie er sie berichtet hat, aber zu, so könnten wahrscheinlich mit gleichem Erfolge solche symbiotischen Verhältnisse auch bei anderen Raupen gesucht werden, die sich von schwer ausnutzbaren Stoffen ernähren, wobei besonders viele in Früchten lebende Arten in Frage kämen.

Diese Isarien, die im Körper der Raupe leben, spielen nun eine ganz eigenartige Rolle. Wir wissen, daß Isarienarten als schlimme

Feinde der Raupen bekannt sind, die mit ihren Pilzfäden das ganze Tier ausfüllen und durch die Haut desselben durchbrechen, so daß sie den Tod der befallenen Raupe herbeiführen. Es scheint nun, als ob diese Isarien vollkommen identisch sind mit den im Innern der Raupe symbiotisch lebenden Formen. Daß sie normalerweise nicht schädigend auf den Wirt einwirken, ihm vielmehr von Nutzen sind, indem sie erst eine gehörige Ausnutzung der Nahrung ihm ermöglichen, beruht darauf, daß sie im Innern der Raupe nur in Form von Conidien auftreten. Diese Conidien sind harmlos und vermögen der sie beherbergenden Raupe keinerlei Schaden zuzufügen. Pathogen, also Krankheiten verursachend, sind aber die Sporen derselben Isariaarten, die sich auf den freien Pilzhyphen bilden. In normalen und gesunden Raupen finden sich nie Hyphen oder Sporen, so daß die Raupe durch den Pilz nie geschädigt werden kann; stets treten die harmlosen und nützlichen Conidienformen des Pilzes auf. Es wird deshalb angenommen, daß im Körper der Larve sich gewisse Drüsen befinden, die ein Ferment absondern, welches die Conidien verhindert, in andere Formen desselben Pilzes sich umzubilden. Tritt jedoch irgendeine organische Störung des Entwicklungsverlaufes dieser Raupen ein, so ist die Drüsenabsonderung nicht mehr ausreichend, um alle Isariaconidien zu beeinflussen und zu neutralisieren. Ein Teil von ihnen entwickelt sich deshalb weiter und bildet Hyphen und Sporen aus, die nun als tödliche Krankheit der Raupe auftreten, wodurch die Larve zugrunde geht. In diesem Falle wirkt also dieselbe Isaria als Parasit. Dieser Fall ist so bemerkenswert, weil der Symbiont unter gewissen Umständen zum Parasiten wird. Er wird von der Raupe normalerweise in einer Art von Sklaverei gehalten, indem er ihr nützen muß. Bei geringerer Lebenskraft der Larve aber erweist sich dann die Isaria als die Stärkere und vernichtet ihren bisherigen Wirt.

Es bildet also diese Seite des Kapitels über die intrazellulare Symbiose schon einen Übergang zwischen Symbiose und Parasitismus. Beim letzteren bereichert sich der eine der beiden Partner auf Kosten und zum Schaden des anderen. Wir haben noch einen kurzen Blick zu werfen auf das Auftreten von Parasitismus bei den Schmetterlingen und ihren Raupen. Sehr häufig ist ein Parasitismus zu konstatieren, wobei der Schmetterling (bzw. seine Larve) der leidende Teil ist, wo also das Lepidopteron von irgendeinem seiner Feinde geschädigt wird. Die markantesten Fälle haben wir bereits in dem Kapitel über die Feinde unserer Falter besprochen; es kommen da hauptsächlich Dipteren und Hymenopteren in Frage. Erwähnt soll aber noch werden, daß auch an der ausgebildeten Imago öfters kleinere Insekten gefunden werden, die sicherlich nicht in einem übermäßig freundschaftlichen Verhältnis zu dem betreffenden Schmetterling stehen, sondern ihn wahrscheinlich in irgendeiner Weise schädigen. Dafür spricht, daß es sich meist um Epizoen handelt, die den Ceratopogoniden und Simuliiden, also blutsaugenden Fliegen, nahestehen. So beobachtete Mell (1911) auch an den Raupen eines Falters, der Zygaenide *Histia rhodope* Cr., mehrfach ein kleines

Dipteron von der Größe einer Simuliide, den Kopf in die Gruben oder Warzenknöpfe gedrückt, das Abdomen nach oben gestreckt. So konnte er bis zu sieben Exemplare auf einer Raupe finden. Er beobachtete diese auffällige Erscheinung auch an anderen Raupen. Da diese Feststellungen am Spätnachmittag gemacht wurden, erscheint es unklar, ob die Mücken sich vielleicht nur einen Schlafort auf der Raupe gesucht hatten, oder ob sie irgendwelche abgesonderte Sekrete aufnahmen, oder ob sie endlich sich vielleicht blutsaugend betätigten. In den ersten beiden Annahmen würde eine Schädigung der Raupe noch nicht bedingt worden sein; im letzteren Falle läge jedoch ein echter Parasitismus vor. Es ist selbst bei Kenntnis der Art, um die es sich dabei handelte, nicht ohne weiteres zu entscheiden, was für ein Verhältnis hier vorlag, da manche Fliegen oder Mücken eine doppelte Lebensweise haben; speziell die Simulien werden von Exsudaten, wie Schweiß u. dgl., angezogen, während sie ebenfalls blutsaugend sich betätigen können. — Sehr viel seltener sind nun die wenigen Fälle, wo Schmetterlingsraupen selbst aktiv als Parasiten an anderen Tieren auftreten. Einen Übergang bilden schon die Raupen, die gelegentlich oder immer als Mordraupen leben. Stärker ausgebildet sind karnivore Gelüste bei allen den Arten, die sich von tierischer Nahrung, Blattläusen, Schildläusen usw. ernähren. Man vergleiche dazu, was in dem Abschnitt über die Ernährungsweise der Raupen gesagt wurde (Seite 73). Ein ausgeprägter Parasitismus, wo also Raupe und Opfer stets verbunden bleiben, ist nur in den allerseltensten Fällen festzustellen. Wir kennen nur eine Arctiide und die Familie der aus wenigen Arten bestehenden Epipyropiden, die auf anderen Tieren leben und deren Körpersäfte zu sich nehmen. Die Epipyropiden, die in der alten und der neuen Hemisphäre unserer Erde vorkommen, leben auf Cicaden, Fulgoriden usw., von denen sie sich ernähren, und auf denen sie ihre ganze Entwicklung durchmachen. In einem Falle wurde sogar von STICHEL beobachtet, daß auch die Verpuppung auf dem Wirt erfolgte. Die weiblichen Tiere dieser Familie legen ihre Eier am Grashalme und an andere Pflanzenteile ab. Die ausschlüpfenden Larven kriechen auf diesen herum und von ihnen auf den Rücken ihrer Wirtstiere, wenn diese sich auf einer Pflanze niedergelassen haben. Sie klettern auf der Cicade dann nach hinten und setzen sich am hinteren Ende des Abdomens fest, und zwar in der Weise, daß sie ihren Kopf dem Analende des Wirtes zuwenden. Es ist aber noch nicht entschieden, ob tatsächlich der Wirt gewisser Körpersubstanzen beraubt wird. Vielleicht ernähren sich die Larven auch von Wachsausscheidungen oder ähnlichen Exkreten ihres Wirtes. Wenn wir aber überhaupt von Parasitismus durch Schmetterlingsraupen sprechen wollen, so ist dies der einzige bekannte Fall einer solchen Erscheinung. Die Raupen und Falter sind viel zu sehr an Vegetabilien angepaßt, als daß ein ausgeprägtes Parasitentum bei ihnen möglich wäre.

Zwanzigstes Kapitel.

Formen der Vergesellschaftung bei Schmetterlingen.

Symbiose und Parasitismus sind nur besondere Einzelfälle der Vergesellschaftung, die anderen gegenüber zur Seite zu stellen sind, über die wir in anderem Zusammenhange schon beim Liebesleben und den Wanderungen der Schmetterlinge und auch sonst gelegentlich gesprochen haben. Es bleibt uns nun noch übrig, diese Vergesellschaftungen auf ihre Gründe und ihre Zwecke, auf die Art der Teilnahme usw. zusammenfassend zu untersuchen. Wir halten uns dabei an die von Deegener (1917) gegebene Übersicht der Vergesellschaftungsformen im Tierreich überhaupt, die wir so weit heranziehen, als sie für die Schmetterlinge in Frage kommen. Danach sind zu unterscheiden:

I. Accidentielle Vergesellschaftungen oder Assoziationen von Individuen.

A. Homotypische Assoziationen:

1. Primäre Assoziationen oder Familien.

a) Einfache Familien: Sympaedium oder Kinderfamilie,

b) Kombinierte Familien.

2. Sekundäre Assoziationen. Dazu gehören: Sysympaedium oder zusammengesetzte Kinderfamilie, Synchorium oder Ortsfamilie, Symporium oder Wanderfamilie, Synaporium oder Notfamilie.

B. Heterotypische Assoziationen; hierher gehört besonders das Heterosymporium, die Wandergesellschaft, die aus verschiedenen Arten besteht.

II. Essentielle Vergesellschaftungen oder Sozietäten von Individuen. Sie können eingeteilt werden in:

A. Homotypische Sozietäten, die

a) auf geschlechtlicher Grundlage beruhende Verbindungen darstellen.

1. Primäre Sozietäten,

2. Sekundäre Sozietäten. Zu ihnen gehören das

α) Connubium simplex oder die Ehegemeinschaft; es kann ausgeprägt sein als Monogamium, Einehe oder als Polygamium oder Vielehe, letztere immer bei Schmetterlingen als Polyandrium auftretend.

β) Perversium simplex,

γ) das Synhesmium oder die Schwarmgesellschaft, meistens als Amphoterosynhesmium vorkommend.

b) Die Verbindungen beruhen nicht auf sexueller Grundlage. Hierher das Sympaigma oder die Spielgesellschaft.

B. Heterotypische Sozietäten. Sie sind ausgeprägt als:

I. reziproke Sozietät

a) auf geschlechtlicher Grundlage: Connubium confusum und Perversium confusum,

b) auf nicht sexueller Basis: das Trophobium, das Symphilium und das Heterosymporium.

II. Irreziproke Sozietäten: a) das Synclopium oder die Diebsvergesellschaftung, das Paraphagium, das Symphorium und das Parasitium.

Wir wollen uns im folgenden an Beispielen aus der Falterwelt klarmachen, in welcher Weise wir die sozialen Erscheinungen im Schmetterlingsleben in die vorstehenden Rubriken einzuordnen haben. Die accidentiellen Vergesellschaftungen oder Assoziationen sind Gesellschaften von Individuen gleicher oder verschiedener Arten, deren Wert nicht in ihnen selbst liegt; es hat also das Einzelindividuum keinen besonderen Nutzen davon. Dabei können alle Tiere der Gesellschaft derselben Art angehören; man spricht dann von homotypischen Assoziationen. Tun sich dagegen Individuen verschiedener Artzugehörigkeit zusammen, so haben wir heterotypische Assoziationen. Die ersteren sind als primär zu bezeichnen, wenn die Individuen von ihrer Entstehung an schon beieinander sind, als sekundär, wenn sie sich erst im späteren Verlaufe ihres Lebens zusammenfinden. Da sie im primären Falle immer bei den Schmetterlingen eine gemeinsame Mutter haben, nennen wir sie Familien, die als einfach zu bezeichnen sind, weil sie nur von einer Mutter stammen. Bei den Faltern bzw. ihren Raupen ist die Familie immer in Form des Sympaedium oder der Kinderfamilie ausgebildet. Die Eltern sind nicht mit den Kindern verbunden. Bei Blattläusen z. B. ist das nicht immer der Fall; dort bleiben Eltern und Kinder vielfach als eine Familie beisammen. Sympaedien sind bei den Raupen unserer Falter nicht selten. Es sind dann gewöhnlich von der Mutter die Eier an einer Stelle gemeinsam abgelegt, und die Raupen bleiben auch in ihrem ferneren Leben vergesellschaftet. Das gilt für die Arten von *Malacosoma, Eriogaster, Euproctis, Thaumetopoea,* die meisten *Hyponomeuta*-Arten und *Xanthospilapteryx syringella* F. Im Gegensatz zu den einfachen stehen die kombinierten Familien, wo die Mitglieder der Assoziation von mehreren Müttern abstammen. Solche Fälle sind bei Schmetterlingen noch nicht beobachtet worden und sind, wenn sie überhaupt vorkommen, außerordentlich selten. Bei den viel häufigeren sekundären Assoziationen sind die Mitglieder derselben nicht von vornherein vergesellschaftet, sondern finden sich erst später zusammen. Zu diesen ist zunächst das Sysympaedium, die zusammengesetzte Kinderfamilie, zu rechnen. Es trägt die Kennzeichen des Sympaediums, ist aber aus der Verbindung von zwei oder mehr Sympaedien hervorgegangen. Eine solche nachträgliche Vereinigung von mehreren Kinderfamilien derselben Art wurde bei *Thaumetopoea, Malacosoma castrense* L. und *Hyphantria cunea* DRU. festgestellt. SEITZ vermutet das Auftreten von Sysympaedien auch bei *Morpho laertes,* deren Weibchen gewöhnlich nicht mehr als 20 Eier besitzen, während man die Raupen in „Spiegeln“ von etwa 100 Individuen vereinigt findet. Weiterhin muß hierher das Synchorium gerechnet werden. Bei einem solchen finden sich mehrere Individuen an einem günstigen Orte ein. Das gilt z. B. für die Ansammlungen von Nonnenraupen, wenn sie sich häuten wollen, zu den sogenannten „Häutungsspiegeln". Ferner bezeichnet man als Symporium die Vergesellschaftung von Individuen zum Zwecke von Wanderungen. Solche Wandergesellschaften sind bei vielen Arten, sowohl bei Faltern wie bei deren Raupen, beobachtet worden, und es wird hierzu auf das S. 254 Gesagte verwiesen. Als Synaporium oder Notgemeinschaft ist die Erscheinung anzusehen, wonach Individuen derselben Art sich anläßlich ungünstiger Lebensumstände sammeln; hierher ist das „Wipfeln" von kranken Raupen zu erwähnen, worüber schon S. 304 berichtet wurde. Die zweite große Gruppe der accidentiellen Vergesellschaftungen stellen die heterotypischen Assoziationen dar. Die Mitglieder einer solchen gehören nicht derselben Art, sondern verschiedenen Spezies an. Hier kommt für die Schmetterlinge wohl nur das Heterosymporium in Frage, wonach verschiedene Falter zu einer Wandergesellschaft zusammentreten. Solche Fälle sind berichtet worden von *Hybernia defoliaria* Cl., die mit *H. aurantiaria* Esp. zusammen wanderte; dasselbe wurde von *Eugonia angularia* Thnbg. mit *Gnophria quadra* L. festgestellt. *Plusia gamma* L. soll sogar mit Vogelschwärmen wandern.

Die essentiellen Vergesellschaftungen oder Sozietäten unterscheiden sich von den Assoziationen nur dadurch, daß bei ihnen aus der Gemeinschaft dem Einzelindividuum ein Vorteil erwächst. Da nicht immer klar ersichtlich ist, welche Vorzüge irgendeine Tätigkeit dem betreffenden Insekt bietet, ist der Unterschied zwischen Assoziationen und Sozietäten nicht immer deutlich herauszuheben. So wird vielleicht manche Gesellschaftsform, die wir jetzt noch als Assoziation bezeichnen, später unter die Sozietäten gerechnet werden müssen. Wie bei den accidentiellen, so müssen wir auch bei den essentiellen Vergesellschaftungen unterscheiden, ob Falter bzw. Raupen derselben Art oder verschiedener Spezies sich zusammenfinden. Im ersten Falle haben wir auch wieder homotypische, im letzteren heterotypische Sozietäten. Die meisten der homotypischen Sozietäten beruhen auf Äußerungen des Geschlechtstriebes. Deren häufigste Form bezeichnen wir als Connubium simplex oder Ehegemeinschaft. Es besteht aus einer Verbindung von geschlechtsverschiedenen Individuen zum Zwecke der Fortpflanzung. Beim Monogamium treten nur zwei Tiere zu einer Sozietät zusammen, beim Polygamium sind es mehrere. Letzteres ist meistens als Polyandrium ausgebildet, indem mehrere Männchen sich zu einem Weibchen zum Zwecke der Begattung gesellen. Solche Fälle, die z. B. bei *Tortrix viridana* L. und anderen Arten schon beobachtet wurden, sind bereits S. 170 erwähnt worden. Im Gegensatz zum Connubium simplex steht das Perversium simplex, wo mehrere Männchen oder Weibchen derselben Art zum Zwecke der Kopula sich zusammenfinden. Es beruht das meistens auf dem gesteigerten Geschlechtstrieb in Gegenwart eines Weibchens; derartige Fälle wurden ebenfalls S. 166 schon angeführt. Bei den Schmetterlingen kommt das Perversium nur bei Männchen vor; von Weibchen ist bisher kein einziger derartiger Fall bekannt geworden. In naher Beziehung zum Connubium steht das Synhesmium, die Schwarmgesellschaft, nur daß hier noch nicht eine direkte sexuelle Annäherung eines oder mehrerer Männchen an ein Weibchen stattgefunden hat. Bei Lepidopteren kann man ein Gynosynhesmium, wo also die Weibchen sich zu Schwärmen zusammenfinden, nicht feststellen. Wohl aber wurde schon S. 144 ein Beispiel von einem Androsynhesmium geschildert, wo die Männchen sich zusammentun, um das Weibchen zu erwarten. Bei *Adela*-Arten, deren mückenartige Tänze im ersten Frühjahr stattfinden, nehmen beide Geschlechter teil; es wird diese Sozietät als ein Amphoterosynhesmium bezeichnet. Selten finden sich bei Schmetterlingen Sozietäten auf nicht sexueller Basis; hierzu wäre besonders das Sympaigma, die Spielgesellschaft, zu rechnen. Viele Tagfalter besonders vergesellschaften sich, nur um zu spielen. Es läßt sich jedoch hier nicht immer ganz klar beweisen, ob nicht doch sexuelle Triebe als Unterlage dienen, da ja bei den Faltern das Liebesspiel immer die Kopulation einleitet.

Bei den heterotypischen Sozietäten finden sich Angehörige verschiedener Arten zusammen. Bei ihnen kann dann der daraus erwachsende Vorteil allen Mitgliedern der Gesellschaft oder nur einigen derselben erwachsen. Im ersten Falle sprechen wir von reziproken Sozietäten. Diese können auf sexueller Basis erfolgen und bestehen dann entweder im Connubium confusum, der „Eheirrung", wo Männchen und Weibchen verschiedener Arten eine Kopula eingehen — zahlreiche Fälle dafür hatten wir schon S. 170 angeführt —, oder im Perversium confusum, wo Angehörige des gleichen Geschlechtes, aber verschiedener Arten, sich zum Zwecke der Begattung verbinden. Auch solche Erscheinungen sind bei Lepidopteren festgestellt worden. Auf nicht geschlechtlicher Grundlage beruht das Trophobium; hier stellt die eine Art Sekrete oder dergleichen her, die von einer anderen Art empfangen werden, wofür der Geber verteidigt wird. Dahin fallen viele Fälle der sogenannten Myrmekophilie. Das Heterosymporium umfaßt die Wanderzüge artverschiedener Mitglieder, wenn sie davon irgendeinen Nutzen haben.

Ziemlich einseitig ist das Verhältnis bei den irreziproken Sozietäten. Hier empfängt nur ein Teil der Mitglieder einen Vorteil, dem andern wird oft ein Schaden zugefügt. Dahin sind zu rechnen das Synclopium oder die Diebsgesellschaft, wo der eine Partner den andern um irgendwelche Produkte beraubt und ihm dadurch schadet. Das gilt z. B. für die bei Bienen und Hummeln lebenden Galleriinen, die sich von dem Wachs ernähren, das ihre Wirte hergestellt haben, ferner die S. 403 genannte *Pachypodistes*, die den Neststoff ihrer Wirtsbehausung verzehrt. Harmloser ist dagegen das Paraphagium aufzufassen; die zu einem solchen zusammentretenden Raupen sind unschädlich für ihre Wirte und nähren sich nur von Abfallstoffen, wie die S. 411 erwähnte *Zophodiopsis*-Art. Beim *Symphorium* lebt eine Tierart auf der andern, ohne Parasit zu werden; das wird wahrscheinlich für die auf dem Faultier lebende *Bradypodicola* gelten. Beim Parasitium oder der Schmarotzergenossenschaft endlich lebt eine Art auf Kosten der anderen; wir haben solche Parasiten, aktiver oder passiver Art, schon im vorigen Kapitel besprochen.

Vergesellschaftungen kommen nicht nur bei den Imagines, sondern auch bei den Raupen vor. Abgesehen von den Arten, die immer gemeinsam leben, sind für uns besonders interessant die Fälle, wo eine angebliche „Geschlechtswitterung" der Raupen und damit im Zusammenhang ihre Vergesellschaftung beobachtet wurde; wir hatten eine Beurteilung dieser Erscheinung schon S. 84 vorgenommen und bemerkt, daß viele der Fälle sich darauf zurückführen lassen, daß von den eierablegenden Weibchen immer ein männliches und ein weibliches Ei nebeneinander abgesetzt wurden. Eine endgültige Stellungnahme kann jedoch erst erfolgen, wenn ein größeres Erfahrungsmaterial vorliegt.

Ein besonderer Einzelfall der Sozietäten wird durch die Gesellschaftskokons dargestellt. Wir wissen, daß sich viele Raupen im Zuchtkasten gern gemeinsam verspinnen. Solche Gesellschaftskokons beobachtete Deegener (1922 und 1923) besonders bei *Malacosoma-*, *Antheraea-*, *Platysamia-*, *Calosamia-* und *Saturnia-*Arten; sie sind auch sonst mehrfach beschrieben worden. Es ist bemerkenswert, daß solche Arten, die sich normalerweise gesellig verpuppen, also Kokon-Gesellschaften bilden, sich niemals zu Gesellschaftskokons vereinigen. Deegener hat daraufhin z. B. *Eriogaster* und *Hyponomeuta* untersucht. Gesellschaftskokons haben wir also nur bei Arten zu erwarten, die sich isoliert verspinnen. In einem solchen Gesellschaftskokon befinden sich dann zwei oder mehr Puppen. Diese Erscheinung beruht anscheinend darauf, daß die Raupen sich immer gern einspinnen, wo sie schon etwas Gespinst vorfinden. Ein solcher Ort ist auch sonst günstig für sie, weil ja schon die erste Raupe, die sich dort verspann, ihn als geeignet ansah. Anscheinend wird aber hierbei das Männchen vom Weibchen und umgekehrt bevorzugt, wenn das auch nicht als die Regel gelten kann. Wenn die erste Raupe ihr Gewebe noch nicht beendet hat, passen sich beide Raupen in ihrer Spinntätigkeit aneinander an, so daß auf diese Weise ein gemeinsames Gewebe entsteht. Eine solche Anpassung läßt sich besonders bei auch sonst sozial lebenden Raupen beobachten; es wird dann keines der beiden Individuen von dem andern beim Weben des Kokons gestört. Daß eine solche Anpassung tatsächlich stattfindet, erkennt man daran, daß den veränderten Verhältnissen Rechnung getragen wird, indem das Schlupfloch für den zukünftigen Falter eine andere Lage erhält. Würde das nicht geschehen, so könnte leicht die Mündung desselben auf den Kokon des Gesellschafters stoßen, und die Imago wäre nicht imstande, ihr Gefängnis zu verlassen. Diese so abgeänderte Lage beruht dann nicht auf der Wirkung ererbter Instinkte, sondern ist eine abweichende zweckmäßige Betätigung der Raupe, die nicht auf Instinkthandlungen zurückgeführt werden kann. Wenn mehrere Raupen einen gemeinsamen Gesellschaftskokon anlegen, wird von jeder derselben Zeit und Material erspart; es haben also alle Individuen einen Vorteil davon, und die Bewohner eines solchen Gesellschaftskokons sind als Mitglieder eines essentiellen Synchoriums aufzufassen. DEEGENER hat weiterhin untersucht, welches die Ursachen der Vergesellschaftung sind. Bei *Hyponomeuta* stellte er fest, daß die Raupen sich nicht etwa, wie SZYMANSKI behauptet hatte, vergesellschaften, weil die Eier ganz dicht nebeneinander abgelegt werden und die Raupen wenig Neigung zur Lokomotion besitzen; alle Raupen eines Geleges wurden isoliert, bald hatten sich aber die Räupchen zu kleineren und später zu zwei größeren Gruppen zusammengeschlossen. Auch scheidet der Familiensinn dabei aus; ein von einem ganz anderen Fundort mitgebrachtes Volk schloß sich, obwohl erst halb so groß, an ein älteres an. Auch der Gesichtssinn scheint in keiner Weise mitzusprechen, da eine Gesellschaftsbildung auch im Dunkeln erfolgt. Eine größere Bedeutung muß aber das Tastvermögen haben; viele Arten werden durch die von ihnen angelegten Gespinste untereinander zusammengehalten, indem jedes Individuum dem Gespinst seines Vorgängers nachgeht. Unter Umständen ist aber der Geselligkeitstrieb unabhängig vom Spinnvermögen; die Raupen des Mondvogels *Phalera bucephala* L. bleiben noch nach der letzten Häutung beisammen, obgleich sie mit dieser das Spinnvermögen verloren haben. Bei vielen Arten spielt das gemeinsame Nest eine Rolle als Unterschlupf während der Nacht; bei wenigen Arten befinden sich die Raupen tagsüber im Nest und ziehen nur in der Nacht auf Fraß aus. Die mexikanische Lasiocampide *Gloveria psidii* SALLÉ verfertigt auf Eichen große gemeinsame Nester aus weißer Seide, die sie nur nachts verläßt, um auf Fraß auszugehen. Dasselbe gilt für die Pieride *Eucheira socialis*, die ihre Nester aus einem gut geleimten Papierstoff herstellt, auf den man sogar schreiben kann. Auch die *Brassolis*-Arten, die in gemeinsamen Nestern leben, sollen diese nach SEITZ nur des Nachts verlassen, um zu fressen.

Von größerer Bedeutung wie der Wechsel der Tageszeiten ist für die sozial lebenden Arten aber der Wechsel der Jahreszeiten. Bei den vergesellschaftet lebenden Arten spielt die Überwinterung oft eine große Rolle. In dieser Hinsicht können sich sonst ganz nahe stehende Arten ganz verschieden verhalten. So legen die Raupen von *Euproctis chrysorrhoea* L. ein Nest an, in dem sie überwintern; die der nah verwandten *Porthesia similis* L. dagegen zerstreuen sich vor Eintritt des Winters. Auch der Baumweißling *Aporia crataegi* L. baut als Raupe ein gemeinsames der Überwinterung dienendes Nest. Besonders eigenartig in dieser Hinsicht verhält sich *Melitaea cinxia* F. Die Raupen dieser Art weben ein gemeinsames pyramidenartiges Zelt mit mehreren Abteilungen; zur Überwinterung verfertigen sie eine gemeinsame Behausung ohne Querwände.

Die Ursachen zur Vergesellschaftung liegen also, wie wir gesehen haben, auf sehr verschiedenen Gebieten, und sie sind aller Wahrscheinlichkeit nach auch für die einzelnen Arten verschieden. Bei den Raupen sind sie wohl nur zum kleinen Teil auf sexueller Basis begründet, doch scheinen klimatologische Einflüsse eine bedeutende

Rolle zu spielen. Bei den Imagines sind Vereinigungen auf geschlechtlicher Grundlage häufig; dazu kommen aber auch Motive, die mit der Ernährung zusammenhängen, und nicht zuletzt mag auch der Wandertrieb eine große Rolle spielen; Neubesiedlungen von gewissen Gebieten scheinen vielfach mit der Zusammenrottung von Individuen Hand in Hand zu gehen. Die Kenntnis aller dieser Tatsachen, durch DEEGENER erst vor kurzer Zeit zusammengefaßt und nach großen Gesichtspunkten geordnet, steckt noch in den ersten Anfangsstadien, trotz der vielen diesbezüglichen Einzelbeobachtungen, und systematische Untersuchungen, namentlich auf Grundlage zahlreicher Experimente, sind hier noch recht notwendig.

Einundzwanzigstes Kapitel.

Experimentalbiologie.

In diesem Kapitel sollen alle die Erscheinungen zusammengefaßt werden, die sich zeigen, wenn Schmetterlinge, Raupen oder Puppen abnormen Verhältnissen ausgesetzt werden. Es gehören dahin also alle Versuche, bei denen die Lebenstätigkeiten von Schmetterling oder Larve durch künstlich veränderte Lebensbedingungen umgestaltet werden. In allen diesen Fällen werden die hier zu schildernden Phänomene in der freien Natur nicht oder nur sehr selten und als Ausnahmeerscheinungen auftreten und nur eine Folge künstlicher Existenzbedingungen im Laboratorium des Züchters darstellen. Weiterhin sollen aber hier auch alle die Fälle registriert werden, wo im Freien Abweichungen von der Norm sich feststellen ließen, und es soll versucht werden, solche aus den bei den künstlichen Versuchen gewonnenen Ergebnisse zu erklären. Der erste der beiden Fragenkomplexe, die uns hier beschäftigen sollen, ist das Verhalten der Lepidopteren zu abnormen Temperaturen.

Kälte- und Wärmeexperimente.

Daß die Falter durch Verschiedenheiten der Temperatur überhaupt beeinflußt werden, haben wir schon im vorhergehenden mehrfach erwähnt. Auf ihnen beruht die Differenzierung in eine Winter- und eine Sommergeneration, wenn sie auch nicht ganz durch sie erklärlich ist. Andererseits sehen wir vielfach, daß ein und dieselbe Art, je weiter man nach Norden oder nach Süden vordringt, ihren Habitus ändert; meistens werden die nördlichen Formen, die einer größeren Kälte ausgesetzt sind, dunkler; nach Süden zu, je mehr die Wärme steigt, erscheinen unsere Arten heller und leuchtender. Es trifft das nicht in jedem Falle zu; es kann vielmehr auch die entgegengesetzte Erscheinung auftreten, wie wir es z. B. von *Chrysophanus phlaeas* L. wissen. Auf die große Mehrzahl der Fälle läßt sich aber dieses Gesetz anwenden, und es erscheint auch ganz erklärlich, da dunklere Farben mehr Wärmestrahlen aufsaugen, hellere Farben sie mehr reflektieren, so daß im ersteren Falle dem Falter eine größere Wärmemenge zu Gebote steht als bei hellerer Färbung.

Es lag nun der Gedanke nahe, durch die Erzeugung von künstlichen Temperaturen Falter in der Weise zu beeinflussen, daß sie den Habitus der entsprechenden nördlichen oder südlichen Form bzw. der anderen Generation ausbildeten. Man versuchte also entweder eine zweite Generation durch Kaltlegung der Raupe so zu verändern, daß sie den Habitus der ersten Generation in der Imago ergab, und umgekehrt, oder man wollte aus einer mitteleuropäischen Form eine solche des hohen Nordens erhalten, indem man sie einer abnorm niedrigen Temperatur aussetzte, und die entsprechende Form des Südens suchte man durch Beeinflussung mittels sehr hoher Temperaturgrade zu erzielen. Alle dahingehenden Versuche bezeichnet man als Temperaturexperimente.

Es stellte sich bei diesen Untersuchungen heraus, daß die ersten Stände des Falters, also Raupe und Puppe, nicht zu allen Zeiten in gleicher Weise auf solche Einflüsse reagierten. Zur richtigen Zeit angewendet, erzielte man mit den Methoden der Beeinflussung durch abweichende Temperaturen sehr stark abändernde Imagines, in anderen Stadien jedoch blieb die Wirkung der Wärme oder Kälte, denen Raupe oder Puppe ausgesetzt wurden, ohne jede Umgestaltung der resultierenden Imago. Eine eingehende systematische Erforschung der Temperaturwirkungen konnte erst erfolgen, nachdem man den Zeitpunkt gefunden hatte, wo die Beeinflussung durch Wärme oder Kälte am wirkungsvollsten war. Die Grundlagen der Temperaturforschung bilden die Untersuchungen von STANDFUSS und besonders E. FISCHER, welch letzterer in systematischer Weise verschiedene Tagfalterarten untersucht hat, und dessen Ergebnissen wir im wesentlichen hier folgen wollen. Wichtig ist zunächst festzustellen, wann am leichtesten eine erfolgreiche Temperatureinwirkung erfolgen kann. Diesen Zeitpunkt nennen wir das kritische Stadium. Dieses liegt bei den Schmetterlingen nicht in der Raupe, sondern in der Puppe. Wohl treten auch bei der ersteren unter dem Einfluß abnormer Temperaturen Veränderungen der künftigen Imago auf, aber diese finden sich nur gelegentlich und unterliegen nicht solchen Gesetzmäßigkeiten, wie wir sie bei der Puppe feststellen können. Aber auch nicht das ganze Puppenstadium ist in gleicher Weise Temperatureinflüssen unterworfen; in den späteren Phasen bleibt die Puppe ziemlich reaktionslos gegenüber solchen Einwirkungen, und nur das erste Stadium derselben, das sogenannte Subimaginalstadium, erweist sich als besonders geeignet für solche Experimente. Wenn die Puppe die Raupenhaut abgestreift hat, ist ihr Chitin noch ziemlich weich und blaß gefärbt. Im Verlaufe von wenigen Tagen erhärtet es aber und nimmt die definitive Färbung an. Sobald die Puppenhülle hart geworden ist, bleibt die Puppe auf Temperaturreize reaktionslos. Wenn das für die Mehrzahl der Fälle gilt, gibt es doch gewisse Ausnahmen. In fast allen den Fällen, wo eine Überwinterung der Puppe erfolgt, setzt das kritische Stadium erst im Frühjahr ein. Sonst läßt sich im allgemeinen sagen, daß dasselbe dann eintritt, wenn die Puppe, die die Raupenhaut verlassen hat, den ihr zu dieser Zeit eigentümlichen feuchten Glanz zur Hälfte verloren hat. Man hat nun die Puppen in diesem kritischen Stadium einer gewissen Kälte oder Wärme ausgesetzt, und zwar nur auf kurze Zeit; eine längere Beeinflussung wirkt zum mindesten nachteilig auf die Entwicklung der Falter ein. Es ließ sich dabei feststellen, daß man bei der Bemessung der Zeit, in der man die Puppen der abnormen Temperatur aussetzte, um so weniger sorgfältig zu sein brauchte, je weniger die Temperatur von der normalen abweichend war. Auch die Lufttrockenheit spielt eine große Rolle; je trockener z. B. beim Kälteversuch die Luft ist, um so günstiger ist das Ergebnis. Tatsächlich erfüllten nun zunächst die Temperaturexperimente alle die Erwartungen, die man an sie knüpfte. Durch geeignete Temperatur erhielt man aus der Frühjahrsform die Sommerform von *Araschnia levana* L., also die *A. prorsa* L.; die mitteleuropäischen Falter, wie Trauermantel, die beiden Fuchsarten u. a. zeigten sich so verändert, daß sie nach Beeinflussung mit Kälte die Formen des hohen Nordens, nach solcher mit Hitze die des Südens ergaben, und eine große Anzahl der interessantesten Zwischenformen traten auf. Im allgemeinen konnte man feststellen, daß die Falter um so mehr verändert waren, je später sie die Puppenhülle verließen. Auch zeigte sich deutlich eine sexuelle Verschiedenheit, indem die Männchen häufiger und stärker abänderten als die Weibchen, wieder ein Beweis für die leichtere Veränderungsfähigkeit und Anpassungsmöglichkeit des männlichen Geschlechtes, auf die wir schon so oft Gelegenheit hatten hinzuweisen. Eine bemerkenswerte Erscheinung verdient dabei noch besonders hervorgehoben zu werden. Die Abänderungen, wie sie sich bei der Einwirkung erhöhter Temperaturen ausbildeten, traten auch bei starker direkter Sonnenbestrahlung auf. Damit scheint auch die Möglichkeit ihres Vorkommens in der freien Natur erklärbar. Hin und wieder wurden nämlich auch als vereinzelte Erscheinungen solche Formen des Nordens oder Südens draußen gefangen; das erscheint nun nicht mehr sonderbar; die Puppe befand sich wahrscheinlich im kritischen Stadium an einem Orte, der einer besonders starken direkten Sonnenbestrahlung ausgesetzt war und lieferte deshalb die südliche Form; andererseits können frühzeitig einsetzende Nachtfröste und Reif die Puppe im Subimaginalstadium im Sinne eines Kälteexperimentes beeinflussen; daraus resultiert dann natürlich die nördliche Form. So konnten von einer großen Anzahl von Tagfaltern die nördlichen oder südlichen Lokalformen von mitteleuropäischem Raupenmaterial erhalten werden, und man wäre nicht imstande gewesen, diese Temperaturformen von den geographischen Formen zu unterscheiden. Eigenartig ist dabei, daß unter Umständen geschlechtliche sekundäre Differenzen verschwinden können, wenn die Puppen abnormen Temperaturen ausgesetzt werden; die so behandelten *Cosmotriche potatoria* L. verloren ganz ihre geschlechtlichen Färbungscharaktere, und das Weibchen einer mit Wärme behandelten Zitronenfalterpuppe wurde gelb wie das Männchen. Wir werden auf diese Erscheinung in einem anderen Zusammenhange weiter unten noch einmal zurückkommen müssen.

Es kommt nicht selten vor, daß bei den so durch Kälte oder

Hitze umgewandelten Faltern Asymmetrien in der Färbung und Zeichnung auftreten. Diese sind leicht dadurch erklärbar, daß die betreffende Puppe, aus der dieser Falter kam, auf einer Seite der abnormen Temperatur stärker ausgesetzt war als auf der anderen. Das geschieht besonders, wenn man die Puppen im Eiskasten oder Wärmeschrank hinlegt. Die auf der Unterlage ruhende Seite der Puppe wird abweichend gebildete Flügel des Falters ergeben. Um gleichmäßige Abänderungen zu erhalten, muß man die Puppen möglichst frei aufhängen. Die vorhin festgestellte Erscheinung, daß Kälte nördliche und Wärme südliche Formen ergibt, ist nicht in allen Punkten zutreffend. Wenn man z. B. *Vanessa antiopa* L. einer Temperatur von 35—38⁰ im Puppenstadium aussetzte, so erhielt man die südliche Form derselben Art. Bei einer weiteren Steigerung der Wärmegrade bis zu + 46⁰ resultierte aber nicht, wie man eigentlich hätte erwarten sollen, eine Form, die noch extremer war als die südlichen Formen, sondern die Abänderung schlug jetzt plötzlich um, und man erhielt als Resultat eine Kälteform! Ganz ähnliche Feststellungen konnte man bei Anwendungen von Kältetemperaturen machen. Es ergab sich daraus: Bei Erhöhung der Temperatur auf 35—38⁰ erhält man die südliche Form der Art; bei einer Kälte von 0 bis + 10⁰ resultiert die gleiche Form wie zwischen 38 und 40⁰, Frosttemperatur von 0 bis — 20⁰ ergibt dieselbe Form wie Hitze von + 40 bis 46⁰.

Diese auffallenden Erscheinungen öffneten den Blick in das eigentliche Wesen der Temperaturformen. Man erkannte daraus: Wärme und Kälte sind in ihrer Einwirkung auf das Subimaginalstadium nicht wesentlich verschieden. Die Veränderungen, die der Frost hervorruft, sind dieselben, welche durch die Hitze ausgelöst werden. Kälte und Wärme sind demzufolge nicht die letzten Ursachen der bei den Temperaturexperimenten auftretenden Veränderungen der Falter. Worin haben wir aber nun die wirkliche Ursache dieser Abänderungen zu sehen? Sie beruhen auf Entwicklungshemmungen im Puppenstadium, die durch die abnorme Temperatur veranlaßt werden. Wäre die letztere der eigentliche Beweggrund, so müßten die Wirkungen immer die gleichen sein; es müßte z. B. immer Kälte eine verdunkelte Form hervorbringen. Bei unserer *Vanessa urticae* L. trifft das auch zu; die f. *polaris* Stgr., die dem hohen Norden angehört, ist dunkler als die mitteleuropäische. Bei *Araschnia prorsa-levana* ist aber das Gegenteil der Fall. Die den höheren Sommertemperaturen unterliegenden Raupen geben die dunklere *prorsa*, die der Kälte ausgesetzten Winterraupen die hellere *levana*. Die Temperatur ist nur das auslösende Mittel, die wirklichen Ursachen der Beeinflussungen durch sie liegen in den durch sie veranlaßten Entwicklungshemmungen.

Hatte man eine dahingehende Wirkung der Temperaturen erst einmal erkannt, so lag natürlich der Gedanke sehr nahe, Entwicklungshemmungen auch durch andere Mittel vorzunehmen, um die gleichen Formen zu erhalten. Man unterzog die Puppen also im kritischen Stadium einer Äther- oder Chloroformnarkose und erhielt tatsächlich die gleichen Abänderungen. Es war nunmehr auch möglich, die gelegentlich nur auf einzelnen Stellen der Flügel auftretenden Abänderungen nach einer der bekannten Variationsrichtungen in der Weise zu deuten, daß auch hier durch Druck, Verletzung u. dgl. eine Entwicklungshemmung eingetreten war, die zu diesem Ergebnis führen mußte. Andererseits konnte man annehmen, daß es auch möglich sein müßte, die Entwicklung nicht nur zu hemmen, sondern auch zu fördern, indem man den Puppen reinen Sauerstoff zuführte, der als ein die Entwicklung anregendes Agens bekannt ist. Tatsächlich erzielte man auch hier in gewissen Fällen die südliche Form; es scheint aber, als ob doch dabei eine gewisse narkotische Wirkung des Sauerstoffes mitspielt, wodurch keine Förderung, sondern eine Verzögerung der Entwicklung erfolgen würde. Diese Untersuchungen in bezug auf die Sauerstoffeinwirkung sind noch nicht in genügend ausgedehntem Maße veranstaltet worden, um hier eine Entscheidung treffen zu können.

Nach dem biogenetischen Grundgesetz ist die Ontogenie ein Auszug aus der Phylogenie; die Einzelentwicklung eines jeden Individuums macht in großen Zügen noch einmal die Stammesentwicklung der betreffenden Art durch. Von diesem Gesichtspunkt aus verdienen die Temperaturexperimente unser besonderes Interesse. Wie hatten gesehen, daß sie zum Teil entwicklungsfördernd, zum größeren Teil als die Entwicklung hemmend anzusehen sind. Der erste Fall bezog sich auf die Versuche, bei denen durch eine geringe Steigerung der Wärme die südlichen Formen sich ausbildeten. Die so erhaltenen Produkte können wir als eine Weiterentwicklung unserer mitteleuropäischen Arten betrachten. Wo aber eine Hemmungsbildung vorliegt, wie bei den übrigen, speziell den Frost- und Hitzeexperimenten, ist die Ausbildung des Falters nicht bis zum heutigen Grade erfolgt; er ist auf einer früheren Stufe der Entwicklung stehen geblieben und zeigt uns, wie die Art früher ausgesehen hat. In dieser Hinsicht geben uns die durch Temperaturversuche erzielten Falter äußerst wertvolle Hinweise auf die Stammesgeschichte der einzelnen Arten. Unter diesem Gesichtspunkt erklären sich auch die Aufhebungen von Geschlechtsdichromismus, von denen schon früher die Rede war. Da in den meisten Fällen das Weibchen als das konservativere Element anzusehen ist, während das Männchen schon progressive Merkmale aufweist, können wir eine Entwicklungsförderung in allen den Fällen vermuten, wo das Weibchen dem Männchen ähnlicher wird. Das schönste Beispiel ist der beim Zitronenfalter *Gonepteryx rhamni* L. beobachtete Fall, wonach unter Wärmeeinwirkung Weibchen von der gelben Farbe der Männchen erzielt wurden. Die sonst normalerweise grünlichweißen (selten mehr gelblichen: *intermedia* Tutt) Weibchen stellen sicherlich den primitiveren Typus dar; die Gattung *Gonepteryx* wird aller Wahrscheinlichkeit nach von weißlichen Pieriden abstammen, welche Farbe bei den letzteren ja am weitesten verbreitet ist. Das Weibchen als das weniger fortschrittliche Element der beiden Geschlechter weist noch heute eine solche annähernd weiße Färbung auf, während das Männchen sich zu einer intensiv gelb gefärbten Form umbildete; diese Entwicklung ist also als die progressive anzusehen, und es erscheint nicht weiter verwunderlich, wenn bei Temperaturexperimenten gelbe Weibchen dieser Art erhalten werden. Der entgegengesetzte Fall tritt dementsprechend ein, wenn eine Hemmung der Entwicklung durch die Temperaturbeeinflussung erfolgt. Der Falter bleibt dann auf einem früheren Stadium der stammesgeschichtlichen Entwicklung stehen, und da auch die Weibchen normalerweise schon ein solches früheres Stadium darstellen, da sie mit der progressiven Entwicklung der Männchen nicht gleichen Schritt gehalten haben, wird in solchen Fällen das Männchen mehr dem Weibchen ähnlich. Es war schon ein solcher Fall von *Cosmotriche potatoria* L. erwähnt worden. Dieser Fall ist im allgemeinen der häufigere; wir wissen, daß das Männchen an sich schon viel leichter Abänderungen durch irgendwelche Einflüsse unterliegt als das Weibchen; es ist das übrigens nicht nur in bezug auf die Imago, sondern auch schon auf die Puppe zu konstatieren.

Standfuss hat die durch Temperatureinwirkungen erhaltenen Abänderungen in fünf Kategorien untergebracht. Er unterscheidet die Ergebnisse als verschiedene Saisonformen, als Lokalrassen, als Veränderungen der sexuellen Färbungsverschiedenheiten, als phylogenetische Formen progressiver und regressiver Art und endlich als Neubildungen oder Aberrationen. Diese Einteilung läßt sich nicht überall durchführen; so sind Lokalrassen eventuell identisch mit den phylogenetischen Formen usw., während die sexuellen Veränderungen ebenfalls vielfach als phylogenetische Formen aufzufassen sind, wobei es sich bei derselben Art um progressive oder regressive handeln kann. Es sei in dieser Beziehung an die Verhältnisse erinnert, die sich bei *Parnassius apollo* L. zeigen. Behandelt man nämlich die Puppen im kritischen Stadium mit Kälte, so entstehen normale Weibchen und andererseits Männchen, die den Weibchen ähnlich sind. Es hat eine Hemmungserscheinung eingesetzt welche die Männchen auf derselben Stufe zurückhielt, auf der heute noch normalerweise die Weibchen stehen. Der umgekehrte Fall tritt bei Behandlung mit Wärme auf; diese bedeutet eine Förderung der Entwicklung, und die Weibchen nehmen nun an der progressiven Entwicklung der Männchen teil; es entstehen Weibchen, die den Männchen ähnlich sind. Man erhält also von derselben Art je nach der Beeinflussung in einem Falle eine progressive Form, im andern eine regressive. In beiden Fällen äußert sich das in einer Aufhebung der sekundären geschlechtlichen Merkmale, wobei aber dem Wesen nach ganz verschiedene Vorgänge in der Ontogenese der gleichen Art sich abspielen.

Wenn wir uns nun fragen, welchen Wert für unsere phylogenetischen Erkenntnisse die Ergebnisse der Temperaturexperimente haben, so hatten wir schon auf die Bedeutung der so erzielten Formen als Abbilder des Habitus einer Art in der erdgeschichtlichen Vergangenheit oder Zukunft hingewiesen. Wir müssen uns nun aber hüten, diese Ergebnisse zu hoch zu bewerten. Eine außerordentlich starke Abänderung, die so weit geht, daß sie die Stammart unserer jetzigen Spezies darstellt, läßt sich auch mit den gewaltsamsten Eingriffen nicht erzielen. Das beruht einmal darauf, daß diese Artbildungen sich schon vor sehr langer Zeit vollzogen haben. Wir finden ja vielfach, daß schon im älteren Tertiär die Arten von unseren heutigen gar nicht so sehr abweichen. Die grundlegenden Umänderungen, die für uns das meiste Interesse haben würden, müssen schon wahrscheinlich vor dem Tertiär erfolgt sein. Aber selbst die seit diesem stattgefundenen Umwandlungen haben sich im Laufe der Jahrtausende so fest erblich fixiert, daß durch Temperaturbeeinflussung nur die zuletzt entstandenen Stadien rekonstruiert werden können, die also von unseren heutigen Formen nicht mehr allzusehr verschieden sind. Ganz unmöglich ist es aber, daß eine früher stattgefundene Mutation, eine Abänderung größeren Stiles, durch irgendwelche Temperaturversuche wieder rückgängig gemacht werden kann. Wir müssen nun aber annehmen, daß diese Mutationen für die Artbildung von größter Bedeutung sind. Wenn es gelänge, die Wirkung einer Mutation durch Experimente zu beseitigen und so eine Art in eine andere zu verwandeln, würden sich viel wertvollere Schlüsse auf die Beziehungen der einzelnen Arten zueinander ergeben. Die bis jetzt erhaltenen Abänderungen in der Zeichnung spielen bei der Artbildung fast gar keine Rolle; diese hängt vielmehr von morphologischen Charakteren ab, wie der Flügelform, der Aderung, der Ausbildung der Kopulationsapparate usw. Auf alle diese Fragen erhalten wir aber von den Ergebnissen der Kälte- und Wärmeversuche keine Antwort. Wir erfahren daraus nur über die (phylogenetische) Jugend und die spätere Entwicklung der Art gewisse Tatsachen, die aber vielfach auch aus der Untersuchung der geographischen Verbreitung derselben Spezies gefolgert werden können.

Es sind aber in anderer Hinsicht diese so erhaltenen Falter doch recht wertvoll für unsere Erkenntnis. Wir können aus ihnen die Tendenzen herauslesen, die bei der Entwicklung einer Art maßgebend gewesen sind, und können aus diesen gewissermaßen prophezeien, wie diese Spezies in der Zukunft sich umwandeln wird. So werden wir mit Sicherheit voraussagen, daß später die Weibchen der Zitronenfalter sämtlich gelb gefärbt sein müssen. Andererseits hat man festgestellt, daß die durch Temperaturexperimente erzeugten Differenzen sich vererbten, woraus die Erblichkeitsforschung sehr wertvolles Material erhielt. Es fehlt noch an einer zusammenfassenden und verallgemeinernden Übersicht über die verschiedenen Formen, die man durch Temperatureinflüsse erhalten hat, und hier kann gerade die Vererbungsforschung viele Lücken ausfüllen, indem sie untersucht, wie weit eine Vererbung gewisser Eigenschaften erfolgt, die bei der Temperaturverschiedenheit sich ausbildeten, und auf welche Ursachen das Vorhandensein oder Fehlen von Erblichkeit zurückzu-

---

Tafel XIII. Abb. 1. *Biston pilzii* STDFS. ♂. Bastard von B. hirtarius × pomonarius. (Vgl. Tafel XII Abb. 1—4.) Abb. 2. ♀ desselben Bastards. Abb. 3. *Correbidia*, eine nachahmende Syntomidide. Abb. 4. Modell dazu, ein giftiger Käfer (Lycide).

1.

2.

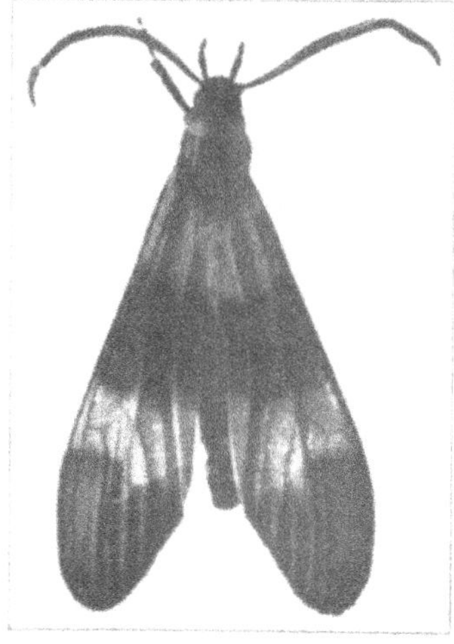

3.

4.

führen ist. Man könnte dann hier in solchen Fällen, rein äußerlich betrachtet, fast von einer Vererbung erworbener Eigenschaften sprechen.

Diese Vererbung von Eigenschaften, die sich erst im Ablauf des Lebens eines einzigen Individuums einstellen, wird jetzt fast von allen Forschern als unmöglich bezeichnet. Ein Schmetterling, dem man beide Fühler abgeschnitten hat, wird keine Nachkommen ohne Fühler haben, und wenn man diese Prozedur bei seinen Nachkommen, Enkeln usf. immer wieder vornimmt. Wir brauchen aber den Fall nicht so kraß zu wählen; es kommen Erscheinungen vor, bei denen man doch leicht überzeugt sein könnte, daß eine Vererbung von Eigenschaften erfolgt, die im Verlaufe des individuellen Lebens erst angeeignet wurden. So ist es auch hier. Rein äußerlich scheint eine Abänderung des betreffenden Falters während seines Individuallebens erfolgt zu sein, die sich dann nach gewissen Regeln auf seine Nachkommen vererbt. Das ist aber ein Irrtum. In Wirklichkeit wird die betreffende Eigenschaft, die Abänderung, nicht neu erworben, sondern sie ist ja in der Anlage schon vorhanden gewesen, normalerweise nur unterdrückt worden und nicht zum Vorschein gekommen, und erst durch das Temperaturexperiment ist diese schon vorhandene Eigenschaft aus ihrem latenten Stadium in ein äußerlich wahrnehmbares getreten. Es handelt sich bei den Temperaturversuchen also nicht darum, den Faltern eine neue Eigenschaft aufzupflanzen, sondern nur schon vorhandene Merkmale werden sichtbar gemacht. Unter Berücksichtigung dessen ist es also nicht möglich, hier von einer Vererbung erworbener Eigenschaften zu sprechen.

Fälle, in denen wirklich individuell erworbene Merkmale erblich wurden, sind äußerst selten, und selbst die hierher gehörigen Tatsachen werden vielfach angezweifelt oder in anderer Weise gedeutet. Nun ist auch bei Schmetterlingen ein solcher Fall beobachtet worden, den wir versuchen wollen zu analysieren. CHR. SCHRÖDER hat gewisse Versuche mit den Raupen von *Gracilaria stigmatella* F. angestellt. Diese Art lebt im frühesten Jugendstadium in einer Blattmine an Salixarten. Bald verläßt sie aber die Mine und lebt nun frei auf der Blattunterseite. Zum Schutze verfertigt sie aber einen ganz charakteristischen „Blattkegel“, indem sie die Spitze des Blattes mittels Gespinstfäden nach unten umbiegt und etwas dreht, so daß sie sich als schützendes Dach über den Ort legt, wo die Larve frißt. Je mehr die Raupe wächst, um so mehr wird die Spitze umgebogen, so daß der Kegel immer größer wird. SCHRÖDER verfuhr nun in der Weise, daß er allen Blättern, die den Raupen zur Verfügung standen, die Spitze abschnitt. Der Rest des Blattes war dann zu stark und widerstandsfähig, um sich ohne weiteres umbiegen zu lassen. Die Folge davon war, daß die Raupen keinen Kegel mehr anlegten, sondern das Blatt der Länge nach zusammenrollten. Diese Abänderung des Einspinninstinktes vererbte sich nach SCHRÖDER, so daß zuletzt die Raupen auch bei intakt gebliebenen Blättern keinen Kegel mehr verfertigten, sondern in der Blattrolle lebten.

Für die Beurteilung dieser Erscheinung ist nun zweierlei wichtig. Einmal gibt es unter den *Gracilaria*-Arten eine ganze Anzahl, die nie solche Kegel verfertigen, sondern stets in Blattrollen leben; wir haben allen Grund anzunehmen, daß es sich dabei um die stammesgeschichtlich älteren Arten handelt. Der Trieb, sich Blattrollen zu verfertigen, ist demnach der ältere und wohl bei allen den Arten, die jetzt Blattkegel verfertigen, noch latent vorhanden und braucht nur durch solche Veränderungen in den Existenzbedingungen wieder sichtbar gemacht zu werden. Andererseits lebt aber auch dieselbe Art *Gracilaria stigmatella* F. nicht nur an Weiden, sondern auch an Pappeln. An den Blättern der letzteren kann sie, weil diese ganz anders gebaut sind, auch normalerweise keinen so ausgeprägten Blattkegel verfertigen; man findet die Raupe deshalb an Pappelblättern nur in Blattrollen. Daraus ergibt sich, daß beide Instinkte bei der Raupe vorhanden sind, und daß sie sich wahlweise des einen oder des anderen je nach den Lebensumständen bedient. Es sind also keine neuen Eigenschaften, die die betreffende Art erworben hat, sondern es werden nur alte und längst vorhandene wieder zur Entfaltung gebracht. Daß beide Instinkte nebeneinander bestehen, konnte auch von uns bei einer verwandten Art, *Gracilaria auroguttella* Stt. beobachtet werden. Die Raupe lebt für gewöhnlich an Hartheu (Hypericum), an dessen zarten und schmalen Blättern sie ohne weiteres leicht einen Blattkegel anfertigen kann. Es wurde beobachtet, daß einige Eier irrtümlich an *Clinopodium vulgare* abgelegt worden waren. (Es ist das besonders bemerkenswert, weil die Art sonst ganz streng monophag ist.) Die ausschlüpfenden Räupchen minierten zuerst wie die an Hypericum, verließen dann die Mine, bauten aber keinen Blattkegel, sondern rollten das Blatt, das ja viel kräftiger und breiter wie das von Hypericum ist, vom Rande her ein. Trotz dieser abweichenden Lebensweise entwickelten sich die Raupen vortrefflich bis zur Imago Aus dem Parallelgehen beider Instinkte bei denselben Arten ergibt sich also, daß eine neue Eigenschaft nicht erworben worden ist, so daß bei den Schmetterlingen eine einwandfreie Vererbung neu erworbener Eigenschaften als nicht vorkommend angenommen werden muß.

Monstrositäten.

In allen den Fällen, wo eine krankhafte Veränderung der Gestalt eines Falters erfolgt, können wir von Monstrositäten reden. Sie lassen sich in zwei große Gruppen bringen: Um monstra per accessum handelt es sich, wenn über das normale Maß hinaus eine Bildung erfolgt, z. B. ein überzähliges Bein sich findet; bei den monstra per defectum ist irgendein Körperteil nicht in der vollen Ausbildung vorhanden. Die monstra per accessum sind bei Schmetterlingen recht selten, während sie bei Käfern z. B. viel häufiger auftreten. Vielfach sind diese Erscheinungen auch falsch gedeutet worden. Man hat von drei statt zwei Antennen bei *Zygaena* und *Crambus* berichtet. Eine im übrigen gynandromorphe *Rhyparia purpurata* L. besaß drei Palpen. Eine *Smerinthus ocellata* L. besaß ganz normale Beine, hatte aber außerdem noch hinter dem dritten Bein der linken Körperseite ein überzähliges Bein. Dieses war nicht etwa rudimentär, sondern besaß Schenkel, Schiene und fünf Tarsenglieder. Das Schenkelglied war sogar etwas stärker als gewöhnlich. Dieses accessorische Bein war naturgemäß unbeweglich, da vermutlich die nötigen Nerven und Muskulatur nicht hinzugetreten sind. Zu den monstra per accessum sind weiterhin alle diejenigen Fälle zu rechnen, bei denen im Flügel überzählige Adern auftreten, indem eine einfache Ader sich in zwei aufspaltet. Solche Geäderverdoppelungen kommen namentlich bei *Aporia crataegi* L. und bei *Parnassius*-Arten vor, und es hat sogar törichte Entomologen gegeben, die einer solchen Mißbildung einen zoologischen Namen verliehen, während doch so manches Kalb zur Welt kommt, das ebenfalls irgendwelche überzähligen Organe besitzt und doch einer entsprechenden Ehre nicht teilhaftig geworden ist, obwohl die Erscheinungen bei ihm vielfach viel augenfälliger sind. Ein Übergang zu den monstra per defectum bilden die Fälle, in denen das Auftreten eines überzähligen Flügels beobachtet wurde. So ist berichtet worden von einer *Macrothylacia rubi* L. mit einem überzähligen Hinterflügel; eine *Lasiocampa quercus* L. soll auf der linken Seite zwei Vorderflügel besessen haben. In Wirklichkeit erfolgt hier nicht die Neubildung eines überzähligen Flügels; untersucht man die geschilderten Fälle genauer, so kann man feststellen, daß sich der sogenannte fünfte Flügel auf Kosten eines andern entwickelt hat; in Wirklichkeit ist nämlich kein neuer Flügel ausgebildet worden, sondern einer der normalen hat sich geteilt (natürlich in einem sehr frühen Stadium, wahrscheinlich schon in der Imaginalscheibe), so daß aus einem Flügel zwei geworden sind, die aber nur zusammen das Geäder etwa eines Flügels besitzen. Unter Umständen sondert sich dabei nur ein kleiner Teil des Flügels ab, so daß dieser einen zahnartigen Vorsprung erhalten kann, wie es mir von einer *Smerinthus ocellata* L. bekannt ist.

Viel häufiger finden sich nun die monstra per defectum, bei denen also irgendein Körperteil mangelhaft ausgebildet ist oder fehlt. Das letztere ist nur selten zu beobachten; in allen den Fällen, wo z. B. ein Flügel zu wenig vorhanden ist, findet man seine Rudimente noch am Körper. Es beruht diese Erscheinung dann darauf, daß der betreffende Teil beim Schlüpfen in irgendeiner Weise benachteiligt wurde, an der Puppenschale hängen blieb u. dgl.

Vielfach bleibt ein sonst ganz normaler Flügel außerordentlich klein gegenüber den anderen, kann aber trotzdem ein normales Geäder aufweisen. In anderen Fällen finden sich Ausnagungen im Flügel, die wie ausgestanzt erscheinen, und die man für Kunstprodukte halten könnte, wenn sie nicht mit den normalen Saumfransen besetzt wären. Es kommen solche Mißbildungen besonders oft bei dickleibigen Spinnern vor, und es ist diese Erscheinung wohl auf das bedeutende Volumen des Abdomens zurückzuführen, weil durch die Ausdehnung desselben ein Druck auf die sich entwickelnden Flügel ausgeübt wurde, der die Ursache der Monstrosität war. Auch Reduktionen im Geäder treten häufig auf; eine oder mehrere Adern können vollständig verschwinden. Diese Erscheinung kann man häufig wiederum beim Baumweißling feststellen, der in bezug auf Versuche, künstlich Mißbildungen zu erzeugen, wohl das dankbarste Objekt sein würde, weil sie bei ihm sehr häufig auftreten. So hat ein Weibchen dieser Art ziemlich normale Hinterflügel, während die vorderen kurz und schmal sind. Von den Adern des Vorderflügels existieren nur noch die Subcosta, ein einfacher, ungegabelter Radius, die Querader, der Hinterrand der Zelle (Cubitus) und die Axillaris. Aber auch in dem großen normalen Hinterflügel sind nur noch Subcosta, Radius, der vordere Teil der Querader, der Zellhinterrand, der zweite Cubitalast und die Axillaris erhalten, so daß der ganze Falter einen äußerst fremdartigen Anblick darbietet (Taf. XI Abb. 2, 3). Die Ursachen solcher Erscheinungen können verschiedener Art sein. Bei den Faltern, die als Puppe einen Gürtelfaden um den Körper haben, mit dem sie befestigt ist, kann leicht dieser Gürtelfaden zu fest angezogen sein und so die Organe in ihrer Entwicklung behindern; Arten, die sich in der Erde verwandeln, werden durch den Druck von Steinen usw. in gleicher Weise ungünstig beeinflußt werden, und so sind viele Möglichkeiten gegeben, die als Ursache zum Auftreten von Monstrositäten anzusehen sind. Eine Verwendung dieser pathologischen Erscheinungen für stammesgeschichtliche Schlußfolgerungen ist in der Mehrzahl der Fälle als unzulässig anzusehen. — Eine „natürliche Monstrosität" finden wir bei der australischen Eule *Buzara*, wo die Hinterflügel des Männchens auch normal wie mit der Schere beschnitten erscheinen (Taf. IX Abb. 3, 4).

Gynandromorphie und Hermaphroditismus.

Hierher sind alle die Erscheinungen zu rechnen, die gewöhnlich als Zwitterbildungen bezeichnet werden. Man versteht unter einem echten Zwitter ein Tier, das männliche und weibliche Geschlechtsprodukte, also Spermien und Eier besitzt. Es muß gleich bemerkt werden, daß echte Zwitter oder Hermaphroditen bei den Schmetterlingen sehr selten sind. Vom Laien wird oft damit eine andere Erscheinung verwechselt, daß nämlich die sekundären oder tertiären Geschlechtscharaktere zum Teil männlich, zum Teil weiblich sind, während die Fortpflanzungszellen nur dem einen Geschlecht angehören. In diesem letzteren Fall haben wir keine hermaphroditischen, sondern gynandromorphe Individuen vor uns. Die Entscheidung darüber, ob in einem Falle von Gynandromorphie oder Hermaphroditismus zu reden ist, kann erst nach erfolgter anatomischer Untersuchung gefällt werden. Haben wir z. B. einen Zitronenfalter, dessen linke Seite gelb wie beim Männchen, rechts grünlichweiß wie beim Weibchen gefärbt ist, so müssen wir die Geschlechtsorgane untersuchen; wenn sich neben Eiern auch Spermien vorfinden, haben wir einen echten Zwitter oder Hermaphroditen; finden sich nur Eier oder Spermien, so handelt es sich um einen Scheinzwitter oder Gynandromorphen. Leider versäumen die meisten Züchter und Sammler es, eine solche Untersuchung vorzunehmen. Sie kann nur beim frischen Tier erfolgen, da beim getrockneten Tier eine anatomische Zergliederung nicht mehr in befriedigender Weise möglich ist; es kann z. B. nicht mehr festgestellt werden, ob alle Ausführungsgänge der Geschlechtsprodukte intakt sind oder nicht. Der Nur-Sammler will jedoch das merkwürdige Tier nicht beschädigen und läßt deshalb nur selten eine Untersuchung des allein in Frage kommenden Hinterleibes zu; er spannt das Tier und steckt es in seine Sammlung, womit es für die Wissenschaft nahezu wertlos geworden ist. So kommt es, daß sich in der Literatur eine ungeheure Fülle von Berichten über Gynandromorphen und so wenige Beschreibungen von echten Hermaphroditen sich finden. Die meisten Scheinzwitter und Zwitter wurden naturgemäß bei solchen Arten beobachtet, wo ein auffälliger Sexualdimorphismus vorkommt, so daß sich die beiden Hälften des Falters in Größe, Flügelform und -farbe und in den Antennen unterscheiden. Daher sind Gynandromorphen in großer Anzahl bei Lycaeniden, Nymphaliden und den im Männchen mit gefiederten Antennen versehenen Spinnern festgestellt worden. Es ist nach den obigen Begriffsauseinandersetzungen natürlich nicht möglich, aus der Beschreibung oder selbst aus dem Aussehen des Tieres, das man vor sich hat, zu folgern, ob in diesen Fällen echter Hermaphroditismus vorlag. Nur die anatomische Untersuchung des noch nicht getrockneten Falters kann in jedem Falle die Frage beantworten. Besonders häufig wurden gynandromorphe Individuen von *Argynnis paphia* L. festgestellt, wobei auch öfters die weibliche Form *valesina* den anderen Teil des Tieres darstellen kann. Bei einem echten Zwitter ist wohl immer die eine Hälfte des Tieres ganz weiblich geformt und gefärbt, die andere Seite männlich, so daß die Trennungslinie zwischen dem männlichen und dem weiblichen Teil des Individuums in der Längsachse des Körpers verläuft. Es sind demzufolge nicht nur die Flügel, sondern auch Augen, Palpen, Fühler, Beine und Leib in dem Maße rechts und links different, wie sie es bei den verschiedenen Geschlechtern der betreffenden Art sind (Taf. XI Abb. 1).

Vielfach finden sich bei normalen Männchen oder Weibchen Einschläge der Form und Färbung des anderen Geschlechtes, die sich besonders oft in Streifen der männlichen oder weiblichen Färbung auf den Flügeln des andern Geschlechtes feststellen lassen. So werden zuweilen blaue *Morpho*-Arten gefangen, die auf irgendeinem Flügel den gelbbraunen Streifen der weiblichen Grundfarbe besitzen. Besonders häufig treten solche Streifenzwitter bei Kreuzungen von *Lymantria dispar* L. auf. Sie haben aber mit Hermaphroditismus oder Zwittertum nichts zu tun, sondern sind als Intersexe aufzufassen; im Abschnitt über die Intersexualität sollen sie eingehende Berücksichtigung finden.

Nicht immer kann man aber in den Fällen, wo die eine Seite eines Falters typisch männlich, die andere weiblich ist, gleich einen Zwitter vermuten. Bei einer Anzahl von Faltern ist dann ja tatsächlich auch festgestellt worden, daß sie beide Geschlechtsprodukte besaßen. Unter Umständen kann aber ein solcher „halbseitiger Zwitter" ein ganz normales Männchen oder Weibchen sein, das ohne jede Behinderung sich fortpflanzen kann. In einem von mir untersuchten Zwitter von *Argynnis paphia* L., wo eine Hälfte vollkommen weiblich, die andere männlich war, wurde bei anatomischer Zergliederung festgestellt, daß im Hinterleib voll entwickelte Hoden sich befanden, deren Spermieninhalt durchaus normal und befruchtungsfähig erschien; auch die Abführungsgänge der Geschlechtsprodukte waren normal und typisch männlich; das gleiche ist auch von den Begattungsorganen zu sagen, deren Uncus nur etwas deformiert war, was aber bei der Kopulation sicher keine Schwierigkeiten verursacht hätte. Als einziges (übrigens sekundäres) Geschlechtsmerkmal war ein eigentümliches im Innern der Bursa copulatrix bei normalen Weibchen vorhandenes Organ vorgefunden worden, das seinerzeit von WENK als Clitoris, später von TH. REUSS als Vermicula beschrieben wurde. Nach dem letzteren Autor dient dieses Gebilde, auf das wir hier nicht näher eingehen können, zum Verankern des männlichen Uncus während der Begattung, um so einen festeren Zusammenhang der beiden Geschlechter zu bewirken. Nur dieses intrabursale Gebilde war noch vorhanden; eine Ausmündung einer Bursa fehlte gänzlich. Daß dieses Organ natürlich in keiner Weise bei einer Begattung gehindert hätte, braucht wohl nicht erst erwähnt zu werden. Wir hatten hier also äußerlich einen „halbseitigen Zwitter", der sich aber bei näherer Untersuchung als ein gynandromorphes Männchen entpuppte, von dem sich mit Sicherheit behaupten läßt, daß es mit einem Weibchen hätte kopulieren und normale Nachkommen erzeugen können, wenn letzteres auch nicht zu beobachten möglich war.

Intersexualität.

Gelegentlich der Erwähnung von „Streifenzwittern" hatten wir schon darauf hingewiesen, daß dieses Phänomen mit Hermaphroditismus nichts zu tun hätte. Es bildet einen Komplex von Erscheinungen, der eine ganz eigentümliche Stellung einnimmt und erst in allerjüngster Zeit durch die Untersuchungen von GOLDSCHMIDT (1920) aufgeklärt worden ist. Es ergeben sich aus diesen Tatsachen eine solche Fülle von weiteren Beziehungen und Problemen, so daß wir auf diese Tatsachen genauer eingehen wollen, wobei wir den GOLDSCHMIDTschen Gedankengängen im wesentlichen folgen.

Der genannte Autor bediente sich zu seinen Versuchen des Schwammspinners, *Lymantria dispar* L., den er mit gewissen japanischen Rassen, gewöhnlich unter dem Namen *L. dispar japonica* zusammengefaßt, kreuzte. Wir müssen bedenken, daß unsere *Lymantria dispar* L. eine besondere Fähigkeit besitzt, sich in Rassen aufzuspalten. Diese Rassen sind äußerlich meistens nicht oder nur wenig unterscheidbar; bessere Trennungsmerkmale bieten schon die Raupen. Es bestehen aber tatsächlich viele Rassenunterschiede, wenn sie auch äußerlich nicht ohne weiteres zu erkennen sind; bei der Kreuzung treten je nach den Örtlichkeiten, von wo die Tiere herstammen, besondere Verhältnisse auf, die auf den Rasseneigentümlichkeiten beruhen. So ist in Europa z. B. die Rasse von Schneidemühl von den süddeutschen, diese wieder von südeuropäischen verschieden. GOLDSCHMIDT stellte allein für Deutschland fünf, für Japan zehn verschiedene Rassen auf. Bemerkenswert ist aber, daß alle amerikanischen Schwammspinner derselben Rasse angehören, was auch dadurch leicht erklärlich ist, daß alle Falter von einem Muttertier abstammen, das seinerzeit in Amerika eingeschleppt worden ist. Wenn man nun verschiedene Rassen dieser Art miteinander kreuzt, so sind die Nachkommen aus dieser Bastardierung in gewisser Weise verändert; es zeigen sich rein äußerlich schon die sogenannten Streifenzwitter, das sind Männchen, deren Flügel an gewissen Stellen weißliche Färbung erkennen lassen, und umgekehrt. Untersucht man die betreffenden Tiere genauer, so kann man in den meisten Fällen eine merkwürdige Erscheinung feststellen; die Falter sind nicht mehr echte Männchen und nicht echte Weibchen, sie nehmen eine Mittelstellung zwischen den beiden Geschlechtern ein, wobei sie je nach der Beschaffenheit der zur Kreuzung verwendeten Rassen einmal mehr dem einen oder dem anderen Geschlechte zuneigen. Wir bezeichnen nach GOLDSCHMIDTs Vorgang diese Erscheinung als Intersexualität und können dementsprechend eine männliche und eine weibliche Intersexualität unterscheiden. Das Geschlecht des zukünftigen Falters ist ja normalerweise schon im Ei bestimmt; die Veränderungen treten erst späterhin auf. Wir bezeichnen also als intersexuelle Weibchen solche Falter, die ursprünglich Weibchen waren, im Laufe ihrer Entwicklung aber eine größere oder geringere Anzahl von männlichen Eigenschaften erwarben. Andererseits sind intersexuelle Männchen solche Schmetterlinge, die im Ei als Männchen determiniert waren, während ihrer Entwicklung aber eine Reihe von weiblichen Attributen ausbildeten. Es lassen sich nun eine Anzahl verschiedener Grade der Intersexualität beobachten, je nachdem, wieviel Eigenheiten des anderen Geschlechtes hinzugefügt wurden. Die beginnende weibliche Intersexualität äußert sich darin, daß zunächst noch ganz normale Weibchen auftreten, bei denen nur die Fiedern der Fühler etwas länger als gewöhnlich sind. Die zweite Stufe ist die schwache Intersexualität. Hier treten in der Flügelfarbe zum ersten Male männliche Elemente auf, so daß unter Umständen schon ein Viertel der Flügel männlich gefärbt sein kann. Auch die Kopulationsorgane beginnen sich nach der männlichen Seite hin zu verändern, so daß die Legeröhre nicht mehr funktioniert. Da im übrigen das betreffende Tier vollkommen als Weibchen fungiert, also eine Begattung mit normalen Männchen eingeht, ist auch ein Eiablegeinstinkt vorhanden. Das Weibchen, das schwach intersexuell ist, reibt sich die Haare des Hinterleibes ab, so daß ein Eierschwamm entsteht, in dem sich aber keine Eier mehr befinden. Eine Fortpflanzung ist im allgemeinen dadurch unterbunden. Die dritte Stufe wird durch die mittlere Intersexualität repräsentiert. Jetzt ist die männliche Färbung in den Flügeln schon die vorherrschende geworden; die Antennen sind schon mittelstark gefiedert, nur geringe Mengen von Eiern sind noch im Ovar vorhanden. Solche intersexuellen Weibchen üben nur noch eine geringe Anziehungskraft auf die Männchen aus; kommt trotzdem eine Kopula zustande, so ist sie sehr kurz. Eine Eiablage ist infolge der Umbildungen im Kopulationsapparat nicht mehr möglich; es wird ein rudimentärer Eierschwamm ohne Eier abgelegt. Bei der starken Intersexualität ist die Flügelform fast männlich; in der Farbe treten nur wenige weibliche Elemente auf, auch der Hinterleib erscheint ganz ähnlich dem des Männchens. Die Instinkte sind fast männlich, und eine Kopulation mit Männchen findet nicht mehr statt; machen letztere einen Versuch dazu, so weichen solche Weibchen ihnen aus. Bei der höchstgradigen Intersexualität sind die Flügel wie die der Männchen gefärbt; nur vereinzelte weiße Spritzer weisen auf die frühere Weibchennatur der betreffenden Individuen hin. Die Ovare werden rückgebildet und entwickeln sich zum Hoden, der Kopulationsapparat ist männlich. Eine Begattung höchstgradig intersexueller Weibchen mit normalen Weibchen findet statt, ist aber selten von Erfolg begleitet. Bei manchen anderen Kreuzungen ist die Färbung der Flügel von Anfang an mehr männlich. Die Flügelfarbe ist aber unabhängig von den Stadien der Intersexualität und entwickelt sich höchstens parallel mit derselben. Wir brauchen also nicht in jedem Falle hinter solchen Einschlägen des anderen Geschlechtes bestimmte Stufen der Intersexualität zu vermuten. Die letzte Stufe der Intersexualität ist die völlige Umkehr des Geschlechtes, so daß aus den ursprünglichen Weibchen vollkommen reguläre Männchen geworden sind. Man kann dann an keinem Merkmal feststellen, daß diese Männchen vorher Weibchen gewesen sind, nur sind die zuletzt ausschlüpfenden meistens unfruchtbar.

Ganz ähnliche Stufen können wir in der Entwicklung der Intersexualität beim Männchen feststellen, wobei sich also die ursprünglichen Männchen mehr und mehr in Weibchen verwandeln. Die dabei zu beobachtenden Grade sind nicht in jeder Beziehung mit denen zu vergleichen, die bei der Geschlechtsverschiebung von Weibchen auftreten; wir werden sehen, daß es zum Teil ganz andere Organe sind, die zuerst oder zuletzt in Mitleidenschaft gezogen werden. Im Beginn der Intersexualität erscheint auf irgendeiner Stelle des Flügels ein weißer Fleck; beim Kopulationsapparat zeigen sich am Uncus die ersten Spuren einer beginnenden Umbildung. Diese Tiere sind in ihrem Äußeren und in ihren Handlungen noch ganz den Männchen gleich, auch eine Veränderung der Fühlerkammzähne hat nicht stattgefunden. Die schwache Intersexualität äußert sich darin, daß im Flügel weiße (weibliche) Streifen auftreten; im Hoden zeigen sich zuweilen Eizellen; der Begattungsapparat beginnt eine Mittelstellung zwischen dem des Männchens und dem des Weibchens einzunehmen. Solche Tiere sind noch fruchtbar und können sich fortpflanzen. Der dritte Grad, als mittlere Intersexualität bezeichnet, zeigt eine Flügelform, die schon der des Weibchens ähnlicher ist; nur sind die Flügel meist stark gewölbt und gefaltet, so daß sie wie verkrüppelt erscheinen. Der Hinterleib ist etwas verdickt, die Hoden enthalten keine normalen Spermien, zuweilen aber schon Eier. Diese Männchen besitzen keine Kopulationsneigungen mehr und sind nicht mehr fruchtbar. Bei starker Intersexualität ist die Flügelform fast weiblich; erst zuletzt erscheinen auch die Antennen schwächer gefiedert und beginnen denen des Weibchens ähnlicher zu werden. Die Instinkte werden allmählich weiblich, eine Begattung findet nicht mehr statt. Die beiden letzten Stufen, die höchstgradige Intersexualität und die völlige Geschlechtsumkehr, sind bisher noch nicht beim Männchen beobachtet worden, so daß man sich von ihnen keine Vorstellung machen kann.

Vergleichen wir die verschiedenen Stadien der Intersexualität beim Männchen und Weibchen, so ergeben sich bemerkenswerte Verschiedenheiten der beiden Geschlechter. Wir hatten gesehen, daß eine Umbildung der Antennen bei den weiblichen Intersexen schon im Beginn der Intersexualität auftritt, bei den Männchen aber erst in den letzten Stadien in Erscheinung tritt. Andererseits erfolgt eine Änderung der Flügelform nach dem anderen Geschlechte hin erst in den späteren Stadien beim Weibchen und früher beim Männchen. Die hier geschilderten Grade der Intersexualität sind eine willkürliche Einteilung; sie treten gewöhnlich nicht gleichzeitig bei einer Kreuzung auf, sondern wenn man zwei bestimmte Rassen miteinander bastardiert, erhält man durchweg einen bestimmten Grad der Ausbildung dieser Erscheinung; naturgemäß sind zwischen den geschilderten Stadien auch alle möglichen Übergänge festzustellen.

Wir haben nun zu untersuchen, wie überhaupt solche Intersexe erzeugt werden können. Die weibliche Intersexualität tritt in Erscheinung, wenn man die Eier von „schwachen" Rassen mit den Spermien von „starken" Rassen befruchtet. Die Begriffe „schwach" und „stark" beziehen sich in keiner Weise auf irgendwelche äußeren Eigentümlichkeiten, sondern sie beruhen auf den Wirkungen bei einer Kreuzung. Schwache Rassen liefern, wenn sie vom Sperma einer starken Rasse befruchtet werden, in der nächsten Generation ganz normale Männchen und mehr oder weniger stark intersexuell ausgeprägte Weibchen. Die Eier der starken Rasse ergeben aber, vom Sperma einer schwachen Rasse befruchtet, zunächst nur normale Männchen und Weibchen. Als schwach sind in diesem Sinne alle europäischen und die amerikanische sowie einige japanische Rassen anzusehen. Starke Rassen finden sich bisher nur in Japan. Bei Reinzucht verhält sich naturgemäß jede Rasse vollkommen normal. Es treten also nie bei uns bei den Nachkommen irgendeiner deutschen Rasse Intersexe auf. Das muß mit einer gewissen Einschränkung gesagt werden; es sind nämlich von Sammlern und Züchtern vielfach *Lymantria dispar* und *„japonica"* gekreuzt worden, und eine Anzahl der dabei erhaltenen Kreuzungsprodukte ist ins Freie gelangt, so daß wir draußen in der Natur solchen Intersexen begegnen können. Vielerorts, besonders in der Nähe von großen Städten, wo viele solcher Züchter vorhanden sind, sind die Rassen schon nicht mehr rein, sondern von fremden Rassen beeinflußt worden, so daß sie für Intersexualitätsuntersuchungen nicht mehr verwendbar sind. Es tritt dann die Erscheinung unter Umständen auch da auf, wo sie normalerweise nicht vorkommt. Ebenso wie reine Rassen verhalten sich alle schwachen Rassen untereinander. Kreuzt man z. B. verschiedene deutsche Rassen, so tritt weibliche Intersexualität nie auf; dasselbe gilt für alle Fälle, wo man starke Rassen untereinander bastardiert. Wohl aber verhalten sich die verschiedenen Rassen, die als schwach bezeichnet werden, different gegenüber einer bestimmten starken Rasse. Bei einer bestimmten Kombination erhält man immer auch einen bestimmten Grad der Intersexualität. Wir sind infolgedessen imstande, auch bei den einzelnen Rassen den Grad der „Schwäche" oder „Stärke" festzustellen. Zu diesem Zwecke nimmt man die Männchen einer gewissen starken Rasse und kreuzt sie mit verschiedenen schwachen Rassen. Man erhält dabei, je nach der dazu verwendeten schwachen Rasse, eine verschieden stark ausgeprägte Intersexualität. Bei der Kombination nun, wo der höchste Grad von intersexuellen Weibchen erzielt wird, haben wir die am meisten ausgeprägte Schwäche bei der verwendeten Rasse; wo aber Intersexualität nur in den Anfangsstadien sich zeigt, ist die verwendete Rasse relativ weniger schwach. Auf diese Weise läßt sich ermitteln, welche schwachen Rassen diese Schwäche am ausgeprägtesten zeigen, und bei welchen sie in geringerem Maße vorhanden ist. Auf ganz ähnliche Weise sind wir in der Lage festzustellen, wie die starken Rassen in ihrer Stärke relativ verschieden sind. Man verwendet dazu von den schwachen Weibchen nur solche einer bestimmten schwachen Rasse und kreuzt sie mit starken Männchen verschiedener Rassen. Wo der höchste Grad von weiblicher Intersexualität vorliegt, handelt es sich um die relativ stärkste der starken Rassen, und wo nur Spuren von Intersexualität auftreten, ist die verwendete Rasse der Männchen wohl noch als stark zu bezeichnen, aber relativ weniger stark als andere starke Rassen. Auf diese Weise hat man eine Stufenfolge der verschiedenen Rassen nach ihrer Stärke und nach ihrer Schwäche aufstellen können, die es ermöglicht, schon vorher zu bestimmen, welcher Grad der Intersexualität bei einer bestimmten Kombination in der Kreuzung auftreten wird.

Wie haben wir uns nun überhaupt die Möglichkeit des Auftretens von intersexuellen Faltern zu erklären? Wir haben schon S. 46 erwähnt, daß beim Schwammspinner das Weibchen digamet ist, daß also zwei Arten von Eiern entwickelt werden und das Männchen normalerweise nicht den geringsten Einfluß auf das Geschlecht seiner Nachkommen hat. Wir bezeichnen deshalb das weibliche Geschlecht als heterozygot, das männliche als homozygot. Drücken wir das in einer Formel aus, so haben wir beim Weibchen die beiden Faktoren: n und $n + x$ in den Eiern, wobei x der das männliche Geschlecht bestimmende Faktor ist. Wir haben schon S. 46 analysiert, wie bei homozygoten Männchen die beiden Geschlechter bei den Nachkommen entstehen; nach unseren jetzigen Darlegungen können wir sagen, das Weibchen hat zwei Arten von Eiern, von denen die einen ohne den männlichen Faktor sind, während die anderen Eier auch den männlichen Faktor x besitzen. Es entstehen also beim Weibchen Eier, die nach der Formel n, und solche, die nach der von $n + x$ gebaut sind. Normalerweise spielt sich nun der Vorgang in der Weise ab, daß bei der Befruchtung zu jedem der Eier vom Männchen $n + x$ hinzukommt. Wie wir S. 46 sahen, entsteht aus:

n (des Weibchens) $\times\, n + x$ (des Männchens) $= 2\,n + x$,

also ein Weibchen, aus

$$n + x \qquad \times\, n + x \qquad = 2n + 2x,$$

also ein Männchen. Wenn ein Männchen entstehen soll, muß also die geschlechtsbestimmende Substanz doppelt so groß sein, wie in dem Falle, wo ein Weibchen entsteht. Setzen wir dafür bestimmte Wertverhältnisse (die wir rein willkürlich wählen), z. B. für $n = 100$ und für $x = 60$, so können wir feststellen, daß ein Weibchen resultiert, wenn die Wert- oder Valenzzahlen $2n + x = 260$ sind, während das Männchen eine höhere Valenzzahl braucht, nämlich $2n + 2x = 320$. Es ergibt sich aus einem befruchteten Ei ein Männchen, wenn die Valenzzahl 320 ist, ein Weibchen, wenn sie nur 260 beträgt. Je mehr man also eventuell künstlich die Valenzzahl steigern kann, um so mehr treten Männchencharaktere auf. Diese Zahlen gelten aber nur innerhalb einer bestimmten Rasse; andere Rassen haben auch andere Valenzen von x. Es soll dieses Beispiel für eine schwache Rasse gelten, und wir wollen nun die Werte für eine starke Rasse symbolisieren. Dort sei der das Geschlecht bestimmende Faktor stärker, so daß wir $x_1 = 80$ setzen. Hier würde ein Weibchen entstehen, wenn

$$n\,(100) \times n + x_1\,(100 + 80) = 2n + x_1\,(= 280) = ♀$$

wäre; demnach resultiert ein Männchen aus

$$n\,(100) + x_1\,(80) \times n + x_1\,(100 + 80) = 2n + 2x_1\,(= 360) = ♂.$$

Bei dieser Rasse bildet sich also nur ein Männchen aus, wenn eine Valenzzahl von 360 erreicht wird. Ganz anders liegen die Verhältnisse aber nun in den Fällen, wo ein Weibchen der ersten Rasse (Valenzzahl für $x = 60$) von einem Männchen der zweiten Rasse (Valenzzahl $x_1 = 80$) befruchtet wird. Es ergibt sich dann:

$$n\,(100) \times n + x_1\,(100 + 80) = n + x_1\,(280)$$

$$n + x\,(100 + 60) \times n + x_1\,(100 + 80) = 2n + x + x_1\,(340).$$

In der ersten Gleichung erhalten wir für die Nachkommen, die ihrer Eidetermination nach (nur n im Ei!) eigentlich Weibchen sein sollten, eine Valenzzahl von 280; wir haben gesehen, daß für diese Rasse aber das Weibchen die Valenzzahl 260 haben soll, während das Männchen den Wert von 320 hat. Die Steigerung der Valenzzahl bewirkt also eine Annäherung an das Männchen, ohne daß ein Männchen entstehen kann; denn dazu müßte ja die Zahl 320 erreicht werden. Andererseits weisen nach der zweiten Gleichung die entstandenen Männchen einen Wert von 340 auf, wodurch eine Verstärkung der männlichen Charaktere erreicht wird. Es müssen also bei einer solchen Kombination intersexuelle Weibchen und normale Männchen erhalten werden. Kreuzt man aber starke Weibchen mit schwachen Männchen, so können, wie sich aus einer analogen Rechnung ergibt, intersexuelle Weibchen nicht resultieren. In Wirklichkeit liegen die Verhältnisse sehr viel komplizierter, und die Symbolisierungen, die wir hier vorgenommen haben, treffen nicht auf intersexuelle Männchen zu; es sollte nur gezeigt werden, wie wir uns überhaupt die Möglichkeit der Intersexualität zu denken haben; weiter unten werden wir versuchen, die physiologischen Vorgänge, die dabei eine Rolle spielen, uns klarzumachen.

Die Entstehung der männlichen Intersexualität ist an andere Bedingungen geknüpft. In einem Falle wurden männliche Intersexe erhalten bei Kreuzung einer starken und einer schwachen japanischen Rasse; das ist aber nur als eine Ausnahmeerscheinung aufzufassen. Normalerweise ergibt sich männliche Intersexualität aus der folgenden Kombination: Kreuzt man Weibchen einer starken mit Männchen einer schwachen Rasse, so erhält man zunächst normale Männchen und Weibchen. Deren Nachkommen aber bestehen nun aus normalen Weibchen und einem gewissen Prozentsatz intersexueller Männchen. Letztere treten nun auch noch in den folgenden Generationen auf. Es läßt sich also beobachten: Starke Männchen mit schwachen Weibchen gekreuzt ergeben normale Männchen und intersexuelle Weibchen; bei der umgekehrten Kreuzung, starke Weibchen × schwache Männchen, sind die Nachkommen normal, aber deren Nachkommen ergeben normale Weibchen und intersexuelle Männchen. Wenn man die aus der letzten Kombination erhaltenen (normalen) Weibchen mit Männchen der schwachen Rasse rückkreuzt, entsteht ebenfalls ein Prozentsatz von intersexuellen Männchen. Es würde uns zu weit führen, auf die bei der Erscheinung der männlichen Intersexualität zugrunde liegenden Einzelheiten zurückzugehen, da sie eine eingehendere Kenntnis der Vererbungstheorie voraussetzen.

Wenn wir die Reihenfolge untersuchen, in der sich die einzelnen Organe bei intersexuellen Faltern umbilden, so können wir feststellen, daß sie eine Umkehrung der Reihenfolge der embryonalen Entwicklung darstellt. Diejenigen Teile des Schmetterlings, die zuletzt ausgebildet werden, unterliegen zunächst der Umbildung; zuletzt werden immer die Organe verändert, die zuerst im Larven- bzw. Puppenleben sich entwickeln. Daraus hat nun GOLDSCHMIDT sein Zeitgesetz der Intersexualität abgeleitet. Dieses besagt: Ein Intersex ist ein Individuum, das bis zu einem bestimmten Zeitpunkt mit seinem genetischen (ursprünglich angelegten) Geschlecht sich differenziert, von diesem Punkt an aber die Differenzierung mit dem andern Geschlecht beendet. Demnach ist ein intersexuelles Weibchen ein Tier, das ursprünglich im Ei als Weibchen determiniert war und alle seine Organe bis zu einem bestimmten Zeitpunkt in einer für das weibliche Tier charakteristischen Weise ausbildet; dann tritt plötzlich ein Umschlag ein, und nach diesem Punkte verläuft die Entwicklung in der für das Männchen typischen Art und Weise. Beim intersexuellen Männchen ist der Vorgang ein ganz entsprechender. Der Zeitpunkt des Umschlages der Entwicklung vom einen in das andere Geschlecht wird als Drehpunkt bezeichnet. Wenn der Drehpunkt im Laufe der Entwicklung erst sehr spät einsetzt, sind die meisten Organe der Imago schon fertig entwickelt, und die Folge davon ist, daß die nun sich vollziehenden Ausbildungen männlicher Charaktere nur auf wenige Teile des Körpers sich erstrecken können. In diesem Falle haben wir bei der fertigen Imago nur einen geringen Grad von Intersexualität festzustellen. Setzt der Drehpunkt aber schon sehr frühzeitig ein, so ist erst eine geringe Zahl von Organen nach dem ursprünglichen Geschlecht ausgebildet;

alle die noch nicht entwickelten Körperteile werden nun nach dem Typus des anderen Geschlechtes entwickelt, und wir erhalten dann die höheren Grade der Intersexualität. Es ist also die zeitliche Lage des Drehpunktes in bezug auf die Gesamtentwicklung des betreffenden Individuums das Maß für den dadurch erzeugten Grad der Intersexualität; tritt der Drehpunkt spät auf, so ist die Folge nur eine schwache Stufe der Intersexualität; je früher er einsetzt, um so höhere Grade derselben werden erreicht. Die nach dem Drehpunkt einsetzende Entwicklung im Sinne des anderen Geschlechtes bezieht sich nun aber nicht allein auf die noch nicht ausgebildeten Organe, sondern es werden auch alle schon fertigen Teile des Körpers von der andersgerichteten Entwicklung beeinflußt und neigen dann zum anderen Geschlechte hin, soweit das rücksichtlich der physiologischen und morphologischen Verhältnisse noch möglich ist. Wie weit dieser Entwicklung gewisse Grenzen gesetzt sind, sehen wir an dem Beispiel der Antennenumbildungen. Wir haben gesehen, daß die weibliche Intersexualität sich in ihrem ersten Beginn schon darin äußert, daß die Fiedern der Fühler anfangen länger zu wachsen. Andererseits fanden wir, daß eine Umbildung der Antennenfiedern bei der männlichen Intersexualität erst in den höheren Stufen erfolgt. Dieser wesentliche Unterschied läßt sich nach dem Zeitgesetz der Intersexualität leicht erklären. In den schwachen Stadien derselben liegt der Drehpunkt nach der Fertigstellung der Fühler; diese können also nur noch nachträglich durch die anders gerichtete Entwicklung beeinflußt werden; bei den weiblichen Intersexen ist nun die Fühlergeißel nur mit ganz kurzen Kammzähnen besetzt, und der Einfluß der jetzt einsetzenden männlichen Entwicklung bewirkt, daß die kurzen Fiedern länger wachsen. Je früher nun der Drehpunkt einsetzt, um so längere Zeit kann sich der Prozeß vollziehen, um so länger werden die Kammzähne. Ganz anders liegen nun aber die Verhältnisse beim Männchen. Auch hier sind bei schwachen Stadien der Intersexualität die Fühler fertig entwickelt, bevor der Drehpunkt einsetzt. Nach diesem vollzieht sich die weitere Ausbildung nach dem weiblichen Typus; es müßten also kürzere Kammzähne entstehen. Das ist nun aber nicht gut möglich; man kann sich wohl vorstellen, daß kürzere Kammzähne länger wachsen; aber fertige lange Fiedern können nicht nachträglich noch kürzer werden. Tatsächlich finden sich aber nun kürzere Antennenfiedern bei stärker intersexuellen Männchen; in diesem Falle waren die Fühler noch nicht bis zum Ende ihrer Entwicklung gelangt, als der Drehpunkt einsetzte; mit diesem wurde das weitere Wachstum der Kammzähne völlig sistiert, und die Kammzähne der Imago erscheinen kürzer; je früher nun der Drehpunkt einsetzt, um so mehr wird das Wachstum auf einem zeitigeren Punkte aufhören, und die Fiedern erscheinen nun mit den höheren Graden der Intersexualität weiter verkürzt.

Der entgegengesetzte Fall tritt aber in der Ausbildung der Flügelform ein. Es war bereits erwähnt worden, daß eine Veränderung der Flügelform nach dem anderen Geschlechte bei männlichen Intersexen schon in den ersten Stadien auftritt, bei weiblichen Intersexen dagegen erst in den höheren Graden sich feststellen läßt. Auch hier liegt bei den ersten Stadien von Intersexualität der Drehpunkt nach der Fertigstellung der Flügel. Bei männlichen Intersexen erstreckt sich nun die Beeinflussung durch die nach dem Drehpunkt einsetzende weibliche Differenzierung auch auf die Flügel, und diese beginnen zu wachsen, so daß schon bei Beginn dieser Erscheinungen eine Vergrößerung der Flügel sich feststellen läßt. Nun war aber schon bemerkt worden, daß diese stets stark gewölbt und gefaltet erscheinen, so daß sie den Eindruck der Verkrüppelung machen. Das ist leicht daraus zu erklären, daß die Flügel ja in den Flügelscheiden der Puppe fixiert sind; die letzteren sind hart und stark chitinisiert und können sich naturgemäß nicht mehr durch Wachstum vergrößern. So kommt es, daß die in Vergrößerung sich befindenden häutigen Flügel der Imago in den Flügelscheiden der Puppe nicht genügend Platz zur Ausdehnung finden und deshalb ziemlich regellos durcheinander wachsen müssen, statt sich, wie normal, in einer Fläche auszudehnen. Je stärker also das Wachstum ist, d. h. je früher der Drehpunkt einsetzte, um so mehr werden die Flügel verkrumpelt sein. Nur wenn der Drehpunkt genügend lange Zeit vor der Verpuppung einsetzt, werden auch die Flügelscheiden der Puppe diese Entwicklung mitmachen, und der daraus sich ergebende Falter würde keine „verkrüppelten" Flügel mehr besitzen. — Ganz anders liegen aber nun die Verhältnisse beim intersexuellen Weibchen. Auch hier sind in den ersten Graden der Intersexualität die Flügel bereits fertig entwickelt, wenn der Drehpunkt kommt. Auch hier findet eine Beeinflussung der Organe durch die nun einsetzenden Tendenzen einer männlichen Differenzierung statt; aber auf die Flügel kann sie sich nicht mehr erstrecken. Es können wohl die männlichen Flügel durch Wachstumsvorgänge größer und breiter werden, nicht aber kann der fertige weibliche Flügel durch solche Vorgänge schmäler und kleiner werden. Es tritt deshalb ein Hinneigen des Flügels zum männlichen Typus erst in den höheren Graden der Intersexualität auf, wenn also der Drehpunkt zeitlich so rückverlagert ist, daß er die Flügel auf einem Stadium antrifft, in dem sie noch nicht völlig entwickelt sind. Mit dem Einsetzen desselben hört nun natürlich alle weiblich gerichtete Entwicklung auf, die Flügel bleiben so groß, wie sie angetroffen wurden. Je früher der Drehpunkt erfolgt, um so kleiner und schmaler bleiben naturgemäß die Flügel. Aus diesen Tatsachen erklärt sich auch die Beobachtung, wonach selbst in den stärksten Graden weiblicher Intersexualität, ein normales Schlüpfen vorausgesetzt, sich nie Verkrüppelungserscheinungen am Flügel zeigen, während schon bei den schwächsten Stadien die männlichen Intersexe regelmäßig solche aufweisen.

Aus diesen beiden Erscheinungen können wir entnehmen, daß die Antennenveränderung nach dem anderen Geschlecht ein Maßstab für den Grad nur bei weiblicher Intersexualität ist und sich auf die Männchen nicht anwenden läßt, während andererseits die Veränderungen der Flügelform nur für die männlichen Intersexe als Gradmesser dienen können und auf Weibchen nicht anwendbar sind.

Auch das Abdomen wird durch die Intersexualitätserscheinungen verändert; es nähert sich in Form und Behaarung dem anderen Geschlecht in dem Maße, wie der Drehpunkt zurückliegt. Besonders interessant sind diese Vorgänge bei der weiblichen Intersexualität. Wenn nämlich der Drehpunkt erst nach oder kurz vor der Verpuppung einsetzt, so hat sich die Raupe und damit die Puppe in ihren Größenverhältnissen dem weiblichen Geschlecht angepaßt und ist viel größer geworden, als es beim Männchen der Fall sein würde. Erfolgt nun eine Umbildung des Hinterleibes nach der Seite des anderen Geschlechtes, so werden alle die inneren Organe, die zur Eibildung nötig sind, nicht mehr entwickelt. Die großen Reservestoffmengen, aus denen die Eier aufgebaut werden, bleiben unverwendet, und wir können an solchen weiblichen Intersexen feststellen, daß der Hinterleib beträchtlich aufgetrieben und mit einer braunen Flüssigkeit gefüllt ist. Letztere besteht aus Blut und Reservestoffen, die nicht mehr zum Aufbau gedient haben. Da sie sich noch im flüssigen Zustand befinden, nehmen sie mehr Platz ein als normalerweise die Eier, und das Abdomen ist infolgedessen ganz prall damit gefüllt; solche Falter sind meistens nicht mehr imstande, sich selbständig aus der Puppenhülle herauszuarbeiten und gehen zugrunde, wenn ihnen keine Unterstützung zuteil wird. Auf die sich in den Gonaden abspielenden histologischen Veränderungen wollen wir hier nicht genauer eingehen; es mag genügen zu sagen, daß bei weiblicher Intersexualität eine Auflösung oder Histolyse der Ovarien erfolgt, worauf später Spermien liefernde Zellen einwuchern, so daß ein Übergang von den Ovarien zu den Hoden stattfindet. Auch bei männlichen Intersexen wurde eine solche Histolyse beobachtet, Eier konnten dagegen nicht festgestellt werden. Wir wissen, daß Eier sowohl wie Spermien letzten Endes auf noch nicht differenzierte Urgeschlechtszellen zurückgehen. Es scheint nun, als ob diese Umbildung der Urgeschlechtszellen beim Männchen schon in den frühesten Raupenstadien erfolgt, so daß, wenn der Drehpunkt auch noch so früh einsetzt, bereits alle Urgeschlechtszellen in Spermien liefernde Zellen umgewandelt sind; so bleiben keine mehr übrig, aus denen sich nach Beginn der Entwicklung im Sinne des anderen Geschlechtes noch Eier entwickeln können. Als seltener Ausnahmefall bleiben aber bei der Spermienbildung noch einige der Urgeschlechtszellen übrig, und dann können sich im aufgelösten Hoden noch Eier entwickeln.

Von besonderem Interesse für uns sind aber nun die Umbildungen im Begattungsapparat. Wir haben S. 23 die Modifikationen der letzten beiden Segmente beim Weibchen nicht genauer geschildert, weil wir jetzt auf diese Bildungen noch eingehender zurückkommen müssen und sie mit den S. 24 behandelten entsprechenden Organen des Männchens vergleichen und homologisieren müssen (vgl. Abb. 81). Wir hatten schon erwähnt, daß beim Männchen der 9. und 10. Abdominalring es sind, aus dessen Modifikationen sich der Begattungsapparat zusammensetzt. Wir hatten dabei gesehen, daß der Tergit des 10. Segmentes (des 13. des ganzen Körpers) zu einem Haken umgewandelt ist, den wir als Uncus bezeichneten, während der Sternit den Gnathos darstellt. Zwischen beiden mündet die Analöffnung. Uncus und Gnathos sitzen am dorsalen Teile eines als Tegumen bezeichneten Ringes; dieser Ring ist das 9. (12. des ganzen Körpers) Segment, als dessen Vorsprung kopfwärts das Vinculum, caudalwärts die Harpen mit ihren Anhangsgebilden anzusehen sind. Die anderen Teile, Transtilla usw., kommen hier für uns nicht in Frage. Beim Weibchen wird aber ein Abdominalring mehr in die Geschlechtsorgane mit einbezogen, so daß diese vom 8. bis zum 10. Abdominalsegment sich erstrecken. Das letzte oder 10. Abdominalsegment besteht aus einem Tergiten, der paarig ist und in zwei große Lappen, die Labien, umgewandelt erscheint. Der Sternit dagegen ist reduziert

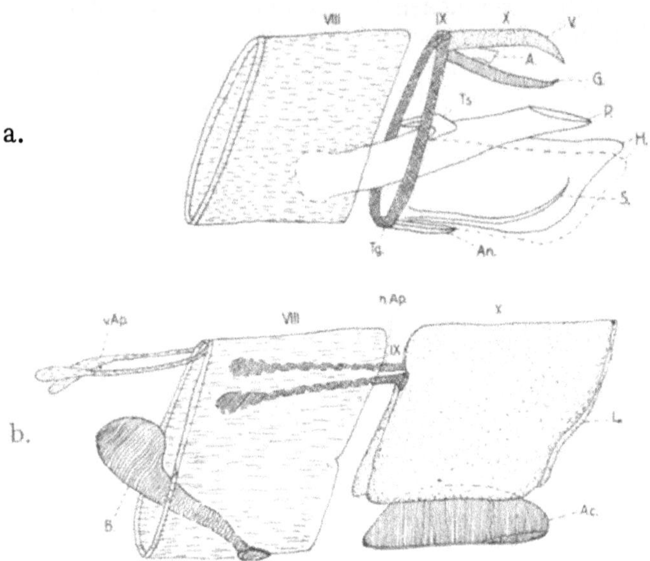

Abb. 81. Schema *a* der männlichen, *b* der weiblichen Begattungsapparate. (*VIII, IX, X* = 8 bis 10. Abdominalsegment, *A.* = Anus, *Ac.* = [♀] Analkonus, *An.* = Anellus, *v. Ap*, *h. Ap.* = vordere und hintere Apophysen, *B.* = Bursa copulatrix, *G.* = Gnathos. *H.* = Harpe, *L.* = Labien, *P.* = Penisscheide, *S.* = Sacculus, *Tg.* = Tegumen, *Ts.* = Transtilla, *U.* = Uncus.) Die vermutlich homologen Teile sind gleichartig schraffiert.

zu dem Analconus. An den Labien sind nach vorn zwei längere Spangen gelenkig befestigt, die wir als Apophysen bezeichnen. Diese (hinteren) Apophysen sind das letzte Überbleibsel des 9. (12.) Tergiten, des 9. Abdominalringes überhaupt. Das 8. Segment dagegen hat einen vollständigen Tergiten und Sterniten; ersterer setzt sich nach vorn fort in einem weiteren Paar von Spangen, den vorderen Apophysen, die aber nicht als eigenes Segment aufzufassen sind, weil sie nicht mit dem 8. Tergiten durch ein Gelenk verbunden sind; sie sind einfache Fortsätze desselben nach vorn. Die Bauchplatte dieses Ringes trägt den Introitus vaginae, den Eingang in die Bursa copulatrix.

Wir vermuten also folgende Homologien: Uncus beim ♂ = Labien beim ♀, Gnathos ♂ = Analconus ♀, obere Hälfte des Tegumens beim ♂ = hintere Apophysen des ♀, untere Hälfte des Tegumens, Harpen und Penis beim ♂ = ohne Homologon beim ♀, Tergit des 8. Segmentes mit vorderen Apophysen und Bursaeingang mit Sternit beim ♀ = dem nicht umgewandelten 8. Segment des ♂. Wir werden nun sehen, wie diese vermutete Homologie durch die bei der Intersexualität auftretenden Umwandlungen bestätigt wird; denn wenn unsere Annahme richtig ist, müssen sich die entsprechenden Teile des männlichen Kopulationsapparates in die homologen Organe des weiblichen umwandeln. Es soll hier gleich bemerkt werden, daß beim Schwammspinner-Männchen der Gnathos fehlt, so daß wir über dessen Beziehungen zum Analconus nichts aussagen können. Betrachten wir zunächst die Erscheinungen bei der weiblichen Intersexualität, wo wir also die Umwandlungen des weiblichen in den männlichen Kopulationsapparat beobachten können. Schon bei den schwachen Graden beginnen die Abänderungen. Die Labien und der Analconus verkürzen sich, während von den hinteren Apophysen nach oben und nach unten dornartige Fortsätze entspringen; das sind die Äste, die allmählich zum Tegumenring sich auswachsen; vorn am Analconus entsteht ein Chitinstück, der erste Anfang des ventralen Teiles vom Tegumen. Auch dieses Chitinstück entsendet Fortsätze nach oben, die sich zuletzt mit den Fortsätzen, die von den hinteren Apophysen ausgehen, vereinigen und so einen geschlossenen Ring bilden, das Tegumen. Daraus können wir die Bestätigung unserer Annahme entnehmen, daß die hinteren Apophysen den einzigen Rest des Segmentes darstellen, aus dem beim Männchen das Tegumen entsteht. Auch die dorsalen Fortsätze der hinteren Apophysen vereinigen sich schließlich oben, so daß der Ring dann geschlossen ist. Das 8. Segment des Weibchens ist normalerweise an der Stelle, wo der Eingang in die Bursa copulatrix liegt, stark chitinisiert; das verschwindet allmählich, und der ganze Sternit weist bei intersexuellen Weibchen eine gleichmäßige Chitinisierung auf, in der der Introitus vaginae als dünner chitinisierte Stelle markiert bleibt. Die Labien haben sich unterdessen stark verkürzt; der Analconus sitzt am ventralen Hinterende des neu entstandenen Tegumens so lange, bis er gänzlich rückgebildet wird. Zur gleichen Zeit beginnen bei den höheren Graden der weiblichen Intersexualität die beiden Labienhälften am Grunde miteinander zu verwachsen, so daß sie nur noch am Ende getrennt sind; es sind dann die hinteren Teile noch Labien, die vorderen aber schon zum Uncus verschmolzen. Diese Verschmelzung geht bei steigender Intersexualität noch weiter, so daß zuletzt ein zweihörniger Uncus entsteht, dessen hintere Fortsätze ebenfalls noch verschmelzen, bis wir als Endprodukt einen einfachen Uncus finden. Gleichzeitig mit diesen Vorgängen erfolgt die Bildung von Harpen und Penis. Wir haben schon früher erwähnt, daß sie aus einer gemeinsamen Anlage, dem HEROLDschen Organ, sich entwickeln. Sie haben beim Weibchen kein Homologon; deswegen entsteht das HEROLDsche Organ hier vollkommen selbständig am Grunde der Tasche, zu der man durch den Analconus kommt. Es läßt sich nun genau in den verschiedenen Stadien der Intersexualität verfolgen, wie diese ursprünglich paarigen Gebilde einerseits zu den paarigen Harpen, andererseits zum unpaaren Penis sich umbilden. Bei den am stärksten umgebildeten Weibchen wird dann ein völlig normaler männlicher Kopulationsapparat gefunden. Die Untersuchungen haben also einwandfrei eine Bestätigung unserer Homologisierung ergeben. Wir konnten, da beim Schwammspinner ein Gnathos fehlt, nicht nachprüfen, ob dieses Organ dem Sterniten des 10. Segmentes entspricht. Es muß uns aber bedenklich erscheinen, daß der entsprechende weibliche Teil, der Analconus, in allen Stadien am hinteren ventralen Ende des Tegumens bleibt und keinerlei Annäherung an den Uncus zeigt. Die Entfernung von Labien und Analconus, die zunächst nicht groß ist, erweitert sich mit fortschreitender Umbildung. Vielleicht ist also der Gnathos doch nicht als ein Homologon zum Sterniten des 10. Segmentes aufzufassen, sondern als eine Modifikation des Uncus. Bei der männlichen Intersexualität spielen sich nun ganz ähnliche Vorgänge ab, wenn sie auch noch nicht in allen Stadien so genau untersucht worden sind. Zuletzt wird von den männlichen Kopulationsorganen der Uncus ausgebildet; dementsprechend finden wir zuerst bei diesem Teile eine Veränderung. Der sonst aus einem einzigen Haken bestehende Uncus teilt sich an der Spitze in zwei Arme, so daß wir einen deutlich gegabelten Uncus erhalten. Weiterhin bildet sich an seiner Basis ein Auswuchs, der fortschreitend zu einer Verbreiterung des Hakens führt, der nun schaufelförmig und damit den weiblichen Labien ähnlicher wird. Bemerkenswert ist, daß Veränderungen im Tegumen und in Harpen und Penis damit nicht parallel gehen. Wir haben hier zunächst denselben Fall, den wir schon bei der Umbildung der Fühler und Flügel erwähnten. Der Tegumenring wird wahrscheinlich schon sehr frühzeitig angelegt; die einmal fertiggestellte Bildung kann dann nicht wieder rückgängig gemacht werden; so bleibt das männliche Tegumen erhalten, und an seinem Ende sitzen weibliche Labien. Harpen und Penis erleiden auch bei den höheren Stufen männlicher Intersexualität keine wesentliche Veränderung; sie stammen, wie wir gesehen haben, von dem HEROLDschen Organ ab, für das es beim Weibchen kein Homologon gibt, und so dürfen wir nicht erwarten, daß bei ihnen eine Umbildung nach der weiblichen Seite hin erfolgt. Es bestünde aber die Möglichkeit, daß bei früher Lage des Drehpunktes das Wachstum dieser Gebilde aufgehoben wird. Daß dies nicht geschieht, ist eine bemerkenswerte Tatsache, für die wir noch keine Erklärung haben. Es tritt aber bei diesen Abkömmlingen des HEROLDschen Organs eine bemerkenswerte Erscheinung auf, die anscheinend mit den geschilderten Vorgängen in keinem Zusammenhange stehen kann; vielfach finden sich nämlich Mehrfachbildungen der genannten Organe, so daß oftmals statt einer Harpe deren zwei auf jeder oder auch nur auf einer Seite beobachtet werden können. Diese Bildungen können nämlich auch asymmetrisch auftreten. Überhaupt sind Abnormitäten bei den verschiedenen Intersexualitätsstufen keine Seltenheiten; Verdoppelungen wurden nicht nur bei den männlichen Harpen, sondern auch bei den weiblichen Labien gefunden. Ebenso können sich

Asymmetrien in der Bildung der Kopulationsorgane finden; der Drehpunkt kann für die beiden Körperhälften zu verschiedener Zeit einsetzen, so daß die eine einen höheren Grad von Intersexualität aufweist als die andere.

Wie sich bei der Intersexualität die Falter in ihrer Morphologie und Anatomie nach dem anderen Geschlechte hin verändern, so erfolgt auch eine solche Wandlung in den Instinkten. Männchen und Weibchen unterscheiden sich normalerweise dadurch, daß das erstere wesentlich lebhafter ist als das letztere; bei Tage fliegen die Weibchen fast gar nicht und bewegen sich überhaupt nur selten von ihrem Platze, während die Männchen meist scheu und flüchtig sind und bei der geringsten Störung schon auffliegen. Bei Anfang der Intersexualität schlagen die Weibchen bei Reizung einigemal mit den Flügeln und laufen auch zuweilen nach einem anderen Orte hin. Bei den höheren Graden werden sie immer unruhiger und zuletzt ganz den Männchen in ihrer Flüchtigkeit ähnlich. Bei der männlichen Intersexualität werden die Falter umgekehrt immer träger und dadurch den Weibchen in ihrem Verhalten ähnlicher. — Besonders auffällig sind die Veränderungen des Geschlechtsinstinktes. Die Männchen sind wie alle Spinner sehr begattungslustig und suchen auf größere Entfernung die unbefruchteten Weibchen zum Zwecke der Kopulation auf. Schon bei schwacher Intersexualität hört aber bei den Weibchen die Anziehungskraft auf. Kommt trotzdem eine Kopula zustande (die gewöhnlich recht schwierig zu vollziehen ist), so erfolgt doch keine Befruchtung. Trotzdem ist noch der Legeinstinkt vorhanden; das Weibchen reibt sich die Haare des Abdominalendes ab und bildet einen Eierschwamm, der aber keine Eier mehr enthält. Stark intersexuelle Weibchen ziehen nun in keinem Falle mehr Männchen an, werden aber von normalen Weibchen angezogen und versuchen mit diesen zu kopulieren; diese Begattung erfolgt aber immer sehr ungeschickt; vielfach sucht das intersexuelle Weibchen mit seinem Abdominalende den vorderen Teil des normalen Weibchens auf, und aus diesen Gründen kommt meistens eine regelrechte Begattung nicht zustande. Bei höchstgradiger Intersexualität benehmen sich diese intersexuellen Weibchen ganz wie normale Männchen und kopulieren mit Weibchen; die Begattung bleibt aber infolge doch noch vorhandener Unstimmigkeiten im Kopulationsapparat vielfach erfolglos. Bei der völligen Geschlechtsumkehr, der letzten Stufe weiblicher Intersexualität, fungieren die ehemaligen Weibchen ganz wie normale Männchen. Bei den männlichen Intersexen läßt sich bald der Begattungstrieb vermissen; eine Anziehung auf normale Männchen wurde jedoch nicht ausgeübt. — Die sexuellen Kennzeichen der Puppe, über die schon früher gesprochen wurde, erfahren nur dann eine Umbildung, wenn der Drehpunkt genügend lange vor der Verpuppung liegt. Die Übergänge in der Flügelfärbung vom Männchen zum Weibchen und umgekehrt scheinen sich ziemlich unregelmäßig zu vollziehen. Das Männchen besitzt im allgemeinen mehr Chromogen als das Weibchen; schon im Raupenblut lassen sich solche sexuellen Verschiedenheiten nachweisen. Jeder Intersexualitätsstufe entspricht nun eine gewisse Menge von Chromogen. So kommt es, daß ein intersexuelles Weibchen mehr, ein männlicher Intersex weniger Chromogen als normal besitzt. Die Verteilung des Chromogens bzw. der Pigmente erfolgt nun nicht etwa gleichmäßig über den ganzen Flügel; bei männlicher Intersexualität wird die geringere zur Verfügung stehende Pigmentmenge nicht etwa so verteilt, daß jede Schuppe etwas weniger Pigment erhält und der ganze Flügel dadurch blasser wird, sondern es werden dann nur bestimmte Schuppen mit Pigment angefüllt, die anderen nicht. Diese leeren Schuppen füllen sich später mit Luft und werden dadurch weiß, woraus die weibliche Färbung resultiert. Ganz entsprechend verhalten sich auch intersexuelle Weibchen. Der Überschuß an Pigment in den verschiedenen Graden der Geschlechtsumbildung wird nicht auf alle Schuppen gleichmäßig verteilt, sondern es werden bestimmte Gruppen von ihnen vollkommen damit erfüllt, die andern bleiben leer und damit weiß und weiblich. Die Verbreitung der Pigmente erfolgt von der Wurzel aus längs der Adern; so ergibt es sich, daß die mangelhaftere oder reichlichere Pigmentierung der Intersexe in der Längsrichtung sich vollzieht, worauf die Erscheinung der „Streifenzwitter“ beruht.

Die eigentliche physiologische Erklärung der Intersexualität ist noch ziemlich hypothetisch. Wir müssen annehmen, daß die Beeinflussung eines Falters während seiner ersten Stände durch gewisse Säfte erfolgt, die einmal spezifisch männlich, und andere, die weiblich wirken. Die ersteren veranlassen die Anlagen der Organe, sich nach der männlichen Seite hin auszubilden, während die letzteren eine weibliche Differenzierung bewirken. Diese Stoffe bezeichnen wir als Hormone; solche Geschlechtshormone sind in allen Eiern sowohl für das männliche wie für das weibliche Geschlecht vorhanden. Die Anregung zur Bildung dieser Hormone erfolgt wohl durch bestimmte Enzyme, die im Sperma und im Ei vorhanden sind. Wir können uns nun den Vorgang so vorstellen, daß wir annehmen, in jedem Ei sind entweder nur weibliche oder weibliche und männliche Enzyme enthalten; dazu kommt weiterhin bei der Befruchtung noch männliches Enzym in sämtliche Eier. Bezeichnen wir das weibliche Enzym mit n, das männliche mit x, so haben wir in allen unbefruchteten Eiern entweder Enzym n oder Enzyme $n + x$. Diese Enzyme sind nun bei jeder Rasse so abgestimmt, daß n größer als x, dagegen kleiner als $2x$ ist. Wenn nun eine Befruchtung aller Eier erfolgt ist, haben wir zwei Typen von Eiern; die einen enthalten die Enzyme $n + x$, die andern $n + 2x$. Die Enzyme verursachen nun die Ausbildung der Geschlechtshormone; da n größer als x ist, wird in den Eiern mit $n + x$ eine größere Menge des weiblichen Hormons erzeugt; gleichzeitig damit entstehen auch durch die Wirkung des Enzyms x männliche Hormone, aber nur in viel geringerer Menge. Bevor genügend viel von dem männlichen Hormon sich entwickelt hat, haben die in der Mehrheit vertretenen weiblichen Hormone die Organe beeinflußt und veranlaßt, sich nach der weiblichen Seite hin auszubilden. Wenn endlich männliche Hormone in genügender Menge da sind, ist die Entwicklung beendet; die Chitinisierung setzt ein, und diese männlichen Hormone finden keine Stelle mehr, wo sie noch ihren Einfluß ausüben könnten; eine weibliche Imago ist die Folge dieser Entwicklung. Ganz anders liegen die Verhältnisse bei den Eiern, die schon ein männliches Enzym besaßen. Hier kommt durch die Befruchtung ein zweites hinzu, so daß die Enzyme im befruchteten Ei $n + 2x$ sind. Wir hatten schon vorher gesagt, daß $2x$ größer als n ist; in diesem Falle werden also $2x$ die männliche Hormonproduktion stärker anregen als n die weibliche, so daß mehr männliche Hormone gebildet und die Organe zur Entwicklung nach der männlichen Seite beeinflußt werden. Bevor hier vom weiblichen Hormon eine genügende Menge produziert worden ist, schließt der Entwicklungsprozeß ab; die männlichen Organe sind entwickelt, bevor das weibliche Hormon wirksam werden kann. In solcher Weise vollzieht sich bei weiblich digameten Schmetterlingen die Ausbildung der Geschlechter.

Um eine ungestörte Ausbildung von Männchen und Weibchen zu gewährleisten, muß n größer als x, aber kleiner als $2x$ sein. Auf die absolute Größe dieser Geschlechtsfaktoren kommt es nicht an, sondern nur auf die Beziehung der beiden zueinander. Ganz anders liegen aber nun die Verhältnisse, wenn zwei verschiedene Rassen miteinander gekreuzt werden. Wenn dann die absoluten Werte von n und x bei den beiden Partnern andere sind, so tritt eine Verschiebung des normalen Entwicklungsablaufes ein. Wohl kann auch jetzt noch n größer sein als x_1 der anderen Rasse; aber x_1 kann größer sein als x; das männliche Enzym der neuen Rasse kann stärker wirken als das der Rasse, zu der das Weibchen gehört. Kommen nun die beiden Enzyme in einem Ei zusammen, so wird zunächst das weibliche als das absolut stärkere eine größere Menge von Hormonen erzeugen, so daß erst einmal alle Organe weiblich differenziert werden. Unterdessen hat aber auch das männliche Enzym eine entsprechende Hormonbildung angeregt; viel schneller als normal ist eine Menge davon erzeugt worden, die genügt, um die Organe im männlichen Sinne zu beeinflussen. Tatsächlich werden nun alle die Körperteile, die noch nicht endgültig fertig ausgebildet, also chitinisiert worden sind, auch von dem männlichen Hormon erfaßt und umgebildet. Es handelt sich hier gewissermaßen um einen Wettlauf zwischen dem weiblichen und dem männlichen Hormon; der Augenblick, in dem das männliche das weibliche überholt, das Übergewicht gewinnt, ist der Drehpunkt; von nun an wirkt fast ausschließlich das männliche Produkt, und alle Organe, die bis zum Drehpunkt nicht fertig waren, werden nun männlich ausgebildet. Es ist ganz erklärlich, daß, je stärker das männliche Enzym der anderen Rasse (x_1) ist, um so eher eine genügende männliche Hormonmenge hergestellt wird und deswegen der Drehpunkt früher liegt. Wenn nun x_1 sogar größer als n ist, das männliche Enzym also beträchtlich stärker als das weibliche ist, erfolgt vom Anfang an die Entwicklung im Sinne des anderen Geschlechtes, die Intersexualität erreicht ihren höchsten Grad, den der völligen Geschlechtsumkehr. Bei einer solchen Kreuzung kann man selbstverständlich immer nur ganz normale Männchen und nie ein Weibchen erhalten. —

Ganz ähnlich liegen die Verhältnisse bei der männlichen Intersexualität. Die beiden männlichen Enzyme ($2x$) müssen stärker sein als das weibliche (n). Zwischen $2x$ und n muß eine bestimmte Beziehung derart bestehen, daß die von n erzeugte Hormonmenge erst dann in genügender Konzentrierung vorhanden ist, wenn die von $2x$ gebildeten Hormone schon alle Organe beeinflußt haben und diese bereits ins Stadium der Chitinisierung vorgeschritten sind, so daß eine Wirkung der weiblichen Hormone nun nicht mehr möglich ist. Bei Rassenkreuzungen kann sich aber auch diese Relation zwischen $2x$ und n verschieben, so daß zwar $2x$ noch größer als n ist, n aber kleiner als der weibliche Faktor n_1 der neuen Rasse ist. Es bildet sich also zunächst das männliche Hormon aus und veranlaßt die Differenzierung der Organe im männlichen Sinne. Bevor diese aber vollendet ist, sind von dem weiblichen Enzym n_1 genügende Hormonmengen veranlaßt worden, die nun die noch nicht fertig ausgebildeten Teile des Körpers beeinflussen und ihre weibliche Differenzierung bewirken. So werden die ursprünglichen Männchen eine Anzahl von weiblichen Charakteren besitzen, und zwar um so mehr, als das weibliche Enzym der andersartigen Rasse (n_1) stärker ist als das normale weibliche Enzym (n). Theoretisch ist denkbar, daß man Rassen verwenden könnte, bei denen $2x$ kleiner ist als n_1, wo also das doppelte männliche Enzym schwächer ist als das weibliche. Daraus müßte dann eine Entwicklung im Sinne des anderen Geschlechtes schon von Anfang an erfolgen; eine völlige Geschlechterumkehr würde stattfinden, und eine derartige Kreuzung könnte dementsprechend nur Weibchen und keine Männchen liefern. In Wirklichkeit ist höchstgradige männliche Intersexualität oder gar Geschlechtsumkehr bisher noch nicht beobachtet worden und vielleicht aus irgendwelchen Gründen überhaupt nicht möglich.

GOLDSCHMIDT hat nun weiter untersucht, auf welche Ursachen die verschiedene Valenz oder Stärke der männlichen und weiblichen Faktoren zurückzuführen sei. Wahrscheinlich werden dabei die Klimaverhältnisse mitsprechen. Er fand, daß die schwachen japanischen Rassen in Gebieten vorkommen, wo heiße lange Sommer und milde Winter vorherrschend sind. Die starken Rassen stammen jedoch von Örtlichkeiten, wo zwar auch die Sommer heiß und lang, die Winter aber kalt sind. Wo die Winter milde sind, dauert die Larvenzeit länger an, und die Überwinterung nimmt nur kurze Zeit des Lebens in Anspruch; in Gegenden mit kalten Wintern aber dauert die Überwinterung länger; das Larvenleben ist infolgedessen auch länger. Wahrscheinlich bestehen zwischen der Dauer des Raupenlebens und der Stärke oder Schwäche der Rassen Beziehungen, die bis jetzt noch nicht genügend geklärt sind.

Alle diese Untersuchungen, wie wir sie vorstehend geschildert haben, sind von GOLDSCHMIDT am Schwammspinner vorgenommen worden. Es ist aber nicht daran zu zweifeln, daß auch bei anderen Arten, deren Rassen sich in analoger Weise unterscheiden, ganz ähnliche Ergebnisse durch Experimente erzielt werden können. Was für die Kreuzung der Rassen gilt, trifft natürlich auch für die Bastardierung von Arten zu, insofern die männlichen oder weiblichen Faktoren der verwendeten Arten genügend voneinander in der Stärke abweichen. So erklärt sich auch die Erscheinung, daß in der Literatur das Auftreten von „Zwittern“ besonders häufig bei den Nachkommen von Art- oder Rassenkreuzungen konstatiert wird. Vermutlich handelt es sich in der Mehrzahl dieser Fälle um das Auftreten von Intersexualität. Noch manche anderen Probleme werden bei Heranziehung der Intersexualität ihre Lösung finden. Um einen bestimmten Fall zu erwähnen, soll auf die männlichen Einschläge in der Flügelfärbung von Lycaenidenweibchen hingewiesen werden. Bisher hat man für diese Erscheinung noch keine rechte Erklärung gefunden; es ist sehr wohl möglich, daß auch diese teilweise blau gefärbten Lycaenidenweibchen in den Fragenkomplex der Intersexualität fallen. Erst unlängst wurde von LANGE an einer gewissen Örtlichkeit ein besonders reichliches Vorkommen solcher blauen Weibchen beobachtet, und gleichzeitig wurde dort das Auftreten von „Zwittern“ konstatiert. Es scheint nicht ausgeschlossen, daß an jenem Ort Kreuzungsprodukte zweier Rassen der betreffenden Arten sich finden, die als Intersexe zu bezeichnen sein würden. Doch ist es nicht statthaft, auf Grund der Flügelfärbung allein solche Behauptungen auszusprechen, weil männliche (bzw. weibliche) Einschläge in der Flügelfärbung nicht notwendig mit Intersexualität verbunden zu sein brauchen. Jedoch scheint das Vorkommen von Zwittern die Vermutung nahezulegen, daß das Intersexualitätsproblem hier eine Rolle spielt. Es kann aber erst durch genauere Zuchtversuche die Gewißheit dieser Vermutung erbracht werden.

Die GOLDSCHMIDTschen Entdeckungen, die mit dem Intersexualitätsproblem zusammenhängen, sind von weittragender Bedeutung für die Schmetterlingsforschung. Nicht nur, daß durch sie der Beweis erbracht wird, daß manche Falter in viele Rassen aufspalten, die man nach äußerlichen Merkmalen nicht trennen kann, daß weiterhin dadurch das verschiedene Verhalten der Rassen, ihre Valenz und die vermutliche Abhängigkeit von klimatologischen Verhältnissen aufgeklärt wird, sondern sie geben uns bemerkenswerte und wichtige Aufschlüsse in vergleichend-anatomischer Hinsicht und weisen auf Homologien in den verschiedenen Organen bei Männchen und Weibchen hin, die sonst durch embryologische Untersuchungen gefunden werden mußten. So wird fast jedes Einzelgebiet der Lepidopterologie durch das Intersexualitätsproblem berührt.

Hybridisation und Mongrelisation.

Vielfach sind Versuche unternommen worden, verschiedene Arten untereinander zu kreuzen. Wir haben schon früher erwähnt, daß eine Kopulation der verschiedenen Arten untereinander leicht erfolgt, und hatten Seite 170 eine Anzahl von Fällen angeführt, wo eine Begattung nicht nur zwischen differenten Arten, sondern auch zwischen verschiedenen Gattungen und selbst Familien erfolgt. Es lag nahe, solche Beispiele daraufhin zu untersuchen, in welchem Verhältnis die so erzeugten Nachkommen zu den Elterntieren standen, und so entstand eine experimentelle Forschung, die Hybriden der verschiedensten Kombinationen erzeugte. Wir haben bei Besprechung des Geschlechtslebens der Schmetterlinge Seite 172 schon die wichtigsten Beispiele dafür angeführt und die sich aus den Kreuzungen ergebenden Gesetze entwickelt, worauf hier nur verwiesen werden soll.

Im Gegensatz zur Hybridisation, der Kreuzung verschiedener Arten, steht die Mongrelisation. Bei ihr handelt es sich darum, daß zur Kreuzung Partner verwendet werden, die unter denselben Artbegriff fallen, sonst aber verschieden sind. Es kommen da zunächst die verschiedenen Lokalrassen in Frage, weiterhin aber auch alle Aberrationen, Formen und melanistische und albinistische Individuen. Wie die Mongrelisation bei Lokalrassen wirken kann, haben wir im vorigen Abschnitt über die Intersexualität festgestellt. Im übrigen scheinen Mongrelisationen von Formen den gewöhnlichen MENDELschen Vererbungsgesetzen zu unterliegen, so daß deren hauptsächlichste Bedeutung in erblichkeitstheoretischen Erwägungen liegen würde, was über den Rahmen dieses Buches hinausgeht.

Chirurgische Eingriffe bei Schmetterlingen.

Besonders bedeutungsvoll für das Studium der Geschlechtsausbildung bei Faltern haben sich Kastrationsversuche erwiesen. Man hat bei Raupen die Anlagen der Geschlechtsorgane und selbst die der äußeren Genitalanhänge herausgenommen, ohne daß die aus solchen Larven schlüpfenden Falter irgendwelche Abänderungen aufwiesen. Auch in bezug auf die psychischen Eigentümlichkeiten waren keinerlei Besonderheiten gegenüber normalen Faltern festzustellen. Männchen, denen man schon im Raupenstadium die Geschlechtsorgane herausgenommen hatte, bemühten sich, eine Kopula mit einem Weibchen einzugehen, die natürlich immer erfolglos blieb. Dasselbe läßt sich auch von allen den Fällen sagen, wo eine Transplantation der Gonaden vorgenommen wurde. So hat man männlichen Raupen die Geschlechtsorgananlagen herausoperiert und dafür weibliche eingesetzt, die auch ganz gut einheilten. Der daraus gezogene Falter war aber in seinem ganzen Äußeren ein Männchen, wenn er auch weibliche Geschlechtsorgane besaß. In gleicher Weise trat auch bei entsprechend behandelten Weibchen keine Änderung der Geschlechtsmerkmale auf.

Es scheint also, als ob die Geschlechtsbeeinflussung der verschiedenen Organe schon in sehr frühen Stadien der Raupe erfolgt. In diesen werden schon die für das betreffende Geschlecht charakteristischen Organe durch Hormonwirkung ausgebildet; wenn später die Drüsen des anderen Geschlechtes eingepflanzt werden, dauert es immer eine gewisse Zeit, bis die Einheilung vollendet ist. Dann erst können sich die andersgeschlechtlichen Hormone entwickeln; bis sie aber in genügender Menge angesammelt worden sind, hat der Falter seine Entwicklung beendet; der Chitinisierungsprozeß setzt ein, und an eine Umbildung der sekundären Sexualorgane ist nicht mehr zu denken.

Von Regenerationsversuchen sind besonders solche über die Ergänzung von Beinen, Flügeln und Geschlechtsorganen gemacht worden. Bei der fertig ausgebildeten Imago ist natürlich infolge der Chitinisierung jede Art von Regeneration ganz ausgeschlossen. Schneidet man einer Raupe aber die Beine ab, so erfolgt eine Wiederherstellung derselben, wenn noch Reste geblieben sind, nach einigen Häutungen. Eine gleiche Erscheinung soll auch bei der teilweisen Wegnahme der die Flügel entwickelnden Imaginalscheiben erfolgen.

Zweiundzwanzigstes Kapitel.

Besonderheiten der Instinktausbildung.

Wir haben schon früher erwähnt, daß im allgemeinen die Instinkte der Schmetterlinge als zweckmäßig zu bezeichnen sind; sie dienen entweder der Erhaltung des Individuums oder der Erhaltung der Art, wohin also hauptsächlich die Ernährungs- und die Sexualinstinkte zu rechnen wären. Bei den ersteren kommt es nun aber manchmal zu einer extremen Ausbildung oder Hypertrophie der betreffenden Instinkte, so daß sie nicht mehr zweckmäßig sind, sondern dem betreffenden Tiere zum Schaden gereichen. Wir haben schon erwähnt, daß die Raupen sehr leicht zu Mordraupen werden können, wenn ihre Käfiggenossen irgendwelche Verwundungen aufweisen. Sie schlürfen dann aus ihrem Feuchtigkeitsbedürfnis heraus den austretenden Körpersaft und können, einmal erst auf den Geschmack gekommen, leicht auch in anderen Fällen kannibalische Neigungen aufweisen. So kann es andererseits aber auch kommen, daß sie sich am eigenen Leibe schädigen, wenn sie erst eine Verletzung erlitten haben. Delessert berichtet, daß eine Raupe von *Scopelosoma satellitium* L. von der berüchtigten Mordraupe *Calymnia trapezina* L. angefallen und verwundet worden war. Diese Verletzung bewirkte, daß die *Scopelosoma*-Raupe an der beschädigten Stelle ihren eigenen Körper angriff und begann, ihn aufzuzehren. Sie fraß so lange, bis nur der Kopf und das erste Thoraxsegment übrigblieben, und starb dann bald darauf. Wir können hier eine ganz typische Irreführung des Fraßinstinktes konstatieren, der so übermächtig wurde, daß er alle anderen Instinkte unterdrückte und so zum Schaden des Individuums sich vergrößerte. Gleichzeitig gewährt uns der Fall aber auch einen interessanten Einblick in das Empfindungsleben der Raupe und damit niederer Tiere überhaupt. Die Schmerzempfindung scheint nur in ganz geringem Grade vorhanden zu sein, wenn sie nicht ganz fehlt; anders wäre dieser „Selbstmord" sonst nicht erklärlich. Wir werden wohl also in allen den Fällen, wo wir Äußerungen des Schmerzes bei Raupen und anderen niederen Tieren konstatieren, zu sehr vermenschlichen. Einen analogen Fall hat uns auch Stäger von *Laspeyresia funebrana* Tr., der Pflaumenmade, mitgeteilt. Er durchschnitt diese Raupe, so daß nur der Kopf und zwei Thoraxsegmente übrigblieben; der vordere Teil dieser geteilten Raupe wanderte nach einem Stückchen einer Pflaume hin und verzehrte innerhalb einer halben Stunde den größten Teil desselben, obwohl die aufgenommene Nahrung sofort wieder den Körper verlassen mußte, so daß von einer Verdauung keine Rede sein konnte.

Natürlich starb auch hier nach kurzer Zeit die Raupe. Es ist bemerkenswert, daß auch hier der Fraßinstinkt auftritt, obwohl an eine Verwendung der aufgenommenen Nahrungsmassen nicht mehr zu denken ist. Gleichzeitig beweist aber auch dieser Fall, daß das Schmerzempfindungsvermögen der Raupen, wenn überhaupt vorhanden, äußerst gering sein muß; denn Äußerungen eines solchen hätten in erster Linie in der Einstellung der Fraßtätigkeit bestehen müssen. Der Fraßinstinkt ist also bei Raupen vielfach so übermächtig, daß er alle anderen Instinkte und Empfindungen zurückdrängt.

Ein weiterer komplizierter Instinkt, der mit dem der Ernährung zusammenhängt, wurde von H. STICHEL mitgeteilt. Wir hatten schon in dem Kapitel über die Ernährung der Schmetterlinge auf die besonderen Beziehungen hingewiesen, die zwischen den Insekten und Orchideen bestehen, und gezeigt, daß diese Pflanzen den die Blüte besuchenden Insekten ihre sogenannten „Pollinarien" an den Kopf oder die Mundwerkzeuge heften, wodurch der Pollen auf andere Blüten übertragen wird und so deren Befruchtung bewirkt. Ehe man diese Zusammenhänge erkannt hatte, glaubte man pathologische Zustände der betreffenden Insekten vor sich zu haben, und sprach deswegen von einer „Hörnerkrankheit" der Bienen. Als Bestäuber von Orchideen kommen nun auch viele Schmetterlinge in Frage; das Organ, das sie in die Blüte hineinstecken, ist der Rüssel. An ihm werden infolgedessen auch die Pollinarien angeheftet. Es ist sehr wohl erklärlich, daß diese Gebilde dem Falter beim Saugen sehr hinderlich sind, und daß er sich derselben zu entledigen sucht. STICHEL beobachtete nun, daß sich an den Tarsen von *Dione*-Arten solche Pollinarien befanden, statt am Rüssel. Es besteht also sehr wohl die Möglichkeit, daß der Falter, der eine solche Orchideenblüte besucht, zunächst einmal seine Beine in die Stelle der Blüte bringt, wo die Pollenträger sitzen, und sie dadurch abstreift. Es sind dann die Pollinarien an den Beinen angeheftet, und der Falter erfährt keine Behinderung des Rüssels. Es sind solche Beobachtungen leider noch nicht im Freien gemacht worden; sollten sie aber zutreffend sein, so ergibt sich hier eine interessante Instinktvariation, die aber ebenfalls als zweckmäßig angesehen werden muß. Die betreffende Pflanze erleidet dadurch keinen Schaden; es ist belanglos, ob Rüssel oder Beine den Transport der Pollen bewerkstelligen; eine Befruchtung erfolgt in beiden Fällen. Für den Falter hingegen ist es sehr erwünscht, daß die Pollenträger nicht am Rüssel sitzen, wo sie ihn im Saugen hindern würden; auf diese Weise kam es zur Abänderung dieses Instinktes, die vielleicht bei gewissen Arten schon erheblich fixiert worden ist.

Es ist eine noch nicht geklärte Frage, wieweit Modifikationen der Instinkte erblich sein können. Wir haben schon Seite 433 einen Fall der Vererbung erworbener Eigenschaften analysiert und gefunden, daß dort eine Vererbung der Instinktabänderung nur erfolgte, weil die Anlagen dazu schon in der betreffenden Art vorhanden waren. Einen anderen Fall von Instinktveränderung, die erblich wurde, berichtet uns PICTET. Er gab Raupen, die sonst nur Eichenblätter fraßen, ausschließlich Nußblätter. Zuerst wurde die Annahme dieser andersartigen Nahrung verweigert; allmählich gewöhnten sich aber die Raupen daran und machten nun auf dem neuen Substrat ihre ganze Entwicklung durch. Deren Nachkommen aber ließen sich ohne weiteres mit dem andersartigen Futter ernähren, ohne daß eine Nahrungsverweigerung erfolgte. Wir haben schon früher festgestellt, daß durch das Leben an der Eiche besondere Umgestaltungen im Darm der Raupe bedingt sind, daß sich gewisse Zellen ausbilden, in denen Stoffwechselprodukte abgelagert werden, die auf der eigentümlichen Zusammensetzung dieses Futters beruhen. Es ist aber ganz gut denkbar, daß für das Wohlbefinden der Raupe diese Stoffe nicht notwendig sind, und daß deswegen diese Anpassung wesentliche Veränderungen bei der Raupe nicht hervorzurufen braucht. Überdies stehen Eiche und Walnuß sich verhältnismäßig nahe, so daß ein Übergang von einem zum anderen Substrat nicht große Schwierigkeiten zu machen braucht.

In mancher Beziehung zweckmäßig erscheint auch ein gewisser Reinlichkeitsinstinkt der Raupen. Er wird besonders auf eine Beseitigung des Kotes aus der unmittelbaren Nähe der Raupe hinzielen. Es ist nicht ohne weiteres ersichtlich, inwiefern das für die Larven von Nutzen sein muß. Manche Arten sind immer unmittelbar von ihren Exkrementen umgeben, andere beseitigen sie sofort. Es kann vorkommen, daß bei derselben Gattung eine Art auf Entfernung des Kotes bedacht ist, während die andere ihn unbekümmert überall liegen läßt, wo er einmal abgesetzt wird. Diese Erscheinung beobachten wir besonders bei minierenden Raupen. Wohl finden wir unter ihnen keine Arten, die an ganz bestimmten Stellen des Minenhohlraums ihre Kotablagerungen zusammentragen und so einen „Abort" für sich anlegen, wie es beispielsweise die Fliege *Pegomyia nigrisquama* Stein. und der Käfer *Dibolia menthae* M. Hering tun; doch gibt es unter ihnen viele Arten, die sorgfältig jede Spur von Kot aus der Mine entfernen; so geschieht es z. B. bei den meisten *Cosmopteryx*-Arten. Wichtig ist das Problem der Kotbeseitigung besonders bei den in Nestern gesellig lebenden Arten. Hier besteht ganz besonders die Gefahr, daß auf den sich zersetzenden Nahrungsüberbleibseln sich Pilze ansiedeln, die eine Gefährdung der Nestinsassen bedeuten würden. Deshalb hat auch das Nest von *Eucheira socialis*, der gesellig lebenden nordamerikanischen Pieride, die Öffnung nach unten, so daß der abgegebene Kot gleich aus dem Nest herausfallen kann. Auch von *Aporia crataegi* L. wird berichtet, daß einige der Raupen immer damit beschäftigt sind, die Unreinlichkeiten aus dem gemeinsamen Neste zu entfernen. Vielfach werden die Exkremente auch dadurch unschädlich gemacht, daß sie mit Gespinststoff überzogen werden. Für die frei lebenden Arten fallen alle diese Schwierigkeiten hinweg, da die Kotballen, gleich nachdem sie ausgestoßen worden sind, zur Erde fallen und eine eventuell schädigende Wirkung auf die Raupen nicht mehr ausüben können. Wenn durch irgendwelche besonderen Umstände die Exkremente nicht in eine gehörige Entfernung zu liegen kommen, sollen ihnen angeblich die

Raupen noch nachhelfen. So ist berichtet worden, daß Raupen auf einer Anzahl von Stengeln gezogen wurden, die gemeinsam in einem enghalsigen Wasserbehälter standen. Die abgesonderten Exkremente sammelten sich oberhalb des Flaschenhalses zwischen den Stengeln an, und nun wurde beobachtet, daß die Raupen am Stengel nach unten kletterten und mit dem Kopf die Kotballen wegstießen, ohne daß sonst irgendeine Veranlassung vorlag, die sie hätte bewegen können, ihren Freßplatz zu verlassen. Nachdem die Reinigung vollzogen war, kehrten sie auch wieder an ihren alten Fraßort zurück. Offensichtlich war der Reinlichkeitsinstinkt die einzige Veranlassung zu einem solchen Vorgehen.

Unter Umständen können die normal vorhandenen Reinlichkeitstriebe, wenn wir sie so nennen wollen, eine Abänderung erfahren oder ganz unterdrückt werden, wenn die betreffende Raupe von einem Parasiten befallen ist. Ein solcher im Innern des Körpers wohnender Schmarotzer bewirkt ja auch sonst mancherlei Änderungen der Lebensäußerungen; es sei dabei daran erinnert, daß die Minenform der Raupe oft ganz wesentlich umgestaltet wird, wenn ein Parasit in der Raupe lebt. So wird auch dann die Ablagerung der Exkremente, die „frass-line", dadurch oftmals sehr stark abgeändert. Eine besondere Reinigung der Fühler erfolgt durch das „Schienenblättchen", das wir schon bei Beschreibung des Falterbeines erwähnten (Abb. 82). Auch der „Achselkamm" an den Flügeln (C. BÖRNER 1925) mag wohl eine ähnliche Rolle spielen.

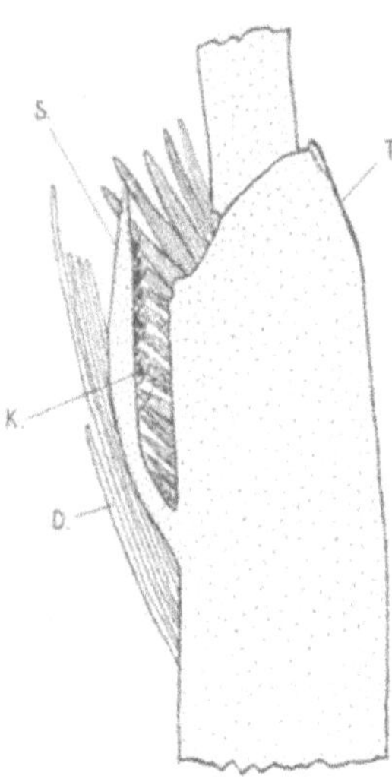

Abb. 82. Tibiaende mit Schienenblatt von *Semioscopus*. (*D.* = Deckschuppen, *K.* = Verunreinigungen, die zwischen den Haaren hängengeblieben sind, *S.* = Schienenblatt, *T.* = Schiene.)

Eine ganz spezielle Anpassung, die auch im Dienste des Reinlichkeitsinstinktes steht, finden wir bei vielen Raupen, die zwischen zusammengesponnenen Blättern, in Blattrollen und -wickeln u. dgl. leben. Viele dieser Arten besitzen am Hinterende des Körpers unmittelbar unter dem After eine Platte. Diese Platte kann in mannigfacher Weise ausgestaltet sein und trägt vielfach eine Anzahl von Dornen oder anderen Fortsätzen, deren Form und Anzahl für die betreffende Art innerhalb gewisser Grenzen konstant zu sein pflegt. Die Platte und ihre Fortsätze sind fast stets stark chitinisiert. Dieser ganze Apparat ist von hinten nach vorn und umgekehrt um seine Basis drehbar, so daß die Dornen nach vorn oder nach hinten gerichtet sein können. Diese Lageverschiebung kann sich über 180° erstrecken. Untersucht man den Fraßort einer solchen Raupe, so findet man, daß die ganze nähere Umgebung frei von Exkrementen ist, daß diese vielmehr alle an den Rändern dieser Blattwohnung angehäuft sind. Wir können daraus mit größter Sicherheit auf die Funktion dieses eigenartigen Gebildes schließen. Es dient dazu, die Exkremente hinwegzuschleudern. Es geschieht das in der Weise, daß die Raupe die Platte nach vorn zu umschlägt und dann mit kräftigem Schwung nach hinten umlegt. Die dabei getroffenen Kotballen werden dann in der Richtung nach hinten weggeschleudert. Wir können die Platte mit ihren Dornen also ohne weiteres mit einer Mistgabel vergleichen, deren sich die Larve zur Entfernung der Exkremente bedient.

Begreiflicherweise finden sich keine Vorkehrungen zur Kotbeseitigung bei allen den Arten, die von tierischen Abfallprodukten leben. Diese Stoffe sind von den Kotmassen so wenig wesentlich verschieden, daß es vielfach gelingt, solche Raupen mit Exkrementen der eigenen Art aufzuziehen. Das gilt namentlich für viele Mottenraupen, von denen man ganze Generationen im eigenen Kot weiterziehen kann, bis sie allmählich immer kleiner und schwächer werden, da sie nicht mehr genügende Nahrungsstoffe vorfinden. Ebenfalls fehlen solche Vorrichtungen bei allen den Arten, wo die Exkremente zusammen mit Gespinstfäden zu einem aus der Wohnung heraushängenden Kotsack verarbeitet werden.

Ein anderer merkwürdiger Instinkt, dessen Ursachen und Zwecke noch nicht geklärt sind, veranlaßt das „Aufbaumen" der Schmetterlinge. DADD (Sitzung d. deutsch. Entom. Gesellsch. vom 23. Februar 1925) beobachtete einen solchen Fall bei *Aphantopus hyperanthus* L. Es hatten sich dabei viele hundert Falter auf einem Rhamnusstrauch niedergelassen, um dort zu übernachten. DADD stellte an mehreren Rhamnussträuchern eine solche Übernachtungsgenossenschaft fest, ohne an anderen Sträuchern oder Bäumen eine ähnliche Erscheinung konstatieren zu können. Nach DEEGENERS Klassifizierung haben wir in dieser Vergesellschaftungsform ein Synchorium zu sehen, ohne daß wir wissen, worauf gerade hier die Gunst des Ortes beruht, die die Falter veranlaßt, diesen Strauch vorzuziehen. Da auch von anderer Seite für denselben Falter Rhamnus als Übernachtungspflanze angegeben wird, ist wohl nicht daran zu zweifeln, daß hier gewisse uns noch unbekannte Beziehungen zwischen den Faltern dieser Art und dem betreffenden Strauch bestehen. Da die Raupen Grasfresser sind, kann an eine Beziehung zu den Eiablageinstinkten nicht gedacht werden. Solche Übernachtungsgesellschaften finden sich auch sonst nicht selten; wir können sie besonders schön vielfach bei Lycaeniden beobachten, so bei *Lycaena* und *Polyommatus*. Auch bei *Aporia crataegi* L. ist ein derartiger Instinkt festzustellen; man kann an gewissen Pflanzen abends oft ganze Schwärme dieser Art sitzend finden; mitunter, bei weniger häufigem Auftreten, findet man sie aber auch paarweise, nach TH. REUSS sind es dann aber nicht immer Pärchen, sondern auch Angehörige desselben Geschlechtes. Was die Falter veranlaßt, sich zur Übernachtung zu vergesellschaften, scheint noch ganz unklar. Ein Schutz gegen die Abkühlung während der Nacht ist wohl kaum dadurch gegeben, da ja die einzelnen Falter auf den Zweigen so exponiert sitzen, daß eine gemeinsam wirkende Wärmeausstrahlung nicht denkbar erscheint. Andererseits scheinen aber doch auch sonst gewisse Pflanzen als Nachtquartier bevorzugt zu werden, so daß man da an bestimmte Beziehungen denken könnte.

Vielleicht sind diese Instinkte auch vergleichbar mit denjenigen bei Vögeln, wo ja auch ein solches Aufbaumen vorkommt (Hühnervögel). Eine Vergesellschaftung zum Zwecke der Übernachtung ist bisher nur bei Tagfaltern beobachtet worden; Nachtfalter scheinen sich zum Zwecke der „Übertagung" nicht zusammenzufinden.

Wir haben nun noch einen Blick auf die Fälle zu werfen, wo bei Schmetterlingen gewisse Instinkte, die unter normalen Existenzbedingungen zweckmäßig sind, unter veränderten Umständen den betreffenden Individuen zum Schaden gereichen können. Einen solchen Fall berichtet FABRE vom Kiefern-Prozessionsspinner. Wir wissen, daß diese Raupen immer hintereinander her marschieren, wobei jede folgende den Anschluß an ihre Vorgängerin findet, indem sie auf dem von dieser verfertigten Gespinst entlang läuft. FABRE brachte nun eine Anzahl von Raupen dieser Art auf den Rand eines Glases; die überzähligen wurden entfernt. Nun liefen die Raupen immerfort auf diesem Glasrand im Kreise umher, indem jede dem Gespinst der Vorgängerin folgte und die vorderste annahm, als sie an den Ausgangspunkt zurückkehrte, daß auch vor ihr ein Individuum marschiere. So entstand ein förmlicher Ring von Raupen, die sieben Tage hintereinander her wanderten; erst als zufällig eine Raupe seitlich ausgebrochen war, erreichte diese Wanderung ein Ende. Der Instinkt, der die Raupen veranlaßt, den Gespinstspuren ihrer Vorgänger zu folgen, ist unter normalen Umständen sehr zweckmäßig; er ist aber so stark ausgebildet, daß er selbst in Lagen wie die geschilderte noch vorherrscht, obwohl die Raupen doch auf irgendeine Weise gewahr werden mußten, daß sie hier einen andern Ausweg zu suchen hätten. Der sonst so zweckmäßige Instinkt erwies sich hier als schädlich; denn wenn nicht zufällig eine Raupe ausgebrochen wäre, hätten sämtliche Larven verhungern müssen, weil sie so durch ihren normalen Instinkt nicht zum Futter geleitet wurden. Es zeigt sich auch hier wieder, daß das gesamte physische Leben der Schmetterlinge von gewissen Instinkten beherrscht sind, die so stark ausgeprägt sind, daß eine Modifikation derselben nur in den seltensten Fällen erfolgen kann, selbst wenn durch letztere ein Nutzen für das betreffende Individuum zu erzielen sein könnte.

Je stärker ein Instinkt ausgebildet ist, um so mehr verliert der Falter oder die Raupe andere Fähigkeiten, so daß das Tier bei Versagen des Instinktes unter veränderten Lebensbedingungen nicht mehr in der Lage ist, sich diesen anzupassen. Dafür ist eine Beobachtung charakteristisch, die ebenfalls am Prozessionsspinner gemacht wurde. In einem Bestande von Bäumen, der durch die Tätigkeit dieser Raupen im Vorjahre fast kahlgefressen worden war, konnten im kommenden Frühjahr die Larven, als sie ihre erste Wanderung antraten, nicht mehr genügend Nahrung finden. Diese Tatsache bewirkte, daß der Vergesellschaftungstrieb plötzlich aussetzte; die Raupen zerstreuten sich und liefen ratlos auf dem Boden umher, um neues Futter zu suchen. Da setzten plötzlich Frost und Schnee ein, und die Raupen waren nicht mehr imstande, ihre Nester aufzusuchen, in die sie sich sonst bei ungünstiger Witterung sofort zurückziehen. Die Folge davon war, daß fast alle zugrunde gingen, und damit erreichte die Kalamität ihr Ende. Wäre bei ihnen der Vergesellschaftungsinstinkt nicht so stark ausgeprägt gewesen, so hätten sie wahrscheinlich ohne größere Schwierigkeiten irgendwelche Schlupfwinkel gefunden. So machte sich das Fehlen desselben so stark bemerkbar, daß alle anderen Fähigkeiten, die sie noch besaßen, nicht ausreichten, um sie vor der Vernichtung zu retten. Es scheint, als ob die starke Ausbildung eines gewissen Instinktes immer auf Kosten der übrigen geistigen Fähigkeiten geschieht. In dieser Weise sind ja auch die Massenwanderungen, wie sie von Faltern oder Raupen berichtet worden sind, für die einzelnen Individuen wie für die betreffende Art nachteilig; solche Wanderzüge werden gewöhnlich von Heeren von Schmarotzern und Vögeln begleitet, so daß eine stärkere Dezimierung als sonst erfolgt.

In gleicher Weise wird auch ein anderer Instinkt vielfach den Schmetterlingen schädlich. Die Heliophilie wird in den meisten Fällen den Faltern nützlich sein, wenn es gilt, sich aus den Verstecken usw. zu befreien. Wenn aber fremdartige Einflüsse stattfinden, gelingt es den Tieren nicht, diesen Instinkt zu modifizieren, und er wirkt sich dann als art- oder individuumvernichtend aus. Es braucht da nur an die intensiven Lichtquellen der Großstädte usw. erinnert zu werden; man kann oft sehen, wie der nach dem Licht geflogene Schmetterling durch den heftigen Anprall an die Lampe halb betäubt ist, oder wie er sich schon seine Flügel oder Fühler zum großen Teil versengt oder abgebrannt hat; aber immer wieder rafft er sich auf und versucht, nach der verderblichen Lichtquelle zu fliegen, ohne daß er die Erfahrungen, die er wenige Sekunden vorher damit gemacht hat, in irgendeiner Weise verwertet. Offensichtlich wirkt hier ein sonst ganz nützlicher Instinkt völlig unzweckmäßig; der Falter ist aber nicht imstande, ihn so abzuändern, nachdem die Unzweckmäßigkeit und Schädlichkeit offenbar geworden ist. Der Instinkt hat alle anderen psychischen Fähigkeiten vollkommen unterdrückt.

Einen analogen Fall hat RANGNOW SEN. (Sitz. d. deutsch. Ent. Ges. 1925) berichtet. Bei Aegeriiden (Sesien), die im Innern von Stämmen oder Stümpfen als Raupe leben, kann die Imago die Puppe nicht innerhalb der Gänge im Holz verlassen. Die Puppe ist deswegen mit Hakenkränzen versehen und windet sich damit, wenn die Zeit des Ausschlüpfens herannaht, aus den Gängen heraus und hängt dann halb aus der Schlupföffnung des Stammes heraus, um den Falter zu entlassen. RANGNOW hatte solche Arten gezogen, und die Puppen schoben sich, als der Falter schlüpfen wollte, zur Öffnung am Morgen heraus. Da begann plötzlich eine große Ramme mit ihrer Tätigkeit, da in der Nähe Bauausführungen stattfanden. Durch die dadurch hervorgerufenen Erschütterungen wurden alle Puppen veranlaßt, sich wieder in das Innere der Gänge zurückzuziehen, und die schlüpfbereiten Falter konnten darin nicht ihre Puppenhülle verlassen, so daß sie zugrunde gehen mußten. Der Instinkt, sich bei Beunruhigung in die Tiefe der Gänge zurückzuziehen, ist für die betreffende Art unter normalen Umständen sehr zweckmäßig, da ihnen dort ein größerer Schutz geboten wird. In diesem Falle war aber der Instinkt schädlich; denn wenn ein Rückzug unmittelbar vor dem Schlüpfen erfolgt, muß die Imago zugrunde gehen. Das Tier war aber nicht imstande, den Instinkt den veränderten Umständen entsprechend zu modifizieren.

Von ganz besonderem Interesse sind für uns die Fälle, wo wir eine „fremddienliche Zweckmäßigkeit" festzustellen glauben. Wir haben schon bei Besprechung der Gallenerzeuger erwähnt, daß eine solche anscheinend bei den Gallen erzeugenden Pflanzen vorliegen muß. Die Pflanze bildet besondere Gewebe aus, die der Raupe förderlich, der Pflanze aber schädlich sind. So arbeitet die Pflanze angeblich im Dienste einer fremddienlichen Zweckmäßigkeit. Auch bei Schmetterlingen ist ein analoger Fall bekannt geworden. Der Harzzünsler *Dioryctria splendidella* H. S. legt seine Eier an die Rinde von Kiefern. Die Raupen bohren sich in diese ein und verfertigen, wenn sie erwachsen sind, einen Hohlraum, in dem sie sich verpuppen. Von dieser Puppenwiege geht ein Gang nach außen, der zu dem Schlupfloch führt. Dieses Schlupfloch liegt immer unterhalb des Verpuppungsraumes, damit kein Regenwasser durch die Öffnung bis zur Puppe vordringen kann. Zum weiteren Schutze wird das Innere der Puppenwiege noch mit einem Gespinst austapeziert, und in dem Gang, der zum Schlupfloch führt, wird kurz vor dem letzteren noch eine Membran gesponnen, die einen Verschluß nach außen hin bewirkt. Dieses ist das normale Verhalten der Raupe, das jedoch bei Parasitenbefall eine merkliche Abänderung erfährt. In der Raupe lebt, wie in anderen Kiefernwicklern, die Made einer Fliege, *Actia pilipennis* L. Sobald eine Larve von diesem Parasiten befallen wird, modifiziert sie ihre Verspinnungstätigkeit derart, daß weder das Gespinst im Puppenhohlraum noch die Verschlußklappe vor der Ausflugöffnung hergestellt wird. Würde die Raupe in normaler Weise diese Gespinste anfertigen, so müßte die Fliege, nachdem sie ausgeschlüpft ist, zugrunde gehen, da sie diese Hüllen nicht durchbrechen kann. Die Raupe sorgt also dafür, daß ihrem Parasiten das spätere Fortkommen erleichtert wird, und man hat deswegen die Theorie der fremddienlichen Zweckmäßigkeit hier anwenden wollen. Es bleibt fraglich, ob dies zu Recht oder zu Unrecht geschieht. Es besteht ebenfalls die Möglichkeit, daß die Made der Fliege die Spinndrüsen der Raupe zerstört oder die letztere in irgendeiner anderen Weise so beeinflußt, daß ihr Spinnvermögen geschädigt oder ganz aufgehoben wird. Es wird dann die Raupe ganz gegen ihre Absicht verhindert, diese Gespinste anzulegen, und der Fall wäre dann nur noch dadurch merkwürdig, weil er eine besonders weitgehende Anpassung der parasitierenden Larve an ihren Wirt darstellt. Solche ähnlichen Verhältnisse dürften sich aber bei näherer Untersuchung der Beziehungen zwischen Schmarotzer und Wirt noch vielfach finden, ohne daß man sie für die genannte Theorie verwenden könnte. Eine fremddienliche Zweckmäßigkeit könnte dann auch für den Seite 306 beschriebenen „Aweto" gelten; offensichtlich besitzen die dort genannten Raupen an einer gewissen Stelle des Thorax eine Einrichtung, die dem Pilz besonders das Eindringen erleichtert, weil man immer am gleichen Platze das Hervorsprießen des Fruchtkörperträgers beobachten kann.

Alle die genannten Instinkte müssen als noch nicht gründlich erforscht gelten. Wir pflegen bei unseren Untersuchungen immer nur den menschlichen Maßstab anzulegen, ohne zu bedenken, daß das geistige Leben der Schmetterlinge und der Insekten überhaupt von dem unsrigen vielfach verschieden ist. Wir können allein die Ernährungs- und Geschlechtsinstinkte mit den bei höheren Tieren vorkommenden vergleichen. Schon die verschiedenen auf den Sinnesorganen basierenden Instinkte können wir nicht ohne weiteres analysieren, da wir, abgesehen vom Gesichtssinn, noch nicht einwandfrei die Art der Funktion vieler Sinnesorgane beweisen konnten. Viel schwieriger ist dann noch die Untersuchung der Ursachen und Zwecke aller der Instinkte, die nicht von besonderen Organen abhängig sind, wie z. B. die aller sozialen Instinkte. In dieser Beziehung sind noch eingehende Untersuchungen notwendig, bis wir darüber genauer unterrichtet sein werden; gerade die Schmetterlinge sind daraufhin noch nicht genügend erforscht worden, während unsere Kenntnis der Instinkthandlungen z. B. bei Ameisen und Bienen schon viel weiter vorgeschritten ist. Aber auch viele Äußerungen der Ernährungs- und Geschlechtsinstinkte bedürfen noch einer gründlichen Nachprüfung, bevor man ein endgültiges Urteil über ihre Bedeutung wird abgeben können.

Dreiundzwanzigstes Kapitel.

Schaden und Nutzen der Schmetterlinge.

Es muß im allgemeinen als unzulässig angesehen werden, bei einem bestimmten Naturobjekt von einem Schaden oder Nutzen zu sprechen. Alle Organismen sind harmonisch in das Weltganze eingefügt, und jedes Wesen hat seine Daseinsberechtigung. Nur der Mensch hat sich daran gewöhnt, die Begriffe Nutzen und Schaden in die Natur hineinzutragen, wobei er sich in den Mittelpunkt stellt und alle die Wesen, die ihm Nachteile bringen, als schädlich bezeichnet, während er alle die, die ihm einen Vorteil verschaffen, als nützlich ansieht. Eine solche egozentrische Weltanschauung darf in einer objektiven Naturbetrachtung eigentlich keinen Platz finden, und wir wollen sie nur deshalb berücksichtigen, weil immerhin die menschliche Kultur schon einen bedeutenden Platz in der Natur sich erobert hat. Wir wollen kurz auf diejenigen Arten eingehen, die eine merkliche Schädigung gewisser Kulturprodukte des Menschen zu erzielen imstande sind, und dann die wenigen Arten anführen, die der Mensch in seinen Haushalt mit übernommen hat, um aus ihnen einen Gewinn zu erzielen.

Vom Standpunkte der Pflanzen aus gesehen sind alle Schmetterlinge zunächst schädlich (mit Ausnahme der wenigen nicht herbivoren Arten), da sie als phytophage Raupen die Gewächse in irgendeiner Weise schädigen. Dieser Schädigung steht aber auch ein gewisser Nutzen gegenüber, indem nämlich die Imagines als Blütenbestäuber vielfach für die Pflanzen unentbehrlich sind. Es läßt sich dann schwer entscheiden, ob der Nutzen oder der Schaden überwiegt. Vom Menschen werden nun besonders als schädlich alle die Arten angesehen, die auf Pflanzen leben, die er für seinen persönlichen Gebrauch züchtet. Vielfach ist die durch die in Frage kommenden Arten verursachte Schädigung zunächst nur gering; der Mensch züchtet sich erst eine größere Vermehrungsziffer der betreffenden Arten künstlich heran, indem er die gefährdeten Pflanzen nicht in ihren natürlichen Lebensgemeinschaften oder Biocönosen beläßt, sondern Reinkulturen von ihnen anlegt. In diesen reinen Beständen einer Art erfolgt dann eine Massenvermehrung der Schädiger viel leichter als normal, und dann werden Arten, die sonst keinen nennenswerten Schaden anrichten, zum Vernichter ganzer Landstriche. So ist der eigentlich Schuldige nicht die betreffende Schmetterlingsart, sondern der Mensch, der durch unvernünftige Maßnahmen eine Art zum Schädling erzieht. Unter normalen Verhältnissen sorgen die natürlichen Feinde, Vögel und Parasiten, dafür, daß eine Art nicht überhandnehmen kann; wenn man erst wieder dazu übergehen wird, gemischte Bestände anzulegen, werden die Kalamitäten von selbst aufhören.

Als Schädlinge verdienen besonders hervorgehoben zu werden die *Pieris*-Arten an Kohl, *Aporia crataegi* L. zuweilen an Obstbäumen (manchmal bleibt aber dieselbe Art jahrelang verschwunden), die Prozessionsspinnerarten (*Thaumetopoea*) an Eichen und Kiefern, der Goldafter *Euproctis chrysorrhoea* L. an Obstbäumen und Eichen, der Schwammspinner *Lymantria dispar* L. an Obstbäumen, die Nonne *Lymantria monacha* L. besonders an Nadelhölzern, der Ringelspinner *Malacosoma neustrium* L. und die Kupferglucke *Gastropacha quercifolia* L. an Obstbäumen, der Kiefernspinner *Dendrolimus pini* L. an Nadelholz. *Agrotis tritici* L. lebt wie auch *Agrotis segetum* S.V. an Getreidegräsern und Rüben und wird oft sehr schädlich. *Panolis griseovariegata* GOEZE, die berüchtigte Forleule, ist durch ihr außergewöhnliches Massenauftreten in den letzten Jahren besonders bemerkenswert geworden. Der Frostspanner *Operophthera brumata* L. schädigt oft die Obstbäume, *Bupalus piniarius* L. die Kiefern. Erheblichen Schaden können die Holzbohrer *Cossus cossus* L. und *Zeuzera pyrina* L. den von ihnen befallenen Obstbäumen zufügen. Von Kleinschmetterlingen kommen die Galleriinen als Schädiger von Bienenstöcken in Betracht; doch scheinen sie erst dann aufzutreten, wenn der betreffende Stock schon kränklich ist. *Ephestia* und *Plodia*-Arten suchen Mehlvorräte heim, *Phlyctaenodes sticticalis* L. wächst sich immer mehr zu einer Bedrohung des Zuckerrübenbaues aus. Von Wicklern ist besonders der Eichenwickler *Tortrix viridana* L. zu nennen; als Rebenschädlinge treten *Phalonia ambiguella* HB. und *Polychrosis botrana* S.V. auf. Hierher gehört auch die Apfelmade *Carpocapsa pomonella* L. und die Pflaumenmade *Laspeyresia funebrana* TR. und eine ganze Anzahl von Arten, die an Nadelholz schädlich auftreten. *Hyponomeuta malinellus* Z. und *H. padellus* L. werden den Apfelbäumen schädlich. Im menschlichen Haushalt richten den meisten Schaden die echten Motten an, so die Kornmotte *Tinea granella* L. und die Kleidermotten *Tineola biselliella* HUMM. und *Tinea pellionella* L.

Schließlich müssen hierher auch alle die Fälle gerechnet werden, wo durch Raupen der Schmetterlinge oder durch letztere selbst gesundheitliche Störungen hervorgerufen werden. Von unseren einheimischen Arten kommen da besonders die Raupen der Prozessionsspinner (*Thaumetopoea*) und von *Euproctis chrysorrhoea* L. in Frage, deren Haare recht schmerzhafte Entzündungen hervorrufen können. Viel gefährlicher sind in dieser Hinsicht die Raupen gewisser südamerikanischer Megalopygiden, die als Ĩso-yaguá (Ĩso = Wurm, yagua = Hund) von den Einheimischen bezeichnet werden. Sie können lebensgefährliche Schwellungen verursachen, und auch die Imagines bewirken noch oft recht beträchtliche Entzündungen, wenn ihre Abdominalhaare auf die Haut empfindlicher Menschen gelangen. Im allgemeinen läßt sich aber sagen, daß die Empfindlichkeit dagegen sehr verschieden ausgeprägt sein kann; bei manchen Menschen findet überhaupt keine Reaktion auf diese giftigen Haare statt. Eine solche Schädigung kann natürlich auch bei gewissen Haustieren stattfinden, die dem Menschen nützlich sind.

Der Kampf gegen die Schädlinge unter den Schmetterlingen hat in der letzten Zeit größere Dimensionen angenommen. Es würde über den Rahmen dieses Buches hinausgehen, wenn wir die verschiedenen Bekämpfungsmethoden hier untersuchen wollten. Am zweckmäßigsten sind aber immer die sogenannten biologischen Bekämpfungsversuche, bei denen man durch gründliche Erforschung der Lebensgeschichte des Schädlings feststellt, welche Feinde ihm unter normalen Bedingungen nachstellen, und diese dann in ihrer Entwicklung begünstigt. Das trifft besonders für solche Arten zu, die aus irgendeinem Lande in ein anderes eingeschleppt worden sind. Am neuen Orte finden sich diese natürlichen Feinde gewöhnlich nicht, und die Folge davon ist eine Massenvermehrung des Schädlings. Wenn man an Ort und Stelle des ursprünglichen Areals die Lebensweise der betreffenden Art untersucht, wird man aber in der Lage sein, die Schmarotzer kennenzulernen. Führt man sie dann nach dem neuen Verbreitungsort ein, so kann vielfach dadurch die Epidemie zum Stillstand gebracht werden. Im übrigen wird aber eine vernünftigere Bewirtschaftung in gemischten Beständen eine Massenvermehrung nicht erst auftreten lassen; wir können deshalb, wenn erst später diese Bewirtschaftungsform mehr eingeführt ist, mit weniger starkem Auftreten dieser Kulturschädlinge rechnen. Gegen die Haushaltsschädlinge kann man aber nur mit Gewaltmaßnahmen vorgehen. Die Mehl- und Getreidemotten werden durch Blausäurevergasung am besten vernichtet, während nach den bisherigen Untersuchungen eine Imprägnierung von Stoffen mit Eulan (hergestellt von Bayer-Leverkusen) das beste Mittel ist, um einen Angriff von Kleidermottenraupen zu verhüten.

Den Schädlingen unter den Schmetterlingen stehen nur wenige Nützlinge gegenüber. Im großen und ganzen leisten ja alle Falter bei der Befruchtung der Blütenpflanzen ganz wesentliche Dienste, wobei gewisse Pflanzen speziell an Tagfalter, andere an Nachtschmetterlinge angepaßt sind. Wie weit diese Anpassung gehen kann, haben wir bei der Yucca-Motte (S. 468) gesehen. Von unmittelbarer Wichtigkeit sind nun aber für den Menschen die Seidenspinner, aus deren Puppenkokon ein Faden zur Herstellung von Seidenstoffen gewonnen wird. Der wichtigste dieser Falter ist *Bombyx mori* L., unser gewöhnlicher Seidenspinner, der schon sehr frühzeitig aus China bei den Römern eingeführt wurde, und auf dem jetzt ein bedeutender Industriezweig Südeuropas beruht. Sein Fortkommen in Deutschland wird durch die veränderten klimatischen Verhältnisse sehr erschwert; vielfach aufgetretene Epidemien haben verwüstend gewirkt, und so wird eine nennenswerte Zucht von Seidenraupen bei uns nicht mehr betrieben. Außer den nächsten Verwandten des Seidenspinners werden auch einige Saturniiden zur Seidengewinnung gezüchtet; es kommen da besonders in Frage der japanische Yamamai-Spinner (*Antheraea yamamay* Guér.), in China *Antheraea pernyi* Guér., in Indien *Antheraea mylitta* Dru., die die Tussah-Seide liefert, und *Ocinara religiosae* Helf., die Erzeugerin der Joree-Seide. Es soll noch erwähnt werden, daß nicht nur die Gespinste der Puppenkokons verwendet werden, sondern man stellt auch aus den Spinndrüsen der Raupe durch Ausziehen lange, starke, durchsichtige Fäden her, die besonders in der Angelfischerei Verwendung finden. Die Seidenspinner gehören wegen ihrer Bedeutung für den Menschen wohl zu den Insekten, die den meisten Nutzen bringen, und ganze Bevölkerungen leben nur von den Erträgen aus der Zucht dieser Raupe.

Schlußbetrachtungen.

Vierundzwanzigstes Kapitel.

Die Praxis der biologischen Beobachtung.

Die wichtigsten Beobachtungen sind immer die, welche im Freien stattfinden, wo also Falter oder Raupe nicht unter irgendwelchen störenden Einflüssen stehen. Freilich ergeben sich da gewisse Schwierigkeiten; das große Flugvermögen der Imagines vieler Arten macht es unmöglich, sie dauernd unter Kontrolle zu halten. Vielfach sind sie überhaupt so scheu, daß sie beim Nahen des Beobachters flüchten. Andere wiederum fliegen nur in der Nacht; bei Tage haben sie gewöhnlich einen versteckten Platz aufgesucht, wo man sie schwer findet, und wo sie überhaupt keine Lebensäußerungen aufweisen. Man kann sie zwar in der Nacht mit einer Laterne aufsuchen; aber diese bewirkt doch schon eine Störung, so daß ihr Verhalten nicht mehr das normale ist. Relativ einfach ist eine Beobachtung der Tagfalter; abgesehen von den ganz flüchtigen Arten, wird man doch in der Lage sein, ihnen mit den Augen zu folgen und ihr Verhalten festzustellen. Eine Kontrolle gewisser Individuen ist ebenfalls unschwer auszuführen, indem man z. B. an gewissen Stellen den Flügel entschuppt oder ihn mit Farbe bestreicht usw. Die Begattung kann man bei Tagfaltern beispielsweise fast nur im Freien sehen, da sie in der Gefangenschaft nicht zur Kopulation geneigt sind. Bei allen Beobachtungen versäume man nicht, die betreffende Art, bei der irgendeine interessante Feststellung gemacht wurde, zu bestimmen. Ist man selbst nicht dazu in der Lage, so zeige man das Stück einem bekannten kenntnisreichen Sammler. Sehr wichtig für alle Feststellungen sind die Begleitumstände; man notiere also die Biocönose, in der das Tier gefunden wurde, und die klimatischen Verhältnisse, die an dem betreffenden Tage oder auch an den vorhergehenden und nachfolgenden Tagen vorherrschten. Zwitter, die man gefangen oder gezüchtet hat, untersuche man auf ihren anatomischen Bau oder übergebe sie, wenn man selbst nicht dazu imstande ist, einem in solchen Manipulationen geübten Entomologen, bevor das Tier trocken geworden ist. Bei Fang im Gebirge ist auch die Höhenlage und die Windrichtung sehr wichtig. Bei Beobachtung von Wanderzügen stelle man fest, welche Arten vertreten sind, und wie sich die Geschlechter verteilen; eventuell bringe man sie in Beziehungen zu Kahlfraß in benachbarten Gebieten. Bei Untersuchungen über gewisse Sinnesorgane müssen alle andersartigen Sinnesempfindungen ausgeschaltet werden.

Bei vielen Arten wird aber eine biologische Beobachtung im Freien aus den oben angeführten Gründen nicht möglich sein, so daß man nur im Zuchtbehälter ihre Lebensgewohnheiten kennenlernen kann. Vielfach spielen da immer noch andere Einflüsse mit hinein, so daß die Beobachtung im Zwinger nicht so hoch einzuschätzen ist wie die im Freien erfolgte. Als Beispiel dafür seien die sogenannten Mordraupen angeführt; unter normalen Existenzbedingungen wird der Kannibalismus wohl nur sehr selten vorkommen; die Enge des Zuchtbehälters verursacht ihn aber auch bei vielen Arten, bei denen er im Freien sicher nie vorkommt. Indessen sind viele Arten anders nicht zu beobachten, so daß die Zucht immer noch ein wertvolles Hilfsmittel der biologischen Beobachtung darstellt. Es sind dabei aber immer viele Punkte zu beobachten, ohne deren Berücksichtigung die Zucht oft negativ ausfällt, und auf die im folgenden wegen ihrer Bedeutung für biologische Beobachtungsmöglichkeiten noch etwas näher eingegangen werden soll.

Am dankbarsten, wenn auch am schwierigsten, ist die mit dem Ei beginnende Zucht. Das Aufsuchen der Eier im Freien ist nicht leicht und erfordert nicht nur ein geübtes Auge, sondern auch schon eine beträchtliche Kenntnis der Lebensgewohnheiten der betreffenden Art. Zweckmäßiger verwendet man gefangene Weibchen und läßt diese ihre Eier im Zuchtkasten ablegen. Bei Spinnern, wo man nicht sicher ist, daß schon eine Befruchtung erfolgt ist, kann man die Weibchen in einen Gazebehälter einsperren und an ein offenes Fenster stellen; bald wird man dann die Männchen anfliegen sehen und kann diese zum Zwecke der Befruchtung dem Weibchen zugesellen. Der Zuchtkasten soll möglichst groß, geräumig und luftig sein; je mehr er den Bedingungen näher kommt, die draußen für die Falter vorherrschen, um so leichter wird die Zucht gelingen, und um so mehr kann man erwarten, daß ihre Lebensäußerungen den normalen entsprechen. Auf den Boden bringt man zweckmäßig eine Schicht Erde und darüber Moos; in beiden hat man durch Erhitzen etwaige Feinde der Raupen und Falter getötet. Die Seitenwände kann man aus Drahtgaze anlegen, die Decke des Zuchtkastens aus Glas herstellen, um eine leichtere Beobachtung zu ermöglichen. Viele Raupen brauchen auch dürre Blätter am Boden, in die sie sich verkriechen. Das Futter kann in kleinen Flaschen hineingestellt werden, die mit Wasser gefüllt sind, und deren Hals mit Watte verstopft wurde, damit die Räupchen nicht hineinfallen. Besser ist es aber, nicht das Futter in dieser Weise mit Wasser anzureichern; wir haben schon früher gesehen, daß dadurch leicht eine Disposition für gewisse Krankheiten gegeben werden kann. Man kann, wenn man nicht täglich oder mehrmals täglich die Nahrung der Raupen erneuern will, die Pflanzen in kleinen Töpfchen mit der Wurzel hineinstellen, soweit das angängig ist. Auf solchen soll man namentlich auch die abgelegten Eier unterbringen, die man möglichst nicht berühren oder sonstwie verändern darf. Wenn das Weibchen seinen Eivorrat abgegeben hat, bleiben die Eier zunächst unverändert. Nach einigen Tagen tritt aber eine Verfärbung ein, die ein Anzeichen der beginnenden Entwicklung des Räupchens ist. Erfolgt keine Farbenänderung, so ist das Ei nicht befruchtet gewesen oder aus einem anderen Grunde nicht zur Weiterentwicklung gelangt. Gewöhnlich fallen die Eischalen dann ein, und das Ei sieht wie verbeult aus. Die ausschlüpfenden Räupchen begeben sich nach kurzer Pause alsbald an ihr Futter. In der nun folgenden Raupenperiode hat man darauf zu achten, daß alle Exkremente und Futterreste immer entfernt werden. Im andern Falle verderben sie und bewirken schwere Schädigungen der Raupen. Die gereichten Pflanzenteile sollen niemals naß sein; sie dürfen nicht bei Regen gesammelt werden, da sonst fast ausnahmslos Verdauungsstörungen der Raupen auftreten. Von den letzteren haben manche aber doch ein gewisses Feuchtigkeitsbedürfnis; sie müssen von Zeit zu Zeit, besonders aber nach der Überwinterung, besprengt werden. Wenn man über keinen Zerstäuber verfügt, verwendet man dazu zweckmäßig eine Bürste, die man in Wasser taucht, und über die man dann mit der Hand hinwegstreift, wodurch ein Besprühen stattfindet. Das Futter nimmt man während dieser Prozedur zweckmäßig aus dem Zuchtkasten heraus, damit es nicht mit besprengt wird. Man vermeide möglichst, die Raupen zu berühren; wenn man frisches Futter reichen will, lege es man in ihre Nähe; bald sind sie hinübergekrochen, und dann kann das alte beseitigt werden. Besonders gilt das für die Zeit vor und nach den Häutungen, wo die Raupen besonders empfindlich sind. Starke Sonnenbestrahlung ist ebenfalls zu vermeiden; wenn die Kästen zu wenig luftig sind, bilden sich Wasserdampf-Niederschläge, die leicht Erkrankungen der Raupen verursachen; wenn aber die Zuchtbehälter zu luftig sind, erfolgt leicht ein Vertrocknen des Futters und der Raupen. Vielfach kommt man ohne Sonnenbestrahlung aus; bei Arctiiden und Coleophoriden ist jedoch eine solche nach der Überwinterung meist unbedingt notwendig.

Die Überwinterung führt zu den besten Ergebnissen, wenn man die Bedingungen möglichst denen der freien Natur ähnlich macht. Deswegen ist auch ein Verbleiben im geheizten Zimmer nicht ratsam, da die meisten Arten dabei zugrunde gehen. Ein gewisses Maß von Kälte ist als Entwicklungsanreiz bei uns unbedingt notwendig. Haben die Raupen (oder Puppen) erst 8—14 Tage starken Frost bekommen, so kann man sie, wenn sie ausgewachsen waren und nach der Überwinterung nicht mehr fressen, zunächst in ein ungeheiztes, dann in ein warmes Zimmer bringen, worauf nach kurzer Zeit die Verpuppung erfolgt oder die Falter schlüpfen. Zur Verpuppung brauchen viele Arten eine tiefe Erdschicht im Kasten; andere verwandeln sich in einem oberirdischen Gespinst und viele, besonders Raupen von Tagfaltern, frei an Pflanzenteilen oder Wänden des Zuchtbehälters. Auch die Puppen müssen, besonders nach der Überwinterung, zu Zeiten besprengt werden. Kleinschmetterlingsraupen züchtet man am bequemsten in Gläsern, die mit einem Korken verschlossen werden. Das Futter erhält sich darin meist frisch und braucht bei kleineren Arten während des ganzen Raupendaseins nicht erneuert zu werden. Man lüftet ab und zu einmal, indem man den Korken abnimmt und das Glas einige Male hin und her schwingt. Ist der Feuchtigkeitsgehalt im Glase zu groß geworden, was man daran erkennt, daß sich Wasser an den Glaswänden niederschlägt, so wischt man das Innere mit einem Tuche aus. Auf den Boden des Glases bringt man Erde und darüber eine Schicht Moos; das letztere wirkt besonders gut regulierend auf die Luftfeuchtigkeit, indem es bei größerem Gehalt an Wasserdampf das Wasser aufsaugt, im entgegengesetzten Falle abgibt. In solchen Gläsern kann man die Tiere bis zum Ausschlüpfen der Imago belassen.

Ist der Falter aus seiner Puppe herausgekommen, so muß dafür gesorgt werden, daß er seine Flügel frei entfalten kann. Er braucht dazu meistens eine rauhe senkrechte Fläche, an der er in die Höhe klettern kann. Mitunter bleiben aber die Flügel doch unentwickelt, weil die Luftfeuchtigkeit zu gering ist. Man besprüht ihn deshalb mit Wasser oder taucht ihn gar darin unter, worauf vielfach eine normale Entfaltung erfolgt. Um den Falter längere Zeit zu Beobachtungen, zur Kopula usw. zur Verfügung zu halten, muß er gefüttert werden. Man kann dazu außer dem normalen Blütennektar auch verdünnten Honig, schwaches Zuckerwasser oder schwach gesüßten Tee verwenden. Je größer und luftiger der Zuchtbehälter ist, um so leichter wird es gelingen, ihn am Leben zu erhalten. Manche Arten nehmen aber keine Nahrung zu sich und sterben sehr schnell; das gilt namentlich für die Psychidenarten. Die Begattung schwächt meist beide Partner sehr beträchtlich; will man die Schmetterlinge zu anderen Zwecken länger lebend erhalten, so separiere man die Geschlechter und verhindere die Begattung; es genügt da nicht eine Trennung nach Zuchtbehältern, sondern oftmals bewirkt schon die Nähe des Weibchens im gleichen Zimmer einen heftigen Erregungszustand der Männchen, der ihrer Gesundheit sehr nachteilig ist.

Viel wertvoller als alle Beobachtungen bei der Zucht im Behälter sind aber diejenigen, die man draußen an dem Tier unter seinen normalen Existenzbedingungen macht. Deswegen verfahren manche Züchter auch so, daß sie ihre Raupen „einbinden", mit einem Tüll- oder Gazebeutel an der Zuchtpflanze umhüllen, der oben zugebunden ist, so daß die Lebensbedingungen den normalen am ähnlichsten sind. Aber auch das sind letzten Endes nur Notbehelfe. Am wertvollsten ist die Beobachtung am frei lebenden Tiere. Die Entomologen sollten immer mehr dazu übergehen, nicht nur zu sammeln, sondern vorwiegend zu beobachten. Eine noch so schöne und gewissenhaft angelegte Sammlung deutscher Schmetterlinge hat doch ihren Hauptwert nur für den Sammler selbst; die Wissenschaft wird eine viel größere Bereicherung erfahren, wenn viel mehr von den Lebensgewohnheiten unserer Falter und ihrer Raupen im Freien beobachtet und dann veröffentlicht wird. Alle Tatsachen, und seien sie anscheinend noch so belanglos, gewinnen früher oder später unter einem gewissen Gesichtspunkt erhöhtes Interesse, und jeder Entomologe kann durch solche kleine Bausteine an der Lösung der großen Probleme mitwirken. Wir haben im vorliegenden Buche immer wieder auf die Stellen hingewiesen, wo unsere Erkenntnis noch Lücken hat, wo es gilt, durch zahlreiche Beobachtungen aufklärend zu wirken. Möge darum jeder an seinem Teil bestrebt sein, nicht nur seine Sammlung zu füllen, sondern auch eine gründliche Kenntnis der Lebensgeschichte unserer Falter sich zu erwerben. —

Literatur.

Bei der riesigen Anzahl von Publikationen über biologische Tatsachen bei Schmetterlingen, die sich in den verschiedensten Zeitschriften und Einzelarbeiten finden, können nur einige Hauptwerke und solche Arbeiten angeführt werden, die vorwiegend hier benutzt wurden.

BERGES Schmetterlingsbuch, neu bearbeitet von H. REBEL. Stuttgart 1910.

BRECHER, E., Die Farbanpassung der Schmetterlingspuppen durch das Raupenauge. Verh. zool. bot. Ges. Wien. 72 (1922).

BUCHNER, P., Tier und Pflanze in intrazellularer Symbiose. Berlin 1921.

DAMPF, A., Estudio morfologico del gusano del maguey. (*Acentrocneme hesperialis* WK.) Revist. Mexic. Biol. 4, 4. (1924).

DEEGENER, H., Versuch zu einem System der Assoziations- und Sozietätsformen im Tierreiche. Zoolog. Anzeig. 49 (1917).

DEUTSCHE ENTOMOLOGISCHE ZEITSCHRIFT Berlin.

EGGERS, F., Über Korrelation in der Ausbildung der Flügel und der Tympanalorgane bei Insekten. Verh. Deutsch. zool. Ges. 28 (1923).

ELTRINGHAM, H., On the Tympanic Organ in Chrysiridia ripheus Dru. Tr. ent. Soc. London 1923.

FISCHER, E., Temperaturexperimente. Raupenkrankheiten. In den Werken von Berge-Rebel und Hofmann-Spuler.

GOLDSCHMIDT, Untersuchungen über Intersexualität. Zeitschr. f. indukt. Abst.-Lehre. 23 (1920).

HANDLIRSCH, Die fossilen Insekten und die Phylogenie der rezenten Formen. Leipzig 1906/08.

HASEBROEK, H., Zur Entwicklungsmechanik der schwarzen Flügelfärbung der Schmetterlinge, speziell beim Melanismus. Arch. Entwickl.-Mechanik 52 (1922).

HEIKERTINGER, F., Exakte Begriffsfassung und Terminologie im Problem der Mimikry und verwandter Erscheinungen. Zeitschr. wiss. Ins. Biol. 15 (1919/20).

HOFMANN, E., Die Schmetterlinge Europas, neu bearbeitet von A. SPULER Stuttgart 1908/12.

HOFMANN, E., Isoporien der europäischen Tagfalter. Stuttgart 1873.

JORDAN, K., On the Replacement of a lost vein in Connection with a stridulating Organ in a new agaristid Moth from Madagaskar. Novitates zoologicae 28. (Andere wichtige Arbeiten dieses Autors in derselben Zeitschrift.)

KENNEL, Die palaearktischen Tortriciden. Stuttgart 1908/21.

KOLBE, F., Einführung in die Kenntnis der Insekten. Berlin 1893.

LEDERER, G., Handbuch für den praktischen Entomologen. Frankfurt a. M. (Im Erscheinen; der zweite Band: Tagfalter, ist abgeschlossen.)

MELL, R., Biologie und Systematik der südchinesischen Sphingiden. Berlin 1922.

NIEDEN, F., Der sexuelle Dimorphismus der Antennen bei den Lepidopteren. Zeitschr. wiss. Ins.-Biolog. V. 3 (1907).

PAGENSTECHER, A., Die geographische Verbreitung der Schmetterlinge. Jena 1909.

PETERSEN, W., Lepidopteren-Fauna von Estland. Reval 1924.

POYARKOFF, E., Essai d'une théorie de la nymphe des Insects holometaboles. Arch. de Zool. exp. et géner. 54. Paris 1914.

REUTER, O. M., Lebensgewohnheiten und Instinkte der Insekten. Berlin 1913. (Übersetzung.)

RÜBSAAMEN, E., u. HEDICKE, H., Die Zoocecidien Deutschlands und ihre Bewohner. Lieferung 3 (1923).

SCHMITT-AURACHER, A., Physiolog.-biologische Beobachtungen an den Raupen von Euproctis chrysorrhoea und verwandten Arten, Biol. Centralbl. 43/3. (1923).

SCHRÖDER, CHR., Handbuch der Entomologie. (Erscheint in Lieferungen.) Jena.

SCHULZE, P., Die Nackengabel der Papilionidenraupen. Berlin 1911.

SCHULZE, P., Über nachlaufende Entwicklung (Hysterotelie) einzelner Organe bei Schmetterlingen. Arch. f. Naturg. 88 A. 7. (1922).

SEITZ, A., Die Großschmetterlinge der Erde. Stuttgart. (Erscheint in Lieferungen, Band 1—5 abgeschlossen.)

SEITZ, A., Allgemeine Biologie der Schmetterlinge. Zoolog. Jahrb. f. Systematik. 7.

SORHAGEN, L., Die Kleinschmetterlinge der Mark Brandenburg. Berlin 1886.

STAINTON, T. H., The Natural History of the Tineina. 13 Bände. London 1855/73.

STANDFUSS, Handbuch der palaearktischen Großschmetterlinge. Jena 1896.

STICHEL, H., Eigenartiger Kokonbau eines Schmetterlings. Zeitschr. wiss. Ins.-Biol. 17 (1922).

STUDY, E., Die Mimikry als Prüfstein phylogenetischer Theorien. Berlin 1918.

SUFFERT, F., u. ZOCHER, H., Morphologie und Optik der Schmetterlingsschuppen. Zeitschr. wiss. Biolog. A. Morpholog. 1924.

TITSCHACK, E., Beiträge zu einer Monographie der Kleidermotte, Tineola biselliella. Zeitschr. techn. Biol. 10 (1922).

TRÄGÅRDH, I., Contributions towards the Comparative Morphology of the trophi of the Lepidopterous Leaf-Miners. Ark. Zoolog. 8 (1913).

TRÄGÅRDH, I., Notes on a termitophilous Tineid larva. Ark. Zool. Vol. 5 p. 17 ff. (1907).

TUTT, J. W., A Natural History of the British Lepidoptera. London. (Seit 1899 V. 1—10 erschienen.)

WAGNER, M., Entstehung der Arten durch räumliche Sonderung. Basel 1889.

WEGENER, Die Entstehung der Kontinente und Ozeane. 2. Aufl. Braunschweig 1920.

ZEITSCHRIFT, Deutsche entomologische, „Iris“. Dresden.

ZEITSCHRIFT, Internationale entomologische. Guben.

ZEITSCHRIFT, Entomologische. Frankfurt a. M.

ZEITSCHRIFT für wissenschaftliche Insektenbiologie. Berlin (früher Wochenschrift für Entomologie).

Verzeichnis der Gattungen.

Sachverzeichnis.

Pierersche Hofbuchdruckerei Stephan Geibel & Co. Altenburg (Thür.).

GPSR Compliance
The European Union's (EU) General Product Safety Regulation (GPSR) is a set of rules that requires consumer products to be safe and our obligations to ensure this.

If you have any concerns about our products, you can contact us on

ProductSafety@springernature.com

In case Publisher is established outside the EU, the EU authorized representative is:

Springer Nature Customer Service Center GmbH
Europaplatz 3
69115 Heidelberg, Germany

www.ingramcontent.com/pod-product-compliance
Ingram Content Group UK Ltd.
Pitfield, Milton Keynes, MK11 3LW, UK
UKHW061655190726
13853UKWH00008B/2225

* 9 7 8 3 6 4 2 8 9 1 3 0 4 *